Gerd Krüssmann · Die Baumschule · 5. Auflage

DIE BAUMSCHULE

Ein praktisches Handbuch für Anzucht, Vermehrung, Kultur und Absatz der Baumschulpflanzen

Von Dr. h. c. Gerd Krüssmann

Fünfte, überarbeitete Auflage von

Dr. h. c. Gerd Krüssmann
ehem. Direktor des Botanischen Gartens in Dortmund

Dr. Georg Wennemuth
Institut für Obstbau und Baumschule
der Universität Hannover in Sarstedt

Heinz Edgar Thon
Oberlandwirtschaftsrat
Landwirtschaftskammer Rheinland, Bonn

Mit 376 Abbildungen und vielen Tabellen

1981

VERLAG PAUL PAREY · BERLIN UND HAMBURG

1. Auflage 1949
2. Auflage 1954
3. Auflage 1964
ISBN 3-489-57222-X
4. Auflage 1978
ISBN 3-489-57622-5

CIP-Kurztitelaufnahme der Deutschen Bibliothek

Krüssmann, Gerd:
Die Baumschule : e. prakt. Handbuch für Anzucht, Vermehrung, Kultur u. Absatz d. Baumschulpflanzen / von Gerd Krüssmann. — 5., überarb. Aufl. / von Gerd Krüssmann ... — Berlin ; Hamburg : Parey, 1981.
ISBN 3-489-63122-6

Einband- und Schutzumschlag: Jan Buchholz und Reni Hinsch, Hamburg

 Anschriften: Lindenstr. 44—47, D-1000 Berlin 61; Spitalerstr. 12, D-2000 Hamburg 1. Printed in Germany by Saladruck, Steinkopf & Sohn, 1000 Berlin 36. Buchbinderei: Lüderitz & Bauer, 1000 Berlin 61.

ISBN 3-489-63122-6

Vorwort zur fünften Auflage

Knapp drei Jahre nach ihrem Erscheinen mußte die 4. Auflage der „Baumschule" schon als ausverkauft gemeldet werden. Die guten und ständigen Kontakte zwischen Autoren und Verlag machten es nun möglich, daß nach nur ganz kurzer Zwischenzeit eine weitere Auflage folgen kann.

Angesichts erheblich angestiegener Ausbildungszahlen in Betrieben und Schulen wird der hohe Bedarf an Fachliteratur erklärlich. Ihm wollen wir mit der überarbeiteten 5. Auflage entgegenkommen. Ein vollständig neues Werk sollte und konnte nicht entstehen, da die Entwicklungen in Betriebsführung und Kulturtechnik in nur drei Jahren dieses nicht notwendig erscheinen lassen. Vor allem sind neue Erkenntnisse und Daten im Kapitel „Die Entwicklung der Baumschulen" und in den Kapiteln über Pflanzenschutz berücksichtigt.

Die Arbeit der drei Autoren an der 5. Auflage des „praktischen Handbuches für Anzucht, Vermehrung, Kultur und Absatz der Baumschulpflanzen" begann schon in der Zeit, als „Die Baumschule" gerade ihren 30. Geburtstag beging. Noch unter erheblichen persönlichen und materiellen Schwierigkeiten konnte 1949 dieses für die deutsche Baumschulwirtschaft zum Standardwerk gewordene Buch erscheinen, das inzwischen Generationen junger Baumschuler durch ihren Berufsalltag begleitet hat. GERD KRÜSSMANN, Dendrologe, Gartenbaudirektor i. R. und immer wieder praktischer Baumschuler, hat von Ausgabe zu Ausgabe sein wohl bekanntestes Buch konsequent überarbeitet, erneuert und ergänzt. Ausgestattet mit einem immensen Wissen, einer sehr klaren Denkungsart und einem bewunderungswürdigen Fleiß hat er sich auch der Überarbeitung der nun vorliegenden Ausgabe angenommen. Aus seinem beinahe rastlosen Schaffen wurde GERD KRÜSSMANN kurz nach Vollendung seines 70. Lebensjahres am 5. Juni 1980 abberufen. Er hatte inzwischen die von ihm übernommenen Teile des Buches weitgehend bearbeitet oder Material dafür gesammelt. Lediglich das Kapitel A wurde noch von H. E. THON auf der Grundlage des von GERD KRÜSSMANN bearbeiteten Manuskriptes vervollständigt und fertiggestellt.

GERD KRÜSSMANN hat für die vorherige Ausgabe seines Werkes schon weitsichtig und großherzig gehandelt, indem er frühzeitig zwei Koautoren für die Bearbeitung einzelner Kapitel suchte. Die Arbeit mit ihm war Freude und ist Verpflichtung zugleich. Wir werden das Werk in seinem Sinne fortsetzen.

Sarstedt und Bonn, im Februar 1981 — GEORG WENNEMUTH — HEINZ EDGAR THON

Vorwort zur vierten Auflage

Es ist für mich als Autor der ersten drei Auflagen eine besondere Freude, daß ich für die Neuauflage zwei jüngere, aber erfahrene und bewährte Spezialisten auf ihrem Fachgebiet zur Mitarbeit gewinnen konnte, so daß das neue Buch ein „team work" ist, wie wir es heute so gern nennen. Die Gliederung des Stoffes ist in großen Zügen die gleiche geblieben, aber das Kapitel über Maschinen und deren Einsatz ist erheblich ausgeweitet, weil heute weit mehr Maschinen als früher gebraucht werden. Arbeitskräfte sind knapp und teuer, Rationalisierung ist deshalb wichtiger denn je.

Dr. G. WENNEMUTH, langjähriger enger Mitarbeiter von Prof. Dr. P. G. DE HAAS (†) am Institut für Obstbau und Baumschule der Universität Hannover in Sarstedt, war vorher jahrelang beim Versuchs- und Beratungsring Baumschulen in Holstein tätig. Er ist es deshalb gewohnt, nicht nur zu beraten, sondern auch kritisch zu beurteilen, vor allem in Fragen der Technisierung, der Mechanisierung, des Pflanzenschutzes und der modernen Containerkultur. Als Dozent muß er sich aber auch mit wissenschaftlichen Fragen des Gebietes beschäftigen, so daß er der richtige Mitarbeiter für den „Allgemeinen Teil" des Buches (ohne den Abschnitt „Die Entwicklung der Baumschulen") war. Abgesehen von den Tabellen ist dieser Teil fast gänzlich neu geschrieben worden, und er bringt sehr viele Informationen, die der Baumschuler täglich in seinem Betrieb auswerten kann.
Dipl.-Gärtner H. E. THON, Landwirtschaftsrat an der Landwirtschaftskammer in Bonn hingegen, ist auf vielen Fachtagungen als Redner über Fragen der Werbung und des Absatzes hervorgetreten. Der Abschnitt über sein Spezialgebiet ist daher vollkommen neu geschrieben, und man darf wohl annehmen, daß die Baumschuler gerade seine Ausführungen besonders sorgfältig lesen werden. Schließlich produzieren die Baumschulen ja, um zu verkaufen, und es ist deshalb immer nützlich, wenn gezeigt wird, wie man vorgehen und wie man es besser machen kann.

Mein eigenes Gebiet, die „Vermehrung der Laub- und Nadelgehölze", — den Teil über die Vermehrung der Obstgehölze hat Dr. WENNEMUTH bearbeitet — habe ich ergänzt, soweit es notwendig war. Wenngleich heute viele Baumschulen ihre Jungpflanzen bereits aus den Spezialbetrieben beziehen, so werden sie dennoch weiterhin manche Pflanzen wie bisher selbst weitervermehren, und dabei soll ihnen dieser Teil helfen.

Da das Buch immer zu einem erheblichen Anteil auch im Ausland gelesen wird — es wurde z. B. auch ins Französische übersetzt —, müssen auch solche Gehölze behandelt werden, die in Deutschland seltener kultiviert werden. Hier sind aber die Texte kurz gehalten. Vermehrungsmöglichkeiten für die wichtigeren Gehölze hätten sicherlich kürzer, mehr im „Telegrammstil" behandelt werden können, aber die Leser wünschen ausführlichere, ins Einzelne gehende Darstellungen, nach denen sie gut arbeiten können und die ihnen schlechte Ergebnisse vermeiden helfen.

Die Sortimente der empfohlenen Gehölze stehen immer am Schluß eines Abschnittes; auch sie sind überarbeitet, decken sich aber keineswegs mit den „empfohlenen Sortimentskürzungen" des Bundes deutscher Baumschulen.

Der Verfasser und seine beiden Koautoren haben sich bemüht, das Fachgebiet Baumschulen nach neuestem Stand, sowohl in der Praxis als auch in der Wissenschaft und so allgemeinverständlich wie möglich darzustellen.

Ein Wort des Dankes noch an den Verlag Paul Parey, der auf alle Wünsche der Autoren einging und das Buch vorzüglich ausstattete und gestaltete.

Möge die neue Auflage, mehr noch als bisher, ein zuverlässiger Ratgeber bei der täglichen Arbeit sein, im „Freiland" wie auch am Schreibtisch.

Bad Salzuflen, im Herbst 1977 G. KRÜSSMANN

Inhalt

ALLGEMEINER TEIL

BESONDERER TEIL

ALLGEMEINER TEIL

A. Die Entwicklung der Baumschulen

(G. KRÜSSMANN und H. E. THON)

I. Begriffsbestimmungen

Baumschulen sind entweder gärtnerische oder forstwirtschaftliche Betriebe, in denen die Erzeugung von Gehölzen aller Art (Obstbäumen, Ziergehölzen, Forstpflanzen) betrieben wird. Die Heranzucht der Pflanzen findet auf vegetativem oder generativem Wege statt, und zwar überwiegend im Freien.

Nach den in diesen Betrieben angebauten Pflanzen unterscheidet man mehrere Typen von Baumschulen, die sich wie folgt gruppieren lassen:

Hochbaumschulen, die entweder Obstbäume, Ziergehölze oder Veredlungsunterlagen heranziehen oder als Spezialbaumschulen nur eine oder wenige Sonderkulturen (*Rhododendron, Clematis,* Koniferen usw.); hierbei kann noch unterschieden werden zwischen Anzuchts- und Versandbaumschulen;

Forstbaumschulen, die sich im allgemeinen nur mit der Anzucht von Forstpflanzen und Pappeln befasssen; auch bei dieser Gruppe kann man selbstverständlich Anzuchts- und Versandbetriebe, vielleicht auch Spezialbaumschulen, unterscheiden.

Bis vor einigen Jahren wurde allgemein, auch vom Zentralverband der Forstsamen- und Forstpflanzenbetriebe, die Auffassung vertreten, daß die Forstbaumschulen nicht zum Gartenbau, sondern zur Forstwirtschaft zu rechnen seien. Diese Auffassung ist jetzt revidiert worden, da die Forstpflanzen nach den geltenden rechtlichen Bestimmungen stets als gärtnerische Erzeugnisse behandelt werden. (Briefl. Mitt. des genannten Verbandes.)

Die einzelnen Begriffe seien nachstehend etwas mehr umrissen:

Hochbaumschulen betreiben die Anzucht von Obstgehölzen, Ziergehölzen, Straßenbäumen, Rosen, Heckenpflanzen, Nadelgehölzen, oft auch noch Stauden.

Spezialbaumschulen sind die Obstbaumschulen, die in der Regel ausschließlich Obstgehölze heranziehen; Rosenschulen sind ebenfalls recht häufig, vor allem im Gebiet um Steinfurth und in Holstein; Pappelbaumschulen, der jüngste Zweig unter ihnen, treten eigentlich erst nach 1945 in größerer Zahl auf, obschon ausgesprochene Pappelkulturen auch bereits vor dem Kriege bestanden; Wildlingsbaumschulen beschäftigen sich mit der Anzucht von Veredlungsunterlagen für Obstgehölze und Rosen oder nur einer dieser Kulturen.

Neben diesen Spezialbaumschulen gibt es auch noch solche, die sich nur mit *Rhododendron, Clematis,* Koniferen, Weinreben oder anderen Kulturen befassen.

Forstbaumschulen ziehen Forstpflanzen heran; unter „Forstpflanzen" versteht man ein- bis dreijährige Sämlinge und einmal verschulte Pflanzen, die baumschulmäßig herangezogen und im allgemeinen für den Absatz an forstliche Haupt- oder Nebenbetriebe bestimmt sind, ferner Steckhölzer (bewurzelt oder unbewurzelt) und „Wildlinge" (hier sind aber, abweichend von der sonst üblichen Bedeutung des Begriffes, unverschulte, der Naturverjüngung entnommene Pflanzen gemeint).

Anzuchtsbaumschulen sind solche Betriebe, die die Anzucht von Jungpflanzen aus Samen oder aus vegetativer Vermehrung betreiben, entweder für eigene Rechnung oder für eine Groß- oder Versandbaumschule. In letzterem Falle bestehen in der Regel vertragliche Vereinbarungen, je nachdem, ob die Pflanzen in „Lohn" oder „Kost" angezogen werden.

Genaue Erläuterungen über die Lohn- und Kostpflanzenzucht und die damit im Zusammenhang stehenden Fragen vgl. BRÜGGEMANN, 1953, S. 87—91.

Versandbaumschulen sind meist Großbetriebe, die nicht nur ihre eigenen Erzeugnisse, sondern auch oft die Pflanzen der für sie tätigen Anzuchtsbetriebe („Züchterbaumschulen") absetzen, und zwar durch Fernversand.

Schließlich gibt es auch noch solche Betriebe, die einen Übergang zwischen Hochbaumschulen und Forstbaumschulen darstellen, mit Kulturen aus beiden Zweigen.

Die Gärtner, die in den Baumschulen tätig sind, nennen sich Baumschulisten oder Baumschuler.

„Deutsche Markenbaumschule". Dieser Begriff erfordert eine Erläuterung. Nur Mitglieder des Bundes deutscher Baumschulen (BdB), und zwar nur deutsche Baumschulbetriebe, können auf Antrag das Recht zur Führung der Bezeichnung „Deutsche Markenbaumschule" erwerben. Dazu muß der Mitgliedsbetrieb einen schriftlichen Antrag bei der Geschäftsstelle des BdB in Pinneberg stellen, worauf der Betrieb von einer mindestens dreiköpfigen Kommission besichtigt und geprüft wird. Die Anerkennung setzt voraus, daß der Betriebsinhaber sich schriftlich verpflichtet, die Bestimmungen des BdB über die Verwendung und Verleihung des Zeichens „Deutsche Markenbaumschule" und die dazu erlassenen Durchführungsbestimmungen einzuhalten. Diese beziehen sich vor allem auf die Gewähr für die Innehaltung der Güte- und Kennzeichnungsbestimmungen für Baumschulpflanzen, Gewähr für Sortenechtheit und Sortenreinheit, auch in bezug auf die geforderten Unterlagen, bis zum Ablauf des fünften Jahres vom Tage der Lieferung ab, sowie Gewähr für virosefreie Obstgehölze, soweit diese nach dem augenblicklichen Stand der Viruskontrolle möglich ist.

Diejenigen Baumschulen, die in besonderem Maße Einrichtungen für den Absatz an Privatkunden erstellt haben, ein großes Sortiment führen und durch Fachpersonal Beratung und Verkauf betreiben, können sich seit 1979 zusätzlich als „Gartenbaumschule" anerkennen lassen. Voraussetzung für diese Bestätigung ist die vorausgegangene Anerkennung als „Deutsche Markenbaumschule".

Einteilung nach der genutzten Fläche

Man unterscheidet in Deutschland

Kleinst- bzw. Zwergbetriebe	mit bis	1 ha Kulturfläche,
Kleinbetriebe	mit	1 bis 5 ha Kulturfläche,
mittlere Betriebe	mit	5 bis 20 ha Kulturfläche,
Großbetriebe	mit über	20 ha Kulturfläche.

Die Kleinst- und Zwergbetriebe sind meist nur Anbaubetriebe.

II. Die Entwicklung in Europa

Wenn auch in der Gartenbauwirtschaft die Sparte Baumschulen nur eine geringe Anzahl von Betrieben aufweist, so kann ihre Bedeutung doch keineswegs übersehen werden. Viele Baumschulen haben seit langen Jahren vorzügliche Verbindungen mit ausländischen Betrieben und führen Pflanzen nicht nur ein, sondern auch aus.

Es soll versucht werden, nachfolgend einen Überblick über die Standorte der Baumschulen in Europa zu geben.

Übersicht über die Baumschulen in Europa

Es war leider unmöglich, Zahlenmaterial aus allerneuester Zeit zu erhalten, wie ja auch die Erhebungen nicht nach den gleichen Methoden erfolgen.

Land	Anzahl Betriebe	Jahr	Betriebsfläche ha	Jahr
Bundesrepublik	4574	1978	ca. 17 600	1978
DDR	ca. 300	1967	3 350	1978
Niederlande	3519	1978	5 647	1978
Frankreich*	4000	1976	8 223	1975
Belgien und Luxemburg	1144	1978	4 856	1978
Italien	ca. 2000	1978	7 700	1972
Vereinigtes Königreich	2500	1970	6 071	1977
Irland	34	1963	600	1963
Schweiz	135	1969	1 351	1969
Österreich	180	1978	1 000	1978
Dänemark	948	1978	3 045	1978
Norwegen	177	1974	322	1974
Schweden	636	1976	965	1976
Finnland	126	1977	436	1977
Griechenland	ca. 1800	1974	485	1974
Spanien	150	1961	—	—
Sowjetunion	ca. 1950	1958	ca. 160 000	1958
Polen	850	1978	2 400	1978
Rumänien (nur Obst)	156	1960	6 512	1960
Ungarn	576	1978	4 112	1978
Portugal	38	1979	14	1979

* Ohne Forstbaumschulen

Busch, W.: Betrachtungen zu den Standorten des europäischen Gartenbaues; 67 S. Bonn 1954. — Abshagen, H. U.: Die Organisation der Gartenbauwirtschaft in Europa; in Landwirtschaft-Angewandte Wissenschaft, Sonderheft 15; Gartenbau. 162 S. Hiltrup 1956. — Busch/Storck: Der Gartenbau in der Wirtschaft Westeuropas; Band I: Erzeugung, Außenhandel und Verbrauch von nicht der Ernährung dienenden Gartenbauerzeugnissen. 160 S. Aachen 1958. — Storck, H.: Erzeugung, Außenhandel und Verbrauch von nicht der Ernährung dienenden Gartenbauerzeugnissen in Westeuropa, Nr. 11 — Ergänzungen für 1961 und 1962 —; herausggb. von der A. I. P. H.; 1963. — von Hentig, W.-U., Mante, W., Steib, T.: Gartenbau International; (1) West- und Südeuropa; 1972; (2) Nord-, Ost- und Südosteuropa; 1972. Verlag Paul Parey, Berlin. — Gerstenberger & Siegmund: Europäische Gartenbaustatistik, AIPH. Hannover 1975. — Ergänzend: diverse briefliche Mitteilungen.

Bundesrepublik Deutschland

Im Jahre 1895 beschrieb Charles Baltet in seinem über 800 Seiten umfassenden Buch über den „Gartenbau in den fünf Weltteilen“ auch die deutschen Baumschulen. Dabei wurden Bayern und Württemberg als selbständige Länder behandelt, ebenso Elsaß-Lothringen. Statistisches Material war damals nicht verfügbar; gleichwohl ist es interessant, sich die Anfänge des modernen Baumschulwesens in Deutschland durch die Schilderung eines Ausländers vorzustellen. Baltet schreibt:

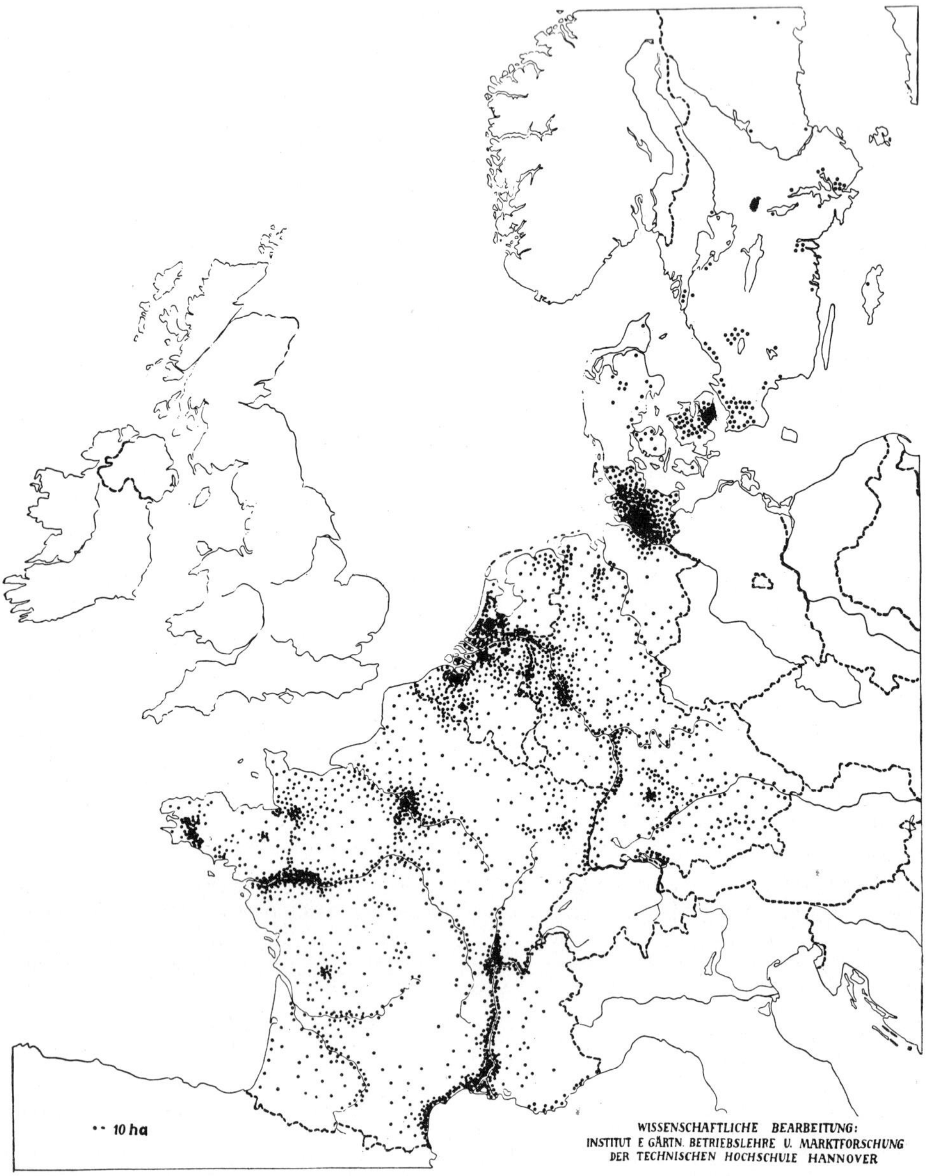

Abb. 1. Die Baumschulflächen von Frankreich, Belgien, Holland, Luxemburg, Deutschland, Dänemark und Schweden (1 Punkt = 10 ha). Mit freundlicher Genehmigung von Prof. Dr. W. Busch

„Die Baumschulen in Deutschland sind gut entwickelt; einige haben eine beträchtliche Ausdehnung erreicht. So hat zum Beispiel die Baumschule Späth in Rixdorf bei Berlin eine Fläche von 160 ha mit Obstbäumen, Forstpflanzen und Ziergehölzen, und sie beschäftigt 350 Arbeiter. Einige Firmen entsenden auch Forscher nach Nordamerika, Canada, zum Kaukasus und nach Japan, um hier noch unbekannte Pflanzenarten zu suchen, die in Mitteleuropa winterhart sind.

Die bedeutendsten Baumschulen liegen in Rixdorf, Niederschöneweide, Berlin, Lübeck, Trier, Bergedorf, Hamburg, Zöschen-Merseburg, Weener in Ostfriesland, Kamenz und Dresden, Celle, Hofheim, Köln-Ehrenfeld, Praust bei Danzig, Gelnhausen und Stralsund;

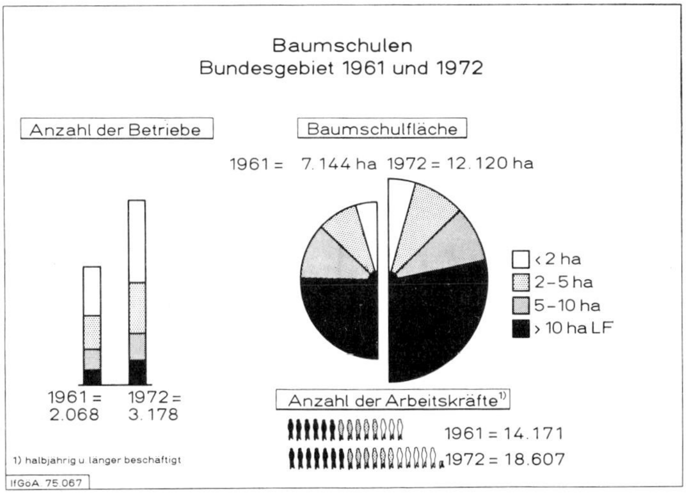

Abb. 2. Deutsche Baumschulen, 1961 und 1972 (nach H. Storck)

in der Nachbarschaft der Hauptstadt ferner noch in Biesenthal, Marienfelde, Steglitz, Tempelhof und Treptow.

Die Bepflanzung der Straßen mit Obstbäumen hat die Anzucht der hierfür geeigneten Sorten besonders gefördert.

Die Baumschulen ziehen Ziergehölze, Koniferen, Sträucher, Forstpflanzen und viele Obstbäume an, letztere sowohl zur Erzeugung von Tafelobst wie auch für die Gewinnung von Most, Trockenobst und für die Destillation.

In den kälteren Teilen Deutschlands wird die Stecklingsvermehrung und die Veredlung während des Winters im Gewächshaus vorgenommen. Die Veredlung der Johannisbeeren auf Hochstämmen von Ribes aureum ist eine besondere Spezialität einiger Firmen.

Die Kultur der Rosen hat in bestimmten Gebieten Fuß gefaßt und zeigt eine außergewöhnliche Entwicklung. Die größten Rosenschulen liegen in Trier, Steinfurt-Nauheim, Hamburg, Lübeck, Dresden, Köstritz, Erfurt, Unna, Niederwalluf, Rixdorf, Potsdam, Schöneweide, Berlin, Wiesbaden, Augsburg usw. Die Neuheiten stammen meist aus Frankreich, England, den Ver. Staaten, nur einige aus Deutschland und Luxemburg. Die Veredlung der Rosen geschieht auf Stämmen oder auf Wurzeln. Die für die Treiberei bestimmten Pflanzen werden in kälteren Gegenden in Kellern überwintert, während andere, härtere Sorten im Freiland bleiben.

Alle Baumschulen sind gut gepflegt; es gibt alte Firmen, die schon vom Vater auf den Sohn vererbt wurden.

Fast alle Gärtner gehören einer Krankenversicherung an; sie entrichten dafür monatlich etwa 1,50 Mark und bekommen im Krankheitsfalle ein Tagegeld von 3 Mark.

Das Personal ist nicht so teuer wie in Frankreich. Die Obergärtner und Chefs haben entweder an Lehrgängen teilgenommen oder Gartenbauschulen besucht. Viele junge Gärtner wechseln häufig die Betriebe, um sich weiterzubilden. Nach der Militärdienstzeit wandern auch viele aus, meist nach Nordamerika, wo die Deutschen heute schon einen ansehnlichen Teil der Bevölkerung ausmachen; viele aber kehren nach einem mehrjährigen Aufenthalt in England, Belgien und Frankreich wieder in ihre Heimat zurück."

Es würde zu weit führen, die Weiterentwicklung der Baumschulen an Hand des statistischen Materials zu schildern; einige wichtigere neuere Vergleichszahlen mögen dazu genügen. Die Landwirtschaftszählungen, die alle Betriebe nach Zahl und Fläche erfaßten, enthalten auch Angaben über die Baumschulen.

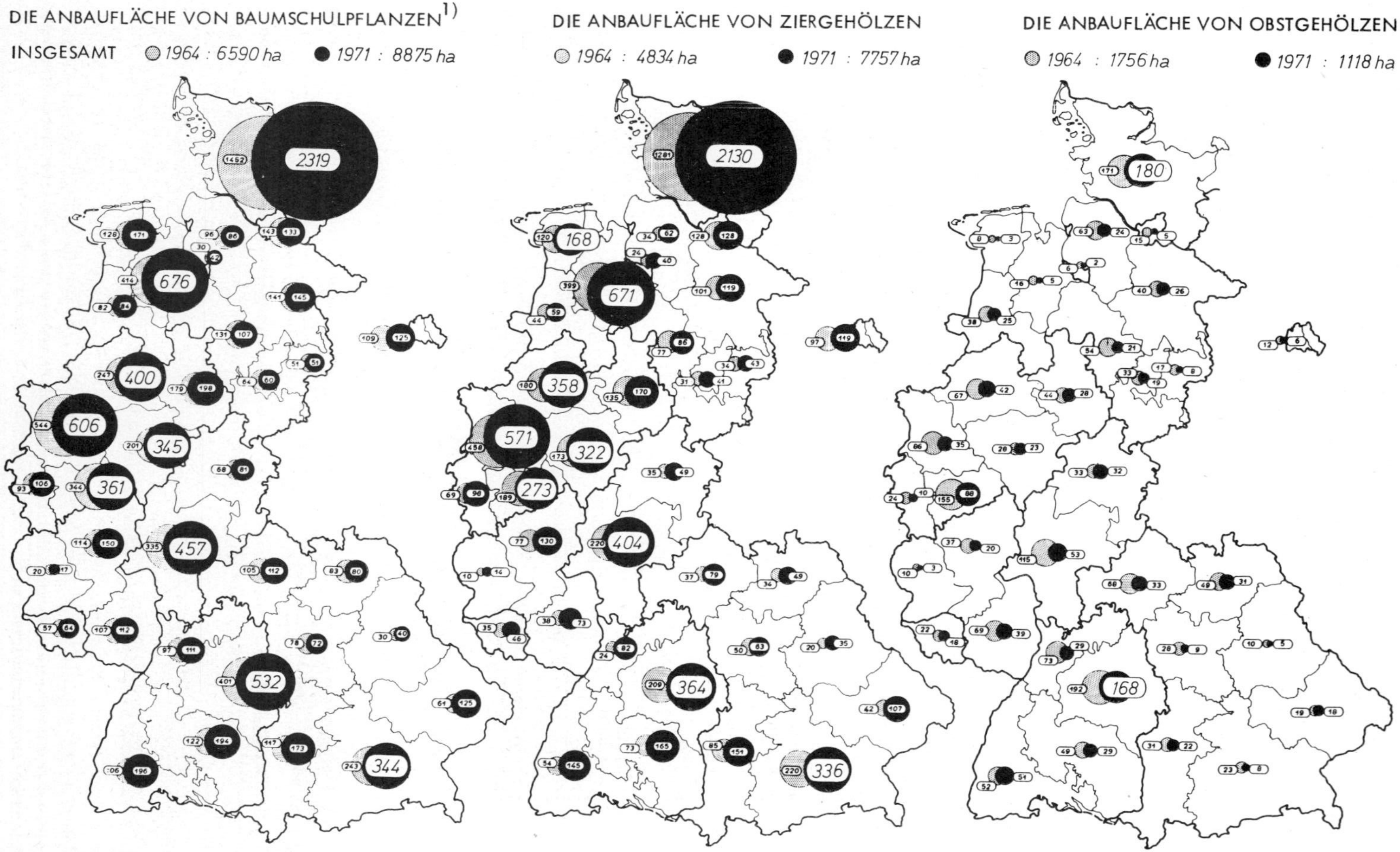

1) Ohne Forstpflanzen u. sonstige Baumschulflächen, wie z.B. Baumschulbrache.

Abb. 3. Die Anbauflächen von Baumschulpflanzen in der Bundesrepublik und Berlin (West) in den Jahren 1964 und 1971 (zusammengestellt aus W. Busch/D. M. Hörmann und H. Storck, Standortorientierung des Gartenbaues, Hannover 1974, mit freundl. Erlaubnis von Dr. Hörmann)

1. Betriebe und Baumschulflächen in der Bundesrepublik 1968 bis 1976

Jahr	Betriebe mit Baumschulflächen	Baumschulflächen in ha				
		Obstgehölze	Ziergehölze	Forstpflanzen	Sonstige	insgesamt
1950	—	2677	2642	2443	—	7 762
1960	—	2253*	4939*	3085**	—	10 615
1968	—	1584	6559	2615	2107	12 865
1969	—	1451	6867	2426	2307	13 057
1970	—	1311	7360	2324	2656	13 651
1971	4195	1118	7757	2549	2456	13 800
1972	4082	1056	7966	2669	2614	14 305
1973	4111	960	8421	2866	2803	15 050
1975	4272	951	9037	2941	2743	15 672
1976	4238	1019	9455	2943	2904	16 321

* 1961 ** 1965

2. Größenordnung der Baumschulbetriebe (1977)

unter 1 ha	789 Betriebe	10 bis 20 ha	349 Betriebe
1 bis 5 ha	1707 Betriebe	20 bis 50 ha	190 Betriebe
1 bis 10 ha	584 Betriebe	über 50 ha	53 Betriebe

3. Baumschulflächen in der Bundesrepublik Deutschland in ha

	1959/60	1969/70	1977/78
Schleswig-Holstein	3 439	3 807	4 131
Hamburg	216	169	225
Niedersachsen	1 257	2 296	3 641
Bremen	36	57	15
Nordrhein-Westfalen	2 240	2 921	3 797
Hessen	634	759	824
Rheinland-Pfalz	559	648	807
Baden-Württemberg	1 039	1 374	2 013
Bayern	1 098	1 307	1 899
Saarland	97	118	106
Berlin (West)	133	140	133
Bundesgebiet einschl. Berlin (West)	10 748	13 596	17 591

Abb. 4. Vermehrungsquartier einer Holsteiner Hochbaumschule (Werkfoto: Rudolf Schmidt, Rellingen)

Alljährlich ermittelt das Statistische Bundesamt die Pflanzenbestände in den Baumschulen (Anbaustatistik). Es muß dabei beachtet werden, daß die in dieser Erhebung aufgezeigten Zahlen das in den Betrieben vorhandene Angebot darstellen; es ist unbekannt, was davon später wirklich verkauft wird.

Die nachfolgende Tabelle zeigt die Anbaustatistik der Jahre 1970, 1975, 1977 und 1978.

4. Pflanzenbestände in Baumschulen in 1 000 Stück

	1970	1975	1977	1978
Obstgehölze mit Kronen				
Äpfel	2 178	768	937	1 052
Birnen	905	420	458	488
Süßkirschen	416	316	357	458
Sauerkirschen	617	320	396	465
Pflaumen und Zwetschen	377	260	331	374
Mirabellen u. Renekloden	132	87	102	108
Aprikosen und Pfirsiche	176	163	124	131
Walnüsse	41	38	39	44
Obstgehölze, einjährig				
Äpfel	2 207	1 723	1 960	2 294
Birnen	494	381	475	526
Süßkirschen	61	104	111	143
Sauerkirschen	305	234	382	455
Beerensträucher u. -stämme	6 050	5 050	5 571	5 710
Ziergehölze insgesamt	96 702	121 796	119 311	127 165
davon				
Laubbäume einschl. Heister	13 475	15 710	16 683	18 951
Ziersträucher laubabwerfend	25 057	30 500	29 410	29 499
Nadelgehölze	15 774	26 945	26 265	27 550
Heckenpflanzen	21 933	27 074	24 033	24 944
Rhododendron	4 617	6 186	7 058	7 809
Freilandazaleen	1 884	2 008	1 886	2 034
Schling- u. Kletterpflanzen	844	958	887	1 114
Sonstige immergrüne Ziergehölze	13 118	12 415	13 089	15 264
Bodendecker	keine Angaben	29 342	35 884	45 513
Rosen-Veredlungen	39 175	36 279	30 343	32 008
Forstpflanzen				
Nadelholzpflanzen	1 078 086	1 348 151	1 153 846	1 206 416
Laubholzpflanzen	220 951	253 421	329 949	299 995

Das größte geschlossene Baumschulgebiet in der Welt ist der Landkreis Pinneberg in Schleswig-Holstein. Hier werden von den insgesamt 4420 ha Baumschulfläche allein 3579 ha bearbeitet. Von den 752 Betrieben (1979) liegt der weitaus größte Teil in den Zentren um Rellingen, Halstenbek und Elmshorn. Besondere Bedeutung kommt den zur Zeit 443 Forstbaumschulen zu, die mit ihrer Produktion den Ruf des Gebietes als „Wiege des deutschen Waldes" begründen. Erwähnt werden müssen aber auch die großen, oftmals weltweit bekannten Sortiments- und Exportbaumschulen.

Im zweitgrößten deutschen Baumschulgebiet, dem Rheinland, wurden 1978 von rund 250 Betrieben etwa 1900 ha Fläche baumschulisch genutzt. Schwerpunkte des Anbaues liegen bei Meckenheim, Erkelenz, Oberpleis und am Niederrhein. Die rheinischen Baum-

Abb. 5. Verbreitung und Betriebsdichte der Baumschulen in Holstein im Jahre 1950 (nach BRÜGGEMANN)

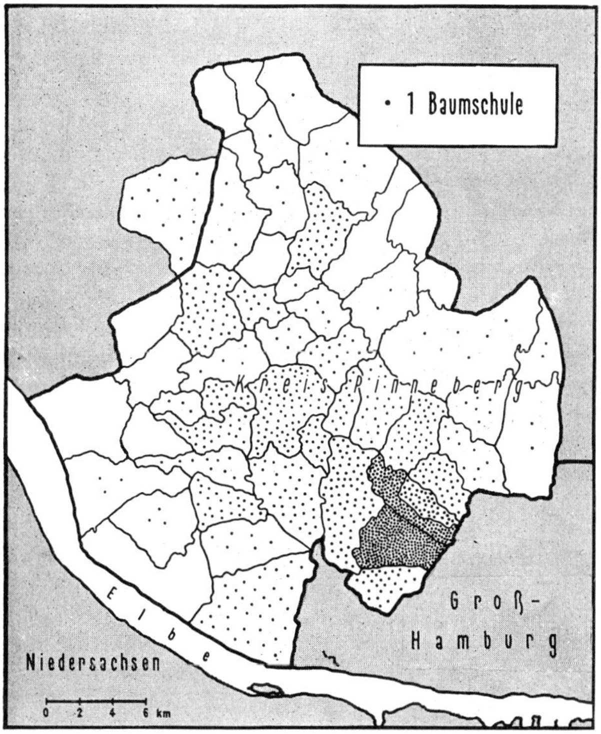

schulen waren früher vor allem wegen der umfangreichen Obstgehölzanzuchten bekannt. Bedingt durch den hohen Bedarf im verbrauchernahen Gebiet an Rhein und Ruhr hat sich inzwischen eine Verlagerung in den Kulturen zu Ziergehölzen vollzogen. Obstgehölze werden nur noch in wenigen besonders spezialisierten Betrieben angebaut.

Inzwischen hat sich aber auch das oldenburgisch-ostfriesische Baumschulzentrum, mit dem Kreis Ammerland als Mittelpunkt, erheblich ausgeweitet, und zwar von 350 Betrieben mit ca. 600 ha im Jahre 1961 auf rund 500 Betriebe mit 2250 ha Baumschulfläche. Die Landesregierung hat die Bedeutung dieser Entwicklung dadurch anerkannt, daß sie die Lehr- und Versuchsanstalt Gartenbau von Aurich nach Bad Zwischenahn verlegte. Hier wird auch der neue Rhododendron-Sichtungsgarten aufgebaut, der mit über 1500 Arten und Sorten von Rhododendron vermutlich die größte Sammlung Europas beherbergt. Hinzu kommen noch rund 500 Arten und Sorten von Koniferen und 80 Sorten von Calluna und Erica (Abb. 7).

Forschung und Versuchswesen auf dem Baumschulgebiet

In der Bundesrepublik beschäftigt sich das Institut für Obstbau und Baumschule der Technischen Universität, in 3203 Sarstedt, mit einer Reihe von Forschungen und Versuchen, von denen die folgenden genannt seien (die mehr obstbaulichen Fragen können hier ausgelassen werden; sie sind aber in der 3. Aufl. aufgezählt).

1. Chemische Entblätterung von Gehölzen.
2. Substratversuche bei Pyracantha, Lonicera pileata und Cotoneaster dammeri.
3. Einfluß von Langzeitdüngern unterschiedlicher Fließgeschwindigkeit auf die Wuchsleistung bodendeckender Gehölze.
4. Verlauf der Salzkonzentrationskurve in der Vegetationsperiode nach Anwendung verschiedener Langzeitdünger in den verschiedenen Substraten.
5. Vergleichende Untersuchungen der Wuchsleistung verschiedener Pflanzenarten im Container und im Freiland.
6. Förderung der Basitonie von Rosenokulaten mit Hilfe von Wachstumsregulatoren.
7. Einfluß der Unterlage auf das Anwachs- und Sortierergebnis von Buschrosen.

Abb. 6. Typische Holsteiner Baumschul-Landschaft, hier Quartiere mit Forstpflanzen in Halstenbek, Blick auf Baumschulflächen der Forstbaumschule Pein & Pein, Halstenbek (Bild: Pein & Pein)

Abb. 7. Das oldenburgisch-ostfriesische Baumschulzentrum, mit der Lehr- u. Versuchsanstalt für Gartenbau (nach H. de Wall)

In einer Reihe weiterer Institute werden Fragen bearbeitet, die für den Baumschuler von besonderem Interesse sind; hier sind nur die Themen aufgezählt, die nicht obstbaulich interessant sind. Werden Institute oder Versuche nicht erwähnt, dann liegt das an mangelnder Information des Verfassers.

Bad Zwischenahn; Lehr- und Versuchsanstalt für Gartenbau der Landwirtschaftskammer Weser-Ems (früher Aurich): Sortenvergleiche mit Rhododendron und Azaleen.

Bonn-Bad Godesberg; Lehr- und Versuchsanstalt Friesdorf der Landwirtschaftskammer Rheinland, Langer Grabenweg Nr. 68: Sommerstecklingsvermehrung unter Folientunnel; Vergleich der Wuchsleistung von Pinus nigra austriaca in unterschiedlichen Gefäßgrößen; Erprobung von verschiedenartigen Düngungsmethoden bei Containerpflanzen; Versuche zur Verbesserung der Pflanzenqualität bei Pinus nigra austriaca; Ermittlung geeigneter Pflanzenarten für Schnitt- und Dekorationszwecke.

Dortmund, Westfalenpark; Deutsches Rosarium; Beobachtungen und Pflege eines umfassenden Rosen-Sortiments, fast 3000 Arten und Sorten; Registrierung aller in Deutschland in den Handel gelangenden Rosensorten.

Freising-Weihenstephan; Institut für Obstbau und Baumschulwesen der Fachhochschule Weihenstephan.

Freising-Weihenstephan; Fachhochschule Weihenstephan

a) Institut für Obstbau und Baumschulwesen; Versuche über den Einsatz von Schutzmitteln gegen Streusalzschäden bei Straßenpflanzungen; Chemische Entblätterung von Gehölzen; Chemische Unkrautbekämpfung; Einsatz von Wachstumsregulatoren bei der Anzucht von Gehölzen; Handveredlungen von Ziergehölzen in Containerkultur; Selektion von Gehölzen mit Fruchtschmuck.

b) Institut für Stauden und Gehölze; Arten- und Sortenvergleiche von Gehölzen nach ökologischen Gesichtspunkten; Gehölz- und Staudensichtung unter besonderen klimatischen Bedingungen.

c) Institut für Bodenkunde und Pflanzenernährung; umfangreiche Düngungsversuche im Freiland und in Gefäßen, vor allem an Koniferen; Demonstration von Bepflanzungsbeispielen mit Laub- und Nadelgehölzen im Rahmen der Dachgärten- und Großcontainer-Versuchsanlage.

Geisenheim; Forschungsanstalt; Institut für Gartenarchitektur und Landschaftspflege: Langzeitversuche mit bodenbedeckenden Gehölzen in heißtrockenem Klima unter alten Bäumen; Substratversuche in Müllkompost; Aufbau eines Sichtungsgartens im Weinbauklima.

Jork; Obstbauversuchsanstalt der Landwirtschaftskammer Hannover; im Betrieb Esteburg; Einsatz von Wachstumsregulatoren zur Verbesserung der äußeren Qualität von Pflanzware; Versuche zur Verkürzung der Juvenilität; Versuche zur Entblätterung mit chemischen Mitteln; Versuche zur Unterlagenvermehrung durch Steckholz im geheizten Kasten.

Kiel, Steenbeker Weg 153; Lehr- und Versuchsanstalt für Gartenbau der Landwirtschaftskammer Schleswig-Holstein: Container-Versuche; Gehölzsichtung bei verschiedenen Ziergehölzgattungen, in Zusammenarbeit mit dem Versuchs- und Beratungsring Baumschulen des Landesverbandes Schleswig-Holstein.

Oppenheim, Zuckerberg 19; Landes-Lehr- und Versuchsanstalt für Gartenbau; Prüfung verschiedener Typen von Prunus fruticosa und P. mahaleb auf ihre Eignung als Kirschenunterlagen; Prüfung verschiedener Typen von Prunus spinosa auf ihre Eignung als Pflaumenunterlage; Prüfung der maschinellen Veredlung von Kernobstbäumen; Grünstecklingsvermehrung von Kern- und Steinobstunterlagen; Wertprüfung von bodendeckenden Ziergehölzen.

Osnabrück, Oldenburger Landstraße 24; Fachhochschule Osnabrück, Fachbereich Gartenbau; Versuch zur Anzucht kleinkroniger Süßkirschen; Verwendung von Müllkompost bei der Anzucht von Containergehölzen; Tröpfchenbewässerung bei Containerkulturen nach dem Steva-System.

Brüggemann, G.: Die holsteinische Baumschullandschaft; 124 S. Kiel 1935. — Hermansen, F.: Die forstliche und wirtschaftliche Bedeutung der deutschen Forstbaumschulen; 99 S. Berlin 1937. — Sievert, R., 1952: Unsere Baumschulen, statistisch gesehen; Dt. Baumschule 4: 172-174. — Sieg, H., 1953: Zur Geschichte der Baumschulen; Dt. Baumschule 5: 1-4, 31-36, 64-70. — Hanisch, K. H.: Bund Deutscher Baumschulen; eine Festschrift zum 50jährigen Bestehen. 57 S.; Baden-Baden 1957. — Griesau, H. D.: Forschungsvorhaben der Landbau-, Ernährungs- und Forstwissenschaft. 207 S. München 1960. — Padberg, K., u. J. H. Müller: Buchführungsergebnisse von Gartenbaubetrieben 1959/60 und 1960/61. Herausgegeben vom Bundesministerium für Ernährung, Landwirtschaft und Forsten. 199 S. Bonn 1962. — Luxem: Baumschulen im Bundesgebiet 1961; DB 1962: 237-239; 1962. — Luxem, 1963: Die Hochbaumschulen im Gesamtgartenbau; Dt. Baumschule 14: 131-135. — Storck, H.: Veränderungen der Struktur der Betriebe mit Baumschulkulturen; Dtsch. Baumsch. 1976: 152-154. (Vergleich der Gartenbauerhebungen 1961 und 1972/73). — Busch, W., Hörmann, D. M., u. Storck, H.: Standortorientierung des Gartenbaues; Band 20 der Forschungsberichte zur Ökonomie im Gartenbau. 205 S. Hannover 1974. — de Wall, H.: LVG Bad Zwischenahn. — Bildungsstätte für Baumschuler; Dtsch. Baumsch. 1976: 122-123.

Deutsche Demokratische Republik

In der DDR gab es im Jahre 1961 rund 350 Baumschulbetriebe auf einer Baumschulfläche von 3172 ha, in der Hauptsache Absatzgenossenschaften mit teilweise Baumschulproduktion. 1969 wurden 2269 ha landwirtschaftlicher Nutzfläche mit Baumschulkulturen genutzt, ohne Forstbaumschulen, wobei aber die Anzahl der Betriebe nicht angegeben ist. Die Baumschulflächen waren nach dem Statistischen Jahrbuch 1961 und nach „Baumschulwirtschaft“ 1969 in den einzelnen Bezirken wie folgt verteilt:

	ha 1961	1969		ha 1961	1969
Dresden	474	393,0	Schwerin	144	66,3
Potsdam	328	252,3	Berlin	125	71,9
Frankfurt/O.	297	180,9	K.-M.-Stadt (Chemnitz)	90	88,2
Magdeburg	297	284,4	Neubrandenburg	90	46,6
Erfurt	295	293,0	Gera	80	60,6
Cottbus	264	116,2	Rostock	75	89,9
Halle/Saale	264	145,9	Suhl	45	17,2
Leipzig	262	164,3			

Nach der Baumschulerhebung 1978 wurden in der DDR 3350 ha Baumschulfläche genutzt. Hierbei sind die Forstbaumschulen nicht mit erfaßt. Von dieser Fläche wurden 1266 ha für Obstanzuchten und 400 ha für Rosenanzuchten verwendet. Die übrigen Flächen dienten zur Vermehrung und Anzucht von Allee- und Parkbäumen, Zier- und Heckenpflanzen sowie Koniferen, Jungpflanzen usw. Im Schnitt aller Betriebe standen für 1 ha Baumschulfläche 0,8 Ak zur Verfügung.

In den vergangenen Jahren wurden die Obstgehölzanzuchten ständig ausgeweitet. Da jetzt aber der Eigenbedarf gedeckt scheint und die Obstanlagen überwiegend im zunehmenden Ertragsalter sind, dürfte diese Entwicklung beendet sein. Größere Bedeutung werden jetzt den Containerkulturen beigemessen. Gerade für das Ballenstechen fehlt es an Fachkräften, darum werden in zunehmendem Maße Koniferen in Containern angezogen.

Auch in der DDR kommt dem „Grün" ständig größere Bedeutung zu. Um die Außenanlagen um die überall entstehenden Großbauten attraktiv gestalten zu können, werden jetzt die Anzuchten von „Starkbäumen" (Solitärs) ausgedehnt. Das Sortiment der Baumschulen in der DDR ist ähnlich dem Sortiment der Betriebe in der Bundesrepublik.

MÜLLER, H., u. a.: Baumschulwirtschaft; 404 S. Berlin-O 1973. — MÜLLER, H.: briefliche Mitteilung 6/79.

Niederlande

Im Jahre 1978 gab es in Holland, richtiger muß man sagen, in den Niederlanden, 3519 Baumschulen mit einem Gesamtareal von 5647 ha, nach der „Landbouwtelling" von Mai 1978. Diese verteilen sich in der Hauptsache auf folgende Provinzen:

N o r d - B r a b a n t : 952 Betriebe mit zus. 1977 ha. hauptsächlich in den Gemeinden Oudenbosch und Zundert. Wichtigste Kulturen: Alleebäume, Forstpflanzen und Heckenpflanzen.

S ü d - H o l l a n d : 1091 Betriebe mit 946 ha. Die Baumschulen liegen vor allem in den Gemeinden Boskoop und Hazerswoude, ferner Alphen, Waddinxveen und Reeuwijk. In Booskop gab es bereits 2,7 ha Baumschulen im Jahre 1630. Durch seine ausgedehnten Spezialkulturen („Boskoops Goed") von Rhododendron, Azaleen, Buxus, Koniferen und Jungpflanzen von vielen besseren Gehölzen, die in rund 70 Länder exportiert werden, ist dieses Gebiet weltbekannt geworden. Dabei gibt es in Boskoop nur verhältnismäßig wenige „exporteurs" (Exportbaumschulen), die Größte ist etwa 5 ha groß.

Die meisten Betriebe, in Boskoop „Kweekers aan land" genannt, sind kaum 1 ha groß und vielfach Einmannbetriebe, die ihre Produktion an die Exporteure abgeben. Durch ihre eigenartigen Wasserverhältnisse (Wassergräben, Transport der Pflanzen mit Kähnen) weichen diese Baumschulen von allen anderen in der Welt ab. Der Wert der Produktion belief sich 1970 auf 60 Mio. hFl.; der Ertragswert pro Anbaueinheit war hier erheblich höher als in den anderen Provinzen. 80 % der Produktion wurde exportiert.

Abb. 8. Die Ausbreitung des Baumschulareals in Boskoop, Holland (nach Tromp)

Punktiert = Stand von 1888
kreuzweise schraffiert = Zuwachs bis 1913
einfach schraffiert = Zuwachs von 1913—1956

Abb. 9. Eine für Boskoop typische Großbaumschule ist der Betrieb P. van Nes (Foto: Directie van de Landbouw)

Limburg: 396 Betriebe mit 942 ha. Hier sind es die Gemeinden Lottum (70 % aller Rosen kommen von hier), Baarlo (50 % aller Obstbäume), Nederweert (50 % aller Obstunterlagen) und Haps.

Groningen: 112 Betriebe mit 367 ha. Die Baumschulen liegen meist rund um den Ort Veendam und erzeugen in der Hauptsache Rosen- und Obstunterlagen.

Gelderland: 424 Betriebe mit 635 ha. Hier werden, vor allem in der Umgebung von Opheusen, 80 % aller Alleebäume des Landes angezogen.

Geordnet nach den wichtigsten Kulturen haben wir für das Berichtsjahr 1977 folgende Anbauflächen in ha:

Forstpflanzen und Heckengehölze (einschl. Sämlings-Unterlagen)	1346
Allee- und Parkbäume	927
Obst-Unterlagen	164
Obstbäume (einschl. veredelte Unterlagen)	230
Rosenwildlinge einschl. Sämlinge	199
Rosen	402
Zier-Koniferen	903
Rhododendron	121
Azaleen	86
Sonstige Gehölze und Schlingpflanzen	900
Stauden	217

Abb. 10. Typisches Vermehrungshaus in einer Baumschule in Boskoop

Der Wert der holländischen Baumschulprodukte belief sich im Jahre 1977 auf 228 Mio. hFl.; im Vergleich zu den beiden anderen Sparten des Zierpflanzenbaues (Blumen 1.766 Mio., = 73 %; Blumenzwiebeln 433 Mio. hFl. = 18 %; Baumschulpflanzen 228 Mio. hFl. = 9 %) ist er verhältnismäßig gering. Die Baumschulpflanzen wurden 1977 in 60 Länder exportiert, 72 % davon (= 132 Mio. hFl) in die EG-Länder. Weitaus an der Spitze und stetig steigen die Exporte in die Bundesrepublik (69 Mio.), Frankreich (27 Mio.), Schweden (19,6 Mio.), England (19,3 Mio.) und Belgien (11 Mio.). Der Export nach Canada ist leicht gestiegen (5,4 Mio.), während die Lieferungen in die USA schon seit Jahren zwischen 1,2 bis 1,5 Mio. liegen.

Die Gründung einer Baumschule ist in Holland abhängig von gesetzlichen Bestimmungen; die Zulassung wird nach Erfüllung einer Reihe von Voraussetzungen erteilt von der Produktschap voor Siergewassen in Den Haag. Besteht die Absicht, auch solche Gehölze anzuziehen, die vom N. A. K. B. kontrolliert werden, so muß man vorher auch die Mitgliedschaft bei dieser Kontrollorganisation erwerben.

Die Aufgaben der „Proefstation voor de Boomkwekerij" (Direkteur Ing. B. Roelofsen) in Boskoop, die mit der Praxis eng zusammenarbeitet, sind vorwiegend praktischer Natur. Sie umfassen u. a. Düngungsversuche, Schädlingsbekämpfungs-Versuche, Vermehrung unter Sprühnebel, Veredlungs- und Unterlagenversuche, chemische Unkrautbekämpfung, Verzögern des Austriebs im Frühjahr, Kreuzungen und Colchizinbehandlung, Erzielung von Mutationen durch Neutronenbestrahlung und Sortimentsprüfungen. Die Berichte werden in einem Jahrbuch veröffentlicht.

1976 bestand die „Proefstation", die örtlich noch immer im Sprachgebrauch „Proeftuin" (= Versuchsgarten) heißt, 75 Jahre.

Abb. 11. Typisches Bild aus Boskoop: Die Versandgüter werden von Booten auf Lastwagen verladen, da alle Betriebe bequeme Wasserwege haben (Foto: Directie van de Landbouw)

Erwähnenswert ist auch das besondere System der Kulturfolge in den Baumschulen in Boskoop, das sich in einem 4jährigen Wechsel abspielt. Im ersten Jahre pflanzt man besonders anspruchsvolle Gehölze (Rhododendron, Blau-Fichten usw.). Im nächsten Jahre folgen auf dieser Fläche, die man dort als „einjähriges Land" bezeichnet, Azaleen u. a., die ebenfalls nur ein Jahr stehen bleiben. In den beiden letzten Jahren wird das Land für weniger anspruchsvolle Kulturen von Ziersträuchern, Steckholz usw. benutzt. Nach vier Jahren hat der Boden nicht nur seinen Gehalt an Nährstoffen verausgabt, sondern ist auch rein volumenmäßig durch die Entnahme von Ballenpflanzen geringer geworden, so daß er aufgearbeitet („obgemakt") werden muß. Er erhält dann eine neue Lage Boden, den man aus den Wassergräben herausbaggert, oder man bringt Heideerde oder Moorboden auf. Dann wird gut gedüngt und die Fläche umgearbeitet, meist noch mit der Hand gegraben. Nach dieser gründlichen Überholung hat man dann wieder Neuland und die Kulturfolge kann von neuem beginnen.

In Holland werden, wie auch in anderen Ländern, Obstbäume und andere Gehölze vor dem Verkauf durch eine halbstaatliche Behörde, den Nederl. Algemene Keuringsdienst voor Boomkwekerijgewassen (N. A. K. B.) kontrolliert und mit Güteetiketten versehen. Die Kontrolle erstreckt sich auf äußerlich erkennbare Eigenschaften, d. h. auf Stammhöhe und -stärke, Anzahl und Stärke der Kronentriebe usw., jedoch nicht auf Sortenechtheit oder Sortenreinheit. Die Sortenechtheit wird jedoch dadurch sehr gefördert, daß der N. A. K. B.

Abb. 12. Hackarbeit in den Baumschulen in Zundert, Nord-Brabant, Holland (Bild: J. B. Hage)

die Mutterpflanzen sehr scharf prüft und daß für viele Sorten nur Reiser von geprüften Mutterpflanzen verwendet werden dürfen. Die geprüften Obstbaumbestände werden, je nach Güte, in 2 Klassen sortiert („Normal" und „B"), für welche genaue Bestimmungen bestehen. Neben Obstbäumen und Beerenobst sind auch eine Reihe von Straßenbäumen der NAKB-Kontrolle unterworfen, so einige Sorten von Ulmus, Acer, Fraxinus, Salix, Tilia und Populus; ferner werden von den Forstpflanzen Fagus, Quercus und einige wichtige Nadelgehölze kontrolliert.

Boom, K. B.: Boomteelt; Wageningen 1948. — Ned. Algem. Keuringsdienst Boomkwekerijgewassen (N. A. K. B.): Statuten, Reglementen en Voorschriften; Uitgave 1951. Den Haag. — Dorsman, C.: Die wirtschaftliche und kulturelle Bedeutung Boskoops; Dt. Baumschule 11: 19—20; 1963. — Tuinbouwgids 1963; 767 S. Den Haag 1963. — van Raalte: Baumschulwirtschaft der Niederlande; Dt. Baumschule 1972: 126.

Frankreich

Im 16. und 17. Jahrhundert standen in diesem Lande der Obstbaum und die Kultur von Formobst in hoher Blüte; Olivier de Serres, der Vater des französischen Obstbaues, war es, der diese Kulturen begründete. Später wandte man sich mehr den Ziergehölzen zu, und noch um die letzte Jahrhundertwende gab es in Frankreich eine große Zahl von reichhaltigen Arboreten und Sortimentsbaumschulen. Dieses Land ist eigentlich die Heimat unserer modernen Baumschulen.

Die Statistik nennt folgende Baumschulflächen:

	1961	1975
Obstbaumschulen	4351,3 ha	2096 ha
Forstbaumschulen (private)	6491,5 ha	2353 ha
Forstbaumschulen (staatlich)	1007,1 ha	—
Ziergehölzbaumschulen	1896,9 ha	8323 ha

Die Durchschnittsgröße der französischen Baumschulen, von denen es 1976 etwa 4000 gab, ist verhältnismäßig klein: 54 % der Betriebe bewirtschaften weniger als 1 ha, 34 % zwischen 1 und 5 ha, 6 % zwischen 6 und 10 ha und 6 % mehr als 6 ha. Etwa $^2/_3$ der Betriebe sind reine Produktionsbetriebe, die übrigen ziehen daneben noch Topfpflanzen heran oder betreiben auch Gartengestaltung.

Das *Annuaire Fédéral de l'Horticulture*, Paris, teilt Frankreich in 11 Gartenbauregionen ein, die wiederum in die politischen Departements gegliedert sind. Bei manchen dieser Departements werden genaue Angaben über die Zahl und Hektarfläche der Baumschulen gemacht, oft auch über die wichtigsten Kulturen, während sie bei anderen fehlen. Verf. versuchte, aus allen diesen Angaben ein einigermaßen zutreffendes Bild zu gewinnen. Berichtigungen werden aber doch notwendig sein.

Die wichtigsten Baumschulzentren befinden sich in Orléans (Dept. Loire), wo auf einer Fläche von etwa 300 ha rund 190 Betriebe heute vorwiegend Jungpflanzen, Obst- und Ziergehölze anziehen, und in Angers (Dept. Maine-et-Loire):

Orléans mit Olivet und St. Privé, im fruchtbaren Loire-Tal gelegen, hat rund 250 Baumschulen mit einer Gesamtfläche von etwa 350 ha. In der Hauptsache sind es Betriebe von geringer Größe, die die Exporteure beliefern. Nur einige Betriebe haben einen Umfang von 30—40 ha. Die Vermehrungsabteilungen liegen zum großen Teil an einer einzigen Straße, der „Route d'Olivet", während die Quartiere mit den größeren Pflanzen außerhalb des Stadtgebietes sind. Ausnahmsweise sieht man heute auch noch die früher allgemein gebräuchlichen Glasglocken (Abb. 13). In Orléans und Olivet sind durch das starke Wachstum beider Städte, besonders aber in Olivet, die Baumschulflächen schon zu einem beträchtlichen Teil dem Wohnungsbau zum Opfer gefallen. Eine Reihe von Baumschulen ist deshalb heute nach Südosten (Nähe Jargeau) ausgewichen, wo ein neues Baumschulgebiet entsteht.

Abb. 13. Neben der modernsten Sprühnebelvermehrung findet man in Frankreich trotzdem noch die altüberlieferten Glasglocken, hier bei Minier in Angers

Die Böden im Gebiet von Angers sind im allgemeinen leicht, humos und durchlässig; das Klima ist im Sommer warm und trocken, weshalb Bewässerungseinrichtungen erforderlich sind. Der Winter ist meist sehr mild.

Angers ist das zweitwichtigste Baumschulgebiet des Landes; es liegt etwa 200 km westlich von Orléans, ebenfalls an der Loire. Hier findet man rund 200 Betriebe mit einem Gesamtareal von rund 1000 ha Baumschulfläche. Im Gebiet von Angers werden in großem Maße Obstunterlagen, Obstbäume, Alleebäume, Rosen und Reben herangezogen, vor allem aber Unterlagen.

Die Baumschulen von Orléans und Angers exportieren meist nach Belgien, Holland, England, Deutschland, Afrika und Übersee; Importe von Baumschulpflanzen werden getätigt hauptsächlich aus Holland, Belgien und zu einem geringen Teil auch aus Deutschland (vgl. *La Balance commerciale horticole pour* 1952 *in La France Horticole,* 1953, Nr. 60, S. 35 u. 36).

Im Gebiet um Paris befinden sich weitere etwa 100 Baumschulen mit etwa 600 ha Gesamtfläche; hier werden hauptsächlich Formobst und Solitärgehölze gezogen, die die französischen Gartengestalter in der Landeshauptstadt verarbeiten.

Schließlich noch einige Angaben aus verschiedenen Departements: Dept. Nord (60 Betriebe, 235 ha, Obstgehölze, Ziersträucher, Rosen, Forstpflanzen); Dept. Pyrénées Orientales (50 Betriebe, 105 ha, Obst, Reben, Ziergehölze); Dept. Bas-Rhin (Gebiet um Straßburg; 26 Betriebe, 60 ha, meist Obstbäume); Dept. Basses-Pyrénées (6 Betriebe, 80 ha, Obstbäume, Koniferen, Alleebäume); Dept. Moselle (20 Betriebe, 85 ha, Obstbäume); Dept. Rhône (66 Betriebe, 76 ha, Obstbäume, Rosen); Dept. Loire-et-Cher (42 Betriebe, 78 ha, Reben, Obstbäume und Forstpflanzen).

Coutanceau, M., 1953: L'Importance de l'horticulture française dans l'économie nationale; Rev. Horticole 125: 864-865. — Statistique Agricole 1961; Ministère de l'Agriculture, Direction Générale des Etudes et Affaires générales, Division centrale des enquêtes et études statistiques; Paris 1962. — Mathis, R.: Der französische Gartenbau; Deutsche Gärtnerbörse 1975: 1055-1056.

Belgien

In Belgien haben die Baumschulen nur eine verhältnismäßig geringe Bedeutung. Von der gesamten gartenbaulich genutzten Fläche nehmen sie kaum 20 % ein, und ihr Produktionswert beträgt 3 % der gesamten gartenbaulichen Erzeugung (n. LECRENIER). Es gibt folgende Zentren:

Wetteren: Obstbäume, Ziergehölze, Rosen, Alleebäume, Fichten (wichtigstes Exportzentrum des Landes);

Mechelen (einschl. Putte, O. l. V. Waver, Beersel): Obstbäume, Alleebäume und Forstpflanzen;

Antwerpen (einschl. Kalmthout und Kapellen): Fichten, Ziergehölze aller Art, Alleebäume und Stauden;

Brügge: Forstpflanzen aller Art, hauptsächlich Sämlinge;

Maldeghem (Zentrum): Zierkoniferen, Ziergehölze aller Art, Alleebäume, Buxus und andere Immergrüne, Obstbäume;

Lesdain: Obstbäume, Pflaumenunterlagen (Myrobalane 'Lesdain' oder 'Wibaut').

Von geringerer Bedeutung sind die Orte Herstal (Provinz Liège) mit Obstbäumen; Alken (Provinz Limburg) für Obstbäume und Obstunterlagen; Herk de Stad (Provinz Limburg) für Ziergehölze; Tildonk bij Leuven (Provinz Brabant) für Obstunterlagen und schließlich noch Woesten bij Yperen (West-Flandern) für Buxus.

Die letzte statistische Erhebung (Algemene Landbouw- en Tuinbouwtelling) von Mai 1977 ergab folgendes Bild:

Übersicht über die Baumschulen in den einzelnen Provinzen und ihre Kulturen
(nach der Landbouw- en Tuinbouwtelling op 15 mei 1977; telling van de boomkwekerijen; Blatt 153)

Provinz	Baumschulen	Hektarfläche abgerundet			davon:			
		Obstbäume	Ziergehölze	Forstpflanzen	Zierkoniferen	Zierbäume	Ziersträucher	Rosen
Antwerpen	131	35	200	329	78	60	44	11
Brabant	102	46	103	166	56	16	21	6
Hennegau	109	32	126	204	34	53	26	9
Liège (Lüttich)	51	3	28	45	13	5	5	2
Limburg	84	67	67	142	41	3	15	1
Luxemburg	44	1	24	84	14	4	2	2
Namur	24	1	7	49	4	0,6	1	0,5
Ost-Flandern	423	129	521	893	155	76	85	192
West-Flandern	155	3	101	238	46	16	22	9
Summe	1123	317	1177	2150	441	233,6	221	232,5

Die Hauptabsatzgebiete der belgischen Baumschulen sind England, Frankreich, Niederlande, die Bundesrepublik, Schweden, Canada, Italien usw. Einfuhren erfolgen in der Hauptsache aus den Niederlanden, Frankreich und der Bundesrepublik. Das Verhältnis von Einfuhr zu Ausfuhr der letzten Jahre zeigt folgende Übersicht:

	1970	1973	1975 (in Mio. belg. Fr.)	1976	1977
Ausfuhr	190,7	358,5	446,5	501,0	487,8
Einfuhr	77,9	171,0	249,7	332,0	424,8

Über den Wert der belgischen Baumschulproduktion liegen für das Jahr 1977 folgende Ergebnisse vor (in Mio. belg. Fr.):

I. Obstgehölze:	Obstunterlagen 205; Obstgehölze, veredelt 204	= 409 Mio.
II. Ziergehölze:	Koniferen 232; Alleebäume und Heister 180; Ziersträucher 184; Rosen 156; Stauden 33;	= 785 Mio.
III. Forstpflanzen:	Pappeln 37; Nadelgehölze 185; Laubgehölze 232; sonstige (Salix usw.) 33	= 487 Mio.
Summe I bis III	1.681 Mio. belg. Franc.	

PINXTEN, K.: Tuinbouweconomie in Belgie; Antwerpen 1949. — LECRENIER/NISEN: Der belgische Gartenbau; 32 S. Internat. Gartenbau-Kongreß Brüssel 1962. — WILLMEROTH, B. A. J.: Der belgische Gartenbau in Zahlen; in Dtsch. Gärtnerbörse 1975: 423. — NICOLAUS, L./DERWAEL, F. A.: De Belgische Boomteelt, deel 1; produktie, struktuur en buiten-landse handel; 78 S. Brüssel 1970. — NICOLAUS, L.: De Belgische Boomteelt, deel 2: ontwikkeling in de periode 1968—1972, bedrijfsstructurele en bedrijfseconomische aspecten, commercialisatie; 82 S. Brüssel 1974. (Die beiden letztgenannten Arbeiten wurden veröffentlicht durch das Landwirtschaftsministerium, Landbouw-Economisch Instituut, de Berlaimontlaan 18 in Brüssel.)

Luxemburg

Die Gesamtzahl der Baumschulen vergrößerte sich von 18 (1956) auf 21 (1978), die Gesamtfläche von 29 ha (1956) auf jetzt 52 ha. Darin sind 7 staatliche Forstbaumschulen mit einer Gesamtfläche von 13 ha enthalten. Über die Produktion liegen folgende Informationen vor:

Obstbäume	20 000
Rosen	80 000
Ziergehölze und Koniferen	120 000
Forstpflanzen	
Laubgehölze, vorwiegend Eichen und Buchen	500 000
Nadelgehölze, vorwiegend Picea, Pinus, Larix, Pseudotsuga	1 800 000

Brieflich von der Administration des Services Techniques de l'Agriculture, Luxembourg; 1979.

Italien

In Italien gibt es eine große Anzahl von Baumschulen in allen Größen, von denen die meisten Erwerbsbetriebe sind. Daneben gibt es eine ganze Reihe von Forstbaumschulen für die Anzucht von Pappeln und Eukalyptus, die der Staatl. Dienststelle für Zellulose und Papier unterstehen. Indessen sind die größten Baumschulen für Obstgehölze und Ziergehölze sowie Reben Privateigentum. Wenn es auch fast im ganzen Lande, in jeder Provinz, Baumschulen gibt, so befinden sich die meisten doch im Norden. Die wichtigsten Zentren liegen in den Provinzen Bologna, Pistoia und Padua. Weitere wichtige Baumschulgebiete liegen in den Provinzen Como, Vercelli, Mantua, Treviso und Ferrara. Schließlich kann man auch noch, aber bereits wenig wichtig, die Provinzen Udine, Verona, Lucca, Arezzo, Modena, Neapel, Caserta, Salerno und Messina nennen.

Eine Statistik über die Baumschulen Italiens scheint nicht zu bestehen; die Angaben sind daher nur als Schätzungen anzusehen. Es gibt rund 2000 Betriebe, die Baumschulpflanzen kultivieren, dabei viele gemischte Betriebe, die auch Blumen ziehen, besonders in Norditalien, wo im Winter Temperaturen von — 12 bis — 13 °C gelegentlich vorkommen. Von diesen Betrieben wurden 1972 etwa 7700 ha baumschulisch genutzt.

Das Baumschulzentrum um Pistoia, am Südfuße des Apennin, ist das wichtigste. Es gibt dort etwa 10 Großbetriebe neben rund 250 Kleinstbetrieben, die zusammen ungefähr 400 ha Baumschulfläche einnehmen. Die Produktion der Kleinstbetriebe wird im allgemeinen von den großen Firmen übernommen. Durch die milden Wintertemperaturen werden hier

Abb. 14. Die italienische Baumschullandschaft bei Bologna (Foto: Vivai Ansaloni, Bologna)

bereits viele subtropische Pflanzen angebaut, so Oleander, Mimosen usw. Der Besatz mit Arbeitskräften ist hoch, 2—2,5 Mann pro Hektar; der Zustand der Kulturen ist im allgemeinen immer vorzüglich. Die Sortimente sind umfangreich, vor allem Koniferen. Der Absatz der Erzeugnisse erfolgt im allgemeinen im Inland, was auch für die italienischen Baumschulen gilt, ausgenommen Obstbäume.

Das Gebiet um Padua ist ein weiteres wichtiges Zentrum mit einer Baumschulfläche von rund 250 ha, das fast ganz eingenommen wird von der Großbaumschule Fratelli Sgaravatti in Saonara. Hier werden hauptsächlich Obstbäume, Straßenbäume und Rosen angezogen, daneben aber auch die speziell für Italien wichtigen Kulturen, wie Oliven, Feigen, Reben usw. Die Obstbäume, Obstunterlagen und andere Wildlinge, aber auch Forst- und Heckenpflanzen werden zu einem großen Teil nach den meisten europäischen Ländern exportiert.

Mariano Comense, im Hügelland südlich des Comer See gelegen, hat eine Baumschulfläche von ungefähr 300 ha, hauptsächlich Koniferen. Das Winterklima ist nicht sehr verschieden von dem Westeuropas, und starke Fröste sind keine Ausnahmen. Bemerkenswert sind die Bestände an Solitärpflanzen, die zum Teil auch in die benachbarte Schweiz verkauft werden.

Dorsman, C., 1975: Boomkwekerijen in Noorditalie; De Boomkwekerij 12: (Nr. 12).

Vereinigtes Königreich

Ende November 1970 wurde vom englischen Baumschulverband eine Übersicht herausgegeben, die sich durch einen kleinen Aufwärtstrend gegenüber der Erhebung von 1961 auszeichnet. In dieser neuen Übersicht wird mitgeteilt, daß es im Vereinigten Königreich über 2500 Baumschulen gibt, mit einem Gesamtareal von rund 6100 ha. Hiervon haben 170 Betriebe ein Areal von über 20 ha, und die Gesamtfläche dieser Gruppe beträgt 2600 ha. Die Anzuchten von Ziergehölzen nehmen 3038 ha ein, Obstgehölze 1418 ha und Stauden 1660 ha.

Nach der statistischen Erhebung vom Juni 1961 gibt es in England und Wales 2568 Betriebe, die Baumschulpflanzen heranziehen und zusammen eine Baumschulfläche von 13 150 acres umfassen. 1 acre hat 4046 qm, so daß die gesamte Baumschulfläche rund 5320 ha entspricht. Zum besseren Verständnis sind in der folgenden Übersicht die annähernden Größen in ha hinzugefügt.

Erhebung 1961

Flächengröße acres	(= ha)	Anzahl Betriebe	Baumschulfläche acres	ha
$^1/_4$—$^3/_4$	0,1—0,3	210	78	31,6
1—3$^1/_2$	0,4—1,4	1 162	1 298	525,2
4—9$^3/_4$	1,6—4,5	614	1 786	722,6
10—19$^3/_4$	4,5—8	251	1 889	764,2
20—49$^3/_4$	8,5—20	160	1 882	761,5
50—99$^3/_4$	20—40	93	3 409	1379,3
100 und mehr	über 40	78	2 808	1136,1
Summe		2 568	13 150	5320,5

Für 1977 wurde die baumschulisch genutzte Fläche mit 6071 ha angegeben.

Weit über die Hälfte aller Obstgehölze werden in den im Südwesten des Landes gelegenen Grafschaften (Counties) Essex, Kent, Sussex, Surrey und Hampshire angezogen Fast ein Viertel der Gesamtproduktion an Ziergehölzen des Landes steht in der Grafschaft Surrey mit dem bekannten Baumschulzentrum Woking; ein weiteres Viertel wird in den anderen südwestlichen Grafschaften produziert.

Die Obstbaumschulen von England und Wales bleiben mit ihrer Gesamthöhe von 1472 ha hinter den Ziergehölzbaumschulen mit 2385 ha erheblich zurück. Das Baumschulzentrum Surrey mit 560 ha Ziergehölzen und 100 ha Obstbaumschule ist dreimal größer als die beiden anderen Zentren Sussex und Hampshire. In der folgenden Tabelle sind nur die Grafschaften genannt, die über 200 acres Baumschulfläche (= 80,9 ha) auf einem Sektor haben.

County (Grafschaft)	Obstbaumschule Fläche in acres	Ziergehölze Fläche in acres	County (Grafschaft)	Obstbaumschule Fläche in acres	Ziergehölze Fläche in acres
Surrey	247	1385	Norfolk	270	174
Sussex West .	362	154	Hampshire ..	257	351
Kent	357	148	Stafford	38	326
Essex	346	200	Chester	34	254
Worcester ..	276	63	Nottingham .	19	124

Die Baumschulfläche in Wales ist unbedeutend; nur im County Flint gibt es ca. 100 acres Baumschulen.

Erwähnenswert ist die etwa 220 ha große Baumschule von Hillier, die mit 12 000 Arten und Sorten die weitaus größte Sortimentsbaumschule der Welt darstellt (Abb. 15). Andere bekannte Baumschulen sind Jackman in Woking (Clematis, Ziergehölze), Slocock in Woking (Rhododendron), Seabrock in Clemsford, Wheatcroft in Nottingham (Rosen).

Das Vereinigte Königreich ist, gleich vor der Bundesrepublik, der wichtigste Abnehmer holländischer Baumschulpflanzen (1961 kaufte das Vereinigte Königreich für 11,5 Mill. Gulden Baumschulpflanzen, die Bundesrepublik für 10,2 Mill. Gulden).

Daß die englischen Gärtner ausgezeichnete Fachleute und Kultivateure sind, ist bekannt. Ihre Kulturen weichen von den unseren dadurch ab, daß sie wesentlich größere Sortimente enthalten, dafür jedoch von jeder Sorte meist kleinere Mengen oder Einzelpflanzen. Das hängt zusammen mit der Einstellung der Käufer, die individuell bedient werden wollen. Sehr viele Gehölzzüchtungen stammen aus England, vor allem Rhododendron. Unsere Standardsorten von Rhododendron, die auch in Holland allgemein für den Export herangezogen werden, gelten in England als überholt und nicht mehr pflanzwürdig. Berühmt ist der Versuchsgarten der *Royal Horticultural Society* in Wisley, unweit Londons.

Abb. 15. Zwerg-Rhodos und Wildarten stehen auch bei Hillier in Winchester (England) auf Beeten unter Bäumen (Werkbild)

Nicht vergessen werden darf auch die 1913 errichtete East Malling Research Station in East Malling, Kent, Südostengland. Die hier erzielten Resultate der Obst-Unterlagen-Selektion sind heute jedem Obstbauer in der ganzen Welt bekannt.

In *Schottland* liegen nur unvollständige Erhebungen vor; so wurden, nach Angaben des Department of Agriculture for Scotland, im Jahre 1962 um 162 ha Baumschulfläche und etwa 24 ha Staudenanzuchten ermittelt, nicht aber die Anzahl der Betriebe. Jedoch umfaßt der weitaus größte Teil der Fläche fast nur Rosen und Forstgehölze.

In *Nordirland* gab es 1962 etwa 25 Baumschulen mit einer Kulturfläche von rund 324 ha und einer auf 1 Mill. £ geschätzten Jahresproduktion.

August, E., 1954: Die East Malling Research Station; Gründung, Entwicklung, Tätigkeit; Dt. Baumschule 6: 97-106. — Ministry of Agriculture, Fisheries and Food, Statistics Division «C", London: Acreage of vegetables for human consumption, hardy nursery stock, flowers and crops under glas; June 1961; Distribution of Holdings and hardy nursery stock, by total horticultural acreage and crop acreage size groups; June 1961; London 1962. — Großbritannien und die Niederlande, BdB-Mitteilungen 4/80.

Irland

In der *Irischen Republik* gibt es insgesamt nur 34 Baumschulen, wie die „List of nurserymen approved by the Minister for Agriculture for the sale of forest trees, fruit trees, shrubs, et." für 1963 ausweist. Von diesen 34 Betrieben, die insgesamt eine auf rund 1500 acres geschätzte Baumschulfläche (= etwa 600 ha) haben, sind allein 20 reine Forstbaumschulen. Von einem Zentrum der Baumschulen kann keine Rede sein, sondern die Betriebe sind über das ganze Land verteilt.

Aus den von der neuen Gartenbau-Abteilung des Landwirtschaftsministeriums zur Verfügung gestellten Zahlen kann man ersehen, daß der Gartenbau zur Zeit noch sehr geringe Bedeutung hat. Die Importe von Bäumen und Sträuchern beliefen sich in den letzten 5 Jahren auf 36.195 £ (1958), 32.582 £ (1959), 42.411 £ (1960), 44.222 £ (1961) und 45.497 £ (1962). Der Wert des Exportes ist nicht klar zu ersehen, da er in der Rubrik „Sonstige" enthalten ist. Für die letzten 5 Jahre werden folgende Zahlen genannt: 36.311 £ (1958), 29.531 £ (1959), 41.163 £ (1960), 34.007 £ (1961) und 31.821 £ (1962). Wohin exportiert bzw. woher importiert wurde, ist leider nicht angegeben.

Schweiz

Wie schon früher, wurden auch jetzt die folgenden Informationen vom Verband Schweizerischer Baumschulen, Sekretariat, Zürcherstr. 17 in CH-5200 Windisch, zur Verfügung gestellt. Statistische Erhebungen gibt es nur alle 5—10 Jahre; da jedoch die Erhebungskriterien immer wieder wechseln, lassen sich die Ergebnisse häufig nur schwer vergleichen.

Das Mitgliederverzeichnis des oben genannten Verbandes von 1979 führt 118 Betriebe, einschl. Staudengärtnereien, auf, mit einer Baumschulfläche von rund 650 ha. Die durchschnittliche Größe der diesem Verband angeschlossenen Betriebe liegt bei 5,5 ha und ist damit um 1,6 ha größer als 1965. Hierzu muß aber noch bemerkt werden, daß die Gesamtbetriebsflächen noch um 2—4 ha größer sind, wenn die landwirtschaftlich genutzten Reserveflächen hinzugerechnet werden. Anschließend einige Zahlen aus der Eidg. Statistik:

Obstbaumschulen	1956	1969	1975	1978
Anzahl Betriebe	166	—?—	112	115
Hektarenfläche	132	136	100	114

Zierbaumschulen	1965	1969	1975
Anzahl Betriebe	199	213	257
Hektarenfläche	795	970	1220

Viele Gartenbaubetriebe, „gemischte" Betriebe und Landwirtschaftsbetriebe unterhalten als Nebenerwerb eine kleine Baumschule; in der oben stehenden Übersicht sind diese Betriebe zahlenmäßig nicht enthalten, wohl aber ihre Hektarenfläche. Aufgeteilt nach der Betriebsgröße ergibt sich folgende Gliederung, nach dem Stand von 1975:

Größe in ha	Anzahl Betriebe	Größe in ha	Anzahl Betriebe
0 —1	550	3,01— 5	85
1,01—2	180	5,01—10	64
2,01—3	97	über 10,01	61

Über 50 ha groß ist nur 1 Betrieb. In der Kategorie 0—3 ha befinden sich nur wenige reine Baumschulen. Seit 1965 ist die Zahl der Gärtnereien, die nebenher eine kleine Baumschule betreiben, erheblich angewachsen, wie die obigen Übersichten zeigen. Auch die Struktur der Betriebe hat sich teilweise verändert, da sie sich zunehmend spezialisiert haben, so z. B. auf Container-Kultur. Statistiken über die einzelnen Kulturen liegen jedoch nicht vor, ausgenommen Rosen. Die Erzeugung von Rosenpflanzen ist von 2 Mio. Stück (1964) gestiegen auf 2,5 Mio. Stück (1975).

Die Baumschulen sind ziemlich gleichmäßig über das ganze Land verteilt. Der Kanton Zürich hat mit über 120 ha das größte Baumschulareal. Die meisten Betriebe, allerdings in der Hauptsache kleinere Obstbaumschulen, gibt es im Kanton Wallis (Valais). Die Kantone Bern und Waadt (Vaud) haben je 80—90 ha Baumschulfläche, und sogar der kleine Kanton Genf (Genève) hat noch über 50 ha Baumschulfläche, wovon allerdings zwei große Betriebe den größten Teil umfassen. Das Eidg. Statistische Amt erhebt alljährlich die Produktion von Obstbäumen und Unterlagen; sie genügt vollauf dem Eigenbedarf der Schweiz. Bereits seit 1934 gibt es eine freiwillige Baumschulkontrolle, die seit dem 20. 6. 1952 obligatorisch ist. Um der schweizerischen Markenware an Obstbäumen eine bessere Absatzmöglichkeit zu verschaffen, werden diese bei 1. Qualität mit einem besonderen Etikett („Schweiz. Gütezeichen") versehen, eingeführte Auslandsware mit einem Etikett „Importware". Ein Export von schweizerischer Baumschulware besteht nicht, dagegen wird importiert aus den Niederlanden, Belgien, Frankreich, der Bundesrepublik, Dänemark, England usw., doch ist eigentlich nur mehr der Import immergrüner Gehölze noch nennenswert.

Österreich

In der Vergangenheit spielten die Baumschulen nie eine wesentliche Rolle im österreichischen Gartenbau. Eine große Zahl von Betrieben erzeugte auf kleinen Flächen vor allem den Obstgehölzbedarf für die unmittelbare Nachbarschaft. Die verbesserten konjunkturellen Bedingungen seit etwa 1960 haben aber auch in der Baumschulbranche zu erheblichen strukturellen Veränderungen geführt. In allen verbrauchernahen Gebieten gibt es heute leistungsfähige Betriebe mit dem üblichen Sortiment an Obstgehölzen, Ziersträuchern, Bäumen, Rosen usw. Einen guten Ruf haben vor allem eine Reihe von Endverkaufsbetrieben, die zum Teil zu Gartencentern ausgebaut wurden.

Die Statistik weist folgende Zahlen aus:

Anzahl Betriebe			Baumschulfläche in ha		
1952	1960	1978	1952	1960	1978
757	532	180	469	699	1000

Zu diesen Zahlen sind die im Forstlichen Jahresbericht genannten etwa 330 Handels-Forstbetriebe mit etwa 700 ha Produktionsfläche noch teilweise hinzuzuziehen.

Schwerpunkte baumschulischer Produktion liegen in Niederösterreich mit 70 Betrieben auf 350 ha, Oberösterreich mit 45 Betrieben auf 300 ha und der Steiermark mit 35 Betrieben auf 100 ha.

Über den Produktionswert der in eigenen Baumschulen erzeugten Pflanzen macht die Statistik keine Angaben. Ergänzend zur Eigenerzeugung werden in erheblichem Umfang Zukäufe im Ausland getätigt. Eingeführt wird Baumschulware (1978) etwa für 83 Mio. österreichische Schillinge (rund 12 Mio. DM). Die Niederlande halten mit rund 35 Mio. öS (5 Mio. DM) die Spitze, gefolgt von der Bundesrepublik Deutschland mit 33 Mio. öS (4,7 Mio. DM). Die Ausfuhren erreichen lediglich einen Umfang von ca. 1 Mio. öS (0,14 Mio. DM).

Matzke, W. & Weber, F.: Das österreichische Baumschulwesen. Gartenwelt 1964: 147-148. — Weber, F.: briefl. Mitteilung 8/1979.

Dänemark

Im Jahre 1978 gab es insgesamt 948 Baumschulen mit einer Kulturfläche von 3045 ha. Es gibt jedoch auch noch eine geringe Anzahl von Forstbaumschulen und Obstbaumschulen, die nur für den eigenen Bedarf produzieren und die nicht in diesen statistischen Zahlen enthalten sind. Die weiter unten folgende Aufstellung zeigt, daß von den 948 Baumschulen 360 Betriebe unter 0,5 ha groß sind.

448 Betriebe mit zus. 1614 ha liegen auf Jütland, 360 Betriebe mit 1001 ha auf Seeland, Lolland und Falster und 140 Betriebe mit 430 ha auf Fünen und den Inseln. Die Durchschnittsgröße beträgt 3,2 ha; die genaue Einteilung nach der wirklichen Betriebsgröße sieht jedoch so aus:

Größenübersicht	Anzahl Betriebe 1960	1978
bis 0,5 ha	306	359
0,5— 1 ha	121	171
1 — 5 ha	276	294
5 —10 ha	52	64
10 —20 ha	31	38
20 —90 ha	15	22
	801	948

Über die Kulturen liegen folgende Informationen vor:

	Flächengröße in ha		
	1953	1960	1978
Forstbaumschulen	695,2	721,3	553
Andere Baumschulen	1195,7	1335,2	2492
Obstbäume u. Sträucher	245,1	196,2	197
Rosen	219,4	326,5	321
Sommergrüne Bäume u. Sträucher	152,8	223,9	503
Immergrüne Bäume u. Sträucher	201,4	252,8	691
Sonstige Gehölze	377,0	335,8	734

Was nicht im Lande selbst verbraucht wird, exportieren die dänischen Baumschulen nach Schweden, Finnland, Norwegen, Deutschland, England, der Schweiz und Österreich; wichtigste Einfuhrländer ausländischer Baumschulpflanzen sind die Niederlande, Belgien und Frankreich. Der Exportwert der dänischen Baumschulpflanzen belief sich 1974 auf über 200 Mio. dKr.

Es gibt mehrere staatliche Versuchsstationen für das Baumschulwesen in Dänemark; die wichtigste ist Statens Forskningscenter för Havebrug in Hornum, Nord-Jütland, ursprünglich eine Obstbau-Versuchsstation, die aber wegen ihrer nördlichen Lage sich nicht als hierzu besonders geeignet erwies und deshalb eine andere Aufgabe erhielt. Vor allem werden hier Untersuchungen über die zweckmäßige Anzucht von Forstpflanzen durchgeführt, aber auch die Selektion von Rosenunterlagen. Die zweite wichtige Versuchsstation, in Humlebaeck, nördlich von Kopenhagen, befaßt sich ausschließlich mit der Untersuchung der besten Kulturmethoden für Forstpflanzen. In Hornum beschäftigt man sich mit der Untersuchung virusfreien Materials und Material mit besonderen genetischen Eigenschaften. Geprüftes Material wird vom „Nationalausschuß" abgegeben und die Nachzucht ebenfalls geprüft und bescheinigt. Am 1. Mai 1979 wurde der „Nationalausschuß" mit dem Staatlichen Pflanzenschutzdienst zusammengelegt, um diese Kontrollaufgaben künftig gemeinsam durchzuführen.

Stauning, A.: Dansk Planteskole-ejer-Forening 1889—1948; Kopenhagen 1948. — Danvig/Pedersen: Arbog för Gartneri 1952; 250 S.; Kopenhagen 1953. — Mader, P.: Die Baumschulen in Dänemark. Dt. Baumschule 6:60—63; 128—133; 1954. — Dorsman, C. & van Doesburg, I.: Boomkwekerij in Denemarken; Boomkwekerij 1963: 331—338. — Detz, H.: Eenige indrukken van de boomkwekerijen in Denemarken; in Bomen & Beplantingen 1968: 170—172.

Norwegen

Norwegen hat von seiner Südspitze bis zum Nordkap eine Längenerstreckung von 1750 km; das entspricht einer Entfernung von Hamburg bis Tunis oder Sizilien! Der Boden besteht zum größten Teil aus unfruchtbarem Fjell, nur 3,3 % des Bodens sind kulturfähig. 22 % des Landes ist mit Wald bedeckt. Trotz seiner nördlichen Lage hat die Küste und das Fjordgebiet durch den günstigen Einfluß des warmen Golfstromes ein mildes Klima, während das Landesinnere zwar höhere Sommer-, aber sehr tiefe Wintertemperaturen hat. Tromsö (69° n. Br.) hat eine höhere Januartemperatur als die Hauptstadt Oslo (60° n. Br.), doch sind die Sommer in Nordnorwegen kurz und kühl. Die Baumschulen befinden sich daher hauptsächlich im Süden des Landes, vor allem in folgenden Gebieten: Umgebung des Oslofjordes, an der Westküste in der Umgebung von Stavanger und in Ostnorwegen am Rande des großen Binnensees Mjösa. Insgesamt gab es nach der statistischen Gartenbauerhebung von 1974 177 Baumschulen mit einer Gesamtanzuchtsfläche von 322,2 ha (in Norwegen wird nach „Dekar", = 1000 qm erhoben). Die 60 Forstbaumschulen sind in der Gartenbaustatistik nicht enthalten. Die Mehrzahl der Baumschulen hat eine Größe zwischen 0,5—5 ha; nur 11 Betriebe sind über 10 ha groß.

Nachfolgend genauere Angaben aus der Statistik:

Wichtigste Baumschulgebiete (zus. 77 Betriebe mit 197 ha Fläche)

Landesteil (Fylke)	Anzahl Betriebe	Gesamtgröße ha
Rogaland	22	64,7
Hedmark	12	40,0
Akershus	13	35,4
Vestfold	17	29,1
Østfold	13	28,3

Gegenüber der Statistik von 1969 (veröffentlicht 1970), die ein Areal von 270 ha aufzeigte, ist die Baumschulfläche also um über 50 ha (= 6,4 %) größer geworden.

In Nordnorwegen, immerhin weit nördlich des Polarkreises, gibt es in Nordland noch 4 kleine Baumschulen mit zus. 0,53 ha Fläche, und noch höher hinauf, in Troms, schließlich noch 3 Betriebe mit zus. 1100 qm Fläche. In der Finnmark, dem nördlichsten Fylke, gibt es keine Baumschulen, denn hier liegt von Oktober bis April Schnee.

Zahl der Betriebe nach Größenklassen

Fläche in ha	Anzahl Betriebe	Fläche in ha	Anzahl Betriebe
unter 0,5	23	5,0—9,9	29
0,5—1,9	50	10 und größer	33
2,5—4,9	42		

Die Produktionsstatistik für 1977 und 1978 zeigt folgende Zahlen:

	1977	1978
Obstbäume		
Äpfel, zweijährig	35 900	29 500
Birnen, zweijährig	10 500	6 000
Pflaumen, zweijährig	32 700	23 000
Johannisbeeren, schwarz, Fertigware	147 500	122 500
Johannisbeeren, rot, Fertigware	51 700	38 000
Himbeeren	124 000	147 000
Stachelbeeren, zweijährig	25 000	10 000
Sauerkirschen, zweijährig	22 000	17 000
Süßkirschen, zweijährig	3 500	4 300
Rosen, verkaufsfertig	149 000	161 500
Heckenpflanzen	1,86 Mio.	1,6 Mio.
Ziersträucher, fertig	1,64 Mio.	1,1 Mio.
(dabei 190 000 Berberis thunbergii und 154 000 Potentilla frut.)		
Jungpflanzen zum Verkauf	0,8 Mio.	1,26 Mio.
Koniferen, Fertigware	0,6 Mio	0,5 Mio.

Die eigenen Anzuchten decken indessen den Bedarf bei weitem nicht und so müssen erhebliche Mengen importiert werden. Nach wie vor stehen die Niederlande und Dänemark an der Spitze der sechs wichtigsten Lieferländer, wie die folgende (auszugsweise) Übersicht zeigt:

(alle Angaben in 1000 Stück)

Land	Ziergehölze 1975/76	Ziergehölze 1976/77	Koniferen 1975/76	Koniferen 1976/77	Rosen 1975/76	Rosen 1976/77	Obstbäume 1975/76	Obstbäume 1976/77
Niederld.	663	689	257	281	680	426	10	12
Dänemark	885	1027	493	515	426	542	18	15
Belgien	19	26	0,5	0,3	256	200	5	7
Bd. Republ.	145	66	53	39	86	73	7	3
Schweden	310	261	175	16	0	4	39	0,4

Abb. 16. Kleine Baumschule an einem Fjord in Westnorwegen (Foto: Reisaeter)

Unter den importierten Pflanzen standen in den letzten Jahren an der Spitze (Stückzahlen für 76/77 in Klammern): Berberis (512), Cotoneaster (313), Spiraea (240), Potentilla (136), Syringa (62), Pinus (416), Abies (83), Juniperus (80), Picea (56), Beerenobststräucher (166), Rosen (1246), und Clematis (39). Alle Angaben in 1000 Stück.

Die älteste Baumschule des Landes gehört der Landwirtschaftlichen Hochschule in As und liegt in Vollebekk; sie ist 12,5 ha groß. Hier gibt es auch ein eigenes Institut für Dendrologie und Baumschulwesen.

Norges Offisielle Statistik A 751; Hagebruksteljing 1974; Oslo 1975. — Import og norsk produksjon av planteskolevarer; Gartneryrket 68: 722—726; 1978.

Schweden

In Schweden gab es im Jahre 1971 683 Baumschulen mit einer Fläche von zusammen 890 ha, im Jahre 1976 waren es 636 Betriebe mit 965 ha. Etwa die Hälfte davon befinden sich in der Provinz Skane. Nennenswerte Betriebe gibt es in Skaen, Halland und bei Vätteren (Gränna und Jönköping). Im Gebiet von Mittel-Schweden befinden sich hier und da, bis Dalarna und Gästrikland, noch einzelne Betriebe, jedoch nördlich davon nur noch wenige, kleinere Baumschulen. Etwa 24 % aller Baumschulen haben eine Fläche bis zu 1 ha, und etwa 45 % sogar nur 0,1—0,5 ha. Diese beiden Gruppen verfügen nur über 9 % der gesamten Baumschulfläche. Nur 8 Betriebe bewirtschaften jeweils ein Areal von über 20 ha, das sind zusammen etwa 27 % der Baumschulfläche. Alle Baumschulen nehmen wiederum nur 9 % der gesamten Gartenbaufläche ein.

1977 nahmen die wichtigsten Kulturen folgende ha-Flächen ein:

Gebiet	Rosen	Ziergehölze	Obst	Bäume	Sonstige	Summe
Kristianstad	13	50	64	10	96	233
Malmö	11	104	10	13	65	203
Halland	3	36	5	3	36	83
Kalmar	9	31	10	8	9	67
Skaraborg	1	25	6	11	9	52
Jönköping	1	6	31	3	10	51

Importiert werden Baumschulpflanzen in erster Linie aus Holland und Dänemark, in geringerem Umfang aus der Bundesrepublik, Frankreich und Belgien. Es handelt sich in der Hauptsache um die sog. „Boskooper Artikel", dann Stachelbeeren, Unterlagen für Rosen und Obstbäume, Jungpflanzen von Koniferen, Rosen usw. Ein Export von schwedischer Baumschulware kommt nur selten vor, so nach Norwegen, Dänemark und Deutschland.

Sveriges officielle statistik; Statistik meddelande 1977: 13; Trädgårdsräkningen 1977. Örebro 1977.

Finnland

Die weitaus meisten Betriebe liegen im Süden und Südwesten des Landes, in Athiala, Mirhala und Lojo. Die erste Baumschule wurde 1820 in Åbo angelegt mit dem Ziel, Apfelbäume und Beerenobst zu ziehen, die man in guter Qualität und zu billigen Preisen an die Bevölkerung abgeben wollte. Der Anfang war gewiß nicht einfach, denn die Winter sind in Finnland lang und streng, die Tageshelle nur kurz, jedoch die Sommer lang und ausgeglichen, mit sehr langen Tagen und kurzen Nächten. Frühling und Herbst sind nur kurz.

Im Jahre 1977 gab es in Finnland 126 registrierte Baumschulen mit einem Areal von 436 ha (ohne Forstbaumschulen). Hiervon entfielen

347 ha auf Ziergehölze einschl. solcher Forstpflanzen, die in Parks und Gärten verwendet werden

14 ha Stauden

Auf dieser Fläche wurden folgende Fertigpflanzen produziert:

17 000	Obstbäume
500 000	Beerenobststräucher (Stachelbeeren, Johannisbeeren, Himbeeren)
1 800 000	Erdbeerpflanzen
1 200 000	Ziersträucher
1 500 000	Heckensträucher
400 000	Stauden

Abb. 17. In Finnland werden die Forstsämereien teilweise unter großen Plastikzelten ausgesät (Foto: Stiftung für Forstpflanzenzüchtung. Helsinki)

Die Anzucht von Forstpflanzen ist in den letzten 20 Jahren erheblich ausgeweitet worden. Die Forstbaumschulen erzogen 1977 auf einer Gesamtfläche von 911 ha (davon 43 ha unter Plastikfolienhäusern) rund 177 Mio. Forstpflanzen und zwar 137 Mio. Pinus silvestris, 30 Mio. Picea abies, 8 Mio. Betula verrucosa und 2 Mio. sonstige Forstpflanzen.

Der Import der Baumschulpflanzen unterliegt Beschränkungen. Er kann nur über die Hafenstädte Helsinki und Åbo erfolgen und muß außerdem die Pflanzenschutzstelle in Dickursby passieren. Der Wert der Importe belief sich 1977 auf 13,6 Mio. FMK (1962 auf 2,2 Mio. FMK). Die Pflanzen kamen

1962	1977
37,2 % aus den Niederlanden	60,1 % aus den Niederlanden
30,6 % aus Dänemark	23,6 % aus Dänemark
20,7 % aus Belgien	8,6 % aus der Bundesrepublik
10,9 % aus der Bundesrepublik	2,6 % aus Schweden
0,5 % aus Schweden	1,9 % aus Bulgarien(!)
0,1 % aus Frankreich	1,4 % aus Großbritannien
0,3 % aus sonstigen Ländern	0,8 % aus Belgien
	1,0 % aus sonstigen Ländern

Hirvonen, A.: Planteskoledrift i Finnland; Årsskrift Norsk Planteskolelag 1957: 7—14 (in Norwegisch). — Landwirtschaftsamt, Gartenbau-Abteilung: Übersicht über Einfuhr und Erzeugung von Baumschulpflanzen im Jahr 1977; Helsinki 1977 (in Finnisch).— Die öffentliche Statistik in Finnland, XVII A: 9; Forststatistisches Jahrbuch 1976; Helsinki 1978. (in Finnisch, mit englischer Zusammenfassung).

Spanien

Das amtliche Material über den spanischen Gartenbau macht die Auswertung schwierig; die Veröffentlichung des Landwirtschaftsministeriums über die am 31. August 1961 zugelassenen Gartenbaubetriebe, Baumschulen und Weingärten enthält zwar jeden einzelnen Betrieb mit Angabe der Betriebsart und Zulassungsnummer, jedoch ohne Angabe der Hektargröße. Sodann ist auch nicht erkennbar, ob es sich um Obstbaumschulen oder Obstplantagen handelt bzw. ob zwischen beiden ein Unterschied gemacht wird. Kulturen von Citrus, Oliven, Mandeln und *Ceratonia* (Johannisbrotbäume) werden ohnehin getrennt aufgezählt.

Wenn man die Obstbaubetriebe unberücksichtigt läßt, bleiben etwa 150 Baumschulen übrig, die Alleebäume, Bäume für die Uferbepflanzung, Zierbäume und Ziersträucher anziehen. In der Veröffentlichung „Viveros de Frutales, Vides y Plantas de Jardin“ werden alle Betriebe, nach Provinzen und Orten geordnet, aufgezählt. Demnach gibt es etwa 20 Baumschulen in der Provinz Zaragoza, 13 in Barcelona, 11 in Madrid, 10 in der Provinz Tarragona, je 7 in Valencia und Navarra, je 5 in Lerida, Malaga und Oviedo, während in den restlichen Provinzen meist nur 1—3 Baumschulen genannt sind.

Die Forstbaumschulen unterstehen nicht der „Direccion General de Agricultura“, sondern der „Direccion General de Montes“.

Aus den Vorbemerkungen zu der obengenannten Schrift kann man entnehmen, daß seit 1947 die Gründung und der Betrieb einer Baumschule (ausgenommen Forstpflanzen) gesetzlich geregelt ist. Die Betriebe müssen alljährlich der Landwirtschaftskammer ihrer Provinz (Jefatura Agronomica de la Provincia) melden, was sie im abgelaufenen Jahre verkauft haben und welche Pflanzen, nach Stückzahlen und qm Fläche, jetzt aufstehen. Sodann müssen sie ihre Kataloge und Preislisten vor dem Druck und vor der Versendung an die Kundschaft zur Genehmigung bei dem „Servicio de Defensa contra Fraudes“ einreichen.

Abb. 18. Die Staatl. Forstbaumschule in Gerez, Provinz Minho, Portugal

Ministerio des Agricultura; Direccion General de Agricultura, Servicio de Defensa contra Fraudes: Viveros de Frutales, Vides y Plantas de Jardin. 109 S. Madrid 1962.

Portugal

Die Angaben über die Produktion von Baumschulpflanzen in diesem Lande sind leider nur unvollständig und umfassen nur die Forstgehölze und wurden von der Direccao-General dos Servicos Florestais e Aquicolas in Lissabon erteilt.

Es gibt 115 Forstbaumschulen mit einer geschätzten Gesamtfläche von 195 ha. Die in diesen Betrieben angezogenen Pflanzen sind in erster Linie Eucalyptus, Pinus (P. pinaster, silvestris, pinea und radiata), Quercus-Arten, Castanea, Cupressus usw. Die Produktion im Jahre 1962/63 betrug etwa 10 Mill. Pflanzen, wovon die Forstbehörden etwa 9,3 Mill. selbst verwendeten, der Rest wurde zur Deckung des privaten Bedarfes abgegeben (Abb. 18 und 19).

Daneben scheint es noch eine große Zahl von ganz kleinen Baumschulen zu geben, die wahrscheinlich nur den eigenen Bedarf an Obstgehölzen decken.

Einer Mitteilung des Direcçáo-Geral de Fomentu Florestal im Ministerium für Landwirtschaft vom Mai 1979 ist zu entnehmen, daß es heute 38 Hochbaumschulen mit Ziergehölzanzuchten gibt. Diese Betriebe sind über das ganze Land verteilt und bewirtschaften etwa 13,7 ha Fläche.

In allen Betrieben zusammen wurden 1978 etwa 26,8 Mio. Pflanzen erzeugt.

Griechenland

Über die Baumschulen gibt es zwar noch keine genauen statistischen Erhebungen, doch kann man sich aus den Mitteilungen des Landwirtschaftsministeriums, Direktion Garten- und Obstbau, ein gutes Bild machen.

Es gibt in Griechenland 74 staatliche Obstbaumschulen mit einer Gesamtfläche von 35 ha und etwa 1600 private Baumschulen mit einer Gesamtfläche von rund 400 ha. Die staatlichen Baumschulen sind im Durchschnitt 0,2—1 ha groß, die privaten Betriebe von 0,05 bis etwa 10 ha.

Die meisten Betriebe liegen in den Gebieten Corinth, Arta, Ätolien, Akarnanien, Lakonien, Imathien, Edessa u. a. Daneben gibt es noch 128 staatliche Forstbaumschulen in allen Teilen des Landes, mit einer Gesamtfläche von etwa 50 ha.

Abb. 19. Blick in eine portugiesische Erwerbsbaumschule; hier Quartier mit Kugeln von *Diosma ericoides* in Porto

Die Erwerbsbaumschulen ziehen in der Hauptsache Obstbäume an, daneben auch einige Forstpflanzen, eine geringe Menge an Ziersträuchern, außerdem Blumen. Die wichtigsten Obstgehölze sind: Äpfel, Birnen, Quitten, Eriobotrya, Pfirsiche, Aprikosen, Kirschen, Pflaumen, Orangen, Zitronen, Mandarinen, Mandeln, Nüsse, Pistazien, Oliven, Feigen, Maulbeeren, Granatäpfel, Johannisbrotbäume (Ceratonia siliqua) und Weinreben.

Die Produktion der Baumschulen deckt den Bedarf des Landes; Importe sind unwesentlich und erstrecken sich fast nur auf neue Züchtungen und Verbesserungen.

Sowjetunion (UdSSR)

In der Sowjetunion gab es 1956 (nach Horst Müller) 5000 Baumschulen, die rund 27 Mill. Obstgehölze heranziehen. Die Hauptzentren liegen in der Ukraine, im Kubangebiet und im zentralen Gebiet südlich von Moskau. Es wird konsequent ein dreijähriger Umtrieb durchgeführt, so daß einheitliche Bestände vorhanden sind. Es werden praktisch nur Viertelstämme mit 60 bis 80 cm Stammlänge angezogen. Niederstämme spielen nur in den südlichen Gebieten und auch dort nur eine geringe Rolle. Die einzelnen Arbeitsvorgänge sind weitgehend mechanisiert. Die einzelnen Anbaugebiete bevorzugen verschiedene Unterlagen. Bisher wurden bei Apfel Sämlinge, besonders aus dem Gebiet von Woronesch, bevorzugt. Da aber Untersuchungen ergeben haben, daß Sämlinge von Edelsorten weit bessere Anwachsergebnisse und bessere Ertragsleistungen zeigten, werden für die zentralen Gebiete Sämlinge von 'Anis' und 'Antonowka' verwendet. Malus prunifolia wird mehr und mehr zurückgedrängt. Für die südlichen Gebiete werden Sämlinge der Sorten 'Goldparmäne', 'London Pepping', 'Borowinka' u. a. herausgestellt; hier werden auch in geringem Umfange die Malus-Typen II, VIII und IX für den Selbstversorgerobstbau verwendet. Auch bei den anderen Obstarten geht man mehr und mehr von der wilden und urwilden Saat ab und bevorzugt die Nachkommenschaft bestimmter Edelsorten. Seit einigen Jahren sind auch in der Sowjetunion Qualitätsbestimmungen für Obstgehölze eingeführt worden. Für verkaufsfähige Gehölze werden vier Kronentriebe einschließlich des geraden Mitteltriebes gefordert.

Die obengenannten Zahlen über die Anzahl der Betriebe und die Baumschulfläche stimmen nicht ganz überein mit Zahlen aus einem Reisebericht, den SCHMADLAK dem Verfasser vermittelte. Darin heißt es, daß 1958 rund 1950 Baumschulen mit einer Fläche von rund 160 000 ha vorhanden waren, doch sei geplant, diese Fläche bis 1965 auf 250 000 ha zu erweitern.

MÜLLER, H.: Die Baumschulen in der Sowjetunion; Dt. Gärtnerpost vom 8. 1. 1956.

Polen

Nach Auskunft von der Landwirtschaftlichen Hochschule, Abteilung Zierpflanzenbau (Prof. Dr. S. Marczýnski), gab es im Jahre 1978 in Polen rund 850 Baumschulen mit einer Gesamtfläche von 2400 ha. Hiervon sind je etwa die Hälfte Privatbetriebe, die übrigen teils städtische Betriebe oder dem Landwirtschaftsministerium gehörend. Die Betriebsgröße ist sehr unterschiedlich, bei den Behördenbetrieben schwankend zwischen 2 bis 60 ha, während die Privatbetriebe 1—15 ha groß sind, in der Regel aber nur 1—2 ha und oft nur mit einer einzigen Kultur, z. B. Rosen.

Die Baumschulen sind über das ganze Land verteilt; eigentliche Zentren gibt es nicht. Die Rosenanzuchten befinden sich in größerer Zahl in den Gebieten um Lublin, Kutno, Lodz und Poznań.

Das Ziergehölz-Sortiment ist ziemlich reichhaltig, etwa 150 Arten und 1000 Sorten, aber das empfohlene Sortiment umfaßt 660 Arten und Sorten. Die Produktion belief sich 1978 auf

3,8 Mio. sommergrüne Bäume
13,1 Mio. sommergrüne Sträucher (ohne Rosen)
9,2 Mio. Rosen
0,4 Mio. immergrüne Bäume und Sträucher
4,0 Mio. Jungpflanzen-Sämlinge und Unterlagen

Etwa 5 % dieser Anzuchten werden exportiert.

Auch die Erzeugung von Obstgehölzen ist bedeutend; sie erfolgt in 420 privaten Baumschulen, auf 530 ha Fläche, und etwa 100 Behördenbetrieben, auf 1450 ha. Die privaten Betriebe haben eine Größe zwischen 1—20 ha, während die Behördenbetriebe von nur wenigen ha bis zu 200 ha groß sind. Die gesamte Erzeugung betrug im Jahre 1978

6,5 Mio. Obstbäume, und zwar	15,0 Mio. Beerenobststräucher, und zwar
3,0 Mio. Äpfel auf Sämlings-Unterlage	6,4 Mio. Schwarze Johannisbeeren
1,5 Mio. Äpfel auf vegetativer Unterlage	4,4 Mio. Rote und Weiße Johannisbeeren
0,4 Mio. Birnen	4,2 Mio. Himbeeren
0,75 Mio. Pflaumen	
0,65 Mio. Kirschen	35,0 Mio. Erdbeeren

Die staatlich oder städtisch verwalteten Betriebe sind in der Regel Abteilungen von Gütern. Außerdem gibt es auch noch Forstbaumschulen, in denen im Jahre 1974 rund 10,5 Mio. Bäume und 20 Mio. Sträucher erzeugt wurden.

Tschechoslowakei (ČSSR)

Vor dem Kriege gab es in der Tschechoslowakei nicht weniger als 1682 Betriebe mit Baumschulflächen. Nach 1945 wurden viele Betriebe zusammengelegt und der Anbau hinsichtlich Arten, Sorten und Baumformen vorgeschrieben; dadurch konnte die Zahl der Baumschulen auf 328 im Jahre 1961 reduziert werden. Es wird jedoch von MACHALA ausgeführt, daß diese Zahl noch zu groß sei und daß man besser mit nur 150 Baumschulen planmäßig produzieren könne.

Das Institut für Zierpflanzenbau in Pruhonice hat im September 1976 eine statistische Erhebung der Ziergehölzbaumschulen durchgeführt. Leider wurden hierbei nicht die Forst- und Obstgehölzbaumschulen erfaßt und auch im Landesteil Slowakei wurde man vorläufig nicht tätig. Auch Flächen unter 1000 m² und Flächen in nicht als selbständige Baumschulen deklarierten Betrieben wurden nicht erfaßt.

In Böhmen und Mähren gab es der Erhebung zufolge 117 Betriebe, von denen 11 Baumschulen 5 bis 10 ha und 13 Baumschulen 10 bis 50 ha Fläche nutzten. Von den 117 Baumschulen sind 31 Kommunalbetriebe, 27 landwirtschaftliche Genossenschaften, 15 Staatsgüter, 10 Schulgüter, 10 gehören zum Saatzuchtbetrieb OSEVA, 4 dem Gartenbauunternehmen SEMPRA und 20 verschiedenen anderen Ressorts. Die Flächen in der gesamten CSSR sollen bis 1979 auf 800 ha aufgestockt worden sein. Hierzu haben hauptsächlich die vergrößerten Anbauflächen für Ziergehölze und Stauden geführt.

Für den Verkauf zur Saison 1976 wurden ca. 2,15 Mio. Laubsträucher, 2,44 Mio. Rosen, 0,47 Mio. Laubbäume, 0,83 Mio. Nadelgehölze, 1,00 Mio. Stauden und 0,42 Mio. Steingartenpflanzen kultiviert. Dazu kommen noch in erheblichem Umfang Schlingpflanzen und Moorbeetpflanzen.

MACHALA, F.: Über die Produktion von Baumschulerzeugnissen in der ČSSR; Dt. Gartenbau 1962: 119-121. — PAVLÍK, Jan: briefliche Mitteilung 5/79. — Anon.: ČSSR, Erhebung der Baumschulflächen, Deutsche Baumschule 1978, S. 166.

Ungarn

Erfreulicherweise war es jetzt möglich, neue Angaben aus Ungarn zu bekommen. Danach gibt es 576 Baumschulen mit zusammen 4112 ha Fläche. (Die Anzahl der Betriebe kann nur ungefähr angegeben werden, weil aus den Angaben nicht ersichtlich ist, ob die Betriebe ausschließlich Obst oder Ziergehölze anziehen oder beides gleichzeitig).

Zunächst die Lage der Baumschulen im Lande (Anzahl Betriebe): 1978

Gebiet	Obstbaum-schule	Zier-gehölze	Forstbaum-schule	zus.
Transdanubien (Dunántul)	52	42	298	392
Zwischen Donau und Teiss (Duna-Tisza köse)	15	14	46	75
Jenseits der Teiss (Tiszántul)	—	23	32	55
nördl. Mittelgebirge	—	6	48	54
zusammen	67	85	424	576

Zunächst einige Angaben zu den Kulturen: In den Obstbaumschulen werden jährlich 5—5,5 Mio. Obstbäume und 26—27 Mio. Beerenobststräucher herangezogen, davon fast 90 % der Obstbäume in 3 staatlichen und 4 genossenschaftlichen Betrieben. Die anderen Obstbaumschulen sind in erster Linie für die Befriedigung des lokalen Bedarfs zuständig, spielen aber durch ihre Sortenauswahl auch eine Rolle in der Landesversorgung. In erster Linie werden Äpfel erzeugt, aber auch bedeutende Mengen von Sauerkirschen, Pfirsichen, Aprikosen und Pflaumen. Beim Beerenobst ist die Vermehrung von Erdbeeren und Himbeeren am bedeutendsten, dagegen Johannisbeeren und Stachelbeeren weniger umfangreich. Das Beerenobst wird nahezu vollständig im Inlande aufgepflanzt, während von den Obstbäumen 20—25 % exportiert werden, davon etwa 80 % in die Sowjetunion, der Rest in die CSSR, DDR, Jugoslawien und Rumänien, aber kaum in die westlichen Länder Europas.

Die jährliche Anzucht von Ziergehölzen beträgt etwa 5,5—5,7 Mio. Stück, davon rund 5 Mio. Laubgehölze, der Rest Nadelgehölze. Die Ziergehölze werden zu 85—90 % im Inland verbraucht. Der Export geht zu rund 30 % nach Österreich und in die Bundesrepublik, der Rest in verschiedene, vorwiegend westeuropäische Länder.

Die Produktion von Forstpflanzen beträgt jährlich im Durchschnitt etwa 280 Mio. Jungpflanzen, je fast zur Hälfte Laub- und Nadelgehölze, die bis jetzt ausschließlich zur Deckung des Inlandsbedarfs benötigt wurden.

Briefl. vom Staatl. Ungarischen Saatkontroll-Institut (Országos Vetömagfelügyelöség), Budapest II; Dr. B. Szalóczy.

Rumänien

In Rumänien gibt es (Stand 1960) 156 Obstbaumschulen, die über das ganze Land verteilt sind; man hat darauf geachtet, daß jedes Obstbaugebiet 1—2 größere Baumschulen hat, mit etwa 5—15 ha Fläche, manche auch nur 1—3 ha. Die Anzahl und Größe der Ziergehölz- und Forstbaumschulen war nicht zu erfahren, da sie auch zu einem anderen Verwaltungsbereich gehören.

1948 betrug die Baumschulfläche (nur Obst) 924 ha, und darauf erzeugte man rund 300 000 Obstbäume; 1960 betrug die Baumschulfläche, einschließlich der mitgerechneten Wechselkulturen, bereits 6512 ha. Im Jahre 1958 wurden in diesen Betrieben 3,2 Mill. Obstbäume erzeugt (n. Bordeianu).

Bordeianu/Stephan: Pepiniera de pomi (= Die Obstbaumschule); Editura Agro-Silvica; Bucuresti 1960.

Jugoslawien

Mit Ausnahme der kleineren Obstbaubetriebe und Zierpflanzengärtnereien sind alle Betriebe staatlich. Leider waren nur Informationen über Forstbaumschulen mit genauen Angaben zu erhalten.

Es gab im Jahre 1960, über das ganze Land verteilt, 1385 Forstbaumschulen mit einem Baumschulareal von zusammen 2083 ha. Eine Erhebung über die Größenordnung der Betriebe scheint nicht vorzuliegen.

Über die Produktion liegen folgende Zahlen für das Jahr 1960 vor:

Gesamtproduktion Baumschulpflanzen	181 189 000	Pflanzen
davon Ziergehölze	1 988 000	„
davon Obstgehölze	1 057 000	„

Die restlichen Pflanzen sind anscheinend ausschließlich Forstpflanzen. Außerdem gibt es noch 11,7 ha Blumen unter Glas und 5,2 ha Schnittblumen.

Statistički Godišnjak 1961; Beograd, Jugoslawien.

B. Die Einrichtung einer Baumschule (G. WENNEMUTH)

I. Die Wahl des Standorts für die Einrichtung einer Baumschule

HILKENBÄUMER versteht unter dem Begriff Standort alle Erscheinungen, die mit Boden, Klima und Lage im Zusammenhang stehen. Unter Lage will er dann die Erscheinungen verstanden wissen, die durch die Wechselbeziehungen zwischen der weiteren und engeren Nachbarschaft mit dem zu beobachtenden Gelände entstehen. Der Begriff Lage beinhaltet bei ihm nur topographische und mikroklimatische Aussagen. Im Zeitalter des marktwirtschaftlichen Denkens muß der Begriff Lage erweitert werden und auch absatzwirtschaftliche Aspekte beinhalten. Nur eine Zusammenschau von Boden, Klima und Lage im erweiterten Sinne kann zu einer richtigen Beurteilung der Eignung eines Geländes für die Anlage einer Baumschule führen. So kann die Ungunst von Boden und Klima oft durch eine gute Verkaufslage wieder ausgeglichen werden. Ein auf Produktion ausgerichteter Betrieb muß naturgemäß unter möglichst optimalen Boden- und Klimabedingungen arbeiten, während für den Betrieb mit Verkauf an den Endabnehmer die Lage zum Absatzmarkt von entscheidender Bedeutung ist. So finden wir in der Nähe größerer Städte immer eine Akkumulation von Baumschulen, oft auch unter schlechten Produktionsbedingungen und mit hohen Zukaufsraten. Sie bleiben meist nur mühsam unter der steuerschädlichen Zukaufsgrenze von 30 %.

a. Der Standort aus absatztechnischer Sicht

Man sagt zwar leichthin: Konkurrenz hebt das Geschäft; das kann aber nur gelten, wenn der Absatzmarkt überregional ist oder wenn sich der örtliche Markt infolge starker Bautätigkeit zu entwickeln verspricht.

Es liegt kein Zahlenmaterial darüber vor, welche Einwohnerzahl das Einzugsgebiet einer Baumschule aufweisen muß. Zu beachten ist, daß der Anteil der potentiellen Käuferschaft in kleineren Städten höher liegt als in größeren, weil der Anteil von Mietwohnungen ohne Gärten in größeren Städten steigt. Der Einzugsbereich kann mit einem Radius von ca. 20 km angegeben werden. Gartengestaltungsbetriebe können auch noch über diesen Bereich hinaus angesprochen werden. Größere Gartengestaltungsbetriebe beziehen aber in der Regel wegen ihres differenzierten Bedarfs hinsichtlich Arten, Sorten und Größenklassen ihre Pflanzen von überörtlichen Versandbaumschulen.

Soll der Privatkunde angesprochen werden, so muß man über eine gut organisierte Verkaufseinrichtung verfügen. Die Investitionen dürfen aber nicht zu hoch sein, sonst läuft die Entwicklung zwangsweise zum Gartencenter hin. Neben Gehölzen müssen dann auch Stauden, Balkonpflanzen, Schnitt- und Topfblumen und die große Palette der Gartenbedarfsartikel angeboten werden. Als Vorteil würden sich eine bessere, weil ganzjährige Ausnutzung der Verkaufseinrichtung und eine gleichmäßigere Auslastung der Arbeitskräfte ergeben. Der potentielle Kundenkreis vergrößert sich. Der Anteil der Baumschulgehölze am Umsatz übersteigt selten 25—30 %, selbst wenn eine Baumschule am Ausgangspunkt der Entwicklung stand. Wenn steuerlich keine Trennung zwischen Produktions- und Verkaufsbetrieb durchgeführt wird, kann der Gesamtbetrieb nur noch Gewerbetrieb sein.

b. Der Standort aus produktionstechnischer Sicht

Zunächst ist über die Frage nach dem optimalen Verhältnis zwischen Eigen- und Pachtland zu entscheiden. Pachtland ist nach aller Erfahrung finanztechnisch billiger als Eigenland, da der Pachtpreis immer niedriger liegt als der Zinsanspruch für das im Eigenland investierte Kapital. Wird der Eigenlandanteil zu groß gewählt, können eventuell die Investitionen in Gebäuden und Maschinen zu kurz kommen. Gebäude und betriebliche Einrichtungen, die dauerhaften Charakter haben, sollten aber immer auf Eigenland errichtet werden oder auf Land, das in Erbpacht genommen wurde. Günstige Pachtverhältnisse können nicht immer für einen längeren Zeitraum als gegeben angesehen werden. Im Zuge des weiteren Ausbaus der Städte oder Straßen können sich Verhältnisse schnell ändern. Man kann dann mit den Pachtflächen in eine verkehrstechnisch schlechte Lage abgedrängt werden. Die Eigenlandfläche muß deshalb so groß bemessen werden, daß auch nach Fortfall der Pachtflächen eine existenzsichernde Größe des Betriebes gewährleistet ist. Das ist etwa bei einer Größe von 1,5—2,0 ha der Fall.

1 Der Boden

Ideal für Baumschulkulturen ist humoser bis lehmiger Sand, vor allem dann, wenn im Untergrund wasserhaltende Schichten von Lehm oder Mergel gegeben sind.

Reiner Sandboden ist nur in Klimagebieten mit entsprechend hohen und richtig verteilten Niederschlägen (über 700 mm) gut brauchbar. Auf eine Regenanlage kann aber selbst dann nicht verzichtet werden.

Leichter Boden läßt sich besser mit Maschinen bearbeiten. In den Baumschulen mit hoher Mechanisierungsstufe werden praktisch alle Arbeiten „für die Pflanze" mit Maschinen ausgeführt. Arbeitsvorgänge wie Pflügen, Miststreuen, Grubbern, maschinelles Hacken, Anhäufeln, Pflanzenschutzspritzungen, das Ausbringen von Mineraldünger und das Roden und der Abtransport der Pflanzen sind mit dem Befahren des Ackers mit schweren Traktoren verbunden. Zwar wird ein guter Kultivateur seinen Boden nur bei nicht zu großer Bodenfeuchtigkeit befahren, so daß Bodenverdichtungen nur in längeren Zeiträumen sichtbar werden, doch ist im Herbst das Roden der Pflanzen oft nicht aufschiebbar, also Terminarbeit, und muß deshalb auch bei nassem Boden durchgeführt werden. In diesen wenigen Wochen wird die Struktur des Bodens für lange Zeit geschädigt. Je leichter der Boden ist, um so geringer ist der Schädigungsgrad und um so eher kann eine Strukturverschlechterung wieder aufgehoben werden. Hinzu kommt, daß die für schwere Böden benötigte Zugkraft höher als auf leichteren Böden ist.

Die hervorragenden chemischen Eigenschaften des schweren Bodens bezüglich der Sorptionskapazität und des Nährstoffreichtums treten gegenüber den schlechteren physikalischen Eigenschaften (träge Wasserführung, schlechtere Belüftung) zurück. Auf leichtem Boden kann wegen des schnelleren Abtrocknens im Frühjahr und der damit verbundenen schnelleren Erwärmung des Bodens früher mit dem Aufschulen der Pflanzen begonnen werden. Auf dem besser durchlüfteten leichten Boden bilden die Pflanzen ein besser verzweigtes Wurzelsystem aus, das man als Qualitätsmerkmal bezeichnen kann. Das gilt vor allem für die Anzucht von Jungpflanzen auf Saatbeeten.

Nicht unbeachtet darf der Humusgehalt des Bodens bleiben, der sowohl ganz leichte als auch schwere Bodenarten erst baumschulfähig macht. Leichter Boden wird physikalisch durch die Erhöhung der Wasserkapazität und chemisch durch die Erhöhung der Sorptionskapazität für Nährstoffe verbessert. Auf schweren Böden fördert Humus die Krümelstruktur und erhöht damit den Anteil an groben Poren, der eine bessere Belüftung und Wasserführung des Bodens bewirkt.

Die natürlichen, durch die Bodenart gegebenen physikalischen Eigenschaften des Bodens wie z. B. die Durchlüftung und die Wasserführung können nun durch Bodenverdichtungen erheblich verändert werden. Sie entstehen im Laufe der Jahre meist in Form von Pflugsohleverdichtungen durch die maschinelle Bearbeitung des Bodens. Sie stellen dann eine für die Wurzeln der zu kultivierenden Baumschulpflanzen undurchdringliche Sperrschicht dar.

Hierdurch können an sich tiefgründige Böden flachgründig werden. Bodenverdichtungen schränken nicht nur die durchwurzelbare Schicht ein, sondern behindern auch bei Trockenheit den Wasseraufstieg aus tieferen Schichten und bei nassem Wetter das Versickern des Überschußwassers. Ist die verhärtete Pflugsohlenzone nur schmal, so kann sie beim Pflügen mit dem Tiefenlockerer beseitigt werden; reicht sie aber bis in Tiefen von 50 cm und mehr, so sind schon ein Zweischichtenpflug und hohe PS-Zahlen des Zuggerätes erforderlich. Diese Arbeiten sind deshalb nicht mehr in eigener Regie durchführbar. Eine durchgreifende Besserung des Zustandes kann nur erwartet werden, wenn die Lockerung des Untergrundes bei relativ trockenem Boden durchgeführt wird.

Während die chemischen Eigenschaften des Bodens nur auf Grund einer wissenschaftlichen Untersuchung ermittelt werden können, ist die Feststellung der *physikalischen Beschaffenheit* einfacher. Mit einem Erdbohrstock zum Einschlagen, wie ihn die amtlichen Bodenschätzer für die Erstellung der Grundlagen für die Einheitsbewertung verwenden, kann man sich sehr rasch ein gutes Bild über den Boden machen. Der Bohrer wird mit einigen Hammerschlägen einen Meter tief in das Erdreich geschlagen, einige Male um seine Achse gedreht und dann herausgezogen. In seiner Rille findet man dann das Profil des Bodens und kann die Mächtigkeit der einzelnen Schichten bequem ablesen.

Bei der Untersuchung der Bodenprobe mit dem Bohrstock kann eine ganze Anzahl von Bodenmerkmalen ermittelt werden, wie die folgenden Übersichten zeigen:

Mächtigkeit des Bodens, d. h. des durchwurzelungsmöglichen Raumes[1]

Tiefe	Bezeichnung
bis 15 cm	sehr flachgründig
15— 30 cm	flachgründig
30— 60 cm	mittelgründig
60—100 cm	tiefgründig
über 100 cm	sehr tiefgründig

[1] Diese und die folgenden Tabellen dieses Abschnittes nach FABRY, Bodenuntersuchung, 1950 S. 24 und 85—107.

Die **Textur** (Körnigkeit) des Bodens gibt uns guten Aufschluß über seine Bearbeitbarkeit; je feiner die Bodenteilchen sind, um so enger sind sie aneinandergefügt, um so größer ist der Widerstand, den sie dem Pflug oder Spaten bieten.

Durch die Finger- und *Knetprobe* erhält man Aufschluß über folgende mineralischen Bodenarten:

Bodenart	Beurteilung durch Fingerprobe	Tonhaltige Teile
Sandboden	körnig, rauh	bis 5 %
Lehmiger Sandboden	rauh	5— 10 %
Lößlehm	stumpf, feucht klebend, trocken verstaubend	10— 15 %
Sandiger Lehmboden	rauh, feucht, formbar	20— 30 %
Milder Lehmboden	rauh, feucht, formbar, knetbar	30— 40 %
Schwerer Lehmboden	schlüpfrig, feucht, klebrig, knet- und formbar	40— 50 %
Tonboden	wie vorher	50— 90 %
Reiner Ton	fettig, seifig	90—100 %

Der **Humusgehalt** des Bodens ist erkennbar an der Färbung des Bodens. Je dunkler, schwärzer der Farbton, desto größer der Humusgehalt. Sandböden werden durch den Humus intensiver gefärbt als Tonböden, außerdem sind nasse Böden dunkler als trockene; darauf muß geachtet werden, um Fehlbeurteilungen zu vermeiden. Gelb- bis braungraue Töne und mehr oder weniger bröckelige Struktur sind ein Merkmal lehmiger Anteile. Erst bei 5—10 % Humusanteil erhalten Lehm- und Tonböden eine grauschwarze Farbe; Sandböden sind in feuchtem Zustand bei 0,2—0,5 % grau, bei 2—4 % tiefgrau, bei 5 % und darüber schwarz. Der Gesamthumusgehalt, und damit ein Urteil über die Humusversorgung, kann folgender Tabelle entnommen werden:

Prozentanteil	Urteil	Bezeichnung des Bodens
unter 1 %	gering	humusarm bis schwach humos
1,0—1,5 %	gering bis mittel	humushaltig
1,5—2,5 %	mittel	humos (Normalstufe)
2,5—4 %	mittel bis hoch	humusreich
über 4 %	hoch bis sehr hoch	anmoorig (über 8 %); reiner Humus- bis Moorboden (über 15 %)

Kulturwürdig ist leichter Boden von einem Humusgehalt von 3 % an. Anzustreben ist ein Humusgehalt von 5—6 %.

Mittelschwerer Boden kann bereits bei einem Humusgehalt von 2 % befriedigende Eigenschaften aufweisen; anzustreben sind aber 3—4 %. Schwere Böden sind nur dann für einen Baumschuler wirtschaftlich nutzbar, wenn der Humusgehalt 4 % beträgt; anzustreben sind hier 6—7 %.

Bei Humusgehalten über 7 % liegt die Wahrscheinlichkeit nahe, daß der Boden vernäßt ist und der Abbau der organischen Substanz, bedingt durch Luftmangel, zu langsam erfolgt. Hier ist das Augenmerk auf die Höhe des Grundwasserstandes zu lenken.

Nach aller Erfahrung sollte das Grundwasser nicht höher als in 80 cm Bodentiefe anstehen. Der Boden neigt sonst zur Vernässung, ist schlecht durchlüftet und kaltgründig. Entwässerungsmaßnahmen über eine Dränung des Bodens bleiben meist wirkungslos, weil die Draintiefe bei baumschulmäßiger Nutzung des Landes mindestens 60—80 cm betragen sollte, um ein Einwachsen der Pflanzenwurzeln in die Drainrohre zu verhindern. Drainrohre, die jedoch im Bereich des Grundwassers liegen, können ihre Funktion nicht erfüllen. Meist ist auf Land mit so hohem Grundwasserstand auch keine Vorflut gegeben.

Optimal ist ein Grundwasserstand zwischen 80 und 120 cm. Bei einer Durchwurzelungstiefe von 40—60 cm können die Pflanzen dann noch die ergiebige Kapillarförderung des Bodens nutzen, die je nach Bodenart zwischen 40 und 60 cm schwankt.

Die Durchwurzelungstiefe der kultivierten Gehölze ist nicht größer als 40—60 cm, weil die Pflanzen entweder nur 2 Jahre kultiviert oder umgepflanzt bzw. unterschnitten werden. Kann das Grundwasser von den Pflanzen genutzt werden, so ergibt sich in sommerlichen Trockenperioden eine Absicherung des Kulturerfolges.

Schlechter als zu tief anstehendes ist aber zu hohes Grundwasser. Wenn man im Frühjahr zur Zeit des höchsten Grundwasserstandes eine Grube von 1 m Tiefe aushebt, die sich nicht mit Wasser füllt, so sind keine Schwierigkeiten vom Grundwasser her zu erwarten.

Der natürliche Feuchtigkeitsgrad des Bodens über längere Zeiträume läßt sich anhand von Pflanzengesellschaften oder Artengruppen in diesen Gesellschaften, die man als Leit-, Zeiger- oder Indikatorpflanzen bezeichnet, bestimmen.

So finden wir auf trockenen, zeitweise jedoch genügend feuchten Standorten folgende Arten vertreten:

Bromus erectus (aufrechte Trespe)
Carex montana (Berg-Segge)
Anthyllis vulneraria (Gold-Distel)

Vorwiegend auf normal feuchten Standorten sind zu finden:

Dactylis glomerata (Knäuelgras)
Carex pallescens (Bleiche Segge)
Vicia sepium (Zaunwicke)
Veronica chamaedrys (Gamander, Ehrenpreis)

Auf feuchte Standorte sind beschränkt:

Bromus racemosus (Traubige Trespe)
Scirpus silvaticus (Wald-Simse)
Angelica silvestris (Engelwurz)
Galium uliginosum (Moor-Labkraut)

Die chemischen Eigenschaften eines Bodens sollten vor dem Kauf eines Grundstückes im Labor untersucht werden. Hierbei ist es nicht so wichtig, ein Bild über den Nährstoffversorgungsgrad des Bodens zu gewinnen, weil fehlende Nährstoffe relativ billig ergänzt werden können, als vielmehr den pH-Wert des Bodens bestimmen zu lassen. Ein zu hoher Kalkgehalt des Bodens (hoher pH-Wert) kann die Brauchbarkeit eines Bodens einschränken, weil eine stärkere Absenkung des pH-Wertes über die Düngung (Verwendung physiologisch saurer Düngemittel) nur in längeren Zeiträumen möglich ist. Eine Erhöhung des pH-Wertes ist dagegen relativ leicht durch eine Kalkung zu erreichen.

Die Ansprüche der Gehölzkulturen an den pH-Wert sind unterschiedlich hoch, hängen aber auch von der Bodenart ab. Mit Ausnahme der kalkfliehenden Kulturen, die auf speziell hergerichtetes Land gestellt werden müssen, kann die Masse der Pflanzenarten im Bereich zwischen pH 4,8 und 6,2 kultiviert werden. Die Optimalbereiche der verschiedenen Bodenarten können wie folgt angegeben werden:

Optimalbereich des pH-Wertes für Gehölzkulturen in Abhängigkeit von der Bodenart

Bodenart	optimaler pH-Wert-Bereich
Moorboden	4,2—4,8
humoser Sandboden	4,8—5,4
lehmiger Sand — sandiger Lehm	5,4—6,0
Lehm	6,0—7,0

Liegen die jeweils ermittelten pH-Werte weit darüber oder weit darunter, so ist das Auftreten von Spurenelement-Mangelkrankheiten, bedingt durch die Festlegung von Spurenelementen im Boden, an den Pflanzen zu befürchten.

Wird auf schwerem Boden ein pH-Wert von 6,0 unterschritten, so kommt es zu einem Verlust der Krümelstruktur des Bodens; der Boden liegt in Einzelkornstruktur vor, er ist peptisiert. Dadurch werden die physikalischen Eigenschaften des Bodens stark negativ verändert. Sinkt der pH-Wert auf 5,0 ab, so treten im Boden freie Aluminium-Ionen auf, die toxisch wirken.

2 Das Klima

2.1 Das Makroklima

Das Makroklima eines Standortes ist weitgehend unabänderlich, deshalb darf man sich mit einer Produktionsbaumschule nicht in extreme Lagen abdrängen lassen. Ungeeignet sind in unserem Klimabereich alle Höhenlagen über 300 m, da infolge der bereits deutlich verminderten Jahresdurchschnittstemperatur die Zuwachsleistung der Pflanzen eindeutig gemindert wird. Trockengebiete mit weniger als 500 mm Jahresniederschlägen sollten ebenso gemieden werden wie Gebiete mit übermäßig hohen, regelmäßig wiederkehrenden Niederschlägen. Gewisse Möglichkeiten der Anpassung an weniger geeignete Klimabedingungen sind aber durch die Wahl von geeigneten Sortimenten gegeben. So würde man in trockenen Gebieten, in denen meist auch mit einer geringen relativen Luftfeuchtigkeit zu rechnen ist, nach Möglichkeit keine Koniferen und Rhododendren kultivieren, selbst wenn der Boden für die Kultur gut geeignet wäre. Ungeeignet kann auch ein Klima sein, das durch häufig wiederkehrende Früh- und Spätfröste gekennzeichnet ist, da Schutzmaßnahmen für die Pflanzen recht aufwendig und nicht immer voll wirksam sind. In der Regel kann man aber davon ausgehen, daß im Bundesgebiet, vom Makroklima her betrachtet, überall unter 300 m Höhe Baumschulgehölze wirtschaftlich kultiviert werden können.

2.2 Das Mikroklima

Während nun das Makroklima als weitgehend unabänderlich gegeben betrachtet werden muß, kann das Mikroklima innerhalb eng begrenzter Räume starken Schwankungen unterworfen sein. Die Klimadaten des Großraumklimas können bei der nächsten Meteorologischen Station erfragt werden, die mikroklimatischen Gegebenheiten müssen hingegen durch eigene Beobachtungen ermittelt werden.

Grundsätzlich muß folgendes bedacht werden: Warme, absolut windgeschützte Tal-Lagen stellen nicht das Optimum dar. Durch eine zu warme Lage kann im Herbst das rechtzeitige Ausreifen der Pflanzen verhindert werden, wobei sich einmal Schwierigkeiten bezüglich des Versandbeginns ergeben können, zum anderen aber auch in Jahren mit Frühfrösten Schäden an den nicht ausgereiften Triebspitzen der Pflanzen auftreten. Im Frühjahr treiben die Pflanzen leicht zu früh aus und sind dann gerade in Tal-Lagen der Spätfrostgefahr ausgesetzt.

In klaren, windstillen Nächten entsteht infolge hoher Ausstrahlung von Boden und Pflanzen überall Kaltluft, die im Gelände zu den tiefer gelegenen Stellen abfließt, weil sie schwerer als Warmluft ist. Besonders ergiebige Kaltluftgebiete sind solche, in denen die nächtliche Wärmeabstrahlung wesentlich schneller vor sich geht als der Wärmenachschub aus dem Boden. Das ist z. B. auf schlecht leitenden Bodenarten wie Moor, trockenem Sand oder bei Bodenabdeckungen mit Laubniederwald, Ödland und Wiesen der Fall. Es kommt nun aber nicht immer an diesen Stellen der Kaltluftentstehung zu nennenswerten Temperaturerniedrigungen, da schon beim geringsten Geländegefälle ein Abfließen der Kaltluft vor sich geht. Diese Kaltluft sammelt sich in Tal-Lagen ohne Abflußmöglichkeit und bildet dort die sogenannten Kaltluftseen, in denen die Temperaturen oft um 5—8 °C niedriger liegen als im Durchschnitt des übrigen Geländes.

Tiefere Lagen sind nur dann notfalls für eine Baumschule zu verwenden, wenn Abflußmöglichkeiten zu noch tieferen Stellen gegeben sind und der Zufluß der Kaltluft vom höher gelegenen Gelände durch das Pflanzen von dichten Hecken an der Baumschule vorbeigelenkt werden kann.

Es ist aber nicht so, daß warme, geschützte Lagen nicht für die Anlage einer Baumschule geeignet sind, weil — wie oft behauptet wird — die in rauhen Klimagebieten herangewachsenen Pflanzen von Natur aus härter seien. Dieses Argument wurde früher viel und mitunter auch heute noch mit Erfolg von den Baumschulen in rauher Lage dazu verwendet, eine örtliche Monopolstellung aufzubauen und so eine Entschädigung für die erhöhten Aufwendungen bei der Anzucht der Pflanzen zu erhalten. Frosthärte ist keine erworbene Eigenschaft, sondern genetisch fixiert (P. G. DE HAAS, 1953).

Neben der verzögerten Ausreife im Herbst und der erhöhten Frostgefährdung im Frühjahr spricht auch die Gefahr des verstärkten Schädlingsbefalls in nach allen Seiten geschützten Lagen gegen die Wahl eines solchen Standortes. Vor allem die Rote Spinne, Blutläuse und Engerlinge können in Massen auftreten.

Stark windige Lagen haben allerdings den Nachteil, daß hier die Ausbildung von sogenannten Windformen begünstigt wird. Der Aufwand beim Stäben und Aufbinden und die Gefahr des Ausbrechens von Veredlungen sind in solchen Lagen naturgemäß erheblich höher.

Läßt sich eine Hanglage nicht vermeiden, so sind Süd- und Südwestlagen wegen der günstigeren Belichtungsverhältnisse vorzuziehen. Allerdings sind solche Lagen auch trockener, so daß die Sicherung der Wasserversorgung (Beregnung) besonders beachtet werden muß.

3 Möglichkeiten der Verbesserungen von Boden und Klima

3.1 Die Bodenverbesserung

Allgemein kann man sagen, daß für Baumschulkulturen ungeeignete Bodenarten nur mit einem sehr hohen finanziellen Aufwand kulturwürdig gemacht werden können. Diese sogenannten Meliorationsarbeiten sind nur dann zu vertreten, wenn sie auf Teilflächen des Betriebes beschränkt bleiben können. Generell ist festzustellen, daß zu leichter Boden leichter kulturwürdig hergerichtet werden kann, etwa durch Zufuhr von Humus und (oder) die Installation einer Beregnungsanlage, als zu schwerer Boden. Versuche, stark tonige Böden etwa durch Aufsanden oder durch Verwendung von Styromull, einem flockigen, aufgeschäumten Kunststoff, der kein Wasser aufnimmt, voll brauchbar zu machen, sind verschiedentlich durchgeführt worden, jedoch standen der erzielte Effekt und der finanzielle Aufwand im Mißverhältnis.

Günstiger zu beurteilen sind dagegen Meliorationsmaßnahmen wie die Entwässerung durch Dränung des Landes. Sie sollte eigentlich überall vor der Inkulturnahme des Landes durchgeführt werden, weil sich später eine großflächige Gesamtlösung dieses Problems nur noch unter Verzicht auf ein Kulturjahr erreichen läßt. Gedräntes Land hat ohne Zweifel den Vorteil, daß nach ergiebigen Niederschlägen früher mit der Bearbeitung des Landes begonnen werden kann. Überschüssiges Bodenwasser kann sich negativer auf den Kulturerfolg auswirken als zu trockener Boden. Unter normalen Verhältnissen übersteigt der Aufwand für die Dränmaßnahmen selten DM 5000,—/ha.

3.2 Möglichkeiten der Klimaverbesserung

3.2.1 Die Windschutzpflanzung

Besonders in stark windigen Lagen wird die Anlage einer Windschutzpflanzung zwingend notwendig. Zu fürchten sind beim Wind nicht nur seine rein mechanische Kraft, die zu Ausfällen in den Kulturen durch Windbruch führt, sondern auch die Zerstörung des Kleinklimas in den Pflanzenbeständen. Vor allem der Faktor relative Luftfeuchtigkeit, dessen makroklimatisch gegebene Höhe mikroklimatisch beeinflußt werden kann, wird negativ verändert. Im Pflanzenbestand baut sich bei weitgehender Windstille durch die Evaporation des Bodens und die Transpiration der Pflanzen eine deutlich höhere relative Luftfeuchtigkeit auf.

So beträgt nach Untersuchungen von H. Kaiser (1960) die Erhöhung der relativen Luftfeuchtigkeit hinter guten Windschutzpflanzungen im Mittel 8—10 %, obwohl die Evaporation des Bodens wegen der verminderten Windgeschwindigkeit geringer ist. Die immergrünen Gehölze und die meisten Koniferen reagieren positiv auf eine hohe relative Luftfeuchtigkeit. Nicht zuletzt aus diesem Grunde eignet sich das maritim beeinflußte Oldenburger Baumschulgebiet so hervorragend für die Kultur dieser Gehölze. Je niedriger die langjährigen Durchschnittswerte für die relative Luftfeuchtigkeit und die Niederschlagsrate eines Standortes liegen, um so positiver ist die Wirkung einer Windschutzpflanzung zu sehen. Das gilt nicht zuletzt auch für Gebiete mit trockenen Winden im Winterhalbjahr, unter denen ja vor allem immergrüne Laubgehölze und Koniferen leiden. Aber auch im Sommer kann der Wind die Verdunstungsrate von Pflanzen und Boden stark ansteigen lassen, da der Einfluß des Windes auf die Verdunstung größer als derjenige der Sonneneinstrahlung einzuschätzen ist. Wie groß der Einfluß der durch eine Windschutzpflanzung verringerten Windgeschwindigkeit auf die Verdunstung des Bodens ist, ergibt sich aus einer Meßreihe, die Nägeli (1943) durchführte:

Mittelwerte der Windgeschwindigkeit in % des Windes im ungeschützten Freiland	95	85	76	67	56	45	36	27
Mittelwerte der zugehörigen Verdunstung in % der Verdunstung im ungeschützten Freiland	95	91	86	80	78	70	67	59

H. Kaiser (1960) stellte in Versuchsreihen in der obersten Bodenschicht (0—40 cm) eine 3—11 %ige Erhöhung der Bodenfeuchte im Windschutz fest. Das entspricht einer Erhöhung des Wasservorrates im Boden bis zu 60 cm Tiefe von 4—13 l/m².

Günstig beeinflußt wird nach übereinstimmender Meinung der Meteorologen auch der Wachstumsfaktor Temperatur. Es entsteht weniger Verdunstungskälte, da eine verringerte Luftbewegung auch die Evaporation des Bodens herabsetzt. Strittig ist aber, ob hinter Windschutzanlagen eine Verringerung der Spätfrostgefährdung zu erwarten ist. Hier stehen sich die Meinungen von M. Jensen und R. J. von der Linden (1954) einerseits und die von E. Franken (1963) andererseits diametral entgegen. Die beiden ersten wollen festgestellt haben, daß in windstillen Nächten die Frostgefahr im unmittelbaren Bereich von Windschutzanlagen wegen der verminderten Ausstrahlung durch Horizontalabschirmung und der höheren Bodentemperatur am Tage geringer ist. Die höhere Bodenfeuchte im Windschutz solle ferner die Wärmeleitfähigkeit des Bodens erhöhen (verbesserter Wärmenachschub aus dem Boden). Franken meint dagegen, daß Strahlungsnächten meist Tage mit kräftigen nördlichen Winden und Bewölkung vorausgingen, die eine Erhöhung der Bodentemperatur im Windschutz nicht zuließen. In Strahlungsnächten werde bei geringer Windbewegung im Freiland und fast Windstille in windgeschützten Räumen im Windschutz der vertikale Luftaustausch verhindert, der aber sehr wirksam den Temperaturgradienten zwischen bodennaher Luftschicht und den wärmeren, höheren Luftschichten vermindern könnte. Deshalb seien die Pflanzen in windgeschützten Räumen spätfrostgefährdeter als im ungeschützten Freiland.

Ganz ohne Zweifel kommt es aber zu einer erhöhten Spätfrostgefährdung der Kulturen, wenn sich ein Kaltluftstau im geneigten Gelände hinter der dichten Windschutzhecke ausbildet.

Folgende Forderungen sind an eine optimal wirkende Windschutzpflanzung zu stellen:

1. Die Durchlässigkeit (Perforation) für Wind soll nicht unter 30 %, aber auch nicht über 50 % betragen. Zu dichte Hecken führen dazu, daß der Wind die Hecke lediglich übersteigt und in einiger Entfernung vom Hindernis ungebremst in den Bestand einfällt.

Der Wind muß vielmehr durch die Pflanzung hindurchperlen können, wodurch der Energiegehalt vermindert wird. Zweireihige Pflanzungen sind besser als einreihige, weil bei ihnen die Gefahr der Veränderung des Durchlässigkeitsgrades geringer ist. Breitere als zweireihige Pflanzungen werden meist zu undurchlässig. Vor allem muß darauf geachtet werden, daß die Hecke im unteren Bereich keinen zu hohen Durchlässigkeitsgrad aufweist.

2. Die Windschutzpflanzung muß hoch genug sein. Die Reichweite des Windschutzes wird bei Hecken mit optimalem Durchlässigkeitsgrad mit etwa dem 20fachen der Höhe der Hecke angegeben. Eine 5 m hohe Hecke würde demnach noch in einer Entfernung von 100 m eine schützende Wirkung ausüben. Die nächste Pflanzung kann aber noch um einige Meter weiter entfernt aufgebaut werden, weil sich im Luv der nächsten Pflanzung, etwa dem Dreifachen der Höhe entsprechend, also 15 m, durch den Windstau vor der Hecke eine Zone geringerer Luftbewegung ausbildet.

3. Die Windschutzpflanzung an der Hauptwindseite muß lang genug sein. Andernfalls ist das zu schützende Gelände auf allen Seiten mit einer Windschutzpflanzung zu versehen. Ist die Pflanzung nicht lang genug, so umfließt der Wind nämlich die Pflanzung an zwei Seiten und dringt dann von den Seiten her in die zu schützenden Pflanzenbestände ein.

4. Der First der Pflanzung muß möglichst unregelmäßig gestaltet sein. Das Kappen der Pflanzung auf eine Einheitshöhe vermindert die Reichweite des Windschutzes.

Vielfach wird anstelle einer spezifischen Windschutzanlage eine Pflanzung von **Solitärs,** Mutterpflanzen oder Samenträgern längs der Einzäunung vorgenommen. Solche Pflanzungen sind nicht effektiv genug hinsichtlich ihrer Windschutzwirkung, weil sie nicht dicht genug sind. Ist das zu schützende Stück aber so groß, daß eine Pflanzung an der Hauptwindseite nicht ausreicht, und müssen im inneren Bereich in zweiter oder dritter Linie Schutzpflanzungen durchgeführt werden, so können solche „Nutzpflanzungen" schon eher akzeptiert werden.

Geeignete Gehölze für eine Windschutzpflanzung

Die für eine optimale Windschutzpflanzung aufzustellenden Forderungen wie: Windfestigkeit, Raschwüchsigkeit, dichte Verzweigung von unten her, Krankheitsresistenz, geringe Standortansprüche und ein nicht zu weit ausstrahlendes Wurzelsystem werden nur von wenigen Gehölzarten vollkommen erfüllt. Koniferen, deren Schutzwirkung im Gegensatz zu den Laubgehölzen auch im Winter positiv zu bewerten ist, lassen aber bezüglich der Windfestigkeit, der Raschwüchsigkeit und der Standortansprüche Wünsche offen. Gut geeignet soll nach englischen Erfahrungen *Cupressocyparis leylandii* sein, die aber in unserem Klimabereich noch getestet werden muß (Frosthärte). Auch *Pinus nigra austriaca* entspricht den Anforderungen in wesentlichen Eigenschaften. Sie ist windfest, krankheitsresistent und wüchsig. Dagegen wird die im Holsteiner Raum viel verwendete *Thuja occidentalis* leicht zu dicht und ist anfällig gegen die *Thuja*-Nadelbräune. Die Lärche hat als nadelabwerfende Konifere keine Vorteile gegenüber den Laubgehölzen.

Von den Laubgehölzen sind als gut geeignet herauszustellen: *Alnus, Prunus serotina, Sorbus aucuparia* und *intermedia, Acer campestre, Carpinus betulus, Quercus rubra, Rhamnus frangula, Salix alba* und *Crataegus.* Auf *Crataegus* sollte aber wegen der Gefahr des Feuerbrandes (*Erwinia amylovorum*) verzichtet werden.

Um die Pflanzung vor allem im unteren Bereich dicht genug zu halten, sollte ein regelmäßiger Auslichtungsschnitt durchgeführt werden.

3.2.2 Die Beregnung

Neben der Temperatur ist oft das Wasser begrenzender Wachstumsfaktor. Selbst bei als optimal anzusprechenden, durchschnittlichen jährlichen Niederschlagsraten von 700—800 mm, kann bei schlechter Verteilung dieser Niederschläge zeitweise Wassermangel auftreten und optimale Wachstumsraten verhindern. Eine Beregnungsanlage kann nicht nur bei trockenem Pflanzwetter zu einer Absicherung des Kulturerfolges beitragen, sondern oft auch die Wirkung einer chemischen Unkrautbekämpfung verbessern und nicht zuletzt auch bei Spätfrösten bis etwa − 5 °C zur Vermeidung von Frostschäden sinnvoll eingesetzt werden. Anders als beim Einsatz für die Sicherstellung der Wasserversorgung der Pflanzen, muß die Beregnungsanlage für Frostschutzzwecke aber so ausgelegt sein, daß die gesamte Kulturfläche auf einmal beregnet werden kann. Dementsprechend muß auch die Leistungsfähigkeit des Brunnens groß genug bemessen sein. Bei einer zu beregnenden Fläche von beispielsweise 3 ha, muß der Brunnen bei der notwendigen stündlichen Beregnungsmenge von 2—4 mm für einen Zeitraum von 10—12 Stunden eine Wassermenge von 60—120 m^3/ha liefern können.

Während man fast überall ausreichende Mengen für den Hauswasserverbrauch erbohren kann, sind Wasseradern von so hoher Ergiebigkeit seltener zu finden. Vor dem Kauf eines Grundstückes sollten deshalb Probebohrungen vorgenommen werden. Selbst geworbenes Wasser ist immer deutlich billiger als das sogenannte Stadtwasser.

Neben der Quantität ist dabei auch die Qualität des Wassers ein wichtiger Faktor; deshalb sollte immer eine Untersuchung der Wasserqualität durchgeführt werden. Nach Köster (1970) können folgende Werte der Wasseranalyse als optimal angesehen werden:

pH-Wert	5—7
Gesamt- und Karbonathärte	8—12 °d
Leitfähigkeit	bis 500 μs (Mikrosiemens)

Chloride	bis 50 mg/l
Sulfate	bis 200 mg/l
Nitratstickstoff	bis 5 mg/l
Ammoniak-Stickstoff	bis 2 mg/l
Eisen	bis 5 mg/l
Natrium	bis 5 mg/l
Kalium	bis 10 mg/l
Calcium	bis 50 mg/l
Magnesium	bis 25 mg/l

Diese Werte dürfen vor allem dann nicht überschritten werden, wenn das Wasser für Beregnungszwecke unter Glas oder für die Kultur von Pflanzen in Töpfen oder Containern verwendet werden soll. Bei Zusatzberegnungen im Freiland braucht man nicht so kritisch zu sein.

Bei pH-Werten unter 5,0 ist das Vorhandensein von freien Säuren wahrscheinlich; das muß bei der Kalkung berücksichtigt werden. Bei wesentlich höheren Werten für die Gesamt- und Karbonathärte kann der pH-Wert des Bodens nach oben getrieben werden.

Hohe Leitfähigkeitswerte deuten auf eine Versalzung des Wassers hin; meist sind dann auch die Chlorid- und Natriumwerte überhöht, die besonders kritisch zu betrachten sind, während Stickstoff und Kalium bei der Düngung entsprechend berücksichtigt werden können.

II. Betriebliche Einrichtungen

a. Die Betriebsgebäude

1 Pack- oder Versandhalle mit Sortier- und Arbeitsraum

Die Pack- oder Versandhalle ist das Zentrum des Betriebes. Da Betriebsgröße und Volumen der Versandhalle in einem bestimmten Verhältnis stehen, die Betriebsgröße aber ein dynamischer Faktor ist, besteht das Problem darin, bei der Projektierung der Versandhalle die zukünftige Betriebsentwicklung miteinzuplanen. Am ehesten wird man der Lösung dieses Problems dadurch gerecht, daß man einen Stufenplan anfertigt, d. h. das Gebäude muß sinnvoll erweiterungsfähig sein. Diese Planungsaufgabe wird durch die richtige Zuordnung dieses zentralen Gebäudes zu den anderen Betriebsgebäuden und betrieblichen Einrichtungen noch erschwert. Grundsatz muß sein, alle Räume mit vielfältigem Bezug zur Versandhalle ihr so zuzuordnen, daß bei der Versandabwicklung und im täglichen Arbeitsablauf möglichst geringe Verluste an unproduktiven Wegezeiten auftreten. Optimal läßt sich diese Forderung nur erfüllen, wenn die Versandhalle, das Büro, der Sortier- und Arbeitsraum, das Magazin für Geräte und Arbeitsmittel und die Sanitär- und Aufenthaltsräume unter einem Dach zusammengefaßt werden. Gleichzeitig muß das Gebäude aber ohne große Umbauarbeiten erweiterungsfähig bleiben.

Man plant heute etwas großzügiger als früher, weil durch ein zu geringes Bauvolumen bedingte Störungen des Arbeitsablaufes Verluste an teurer Arbeitszeit bedeuten. Trotzdem muß vor Überkapazität gewarnt werden, weil die Versandhalle nur während eines begrenzten Zeitraumes gebraucht wird, selbst wenn sie als Unterstellplatz für Fahrzeuge während des Winters genutzt wird.

Die Abb. 20 und 21 zeigen Grundrißlösungen für eine Baumschule von 10—12 ha Größe.

Bei der 1. Grundrißlösung wird die Hallendurchfahrt parallel zur Firstrichtung des Daches gelegt. Hierdurch ergeben sich bei wachsendem Betrieb stufenweise Ausbaumöglichkeiten für andere Wirtschaftsräume, indem zunächst die eine und dann die andere Dach-

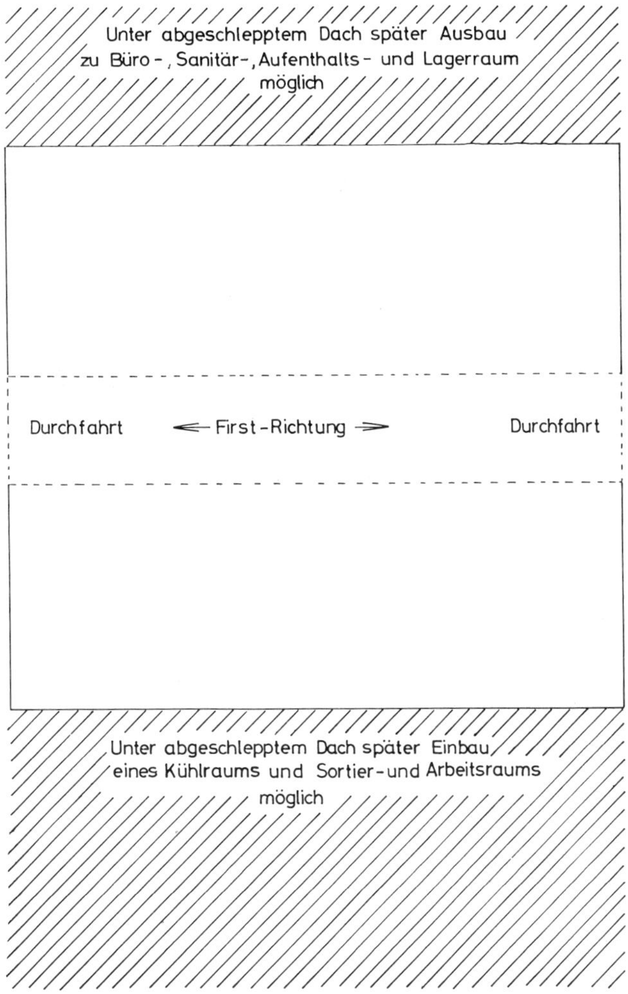

Abb. 20. Versandhalle für einen auf 10—20 ha prospektierten Baumschulbetrieb. Wirtschaftsräume können nach und nach unter abgeschlepptem Dach eingebaut werden. Zusätzliche Erweiterungsmöglichkeiten in First-Richtung gegeben (Wennemuth)

hälfte seitlich abgeschleppt wird. Das Abschleppen des Daches lohnt sich aber nur, wenn die Traufenhöhe mindestens 5,50 m beträgt. Schließlich kann bei der 1. Grundrißlösung die Halle bei ungewöhnlich stark anwachsendem Betrieb in First-Richtung relativ leicht fast unbegrenzt verlängert werden. Bei der 2. Grundrißlösung ist der stufenweise Ausbau wegen des Queraufschlusses der Halle nur als Innenausbau möglich. Eine entscheidende Vergrößerung ist aber nicht möglich.

Ältere Betriebe weisen oft im Betriebsbereich der Versandhalle ein großes Bauvolumen auf, das aber nicht optimal genutzt werden kann, weil entweder bei der Betriebsgründung kein Stufenplan angefertigt oder die größenmäßige Entwicklung des Betriebes unterschätzt worden war. Die vorhandene Bausubstanz wurde aber so aufwendig erstellt, daß an ein Abreißen der Gebäude nicht zu denken ist. So konnte immer nur versucht werden, aus den jeweiligen Gegebenheiten das Bestmögliche zu machen. Deshalb ist davor zu warnen, Ge-

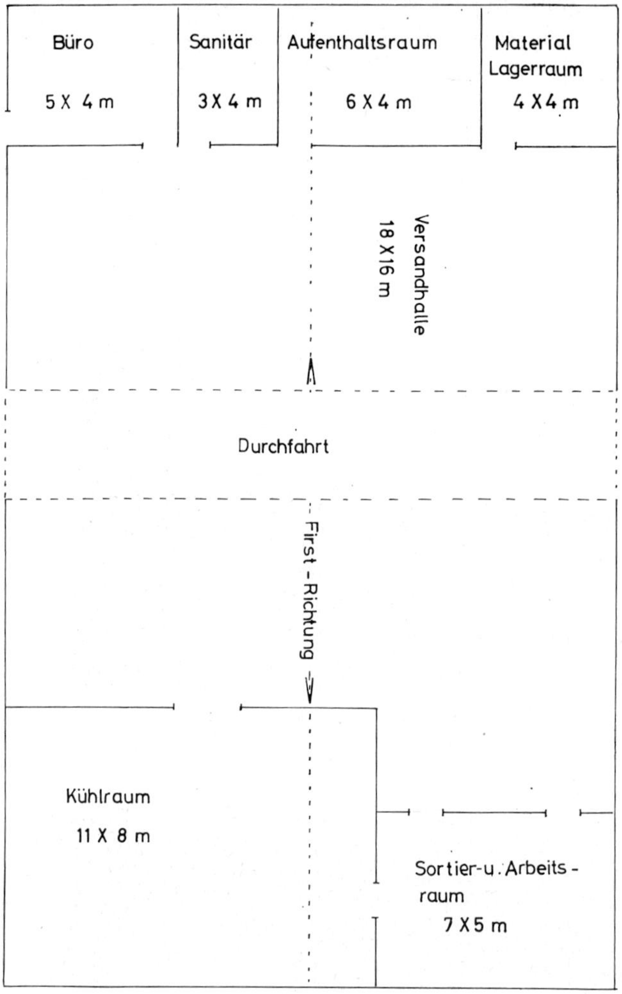

Abb. 21. Versandhalle mit dazugehörigen Räumen für einen Baumschulbetrieb mit 10—20 ha Größe. Keine Erweiterungsmöglichkeiten (Wennemuth)

bäude zu errichten, die 100 und mehr Jahre überdauern. Solche Zeiträume dürfen bei der Erstellung der Bausubstanz nicht mehr ins Auge gefaßt werden. Die Erfahrung hat gelehrt, daß auch das, was nach dem neuesten Wissensstand projektiert wurde, spätestens nach 30 Jahren veraltet ist. Die Gebäude sollten daher nicht mehr so massiv sein, vielmehr ist die Leichtbauweise zu bevorzugen. Leichtbauweise darf aber nicht auf Kosten eines hohen Instandhaltungsaufwandes gehen, wie etwa bei Holz- oder Eternitbauweise zu befürchten ist. Alternativen zur herkömmlichen Bauausführung stellen Stahlskelette mit Aluminium- oder oberflächenvergüteten Stahlblechen oder Stahlbetonskelette mit Leichtbetonplatten dar.

Ganz gleich, welche Bauart man gewählt hat, die Halle sollte innen immer zusätzlich wärmeisoliert sein, sonst können schon wenige Frosttage mit einigen Graden unter Null im Herbst die weitere Versandarbeit zum Erliegen bringen. Lichtbänder aus zweischichtigem Kunststoff haben sich ebenso bewährt wie aufrollbare Tore. Der Boden der Halle sollte betoniert sein, denn Zugmaschinen mit Anhängern müssen hineinfahren können, und auch

Gabelstapler werden in jeder Baumschule bald zur Standardausrüstung gehören. Notfalls kann aber auch, um Kosten zu sparen, nur die verbreiterte Durchfahrt betoniert werden und der Rest des Bodens aus gestampftem Lehm bestehen.

Abb. 22. Großzügige Leichtbauhalle aus Profilstahl (Foto: Wennemuth)

Abb. 23. Einfahrt an der Querseite, Ausfahrt an der Stirnseite. An der gegenüberliegenden Seite soll unter dem abgeschleppten Dach ein Kühlraum gebaut werden. Es fehlt noch die Isolierung der Innenhaut (Foto: Wennemuth)

Abb. 24. Versandhalle in Leichtbauweise; in Längsrichtung aufgeschlossen. Unter abgeschlepptem Dach auf der linken Seite Wirtschaftsräume. Rollhubtor der Firma Crawford (Foto: Wennemuth)

Abb. 25. Verleimte Brettbinder erlauben volle Ausnutzung der Raumhöhe. Helle Räume durch Lichtband (Foto: Wennemuth)

2 Der Kühlraum

Ein rationeller Ablauf des Verkaufs- und Versandgeschehens ist in den Baumschulen ohne Kühlraum kaum noch denkbar. Zwar eröffnet der Kühlraum die Möglichkeit, die Versandzeit zu verlängern, doch wird in der Realität kaum davon Gebrauch gemacht. Die Abnehmer der Pflanzen verhalten sich nämlich bezüglich des Pflanztermins zumeist konservativ; der Baumschuler selbst pflanzt dagegen seine Aufschulware später als sonst üblich.

Während man ohne Kühlraum in Jahren mit warmem Frühlingswetter neben dem Verkauf der Pflanzen auch an das Aufpflanzen denken und deshalb einen Teil der Arbeitskräfte aus dem Verkauf abziehen mußte, kann das Aufschulen jetzt nach Abschluß der Verkaufssaison durchgeführt werden, wenn die Jungpflanzen durch Kühllagerung im Trieb zurückgehalten wurden. Im Effekt kommt diese Intensivierung des Versandablaufes für die Baumschulen einer indirekten Verlängerung der Versandzeit gleich. Wo man sonst Pflanzarbeiten immer unter Zeitdruck erledigen mußte, erlaubt der Kühlraum jetzt eine wetterunabhängige Planung; jedoch ist frühes Pflanzen immer noch erstrebenswert.

Der Kühlraum wirkt in der Baumschule arbeitsausgleichend, d. h. die Arbeitskräfte können gleichmäßiger und besser ausgelastet werden. So kann der Kühlraum im Herbst Pflanzen aufnehmen, die gerodet vom Feld kommen und nach dem Sortieren und Bündeln oft schon wenige Tage oder Wochen später in den Verkauf gehen sollen. Diese Pflanzen müßten sonst vor dem Verkauf noch eingeschlagen werden, was als unproduktive Arbeit angesehen werden muß. Es ist jedoch wegen der begrenzten Kapazität der Kühlräume nicht möglich, den gesamten Einschlag in den Kühlraum zu verlegen. Kaum noch im Einschlag sieht man heute Rosen; sie sind bevorzugtes Lagergut für den Kühlraum. Wegen der vielen Sorten kann man bei Lagerung der Rosen in Regalen (Paletten) im Kühlraum eine viel bessere Übersicht gewinnen als im Freilandeinschlag. Sendungen lassen sich wesentlich schneller zusammenstellen. Im Freilandeinschlag müßten die frostempfindlichen Rosen im Winter besonders geschützt und gewartet werden, wobei es trotzdem öfter zu höheren Ausfallraten kommt.

Baumschulen, die entweder selbst Rosen für den stückweisen Verkauf verpacken oder Lieferant solcher Betriebe sind, müssen über einen Kühlraum verfügen, der die kontinuierliche Entnahme der Rosen auch bei Frostwetter ermöglicht. Sie können dann per Thermoswagen angeliefert werden.

Besondere Bedeutung hat der Kühlraum auch für Betriebe, die größere Mengen Winterhandveredlungen anfertigen. Die hierfür benötigten Veredlungsunterlagen können nicht mehr wie früher oft im Einschlag einfrieren. Auch der Anwachserfolg ist größer geworden, seitdem die fertigen Winterhandveredlungen nicht mehr in Kulturräumen aufbewahrt werden müssen, aus denen sie dann im Frühjahr mit vergeilten Trieben ausgepflanzt wurden. Heute bewahrt man diese Veredlung bis zum Auspflanzen im Mai mit bestem Erfolg im Kühlraum auf. Desgleichen können auch Reiser für die Frühjahrsveredlung im Kühlraum aufbewahrt werden. Zwar sind Versuche, Rosenreiser vor dem ersten schweren Frost im Oktober zu schneiden und dann für die frühe Okulation im Juni kühlzulagern, positiv verlaufen, jedoch hat sich diese Methode nicht durchgesetzt, da der Anwachserfolg auch bei sorgfältigster Lagerung der Reiser um einige Prozent niedriger lag als bei Verwendung von frischen, im Gewächshaus geschnittenen Augen. So geht der Trend bei früher Okulation zur Verwendung von Augen aus dem Gewächshaus.

2.1 Das Kühlraumklima

Da die Pflanzen mit ungeschützten Wurzeln im Kühlhaus lagern, muß die Feuchtigkeit im Raum so groß sein, daß möglichst keine Gewichtsverluste entstehen, weil diese sich sehr ungünstig beim späteren Auspflanzen bemerkbar machen, ja sogar erhebliche Ausfälle bringen können. Nun stehen aber die rel. Luftfeuchtigkeit und der Gewichtsverlust in direkter Relation, denn je niedriger die Luftfeuchtigkeit ist, um so größer wird auch der Wasserverlust, und um so kürzer wird die Frist, in der die Gehölze ohne Schaden gelagert werden können. Daraus ergibt sich umgekehrt, daß die rel. Luftfeuchtigkeit mit zunehmender Dauer der Lagerung von Gehölzen auch höher sein muß.

Obwohl die Reaktion der eingelagerten Pflanzen auf das Kühlraumklima recht unterschiedlich ist, muß in den meisten Baumschulen wegen des gemischten Lagergutes ein gemeinsamer Nenner für das Lagerklima gefunden werden. So könnten nach DE HAAS und WENNEMUTH (1962) beispielsweise *Malus communis* und *Potentilla* bei der üblichen Lagerdauer von 5—6 Monaten zwar auch noch bei einer relativen Luftfeuchtigkeit von 94 % ohne Schaden gelagert werden, die meisten anderen Pflanzenarten, vor allem Rosen, die zum Hauptlagergut zählen, würden aber bei diesem relativen Luftfeuchtigkeitswert bereits starke Vertrocknungsschäden zeigen. Ähnlich verhält es sich mit der Lagertemperatur. Hier bestimmt ebenfalls die anspruchvollste Pflanzenart die einzuhaltende Temperatur. Während *Malus communis* und *Robinia pseudoacacia* bei + 3 °C noch nicht austrieben, reagierten Rosen schon bei + 1 °C mit Knospenschwellen und bei längerer Lagerdauer sogar mit Neutriebbildung. Daraus ergibt sich die Forderung für das Raumklima nach einem Mindestwert der relativen Luftfeuchtigkeit von 96 % und einer Mindesttemperatur von + 1 °C.

2.1.1 Direktkühlung

Es ist besonders schwer, bei niedrigen Temperaturen eine hohe relative Luftfeuchtigkeit im Raum zu schaffen, wenn der Kälteerzeuger (Verdampfer) wie bei der sogenannten Direktkühlung im zu kühlenden Raum selbst angebracht ist. Bei jedem Kühlvorgang wird nämlich Luft an den kalten Verdampferflächen vorbeigeführt, wobei nach Unterschreiten des Taupunktes ein Teil der Luftfeuchtigkeit in Form von Kondenswasser oder Eis an den Verdampferflächen abgeschieden wird. Im weiteren Verlauf mischt sich nun die vom Verdampfer kommende Kaltluft mit der wärmeren Luft des übrigen Raumes, wodurch die Gesamtluft trockener wird. Je öfter der Kühlvorgang wiederholt werden muß, um so trockener wird also die Raumluft sein. Wird die Isolierung des Kühlraumes verstärkt, muß weniger oft gekühlt werden, und die relative Luftfeuchtigkeit bleibt damit höher. Ebenso ist auch ein positiver Effekt von einer Anhebung der Temperatur des Verdampfers auf die relative Luftfeuchtigkeit zu erwarten. Je geringer die Temperaturdifferenz zwischen Verdampfer und Raumluft, um so weniger Kondenswasser wird am Verdampfer abgeschieden. Hier ergibt sich nur die Schwierigkeit, daß man, um gleiche Kälteleistung zu erzielen, die Kälteabgabefläche entsprechend vergrößern muß, wenn die Temperaturdifferenz kleiner gehalten werden soll. Ein positiver Effekt kann von dieser Maßnahme jedoch nur erwartet

Abb. 26. Blick in ein Kühlhaus mit Direktkühlung, im Hintergrund die Gestelle für die Einlagerung der Rosenbüsche; in der Bildmitte ein Luftbefeuchter (Bild: Eschweiler Baumschulen, Hiltrup)

werden, wenn durch eine sehr große Verdampferfläche die Temperaturdifferenz so klein gehalten werden kann, daß der Taupunkt von der am Verdampfer vorbeistreichenden Luft nicht mehr unterschritten wird. Das ist aber mit tragbaren Kosten nicht zu schaffen.

Im Kühlraum mit direkter Kühlung geht man deshalb den billigeren Weg einer verstärkten Isolierung und einer zusätzlichen Luftbefeuchtung. Hierfür gibt es 3 Möglichkeiten:

1. **Die sogenannte Luftwäsche mit Sprühdüsen.** Die Luft wird hier kontinuierlich durch einen Wasserschleier gesogen. In den Stillstandszeiten der Kühlung kann die relative Luftfeuchtigkeit beachtlich erhöht werden. Bei laufender Kühlung ist jedoch kaum ein Effekt zu erzielen.

2. **Aerosol-Apparate.** Hier wird Wasser mit Hilfe einer schnell drehenden Scheibe (Fliehkraftzerstäuber) in nebelfeine Tröpfchen zerrissen und der Raumluft beigemischt. Sie ist effektvoller als die Luftwäsche.

3. **Wasserverdampfer.** Die alten Geräte haben den Nachteil, daß sie das Wasser noch mit 100 °C verdampfen. Der Wasserdampf hat aber einen hohen Wärmeenergiegehalt, der durch längere Laufzeiten der Kühlung erst wieder neutralisiert werden muß, wodurch die Luft wieder getrocknet wird. Neuere Geräte mindern diesen Nachteil dadurch, daß sie das Wasser bei erzeugtem Unterdruck schon bei niedrigeren Temperaturen (70 °C) zum Verdampfen bringen. Die Geräte sind teuer, arbeiten aber zuverlässig.

Trotz zusätzlicher Luftbefeuchtung und guter Isolierung der Räume werden bei direkter Kühlung nur selten relative Luftfeuchtigkeitswerte von mehr als durchschnittlich 95 % erreicht. Da im Kühlraum mit direkter Kühlung mit bewegter Luft gearbeitet werden muß, um die Temperatur gleichmäßig im Raum zu verteilen, ist bei einem Dampfdruckdefizit von ca. 5 % (100—95 %) eine monatelange Lagerung mit einer hohen Wasserabgabe der Pflanzen verbunden, die qualitätsmindernd wirkt und sogar zum Vertrocknen der Pflanzen führen kann. Deshalb ist es nicht zu umgehen, die Pflanzen mindestens einmal pro Woche mit dem Schlauch zu befeuchten.

2.1.2 Mantelkühlung

Bei diesem Kühlsystem ist der Kälteerzeuger (Verdampfer) nicht im Kühlraum selbst angebracht, sondern in einem Vorraum, der sogenannten Kältemischkammer. Der Kühlraum ist von allen Seiten mit einem 15—20 cm starken Hohlraum umgeben. Die in der Kältemischkammer erzeugte Kaltluft wird in einem Kanal über der Decke entlang geführt und aus seitlichen Austrittsschlitzen in den Hohlraum entlassen. Sie fließt an den Wänden hinab und wird unter dem Fußboden in die Kältemischkammer zurückgeführt. Der durch Eternitplatten abgeschirmte Innenraum wird ständig von Kaltluft umflutet. Die gesamten Kühlraumwände wirken deshalb als Kühlfläche und übernehmen damit praktisch die Funktion des Kälte erzeugenden Verdampfers bei der direkten Kühlung. Die Kälte abgebende Oberfläche des Kühlraumes ist nun aber viel größer als die Verdampferoberfläche; deshalb kann hier mit einer sehr kleinen Temperaturdifferenz zwischen kalter Kühlraumwand und der wärmeren Kühlraumluft gearbeitet werden. Bei ausreichender Kühlleistung kann die Temperaturdifferenz so klein gehalten werden, daß der Taupunkt nicht unterschritten wird, so daß sich zwangsläufig eine hohe relative Luftfeuchtigkeit ergibt, die 98 % betragen kann. Da andererseits die im Hohlraum kreisende Kaltluft einen niedrigen relativen Luftfeuchtigkeitswert hat (70—80 %), entsteht ein Dampfdruckgefälle von innen nach außen. Deshalb muß die Eternitabkleidung fugendicht verlegt werden. In einigen Kühlräumen muß sogar das nicht völlig wasserdampfundurchlässige Eternit mit einem Schutzanstrich versehen werden.

Im Gegensatz zur direkten Kühlung, die auf eine Windbewegung im Raum nicht verzichten kann, wenn an allen Punkten des Kühlraumes gleiche Temperaturen herrschen sollen, gibt es im Mantelkühlraum keine bewegte Luft. Gleiche relative Luftfeuchtigkeitswerte vorausgesetzt, wird die Wasserverdunstung des Lagergutes im Kühlraum mit direkter Kühlung höher sein als im Mantelkühlraum. Ein Vertrocknen der Pflanzen ist im Mantelkühlraum nicht zu befürchten, die zusätzliche Befeuchtung der Pflanzen ist überflüssig, ja kann sogar nachteilig sein (Pilzbefall).

Abb. 27. Blick in ein Kühlhaus mit Mantelkühlung, hier die Einrichtung zur Lagerung von Rosen (Bild: Strobel, Pinneberg)

Der Mantelkühlraum ist praktisch wartungsfrei, die Lagerergebnisse im allgemeinen besser, jedoch liegen die Baukosten, bezogen auf den nutzbaren Lagerraum, um ca. 20 % höher als bei der direkten Kühlung. Der höhere Preis ergibt sich durch die zusätzlichen Aufwendungen für die Konstruktion des Hohlraumes und den damit verbundenen Verlust an Nutzraum, der durch den Raumbedarf für die Kältemischkammer noch verstärkt wird.

Nutzraumverlust durch Einbau einer Kältemischkammer nach DE HAAS und WENNEMUTH (1962)

Gesamtgröße des Kühlraumes in m^3	davon Nutzraum in m^3	Verlust durch Mischraum in m^3	%
1596	1470	126	8,6
600	540	60	10,0
420	360	60	17,0

Die Größe der Kältemischkammer war aber nicht das Ergebnis einer vorher angestellten Berechnung, sondern ergab sich zwangsläufig, weil sie dem Kühlraum in seiner ganzen Breite vorgelagert war. Bei neueren Mantelkühlräumen wurde die Kältemischkammer auf die Hälfte oder noch weiter reduziert, ohne daß sich Nachteile ergeben hätten.

Es ist ersichtlich, daß bei steigender Gesamtgröße des Kühlraums der Kältemischraum verhältnismäßig kleiner, der relative Nutzraumverlust also geringer wird.

Kleinere Räume unter 200 m^3 Inhalt lassen sich nach dem Mantelkühl-Prinzip nicht wirtschaftlich bauen. Hier ist es besser, die direkte Kühlung zu wählen und statt dessen die Isolierung zu verstärken.

In den Baumschulen werden beide Kühlsysteme praktiziert, oft in ein und demselben Betrieb. Nach anfänglichem Vorherrschen der Mantelkühlung überwiegt heute in den Hochbaumschulen die direkte Kühlung, während umgekehrt in den Forstbaumschulen die Mantelkühlung dominiert. In den Forstbaumschulen werden im Gegensatz zu den Hochbaumschulen auch immergrüne Nadelgehölze (Douglasien) gelagert, bei denen bei längerer Lagerzeit das Abwerfen der Nadeln nur durch Lagerung bei mindestens – 2 °C verhindert werden kann.

Bei Temperaturen unter 0 °C ist aber die Schaffung einer hohen relativen Luftfeuchtigkeit noch problematischer.

Bei einem 1975 in der Baumschule Rosen-Kordes errichteten Kühlraum wurde vom reinen Prinzip der Mantelkühlung abgewichen. Hier wird nicht mehr die gesamte Kühlraum-Innenhaut gekühlt, sondern nur noch die Decke des Kühlraums. Um bei der im Vergleich zur echten Mantelkühlung auf ca. 35 % geschrumpften Kühlfläche noch die gleiche Kühlleistung zu erhalten, muß ganz sicher mit einer größeren Temperaturdifferenz zwischen der als Kühlfläche fungierenden Kühlraumdecke und dem Kühlraum gearbeitet werden. Zumindest im Frühjahr wird sich bei dem dann steigenden Kältebedarf ein Unterschreiten des Taupunktes mit der damit verbundenen Eisbildung nicht vermeiden lassen. Die Eisbildung wird dann, abgesehen von der enormen statischen Belastung der Decke, deren Wärmedurchgangszahl vermindern, so daß die Kälteleistung der Decke nicht mehr zur Einhaltung der gewünschten Kühlraumtemperatur ausreichen dürfte. Ein Erfahrungsbericht liegt noch nicht vor.

Die Größe des Kühlraums richtet sich selbstverständlich nach der Art und Größe des jeweiligen Betriebes. So bewegt sich die Kühlraumkapazität in den größeren Versandbaumschulen zwischen 1000 und 3000 m³.

Die einzelnen Kühlräume sollten auch bei größerem Gesamtbedarf nicht über 1500 m³ hinausgehen. Bei gegen Ende der Lagerperiode sich leerenden Räumen könnte dann nach Umlagerung des Lagergutes ein Kühlraum abgeschaltet werden.

2.2 Konstruktion und bauliche Ausführung der Kühlräume

Die Fundamente werden aus Stampfbeton, die Außenwände aus Mauerwerk (z. B. Hohlblocksteine 24 cm dick) hergestellt. Bei Leichtbauweise muß auf jeden Fall gesichert sein, daß das Material nicht so stark arbeiten kann, da sonst Risse und Verwerfungen in der Isolierung auftreten können, die den Isolierwert stark vermindern.

Bei direkter Kühlung folgt nach Anbringen einer Wasserdampfsperre aus PVC-Folie die Wärmeisolierung, die an den Wänden 12—14 cm und an der Decke 14—16 cm stark sein soll. Um durchgehende Fugen zu vermeiden, wird entweder zweischichtig gearbeitet (Überlappungsverfahren) oder mit Nut und Feder. Als Material wird heute fast ausschließlich aufgeschäumter Kunststoff verwendet (z. B. Styropor). Die Isolierung sollte an den Seitenwänden, da sie stoßgefährdet ist, mit einem Putz auf Rabitzgewebe versehen werden. Möglich ist aber auch die Verwendung von Vormauersteinen, die porös sein sollten, um später während der Lagerung Wasser speichern und an die Lageratmosphäre abgeben zu können. Die Deckenisolierung braucht dagegen nicht kaschiert zu werden, wiewohl sie bei Arbeiten mit Paletten und Gabelstaplern nicht ganz ungefährdet erscheint.

Der Fußboden des Kühlraums ist folgendermaßen aufgebaut: nach Verdichtung des Untergrundes folgen 10 cm gestampfter Kies, darauf 20 cm Leichtboden, mit einer Wasserdampfsperre aus 2 Lagen Bitumenpappe abschließend. Es folgt die Wärmeisolierschicht aus 12 cm Hartschaum mit mindestens 24er Dichte (statische Belastung). Den Abschluß bildet eine 8 bzw. 12 cm starke Stahlbetonschicht, wenn mit Gabelstaplern gearbeitet werden soll.

Bei der Mantelkühlung folgt auf die Isolierung der Hohlmantel, der aus 15—20 cm starken, senkrecht stehenden Holzbalken gebildet wird, die etwa einen Abstand von 120 cm haben sollen. Auf die Balken wird 0,8 cm starkes Eternit aufgeschraubt. Die zwischen den einzelnen Eternittafeln entstehenden Stoßfugen werden mit dauerplastischem Material abgedichtet.

Bei der Mantelkühlung entspricht der Aufbau des Fußbodens zunächst dem bei der Direktkühlung. Auf die Isolierung folgt hier aber ein Punktfundament in der Größe von 20 × 20 cm, jeweils im Abstand von 1,50 m. Unter diesem Punktfundament sollte die Isolierung aus statisch besonders hoch belastbarem Kork gefertigt sein. Die Punktfundamente tragen die Hohldecke, die eine Stärke von mindestens 15 cm haben muß.

Die Isolierung kann im Mantelkühlraum etwas schwächer bemessen sein, sollte aber doch 10 cm nicht unterschreiten, da sonst im Winter bei langanhaltendem Frost Minustemperaturen im Kühlraum nicht zu vermeiden sind.

III. Kultureinrichtungen

a. Gewächshäuser

Gewächshäuser gehören nicht zur Standardausrüstung eines Baumschulbetriebes. Es gibt große Baumschulen, die nicht über einen einzigen Quadratmeter Glasfläche verfügen.

Obstbaumschulen, Rosenbaumschulen oder Gehölzbaumschulen, die nur grobe Ziersträucher kultivieren, haben keine Verwendung für ein Gewächshaus, weil diese Kulturen ausschließlich im Freiland durchgeführt werden und auch die benötigten Jungpflanzen aus dem Freiland kommen. Außerdem hat sich in den letzten 10 Jahren ein starker Trend zur Arbeitsteilung und der damit verbundenen Spezialisierung herausgebildet. So wird die Jungpflanzenanzucht immer mehr in Spezial-Jungpflanzenbetrieben, bei denen sich die Gewächshausfläche konzentriert, betrieben.

Abb. 28. Stecklingsvermehrung unter Milchfolie im Gewächshaus (Foto: Wennemuth)

Hatten wir es bis vor einiger Zeit bei den Gewächshäusern in der Baumschule hauptsächlich mit dem Typ des sogenannten Vermehrungshauses zu tun, das in der Regel eine Breite von 6 m besitzt, so tritt heute neben das nun 9 m breite Vermehrungshaus der Typ des Kultur- und Überwinterungshauses. Die Kulturhäuser sind Allzweckhäuser, d. h. in ihnen kann auf Grundbeeten (meist mit Bodenheizung) unter Zuhilfenahme von Sprühnebel Stecklingsvermehrung betrieben werden. Daneben werden sie aber auch zeitweilig genutzt durch Aufstellen von frisch getopften Stecklingen zur Förderung der Einwurzelung und für die Kultur von Kletterpflanzen, wie z. B. *Clematis* und *Lonicera,* die im Freiland nicht in einem Jahr die Verkaufsreife erzielen würden. Schließlich dienen sie auch zum Antreiben von Mutterpflanzen, von denen bereits im Frühjahr Stecklinge geschnitten werden sollen (Magnolien, *Azalea mollis, Prunus triloba*). Bei derart vielfältiger Nutzung sind diese Häuser in der Regel temperierbar. So vielseitig können sie natürlich nur in einem Jungpflanzenbetrieb genutzt werden. Ist auch an die Anfertigung von Winterveredlungen gedacht, so muß die Heizung so gut bemessen sein, daß im Haus eine Mindesttemperatur von 15 °C

Abb. 29. Magnolia soulangiana und Hibiscus syriacus im Großraumhaus (Foto: Wennemuth)

Abb. 30. Kultur von Hibiscus syriacus im Fillclair-Haus (Foto: Wennemuth)

bei einer Außentemperatur von − 15 °C gehalten werden kann. In der Regel werden für diesen Zweck noch die alten, 6 m breiten Vermehrungshäuser verwendet, die mit 2 Seitentischen und einem Mittelbeet ausgestattet sind.

Abb. 31. Stecklingsvermehrung im Grundbeet mit Sprühnebel im Großraumhaus (Foto: Wennemuth)

Einer spezifischen Nutzung werden als Großraumhäuser zu bezeichnende, 9—12 m breite Kulturhäuser in einigen Betrieben zugeführt, die sich mit der Rosen-Neuheiten-Züchtung befassen. Hier handelt es sich darum, neue Sorten hinsichtlich ihrer Ertragsfähigkeit testen und Rosenreiser schneiden zu können, die für frühe Veredlungen Ende Juni benötigt werden. Gleichzeitig wird wegen der höheren vegetativen Leistung der Mutterpflanzen im Gewächshaus auch die Vermehrungsrate der Neuzüchtungen wirksam erhöht. Auch Foliengewächshäuser findet man in zunehmendem Maß in den Baumschulen. Meist handelt es sich um Häuser in Rundbogenform mit einem soliden Traggerüst aus Aluminium und einer Bespannung mit Gitterfolie, die nach den bisher vorliegenden Erfahrungen eine Haltbarkeit von 6—8 Jahren erreichen kann. Da nur Punktfundamente benötigt werden, können die Häuser sehr schnell aufgebaut werden und sind im erweiterten Sinne auch transportabel. Diese Folienhäuser werden für die Sommerstecklingsvermehrung mit Sprühnebel und die Überwinterung von frostempfindlichen Pflanzen genutzt. Für beide Zwecke sind sie wegen der höheren natürlichen Luftfeuchtigkeit besser geeignet als glasgedeckte Häuser. Sie sollten nicht heizbar gemacht werden (Ausnahme: Bodenheizung für Stecklingsvermehrung), weil im Gegensatz zum glasgedeckten Haus die langwellige Wärmestrahlung von der Folie nicht zurückgehalten wird. Etwas gemildert wird dieser Nachteil durch die geringere Luftwechselzahl im Vergleich zum glasgedeckten Haus, das nicht so dicht ist. Der relativ geringe Preis pro m² überbauter Fläche (komfortable Folienhäuser z. Z. DM 28,—) darf aber nicht darüber hinwegtäuschen, daß der Unterhaltungsaufwand durch den hin und wieder notwendig werdenden Wechsel der Folie größer als beim glasgedeckten Haus ist. Blockbauweise in Art des leichten Venlo-Blockes ist mit ca. DM 40/m² auch nicht viel teurer. Nicht nur die Erfahrungen im Jahr 1975 haben eine unbefriedigende Windfestigkeit der Folienhäuser erkennen lassen. Auf eine gute Verankerung der Häuser kann nicht deutlich genug hingewiesen werden. Der schwächste Punkt sind allgemein die Giebelseiten.

Der Bau von Gewächshäusern sollte in den Betrieben, die nicht als echte Jungpflanzenbetriebe anzusprechen sind, reiflich überlegt werden. In vielen Betrieben werden die Häuser zu wenig genutzt und sind deshalb teure Betriebsmittel.

Abb. 32. Stecklingsvermehrung im Fillclair-(Folien)Haus unter Sprühnebel (Foto: Wennemuth)

1 Heizung

Die Warmwasserschwerkraftheizung herrscht in den Betrieben vor. Umlaufpumpen sollten selbstverständlich sein, um sich dem schwankenden Wärmebedarf elastischer anpassen zu können. Als Brennstoff kommt nur Öl oder örtlich auch Erdgas infrage; entscheidend ist der Kalorienpreis.

Selbst bei Häusern, die von renommierten Gewächshausfirmen geplant und gebaut wurden, sieht man immer noch, daß die Heizrohre oft zu hoch angebracht sind; sie sollen aber aus wärmetechnischen Gründen möglichst tief in der Nähe der Kulturen installiert werden, weil die warme Luft sowieso nach oben steigt.

Die sogenannte Luftheizung, bei der die Luft selbst als Wärmeenergieträger verwendet wird, hat sich in den Baumschulen nicht durchgesetzt. Zumindest bei Stecklingen wird die Transpirationsrate in unerwünschtem Maße erhöht.

2 Bodenheizung

Auf das Verlegen einer Bodenheizung sollte im Gewächshaus überall dort nicht verzichtet werden, wo sowieso eine Warmwasser-Heizung vorhanden ist. Die Wärmeverteilung kann sehr preiswert mit Plastikrohren erfolgen. Die Rohre werden in einer Tiefe von ca. 20 cm im Abstand von ca. 30 cm verlegt. Unmittelbar unter den Plastikrohren sollte eine Isolierung aus etwa 1 cm starken Styropormatten erfolgen, um Wärmeverluste durch Ableitung in die Tiefe zu verhindern. Der Warmwasser-Bodenheizung gebührt der Vorzug vor der elektrischen Bodenheizung (Maschendrahtheizung), wenn es sich um die Beheizung größerer Flächen handelt. Die exakte Einhaltung der gewünschten Bodentemperatur gelingt bei der Maschendrahtheizung allerdings besser. Die Bodenheizung kann mit großem Gewinn im Frühjahr und im Herbst zur Verbesserung und Beschleunigung der Stecklingsbewurzelung eingesetzt werden.

3 Die Sprühnebelanlage

Die Sprühnebelvermehrung wurde kurz vor dem 2. Weltkrieg in den USA entwickelt und hat sich danach vergleichsweise schnell auch in europäischen Baumschulen durchgesetzt. Inzwischen hat sich die erste Euphorie gelegt und einer kritischeren Beurteilung der Vor- und Nachteile Platz gemacht.

Abb. 33. Sprühnebelvermehrung in einer amerikanischen Baumschule (Bild: Krüssmann)

Man ging bei der Entwicklung der Sprühnebeltechnik von der Frage aus, wie man die aufwendige Handarbeit des häufigen Besprühens der Stecklinge mit der Gießkanne oder Schlauchbrause automatisieren und in der Qualität verbessern könnte. Bei der Handarbeit konnte man an sonnigen Tagen die Optimalforderung, nämlich die Blätter der Stecklinge durchgehend mit einem Wasserfilm zu belegen, um sie in vollem Turgordruck zu halten, nie

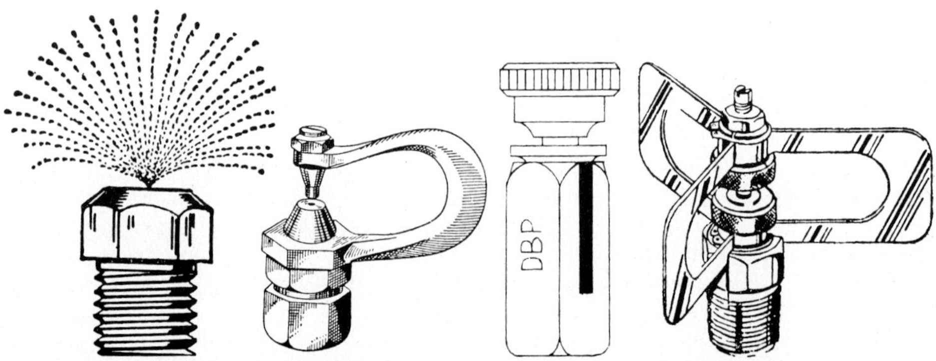

Abb. 34. Düsen für die Sprühnebelvermehrung; von links nach rechts: die amerikanische „Monarch"-Düse, die Tegtmeier-Pralldüse, Flachstahldüse DMK 22 (Eltville) mit Prallplatte für Feinstzerstäubung und die amerikanische (weit verbreitete) „Florida"-Nebeldüse

ganz erfüllen. Mit Hilfe von Sprühdüsen ist dies dagegen relativ leicht möglich. Unverständlicherweise entschied man sich zunächst für den Dauersprühnebel, aber selbst in sehr heißen Klimagebieten hat sich unterbrochener Sprühnebel besser bewährt. Trotz kleinster Wassertröpfchen und des damit verbundenen geringen Wasserverbrauchs kommt es beim Dauerbetrieb zu einer Vernässung und starken Abkühlung des Substrats, wodurch die Wurzelbildung verzögert wird. Optimal arbeitet eine Sprühnebelanlage dann, wenn sie genau in dem Augenblick die Blätter der Stecklinge mit einem neuen Wasserfilm belegt, wenn die Blätter gerade abzutrocknen beginnen. Es gibt eine Reihe von Möglichkeiten, die Arbeitstakte der Sprühnebelanlage mehr oder weniger pflanzenangepaßt automatisch zu steuern.

3.1 **Elektronenblatt** (Electronic Leaf)

Das Elektronenblatt ist in mehreren Modellen im Handel. In der Bundesrepublik Deutschland wird das Nebelstreugerät Grewe am häufigsten verwendet. Das Grundprinzip wurde an der Cornell-Universität auf Anregung des amerikanischen Baumschulers TEMPLETON entwickelt. Auf dem Elektronenblatt sind 2 Kontaktpole (Elektroden) in bestimmtem Abstand in einer isolierenden Kunststoffplatte eingelassen. Im trockenen Zustand des Blattes ist der Stromkreis unterbrochen und das Magnetventil geöffnet. Die Sprühdüsen arbeiten, und zwar so lange, bis sich auf dem Elektronenblatt ein zusammenhängender Wasserfilm gebildet hat, der den Stromkreis und über ein Schaltrelais auch das Magnetventil schließt. Die Wasserzuführung ist damit so lange gestoppt, bis durch Abtrocknen des Elektronenblattes der Stromkreis wieder unterbrochen wird. Die Häufigkeit der Arbeitstakte hängt also von der Höhe der Verdunstung ab. Im Idealfall entspricht nun die Verdunstungsrate des Elektronenblattes der des Wasserfilms auf den Stecklingsblättern. Das wird nicht immer genau der Fall sein, weil wegen des breiten, zur Vermehrung anstehenden Sortiments die Reaktion der Stecklinge recht unterschiedlich sein kann. Das Elektronenblatt muß also anpassungsfähig sein. Beim Nebelsteuergerät Grewe wird dies durch einen mit der Hand verstellbaren Drehkondensator erreicht. Die Empfindlichkeit des Elektronenblattes kann dadurch relativ stark verändert werden; sie muß so eingestellt werden, daß die Blätter der am schnellsten abtrocknenden Stecklingsart die Häufigkeit der einzelnen Sprühstöße bestimmen. Die Dauer des Sprühens kann in weiten Bereichen durch eine Uhr verändert werden. Die Sprühzeit soll bei starker Sonneneinstrahlung etwas länger (6—8 sec.) und bei bedecktem Wetter etwas kürzer (2—3 sec.) eingestellt werden. Auf diese Weise kann eine angepaßte Kühlung der Blattfläche erfolgen. Hier muß aber eingeräumt werden, daß trotz Automatisation das Fingerspitzengefühl des erfahrenen Gärtners verlangt wird.

Ideal wäre ein Gerät, das auf einer Kombination von Verdunstung und Blattemperatur als Steuerungsgrößen basieren würde. Ein solches Gerät wäre aber sicher sehr teuer und auch störanfällig, was auch für das weiterentwickelte Elektronenblatt in Form des Nebelsteuergerätes Grewe fast schon zutrifft.

3.2 **Sprühnebelsteuergerät Helfert**

Dieses Steuergerät, auch Helfertsche Wasserwaage genannt, ist in der Konstruktion wesentlich einfacher und arbeitet nach dem Prinzip der Waage. Eine drehbar gelagerte, gewölbte, mit Kunststoff überzogene Metallfläche wird durch das Gewicht des Wassers gekippt und schaltet dabei über einen einfachen Quecksilber-Kippschalter das Magnetventil aus. Das Wasser verdunstet nun auf der kunststoffbezogenen Metallfläche, die Waagschale hebt sich wieder, schaltet das Magnetventil ein und sorgt so für einen neuen Sprühstoß. Mit Hilfe eines Reglergewichtes lassen sich relativ feine Gewichtsunterschiede einstellen, so daß damit die Sprühintervalle und auch im begrenzten Maß die Dauer der einzelnen Sprühstöße veränderbar sind, und zwar in dem Sinne, daß häufigeres Sprühen mit kürzerer Sprühdauer und selteneres Sprühen mit längerer Sprühdauer gekoppelt sind. Insgesamt kann die Sprühdauer aber nur in sehr engem Rahmen variiert werden. Sehr kurze Sprühzeiten von weniger als 4 sec. Dauer sind überhaupt nicht erreichbar. Verdunstungsrückstände des Wassers (Kalk,

Eisen) verändern die eingestellten Werte; dem muß durch Abwaschen der Kunststoffplatte mit Essigwasser begegnet werden. Nachteilig ist ferner, daß beim Lüften der Häuser, was im Vermehrungshaus allerdings nicht oft geschieht, schon der geringste Lufthauch die Waagschale kippen läßt. Das Gerät ist einfach konstruiert und deswegen wenig störanfällig, und es ist deutlich billiger als das empfindlichere verbesserte Elektronenblatt.

3.3 Steuergerät Glent & Co.

Hier werden die Steuerimpulse durch eine Kombination von Licht- und Temperaturwerten mittels einer Fotozelle ausgelöst. Länge und Häufigkeit der Arbeitstakte sind regulierbar. Dieses Gerät hat sich bei uns nicht durchgesetzt. Bei deutlich höherem Preis läßt sich kein eindeutiger Vorteil gegenüber dem Elektronenblatt erkennen.

3.4 Steuergerät nach Dr. Seemann

Bei diesem sehr einfachen und billigen Gerät wird das Dehnen und Schrumpfen eines feuchten bzw. trockenen Hanffadens ausgenutzt, um ein Magnetventil über einen Mikroschalter ein- oder auszuschalten. Länge und Häufigkeit der Arbeitstakte sind nicht regulierbar. Dieses Gerät wird in der Praxis bisher wenig eingesetzt.

3.5 Die Schaltuhr

Die Schaltuhr muß als das am wenigsten pflanzenangepaßte Steuergerät angesehen werden. Zwar läßt sich genau vorherbestimmen, wie oft und wie lange gesprüht wird, aber nicht wie oft gesprüht werden müßte. Am ehesten kann mit diesem Gerät bei konstanten Wetterbedingungen pflanzenangepaßt gearbeitet werden. Bei stark wechselndem Wetter müssen dagegen immer wieder neue Werte eingestellt werden. Hierdurch wird ein großer Teil des durch die Automatisation erreichbaren Rationalisierungseffektes aufgezehrt. Die Zeitschaltuhr stellt deshalb keine Alternative dar.

Gute Erfahrungen dagegen wurden mit einer Schaltuhr gemacht, über die die Sprühnebelanlage während der Nacht zu vorher bestimmten Zeiten unabhängig von der jeweilig verwendeten Steuerung aus- und wieder eingeschaltet werden kann.

Oft ist mangelnde Wasserqualität begrenzender Faktor für die Einrichtung einer Sprühnebelanlage. Bei einem Härtegrad des Wassers von 12—15° d und einem Eisengehalt von mehr als 5 mg/l kommt es schon zu starken Ablagerungen von Kalk und Eisen auf den Blättern der Pflanzen und den Steuergeräten, auch häufiges Verstopfen der Düsen ist zu befürchten. Nicht selten reicht außerdem der für eine zufriedenstellende Wasserversorgung notwendige Wasserdruck von Hauswasseranlagen nicht aus, wiewohl Pralldüsen, wie sie von den Firmen Tegtmeier, Laux, Perrot und Glent & Co. geliefert werden, schon bei einem Druck von 3 atü eine gute Wasserverteilung gewährleisten. Bei zu niedrigem Druck muß ein Windkessel installiert werden, der einen Druck von 4—6 atü gewährleisten sollte.

Pralldüsen spritzen aus einer etwa 1 mm großen Bohrung gegen eine konisch oder platt geformte Prallfläche, die das aufprallende Wasser je nach ihrer Form kegelförmig oder flach versprüht. Bei schwer und daher langsam wurzelnden Arten sollte mit Dralldüsen gearbeitet werden, die das Wasser noch feiner versprühen. Sie arbeiten aber nur bei einem Druck von mindestens 10 atü. Um diesen hohen Wert zu erreichen, muß eine Hochdruckpumpe zwischengeschaltet werden. Der sehr feine, nebelartige Wasserstaub erlaubt es, mit wesentlich kleineren Wassermengen auszukommen. Dies ist bei langsam wurzelnden Arten von Vorteil, weil bei höheren Wassermengen zuviel Nährstoffe (vor allem Kalium, aber auch Stickstoff) aus den Blättern der Stecklinge ausgewaschen werden. Hierdurch wird die Bewurzelungsrate vermindert und die Stecklingsqualität negativ beeinflußt.

Der Abstand der Düsenstränge soll nicht mehr als 1,30 m betragen, was auch für den maximalen Abstand der einzelnen Düsen gilt. Bei parallel verlaufenden Düsensträngen sollen die Düsen gegeneinander auf Lücke versetzt werden. Man hat zwei Möglichkeiten, die

Düsenstränge anzubringen: entweder hängt man sie über dem Beet in einer Höhe von mindestens 1 m auf oder wählt Standrohre von gleicher Mindesthöhe. Das hängende System ist billiger, bringt aber den Nachteil des Nachtropfens der Düsen mit sich. Andererseits sind Standrohre hinderlich beim Aufstellen der Stecklingskisten und schließen auch die Möglichkeit aus, in der Übergangszeit (Frühjahr und Herbst) bei abgeschalteter Sprühnebelanlage evtl. mit Folienabdeckung zu arbeiten.

Das Stecksubstrat muß in der Sprühnebelvermehrung eine besonders gute, natürliche Dränung aufweisen. Das bedeutet, daß der Torfanteil im Substrat zugunsten des Sandes vermindert werden muß. Reiner Torf, der bei der Vermehrung von Rhododendron und anderen Moorbeetpflanzen unter Folie optimale Ergebnisse bringt, ist in der Sprühnebelvermehrung kritisch zu betrachten. Wegen des hohen pH-Wertes des Sandes kommt aber für Rhododendron eine stärkere Sandbeimischung nicht infrage. Hier kann eine Beimischung von 10 % Styropor zum Torfgrundsubstrat vorteilhaft sein. Styropor ist chemisch neutral und besitzt keinerlei Wasserhaltefähigkeit.

Die verwendeten Stecklingskisten müssen über zahlreiche Wasserabzuglöcher verfügen; noch besser sind Kisten mit Siebboden.

Auf Bodenheizung sollte eigentlich in keinem Vermehrungshaus verzichtet werden, für die Sprühnebelvermehrung ist sie sogar eine unabdingbare Forderung. Vor allem an Tagen mit geringer Wärmeeinstrahlung wird das Substrat durch das von der Sprühnebelanlage stammende Wasser immer wieder stark abgekühlt. Bei Laubgehölzstecklingen sollte eine Bodentemperatur von 22—24 °C, bei Koniferen von 18—20 °C eingehalten werden.

Der Sprühnebel führt bei längeren Bewurzelungszeiten von Stecklingen zu einem Auswaschungsverlust von Nährstoffen aus den Blättern. Nach Untersuchungen von LONG/SWEET/TUKEY (1956) haben Versuche, Nährstoffe in flüssiger Form und mit sehr niedrigen Konzentrationen den Blättern über die Sprühnebelanlage zuzuführen, keine positiven Ergebnisse gebracht. Bei den meisten Arten kam es sogar zu einer geringeren Bewurzelung. Erfolgte die gleiche flüssige Düngung aber erst nach der Bewurzelung, so konnte die Stecklingsqualität deutlich verbessert werden.

Nach der Bewurzelung müssen die Stecklinge abgehärtet werden. Das kann durch allmähliches Reduzieren des Sprühnebels erreicht werden. Es kann aber auch ein Beet im Gewächshaus ohne Sprühnebel belassen werden, auf dem die bewurzelten Stecklinge für 10—14 Tage abgestellt werden. Sie stehen hier zwar ohne Sprühnebel, jedoch noch in einer Atmosphäre mit hoher relativer Luftfeuchtigkeit.

Schädlinge treten unter Sprühnebel praktisch nicht auf. Der Pilzbefall ist ebenfalls erstaunlich gering; das mag daran liegen, daß die Pilzsporen von den Blättern abgewaschen werden. Faulstellen an der Stecklingsbasis sind dagegen nicht so selten. Das vorbeugende Tauchen der Stecklinge in Orthozid oder Benomyl hat sich bewährt. Eintretende pilzliche Infektionen lassen sich unter Sprühnebel nur schwer bekämpfen, da der Wirkstoff schnell von den Blättern abgewaschen wird.

Vorteile der Sprühnebelvermehrung

1. Die Stecklinge können von weicheren Trieben geschnitten werden. Der Vermehrungsbeginn liegt also früher. Weichere Stecklinge bewurzeln sich meist schneller als härtere, dadurch wird die Vermehrungsfläche nur kürzere Zeit in Anspruch genommen. Größere Stecklinge können verwendet werden; Einkürzung der Blätter ist nicht erforderlich.

2. Das Schattieren macht weniger Arbeit, da höchstens eine leichte Schattierung notwendig wird. Durch die bessere Belichtung wird die Bewurzelung gefördert. Neben einer schnelleren Bewurzelung können auch höhere Bewurzelungsprozente erreicht werden. Zum Teil lassen sich auch schwerer wurzelnde Gehölzarten wirtschaftlich vermehren.

3. Durch die automatische Steuerung des Sprühnebels wird Arbeitszeit gespart, weil der Wartungsaufwand verringert werden kann.

4. Bei sauberem Arbeiten gibt es relativ wenig Probleme bezüglich des Pilzbefalls.

Nachteile der Sprühnebelvermehrung

1. Die Einrichtungskosten sind besonders in kleinen Gewächshäusern relativ hoch. Auf Bodenheizung kann nicht verzichtet werden, weil das Substrat stark abkühlt.

2. Die Ansprüche an Wasserqualität und Wasserdruck sind hoch, dadurch treten oft hohe zusätzliche Ausgaben auf.

3. Bei langsamer wurzelnden Arten weisen die bewurzelten Stecklinge, bedingt durch hohe Auswaschungsverluste, oft eine schlechte Blattqualität auf.

4. Die Abhärtung, der unter Sprühnebel stark verweichlichten Stecklinge verlangt einiges Geschick und muß stufenweise erfolgen.

5. Die automatisch arbeitenden Steuergeräte müssen überwacht werden. Schon ein kurzer Ausfall wirkt sich verheerend aus.

6. In der Übergangszeit im Spätsommer und Herbst lassen die Bewurzelungsergebnisse zu wünschen übrig, weil der Vorteil der Blattkühlung nicht mehr zu Buche schlägt und die Nachteile — wie Nährstoffauswaschung aus den Blättern, Kühlung und Vernässung des Substrates — stärker negativ zum Tragen kommen. Hierauf ist wohl auch zurückzuführen, daß einige langsam wurzelnde Immergrüne und Koniferen, die im Spätsommer und Herbst vermehrt werden, unter Sprühnebel schlechtere Ergebnisse bringen. Bei früheren Stecktерminen treten diese Nachteile bei den gleichen Arten nicht auf.

Eine erhebliche Reihe von Betrieben ist der Ansicht, daß bei Sprühnebelanlagen die Nachteile die Vorteile überwiegen. Sie bevorzugen die Stecklingsvermehrung unter Folie, teils im Haus, teils im Freiland, dann in Form des Folientunnels. Die Vorteile der Vermehrung unter Folie können wie folgt zusammengefaßt werden: Völlige Wartungsfreiheit, geringere Investitionsleistung, bessere Qualität der bewurzelten Stecklinge wegen besserer Blattqualität, gute Ergebnisse bei allen bewurzelungsfähigen Arten. Demgegenüber werden die Nachteile der etwas längeren Bewurzelungszeit und der etwas höher einzuschätzenden Gefährdung der Stecklinge durch Pilzbefall nicht für gravierend gehalten.

Fest steht, daß nur von technisch einwandfrei installierten und funktionierenden Sprühnebelanlagen hervorragende Vermehrungsergebnisse zu erwarten sind. Außerdem wird trotz Automatisation Fingerspitzengefühl verlangt. Demgegenüber ist die Vermehrung unter Folien problemloser.

Ergebnisse der Sprühnebel-Vermehrung
(*aus:* Rowe-Dutton)

Pflanzen	Stecklingstyp oder Zeit	Wo gesteckt	Vermehrungssubstrat	Wuchsstoff	% Erfolg	Bemerkungen
Abelia						
grandiflora	weich	Freiland	grober Sand	Seradix I	100	
Acer						
ginnala	mit Knoten	Haus	Sand u. Torf	ohne	16	
negundo 'Aur. Var.' .	weich	Freiland	grober Sand	Seradix I	100	
palmat. 'Atropurp.' .	—	Haus	Sand u. Torf	behandelt	100	
rubrum	—	—	Sand u. Sphagn.	—	33	
saccharinum	weich	Freiland	grober Sand	Seradix I	36	
Amelanchier						
lamarckii	weich	Freiland	grober Sand	Seradix II	96	
Azaleen						
japanische	weich	Haus	Sand u. Torf	—	90	
Berberis						
julianae	—	Haus	Vermiculite	behandelt	84	
linearifolia	—	Haus	Sand	—	76	

Ergebnisse der Sprühnebel-Vermehrung (Fortsetzung)

Pflanzen	Stecklingstyp oder Zeit	Wo gesteckt	Vermehrungssubstrat	Wuchsstoff	% Erfolg	Bemerkungen
Berberis						
stenophylla	—	—	—	—	gut	
thunbergii	weich	Freiland	grober Sand	Seradix I	100	
verruculosa	—	Haus	—	—	99	
Betula						
nigra	Seitentriebe	Haus	Sand u. Torf	IBS 2 %	85	
verr. Dalecarlica	Seitentriebe, hart	Plastikzelt	Sand u. Torf	IBS 2 %	8	
Buddleia						
alternifolia	Triebspitzen	Haus	Sand	IBS 1 %	93	
davidii	—	Haus	—	behandelt	100	
Buxus						
sempervirens	—	—	Sand	—	gut	
Calluna						
vulg. 'H. E. Beale'	—	Haus	—	behandelt	96	Bodenwärme
Camellia						
japonica	weich	Freiland	—	—	75	
Carpinus						
betul. Fastigiata	weich	Kasten	Sand	IBS 2 %	40	
Caryopteris						
clandonensis	weich	—	Sand	—	100	
Ceanothus						
verschiedene	weich	Haus	Sand	ohne	100	Bodenwärme
Chaeomeles						
japonica	weich	Haus	Perlite	IBS 2 %	48	
verschiedene	weich	Plastikzelt	Sand	behandelt	90	
Chamaecyparis						
laws. 'Ellwoodii'	April	Haus	Sand u. Torf	behandelt	94	Bodenwärme
laws. 'Stewartii'	April	Haus	Sand u. Torf	behandelt	80	Bodenwärme
obt. 'Nana Gracilis'	Juli	Haus	—	behandelt	33	Bodenwärme
pis. 'Squarrosa'	Nov.	Freiland	grober Sand	Seradix 2	100	
Clematis						
jackmanii	—	—	—	—	gut	
mont. rubens	Okt.	Haus	Sand	ohne	100	Bodenwärme
Cornus						
alba	Sommer	—	—	—	gut	
florida	Juni	Haus	Sand	IBS 2 %	100	
kousa	Aug.	Haus	Sand u. Torf	behandelt	96	
Corylopsis						
pauciflora	Aug.	Haus	Sand u. Torf	behandelt	93	
Corylus						
avellana	weich	Haus	Perlite	ohne	60	
Cotoneaster						
adpressus	weich	Haus	Perlite	ohne	96	
conspic. Decorus	weich	Haus	Perlite	ohne	100	
'Cornubia'	Febr.	Haus	Sand u. Torf	ohne	50	
dammeri	Mai	Haus	—	behandelt	100	Bodenwärme
horizontalis	weich	Haus	Perlite	Floramon	80	

Ergebnisse der Sprühnebel-Vermehrung (Fortsetzung)

Pflanzen	Stecklingstyp oder Zeit	Wo gesteckt	Vermehrungssubstrat	Wuchsstoff	% Erfolg	Bemerkungen
Cotoneaster						
multiflorus	Juni	Kasten	—	ohne	58	
multiflorus calocarpus	weich	Haus	Perlite	Floramon	6	
salicifolius	weich	Haus	Perlite	Floramon	94	
Crataegus						
crus-galli	Febr.	Haus	Sand u. Torf	ohne	0	
Cytisus						
praecox	—	Haus	Sand	behandelt	100	
Daphne						
cneorum	Juni	Haus	Sand	ohne	100	ohne Bodenwärme
Deutzia						
gracilis	Febr.	Haus	—	behandelt	78	Bodenwärme
verschiedene	Okt.	Haus	Sand	ohne	100	Bodenwärme
Elaeagnus						
pungens	Aug.	Haus	Sand	ohne	76	
Erica						
vagans	Juni	Haus	Sand u. Torf	behandelt	90	Bodenwärme
Escallonia						
viele Sorten	Juli—Aug.	Haus	Sand u. Torf	ohne	80—100	
Euonymus						
alatus	—	Haus	—	—	100	
fortun. Coloratus ..	Juni	Haus	Vermiculite	behandelt	100	
planipes	Sommer	—	—	—	gut	
Forsythia						
meiste Sorten	Juli	Haus	Sand	—	100	
Hamamelis						
japonica Rubra	weich	Haus	Perlite	—	0	
mollis	Aug.	Haus	Sand u. Torf	—	83	
Hibiscus						
syriacus	Sommer	—	—	—	gut	
Hydrangea						
arborescens	Sommer	Kasten	Sand	Hormodin	76	
macrophylla						
paniculata						
Ilex						
aquifol. 'Pyramid.' .	—	—	Sand u. Torf	behandelt	97	
crenata	Winter	—	—	—	gut	
pernyi	Juli	Haus	Sand u. Torf	IBS 1 %	100	
Juniperus						
chin. 'Plumos. Aur.' .	April	Haus	Sand u. Torf	ohne	97	
horizontalis	April	Haus	Sand u. Torf	behandelt	46	Bodenwärme
sq. 'Meyeri'	—	Haus	Sand u. Torf	behandelt	50	
virg. 'Keteleerii'	Juni	Kasten	Vermiculite	behandelt	18	
Kerria						
japonica	Sept.	Freiland	Sand	Seradix I	88	
Kolkwitzia						
amabilis	Juni	Haus	Sand	ohne	100	Bodenwärme

Ergebnisse der Sprühnebel-Vermehrung (Fortsetzung)

Pflanzen	Stecklingstyp oder Zeit	Wo gesteckt	Vermehrungs-substrat	Wuchsstoff	% Erfolg	Bemerkungen
Ligustrum						
ob. regelianum	Juni	—	—	—	93	
ovalifolium	Mai	Haus	Sand	ohne	93	
vulg. 'Lodense'	Juli	Kasten	Sand	IBS 1 %	93	
Lonicera						
korolkowii	Juni—Juli	Kasten	—	—	60	
maackii	weich	Haus	Perlite	—	9	
pileata	weich	Haus	Perlite	—	100	
Magnolia						
soulangiana	Juli	Kasten	Sand	behandelt	100	
stellata	Juli	—	Torf u. Sand	—	80	
Mahonia						
aquifolium	Juni	Freiland	Sand	Seradix I	100	
bealei	Juli	Haus	Sand	IBS 2 %	100	
Malus						
M-Typen	Juli	Haus	Torf u. Sand	meist ohne	80—100	
NM-Typen	Juli	Haus	Torf u. Sand			
Metasequoia						
glyptostroboides ...	Aug.	Haus	Sand	IBS 2 %	100	
Osmanthus						
delavayi	Dez.	Haus	Sand	ohne	75	Bodenwärme
heterophyllus	April	Haus	Sand	Hormodin	50	
Parrotia						
persica	Sept.	Freiland	Sand	Seradix I	66	
Philadelphus						
coronarius	Juni	Kasten	Sand	Hormodin	100	
lemoinei-Sorten	Juni	Kasten	Sand	ohne	ca. 100	
Picea						
abies 'Ohlendorffii' .	weich, Juni	Haus	Sand u. Torf	—	100	
pungens glauca	Juli	Kasten	Sand	Hormodin	68	
Pieris						
forrestii, japonica ..	Dez.	Haus	Sand u. Torf	ohne	100	Bodenwärme
Pinus						
nigra	Juni—Juli	Kasten	—	—	0	
Prunus						
F. 12/1	Juni	Plastikzelt	Sand u. Torf	IBS 2 %	92	
Myrobalane B	weich	Haus	Perlite	—	100	
Brompton	Juli	Plastikzelt	Sand u. Torf	IBS 2 %	89	
gland. 'Alba Plena' .	Mai	Haus	Sand u. Torf	—	100	
serrulata-Sorten ...	Juni	—	—	—	83	
subhirtell. Autumn. .	Juli	Haus	Sand	IBS 2 %	100	
tomentosa	Sommer	Freiland	—	—	75	
Pyracantha						
in Sorten	Okt.	Haus	Sand u. Torf	—	100	Bodenwärme
Rhododendron						
Hybriden	Juli	Haus	Torf	behandelt	100	
williamsianum	Jan.	Haus	Torf u. Sand	behandelt	91	Bodenwärme

Ergebnisse der Sprühnebel-Vermehrung (Schluß)

Pflanzen	Stecklingstyp oder Zeit	Wo gesteckt	Vermehrungssubstrat	Wuchsstoff	% Erfolg	Bemerkungen
Rosa						
in Sorten	Juli	—	Torf u. Perlite	—	50—100	
Spiraea						
arguta	normal	Haus	Sand u. Torf	behandelt	100	
Stewartia						
pseudocamellia	Juli	Kasten	Sand	IBS 4 %	94	
Stranvaesia						
davidiana	Aug.	Haus	Sand	IBS 1/2 %	95	
Syringa						
chinensis	Juni	Haus	Vermiculite	behandelt	77	
prestoniae-Sorten ..	April	—	Sand	—	60	
vulgaris-Sorten	Juli	—	Sand	—	100	
Taxus						
baccata-Sorten	Mai—Juli	Haus	Sand u. Torf	behandelt	87	
Thuja occ.						
'Pyramidalis'	April	Haus	—	behandelt	100	
'Rheingold'	April	Haus	Sand u. Torf	behandelt	93	
Tilia						
cordata	Juli	Plastikzelt	Sand u. Torf	IBS 2 %	100	
'Koningslinde'	Juni	Plastikzelt	Sand u. Torf	IBS 2 %	96	
Ulmus						
americana	Juni	Haus	Sand	IBS	89	
Viburnum						
bodnantense	Juni	Haus	Sand	ohne	100	Bodenwärme
burkwoodii	Januar	Haus	Sand u. Torf	behandelt	88	Bodenwärme
carlesii	Juli	Haus	Sand u. Torf	IBS 1 %	91	
farreri	April	Haus	Sand	—	100	
opulus Sterile	Juni	Kasten	Sand	—	96	
tomentosum	Sommer	—	—	—	100	
Vitis						
rotundifolia	Juni	Freiland	Sägemehl		100	

4 Luftbefeuchtungsgeräte

Luftbefeuchtungsgeräte (Humidifier), auch Aerosol-Apparate genannt, müssen von Sprühnebeldüsen gut unterschieden werden. Diese Geräte, z. B. der „Defensor", dienen dazu, der Luft im Gewächshaus Wasser in fein verteilter Form zuzuführen. Das Wasser wird durch Zentrifugalkraft mechanisch in Teilchen von höchstens 5—10 Tausendstel Millimeter zerrissen. Die damit verbundene starke Vergrößerung der Verdunstungsoberfläche bewirkt, daß die Teilchen mehr oder weniger über den ganzen Raum in echte Luftfeuchtigkeit übergehen. Die Geräte lassen sich mit einem Hygrostaten vollautomatisch steuern. Bei starker Sonneneinstrahlung laufen sie im Dauerbetrieb. Der Wasserverbrauch ist relativ gering. Geräte mit einer Zerstäuberleistung von 3 l/Std. (Defensor: 3001) reichen zur Befeuchtung eines Raumvolumens von 200—400 cbm aus. Zwar wird durch die Luftbefeuchter Verdunstungskälte erzeugt, sie steht aber in keinem Verhältnis zur von der Sonne eingestrahlten Energie, so daß man nicht mit einer nennenswerten Abkühlung der Raumluft im Gewächshaus rechnen darf. Auf den Blättern der Stecklinge kommt es bei voller Feuchtigkeitssättigung der Luft oft zu Kondenswasserbildung, so daß die Stecklinge nicht welken, aber auch so ist die relative Luftfeuchtigkeit hoch genug, um die Transpiration der Stecklinge ausreichend herabzumindern. Die nebelartigen Wassertröpfchen bewirken eine Lichtstreuung, so daß nur diffuses Licht auf die Stecklinge fällt; die Verbrennungsgefahr wird herabgemindert.

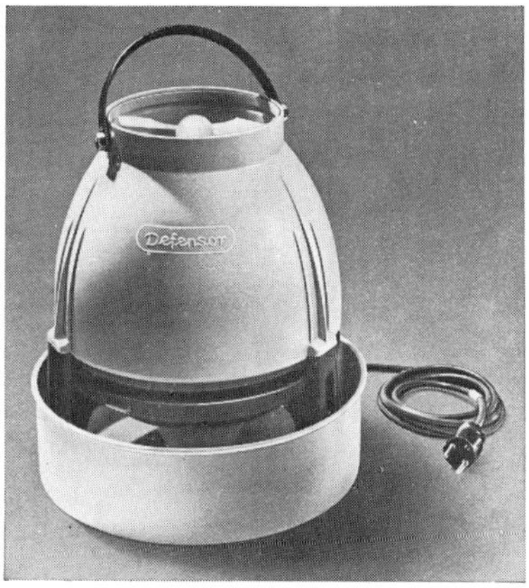

Abb. 35. Ein Raumbefeuchter (Defensor 3001)

Der Einsatz der Luftbefeuchtungsgeräte stellt eine Alternative dar zur Sprühnebelvermehrung in kleineren Gewächshauseinheiten und bei für die Sprühnebeleinrichtung nicht geeignetem Wasserdruck und ungenügender Wasserqualität. Die Bewurzelungsergebnisse können als gut bezeichnet werden; die Blattqualität der Stecklinge ist oft besser als unter Sprühnebel.

b. Kulturkästen (Frühbeete)

Sie sind in den Baumschulen nur noch als 1,50 m breite, einfache Kästen und nicht mehr als Doppelkästen zu finden. Nur ganz selten wird in ihnen noch die Stecklingsvermehrung durchgeführt. Der Überwachungs- und Pflegeaufwand in Form von Gießen und Spritzen ist einfach zu hoch. Sind Kästen mit Glasabdeckung noch vorhanden, so können sie für die Stecklingsvermehrung nur dann wirtschaftlich genutzt werden, wenn sie durch Unterziehen einer Folie gegen zu große Feuchtigkeitsverluste abgedichtet werden. Bei schnell wurzelnden Arten braucht in diesem Fall bis zur Bewurzelung kaum gegossen und gespritzt zu werden. Kästen für diesen Zweck neu zu erstellen, wäre aber nicht sinnvoll, weil im wesentlich billigeren Folientunnel mindestens gleich gute Vermehrungsergebnisse erzielt werden können. Nicht ganz abzulehnen ist die Nutzung der Kästen für die Vermehrung von Koniferen, die

Abb. 36. „Kalter Kasten" zusätzlich mit Milchfolie abgedichtet (Foto: Wennemuth)

Abb. 37. Der Folientunnel tritt an die Stelle der „kalten Kästen“ (Foto: Wennemuth)

erst im Spätsommer gesteckt werden und oft erst im Frühjahr bewurzelt sind. Hier ist einerseits der Aufwand durch Gießen und Spritzen wegen der fortgeschrittenen Jahreszeit nicht mehr so groß, andererseits würden sie die teuere Vermehrungsfläche im Vermehrungshaus zu lange blockieren.

In Jungpflanzenbetrieben werden Kastenquartiere aber immer noch gebraucht, um die aus den Vermehrungshäusern zuströmenden bewurzelten und eingetopften Stecklinge aufnehmen, stufenweise abhärten und bis zur Verkaufsreife weiterkultivieren zu können. Dies geschieht in den Kästen nur noch selten unter Zuhilfenahme von Glas. An die Stelle des Glases treten als Abdeckung meist Schattiergewebe oder Rohrmatten. Die Kästen sind demgemäß nur noch sehr leicht gebaut, d. h. der Kastenrahmen besteht meist nur noch aus Eternit.

c. Folientunnel

Folientunnel haben sich für Vermehrungszwecke erst nach vielen Versuchen mit unterschiedlichen Ergebnissen durchgesetzt, als man statt der transparenten Folie eingetrübte, milchweiße Folie verwendete. Die transparente Folie gestattet den vollen Lichteintritt, deshalb kommt es zu hohen Temperaturen im Folientunnel. Nur mit einer exakt automatisch steuerbaren Sprühnebelanlage können Stecklinge bei so hoher Einstrahlung vor dem Verbrennen und Welken geschützt werden. Dieser hohe technische Aufwand kann deutlich reduziert werden, wenn statt der transparenten Folie Milchfolie mit einem um 50—60 % verminderten Lichteinfall verwendet wird. Viele schnellwurzelnde Arten können dann sogar ohne Sprühnebel bewurzelt werden. Eine Sprühnebelanlage verbessert aber die Ergebnisse und bringt bei extremen Einstrahlungsverhältnissen größere Sicherheit. Nur kommt es jetzt nicht mehr auf die letzten Feinheiten bei der Steuerung der Anlage an. Sie kann notfalls per Hand gesteuert werden, da sich der Betrieb der Sprühnebelanlage auf die Mittagsstunde der heißen Sommertage beschränken läßt. Die automatische Steuerung mit den im Gewächshaus verwendeten Steuergeräten (Elektronenblatt und Helfertsche Wasserwaage) stößt im Folientunnel auf Schwierigkeiten, weil in diesem gegen Feuchtigkeitsverluste völlig abgeschirmtem Raum beide Geräte nicht abtrocknen würden und damit keinen Arbeitstakt der Sprühnebelanlage auslösen könnten.

Obwohl nach Kohstall/Müller (1975) selbst bei Temperaturen von 43 °C noch keine Verbrennungserscheinungen an den Blättern der Stecklinge beobachtet werden konnten, scheint es sicher, daß sich so hohe Temperaturen nicht mehr positiv auf die Bewurzelung auswirken können. Sinnvoll wäre deshalb im Folientunnel mit Sprühnebel eine Begrenzung der Temperatur auf 32—35 °C. Dies könnte am leichtesten mit einem Kontaktthermometer geschehen. Hierdurch könnten die Bewurzelungserfolge auch bei im Blatt empfindlichen Stecklingen, wie z. B. *Kolkwitzia,* verbessert werden. Die Steuerung per Hand erscheint dagegen weniger effektvoll, weil aus Gründen der Arbeitsersparnis sicher zu selten geschaltet wird.

Im Folientunnel können alle Laubgehölze bewurzelt werden, die bisher im Gewächshaus vermehrt wurden. Koniferen müssen wegen der meist längeren Bewurzelungsdauer entweder früher als sonst üblich gesteckt werden (Ende Juni bis Anfang Juli), oder es muß mit zusätzlicher Bodenheizung gearbeitet werden, was problematisch erscheint. Die Folientunnel werden nämlich meistens im folgenden Jahr auf einem anderen Quartier aufgebaut. Da nicht in Kisten, sondern ins Grundbeet gesteckt wird, können die Stecklinge längere Zeit bis zur starken Jungpflanze auf der Vermehrungsfläche stehen bleiben. Ein Wechsel der Vermehrungsquartiere empfiehlt sich auch aus phytosanitärer Sicht.

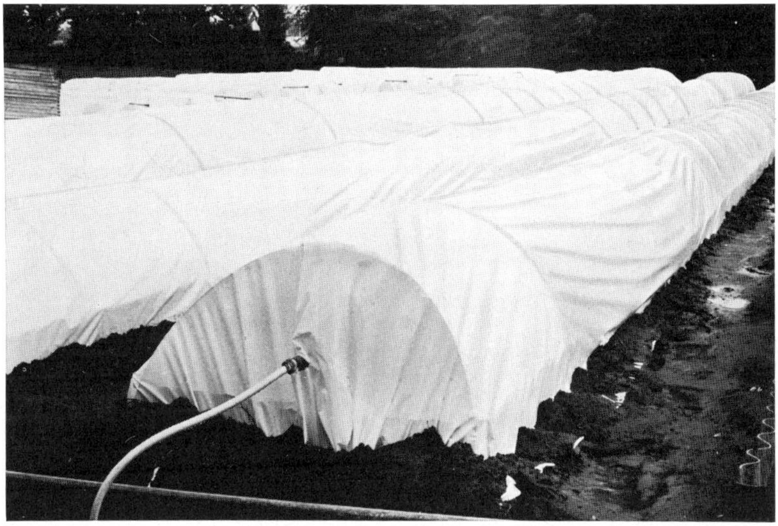

Abb. 38. Folientunnel für Vermehrungszwecke sind auf dem Vormarsch (Foto: Wennemuth)

Aus arbeitswirtschaftlichen Gründen soll die Breite der Vermehrungsfläche die übliche Beetbreite von 1,25 m nicht übersteigen. Der Folientunnel soll jedoch um jeweils 20 cm an beiden Seiten breiter sein, weil die am Rand stehenden Pflanzen sonst in unmittelbaren Kontakt mit der Folie kommen würden. Das führt zu Ausfällen bei den Stecklingen. Bei einer Vermehrungsbeetbreite von 1,25 m müssen die als Traggerüst dienenden Federstahlstäbe eine Länge von 2,50 m haben. Bei einer Einstecktiefe der Stäbe von 20 cm ergibt sich dann eine gewünschte Höhe der Folientunnel von 70 cm. Der Düsenstrang soll in einer Höhe von 45 cm angebracht werden. Bei dieser Höhe ergibt sich das günstigste Wasserverteilungsbild. Wird dagegen ohne Sprühnebel gearbeitet, so sollte die Höhe des Folientunnels auf 50 cm verringert werden, weil dadurch der Prozentsatz des von der Folie auf die Stecklinge herabtropfenden Kondenswassers erhöht wird.

d. Schattenhallen

Schattenhallen haben den Sinn, solche Pflanzenarten in der empfindlichen Jugendphase vor dem vollen Lichteinfall zu schützen, die von Natur Schatten- oder Halbschattenpflanzen sind, die also ihre optimale Wuchsleistung nur bei vermindertem Lichteinfall erreichen. Nach Kettner (1965) ist für die meisten dieser Pflanzen eine Minderung des Lichteinfalles um ca. 30 % bereits optimal. Viele Schattenhallen alter Prägung, vor allem die mit Fichtenreisig gedeckten, hatten einen deutlich höheren Schattiereffekt aufzuweisen.

Abb. 39. Selbstgebaute Schattenhalle aus Holzlatten (Foto: Krüssmann)

Abb. 40. Beschattung durch ausgespannte Fischnetze in den Rhododendron-Kulturen bei M. A. Hesse, Weener

Das Schattieren wirkt sich nicht nur im Sommer, sondern auch im Winter vorteilhaft für die Pflanzen aus. Hier wird die Gefahr der Blattschädigung, die durch den krassen Wechsel von Sonnenschein am Tage und kalten Nachttemperaturen hervorgerufen wird, gemindert. Deswegen ist die Schattenhalle in vielen Baumschulen und Gartencentern weniger sommerliche Kulturfläche als vielmehr Überwinterungsfläche.

Bei der im Winter tiefer stehenden Sonne können bereits alte Fischernetze oder Tarnnetze eine ausreichende Schattierwirkung erzielen. Auch die Verwendung von plastikummanteltem Drahtgeflecht mit Maschenweiten von 2—3 cm ist von Preis und Wirksamkeit her gesehen eine befriedigende Lösung. Bedeckungen auch Dachlatten, Spalierlatten und Bambussplitt stellen weitere Möglichkeiten dar. In der Baumschule muß eine Beurteilung des zu verwendenden Materials mit dem Rechenstift erfolgen, im Gartencenter darf die Ästhetik nicht

Abb. 41. Schattenhalle 'en miniature' zur Kultur von Acer palmatum 'Atropurpureum' (Foto: Wennemuth)

vergessen werden. Selbstbauweise herrscht z. Z. noch vor, jedoch gibt es bereits Firmen, die sich auf den Bau von Schattenhallen spezialisiert haben.

Literatur zu: Einrichtung einer Baumschule

BEITZ, E. (1970): Der Kühlraum in Baumschulen. Gartenwelt **8**, 188. — BOAS, F. (1958): Zeigerpflanzen, Verlagsgesellschaft für Ackerbau m. b. H., Hannover, 1958. — BÜNEMANN, G. (1960): Methoden zur Erhaltung hoher u. gleichmäßiger Luftfeuchtigkeit im Kühllager. Technik im Gartenbau (Beil. Zentralbl.) Febr. 1960. — BÜNEMANN, G. (1961): Die Regelung der relativen Luftfeuchtigkeit in Lagerräumen durch die Mantelkühlung: Gartenbauwiss. **9**, 92-94. — BRAUN-BLANGUET, (1951): Pflanzensoziologie, Grundzüge der Vegetationskunde. Wien, 2. Auflage, 1951. — BRUNS, E. (1949): Das Problem: „Schattenhalle". Dt. Baumschule **8**, 171. — BURCHARDS, O. (1968): Sprühnebelvermehrungsanlagen. Gartenwelt **10**, 269-271. — FABRY, R. (1950): Bodenuntersuchung im Gelände, München 1950. — FABRY, H. (1950): Bodenkunde für Schule u. Praxis, 2. Auflage, München 1950. — FRANKEN, E. (1963): Fragen der Erhöhung oder Verhinderung der Blütenfrostgefahr durch Windschutzpflanzungen. — Mitt. OVR, York, **18**: 439. — GÖRBING, J. (1947): Die Grundlagen der Gare im praktischen Ackerbau. Hannover 1947. — DE HAAS, P. G., u. G. WENNEMUTH (1962): Kühllagerung von Baumschulgehölzen. I. Klimatologisch-technische Probleme bei der Lagerung von Gehölzen, II. Pflanzenbauliche und physiologische Probleme, III. Botrytis- und Fusarium-Befall von Gehölzen im Kühllager. Gartenbauwiss. **27**, 199-242. — DE HAAS, P. G., u. BÜNEMANN (1962): Kühllagerung von Baumschulgehölzen. IV. Die Mantelkühlung bei − 2 °C im Vergleich bei + 1,5 °C und zur herkömmlichen Einschlagmethode. Gartenbauwiss. **27**, 243-246. — DE HAAS, P. G. (1948): Bodenkunde für Gärtner. 120 S. Minden 1948. — DE HAAS, P. G. (1953): Hat das Klima in der Obstbaumschule einen Einfluß auf die Weiterentwicklung der Gehölze am späteren Standort? Mitt. Klosterneuburg **3**: 135-140. — HAHN, R. (1956): Warum keine Schattenhallen? Zentralbl. d. dt. Erwerbsgartenb. **8**, 19, 2. — HARTGE, K. H. (1972): Ziel und Grenzen der Anwendung von natürlichen und synthetischen Bodenverbesserungsmitteln. Mitt. Dt. Bodenkundliche Gesellsch. **15**, 46-56. — HERBERICH, (1975): Gießwasser — Mineralstoffgehalte — Qualitätsnormen. Gartenwelt **15**, 329. — HOHMANN, G. (1962): Aufbewahrung von Rosen in Lagerräumen mit direkter Kühlung. Gartenwelt **62**, 168-169. — HEUSON, R. (1947): Die Kultivierung roher Mineralböden. 103 S. Berlin 1947. — HILKENBÄUMER, F. (1964): Obstbau. 4. Aufl. Verlag Paul Parey, Berlin und Hamburg 1964. — JENSEN, M., und R. J. VON DER LINDEN (1954): Über den Einfluß des Windschutzes auf die Temperaturentwicklung in Strahlungsnächten. Angew. Meteorologie, Bd. 2, H. 3, 1954. — KAISER, H. (1960): Untersuchungen über die Auswirkungen von Windschutzstreifen auf das Bodenklima. Z. f. Acker- u. Pflanzenbau, **111**. — KETTNER, H., R. HIRSCH u. W. MÜHLHANS (1965): Richtige Anwendung und zweckmäßige bauliche Gestaltung von Schattenhallen in Baumschulen. Ber. über Landtechn. 92, 1965. H. Neureuther Verlag, München-Wolfratshausen. — KLOUGART, A. (1975): Propagation houses. A critical review. Acta Horticulturae **54**: 112-121. — KÖSTER, P. (1970): Die Wasserversorgung der Kulturen mit vorläufigen Richtwerten für die Beurteilung der Gießwasserqualität. Jb. Baumschul-Beratungsring Weser-Ems e. V. 1970. S. 24-32. — KOHSTALL, H., u. F. MÜLLER (1975): Vermehrung von Gehölzen unter Folientunnels. Dt. Baumschule **5**, 112. — VON KRUEDE-

NER, A. (1951): Ingenieur-Biologie, München 1951. — LONG, W. G., D. V. SWEET and H. B. TUKEY (1956: The loss of nutrients from plant foliage by leaching as indicated by radioisotopes Science, **123**, 1039—40. — LUNDEGARDH, H. (1949): Klima und Boden und ihre Wirkung auf das Pflanzenleben. Jena, 1949. — MAHLSTEDE and FLETCHER (1960): Storage of nursery stock. 62 pp. Washington DC. 1960. — NÄGELI, W. (1943): Der Einfluß der Windgeschwindigkeit auf die Verdunstungsgröße des Bodens. Z. f. Acker- u. Pflanzenbau. — NYHOLM, I. (1975): Cold storage of plants. Acta Horticulturae **54**: 143-145. — RADEMACHER, H. (1971): Praktische Erfahrungen aus der Saison 1971 mit Gehölzvermehrung unter Folientunneln im Freien. Baumschul-Beratungsr. Weser-Ems e. V. Jahrbuch 1971, S. 16. — RÜSCH, J. (1955): Der CO_2-Gehalt bodennaher Luftschichten. Z. f. Pflanzenernährung und Bodenkunde, Nr. 71, H. 2. — PAUCK, P. (1963): Kühllagerung von Baumschulgehölzen. Dt. Baumschule **14**, 154-157. — PETERSEN, H. A. (1962): A photoelectric timing control for mist aplication. Proc. 15. Int. Hort. Congr. **3**, 273-279. — SNYDER, W. F., and C. E. HESS (1956): Low temperature storage of rooted cuttings of nursery crops. Proc. Amer. Soc. Hort. Sci. **67**, 545-48. — WAXMAN, S., and J. WHITHAKER (1960): A light-operated switch for the operation of a mist system. Prog. Rpt. No. 40, Storrs (Conn.) Agr. Exp. Sta. — WENNEMUTH, G. (1963): Verlängerung der Pflanzzeit durch Verwendung von kühlgelagerten Pflanzen. Das Gartenamt, **4**: 102. — WENNEMUTH, G. (1963): Fragen der Kühllagerung. Gartenwelt **63**, 8-9. — WIND, G. P. (1969): Die Zwecke der Tiefenbearbeitung. Symposium über die Tiefenbearbeitung d. Bodens. Gießen, S. 15-20.

IV. Maschinen und Geräte

Die immer teurer und knapper werdenden Arbeitskräfte haben die Baumschulen, beginnend in den 60er Jahren, zu einer technischen Revolution des Betriebsgeschehens gezwungen. Alle Arbeiten *für* die Pflanzen, wie Bodenbearbeitung, Düngung, Pflanzenschutz und auch das Pflanzen und Roden, werden heute maschinell mit einem hohen Wirkungsgrad durchgeführt. Geblieben ist eine Mechanisierungslücke bei den Arbeiten *an* der Pflanze, wie Veredeln, Schneiden, Stäben, Anheften und Aufputzen. Hier dominiert noch die Handarbeit, wobei Rationalisierungseffekte nur durch eine Verbesserung der Handgeräte und Hilfsmaterialien erreicht werden konnten. Arbeitsaufwendig ist auch das gesamte Versandgeschehen geblieben; lediglich der arbeitsaufwendige Transport der Pflanzen konnte durch Palettisierung, Zusammenfassung von Transporteinheiten und den zwangsläufig damit verbundenen Einsatz von Gabelstaplern überzeugend rationalisiert werden.

In einigen hochtechnisierten Betrieben konnte der Arbeitskräftebesatz je ha trotz Arbeitszeitverkürzung im Verlauf der letzten 20 Jahre teilweise um 75 % gesenkt werden. Diese Einsparungen sind jedoch nicht allein durch die Technisierung im weitesten Sinne erreicht worden, vielmehr geht ein beachtlicher Teil auf das Konto der chemischen Unkrautbekämpfung und Bodenentseuchung.

Die meisten Baumschulen haben sich vom arbeitsintensiven zum mehr kapitalintensiven Betrieb gewandelt. Die Entwicklung teurer Spezialmaschinen hat den Trend zur Spezialisierung und zur Betriebsvergrößerung gefördert, um diese Maschinen wirtschaftlicher ausnutzen zu können. Kleinere Betriebe (Familienbetriebe), die den Weg zur vollen Technisierung nicht mitgehen konnten, mußten auf pflege- und handarbeitsintensive Kulturen ausweichen (z. B. bessere Gehölzveredlung) und eine höhere Flächenintensität anstreben. Der Prozeß der Umschichtung ist noch in vollem Gange. Gleichzeitig kann aber festgestellt werden, daß die Neugründung von Produktionsbaumschulen wegen des hohen Kapitalbedarfes immer schwieriger wird.

a. Zugmaschinen

Der verstärkte Einsatz von Maschinen und Geräten hat zur erheblichen Erhöhung der MPS-Zahlen je ha geführt, nicht nur weil mehr Schlepper angeschafft werden, sondern weil ihnen durch die inzwischen entwickelten Anbaugeräte höhere Zugkräfte abverlangt wurden.

Konnte man in der Anfangsphase der technischen Entwicklung zu Beginn der 60er Jahre noch mit Schlepperstärken von 25—30 PS alle vorkommenden Arbeiten zufriedenstellend erledigen, so ist heute ein Schlepper von 40—45 PS mitunter als überlastet anzusehen und der allgemeinverbindliche Sprung in die Klasse 50—60 PS schon vorprogrammiert. Eine Ausnahme bilden die sogenannten Pflegeschlepper (Hacken, Pflanzenschutzspritzung), die nicht mehr als 30 PS haben sollten.

Unverkennbar ist der starke Trend zum Schlepper mit Allradantrieb. Sie bringen wegen des geringeren Schlupfes der Räder mehr Kraft auf den Boden und sind richtungsstabiler, und das ist beim Pflanzen, Hacken und Roden von Bedeutung. Allradangetriebene Schlepper haben allerdings eine geringere Bodenfreiheit.

Voraussetzung für alle Zugmaschinen ist die Dreipunkthydraulik. Einachser kommen also nicht mehr als Zugmaschinen infrage. Sie sind nur noch als Fräse oder Zuggerät für die einreihige Rillenscheibe einsetzbar.

Abb. 42. Hochschlepper (Stelzenschlepper): Unterbau Eigenkonstruktion der Baumschule Kutter in Memmingen (Foto: Beitz)

Es überrascht, daß Hoch- oder Stelzenschlepper nur in verhältnismäßig kleiner Stückzahl in Baumschulen zu finden sind, obwohl es in vielen Betrieben für den „Normalschlepper“ eine ganze Reihe von nichtübergrätschbaren Kulturen gibt. Da Hoch- oder Stelzenschlepper praktisch nur als Pflegeschlepper eingesetzt werden können, scheint wohl wegen des hohen Anschaffungspreises keine Wirtschaftlichkeit gegeben zu sein. Schwere Arbeiten kann man ihnen wegen des zu hoch liegenden Schwerpunktes nicht abverlangen. Bei nichtübergrätschbaren Kulturen (z. B. Alleebäume, Viertel-, Halb- und Hochstämme) weicht man nach Vergrößerung der Reihenabstände auf 1,20 m auf 90 cm Schmalspurschlepper aus, oder man legt zwischen nichtübergrätschbare Kulturen Reihen mit niedrigeren Kulturen, von denen aus man wenigstens den Pflanzenschutz in den höher wachsenden Kulturen betreiben kann. Problematisch bleibt immer noch das Hacken, wenn man nicht bei Einsatz chemischer Unkrautbekämpfungsmittel auf das Hacken verzichten will. Viele Betriebe haben deshalb am Einsatz von Pfer-

Abb. 43. Der DEROT-Tecnoma-Hochschlepper aus Frankreich (Foto: Wennemuth)

Abb. 44. Der französische Bob-Hochschlepper ist technisch ausgereift (Foto: Beitz)

den festgehalten oder diese Möglichkeit wiederentdeckt. Die Diskussionen um das Pferd werden heute mehr den je auch von psychologischen Momenten bestimmt.

Eine Kompromißlösung bieten Traktoren mit Portalachsen, die eine Bodenfreiheit bis zu 80 cm haben können.

Abb. 45. Der Fendt-Hochgeräteträger mit einer Bodenfreiheit von 0,80 m (Foto: Wennemuth)

Immer häufiger findet man in größeren Betrieben auch Spezialschlepper mit höherer Zugkraft, Allradantrieb, größeren Vorderrädern und besserer Übersichtlichkeit, wie z. B. den Intrac 2003 A SKULD (60 PS) und den MB-trac Typ 440 (65 PS). Ihr Vorteil liegt in der größeren Wendigkeit und höheren Standfestigkeit. Sie können z. B. gut für die neuentwickelten Ballenstechmaschinen eingesetzt werden.

Aus dem Rahmen fällt auch der Unimog, der nicht nur als Zugmaschine auf dem Acker eingesetzt werden kann, sondern vor allem auch wegen seiner höheren Fahrgeschwindigkeit für den Straßentransport geeignet ist.

Abb. 46. Der Intrac der Firma Deutz — ein Traktor der jungen Generation mit guter Rundumsicht —, hier mit Ballenstechmaschine Optimal (Foto: Wennemuth)

Abb. 47. Der MB-trac von Mercedes wird mit seinen 65 PS allen Anforderungen in der Baumschule gerecht (Foto: Beitz)

Raupenschlepper haben sich in den Baumschulen nicht nennenswert durchsetzen können; wahrscheinlich wegen des schwierigen Transports über die Straße. Das gilt auch für die sogenannten Aufsteckraupen (anstelle der Hinterräder) bei Traktoren. Sie ermöglichen zwar noch einen Einsatz des Schleppers bei ungünstigen Bodenverhältnissen, müssen aber auf einem Tieflader über die Straße transportiert oder umgerüstet werden. Zwingend notwendig wird dagegen die Ausrüstung des Geräteträgers Kultimax mit Aufsteckraupen wegen seines geringen Gewichtes, da er sonst beim mehrreihigen Pflanzen nicht genügend richtungsstabil ist.

Gute Schlepper werden auf dem deutschen Markt von vielen Firmen angeboten. Die Wahl für das eine oder andere Fabrikat muß aus der Sicht preisgerechter Leistung betrieben werden. Noch wichtiger ist die Nähe des jeweiligen Kundendienstes.

b. Bodenbearbeitungsgeräte

Um den Boden saat- und pflanzfertig herzurichten, muß gepflügt und gefräst werden. Man unterscheidet bei den zur Bodenbearbeitung eingesetzten Maschinen und Geräten solche mit gezogenen und mit rotierenden Werkzeugen.

1 Maschinen und Geräte mit gezogenen Werkzeugen

Beim Pflügen soll der Boden gelockert, gewendet und gemischt werden. Von ernstzunehmenden Wissenschaftlern des Landbaus wird der positive Effekt des Pflügens heute oft in Frage gestellt. Nach ihrer Meinung wird die Bodenstruktur durch das Pflügen nicht verbessert. Sie verweisen darauf, daß Bodenverdichtungen im wesentlichen auf das Pflügen zurückzuführen sind. Bei mehrjähriger pflugloser Kultur würden sich bereits vorhandene Pflugsohlenverdichtungen sogar wieder auflösen. Diese Erörterungen scheinen jedoch bei baumschulmäßiger Nutzung des Bodens vermutlich nur von theoretischem Wert zu sein. Durch häufiges Befahren des Ackers mit Maschinen (wie beim Düngen, allen Pflanzenschutzmaßnahmen und beim Roden, das zudem noch als terminlich stark gebundener Arbeitsvorgang auch bei nassem Boden durchgeführt werden muß) ergeben sich unausweichlich Bodenstrukturverschlechterungen und Bodenverdichtungen, die wohl nur durch einen Pflugvorgang beseitigt werden können. Bodenverdichtungen reichen oft bis in eine Tiefe von 40 cm und mehr. Zwar kann der Boden mit leistungsfähigen Traktoren und Pflügen auch selbst in solcher Tiefe noch gewendet werden, jedoch soll immer nur die kulturfähige Schicht gewendet werden; das sind in der Regel 25—35 cm. Darunter liegende Bodenverdichtungen müssen mit einem Untergrundlockerer aufgerissen werden. Niemals darf toter Boden (ohne Humus) in größeren Mengen nach oben geholt und mit der Kulturschicht vermischt werden. Nichts einzuwenden ist gegen eine sehr vorsichtige, allmähliche Vertiefung der Kulturschicht.

Leichte und nicht zu tief liegende Bodenverdichtungen lassen sich durch am Pflug angebrachte Tiefenmesser beseitigen. Für schwerere Fälle gibt es spezifische Untergrundlockerer, wie z. B. den **Vibra-Tiller** und den **Vicon-Meißelpflug Jumbo-Buster,** der auch als Pflugersatz dienen kann.

Bei der maximal möglichen Arbeitstiefe von 60 cm und einer Arbeitsbreite von 2 m werden den Traktoren 50—60 PS abverlangt. Der Kraftbedarf ist damit deutlich höher als beim Rotaspa-Grabepflug gleicher Arbeitsbreite.

Ein dauerhafter Effekt läßt sich bei der Tiefenlockerung nur auf relativ trockenem Boden erreichen, da nasser Boden wegen seiner Plastizität nicht richtig aufgebrochen wird.

Für die im Vergleich zur Landwirtschaft meist kleineren Flächen reicht der Einsatz eines 2—3scharigen Pfluges völlig aus. Es wäre falsch, die PS-Zahl der Traktoren durch größere

Abb. 48. Der VIBRA-TILLER Jr. mit 2,20 m Arbeitsbreite und einer maximalen Arbeitstiefe von 0,60 m benötigt Zugkräfte von mindestens 65 PS (Foto: Wennemuth)

Pflüge bis zum letzten auszulasten, da es für eine gleichmäßige Krümelung des Bodens wichtig ist, die Pfluggeschwindigkeit möglichst nicht unter 4 km pro Stunde absinken zu lassen. Bei nassen Böden würde bei einer Überlastung des Schleppers der Schlupf unnötig vergrößert und somit die Bodenstruktur ungünstig beeinflußt.

Heute kommen eigentlich nur noch Anbaupflüge in Form des **Dreipunkt-Wechselpfluges** und des **Dreipunkt-Winkeldrehpfluges** in Betracht. **Anbau-Beetpflüge,** die nur in einer Richtung pflügen, haben nur noch in Sonderfällen Bedeutung (Meyer-Dosierpflug).

2 Maschinen und Geräte mit rotierenden Werkzeugen

Ganz und gar aus dem Rahmen fällt der sogenannte **Rotaspa-Grabepflug,** der den Boden maschinell gräbt. An einer von der Zapfwelle angetriebenen Welle sind spatenähnliche Körper angebracht, die durch die Vorwärtsbewegung des Schleppers bei rotierender

Abb. 49. Vicon-Rotaspa hier mit einer Arbeitsbreite von 1,50 m für Traktoren ab 35 PS (Foto: Wennemuth)

Welle jeweils einen Bissen vom zu grabenden Land erfassen und durch eine Drehbewegung um die eigene Achse gleichzeitig auch das Wenden des Boden erreichen. Die Drehbewegung um die eigene Achse wird dadurch hervorgerufen, daß die drehbar gelagerten Stiele der Spaten gekröpft sind. Dieser Pflug hat folgende Vorteile gegenüber den Pflügen herkömmlicher Art:

1. Es entsteht keine glatte Pflugfurche, somit sind Pflugsohlenverdichtungen ausgeschlossen.
2. Es bleibt keine Pflugfurche zurück, so daß auch schmale, eingeschlossene Stücke randscharf bearbeitet werden können.
3. Die Vorwärtsbewegung des Schleppers wird durch die von der Zapfwelle angetriebene Spatenwelle unterstützt, der Schlupf der Räder dadurch vermindert und das Pflügen bei nassem Boden eher möglich.
4. Bereits bestehende Pflugsohlenverdichtungen können aufgehoben werden.

Dem stehen folgende Nachteile gegenüber:

1. Der Boden fällt nicht so gleichmäßig, es entstehen gröbere Schollen. Das ist zwar im Herbst kein Nachteil (Frostgare), bedingt aber im Frühjahr den Einsatz eines nachfolgenden spezifischen Gerätes zur Schaffung eines krümeligen Bodens.

Abb. 50. Die Dokex-Spatenmaschine (Foto: Beitz)

Abb. 51. Die Vicon-Zapfegge eignet sich hervorragend zum Zerkleinern grober Schollen (Foto: Wennemuth)

2. Das Gerät ist wesentlich teurer als ein Pflug.
3. Die Flächenleistung ist geringer.
4. Der Verschleiß ist wegen der vielen drehbaren Teile größer als beim Pflug.

Daraus ergibt sich, daß die herkömmlichen Pflüge nicht durch den Grabepflug verdrängt, sondern nur ergänzt werden können.

Der Grabepflug hat sich verhältnismäßig schnell in der Praxis durchgesetzt. Der **Rotaspa-Grabepflug** scheint aber wegen der zu hohen Produktionskosten nicht mehr hergestellt zu werden. An seine Stelle könnte die **Dokex-** oder die **Imants-Spatenmaschine** treten, die allerdings nur über starr angebrachte Spatenkörper an der angetriebenen Spatenwelle verfügen und deswegen keinen Wendevorgang des Bodens erzielen. Das wirkt sich ungünstig bei der Einarbeitung von Unkraut, Stallmist oder Torf aus. Beide Maschinen sind jedoch wesentlich billiger und weniger reparaturanfällig.

Rotorkrümler unterscheiden sich von Motorfräsen dadurch, daß sie anstelle von Federzinken starre, fast spatenförmige, oder gebogene, breite Messer an der von der Zapfwelle angetriebenen Welle haben. Durch die gröberen Werkzeuge und die bedeutend geringere Umdrehungsgeschwindigkeit wird eine gewünscht gröbere Krümelung als bei normalen Fräsen erreicht. Die Krümelstruktur des Bodens wird geschont. Eingesetzt werden die Rotorkrümler, um die beim Roden der Pflanzen entstehenden Bodenunebenheiten auszugleichen, um Gründung, Torf oder verrotteten Stallmist flach einzubringen oder Schwarzbrache durchzuführen. Sie haben eine hohe Flächenleistung, da sie bei Arbeitsbreiten bis zu 2 m spurüberdeckend arbeiten. Für die Anfertigung von Saatbeeten werden Rotorkrümler mit einer Arbeitsbreite von 1,25 m verwendet, die über seitliche Streichbleche verfügen. Sie können deshalb nicht für andere Arbeiten eingesetzt werden, weil sie die Treckerspuren nicht überdecken.

Die Rotorkrümler haben die vom Einachser angetriebenen **Motorbodenfräsen** stark zurückgedrängt. Sie werden nur noch in kleineren Betrieben zur Pflanzvorbereitung des Bodens verwendet. Ihr Einsatz zur Unkrautbekämpfung in Kulturen sollte zumindestens auf schweren Böden aus Gründen der Strukturstabilität unterbleiben.

c. Sämaschinen

Sie können nur in größeren Forstbaumschulen oder Wildlingsbetrieben mit größeren Flächen einiger weniger Pflanzenarten eingesetzt werden. Auf kleineren Flächen würde der Arbeitsvorteil der Maschinensaat gegenüber Handsaat dadurch aufgehoben, daß der Samenvorratsbehälter zu oft entleert und gesäubert sowie bei jeder neuen Pflanzenart die Sämaschine bezüglich Aussaatmenge und Saattiefe neu eingestellt werden müßte.

Abb. 52. Drillmaschine

Da von der Eiche bis zur Fichte viele von der Korngröße des Samens her sehr unterschiedliche Arten mit derselben Maschine ausgesät werden sollen, muß eine für Baumschulsaaten geeignete Sämaschine in weiten Bereichen verstellbar sein. Schließlich darf sie auch durch Reste des bei der Stratifikation verwendeten Sandes in der Genauigkeit nicht beeinträchtigt werden. Diese Forderungen werden von der **UZA-Sämaschine** der Firma Zijstra (Holland) optimal erfüllt.

In kleineren Betrieben sät man mit der Hand in Rillen, die von einer Anbau-Rillenmaschine oder einem Handrillenzieher angefertigt wurden.

Vor dem Einsatz der Rillen- oder Sämaschinen wird der gefräste, lockere Boden an der Oberfläche durch eine Beetwalze etwas verdichtet.

Abb. 53. Sämaschine für 13 Reihen Arbeitsbreite hinter dem Schlepper (Foto: Pein & Pein, Halstenbek)

d. Sandstreumaschinen

Sandstreumaschinen werden meist nur bei forstlichen Saaten, vor allem zum Abdecken von Breitsaat verwendet. Die Maschine wird an den Traktor angehängt. Rührwerke im Sandbehälter, die über Kettenantrieb der Räder arbeiten, sorgen für ein gleichmäßiges Nachrutschen des Sandes. Bewährt hat sich die Sandstreumaschine von Egedal.

Abb. 54. Cambridge-Walze zum leichten Andrücken der Beete vor der Saat (Foto: Wennemuth)

e. Rillenscheiben und Rillenschare

Rillenscheiben und Rillenschare ersetzen das Rillenstechen mit dem Keilspaten. Bei den Rillenscheiben muß man unterscheiden zwischen Geräten mit Zwangsantrieb und solchen, bei denen die Scheiben durch die Vorwärtsbewegung des Traktors in den Boden einschneiden. Rillenscheiben mit Zwangsantrieb bieten den Vorteil, daß sich die Scheiben selbst von anhaftender Erde säubern, weil die Umdrehungsgeschwindigkeit der zwangsange-

Abb. 55. Die Sandstreumaschine deckt die Beete gleichmäßig mit einer dünnen Sandlage ab (Foto: Egedal, Dänemark)

Abb. 56. Pflanzrillenscheibe mit zwangsläufigem Antrieb, an Holder-Einachsschlepper E 6 angebaut

triebenen Scheiben etwas größer eingestellt wird, als sie der Vorwärtsbewegung des Zuggerätes entsprechen würde. Außerdem sind geringere Zugkräfte erforderlich, da die Kraft für das Schneiden der Rille von der Zapfwelle abgenommen wird.

Abb. 57. Die mehrreihige Rillenscheibe mit Zwangsantrieb (Foto: Wennemuth)

Seit vielen Jahren gab es zunächst nur einreihig arbeitende Rillenscheiben mit Zwangsantrieb, die von einer einachsigen Holder oder Agria gezogen wurden. In den letzten Jahren werden auch von Traktoren gezogene, bis zu 6reihig arbeitende Rillenscheiben mit Zwangsantrieb hergestellt. Zwangsangetriebene Rillenscheiben können auch auf feuchtem und lockerem Boden einwandfrei stehende Rillen ausarbeiten. Ohne Zwangsantrieb muß lockerer Boden vorher angewalzt werden.

Abb. 58. Rillenziehgerät in Tätigkeit (Foto: Eschweiler Baumschulen, Hiltrup)

Auf schwerem Boden werden besser Rillenschare eingesetzt. Sie werden durch die Erde gezogen, wobei die Tiefe durch Gleitschienen, die gleichzeitig die Beetoberfläche glätten, regulierbar ist. Durch die unterschiedliche Formgebung der Schare kann die Breite der Rillen von 2—7 cm variiert werden. Der Zugkraftbedarf ist bei Rillenscharen größer als bei Rillenscheiben.

Die Pflanzen werden in die angefertigten Rillen gesetzt und anschließend angetreten. Bei Engverschulungen kann man nicht auf die Verwendung von Pflanzlatten verzichten, die etwa 1 m lang sind und entsprechend dem jeweiligen Pflanzenabstand in der Reihe über Schlitze verfügen, in die die Pflanzen eingehängt werden. Für Engverschulungen wählt man statt der Rillenscheiben oder Rillenschare aus arbeitswirtschaftlichen Gründen Pflanzmaschinen.

f. Pflanzmaschinen

Hierbei wird die Pflanzarbeit im Sitzen erledigt. Die Pflanzen werden aber nicht unmittelbar in Pflanzrillen gesteckt, sondern sogenannten Pflanzscheiben zugeführt, die ihrerseits die Pflanzen in die Erde bringen. Verwendet werden fast ausschließlich die Accord- und die Super-Prefer-Pflanzscheiben.

Die **Accord-Pflanzscheibe** besteht aus zwei schräg zueinander gestellten elastischen Scheiben, in die die Pflanzen eingeklemmt werden. Um bestimmte Pflanzabstände in der Reihe zu ermöglichen, können entweder Markierungen auf der Scheibe angebracht werden, oder der Arbeitstakt des Einlegens der Pflanzen wird durch akustische Signale vom Antriebsrad gesteuert.

Die **Super-Prefer-Pflanzscheibe** dagegen ist eine einteilige, starre Eisenscheibe, an der in verstellbaren Abständen Schnapper angebracht sind, in die die Pflanzen eingelegt werden.

Beide Pflanzscheibensysteme haben Vor- und Nachteile. Bei der Accord-Pflanzscheibe können ohne Schwierigkeiten auch Pflanzen eingelegt werden, die am Wurzelhals verzweigt sind, während die Schnapper an der Super-Prefer-Scheibe bei verzweigten Pflanzen oft versagen. Andererseits garantiert die Super-Prefer-Scheibe eine genauere Einhaltung der Pflanzabstände und eine exaktere Einführung der Pflanzen in den Boden.

Bei beiden Systemen wird die Pflanzfurche mit einem langgestreckten, schmalen Schar gezogen. Das Andrücken der Pflanzen erfolgt mit nachlaufenden, schräggestellten Druck-

Abb. 59. Hari-Verschulmaschine — Blick auf die Accord-Pflanzscheiben und die Druckrollen (Foto: Wennemuth)

Abb. 60. 4reihig arbeitende Super-Prefer-Pflanzmaschine (schleppergezogen) (Foto: Beitz)

scheiben. Die Pflanzer sitzen unmittelbar vor den Pflanzscheiben. Bei weiteren Reihenabständen ist es möglich, daß zwei gegenübersitzende Pflanzer eine Pflanzscheibe beschicken.

Der niedrigstmögliche Reihenabstand beträgt 25 cm. In der Reihe kann bis hinunter auf 4,5 cm Abstand gepflanzt werden. Die Pflanzmaschinen können bis zu 6 Reihen auf einmal pflanzen und werden an den Traktor angehängt. Da die Einlegeleistung der Arbeitskräfte begrenzt ist, muß der Traktor bei Engverschulungen über einen niedrig abstufbaren Super-

Abb. 61. Rosen — maschinell gepflanzt und angehäufelt in einem Arbeitsgang (Foto: Beitz)

Abb. 62. Der Kultimax Geräteträger mit Aufsteckraupen beim Pflanzen (Foto: Wennemuth)

kriechgang verfügen. Bei dem niedrigstmöglichen Abstand von 4,5 cm in der Reihe und einer durchschnittlichen Einlegeleistung der Pflanzer von 2000 Pflanzen pro Stunde (der langsamste bestimmt das Tempo), darf der Traktor nur 90 m pro Stunde zurücklegen. Die meisten Traktoren verfügen serienmäßig über so niedrig abstufbare Superkriechgänge.

Bei der Super-Prefer kann die Geschwindigkeit der Pflanzscheiben durch die Wahl verschiedener Übersetzungen variiert werden. Hierdurch wird eine Änderung des Pflanzenabstandes in der Reihe ermöglicht, ohne den Abstand der Schnapper auf der Pflanzscheibe verändern zu müssen. Früher mußten bei Änderungen des Pflanzabstandes in der Reihe die Schnapper verändert oder die Pflanzscheibe ausgewechselt werden. Die Pflanzmaschinen können mit einem Verdeck versehen werden, damit wetterunabhängiger gearbeitet werden kann. Anfang der 60er Jahre gab es noch keinen Traktor mit Superkriechgang. Damals führte sich deshalb der **Kultimax-Geräteträger** ein, bei dem auf hohe Geschwindigkeit verzichtet wurde. Das Getriebe ist zwischen 15 km und 50 m pro Stunde abstufbar. Die Zugkraft ist mit 16 PS relativ knapp bemessen. Um bei mehrreihigem Pflanzen genügend Kraft auf den Boden zu bringen, muß trotz Allradantriebs mit Aufsteckschrauben gearbeitet werden. Da der Kultimax im Preis nicht wesentlich tiefer liegt als ein Traktor, konnte er sich auf die Dauer gegenüber den jetzt allgemein mit einem Superkriechgang ausgerüsteten Schleppern mit angehängter Pflanzmaschine nicht auf dem Markt behaupten, zumal die Schlepper breitere Einsatzmöglichkeiten bieten, der Kultimax dagegen nur zum Pflanzen und Hacken eingesetzt werden kann.

Abb. 63. Hari-Verschulmaschine für 2 Pflanzer (Foto: Wennemuth)

Dagegen hat sich die kleine, selbstfahrende **Hari-Verschulmaschine** von Hanses (Rinsecke) für kleine Forstpflanzenbetriebe gut durchsetzen können. Sie war anfänglich nur mit einem Pflanzaggregat und einem 5-PS-Motor ausgestattet, ist heute jedoch auch mit stärkerem Motor und 2 Pflanzaggregaten im Handel. Der Vorteil dieser Maschine für den kleineren Betrieb liegt darin, daß sie nicht gelenkt zu werden braucht und der Fahrer dadurch auch gleichzeitig Pflanzer ist. Die einachsige Maschine erhält ihre Führung durch eine einfache, auf Holzbrettern befestigte Schiene. Wenn eine oder zwei Reihen gepflanzt worden sind, müssen die Pflanzaggregate, der Reihenbreite entsprechend, auf der Achse versetzt werden. Ist ein Beet fertig gepflanzt, so werden Maschine und Führungsbretter um eine Beetbreite versetzt. Die Geschwindigkeit kann mit einem Fußhebel und einfacher Rutschkupplung stufenlos verstellt werden. Bei relativ niedrigem Preis ist die Hari-Verschulmaschine eine echte Alternative für den Kleinbetrieb.

Abb. 64. Verschulte 2jährige Fichten (Foto: Wennemuth)

Nach einem völlig anderen Verfahren arbeitet die französische Pflanzmaschine **Picador**, die als Weiterentwicklung der Pflanzmaschine von NIELSEN (Soltau) gelten kann. Mit ihr werden zunächst die Pflanzen entsprechend ihrem späteren Abstand auf dem Pflanzbeet mit einer Aufspulmaschine zwischen zwei Plastikbändern eingeklemmt und dann auf Trommeln aufgespult. Je nach Länge des Tisches können an der Aufspulmaschine viele oder auch nur wenige Arbeitskräfte eingesetzt werden, da sich die Geschwindigkeit der Bänder über eine Rutschkupplung stufenlos variieren läßt. Aufspulen und das spätere Pflanzen sind zwei getrennte Arbeitsgänge. Bei schlechtem Wetter (theoretisch sogar im Winter) kann aufgespult, bei gutem dann gepflanzt werden. Die Vorratshaltung ist begrenzt, da der Kauf von Spulen und Bändern eine erhebliche Investition bedeutet, auch wenn beide nach dem Pflanzen wieder zurückgewonnen werden.

Beim Pflanzvorgang, wahlweise ein- oder zweireihig, werden die Plastikbänder mit den Pflanzen entsprechend der Fortbewegung des Traktors abgespult und automatisch der Pflanzrille zugeführt. Die beiden Plastikbänder werden dabei wieder aufgespult und stehen für den nächsten Pflanzvorgang zur Verfügung. Die Pflanzgeschwindigkeit kann 4—5 km pro Stunde betragen. In Frankreich werden für diese Maschine sogar Einachser als Zuggeräte eingesetzt.

Das Picador-Pflanzsystem eignet sich für die Engverschulung von nicht zu sparrigen Pflanzen (Kiefer, Fichte) und verleiht dem Kleinbetrieb eine große Schlagkraft beim Pflanzen, da auf vorgeleistete Arbeit zurückgegriffen werden kann und zum Pflanzen nur ein Mann gebraucht wird. Die Maschine hat sich in Deutschland nicht recht durchsetzen können.

Die Pflanzmaschine von NIELSEN (Soltau) verwendete zum Aufspulen der Pflanzen Klebebänder, die mit den Pflanzen in den Boden kamen und dort langsam verrotteten. Das Klebeband ist relativ teuer, das Picador-System deswegen wirtschaftlicher.

Da bei Engverschulung hinter der Rillenscheibe mit sogenannten Verschullatten, in die die Pflanzen einzeln eingelegt werden mußten, gearbeitet wird, können Engverschulungen ohne Pflanzmaschinen kaum noch rentabel durchgeführt werden. H. OETTING (1976) führte einen Leistungsvergleich zwischen Handpflanzung mit Verschullatten nach der einreihigen Rillenscheibe und Maschinenpflanzung mit Accord- und Super-Prefer-Rillenscheiben durch. Er ermittelte eine durchschnittliche Mehrleistung bei halbautomatischem Pflanzen mit Pflanzmaschinen von 37 %. Er meint, daß wegen der erschwerten Pflanzarbeit bei Handpflanzung

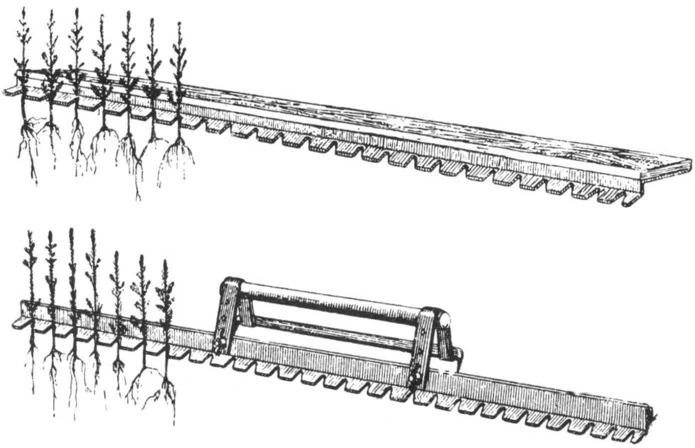

Abb. 65. Diese Pflanzlatten wurden früher allgemein in den Forstbaumschulen verwendet

(knieende Arbeit) zusätzlich noch eine 10 %ige Erholzeit einkalkuliert werden müßte, so daß die Mehrleistung bei Maschinenpflanzung sogar auf fast 50 % ansteigen könne. So betrug die Pflanzleistung beim Verschulen von 2jährigen Fichtensämlingen mit der Hand im Durchschnitt 1515 Stück je AK und Stunde, bei den angehängten Pflanzmaschinen dagegen 2075 Stück je AK und Stunde.

Leistungsunterschiede zwischen der Accord- und der Super-Prefer-Scheibe konnten bei guten Pflanzbedingungen nicht festgestellt werden. Jedoch kostet bei der Super-Prefer das Umrüsten auf andere Pflanzabstände Zeit, und bei nassem Boden versagen die Schnappgreifer öfter. Auch die geringeren Betriebskosten sprechen wegen des geringeren Verschleißes für die Accord-Pflanzscheibe. Für die Super-Prefer spricht nur das exaktere Einhalten der Pflanzabstände. Am besten schnitt beim Leistungsvergleich die Hari-Verschulmaschine ab, weil auf den nicht mitpflanzenden Fahrer verzichtet werden kann. Hier wurde im Durchschnitt eine Leistung von 2500 Stück je AK und Stunde erzielt.

Für das Verpflanzen von Ballenware bis zu einem Ballendurchmesser von 50 bis 60 cm werden heute bis zu vierreihig arbeitende **Erdlochbohrer** an der Schlepperhydraulik eingesetzt. Gute Schlepperfahrer können dieses Gerät vom Fahrersitz aus allein bedienen. Bei guten Bodenverhältnissen werden zwischen 1000 und 1500 Pflanzlöcher je Stunde gebohrt. Die Bohrer werden von der Zapfwelle des Traktors angetrieben. Die Ballenpflanzen werden in die Bohrlöcher gestellt, und die Erde wird anschließend mit dem Fuß angeschoben und angetreten. Auf guten Bodenschluß ist zu achten. Am besten eingeführt hat sich der Erdlochbohrer von Block.

Abb. 66. Der Erdlochbohrer von Block erleichtert das Umpflanzen von Ballenpflanzen (Foto: Wennemuth)

g. Topfmaschinen

Rationelles Eintopfen der Jungpflanzen und die Kultur von Gehölzen in Containern, gleich welcher Art, ist heute nicht mehr ohne den Einsatz von Topfmaschinen denkbar. Wegen des hohen Preises der Topfmaschinen ist die Wirtschaftlichkeitsgrenze für die Handtopfung recht hoch anzusetzen. Bei Verwendung von Containern mit fester Wandung wird die Preisparität zwischen Hand- und Maschinentopfung erst bei mehr als 100 000 Pflanzen pro Jahr erreicht. Von ausschlaggebender Bedeutung ist aber die erhöhte Eintopfleistung, weil für den Arbeitsvorgang Eintopfen nur eine begrenzte Zeit zur Verfügung steht und früh getopfte Pflanzen einen Wachstumsvorsprung haben.

Abb. 67. Beutel-Spanner erleichtern das Befüllen der Folien-Container (Foto: Wennemuth)

Abb. 68. Die Plantarex hier zum Befüllen von Folienbeutel umgerüstet (Saugtöpfe) (Foto: Beitz)

Zunächst gab es nur eine Topfmaschine, die auf die Verwendung von Folienbeuteln umgerüstet werden konnte, und zwar die Plantarex. Bei dieser Maschine werden zur Befüllung von Folienbeuteln Saugtöpfe auf dem sogenannten Topfkranz montiert, in denen ein Unterdruck erzeugt wird. Werden die Folienbeutel in diese Saugtöpfe eingelegt, so werden sie von der Topfwand angesogen und für das Befüllen mit Substrat geöffnet.

Die Topfmaschinen neueren Typs, wie die Mayer-, Javo- und Gregoire-Topfmaschine, können ebenfalls für die Befüllung von Foliencontainern umgerüstet und im Baukastensystem den jeweiligen Betriebsbedürfnissen angepaßt werden. Bei ihnen werden die Folienbeutel durch Beutelspannvorrichtungen offengehalten.

Bei der Plantarex liegt der Erdvorratsbehälter über dem Topfkranz, bei den anderen Maschinen darunter, wodurch sich der Vorteil ergibt, daß das überschüssige Substrat in den Erdvorratsbehälter zurückfällt und so sein geschlossenes System entsteht.

Im Gegensatz zur Plantarex- und Mayer-Topfmaschine, die über einen kreisförmigen Topfkranz verfügen, ist bei der Javo- und Gregoire-Topfmaschine der Topfkranz oval geformt, wodurch sich eine vergrößerte Arbeitsfläche ergibt, die eine bessere Gestaltung des Arbeitsplatzes ermöglicht.

Abb. 69. Die Plantarex-Topfmaschine zum Befüllen von Containern mit fester Wandung (Foto: Beitz)

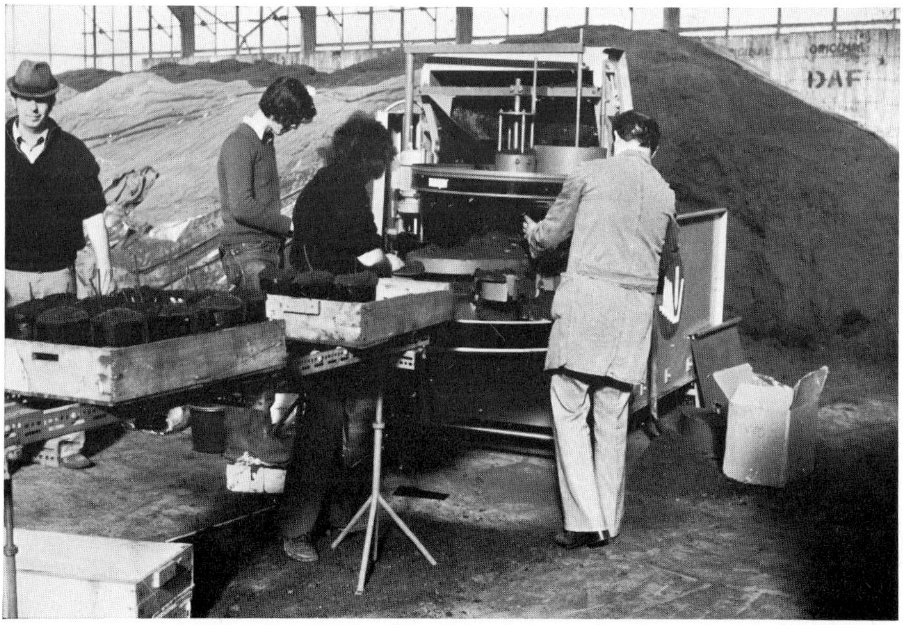

Abb. 70. Die Mayer-Topfmaschine mit Folienbeutel-Spannvorrichtung (Foto: Beitz)

Abb. 71. Javo-Topfmaschine mit Vorrichtung zum Befüllen von Töpfen (Foto: Wennemuth)

Abb. 72. Javo-Topfmaschine mit Folienbeutel-Spannvorrichtung (Foto: Beitz)

Alle Maschinen arbeiten nach folgendem Grundprinzip: Aufziehen der Beutel auf die Spannvorrichtung bzw. Einsetzen der Töpfe in die Topfhalterung, dann Befüllen mit Substrat, wobei die Menge des ausfließenden Substrats je nach Topfgröße variiert werden kann. Im nächsten Arbeitsgang folgen dann das Bohren des Pflanzloches bei gleichzeitigem Andrücken der Erde und das Einsetzen der Pflanze mit der Hand.

Abb. 73. Javo-Topfmaschine mit Befüllvorrichtung für Stecklingskisten (Foto: Wennemuth)

Das eingefüllte Substrat wird von den Maschinen oft nicht fest genug angedrückt, so daß Substrat mit der Hand nachgestopft werden muß. Am besten hat die neue Topfmaschine von Mayer dieses Problem gelöst. Hier kann die gewünschte Substratdichte in gewissem Rahmen eingestellt werden.

Die Eintopfleistung aller Topfmaschinen wird bei der Verwendung von Folienbeuteln durch die Leistung der Arbeitskraft an der Beutelspannvorrichtung begrenzt.

Ein reibungsloser Arbeitsablauf ist nur dann gewährleistet, wenn der laufende Nachschub an Substrat, Töpfen (Beuteln) und Pflanzenmaterial und der Abtransport der getopften Pflanzen gut organisiert sind. Der Arbeitsraum muß groß genug sein, um den Einsatz von Schleppern oder Gabelstaplern zu ermöglichen. Paletten und Kisten in Verbindung mit Röllchenbahnen sind Voraussetzung für einen rationellen Abtransport der Pflanzen.

Für Spitzenleistungen werden 4—5 Arbeitskräfte an der Topfmaschine benötigt.

Befüllt werden können von den Topfmaschinen Töpfe bzw. Beutel bis zu einer Größe von 5 Litern Inhalt. Größere Gefäße werden ja auch nur zum Umtopfen verwendet, einem Arbeitsvorgang, der maschinell wohl nicht durchführbar ist.

Bei vergleichbarem Literinhalt liegt die Leistung der Maschinen bei Verwendung von Folienbeuteln etwa 40 % niedriger als beim Befüllen von festen Töpfen.

Je Arbeitskraft kann durch die Topfmaschine die Dauerleistung bei Verwendung von festen Töpfen um 60 % gesteigert werden, bei Verwendung von Folienbeuteln sogar um

Abb. 74. Das Substratmischgerät Alimix ist nur in den großen Container-Betrieben wirtschaftlich einsetzbar (Foto: Wennemuth)

120 %. Deshalb ist der Einsatz einer Topfmaschine bei Verwendung von Folienbeuteln lohnender als bei Verwendung von festen Töpfen.

h. Maschinen und Geräte zur Bodenpflege

Eine der zeitraubendsten Arbeiten ist das Hacken der Kulturen. Vor allem in nichtübergrätschbaren Kulturen, mitunter aber auch in anderen Kulturen mit einem Reihenabstand von mindestens 60 cm, wird zum Hacken noch der pferdegezogene **Planet-Junior**, ein sogenannter Verstellkultivator, eingesetzt. Bei diesem Gerät kann die Arbeitsbreite durch einen einfachen Handgriff dem jeweiligen Reihenabstand angepaßt werden. Die Arbeitswerkzeuge sind auswechselbar; es können sowohl Schneidmesser als auch Gänsefußschare, Federzinken oder Häufelkörper angebracht werden.

Viele Betriebsinhaber halten die Qualität des Hackens mit dem pferdegezogenen Planet-Junior für unerreicht. Dennoch kann das Pferd auf die Dauer aus arbeitswirtschaftlichen Gründen wohl nur noch in nichtübergrätschbaren Kulturen eingesetzt werden. Aber auch in solchen Kulturen verwendet man heute schon bei etwas vergrößerten Reihenabständen Schmalspurtraktoren mit Hackwerkzeugen (z. B. Cultitrac von Holder mit Knicklenkung). In übergrätschbaren Kulturen werden heute zunehmend in der Dreipunkthydraulik angebrachte Hackmaschinen mit Feinsteuerung und Verstellkultivatoren, die mehrreihig arbeiten, verwendet. Bewährt haben sich die Accord-, Super-Prefer- und Rustica-Hackmaschine. Mehrreihig gehackt werden kann aber nur, wenn auch mehrreihig gepflanzt wurde.

In Beetkulturen wird der **Egedal-Beetreiniger** eingesetzt, der ebenfalls über Feinsteuerung verfügt. Er kann zusätzlich mit einem Gebläseaggregat ausgerüstet werden. Mit ihm können die beim Hacken und anschließenden Häufeln zwischen den Reihen entstehenden Erdhügel weggeblasen werden. So erreicht man eine sichere Bekämpfung des sich zwischen den Pflanzen ansiedelnden Unkrautes. Das Aggregat besteht aus einem 6—8 atü erzeugenden Kompressor,

Abb. 75. Mehrreihiger Verstellkultivator mit großer Bodenfreiheit von Rustica-Bleinroth (Foto: Wennemuth)

Abb. 76 Der Egedal-Beetreiniger, hier mit aufgesetztem Reihendüngerstreuer (Foto: Wennemuth)

von dem aus die komprimierte Luft über Zuleitungsschläuche zu Düsen in Bodennähe geführt wird. Voraussetzung für eine ordentliche Arbeit ist ein nicht zu schwerer und nicht zu nasser Boden.

Einsatzmöglichkeiten für das Gebläseaggregat ergeben sich auch beim sogenannten Freimachen der Rosenwildlinge vor dem Veredeln und dem Freimachen im Frühjahr vor dem Abwerfen der Unterlagen. Zwar können auf einen Arbeitsrahmen die unterschiedlichsten Werkzeuge montiert werden (Rillenscheiben, Hackwerkzeuge, Gebläseaggregat), jedoch verwenden die meisten Betriebe heute bereits für jeden Arbeitsgang einen eigenen Rahmen, um das zeitaufwendige Umrüsten zu sparen.

i. Pflanzenschutzgeräte

Die Bekämpfung der Krankheiten und Schädlinge an den Baumschulpflanzen geschieht im Freiland durch Spritz-, Sprüh- oder Stäubegeräte, in geschlossenen Räumen (Gewächshäuser, Kulturkästen, Kühlräume, Gaskammern) kommen außerdem noch Verdampfungs-, Räucher- und Begasungsgeräte in Betracht. Man unterscheidet die verschiedenen Ausbringmethoden nach ihrer Tröpfchen- oder Teilchengröße:

Spritzen = Tröpfchen größer als $^{15}/_{100}$ mm
Sprühen = Tröpfchen zwischen $^{5}/_{100}$ und $^{15}/_{100}$ mm
Stäuben staubförmige Mittel mit einer Teilchengröße von weniger als $^{6}/_{100}$ mm
Streuen Ausbringung granulierter Mittel

Der Vorteil des Sprühens liegt, bedingt durch die feinere Verteilung, im geringeren Wasserverbrauch. Einsparungen ergeben sich an Transportkosten, die um so größer sind, je weiter der Weg zur Nachfüllstation ist.

Fahrbare Sprühgeräte haben sich im Gegensatz zum Obstbau in den Baumschulen nicht recht durchsetzen können, wohl aber rückentragbare Geräte. Während man mit einer

10 Liter fassenden Rückenspritze etwa 100 m² spritzen kann, läßt sich mit der gleichen Wassermenge mit einem Sprühgerät eine Fläche von ca. 1000 m² behandeln. In den 50er Jahren wurden deshalb die Rückenspritzen von den rückentragbaren, motorangetriebenen Sprühgeräten verdrängt. Ihr Vormarsch wurde erst gestoppt, als die Schlepperanbauspritzen (Zapfwellenspritzen) aufkamen. Sprühgeräte ließen sich nämlich nicht für die Ausbringung der chemischen Unkrautbekämpfungsmittel einsetzen, weil die notwendige exakte Ausbringung bestimmter Mittelmengen je m² nicht möglich und die Gefahr der Abdrift zu groß ist.

Abb. 77. Aufsattelspritze von SOLO

Anbauspritzen lassen sich wahlweise mit Brühebehältern von 200—800 Litern Fassungsvermögen ausrüsten. Große Spritzen können mit Hilfe von Spritzgestängen Arbeitsbreiten bis zu 15 m erreichen. In höheren Kulturen, die mit Ausnahme von Hoch- und Stelzenschleppern vom Traktor nicht übergrätscht werden können, kann der Pflanzenschutz mit Spritzschläuchen von der aufsattelbaren Spritze aus durchgeführt werden. Hierbei empfiehlt es sich, in höheren Kulturen sogenannte Arbeitsgassen zu belassen, die mit niedrigen Kulturen bestellt werden können. Von hier aus kann entweder mit aufgebocktem Spritzgestänge oder mit Spritzschläuchen gearbeitet werden. Problematisch bleibt aber in diesen nicht übergrätschbaren Kulturen die Ausbringung von chemischen Unkrautbekämpfungsmitteln. Entweder muß sehr arbeitsaufwendig mit der Rückenspritze oder mit tragbaren Granulatstreugeräten, die eine höhere Flächenleistung haben als die Rückenspritzen, gearbeitet werden. Dagegen verbietet sich die Ausbringung von chemischen Unkrautbekämpfungsmitteln mit Spritzschläuchen, weil eine genaue Ausbringung der Mittel so nicht möglich ist. Sprühgeräte können in keinem Fall für die Ausbringung von Herbiziden verwendet werden.

Um bei der chemischen Unkrautbekämpfung während der Vegetationsperiode oder bei empfindlichen Pflanzen auch in der Vegetationsruhe sogenannte Kontaktmittel einsetzen zu können, wird in einigen Baumschulen mit sogenannten Bandspritzen gearbeitet. Die Kulturpflanzen werden durch eine Abschirmung der Düsen vor der Benetzung mit der Spritzbrühe geschützt. Für diesen Zweck werden grobe Düsen verwendet, die das Wasser nicht zu fein versprühen, weil es sonst trotz abgeschirmter Düse durch den thermischen Auftrieb des Wasserstaubes zu einer Benetzung der Kulturpflanzen kommt. Die Bandspritzen haben sich in der Baumschule nicht nennenswert durchsetzen können, weil das Unkraut zwischen den Pflanzen nicht bekämpft werden kann. In der Landwirtschaft wird dagegen in Spezialkulturen (z. B. Rüben) weit mehr von den Möglichkeiten der Bandspritzung Gebrauch gemacht. Hier sollen die chemischen Unkrautbekämpfungsmittel aus finanziellen Gründen auf die Kulturreihen konzentriert werden, also werden die Zwischenräume abgeschirmt.

Bei der Ausbringung von fungiziden Mitteln sind Spritzen den Sprühgeräten vorzuziehen, weil die gleichmäßige Verteilung der Spritzbrühe auf den Pflanzen wegen der

Abb. 78. Platz-Granulatstreuer für Dreipunkt-Hydraulik (Foto: Wennemuth)

höhere Wasseraufwandmenge besser gelingt. Der Einsatz der Fungizide muß im wesentlichen prophylaktisch erfolgen, deshalb müssen alle Pflanzenteile lückenlos mit einem Wirkstoffbelag versehen sein (Ausnahme: die wenigen neu entwickelten Fungizide mit systemischer Wirkung). Die meisten Insektizide sind dagegen systemisch wirksam, d. h. sie werden von den Blättern aufgenommen und in der Pflanze verteilt. Das Problem der lückenlosen Abdeckung aller Pflanzenteile stellt sich deshalb nicht mit der gleichen Intensität.

Rückentragbare Spritzen lassen sich noch zur gezielten Bekämpfung von Befallsherden und zum randscharfen Ausbringen von chemischen Unkrautbekämpfungsmitteln an Wegrändern und Heckenpflanzungen verwenden. Die sogenannten Hochdruck-Weinberg-Kolbenspritzen aus Messing sind von leichteren Kunststoffspritzen mit Membranpumpen abgelöst worden.

Stäubegeräte werden selten eingesetzt; wenn überhaupt, dann nur als Handstäubegeräte, etwa zur Bekämpfung des echten Mehltaus mit Stäubeschwefel oder im Kühlraum zur Botrytis-Bekämpfung mit fungiziden Stäuben.

Der Wasserverbrauch beim Spritzen hängt von der Größe der Düsenbohrung, dem Druck und der Fahrgeschwindigkeit ab. Je nach Größe und Dichte des Pflanzenbestandes müssen zwischen 800 und 1200 Liter Brühe je ha ausgebracht werden.

Abb. 79. Gasabbrenngeräte für Unkraut sieht man nur noch selten (Foto: Beitz)

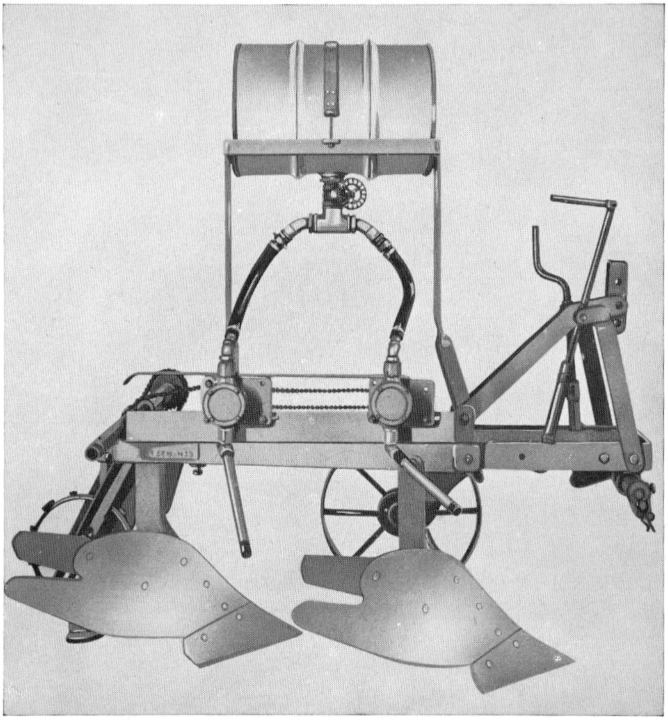

Abb. 80. Dosiergerät Hermann Meyer, hier als Anbaugerät für Pflüge. Der Antrieb erfolgt durch das in der Pflugfurche laufende Rad. Das Bekämpfungsmittel gegen Nematoden wird auch bei wechselnder Geschwindigkeit gleichmäßig ausgebracht

Da beim Sprühen mit geringerem Brüheaufwand gearbeitet wird, muß die Konzentration gegenüber dem Spritzen erhöht werden. Im allgemeinen wird etwa mit der fünffachen Konzentration gearbeitet.

Gasbrenngeräte trifft man heute kaum noch in Baumschulen an. Einsatzmöglichkeiten ergaben sich zum Abbrennen des Unkrautes, das auf Saatbeeten vor der Kultursaat aufgelaufen war. Man versprach sich auch eine gewisse Entkeimung der Bodenoberfläche und wollte so die sogenannte Umfallkrankheit eindämmen. Diese Hoffnung hat sich aber wohl nicht bestätigt. Das Unkraut auf den Saatbeeten kann heute billiger und schneller durch eine Spritzung mit Gramoxone + Reglone bekämpft werden.

Chemische Bodenentseuchungsmittel werden in vielen Baumschulen zur Bekämpfung von Nematoden, Bodenpilzen und Unkräutern eingesetzt und müssen, soweit sie flüssig sind, in den Boden eingebracht werden. Für diesen Zweck sind eine Reihe von Geräten konstruiert worden. In der Bundesrepublik Deutschland werden für diesen Zweck aber ausschließlich das **Dosiergerät** von Hermann Meyer und die **Hackspritze** von Burgmer eingesetzt. Das Dosiergerät von Meyer ist auf einem Zweischar-Beetpflug montiert. Aus einem Faß wird die Flüssigkeit über Schläuche in die Pflugfurche geführt. Die Dosierung des Mittels erfolgt über Dosierkörper, die aus rotierenden Scheiben bestehen, die mit halbkugelartigen Vertiefungen versehen sind und durch ein am Pflug angebrachtes Laufrad angetrieben werden. Die Ausbringmenge hängt somit von der Umdrehungsgeschwindigkeit des

Abb. 81. Die „Burgmer-Hackspritze“

Abb. 82. Merton-Dosiergerät (Foto: Wennemuth)

Abb. 83. Das holländische Climax-Dosiergerät für leichtflüchtige Stoffe (Foto: Beitz)

Laufrades ab. Über den Einbau verschieden großer Zahnräder kann die Umdrehungsgeschwindigkeit der Dosiergeräte verändert werden, so daß die Ausbringung unterschiedlicher Mittelmengen möglich ist. Pflügen und Einbringen des Mittels sind ein Arbeitsgang.

Die sogenannte Hackspritze von Burgmer ist als Grubber anzusprechen, unter dessen Scharen Düsen angebracht sind, aus denen das Bodenentseuchungsmittel versprüht wird. Als Vorratsbehälter dient ein Faß, dessen Inhalt unter Druck steht. Damit ist die ausgebrachte Mittelmenge von Druck und Fahrgeschwindigkeit abhängig. Der Fahrer muß während der Fahrt Druck und Geschwindigkeitsanzeige genau überwachen, wenn eine bestimmte Ausbringmenge gewährleistet sein soll. Schwierigkeiten treten vor allem bei starkem Schlupf der Traktorräder auf, weil sich dann Vorwärtsbewegung des Traktors und angezeigte Geschwindigkeit asynchron verhalten.

Das Dosiergerät von Meyer ist bezüglich der Dosiergenauigkeit etwas besser zu beurteilen als die Burgmersche Hackspritze. Vorteilhaft ist außerdem, daß Pflügen und Ausbringen des Mittels einen Arbeitsgang darstellen, während bei der Burgmerschen Hackspritze das Land vorher gepflügt werden muß. Die höhere Flächenleistung der Burgmerschen Hackspritze kommt deshalb nicht voll zum Tragen; jedoch ist die Verteilung des Wirkstoffes im Boden beim Dosiergerät von Meyer ungünstiger zu beurteilen, da er nur punktförmig in die Pflugfurche eingebracht wird.

Die Dosiergeräte werden den Betrieben beim Kauf der chemischen Entseuchungsmittel in der Regel kostenlos leihweise zur Verfügung gestellt.

j. Geräte zum Ausbringen von Dünger

Stallmiststreuer sind meist als Einachssattelanhänger gebaut und deswegen auf dem Feld sehr wendig. Der Stallmist wird durch einen Rollboden oder eine Förderkette den beiden übereinanderliegenden Streuwalzen zugeführt. Die Regelung der Streumenge erfolgt durch Veränderung der Vorschubgeschwindigkeit und die Fahrgeschwindigkeit. Die Maschine streut so breit, wie ihre Walzen sind, d. h. im allgemeinen etwa 1,70 m breit und sehr gleichmäßig. Wird der Miststreuer maschinell beladen, so kann eine hohe Flächenleistung erreicht werden.

Zum Ausbringen von Handelsdünger werden in der Baumschule **Kreiseldüngerstreuer** (Schleuderscheibenstreuer) eingesetzt, die im Winter auch bei Glatteis zum Sandstreuen verwendet werden können. Sie werden in die Dreipunkthydraulik eingehängt. Je höher die Fahrgeschwindigkeit ist, desto schneller dreht sich die Schleuderscheibe und desto breiter wird der Dünger ausgeworfen.

Bei dem Gerät der Abbildung 84 kann der trichterförmige Behälter 3 dz Mineraldünger aufnehmen. Bei granuliertem Handelsdünger beträgt die Streubreite bis zu 12 m, bei pulverisiertem Kalk 4 m. Der Trichter kann gegen einen anderen ausgetauscht werden (Aufnahmevermögen: 1 m³ Torf). Die Streubreite ist von 120—170 cm einstellbar.

Abb. 84. Der Kreisel-Düngerstreuer von Harder, Lübeck (Werkbild: Harder)

Kastenhandelsdüngerstreuer, an deren Böden sich Schlitze befinden, durch die der Handelsdünger durch eine Schneckenwalze regelbar ausgebracht wird, werden kaum noch gebraucht, weil der Handelsdünger heute meist in gekörnter Form ausgebracht wird. Für pulverisierten Dünger lassen sie sich besser einsetzen als Kreiseldüngerstreuer.

Düngerlösegeräte werden zum Ausbringen von Düngern über die Regenanlage eingesetzt. Grundsätzlich bestehen sie aus einem Gefäß, in das der Handelsdünger mit einem Siebkorb eingehängt wird und das von einem bestimmten, variierbaren Teil des Wasserstromes durchflossen wird. Der Dünger löst sich langsam und verläßt das Gerät durch eine zweite Leitung, wobei er dem Klarwasserstrom beigemischt wird. Die Konzentration ist in gewissen Grenzen regulierbar, schwankt aber druckabhängig. Für die Flächendüngung im Freiland reicht die Dosiergenauigkeit aus, nicht aber für die Flüssigdüngung von Topf- und Containerkulturen. Am bekanntesten ist das Düngerlösegerät von Mannesmann.

Bei den sogenannten **Düngermischgeräten** wird mit einer konzentrierten Stammlösung von voll wasserlöslichen Düngern gearbeitet. Sie unterscheiden sich aber untereinander hinsichtlich des technischen Prinzips, mit dem die Einspeisung der konzentrierten Stammlösung in den Klarwasserstrom vollzogen wird.

Der **GEWA-Düngermischer** arbeitet nach dem Verdrängungsprinzip. In den Druckbehälter ist ein flexibler Kunststoffsack eingehängt, der die konzentrierte Düngerlösung (Stammlösung) aufnimmt. Das beim Betrieb zwischen Behälterwand und Kunststoffsack einströmende Wasser drückt die Lösung zum Mischventil, wo sie dem durchfließenden Frischwasser zudosiert wird. Das Mischventil ist so geeicht, daß es einer durchfließenden Wassermenge von 1000 Litern pro Teilstrich der Skala 3,25 l Stammlösung beimischt. GEWA-Düngermischer gibt es mit 25, 60 und 100 Litern Inhalt.

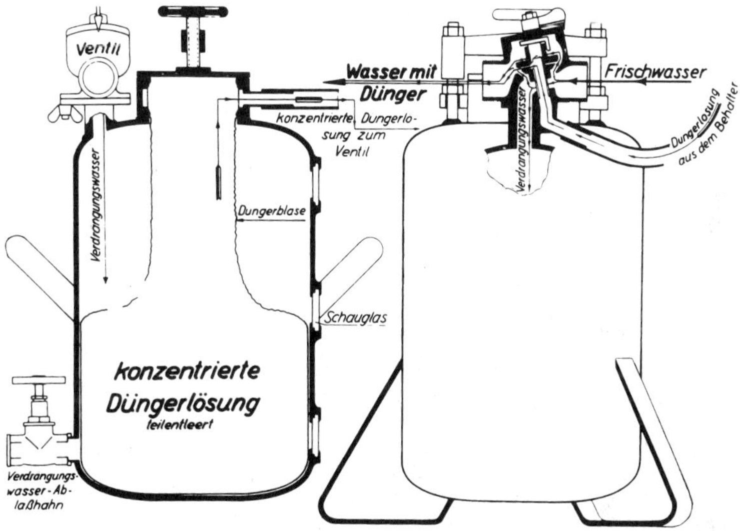

Abb. 85. Schnitt durch das GEWA-Düngermischgerät (Bild: G. Wagner, Karlsruhe)

Der **Volmatic-Düngermischer Typ Ö** arbeitet ebenfalls nach dem Verdrängungsprinzip. Hier wird die 10 %ige Stammlösung aber nicht durch einen eingehängten Kunststoffsack vom Verdrängungswasser getrennt. Wegen des unterschiedlichen spezifischen Gewichtes der beiden Komponenten: klares Wasser und konzentrierte Stammlösung, kommt es nicht zu einer Vermischung, solange die Stammlösung eine Mindestkonzentration von 10 % aufweist. Die gewünschte Düngerkonzentration wird mit Hilfe einer sogenannten Dosierpatrone bestimmt. Die unterschiedlich starke Beimischung der Stammlösung zum klaren Wasser wird in der Dosierpatrone durch dünne Plastikröhrchen unterschiedlichen Durchmessers erreicht. Gewählt werden kann zwischen Geräten mit 60, 80 und 120 Litern Fassungsvermögen. Die Dosiergenauigkeit ist befriedigend.

Sowohl der GEWA- als auch der Volmatic-Düngermischer Typ Ö eignen sich nur für kleinere Betriebe mit einer maximalen Stellfläche von einem Hektar, weil sonst der Wartungsaufwand (Nachfüllen der Stammlösung) zu groß wird.

Für einen größeren Flächenbedarf ist das **Volmatic-Düngemischgerät Typ 210** entwickelt worden. Hier wird die Stammlösung aus großen Bottichen mittels einer Pumpe dem Beregnungswasser beigemischt. Die gewünschte Konzentration kann an einer Wählscheibe eingestellt werden. Das Gerät zeichnet sich durch große Dosiergenauigkeit und geringen Wartungsaufwand aus.

k. Schneidewerkzeuge und Veredlungsgerät

Die in den Baumschulen benötigten Schneidewerkzeuge, wie Messer und Scheren, sind in den Abbildungen 86 und 87 zusammengestellt. Sie bedürfen nur geringer Ergänzungen. Gute deutsche Fabrikate haben handgeschmiedete Edelstahlklingen und starke Messingeinlagen. Die Griffschalen der Messer bestehen entweder aus Nußbaumholz oder Hartgummi.

Okuliermesser haben auf dem Messerrücken eine kleine, halbkreisförmige Erhöhung, den sogenannten „Rückenlöser", der zum Auseinanderbiegen der beiden Rindenflügel beim T-Schnitt dient. Haben die Okuliermesser einen besonderen Löser aus Horn oder Elfenbein am anderen Messerende, so fehlt der Rückenlöser auf der Klinge. **Kopuliermesser** haben eine gerade Klinge, die einen langen, ebenen Schnitt gewährleistet. Die sogenannten **Stecklingsmesser** unterscheiden sich von ihnen nur durch eine anders geschliffene Spitze, doch kann man mit jedem der beiden Messer sowohl kopulieren als auch Stecklinge schneiden. Zur Kopulation stärkerer Unterlagen, vor allem aber zum Geißfußpfropfen, benötigt man stärkere Messer, die sogenannten **Hippen** mit gebogenen Klingen. Für dünnere Unterlagen verwendet man leichte Kopulierhippen, zum Umveredeln von Obstbäumen die starke, gut in der Hand liegende Schwunghippe.

Für die Ring- oder Plattenokulation der Walnüsse ist ein Doppelmesser konstruiert worden, das aus zwei miteinander verbundenen, leichten Veredlungshippen besteht, mit denen man einen 3 cm breiten Rindenstreifen herausschneiden kann.

Abb. 86. Moderne deutsche Veredlungsmesser. Von links nach rechts: Schwunghippe, Veredlungshippe, Stecklingsmesser, Kopuliermesser, Schnelläugler, elsässisches Okuliermesser, Okuliermesser für Wurzelhalsveredlung, Okuliermesser mit Rückenlöser, Doppelmesser für die Ringokulation (Werkbilder)

Bei den **Baumscheren** unterscheidet man ein- und zweischneidige Modelle, die beide eine Länge von 20—22 cm haben. Die zweischneidigen Scheren haben aufgesetzte Messerblätter, die einen ziehenden Schnitt ermöglichen und auch länger scharf bleiben als die einfacheren Modelle. Besonders gut haben sich in den letzten Jahren die Schweizer Baumscheren aus Leichtmetall mit Hartgummiüberzügen auf den Griffen eingeführt. Über den Vorteil von Baumscheren mit Rollgriff ist man sich noch nicht ganz einig.

Um die anstrengende Arbeit des Zapfenschneidens, die vielfach noch mit der Schwunghippe ausgeführt wird, zu erleichtern, hat man besondere **Zapfenschnittscheren** mit langen Griffen entwickelt.

Für den gleichen Zweck werden heute aber auch schon, nach anfänglichem Zögern, **Luftdruck-Scheren** eingesetzt. Entwickelt wurden sie aber hauptsächlich zum Abwerfen der Unterlagen bei Rosen und Obst. In den größeren Rosenbetrieben werden mitunter 10 Scheren auf einmal von einem Kompressor bedient. Ihr vor allem arbeitserleichternder Effekt ist heute unumstritten.

Es gibt **Baumsägen** mit feststehendem Blatt und **Bügelsägen;** im allgemeinen bevorzugt man in der Baumschule die Bügelsägen, weil sie beweglicher als **Stichsägen** sind. Erwähnt werden sollen auch noch die **Miniatursägen,** die beim Formieren des Spalierobstes Verwendung finden. Noch verhältnismäßig neu ist die Verwendung der **Bandsäge** zum Zurichten des Steckholzes leichtwurzelnder Arten. Die einjährigen Triebe werden hierbei gebündelt und auf passende Länge gesägt.

Über „Veredlungsmaschinen" siehe im Abschnitt „Winterhandveredlungen".

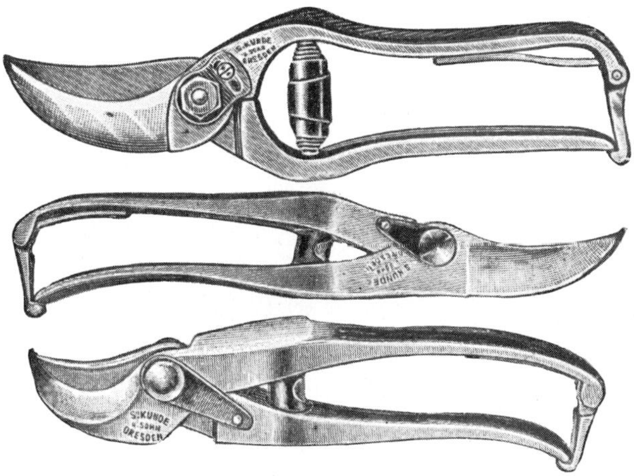

Abb. 87. Moderne deutsche Baumschulscheren (von oben nach unten): Gewöhnliche zweischneidige Schere, besonders schmale zweischneidige Schere, Zapfenschere (Werkbilder)

l. Rode- und Balliermaschinen

Das Roden der Pflanzen galt früher als die härteste Arbeit in der Baumschule, selbst dann, wenn sie nicht mit dem Rodespaten, sondern mit Rodepflügen durchgeführt wurde. Inzwischen ist das maschinelle Roden technisch sehr vervollkommnet und die immer noch notwendige Handarbeit stark erleichtert worden.

Die einfachen angehängten Aushebepflüge sind fast überall von sogenannten **Anbau-Aushebepflügen mit Rüttelwerk** abgelöst worden. Hier werden die Pflanzen nicht nur aus der Erde gehoben, sondern mittels einer von der Zapfwelle angetriebenen Rüttelvorrichtung auch weitgehend von der anhaftenden Erde befreit, so daß der Kraftaufwand beim anschließenden Herausnehmen mit der Hand stark vermindert werden konnte. Je nach Größe und Stärke der zu rodenden Pflanzen können Pflugschare mit Arbeitsbreiten von 27—40 cm gewählt werden. Selbst stärkere Alleebäume können mit den Rüttelrodern technisch einwandfrei gerodet werden.

Relativ stark im Einsatz sind auch sogenannte **Seilzugpflüge,** obwohl sie nicht mit einer Rütteleinrichtung versehen werden können. Sie können eingesetzt werden, wenn Pflanzen in geschlossenen Beständen gerodet werden sollen. Bei nassem Boden stellt ein Seilzugpflug mitunter die einzige Möglichkeit dar, die Pflanzen zu roden, weil der Traktor das Land nicht befahren muß, sondern auf dem festen Weg stehen bleiben kann. Arbeitswirtschaftlich

Abb. 88. Anbau-Aushebepflug mit Rüttelvorrichtung (Foto: Wennemuth)

Abb. 89. Seilwinde als Zwischenachsgerät (Werkbild: Binger Seilzug)

Abb. 90. Der „Binger Unterschneidepflug“ (Werkbild: Binger Seilzug)

ungünstig ist es, daß der Seilzugpflug nur in einer Richtung arbeiten kann und deshalb recht umständlich (leer) zurücktransportiert werden muß, wenn nicht zwei gegenüberstehend arbeitende Traktoren eingesetzt werden.

Seilzugpflüge eignen sich auch zum Unterschneiden von Ballenware; das sonst notwendig werdende Umpflanzen kann um ein Jahr hinausgezögert werden.

Bekannt sind der **Binger Baumunterschneidepflug** und der **Seilzug-Rodepflug von Dröppelmann.**

Für das Herausnehmen von auf Beeten kultivierten Pflanzen gibt es sogenannte **Beetrüttelroder** mit Arbeitsbreiten von 135 cm, die ein ganzes Beet auf einmal roden können. Für leichter zu rodende Pflanzen mit schwächerem Wurzelwerk werden aber immer noch Beetrodepflüge ohne Rüttelwerk eingesetzt. Rüttelpflüge haben einen relativ hohen Verschleiß.

Abb. 91. Egedal Beetrüttelroder (Foto: Wennemuth)

Noch einen Schritt weiter ist man beim Roden von Sämlings- und Wildlingskulturen gegangen. In einem Arbeitsgang werden die Pflanzen von einer Maschine reihenweise unterschnitten, aus dem Boden gehoben, durch ein Rüttelwerk von anhaftender Erde befreit und anschließend gebündelt ausgestoßen. Das erste Gerät dieser Art war der **Plantlift,** der in praktisch unveränderter Form schon seit 1962 auf dem Markt ist. Diese Maschine (Gewicht ca. 1 Tonne) ist etwa 5 m lang und mit einer Feinsteuerung versehen, damit genau an den Pflanzreihen entlang gefahren werden kann. Als Zuggerät wird ein Traktor von 45—50 PS benötigt. Die Fahrgeschwindigkeit liegt zwischen 3 und 5 km je Stunde. Das bedeutet, daß bei 20 Pflanzen je lfd. m pro Stunde maximal 60 000—100 000 Pflanzen von zwei Arbeitskräften (Traktorfahrer + ein Mann an der Feinsteuerung) gerodet und gebündelt werden können. Die Leistungsfähigkeit der Maschine ist praktisch größer als die Potenz der meisten Betriebe bei der Weiterverarbeitung der gerodeten Pflanzen (Sortieren). Die Maschine eignet sich damit für Maschinen-Arbeitsgemeinschaften.

Die später entwickelte belgische Maschine **Robot-Kombinée** ist deutlich leichter und kürzer bei sonst gleicher Konzeption. Gewichtseinsparung und eine Verkürzung der Maschine wurden dadurch erreicht, daß die von den Gummibändern herausgezogenen Pflanzen nicht mehr nach hinten, sondern in einer Krümmung zur Seite weggeführt werden. Die benötigte Zugkraft liegt zwischen 35 und 45 PS; das Vorgewende kann deutlich schmaler als bei dem Plantlift gehalten werden (5 m gegenüber 7 m). Die Robot-Kombinée ist inzwischen tech-

Abb. 92. Anbau-Beet-Aushebepflug ohne Rüttelwerk, hier für schweren Boden mit einzelnen Scharen (Foto: Wennemuth)

Abb. 93. Die Robot-Kombinée-Rodemaschine ohne Bündelvorrichtung (Foto: Wennemuth)

Abb. 94. Robot-Kombinée mit Bündelvorrichtung (Foto: Beitz)

Abb. 95. Unterschneidemesser Typ Bruns (Foto: Beitz)

nisch soweit vervollkommnet, daß sie bezüglich der Arbeitsqualität nicht mehr hinter dem Plantlift zurücksteht; sie ist aber wesentlich billiger.

Das Herausnehmen oder Einballieren von Pflanzen war dagegen noch bis in jüngste Vergangenheit Handarbeit. Lediglich einige größere Firmen verfügten über Eigenkonstruktionen, mit denen sie die Arbeit des Einballierens größerer Pflanzen erleichtern konnten (z. B. Unterschneidemesser Typ Bruns). Diese Situation hat sich erst seit Einführung der **Ballenstechmaschine Optimal** geändert. Mit ihrer Hilfe können jetzt Pflanzen mit einem Ballendurchmesser von 60—80 cm (Optimal VL-700) und solche von 100—120 cm (Optimal VL-1000) maschinell einballiert werden. Diesen Ballendurchmessern entsprechen Pflanzen von 150—400 cm Höhe oder mit einem Stammumfang von 14—25 cm. Die Ballengröße der beiden Typen läßt sich im angegebenen Bereich durch die verstellbare Aufsatzhöhe der Ballenstechmaschine variieren.

Naturgemäß müssen die Reihenabstände bei den Pflanzen, die für maschinelles Einballieren vorgesehen sind, gegenüber früher vergrößert werden. Selbst wenn für den kleinsten Typ VL-700 ein besonders wendiger, allradangetriebener Baggerlader, wie z. B. der **Bobcat-M-610-D**, mit einem 27,5 PS Dieselmotor und hydraulischer Heckabstützung, eingesetzt wird, muß ein Mindestreihenabstand von 2 m eingehalten werden.

Die Ballenstechmaschine Optimal besteht aus einem aufklappbaren stabilen Rahmen, an dem einzelne Messersegmente angebracht sind. An die Pflanzen wird mit geöffnetem Rahmen und Messersegmenten herangefahren. Nach Schließen des Rahmens und nach Einrasten der automatischen Verriegelung der einzelnen Messersegmente werden die Messer hydraulisch in den Boden getrieben, wobei die gewölbten Schneidemesser einen festen, konisch-runden Erdballen ausstechen. Die Saugwurzeln bleiben im Balleninnern verlustlos erhalten. Das Durchtrennen stärkerer Wurzeln geschieht problemlos. Die ausgestochenen Ballen können in vorgefertigte Maschendrahthosen gesetzt werden, die es passend für 70er, 80er und 100er Ballengröße gibt. Die Maschendrahthosen oder -körbe werden vorher mit Ballentuch entsprechender Größe ausgekleidet.

Abb. 96. Die Ballenstechmaschine Optimal-VF 1000 mit geöffneten Messer-Segmenten (Foto: Wennemuth)

Abb. 97. Optimal-VF 1000 mit geschlossenen Segmenten (Foto: Wennemuth)

Der größere Typ VL 1000 für Erdballen mit 100—120 cm Durchmesser kann nur in Verbindung mit Traktoren in der Stärke von 60—70 PS (z. B. Intrac und MB-trac) eingesetzt werden. Der Typ Optimal VL-1200 für noch größere Ballen wird wohl kaum Eingang in Baumschulen finden.

Die Entwicklung kleinerer Typen wäre zwar möglich, erscheint aber nicht sinnvoll, weil einmal bei kleineren Ballen bis zu 50 cm Durchmesser die Handarbeit noch vertretbar ist, zum anderen den kleineren Pflanzen der für maschinelles Arbeiten notwendige Reihenabstand von 2 m aber kaum gewährt werden kann.

Wegen des hohen Preises der Ballenstechmaschine wird ihr Einsatz zunächst wohl auf Betriebe mit entsprechend großen Anzuchten beschränkt bleiben. Da sie nicht nur zum Einballieren, sondern auch zum Umstechen und zum Umpflanzen in der Baumschule eingesetzt werden kann, könnte wohl die Hemmung entfallen, die Pflanzen im fachgerechten Rhythmus zu verpflanzen. Dies würde sich vorteilhaft auf die Ballenqualität auswirken können. Auf der anderen Seite ist die Befürchtung nicht ganz abwegig, daß die Pflanzen noch seltener umgepflanzt werden als bisher üblich, da mit dieser Ballenstechmaschine auch schlecht vorbereitete Pflanzen gut einballiert werden können (Waldware).

m. Bündelmaschinen

Das Bündeln mit der Hand ist selbst im Kleinbetrieb arbeitswirtschaftlich nicht mehr tragbar. Die erste Bündelmaschine gab es schon Anfang der 60er Jahre. Sie war robust und aus der Bindevorrichtung des altbekannten „Lanz-Bindemähers“ entwickelt worden. Sie konnte sowohl mit Zapfwellenantrieb auf dem Acker als auch mit Elektroantrieb in der Versandhalle eingesetzt werden. Eine zufriedenstellende Festigkeit hatten die Bunde aber nur, wenn die Pflanzen verzweigt waren. Eintriebige, glatt liegende Pflanzen, wie zum Beispiel die meisten Veredlungsunterlagen, wurden dagegen mit dieser Bündelmaschine von der Flachsröste zu locker gebunden. Nachteilig war weiterhin, daß Bunde mit geringeren Durchmessern als 6 cm nicht angefertigt werden konnten.

Technisch überholt ist die alte Bündelmaschine von der Flachsröste durch die Bindemaschine 'Typ Raspe RS 312', die ebenfalls sowohl durch Elektromotor als auch durch die Zapfwelle angetrieben werden kann. Sie kann feste Bunde von 4—40 cm Durchmesser anfertigen.

Für kleinere Bunde bis herunter zu 2 cm Durchmesser ist die Tischmaschine „Typ ES 300“ der Fa. Ernst Sass im Handel. Alle Bündelmaschinen arbeiten mit Kunststoffband, das sehr verrottungsfest ist.

Das Binden mit Weidenruten, eine Technik, die man regelrecht erlernen mußte, ist trotz hervorragender Arbeitsqualität fast ganz aus der Baumschule verschwunden. Wenn noch

Abb. 98. Die Bündelmaschine Raspe RS 312 bei der Arbeit (Foto: Beitz)

mit der Hand gebunden wird, verwendet man sogenannte Kunststoffrasterbinder, mit denen man eine vergleichsweise hohe Stundenleistung erreichen kann.

n. Maschinen und Geräte für den Transport

Baumschulen sind Transportunternehmen wider Willen. Nur der außerbetriebliche Transport der Pflanzen kann an Transportunternehmen delegiert werden, während der innerbetriebliche Transport Sache des einzelnen Betriebes bleibt.

Im allgemeinen wird die kostenmäßige Belastung der Betriebe durch den Transport der Pflanzen unterschätzt. Von einigen Fachleuten wird der Anteil der Transportkosten an den Gesamtproduktionskosten auf etwa 50 % geschätzt. Dies mag bei einigen Kulturen zutreffen, scheint als Durchschnittswert aber zu hoch gegriffen zu sein. Sicher ist nur, daß auf dem Sektor Pflanzentransport bei vielen Betrieben die größten Rationalisierungsreserven verborgen sind. Das haben viele Betriebe in den letzten Jahren bereits festgestellt, zumindest in den gut geführten Betrieben erhielten die Investitionen zur Verbesserung und Rationalisierung des Pflanzentransportes Vorrang vor allen andern.

Transportrationalisierung bedeutet im wesentlichen die Zusammenfassung des Transportgutes zu Transporteinheiten, wobei die kleineren Transporteinheiten (Kisten) zumeist noch mit der Hand bewegt werden können. Diese Mechanisierungsstufe war in den meisten Betrieben seit vielen Jahren erreicht worden. Unverhältnismäßig lange hat es dagegen gedauert, bis die nächste Stufe der Rationalisierung, nämlich die Zusammenfassung der

Abb. 99. Die Tischmaschine ES 300 von der Firma Ernst Sass eignet sich für kleinere Bunde (z. B. Unterlagen) (Foto: Wennemuth)

Abb. 100. Zusammenfassung zu Transporteinheiten beginnt bereits bei der Kultur der Jungpflanzen (Foto: Wennemuth)

Abb. 101. Pflanzen in Transporteinheiten zusammengefaßt (Foto: Wennemuth)

kleineren Transporteinheiten zu größeren Einheiten (Paletten) beschritten wurde. Das liegt nicht zuletzt daran, daß Paletten manuell zwar noch in der Ebene rollend bewegt, nicht aber mehr gehoben werden können. Der Einsatz von Paletten zwingt deshalb automatisch zum Einsatz von Hubgeräten. Vor diesen hohen Investitionskosten haben viele Betriebe

Abb. 102. Palettengabel am Frontlader (Foto: Beitz)

allzulange, wie man rückblickend feststellen kann, zurückgeschreckt. Die lange verzögerte Entwicklung ist in den letzten 5 Jahren mit Riesenschritten vorangetrieben worden. Heute verweigern viele Versandbaumschulen die Annahme zugelieferter Pflanzen, wenn sie nicht in Paletten verpackt sind. Nach allgemeinem Urteil haben sich die hohen Aufwendungen für die Transportrationalisierung schon innerhalb kurzer Zeit mehr als bezahlt gemacht.

Abb. 103. Gabelhubwagen (Vordergrund) und Gabelstapler 1,5 t mit Treibgasantrieb (Foto: Beitz)

Nun muß aber wiederum vor der Anschaffung zu teurer Hub- und Ladegeräte gewarnt werden. Für die meisten Betriebe reicht nämlich ein Front- oder Hecklader am Schlepper unbedingt aus, zumal diese Vorrichtungen auch noch mit anderen Werkzeugen (z. B. Mistgreifer und Planierschild) ausgenutzt werden können. Ausgesprochene Versandbaumschulen brauchen aber für den Hofbereich und die Versandhalle zusätzlich Gabelhubwagen und Gabelstapler mit Diesel- oder Treibgasantrieb und bei eigenem Transport im außerbetrieblichen Verkehr für LKW auch aufmontierte Ladekräne oder Ladebordwände.

Abb. 104. Schwerer Ladekran am LKW für Baustellenbelieferung (Foto: Beitz)

Recht hoch sind auch die Investitionen für Paletten. Während man im innerbetrieblichen Verkehr mitunter noch billige Paletten ohne Norm-Maße verwenden kann, müssen die im außerbetrieblichen Verkehr eingesetzten den Grundmaßen der Europalette 120 × 80 cm entsprechen, weil nur so die bestmögliche Auslastung der Transportmittel zu erreichen ist. Um den Austausch von Paletten zwischen den Betrieben zu erleichtern, hat man im Holsteiner Raum Großraum-Paletten in den Maßen 180 × 100 × 80 cm mit Rungen und hölzernen Seitenteilen geschaffen.

Die Schließung zahlreicher Stückgut-Abfertigungshallen führte zu einer Einschränkung des DB-Stückgutverkehrs. Die Bundesbahn-Pool-Palette hat deshalb für die Baumschulen an Bedeutung verloren, und gleichermaßen hat der Versand per LKW an Bedeutung gewonnen. Dadurch wurde eine Hinwendung zur Einweg-Flachpalette mit den dazugehörigen Lattenaufsätzen notwendig.

Die als kleine Transporteinheiten anzusprechenden Kisten müssen selbstverständlich auf die Norm der Europalette eingestellt werden, damit der Palettenraum beim Beladen mit Kisten voll ausgenutzt werden kann. Als Normmaß hat sich das Kistengrundmaß von 60 ×40 cm durchgesetzt; auf die Palettengrundfläche passen 4 Kisten. Auch hier ergibt sich der Zwang, sogenannte Verlustkisten, die in den Versand gegeben werden können, einzusetzen. Hierfür sind Entwicklungen aus Polyäthylen in der Erprobung, die eines Tages die immer knapper und deshalb auch teurer werdenden gebrauchten Fischkisten ablösen sollen. Die sogenannten Betriebskisten können dagegen dauerhafter und auch teurer sein, weil sie sich beim vielfachen Einsatz im Betrieb relativ schnell bezahlt machen.

Abb. 105. Paletten und viel Platz werden für die zügige Abwicklung des Versandes gebraucht (Foto: Wennemuth)

o. Hilfsmaterial

Den besten Überblick über die Fülle der „baumschulspezifischen" Hilfsmaterialien bieten die Kataloge der Firmen H. Meyer, Rellingen, und Grimm OHG, Bad Zwischenahn.

Die Mehrzahl der dort aufgeführten Materialien soll hier unerwähnt bleiben, da sich bei ihnen in den letzten Jahren wenig geändert hat. Anders beim Ballenleinen; bei ihm zeichnet sich in der letzten Zeit eine neue Entwicklung ab. Lange Jahre hat das aus einer synthetischen Acrylfaser hergestellte **Balledur** den Markt beherrscht. Es war verrottungsfest und hatte deswegen das althergebrachte **Jutegewebe** abgelöst, das zu schnell verrottete und deswegen oftmals schon nach 2—3 Monaten Neueinballierungen notwendig machte. Das völlig verrottungsfeste Balledur führte oftmals zu Schwierigkeiten bei der Kundschaft. Trotz großangelegter Aufklärungsaktionen kommt es immer wieder vor, daß vergessen wird, die Verknotung des Balledurtuches am Wurzelhals zu lösen. Nicht selten wird der Wurzelhals bei fortschreitendem Dickenwachstum eingeschnürt. Die Folge davon sind ein Assimilatstau und im weiteren Verlauf das Abbrechen der ganzen Pflanze an der eingeschnürten Stelle. Auf Betreiben des Bundes Deutscher Baumschulen ist ein neues Ballengewebe entwickelt worden, das zwar deutlich dauerhafter als Jutegewebe ist — es verrottet nach 6—8 Monaten im Boden —, aber auch bei nicht gelöster Verknotung im Gegensatz zu Balledur keine Schäden an den Pflanzen verursacht. Trotz des Mehrpreises von knapp 20 % gegenüber dem herkömmlichen Gewebe sollten die Baumschulen im Dienste des Kunden das neue **Konitex-Gewebe** verstärkt einsetzen.

Abzuwarten bleibt dagegen, ob sich **Schuball,** ein neues Ballengewebe mit Schaumstoffkaschierung, auf dem Markt durchsetzen wird. Der zur Kaschierung des Ballengewebes verwendete Polyurethan-Schaumstoff ist wasserspeichernd und schützt den Ballen vor Wasserverlust und Ausrieselung der Erde. Der Schaumstoff zersetzt sich im Boden nach ca. 12 Monaten, ohne die Pflanzen zu schädigen. Erhalten bleibt aber das verrottungsfeste äußere Ballengewebe (Balledur). Wieweit Schuball in den Markt eindringen kann, wird wegen des im Vergleich zum Konitex-Gewebe gut doppelt so hohen Preises davon abhängen, ob es gelingt, die Mehrkosten auf die Kundenrechnung zu setzen. Profitieren würden von diesem neuen Gewebe am ersten Gartencenter, da sie unter Umständen —wie beim Container — auf das Einschlagen der Pflanzen verzichten können.

Das alte Juteballengewebe kann noch zum Einballieren von Pflanzen verwendet werden, wenn sie im Produktionsbetrieb bleiben oder in anderen Baumschulen aufgepflanzt werden sollen.

Literatur zu: Maschinen und Geräte

Anonym (1974): Optimal-VF-1000 — die Ballenstechmaschine vom Fachmann. Dt. Baumschule, 221. — Anonym (1974): Baumschul. Technikschau '74'. Dt. Baumschule, 228. — Anonym (1959): Das Pflanzen mit der Pflanzmaschine in der Baumschule. Dt. Baumschule **11**, 279-280. — Anonym (1976): Neues Ballengewebe. Dt. Baumschule **4**, 70. — Beitz, E. (1966): Maschinen u. Geräte für den Baumschuler. Dt. Baumschule **9**, 261-262. — Beitz, E. (1969): Maschinen in der Baumschule. Wissenswertes für den Baumschuler, Verlag H. Meyer 1969. S. 117-119. — Beitz, E. (1975): Transportrationalisierung in Schleswig-Holstein. Dt. Baumschule **12**, 294. — Beitz, E. (1976): Roden von stärkeren Ballenpflanzen ohne Probleme. Baumschulpraxis **12**, 358-359. — Burchards, O. (1974): Wasser, Bewässerung, Beregnung — Bedeutung für Baumschulen. Baumschul-Beratungsring Weser-Ems e. V. Jahrbuch 1974/75. — Oetting, H. (1976): Untersuchungen an in Forstbaumschulen eingesetzten Pflanzmaschinen unter Berücksichtigung pflanzenbaulicher, technischer, sowie arbeits- und betriebswirtschaftlicher Gesichtspunkte. Seminararbeit im Institut f. Techn. im Gartenb. u. Landwirtsch. TU-Hannover 1976. — Stickler, P. (1961): Pflanzmaschinen im praktischen Einsatz. Süddtsch. Erwerbsg. **15**, 221-223. — Wennemuth, G. (1966): Über die Baumschulmaschinen-Schau **1966.** Dt. Gartenbauwirtschaft, **8**, 202-204. — Wennemuth, G., u. P. G. de Haas (1973): Zielplanung, Technik in der Baumschule. Dt. Baumschule, Heft 4, April 1973. — Zinke, H. (1963): Volmatic-Tröpfchenbewässerung. Wassermahner zur Feststellung d. Bodenfeucht. Dt. Baumschule **1**, 15.

C. Die Produktion des Betriebes (G. Wennemuth)

I. Die Vermehrung der Pflanzen

Die Pflanzenproduktion beginnt mit der Vermehrung. So vielfältig wie die zu kultivierenden Arten und Sorten sind auch die Vermehrungsmethoden, deren man sich in der Baumschule bedienen muß.

Die Wahl der Methode wird durch die Eigenart der jeweiligen Pflanzenart, den späteren Verwendungszweck und nicht zuletzt durch betriebswirtschaftliche Gesichtspunkte bestimmt. Aus wirtschaftlichen Erwägungen wählt man, wo immer möglich, die billigere generative Vermehrung. Neigt die jeweilige Pflanzenart aber zu einer starken Aufspaltung der Sämlingspopulation, so ergibt sich der Zwang zur autovegetativen Vermehrung. Bei fehlender Bewurzelungspotenz kann sogar die xenovegetative Vermehrung = Veredlung notwendig werden. Betriebswirtschaftliche Gründe können schließlich dazu führen, daß anstelle der Okulation, die in eine Arbeitsspitze fällt, Winterhandveredlungen angefertigt werden, die zwar aufwendiger sind, aber in den arbeitsschwachen Wintermonaten durchgeführt werden.

Die Vermehrungsmethoden lassen sich wie folgt zusammenfassen und untergliedern:

A. Die generative Vermehrung durch Aussaat von Samen

B. Die vegetative oder ungeschlechtliche Vermehrung

1. Die autovegetative Vermehrung (= Bewurzelung von Pflanzenteilen)
   - a) durch Teilung
   - b) durch Wurzelschosse
   - c) durch Abrisse
   - d) durch Ableger
   - e) durch Absenker
   - f) durch Steckholz
   - g) durch Augenstecklinge
   - h) durch Grünstecklinge
   - i) durch Blattaugenstecklinge
   - j) durch Wurzelstecklinge (Wurzelschnittlinge)
2. Die xenovegetative Vermehrung = Veredlung
   - a) Okulation
   - b) Kopulation
   - c) Pfropfung
   - d) seitliches Anplatten und Einspitzen
   - e) Ablaktieren

Vermehrungskalender

	Monate											
	1	2	3	4	5	6	7	8	9	10	11	12
Aussaat	—	—	×	×	×	—	×	×	×	×	—	—
Teilung	—	—	×	×	×	—	—	×	×	×	—	×
Anhäufeln	—	—	—	—	—	×	×	×	—	—	—	—
Ablegen	—	—	—	×	×	—	—	—	—	—	—	—
Absenken	×	—	—	×	×	×	—	—	—	—	—	×
Stecklinge	—	×	×	×	×	×	×	×	×	×	—	—
Steckholz	×	×	×	—	—	—	—	—	×	—	—	×
Augenstecklinge	×	×	—	—	—	—	—	—	—	—	—	×
Wurzelschnittlinge	×	×	—	—	—	—	—	—	—	—	×	×
Kopulation	—	×	×	×	—	×	—	×	×	—	—	—
Einspitzen	—	×	×	×	—	×	—	×	×	—	—	—
Propfen	—	×	×	×	—	×	—	×	×	—	—	—
Anplatten	×	×	—	—	—	×	×	—	—	—	—	—
Okulation	—	—	—	—	×	×	×	×	×	—	—	—
Ablaktieren	—	—	—	—	×	×	×	—	—	—	—	—
Luftableger	—	—	—	×	—	—	—	—	—	—	—	—

Der Vermehrungskalender bietet eine grobe Übersicht über den Zeitpunkt, an dem die Vermehrungsmethoden durchgeführt werden müssen.

Übersicht über die Vermehrungsmethodik (nach KRÜSSMANN)

- **Generative Vermehrung**
  - Aussaat
    - ohne Vorbehandlung
      - unmittelbare Aussaat
    - mit Vorbehandlung
      - Wasserbehandlung
      - Kältebehandlung
      - Stratifikation
      - Mechanische Vorbehandlung
      - Chemische Vorbehandlung
- **Vegetative Vermehrung**
  - auf eigener Wurzel (Wurzelecht)
    - Teile werden nach Bewurzelung abgetrennt
      - Teilung
        - Ausläufer
      - Anhäufeln
        - Luftableger
        - Abrisse (Etiolieren)
      - Ableger (flachliegend)
        - Etiolation (Etiolieren)
        - waagerecht oder in Rinnen
        - in Wellenlinien
      - Absenker (herabgebogen)
        - unbehandelt
        - Knickung
        - Triebspitzen
        - mit Rindenverletzung
        - Ringelung
        - Drahtung
        - Rinde mit Zungenschnitt
    - Teile werden vor Bewurzelung abgetrennt
      - Wurzelstücke
        - Wurzelschnittlinge
      - Stammstücke
        - Stammstücke (Augen)
        - Stecklinge (mit Blättern)
        - Steckholz (ohne Blätter)
      - Blätter
        - Blattstecklinge
  - auf fremder Wurzel (Unterlage)*
    - Kopfveredlungen (auf Stamm oder Wurzel)
      - Reis und Unterlage gleich stark
        - Kopulation
      - Reis und Unterlage verschieden stark
        - Geißfuß
        - Pfropfen in den Spalt
        - Pfropfen hinter die Rinde
        - Keilpfropfung
    - seitliche Veredlungen
      - mit Augen
        - Okulation
      - mit Augenring
        - Ringokulation
      - mit Reisern
        - Anplatten
        - Einspitzen
      - mit Mutterpflanze
        - Ablaktieren
      - mit Zwischenstück
        - „Nicolieren“
    - Doppelveredlungen
      - Zwischenveredeln

* Ausnahmsweise auch auf eigener Wurzel veredelt.

Neben einem hohen Maß an manuellen Fertigkeiten (z. B. Veredeln) werden vom Vermehrer umfangreiches Wissen über den optimalen Zeitpunkt der Vermehrung und die zu wählende Methode sowie das gewisse Fingerspitzengefühl verlangt. Spitzenleistungen sind nur aufgrund langjähriger Erfahrungen erreichbar. Der Trend zum speziellen Vermehrungsbetrieb (Jungpflanzenbetrieb) ist unverkennbar, wobei sich hier wiederum eine Spezialisierung auf die generative bzw. vegetative Vermehrung herausgebildet hat.

a. Die generative Vermehrung = Anzucht der Pflanzen aus Samen

Die meisten Bäume und Sträucher sind heterozygot, weil Fremdbestäuber, und haben deswegen eine beachtliche Potenz zur genetischen Variabilität. Dem Pflanzenzüchter sind damit fast unbegrenzte Möglichkeiten für Neuzüchtungen in die Hand gegeben, der Kultivateur hat sich dagegen mit dem bei der Vermehrung durch Aussaat auftretenden Nachteil der Uneinheitlichkeit der Sämlinge auseinanderzusetzen.

Auf generativem Wege vermehrte Pflanzen werden für die verschiedensten Zwecke verwendet, so z. B. in der Landschaft, für Aufforstungen, für Weihnachtsbaumkulturen und als Unterlagen für verschiedene Obstbäume, Ziersträucher und Koniferen.

Erblich bedingte Unterschiede im Erscheinungsbild der Pflanzen (Phänotypus) sind teilweise bereits auf dem Saatbeet zu erkennen, prägen sich mitunter aber auch erst später aus und führen dann oft zu Reklamationen der Jungpflanzenkäufer (*Picea pungens* 'Glauca', *Pinus mugo* var. *mughus*). Versuche, bei Obstunterlagen die Variabilität der Sämlinge einzuschränken, haben zur Aufpflanzung von Samenspenderanlagen geführt. So wird z. B. beim Apfel fast nur noch muttersortenreines Saatgut von 'Grahams Jubiläum' und 'Bittenfelder Sämling' und bei Birnen von 'Kirchensaller Mostbirne' verwendet. Dagegen reichen bei Süßkirschen die Saatgutmengen von 'Hüttners 170 × 53' bei weitem noch nicht zur Bedarfsdeckung aus. Hier wird noch überwiegend mit Provenienzen der hellrindigen Harzer oder der Limburger Vogelkirsche gearbeitet.

1 Herkunft (Provenienz)

Der tragbare Grad der Abweichung von gewünschten Eigenschaften ist vom späteren Verwendungszweck der auf generativem Weg gewonnenen Pflanzen abhängig. Auch in der Forstwirtschaft stellt man zunehmend höhere Ansprüche an die genetische Qualität und Einheitlichkeit der Aufpflanzware. Die erste Stufe auf diesem Weg war die Verwendung des Samens bestimmter Herkünfte. Stimmten die Standortbedingungen der Samenherkunft und die des späteren Standortes weitgehend überein, so ergaben sich besonders gute Wuchsleistungen der Nachzuchten. Bei Pflanzenarten mit sehr weit verbreitetem Vorkommen (Fichte) ist es im Laufe der Zeit bei natürlicher Aussamung und Selektion zu einer Anpassung an die standortspezifischen Klima- und Bodenbedingungen gekommen, die sich als morphologische und physiologische Veränderungen ausprägen. Solche genetisch fixierten Veränderungen führten zur Bildung neuer Rassen, die auch als **„Ökotypen"** bezeichnet werden.

Ihre Verbreitung beschränkt sich auf ganz bestimmte Gegenden, solange der Mensch ihre Verbreitung nicht übernimmt. Die Herkunft wird dem jeweiligen Längen- und Breitengrad und der Höhenlage entsprechend deklariert, so daß man sicher sein kann, daß die aus diesem Samen gezogenen Pflanzen unter vergleichbaren Standortbedingungen zu guten Beständen heranwachsen. Dagegen ist die Lage der Baumschule, die aus der Saat Pflanzen herangezogen hat, ohne Bedeutung, obwohl in der Vergangenheit gerade von Forstbaumschulen mit dem Argument der klimaangepaßten Anzucht der Pflanzen gearbeitet worden ist. Hat man nur die Wahl zwischen zwei nicht dem Klima des späteren Standortes angepaßten Herkünften, so gibt man der Herkunft aus dem Klimagebiet den Vorzug, das über ungünstigere Bedingungen verfügt.

Es gibt aber auch Herkünfte, die allen anderen überlegen und sogar den lokal angepaßten Herkünften vorzuziehen sind. Das trifft z. B. für die ostbaltische Herkunft von *Pinus silvestris,* die Harzer Herkunft von *Picea abies* und die Herkunft von *Larix decidua* aus dem Sudetenland zu.

An der zweiten Stufe zur Einschränkung der Variabilität arbeitet man erst seit gut 10 Jahren. Man hatte festgestellt, daß es innerhalb guter Samenträgerbestände immer eine Anzahl besonders guter Vererber gibt. In allen Herkunftsgebieten hat man deshalb diese Bäume ausgelesen, die bei Einzelbaumabsaaten gute Leistungen nachgewiesen hatten. Sie wurden auf vegetativem Weg vermehrt und so geklonte Bestände aufgebaut. Die ältesten Anlagen sind inzwischen im Ertragsstadium. Trotz eingeschränkter Variabilität wird von ihnen natürlich noch nicht die Gleichmäßigkeit wie bei vegetativer Vermehrung erreicht.

Da es bei einigen Pflanzenarten gelungen ist (z. B. *Picea abies*), Typen herauszufinden, die hervorragende Wuchsleistungen mit leichter Vermehrbarkeit durch Stecklinge verbinden, ist theoretisch die Möglichkeit gegeben, sehr einheitliche Bestände aufzubauen. Trotz höherer Jungpflanzenpreise im Vergleich zu generativer Vermehrung könnte wegen der sehr viel höheren Holzleistung der Hochleistungsklone eine Rentabilität gegeben sein. Man wird aber auch hier eine größere Anzahl von Klonen in den Waldbeständen mischen müssen, um die Gefahr gleicher Reaktionen bei Kalamitäten zu vermeiden und den Ausfall ganzer Bestände zu verhindern. Auch beim Aufbau von Samenspenderanlagen müssen mehrere Klone gemischt werden.

2 Saatguternte

Ernten und Sammeln der Saat erfordern Fachkenntnisse, da jede Art und Sorte in ihrem spezifischen optimalen Reifegrad gepflückt werden muß. Es gibt eine Reihe von Kriterien, anhand derer sich der Saatgutsammler orientieren kann, so z. B. der Feuchtigkeitsgrad des Samens, die Färbung des Fruchtfleisches oder der Samenschale und das Samengewicht. Oft muß bereits vor der Vollreife geerntet werden, weil sonst die Verluste durch Vogelfraß zu groß werden. Das kann bei vielen Arten ohne Beeinträchtigung der Keimfähigkeit erfolgen, da der Samen in diesem Stadium bereits physiologisch reif ist und über voll ausgebildete Embryonen verfügt. Bei manchen Arten keimt der Samen im darauffolgenden Frühjahr sogar besser, wenn vor der Vollreife geerntet wird, andernfalls liegt der Samen 1 Jahr über. Zu diesen Arten zählen:

Cornus	*Hamamelis*	*Magnolia kobus*
Carpinus betulus	*Rhodotypos*	*Juniperus*
Cercis siliquastrum	*Viburnum*	

Schon vom Mai ab beginnt die Samenreife. Bei den Gehölzen reifen zuerst einige Ulmen, dann *Acer rubrum, Acer saccharinum* und *Populus*-Arten.

Die meiste Saat muß nach der Ernte getrocknet werden. Samen mit mehr als 20 % Wassergehalt erhitzt sich schon noch wenigen Stunden der Lagerung auf größeren Haufen. Diese natürliche Erhitzung durch Atmung vermindert die Keimfähigkeit beträchtlich.

Die Trocknung des Samens kann entweder auf natürlichem Wege an der Luft bei nicht zu hoher Schüttung erfolgen, wobei er öfter bewegt werden muß, oder in speziellen Trocknungstrommeln unter Zufuhr erwärmter Luft. Die maximal zulässige Temperatur beträgt 43 °C, optimal ist jedoch eine Temperatur von 32 °C. Zu rasches Trocknen kann zu einem unerwünschten Brechen oder zu einer Verhärtung der Samenschale führen. Bei den meisten Arten liegt der optimale Feuchtigkeitsgehalt der Saat zwischen 8 und 15 %.

Der Samen einiger Pflanzenarten muß nach dem Trocknen aus Schoten und Kapseln herausgelöst werden, wie z. B. bei *Robinia, Caragana, Ceanothus* und *Salix.* Dies geschieht in speziellen Dreschmaschinen.

Fleischige Früchte müssen mazeriert werden, d. h. man läßt sie einige Tage anrotten oder must sie und trennt anschließend den schweren Samen mit Hilfe von Wasser vom Fruchtfleisch. Das gelingt besonders gut, wenn man das Fruchtfleisch-Samen-Gemisch kurze Zeit gären läßt. Tauber und zu leichter Samen wird mit weggespült. Zu den Arten mit fleischigen Früchten zählen:

Amelanchier	*Elaeagnus*	*Magnolia*
Berberis	*Hippophae*	*Rhamnus*
Celtis	*Ilex*	*Rosa*
Cornus	*Juniperus*	*Sorbus*
Cotoneaster	*Ligustrum*	*Symphoricarpos*
Crataegus	*Lonicera*	*Taxus*

3 Klengen (Darren)

Die Extraktion des Koniferensamens ist vielfach besonders schwierig. Sie wird deshalb in den sogenannten Klenganstalten (Darren) durchgeführt. Unter Klengen versteht man das Öffnen der Nadelholzzapfen mit warmer, trockener Luft, in Norddeutschland auch als Darren bezeichnet.

Besonders hohe Temperaturen müssen bei Kiefernzapfen angewendet werden, und zwar 77 °C für einen Zeitraum von 5—6 Stunden. Diese Temperatur darf nicht überschritten werden, weil sonst die Keimfähigkeit leidet. Deshalb arbeitet man heute lieber mit etwas niedrigeren Temperaturen und statt dessen mit höherem Luftdurchsatz. Unmittelbar nach Erreichen des richtigen Trocknungsgrades, der durch das Öffnen der Zapfen angezeigt wird, müssen sie in eine Trommel gegeben werden, die dann das Ausschütteln des Samens besorgt.

4 Entflügeln

Sehr viele Koniferen und auch einige Laubgehölze (*Acer, Carpinus betulus*) haben geflügelte Samen. Um das Gewicht des Saatgutes zu verringern und das Säen zu erleichtern, wird das Handelssaatgut entflügelt. Hierfür gibt es spezielle Entflügelungsmaschinen.

5 Aufbewahrung des Saatgutes

Die Saat muß normalerweise für kürzere oder längere Zeit aufbewahrt werden. Einige Arten behalten ihre Keimfähigkeit nur für kurze Zeit, d. h. wenige Tage. Zu ihnen zählen *Populus tremula, Acer saccharinum, Salix* und *Ulmus,* die ihren Samen im Frühjahr reifen lassen (Mai). Der Samen fällt herab und beginnt unter günstigen Bedingungen sofort zu keimen. Andernfalls geht die Keimfähigkeit innerhalb weniger Tage verloren. In der Baumschule werden diese Arten deshalb auch unmittelbar nach der Ernte auf bereits vorbereitete Saatbeete gesät. Das Saatgut darf vor der Saat nicht trocken werden. Zur Gruppe der holzartigen Gewächse mit kurzer Lebensfähigkeit des Samens (längstens 1 Jahr) gehören:

Acer	*Davidia*	*Rhus*
Alnus	*Halesia*	*Salix*
Amelanchier	*Liquidambar*	*Sophora*
Aralia	*Lycium*	*Spiraea*
Cedrus	*Magnolia*	*Ulmus*
Cercidiphyllum	*Populus*	*Zelkova*
Chamaecyparis laws.		

Unter Arten mit mittlerer Dauer der Keimfähigkeit werden solche zusammengefaßt, deren Samen die Keimfähigkeit für 2—3 Jahre behalten, wenn sie nicht unter besonders kontrollierten Bedingungen gelagert werden und dann sogar bis zu 15 Jahre überdauern können. Hierzu zählen die meisten Koniferen, Laubbäume und Sträucher.

Nur wenige, meist hartschalige Arten mit impermeabler Schale für Gas und Wasser, überstehen 15—20 Jahre, solange ihre Schale unverletzt bleibt. Unter geeigneten Bedingungen gelagert, können diese Arten sogar 75—100 Jahre ihre Keimfähigkeit erhalten.

Günstig wirken auf die Erhaltung der Keimfähigkeit alle Faktoren, die allgemein zu einer Verlangsamung der Atmung und des Stoffwechsels beitragen, solange der Embryo nicht beschädigt wird. Die wichtigsten Faktoren sind: der richtige Feuchtigkeitsgehalt des Samens und die Lagertemperatur, während Veränderungen in der Zusammensetzung der Lageratmosphäre von geringerem Einfluß sind.

5.1 Wassergehalt

Nur wenige Pflanzenarten verlieren mit abnehmendem Wassergehalt ihre Keimfähigkeit, wie es z. B. bei *Acer saccharinum* der Fall ist, der im Frühjahr bei einem Wassergehalt von 58 % keimfähig ist, diese aber schon bei einer Reduktion des Wassergehaltes auf 30—34 % vollständig verliert. Ebenso verlieren Eicheln, Roßkastanien und Walnüsse ihre Keimfähigkeit recht schnell, wenn sie nach der Reife austrocknen können. Diese nicht austrocknungsfähigen Samen haben auch bei Feuchtlagerung nur eine relativ kurze Keimfähigkeitsperiode von längstens einem Jahr.

Andererseits muß die Saat der meisten anderen Arten einen niedrigen Feuchtigkeitsgehalt aufweisen, um lange Lagerzeiten zu überleben. Ein Feuchtigkeitsgehalt von 4—6 % hat sich hierbei als günstig erwiesen. Ein höherer Feuchtigkeitsgehalt kann in seiner negativen Wirkung auf die Lebensfähigkeit des Samens durch Absenken der Temperatur im Lagerraum kompensiert werden. Der Feuchtigkeitsgehalt der Saat schwankt in Abhängigkeit von der relativen Luftfeuchtigkeit des Lagerraumes. Der Punkt, an dem sich ein Gleichgewicht zwischen der relativen Luftfeuchtigkeit und dem Wassergehalt des Samens einstellt, ist arten- und sortenabhängig. Stärkere Schwankungen des Feuchtigkeitsgehaltes der Saat wirken sich negativ auf seine Keimfähigkeit aus. Wenn klimatisierbare Lagerräume fehlen, soll die Saat nach Trocknung auf den gewünschten Feuchtigkeitsgehalt in fest verschließbaren Gefäßen (z. B. Flaschen) aufbewahrt werden.

5.2 Temperatur

Als Faustregel kann gelten, daß eine Reduzierung des Feuchtigkeitsgehaltes im Samen um 1 % etwa den gleichen Effekt bezüglich der Verlängerung der Keimfähigkeit erzielt wie ein Absenken der Temperatur um 4 °C.

Grundsätzlich sind Temperaturen unter 0 °C für die meisten Arten günstiger. Bei manchen Arten wird das Optimum aber schon bei 0 °C erreicht; ein weiteres Absenken wirkt dann nicht mehr positiv, zunächst aber auch noch nicht negativ.

5.3 Kontrollierte Atmosphäre

Nur bei wenigen Arten, nämlich denen mit sehr kurzer Lebensfähigkeit, konnten bei Lagerung im Vakuum oder einer Erhöhung des CO_2-Gehaltes bzw. einer Reduktion des O_2-Gehaltes bei gleichzeitiger Erhöhung des N-Gehaltes bessere Ergebnisse als unter den gleichen Temperatur- und Samenfeuchtigkeitsverhältnissen in versiegelten Gefäßen erzielt werden.

Die Lagerung über mehrere Jahre hinaus ermöglicht den billigen Saatguteinkauf in reichen Erntejahren und die Überbrückung von Ausfalljahren.

Für die Lagerung unter kalten und trockenen Bedingungen eignen sich:

Abies	*Celtis*	*Hamamelis*
Acer	*Cercis*	*Juniperus*
Berberis	*Cupressus*	*Larix*
Ceanothus	*Fraxinus*	*Liquidambar*

Malus	*Pinus*	*Sorbus*
Picea	*Populus*	*Symphoricarpos*
Tsuga	*Prunus*	*Thuja*
	Pseudotsuga	

Kalt und feucht müssen aufbewahrt werden:

Acer saccharinum	*Corylus*	*Juglans*
Aesculus hippocastanum	*Fagus*	*Quercus*
Carpinus betulus		

Sie müssen ohne vorherige Trocknung in feuchtigkeitsversiegelten Gefäßen aufbewahrt (*Acer saccharinum*) oder stratifiziert werden. Vollkommen unproblematisch sind bei der Lagerung solche Arten, die eine dicke, harte, wasserundurchlässige Samenschale haben. Dazu zählen:

Amorpha fruticosa	*Laburnum anagyroides*
Caragana arborescens	*Rhus*
Elaeagnus angustifolia	*Robinia pseudoacacia*
Koelreuteria	*Tilia*

6 Behandlung des Saatgutes vor der Aussaat

Während viele Gehölzarten im Frühjahr ohne jede Vorbehandlung ausgesät werden können und keimen, ist dies bei anderen nicht ohne eine besondere Behandlung möglich. Die Kenntnis der Ursachen der Keimhemmung, auch Keimruhe genannt, ist von großer Wichtigkeit. An dieser Stelle sollen nur allgemeine Erläuterungen zu diesem Gesamtkomplex gegeben werden. Nähere Angaben erfolgen bei den einzelnen Gattungen, soweit solche bekannt sind.

6.1 Keimruhe *(seed dormancy)*

Hierunter versteht man die Erscheinung, daß viele Gehölzsaaten trotz bester Keimbedingungen in den ersten Wochen oder sogar Monaten nach der Saat nicht auflaufen, mitunter sogar ein ganzes Jahr überliegen. Es gibt eine ganze Reihe von Ursachen für die verzögerte Keimung. Nach Rohmeder können sie wie folgt klassifiziert werden:

a. eine harte und wasserundurchlässige Samenschale,

b. eine unvollkommen entwickelte Embryoanlage,

c. keimhemmende Stoffe im reifen Fruchtfleisch von Beeren, im Sameninnern und/oder in der Samenschale.

Bei der sogenannten doppelten Keimruhe können zwei dieser Faktoren gleichzeitig auftreten. Das trifft z. B. für *Crataegus* und *Cotoneaster* zu. Beide haben eine harte Samenschale. Zusätzlich muß aber ein Nachreifeprozeß durchlaufen werden. Bei *Crataegus* folgt auf das Austreiben der Radicula (Wurzel) eine Nachreifung des Hypocotyls (Sproß); bei *Cotoneaster* muß zunächst das Hypocotyl und dann das Epicotyl (Keimblätter) nachreifen.

Für die Praxis ist es wichtig, diese Keimruhe möglichst schnell zu überwinden. Dafür gibt es eine ganze Reihe von Möglichkeiten:

Hartschaligkeit. Als „hartschalig" bezeichnet man nach Peneff (bei Rohmeder, S. 94) solche Samen, die nach zehntägigem Einweichen in Wasser noch nicht aufgequollen sind. Als Ursachen für die Hartschaligkeit, die am häufigsten bei den Leguminosen auftritt, werden angegeben: klimatische Einflüsse (große Sommerwärme fördert Hartschaligkeit), Erntezeit und Aufbewahrung, sodann aber individuelle Unterschiede. Es gibt eine ganze Reihe von Möglichkeiten zur Behebung der Hartschaligkeit:

Die Behandlung schwerkeimender Saaten (nach KRÜSSMANN)

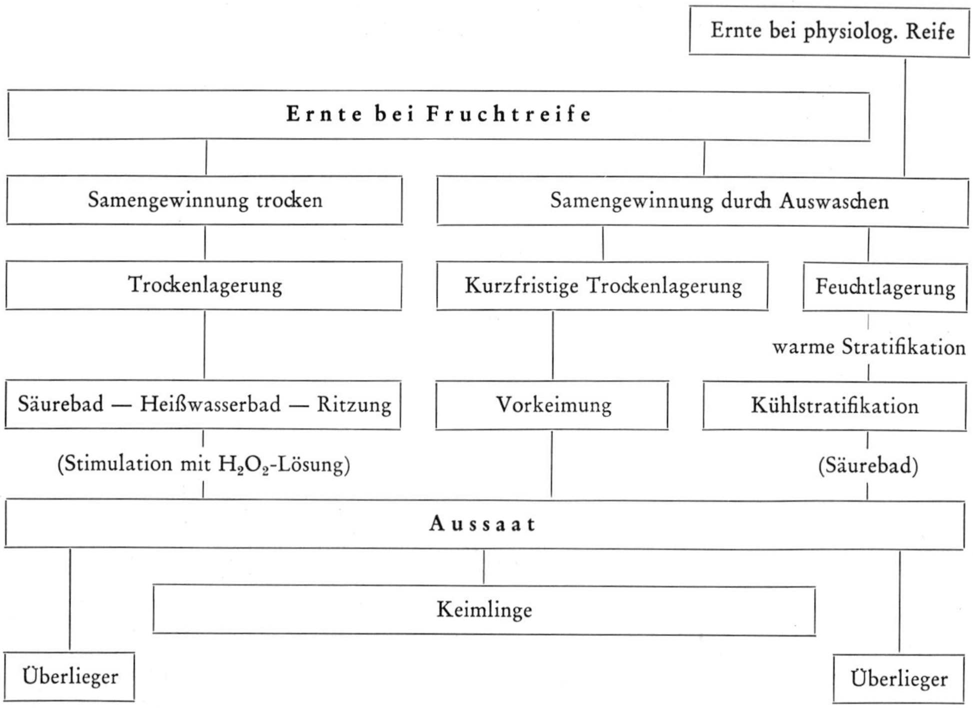

a. Schwefelsäurebad

Konzentrierte Schwefelsäure wird über die Samen gegossen (Säure: Saat wie 1 : 5); Dauer der Einwirkung je nach Hartschaligkeit selbst ermitteln, etwa zwischen 90—120 Minuten. Je wärmer die Schwefelsäure, desto besser die Einwirkung. Säurebehandlung verdreifachte in der Regel das Keimergebnis, ist aber sehr teuer und nicht ungefährlich. Für 1 kg Saat braucht man 200 g Säure (ROHMEDER, S. 95). Nach dem Bad Samen abspülen, leicht abtrocknen und aussäen.

b. Heißwasserbad

Hier sind die Methoden außerordentlich verschieden. Während manche Samen nur in warmes Wasser gelegt werden, verlangen andere zur Überwindung der Keimhemmung ein Übergießen mit kochendem Wasser. ROHMEDER empfiehlt bei Robinien 3 Minuten langes Eintauchen in kochendes Wasser, wobei die Wassermenge zehnmal so groß sein soll wie die Samenmenge. Dazu stehen im Gegensatz die Angaben aus New Mexico (vgl. bei *Robinia*), wo die Samen in eben vom Feuer genommenes Wasser gebracht wurden und bis zu 18 Stunden darin blieben! Die Ergebnisse bei dieser Behandlung wurden als ausgezeichnet beschrieben.

c. Schalenritzung

Man benutzt hierzu eine Trommel, die mit Glasscherben (etwa 2 × 4 cm), scharfkantigem Quarzsand oder Eisenspänen zum Teil gefüllt wird. Das hartschalige Saatgut wird eingefüllt, die Trommel gedreht, (bei Glasscherben genügten 15 bis 30 Minuten), die Saat dann wieder ausgesiebt und gesät. Die Ergebnisse bei ROHMEDER waren sehr gut. Bei allen Vergleichen wäre die Schalenritzung immer am besten. In der Landwirtschaft wird die Schalenritzung u. a. seit langem bei Kleesaat angewandt, wozu man besondere Kleeritzmaschinen konstruiert hat.

Die Schalenritzung kommt auch für *Pinus cembra* in Frage.

Handelt es sich nur um ganz kleine Mengen hartschaliger Sämereien, so kann man diese auch in einen kleinen Behälter füllen und dann kräftig mit Glaspapier, unter Druck, reiben.

ROHMEDER tritt dafür ein, daß hartschaliges Saatgut schon von den Klenganstalten und Samenhandlungen vor dem Verkauf zentral geritzt wird.

Unentwickelte Embryoanlagen. Bei vielen Samen sind, wie besonders im Boyce Thompson Institute festgestellt wurde, die Embryonen in den Samen zur Erntezeit noch sehr klein. Bewahrt man die Samen jedoch in feuchtem Sand auf, so entwickeln sich die Embryonen kräftig. LAKON hat dies für *Fraxinus* nachgewiesen, ROHMEDER für *Pinus cembra.* Weitere Angaben bei den einzelnen Gattungen.

Zur Behebung dieser Keimhemmung muß das Saatgut stratifiziert werden.

6.2 Stratifikation

Diese Bezeichnung wird von dem französischen Wort *stratifier* = schichtenförmig lagern abgeleitet. Heute wird der Begriff weiter gefaßt. Wie DE HAAS/SCHANDER (1952) ausführen, versteht man unter Stratifikation eine Einlagerung des mit feuchtem Sand oder Torf vermischten Saatgutes bei niedrigen Temperaturen oder Wechseltemperaturen, um die Keimhemmung zu brechen, Bedingungen zur Nachreife zu geben oder das Saatgut vorzukeimen. Die Stratifikation kann unter den Wetterbedingungen des Freilandes, wie in der Praxis üblich oder im Kühlraum unter kontrollierten Bedingungen durchgeführt werden. Im Kühlraum gelingt aber die Aufhebung der Keimruhe sicherer und schneller. Je nach der zu stratifizierenden Art ist ein Behandlungszeitraum von 4—16 Wochen bei einer Temperatur von 0—5 °C erforderlich. Einige Arten *(Viburnum, Crataegus)* reagieren auf eine Warm-Kalt-Stratifikation besser, wobei in der Warmphase Temperaturen von 20—25 °C optimal sind.

Als erwiesen gilt, daß es keine Holzart gibt, deren Samen Frost ausgesetzt worden sein muß, um keimfähig zu werden.

Kühlung des Samens in der Praxis. Alle die Sämereien, die erfahrungsgemäß nach Kälteeinwirkung gut keimen, bringt man in ihren Stratifiziergefäßen (Töpfen, Kisten) in einen tiefen Kasten und legt Fenster darüber. Bei Frostwetter lüftet man den Kasten, bei Schnee läßt man ihn vollschneien und legt dann die Fenster wieder auf. Bei eintretendem Tauwetter die Fenster wieder abnehmen und dann die Samen, wenn sie schon in Aussaatschalen liegen, zur Keimung aufstellen. Wichtig ist hierbei, darauf zu achten, ob es sich um **Licht-** oder **Dunkel**keimer handelt. Die meisten Samen keimen am besten im Dunkeln, viele feine Sämereien dagegen im Licht. Allerfeinste Samen, wie bei den Ericaceen, werden nach der Aussaat vorteilhaft mit kurzgehacktem Sphagnum (Torfmoos) bedeckt. Dadurch kann die Erde nicht austrocknen, und auch ein Wegschwemmen der Samen beim Gießen wird vermieden. Hierbei muß man allerdings häufiger nachsehen, ob die Keimung schon beginnt, und dann das Moos entfernen.

Bei anderen überjährigen Samen bildet sich im ersten Sommer nur die Wurzel, aber der Keim rührt sich noch nicht, das heißt nicht eher, als bis er eine Zeitlang kühler Temperatur ausgesetzt wurde. Hierzu gehören *Paeonia suffr., Viburnum* usw. Sämereien dieser Art kann man ebenfalls zur Keimung im ersten Frühjahr zwingen, wenn man sie nach der Reife sofort in Kisten aussät, diese im Gewächshaus aufstellt, um die Wurzelbildung zu erreichen, dann unter entsprechender Vorsichtsmaßnahme etwa 2 Monate der Winterkälte aussetzt und danach wieder in das Gewächshaus bringt. Hier gehen sie in der Regel bald auf.

Die Masse des zu stratifizierenden Saatgutes wird in den sogenannten Stratifizierkästen aufbewahrt. In der Regel handelt es sich um einfach gemauerte Kästen an der Nordseite von Wirtschaftsgebäuden, die mit ihrer Unterkante etwa 40—50 cm in den Boden abgesenkt sind und mit der Oberkante 20—30 cm über Erdniveau liegen. Die Abdeckung der Kästen erfolgt mit einem engmaschigen Drahtgeflecht, das weder Vögeln noch Mäusen den Zutritt gestattet. Der Boden der Kästen, aus Beton oder Ziegelsteinen angefertigt, muß nach einer Seite Gefälle haben und an der tiefsten Stelle über Wasserabzuglöcher verfügen, die entweder nur einen geringen Durchmesser aufweisen dürfen oder mit Drahtgewebe gegen Mäusezutritt abzusichern sind.

Abb. 106. Stratifikationskästen aus Betonfertigteilen in einer Unterlagenbaumschule (Foto: Wennemuth)

Licht, Sonne und Regen haben vollen Zutritt zum Samen, der mit Sand vermischt in die Kästen eingebracht wird. Von Zeit zu Zeit muß das Samen-Sandgemisch umgerührt werden. Bei größerer Trockenheit ist evt. mit der Gießkanne zu befeuchten.

Wenn sich die Nachreifephase dem Ende zuneigt, beginnt der Samen im Frühjahr bei steigenden Temperaturen in den Stratifikationkästen zu keimen. Jetzt muß aufgepaßt werden, daß die Saat nicht verkeimt. Angekeimte Saat führt bei einigen Arten zu einem unerwünscht hohen Anteil von Pflanzen mit krummem Wurzelhals, die wertlos sind, wenn sie als Veredlungsunterlagen verwendet werden sollen.

Früher mußte bei Sichtbarwerden der ersten Keime entweder sofort gesät oder, wenn die Aussaat noch nicht möglich war, das Saatgut getrocknet werden, damit der Keimprozeß unterbrochen wurde. Dabei setzte es große Erfahrung voraus, den richtigen Grad der Trockenheit zu erreichen. Bei zu starkem Austrocknen wurde die Keimfähigkeit beeinträchtigt, bei zu geringem Trockenheitsgrad lief die Keimung weiter. Heute hat sich in den meisten Betrieben das weit sicherere Verfahren der Kühlung des Saatgutes durchgesetzt. Angekeimtes Saatgut wird bei einer Temperatur von − 3 °C, besser noch − 4 °C, aufbewahrt. Oberhalb dieser Temperaturen läuft sonst die Keimung im Kern der Kisten weiter.

Vor dem Aussäen muß der beim Stratifizieren verwendete Sand oder Torf durch Absieben entfernt werden. Es gibt aber auch schon Sämaschinen, bei denen der Sävorgang durch das Stratifikationssubstrat nicht behindert wird.

6.3 Verkürzung der Stratifikationsdauer durch chemische Mittel oder Phytohormone

Vor allem bei Pflanzenarten, deren Saatgut ein oder mehrere Jahre überliegt (z. B. *Rosa canina*, *Prunus damascena* 'Noir', *Taxus baccata*), könnte eine Verkürzung der Stratifikationsdauer von praktischem Nutzen sein.

Mit wechselndem Erfolg wurden in der Vergangenheit Stoffe wie Mangansulfat, Kaliumpermanganat, Kaliumnitrat, Wasserstoffsuperoxyd und Thioharnstoff versuchsweise eingesetzt. Zu praxisgerechten Empfehlungen ist es nicht gekommen. Fortschritte in der Analysentechnik haben in den letzten Jahren zu besseren Kenntnissen über im ruhenden Samen ablaufende physiologische Prozesse geführt. Die langsame Aufhebung der Keimruhe wird in der Anfangsphase von einem raschen Anstieg des Cytokiningehaltes begleitet. Weitere Kennzeichen sind ein langsamer Anstieg des Gibberellingehaltes und ein Absinken des Abscisinsäuregehaltes (WEBB/STADEM/WAREING, 1973). Werden nun Cytokinin und Gibberellin von außen zugeführt, so läßt sich bei vielen Arten eine Verkürzung der Stratifikationszeit erreichen. Wegen der oft sehr komplizierten Wechselwirkung der Phytohormone untereinander und angesichts der Tatsache, daß es inzwischen gelungen ist, beim Gibberellin bereits 29 verschiedene, sehr nah miteinander verwandte Stoffe zu identifizieren, wird es noch eine Weile dauern, bis praxisreife Empfehlungen ausgesprochen werden können. Schwierigkeiten ergeben sich ferner, weil Gibberellin und Cytokinin nicht durch die intakte Samenschale (Pericarp) eindringen können. Die Embryonen müssen vor der Behandlung sehr arbeitsaufwendig exstirpiert werden.

6.4 Die Keimung

Um Saatgut zur Keimung zu bringen, müssen 3 Bedingungen erfüllt sein:

1. Das Saatgut muß keimfähig sein,
2. das Saatgut muß keimwillig sein,
3. die äußeren Bedingungen, unter denen die Keimung stattfinden kann, müssen gegeben sein, dazu zählen Wasser, Temperatur, Sauerstoff und in einigen Fällen Licht.

Bei der Keimung werden folgende Stufen unterschieden: Wasseraufnahme, Ansteigen der Atmungsintensität und Zunahme der enzymatischen Aktivität. Es folgen die Mobilisierung der Reservestoffe und ihr Transport; schließlich Beginn der Zellteilung und des Zellwachstums bis zum Beginn der heterotrophen Phase, sprich Assimilation.

6.5 Prüfung der Keimfähigkeit

Der Prozentsatz des keimfähigen Samens muß vor der Aussaat bekannt sein, um die Saatgutmenge richtig berechnen zu können. Für die Entwicklung gesunder, den Qualitätsvorschriften entsprechender Sämlinge spielt die Anzahl der Pflanzen pro m^2 eine wichtige Rolle.

Während man die Keimfähigkeit relativ schnell mit dem sogenannten Tetrazolium-Test bestimmen kann, der eine Aussage darüber zuläßt, ob der Samen noch lebt, kann die Keimwilligkeit nur durch einen Aussaatversuch festgestellt werden. Keimfähiges Saatgut muß bei Gehölzen durchaus nicht keimwillig sein, da es noch in der Keimruhe sein kann. Keimwilligkeitsteste müssen deshalb unmittelbar vor dem Aussaattermin vorgenommen werden.

Prüfung der Keimfähigkeit mit dem Tetrazoliumtest nach LAKON

Es gibt eine ganze Reihe von biologischen Prüfungsmethoden, so z. B. das Tetrazolium- und das Natriumselenitverfahren, die eine schnelle und sichere Bestimmung der Keimfähigkeit ermöglichen. Wegen der Giftigkeit der Selen-Salze wird das von EIDMANN entwickelte Natriumselenitverfahren heute nicht mehr angewendet und durch den Tetrazoliumtest ersetzt.

Saatgut, das in 2,3,5triphenyltetrazoliumchlorid eingeweicht wurde, zeigt anschließend nur dann eine Rotfärbung, wenn das Gewebe des Samens aus lebenden Zellen besteht. Vom lebenden Gewebe wird das Triphenyltetrazoliumchlorid nämlich durch Reduktion in eine unlösliche rote Verbindung, das Formazan, umgewandelt. Diese Reaktion wird nicht dadurch beeinflußt, ob der Samen noch in Ruhe oder schon in Keimstimmung ist.

Keimfähigkeit und Keimdauer bei Gehölzsaaten

(Exakte Untersuchungen fehlen noch in vielen Fällen) J. = Jahre; W. = Wochen)

Gehölzgattung	Keimfähigkeit	Keimdauer	Gehölzgattung	Keimfähigkeit	Keimdauer
Acantholimon	2 Jahre	3 W.	Iberis	2—3 J.	2 W.
Acer	versch.		Ilex	1 J.	1 J.
Aesculus	1/2 J.		Indigofera	3 J.	3 W.
Ailanthus	1 J.	2—4 W.	Kalmia	1—2 J.	4—8 W.
Alnus	2—3 J.	2—3 W.	Laburnum	3 J.	2 W.
Amelanchier	2 J.	1—2 J.	Lavandula	3 J.	3—4 W.
Amorpha	2—3 J.	8 W.	Leptospermum	2 J.	3—4 W.
Andromeda	1 J.	6—8 W.	Leycesteria	2—3 J.	3—4 W.
Ardisia	1 J.	4—6 W.	Ligustrum	1—2 J.	
Aucuba	6 Mon.		Liquidambar	2 J.	5 W.
Betula	2—3 J.	2—3 W.	Loiseleuria	1 J.	6—8 W.
Bignonia	1 J.	3—4 W.	Lonicera	2 J.	4 W.
Broussonetia	1 J.	6 W.	Lycium	4 J.	4—5 W.
Buddleia	1 J.	4 W.	Magnolia	6 Mon.	
Calluna	2—3 J.	4—5 W.	Mahonia	1—2 J.	
Caragana	5 J.	2—3 W.	Morus	2 J.	
Catalpa	2—3 J.	2—3 W.	Nyssa	1 J.	
Cassia	2 J.	1 J.	Olearia	3 J.	2 W.
Ceanothus	2 J.	ungleichm.	Ononis	4 J.	1—2 W.
Celtis	2 J.	1 J.	Osmanthus	1 J.	1/2—1 J.
Ceratostigma	2 J.	1 J.	Passiflora	2 J.	4 W.
Cercis	2 J.	3—4 W.	Paulownia	1 J.	3 W.
Citrus, Poncirus	2 J.	3—4 W.	Penstemon	2 J.	2—3 W.
Chionanthus	1 J.	langsam	Periploca	2—3 J.	4 W.
Clematis	2 J.	4 W.	Philadelphus	1 J.	4—6 W.
Clerodendrum	1 J.	4—6 W.	Physocarpus	1 J.	4 W.
Clethra	1—2 J.		Pittosporum	1—2 J.	
Colutea	3 J.	4 W.	Prunus	1—2 J.	
Cornus	1—2 J.	1—2 J.	Ptelea	1 J.	
Coronilla	3 J.	2 W.	Punica	1 J.	
Cotoneaster	2 J.		Rhododendron	1 J.	4—6 W.
Crataegus	3 J.	1—2 J.	Rhus	4—6 J.	
Cytisus	10—20 J.	3 W.	Ribes	2—3 J.	2—4 W.
Daphne	1 J.		Robinia	30 J.	4 W.
Desmodium	3 J.	4 W.	Rosa	1—5 J.	
Deutzia	1 J.	4 W.	Rosmarinus	3—4 J.	4 W.
Diervilla	1 J.	4 W.	Ruscus	2 J.	
Diospyros	2 J.		Sambucus	1 J.	
Dryas	5 Mon.	2 W.	Skimmia	1 J.	
Eccremocarpus	1 J.		Sophora	3 J.	3 W.
Euonymus	1 J.		Sorbaria	1 J.	3—6 W.
Fagus	6 Mon.		Spartium junc.	10 J.	3 W.
Forsythia	1 J.	3—4 W.	Spiraea	1 J.	3—6 W.
Fraxinus	3—7 J.	versch.	Staphylea	1 J.	
Fuchsia	1 J.	4 W.	Symphoricarpos	2 J.	
Genista	4 J.	3 W.	Syringa	2 J.	
Gleditsia	30 J.	3 W.	Tamarix	1 J.	langsam
Gymnocladus	3 J.	3 W.	Ulex	2—3 J.	1—2 W.
Halesia	1 J.		Ulmus	1 J.	1 W.
Halimodendron	4 J.		Veronica	2—3 J.	1 W.
Hamamelis	—	1 J.	Viburnum	1 J.	
Hedera	1 J.		Vinca	1—2 J.	2 W.
Hedysarum	3 J.	1 W.	Vitex	1—2 J.	1 J.
Helianthemum	3 J.	3 W.	Weigela	1 J.	3—4 W.
Hippophae	2—3 J.		Wisteria	3 J.	3 W.
Hypericum	2 J.	3—4 W.	Yucca	3 J.	4 W.
			Zauschnera	2 J.	3 W.

Abb. 107. Keimapparat („Keimfix") der Firma Gustav Teichert, Poggenhagen

Bei der Durchführung des Testes ist folgendes zu beachten:

1. Harte Samenschalen müssen entfernt werden.
2. Die Saat muß im Dunkeln gewässert werden.
3. Bei Arten mit großen Kotyledonen (Keimblättern), wie z. B. *Prunus-*, *Malus-* und *Pyrus-*Arten, müssen die Embryonen ganz herausgelöst werden (exstirpiert). Bei anderen Arten, wie z. B. Buchen und Koniferen, muß der Samen der Länge nach aufgeschnitten werden, um die Embryonen freizulegen. Bei *Juniperus, Carpinus, Cotoneaster, Crataegus, Rosa, Sorbus* und *Taxus* wird im unteren Drittel über der Wurzel quergeschnitten.
4. Die Saat muß in der Tetrazoliumlösung zwischen 2 und 24 Stunden gewässert werden, geschnittenes Saatgut 2 Stunden, herausgelöste Embryonen 2—3 Stunden und intaktes Saatgut 24 Stunden oder mehr.
5. Die Interpretation der Ergebnisse kann bei großer Erfahrung nach dem Grad der Rotfärbung differenziert durchgeführt werden.

Ist der ganze Embryo einwandfrei rotgefärbt, so hat der Samen eine gute Keimkraft. Sind die Spitzen des Embryos oder die Wurzelspitze nicht mehr voll gefärbt, so ist bereits ein Nachlassen der Keimkraft zu befürchten.

Bei Arten, die keiner Keimruhe unterworfen sind, reicht die Bestimmung der Keimfähigkeit aus, um eine ausreichende Sicherheit für das Auflaufen der Saat zu haben.

6.6 Bestimmung der Keimwilligkeit (Keimbestimmung)

Die Keimwilligkeit muß in Versuchsaussaaten bestimmt werden. Hierfür wird ein Keimschrank oder Gewächshaus benötigt. Man sät abgezählte Kornmengen in Schalen oder Töpfen in Sand aus, manchmal genügt auch schon Filterpapier. Die meiste Saat keimt recht schnell bei Temperaturen zwischen 20 und 30 °C. Nicht höher als 15 °C soll die Temperatur bei *Acer, Malus, Pyrus, Prunus* und *Taxus* sein, da diese Arten bei höheren Temperaturen z. T. in die sekundäre Keimruhe zurückfallen. Das würde ein falsches Bild bei der Freilandaussaat ergeben. Die Saat muß im Licht aufgestellt werden. Die Abdeckung der Aussaatgefäße mit Glas ist vorteilhaft. Vor der Saat soll das Saatgut 8—10 Stunden in Wasser eingeweicht werden.

Abb. 108. Aussaaten von *Rosa laxa* soweit das Auge reicht. Hier lohnt sich der Einsatz einer Sämaschine (Baumschule W. Uhl, Pinneberg) (Foto: Wennemuth)

Abb. 109. Quartier von *Prunus avium*-Sämlingen (Foto: Wennemuth)

7 Die Aussaat

7.1 Vorbereitung des Bodens

Neben einer guten Keimfähigkeit des Saatgutes ist die richtige Saatbeetvorbereitung der wichtigste Schlüssel zum Erfolg.

Der Boden muß einen genügend hohen Feuchtigkeitsgehalt haben, um den Samen keimen zu lassen und das Wachstum der ersten Tage zu ermöglichen. Die schnellwachsende Wurzelspitze sorgt dann dafür, daß die Wasserversorgung sichergestellt ist. Hoher Wassergehalt des Bodens bedeutet aber schlechte Belüftung des Bodens und damit eine ungenügende Sauerstoffversorgung des keimenden Samens. Bei der Saatbeetvorbereitung ist also der richtige Kompromiß zwischen den beiden Extremen: hoher Feuchtigkeitsgehalt — niedriger Luftgehalt und niedriger Feuchtigkeitsgehalt — hoher Luftgehalt zu finden. Grundvoraussetzung ist dabei aber, daß der für die Aussaat zur Verfügung stehende Boden geeignet ist. Optimal ist lehmiger Sand mit hohem Humusgehalt oder auch ein stark humoser Sandboden.

Leichter Sandboden mit geringem Humusgehalt trocknet zu leicht aus, er ist wohl gut durchlüftet, kann dem Samen aber das Wasser nicht kontinuierlich genug zur Verfügung stellen. Schwerer Boden weist bei schlechter Belüftung ein gutes Wassernachlieferungsvermögen auf und neigt zur Verkrustung der Bodenoberfläche, die dem Samen das Auflaufen erschwert.

Gewisse Möglichkeiten der Melioration nicht voll geeigneter Landstücke sind durch Einarbeiten von gut abgelagertem Stallmist oder Torf gegeben. Durch solche Maßnahmen kann aber ein zu leichter Boden eher befriedigend verbessert werden als ein zu schwerer Boden. Der Boden soll nach Möglichkeit im Herbst tief und in rauher Scholle gepflügt werden. Ausgangs des Winters wird bei leicht gefrorenem Boden gut verrotteter Stallmist ausgebracht, der dann im Frühjahr flach eingepflügt wird.

Zur eigentlichen Saatbeetherrichtung ist ein Rotorkrümler am besten geeignet, weil er gleichzeitig den Boden lockert, zerkleinert, ohne die feinen Krümel zu zerschlagen, und das Saatbeet formiert. Der Rotorkrümler muß hierfür eine Breite von 125 cm haben und von seitlichen Streichblechen begrenzt werden, damit die vom Traktor gedrückte Spur nicht wieder zugeworfen wird, sondern als Weg genutzt werden kann. Das frühere Harken mit der Hand ist selbst im kleineren Betrieb nicht mehr diskutabel. Für viele Saaten ist aber das vom Rotorkrümler oder von der Fräse bereitete Saatbeet zu locker. Vor dem Einsäen muß in diesem Fall der Boden mit einer Walze leicht angedrückt werden.

7.2 Aussaatzeit

Obwohl viele Pflanzenarten, die erst nach Einwirken kühlerer Temperaturen keimen und deswegen stratifiziert werden müssen, mit guten Auflaufergebnissen ohne Stratifikation bereits im Herbst ausgesät werden könnten, wird die Herbstaussaat heute kaum noch praktiziert. Gegen die Herbstaussaat spricht:

1. Reserveland muß vorhanden sein, da die Quartiere um diese Zeit noch nicht gerodet sind.
2. Vogel- und Mäusefraß führen zu Verlusten.
3. Arbeitswirtschaftliche Schwierigkeiten treten auf, da Rode- und Versandarbeiten wichtiger sind.

Im Frühjahr müssen zunächst alle die Pflanzenarten gesät werden, die schon bei niedrigen Temperaturen keimen und wegen der höheren Bodentemperaturen bei späterer Saat eventuell in die sekundäre Keimruhe zurückfallen. Zu ihnen zählen:

Malus	*Acanthopanax*	*Carpinus*	*Fraxinus*
Pyrus	*Alnus*	*Celtis*	*Hamamelis*
Prunus	*Amelanchier*	*Cotoneaster*	*Sorbus*
Rosa	*Berberis*	*Crataegus*	*Staphylea*
Taxus	*Catalpa*	*Elaeagnus*	*Tilia*
	Buxus		

Abb. 110. Manche Aussaaten sind frostempfindlich; die Keimlinge und Jungpflanzen müssen durch übergerollte Decken oder Leinenrollen geschützt werden

Tilia leidet bei früher Saat oft unter der Umfallkrankheit, die von spezifischen Bodenpilzen wie *Pythium*, *Rhizoctonia*, *Phoma*, *Phytophthora* u. a. verursacht wird. Bei später Saat keimt sie schneller und überwächst die empfindliche Phase schneller. Deshalb hat sich bei *Tilia* etwas spätere Saat gut bewährt.

Ohne spezifische Ansprüche an die Temperatur, die also früh oder spät gesät werden können, sind:

Ulmus *Larix* *Pseudotsuga* *Robinia*

Abb. 111. Die Aussaat- und Jungpflanzenquartiere werden zum Schutz gegen zu starke Sonneneinstrahlung mit Schattenrahmen abgedeckt

Eine dritte Gruppe umfaßt die Arten, die Bodentemperaturen zwischen 20 und 25 °C benötigen. Werden sie zu früh gesät, so liegt der Samen zu lange in der Erde, wodurch das Auflaufergebnis in der Regel verschlechtert wird. Zu ihnen gehören:

Abies	*Betula*	*Sequoia*
Picea	*Liquidambar*	*Sequoiadendron*
Pinus	*Rhododendron*	*Thuja*

7.3 Saattiefe

Die Bestimmung ist zumeist Erfahrungssache. Zu tiefes Säen kommt häufiger vor als zu flaches. Bei zu tiefem Säen erstickt der Sämling, oder er verbraucht seine Reservestoffe, ehe er die Erdoberfläche erreicht hat. Bei zu flachem Säen trocknet der Samen zu leicht aus, wenn in der Keimphase nicht genügend Regen fällt. Ist die Witterung aber feucht, so kann zu flaches Säen sogar zu besseren Auflaufergebnissen führen als bei an sich richtiger Saattiefe. Generell gilt die Regel: Auf leichtem Boden muß tiefer als auf schwerem Boden gesät werden.

Die normale Saattiefe soll etwa das 3—4fache der Samengröße betragen!

7.4 Abdecken der Saat

Koniferensaat wird nach dem Säen mit einer 0,5—1 cm starken Sandschicht abgedeckt. Der Sand erleichtert den Sämlingen das Durchstoßen durch die Abdeckschicht. Gleichzeitig wird durch den weißen Sand die Rückstrahlung des Lichtes erhöht und damit bei starker Einstrahlung die oberste Bodenschicht weniger erhitzt als bei schwarzem Boden. Die grobe Körnung des Abdecksandes vermindert auch die Gefahr der Schädigung durch Winderosion, die auf nicht abgedecktem Boden nicht selten ist. Die Samenabdeckung wird in den meisten Betrieben mit einer Sandstreumaschine ausgeführt.

Versuche, die Saatbeete mit einer Asphalt-Emulsion, mit Folien oder Papier abzudecken, um die Keimung zu verbessern, haben zu keinen positiven Ergebnissen geführt.

Auf leichten Böden ist die Saat bei starkem Wind in Verbindung mit Trockenheit durch Freilegen oder Zudecken und durch das Ansägen der Sämlinge von fliegenden Sandkörnern gefährdet. Nach neueren Erfahrungen kann durch eine Spritzung mit Terradur, einem Bodenbefestiger aus Naturharz, die Winderosion stark vermindert werden. Je Hektar müssen 500 kg in 2000 Liter Wasser ausgebracht werden.

Plastikfolie als Frostschutz nach dem Auflaufen der Saat hat sich nicht bewährt. Am wirkungsvollsten ist die Abdeckung der Saatbeete mit Strohmatten oder Schattiergewebe in Verbindung mit Räuchern. Diese Kombination kann für kürzere Zeit Fröste bis − 6 °C abhalten, während die Frostschutzberegnung nur bis − 5 °C wirksam ist.

Das gleiche Schattiergewebe oder auch Schattenrahmen eignen sich für den Schutz der jungen Sämlingskulturen gegen Sonnenbrand. Gefährdet sind vor allem dünne oder lückige Bestände, da der Boden von ihnen nicht genügend abgedeckt wird. Die Keimlinge vertragen eine Bodenerhitzung recht unterschiedlich. Von Hess-Beck wurde nachfolgende Skala der Hitzeempfindlichkeit aufgestellt:

Stark empfindlich	Mäßig empfindlich	Wenig empfindlich	
Picea abies	*Abies alba*	*Ulmus*-Arten	*Pinus silvestris*
Pinus strobus	*Picea pungens*	*Acer campestre*	*Pinus nigra*
Larix decidua	*Picea sitchensis*	*Aesculus hippocastanum*	*Pinus banksiana*
Larix kaempferi	*Chamaecyparis laws.*	*Robinia pseudoacacia*	*Pinus rigida*
Thuja plicata	*Pseudotsuga menziesii viridis*	*Sorbus*-Arten	*Juniperus communis*
		Prunus avium	*Picea omorika*
		Quercus rubra	*Pseudotsuga menziesii glauca*

7.5 Breitsaat, Reihensaat, Bandsaat

Reihensaat und auch Bandsaat ermöglichen bei der Unkrautbekämpfung eine Arbeitsersparnis, weil sich das Jäten auf das Unkraut in der Reihe beschränken läßt. Die Zwischenräume können entweder mehrreihig maschinell oder mit der Handhacke unkrautfrei gehalten werden. Bei der Reihensaat und in etwas abgeschwächter Form auch bei der Bandsaat kann dichter gesät werden als bei breitwürfiger Saat, weil die Pflanzen an zwei Seiten keine Konkurrenz durch Nachbarpflanzen haben. Die größere Saatdichte erleichtert den einzelnen Pflanzen das Auflaufen; gleichzeitig wird das Unkraut besser unterdrückt.

Sicher ist aber, daß das Produktionsvermögen des Bodens bei der Reihensaat nicht ausgelastet wird; das gelingt bei der Bandsaat schon etwas besser. Die Frage, ob Reihen- oder Breitsaat gewählt wird, hängt zum Teil davon ab, ob der Boden vor der Saat mit einem chemischen Bodenentseuchungsmittel mit herbizider Wirkung behandelt wurde. Bei so unkrautfrei gemachtem Boden ist Breitsaat möglich, sie verhindert aber die maschinelle Aberntung der Saatbeete. Da die maschinelle Vollernte (z. B. mit dem Plantlift) nur bei Laubgehölzsämlingen praktikabel ist, werden Nadelgehölze im wesentlichen breitwürfig gesät und Laubgehölze in Reihen- oder Bandsaat herangezogen (Ausnahme *Alnus* und *Betula*), wobei Breitsaat mit der Hand, Reihen- oder Bandsaat meist mit der Sämaschine ausgeführt wird.

7.6 Samenmenge

Die Abhängigkeit der Samenmenge von der vorher ermittelten Keimfähigkeit geht aus Versuchen von Haack (1905) hervor. Wenn anstelle von Kiefernsaat mit 95 %iger Keimfähigkeit solche mit 75 %iger verwendet wurde, so mußte, um die gleiche Menge Sämlinge zu erhalten, die Samenmenge nicht nur um 20, sondern um annähernd 100 % gesteigert werden. Diese Notwendigkeit ergibt sich dadurch, daß bei nicht hochprozentig keimfähigem Saatgut der Anteil an schwachen Keimlingen, die auf die Dauer nicht lebensfähig sind, stark erhöht ist. Deshalb ist es von außerordentlichem Wert, die Keimfähigkeit des Samens hinreichend zu kennen. Aus dem gleichen Grunde können nur Rahmenwerte für die auszubringende Samenmenge — basierend auf Praxiserfahrungen — gegeben werden. Im allgemeinen wird häufiger zu dicht gesät. Folgende Rahmenwerte können genannt werden (Quelle: Rupf, Schönhar, Zeyher: Der Forstpflanzgarten, BLV Verlagsgesellschaft, München 1961, S. 70):

7.7 Samenmenge und Pflanzenqualität

Da zu dicht stehende ebenso wie verunkrautete Pflanzen im Wurzelwachstum erheblich beeinträchtigt werden, wird durch dünnere Aussaat meist bessere Pflanzenqualität erzielt. Die Wasser- und Nährstoffaufnahme ist beeinträchtigt und dadurch die Zuwachsleistung der Pflanzen geringer. Pflanzengewicht, Wurzelhalsdurchmesser und Sproßhöhe bleiben zurück. Die Zahl und Größe der Knospen sowie der Seitentriebe wird verringert, die Benadelung spärlicher.

Am empfindlichsten reagieren Wurzelhalsdurchmesser und Assimilationsorgane auf Standraumunterschiede. Nach Schmidt-Voigt (1963) wird der Einfluß des Standraumes durch ein unterschiedliches Nährstoffangebot variiert. So sollen bei einem geringen Nährstoffangebot Sproßhöhe und Pflanzengewicht mit der Standraumerweiterung zunehmen, während das Pflanzengewicht bei einem hohen Nährstoffangebot im gegebenen Rahmen nicht beeinflußbar ist.

Die Sproßhöhe nimmt jedoch bei einer Standraumerweiterung ab.

Die Pflanzenqualität wird außer durch den Standraum und die Nährstoffverhältnisse des Bodens auch durch die Korngröße des Saatgutes beeinflußt. Vor allem bei Nadelholzsaatgut kann die Korngröße von größerer Bedeutung als andere qualitätsbeeinflussende Faktoren sein. So konnten durch Größensortierung von Schwarzkiefernsaatgut durch Sichtung im horizontalen Windstrom Pflanzen mit höherem Gewicht, größerer Sproßhöhe und Wurzellänge unter sonst gleichen Standraumverhältnissen produziert werden (Schmidt-Voigt, 1963).

Holzart	Keimfähigkeit %	Samenmenge bei Rillensaat je fld. m g	Samenmenge bei Vollsaat je qm* g	Bedeckungstiefe mm	Kornzahl je kg Tsd.	Anhalten der Keimfähigkeit Jahre	Auflaufzeit im Frühjahr Tage	Normale Säml.-Ausbeute je kg
Fichte	95	1,5— 2,5	25— 60	8	135	4—6	16—30	60 000
Kiefer	95	1 — 2,5	13— 35	8	165	4—6	14—35	70 000
Tanne	60	10 — 20	100— 200	10	20	1/2	16—25	5 000
Lärche	80	2 — 4	30— 60	5	140	3—4	14—35	30 000
Weymouthskiefer	80	4 — 6	35— 80	8	75	4—6	20—35	20 000
Schwarzkiefer	75	5 — 8	60— 80	8	50	2—4	14—25	30 000
Douglasie	80	2 — 3	30— 60	7	110	2—4	20—40	30 000
Buche	75	20 — 30	230— 300	30	4—5	1/2	14—21	1 500
Eiche	75	60 —120	500—1200	35	0,2—0,4	1/2	30—40	300
Esche	70	5 — 10	100— 200	20	12	1 1/2	14—25	2 000
Hainbuche	65	10 — 15	100— 200	15	25	1 1/2	14—25	
Linde	70	6 — 10	100— 200	15	SoLi 11 WiLi 25	1 1/2	14—21	SoLi 1 000 WiLi 3 000
Ahorn	70	5 — 10	100— 200	15	11—15	1 1/2	21—40	5 000
Erle	50	3 — 10	20— 40	2	400—500	2	21—30	20 000
Birke	30	3 — 5	20— 50	2	1500	2	10—21	30 000
Ulme	40	2 — 4	20— 35	2	100	1/2	10—21	10 000
Robinie	50	3 — 5	60— 100	40	55	1/2	16—25	5 000

Die Zahlen geben gute Anhaltswerte bei Berücksichtigung der angegebenen Keimfähigkeit. Sie schwanken je nach örtlichen Standorts- und Witterungsverhältnissen und dem Können der die Saat Ausführenden.

Bei den meisten Holzarten bewegen sich die Angaben über Körnerzahl (je kg in Tsd.) und über die Sämlingsausbeute (je kg Saatgut) in den verschiedenen Quellen in einem tragbaren Rahmen. Dagegen schwanken die Angaben vor allem über Erle, Ulme, Linde, Hainbuche und Robinie z. T. erheblich.

* Für die Vollsaat oder Breitsaat wurden die Samenmengen je m^2 angegeben, weil in einem Revierpflanzgarten selten ein ganzer Ar oder gar mehrere Ar von einer Holzart angesät werden. Um die Saatmenge je Ar zu erhalten, müssen die angegebenen Mengen je m^2 mit 75 multipliziert werden (Abzug der Beetwege mit $^1/_4$ der Fläche). Bei der Rillensaat müssen die angegebenen Mengen je lfd. Meter mit der Rillenlänge (in Metern) je m^2 oder je Ar multipliziert werden, um die Saatgutmengen je m^2 oder je Ar zu bekommen.

Samentabelle (alle Werte sind annähernd)

1. Laubholzsamen

Gattung, Art	1000 Korn wiegen g	100 g = Korn	10 g = Korn
Acanthopanax	6	—	1 600
— henryi	14	7 000	—
Acer campestre	80	1 250	—
— crataegifolium	25	3 500	—
— diabolicum	60	1 650	—
— lobelii	60	1 650	—
— mandschuricum	70	1 425	—
— negundo	40	2 500	—
— nikoense	230	450	—
— palmatum	13	7 500	—
— pensylvanicum	80	1 250	—
— platanoides	110	900	—
— pseudoplatanus	80	1 250	—
— rubrum	12	8 500	—
— rufinerve	50	200	—
— saccharum (Zuckerahorn)	130	750	—
— saccharinum (Silberahorn)	65	15 000	—
— spicatum	45	2 200	—
— tataricum	50	2 000	—
Actinidia arguta	2	—	5 000
Aesculus glabra	3 000	33	—
— hippocastanum	17 000	6	—
— neglecta	8 000	12	—
— flava	8 000	12	—
— pavia	7 800	13	—
— turbinata	7 500	14	—
Akebia quinata	25	3 500	—
Alnus cordata	2,5	—	4 500
— glutinosa	1,3	—	7 000
— incana	0,6	—	15 000
Amelanchier ovalis	80	1 250	—
Arbutus unedo	2	—	5 000
Aristolochia macrophylla	25	4 000	—
Asimina triloba	830	120	—
Berberis dictyophylla	15	7 000	—
— wilsoniae	2,5	3 500	—
Betula lenta	0,7	—	14 000
— alleghaniensis (= lutea)	1	—	10 000
— maximowicziana	0,2	—	50 000
— nigra	1,2	—	8 500
— papyrifera	0,2	—	50 000
— verrucosa (Sandbirke)	0,3	—	33 000
— pubescens (Moorbirke)	0,6	—	16 000
Buxus sempervirens	13	7 500	—
Calophaca wolgarica	40	2 500	—
Calycanthus floridus	225	300	—
— fertilis	200	500	—
Caragana arborescens	30	3 300	—
Carpinus betulus	40	2 500	ohne Flügel
— caroliniana	11	8 500	ohne Flügel
— henryi	14,5	7 000	ohne Flügel
— laxiflora	13	7 500	ohne Flügel
Carya alba	3 500	30	—
— amara	4 000	25	—
— microcarpa	3 400	30	—

1. Laubholzsamen (Fortsetzung)

Gattung, Art	1000 Korn wiegen g	100 g = Korn	10 g = Korn
Carya oliviformis	2 500	35	—
— ovata	1 500	60	—
— porcina	4 600	40	—
— sulcata	14 000	10	—
— tomentosa	7 000	14	—
Catalpa bignonioides	30	3 300	—
— ovata	28	3 200	—
Ceanothus americanus	7	—	1 400
Cedrela sinensis	12	7 500	—
Celastrus orbiculatus	10	10 000	—
— punctatus	7	—	1 400
Cercidiphyllum japonicum	0,7	—	14 000
Cercis canadensis	35	3 500	—
— siliquastrum	35	3 500	—
Chaenomeles lagenaria	50	2 000	—
Chionanthus virginica	250	400	—
Cladrastis lutea	35	2 800	—
Clematis vitalba	1	—	10 000
— alpina	3	—	3 000
— flammula	18	5 000	—
— viticella	15	6 000	—
Colutea arborescens	1	—	10 000
— orientalis	3,5	—	3 000
Cornus kousa	50	2 000	—
— mas	160	600	—
— sanguinea	30	3 300	—
Corylus americana	650	150	—
— avellana	1 000	100	—
— colurna	1 700	60	—
Cotoneaster buxifolius	20	5 000	—
— dammeri	7	—	1 450
— dielsianus	8	—	1 250
— franchetii	12	8 000	—
— horizontalis	10	—	1 000
— racemiflorus	15	7 000	—
Crataegus „coccinea“	65	1 500	—
— crus galli	65	1 500	—
— monogyna	55	1 800	—
— orientalis	65	1 500	—
— punctata	160	600	—
— tanacetifolia	80	1 250	—
Cytisus supinus	6	—	1 650
— ratisbonensis	6,5	—	1 500
— scoparius	8	—	1 200
Daphne mezereum	75	1 400	—
Decaisnea fargesii	75	1 300	—
Euonymus alatus	16	6 000	—
— europaeus	23	4 000	—
— latifolius	25	3 500	—
— sachalinensis	23	4 000	—
Exochorda racemosa	12	7 500	—
— korolkowii	18	3 500	—
Fagus silvatica	225	400	—
Fothergilla gardenii	25	3 500	—
Forsythia suspensa	7	—	1 400
Fraxinus excelsior	70	1 400	—
— pensylvanica	35	2 900	—

1. Laubholzsamen (Fortsetzung)

Gattung, Art	1000 Korn wiegen g	100 g = Korn	10 g = Korn
Genista radiata	10	10 000	—
— tinctoria	3,2	—	3 000
Halesia carolina	500	200	—
Hamamelis japonica	50	2 000	—
— virginiana	55	1 700	—
Hedysarum multijugum	50	2 000	—
Hibiscus syriacus	7,5	—	1 300
Holodiscus discolor	1	—	10 000
Hippophae rhamnoides	7,5	—	1 300
Hovenia dulcis	24	4 500	—
Ilex aquifolium	95	1 000	—
— crenata	12,5	8 000	—
— decidua	12	8 500	—
— laevigata	5	—	2 000
Jasminum fruticans	46	2 300	—
Juglans cinerea	8 000	12	—
— mandschurica	11 000	9	—
— nigra	11 000	9	—
— regia (je nach Sorte)	10—25 000	4—10	—
Kalopanax pictus	13	7 500	—
Koelreuteria paniculata	150	700	—
Laburnum alpinum	25	4 200	—
—anagyroides (= vulgare)	23	3 800	—
Ligustrum vulgare	20	5 000	—
Lindera benzoin	5	—	1 800
Liquidambar styraciflua	5	—	1 800
Liriodendron tulipifera	50	2 000	—
Lonicera hirsuta	10	—	1 000
— maackii	2,7	—	3 700
— sullivantii	10	—	1 000
— tatarica	12	8 500	—
— webbiana	37	2 700	—
— xylosteum	10	—	1 000
Lycium chinense	6	—	1 600
Magnolia acuminata	230	420	—
— grandiflora	180	550	—
— kobus	180	550	—
— obovata	200	500	—
— sieboldii	85	1 200	—
— stellata	110	910	—
— virginiana	50	2 000	—
— tripetala	110	910	—
Mahonia aquifolium	60	1 600	—
Malus pumila (Durchschnitt)	30	3 000	—
Myrica pensylvanica	11	9 000	—
Nyssa silvatica	280	350	—
Paeonia suffruticosa	225	440	—
Paulownia tomentosa	0,25	—	50 000
Petteria ramentacea	17	5 800	—
Phellodendron japonicum	11	9 000	—
Physocarpus opulifolius	1	—	10 000
Pieris floribunda	0,15	—	60 000
— japonica	0,3	—	33 000
Platanus orientalis	4	—	2 500
— occidentalis	5	—	2 000

1. Laubholzsamen (Fortsetzung)

Gattung, Art	1000 Korn wiegen g	100 g = Korn	10 g = Korn
Prunus avium	170	570	—
— damascena	600	170	—
Prunus cerasifera	440	330	—
— divaricata	480	200	—
— mahaleb	90	1 000	—
— padus	45	2 200	—
— spinosa	900	110	—
— serotina	80	1 250	—
— virginiana	45	2 200	—
Ptelea trifoliata	35	2 800	—
Pterocarya fraxinifolia	50	2 000	—
Pterostyrax hispida	17	5 500	—
Pyrus communis	29	3 300	—
Quercus bicolor	2 500	35	—
— catesbaei	1 100	90	—
— cerris	3 600	40	—
— coccinea	1 550	60	—
— frainetto	2 100	50	—
— ilicifolia	1 000	100	—
— lyrata	3 400	28	—
— libani	9 000	11	—
— macrocarpa	3 000	33	—
— palustris	1 400	70	—
— petraea	3 500	40	—
— prinus	6 000	16	—
— robur	3 800	30	—
— rubra (europäische Ernte)	2 700	40	—
— — (amerikanische Ernte)	4 000	25	—
— stellata	1 000	100	—
— turneri pseudoturneri	2 000	50	—
Rhododendron catawbiense	0,08	—	125 000
— caucasicum	0,1	—	100 000
Rhodotypos kerrioides	100	1 000	—
Rhus succedanea	55	1 700	—
— silvestris	35	3 000	—
Robinia pseudoacacia	20	5 000	—
Rosa canina	29	3 000	—
— rugosa	5,4	—	1 850
Rubus lasiostylis	2	—	5 000
Sambucus nigra	2,5	—	4 000
— racemosa	7	—	1 400
Sophora japonica	110	900	—
Sorbus aria	440	230	—
— aucuparia	250	530	—
— torminalis	400	250	—
Staphylea pinnata	275	360	—
Styrax japonica	215	460	—
Syringa emodi	14	7 000	—
— japonica	16	6 000	—
— vulgaris	6,5	—	1 500
Tilia cordata	30	3 300	—
— platyphylla	100	1 000	—
Ulex europaeus	7	—	1 400
Ulmus glabra	14	5 600	—
— scabra	15	7 000	—
Viburnum lantana	44	2 250	—
— lentago	100	1 000	—
Wisteria sinensis	370	270	—
Zelkowa keaki	17	5 800	—

2. Nadelholzsamen

Gattung, Art	1000 Korn wiegen g	100 g = Korn	10 g = Korn
Abies alba (= pectinata)	45	2 100	—
— amabilis	46	2 100	—
— balsamea	6	—	1 200
— cephalonica	70	1 400	—
— cilicica	250	400	—
— concolor	28	3 500	—
— firma	40	2 500	—
— fraseri	6,5	—	1 500
— grandis	20	5 000	—
— homolepis	30	3 300	—
— lasiocarpa (= subalpina)	12	8 000	—
— magnifica	75	1 300	—
— nordmanniana	65	1 500	—
— numidica	85	1 200	—
— pinsapo	65	1 500	—
— procera	30	3 300	—
— sachalinensis	12	8 000	—
— sibirica	10	10 000	—
— spectabilis (= webbiana)	55	1 800	—
— umbilicata	17	5 600	—
— veitchii	12	7 500	—
Calocedrus decurrens	30	3 300	—
Cedrus atlantica	75	1 300	—
— deodara	130	750	—
— libani	100	1 000	—
Chamaecyparis lawsoniana	2,6	—	3 700
— nootkatensis	4	—	2 500
— obtusa	2,4	—	4 000
— pisifera	1	—	10 000
Cryptomeria japonica	3,8	—	2 600
Ginkgo biloba	1 700	60	—
Juniperus chinensis	65	1 500	—
— communis	75	1 300	—
— rigida	20	5 000	—
— virginiana	20	5 000	—
Larix decidua (= europaea)	6	—	1 600
— kaempferi (= leptolepis)	4	—	2 500
— laricina (= americana)	1	—	10 000
— occidentalis	3	—	3 300
— russica (= sibirica)	10	—	1 000
Picea abies (mitteleuropäische Ernte)	8	—	1 250
— — (finnische Ernte)	5	—	2 000
— — (skandinavische Ernte)	5,6	—	1 780
— bicolor	2,5	—	4 000
— breweriana	6	—	1 600
— engelmannii	3,4	—	2 800
— glauca	3	—	3 300
— glehnii	3,3	—	2 900
— hondoensis	2	—	5 000
— mariana (nigra)	3	—	3 300
— obovata	4,8	—	2 000
— omorika	3	—	3 300
— orientalis	7,5	—	1 350
— polita	14	—	700
— pungens	4,2	—	2 400
— sitchensis	2	—	5 000
— smithiana	13	—	750

2. Nadelholzsamen (Fortsetzung)

Gattung, Art	1000 Korn wiegen g	100 g = Korn	10 g = Korn
Pinus aristata	22	4 500	—
— ayacahuite	300	330	—
— banksiana	4	—	2 500
— cembra	240	420	—
— contorta	3,3	—	2 900
— griffithii (= excelsa)	45	2 100	—
— halepensis	18	5 500	—
— jeffreyi	125	800	—
— koraiensis	500	800	—
— lambertiana	230	430	—
— mugo (montana)	7	—	1 400
— nigra austriaca	18	5 500	—
— parviflora	135	750	—
— peuce	42	2 300	—
— ponderosa	45	2 100	—
— rigida	7	—	1 400
— silvestris	7	—	1 400
— strobus	18	5 500	—
— thunbergii	12	8 200	—
Pseudolarix kaempferi	45	2 100	—
Pseudotsuga menziesii (= douglasii)	10	—	1 000
Sciadopitys verticillata	26	3 700	—
Sequoia gigantea	5	—	2 000
Taxodium distichum	95	1 000	—
Taxus baccata	70	1 400	—
Thuja occidentalis	1,2	—	8 000
— orientalis	16	6 200	—
— plicata	1,1	—	8 500
— standishii	0,5	—	20 000
Thujopsis dolabrata	4,3	—	2 300
Tsuga canadensis	2,8	—	3 500
— diversifolia	4	—	2 500
— heterophylla Sarg.	1,6	—	6 000
— mertensiana Carr.	7	—	1 400
— sieboldii	3,6	—	2 700

Literatur zu: Die generative Vermehrung

Amen, R. D. (1948): A model of seed dormancy. Bot. Rev. **34**, 1-31. — Barner, H. (1975): Indentification of sources for procurement of forest reproductive material. Acta Horticulturae **54**, 13-21. — Barton, L. V. (1952): Dormancy in seeds. in: Rep. Internat. Hort. Congr. London 1952. — Bradbeer, J. W., and N. J. Pinfield (1967): Studies in seed dormancy. III. The effects of gibberellin on dormant seeds of Corylus avellana L. New Phytol. **66**, 515-23. — Ching, Te May (1972): Metabolism of germinating seeds. in: T. T. Kozlowski (ed.), Seed Biology, Vol. II. New York, Academic Press 1972. — Comé, D., and T. Tissadui (1973): Interrelated effects of imbibition, temperature, and oxygen on seed germination. In: W. Heydecker (ed.), Seed Ecology. University Park, Pa.: Pensylvania State Univ. Press, 1973. — Eden, C. J. (1962): Conifer seed- from cone to seed bed. Proc. Plant Prop. Soc.**12**, 208-14. 1962. — Edwards, M. V., and Holmes, G. D. (1951): Effect of height and diameter on growth and survival of planted-out seedings. Report on Forest Research, **1950**, 22-23. — Flemion, F. A. (1938): A rapid method for determining the viability of dormant seeds. Contrib. Boyce Thomp. Inst., **9**, 339-51, 1938. — Haack (1905): Die Prüfung des Kiefern- und Fichtensamens. Forst- und Jagdwesen 1905: 302; 1906, S. 441; 1912, S. 143. — de Haas, P. G., und H. Schander (1952): Keimungsphysiologische Studien an Kernobst; I. Samen und Keimung. Z. f. P.-Züchtung **31**, (4). — Haut, I. C. (1932): The influence of drying on after-ripening and germination of fruit tree seeds. Proc. Amer. Soc. Hort. Sci., **29**: 371-74. — HEIT, C. E. (1964): The importance of Quality, germinative characteristics and source for successful seed propagation and plant production. Proc. Int. Plant Prop. Soc. **14**: 74-85. 1964. — HEIT and ELIASON (1940): Coniferous tree seed testing and factors affecting germination and seed quality. New York State Agr. Exp. Sta. Techn. Bull. **255**: 1-45. — HILDEBRANDT, W. (1958): Untersuchungen über die Keimruhe und die Vorbehandlung von Steinobstsaatgut. Diss. Techn. Univ. Hannover 1958. — HUNTER, J. B., and A. E. ERICKSON (1952): Relation of seed germination to moisture tension. Agron. Jour., **44**: 107-9. 1952. — JARVIS, B. C., B. FRANKLAND and J. H. CHERRY (1968): Increased nucleic acid synthesis in relation to the breaking of dormancy of hazel seed by gibberellic acid. Planta, **83**: 257-66. 1968. — KAMININSKI, W., and R. ROM (1973): Secondary dormancy in stratified peach embryos. Hort. Sci. **8** (5): 401. 1973. — KHAN, A. A., C. E. HEIT, E. C. WATERS, C. C. ANOJULU, and L. ANDERSON (1971): Discovery of a new role for cytokinins in seed dormancy and germination. in: Search, New York Agr. Exp. St. (Geneva), **1** (9): 1-12. 1971. — LAKON, G. (1949): The topographical tetrazolium method for determining the germination capacity of seeds. Plant Phys., **24**: 389-94. 1949. — MACLEAN, N. M. (1968): Propagation of trees by tube technique. Proc. Int. Plant Prop. Soc., **18**: 303-9. 1968. — NEWTON, P., and GOULD, C. W. (1969): Germination room can bring controlled growing a step nearer. Commercial Grower 3809, 17-18. — NYHOLM, I. (1975): Germination of tree-seeds. Dormancy. Acta Horticulturae **54**: 21-25. — OLBRICH, A. (1953): Breitsaat oder Rillensaat? in: Dt. Baumschule **5**: 10-12. — PEIN, E. (1953): Forstsamengewinnung und Forstpflanzenanzucht in den USA und in Deutschland. 1-218; Hannover 1953. — PENNINGSFELD, F. (1961): Aussaatversuche mit Laub- und Nadelgehölzen (hauptsächlich Versuche in gekalktem und gedüngtem Torf). Dt. Baumschule **13**: 87-98. — RÖHRIG, E. (1958): Die Anzucht von Forstpflanzen in Nadelstreubeeten. Schr. Forstl. Fak. Univ. Göttingen **22**: 1-49. — ROHMEDER, E. (1949): Reifezeit und Ernte des forstlichen Saatgutes. in: Dt. Baumschule **1**: 196-198. — ROHMEDER, E. (1950 a): Forstsaatgutgewinnung aus Samenplantagen. in: Dt. Baumschule **2**: 287-291. — ROHMEDER, E. (1950 b): Die Überwindung der Keimhemmung beim forstlichen Saatgut. in: Dt. Baumschule **2**: 2-8. — ROHMEDER, M. (1954): Amerikanische Aufbewahrungsversuche mit forstlichem Saatgut bei niederen Temperaturen. in: Allg. Forst-Z. 1954: 139-141. — RUPF, SCHÖNHAR u. ZEYHER (1961): Der Forstpflanzgarten, BLV-Verlagsgesellschaft, München 1961. — SCHANDER, H. (1955): Keimungsphysiologische Studien an Kernobst. III. Sortenvergleichende Untersuchungen über die Temperaturansprüche stratifizierten Saatgutes von Kernobst und über die Reversibilität der Stratifikationsvorgänge. Z. f. Pflanz., **35**: 89-97. 1955. — SCHMIDT, H. (1961): Die Gütebeurteilung von Forstpflanzen. BLV-Verlagsgesellschaft, München 1961. — STUKE, W. (1960): Seed and seed handling techniques in production of walnut seedlings. Proc. Plant Prop. Soc., **10**: 274-277. 1960. — TAKATORI, F. H., L. F. LIPPERT and F. L. WHITING (1964): The effect of petroleum mulch and polyethylene films on soil temperature and plant growth. Proc. Amer. Soc. Hort. Sci., **85**: 532-40. 1964. — THOMPSON, P. A. (1973): Geographical adaptation of seeds. in: W. Heydecker (ed.), Seed Ecology. Univ. Park, Pa.: Pennsylvania State University Press, 1973. — THOMAS, H. (1972): Control mechanisms in the resting seed; in: E. H. Roberts (ed.), Viability of Seeds. Syracuse, N. Y. 2: Syracuse Univ. Press, 1972. — VILLIERS, T. A. (1972): Seed dormancy; in: T. T. Koslowski (ed.), Seed Biology, Vol. II: pp. 220-82. New York: Academic Press. 1972. — VISSER, T. (1956 a): The role of seed coats and temperature in after-ripening, germination and respiration of apple seeds. Proc. Koninkl. Nederl. Akad. van Wetens, Series C, **59**: 211-22. 1956. — VISSER, T. (1956 b): Some observations on respiration and secondary dormancy in apple seeds. Proc. Koninkl. Akad. van Wetens, Series C, **59**: 314-24. 1956. — WEBB, D. P., D. VAN STADEM and P. F. WAREING (1973): Changes in exogenous cytokinins, gibberellins and germination inhibitors during the breaking of dormancy in Acer saccharum marsh. J. Exp. Bot. 24. **78**: 105-116. — WENNEMUTH, G, (1969): Der Sämling hat sich als Unterlage durchgesetzt. Gartenwelt **12**: 280-283.

b. Die vegetative Vermehrung

Allgemeines: Oft wird die falsche Behauptung aufgestellt, vegetativ vermehrte Pflanzen seien weniger vital als die durch Aussaat gewonnenen. Man verkennt dabei, daß der vergleichsweise schwächere Wuchs bei einigen vegetativ vermehrten Sorten Selektionsprinzip war. Das beste Beispiel dafür ist der zum Teil wesentlich schwächere Wuchs der vegetativ vermehrten Apfelunterlagen (z. B. M 9 und M 27). Vergleichen wir jedoch die Wuchsstärke von Grahams Sämling mit der des schwedischen Klons A 2, der vegetativ vermehrt wird, so ist letzterer bedeutend wüchsiger.

Nachlassende Vitalität der mit vegetativen Methoden vermehrten Sorten kann nur dann beobachtet werden, wenn die Mutterpflanzen durch Virusinfektionen verseucht sind. So haben Erfahrungen der letzten Jahre gezeigt, daß die aus virusfreiem Ausgangsmaterial aufgebauten Mutterbeete bei den Apfeltypen wesentlich bessere Wuchs- und Abrißleistungen aufweisen, als die vorher zum Teil mit latenten Viren befallenen älteren Bestände. Insgesamt bleibt jedoch die genetisch fixierte Wuchsleistung auch bei vegetativ vermehrten Pflanzen über Generationen hinaus erhalten, so lange die Mutterpflanzen gesund und nicht durch Mutationen verändert sind.

Zur vegetativen Vermehrung ist man gezwungen, wenn:

1. Kein Samen angesetzt wird wegen Blüten- oder absoluter Sterilität (*Rosa hugonis, Viburnum opulus* 'Sterile', *Populus nigra* 'Italica').
2. Die Sämlinge stark aufspalten würden (Heterozygotie) und die Aufspaltung auch schon im Phänotypus erkennbar wird.
3. Bestimmte Zustandsarten einer Pflanze vermehrt werden sollen, wie z. B. die Altersform von *Hedera helix*.
4. Blütengehölze aus Samen zwar relativ echt fallen, aber zu spät blühen und fruchten würden (*Cotoneaster horizontalis*).

Die vegetative Vermehrung basiert auf der Omnipotenz aller Zellen, d. h. die Pflanzen sind im Extrem in der Lage, aus einer einzigen Zelle oder einem Zellverband (Meristemkultur) wieder den gesamten Organismus aufzubauen. Im Zierpflanzenbau wird von dieser Möglichkeit schon bei der Produktion von virusfreien Nelken- und Chrysanthemenjungpflanzen und bei der Vermehrung von Orchideen großtechnisch Gebrauch gemacht.

Für den Baumschuler hat dagegen die Gewebe-Kultur noch keine Bedeutung. Er verwendet mehr oder weniger große Teile von Pflanzen, die er entweder zum Bewurzeln bringt (autovegetative Vermehrung) oder durch Veredeln auf eine Unterlage auf eine fremde Wurzel bringt (xenovegetative Vermehrung).

Die aus vegetativer Vermehrung stammenden Nachkommen einer einzigen Pflanze nennt man **Klone**. Solche Klone sind z. B. unsere Edelobstsorten und viele Ziergehölz-Züchtungen. Bei den vegetativ vermehrbaren Obstunterlagen unterscheidet man dagegen Klone und Typen. So sind die M-Unterlagen beim Apfel nur **Typen**, weil sie nicht auf eine einzige Mutterpflanze, sondern nur auf mehrere Pflanzen von phänotypisch einheitlichem Charakter zurückgeführt werden können; im Gegensatz dazu sind die MM-Unterlagen echte Klone, weil sie aus einer Züchtung hervorgegangen sind und die Ursprungspflanze bekannt ist. Kommt es innerhalb eines Klons zu Abweichungen, sogenannten Mutationen oder Sports, so spricht man bei nicht erfolgender Klonauslese von einem Klongemisch. Die Einheitlichkeit der Nachkommenschaft geht verloren.

Auf Seite 113 wurde bereits ein Überblick über die verschiedenen Methoden der Vermehrung gegeben, die nun im einzelnen dargestellt werden sollen.

1 Autovegetative Vermehrung

1.1 Vermehrung durch Teilung

Diese Vermehrungsart als wohl einfachste und natürlichste hat in der Baumschule keine Bedeutung mehr. Es werden zu viele Mutterpflanzen benötigt, weil die Vermehrungsquote gering ist. Vermehrt werden auf diese Art und Weise *Buxus sempervirens, Berberis buxifolia* 'Nana' und z. T. *Gaultheria procumbens* und *Cornus canadensis*. Man kann innerhalb eines Jahres kräftige Verkaufspflanzen erzielen.

1.2 Vermehrung durch Wurzelschosse

Sie ist bei den Pflanzenarten möglich, die Wurzelrhizome (Ausläufer) bilden, aus denen in bestimmten Abständen Schosse treiben, die sich schnell zu ganzen Pflanzen entwickeln und von der Mutterpflanze abgenommen werden können. Wirtschaftlich zu vertreten ist diese Art der Vermehrung z. B. bei *Gaultheria procumbens, Kalmia angustifolia, Rubus*

Abb. 112. Abriß-Mutterbeete von Malus-Typen bei der Baumschule Claus Stahl (Tornesch-Ahrenlohe) (Foto: Wennemuth)

odoratus und *Sorbaria sorbifolia.* Nennenswerte Mengen von Wurzelschossen fallen noch bei der Kultur von *Spiraea arguta, Spiraea vanhouttei, Symphoricarpos orbiculatus* und *Hypericum* an.

1.3 Vermehrung durch Abrisse

Auch unter dem Namen „Anhäufelmethode“ bekannt. Es müssen Mutterbeete angelegt werden. Die Mutterpflanzen werden in einer Reihenentfernung von 1 bis 1,20 m und in der Reihe im Abstand von 40 cm aufgepflanzt. Im Herbst des ersten Jahres werden die Pflanzen sehr kurz zurückgeschnitten, um die Bildung von Basisknospen zu fördern. Die sich nach diesem Rückschnitt entwickelnden Triebe werden mit zunehmendem Längenwachstum von Mai bis Anfang Juli 3—4mal angehäufelt, so daß die Basis der Triebe 20—30 cm hoch mit Erde bedeckt ist. Für eine gute Verteilung der Erde zwischen den einzelnen Trieben muß notfalls durch Handarbeit gesorgt werden. Dadurch bleibt die Rinde an der Basis weich, wodurch die Bildung von parenchymatischem Gewebe, das die Adventivwurzelbildung erleichtert, gefördert wird. Nach Vegetationsabschluß (Abwurf der Blätter) wird abgehäufelt, und anschließend werden die Triebe mit einer Schere so tief wie möglich abgenommen. Versuchsweise erfolgt die Abnahme der sogenannten Abrisse auch schon mit einem waagerecht gestellten Kreissägeblatt, das von der Zapfwelle des Traktors angetrieben durch die Reihen gezogen wird. Wegen des noch geringen Erfahrungsschatzes kann über die Auswirkung dieses sehr rationellen Verfahrens auf die Dauerleistung der Mutterpflanzen noch nichts gesagt werden.

Die Abnahme der Abrisse darf erst nach vollständig beendetem Blattfall erfolgen, da die Mutterpflanzen sonst nicht genügend Reservestoffe einlagern können, was sowohl die Frosthärte als auch die Triebleistung des nächsten Jahres ungünstig beeinflussen würde.

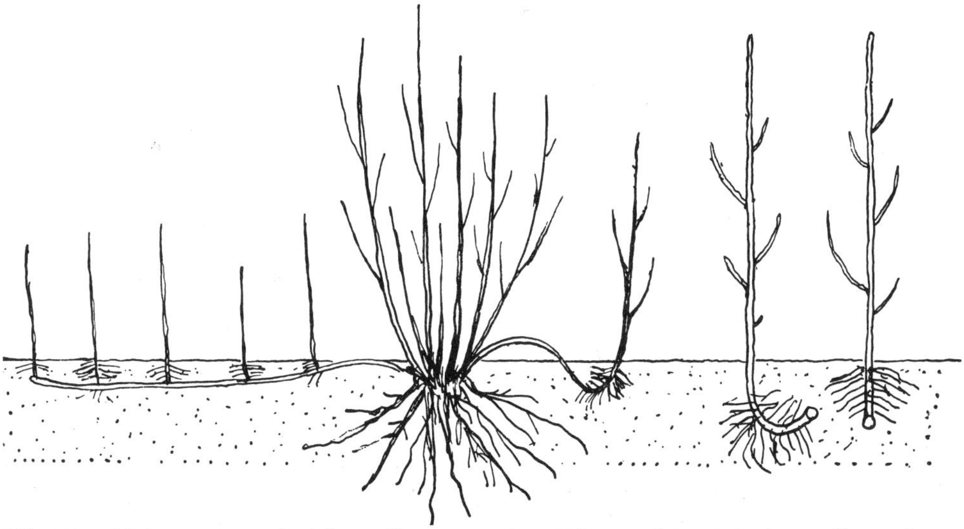

Abb. 113. Ablegen und Absenken, an einer Pflanze schematisch dargestellt. Links ein Trieb waagerecht „abgelegt“, rechts im Bogen „abgesenkt“, daneben die aus beiden Methoden hervorgegangenen Jungpflanzen (Wurzelende bogenförmig = „Absenker“; Wurzelende gerade = „Ableger“ oder „Abriß“) (Krüssmann)

Alle gut bewurzelten und genügend starken Abrisse gehen gleich in den Verkauf; der Rest wird für ein Jahr aufgeschult.

Nach dem Abnehmen der Abrisse werden die Mutterpflanzen mit abgelagertem Stallmist abgedeckt, das bewirkt einen guten Frostschutzeffekt und erhöht den Humusgehalt des Bodens.

Gut geeignet für die Anlage von Mutterbeeten sind humose Sandböden, aber auch auf milden Lößlehmen, die gut mit Humus versorgt sind, kann eine befriedigende Wurzelbildung erreicht werden. Die Wirtschaftlichkeit kann auf diesen Böden jedoch deutlich gemindert sein, weil der Anteil der Abrisse, die wegen schlechter Bewurzelung noch ein Jahr aufgeschult werden müssen, steigt. Die Lebensdauer eines Abriß-Mutterquartieres kann bei guter Pflege 12—15 Jahre betragen. Die Abrißleistung liegt zwischen 6 und 10 Abrissen je Mutterpflanze und Jahr.

Vermehrt werden auf diese Weise die vegetativ vermehrbaren Apfelunterlagen, die Quitte und jetzt auch wohl überwiegend die Kirschenunterlage ‘F 12/1’, ferner *Ribes aureum*, Stachelbeeren und *Hydrangea.*

1.4 Vermehrung durch Ableger

Diese Vermehrungsmethode ist bereits erheblich arbeitsaufwendiger als die Vermehrung durch Anhäufeln. Die Mutterbeete werden ebenfalls mit einem Reihenabstand von 1 bis 1,20 m angelegt. In der Reihe muß ein Mindestabstand von 1 m eingehalten werden. Die Pflanzen werden möglichst tief gepflanzt. Im Winter des ersten Jahres werden sie bis auf den Erdboden zurückgeschnitten; dann läßt man die Pflanzen 1 Jahr ohne jeden Eingriff wachsen. Im Frühjahr des 3. Jahres werden die Triebe, die sich im vorhergehenden Jahr gebildet hatten, seitlich in Richtung der Reihen abgelegt und festgehakt. An den abgelegten Trieben bilden sich neue junge Triebe in größerer Anzahl. Entsprechend dem Längenwachstum der jungen Triebe wird mit 3—4maligem Anhäufeln wie bei der Abrißmethode eine etwa 20—30 cm hohe Erdschicht an die Basis der Triebe gelegt. Die Abnahme der bewurzelten Ableger erfolgt wie bei den Abrissen. Die abgelegten Seitentriebe werden ganz entfernt. Im Laufe der Vegetationsperiode haben sich aus dem Mutterstock neue Triebe gebildet, die im darauffolgenden Jahr wiederum seitlich abgelegt werden.

Abb. 114. Pflaumen-Unterlage 'Pershore' im Ablegerquartier; es ist deutlich zu sehen, daß die Triebe aus den abgelegten vorjährigen Zweigen entspringen (Foto: I. V. T. Wageningen)

Da diese Vermehrungsmethode erheblich arbeitsaufwendiger als die Anhäufelmethode ist, wird sie nur bei den Pflanzenarten durchgeführt, die sich mit der einfacheren Abrißmethode nicht bewurzeln oder eine zu geringe Vermehrungsquote bringen, die durch das radikale Abtrennen aller Triebe bei der Abrißmethode bedingt ist.

In unseren Unterlagen-Baumschulen werden nach dieser Ableger-Methode vor allem 'Brompton' und *Prunus avium* 'F 12/1', bei der auch die Abrißmethode angewendet wird, vermehrt.

1.5 Vermehrung durch Absenker

Die Mutterbeete werden entsprechend der zu erwartenden Triebigkeit der Pflanzenarten in einem Reihenabstand von 1,50—2,00 m und einem Abstand in der Reihe von 1,20 bis 1,80 m aufgepflanzt. Nach einem Rückschnitt im Winter des ersten Jahres läßt man die Pflanzen 1 Jahr ungehindert wachsen. Im Frühjahr des darauffolgenden Jahres werden die Triebe rund um die ganze Pflanze verteilt im Bogen in die Erde abgesenkt, festgehakt und mit der Triebspitze wieder aufgerichtet. Stärkere Ruten und solche von Pflanzenarten mit sprödem

Abb. 115. Absenken von großfrüchtigen Haselnüssen (Foto: Krüssmann)

Holz werden dabei an der Basis gedreht, damit die Rinde in Längsrichtung rissig wird. Sie können dann ohne zu brechen abgesenkt werden. Bei manchen Pflanzenarten schadet es aber auch nicht, wenn die Triebe dabei brechen. Die Erdabdeckung sollte mindestens 10 cm betragen. Bis zur Bewurzelung vergeht eine unterschiedlich lange Zeit. So brauchen *Corylus* und *Viburnum opulus* 'Sterile' in der Regel 1 Jahr, *Rhododendron* 2 Jahre, Magnolien und *Hamamelis* bis zu 3 Jahren.

Bei einer Reihe von Pflanzenarten wie z. B. *Viburnum, Cotinus coggygria* und *Syringa* wird das Absenker-Verfahren abgeändert. Es werden nicht die Triebe, die im Vorjahr gebildet, also schon verholzt sind, sondern die Frühjahrstriebe bei Erreichen einer Höhe von ca. 30 cm abgesenkt. Dieses Verfahren ist weniger arbeitsaufwendig, weil sich die weichen Triebe wesentlich besser absenken lassen und sich auch schneller bewurzeln. Allerdings werden sich die Mutterpflanzen wohl auch schneller erschöpfen.

Während die Unkrautbekämpfung auf den Abriß- und Ablegermutterbeeten durch das Anhäufeln der Pflanzen keine Probleme aufwirft, kann sie auf den Absenker-Mutterbeeten nur durch kombinierte Handhacke und Jäten erfolgen. Die Unkrautbekämpfung muß sehr intensiv durchgeführt werden, um das Auftreten von Wurzelunkräutern zu verhindern.

Drahtung. Die Wurzelbildung kann bei der Abriß-, Ableger- und Absenkermethode durch eine Drahtung an der Basis der Triebe gefördert werden. Mit fortschreitendem Dickenwachstum kommt es zu einer Abschnürung, die einen Assimilat- und Wuchsstoffstau und nachfolgende Wurzelbildung bewirkt. Von Nachteil ist aber, daß die Mutterpflanze durch die Drahtung stark geschwächt wird, weil den Wurzeln nicht genügend Assimilate zugeführt werden. Das trifft im besonderen Maß für die Abrißmethode zu. In keinem Fall ist aber der erhöhte Arbeitsaufwand zu rechtfertigen. Von der arbeitswirtschaftlichen Seite her betrachtet, ist die Methode, die jungen Triebe durch enges Maschendrahtgeflecht wachsen zu lassen, das dann bei starkem Dickenwachstum gegen Ende der Vegetationsperiode zu einer gewissen Abschnürung an der Basis der Triebe führt, schon interessant. Eine Schwächung der Mutterpflanze ist aber auch hier zu fürchten (HOGUE/GRANGER (1969)).

Ringelung. Darunter versteht man die Fortnahme eines etwa 1 cm breiten Rindenringes an der Stelle, wo der Absenker in der Erde liegen wird. Sie soll die Mutterpflanze zur Wurzelbildung reizen. Zum Ringeln gibt es besondere Zangen, die im Weinbau verwendet werden.

Ringelstecklinge. Hier haben wir es mit einer in Kalifornien entwickelten Methode zu tun, mit der man guten Erfolg hat bei schwer wurzelnden Citrus-Sorten. Das Prinzip besteht darin, wie KRAUSE berichtet, daß von dem Trieb einer schwerwurzelnden Sorte ein mehrere Zentimeter langer Rindenzylinder sorgfältig abgenommen wird (genau wie bei der Ringveredlung, doch ohne Auge). An dieser Stelle wird nun ein gleich großer Zylinder einer leichtwachsenden Sorte aufgesetzt. Es wird alles dicht mit Bast verbunden, wie bei einer Veredlung. Nach einiger Zeit ist der Bastring verwachsen, und der Trieb kann nun als Steckling abgenommen werden, die Basis des Stecklings hat nun eine leicht wurzelnde Zone. Es bleibt dahingestellt, ob sich diese Methode auch zur Durchführung in der Baumschule eignet; es ist andererseits auffallend, daß man gerade in USA diese Methode entwickelt hat, nachdem dort das Sprühnebelverfahren längst bekannt war.

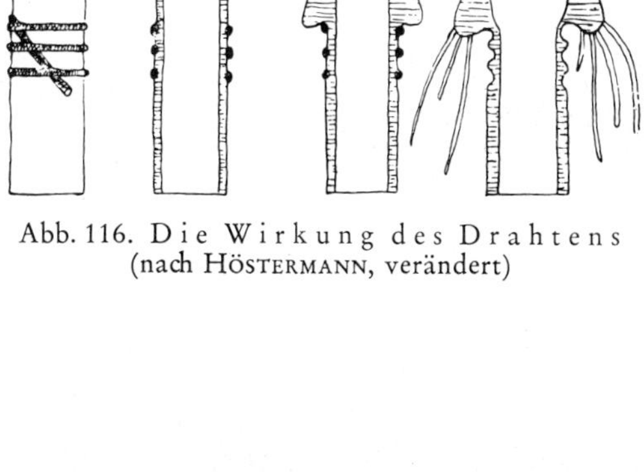

Abb. 116. Die Wirkung des Drahtens
(nach HÖSTERMANN, verändert)

1.6 Vermehrung durch Wurzelstecklinge (Wurzelschnittlinge)

Auf diese Weise können Gehölze mit meist fleischiger Wurzel vermehrt werden, die aus ihren Wurzeln auszutreiben vermögen und sogenannte Wurzelschosse bilden. Die Vermehrung durch Wurzelschnittlinge ist arbeitswirtschaftlich interessant, weil sie im Winter betrieben werden kann. Die Abnahme der Wurzeln erfolgt entweder bei der Herausnahme zum Verkauf oder bei größeren Mutterpflanzen nach Freilegung der Wurzeln. Obwohl die besten Erfolge meist bei Verwendung von Wurzeln der Verkaufsware erzielt werden, sollte man die damit verbundene Qualitätsminderung der Pflanzen bedenken. Selbst bei starken Mutterpflanzen darf man die Abnahme der Wurzeln in den verschiedenen Jahren immer nur wechselseitig durchführen.

Nach gründlichem Waschen werden die Wurzeln mit waagerechtem Schnitt in 6—8 cm lange Stücke geschnitten. Anschließend werden die bleistift- bis fingerstarken Wurzelschnittlinge in einem Sand-Torf-Gemisch in Kisten mit gut funktionierendem Wasserabzug gesteckt, wobei darauf zu achten ist, daß sie nicht verkehrt herum ins Substrat kommen (Polarität). Die Stecklinge sollen nicht ganz mit Substrat bedeckt werden, da bei den meisten Arten sonst die Ausbildung der Triebknospe behindert werden kann. Im Gegensatz zum Steckling, der nur Adventivwurzeln auszubilden braucht, muß ein Wurzelschnittling sowohl Adventivwurzeln als auch eine Triebknospe bilden. Es gibt Arten, die sehr schnell Adventivwurzeln anlegen und erst lange Zeit danach die Triebknospe, häufiger ist es jedoch, daß die Triebknospe schnell ausgebildet wird und erst bei oft schon 10—15 cm langem Austrieb dann endlich auch die Adventivwurzeln erscheinen. Mitunter bildet der neue Trieb nach Auffüllen von Substrat leichter Adventivwurzeln als das Wurzelstück.

Die Aufbewahrung erfolgt am besten im Winter im Haus unter den Stellagen, später können die Kisten bei wärmerem Wetter im kalten Kasten möglichst dicht unter dem Glas aufgestellt werden. Starktriebige Arten werden noch im Sommer dieses Jahres eingetopft und wie normale Jungpflanzen weiterkultiviert. Arten, die sich langsamer entwickeln, bleiben mitunter ein ganzes Jahr in den Kisten stehen. Vermehrt werden auf diese Art z. B.: *Acanthopanax, Aralia, Chaenomeles, Rhus* und *Rubus.*

1.7 Vermehrung durch Triebstecklinge

Je nach Reife- und Verholzungsgrad kann man die Stecklinge als weiche, halbharte und harte Stecklinge klassifizieren. Sie werden von belaubten Trieben des diesjährigen Holzes geschnitten, im Gegensatz zum Steckholz, das im unbelaubten Zustand gewonnen wird. Von der Produktionsmenge her gesehen ist die Vermehrung durch Triebstecklinge wohl die wirtschaftlich wichtigste aller angewendeten Vermehrungsmethoden.

Die Gehölze verfügen in der Regel über Wurzelanlagen (Wurzelprimordien), die ihren Sitz zwischen Bast und Holz haben. Sie sind Anhäufungen von hochteilungsfähigem, meristematischem Gewebe. Die Lokalisation der Wurzelprimordien ändert sich mit fortschreitender Reife des Triebes; so hat die Adventivwurzelbildung bei weichen Stecklingen ihren Ursprung im Pericycel, bei halbharten Stecklingen im Phloem, bei Steckholz im Kambium. In allen Fällen sind die Wurzelanlagen mit den Leitbündeln verbunden. Bei manchen Pflanzenarten ist ihre Lage bereits äußerlich am Vorhandensein von Lentizellen zu erkennen (Sauerstoffversorgung).

Wird nun der sogenannte Steckling nach dem Abtrennen von der Mutterpflanze geeigneten Bedingungen ausgesetzt, so beginnen sich aus dem meristematischen Gewebe durch Zellteilung sogenannte Adventivwurzeln zu formieren. Zunächst wird an den Schnittstellen des Stecklings ein aus dem austretenden Zellsaft gebildeter, provisorischer fetthaltiger Wundabschluß sichtbar, der durch subberinhaltige Einlagerungen noch verstärkt wird. Im weiteren Verlauf wird dann vom Kambium ausgehend ein Wundgewebe gebildet, in der Fachsprache „Kallus“ genannt. Sowohl der Zeitraum bis zur Ausbildung des Kallusgewebes als auch dessen Menge sind artspezifisch. Mit wenigen Ausnahmen geht die Bildung von Adventivwurzeln nicht vom Kallus aus, vielmehr wachsen die Wurzeln durch den Kallus hindurch;

mitunter kann man bei übermäßig starker Kallusbildung sogar von einer mechanischen Verhinderung der Wurzelbildung sprechen. In wenigen Sonderfällen kann es aber innerhalb des Kallusgewebes zu einer Organisation mit nachfolgender Differenzierung zu Wurzelgewebe kommen (GIROUARD (1967)). Bedingt durch den provisorischen Wundabschluß mit fetthaltigen Substanzen ist die Wasseraufnahme des Stecklings durch die Basis aus dem Stecksubstrat relativ gering; sie erhöht sich später nach der Kallusbildung deutlich; der Steckling hat dann seine kritische Phase überstanden.

Nun gibt es eine Reihe von Faktoren, die einen mehr oder weniger großen Einfluß auf den Erfolg der Stecklingsvermehrung ausüben. Zu nennen sind der physiologische Zustand des Stecklings beim Schneiden, der Kulturzustand und das Alter der Mutterpflanze als interne oder endogene Faktoren und die weitere Behandlung des Stecklings, wie Verwundung, Wuchsstoffanwendung, das Substrat, Hygienemaßnahmen, Wasser, Licht und Temperatur als äußere oder exogene Faktoren.

1.8 Endogene Bewurzelungsfaktoren

1.8.1 Der optimale Stecktermin

Der **optimale Stecktermin** ist nicht mit dem Kalender bestimmbar. Das Datum gibt nur einen groben Anhaltswert. Verschiebungen der Vegetationszeit und damit des Wachstumszustandes der Pflanzen um 2—3 Wochen sind keine Seltenheit. Bei den meisten Gehölzen gelingt aber die Bewurzelung in einem weiten zeitlichen Bereich, wohingegen sich bei manchen schwer wurzelnden Gehölzen der optimale Bereich stark verengt. Hier wäre es wichtig, objektiv meßbare Werte des physiologischen Zustandes des Stecklings zu erarbeiten, die den Erfahrungsschatz oder das sogenannte Fingerspitzengefühl des Vermehrers überflüssig machen oder ergänzen könnten. WINKLER (1927) fand einen Zusammenhang zwischen der Bewurzelungsleistung von Weinrebenstecklingen und dem Stärkegehalt heraus. Mit Hilfe des Kalium-Jodid-Testes, einer Anfärbemethode, konnte er die Stecklinge je nach Grad der Färbung in 3 Klassen einteilen. Stecklinge mit dem höchsten Stärkegehalt (dunkelste Färbung) bewurzelten sich zu 63 %, die mit dem niedrigsten aber nur zu 17 %.

Der Bruchtest kann ebenfalls zur Ermittlung des optimalen Stecktermins herangezogen werden. Stecklinge mit niedrigem Kohlehydratgehalt sind weich und biegsam, bei hohem fest und leicht mit scharfem Bruch zu brechen.

Hoher Kohlehydratgehalt, der allgemein als bewurzelungsfördernd gilt, wird aber nicht allein vom physiologischen Zustand des Stecklings bestimmt, sondern auch vom Kulturzustand der Mutterpflanze. Stecklinge von optimal ernährten Mutterpflanzen, die also unter günstigen Düngungs-, Temperatur-, Licht- und Wasserverhältnissen kultiviert wurden, liefern meist auch gutes Stecklingsmaterial. Diese Stecklinge weisen ein relativ weites Kohlehydrat-Stickstoffverhältnis auf. Sie bewurzeln sich schneller, und ihre Bewurzelung ist auch kräftiger als bei einem engen Kohlehydrat-Stickstoffverhältnis. Ein hoher Kohlehydratgehalt erhöht aber die Bewurzelungsfähigkeit nur so lange, wie der Stickstoffgehalt einen bestimmten Schwellenwert nicht unterschreitet. Hat der Steckling jedoch einen zu hohen Stickstoffgehalt, so wächst er trotz hohen Kohlehydratgehaltes auf dem Stecklingsbeet, ohne Wurzeln zu machen. Eine Zusatzbelichtung der Mutterpflanzen wirkt sich an dunklen Tagen (assimilatorischer Effekt) positiv aus, negativ ist hingegen eine Verlängerung des Tages (photoperiodischer Effekt) zu beurteilen.

1.8.2 Alter der Mutterpflanze

Stecklinge von jungen Pflanzen, die stark im Wuchs sind, lassen sich trotz hohen Stickstoff- und niedrigen Kohlehydratgehaltes besser und leichter bewurzeln als Stecklinge von alten Mutterpflanzen mit an sich als optimal geltendem niedrigem Stickstoff- und hohem Kohlehydratgehalt (HIEKE (1967)). Man erkennt hieran den entscheidenden Einfluß des physiologischen Alters der Mutterpflanze auf die Bewurzelung von Stecklingen. F. E. GARDNER (1937) erhielt bei Entnahme von Stecklingen aus verschiedenen Regionen der Mutterpflanze recht unter-

Abb. 117. Kein Spezialjungpflanzenbetrieb kommt ohne Mutterpflanzenquartiere aus (E. Rostock, Kölln-Reisiek) (Foto: Wennemuth)

schiedliche Bewurzelungsergebnisse. Am besten bewurzelten sich Stecklinge, die an der Peripherie in Bodennähe geschnitten wurden. Seine Erfahrungen wurden inzwischen durch viele Versuchsergebnisse anderer Wissenschaftler bestätigt. So schloß F. L. O'Rourke (1944) aus seinen Versuchen mit Heidelbeersteckholz, daß der Sitz der sogenannten Juvenilität kurz über oder gar in der Erde zu suchen sei. Er schloß das auch daraus, daß es durch scharfen Rückschnitt der Mutterpflanzen bis in Erdbodennähe gelingt, die Bewurzelungsqualität der Stecklinge zu verbessern. Abrißmutterbeete erhalten ihre Bewurzelungspotenz über lange Zeiträume hinweg wegen der alljährlich starken Zurücknahme bis auf den Wurzelstock. In East Malling wurden deshalb auch für die Steckholzvermehrung von einigen Obstunterlagen sogenannte Schnitthecken angelegt, die jedes Jahr einem scharfen Rückschnitt unterzogen werden. Das von Bäumen geschnittene Steckholzmaterial hatte dagegen praktisch keine Bewurzelungspotenz mehr. Die Bewurzelungsergebnisse ließen sich aber noch steigern, wenn Abrisse von Mutterbeeten zu Steckholz verarbeitet wurden. Gardner konnte nachweisen, daß selbst überalterte Bäume durch Rückschnitt bis auf die Wurzel ihre Juvenilität zurückgewinnen konnten. In der Baumschule sollte man deshalb die Mutterpflanzen immer in scharfem Schnitt halten, selbst wenn nicht alle anfallenden Stecklinge benötigt werden.

Stecklingsvermehrung ist fast das ganze Jahr hindurch möglich. Sie beginnt schon im Februar im Haus mit Stecklingen von Taxus, die, wenn sie im September gesteckt werden, doch erst im Laufe des Frühjahrs Wurzeln machen. Im März und April werden von einigen Betrieben Stecklinge von angetriebenen Laubgehölz-Mutterpflanzen gesteckt, die zum Antreiben etwa Ende Januar im Haus aufgestellt wurden. Vermehrt werden auf diese Weise *Buddleien* und *Caryopteris,* die im Mai bereits als fertige Jungpflanzen verkauft werden können. Man spart dadurch die aufwendige Überwinterung bei diesen frostempfindlichen Gehölzen. Auch Stecklinge von *Azalea mollis* × *sinensis*-Hybriden lassen sich um diese Zeit noch verhältnismäßig leicht bewurzeln, während später sowohl die Bewurzelung als auch die Weiterkultur der bewurzelten Stecklinge Schwierigkeiten macht. Interessant ist um diese Zeit auch die Vermehrung von *Acer palmatum* 'Atropurpureum', *Acer palmatum dissectum* 'Atropurpureum', *Clematis* und *Betula verrucosa* 'Youngii', um nur einige Beispiele zu nennen.

Abb. 118. Mutterpflanzen müssen immer in scharfem Schnitt gehalten werden (Foto: Wennemuth)

Im Juni beginnt die Hauptvermehrungszeit der meisten laubabwerfenden Gehölze. Als erste stehen auf dem Plan: *Spirea, Potentilla, Deutzia, Philadelphus, Lonicera, Kolkwitzia, Weigela* und *Buddleia.*

Im Anschluß an die Vermehrung der laubabwerfenden Gehölze folgen ab Mitte August die immergrünen Laubgehölze, die verlustfreier aus halbreifen oder gar ausgereiften Trieben wachsen. Eine Ausnahme bilden *Lonicera pileata* und immergrüne *Cotoneaster*-Arten, die besser schon Ende Juli gesteckt werden. *Ilex aquifolium* bewurzelt sich aus relativ weichen Stecklingen Ende Juni—Anfang Juli fast problemlos und schnell und braucht später oft doppelt solange bis zur Bewurzelung.

Koniferen, bei denen oft mehrere Monate bis zur Bewurzelung vergehen und die deshalb den Platz im Vermehrungshaus am längsten blockieren, rücken an das Ende der Hauptvermehrungszeit (Ende August—Mitte September). Eine Ausnahme bildet *Metasequoia glyptostroboides,* die schon mit halbharten Stecklingen im Juli gesteckt werden sollte, damit sie bis zum Abwurf der Nadeln im Herbst noch kräftige Knospen ausbilden kann, andernfalls treibt sie im Frühjahr nicht aus. Neuerdings wurden gute Erfahrungen mit dem Stecken von Koniferen, mit altem Holz im Mai gesteckt, im Folientunnel gesammelt.

Abgeschlossen wird das Vermehrungsjahr im Dezember mit Stecklingen von großblumigen *Rhododendron*-Hybriden, obwohl auch bei ihnen wohl der August als der günstigste Vermehrungszeitpunkt angesehen werden muß. Die späte Vermehrung funktioniert aber auch und hat arbeitswirtschaftliche Vorteile. Wird im Dezember gesteckt, dann sollten die Stecklinge bereits im November geschnitten und kühl gelagert werden (2—4 °C), weil oft auf der Wende vom November zum Dezember schon die ersten starken Fröste eine Schädigung des Kambiums verursachen können, wodurch der Vermehrungserfolg in Frage gestellt wurde.

1.9 Exogene Bewurzelungsfaktoren

1.9.1 Das Schneiden der Stecklinge

Vor allem Laubgehölzstecklinge werden in der Regel in den frühen Morgenstunden geschnitten, solange sie noch vollen Turgordruck haben. Können die Stecklinge kühl aufbewahrt werden, so schadet es nichts, wenn sie noch taunaß sind, andernfalls sind Pilzinfek-

Abb. 119. Juniperus squamata Meyeri, mit altem Holz im April unter Folie in den Topf gesteckt, haben den Topf bis zum Herbst gut durchwurzelt (Baumschule G. Wehrmann, Elmshorn) (Foto: Wennemuth)

tionen zu befürchten. Ein Kühlraum ermöglicht notfalls eine Aufbewahrung von 2—3 Tagen, sonst müssen die Stecklinge spätestens bis zum Abend desselben Tages gesteckt worden sein. Von der Kohlehydratbilanz der Stecklinge her gesehen ist ein Stecklingsschnitt am späten Nachmittag besser zu beurteilen als am Morgen, weil die von den Pflanzen gebildeten Assimilate in der Nacht aus den Blättern abtransportiert werden.

Der Steckling soll weder zu lang noch zu kurz sein; bei uns kann man durchschnittlich 4—8 cm als die übliche Länge ansehen. In Nordamerika indessen werden Stecklinge von nur 2 cm Länge (Templeton) genauso empfohlen wie andererseits solche von 15—20 cm, letztere hauptsächlich, weil sie sich bequemer stecken lassen.

Die Zurichtung der Stecklinge war (und ist vielleicht hier und da heute noch) eine Arbeit, bei der man ganz überflüssigerweise alten Zeiten nachhängt. Nicht nur hat die Wissenschaft (Riehl u. a.) nachgewiesen, daß das Schneiden mit scharfem Messer überhaupt nicht notwendig ist, sondern daß damit nur Zeit verschwendet wird. Der Schnitt mit einer Schere geht viel leichter und schneller, und die Ergebnisse waren sogar noch besser.

Daß es unwesentlich ist, ob der Schnitt waagerecht oder schräg geführt wird, konnte ebenfalls längst bewiesen werden.

Ebenso muß noch auf das Einkürzen der Blattfläche eingegangen werden. Der Lehrling lernt, daß das Einkürzen dazu diene, die Verdunstungsfläche zu verringern. Das trifft zwar zu, aber gleichzeitig werden damit Aufbaustoffe geopfert, die dem Steckling dann fehlen, wenn die ersten Wurzeln gebildet sind. Riehl hat nachgewiesen, daß Stecklinge mit ungekürzter Blattfläche die „gebräuchlichen" Stecklinge bald überflügeln. Hinzu kommt auch der Fortfall eines Arbeitsganges, der sich bei der Herrichtung umfangreicher Mengen von Stecklingen durchaus bemerkbar macht.

Der Schnitt sollte bei den etwas schwerer wurzelnden Arten, vor allem, wenn die Stecklinge schon etwas härter sind, dicht unterhalb eines Knotens angebracht werden. Es ist nachgewiesen, daß Stecklinge an den Knoten die meisten Wurzelanlagen aufweisen und zudem hier ein Wuchsstoffstau auftritt, der die Wurzelbildung fördert.

Koniferenstecklinge werden entweder mit dem Messer geschnitten oder gerissen. Beim Reißen der Stecklinge wird ein Teil des alten Holzes mitgenommen, der Rißling muß jedoch mit dem Messer nachgeschnitten werden, da er sonst mitunter gar nicht gesteckt werden könnte. Darum ist es arbeitswirtschaftlich gesehen sicher besser, den Steckling gleich mit dem Messer auf Astring zu schneiden. Sein unteres Ende muß vor dem Stecken von Nadeln befreit werden, lediglich bei Zwergkoniferen und solchen mit besonders kleinen, festsitzenden Nadeln ist dieser Arbeitsaufwand nicht zu verantworten, und man steckt deshalb mit gutem Erfolg mit noch benadelter Stecklingsbasis. Das Substrat muß in diesem Fall aber besonders fest angedrückt werden, damit der Steckling in ausreichenden Kontakt mit dem Substrat kommt.

Rindenverwundung. Strenggenommen ist die Verwundung der Rinde zum Zweck der Wurzelbildung nicht erst eine neue Technik, wie WELLS (1962) ausführt. Man muß vielmehr auch das beim Ablegen oder Absenken nicht selten gebräuchliche Anbringen von zungenförmigen Schnitten oder das scharfe Knicken der Senker als analoge Maßnahmen ansehen, denn es werden auch hier absichtlich Verwundungen der Rinde hervorgerufen, die die Wurzelbildung fördern sollen. Über derartige Methoden wird aber schon seit etwa 100 Jahren in den einschlägigen Fachbüchern berichtet. Indessen ist die moderne Technik der Rindenverwundung, wie sie bei der Stecklingsvermehrung in den USA gehandhabt wird, nach WELLS erst seit etwa 40 Jahren in Gebrauch. DAY zeigte 1932, daß bei unbewurzelten Stecklingen von *Ligustrum ovalifolium, Vitis* und *Chaenomeles* die Rindenverwundung einen deutlichen Einfluß auf die Schnelligkeit und den Umfang der Wasseraufnahme hatte. 1938 zeigten STUART und MARTH, daß mit dieser Methode bei *Ilex opaca* eine viel bessere Bewurzelung erreicht werden konnte. Nachdem dies einmal erkannt und durch mehrere Autoren bestätigt wurde, begann man sich dieser Technik in größerem Umfang zu bedienen, so daß man heute zumindest in den USA und Holland die Rindenverwundung als sehr nützlich ansieht.

Bei den meisten Pflanzenarten spielt es für die Bewurzelung keine Rolle, ob der Steckling Blütenknospen angesetzt hat oder nicht, doch wird in keinem Fall die Wurzelbildung durch Blütenknospen gefördert. Bei allen Pflanzen bedeutet aber das Blühen nach der Bewurzelung eine Schwächung. Bei einer Reihe von Gehölzen wird dagegen die Bewurzelung eindeutig durch Blütenknospenbildung behindert, wenn nicht sogar ganz verhindert; dabei nützt es nichts, die Blütenknospen vor dem Stecken auszubrechen, wie O'ROURKE (1940) für *Vaccinium corymbosum* nachweisen konnte, so daß wohl vorausgehende physiologische Veränderungen in der Pflanze dafür verantwortlich sind. Für *Rhododendron* konnte C. R. JOHNSON (1970) aber feststellen, daß eine Blütenknospenentfernung sowohl im frühen Stadium als auch beim Stecken effektvoll war, wenn auch in geringem Maße.

Da die Mutterpflanzen in strengem Schnitt gehalten werden sollen, ist die Gefahr, Stecklinge mit Blütenknospenansatz zu schneiden, in der Regel gering.

1.9.2 Vermehrungssubstrate

Torf und Sand, entweder in reiner Form oder in unterschiedlichsten Mischungsverhältnissen, sind ohne Zweifel die am meisten verwendeten Vermehrungssubstrate in der Baumschule. Sie unterscheiden sich in folgenden Eigenschaften:

Torf ist organischen Ursprungs, hat einen niedrigen pH-Wert von 3,0—3,5, wenn es sich um den jüngeren Weißtorf handelt, und von 5,0—5,7, wenn es Schwarztorf aus den älteren Schichten des Hochmoores ist. Torf hat eine gute Wasserhaltefähigkeit und bei maximaler Wasserkapazität noch einen ausreichenden Luftinhalt. Im Torf sind Wuchsstoffe enthalten, und zwar im Schwarztorf mehr als im Weißtorf.

Sand ist mineralischen Ursprungs mit einem pH-Wert meist um 7,0, hält das Wasser schlecht fest, ist aber bei voller Wassersättigung weniger gut belüftet als Torf.

Die unterschiedliche Reaktion der verschiedenen Pflanzenarten auf das ihnen gebotene Stecksubstrat muß auf diese unterschiedlichen Eigenschaften der beiden Vermehrungssubstrate zurückzuführen sein. Aus Untersuchungen von J. C. LONG (1933), die sich mit dem Einfluß verschiedener Stecklingssubstrate auf Art und Menge der gebildeten Wurzeln befaßten, geht hervor, daß hauptsächlich der unterschiedliche Wasser- und Sauerstoffgehalt eine Rolle spielen, in schwächerer Form auch der pH-Wert des Substrates.

Generell trifft zu, daß *Rhododendron* und *Azaleen* in reinem Torf am besten wurzeln, wobei ein leichter Zusatz von Sand die Bewurzelungsergebnisse nicht verschlechtert, aber die Herausnahme der bewurzelten Stecklinge erleichtert.

Koniferen bewurzeln sich sehr gut im Sand, dem nur geringe Torfmengen zugesetzt zu werden brauchen.

Von den Laubgehölzen lassen sich spezifisch gut in reinem Sand vermehren: *Magnolia, Daphne cneorum, Weigela, Forsythia* und *Philadelphus.*

Nicht für alle Pflanzen zutreffend gilt die generalisierende Feststellung: je mehr Sand das Stecksubstrat enthält, um so stärker ist die Kallusbildung und um so langsamer geht die Wurzelbildung vor sich, während mit zunehmendem Torfanteil die Kallusbildung schwächer und die Wurzelbildung beschleunigt wird.

Wenn vom Torf als Vermehrungssubstrat gesprochen wird, meint man fast immer Weißtorf. Schwarztorf wird dagegen trotz der positiven Ergebnisse, die LINDEMANN (1949) bei so schwer bewurzelbaren Arten wie *Hamamelis, Viburnum carlesii* und *Carpinus betulus* erzielte, kaum in Baumschulen eingesetzt. Vor allem in der Sprühnebelvermehrung dürfte seine Verwendung auch kritisch zu beurteilen sein, da er das Wasser sehr festhält und dadurch die Durchlüftung des Substrates behindert.

Die Substrate sollen einen möglichst geringen Gehalt an frei beweglichen Nährstoffionen aufweisen (VAN ELK [1974]). Schon die geringste Beimischung von Düngern zum Substrat (auch Flüssigdünger) wirkt sich eher negativ auf die Bewurzelung aus. Dagegen kann eine Beimischung von 1 g $CaCO_3$ je Liter Torf selbst bei säureliebenden Pflanzenarten wie *Rhododendron, Azalea* und *Vaccinium corymbosum* günstig auf die Wurzelbildung und das spätere Wurzelwachstum wirken, wenn in reinem Torf gesteckt wird.

Perlite: Hier handelt es sich um ein hellgraues, körniges Produkt aus glasiger Vulkanlava, das durch künstliche Erhitzung aufbereitet wurde. Ursprünglich enthält dieses Mineral, das im westlichen Nordamerika gewonnen wird, 2—5 % Wasser; bei der Erhitzung verdampft ein Teil des Wassers, wobei das Gestein körnig zerfällt. In den USA wird die Körnung 3—8 mm als ideal für Vermehrungsbeete bezeichnet, da der Stoff völlig steril ist. Vor der Verwendung muß er gründlich gewässert werden. Man kann Perlite mehrere Jahre hintereinander verwenden, muß ihn jedoch alljährlich sterilisieren. Perlite wird im Zierpflanzenbau bei der Vermehrung von Nelken und Chrysanthemen relativ viel eingesetzt. In der Baumschulvermehrung ist er dagegen nicht über das Versuchsstadium hinausgekommen. DOESBURG (1960) konnte in Boskoop keine Vorteile gegenüber Sand und Torf herausfinden. In eigenen Versuchen ließen sich bei einer Reihe von Gehölzen, so unter anderem bei *Rhododendron* und *Vaccinium corymbosum*, unter Sprühnebel mit einer Mischung von 3 Teilen Torf und einem Teil Perlite sehr gute Bewurzelungsergebnisse erzielen. Dennoch scheint Perlite entbehrlich zu sein.

Vermiculit ist ein Stoff, der vor allem in den USA bei der Pflanzenvermehrung und beim Verpacken von Pflanzensendungen verwendet wird. Es handelt sich um eine Art Magnesiaglimmer, der aus parallel geschichteten Plättchen besteht. Das Mineral wird bei etwa 110 °C aufbereitet, wobei das enthaltene Wasser die Blättchen auseinandertreibt und der Stoff auf das 10—15fache seines früheren Volumens anwächst. Er wird durch die Erhitzung porös, saug- und speicherfähig und kann das 5—8fache seines Gewichts an Wasser aufnehmen. Er ist wie Perlite unverweslich und kann deshalb nach Sterilisierung mehrfach verwendet werden. Dies ist auch notwendig, da Vermiculit etwa 100mal teurer ist als Torf. Aus den USA werden zum Teil Wunderdinge über Vermiculit berichtet, die sich durch vereinzelte Versuche im europäischen Raum nicht bestätigen ließen.

Styromull ist zu kleinen Kugeln aufgeschäumtes Styropor mit sehr geringem Gewicht. Es nimmt praktisch kein Wasser auf, ist chemisch neutral und eignet sich nur zur Beimischung zu Substraten, um sie vor Vernässung zu bewahren. Die Beimischung sollte 10 % nicht übersteigen. Gute Erfahrungen wurden bei der Vermehrung von *Rhododendron* unter Sprühnebel erzielt.

Grodan-Vermehrungswürfel: Hierbei handelt es sich um Würfel unterschiedlichster Größe bis maximal 5 cm Kantenlänge, die aus einer spezifisch für die Kultur von Pflanzen aufbereiteten Steinwolle gefertigt sind. Das Material nimmt Wasser gut auf, hält es aber in nicht sehr starker Bindung, so daß es sich dynamisch verhalten kann. Hierdurch ist die Sauerstoffversorgung der Stecklinge gewährleistet. Das Material ist chemisch neutral und hat einen pH-Wert von 7,0, der aber durch den pH-Wert des verwendeten Wassers wegen des geringen Pufferungsvermögens von Grodan variiert wird. Das in der Sprühnebelvermehrung verwendete Wasser bewegt sich selten im sauren Bereich, so daß die Grodan-Vermehrungswürfel für die Bewurzelung von *Rhododendron* und anderen säureliebenden Pflanzen ausscheiden. Bei den meisten anderen Pflanzenarten werden dagegen recht gute Bewurzelungsergebnisse erzielt, die denen in speziellen Mischungen aus Torf und Sand nicht nachstehen. Grodan-Vermehrungswürfel sollten vor allem den Eintopfschock (Verpflanzschock) bei bewurzelten Stecklingen vermeiden helfen. Im Gegensatz zu Stecklingen, die in Stecklingskisten bewurzelt wurden, verfügt jeder Steckling im Grodan-Vermehrungswürfel über einen scharf abgegrenzten Bewurzelungsraum, wodurch das Verpflanzen mit ungestörten Wurzeln möglich ist. Beim Eintopfen der Stecklinge hatte sich aber bei vergleichenden Versuchen gezeigt, daß der Verpflanzschock nur dann vermieden wird, wenn die im Grodan-Vermehrungswürfel bewurzelten Stecklinge wieder in größere Grodan-Blöcke verpflanzt wurden. Wurden sie aber in übliches Topfsubstrat wie Weißtorf oder Einheitserde gebracht, so wurzelten sie schlechter an als Stecklinge aus Stecklingskisten mit üblichem Stecksubstrat. Dies ist auf die Entwässerung des Grodanwürfels durch die höhere Saugspannung des umgebenden Weißtorf- oder Einheitserdesubstrats zurückzuführen. Die Grodan-Vermehrungswürfel können selbst in ausreichend feuchtem Umgebungssubstrat trocken sein. Nur intensive Bewässerung des Grodanwürfels kann die etwa 10 Tage bis zur Ausstrahlung der Wurzeln in das umgebende Substrat andauernde kritische Phase überwinden helfen. Grodan-Vermehrungswürfel werden sich in den Jungpflanzenbetrieben erst dann durchsetzen, wenn sich der Grodan-Container durchsetzen sollte (vgl. Container-Substrat).

Rack-Substrat besteht ebenfalls aus Vermehrungswürfeln auf der Basis von Moltopren mit geringer Weißtorfbeimischung. Die Bewurzelung gelingt auch in ihnen überwiegend gut, für die Weiterkultur der bewurzelten Stecklinge gilt aber im Prinzip das gleiche wie bei den Grodan-Vermehrungswürfeln.

Vermehrung in Multitopf-Platten: Auch hier hat der einzelne Steckling einen abgegrenzten, durchwurzelbaren Raum zur Verfügung und ist gleichzeitig zu einer kleinen Vermehrungseinheit zusammengefaßt. Gefüllt werden die Multitopf-Platten mit herkömmlichem Substrat; jeder einzelne kleine Topf hat ein Wasserabzugsloch; dennoch sind unter Sprühnebel Vernässungen des Substrates nicht selten. Die Bewurzelung ist im wesentlichen vom eingefüllten Substrat abhängig. Als Vorteil der Anzuchtplatte ergibt sich einmal, daß bei vom Substrat ausgehenden pilzlichen Infektionen der Befall nicht so schnell weiterläuft, da die einzelnen Stecklinge voneinander isoliert sind, zum anderen, daß der kleine Wurzelballen, mit dem die bewurzelten Stecklinge verpflanzt werden können, das Anwachsen im Topf erleichtert. Nachteilig ist der etwas größere Platzbedarf.

1.9.3 Wasser als Bewurzelungsfaktor

Der Steckling wird im Augenblick seiner Abnahme von der Pflanze von der Wasserzufuhr abgeschnitten. Da die Verdunstung aber weiterläuft, muß für weitgehende Einschränkung der Transpiration gesorgt werden. Auch nach dem Stecken ist die Wasseraufnahmemöglichkeit des Stecklings durch die Basis-Schnittstelle im Vergleich zur bisherigen Wasseraufnahme durch die Wurzeln nur gering. Erst nach Ausbildung des Kallusgewebes an der Stecklingsbasis ergeben sich im allgemeinen günstigere Wasseraufnahme-Möglichkeiten. Die Transpirationsrate des Stecklings ist weitgehend vom Wasserdampfdefizit der umgebenden Raumluft abhängig, deshalb muß die relative Luftfeuchtigkeit so hoch wie möglich gehalten werden. Verbraucht der Steckling mehr Wasser, als er aufnehmen kann, so beginnt er zu welken. Vorher setzt der Selbstschutz der Pflanze ein, die Spaltöffnungen, aus denen der größte Teil des Transpirationswassers entweicht, werden geschlossen. Das Schließen der Spaltöffnungen ist aber immer auch mit einer Einschränkung der CO_2-Aufnahme verbunden. Außerdem steigt neben der verringerten Assimilationsleistung bei abnehmendem Turgordruck des Stecklings auch die Atmungsintensität an, was nach B. Huber (1956) für alle trockenheitsempfindlichen Pflanzen gilt. Stecklinge mit negativer Wasserbilanz können deswegen keinen Stoffgewinn betreiben, ihr Vorrat an Kohlehydraten, der für die Wurzelbildung von großer Bedeutung ist, erschöpft sich langsam. Die guten Erfolge bei der Bewurzelung von weichen Stecklingen unter Sprühnebel, der die Transpirationsrate des Stecklings niedrig hält, sind zum Teil auf die Aufrechterhaltung des vollen Blatt-Turgors zurückzuführen.

1.9.4 Temperatur und Licht als Bewurzelungsfaktor

Sowohl aufbauende (Assimilation) als auch abbauende Prozesse (Dissimilation) sind temperaturabhängig. Übersteigt die Temperatur das pflanzenspezifische Optimum, das auch von der zur Verfügung stehenden Lichtmenge und dem CO_2-Gehalt der Raumluft abhängig ist, so nimmt die Assimilation nicht mehr weiter zu, sondern ab, während die Atmung weiter ansteigt. Diese für den Stoffgewinn (der sich als Differenz zwischen Assimilation und Atmung ergibt) der Pflanzen optimale Temperatur wird schon lange vor der Schädigungsgrenze der Pflanzen durch Eiweißgerinnung erreicht. Sie liegt bei vollem Lichtgenuß der Stecklinge etwa bei einer Blattemperatur von 25—28 °C. Leider ist die Steuerungsgröße in den Gewächshäusern nicht die Blatt-, sondern die Lufttemperatur. Diese beiden unterscheiden sich wesentlich. Ein normal transpirierendes Blatt, das nicht unter Wassermangel leidet, hat wegen der Verdunstungskälte eine Temperatur, die um 3—4 °C niedriger liegt als die umgebende Luft. Im allgemeinen kann man davon ausgehen, daß Temperaturen im nicht schattierten Gewächshaus von 30—40 °C im Sommer für die Stecklinge optimal sind. Wird die Blattfläche durch Sprühnebel gekühlt, so kann die Raumtemperatur ohne Schaden für die Laubgehölzstecklinge auch auf 40 °C steigen, während *Rhododendron-* und *Koniferen*stecklinge auf Temperaturen über 35 °C bereits negativ reagieren (Heft (1963)). An trüben Tagen können wegen der verringerten Belichtung schon 20—25 °C für einen optimalen Stoffgewinn der Stecklinge ausreichen; das gilt natürlich auch für Herbst und Frühjahr mit den dann zwangsläufig niedrigeren Belichtungswerten. Temperaturen über 20 °C müssen in dieser Zeit oft erst durch zusätzliche Heizung im Gewächshaus geschaffen werden, so daß ein Überschreiten der für den Stoffgewinn optimalen Temperatur nicht nur die Bewurzelungsleistung schmälert, sondern auch den Kostenaufwand unnötig erhöht.

Die positive Wirkung eines möglichst hohen Lichtgenusses auf die Stecklingsbewurzelung, die seit Einführung der Sprühnebelvermehrung so stark in den Vordergrund geschoben wurde, wird heute zunehmend angezweifelt. Das hat zwei Gründe:

1. Durch zusätzliche Belichtung in assimilationsbeeinflussender Höhe konnte bisher keine Verbesserung der Bewurzelungsergebnisse erzielt werden (Stephonkus/Hogan (1967)).

2. Die hervorragenden Vermehrungsergebnisse, die im Folientunnel mit eingetrübter Folie und dadurch reduziertem Lichtgenuß erzielt wurden, geben zu denken, wiewohl in den Arbeiten von Kohstall/Müller (1974) bei Verwendung von Folien mit höherer Lichtdurchlässigkeit bei einigen Pflanzenarten bessere Ergebnisse erzielt wurden. Für die Stecklingsbewurzelung scheint es wichtiger zu sein, den Stecklingen von der Mutterpflanze her einen hohen Gehalt an Kohlehydraten mitzugeben und durch Aufrechterhaltung des vollen Turgordruckes und die damit erzielbare Einschränkung der Atmung den Verbrauch an Kohlehydraten einzuschränken.

Auf der anderen Seite sprechen aber die positiven Ergebnisse, die Molnar/Cumming (1968) mit einer CO_2-Zusatzbegasung erreichten, für die Bedeutung der Assimilationsleistung der Stecklinge auf dem Stecklingsbeet. Durch eine Erhöhung des CO_2-Gehaltes der Luft erreichten sie bei *Juniperus horizontalis* (Dunvegan Blue) eine Steigerung der Bewurzelungsprozente von 47 auf 88 % und in einem 2. Versuch sogar von 19 auf 88 % bei deutlicher Verkürzung der Bewurzelungszeit.

1.9.5 Bodentemperatur als Bewurzelungsfaktor

Hier gelten andere Prinzipien als für die Raumtemperatur. Sie soll auf mindestens 22 bis 24 °C gehalten werden, selbst wenn die Raumtemperatur in der dunklen Jahreszeit unter 20 °C eingestellt werden muß. Die erhöhte Bodentemperatur bewirkt an der Basis der Stecklinge eine lokal begrenzte Steigerung der Atmungsintensität, die wahrscheinlich zu einer vermehrten Eiweißsynthese und im weiteren Verlauf zu einem verstärkten Protoplasmaaufbau führt, der seinerseits die Grundlage für eine vermehrte Zellteilung im Bereich der Wurzelanlagen und damit der Adventivwurzelbildung schafft. Oft wird durch das Einhalten einer optimalen Bodentemperatur nicht nur die Bewurzelung beschleunigt, sondern insgesamt auch die Bewurzelungsleistung positiv beeinflußt. Sicher wird man auch bei der Bodentemperatur von arten- und sortenspezifischen Optima ausgehen können. Hierüber ist aber noch zu wenig bekannt. Berg/Heft/Weihe (1966) ermittelten für *Rhododendron-Repens*-Hybriden bei Vermehrung im November—Dezember ein eng begrenztes Optimum von 22 °C, wobei die bei dieser Bodentemperatur erzielte Bewurzelungsleistung hochgesichert über den bei 20 und 24 °C erzielten Ergebnissen lag. Generell kann man sagen, daß die Bodentemperatur-Optima bei Laubgehölzen um ca. 4 °C höher liegen als bei Koniferen (18—22 °C), die aber insgesamt sehr gut auf Bodenwärme reagieren. Die angeführten optimalen Bodentemperaturen lassen sich noch um 2—4 °C erhöhen, wenn zur Bewurzelung Wuchsstoffe eingesetzt werden, wie aus einer Arbeit von Jensinger/Hopp (1967) hervorgeht, die teilweise noch mit einer Bodentemperatur von 26 °C bei Koniferen bessere Bewurzelungsergebnisse als mit 20 °C erzielten.

1.9.6 Wuchsstoffe und Wachstumsregulatoren

Da der Einsatz von Wuchsstoffen und Wachstumsregulatoren in der Baumschule zur Zeit praktisch noch auf die Verwendung von Wuchsstoffen zur Förderung der Bewurzelung beschränkt bleibt, erscheint es sinnvoll, diesen Gesamtkomplex im Rahmen der Vermehrung zu behandeln.

Geschichtliche Entwicklung. Vor etwa 60 Jahren begann die Hormonforschung in größerem Umfang. Unter „Hormonen" versteht man Absonderungen innerer Organe, die bereits in verschwindend geringer Dosis bestimmte Vorgänge der Entwicklung und des Stoffwechsels beeinflussen können. Während zunächst diese Stoffe nur bei Tieren und Menschen bekannt wurden, entdeckten Fitting 1909 und Boysen-Jensen 1910 auch in der Pflanze solche Hormone.

Es blieb aber weiterhin still um die Pflanzenhormone, bis 1928 Went nachwies, daß tatsächlich Stoffe, die in der Spitze von Getreidekeimblättern (Hafer-Koleoptile) gebildet werden, das Wachstum beeinflussen. Er konnte diese Stoffe aus abgeschnittenen Keimblattspitzen in kleine Agarblöcke ziehen und mit diesen die gleichen Wachstumseffekte erreichen, wenn er diese Blöcke nun auf die abgeschnittenen Keimlinge setzte. Aber erst 1934 gelang es Kögl und seinen Mitarbeitern in Utrecht, die chemische Natur dieser Stoffe zu erkennen. Er konnte aus dem Harn Stoffe herauskristallisieren und fand hier neben den echten Wuchsstoffen, den Auxinen (Auxin a und b), noch einen weiteren, die β-Indolessigsäure, mit den gleichen wachstumsfördernden Eigenschaften, die er zunächst „Heteroauxin" nannte. Es gelang auch leicht, diesen Wuchsstoff synthetisch künstlich herzustellen.

Die Wuchsstoff-Forschung konnte nun, nachdem man über einen billigen, synthetischen Wuchsstoff verfügte, rasch fortschreiten. Von Bedeutung für den praktischen Gartenbau wurde sie jedoch erst, als man feststellte, daß die Wuchsstoffe nicht nur das Streckungswachstum der Zellen beeinflussen (wie Auxine), sondern andere (die Meristine) auch die Bildung von Kallus und Wurzeln hervorrufen konnten. Die Industrie nahm sich nun dieser Sache an, und seit jener Zeit kennen wir die synthetischen Wuchsstoffe.

Es erwies sich dabei, daß man Auxin a und b nicht synthetisch herstellen konnte, wenigstens bis heute noch nicht, außerdem war es nicht beständig. Beim „Heteroauxin", das man, wie schon gesagt, als β-Indolessigsäure erkannte, war es glücklicherweise genau umgekehrt: es ließ sich leicht herstellen und war haltbar. Später entwickelte man noch weitere, ebenso wirksame Verbindungen, die β-Indolbuttersäure, α-Naphthylessigsäure, einige Naphthoxyverbindungen, Phenoxyverbindungen und substituierte Benzoesäuren.

Nachdem die Wuchsstoffe in der gärtnerischen Praxis bereits gut bekannt waren, fand der japanische Phytopathologe KURASAWA im Jahre 1926 eine weitere wachstumsanregende Substanz, das Gibberellin. Heute kennt man bereits 52 sehr nahe miteinander verwandte Stoffe, die sich alle von der Gibberellinsäure, einem Stoffwechselprodukt des Pilzes *Gibberella fujikuroi,* ableiten. Die Wissenschaft ist der Meinung, daß man in diesen Stoffen eine neue Gruppe von natürlich vorkommenden Wachstumsregulatoren gefunden hat, deren Wirkung quantitativ mindestens ebenso groß wie das der schon bekannten Auxine, qualitativ jedoch ganz verschieden von diesen ist.

Gibberellin-Präparate können einige wirtschaftlich sehr wichtige physiologische Veränderungen in den Pflanzen hervorrufen, die man vorher mit chemischen Mitteln noch nicht erreichen konnte. Das sind unter anderem: Überwindung des Zwergwuchses, Förderung des vegetativen Wachstums und damit Zunahme des Gewichts, Verfrühung der Blüte bei Einjahrs- und Zweijahrspflanzen zur Saatgutgewinnung, Anregung der Blütenbildung bei Langtagspflanzen im Kurztag, Fruchtansatz ohne Bestäubung, Saatgutbehandlung zur Beschleunigung der Keimung und nicht zuletzt die Überwindung der Keimruhe.

Schließlich entdeckten SKOOG und MILLER im Jahre 1955 noch einen Wuchsstoff, für den sie die Bezeichnung Kinetin vorschlugen. Dieser Stoff, den die Forscher aus der Kokosmilch gewinnen konnten, ist der Typ einer neuen Serie von Wuchshormonen, chemisch 6-Furfurylaminopurin. Er vermag zum Teil den Keimverzug bei Samen zu brechen, das Längenwachstum stark zu fördern (auf Kosten der seitlichen Triebe) und die Haltbarkeit abgeschnittener Triebe (vielleicht auch Blüten) zu verlängern (DEYSSON (1961)). Als Zusatz zu künstlichen Substraten hat sich Kinetin bei der Meristemvermehrung als unentbehrlich erwiesen. Für den praktischen Einsatz in der Baumschule zeichnet sich dagegen noch keine Verwendungsmöglichkeit ab.

In den USA wurde ein wachstumshemmendes Mittel unter der Bezeichnung Cycocel in den Handel gebracht, über das von GILL, BOBBINS, BOX und STUART interessante Erfahrungen veröffentlicht wurden. In der Landwirtschaft wird Cycocel schon fast routinemäßig zur Halmverkürzung bei Weizen eingesetzt, im Zierpflanzenbau können einige Pflanzen zu gedrungenerem Wuchs veranlaßt werden. Versuche im Holsteiner Raum bei Rosenwildlingen, den Längenwuchs zu bremsen und statt dessen den Wurzelhalsdurchmesser zu vergrößern, führten zu unterschiedlichen Ergebnissen. Eine Reihe anderer, ähnlich wirkender Wachstumshemmer wie Alar, Etephon und Chlorflurenol sind in verschiedenen Richtungen untersucht worden, haben aber zur Zeit noch keine Bedeutung für die Baumschulpraxis. Für Etephon scheint sich aber nach Versuchen im Institut für Obstbau und Baumschule der TU Hannover eine Anwendungsmöglichkeit zur Förderung der Basitonie bei Rosen und zur Beschleunigung des herbstlichen Laubfalles abzuzeichnen. Aus diesem kurzen Überblick sieht man, daß die Forschung auf dem Sektor der Wachstumsregulatoren noch in voller Entwicklung steht und vielleicht eines Tages Ergebnisse zu erwarten sind, die für die Praxis von Nutzen sein können. Es kann jedoch nicht dazu geraten werden, in der Baumschule Versuche auf eigene Faust zu machen.

1.9.7 Die Anwendung der Wuchsstoffe

Auf relativ sicherem Boden bewegen wir uns dagegen bei der Verwendung von Wuchsstoffen zur Verbesserung der Bewurzelungsleistung von Stecklingen. Die Erfahrungen lassen sich wie folgt zusammenfassen:

1. Wuchsstoffe sind in sehr kleinen Mengen und in scharf abgegrenzten Konzentrationen wirksam. Zu hohe Konzentrationen können die Zellen an der Stecklingsbasis abtöten, zu einer unkontrollierten Zellwucherung und starker Kallusbildung führen oder auch das weitere Wurzel- und Triebwachstum verhindern. Andererseits sind zu niedrige Konzentrationen vollkommen wirkungslos.

2. Die Dauer des Eintauchens in eine Wuchsstofflösung ist direkt korreliert mit der Konzentration der verwendeten Lösung. In bestimmten Grenzen kann kurzes Eintauchen

für einige Sekunden in hochkonzentrierte Wuchsstofflösungen den gleichen Effekt auslösen wie langes Eintauchen (12—24 Std.) der Stecklinge in schwächer konzentrierte Lösungen.

3. Die Wuchsstoffbehandlung beschleunigt, wenn sie wirksam ist, die Bewurzelung der Stecklinge, erzeugt eine stärkere Bewurzelung und erhöht auch die Bewurzelungsprozente. In vielen Fällen können Pflanzenarten zur Bewurzelung gebracht werden, deren Vermehrung durch Stecklinge sonst nicht wirtschaftlich gewesen wäre (z. B. Magnolien und rote *Rhododendron*-Hybriden).

4. Es gibt keine Pflanzenarten, die sich unter normalen Bedingungen gar nicht bewurzeln, die man aber mit Hilfe von Wuchsstoffen zu einem nennenswerten Prozentsatz bewurzeln könnte. Wuchsstoffe können nur eine vorhandene Bewurzelungspotenz aktivieren, nicht aber erst schaffen.

5. Die anzuwendende Konzentration schwankt von Pflanzenart zu Pflanzenart, aber auch bei ein und derselben Pflanzenart je nach Verholzungsgrad des Stecklings. Je weicher der Steckling, umso geringere Konzentrationen sind erforderlich. Die Bewurzelung von Steckholz kann im allgemeinen dagegen nur mit sehr hohen Konzentrationen gefördert werden.

6. Von einer Wuchsstoffbehandlung sind nur dann positive Ergebnisse zu erwarten, wenn alle anderen Faktoren, wie z. B. der Reifegrad des Stecklings, das Steckmedium, Wasser, Licht und Temperatur, richtig koordiniert werden. Wuchsstoffe sind kein Ersatz für andere Kulturmaßnahmen, sondern nur eine sinnvolle Ergänzung.

1.9.8 Methoden der Wuchsstoffzuführung

Da der natürliche Wuchsstofffluß von den wuchsstoffproduzierenden Vegetationspunkten in basipetaler Richtung erfolgt, wurden die Wuchsstoffe zunächst über die grünen Teile der Stecklinge zugeführt. Es hat sich aber im Laufe der Zeit herausgestellt, daß bei einer Wuchsstoffbehandlung der Stecklingsbasis zwar auch die zugeführten Wuchsstoffe in den grünen Teilen der Pflanzen verteilt nachgewiesen werden konnten, aber doch zu einem hohen Prozentsatz an der Stecklingsbasis verblieben, so daß sich diese Behandlung als effektiver erwies. Praktisch durchführbar sind folgende Methoden:

1. Eintauchen der Stecklinge in wuchsstoffhaltige Puder (Talkum-Basis).
2. Tauchen der Stecklings-Basis in konzentrierte Wuchsstofflösungen für kurze Zeit (3 bis 5 sec.).
3. Einstellen der Stecklinge mit der Basis in schwach konzentrierte Lösungen von Wuchsstoffen (12 oder 24 Std.).
4. Bestreichen der Stecklingsbasis mit wuchsstoffhaltiger Paste (Lanolin-Basis).

Durchgesetzt hat sich in der Praxis aus arbeitswirtschaftlichen Gründen das Eintauchen der Stecklingsbasis in wuchsstoffhaltige Puder, dies auch wohl deshalb, weil wuchsstoffhaltige Puder ihre Wirksamkeit für lange Zeit unverändert behalten, während Wuchsstoffe in wäßriger Lösung vor allem bei niedrigen Konzentrationen ihre Wirkung schon nach wenigen Stunden verlieren können.

Als Nachteil erweist sich aber bei der Verwendung von wuchsstoffhaltigen Pudern, daß man auf die Konzentrationen angewiesen ist, wie sie in den Fertigprodukten des Handels gegeben sind. Wuchsstofflösungen lassen sich dagegen in der Konzentration leicht variieren, so daß man spezifische Erfahrungen im Betrieb leichter erarbeiten und anwenden könnte.

Die Förderung der Bewurzelung wurde zwar bei einer größeren Anzahl von Stoffen nachgewiesen, in der Praxis konnten sich aber nur solche Substanzen durchsetzen, die eine Förderung der Bewurzelung gleichermaßen bei vielen Pflanzenarten und Sorten erreichen. Dies trifft für folgende Wuchsstoffe zu:

1. Beta-Indolylessigsäure — — IES
2. Beta-Indolylbuttersäure — — IBS
3. Alpha-Naphtylessigsäure — — NES

Die Indolylessigsäure hat etwas an Bedeutung verloren, seitdem man weiß, daß sie ihre Wirkung nicht nur auf die Förderung der Bewurzelung beschränkt, sondern auch durch Einwanderung in die Triebknospen zu einer unerwünschten Austriebshemmung führen kann (ALBRECHT (1966)).

Die Indolylbuttersäure hat wohl die gleichmäßigste positive Wirkung bei den Pflanzenarten und wird deshalb zur Zeit auch deutlich am meisten verwendet.

Folgende Wuchsstoffpräparate sind von der Biologischen Bundesanstalt für Land- und Forstwirtschaft zugelassen worden:

Chryzoplus (0,8 %)
Chryzopon (0,1 %)
Chryzosan (0,6 %) Wirkstoff: β-Indolylbuttersäure
Chryzotek (0,4 %)
Hersteller: Amsterdamsche Chinienefabrik, Holland

Rhizopon AA05 (0,5 %)
Rhizopon AA1 (1,0 %)
Rhizopon AA2 (2,0 %)
Rhizopon AA4 (4,0 %) Wirkstoff: β-Indolylbuttersäure
Rhizopon AA8 (8,0 %)
Rhizopon AA Tabletten (20,0 %)
Hersteller: Amsterdamsche Chinienefabrik, Holland

Seradix 1 (0,1 %)
Seradix 2 (0,3 %) Wirkstoff: β-Indolylbuttersäure
Seradix 3 (0,8 %)
Vertreiber: G. und A. Fischer, 4800 Bielefeld 18

Rhizopon A05 (0,5 %)
Rhizopon A07 (0,7 %) Wirkstoff: β-Indolylessigsäure
Rhizopon A10 (1,0 %)
Rhizopon A Tabletten (20 %)
Hersteller Amsterdamsche Chinienefabrik, Holland

Bewurzelungsgel 58e (0,025 %) Wirkstoff: α-Naphthylessigsäure
Hersteller: AAgrunol Stähler, Stade

Rhizopon B01 (0,1 %)
Rhizopon B02 (0,2 %) Wirkstoff: α-Naphthylessigsäure
Rhizopon B Tabletten (10 %)
Hersteller: Amsterdamsche Chinienefabrik, Holland

Wurzelfix (0,1 %) Wirkstoff: α-Naphthylessigsäure
Hersteller: Spieß-Urania

Tabelle für die Stecklingsvermehrung mit Wuchsstoffen

Der Nachdruck dieser von Dr. S. DE BOER, Boskoop, Holland, im „Tuinbouwgids 1953“, S. 437—439 veröffentlichten Zusammenstellung wurde vom Landbouwministerie in Den Haag freundlich erlaubt.

Bemerkungen: Die hier genannten Stecklinge sind unter Doppelglas gesteckt worden, das Steckholz draußen; der Sand ist Flußsand (Lek-Sand).

Die verwendeten Wuchsstoffe: IES (Indolessigsäure; d. h. in den Präparaten „Rhizopone 4“ und „Kresiviet A“);

NES (Naphthylessigsäure; in den Präparaten „Rhizopone B“ und „Kresiviet B“);

IBS (Indolbuttersäure; in dem Präparat „Rhizopone AA“).

„Mit Rindenverletzung“ bedeutet, daß vom Steckling an einer Seite ein schmaler, etwa 3 cm langer Streifen Rinde abgehoben wurde, um einen Wundreiz und größere Aufnahmemöglichkeit zu erreichen (vgl. Abb. bei Rhododendron).

	Zeit	Substrat T = Torf S = Sand F = Freiland	mit Rindenwunde	Wuchsstoffbehandlung P = Puder, L = Lösung	Dosis	Wuchsstoff	Bemerkungen
Acer palm. Atropurp. ..	Juni od. Aug.	TS 2 : 1	+	P	0,1	NES	stecken, wenn Triebabschluß erfolgt ist
— — Dissect. Atropurp. .	Juni	TS 2 : 1	+	P	0,1	NES	
— — — Nigrum	Juni	TS 2 : 1	+	P	0,1	NES	
— — — Viride	Juni	TS 2 : 1	+	P	0,1	NES	
Apfel Malus-Typen	März—April	F	+	L	50—100 mg/l	IES IES	Steckholz mit Astring
Berberis aggregata prattii .	Okt.	TS 1 : 1	+	P	0,25	IES	
— candidula	Dez.	TS 1 : 2	+	P	0,5	IES	
— julianae	Nov.	TS 1 : 1	—	P	0,25	IES	
— rubrostilla	Okt.	TS 1 : 1	+	P	1,0	IES	
— sanguinea	Jan.—Febr.	TS 1 : 1	—	P	0,1	NES	
— stenophylla	Jan.—Febr.	T	—	P	0,25	IES	
— thunbergii Erecta	Sept.	TS 2 : 1	+	P	0,1	NES	
— verruculosa	Jan.—Febr.	T	—	P	0,25	IES	
Buddleia Ile de France ..	Aug.	T	—	P	0,25	IES	viel Luft, wenig spritzen
Camellia japonica	Aug.	TS 3 : 1	—	P	0,2	NES	
— Henri Defossé	Juni	TS 2 : 1	+	P	0,5—0,25	IES	
Chaenomeles sp. Nivalis	Juni—Juli	TS 1 : 1	—	P	1—0,5	IES	
— — Rubra Grandiflora .	Juni—Juli	TS 1 : 2	—	P	1—0,5	IES	weiche Triebspitzen nicht gut; am besten kurze Seitentriebe mit Astring
— — Umbilicata	Juni—Juli	TS 1 : 2	+	P	1	IBS	
— — Pygmaea	Juni—Juli	TS 1 : 2	—	P	1—0,5	IES	
— jap. sargentii	Juni—Juli	TS 1 : 2	—	P	0,5	IES	
— — Simonii	Juni—Juli	TS 2 : 1	—	P	1—0,5	IES	
Chamaecyp. laws. Alumii	März—Sept.	TS 1 : 1	—	L	50 mg/l	IES	
— — Erecta Viridis	März—Sept.	TS 1 : 1	—	L	200 mg/l	IES	
— — Triomf van Boskoop	März—Sept.	TS 4 : 1	—	L	150 mg/l	IES	
— obtusa Aurea Youngii .	März—Sept.	TS 4 : 1	+	L	100 mg/l	IBS	
— — Crippsii	März—Sept.	TS 2 : 1	+	L	100 mg/l	IBS	
— — Nana Gracilis	März—Sept.	TS 4 : 1	+	L	100 mg/l	IBS	
Clematis Daniel Deronda	Juli—Aug.	TS 2 : 1	—	P	0,05	NES	Stecklinge nur 1 Blattpaar mit kleinem Stammstück
— Lasurstern	April—Okt.	TS 2 : 1	—	P	0,1	NES	
— Mme. Lecoultre	April—Okt.	TS 2 : 1	+	P	0,1	NES	
— Prins Hendrik	April—Okt.	TS 2 : 1	+	P	0,1	NES	
— jackmanii	April—Okt.	TS 2 : 1	+	P	0,1	NES	
— montana	Sept.—Okt.	TS 2 : 1	+	P	0,25	NES	
— — Rubens	Sept.—Okt.	TS 2 : 1	+	P	0,5	IES	
Cornus alba Sibirica	April	F —	—	L	12,5 mg/l	NES	
— florida Rubra	Juli	TS 2 : 1	+	P	1,0	IBS	
Cornus kousa	Aug.	TS 1 : 1	—	P	1,0	IES	
Corylopsis spicata	Aug.	TS 2 : 1	+	L	25 mg/l	IBS	
Corylus maxima Purp. ..	Aug.—Sept.	TS 2 : 1	—		1,0	IBS	
Cotinus cogg. Rubrifolia .	Juni	TS 2 : 1	+	L	25 mg/l	IBS	
Cotoneaster dammeri rad.	Aug.	TS 4 : 1	—	P	0,25	IBS	
— horizontalis	Sept.	TS 1 : 1	+	P	1,0	IBS	
— salicifolius floccosus ..	Aug.—Sept.	TS 2 : 1	—	P	1,0	IBS	
— wardii	Aug.	TS 1 : 1	+	P	1,0	IBS	
Cytisus Butterfly	Sept.—Okt.	TS 2 : 1	—	L	25—50 mg/l	NES	von reifen Trieben
— Firefly	Okt.	TS 2 : 1	—	L	75 mg/l	NES	
— Newry Seedling	Dez.	TS 1 : 2	—	L	100 mg/l	IES	
— praecox	Sept.	TS 2 : 1	—	L	50 mg/l	NES	
Daphne Somerset	Sept.	TS 1 : 4	—	P	1,0	IES	
— cneorum	Sept.	S —	—	P	1,0	IBS	
Elaeagnus pungens	Aug.	TS 1 : 1	—	L	50 mg/l	NES	
— reflexa	Aug.	TS 1 : 1	—	L	100 mg/l	IES	
— pung. Simonii	Aug.	TS 1 : 1	—	L	37,5 mg/l	NES	

	Zeit	Substrat T = Torf S = Sand F = Frei-land	mit Rinden-wunde	Wuchsstoffbehandlung P = Puder, L = Lösung			Bemerkungen
					Dosis	Wuchs-stoff	
Euonymus fort. Vegetus .	Juni	TS 1 : 1	–	P	0,5	IES	
Exochorda giraldii wils. . .	Juni	TS 1 : 1	–	P	0,25	IES	
Hamamelis mollis	Juni	TS 2 : 1	–	P	1,0	IBS	
— virginiana	Aug.	TS 2 : 1	–	L	100 mg/l	IES	
Hibiscus syr. Amarantus .	Juni	TS 1 : 1	–	P	0,5	IES	
— — Speciosus	Juni	TS 1 : 1	–	P	0,5	IES	
Ilex altaclar. Hodginsii . .	Juli	TS 3 : 1	+	P	0,05	NES	
Ilex Silver Queen	Juli—Sept.	TS 3 : 1	–	P	0,2—0,5	IES	
— J. C. van Tol	Juli—Sept.	TS 3 : 1	+	P	0,1	NES	
— aqu. Pyramidalis	Juli—Sept.	TS 3 : 1	+	P	0,1	IES	
— crenata	Juli—Aug.	TS 3 : 1	–	P	0,25	IES	
— pernyi	Juli—Aug.	TS 3 : 1	–	P	0,5	IES	
— verticillata	Juni—Juli	TS 2 : 1	–	P	1,0	IBS	
Johannisbeere Baldwin Hilltop	März	F —	–	L	150 mg/l	IES	
Junip. horizont. Plumosa .	Juli	TS 3 : 1	+	L	50 mg/l	IES	
— squamata Meyeri	März—Mai	TS 2 : 1	+	L	100 mg/l	IES	
— virginiana Glauca	Okt.	TS 2 : 1	+	L	50 mg/l	NES	
— — horizontalis	Juli	TS 3 : 1	+	L	25 mg/l	NES	
Laburnum watereri Vossii	März—April	F —	+	L	100 mg/l	IES	
Ligustr. ovalif. Aur. Marg.	Sept.	TS 1 : 1	–	P	0,5	IES	
— — Elegantissimum	Sept.	TS 1 : 1	–	P	0,5	IES	
Magnolia denudata	Aug.	TS 1 : 1	+	P	1,0	IBS	
— soulangiana	Aug.	TS 1 : 1	+	P	0,2—0,1	NES	
— — Lennei	Aug.	TS 1 : 1	–	P	1,0	IBS	
— liliiflora Nigra	Aug.	TS 1 : 1	+	P	1,0	IBS	
Morus nigra	Aug.	TS 1 : 1	+	P	0,25	IBS	
Osmanthus heterophyllus	Aug.—Sept.	TS 1 : 1	+	P	0,25	IES	
Parrotia persica	Juni—Juli	TS 1 : 1	–	P	0,2	NES	
Pernettya mucronata	Okt.	T —	+	L	100 mg/l	IBS	
Pflaume Brompton	März—April	F —	+	L	100 mg/l	IES	
Pflaume Myrobalane B . .	März—April	F —	+	I	50 mg/l	IES	
— St. Julien A	März—April	F —	+	L	100 mg/l	IES	
Prunus gland. Alb. Pl. . .	Mai—Juli	TS 4 : 1	–	P	0,25	IES	
— lauroc. Herbergii	Sept.	TS 1 : 1	+	P	0,25	IES	
— — Macrophylla	Sept.	TS 1 : 1	+	P	0,25	IES	
— — Zabeliana	Sept.	TS 1 : 1	+	P	0,25	IES	
— triloba	Mai	TS 3 : 1	+	P	1,0	IES	
Pyracantha cocc. Lal.	Sept.—Okt.	TS 1 : 1	–	P	0,5	IES	
— — — Major	Sept.—Okt.	TS 1 : 1	–	P	0,5	IES	
Rhododendron hirsutum .	Juni—Juli	T —	–	P	0,1	NES	
— Hybriden	Juni—Juli	T —	+	P	0,2	NES	
— laetevir.	Mai—Juni	T —	+	P	0,2	NES	
— praecox	Juni—Juli	T —	–	P	0,1	NES	
— punctatum	Juni—Juli	T —	+	P	0,2	NES	
— williamsianum	Aug.	T —	–	P	0,1	IBS	
Ribes sang. Atrosang. . . .	Febr.	F —	+	L	100 mg/l	IES	
Rosa Better Times	Juli	TS 2 : 1	–	P	0,05	NES	
— Gloria Mundi	Aug.	TS 1 : 2	–	P	1,0	IES	
— Greet Koster	Juli	TS 1 : 2	–	P	1,0	IBS	

	Zeit	Substrat (T = Torf, S = Sand, F = Freiland)	mit Rindenwunde	Wuchsstoffbehandlung (P = Puder, L = Lösung)	Dosis	Wuchsstoff	Bemerkungen
— Mme. Butterfly	Aug.	TS 1 : 2	—	P	1,0	IES	
— Sweetheart	Juli—Aug.	TS 2 : 1	—	P	0,5	IBS	
— Orange Triumph	Aug.	TS 1 : 2	—	P	0,5	IES	
— Parel van Aalsmeer ...	Aug.	TS 1 : 2	—	P	0,5	IES	
— Rödhätte	Juli	TS 2 : 1	—	P	0,5	IBS	
Skimmia japonica	Juli—Aug.	TS 1 : 1	—	P	0,25	IES	
Spiraea arguta	Juni—Aug.	TS 4 : 1	+	L	[mg/l] 50—75 15 Std.	IES	Seitentriebe in vollem Trieb am besten
Stachelbeeren	Okt.	F —	—	L	50—100 mg/l	IES	
Syringa chinensis	Juni—Juli	TS 3 : 1	—	P	0,1	NES	am besten kurze Seitentriebe von im Februar umstochenen Pflanzen
— A. J. Klettenberg	Mai—Juni	TS 1 : 1	—	P	1,0	IES	
— Andenken an L. Späth	Mai—Juni	TS 1 : 1	—	P	1,0	IES	
— Hugo de Vries	Mai—Juni	TS 1 : 1	—	P	1,0	IES	
— Mme. Florent Stepman	Mai—Juni	TS 1 : 1	—	P	1,0	IES	
Taxus baccata Fastigiata .	März—April	TS 4 : 1	+	L	50 mg/l	NES	besser im Herbst
— — Repandens	März—April	TS 3 : 1	—	P	150 mg/l	IES	
— — Semperaurea	März—April	TS 3 : 1	—	P	0,5	IES	
— — Washingtonii	März—April	TS 3 : 1	—	P	50 mg/l	NES	
— cuspidata Nana	März—April	TS 3 : 1	+	P	50 mg/l		
Thuja plicata	Mai	TS 3 : 1	—	P	200 mg/l	IES	
Vaccinium corymbosum .	Juni—Juli	T —	+	P	0,1		
Viburnum buddleifolium .	Sept.	TS 3 : 1	—	P	0,1		
— burkwoodii	Juni-Juli	TS 1 : 1	—	P	0,25	IES	
— carlesii	Juni-Juli	TS 1 : 1	—	P	0,25	IES	
— chenaultii	Juni-Juli	TS 1 : 1	—	P	0,25	IES	
— davidii	Sept.	TS 1 : 1	—	P	0,50	IES	
— macrocephalum	Sept.	TS 1 : 1	—	P	0,25	IES	
— plicatum	Sept.	TS 1 : 1	—	P	0,25	IES	
— utile	Sept.	TS 1 : 1	—	P	0,825	IES	
Weigela Hybriden	Juli	TS 2 : 1	—	P	1,0	IES	

Übersicht über die Wirkung der Wuchsstoffanwendung in der Stecklingsvermehrung

(Auszug aus einer Zusammenstellung bei Audus, 377—385; 1953).

Bedeutung der Abkürzungen der wirksamen Wuchsstoffe:

IES = β-Indolyl-Essigsäure
IBS = γ-(Indol-3)-Buttersäure
IPS = α-(Indol-3)-Propionsäure
NES = α-Naphthyl-Essigsäure

I. Leichtwurzelnde Gehölze

(60—100 % unbehandelter Stecklinge wachsen unter optimalen Voraussetzungen)

a) Deutliche Förderung bei

Calluna vulgaris	IBS	Epigaea repens	NES
Caryopteris incana	IBS	Salix spp.	IES
Enkianthus spp.	IBS	Sambucus spp.	IBS, NES

b) Geringe oder keine Förderung bei

Bambus spp.	IES, IBS	Ginkgo biloba	IBS
Campsis spp.	IES	Leucothoe catesbaei	IBS
Cephalanthus occidentalis	IES	Lonicera nitida	IES
Cladrastis lutea	IES	Physocarpus opulifolius	IBS
Enkianthus perulatus	IES	Prunus laurocerasus	IBS
Euonymus fortunei Coloratus	IES	Rhodod, dauricum semperv.	IES
Fothergilla spp.	IES, IBS		

II. Ziemlich gut wurzelnde Gehölze

(30—60 % unbehandelter Stecklinge wachsen unter optimalen Voraussetzungen)

a) Mäßige bis gute Förderung bei

Abelia spp.	IBS	Iberis	IES
Aucuba	IES	Jasminum	IES
Buxus spp.	IBS	Leycesteria	IES
Callicarpa	IBS	Libocedrus	IBS
Camellia	IES, IBS	Maclura	IES
Caragana	IES	Morus	IES
Chamaecyparis	IBS	Myrica gale	IES
Clematis	IBS	Osmanthus	IES
Clerodendron	IES, IBS	Pachysandra term.	IBS
Coriaria	NES	Pieris jap.	IBS
Cyrilla rac.	NES	Prunus cerasif.	IES
Euonymus	IBS	Prunus padus	IBS
Exochorda	IES, IBS	Pyracantha	IBS
Ficus	IES	Ribes gross.	NES
Forsythia	IES, IBS	Ribes alp.	IBS
Genista	IES, NES	Rosa spp.	IES, IBS
Hedera	IES, IBS, NES	Skimmia spp.	IES
Hydrangea	IES, IBS	Symphoricarpos	IES
Hypericum	IES	Taxus spp.	IES, IBS
Idesia	IBS	Viburnum spp.	IBS

b) Geringe oder keine Förderung bei

Cotoneaster spp.	IBS	Erica spp.	IES, IBS, NES
Deutzia spp.	IES, IBS	Rosa canina	IES

III. Schwerwurzelnde Gehölze

(unter 30 % unbehandelter Stecklinge wurzeln unter optimalen Voraussetzungen)

a) Vorzügliche Förderung bei

Abies spp.	IES	Vinca minor	IBS
Fuchsia	IBS	Wisteria	IES
Prunus persica	IBS		

b) Mäßige bis gute Förderung bei

Amorpha spp.	IES	Ilex spp.	IBS
Berberis spp.	IPS, IBS	Juniperus spp.	IBS
Bignonia spp.	NES	Kalmia spp.	IES
Buddleia spp.	IES, IBS, NES	Lagerstroemia	IBS
Cydonia obl.	IES	Larix sibirica	IES
Cytisus spp.	IES, IBS	Laurus nobilis	IES
Daphne spp.	IES	Ligustrum vulg.	IES, IBS
Diervilla spp.	IBS	Liriodendron	IES
Elaeagnus spp.	IBS	Lithospermum prostr.	IES, IBS
Hamamelis spp.	IES, IBS	Lonicera spp.	IBS
Hibiscus spp.	IES, IBS	Magnolia soul.	IES

Olearia haastii	IES	Prunus triloba	IBS
Philadelphus spp.	IBS	Pterostyrax hisp.	IES
Photinia spp.	IES	Quercus spp.	IES
Picea spp.	IES, IBS	Spiraea spp.	IES, IBS
Populus spp.	IBS	Syringa spp.	IBS
Potentilla frut.	IES, IBS	Thuja spp.	IBS
Prunus spp.	IBS	Ulmus spp.	IES, IBS
		Vaccinium corymb.	IBS

c) Schwache oder keine Förderung bei

Carya pecan	IBS	Magnolia spp.	IES
Ceanothus spp.	IES, IBS	Pinus spp.	IES, IBS
Chaeomeles spp.	IES	Stewartia	IES, IBS
Cornus spp.	IES, IBS		

IV. Nichtwurzelnde Gehölze

(Keine Wurzelbildung unbehandelter Stecklinge unter optimalen Voraussetzungen)

a) Vorzügliche Förderung bei

Acer spp.	IES, IBS, NES	Oxydendron	IBS
Celastrus scand.	IBS	Pyrus communis	IBS, IES, NES
Corylus spp.	IBS	Pseudotsuga menziesii	IBS
Malus pumila	IBS	Sciadopitys	IBS

b) Mäßige bis gute Förderung bei

Aristolochia sipho	IES	Olea spp.	IBS
Betula spp.	IES	Pterocarya stenopt.	IES
Davidia inv.	IES	Punica granatum	IES
Fagus silvatica	IES	Quercus robur	IES
Garrya elliptica	IES	Rhodotypos	IBS
Gleditsia triac.	IBS	Sequoia semp.	IES, IBS
Hedysarum multij.	IES	Tsuga canadensis	IES, IBS
Lespedeza thunb.	IES		

c) Schwache oder keine Förderung bei

Acer spp.	IES	Fraxinus americana	IES
Alnus spp.	IES	Larix decidua	IBS
Arctostaphylos manz.	IES, IBS	Pittosporum	IES
Calcyanthus spp.	IES, IBS	Rosa willmottiae	IES
Crataegus spp.	IES		

Die Wirkung der Gibberellinbehandlung bei Gehölzen

(nach HONDELMANN)

Gehölz	Wirkung	Gehölz	Wirkung
Acer palmatum	++	Picea glauca	+
Acer saccharum	++	Pinus strobus	−
Buxus sempervirens	++ S−	Pinus taeda	+
Hydrangea spec.	++	Pinus virginana	+
Juniperus chinensis	++	Populus spec.	+
Liriodendron tulipifera	++	Quercus phellos	++
Malus arnoldiana	++	Rhodod. catawbiense	++
Malus silvestris	+	Rosa spec.	++
Paulownia tomentosa	++	Thea sinensis	++
	S+	Vaccin. corymbosum	+

Erklärung: + = Wachstumsmehrleistung kleiner als 50 %; S+ = Seitenzweige gefördert;
++ = Wachstumsmehrleistung größer als 50 %; S− = Seitenzweige gehemmt.

1.9.9 Weitere bewurzelungsfördernde Substanzen

Bor: HEDEGAARD (1967) erzielte bei der Bewurzelung von weichen *Rhododendron*-Stecklingen, wenn er sie ganz in eine schwache Borlösung tauchte, eine deutlich bessere Bewurzelung. Zuvor hatten WEISER und BLANEY (1960) die bewurzelungsfördernden Substanzen bei *Ilex aquifolium*-Stecklingen nachgewiesen. Sie stellten dabei fest, daß Bor nur dann positiv wirkt, wenn es mit einer Wuchsstoffbehandlung kombiniert wurde. In eigenen Versuchen reagierten *Prunus triloba* und *Prunus glandulosa* positiv auf eine kombinierte Bor-Wuchsstoffbehandlung. Als günstigste Konzentration ergab sich sowohl bei WEISER/BLANEY als auch in eigenen Versuchen eine Konzentration von 50 mg Bor/l.

Im einzelnen ist der Wirkungsmechanismus noch nicht klar, doch besteht die Vermutung, daß Bor in oxydative Prozesse eingreift und zu einer Mobilisierung von sauerstoffreichen Verbindungen im meristematischen Gewebe der Wurzelanlagen führt (WEISER (1967)).

„Captan“ (Orthozid): Bei vielen Pflanzenarten konnte durch eine Kombination von Orthozid-50 mit Wuchsstoffen eine teilweise erstaunliche Verbesserung der Bewurzelungsergebnisse beobachtet werden. So konnte VAN ELK (1969) bei *Chamaecyparis nootkatensis* 'Glauca' eine Steigerung von 18 auf 94 % erzielen, wenn er die Stecklinge nach Einstellen für 24 Stunden in 100 mg/l IBS anschließend mit der Basis in Orthozid-50-Staub tauchte. Ähnliche Ergebnisse erzielte er auch mit *Chamaecyparis lawsoniana* 'Stewartii' und *Tsuga canadensis* 'Pendula'. Orthozid allein, ohne Wuchsstoffbehandlung, ergab keine oder nur geringe Bewurzelung. Hieraus ist vielfach der Schluß gezogen worden, daß die bewurzelungsfördernde Wirkung des Captans nicht nur auf seine fungiziden Eigenschaften zurückzuführen sein könnte. Untersuchungen von HANSEN/HARTMANN (1968), die unter sterilen Bedingungen arbeiteten, zeigten unter diesen Bedingungen jedoch keinen stimulierenden Einfluß von Captan auf die Bewurzelungsleistung. Da inzwischen auch mit dem systemischen Fungizid Benomyl etwa gleich gute Ergebnisse erzielt wurden (FIORINO/CUMMINS/GILPATRICK (1969)), kann man doch wohl nur von einer reinen fungiziden Wirkung ausgehen, die aber gleichzeitig auch zeigt, daß auf Hygiene-Maßnahmen in der Vermehrung nicht verzichtet werden sollte. Es sei aber auch vermerkt, daß die Orthozid-Behandlung bei einigen Pflanzenarten sogar zu etwas schlechterer Bewurzelung geführt hat. Hier mag wohl trotz der anerkannt guten Pflanzenverträglichkeit des Orthozids ein gewisser phytotoxischer Effekt im Spiel gewesen sein. Jeder Betriebsinhaber sollte deshalb seine eigenen Erfahrungen sammeln.

1.9.10 Hygienemaßnahmen bei der Stecklingsvermehrung

Die Hygienemaßnahmen bei Stecklingen umfassen im weitesten Sinne alle Maßnahmen, die der Produktion von gesunden, bewurzelten Stecklingen dienen. Im engeren Sinne verstehen wir darunter allgemein die Gesunderhaltung des Stecklingsmaterials. Sie beginnt mit den Pflanzenschutzmaßnahmen an der Mutterpflanze, die hier präventiv erfolgen müssen und nicht erst, wie es im allgemeinen Pflanzenschutz in der Baumschule üblich ist, wenn Krankheiten und Schädlinge sichtbar werden. Gegen pilzliche Krankheiten sollte bis kurz vor der Stecklingsentnahme in regelmäßigen Abständen mit Fungiziden gespritzt werden, die eine möglichst gute Breitenwirkung besitzen, wie etwa Mancozeb oder Captan und Zineb. Dagegen ist es bei Verwendung von sogenannten teilsystemisch wirkenden Mitteln (z. B. Benomyl oder Saprol) nicht sicher, daß die Stecklinge beim Schneiden schon wieder frei von Wirkstoffen sind, die unter Umständen die Bewurzelung negativ beeinflussen können. Von Benomyl dürften nach den guten Erfahrungen, die mit einem Tauchen der Stecklinge vor dem Stecken gesammelt wurden, wohl keine negativen Einflüsse ausgehen, während für Saprol noch nicht genügend Erfahrungen vorliegen.

Für die vorbeugende routinemäßige Spritzung gegen tierische Schädlinge sollten ebenfalls Mittel mit guter Breitenwirkung eingesetzt werden, wie etwa Demeton- oder Parathion-Präparate. Gegen Schädlinge, die dann trotzdem noch auftreten, müssen spezifisch wirkende Präparate eingesetzt werden. Kommen bereits befallene Stecklinge zur Vermehrung, so ist die Bekämpfung unter den optimalen Temperatur- und Feuchtigkeitsverhältnissen im Vermehrungsraum wesentlich schwieriger, vor allem, wenn unter Sprühnebel vermehrt wird. Fungizide Wirkstoffbeläge werden hier immer wieder von den Blättern abgewaschen, so daß sich unter diesen Bedingungen teilsystemische Mittel wie Benomyl oder Saprol als effektvoller erweisen sollten.

Vor Beginn der Hauptvermehrungszeit müssen die Häuser einmal ganz entseucht werden, was am besten durch Abwaschen der gesamten Inneneinrichtung mit einer Formalin-Lösung gelingt. Das gleiche gilt auch für gebrauchte Stecklingskisten. Die chemische Bodenentseuchung oder gar Dämpfung des Stecksubstrates, die in der Baumschulvermehrung im Gegensatz zum Zierpflanzenbau bisher kaum durchgeführt wurde, sollte erwogen werden, da es kein sicher keimfreies Substrat gibt. Der hohe Kostenaufwand, der mit sorgfältig durchgeführten Hygienemaßnahmen verbunden ist, zahlt sich bestimmt durch bessere Bewurzelungsergebnisse aus.

Das Stecken der Stecklinge

Gesteckt wird je nach Empfindlichkeit und Bewurzelungsdauer entweder im Haus oder im Kasten oder neuerdings auch im Folientunnel. Wird direkt ins Vermehrungsbeet gesteckt, so muß man darauf achten, daß entweder eine ganze Vermehrungs-Einheit nur aus einer Pflanzenart besteht, oder es müssen Arten mit gleicher Bewurzelungsdauer und gleichen Ansprüchen an das Raumklima ausgewählt werden. Dies trifft besonders für die Kästen oder Folientunnel zu, da hier grundsätzlich ins Grundbeet gesteckt wird oder beim Folientunnel mitunter auch in Töpfe, die dann aber nach der Bewurzelung nicht transportabel sind. Im Vermehrungshaus unter Sprühnebel spielt die Zusammenführung von Stecklingen mit gleicher Bewurzelungsdauer keine Rolle, weil in Kisten gesteckt wird, so daß ein Abtransport der bewurzelten Stecklinge möglich ist. Gleiche Ansprüche an das Raumklima müssen aber auch hier gewährleistet sein. Koniferen und Laubgehölze können also niemals in einer Vermehrungseinheit stehen.

Abb. 120. *Lonicera* und *Cotoneaster* unter Folie im Topf fast 100 %ig bewurzelt (Foto: Wennemuth)

Es soll grundsätzlich nicht zu tief gesteckt werden, da dann auch selbst bei vernäßtem Substrat noch am ehesten die notwendige Sauerstoffzufuhr zur Stecklingsbasis gesichert ist. Die Stecklinge sollen, vor allem wenn sie weich sind, nie in das Substrat gedrückt werden; Vorstechen von Löchern mit einem Pikierholz hilft Beschädigungen zu vermeiden. Anschließend muß angedrückt werden, um die Wasseraufnahme des Stecklings aus dem Substrat zu erleichtern. Vor allem bei weichen Laubholzstecklingen ist in den ersten Tagen nach dem Stecken ein leichtes Schattieren anzuraten. Wenn die Temperatur im Raum gesteuert werden kann, soll bis zur Kallusbildung eine etwas niedrigere Temperatur gehalten werden. Nach der Bewurzelung müssen die Stecklinge durch leichtes Lüften oder, wenn sie unter Sprühnebel stehen, durch schrittweise Verminderung der Arbeitstakte langsam abgehärtet werden. Im Folientunnel muß die Folie geöffnet werden, um den Lichteinfall zu verbessern.

Alle Laubgehölzarten, die bis zum Herbst nicht mehr durchtreiben, sind trotz guter Bewurzelung im Winter gefährdet und treiben oft im Frühjahr nicht aus. Sie dürfen auf keinen Fall durch frühzeitiges Eintopfen gestört werden und sollen am besten ein ganzes Jahr im Grundbeet stehen bleiben, da die Ausfälle erfahrungsgemäß dann am geringsten sind. Zu diesen Arten zählen z. B. *Cotinus coggygria, Kolkwitzia, Vaccinium corymbosum, Prunus triloba* und *Pr. glandulosa* und *Hydrangea.*

Abb. 121. Ein großer Satz *Prunus triloba* (Grundbeete unter Sprühnebel) bei Hinrich Kordes (Bilsen) (Foto: Wennemuth)

1.10 Die Vermehrung durch Augenstecklinge

Die Vermehrung durch Augenstecklinge beschränkt sich in der praktischen Anwendung auf die Vermehrung des Weins, obwohl dieses Verfahren sicher auch bei fast allen durch Steckholz zu vermehrenden Arten funktionieren würde.

Zur Augenstecklingsvermehrung wird ein ca. 2—3 cm langes Triebstück eines gut ausgereiften 1jährigen Triebes verwendet, in dessen Mitte ein gut ausgebildetes Auge sitzt. Das Triebstück wird in der Mitte der Länge nach gespalten und dann waagerecht in einen mit Torf- und Sand-Gemisch gefüllten Stecklingstopf gedrückt und dabei soweit mit Substrat bedeckt, daß das Auge nur noch eben zu sehen ist. Anschließend wird in einem hellen Haus möglichst dicht unter dem Glas bei 20 °C aufgestellt. Die Kultur ist stark durch *Botrytis*-Befall gefährdet. Es muß deshalb regelmäßig mit einem spezifisch wirkenden Fungizid gestäubt werden. Günstigster Termin für die Augenstecklingsvermehrung des Weins ist der Februar. Die Abnahme der Ruten, aus denen der Augensteckling geschnitten wird, sollte bereits im Dezember erfolgen. Die Spezialbetriebe, in denen die Vermehrung des Weins betrieben wird, verfügen meist über einige Mutterpflanzen, die im Gewächshaus stehen und deshalb gut ausgereiftes Holz liefern.

1.11 Die Vermehrung durch Blattstecklinge (Blattaugenstecklinge)

In der eigentlichen Form, wie sie z. B. bei der Begonienvermehrung durchgeführt wird, gelingt sie bei den Gehölzen nicht. Bei den Begonien ist das Blatt in der Lage, an der Basis sowohl Wurzeln als auch später einen Vegetationspunkt für den Sproß auszubilden. Bei der einzigen Art, die bei den Gehölzen durch Blattstecklinge vermehrt wird, den Brombeeren, muß am Blattstengelgrund ein gut ausgebildetes Auge vorhanden sein, das mit einem Stück des Rindengewebes geschnitten werden muß. Bester Termin der Blattstecklingsvermehrung bei Brombeeren ist die erste Hälfte des Monats Juli. Wird wesentlich später vermehrt, dann treiben die Augen trotz guter Bewurzelung nicht mehr aus (Lichtmangel), und es ist dann schwer, diese Stecklinge durch den Winter zu bekommen. Das Blatt muß nach dem Schneiden sofort unter hohe Luftfeuchtigkeitsverhältnisse (Sprühnebel) gebracht werden, da es beim geringsten Welken zum Abstoßen des Blattes vom Auge kommt.

1.12 Die Vermehrung durch Steckholz

Als Steckholz werden Stecklinge von ausgereiften, also verholzten, meist 1jährigen Trieben im unbelaubten Zustand bezeichnet. Während bei den Sommerstecklingen bevorzugt die sogenannten Kopfstecklinge verwendet werden, bewurzeln sich die Spitzen der Triebe als Steckholz nur schlecht, weil sie nur schwache und nicht ausgereifte Augen haben.

Durch Steckholz wird der größte Teil der sogenannten groben Ziersträucher vermehrt, wie z. B. *Cornus, Deutzia, Forsythia, Ligustrum, Lonicera, Philadelphus, Ribes, Salix, Spiraea, Symphoricarpos, Tamarix und Weigela.* Bei allen Arten und Sorten, die sich relativ sicher aus Steckholz bewurzeln lassen, wird die Steckholzvermehrung der Stecklingsvermehrung vorgezogen, da für die Steckholzvermehrung keine besondere Vermehrungseinrichtung erforderlich ist, der Steckholzschnitt in die arbeitsarme Winterzeit fällt und in kürzerer Zeit verkaufsfertige Jungpflanzen produziert werden können. Dennoch sollte nicht vergessen werden, daß die Bewurzelungsergebnisse auch bei relativ leicht wurzelnden Arten in den einzelnen Jahren recht unterschiedlich sein können, da man absolut vom Witterungsverlauf abhängig ist. So war z. B. die Ausbeute auf den Steckholzquartieren im Jahre 1976, bedingt durch Spätfröste und nachfolgende Trockenheit, außerordentlich gering, während die Stecklingsvermehrung recht gute Ergebnisse brachte.

Voraussetzungen für einen zufriedenstellenden Vermehrungserfolg bei Steckholz sind ein humoser, höchstens mittelschwerer Boden und ein langes Frühjahr mit nur langsam ansteigenden Temperaturen sowie ausreichende Boden- und Luftfeuchtigkeit. Eine vorausgehende chemische Bodenentseuchung wirkt sich positiv aus.

Geeignet für die Steckholzgewinnung sind gut ausgereifte Jahrestriebe, die nicht zu lang sein sollten. Stark im Schnitt gehaltene Mutterpflanzen liefern das beste Material. Weder dünnes, noch zu dickes Steckholz bringt die besten Bewurzelungsergebnisse.

Die Ruten, aus denen das Steckholz zugeschnitten wird, sollten möglichst vor Einsetzen der ersten schweren Fröste geschnitten werden. Nach holländischen Untersuchungen brachten frühe Schnittermine im November und Dezember im Durchschnitt der verschiedenen Pflanzenarten und Jahre die etwas besseren Bewurzelungsergebnisse. In der Praxis wird die Rutengewinnung aus arbeitswirtschaftlichen Gründen meist erst im Januar durchgeführt. Entscheidend ist nicht, wann das Steckholz zugeschnitten wird, sondern wann die Ruten von den Pflanzen abgenommen werden. Die Ruten sollen zunächst kühl und feucht gelagert werden (Kühlraum). Bei Frost geschnittene Ruten dürfen auf keinen Fall in einen warmen Raum gebracht werden. Auftauen in kaltem Wasser schadet nicht.

Das Zuschneiden des Steckholzes, das früher sehr sorgfältig mit dem Messer erfolgte, wird heute entweder mit der Schere oder bei größeren Mengen auch nach vorhergehender Bündelung mit einer elektrischen Bandsäge durchgeführt. Ausnahmen werden hier nur bei schwerwurzelnden Arten gemacht, da es sich positiv auf die Bewurzelung auswirkt, wenn der Schnitt kurz unterhalb eines Knotens erfolgt.

Die Länge des Steckholzes schwankt in Abhängigkeit von der artentypischen Internodienlänge zwischen 15 und 30 cm, es sollten mindestens 2, besser 5 Nodien gegeben sein. Eine einheitliche Schnittlänge bei den einzelnen Arten sollte angestrebt werden.

Bei schwerwurzelnden Arten wird das Steckholz auch wohl mit Astring geschnitten, man kann dann aber nur ein Steckholz je Rute schneiden. Bei *Platanus* und *Cydonia* kann das Bewurzelungsergebnis hierdurch deutlich verbessert werden.

Das fertig geschnittene Steckholz wird gebündelt und entweder im kalten Kasten in Torf und Sand möglichst an schattiger Stelle sehr tief eingeschlagen oder auch in Plastikbeuteln in einem kühlen Schuppen oder Keller aufbewahrt. Ist ein Kühlraum vorhanden, so werden die Steckholzbündel, in Plastik eingetütet, dort aufbewahrt, obwohl die für die Pflanzenlagerung nötige Temperatur in Nullpunktnähe nicht für alle Pflanzenarten als optimal angesehen werden darf. Temperaturen zwischen 3 und 5 °C führen oft zu besseren Ergebnissen. Wird in Plastik eingetütet, dann besteht in der wasserdampfgesättigten Atmosphäre des Beutels die Gefahr des Pilzbefalls; es empfiehlt sich deshalb eine Behandlung des Steckholzes mit Fungiziden in Staubform (z. B. Orthozid-50). Das Steckholz muß auf jeden Fall so kühl gelagert werden, daß der Austrieb der Knospen nicht vor dem Stecken beginnt. In der ersten Hälfte des Winters treiben die Knospen auch bei höheren Temperaturen nicht aus, weil sie noch in der Hauptruhe sind; ab Februar können aber schon Temperaturen von 5 °C für den notwendigen Anreiz sorgen.

Die Wurzelbildung kann bei den meisten Arten durch Verwendung von Wuchsstoffen gefördert werden, wie die Arbeiten von HOWARD (1968) demonstrieren. Mit IBS wurden fast immer die besten Ergebnisse erzielt. Die zu verwendenden Konzentrationen liegen etwas höher, als sie bei der Stecklingsvermehrung der gleichen Arten benötigt werden. Bei kurzem Tauchen der Steckholzbasis für 2—3 Sekunden in Wuchsstofflösungen liegen die Optima zwischen 1000 und 5000 mg IBS je Liter. Eine Wuchsstoffbehandlung wird in der Praxis bisher aber nur bei wenigen schwerwurzelnden Arten durchgeführt.

Interessant sind die Arbeiten HOWARDS mit durch Steckholz vermehrbaren Obstunterlagen, wie z. B. M 26, 'St. Julien A', Myrobalanen und 'Brompton'. Außer einer Wuchsstoffbehandlung probierte er mit gutem Erfolg auch eine Wärmebehandlung (4—6 Wochen bei 18—21 °C) des Steckholzes unmittelbar nach dem Steckholzschnitt im Oktober aus. Das Steckholz stand dabei mit dem Fuß im erwärmten Substrat, während der obere Teil den natürlichen kalten Außentemperaturen ausgesetzt blieb. Für diesen Zweck wurde eine spezifische Vermehrungseinrichtung geschaffen, mit elektrischer Bodenheizung und einem nach der Seite hin offenen Dach, um nur die natürlichen Niederschläge abzuhalten. Das Steckholz darf nämlich bei der Wärmebehandlung nicht zu feucht stehen, sonst kommt es an der Steckholzbasis zu Pilzbefall. HOWARD konnte im Frühjahr bereits bewurzelte Steckhölzer auspflanzen, die im August schon veredlungsreif waren. Das Steckholzmaterial wurde dabei von sogenannten Schnitthecken gewonnen, die alljährlich sehr scharf zurückgesetzt wurden.

BARTOLINI/BRICCOLI-BATI (1975) führten eine Wärmebehandlung von mit Wuchsstoff behandeltem Steckholz mit und ohne Substratbefüllung in Plastiktüten im Dunkeln bei Temperaturen von 20 °C bei Pfirsichen durch. Sie hatten stark wechselhafte Erfolge. Die Stimulation der Wurzelbildung und das Überleben des bewurzelten Steckholzes nach dem Auspflanzen im Freiland gelangen nur dann recht gut, wenn Plastiktüten verwendet wurden, die den Austausch des von den Pflanzen produzierten Äthylens ermöglichten, und wenn das Steckholz mit der Basis im Substrat stand. Die Wärmebehandlung durfte aber 15 Tage nicht überschreiten. Nachfolgende Kühllagerung bis zum Auspflanzen führte im Freiland zu einer deutlich erhöhten Bewurzelungsrate. Dies scheint ein Weg zu sein, der wegen des geringen Aufwandes auch für jetzt noch problematische Ziergehölzarten begangen werden könnte.

Während das Steckholz von den Ziergehölzen im zeitigen Frühjahr im Freiland gesteckt wird, können die fruchttragenden Johannisbeeren (Ausnahme 'Heinemanns Spätlese', die veredelt werden muß) bereits unmittelbar nach dem Schnitt des Steckholzes im September gesteckt werden. Die Bewurzelungsergebnisse sind meist deutlich besser als bei Stecken im Frühjahr. Liguster kann ebenfalls im Herbst gesteckt werden, dies verspricht aber nur in milden Klimagebieten Vorteile.

2 Die xenovegetative Vermehrung (Veredlung)

Allgemeines. Unter Veredeln versteht man die Übertragung eines Teilstückes (Edelreis, Edelauge) der zu vermehrenden Pflanzenart auf eine geeignete andere Pflanze (Unterlage). Aus dem Edelreis oder Edelauge soll dann die neue Pflanze aufgebaut werden, die auf fremder Wurzel steht, so lange sie sich nicht irgendwann freimacht. Unter **Freimachung** versteht man die Ausbildung eigener Wurzeln des veredelten Teiles der Pflanze. Sie ist im Obstbau vor allem bei Verwendung schwachwachsender Unterlagen unerwünscht, bei Ziergehölzen, wie z. B. *Clematis* und *Syringa*, ist sie beabsichtigt und wird durch tiefes Pflanzen gefördert.

Die Veredlung ist dann nicht zu vermeiden, wenn es entweder nicht gelingt, die Edelsorte auf eigene Wurzel zu stellen, oder wenn die Pflanze auf eigener Wurzel nicht so wüchsig ist, daß sie in vertretbarer Zeit zur Verkaufsreife heranwächst. Obwohl bei vielen unserer Apfelsorten die autovegetative Vermehrung über Grünstecklinge befriedigend gelang, wird diese Anzuchtmethode nur für wissenschaftliche Untersuchungen von Interesse sein, weil die Möglichkeit, auf verschiedenwüchsige Unterlagen zu veredeln, gleichzeitig auch die Möglichkeit beinhaltet, den Wuchscharakter der Edelsorte in gewünschter Richtung zu beeinflussen. Bei einer Reihe von Ziergehölzen haben aber die Fortschritte in der Stecklingsvermehrungstechnik (Wuchsstoffe, Sprühnebel) die Veredlung überflüssig gemacht, und man wird immer bemüht bleiben, wo es eben angängig ist, auf die Veredlung zu verzichten. Das hat drei Gründe:

1. Die Veredlung ist aufwendiger und deshalb teurer.
2. Die Ausfälle bei der Veredlung sind höher als bei anderen Vermehrungsarten.
3. Pflanzen, die auf fremder Unterlage stehen, bilden oft zahlreiche Wildtriebe aus, die die Edelsorte überwachsen und schwächen können.

Als Beispiel dafür mag Flieder gelten, der am endgültigen Standort nach einigen Jahren oft Unmengen von Wildtrieben bringt. In den USA ist man deswegen schon von der Veredlung abgegangen, nachdem unter Sprühnebel befriedigende Bewurzelungsergebnisse von weichen Fliederstecklingen erzielt wurden und der Flieder auf eigener Wurzel recht wüchsig ist.

Bei *Prunus triloba* beginnen auch bei uns die wurzelechten (Stecklinge) Sträucher die Veredlungen zu verdrängen, während man bei der Anzucht der Stämme die Veredlung nicht vermeiden kann.

Dagegen ist es unwahrscheinlich, daß *Picea pungens* 'Glauca Koster' oder *Chamaecyparis obtusa* 'Nana Gracilis' auf eigener Wurzel Marktbedeutung gewinnen könnte. Die Bewurzelung ist schwierig und die Wuchsleistung auf eigener Wurzel unbefriedigend, so daß eine baumschulmäßige Anzucht von Stecklingspflanzen nicht zu vertreten ist. Die Möglichkeit, die Veredlung bei vielen Pflanzenarten in der Winterzeit durchzuführen, versöhnt etwas mit dem relativ hohen Arbeitsaufwand, mit dem die Veredlung nun einmal belastet ist. Die Masse der Obstgehölze wird allerdings in der Vegetationszeit durch Okulation veredelt, neuerdings wird aber die Winterhandveredlung von einigen Betrieben forciert, um die sommerliche Arbeitsspitze beim Okulieren zu entlasten.

Die Unterlagenfrage wird bei den jeweiligen Pflanzenarten im „Besonderen Teil“ beschrieben. Hier sollen nur einige grundsätzliche Aspekte behandelt werden.

Die Veredlung besteht praktisch aus zwei Pflanzen, die im Augenblick der Annahme der Veredlung durch die Unterlage eine Lebensgemeinschaft eingegangen sind. Die Unterlage bildet das Wurzelsystem aus, verankert die Pflanze im Boden und nimmt Wasser und Nährstoffe für die gesamte Pflanze auf. Andererseits ist sie aber auch auf die vom Veredlungspartner aus den Assimilaten gebildeten Aus- und Umbaustoffe angewiesen. Es müssen sich deshalb mannigfaltige Wechselbeziehungen zwischen den Veredlungspartnern ergeben. Im allgemeinen ist der Einfluß der Unterlage auf die Veredlung deutlicher ausgeprägt als umgekehrt.

Das Anwachsen der Veredlung kann nur bei Vorliegen ausreichender **Affinität** (Verwandtschaft) zwischen Reis und Unterlage gelingen. Ausreichende Affinität ist in der Regel innerhalb der jeweiligen Gattungen gegeben, häufig auch noch im Bereich der Familie. Kommt es nun innerhalb des Gattungsbereiches, also bei nahe verwandten Pflanzenarten, nicht zu einer lebensfähigen Kombination, so spricht man von **Unverträglichkeit.** Trotz intensiver Bearbeitung dieses Fragenkomplexes ist es noch nicht gelungen, eine in allen Fällen zutreffende Erklärung zu finden. Man unterscheidet nach KEMMER immer noch zwischen mechanischer und physiologischer Unverträglichkeit. Bei Vorliegen der mechanischen Unverträglichkeit kommt es zunächst zu einem ganz normalen Wachstum der Kombination. Bei starker Belastung der Veredlung, wie etwa bei starkem Wind, bricht jedoch der Baum mit glattem Bruch an der Veredlungsstelle auseinander.

Ist physiologische Unverträglichkeit gegeben, so kommt es entweder gar nicht zur Annahme der Veredlung oder nur zu einer verminderten Wuchsleistung und früher oder später zum Absterben der Veredlung. Es ist die Annahme berechtigt, daß die grundlegende Ursache der Unverträglichkeit in einer biochemischen Unverträglichkeit der unmittelbar an der Veredlungsstelle zusammentreffenden Zellen beruht. Histologisch ist sie an einer schmalen, braunen Gewebezone zu erkennen, die an der Begrenzungszone zwischen den beiden Veredlungspartnern entstanden ist. BUCHLOH (1962) gelang es bei unverträglichen Birnen-Quitte-Veredlungen, die Ursachen der Pigmentbildung zu klären. Er fand heraus, daß die Verfärbung durch die enzymatische Aufspaltung des in der Birne vorhandenen Glykosids Arbusin hervorgerufen wird. Bei verträglichen Birne-Quitten-Veredlungen werden diese Farbstoffe wieder reduziert. Da Reaktionen des Fermentes Polyphenoloxydase in welkenden Pflanzen oft zu einer ähnlichen Gewebeverbräunung führen, könnte eine Beteiligung dieses Fermentes wahrscheinlich sein.

WIGGER konnte den überzeugenden Beweis führen, daß bisher als unverträglich geltende Birnen-Quitte-Kombinationen normal wachsen, wenn sowohl Reis als auch Unterlage absolut virusfrei sind. Seine Erfahrungen wurden inzwischen weltweit bestätigt. Daß nicht alle Birnen-Quitte-Kombinationen unverträglich waren, beruht nicht etwa darauf, daß sie virusfrei waren, hier scheinen vielmehr die latent vorhandenen Viren von den jeweiligen Partnern ohne Symptomausprägung vertragen zu werden.

Beim Nikolieren ist eine dünne Gewebeschicht eines verträglichen Partners bereits in der Lage, Unverträglichkeitserscheinungen zu vermeiden. Diese dünne Gewebeschicht müßte folgerichtig als inaktivierende Grenzschicht für Viren oder deren Stoffwechselprodukte angesehen werden.

Möglicherweise sind auch noch bei einer Reihe anderer bisher unerklärlicher Unverträglichkeitserscheinungen ebenfalls latente Viren beteiligt. In vielen Baumschulen wird schon mit absolut sicherem Erfolg auf jede Zwischenveredlung bei Birnen auf Quitte verzichtet.

Das Verwachsungsgeschehen: Die Schnittstellen sowohl an der Unterlage als auch am Reis zerfließen zunächst zu einem amorphen Brei, der sich beim Verwachsungsgeschehen inaktiv verhält und mit der Ausbildung des provisorischen Wundverschlusses an der Basis von Stecklingen zu vergleichen ist. In der nächsten Stufe werden von der Unterlage ausgehend Parenchymbrücken gebildet, die den ersten echten Gewebekontakt zwischen Reis und Unterlage herstellen. Das Reis verhält sich bis zu diesem Zeitpunkt noch vollkommen inaktiv. Eine noch begrenzte Wasserzufuhr zum Reis wird durch diese Parenchymbrücken, die im Bereich des lebenden, noch teilungsfähigen Gewebes gebildet werden, ermöglicht. Sie kann aber nur dann funktionieren, wenn Reis und Unterlage fest aufeinander gedrückt werden; bei einem lockeren Verband kann das Reis schon so weit entwässert sein, daß es an der 3. Phase des Verwachsungsgeschehens, an der es aktiv beteiligt ist, nicht mehr teilnehmen kann. Das Anwachsen der Veredlung ist damit unmöglich. Sind die beiden Gewebe fest aufeinandergedrückt, so lebt das Kambium des Reises stark auf, und zwar vor allem im Bereich der Parenchymbrücken, wo es zur ersten Verschmelzung der beiderseitigen Gewebe kommt, die sich auf das gesamte Kambium erstreckt. Vom Kambium ausgehend erfolgt die Produktion des Sieb- und Holzteiles, wodurch erst die endgültige Gefäßverbindung hergestellt ist. Jetzt erst kann das Reis, bezüglich des Wasserverbrauches, zum erstenmal belastet werden (BRAUN, H. J. (1963)).

Alle Maßnahmen, die einen möglichst engen Kontakt zwischen dem teilungsfähigen Gewebe der beiden Partner sicherstellen und den Wasserverbrauch des Edelreises reduzieren, müssen deshalb die Anwachschance des Edelreises verbessern. Ebenso selbstverständlich hat nur ein voll im Saft stehendes Edelreis gute Chancen, anzuwachsen. Die Sicherstellung des Veredlungserfolges beginnt deshalb schon bei der richtigen Wahl und Pflege des Edelreises. Da nach BRAUN starke Reiser einen absolut höheren Wassergehalt aufweisen und auch ihr Verhältnis von verdunstender Oberfläche zu Inhalt günstiger ist, haben sie eine bessere Anwachschance. Nicht immer ist es dagegen möglich, die Reiser erst unmittelbar vor dem Veredeln zu schneiden, weil starke Fröste bereits zu einer Kambiumschädigung führen können und auch nicht sichergestellt ist, daß bei spätem Veredlungstermin nicht bereits ausgetriebene Knospen die Edelreiser unbrauchbar machen. Auf jeden Fall sollte deshalb im Laufe des Winters bei Frostfreiheit ein Vorrat an Reisern geschnitten werden. Sie können entweder im Plastikbeutel in einem Kühlraum oder im Einschlag im reinen Sand an einer kühlen, schattigen Stelle aufbewahrt werden.

Für einen Schnitt der Reiser unmittelbar vor dem Veredeln sprechen spezifische Untersuchungsergebnisse von H. J. BRAUN (1961). Er stellte jahreszeitlich bedingte Verschiebungen in Bäumen und Pfropfreisern fest, wobei er unter Wasserverschiebung den von den Gärtnern als „Saftsteigen“ bezeichneten Vorgang versteht. Nicht nur in den Bäumen, sondern auch in den von ihnen abgetrennten Teilen (Reisern) beginnt im Frühjahr eine langsame Verschiebung des Wassers. Das Holz entleert sich von innen nach außen und von unten nach oben, weshalb beim Reis zuerst die untere Partie vertrocknet. Die Wasserverschiebung ist etwa Mitte April abgeschlossen, dann haben die Bäume von unten so viel Wasser nachgesogen, daß auch das Holz wieder voll mit Wasser aufgefüllt ist. Jetzt geschnittene Reiser wachsen besonders gut an.

Da im praktischen Betrieb die Veredlungszeit nicht auf den Monat April begrenzt werden kann, hat dieses Wissen natürlich nur einen begrenzten Wert. Es ermuntert höchstens dazu, auch relativ spät noch zu veredeln.

Von *Betula* und *Corylus* ist bekannt, daß die Reiser erst geschnitten werden dürfen, wenn die Knospen an der Spitze das erste Grün zeigen. Sie müssen dann sofort veredelt werden.

Die Reiser können im allgemeinen ein- und mehrjährig sein. Ausnahmen bestehen bei *Fagus,* bei denen nur 3jähriges Holz, *Tilia,* bei der nur 2—3jähriges Holz, und *Quercus,* bei denen mindestens 2jähriges Holz verwendet werden muß. Auf der anderen Seite können *Prunus-Arten* mit gutem Erfolg nur mit einjährigem Holz veredelt werden.

Heute ist es fast schon selbstverständlich, daß nur Reiser von wüchsigen, gut blühenden und fruchtenden Bäumen verwendet werden, die frei von Krankheiten (Virus) sind. Diese Maßnahmen kann man unter dem Begriff Erhaltungszucht zusammenfassen.

Was verwächst miteinander? Wie schon früher gesagt, verwachsen die Veredlungen nur dann innig und dauerhaft miteinander, wenn Edelreis und Unterlage sehr nahe verwandt sind. SCHWERIN hat nach umfangreichen Umfragen die bis 1924 bekannten erfolgreichen Kombinationen in einer Liste zusammengestellt, die hier folgt.

Es sind nur diejenigen Kombinationen genannt, die wirklich dauerhaft verwuchsen. Dabei bedeutet ein *, daß die Veredlungen nur 2—3 Jahre am Leben blieben:

Juglandaceae:	*Pterocarya, Juglans, Carya.*
Salicaceae:	*Populus, Salix* Gelungene Verwachsungen: *Chosenia bracteosa* auf *Salix viminalis* (KRÜSSMANN (1960)[1]
Betulaceae:	1. *Carpinus, Ostrya, Corylus.* Gelungene Verwachsung: *Ostryopsis davidiana* auf *Carpinus betulus.* 2. *Betula, Alnus.*
Fagaceae:	1. *Fagus.* 2. *Castanea, Quercus.*
Ulmaceae:	*Ulmus, Celtis, Planera, Zelkova.* Gelungene Verwachsungen: *Planera* und *Zelkova* auf *Ulmus.*
Moraceae:	*Morus, Broussonetia, Maclura.*
Magnoliaceae:	*Magnolia, Liriodendron.*
Saxifragaceae:	1. *Philadelphus, Deutzia.* 2. *Hydrangea.* 3. *Ribes.*
Hamamelidaceae:	1. *Liquidambar.* 2. *Hamamelis, Parrotia, Fothergilla, Corylopsis.*
Rosaceae:	1. *Spiraea, Physocarpus.* 2. *Chaenomeles, Cotoneaster, Crataegus, Cydonia, Eriobotrya, Malus, Mespilus, Photinia, Pyrus, Sorbus.* 3. *Rubus, Rosa.*

Gelungene Verwachsungen

auf Chaenomeles:	* *Pyrus*
auf Crataegus:	*Amelanchier, Pyrus* (nicht alle Birnensorten), *Cydonia, Mespilus, Chaenomeles, Cotoneaster, Photinia, Sorbus aucuparia, Sorbus aria, Crataegus cordata.*
auf Cydonia:	*Cotoneaster, Crataegus, Mespilus,* einige Birnen-Sorten.
auf Pyrus:	*Chaenomeles, Cydonia, Sorbus, Pyronia.*
auf Prunus:	*Prunus.*
auf Sorbus:	*Amelanchier, Aronia,* * *Chaenomeles, Crataegus, Cotoneaster, Cydonia, Mespilus, Malus, Pyrus.*

Leguminosae:	*Gymnocladus, Gleditsia.* *Sophora, Cladrastis.* *Cytisus, Laburnum, Genista, Spartium.* *Robinia, Wisteria, Indigofera, Colutea, Halimodendron, Calophaca, Caragana, Glycyrrhiza.*
Rutaceae:	*Ptelea, Skimmia, Citrus.*
Celastraceae:	*Euonymus, Celastrus.*

[1] Von KRÜSSMANN hier eingefügt!

Elaeagnaceae:	*Elaeagnus, Hippophae, Shepherdia.*
Araliaceae:	*Aralia, Hedera.*
Cornaceae:	*Cornus, Aucuba.*
Ericaceae:	*Rhododendron, Kalmia.*
Oleaceae:	*Fraxinus, Fontanesia, Forsythia, Chionanthus, Osmanthus, Syringa, Phillyrea, Olea, Ligustrum.* auf Fraxinus: **Syringa*, **Chionanthus.* auf Ligustrum: *Syringa, Osmanthus, Phillyrea.*
Caprifoliaceae:	*Sambucus, Viburnum, Symphoricarpos, Linnaea, Diervilla, Weigela.*
Bignoniaceae:	*Catalpa, Campsis.* Gelungene Veredlung: *Campsis radicans* auf *Catalpa bignonioides.*

Schwerin führt (S. 166, l. c.) die gelungene Verwachsung von *Hamamelis virginiana* auf *Corylus avellana* an. Dieser Fall ist bemerkenswert, weil er eine gelungene Verwachsung zwischen zwei ganz verschiedenen Pflanzenfamilien darstellt.

Nun zu den wichtigsten Veredlungsarten (siehe auch S. 167):

2.1 Die Okulation

Bei der Okulation wird ein gut ausgebildetes Auge aus dem Edelreis geschnitten und in einen an der Unterlage angebrachten T-Schnitt nach Lösen der Rinde eingeführt. Anschließend wird fest verbunden, entweder mit Bast oder heute fast ausschließlich mit Schnellverschlüssen aus Gummi (Fleischhauer-Okulations-Schnellverschluß, OSV).

Man kann nun je nach dem Zeitpunkt, an dem die Okulation durchgeführt wird, zwischen Okulationen auf das treibende und auf das schlafende Auge unterscheiden. Bei Okulationen im Mai—Juni spricht man von Okulationen auf das treibende Auge, weil der Austrieb des Edelauges noch im Sommer desselben Jahres erfolgt; später wächst hingegen das Auge nur noch an und „schläft“ bis zum Frühjahr des nächsten Jahres.

In der Praxis wird nur selten auf das treibende Auge okuliert, etwa bei Betula, wo die noch ruhenden Augen des Vorjahres verwendet werden, oder bei *Acer*-Arten, die mit Augen des diesjährigen Triebes okuliert werden.

Folgender Veredlungsplan sollte beim Okulieren eingehalten werden:

Früh veredeln (Juli)		Mehr Zeit haben (August)	Als letzte (September)
Acer negundo *Rosa-canina*-Stämme *Aesculus hippocastanum* *Betula* Pflaumen (als erste auf St. Julien) Pfirsich Malus IV	Birnen Quitten Flieder Kirschen *Malus* I, II, IX Niedrige Rosen	noch Rosen *Crataegus* *Mespilus* *Ulmus* *Tilia* Apfel auf Sämling Pfirsich auf Sämling *Malus* XVI	*Prunus mahaleb*

Bereits 2—3 Wochen nach der Okulation auf das treibende Auge kann die Unterlage auf Zapfen abgeworfen werden. Der Zapfen, an dem alle Augen blind geschnitten werden, bleibt stehen, damit der noch junge, empfindliche Edeltrieb angeheftet werden kann. Die Veredlung kann bis zum Herbst noch eine Höhe von 60—80 cm erreichen. Der Zapfen wird im September mit sauberem Schnitt unmittelbar über der Veredlungsstelle abgeschnitten.

Für die Okulation auf das schlafende Auge steht ein verhältnismäßig langer Zeitraum zur Verfügung, jedoch muß beachtet werden, daß sich bei einigen Pflanzenarten die Rinde nur in einem eng begrenzten Zeitraum löst und andere wiederum später veredelt werden müssen, weil das Auge schlecht angenommen wird, so lange das Dickenwachstum stark ist *(Prunus mahaleb)*.

Gegenüber dem Verbinden mit Bast haben die Okulations-Schnellverschlüsse folgende Vorteile:

1. Größere Arbeitsleistung beim Verbinden (ca. doppelte Leistung).
2. Besserer Schutz der Veredlung vor dem Vertrocknen und Verhinderung der Eiablage der Okuliermade *(Clinodiplosis oculiperda)*.
3. Wartungsfreiheit der Veredlungsstelle, da das Veredlungsgummi unter dem Einfluß der Witterung früher oder später zerfällt. Der Bast muß hingegen durch einen Schnitt mit dem Messer auf der Rückseite der Veredlungsstelle gelöst werden, da er sonst durch das Dickenwachstum in die Rinde einschneidet.

Der höhere Materialpreis ist dagegen von untergeordneter Bedeutung. Okulationen, die nicht angewachsen sind, werden da, wo es möglich ist, im Frühjahr durch Kopulation nachveredelt. Es wäre falsch, erst im Sommer durch Okulation nachzuveredeln, weil die Rinde der Unterlage inzwischen schon verhärtet ist und die Pflanzen erst 1 Jahr später Verkaufsreife erzielen würden.

Okuliert werden z. B. alle Rosen und die meisten Obstgehölze, mit Ausnahme der Süßkirsche, die noch überwiegend kopuliert wird.

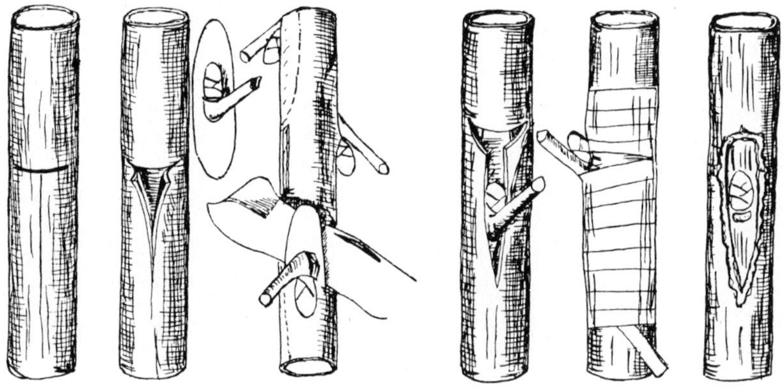

Abb. 122. Die Ausführung der Okulation. Anbringen des T-Schnittes, Öffnen der Rindenflügel, Abheben eines Edelauges, Einsetzen des Edelauges, Verbinden; das angewachsene Auge einige Wochen später (nach KRÜSSMANN)

2.2 Chip-Veredlung (Chip-budding)

Sie stellt ein in den USA bereits bekanntes Verfahren dar, das in der englischen Versuchsanstalt Eastmalling in den letzten Jahren zur Anwendungsreife entwickelt wurde.

Hierbei wird das Edelauge mit einem größeren Holzanteil geschnitten. Zunächst wird an der Veredlungsstelle der Unterlage ein etwa 3—4 cm langer Rindenstreifen mit etwas Holzanteil entfernt, wobei oben und unten mit einem waagerechten Einschnitt eine klare Abgrenzung geschaffen wird. Dann wird das Edelauge mit einem gleich langen Schnitt entnommen und an der freigelegten Veredlungsstelle eingesetzt. Anschließend wird mit einem etwa 1,5 cm breiten Polyäthylenband fest verbunden. Bei starken Augen wird das Auge ausgespart, schwächere Augen werden dagegen völlig zugebunden. Nach HOWARD (1974) soll die Verwachsung noch schneller vor sich gehen (ca. 14 Tage) als bei der üblichen Okulation. Er führt das darauf zurück, daß sich im Gegensatz zu der Leichtigkeit, mit der ein Kambium-Kontakt durch die Chip-Veredlung erreicht wird, bei der traditionellen Okuliermethode erst eine Kambium-Schicht innerhalb des Kallus, der auf der Unterseite des Auges und neben diesem entsteht, entwickeln müsse. Dementsprechend seien sowohl die Anwachserfolge besser als auch der Austrieb des Edelauges kräftiger.

Da man bei der Chip-Veredlung nicht mehr darauf angewiesen ist, daß sich die Rinde, wie beim T-Schnitt unbedingt erforderlich, löst, sind auch die bei einigen Arten eng begrenzten Okulationszeiträume nicht mehr von gleicher Bedeutung.

Die bisher erzielten Ergebnisse lassen eine breite Anwendung der Chip-Veredlung in der Praxis erwarten.

Ring-Okulation: Sie wird hauptsächlich bei der Walnußveredlung angewendet (siehe dort).

2.3 Die Kopulation

Beim Kopulieren wird die verwendete Unterlage unmittelbar von der Veredlung abgeworfen und das Edelreis auf den Kopf der Unterlage gesetzt. Voraussetzung für die Kopulation sind etwa gleiche Stärke von Reis und Unterlage.

An Reis und Unterlage wird ein gleichsinniger, glatter Schrägschnitt angelegt, der bei normaler Stärke der Unterlage 3 cm, bei stärkeren Unterlagen auch bis zu 5 cm lang sein soll. Die Veredlungsstellen werden fest aufeinandergedrückt, um die beiden kambialen Schichten in engen Kontakt zu bringen. Anschließend wird fest mit Bast verbunden und dann nahtlos verstrichen.

Geübte Veredler — und nur solche sollten es tun — können die **Kopulation** auch **mit Gegenzunge** ausführen. Durch den zungenförmigen Einschnitt an Reis und Unterlage können die beiden Veredlungspartner ineinandergeschoben werden, wodurch sich eine innigere Verbindung mit größerer mechanischer Festigkeit ergibt. Sitzen die Schnitte aber nicht genau, so kann der Kontakt der beiderseitigen Kambien sogar vermindert werden und der Anwachserfolg geringer sein als bei der einfachen Kopulation.

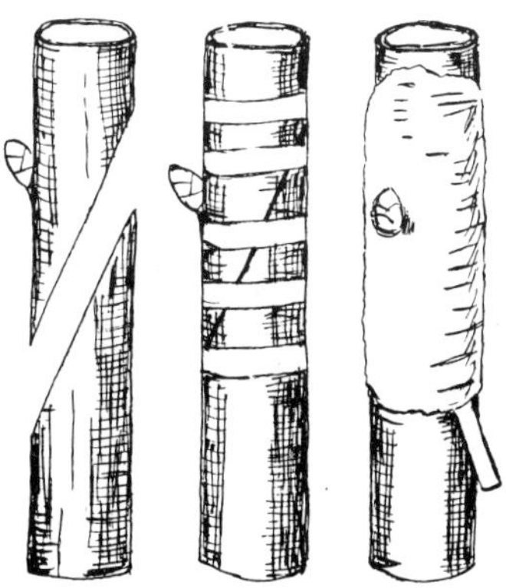

Abb. 123. Die Kopulation (nach KRÜSSMANN)

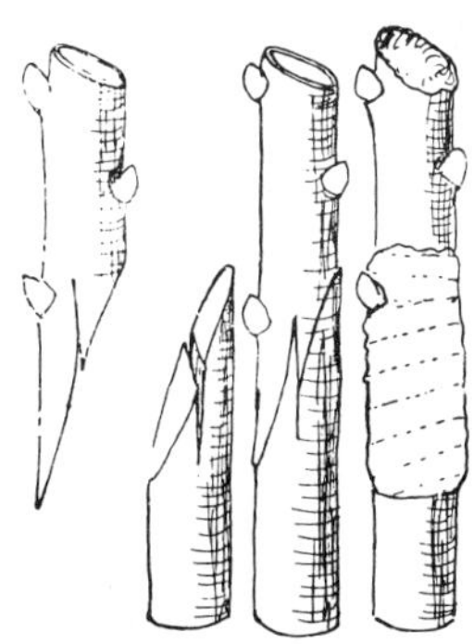

Abb. 124. Kopulation mit Gegenzungen (nach KRÜSSMANN)

2.4 Das Anplatten

Das Anplatten ist weiter nichts als eine Kopulation, bei der die Voraussetzung gleicher Stärke von Reis und Unterlage nicht gegeben ist. Hier wird lediglich beim Kopulationsschnitt an der Unterlage mit einem waagerechten Schnitt die Rundung weggenommen und

Abb. 125. Kopulationen (Anplatten) von *Acer platanoides* 'Faassens Black' im Spätsommer (Foto: Wennemuth)

dann das mit einem Kopulationsschnitt versehene Reis so aufgesetzt, daß wenigstens an einer Seite die Kambium-Schichten guten Kontakt haben. Die Anwachserfolge sind geringer, die Methode ist deshalb nur eine Notlösung.

Die Pfropfmethoden. Von Pfropfmethoden spricht man, wenn das Reis wesentlich schwächer als die Unterlage ist. Es gibt eine ganze Reihe Methoden, die hauptsächlich zum Umveredeln von Bäumen eingesetzt werden. In der Baumschule sind nur gebräuchlich der sogenannte Geißfuß und seltener das Pfropfen hinter die Rinde.

2.5 Der Geißfuß

Der Geißfuß, früher auch Triangulation genannt, wird in der Baumschule als Standardmethode eingesetzt, wenn die Unterlage wesentlich stärker als das Edelreis ist. Am Kopf der Unterlage wird mit zwei Schnitten von etwa 3 cm Länge ein kleiner Holzkeil herausgeschnitten. Das Edelreis wird zunächst mit einem üblichen Kopulationsschnitt versehen und dann ebenfalls, von diesem ausgehend, mit zwei seitlichen Schnitten keilförmig zugeschnitten. Bei Paßgenauigkeit kommt es zu einer festen Verbindung, die dann noch mit Bast verbunden und verstrichen werden muß.

2.6 Pfropfen hinter die Rinde

Pfropfen hinter die Rinde kann als Ersatz für den Geißfuß verwendet werden, wenn der Veredler nicht so sicher ist. Am Kopf der Unterlage wird ein senkrechter Schnitt von 3—4 cm Länge durch die Rinde angelegt und die Rinde dann etwas angelüftet. Das Edelreis wird mit einem langen Kopulationsschnitt versehen, der an beiden Seiten noch leicht angeschnitten wird, um das Kambium freizulegen. Das Reis wird hinter die Rinde geschoben, fest verbunden und verstrichen. Diese Veredlung hat geringere Festigkeit, die Anwachsergebnisse müssen aber nicht schlechter sein als bei der Geißfußveredlung.

Nicht gebräuchlich in der Baumschule sind das Pfropfen in den halben Spalt und das Pfropfen in den ganzen Spalt mit 2 Reisern.

Abb. 126. *Acer platanoides* 'Faassen's Black' sollen — im Torf eingeschlagen — unter einer Milchfolie im Gewächshaus zum Anwachsen gebracht werden (Foto: Wennemuth)

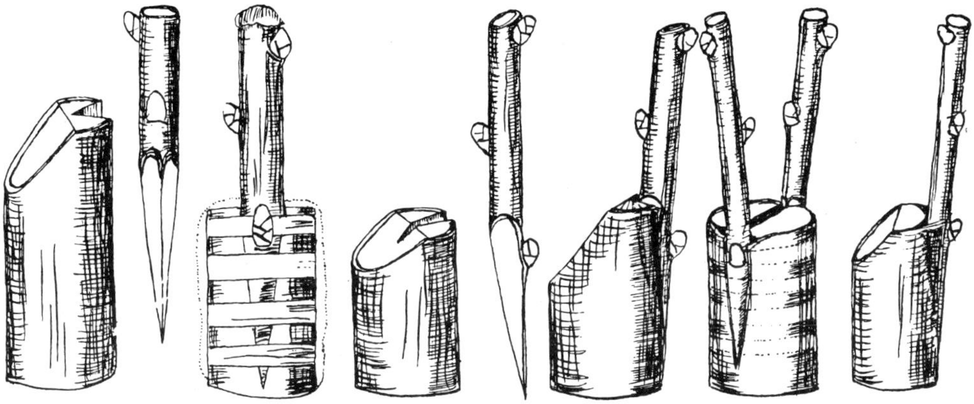

Abb. 127. Gebräuchliche Pfropfmethoden. Links Geißfuß (3 Abb.), dann Pfropfen in den halben Spalt (3 Abb.); zum Unterschied vom Geißfuß wird hier der Veredlungskopf gespalten und ein Keil herausgeschnitten; Pfropfen in den ganzen Spalt mit 2 Reisern (1 Abb.) und Pfropfen hinter die Rinde (1 Abb.) (nach KRÜSSMANN)

Das Kopulieren und die verschiedenen Pfropfverfahren werden im Freiland vor dem Austrieb der Pflanzen durchgeführt. Da bis einschließlich Ende Februar immer noch mit starken Frösten gerechnet werden muß, kann mit einigermaßen sicherem Erfolg nicht vor Anfang März begonnen werden. Längere Kälteperioden nach der Veredlung unterbrechen oder behindern den Verwachsungsvorgang; das Reis kann leichter vertrocknen. Mit kühlgelagerten Reisern können dagegen oft im Mai noch gute Anwachserfolge erzielt werden. Der Veredlungstermin bei den verschiedenen Pflanzenarten wird vom Beginn des Austriebs bestimmt.

Eine Ausnahme macht man oft bei *Fagus* und *Quercus*, die bei einer Veredlung kurz vor dem Johannistrieb sicherer anwachsen. Bleibt der Johannistrieb aber infolge kalten Wetters oder Trockenheit aus, so kann es zu einem Mißerfolg kommen.

Durch Kopulation oder Pfropfen können folgende Gehölze vermehrt werden: alle Obstgehölze mit Ausnahme von Pfirsich und Aprikose, die grundsätzlich okuliert werden, und von den anderen Laubgehölzen:

Aesculus
Betula
Crataegus
Fagus
Fraxinus
Zier-*Malus*
Nothofagus
Zier-*Prunus*
Quercus
Robinia
Salix caprea 'Pendula'
Sophora jap. 'Pendula'
Sorbus
Syringa-Stämme
Tilia
Ulmus

2.7 Die Winterhandveredlung

Sie unterscheidet sich von der Reiser-Veredlung im Freiland nur dadurch, daß die Unterlagen bei der Veredlung nicht im Boden stehen. Als Veredlungsmethode wird hauptsächlich die Kopulation verwendet, der Geißfuß nur dann, wenn die Unterlage stärker als das Reis ist. Nach der Veredlung wird auch hier fest verbunden und verstrichen, anschließend werden die Veredlungen in Kisten mit feuchtem Substrat eingeschlagen und in einen Kühlraum gebracht. Es hat sich bewährt, die Winterhandveredlungen vor dem Auspflanzen ins Freiland für eine Dauer von 8—10 Tagen einer Warmbehandlung von 18—20 °C zu unterwerfen, um die Verwachsung zu fördern. Ist kein Kühlraum vorhanden, so werden dic Pflanzen möglichst kühl aufgestellt, etwa im Kasten unter Schattierung mit Strohmatten oder im kühlen Keller. Hier kommt es aber oft zum vorzeitigen Austreiben und zur Gefährdung der Veredlung beim Auspflanzen im Freiland.

Die Kühllagerung ermöglicht bessere Anwachsergebnisse, deshalb werden vor allem in den Obstbaumschulen in den letzten Jahren mehr Winterhandveredlungen angefertigt. Als Vorteil der Winterhandveredlung ergibt sich eine Entlastung der Hauptarbeitsspitze beim Okulieren im Sommer und eine um 1 Jahr kürzere Anzuchtszeit. Beim Okulieren wird die Unterlage im Frühjahr aufgepflanzt, im Sommer desselben Jahres okuliert; sie ist aber erst im Herbst des 2. Jahres als einjährige Veredlung verkaufsfertig. Bei der Winterhandveredlung wird gleich die fertige Veredlung aufgepflanzt, die bei guter Kultur bereits im Herbst desselben Jahres als 1jährige Veredlung verkaufsreif ist.

Als weiterer Vorteil ergibt sich die Möglichkeit, Winterhandveredlungen maschinell anzufertigen. Böhm (1967), der mehrere Veredlungsmaschinen hinsichtlich ihrer Arbeitsleistung, des Anwachsergebnisses und des Anschaffungspreises verglich, stellte die Veredlungsmaschine Westland heraus, die von Atz (Steiermark) hergestellt wird. Die Maschine wird von einem Wechselstrommotor (0,3 kW) angetrieben. Auf beiden Seiten der nach außen verlängerten Motorwelle sind Fräsmesser angebracht. Ein Fräsmesser führt den sogenannten Lamellenschnitt an der Unterlage, das andere den entsprechenden Schnitt am Edelreis aus, so daß Unterlage und Edelreis mit hoher Paßgenauigkeit und mechanischer Festigkeit ineinander geschoben werden können.

Nach dem gleichen Prinzip arbeitete die Rebveredlungsmaschine RH 52 von R. Hengl, Limberg, Niederösterreich.

Der Lamellenschnitt ist eine ganz neue Technik für den Kopulationsschnitt, der mit der Hand nicht ausgeführt werden kann. Er ist von der mechanischen Festigkeit her gesehen sogar dem Kopulationsschnitt mit Gegenzunge überlegen; das Verbinden ist nämlich nicht mehr erforderlich, wohl noch das Verstreichen.

Nach den arbeitswirtschaftlichen Untersuchungen von Böhm kann eine 3köpfige Arbeitsgruppe theoretisch eine stündliche Leistung von 360 Veredlungen erreichen, das sind pro AK 120 Stk./Std. Zieht man 20 % für Verlust- und Rüstzeiten ab, so würde sich in der Betriebspraxis immer noch eine Leistung von 100 Stk./Std./AK ergeben. Die normale Arbeitsleistung eines guten Veredlers liegt nur bei ca. 60 Stk./Std. An der Maschine wird schon nach relativ kurzer Einarbeitungszeit die volle Leistung erreicht, auch von Frauen, während zum sicheren Veredeln mit hoher Stückleistung doch eine Reihe von „Trainingsjahren" benötigt werden.

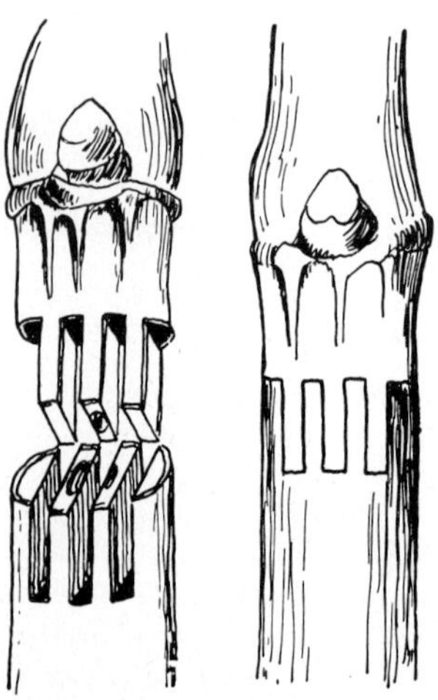

Abb. 128. So sieht der Frässchnitt der Veredlungsmaschine „RH 52" aus (Werkbild) ←

Abb. 129. So sieht der Omega-Schnitt der Rebenveredlungsmaschine „Pfropfmeister, Typ PM 450" aus (Verkauf: Konsimpex, Hannover) →

Böhm erreichte bei Winterhandveredlungen von Äpfeln in beiden Versuchsjahren mit der Maschine gleichgute Anwachsergebnisse wie bei der Handarbeit (87 bzw. 88 % im 1. Jahr und jeweils 100 % im 2. Jahr). Bei Längenmessungen am Ende der Vegetationsperiode stellte er jedoch fest, daß die Zuwachsleistungen bei den mit der Hand gefertigten Kopulationen um ca. 10 % höher lagen.

Um zügiges Arbeiten zu ermöglichen, muß ein schnell trocknendes oder schnell erstarrendes Verstreichmittel gewählt werden, damit die Veredlungen nicht aneinander kleben. BÖHM sammelte gute Erfahrungen mit einem warmflüssigen Rebenveredlungsmittel auf Paraffin-Basis der Firma Stähler und einem warmflüssigen Baumwachs mit Namen Trigol. In das Paraffinmittel konnte die Veredlungsstelle ohne Schaden getaucht werden, was arbeitswirtschaftlich günstiger ist.

Zur Rebenveredlung hat sich auch eine bulgarische Rebenveredlungsmaschine eingeführt, die noch einen Schritt weiter in der Mechanisierungsstufe gegangen ist. Bei ihr wird auch das Ineinanderschieben der Veredlungspartner maschinell erledigt. Anstelle des Lamellenschnittes wird ein sogenannter Omega-Schnitt ausgeführt.

Die Unterlage wird auf die passende Länge geschnitten, das Reis auf die Unterlage gelegt, dann führt das Stanzmesser den Omega-Schnitt zur gleichen Zeit an Reis und Unterlage aus, wobei das Reis in die Unterlage gedrückt wird. Die mechanische Festigkeit ist nicht so groß wie beim Lamellenschnitt; es hat sich gezeigt, daß auf das Verbinden nicht verzichtet werden kann. Versuche mit dieser Veredlungsmaschine führten im Institut für Obstbau und Baumschule der TU Hannover und in der Obstbau-Versuchsanstalt in York bei den meisten im Versuch stehenden Pflanzenarten zu unbefriedigenden Anwachsergebnissen. Sobald Pflanzenarten mit härterem Holz verwendet wurden, wurde ein häufiges Auswechseln des Stanzmessers notwendig. Die Arbeitsleistung war befriedigend.

Bei Rebveredlungen soll sich die bulgarische Maschine dagegen bewährt haben. Es wird von Anwachsergebnissen, die deutlich über 60 % lagen, gesprochen. In der Baumschule wäre man aber mit diesen Anwachsergebnissen nicht zufrieden.

Winterhandveredlungen sind bei folgenden Gehölzen möglich:

1. Mit nachfolgendem Anwachsen unter Glas:

Campsis radicans	*Morus alba*
Clematis (Anplatten)	*Parthenocissus*
Hibiscus syriacus	*Wistaria*
Laburnum anagyroides	

2. Mit nachfolgendem Anwachsen im Freiland:

Apfel	*Sauerkirsche*
Birne	Zier-*Malus*
Johannisbeere	Zier-*Prunus*
Stachelbeere	*Syringa*

2.8 Das seitliche Einspitzen und das seitliche Anplatten

Diese beiden Methoden sind die typischen Veredlungsmethoden für Koniferen; sie werden aber auch für Sommer- und Winterveredlungen im Haus bei zumeist immergrünen Gehölzen angewendet. Sowohl das seitliche Einspitzen als auch das seitliche Anplatten sind Reisveredlungen, die sich aber vom Kopulieren und dem Pfropfen dadurch wesentlich unterscheiden, daß die Unterlage erst dann abgeworfen wird, wenn das Edelreis fest angewachsen ist. Sie zeigen damit eine gewisse Verwandschaft zur Okulation. Seitlich eingespitzt wird dann, wenn das Edelreis wesentlich dünner ist als die Unterlage; stärkere Edelreiser werden dagegen angeplattet.

Beim seitlichen Einspitzen wird ein ca. 3 cm langer, schräger Einschnitt in die äußere Holzschicht angelegt. Das Edelreis erhält zunächst einen Kopulationsschnitt und wird an beiden Seiten des Kopulationsschnittes noch einmal angeschnitten (zugespitzt). Anschließend wird das zugeschnittene Edelreis in die Unterlage eingeführt, wobei die Rinde leicht angelüftet wird. Verbunden wird mit Gummi- oder Wollfäden, die später nicht gelöst zu werden brauchen.

Beim seitlichen Anplatten wird von der äußere Holzschicht ein 3 cm langer, der Reisdicke entsprechender Span abgehoben. Das Reis erhält einen Kopulationsschnitt, anschließend wird die Rundung mit einem waagerechten Schnitt entfernt. Auch hier wird fest mit Gummi- oder Wollfäden verbunden.

Bei beiden Veredlungsmethoden entfällt das Verstreichen, sofern es sich um Koniferen handelt. Laubgehölze werden dagegen verstrichen und auch mit Bast verbunden.

Die Unterlagen sollen nach Möglichkeit vor dem Veredeln fest in einem Topf eingewurzelt sein. Zu frühes Eintopfen hat sich aber als ungünstig erwiesen, da Veredlungen mit verfilzten Wurzelballen später schlecht weiterwachsen. Alle Pflanzen, die erst im Winter veredelt werden, können deshalb spät im Frühjahr eingetopft werden. *Picea abies* für Winterveredlungen können sogar noch im August in den Topf gebracht werden.

Die für die Winterveredlungen vorgesehenen getopften Unterlagen müssen selbstverständlich im Kasten frostfrei eingeschlagen werden, damit sie jederzeit auch bei Frost ins Haus gebracht werden können. Die Unterlagen sollen etwa 10 Tage vor der Veredlung bei einer Temperatur von etwa 15 °C angetrieben werden, Kiefern besser 3 Wochen vorher.

Die fertigen Veredlungen werden dann im Vermehrungsbeet des Gewächshauses in kräftig angefeuchtetem Torf schräg eingesenkt. Das Reis muß dabei immer nach oben sehen. Durch die Schräglage soll eine bevorzugte Versorgung des Edelreises mit Pflanzensaft erreicht werden. Wenn das Haus gut schattiert ist, müssen die Veredlungen nicht unbedingt mit Glas abgedeckt werden. Lüften ist zu vermeiden, um gespannte Luft im Haus zu halten. Die Meinungen gehen darüber auseinander, ob die Veredlungsstelle mit Torf abgedeckt werden soll. Wird nicht zusätzlich mit Glas geschützt, so kann das Abdecken der Veredlungsstelle mit handfeuchtem, lockerem Torf ein Vorteil sein. Die Pflanzen dürfen während des Anwachsprozesses nicht gegossen werden, damit kein Wasser in die Veredlungsstelle eindringen kann, was den Anwachserfolg deutlich mindern würde. Deshalb muß sowohl der Topf als auch der zum Einfüttern verwendete Torf gut naß sein.

Immergrüne Laubgehölze bevorzugen eine Temperatur von 20 °C, während bei Koniferen das Optimum bereits bei 15 °C erreicht wird.

Nach dem Anwachsen der Veredlung (4—6 Wochen) soll die Unterlage um ca. ein Drittel, nach weiteren 3—4 Wochen noch einmal um ein Drittel eingekürzt werden. Jetzt kann auch langsam Luft gegeben werden. Herbstveredlungen kommen noch vor dem Winter in den Kasten und werden unter Glas in Torf eingesenkt. Winterveredlungen bleiben bis zum Frühjahr im Haus und werden erst dann in den Kasten unter Glasschutz gebracht. Die Unterlage wird ausgangs des Frühjahrs ganz abgeworfen.

Das seitliche Einspitzen und Anplatten wird praktisch nur im Haus durchgeführt. Die einzige Ausnahme sind die Veredlungen von Johannisbeeren und Stachelbeeren, die im Juli—August im Freiland mit dieser Methode veredelt werden können.

Mit dem seitlichen Einspitzen und Anplatten kann im August—September im Haus bei folgenden Laubgehölzen begonnen werden:

Ilex aquifolium	*Osmanthus*	*Viburnum*

Außerdem bei folgenden Nadelgehölzen:

Abies	*Juniperus*	*Taxus*
Chamaecyparis	*Picea*	

Im Januar—April folgen bei den Laubgehölzen:

Betula	*Ilex*	*Quercus*
Carpinus betulus	*Nothofagus*	*Rhododendron*
Fagus		

Außerdem bei den Nadelgehölzen:

Abies	*Juniperus*	*Pinus*
Cedrus	*Larix*	*Taxus*
Chamaecyparis	*Picea*	

Literatur zu: Vegetative Vermehrung

ALBRECHT (1966): Anwendung von Wuchsstoffen bei der Stecklingsvermehrung von Ziergehölzen. Dt. Gartenbau 13 (1966) **8**: 207-209. — ALI, N., and M. N. WESTWOOD (1966): Rooting of pear cuttings as related to carbohydrates, nitrogen, and rest period. Proc. Amer. Sa. Hort. Sci., **88**: 145-50. 1966. — BARTOLINI, G., and C. BRICCOLI-BATI (1975): Rooting of peach hardwood cuttings in polyethylene bags. Acta Horticulturae **54**: 59-63. — BEAKBANE, A. B. (1969): Relationships between structure and adventitious rooting. Proc. Inter. Plant Prop. Soc., **19**: 192-201. 1969. — BERG, u. HEFT VON WEIHE (1966): Kulturtechnische Untersuchungen zur Frage der autogenen Bewurzelung von Rhododendron-Triebstecklingen. Dt. Rhododendron-Ges., Jb. 1966. — BIRAN, I., and A. H. HALEVY (1973): Endogenous levels of growth regulators and their relationship to the rooting of dahlia cuttings. Physiol. Plant. **28**: 436-42, 1973. — BÖHM, G. (1967): Das Verfahren der maschinellen Veredlung zur Anzucht von Apfelbäumen. KTL-Berichte über Landtechnik 111, Verlag Neureuter, München-Wolfratshausen 1967. — BRAUN, H. J. (1958-60): Die normale Verwachsungsvorgänge nach Pfropfung von Laubbäumen. I. Das Verfahren des seitlichen Einspitzens. Z. f. Bot. **46**, 309-338; 1958. II. Die Verfahren des seitlichen Anplattens und der Kopulation. Z. f. Bot. **47**, 145-166; 1959. III. Das seitliche T-Schnitt-Verfahren, die Geißfuß- und Keilpfropfung, sowie das Ablaktieren. Z. f. Bot. **48**, 58-65; 1960. — BRAUN, H. J. (1961): Die jahreszeitliche Wasserverschiebung in Bäumen und Pfropfreisern. Z. f. Bot. **49**, 96-109. — BRAUN, H. J. (1962): Wasserhaushalt und Wasserversorgung bei Baumpfropfungen. Z. f. Bot. **50**: 389-404; 1962. — BRAUN, H. J. (1963): Das histologische und physiologische Verwachsungsgeschehen nach Pfropfung bei Bäumen. Dt. Baumschule, **11**: 311. — BRIAN, P. W., H. G. HEMMING and D. LOWE (1960): Inhibition of rooting of cuttings by gibberellic acid. Ann. Bot. n. s., **24**: 407-9. 1960. — BRUCKEL, D. W., and E. P. JOHNSON (1969): Effects of pH on rootability of Thuja occidentalis, Plant Prop. (Inter. Plant Prop. Soc.), **15** (4): 10-12. — BUCHLOH, G. (1962): Verwachsung und Verwachsungsstörungen als Ausdruck des Affinitätsgrades bei Pfropfungen von Birnenvarietäten auf Cydonia oblonga. Beit. Biol. Pfl., **37**: 183-240. 1962. — BURCHARDS, O. (1974): Vermehrungssubstrate — Theorie und Praxis. Jb. 1974/75, Baumschul-Beratungsring Weser-Ems e. V.: 78. — CARLSON, R. F. (1966): Factors influencing root formation in hardwood cuttings of fruit trees. Mich. Quart. Bul., **48**: 449-54. 1966. — CHADWICK, L. C. (1953): The importance of uniformity and timeliness in the selection of propagating wood. in: Plant Propag. Soc. **2**, 43-42. CHADWICK, L. C. (1954): The fundamentals of propagating deciduous shrubs by hardwood cuttings. in: Proc. Plant Prop. Soc. **3**, 120-133. — CHIN, T. Y., M. M. MEYER jr., and L. BEEVERS (1969): Abscisic acid stimulated rooting of stem cuttings. Planta, **88**: 192-96. 1969. — COORTS, G. D., and C. C. SORENSON (1968): Organisms found growing under nutrient mist propagation. Hort. Science **3** (3): 189-90. 1968. — CORMACK, R. G. H. (1965): The effect of calcium ions and pH on the development of callus tissue on stem cuttings of balsam poplar. Canad. Jour. Bot., **43**: 75-83. 1965. — CREECH, J. L. (1951): New propagation techniques. in: Am. Nurs. 1. 3. 1951: 40-41. — CROSSLEY, J. H. (1965): Light and temperature trials with seedlings and cuttings of Rhododendron molle. Proc. Int. Plant Prop. Soc. **15**: 327-34. 1965. — DEYSSON, G. (1961): La Kinétine, hormone de croissance. Rev. Hort. 180-184. — DOESBURG, J. VAN (1960): Perlite als Stekmedium. in: Jb. Proefsta. Boskoop 1960: 54. — DOESBURG, J. VAN (1962): Use of fungicides with vegetative propagation. Proc. 16th Int. Hort. Cong., pp. 365-72. 1972. — DORSMAN, C. (1966): Grafting of woody plants in the glasshouse. Proc. XVII Int. Hort. Cong., **1**: 366. — DUHAN, K. (1959): Das Nicolieren — eine neuartige Zwischenveredelungsmethode in einem Arbeitsgang. in: Rhein. Monatsschr. f. Gemüse-, Obst- u. Gartenbau 1959 (Nr. 11). — EICHELSER, J. (1967): Simultaneous grafting and rooting techniques as applied to rhododendrons. Proc. Inter. Plant Prop. Soc., **17**: 112. — ELK, B. C. M. VAN (1969): Neuere Versuche über Vermehrung von Koniferen. Gartenwelt **13**: 303-304. — ELK, B. C. M. VAN (1974): Het Stekken van Coniferen in verschillende Stekmedia. Jb. Proefstation voor de boomkwekerij, 1974, Seite 30. — FILLMORE, R. H. (1951 a): Semiautomatic watering devices for propagating benches. in: Am. Nurs. 15. 3. 1951: 7-8, 41-43. — FILLMORE, R. H. (1951 b): A general review of woody plant propagation. in: Proc. Plant Propag.

Soc. **1**: 40-50. — FIORINO, P., J. N. CUMMINS, and J. GILPATRICK (1969): Increased Production of rooted Prunus besseyi Bailey softwood cuttings with pre-planting soak in benomyl. Proc. Inter. Plant Prop. Soc., **19**: 320-36. FLEISCHHAUER, O. (1957): Ein neuartiger Okulationsschnellverschluß. Dt. Baumschule **9**: 23-25. — FLOOR, J. (1957): Verslag van proeren met stekken onder waterverneveling (Report on experiments with mist propagation of cuttings). Inst. voor de Vered. van Tuinb. Wageningen. Meded., 188. 1957. — FRÖLICH, E. F. (1961): Etiolation and the rooting of cuttings. Proc. Int. Plant Prop. Soc., **11**: 277-83. — GARDNER, F. E. (1937): The relationship between tree age and the rooting of cuttings. Proc. Amer. Soc. Hort. Sci., **34**: 323-29. — GARNER, R. J. (1940): Studies in nursery technique: The production of double worked pear trees. Ann. Rpt. East Malling Res. Sta. for 1939, pp. 84-86. 1940. — GARNER, R. J., and E. S. J. HATCHER (1962): Regeneration in relation to vegetative growth and flowering. Proc. 16th Int. Hort. Cong., pp. 105-11, 1962. — GILL, D. L. (1962): Test growth regulators on Azaleas. Am. Nurs. (15. Aug.): **17**, 60-62. — GINZBURG, C. (1967): Organization of the adventitious root apex in Tamarix aphylla. Amer. Jour. Bot., **54**: 4-8. 1967. — GIROUARD, R. M. (1967 a): Anatomy of adventitious root formation in stem cuttings. Proc. Inter. Plant Prop. Soc., **17**: 289-302. — GIROUARD, R. M. (1967 b): Initiation and development of adventitious roots in stem cuttings of Hedera helix. Canad. Jour. Bot., **45**: 1883-86. 1967. — GODDARD, W. (1963): Forestalling dormancy and inducing continous growth of Azalea molle with supplementary light for winter propagation. Proc. Int. Plant Prop. Soc., **13**: 276-78. 1963. — HAISSIG, B. E. (1972): Meristematic activity during adventitious root primordium development. Influences of endogenous auxin and applied gibberellic acid. Plant Physiol., **49**: 886-92. 1972. — HANSEN, C. J., and H. T. HARTMANN (1968): The use of indolebutyric acid and captan in the propagation of clonal peach-almond hybrid rootstocks by hardwood cuttings. Proc. Amer. Soc. Hort. Sci., **92**: 135-40. — HARMON, F. N., and J. H. WEINBERGER (1969): The chip-bud method of propagating Vinifera grape varieties on rootstocks. USDA Leaflet 513, 1969. — HEDEGAARD, J. (1967): Einige Beobachtungen und Erfahrungen mit Borsäure als Mittel zur Beschleunigung bei der Stecklingsvermehrung. Rhododendron und immergrüne Laubgehölze. Jahrbuch 1967: 10-13. — HEFT, L. (1963): Stand und Entwicklung der Sprühnebelvermehrung in der Baumschule. Dt. Baumschule **11**: 321-330. — HESS, C. E. (1962): A physiological analysis of root initiation in easy and difficult-toroot cuttings. Proc. 16th Int. Hort. Cong., pp. 375-81. — HESS, C. E. (1968): Internal and external factors regulating root initiation. Root Growth (Proc. 15th Easter Sch. Agr. Sci., U. of Nott.). London: Butterworth, 1968. — HIEKE, G. (1967): Zur Stecklingsvermehrung von Magnolien. Dt. Baumschule **19**: 158-166. — HÖSTERMANN, G. (1930): Versuche zur vegetativen Vermehrung von Gehölzen nach dem Dahlemer Drahtungsverfahren. In: Ber. dt. Bot. Ges. **48**: 66-70. 1930. — HOGUE, E. J., and R. L. GRANGER (1969): A new method of stool bed layering. Hort. Science, **4**: 29-30. 1969. — HOITINK, H. A. J., and A. F. SCHMITTHENNER (1970): Disease control in rhododendron cuttings with benomyl or thiabendazole mixtures. Plant Dis. Rpt., **54**: 427-30. 1970. — HOWARD, B. H. (1965): Increase during winter in capacity for root regeneration in detached shoots of fruit tree rootstocks. Nature, 208: 912-13. 1965. — HOWARD, B. H. (1968): The influence of 4(Indolyl-3)butyric acid and basal temperature on the rooting of apple rootstock hardwood cuttings. J. Hort. Sci. 43 (1968). 1, S. 23-31. — HOWARD, B. H. (1971): Propagation techniques. Sci. Hort., 23: 116-26. 1971. — HOWARD, B. H. (1972): Depressing effects of virus infection on adventitious root production in apple hardwood cuttings. Jour. Hort. Sci. 47: 255-58. 1972. — HOWARD, B. H., and R. J. GARNER (1965): High temperature storage hardwood cuttings as an aid to improved establishment in the nursery. An. Rpt. E. Malling Res. Sta. for 1964, pp. 83-87. 1965. — HOWARD, B. H., and N. NAHLAWI (1970): Dipping depth as a factor in the treatment of hardwood cuttings with indolybutyric acid. An. Rpt. E. Malling Res. Sta. for 1969, pp. 91-94. 1970. — HOWARD, B. (1974): Chip-Veredlung. Dt. Baumschule **10**, 264-265. — HUBER, B. (1956): Atmung und Wasserhaushalt. Handbuch d. Pflanzenphysiologie, Bd. 12, 2, 155. Springer-Verlag, Berlin, Göttingen, Heidelberg 1956. — HÜLSMANN, B. (1948): Die gegenseitige Beeinflussung von Unterlage und Edelreis bei den Hauptobstarten. Züchter **19**: 14-59. — JENSINGER/HOPP (1967): Einfluß der Jahreszeit auf die Stecklingsvermehrung von Koniferen. Gartenwelt **15**: 309-311. — JOHNSON, C. R. (1970): The nature of flower bud influence on root regeneration in the Rhododendron shoot. Ph. D. Dissertation. Ore. State Univ., Corvallis, Ore., 1970. — KAWASE, M.: Root promoting substances in Salix alba. Physiol. Plant., 23: 159-70. — KAWASE, M. (1971): Diffusible rooting substances in woody ornamentals. Jour. Amer. Soc. Hort. Sci., 96 (1): 116-20. 1971. — KEMMER, E. (1960): Das Doppelveredeln in historischer Sicht; in: Dt. Baumschule **12**: 109-110. — KRISHNAMOORTHY, H. N. (1970): Promotion of rooting in mung bean hypocotyl cuttings with Ethrel, an etylene releasing compound. Plant and Cell Physiol., 11: 979-82. 1970. — LANPHEAR, F. O., and R. P. MEAHL (1966): Influence of the stock plant environment on the rooting of Juniperus horizontalis „Plumosa". Proc. Amer. Soc. Hort. Sci. **89**:

666-71. 1966. LEE, C. I., and H. B. TUCKEY, Jr. (1971): Induction of root promoting substances in Euonymus alatus „Compactus" by intermittent mist. Journ. Amer. Soc. Hort. Sci., 96 (6): 731-36. 1971. — LEK, H. A. A., VAN DER (1934): Over den invloed der knoppen op de wortelvorming der stekken. Meded. Landbouwhoogesch. Wageningen, 38 (2): 1-95. 1934. — LINDEMANN, F. (1949): Welche Faktoren beeinflussen die Stecklingsvermehrung?; in: Süddt. Erw.-Gärtn. **6**: 161-162; 188-189, 216-217. — LINDEMANN, A. (1956): Die Bewurzelungsfaktoren bei Stecklingen; in: Dt. Baumschule **8**: 12-16. — LOACH, K., and D. N. WHALLEY (1975): Use of light, carbondioxide enrichment and growth regulators in the overwintering of hardy ornamental nursery stock cuttings. Acta Horticulturae **54**: 105-117. — MAETHE (1975): Seradix — ein Bewurzelungshormon. Dt. Baumschule 1975, S. 130. — McGUIRE, J. J., L. S. ALBERT, and V. K. SHUTAK (1968): Effect of foliar applications of 3-indolebutyric acid on rooting of cuttings of ornamental plants. Proc. Amer. Soc. Hort. Sci., 93: 699-704. — MOLNAR, J. M., and W. A. CUMMING (1968): Effect of carbon dioxyde on propagation of softwood, conifer, and herbaceous cuttings. Canad. Jour. Plant Sci., 48: 595-99. 1968. — NELSON, S. H. (1959): Mist propagation of evergreens in the greenhouse during winter. Proc. Plant Prop. Soc., 9: 67-76. 1959. — NICOLIN, P. (1949): Erfahrungen mit Veredelungsband; in: Dt. Baumschule **1**: 172-174. — NICOLIN, P. (1953): Das Nicolieren, eine neue Veredlungsmethode; in: Dt. Baumschule **5**: 186-187. — O'ROURKE, F. L. (1940): The influence of blossem buds on rooting of hardwood cuttings of blueberry. Proc. Amer. Soc. Hort. Sci., 40: 332-34. 1940. — O'ROURKE, F. L. (1944): Wood type and original position on shoot with reference to rooting in hardwood cuttings of blueberry. Proc. Amer. Soc. Hort. Sci. 45: 195-97. — O'ROURKE, F. L., and M. A. MAXON (1948): Effect of particle size of vermiculite media on the rooting of cuttings. Proc. Amer. Soc. Hort. Sci. 51: 654-56. 1948. — O'ROURKE, F. L. (1951): The effect of juvenility on plant propagation; in: Proc. Plant Prop. Soc. **1**: 33-38. — PAUL, J. L., and A. T. LEISER (1968): Influence of calcium saturation of sphagnum peat on the rooting of five woody species. Hort. Res., 8 (1): 41-50. 1968. — PIKE, A. V. (1972): Propagation by roots. Horticulture, 50 (5): 56, 57-61. 1972. — POSNETTE, A. F. (1966): Virus diseases of fruit plants. Proc. XVII Int. Hort. Cong. Vol. 3, pp. 89-93. — POSNETTE, A. F., and R. CROPLEY (1962): Further studies on a selection of Williams Bon Chrétien pear compatible with Quince A rootstocks. Jour. Hort. Sci., 37: 291-94. 1962. — PRESTON, W. H., J. B. SHANKS, and P. W. CORNELL (1953): Influence of mineral nutrition on production, rooting and survival of cuttings of azaleas. Proc. Amer. Soc. Hort. Sci., 61: 499-507. 1953. — READ, P. E., and V. C. HOYSLER (1969): Stimulation and retardation of adventitious root formation by application of B-Nine and Cycocel. Jour. Amer. Soc. Hort. Sci. 94: 314-16. 1969. — RIEHL, G. (1957): Der Einfluß der Blattfläche auf die Stecklingsbewurzelung; in: Dt. Gartenbau 65-67. — RIEHL, G. (1959): Stecklingsschnitt mit der Schere; in: Gartenwelt **59**: 253-254. — ROBINSON, L. W., and P. F. WAREING (1969): Experiments on the juvenile-adult phase change in some woody species. New Phytol., 68: 67-78. 1969. — ROULUND, H. (1975): The effect of the cyclophysis and the topophysis on the tooring and behaviour of Norway spruce cuttings. Acta Horticulturae **54**: 39-51. — ROWE-DUTTON, P. (1959): „Mist Propagation of Cuttings". Commonwealth Agricultural Bureaux, Farnham Royal, Bucks, England, Digest No. 2 (1959). — SCHMADLAK, J. (1956): Betrachtungen zur Entwicklung von neuen Veredlungsverfahren in der Obstbaumschule; in: Der Deutsche Gartenbau 1956 (Nr. 1). — SCHMADLAK, J. (1963): Rationalisierung der Veredlung. Neuer Dt. Obstbau **9**: 110-111. — SCHWERIN, F. VON (1924): Über die Möglichkeit der Verwachsung zweier Gehölzarten; in Mitt. DDG 1924: 166. — SELIM, H. H. A. (1956): The effect of flowering on adventitious root formation. Meded. Landbouwhoogesch. Wageningen, 56 (6): 1-38. 1956. — SORENSON, D. C., and G. D. COORTS (1968): The effect of nutrient mist on propagation of selected woody ornamentals. Proc. Amer. Soc. Hort. Sci. 92: 696-703. 1968. — STEPONKUS, P. L., and L. HOGAN (1967): Some effects of photoperiod on the rooting of Abelia grandiflora Rehd. „Prostrata" cuttings. Proc. Amer. Soc. Hort. Sci., 91: 706-15. 1967. — STOLTZ, L. P., and C. E. HESS (1966): The effect of girdling upon root initiation; auxin and rooting co-factors. Proc. Amer. Soc. Hort. Sci., 89: 744-51. 1966. — STOLTZ, L. P., and C. E. HESS (1966): The effect of girdling upon root initiation: carbohydrates and amino acids. Proc. Amer. Soc. Hort. Sci., 89: 734-43. 1966. — STOUTEMYER, V. T. (1947): Changes of rooting response in cuttings following exposure of the stock plants to light of different qualities. Proc. Amer. Soc. Hort. Sci., 49: 392-94. 1947. — STOUTEMYER, V. T. (1962): The control of growth phases and its relation to plant propagation. Proc. Plant Prop. Soc., 12: 260-64. 1962. — STOUTEMYER, V. T. (1968): Root cuttings. Plant Prop., Inter. Plant Prop. Soc., 14 (4): 4-5. 1968. — STOUTEMYER (1969): Hardwood cuttings. Plant Prop., Inter. Plant Prop. Soc., 15 (3): 10-14. 1969 — SWINGLE, R. U. (1954): Some facts and theories concerning compatibility in relation to plant propagation (mit Lit.); in: Proc. Plant Prop. Soc. **3**: 23-36. — TEUSCHER, H. (1962): Speeding production of hard-to-root conifers. Amer. Nurs., 116 (7): 16. 1962. — THIEL, K. (1954):

Histologische Untersuchungen an nicolierten Okulationen; in: Dt. Baumschule **6**: 163-165. — THIELGES, B. A., and H. A. J. HOITINK (1972): Fungicides and rooting of eastern white pine cuttings. For. Sci., 18 (1): 54-55. 1972. — THOMAS, L. A. (1938): Stock and scion investigations. II. The propagation of ownrooted apple trees. Jour. Counc. Sci. Industr. Res. Org., Austral., 11: 175-79. 1938. — TUKEY, H. B., and K. BRASE (1930): Granulated peat moss in field propagation of apple and quince stocks. Proc. Amer. Soc. Hort. Sci., 27: 106-13. 1930. — TURETSKAYA, R. K. (1957): Radioactive carbon investigations of the uptake and distribution of growth regulators in plant cuttings (translated title), Fiziologiya Rasteny, 4: 42-51. 1957. — WACKER, H. (1954): Ein Beitrag zum Nicolieren; in: Dt. Baumschule **6**: 282-283. — WAXMAN, S., and J. P. NITSCH (1956): Influence of light on plant growth. Amer. Nurs., 104 (10): 11-12. 1956. — WEISER, C. J., and L. T. BLANEY (1960): The effects of boron on the rooting of English holly cuttings. Proc. Amer. Soc. Hort. Sci. 75: 704-10. 1960. — WEISER, C. J., and L. T. BLANEY (1967): The nature of boron stimulation to root initiation and development in beans. Proc. Amer. Soc. Hort. Sci., 90: 191-99. — WEISER, C. J. (1963): Rooting and night-lighting trials with deciduous azaleas and dwarf rhododendrons. Amer. Hort. Mag., 42: 95-100. 1963. — WELLS, J. S. (1962): Wounding cuttings as a commercial practice. Proc. Plant Prop. Soc. 12: 47-55. 1962. — WELLS, J. S. (1963): The use of captan in rooting rhododendrons. Proc. Int. Plant Prop. Soc. 13: 132-35. 1963. — WENNEMUTH, G. (1974): Bessere Vermehrungserfolge unter Ausnutzung der heutigen technischen Möglichkeiten. Jb. 1974/75, Baumschul-Beratungsring Weser-Ems e. V. S. 83. — WENNEMUTH (1975): Besser — schneller — rationeller — neuere Aspekte der Stecklingsvermehrung von Gehölzen. — WHITCOMB, C. E., and L. T. DAVIS, Jr. (1970): Antitranspirants — a better way to root cuttings? Amer. Nurs., 132 (7): 9, 100-101. 1970. — WILL, H. (1963): Der Einsatz von Styromull im Gartenbau. Gartenbauwirtsch. **11**: 96-97. — WINKLER, A. J. (1927): Some factors influencing the rooting of vine cuttings. Hilgardia **2**: 329-349.

II. Die weitere Pflege der Pflanzen

Allgemeines: Die auf generativem oder vegetativem Wege vermehrten Pflanzen brauchen eine unterschiedlich lange und auch unterschiedlich intensive Pflege, bis sie zur verkaufsfertigen Jungpflanze herangewachsen sind. Sämlinge können meist nicht direkt vom Saatbeet (Ausnahme: starkwachsende Laubgehölze) als Jungpflanze in die extensive Pflege des Baumschulquartiers entlassen werden. Sie müssen vorher noch in engerem Abstand verschult werden, wie es in der Fachsprache heißt. Eng verschult wird nicht nur, weil die noch kleinen Pflanzen bei weiteren Abständen den Platz nicht genügend ausnutzen würden, sondern auch, um durch das Umpflanzen eine bessere Wurzelverzweigung zu erreichen und weil viele Pflanzen sich im engeren Abstand besser entwickeln. Das ist vermutlich durch das bessere Bestandsklima bedingt. Verschulte Pflanzen sind wegen ihres mehr verzweigten Wurzelsystems von der Anwachsleistung höher einzuschätzen als nicht verschulte Pflanzen, die unmittelbar vom Saatbeet kommen. Stark wachsende Pflanzenarten, die in einem Jahr zur Verkaufsreife heranwachsen können, werden mitunter auch anstelle des Verschulens nur unterschnitten. Sämlinge bilden ja auf dem Saatbeet nur eine wenig verzweigte Pfahlwurzel aus, so daß bei ihnen der Verpflanzschock besonders groß ist. Er wird nur unter günstigen Boden- und Pflegebedingungen ohne Ausfälle überwunden.

Bei den Laubgehölzen stehen die Sämlinge grundsätzlich nur 1 Jahr auf dem Saatbeet; bei vielen Arten können die stärksten Pflanzen gleich aufgeschult werden. Mit wenigen Ausnahmen bleiben die Laubgehölze nur für 1 Jahr auf dem Verschulbeet stehen, so daß sie meist als 2jährig verschulte Sämlinge verkauft werden (2j. v. S = 1/1). Ausnahmen sind hier:

Amelanchier canadensis oft 1/2
Chaenomeles jap. und *lag.* oft 1/2
Cornus mas oft 1/2
Daphne mezereum 2/2
Fagus silvatica 1/2
Fraxinus 1/2
Mahonia aquifolium 1/2 oder 2/2
Sorbus intermedia 1/2
Syringa josikaea 1/2
Tilia platyphyllos 1/2
Viburnum opulus 1/2

Bei den *Koniferen* gibt es keine einjährige Aufpflanzware, sie müssen alle erst das Verschulquartier durchlaufen, wobei einige wenige Arten sogar 2 Jahre auf dem Saatbeet stehen, ehe sie verschult werden. Zu diesen zählen:

Abies-Arten *Taxus baccata* schwachwachsende *Pinus*-Arten

Die meisten *Koniferen* werden für 2 Jahre verschult, ehe sie die Verkaufsgröße erreichen. Ausnahmen sind hier wohl nur *Larix decidua, Larix kaempferi (leptolepis)* und *Cedrus deodara,* die auch schon 1/1 verkauft werden können.

Nun hat sich in den letzten Jahren bei vielen besseren *Koniferen* auch bei den Sämlingen der Trend zum Eintopfen durchgesetzt. An die Stelle des Verschulens tritt deshalb oft das Eintopfen. Die Pflanzen stehen dann meist zwei Jahre im Topf.

Ganz anders sieht es bei den durch Steckholz vermehrten Gehölzen aus. Sie sind schon nach einem Jahr aufschulfähige Jungpflanzen. Abrisse, Ableger und Absenker werden bei fast allen Arten für ein Jahr verschult (1/1). Ein gewisser Prozentsatz ist jedoch bereits vom Mutterbeet kommend stark genug und auch gut genug bewurzelt, um gleich verkauft werden zu können.

Bewurzelte Stecklinge sind nie im ersten Jahr verkaufsfertig, sie müssen erst für ein Jahr auf ein Verschulquartier oder werden im Topf 1—2 Jahre kultiviert.

Je wertvoller die Jungpflanzen sind und je größer die zu erwartenden Anwachsschwierigkeiten, desto eher ist man heute bereit, die Stecklinge bis zur verkaufsreifen Jungpflanze im Topf zu kultivieren. Als Kritik darf man anfügen, daß viele Pflanzenarten durch die Topfkultur unnötig teuer gemacht werden und mitunter die Relation zwischen dem Preis der getopften Jungware und dem Verkaufspreis der Fertigware nicht mehr stimmt.

a. Die Kultur der Pflanzen im Freilandquartier

Allgemeines: Das Pflanzen führt auch heute noch trotz aller Technisierung zu einer schwer zu bewältigenden Arbeitsspitze, weil viele Betriebe nicht mehr in der Lage sind, Saisonarbeitskräfte in der benötigten Zahl anwerben zu können. Der Kühlraum hat gewiß eine Erleichterung gebracht, weil mit seiner Hilfe die Pflanzzeit deutlich ausgedehnt werden konnte, jedoch hat sich im Jahre 1976 mit der extrem heißen, trockenen Witterung gezeigt, daß in solchen Jahren frühes Pflanzen weniger Ausfälle bringt. Es hat aber auch schon Jahre gegeben, in denen im April zur üblichen Pflanzzeit trockene Witterung herrschte und alle diejenigen Vorteile hatten, die mit Hilfe des Kühlraumes erst später pflanzen konnten.

1 Der Pflanzplan

Vor dem Pflanzen, d. h. bereits im Winter, muß der Pflanzplan aufgestellt werden. Dabei muß festgestellt werden, was kultiviert werden soll, woher die Jungpflanzen kommen, wo gepflanzt werden soll und was zuerst. Den weiteren Ablauf des Pflanzens kann man kaum noch planen, da hier die Witterung einen entscheidenden Einfluß ausübt.

2 Quartiereinteilung

Wo immer möglich, sollen die Pflanzreihen in den Quartieren von Norden nach Süden laufen, weil so die Belichtung der Pflanzen am günstigsten ist. Während man früher, als viele Kulturarbeiten noch weitgehend mit der Hand durchgeführt wurden (Pflanzen, Hacken, Spritzen, Roden) die verschiedenen Pflanzenarten möglichst in geschlossenen Blöcken mit kurzen Reihen aufpflanzte, gilt heute das Prinzip, daß die Reihen nicht lang genug sein können. Lange Reihen, die über 150 m Länge hinausgehen, müssen unterbrochen werden, um den Abtransport der Pflanzen zu erleichtern. Auf der anderen Seite des Weges sollen aber die Pflanzreihen im selben Abstand mit denselben Sorten weiterlaufen. Sorten mit geringerer Stückzahl werden bei den Pflanzenarten eingegliedert, die gleiche Pflanzabstände und gleiche Pflegemaßnahmen erfordern. Entscheidend ist, daß die maschinellen Arbeits-

Abb. 130. Lange Reihen ermöglichen wirtschaftlichen Einsatz von Maschinen (Jungpflanzenquartier in der Baumschule H. H. Heydorn jun., Elmshorn) (Foto: Wennemuth)

vorgänge nicht durch unterschiedliche Reihenabstände und Pflegeansprüche in ihrem Arbeitsfluß gestört werden. Lange Bearbeitungsreihen sind für einen wirtschaftlichen Einsatz von Maschinen eine Grundvoraussetzung, weil sonst der anteilige Arbeitsaufwand für das unproduktive Wenden der Maschinen zu hoch wird.

Verschiedene Pflanzenarten können trotz gleicher Pflanzweiten nur dann zusammengepflanzt werden, wenn sie das Quartier zur gleichen Zeit räumen. Besonders pflegeaufwendige Kulturen bezüglich der Schnitt-, Dünge- oder Pflanzenschutzmaßnahmen können selbstverständlich auch hier nicht mit anderen, weniger aufwendigen Kulturen zusammengepflanzt werden.

3 Pflanzweitenvorschriften

In den Güte- und Kennzeichnungs-Bestimmungen für Baumschulpflanzen hat der Bund deutscher Baumschulen sehr detaillierte Pflanzweitenvorschriften für die verschiedenen Pflanzengruppen erlassen.

Jede Pflanze muß ihrer Art entsprechend einen spezifischen Standraum haben, um unter sonst geeigneten Bedingungen zu einer „Qualitätspflanze“ heranwachsen zu können. Da der Aufbau der Pflanze (nicht die Höhe) durch einen zu engen Stand stark vom Idealbild abweichen kann, die meisten Pflanzen aber im Verkehr zwischen den Baumschulen und den Kunden per Telefon oder Papier gehandelt werden, muß über einheitlich festgelegte Pflanzabstände bei den verschiedenen Arten gewährleistet sein, daß das Verkaufsprodukt ein weitgehend standardisiertes Aussehen hat.

Festgelegt ist in den Pflanzweiten-Vorschriften der Mindestraumbedarf der Pflanzen in Quadratzentimetern; es ist also in gewissem Rahmen möglich, bei engeren Reihenabständen in der Reihe entsprechend weiter zu pflanzen und umgekehrt. Da die Reihenabstände heute durch die Treckerspur genormt sind, ergeben sich praktisch in allen Betrieben bei gleichen Pflanzenarten auch gleiche Abstände in den Reihen. (Über die einzelnen Pflanzweitenvorschriften siehe „Güte- und Kennzeichnungsbestimmungen für Baumschulpflanzen“, S. 292.)

Erschwert wird die Aufstellung des Pflanzplanes durch die sogenannten Nachbauschwierigkeiten (Bodenmüdigkeit). Trotz der heute gegebenen Möglichkeiten, über die chemische Bodenentseuchung mit einem großen Teil dieser Schwierigkeiten fertig zu werden, sollte man die billigere Möglichkeit des Kulturartenwechsels nicht vergessen (siehe unter „Chemische Bodenentseuchung“).

Verschulverbände für die Anzucht von Qualitätspflanzgut

Die nachstehenden Pflanzabstände wurden 1962 vom Präsidium Deutscher Forstbaumschulen zur Förderung der Qualität der Forstpflanzen festgesetzt. Hierbei handelt es sich um Mindestbedingungen.

Holzart	Alter	Pflanzen je lfm.	Reihenabstand 1 Jahr im Quartier	Reihenabstand 2 Jahre im Quartier	Mindestwuchsfläche in cm²
Laubhölzer					
Acer	1j. S.	10	25		250
		12	30	jede 3. Reihe herausnehmen	250
Alnus glutinosa	1j. S.	} 10	30		300
Alnus incana	1j. S.				
Robinia pseudoacacia	1j. S.				
Betula	1j. S.	15	25		165
Carpinus	1j. S.	12	25	30 oder jd. 3. Reihe herausnehmen	210
		14	30		215
Fagus	1j. S.	} 15	25	25 } als 4j. jede 3. Reihe herausnehmen	165
Quercus	1j. S.				
Tilia	1j. S.				
Fraxinus	1j. S.	} 10		30	300
Quercus rubra	1j. S.				
Nadelhölzer					
Abies alba	2j. S.	24	15	15; als 5jv. j. 3. Reihe herausnehmen	62
Larix decidua	1j. S.	15	20	30 oder j. 3. Reihe herausnehmen	135
Larix kaempferi	1j. S.	15	25	ebenso und Wurzelschnitt	105
Picea, alle	2j. S.	22	18		82
		20		22	110
		22		25	
		22	18	j. 3. Reihe herausnehmen	82
Pinus strobus		24	17	22 } oder j. 3. Reihe herausnehmen	70
Pinus silvestris u. nigra		15	20	25 }	135
Pseudotsuga		18	25		140

Es seien hier einige der gebräuchlichsten Abstände genannt:

Abstände in cm	Stück pro 1 ha	Für welche Pflanzen
100 × 40	25 000	Alleebäume; später auslichten und die herausgenommenen Pflanzen auf 120 × 120 cm setzen
100 × 40	25 000	Obstbäume aller Art, wenn Quartiere mit Motorgerät bearbeitet werden
90 × 40	28 000	Obstbäume aller Art, wenn Quartiere mit Gespann bearbeitet werden
80 × 20	60 000	Stachelbeeren, Johannisbeeren
65 × 25	55 000	Ziergehölze
25 × 10	Beete	Verschulen von einjährigen Sämlingen und Stecklingen
25 × 5	Beete	Steckholzbeete

4 Pflanztermin und Vorbereitung der Pflanzen

Es geht wohl an der Realität des Betriebsgeschehens vorbei, wenn man überhaupt über den Vorteil des Pflanzens im Herbst diskutieren würde, weil im Herbst einfach keine Zeit zum Pflanzen übrig ist. Öfter ergeben sich dagegen im Winter bei warmem Wetter und genügend abgetrocknetem Boden gewisse Möglichkeiten zum Aufschulen, die man dann auch für Laubgehölze kurzentschlossen nutzen sollte. Eine meist effektivere Möglichkeit, die Arbeitsspitze in in Frühjahr zu entlasten, muß in der Sommerverschulung gesehen werden. Hierfür ist ein geeignetes Klima Voraussetzung. Vor allem die relative Luftfeuchtigkeit sollte im langjährigen Durchschnitt über der Norm liegen, wie es in den maritim beeinflußten Baumschulgebieten Holsteins und Oldenburgs der Fall ist. Trotzdem kann aber auch nur dann verläßlich jedes Jahr im Sommer verschult werden, wenn das dafür vorgesehene Land beregnet werden kann. Verschult werden können Fichten, Mahonien, Berberitzen, *Thuja, Tsuga* und auch einige von den durch Stecklinge vermehrten Laubgehölzarten. Günstigster Zeitpunkt für das Verpflanzen ist die Zeit Mitte Juli bis Mitte August. Ab Mitte August kann auch *Koniferen*-Ballenware verpflanzt werden.

Auszunehmen von der sommerlichen Verpflanzung oder Aufschulung sind alle Pflanzenarten, die um diese Zeit noch stark wachsen oder, wie alle *Pinus*-Arten, in diesem Zeitraum nur eine geringe Wurzelaktivität aufweisen (geringes Wurzelregenerationsvermögen). Bei den noch stark wachsenden Arten würde der Umpflanzschock wegen der noch nicht verholzten Triebspitzen zu groß sein; bei den Pflanzenarten mit zu geringer Wurzelaktivität werden vor dem Winter zu wenig neue Wurzeln gebildet, so daß Frosttrocknis zu befürchten ist.

Die Masse der Pflanzen wird im Frühjahr gepflanzt. Die Laubgehölzjungpflanzen werden im Winter pflanzfertig gemacht und in den Einschlag oder Kühlraum gebracht, d. h. sie werden bundweise auf 10—25 cm Trieblänge zurückgeschnitten und die Wurzeln eingekürzt. Der Rückschnitt der Triebe muß erfolgen, um das durch das Umpflanzen gestörte Gleichgewicht zwischen Trieb und Wurzel günstiger zu gestalten. Die Reduktion der Wurzeln erfolgt zum einen aus pflanztechnischen Gründen, zum anderen aber auch, um durch den Anschnitt der Wurzeln die Bildung von Adventivwurzeln zu fördern. Die wenigen, an der Pflanze beim Roden erhalten gebliebenen Saugwurzeln sind so empfindlich gegen den Kontakt mit der Luft, daß sie nach der Herausnahme der Pflanzen aus dem Boden schnell irreversibel austrocknen. Ihre Neubildung erfolgt aus dem Holzkörper der stärkeren Wurzeln. Erst wenn sie erfolgt ist, kann die Pflanze als angewachsen betrachtet werden.

Ein früher Pflanzenschnitt wirkt sich meist positiv aus, weil die angeschnittenen Wurzeln bis zum Pflanzen an den Schnittstellen bereits ein neues Wundabschlußgewebe ausbilden können. Jungpflanzen, die im Kühlraum aufbewahrt werden, müssen auf jeden Fall nach dem Pflanzschnitt in Kisten mit feuchtem Torf gestellt werden, weil es sonst an den Wurzelschnittstellen leicht zu Pilzinfektionen kommt. Werden die Pflanzen aus dem Kühlraum erst unmittelbar vor dem Pflanzen zurückgeschnitten, so müssen sie für 24 Stunden gewässert werden, um das bei der Lagerung im Kühlraum verlorene Wasser wieder ersetzen zu können. Dies gilt besonders bei spätem Pflanztermin.

5 Das Pflanzen

Das Pflanzen wird auch in den kleineren Baumschulen nicht mehr mit Pflanzhacke oder Keilspaten durchgeführt. Als niedrigste Mechanisierungsstufe ist das Pflanzen hinter der einreihigen Rillenscheibe anzusehen. Ausnahmen gibt es nur auf schweren Böden und bei größeren Pflanzen, die mit dem Spaten gepflanzt werden müssen. Auf schweren Böden ist das Schneiden oder Drücken von Pflanzrillen insofern für die Pflanzen ungünstig, als der Boden in den Rillen dabei so stark verdichtet wird, daß die Wurzeln in einem Gefängnis sitzen, aus dem sie nicht ausbrechen können. Man kann dies später am Wurzelbild daran erkennen, daß die Wurzeln nur in Längsrichtung der Pflanzrille ausgebildet wurden. Auf

Abb. 131. Pflanzleinen aus verzinkten Gußstahldrähten mit Kugelmarkierung aus Aluminium (Werkfoto)

leichten, humosen Böden tritt dieser Effekt nur auf, wenn der Boden beim Rillenziehen zu naß war. Das Pflanzen hinter der ein- oder mehrreihigen Rillenscheibe ist im Vergleich zur Pflanzmaschine um so interessanter, je weniger oder je mehr Pflanzer zur Verfügung stehen und je weiter die Pflanzabstände sind. Das Pflanzen hinter der Rillenscheibe erlaubt eine größere Flexibilität bezüglich des Arbeitskräftebesatzes, da für die Pflanzmaschine immer eine bestimmte Mannschaft erforderlich ist.

Abb. 132. Pflanzmaschine für 5 Reihen bei der Arbeit, hier beim Pflanzen junger Fichten (Foto: Pein & Pein, Halstenbek)

Engverschulungen sind dagegen rentabel nur noch mit einer Pflanzmaschine durchzuführen (über Pflanzmaschinen und Pflanztechnik siehe unter „Maschinen und Geräte").

Die im Herbst oder Frühjahr gepflügten Flächen werden vor dem Pflanzen mit Hilfe einer Fräse oder eines Rotorkrümlers pflanzfertig gemacht. Bei unsicherer Wetterlage darf die pflanzfertig gemachte Fläche nicht zu groß sein, weil sie vor allem auf schwerem Boden bei stärkeren Regenfällen für längere Zeit unbrauchbar gemacht wird.

Zu bemerken ist auch noch, daß man später nur mehrreihig hacken kann, wenn man mehrreihig gepflanzt hat.

6 Die Bodenpflege

Über Sinn und Zweck des Hackens in Baumschulkulturen und über die Häufigkeit dieser Maßnahme zu diskutieren, war früher sinnlos, weil gehackt werden mußte, wenn das Unkraut aufgelaufen war und um es zu beseitigen. Die Arbeitstakte wurden also lediglich vom

Vorhandensein oder Nichtvorhandensein des Unkrautes bestimmt. Seitdem chemische Unkrautbekämpfungsmittel, die bei geschicktem Einsatz eine ganzjährige Unkrautfreiheit des Bodens ermöglichen, in den Baumschulkulturen eingesetzt werden können, entfällt das Unkraut als Steuerungsgröße für die einzelnen Hackvorgänge. Heute stellt sich also die Frage: wann muß gehackt werden, und im Extrem sogar, muß überhaupt gehackt werden? Nach landläufiger Meinung soll der Boden durch das Hacken locker gehalten werden, wodurch Luft in den Boden eindringen und die unproduktive Verdunstung (Evaporation) des Bodens eingeschränkt werden kann. Man neigt allgemein dazu, auf schwererem Boden den Lockerungseffekt, auf leichterem die Verdunstungseinschränkung für den wichtigeren Faktor zu halten. GROSSGEBAUER (1976), der sich mit der Reaktion von Boden und Gehölzen auf das Unterlassen der Hackarbeit in Baumschulkulturen befaßte, konnte diese bisher als gesichert geltende Meinung nicht bestätigen. Selbst auf schwerem Boden mit der Bodenzahl 70 konnte bei einem zwei Jahre andauernden Verzicht auf jede Bodenbearbeitung keine Beeinträchtigung des Bodenlufthaushaltes festgestellt werden. Das Gesamtporenvolumen war teilweise auf den unbearbeiteten Parzellen sogar etwas größer. Durch Fräsen konnte die Evaporation des Bodens nur dann vermindert werden, wenn der Boden vor der Bearbeitung gut abgetrocknet war. Als nachteilig erwies sich, daß geringe Niederschlagsmengen bei gefrästem Boden im Gegensatz zu unbearbeitetem Boden nicht bis in die Wurzelzone vordrangen.

Abb. 133. Dicht geschlossener Bestand von Teehybrid-Rosen der Sorte 'Sutters Gold' ohne Bodenbearbeitung (Foto: Wennemuth)

Die durch zahlreiche Messungen von bodenphysikalischen Größen gewonnenen Erkenntnisse, daß durch die Bodenbearbeitung keine absicherbaren Vorteile zu erzielen sind, wurden durch die Kulturergebnisse mit verschiedenen Pflanzenarten folgerichtig bestätigt. Auf den nicht bearbeiteten Flächen stehende Pflanzen wuchsen genauso gut wie auf den intensiv bearbeiteten. GROSSGEBAUER stellt damit das bisherige Bodenpflegesystem in Frage; für eine Beibehaltung sprächen somit nur noch optisch-ästhetische Gründe.

Aus der Praxis liegen bei einigen Pflanzenarten bereits Erfahrungen vor, die die Ergebnisse von GROSSGEBAUER bestätigen. So wird auf den Fichtenverschulquartieren schon seit vielen Jahren auf die Bodenbearbeitung verzichtet und die Unkrautbekämpfung mit Gesatop-50 durchgeführt. Die Ausbeute an verkaufsfähigen Pflanzen soll höher liegen als auf Quartieren mit Bodenbearbeitung. Das gleiche kann von Rosenanzuchten berichtet werden. Bei Steckholzkulturen wird die Bewurzelung durch Hacken sogar nachhaltig verschlechtert.

Je intensiver die Bodenlockerung betrieben wird, umso länger wird die Wartezeit, bis ein durch Niederschläge aufgeweichter Boden wieder befahrbar wird. Das wirkt sich im Herbst zum Zeitpunkt der Rodung besonders nachteilig aus.

Das Abdecken des Bodens mit Torf, Gras oder Laub (Mulchen) kann die Struktur und den Wasserhaushalt des Bodens verbessern, ist aber wirtschaftlich nicht tragbar. Es muß darauf hingewiesen werden, daß die Spätfrostgefahr durch Mulchen erhöht wird.

Literatur zu: Die weitere Pflege der Pflanzen

GROSSGEBAUER, A. (1976): Reaktion von Böden und Gehölzen auf das Unterlassen der Hackarbeit in der Baumschule. Diss. Techn. Univ. Hannover, 1976. — ZULAUF, H. (1974): Untersuchungen über die Wirkung versch. Bodenpflegeverfahren auf den Wasserhaushalt im Boden und den Kulturerfolg von Apfelniederstämmen in einer Baumschule. Diss. ETH. Zürich 1974.

7 Die Düngung in der Baumschule

In den Baumschulen wird eine Fülle von Arten des unterschiedlichsten Altersaufbaus mit deswegen sicher auch unterschiedlichen Ansprüchen an den Nährstoffgehalt des Bodens herangezogen. Mit Ausnahme einiger wirtschaftlich wichtiger Spezialkulturen ist aber nur wenig über die spezifischen Ansprüche der verschiedenen Pflanzenarten bekannt. Anders als bei landwirtschaftlichen Kulturen, bei denen wegen der relativ wenigen Kulturarten die Nährstoffentzugszahlen im wesentlichen bekannt sind, kann in der Baumschule nicht nach Entzug gedüngt werden. Der Baumschuler muß deßhalb seine Kulturen auf einen Boden stellen, der über sichere Nährstoffvorräte verfügt. Er läuft damit aber Gefahr, den Pflanzen sozusagen einen Luxuskonsum zu gestatten. Das Nährstoffbedürfnis oder die Düngung dürfen aber nicht nur vom Massenertrag her betrachtet werden, weil nämlich zugleich die Frage nach der Qualität der so produzierten Pflanzen gestellt werden muß. Das Optimum der Düngung liegt da, wo bei gutem Massenzuwachs dennoch eine gute Qualität gewährleistet ist. Unter Qualität verstehen wir: einen artentypischen Aufbau der Pflanzen, ein gesundes, in einer guten Relation zur Pflanzengröße stehendes Wurzelwerk, das ein Anwachsen nach dem Umpflanzen garantiert, und ausreichende Frosthärte.

Die Qualitätsvorschriften sind in den Gütebestimmungen des BdB in feste Formen gegossen worden, sie beziehen sich jedoch im wesentlichen nur auf sichtbare Qualitätsmerkmale. Von der Düngung wird aber auch die innere Qualität der Pflanzen beeinflußt, deren Mängel sich aber erst in einem Nichtanwachsen der Pflanzen und in Reklamationen dokumentieren.

Wichtigste Grundlage für eine optimale, harmonische Düngung sind die Bodenanalysenwerte, die von den im Plan genau festgelegten Parzellen in regelmäßigem, mindestens 2jährigem Turnus zu ermitteln sind. Nur so können Entwicklungstrends und nach Art und Menge fehlerhafte Düngergaben sichtbar gemacht werden.

Der Boden ist zu untersuchen auf pH-Wert, Kalium-, Phosphorsäure- und Magnesiumgehalt, in größeren Zeitabständen auch auf den Calcium- und Humusgehalt. Durch eine einmalige Untersuchung soll man sich auch durch die Ermittlung der abschlämmbaren Anteile (Tongehalt) einen objektiven Einblick in die Bodenart verschaffen, da vom Humus- und Tongehalt die Sorptionskraft des Bodens abhängt. Diese Kenntnisse sind nicht nur wichtig für die richtige Beurteilung der Bodenanalysenwerte (pH-Wert und Kaliumgehalt), sondern auch für die richtige Bemessung der Aufwandmengen einiger Herbizide.

7.1 Mineralische Düngung

Der **pH-Wert** ist ein Maß für die freien H-Ionen in der Bodenlösung und gibt damit Auskunft über den Säuregrad des Bodens. pH 7 ist der Neutralpunkt, an dem sich H- und OH-Ionen die Waage halten. Unter einem pH-Wert von 7 spricht man von saurer Reaktion, über 7 von alkalischer oder basischer Reaktion. Eine richtige Beurteilung des pH-Wertes kann nur in Abhängigkeit von der Bodenart erfolgen, wie aus folgender Tabelle hervorgeht:

Optimaler pH-Wert-Bereich in Abhängigkeit von der Bodenart

Bodenart	optimaler pH-Wert-Bereich
anmooriger Boden	4,2—4,6
humoser Sand	4,8—5,0
lehmiger Sand	5,2—5,4
sandiger Lehm	5,6—5,8
Lehm	6,0—6,2

Eine Abweichung von 0,2 pH nach oben oder unten kann toleriert werden. Liegt der pH-Wert der Bodenart entsprechend im jeweiligen Optimalbereich, so kann man sicher sein, daß die für ein gesundes Wachstum notwendigen Spurenelemente in für die Pflanzen aufnehmbarer Form vorliegen. Steigt der pH-Wert merklich über diese Werte, so wird die Aufnahme von Eisen, Mangan, Kupfer und Bor erschwert, sinkt er unter den Optimalbereich, so werden Magnesium, Phosphorsäure und Kalium schlechter aufgenommen. Schäden durch zu hohe pH-Werte treten allgemein öfter auf als durch zu niedrige.

Auf Böden mit nennenswertem Gehalt an Tonmineralien wird die Bodenstruktur durch einen niedrigen pH-Wert negativ beeinflußt. Der Boden neigt zur Dichtlagerung, da er in Einzelkornstruktur vorliegt (Peptisation). Die zur stabilen Krümelbildung notwendigen OH-Ionen fehlen. Sinkt der pH-Wert noch weiter ab (bei Lehmboden etwa pH 5,0), so kann es auf schweren Böden zu einer Vergiftung der Pflanzen mit freiwerdenden Aluminium-Ionen kommen.

Dem pH-Wert wird in der Praxis allgemein noch wenig Beachtung geschenkt, obwohl die spezifischen pH-Wert-Ansprüche einer ganzen Reihe von Gehölzen bekannt sind. Im allgemeinen pflanzt man jedoch nur Azaleen, Rhododendren und Eriken auf einen Boden, der für diese Kultur den richtigen pH-Wert aufweist. Sie haben eine geringe Toleranzbreite und sind im stark sauren Bereich angesiedelt. Da nur anmoorige und humose Sandböden als optimale Standorte für diese Pflanzenarten gelten können, diese aber von Natur aus sauer sind, ergeben sich in der Regel keine Schwierigkeiten. Zudem finden wir diese Kultur meist nur in Spezialbetrieben. In der Sortimentsbaumschule kann wegen des durch das große Sortiment zwangsläufig bedingten Umtriebes auf den Betriebsflächen der extreme Anspruch von Kulturen bezüglich des pH-Wertes nicht genügend erfüllt werden. Es ist zwar leicht, einen niedrigen pH-Wert durch Kalkung zu erhöhen, schwer jedoch und mit hohen Kosten verbunden, ihn wieder abzusenken. Dies kann in der Regel nur über hohe Torfgaben erfolgen; dagegen ist die in extremen Fällen gehandhabte Methode der pH-Wertabsenkung mit Schwefel abzulehnen, da Schädigungen an den Pflanzen nicht auszuschließen sind.

Die Reaktion des Bodens kann also nicht für jede Kultur ins Optimum gebracht werden, weil innerhalb vergleichsweise kurzer Zeiträume mit einem Kulturartenwechsel gerechnet werden muß. Der Boden ist aber in den meisten Betrieben selten ganz homogen; so ergeben sich fast immer gewisse Möglichkeiten, die spezifischen pH-Wertansprüche einiger Kulturen zu erfüllen. Folgende Tabelle gibt einen Überblick über die pH-Wertansprüche einiger Pflanzenarten:

pH-Wert	Pflanzenarten
4—5	Azaleen, Camellia, Erica, Rhododendron
4,5—5	Picea abies und P. omorika
5—6	Betula, Clematis, Daphne, Hydrangea, Kalmia, Magnolia, Quercus, Salix, Viburnum
um 6	Abies, Deutzia, Philadelphus, Ribes, Rosa, Rubus, Syringa, Weigela
6,8—7	Acer, Fagus, Pinus mugo und P. nigra ssp. nigra
6—8	Aesculus, Buxus, Cotoneaster, Crataegus, Forsythia, Fraxinus, Larix, Lonicera, Malus, Pyrus, Populus, Prunus, Robinia, Sambucus, Spiraea, Tamarix, Tilia, Ulmus

Die pH-Wert-Bereiche dürfen nicht zu eng gesehen werden, da die Pflanzen in der Regel eine ziemliche Toleranzbreite haben. Man sollte deshalb während der Kultur den pH-Wert niemals stark ändern, da die Pflanzen sich an eine ungünstige Bodenreaktion gewöhnen können, es aber andererseits nur schlecht vertragen, wenn der pH-Wert stark verändert wird, selbst dann, wenn die Änderung in Richtung auf den optimalen Reaktionsbereich hin erfolgt. Leidet eine Kultur unter pH-Wert-bedingtem Spurenelementmangel, sollte während der Kultur keine pH-Wert-Änderung vorgenommen werden, sondern eine Zufuhr von Spurenelementen über das Blatt. Möglich, wenn auch teuer, ist es, Spurenelemente in Chelat-Form über den Boden zu geben.

Calcium (Kalk): Die Kalkdüngung wird meist nur im Zusammenhang mit dem pH-Wert gesehen, d. h. gekalkt wird nur, wenn der pH-Wert zu niedrig geworden ist. Diese Betrachtungsweise ist aber nicht zulässig, da Calcium ja auch ein wichtiges Nährelement ist. Der pH-Wert gibt nur einen Einblick in das Verhältnis von H-Ionen zu OH-Ionen. Wir sind gewohnt, dieses Verhältnis durch Kalkgaben in gewünschtem Maß zu beeinflussen, und meinen deshalb, daß Calcium als Nährelement bei richtigem pH-Wert ausreichend zur Verfügung stehen müßte. Das ist aber nicht immer der Fall. Weist die Bodenanalyse bei optimalem pH-Wert einen Mangel an Calcium aus, so muß man entweder mit vergleichsweise geringen Kalkmengen düngen, die den pH-Wert nicht nennenswert beeinflussen (5—8 dz/ha kohlensaurer Kalk) oder den Boden mit neutral reagierendem Gips ($CaSo_4$) versorgen.

Solange in den Baumschulen noch mit Einzeldüngern gearbeitet wurde, ergaben sich recht gute Möglichkeiten, die Kalkversorgung der Pflanzen und den pH-Wert des Bodens über Thomasphosphat, Kalkstickstoff, Kalkammonsalpeter oder Kalksalpeter sicherzustellen und zu steuern. Heute wird fast überall der Grundbedarf in der Düngung von den sogenannten Volldüngern abgedeckt, die eine neutrale Reaktion haben. So wird in längeren Zeitabständen, etwa alle drei Jahre, eine Kalkung eingeplant werden müssen. Auf leichteren Böden sollte dabei kohlensaurer Kalk, auf schweren Böden dagegen Branntkalk gegeben werden. Während kohlensaurer Kalk auch auf nasse Böden gestreut werden kann und nicht eingearbeitet zu werden braucht, muß Branntkalk auf trockenen Boden ausgebracht und sofort eingearbeitet werden. Er nimmt sonst Kohlensäure aus der Luft auf, wandelt sich dadurch in kohlensauren Kalk um und reagiert in schwerem Boden zu träge.

Auf leichtem Boden werden zur Erhöhung des pH-Wertes um 1 Grad (z. B. von pH 4 auf pH 5) etwa 20—30 dz/ha kohlensaurer Kalk, auf mittelschwerem Boden 20 dz/ha Branntkalk, auf schwerem Boden 25 dz/ha Branntkalk benötigt. Besser als hohe Gaben in längeren Zeiträumen sind niedrige Gaben in engeren zeitlichen Abständen.

Kalkmangel beeinträchtigt das Wurzelwachstum, bei stark ausgeprägtem Mangel kommt es zu einem Absterben der Vegetationspunkte.

Kalküberschuß führt zur Gelbfärbung der Blätter (Kalkchlorose) durch Blockierung der Eisen- und Manganaufnahme.

Phosphorsäure: Ihre Bedeutung ist im Rahmen der praktischen Düngung lange Zeit überbewertet worden. Gehölze verfügen zumeist über ein gutes Phosphorsäure-Aufschließungsvermögen, lediglich auf Saatbeeten kann die Phosphorsäureversorgung in den ersten Wochen nach dem Auflaufen eine kritische Phase erreichen, wenn der Boden nicht ausreichend mit Phosphorsäure versorgt ist. Sie wird aus dem Boden praktisch nicht ausgewaschen, so daß es allgemein als betriebswirtschaftlich richtig gilt, für einen guten Phosphorsäurevorrat im Boden zu sorgen. Bodenanalysenwerte von 20—30 mg/100 g Boden werden angestrebt. Da die Phosphorsäure in den üblichen Volldüngern (12 : 12 : 17 : 2) aber relativ überrepräsentiert ist, werden diese Werte nach langjähriger Verwendung von Volldüngern oft überschritten, was betriebswirtschaftlich nicht mehr zu vertreten ist. Pflanzenphysiologisch gesehen ergeben sich aber zunächst noch keine Nachteile durch hohe Phosphorsäuregehalts-Zahlen des Bodens; erst bei sehr hohen Werten (70—80 mg) kann es zur Festlegung von Eisen in Form von Eisenphosphat kommen und die Stickstoffaufnahme behindert werden.

Auf Böden mit nennenswertem Tonmineralgehalt wird die Bodenstruktur durch Phosphorsäure verbessert.

Da es bei alleiniger Verwendung von Volldünger in längeren Zeiträumen zu einer ungünstigen Entwicklung der Bodenanalysenwerte kommt (Phosphorsäure zu hoch, Kalium und Magnesium zu tief), muß von Zeit zu Zeit mit Einzelnährstoffen gearbeitet und dabei dann die Phosphorsäure reduziert oder ganz weggelassen werden.

Der jährliche Phosphorsäureentzug über die Baumschulkulturen kann mit ca. 60—80 kg/ha angegeben werden. Bei einer als durchschnittlich anzusehenden Volldüngergabe (12 : 12 : 17 : 2) von 8—10 dz/ha werden dem Boden 96—120 kg/ha Phosphorsäure zugeführt.

Die Phosphorsäure ist ein Baustein des Eiweißes und am Wachstum der Zellen beteiligt. **Phosphorsäuremangel** ist selten zu beobachten, er äußert sich in rötlicher Verfärbung der Blätter, die sich steil nach oben richten.

Kalium ist kein Baustein der Pflanzen, aber pflanzenphysiologisch von großer Wichtigkeit. Es fördert z. B. die Ausreife des Holzes (Erhöhung der Frostresistenz), vergrößert die Saugkraft der Wurzeln und damit die Trockenheitsresistenz der Pflanzen.

Im Gegensatz zur Phosphorsäure weisen viele Baumschulböden Kalimangel auf. Kalium unterliegt auf leichten Böden der Auswaschung und ist im Volldünger nicht in ausreichender Menge vertreten. Die Gehölzkulturen entziehen dem Boden durchschnittlich jährlich etwa 160 kg/ha Kalium, zugeführt werden dem Boden bei der Düngung mit 8—10 dz/ha Volldünger zwischen 136 und 170 kg/ha, so daß der jährliche Fehlbetrag beim Kali etwa in Höhe der Auswaschungsverluste liegt, die auf leichten Böden 30—40 kg/ha betragen können.

Schwerere Böden vermögen dagegen Kalium gut festzuhalten, indem sie es in austauschbarer Form in die Schichtpakete der Tonminerale einbauen. Im Gegensatz zum leichten Boden ist deshalb eine gute Vorratshaltung von Kalium auf schwerem Boden sinnvoll und anzustreben. Ein weiterer Grund für eine relativ hohe Kaliversorgung auf schwerem Boden ist darin zu sehen, daß das in den Tonmineralen stark gebundene Kali den Pflanzen nicht immer voll zur Verfügung steht.

Sowohl bei der Verwendung von Volldüngern als auch bei reiner Kalidüngung soll das Kali in Sulfat-Form vorliegen. Kaliumchlorid führt nämlich vor allem auf schweren Böden zu Schäden an den Pflanzen. Ohne Bedenken können jedoch bei der Düngung im Freiland chloridarme Volldünger verwendet werden. Chloridfrei sind schwefelsaures Kali (50 % K) und Kalimagnesia (Patentkali, das neben 26—28 % Kalium auch noch rund 10 % Magnesium enthält). Dem Patentkali sollte der Vorzug gegeben werden, da vor allem viele leichte Böden mit Magnesium unterversorgt sind. Bei Verwendung von Volldüngern ergibt sich allmählich eine Unterversorgung des Bodens mit Kali, so daß mindestens alle 3 Jahre eine zusätzliche Düngung mit 3—4 dz/ha Patentkali eingeschaltet werden muß.

Kalimangel erkennt man an bräunlichen Flecken in den Interkostal-Feldern und am Einrollen der Blätter.

Kaliüberdüngung ist nicht zu erwarten, da nur so viel aufgenommen wird, wie die Pflanze verbraucht; wohl aber kann es zu Schäden durch überhöhte Salzkonzentration im Boden kommen.

Magnesium ist ein Bestandteil des Blattgrüns und beim Transport der Phosphorsäure in der Pflanze und bei der Bildung von Fermenten beteiligt.

Magnesiummangel tritt fast ausschließlich auf sauren Sandböden auf, weil diese Böden nicht über natürliche Magnesiumquellen (Augite, Hornblenden) verfügen und außerdem die Magnesiumaufnahme im sauren Bereich erschwert wird. In den Volldüngern (12 : 12 : 17 : 2) ist zwar auch Magnesium enthalten, das Verhältnis von Kalium zu Magnesium entspricht aber mit 17 : 2 keineswegs dem Bedarf. Der Magnesiumentzug durch die Pflanzen ist mit 70—80 kg/ha beachtlich hoch. Dem Bedarf angepaßt wäre etwa ein Kalium-Magnesium-Verhältnis von 2,5 : 1. Magnesiummangel kann auch bei ausreichender Versorgung des Bodens als relativer Mangel auftreten, wenn der Kaliumgehalt des Bodens zu hoch ist. Kalium und Magnesium wirken bei der Aufnahme durch die Pflanze als Antagonisten, und zwar behindert Kalium die Aufnahme von Magnesium und umgekehrt, wobei die hemmende Wirkung des Kaliums etwas stärker als die des Magnesiums ausgeprägt ist. Die Beseitigung des Magnesiummangels kann, gleichgültig ob absoluter oder relativer Mangel vorliegt, nur mit einem magnesiumhaltigen Dünger erfolgen, der keinen oder doch nur einen geringen Kaliumanteil aufweist. Weder Volldünger noch Patentkali mit einem Kalium : Magnesiumverhältnis von 3 : 1 eignen sich deshalb für eine Magnesiumgesunddüngung. Sie tragen nur dazu bei, den Termin für eine reine Magnesiumdüngung hinauszuschieben, so lange der Boden noch gut mit Magnesium versorgt ist.

Zur Behebung des Magnesium-Mangels bieten sich 3 Möglichkeiten an:

1. Kieserit als Magnesiumsulfat, erforderlich etwa 6—8 dz/ha;
2. Bittersalz, ebenfalls als Magnesiumsulfat, aber leichter löslich als Kieserit, das deshalb nicht für Blattdüngungszwecke geeignet ist. Erforderlich sind etwa 4—5 dz/ha;
3. Magnesiumbranntkalk auf Dolomitbasis, Hüttenkalk oder Mergel.

Kieserit ist im Gegensatz zu Bittersalz vergleichsweise billig. Da, wo der pH-Wert des Bodens es zuläßt, ist die Aufhebung des Magnesium-Mangels mit Hilfe von geeigneten Kalken besonders wichtig, weil oft allein schon durch eine Anhebung des pH-Wertes durch Verbesserung der Magnesiumaufnahme Mangelerscheinungen aufgehoben werden können.

Magnesiummangel erzeugt Blattchlorosen, die Blätter erscheinen gelb-marmoriert.

Magnesiumüberdüngung kommt nicht vor.

Die anzustrebenden Bodenanalysenwerte sind aus folgender Tabelle zu entnehmen, die eine Gesamtübersicht über die optimalen Bodengehaltszahlen ermöglicht:

Optimale Bodengehaltszahlen für Baumschulkulturen in mg/100 g Boden

Bodenart	pH-Wert	P_2O_5	K_2O	MgO
humoser Sand	4,8—5,0	20—30	20	8—10
lehmiger Sand	5,2—5,4	20—30	25—30	10
sandiger Lehm	5,6—5,8	20—30	30—35	10—12
Lehm	6,0—6,2	20—30	35—40	12

Stickstoff ist ein Bestandteil des Protoplasmas in den Zellen und ist gewissermaßen der Wachstumsmotor der Pflanzen.

Stickstoff wird im Gegensatz zu anderen Kernnährstoffen bei den Bodenanalysen meist nicht bestimmt. Das hat zwei Gründe: Zum einen kann man davon ausgehen, daß der in mineralischer Form im Boden vorliegende Stickstoff im Laufe des Winters ausgewaschen wird, zum andern ist er in der Vegetationsperiode schwer faßbar, da er sich außerordentlich dynamisch verhält. Er wird sowohl in organische Bindungen eingebaut als auch aus organischer Bindung freigesetzt, so daß die Untersuchungen immer nur eine Momentaufnahme darstellen und die daraus zu ziehenden Rückschlüsse zweifelhaft sind.

Bei der Düngung im Frühjahr kann man wohl davon ausgehen, daß zunächst kein Stickstoff in aufnehmbarer Form im Boden vorliegt. Der in organischer Bindung (Humus) vorliegende Stickstoff muß dennoch berücksichtigt werden. Aus einem mit 5—6 % Humus versorgten Boden, wie es bei gepflegtem Boden die Regel ist, können in einem feuchten, warmen Jahr bis zu 80 kg Reinstickstoff je ha für die Pflanzen freigesetzt werden.

Allerdings ist in Jahren mit solcher Witterung wegen des starken Pflanzenwuchses auch mit erhöhtem Stickstoffbedarf der Pflanzen zu rechnen. Eine Reihe von Bakterien, nicht nur die mit den Wurzeln vergesellschafteten Knöllchenbakterien der Leguminosen, können darüber hinaus weitere 30—40 kg/ha Stickstoff produzieren. Etwa in der gleichen Größenordnung liegt aber auch der Stickstoffverlust durch Auswaschung. Bei der mineralischen Stickstoffdüngung ist zu berücksichtigen, daß die in organischer Bindung im Boden vorliegenden Stickstoffmengen und auch der durch freilebende Stickstoffsammler produzierte Stickstoff den Pflanzen erst bei höheren Bodentemperaturen zur Verfügung stehen (Juni). Ohne mineralische Stickstoffdüngung kann es deshalb in der Anfangsphase des Wachstums zu einem Stickstoffdefizit kommen.

Der Stickstoffverbrauch der Pflanzen ist eine schwer faßbare Größe, da die Pflanzen zum Luxuskonsum neigen. Bei hohem Stickstoffangebot wachsen sie mastig, der artentypische Aufbau ist oft gestört, die Ausreife infolge verspäteten Triebabschlusses verzögert. Der Stickstoff ist deswegen wie kein anderes Element qualitätsbestimmender Faktor.

Da der Pflanze kein Luxuskonsum beim Stickstoff gestattet werden kann, der Stickstoff zudem im Boden sehr beweglich ist, muß sowohl die Frage nach der zu gebenden Menge als auch die nach den Terminen der einzelnen Gaben gestellt werden.

Die Gesamtstickstoffmenge ist auch im Zusammenhang mit dem Zeitpunkt der Anwendung und der Bodenart zu sehen. Bei einmaliger früher Gabe ist der Ausnutzungsgrad des Stickstoffs geringer einzuschätzen als bei Aufteilung auf mehrere Teilgaben, da er im Boden wandert und die Auswaschungsverluste deshalb höher sind. Je länger die zu düngenden Pflanzen bereits auf dem Land stehen, d. h. je stärker das Wurzelsystem bereits ausgebildet ist, desto geringer sind die Auswaschungsverluste und um so eher kann die Gesamt-Stickstoffmenge auf einmal gegeben werden. Die Höhe der Auswaschungsverluste von Stickstoff werden von der Bodenart beeinflußt. Hier spielt weniger die Sorptionskapazität des Bodens für Nährstoffe eine Rolle, da Stickstoff mit Ausnahme der Ammoniak-Form kaum vom Boden adsorbiert wird, als vielmehr das Wasserhaltevermögen des Bodens. Je niedriger die maximale Wasserkapazität des Bodens liegt (extrem niedrig: leichter Sandboden mit niedrigem Humusgehalt), um so größer sind die Sickerverluste und um so mehr Stickstoff wandert in größere Bodentiefen und ist von den Pflanzenwurzeln nicht mehr erreichbar. Auf Böden mit geringem Wasserhaltevermögen muß Stickstoff deshalb öfter in kleinen Mengen gegeben werden.

Bei richtiger Bemessung der Stickstoffmenge ist der Witterungsverlauf eine wichtige Größe. In Trockenperioden ist die Stickstoff-Aufnahme vermindert, er kommt dann erst später zur Wirkung. Nach hohen Niederschlagsraten kann hingegen ein Stickstoffdefizit auftreten. Beides muß bei der Düngung entsprechend berücksichtigt werden.

Stickstoffformen: Wir unterscheiden beim Stickstoff 4 Formen: Kalkstickstoff, Amid-Stickstoff (Harnstoff), Ammoniak und Salpeter (Nitrat). Alle Formen werden im Boden unter dem Einfluß von Bakterien in die Nitratform umgewandelt. Dieser Umwandlungsprozeß dauert am längsten beim Kalkstickstoff, der vom Dizyanamid über Amid und Ammoniak in die Nitratform überführt wird. Kalkstickstoff ist deshalb eine langsam fließende Stickstoffquelle; ebenso wirken Amid- und Ammoniakstickstoff langsamer als Salpeter. Entsprechend ihrer jeweiligen Fließgeschwindigkeit muß auch ihr terminlicher Einsatz in der Baumschule erfolgen. Kalkstickstoff kann als einziger gewissermaßen als Stickstoffvorratsdünger betrachtet werden. Da der Umwandlungsprozeß im Boden auf biologischem Wege erfolgt, kann Kalkstickstoff bereits im Spätherbst gegeben werden, kommt aber erst bei wärmerem Boden im April langsam zur Wirkung, die bis in den Juni hinein anhalten kann. Spätherbstdüngung mit Kalkstickstoff kann aber in stehenden Kulturen nur mit geringen Aufwandmengen durchgeführt werden, weil er zu lange in der für die Pflanzenwurzeln giftigen Dizyanamid-Phase verbleibt. Alle anderen Stickstoffformen müssen kurz vor Beginn oder während der Kultur gegeben werden. Salpeter sollte vor allem gegeben werden, um schnelle Reaktionen der Pflanzen zu erzeugen.

Im Volldünger liegt Stickstoff meist je zur Hälfte in Ammoniak- und Nitratform vor, er kann deshalb nicht als Vorratsdünger eingesetzt werden. Da die Stickstoffaufnahme noch bei Bodentemperaturen bis hinunter zu + 5 °C erfolgt, der aufgenommene Stickstoff aber bei auch sonst geeigneten Wachstumsbedingungen in Triebwachstum umgesetzt wird, sollte die letzte Stickstoffgabe — auch dann nur in der schnell wirkenden Nitratform — Anfang Juli gegeben werden.

Spätstickstoffdüngung: Neuerdings wird unter Bruch dieses alten Prinzips bewußt von der Spätstickstoffdüngung gesprochen. Hierunter ist eine späte Düngung mit schnell wirkendem Nitratstickstoff (Kalksalpeter) zu verstehen, die nach sichtbar erfolgtem Triebabschluß vor allem Immergrünen und *Koniferen* verabreicht wird. Je nach Witterungsverlauf liegt der Termin für diese Spätstickstoffdüngung Ende September bis Anfang Oktober. Der Stickstoff wird dann von den Pflanzen zwar noch aufgenommen, aber nicht mehr in Wachstum umgesetzt. Man könnte auch von einer Ausfärbungsdüngung sprechen, da vom aufgenommenen Stickstoff die Chlorophyllbildung positiv beeinflußt wird. Während man von spät in der Vegetationsperiode (bei noch wachsenden Pflanzen) gegebenem Stickstoff mit einer erhöhten Frostgefährdung rechnen muß, kann der nach Triebabschluß verabreichte Stickstoff sogar eine erhöhte Frostresistenz bewirken. Vermutlich kann durch die Stickstoffaufnahme der Proteingehalt der Pflanzen noch erhöht werden. Nach POMEROY/SIMONOVITCH (1970) ist der Prozeß der zunehmenden Frosthärte von einem parallel laufenden Anstieg des Gehaltes an löslichen Proteinen begleitet.

Zum mengenmäßigen Stickstoffbedarf der einzelnen Pflanzenarten können kaum exakte Angaben gemacht werden, da nur wenige auf die Praxis übertragbare Versuchsergebnisse vorliegen. Generell kann man sagen, daß *Koniferen* einen geringeren Stickstoffbedarf haben als Laubgehölze, was wohl im Zusammenhang mit der im allgemeinen höheren stofflichen Produktion der Laubgehölze (Wüchsigkeit) zu sehen ist. Ebenso ist generell der auf die Fläche bezogene Stickstoffverbrauch von Saatbeeten und Engverschulungen größer als im Extrem der von Solitärgehölzen, bei denen die einzelnen Pflanzen nicht um die Nährstoffe konkurrieren. Folgende Richtwerte können für die einzelnen Kulturen bezüglich des Stickstoffs genannt werden:

Kulturart	kg Reinstickstoff/ha
Sämlingskultur von Laubgehölzen mit 1 Kulturjahr	150
Sämlingskultur von Laubgehölzen mit 2 Kulturjahren	120
Sämlingskultur von Koniferen mit 1 Kulturjahr	120
Sämlingskultur von Koniferen mit 2 Kulturjahren	80
Sträucherkultur und Laubholzheckenpflanzen im 1. Kulturjahr	80
Sträucherkulturen und Laubholzheckenpflanzen im 2. Kulturjahr	140
Rosen im 1. Jahr	90
Rosen im 2. Jahr	150
Rhododendron-Verkaufsware	200—240
Laubgehölz-Solitärs im 1. Jahr nach dem Umpflanzen	70
Laubgehölz-Solitärs im 2. Jahr nach dem Umpflanzen	100
Koniferen	80
Koniferen-Solitärs	60

Diese Werte gelten für Böden mit einem Humusgehalt von ca. 5 %. Je nach Abweichung von diesem Wert müssen die Stickstoffgaben nach oben oder unten korrigiert werden.

Die Stickstoffaufwandmenge muß reduziert werden, wenn vor Beginn der Kultur eine Stallmistdüngung erfolgte. Je 100 dz Stallmist kann im ersten Jahr mit einer von den Pflanzen aufnehmbaren Stickstoffmenge von 8—10 kg gerechnet werden. Im 2. Kulturjahr halbiert sich diese Menge etwa und kann deshalb praktisch unberücksichtigt bleiben.

Auf leichten Böden mit geringem Humusgehalt, bei Jungpflanzen und bei Pflanzenarten mit hohem Bedarf soll zur Sicherstellung eines gleichmäßigen Angebotes und zur Vermeidung zu hoher Salzkonzentrationen eine Aufteilung der Gesamtmenge in 2—3 Gaben vorgenommen werden, wobei die erste Gabe zu Beginn der Kultur etwa in halber Höhe der Gesamtmenge erfolgen sollte.

Die Spät-Stickstoff-Düngung nach Triebabschluß sollte generell mit einer Gabe von 2 dz/ha Kalksalpeter durchgeführt werden. Sie liegt außerhalb der angegebenen Stickstoffbedarfszahlen.

Nach Felddüngungsversuchen von GRUPE/SEITZ (1962) konnte auf Saatbeeten auch mit höheren Stickstoffgaben als 150 kg/ha noch ein Längenzuwachs, nicht aber eine Zunahme des Wurzelhalsdurchmessers erzielt werden. Eine Ausnahme bildete hier *Syringa vulgaris*, die auch noch höhere Aufwandmengen ertragssteigernd verarbeiten konnte. Der Triebabschluß war in den höchsten N-Stufen verzögert, bei anschließenden Lagerungsversuchen im Kühlraum (DE HAAS/WENNEMUTH (1962)) hatten die nicht ausgereiften Pflanzen die höchsten Ausfälle durch Pilzbefall zu verzeichnen.

Pflanzenarten mit spezifisch hohem Stickstoffbedarf sind:

Rhododendron	*Lonicera pileata*	*Ligustrum*	*Larix*
Syringa vulgaris	*Pyracantha*	*Forsythia*	*Metasequoia glyptostroboides*
Rosen	*Cotoneaster*	*Amelanchier*	

Blattdüngung: Die Blattdüngung kann nicht im Hinblick auf einen Ersatz der Feststoffdüngung über den Boden diskutiert werden. Zwar können von den Blättern beachtliche Nährstoffmengen in relativ kurzer Zeit aufgenommen werden, doch reichen diese Mengen allein nicht zur Nährstoffversorgung aus. Die Blattdüngung kann deshalb nur als Zusatzdüngung angesehen werden. Ihr größter Wert liegt in der Behebung kurzfristig auftretenden Mangels in kritischen Phasen. Dies trifft zu bei großer Trockenheit, wenn den Wurzeln nicht genügend Wasser zur Aufnahme der Nährstoffe zur Verfügung steht, oder für die Zeit nach länger anhaltenden Regenfällen, die sowohl die Nährstoffvorräte des Bodens als auch die der Blätter durch Auswaschung vermindern, ferner bei Spurenelement-Mangelsymptomen an den Pflanzen. In diesen Sonderfällen kann auftretender Mangel durch die Blattspritzung mit wirtschaftlich vertretbarem Aufwand behoben werden. Bei normaler Versorgung der Pflanzen zahlt sich jedoch der mit der Ausbringung verbundene Aufwand nicht aus. Nichts einzuwenden ist dagegen gegen die generelle Beimischung von Blattdüngern zu Pflanzenschutz-Spritzbrühen, sofern dies vom Hersteller der Pflanzenschutzmittel nicht verboten ist. Da nicht nur Stickstoff von den Blättern aufgenommen wird, sondern auch alle anderen Nährelemente, ist nicht einzusehen, warum, wie vielfach gehandhabt, nur Harnstoff über das Blatt ausgebracht wird. Die Verwendung eines Volldüngers mit ausreichender Spurenelementgarnitur hat sicher Vorteile. Die Nährstoffkonzentration soll 0,5 % nicht übersteigen, bei starker Sonneneinstrahlung oder bei nicht voll intakten Blättern kann diese Konzentration bereits kritisch sein.

Beregnungsdüngung verbindet die Vorteile der Blattdüngung mit denen der Düngung über den Boden. Mit der Beregnungsdüngung läßt sich vor allem der Spitzenbedarf der Pflanzen hervorragend abdecken. Als Nachteil ergibt sich aber, daß bei ausreichender Wasserversorgung des Bodens durch natürliche Niederschläge die Beregnung einen überflüssigen Arbeitsvorgang darstellt. Die Beregnungsdüngung kann deshalb auch nur dann mit gutem Erfolg eingesetzt werden, wenn die Grundlast der Nährstoffversorgung über den Boden erfolgt, wobei bei allen Nährstoffen mit Ausnahme von Stickstoff sogar die volle Versorgung der Pflanze über den Boden angestrebt werden sollte.

Bei der Beregnungsdüngung sollte eine Konzentration von 0,1 % nicht überschritten werden. Sonst darf nicht während der gesamten Beregnungsdauer, sondern nur gegen Ende der Laufzeit Dünger eingespeist werden. Bei einer Beregnungsmenge von 10 mm, die als üblich gelten kann, werden bei 0,1 % und einem Stickstoffgehalt des verwendeten Düngers von 20 % 20 kg N/ha ausgebracht und stehen den Pflanzen sofort zur Verfügung. Diese Menge sollte keinesfalls überschritten werden.

Stickstoffmangel erkennt man an der hellen Färbung der Blätter, schwachem Wuchs und vorzeitigem Triebabschluß.

Stickstoffüberdüngung äußert sich in mastigem Wachstum, schwammigem Gewebe, großen, tiefdunkelgrünen Blättern und durch Verzögerung des Triebabschlusses.

Übersicht über die Mineraldüngerarten

1. Stickstoffdünger

Schnellwirkend:

Kalksalpeter	15,5 % N

Schnell und nachhaltig wirkend:

Ammonsulfatsalpeter	26 % N (1/4 Nitrat + 3/4 Ammonium)
Kalkammonsalpeter	22 % N (1/2 Nitrat + 1/2 Ammonium)

Langsam und nachhaltig wirkend:

Schwefelsaures Ammoniak	21 % N
Kalkstickstoff (alle Sorten)	21 % N
Kalkharnstoff	20 % N
Harnstoff	46 % N
Crotonylidendiharnstoff (Handelsname Crotodur oder Floranid)	28 % N
Isobutyldiharnstoff (Handelsname Isodur)	
Formaldehydharnstoff (Handelsname Amindur)	26 % N

2. Phosphatdünger

Superphosphat	18 % P_2O_5 wasserlösliche Phosphorsäure
Doppelsuperphosphat	38 % P_2O_5 wasserlösliche Phosphorsäure
Rhenaniaphosphat	28—30 % P_2O_5 ammonzitratlösliche Phosphorsäure
Thomasphosphat	12—20 % P_2O_5 zitronensäurelösliche Phosphorsäure

3. Kalidünger

50er Kalidüngesalz	50—54 % reines Kali, chlorhaltig
40er Kalidüngesalz	38—42 % reines Kali, chlorhaltig
Schwefelsaures Kali	48—52 % reines Kali, chlorarm
Schwefelsaure Kalimagnesia (Patentkali)	25—30 % reines Kali, chlorarm, 8—10 % MgO

4. Kalkdünger

Kohlensaurer Kalk	80—90 % $CaCO_3$, davon ca. 15 % $MgCO_3$
Branntkalk	70—90 % CaO
Magnesiumbranntkalk	70—75 % CaO + ca. 15 % MgO
Kalimagnesium-Branntkalk	65 % CaO + ca. 15 % MgO + ca. 10 % K_2O
Hüttenkalk	40 % $CaCO_3$ + 3 % MgO
Konverterkalk	40 % $CaCO_3$ + 3 % MgO

5. Magnesiumdünger

Bittersalz	15 % MgO, leicht wasserlöslich
Kieserit	27 % MgO, schwer wasserlöslich
Excello — Magnesium	26 % MgO + 1,65 % Cu + 0,85 % Zn

6. Mehrnährstoffdünger (begrenzte Auswahl)

	N	P	K	Mg	
Complesal, Typ Blau	12	12	17	2	chloridarm
Nitrophoska blau extra	12	12	17	2	chloridarm + Spurenelemente
Nitrophoska blau spezial	12	12	17	2	chloridfrei + Spurenelemente
Rustica	12	12	17	2	chloridarm + Spurenelemente
Enpeka	12	12	17	2	chloridarm
Kampka	12	12	17	2	chloridarm

Langzeitdünger

	N	P	K	Mg	
Magamp	7	40	8	12	
Nitrophoska permanent (mit Isodur)	15	9	15	2	chloridfrei
Rasenfloranid (mit Crotodur)	20	5	10	1	+ Spurenelemente
Plantosan	20	10	15	6	+ Spurenelemente, chloridfrei
Osmocote	15	12	15	—	(3—4 Monate)
Osmocote	16	10	12	—	(8—9 Monate)
Triabon	16	8	12	5	+ Spurenelemente, chloridfrei

7. Zweinährstoffdünger

NP-Dünger	N	P	K	Mg	
Complesal Typ NP	20	20	—	—	
Nitrophos	20	20	—	—	
Rustica Stickstoffphosphat	20	20	—	—	
Enpeka Stickstoffphosphat	20	20	—	—	
NK-Dünger					
Rustica Stickstoffkali	20	—	20	—	
Alkril	20	—	16	2	+ Spurenelemente
PK-Dünger					
Thomaskali	—	10	20	—	
	—	12	18	—	
Phosphatkali	—	14	28	—	
	—	15	20	—	
	—	16	16	—	

8. Mehrnährstoffdünger für die Flüssigdüngung (Bewässerungsdüngung)

	N	P	K	Mg	
Alkrisal	18	6	12	0,7	+ Spurenelemente
Gabi-Plus	12	8	11		
Gabi-Plus Z	10	4	7		

	N	P	K	Mg	
Hakaphos grün	18	6	12	2	+ Spurenelemente
Hakaphos blau	15	11	15	1	+ Spurenelemente
Hakaphos rot	8	12	16	2	+ Spurenelemente
Kamasol grün	10	4	7	0,5	
Kamasol blau	8	8	6		
Plantaktiv					
Poly-Crescal	14	10	14	0,7	+ Spurenelemente
Poly-Fertisal	8	14	18	0,7	+ Spurenelemente
Rustica fluid NPK	12	4	6		
Wuxal-Normal	12	4	6		
Wuxal-Super	8	8	6		
Wuxal-Suspension Typ 6	25	6	10		
Alkril	20	—	16	2	
Hakaphos gelb	20	—	20	2	
Kalisalpeter	13	—	44		
Wuxal-Suspension Typ 7	20	—	15	1	
Wuxal-Suspension Typ 3	10	—	20	2	

9. Einzelnährstoffdünger für Flüssigdüngung (Bewässerungsdüngung)

Ammonsulfatsalpeter	26 % N
BASF-Sulfatdünger 34	27 % N + Mg, Cu, Mn
Harnstoff	46 % N
Kalksalpeter	15,5 % N
Rustica fluid N 34	27 % N + Mg, Cu, Mn
Schwefelsaures Kali	48—52 % K_2O

10. Spurenelementdünger

Fetrilon	5 % Fe
Eisenchelat Folicin	9 % Fe
Excello normalfein	2,65 % Cu + Mg, Zn, Mn, Co, Fe, Mo
Mangandünger Jost	20 % Mn + Fe, Zn, Cu, Ti
Radigen	Mg, Fe, Cu, Mo, Br, Mn, Zn (Depotdünger)

7.2 Die organische Düngung in der Baumschule

Humusversorgung kann in der Baumschule nur durch eine relativ starke, organische Düngung sichergestellt werden. Anders als in der Landwirtschaft sind die nach Aberntung des Landes verbleibenden Pflanzenrückstände vergleichsweise gering. Für die Landwirtschaft ist nachgewiesen, daß bei guter mineralischer Nährstoffversorgung langjähriger Getreideanbau sogar zu einer Erhöhung des Humusgehaltes im Boden führen kann. Bei baumschulmäßiger Nutzung ist dagegen ein langsamer Abbau des Bodenhumus sicher, der deshalb durch Zufuhr von organischer Substanz ausgeglichen werden muß.

Humus in seiner Wirkung auf den Boden. Humus vergrößert durch Bildung einer stabilen Krümelstruktur den Anteil von groben Poren im Boden. Der Boden ist besser durchlüftet, neigt weniger zur Verschlämmung und läßt sich besser bearbeiten. Dieser physikalische Effekt einer guten Humusversorgung kommt besonders bei Böden mit größerem Tonanteil (schwere Böden) zum Tragen, da Böden mit zunehmendem Tonanteil feinporiger werden und zur dichten Lagerung neigen.

Humus verbessert auch den Wasserhaushalt des Bodens. Leichte Böden profitieren dabei von der Verbesserung der Wasserhaltefähigkeit, schwere Böden durch eine bessere Ableitung des Überschußwassers infolge groberer Poren.

Durch gute Humusversorgung wird ferner das Nährstoffspeicherungsvermögen (Sorptionskraft) des Bodens erhöht und damit eine gleichmäßigere Versorgung der Pflanzen erreicht, was vor allem für die sorptionsschwachen leichteren Böden von Vorteil ist. Humus übt also sowohl auf leichten als auch auf schweren Böden positive Effekte aus. Es ist der Schluß zulässig, daß Übergangsböden zwischen leichtem und schwerem Boden am ehesten mit einem geringen Humusgehalt optimal kultivierbar sein müßten. Das hat sich tatsächlich in der Praxis als richtig erwiesen.

Optimal und damit erstrebenswert ist auf leichten und schweren Böden ein Humusgehalt um 6 %, auf mittelschweren Böden kommt man dagegen mit 3—4 % aus.

Die organische Masse des Bodens ist einem Abbau unterworfen, der je nach Bodenart und Klimabedingungen stärker oder schwächer sein kann. Auf leichten Böden läuft der Abbau wegen der besseren Durchlüftung schneller als auf schweren, im warmen und feuchten Klima schneller als in kaltem und trockenem. Entsprechend der Abbaugeschwindigkeit müssen deshalb auch entsprechende Mengen an organischer Substanz zugeführt werden. Jeder Boden erreicht aber unter den jeweils gegebenen Klimabedingungen einen bestimmten Humusgehalt, der nur mit unverhältnismäßig hohen Aufwendungen noch weiter erhöht werden kann.

Stallmist und Torf. Dieser Grenzwert ist auch von der Art der organischen Düngung abhängig. Bei Stallmistverwendung wird er früher erreicht als bei Verwendung von Torf. Stallmist verfügt im Gegensatz zum Torf nur über einen verhältnismäßig kleinen Anteil an Dauerhumus und wird im Boden schneller abgebaut. Auf leichtem Boden liegt der Grenzwert unter unseren Klimabedingungen bei normaler Wasserführung des Bodens und Stallmistverwendung bei etwa 5—6 %, bei Torfverwendung erreicht er 6—7 %.

Die Vergleichswerte für schweren Boden liegen um ca. 1 % höher.

Zur Aufrechterhaltung des erreichten jeweiligen Humusgehaltes sind auf leichten Sandböden jährlich 400—500 dz/ha Stallmist erforderlich. Auf schwerem Boden wird der gleiche Effekt bereits mit 300—400 dz/ha erreicht. Bei Weißtorf sind 60—70 bzw. 40—60 m^3/ha erforderlich. Für mehrjährige Kulturen müssen die Gaben entsprechend erhöht werden.

Durchschnittlich entsprechen sich bezüglich des Gehaltes an organischer Trockensubstanz 1000 dz Stallmist und 150 m^3 Feuchttorf lose. Ein Preisvergleich ist wegen der regional stark unterschiedlichen Preise für beide Stoffe schwer anzustellen.

Im Holsteinischen Baumschulgebiet kosten z. Z. (1977) 1000 dz Stallmist frei Land ca. DM 2000,—, 150 m^3 Feuchttorf lose aber DM 2400,—. Im Oldenburger Gebiet wird sich ein günstigeres Bild für den Weißtorf ergeben. Selbst bei Preisparität müssen die im Stallmist mitgelieferten Nährstoffmengen berücksichtigt werden. Weißtorf bindet dagegen erhebliche Nährstoffmengen im Boden, was bei der mineralischen Zudüngung beachtet werden muß. Nach Angaben des Torfverbandes ist zur Absättigung des Sorptionskomplexes von Weißtorf eine Ausgleichsdüngung von 3 kg Volldünger und 3 kg $CaCo_3$ je m^3 Feuchttorf lose erforderlich. Da man erfahrungsgemäß bei dieser, dem Torf zugeführten Düngermenge bereits Pflanzen im Torf (Container) kultivieren kann, läßt sich diese Angabe offenbar nicht aufrechterhalten.

Nun gelingt zwar bei der Verwendung von Weißtorf eine etwas schnellere Erhöhung des Humusgehaltes als mit Stallmist, doch ist wohl die Frage zu stellen, ob sich die Wuchsleistung der Pflanzen auch gleichsinnig verhält. Vergleichende Untersuchungen zwischen Stallmist und Torf bei Baumschulkulturen lassen nach mehrjähriger Beobachtung den Schluß zu, daß dem Stallmist im allgemeinen bei Laubgehölzen der Vorzug zu geben ist, während *Koniferen* (sicher auch Moorbeet-Pflanzen) auf Torf mit besserer Wuchsleistung reagieren. Nach 8jähriger Torf- und Stallmistanwendung hatte sich der Humusgehalt in den Torfparzellen stärker erhöht als in den Stallmistparzellen (G. Wennemuth (1972)).

In neuerer Zeit hat sich wohl allgemein die Meinung durchgesetzt, daß der Nährhumus als leicht abbaufähige organische Masse gegenüber Dauerhumus in der Wirkung auf Boden und Pflanze unterschätzt worden ist. Durch Nährhumus werden die Mikroorganismen des Bodens positiv beeinflußt, die ihrerseits im Zuge der Lebendverbauung und Verbesserung der Bodengare die Bodenstruktur günstig beeinflussen.

Gründüngung spielt in der Baumschule eine geringere Rolle als in der Landwirtschaft, bei der die Gründüngung in Form von mehrjährigen Futterschlägen (Luzerne, Landsberger Gemenge, Kleegras) oder als Zwischenfruchtanbau zwischen Getreide und Rüben nicht unwesentlich zur Versorgung des Bodens mit organischer Masse beiträgt. In der Baumschule sind Zwischenfruchtanbau oder Gründüngungen nur selten, etwa wenn Sommerverschulungen durchgeführt werden sollen, möglich. Im Normalfall wird das Land erst spät im Herbst frei und bereits im Frühjahr wieder neu bepflanzt.

In den letzten Jahren setzt sich aber immer stärker der Trend zum Reserveland durch, das eine bessere Anbauplanung, vor allem im Zusammenhang mit der chemischen Bodenentseuchung, ermöglicht. Diese im Sommer von Gehölzkulturen freigehaltenen Flächen sollen im September zur günstigsten Zeit chemisch entseucht werden. Vorher bietet sich aber eine zweimalige Einsaat von schnellwachsenden Gründüngungspflanzen wie Liho-Raps (Liho-Nova) oder Senf an. Bei entsprechender mineralischer Düngung von etwa 4—5 dz/ha Volldünger wird von jeder Kultur eine Grünmasse entwickelt, die einer Stallmistdüngung von 200—300 dz/ha entspricht. Die Gründüngung hinterläßt einen garen Boden, der ideale Voraussetzungen für die chemische Bodenentseuchung schafft. Vor allem Liho-Raps schließt als Tiefwurzler tiefere Bodenschichten auf.

Von einer Gründüngung ist aber kein nachhaltiger Effekt auf den Humusgehalt des Bodens zu erwarten, da fast ausschließlich Nährhumus produziert wird.

In 100 Teilen Humus sind enthalten

	N	P_2O_5	K_2O	CaO	Organische Substanz	Wasser
Mist, frisch, Pferd	0,58	0,28	0,53	0,25	25,4	71,3
Mist, frisch, Rindvieh	0,40	0,16	0,50	0,45	20,3	77,2
Mist, frisch, gemischt	0,45	0,20	0,60	0,50	21,2	75,0
Mist, gemischt, mäßig verrottet	0,50	0,26	0,63	0,70	19,2	75,0
Mist, gemischt, stark verrottet	0,58	0,30	0,50	0,78	14,5	79,0
Mistjauche	0,22	0,01	0,46	0,02	0,70	98,2
Abtrittsjauche (Latrine)	0,55	0,28	0,20	0,01	3,0	95,5

Ausnutzung des Stallmistes

Beispiel hierzu:

Sie beträgt insgesamt bei:		Davon werden ausgenutzt:	
Stickstoff	20—45 %	im 1. Jahr	50 %
Phosphorsäure	20—45 %	im 2. Jahr	30 %
Kali	45—60 %	im 3. Jahr	20 %

Beispiel hierzu:

	Stickstoff kg/ha	Phosphorsäure kg/ha	Kali kg/ha
300 dz/ha enthalten	150	75	165
davon werden verwertet	45	20	80
und hiervon			
im 1. Jahr	23	10	40
im 2. Jahr	13	6	24
im 3. Jahr	9	4	16
	45	20	80

Hühnerdung, der bei der intensiven Hühnerhaltung in größeren Mengen anfällt und preiswert angeboten wird, muß wegen seines hohen Nährstoffgehaltes eher wie ein mineralisches als ein organisches Düngemittel eingesetzt werden. Die Aufwandmengen begrenzen sich von selbst durch den hohen Nährstoffgehalt (bis zu 5 % N, 3 % P_2O_5 und 4,5 % K_2O) auf maximal 30 dz/ha.

Trotz organischer Bindung werden die Nährstoffe relativ schnell freigesetzt, die organische Masse ist verhältnismäßig gering und ein positiver Einfluß auf den Humusgehalt des Bodens deswegen ausgeschlossen. Ist der Hühnerdung aber an Torf gebunden, so kann er ähnlich wie Stallmist eingesetzt werden, wobei die Aufwandmenge vom Gehalt an Nährstoffen abhängig ist.

Hornmehl, Hornspäne, Blutmehl sind mehr oder weniger als langsam fließende Nährstoffquellen in organischer Bindung zu betrachten, nicht aber als Humuslieferanten. Sie sind in der Regel zu teuer für den Einsatz in der Felddüngung.

Müllkompost wird von einigen Städten für Boderverbesserungszwecke angeboten. Wenn er sorgfältig aufbereitet wurde, ist er nicht billig, andernfalls aber selbst geschenkt zu teuer. Die organische Masse kann, bezogen auf den Trockensubstanzgehalt, bis zu 30 % betragen, variiert aber sehr stark. Sommermüllkomposte haben höhere Werte als Wintermüllkomposte. Wegen des relativ hohen Aschenanteils ist der Kalkgehalt, aber auch der Gehalt an Spurenelementen relativ hoch. Auf Böden mit gutem Pufferungsvermögen kann Müllkompost bei Preiswürdigkeit (nicht mehr als DM.10,— je Tonne) und einem nicht zu hohen pH-Wert des Bodens hin und wieder in Mengen von bis zu 50 Tonnen je ha eingesetzt werden.

Auf leichteren Böden soll man ihn dagegen nur in Kombination mit Weißtorf (je m^3 Torf 0,5 Tonnen Müllkompost) verwenden.

Der Einfluß auf den Humusgehalt steht nicht hinter vergleichbaren Mengen von Stallmist zurück. Die Bodenstruktur wird auf schwerem Boden günstig beeinflußt, leichter Boden wird bei größeren Aufwandmengen jedoch leicht zu locker.

Literatur zu: Düngung im Freiland

Benzian, B. (1965): Experiments on Nutrition problems in forest nurseries. Bulletin No. **37**, Forestry Commission. — Benzian, B. (1966): Manuring young conifers. Proceedings of the Fertilizer Society **94**, 5-37. — Benzian, B. (1967): Effect of "late season" N and K topdressings applied to conifer seedlings and transplants on nutrient concentrations in the whole plant and on growth after transplanting. Report on Forest Research, 135-140. — Burchards, O. (1971): Kalk in der Rhododendron-Kultur? Baumschul-Beratungsring Weser-Ems e. V. Jahrb. 1971, S. 9. — Cooke, G. W. (1967): The control of soil fertility. Crosby Lockwood and Son. — Dietrich, H. (1958): Richtiges und falsches Düngen in der Baumschule. Dt. Baumschule **10**, 153-160. — Draht, H. (1968): Die Düngung von Nadelgehölzen in der Baumschule. Gartenwelt **9**, 207-208. — Fischer, H. (1951): Pflanzenkrankheiten in der Baumschule durch Spurenelementmangel. Dt. Baumschule **3**, 94-100. — Gruppe, W., und P. Seitz (1962): Untersuchungen über die Nährstoffversorgung von Baumschulgehölzen. Gartenbauwiss. 27, **3**: 247-267. — Guillebaud, W. H. (1937): Green manuring in forest nurseries. Journal of the Forestry Commission **16**, 20-32. — Jordan, E. (1963): Zur Düngung der Obstgehölzreviere. Dt. Baumschule **14**, 50-54. — Jürgens-Gschwind, S. (1974): Langsam wirkende Stickstoffdünger, ihre Eigenschaften und Vorteile. BASF-Mitteilungen f. den Landbau. — Knickmann, E. (1951): Bordüngung, wann und wie? Dt. Baumschule **3**, 100-102. — Köster, P. (1969): Bodenuntersuchung und gezielte Düngung in Baumschulen. Jb. Baumschul-Beratungsring Weser-Ems e. V. 1969, Seite 71-75. — Penningsfeld, F. (1971): Bedeutung von Bodenzustand u. Düngungsmaßnahmen für die Entwicklung verschiedener Ziergehölze. Baumschul-Beratungsring Weser-Ems e. V. Jahrbuch 1971, S. 75. — Pomeroy, M. K., D. Simonovitch and F. Wightman (1970): Jahreszeitliche biochemische Veränderungen in Rinde und Nadeln von Pinus resinosa in Beziehung zur Frostanpassung. Can. J. Botany 48 (1970) 5, S. 953-967. — Rademacher, H. (1971): Bewässerungsdüngung auch in Baumschulen: Baumschule-Beratungsring Weser-Ems e. V. Jahrbuch 1971, S. 31. — Rademacher, H. (1973): Laubverträglichkeit von Düngesalzlösungen. Düngebedarf von Rhod.-repens-Hybriden. Zur Flüssigkeitsdüngung von Jap. Azaleen. Baumschul-Beratungsring Weser-Ems e. V. Jahrbuch 1973), S. 52-62. — Russell, E. W. (1961): Soil conditions and plant growth.

9 the Edition, London, Longmans 1961. — SCHACHTSCHABEL, P. 1961): Ausweitung der üblichen Untersuchung unserer Erden notwendig? Gartenwelt, 47-48. — STEFFEN, L. (1960): Unter welchen Närhstoffverhältnissen werden unsere Pflanzen kultiviert? Gartenwelt 60, 226-227. — WENNEMUTH, G. (1972): Vergleichende Untersuchungen zwischen Stallmist und Torf bei Baumschulkulturen. Torfnachrichten Jahrgang 22, 1972. — WHITE, D. P., and B. G. ELLIS (1965): Nature and action of slow reease fertilizers as nutrient sources for forest tree seedlings. Michigan Quart. Bul. 47 (4), 606-614.

8 Die chemische Bodenentseuchung

In den Baumschulen wird die chemische Bodenentseuchung aus zwei ganz verschiedenen Gründen als ertragssteigernder Faktor eingesetzt. Einmal kann der Boden für bestimmte Pflanzenarten seine natürliche Ertragsfähigkeit verloren haben, man sagt, er ist „müde" geworden, zum andern ist es aber besonders auf unkrautwüchsigen Böden nicht mehr wirtschaftlich möglich, Kulturen, bei denen der Einsatz von *Herbiziden* entweder nicht möglich ist oder ein zu großes Risiko darstellt, auf mechanischem Wege unkrautfrei zu halten. Der einsatzmäßige Schwerpunkt der chemischen Bodenentseuchung kann also mit dem jeweils angestrebten Ziel variieren, wodurch auch ein entscheidender Einfluß auf die Mittelwahl und in vielen Fällen auch auf deren Aufwandmenge ausgeübt wird.

Von Bodenmüdigkeit spricht man nach KLAUS (1940), wenn ein Boden durch wiederholten Anbau die Eignung verloren hat, einer bestimmten oder ähnlich wirkenden Pflanzenart als Substrat zu dienen. Die Symptome der Bodenmüdigkeit äußern sich an den Pflanzen wie folgt: das Längen- und Dickenwachstum ist stark gebremst, die Anzahl der Internodien aber nur unwesentlich vermindert. Man bezeichnet diesen Wuchstyp als Rosettenblättrigkeit. Die Blätter sind etwas schmaler, die Blattfläche etwas geringer als bei einer Pflanze auf gesundem Boden. Die Wurzeln sind dunkelbraun verfärbt und in einem engen Bereich lokalisiert, doch ist das Sproßwachstum stärker reduziert als das Wurzelwachstum. Auf dem Saatbeet wird die Keimung im Vergleich zu gesundem Boden nicht beeinträchtigt.

Nun gibt es eine große Anzahl von Pflanzenarten, die fast beliebig oft nacheinander angebaut werden können, ohne daß die Ertragsfähigkeit des Bodens bei entsprechender Pflege nachläßt. Diese Pflanzenarten sind mit sich selbst verträglich. Andere Pflanzenarten, vor allem aus der Familie der *Rosaceen,* versagen aber oft schon nach zweimaligem Nachbau und machen den Boden „müde". Im internationalen Sprachgebrauch verwendet man hierfür den Ausdruck: *„specific replant disease"* = spezifische Nachbaukrankheit.

Eine Empfindlichkeitsskala der verschiedenen Pflanzenarten gegenüber der Bodenmüdigkeit aufzustellen, ist nicht ganz leicht, da sich die Meinungen vielfach widersprechen. Allgemeingültig dürfte sein, daß die Birne im Nachbau nach sich selbst weniger empfindlich ist als der Apfel und daß Quitten keine Müdigkeitserscheinungen zeigen. Beim Steinobst nimmt die Empfindlichkeit vom Pfirsich über Pflaumen, Sauerkirchen, Aprikosen zu Süßkirschen hin ab. Bei den Apfelunterlagen sind M 9 und M 4 am empfindlichsten, gefolgt von M 11 und M 16, während M 1 und M 2 noch am ehesten einen Nachbau zulassen sollen (FASTABEND (1955), (SAVORY (1967)).

Steinobst soll nach Kernobst besser gedeihen als umgekehrt und Sorbus und Amelanchier den Anbau von Kern- und Steinobst für längere Zeit verbieten, nach denen sie selbst auch versagen. Bei Kirschmüdigkeit hilft ein Wechsel der Unterlage, also statt *Prunus avium — Prunus mahaleb.* Nach Birnen auf Sämling können Birnen auf Quittenunterlage folgen. Der spezifische Nachbaueffekt bezieht sich also auf die Unterlage.

Neben den bereits genannten Arten sind noch folgende im Anbau nach sich selbst empfindlich:

Cotoneaster	*Spiraea*	*Deutzia*
Chaenomeles	*Picea abies*	*Syringa*
Crataegus	*Hydrangea*	*Rosa*

Aber auch Ertragsminderungen bei Vorkultur von Pflanzen aus anderen Familien können vorkommen. Wieweit diese Ertragsminderungen noch unter den Komplex Bodenmüdigkeit fallen, mag offen bleiben. Der Gartenbau-Beratungsdienst in Boskoop hat eine Zusammenstellung veröffentlicht, welche Fruchtfolgen man möglichst vermeiden soll (Tuinbouwgids 1963).

Aufstehend	Unzweckmäßige Folgekultur
Apfel	Birne auf Sämling
Azaleen	*Calluna, Chamaecyparis, Clematis, Erica, Rhododendron, Taxus*
Buxus	*Azaleen, Hydrangea, Rhododendron*
Calluna	*Azalea, Chamaecyparis, Clematis, Erica, Rhododendron, Taxus*
Chaenomeles	*Malus*
Chamaecyparis	Azaleen, *Calluna, Clematis, Erica, Rhododendron, Taxus*
Clematis	Azaleen, *Calluna, Chamaecyparis, Erica, Rhododendron, Taxus*
Erica	Azaleen, *Calluna, Chamaecyparis, Clematis, Rhododendron, Taxus*
Fagus silvatica	*Picea*
Ligustrum	*Hydrangea,* Koniferen
Malus	*Chaenomeles*
Picea	*Taxus*
Pinus	Azaleen, *Clematis, Hydrtngea, Magnolia, Rhododendron*
Populus	Beerenobst, Obstbäume
Prunus laurocerasus	Azaleen, *Clematis, Hydrangea, Magnolia, Rhododendron*
Pyrus	*Malus*
Rhododendron	Azaleen, *Calluna, Chamaecyparis, Clematis, Taxus*
Sambucus	Stachelbeeren
Syringa	*Clematis* (auch in Töpfen!)
Taxus	Azaleen, *Calluna, Chamaecyparis, Clematis, Rhododendron*

Von gravierender Bedeutung ist jedoch, daß ein Boden, der seine Ertragsfähigkeit für bestimmte Pflanzenarten verloren hat, noch nach vielen Jahren „müde" ist. In einigen Fällen war das die Bodenmüdigkeit bedingende Agens noch nach mehr als 60 Jahren wirksam geblieben.

Vor allem Obstbaumschulen haben wegen ihres begrenzten Sortiments und dem zudem noch hohen Anteil von Pflanzenarten aus der Familie der *Rosaceen* kaum Möglichkeiten, das Auftreten der sogenannten Bodenmüdigkeit durch Kulturartenwechsel für längere Zeit zu verhindern. Deshalb mußte es in geschlossenen Anbauzentren zu einer landmäßigen Zersplitterung der Betriebe und in deren Gefolge zu schlechten innerbetrieblichen Verkehrsverhältnissen mit Wegestrecken bis zu 10 km kommen. Von entscheidender Bedeutung war deshalb, daß Ende der 50er Jahre chemische Mittel auf den Markt kamen, mit denen es gelang, die meisten Böden wieder zu aktivieren und teilweise auf sogenannten jungfräulichen Böden eine bisher nicht geklärte zusätzliche Wachstumsstimulation zu erreichen. Die Bekämpfung der Bodenmüdigkeit ist möglich, eine absolut zwingende Erklärung für ihre Entstehung ist aber noch nicht gefunden. Aufgrund von neueren wissenschaftlichen Arbeiten, die auf der Anwendung der neuen chemischen Bodenentseuchungsmittel basieren, hat sich das Schwergewicht der Ursachenforschung auf das Gebiet der Bodenmikroorganismen und hier im speziellen der Bakterien verlagert (Hein, 1972).

Die meisten Anhänger hatte bis vor einiger Zeit die **Toxintheorie.** Sie geht davon aus, daß die Pflanzen im Verlauf ihres Stoffwechsels Stoffe aus ihren Wurzeln ausscheiden, die artspezifisch sind und als Entgiftung der Pflanze aufgefaßt werden können. Folgen gleiche oder ähnlich wirkende Pflanzenarten, so wird ihr Wachstum von diesen toxischen Stoffen beeinträchtigt. Einigen Forschern gelang es sogar, „jungfräulichen" Boden durch Zufügen von Wurzelrinde für Pflanzen der gleichen Art „müde" zu machen. Man folgerte daraus, daß in der Wurzelrinde toxische Stoffe enthalten seien, die im Verlaufe des mikrobiellen Abbaus freigelegt würden. Andere meinten wieder, daß bestimmte Mikroorganismen diese toxischen Stoffe erst beim Abbau der Wurzelreste produzierten (Börner (1963 a)). Damit war eine Brücke zur Organismentheorie geschlagen worden. Die Vertreter der **Organismentheorie** nehmen an, daß durch den Einfluß der Pflanzenwurzeln in deren Bereich die Mikroorganismen des Bodens in eine ganz bestimmte Richtung hin entwickelt werden. Die Störung des normalen mikrobiellen Gleichgewichtes im Boden soll für nachfolgende Kulturen, wenn es sich dabei um gleiche Pflanzenarten handelt, ungünstige Startbedingungen schaffen, die die Ursache für das geringe Wachstum in den nächsten Jahren sind. Mit zunehmender Gewöhnung an die veränderten Verhältnisse soll später dann wieder ein relativ normaler Zuwachs möglich sein, was in der Praxis auch beobachtet werden kann. Oostenbrink (1961) stellte einen Minderwuchs bei einigen Baumschulgehölzen fest, der durch eine Reihe von freilebenden Nematodenarten, besonders aber *Pratylenchus penetrans* verursacht wurde. Es gab aber immer wieder Böden mit schweren Müdigkeitssymptomen, auf denen er keine Nematoden nachweisen konnte, und zwar bei schweren Böden, die allgemein die Vermehrung der Nematoden nicht so stark begünstigen. Folglich können freilebende Nematoden auch nicht allein die Urheber der spezifischen Bodenmüdigkeit sein, zumal freilebende Nematoden im wesentlichen nicht artspezifisch wirken und eine breite Skala von Pflanzenarten schädigen können. Man neigt deshalb mehr dazu, pflanzenpathogene Pilze und Bakterien für die auftretenden Bodenmüdigkeitssymptome verantwortlich zu machen. Bei Versuchen mit bekannten chemischen Bodenentseuchungsmitteln, die aufgrund ihrer verschiedenartigen Zusammensetzung unterschiedlich auf die Mikroflora und -fauna des Bodens einwirken, lösten die Mittel mit der größten Breitenwirkung auch die stärkste Wachstumsstimulation aus. Reine Nematizide, wie Shell DD oder Terracur, verursachten meist eine geringere Stimulation des Wachstums als Mittel, die neben der nematiziden auch eine fungizide Wirkung besaßen, wie etwa Terabol, Basamid oder Di-Trapex. Aber auch diese Mittel wurden in den Versuchen von Hein (1972), der sich speziell mit der Apfelmüdigkeit befaßte, noch von Chlorpikrin übertroffen, dem zusätzlich noch eine bakterizide Wirkung nachgesagt wird.

Es dürfte erwiesen sein, daß die Veränderung des biologischen Gleichgewichtes im Boden bei den mit Nachbauschwierigkeiten belasteten Gehölzkulturen nicht mit Sicherheit in eine ganz bestimmte Richtung läuft. Bodenart und der physikalische und chemische Zustand des jeweiligen Bodens scheinen variierend in diesen Prozeß einzugreifen. Deshalb kann letztlich nicht von vornherein gesagt werden, ob Nematoden, Pilze oder Bakterien jeweils am stärksten für die Ertragsminderung verantwortlich sind, wodurch sich auch die Prognose, welches Mittel für eine optimale Wirkung eingesetzt werden muß, erschwert. In jedem Fall versprechen die Mittel mit dem breitesten Wirkungsspektrum auch die sicherste Bekämpfung der Nachbauschwierigkeiten.

Neben dem wachstumsstimulierenden Effekt ist bei vielen Bodenentseuchungsmitteln auch ein **herbizider Effekt** gegeben, der, wenn es sich um die Reaktivierung eines müden Bodens handelt, als wünschenswerter Nebeneffekt angesehen wird, auf Saatbeeten und bei Engverschulungen aber durchaus oft vorrangig sein kann. Bei diesen Kulturen macht die chemische Unkrautbekämpfung trotz solcher Mittel wie Alipur, Neburon, Gesatop oder

Gramoxone immer noch Schwierigkeiten, weil diese Mittel entweder nicht sicher genug in der Anwendung oder Wachstumsbeeinträchtigungen nicht ganz auszuschließen sind. Darum wird bei diesen Kulturen den chemischen Bodenentseuchungsmitteln mit herbizider Wirkung trotz des vergleichsweise hohen Preises meist der Vorzug gegeben.

Je nach Bodenart, Pflegezustand des Bodens und Witterungsverlauf dürfte das Jäten eines Hektars Saatfläche z. Z. (1977) ca. DM 4500,— bis 5000,— kosten Man hat damit den Bereich, in dem sich mit einigen chemischen Bodenentseuchungsmitteln bereits ein relativ unkrautfreies Land schaffen läßt, überschritten. Darüber hinaus muß noch der herbizide Nacheffekt, der 2—3 Jahre zu spüren ist, einkalkuliert werden. Bei steigenden Lohnkosten haben sich die Mittelkosten für die chemische Bodenentseuchung nicht erhöht und sind bei einigen Mitteln sogar rückläufig gewesen.

In den Baumschulbetrieben ist aber heute die Frage, ob die mechanische oder die chemische Unkrautbekämpfung wirtschaftlicher ist, schon gar nicht mehr gestellt, weil die mechanische wegen fehlender Arbeitskräfte keine Alternative mehr darstellt.

Um die richtige Wahl bei der chemischen Bodenentseuchung treffen zu können, müssen die Mittel in ihren wichtigsten Eigenschaften charakterisiert werden. Zur Zeit werden in den Baumschulen folgende Mittel in nennenswertem Umfang eingesetzt: Terabol, Di-Trapex, Basamid und Shell-DD.

1. Terabol (Wirkstoff: Methylbromid) ist ein stark flüchtiges und sehr giftiges Gas ohne charakteristischen Geruch, das unter normalem atmosphärischem Druck schon bei + 4,5 °C vom flüssigen in den gasförmigen Zustand übergeht. Es wird deshalb in 500 g fassenden Dosen gehandelt, in denen es unter Druck steht, um es auch bei höheren Temperaturen noch in flüssigem Aggregatzustand zu halten.

Terabol hat ein breites Wirkungsspektrum und wirkt gegen freilebende Nematoden, Wurzelgallenälchen, viele Bodenpilze sowie Samen- und Wurzelunkräuter. Für eine optimale Leistung des Mittels soll eine minimale Bodentemperatur von 10—12 °C gegeben sein. Nach Heddergott (1974) kann diese Minimaltemperatur auf + 8 °C heruntergesetzt werden.

Trotzdem kommt in unserem Klimabereich für eine Behandlung nur der Zeitraum von April bis Ende September in Frage. In der Baumschulpraxis wird die Begasung des Bodens auf der Wende vom April zum Mai durchgeführt. Dies ist so kurz vor dem Beginn der Kultur noch möglich, weil Terabol die deutlich kürzeste Karenzzeit von allen chemischen Entseuchungsmitteln aufweist. Im günstigsten Fall kann bereits nach 5 Tagen gesät oder gepflanzt werden, im ungünstigsten nach 8—10 Tagen.

Diese vorteilhaft kurze Karenzzeit ist durch die große Flüchtigkeit des Mittels bedingt. Wegen dieser Flüchtigkeit muß Terabol unter einer Folie ausgebracht werden, und das bringt eine starke kostenmäßige Belastung mit sich. Vor Ausbringen des Terabols wird der Boden bereits saat- bzw. pflanzfertig gemacht. Anschließend wird eine Folie in doppelter Beetbreite (3 m) über Haltebügel aus Weidenruten gerollt, die das unmittelbare Aufliegen auf dem Boden verhindern und dadurch eine gleichmäßige Verteilung des ausströmenden Gases ermöglichen. An den Seiten wird die Folie in den Boden in Rillen eingelassen und festgetreten. Vorher wurde jeweils 1 Dose auf 10 m² verteilt. Die Dosen liegen in kleinen PVC-Schalen auf einem Ständer, der mit einem Stahldorn versehen ist. Mit einem Druck auf die Dosen durch die Folie hindurch werden sie angestochen, und das Gas kann entweichen. Unter der Folie dringt das Gas in den gelockerten Boden bis zu einer Tiefe von 30—40 cm ein. Nach 2 Tagen Einwirkungszeit kann die Folie abgenommen werden. Durch Herauslösen der Folie an einer Seite kann dann durch einfaches Umklappen der benachbarte 3 m breite Streifen des Landes behandelt werden. Nach einer Wartezeit von weiteren 2 Tagen ist das Land sä- bzw. pflanzfertig. Auf schweren und auf nassen Böden sollte die Wartezeit noch um 2—3 Tage verlängert werden.

Terabol wirkt auf Sandböden besser als auf Lehmböden und auf Böden mit normalem Feuchtigkeitsgehalt besser als auf nassen. Die Mittelkosten liegen bei einer Aufwandmenge von 50 g/m² bei DM 0,80.

Für die Ausbringung des Terabols muß nach Ablegung einer Prüfung ein Berechtigungsschein erworben werden. Die daraufhin von der Firma Testa ausgestellte Genehmigung zum Einsatz von Terabol im Freiland stellt aber keine Anwendungsgenehmigung dar. Die Anwendung von Terabol ist nämlich aufgrund der neuen Verordnung über Anwendungsverbote und -beschränkungen grundsätzlich genehmigungspflichtig.

Einschließlich Amortisation der Folie muß mit Ausbringkosten von DM 0,20 bis DM 0,25 je m^2 gerechnet werden; das führt zu Gesamtkosten von DM 1,— bis DM 1,05 je m^2.

2. Di-Trapex = W N 12 (Wirkstoff: Methylisothiocyanat + Dichlorpropen + Dichlorpropan) ist eine Mischung von Trapex und Shell-DD etwa im Verhältnis 2 : 3. Es handelt sich um ein flüssiges Mittel mit unangenehmem Geruch, das nicht als starkes Atemgift anzusprechen, aber entflammbar ist. Seine Anwendung ist ungefährlicher als die des Terabols und kann somit von jedermann ausgeführt werden.

Di-Trapex wirkt nach Eintritt in die Gasphase gegen freilebende Nematoden, Wurzelgallenälchen, Bodenpilze und Samen- und Wurzelunkräuter, hat also das gleiche Wirkungsspektrum wie Terabol. Für die Anwendung wird keine untere Temperaturgrenze angegeben. Di-Trapex kann bis zum Frostbeginn ausgebracht werden. Hohe Bodentemperaturen, wie sie im Sommer auftreten können, mindern jedoch die Wirkung, weil es zu schnell aus dem Boden entweicht; dann muß mit der Regenanlage ein Wassersiegel geschaffen werden. Die beste Wirkung ist in den Monaten September und Oktober sowie März und April zu erwarten, jedoch verbietet sich die Frühjahrsanwendung zumindest in voller Konzentration wegen der temperaturabhängig langen Karenzzeit. Diese beträgt bei einer Bodentemperatur von:

14—18 °C = 3 Wochen
8—14 °C = 4 Wochen
2— 8 °C = 8—10 Wochen

Wird die Normaufwandmenge von 50 cm^3/m^2 jedoch merklich abgesenkt, so ergeben sich kürzere Karenzzeiten. Bei langsam reduzierter Aufwandmenge lassen zunächst die herbizide und die fungizide Wirkung nach; sie ist unterhalb 30 cm^3/m^2 kaum noch zu spüren. Eine zufriedenstellende nematizide Wirkung kann im Bereich zwischen 50 und 20 cm^3/m^2 erwartet werden. Mit 20—30 cm^3/m^2 gelingt meist noch eine zufriedenstellende Abtötung von Wurzelunkräutern (Quecke, Huflattich, Löwenzahn), während die tiefwurzelnde Diestel auch mit höheren Konzentrationen mitunter nicht voll vernichtet wird. 10 cm^3 des Mittels kosten etwa DM 0,08, so daß die chemische Bodenentseuchung mit Di-Trapex entsprechend dem jeweilig angestrebten Einsatzschwerpunkt zwischen DM 0,40/m^2 (50 cm^3) und DM 0,16/m^2 (20 cm^3) kosten kann.

Die Ausbringung des flüssigen Mittels erfolgt in der Praxis in der Regel mit dem Meyer-Dosierpflug, der vom Hersteller des Mittels kostenlos zur Verfügung gestellt wird; Ausbringung des Mittels und Pflügen sind ein Arbeitsgang. Im Lohnverfahren kostet die Ausbringung etwa DM 200/ha, wobei das Land fertig gepflügt abgeliefert wird. Da damit schon fast der Selbstkostenpreis für das Pflügen erreicht wird, können die Ausbringkosten bei einem Preisvergleich mit dem Terabol praktisch vernachlässigt werden. Also stehen DM 1,— bis DM 1,05/m^2 beim Terabol gegen DM 0,40/m^2 beim Di-Trapex.

Je nach Bodentemperatur soll 10—14 Tage nach der Anwendung von Di-Trapex in halber Tiefe zurückgepflügt werden, um die schlecht durchgaste Schicht im Einflußbereich der Atmosphäre in die besser durchgaste untere Bodenschicht zu bringen, solange noch Mittelreste im Boden vorhanden sind. Dadurch wird vor allem die herbizide Wirkung verbessert. Wird die Bodenentseuchung indes erst spät im Jahr durchgeführt, so kann dieser Arbeitsvorgang oft wegen stark vernäßten oder gefrorenen Bodens nicht mehr erfolgen. In diesem Fall soll er im Frühjahr nachgeholt werden, wiewohl hierdurch nicht mehr der gleiche Effekt erzielt werden kann, aber doch der gut durchgaste und deshalb unkrautfreie Boden nach oben geholt wird.

Kommt es auf schnelle Beendigung der Karenzzeit an, weil gesät oder gepflanzt werden soll, so muß der Boden durch mehrfaches Pflügen gelüftet werden.

Das Ende der Karenzzeit kann bei allen chemischen Bodenentseuchungsmitteln mit Hilfe des Kressetestes bestimmt werden. Auf diesen vergleichsweisen billigen und einfachen Test sollte nie verzichtet werden. Bei noch nicht restloser Entgasung kann es zu Totalschäden bei der nachfolgenden Kultur kommen, die umso gravierender sind, weil trotz hohen Aufwands kein Ertrag erzielt wird.

Beim Kressetest muß man so vorgehen, daß man aus drei verschiedenen Bodentiefen (bis 50 cm tief) von mehreren, über das ganze Land verteilten Einstichen Bodenproben entnimmt und sie getrennt in Einmachgläser füllt, die man bereits auf dem Feld dicht mit Gummiringen verschließt. Außerdem wird eine Probe von unbehandeltem Land genommen. Im Betrieb wird dann für jedes Glas ein Wattebausch angefeuchtet und in Kressesamen getaucht. Diese Wattebäusche werden leicht am Deckelrand eingeklemmt. In einem Raum bei Zimmertemperatur aufgestellt, keimt die Kresse nach 3 Tagen. An der Verzögerung der Keimung gegenüber dem Gefäß mit unbehandeltem Boden läßt sich ermessen, ob und wieviel Gasreste noch im behandelten Boden vorhanden sind. Tritt keine Keimverzögerung ein, dann ist der Boden vollständig entgast. Andernfalls muß der Test nach einiger Zeit wiederholt werden.

Di-Trapex wirkt auf Sandboden besser als auf Lehmboden. Je nach Bodenart kann die Ausbringmenge deshalb nach oben oder unten korrigiert werden. Voraussetzung für eine zufriedenstellende Wirkung ist grundsätzlich, daß der Boden beim Pflügen fein und nicht klumpig fällt, weil sonst die Durchgasung des Bodens nicht voll gelingt. Auf Böden, die in schlechtem physikalischem Zustand sind, müssen vor der Entseuchung mehrere Bodenbearbeitungsgänge durchgeführt werden. Diese Forderung gilt gleichermaßen für alle chemischen Entseuchungsmittel. Auf von Natur aus zur Vernässung neigenden Böden versagt Di-Trapex oft bezüglich der herbiziden Wirkung, während die Wachstumsstimulation meist noch im gewünschten Rahmen bleibt.

Interessanterweise übertrifft Di-Trapex bei gleicher Aufwandmenge die beiden Mischungskomponenten Trapex und Shell-DD bei weitem in der Wirkung. So ist z. B. bereits bei einer Aufwandmenge von 50 cm³ Di-Trapex die gleiche Unkrautwirkung wie von 100 cm³ Trapex zu erwarten, und die gleiche nematizide Wirkung wie 60 m³ Shell-DD haben bereits 20—25 cm³ Di-Trapex. Diese gegenüber den einzelnen Mischungskomponenten verstärkte Wirkung nennt man, ohne eine Erklärung dafür gefunden zu haben, synergistische Wirkung.

3. Basamid (Wirkstoff: Dazomet) wird als feines Granulat geliefert. Auf ausreichend feuchten Böden zerfällt das Granulat temperaturabhängig schnell in gasförmige Verbindungen, die eine gute Wirkung gegen freilebende Nematoden, Wurzelgallenälchen, Bodenpilze und Samen- und Wurzelunkräuter haben. Das Wirkungsspektrum entspricht damit dem des Di-Trapex. Das Mittel kann auch bei tieferen Bodentemperaturen eingesetzt werden; bei hohen ist wie beim Di-Trapex ein Wassersiegel erforderlich. Die beste Wirkung erzielt die Anwendung in den Monaten September und Oktober sowie März und April. Da die Karenzzeit der des Di-Trapex entspricht, ist die Frühjahrsanwendung mit voller Aufwandmenge ebenso problematisch.

Die volle herbizide und fungizide Wirkung ist nur bei Aufwandmengen zwischen 40 g/m² (leichter Boden) und 50 g/m² (schwerer Boden) zu erwarten. Eine Bekämpfung von freilebenden Nematoden gelingt auf leichtem Boden auch noch mit 20 g/m². 10 g Basamid kosten zur Zeit (1980) etwa DM 0,13; bei einer Aufwandmenge von 50 g/m² ergibt sich ein Quadratmeterpreis von DM 0,65, bei 40 g/m² von DM 0,52, bei 30 g/m² von DM 0,39, bei 20 g/m² von DM 0,26. Bei in der Wirkung vergleichbaren Aufwandmengen ist Basamid also teurer als Di-Trapex, aber immer noch deutlich billiger als Terabol (einschließlich Ausbringung).

Basamid kann auf kleinen Flächen nach Vermischen mit feuchtem Sand im Verhältnis 1 : 3 mit der Hand ausgestreut werden. Für größere Flächen empfiehlt sich die Verwendung eines Kasten-Schnecken-Düngerstreuers. Nach der Ausbringung des Basamids soll erst gegrubbert und dann tief gepflügt werden, um eine bessere Verteilung des Wirkstoffs im Boden zu erreichen. Auf kleineren Flächen erweist sich die Streufähigkeit des Basamids als Vorteil, während auf großen Flächen die Ausbringung der flüssigen Mittel beim Pflugvorgang etwas eleganter erscheint. Durch Zurückpflügen 10—14 Tage nach der Ausbringung kann die Wirkung ebenfalls verbessert werden.

Mitunter wird auch ein besonderes Verfahren zur Unkrautbekämpfung mit Basamid auf Saatbeeten empfohlen. Bei diesem Verfahren soll eine Menge von 15 g/m² Basamid (ca. DM 0,20/m²) flach mit der Fräse bis zu einer Tiefe von 5 cm eingearbeitet werden. Man will damit eine Abtötung des Unkrautsamens in der oberen, etwa 10 cm starken Bodenschicht erreichen. Die Erfahrungen mit diesem Anwendungsverfahren waren aber mit wenigen Ausnahmen nicht positiv. Die Karenzzeit zwischen Behandlung und Säen schwankt temperaturabhängig zwischen 2 und 3 Wochen. Eine Verminderung des Unkrautbesatzes in den folgenden Jahren ist nicht zu erwarten. Im ganzen gesehen ist dieses Verfahren deshalb auch nicht billiger als das Arbeiten mit der höheren Aufwandmenge.

4. Shell-DD (Wirkstoff: Dichlorpropan + Dichlorpropen) ist ein flüssiges Mittel mit charakteristischem Geruch, das im Gegensatz zu Terabol, Di-Trapex und Basamid als reines Nematizid angesprochen werden muß. Mitunter kann bei idealen Bodenbedingungen auch eine herbizide Wirkung festgestellt werden. Diese herbizide Wirkung ist jedoch nicht verläßlich und kann deshalb auch nicht einkalkuliert werden. Versuche, Shell-DD, das in der Regel mit einer Aufwandmenge von 60 cm³/m² angewendet wird, mit der doppelten Konzentration einzusetzen, um dadurch möglicherweise den herbiziden Effekt zu steigern, erwiesen sich als Fehlschlag. Ebenso konnte ermittelt werden, daß geringere Dosierungen als 60 cm³/m² mit starkem Nachlassen des Stimulationseffektes verbunden waren. Bei einer Aufwandmenge von 60 cm³/m² liegen die Mittelkosten bei DM 0,19/m². Ausgebracht wird das Mittel mit dem Meyer-Dosierpflug.

Vom Hersteller wird eine minimale Bodentemperatur von + 10 °C angegeben. In der Praxis konnten aber auch bei wesentlich tiefer liegenden Temperaturen noch befriedigende Ergebnisse erzielt werden.

Alle chemischen Bodenentseuchungsmittel sind aufgrund der Verordnung über Anwendungsverbote und -beschränkungen von Pflanzenschutzmitteln Beschränkungen unterworfen. Terabol ist generell genehmigungspflichtig. Alle chemischen Entseuchungsmittel unterliegen in den Wasserschutzzonen I und II einem generellen Anwendungsverbot. In Gebieten, in denen die Wasserschutzzone III in III A und III B unterteilt ist, können die Mittel Basamid und Trapex ohne Genehmigung in der Schutzzone III B ausgebracht werden, während die Dichlorpropan und Dichlorpropen enthaltenden Mittel Shell-DD und Di-Trapex in dieser Zone genehmigungspflichtig sind.

Vergleichende kritische Beurteilung der verschiedenen Bodenentseuchungsmittel: Eine objektive Beurteilung muß neben dem Verwendungszweck die Wirksamkeit und die Kosten für die Entseuchungsmaßnahme berücksichtigen. Gehen wir zunächst von der Wirksamkeit aus, dann ist das Mittel Terabol wohl als Spitzenprodukt anzusehen. Terabol übertrifft bei sachgemäßer Anwendung sowohl Di-Trapex als auch Basamid in der herbiziden und fungiziden Wirksamkeit. Bezüglich der nematiziden Wirkung sind jedoch Di-Trapex und mit kleinen Abstrichen auch Basamid und Shell-DD dem Terabol ebenbürtig. Das gleiche kann auch von der Stimulation des Wachstums generell über alle Pflanzenarten hinweg gesagt werden. Das deutet darauf hin, daß die Wuchseinschränkungen zumindest auf den Sandböden nicht auf „echter" Bodenmüdigkeit beruhen, sondern überwiegend auf eine Verseuchung des Bodens mit freilebenden Nematoden zurückzuführen sind.

Unter idealen Boden- und Klimabedingungen kann nun aber vom Di-Trapex und Basamid oft eine gleich gute Abtötung des Unkrautsamens erreicht werden wie beim Terabol. Die Mehrkosten von ca. DM 6000,—/ha bei Terabolanwendung lassen sich deshalb oft nicht rechtfertigen. Terabol sollte deshalb nur eingesetzt werden, wenn die bei den anderen Mitteln gegebene längere Karenzzeit keine andere Wahl mehr zuläßt. Gerechtfertigt scheint die Terabol-Anwendung auch auf stark humosem oder etwas bindigem Boden, der deshalb von Natur aus zeitweilig unter Vernässung leidet. Hier kann bei Terabol-Anwendung im Frühjahr das Abtrocknen des Landes abgewartet werden.

Di-Trapex und Basamid sind bezüglich der Wachstumsstimulation etwa gleichwertig, wenn wir einige Sonderfälle ausklammern. Die herbizide Wirkung des Di-Trapex scheint hingegen nach den Erfahrungen der letzten Jahre bei im Preis vergleichbaren Aufwandmengen etwas sicherer als die des Basamid zu sein. Lediglich auf etwas schwereren Böden, bei denen Di-Trapex in der Wirkung oft nicht befriedigt, ist Basamid wirkungsvoller.

Bei einigen Kulturen spielt nun der herbizide Effekt, den die meisten Mittel auslösen, keine nennenswerte Rolle, wie z. B. bei Aufschulungen im weiten Stand, wo die Unkrautbekämpfung mit Herbiziden weit billiger erreicht werden kann. Hier spielt die Wachstumsstimulation die entscheidende Rolle (Obstbäume, Rosen- und Fichtenkulturen). Bei dieser Betrachtungsweise scheidet vom Preis her gesehen natürlicherweise das Terabol aus, und an seine Stelle rückt das Shell-DD. Wird also nur Wachtstumsstimulation gefordert (nematizide Wirkung), dann können sowohl Di-Trapex als auch Basamid in verringerter Aufwandmenge neben dem Shell-DD eingesetzt werden. In mehrjährigen Versuchen im Holsteiner Raum ergab sich (Wennemuth/Faber (1965)), daß 20—25 cm³ Di-Trapex = DM 0,16 bis DM 0,20 und 20 g Basamid = DM 0,26 bezüglich der Stimulation 60 cm³ Shell-DD = DM 0,19 entsprachen. Zwischen Di-Trapex und Shell-DD besteht also in etwa Preisparität. Die vom Di-Trapex auch in der verringerten Aufwandmenge ausgelöste herbizide Wirkung ist immer noch stärker und sicherer als die des Shell-DD in der vollen Aufwandmenge. Vor allen Dingen muß berücksichtigt werden, daß die Abtötung der Wurzelunkräuter mit Di-Trapex noch zufriedenstellend gelingt, während Shell-DD sie nicht abzutöten vermag. Da die Dauer der Karenzzeit unter anderem auch von der in den Boden eingebrachten Mittelmenge abhängt, ergibt sich beim Di-Trapex wegen der erniedrigten Aufwandmenge eine gewisse Chance, noch im Frühjahr zu behandeln, was sich beim Shell-DD absolut verbietet. In der Praxis hat man sich aus diesen Gründen eindeutig mehr zur Anwendung des Di-Trapex in der verringerten Konzentration entschieden, wenn das Schwergewicht auf der Wachstumsstimulation lag.

Die Erfahrungen der vergangenen Jahre und spezielle Versuchsanstellungen gaben die Basis für differenzierte Aussagen über die Reaktion einiger Pflanzenarten auf die Behandlung des Bodens mit verschiedenenen chemischen Bodenentseuchungsmitteln. So ließ sich z. B. eindeutig feststellen, daß der Wuchs von *Erica carnea* und *Calluna* nach Terabol-Behandlung des Bodens generell nicht befriedigte, während Di-Trapex, Shell-DD und in etwas abgeschwächter Form auch Basamid den Wuchs günstiger beeinflußten, obwohl von allen Mitteln keineswegs der sonst bei vielen anderen Pflanzenarten gemeinhin zu beobachtende Mehrzuwachs erreicht werden konnte. Noch deutlicher überlegen erwiesen sich Shell-DD und Di-Trapex bei einigen Nadelgehölzen. Man ist deshalb versucht, bei diesen Pflanzenarten geradezu von einem „Shell-DD-Effekt“ zu sprechen. Im einzelnen sind die Ursachen dieser Erscheinung noch nicht bekannt. Eine Erklärungsmöglichkeit könnte in der geringeren fungiziden Wirksamkeit dieser beiden Mittel im Vergleich zu Terabol und Basamid gegeben sein. Denkbar wäre, daß Terabol und Basamid die für diese Pflanzenart förderlichen *Mykorrhiza*-Pilze abgetötet haben. In diese Richtung deuten auch die Beobachtungen, daß sich Wuchsunterschiede bei den Nadelgehölzen am stärksten auf Saatbeeten und bei nicht mit anhaftender Erde verpflanzten Jungpflanzen, dagegen weniger bei aufgeschulten Ballenpflanzen zeigen. Die schwache fungizide Wirkung des Di-Trapex kann insgesamt aber nicht positiv bewertet werden, da nach Di-Trapex-Anwendung auf Saatbeeten

in einigen Fällen im 2. Jahr nach der Bodenentseuchung gravierende Schäden durch die sogenannte Umfallkrankheit, die durch Bodenpilze verursacht wird, auftraten.
Trapex kann insgesamt aber nicht positiv bewertet werden, da nach Di-Trapex-Anwendung auf Saatbeeten in einigen Fällen im 2. Jahr nach der Bodenentseuchung gravierende Schäden durch die sogenannte Umfallkrankheit, die durch Bodenpilze verursacht wird, auftraten.

In den vergangenen Jahren kam es bei der Kultur von Stachelbeersträuchern und -stämmen und von Johannisbeeren nach chemischer Bodenentseuchung wiederholt zu erheblichen Anwachsschwierigkeiten. Die spätere Wuchsleistung der angewachsenen Pflanzen war aber durchaus zufriedenstellend. Dies ist wohl auf eine besondere Empfindlichkeit dieser Pflanzenarten auf Mittelreste im Boden zurückzuführen, denn in allen Fällen hatte der Kressetest keine Keimverzögerung mehr erkennen lassen. Für diese Pflanzenarten scheint also die Kresse nicht empfindlich genug zu reagieren. Das gleiche gilt auch für Aussaaten von *Sambucus nigra,* der nach Bodenentseuchung oft nur unregelmäßig keimt, selbst wenn der Kressetest verläßlich Freiheit von Mittelresten angezeigt hatte. Bei diesen Pflanzenarten sollte deshalb entweder ganz auf die chemische Bodenentseuchung verzichtet werden, oder es müssen längere Wartezeiten in Kauf genommen werden.

Die inzwischen mehr als 10 Jahre alten Erfahrungen mit oft schon 4—5maliger chemischer Entseuchung auf ein und demselben Stück zeigen, daß eine Reaktivierung des Bodens immer wieder gelingt. In den USA, wo in einigen Fällen bereits 15 Jahre hintereinander jährlich Bodenentseuchungsmaßnahmen auf dem gleichen Stück durchgeführt wurden, ließ sich mit auf 10 cm^3/m^2 verringerten Aufwandmengen (sogenannter commercial kill) immer wieder eine leichte Wachstumsstimulation erreichen. Hiermit kann man dem bei uns gegebenen Problem, daß nämlich die Ertragsfähigkeit des Bodens im 2. und 3. Jahr nach der Bodenentseuchung mehr oder weniger stark nachläßt, begegnen. Öftere kleinere Gaben scheinen insgesamt bessere Kulturergebnisse zu bringen als hohe Aufwandmengen in längeren Zeitabständen. Bisher hat sich diese Methode in der Bundesrepublik Deutschland noch nicht durchgesetzt. Der Grund für das stark nachlassende Wachstum im 2. Jahr kann in zwei Richtungen gesucht werden. Einmal ist nicht mit einer restlosen Abtötung der schädlichen Bodenorganismen zu rechnen, so daß es im 2. Jahr bereits wieder zu einer Massenvermehrung kommt; zum andern wird der Boden auch in seiner physikalischen Struktur durch die Bodenentseuchung negativ beeinflußt. Die schlechte Bodenstruktur, die selbstverständlich auch schon im 1. Jahr nach der Entseuchung gegeben war, kann sich im 2. Jahr wegen der nachlassenden Stimulation deutlicher auswirken. Würde, wie in den USA, im 2. Jahr wieder mit einer geringeren Aufwandmenge entseucht, so würde der negative Einfluß der schlechten Bodenstruktur wahrscheinlich wachstumsmäßig nicht so spürbar werden.

Die Ursachen der Strukturverschlechterung sind im einzelnen noch nicht bekannt. Die an sich auf der Hand liegende Erklärung, das Bodenleben sei durch die Entseuchung fast auf Null gedreht und würde sich nur sehr langsam wieder regenerieren, trifft nicht zu, weil übereinstimmend festgestellt werden konnte, daß sich der Boden bereits wieder nach verhältnismäßig kurzer Zeit mit Mikroorganismen angereichert hat. Oftmals kann im 1. Jahr nach der Entseuchung bereits ein höherer Besatz des Bodens mit Mikroorganismen nachgewiesen werden, als er vorher gegeben war (Reber, H. (1966)). Das schließt natürlich eine qualitative Veränderung nicht aus, die ja erwünscht war, weil man sich von der Bodenentseuchung eine Abtötung der pflanzenpathogenen Nematoden und Pilze erhofft hatte. Aber trotzdem scheint es sehr unwahrscheinlich zu sein, daß durch eine bloße Veränderung der Zusammensetzung der Bodenlebewelt eine so auffallend lang anhaltende Strukturverschlechterung verursacht sein könnte.

In einigen Fällen mag die schlechte Bodenstruktur schuldhaft durch das Zurückpflügen des zu nassen Bodens im Herbst verursacht worden sein; das erklärt aber nicht das Problem in der ganzen Breite. Am ehesten läuft die nur langsam einsetzende Normalisierung der Bodenstruktur noch mit der Wiederansiedlung von Regenwürmern parallel, wie eigene Beobachtungen ergaben. Regenwürmer werden ja von allen bekannten Bodenentseuchungsmitteln nahezu 100%ig abgetötet. Da die Vermehrungsrate der Regenwürmer ungleich niedriger als die der Mikroorganismen ist, dauert der Wiederaufbau des alten Bestandes mehrere Jahre. Gerade bezüglich der dränenden Wirkung der vielen Wurmfraßgänge im Boden findet oft eine Unterschätzung der Wichtigkeit der Regenwürmer für eine gute Bodenstruktur statt.

Bis zur restlosen Aufklärung der Ursachen der Strukturverschlechterung muß versucht werden, die physikalische Struktur mit Hilfe der organischen Düngung (Torf) zu verbessern. Beim heutigen Stand unseres Wissens muß vorerst davor gewarnt werden, Böden mit ungünstiger physikalischer Struktur durch eine chemische Bodenentseuchung noch zusätzlich zu schädigen.

Chemische Bodenentseuchung und Düngung: Die chemische Bodenentseuchung wird heute vielfach nicht nur auf müden, sondern auch auf sogenannten jungfräulichen Böden wegen des mit ihr verbundenen herbiziden Effektes eingesetzt. Auf solchen jungfräulichen Böden, mit an sich von Natur aus guter Ertragsfähigkeit, löst die chemische Bodenentseuchung eine im wesentlichen noch ungeklärte zusätzliche Wachstumsstimulation aus, die in diesem Ausmaß oft nicht gewünscht werden kann. Eine Verringerung der Aufwandmenge und damit verbunden eine geringere Wachstumsstimulation ist aber nicht möglich, weil die herbizide Wirkung nur bei der vollen Aufwandmenge funktioniert. So muß bei der starken Wachstumsstimulation mit Recht die Frage nach der Qualität der so produzierten Pflanzen gestellt werden. Im äußeren Erscheinungsbild erkennt man Pflanzen von chemisch entseuchtem Boden vor allem am gröberen Wurzelwerk mit relativ wenigen, aber starken Wurzeln. In extremen Fällen sind auch Stickstoffüberdüngungssymptome zu beobachten, wie Schwarzwerden von Trieben oder deren Zurücktrocknen von der Spitze her und mangelhafte Neuwurzelbildung. Diese Folgeerscheinungen der chemischen Bodenentseuchung müssen aber nicht zwangsläufig auftreten, sondern sind durch entsprechende Kulturmaßnahmen im Rahmen zu halten. So läßt sich die Tendenz zu wenigen, groben Wurzeln durch das Unterschneiden der Sämlinge abschwächen, eine Maßnahme, die sonst nur bei Obstunterlagen durchgeführt wird. Wichtiger ist es aber noch, die Düngung den veränderten Verhältnissen auf entseuchtem Land anzupassen. Es ist nämlich zu vermuten, daß die Ausnutzung der Nährstoffe infolge Fehlens von Verletzungen der Wurzeln durch Nematoden und Pilzbefall auf chemisch entseuchtem Land besser ist. Das trifft ganz besonders für die Ausnutzung des Stickstoffs zu, dessen Gaben aus diesem Grunde geringer als üblich zu bemessen sind und keinesfalls mehr als 80 kg Reinstickstoff/ha betragen sollten. Letzter Termin für die Stickstoffgabe sollte Anfang Juni sein. Der auf entseuchtem Land den Pflanzen nachgesagte späte Triebabschluß muß nicht zwangsläufig auftreten, sondern hängt ausschließlich von der Höhe der Stickstoffgabe und vom Streutermin ab. Stickstoff sollte auf entseuchtem Land ausschließlich in Form von Volldünger gegeben werden, außerdem ist ein zu früher Rodetermin zu vermeiden.

Literatur zu: Chemische Bodenentseuchung

Börner, H. (1959): The apple replant problem. I. The excretion of phlorizin from apple root residues. Contr. Boyce Thompson Institute **20**, 39-56. — Börner, H. (1960): Neuere Ergebnisse über die Ursachen der Bodenmüdigkeit beim Apfel (*Pyrus malus* L.). Der Erwerbsobstbau **2**, 191-195. — Börner, H. (1963 a): Untersuchungen über die Bildung antiphytotischer und antimikrobieller Substanzen durch Mikroorganismen im Boden und ihre mögliche Bedeutung für die Bodenmüdigkeit beim Apfel (*Pirus malus* L.). I. Bildung von Patulin und einer phenolischen Verbindung durch Penicillium expansum auf Wurzel- und Blattrückständen des Apfels. Phytopath. Ztchr. **48**, 370-396. — Börner, H. (1963 b): Untersuchungen über die Bildung antiphytotischer und antimikrobieller Substanzen durch Mikroorganismen im Boden und ihre mögliche Bedeutung für die Bodenmüdigkeit beim Apfel (*Pirus malus* L.). II. Der Einfluß verschiedener Faktoren auf die Bildung von Patulin und einer phenolischen Verbindung durch Penicillium expansum auf Blatt- und Wurzelrückständen des Apfels. Phytopath. Ztschr. 49, 1-28. — Börner, H. (1965): Möglichkeiten einer Toxinbildung im Boden und die Bedeutung dieser Stoffe für das Problem der Bodenmüdigkeit in

Apfelbaumschulen. Der Erwerbsobstbau 7, 187-193. — BÖRNER, H. (1968): Gegenseitige Beeinflussung höherer Pflanzen. in: Handbuch der Pflanzenkrankheiten Bd. I/3. Lieferung, S. 119. Paul Parey, Berlin-Hamburg. — VON BRONSART, H. (1933): Die Bodenmüdigkeit als biologisches Problem. Naturwissenschaften **21**, 310-313. — VON BRONSART, H. (1949): Der heutige Stand unseres Wissens von der Bodenmüdigkeit. Z. f. Pfl.-Ernähr., Düng. Bodenk. **45**, 166-193. — CHANDRA, P., and BOLLEN, W. B. (1961): Effects of nabam and mylone on nitrification, soil respiration and microbial number in four Oregon soils. Soil Sci. **92**, 387-393. — CLARK, R. E. (1967): Bacteria in soil. in: Burges, A. and F. Raw, Soil Biology, Academic Press, London—New York p. 15-47. — DECKER, H. (1960): Pratylenchus penetrans als Ursache von „Müdigkeitserscheinungen" in Baumschulen der DDR. Nematologica **5** (Suppl. II), 68-75. — DOMSCH, K. H. (1958): Beitrag zur Vapam-Wirkung gegen pathogene Bodenpilze. Nachr.-Bl. Dt. Pfl.-Sch. Dienst, Braunschweig **10**, 152. — DOMSCH, K. H. (1959): Die Wirkung von Bodenfungiziden. III. Quantitative Veränderungen der Bodenflora. Z. f. Pfl.-Krankh. u. Pfl.-Sch., **66**, 17-26. — FABER, H. (1967): Beobachtungen über die Bodenmüdigkeit der Rosaceen. Mitt. Biol. Bundesanst. Berlin-Dahlem **121**, 29-32. — FASTABEND, H. (1955): Über die Ursachen der Bodenmüdigkeit in Obstbaumschulen. Landwirtschaftsverlag Hiltrup/Münster. — FRITZSCHE, R., und VOGEL, W. (1954): Einiges zur Bodenmüdigkeit im Obstbau. Schweiz. Z. f. Obst- u. Weinbau **63**, 243-249. — GILMORE, A. E. (1963): Pot experiments related to the peach replant problem. Hilgardia **34**, 63-78. — HEIN, K. (1972): Beiträge zum Problem der Bodenmüdigkeit. Diss. Tech. Univ.-Hannover. — HOESTRA, H. (1965): Thielaviopsis basicola, a factor in the cherry replant problem in the Netherlands. Neth. J. Plant Path. **71**, 180-182. — HOESTRA, H. (1967): Specific apple replant disease: problems and prospects. Mededelingen Rijksfaculteit Landbouwwetensch. Gent **32**, Nr. 3/4. — HOESTRA, H. (1968): Herbeplantingsziekten bij appel in Nederland. H. Veenmann u. Zonen N. V., Wageningen Nematodes in relation to plant. — HOESTRA, H., and M. OOSTENBRINK (1962): growth. IV. Pratylenchus penetrans (Cobb.) on orchard trees. Neth. J. agric. Sci. **10**, 286-296. — HOESTRA, H., J. F. VAN DIJKE, en G. S. VAN MARLE (1964): Veldproeven over de bestrijding van bodemmoeheid bij appel in het rivierkleigebied. Meded. Dir. Tuinb. **27**, 557-580. — HOFFMANN, G. M. (1963): Über die fungizide Wirkung chemischer Bodenentseuchungsmittel unter Freilandbedingungen. Nachr.-Bl. Dt. Pflzsch. Dienst, Braunschweig **15**, 177-182. — HOFFMANN, G. M., B. R. STEPHAN und U. G. DROSIHN (1968): Methylbromid als Bodenentseuchungsmittel. Gartenwelt 4, 71-73. — KLAUS, H. (1940): Das Problem der Bodenmüdigkeit unter Berücksichtigung des Obstbaues. Landw. Jb. **89**, 413—459. — KOBERNUSS, E. C. (1950): Zur Ursache und Behebung der Bodenmüdigkeit bei Obstgehölzen. Kühn-Archiv **63**, 296-300. — KOBERNUSS, E. C. (1952): Untersuchungen zur Ursache und Behebung der Bodenmüdigkeit bei Obstgehölzen. Kühn-Archiv **64**, 1-44. — LOEWEL, E. L., und SCHANDER, H. (1959): Neue Untersuchungen zur Frage der Bodenmüdigkeit. Mitt. OVR York **14**, 301-305. — MULDER, D. (1967): Bodemmoeheid bij appel. Jaarverslag 1967, Wilhelminadorp, 105-107. — MULDER, D. (1968): Bodemmoeheid bij appel. Jaarverslag 1968, Wilhelminadorp, 124-126. — MULDER, D. (1969): Bodemmoeheid bij appel. Jaarverslag 1969, Wilhelminadorp. 120-121. — OOSTENBRINK, M., and HOESTRA, H. (1961): Nematode damage and "specific sickness" in Rosa, Malus and Laburnum. Tijdschr. Pl.-Ziekten **67**, 264-272. — OTTO, G. (1954): Beiträge zur Morphologie und Frage der Bedeutung der endotrophen Mykorrhizen bei Obstgehölzen. Naturwissenschaften **41**, 555-556. — OTTO, G. (1962): Das Auftreten und die Entwicklung der endotrophen Mykorrhiza an ein- bis dreijährigen Apfelsämlingen auf verschiedenen Standorten. Zentralbl. f. Bakteriol., Parasitenk., Infektionskrankh. u. Hygiene, 2. Abt., **115**, 404-438 und 525-544. — PHILIPS DUPHAR (1975): Schutzfrist für Basamid Granulat. Dt. Baumschule 6, 1975, S. 143. — PITCHER, R. S., D. W. WAY, and B. M. SAVORY (1966): Specific replant diseases of apple and cherry and their control by soil fumigation. J. hort. Sci. **41**, 379-396. — PROEBSTING, E. L. (1950): A case history of a "peach replant" situation. Proc. Amer. Soc. hort. Sci. **38**, 21-26. — REBER, H. (1966): Vergleichende Untersuchungen über den Einfluß ausgewählter Entseuchungsmittel auf die Mikroflora des Bodens. Diss. Tech. Univ. Hannover. — SAVORY, B. M. (1966 a): Specific Replant Diseases, Res. Rev. No. 1, East Malling, published by CAB, Farnham Royal. — SAVORY, B. M. (1966 b): Studies on the occurrence and aetiology of specific replant diseases of perennial fruit crops. Ph. D. thesis Univ. of London. — SAVORY, B. M. (1967): Specific replant diseases of apple and cherry. Rep. E. Malling Res. Stn. for 1966, 205-208. — SAVORY, B. M. (1969): Evidence that toxins are not the causal factor of the apple replant disease. ann. appl. Biol. **63**, 225-231. — SCHANDER, H. (1955): Über die Bodenmüdigkeit bei Obstgehölzen und deren Befall mit Nematoden. Dt. Baumschule 7: 133-139. — STARKEY, R. L. (1968): The ecology of soil bacteria. Liverpool Univ. Press, p. 635-646. — SWART-FRÜCHTBAUER, H. (1954): Ektoparasitische Nematoden als mögliche Ursache der Bodenmüdigkeit in Baumschulen. Naturwissenschaften **41**, 148. — VOGEL, F. (1939): Die Bodenmüdigkeitsfrage in der Baumschule. Gartenbauwirtschaft **56**, Nr. 4. — VOLGER, C. (1963):

Verfahren der Bodenentseuchung und ihre Bedeutung für die Anzucht von Forstpflanzen. 82 S. Frankfurt (Friedländer). — WENNEMUTH, G. (1962): Die chemische Bodenentseuchung in Baumschulen. Gartenwelt 2/1962, S. 33-35. — WENNEMUTH, G. (1967): Möglichkeiten und Grenzen der praktischen Anwendung der chemischen Bodenentseuchung in der Baumschule. Jb. Baumsch.-Berat.-Ring Weser-Ems 1967, 126-135. — WENNEMUTH, G. (1968): Pflanzenqualität in der Baumschule. Dt. Gärtnerbörse **45**: 820-822. — WENNEMUTH, G. (1969): Chemische Bodenentseuchung in der Baumschule; in: Wissenswertes für den Baumschuler, Verlag U. und Ch. Maaß, Pinneberg 1969. — WINTER, G. (1950): Die Bodenmüdigkeit im Obstbau. Zeitfragen der Baumschule 7, 26-34.

9 Chemische Unkrautbekämpfung

Der Arbeitskräftemangel und die damit verbundene Steigerung der Lohnkosten führten etwa ab 1960 zu einer langsamen Abwendung von der mechanischen Unkrautbekämpfung, da etwa um die gleiche Zeit die ersten chemischen Mittel zur Anwendungsreife gebracht worden waren. Am schnellsten führte sich die chemische Unkrautbekämpfung bei großen Betrieben ein, die nicht mehr in der Lage waren, die sommerliche Arbeitsspitze mit Saisonarbeitskräften abzudecken. Heute kann man teilweise die Pflanzenbestände mit einer einzigen Spritzung im Frühjahr für die ganze Vegetationsperiode unkrautfrei halten. Neben einer Einsparung an Arbeitskräften ergibt sich durch den Einsatz der chemischen Mittel auch eine deutliche Verbilligung der Unkrautbekämpfung. Bei etwa gleichbleibenden Preisen für die chemischen Unkrautbekämpfungsmittel haben sich die Löhne seit 1960 etwa verdreifacht.

Die Unkrautbekämpfung erfolgt nicht nur aus optisch-ästhetischen Gründen, sondern wird vielmehr notwendig, weil die Unkräuter in Konkurrenz zur Kulturpflanze treten, und zwar in Konkurrenz um Nährstoffe, Wasser und bei Jungpflanzen auch um Licht.

Bei Anwendung chemischer Unkrautbekämpfungsmittel können Fehlschläge in zwei Richtungen auftreten. Einmal kann die Wirkung ausbleiben, bedingt durch Unterdosierung, die Wahl eines falschen Zeitpunktes oder ungünstige Witterung (Trockenheit), zum andern können aber Schäden an den Kulturen verursacht werden, etwa durch Überdosierung der Mittel oder die Wahl eines falschen Mittels. Der Praktiker muß folglich über ein umfangreiches Wissen verfügen, um die Risiken der chemischen Unkrautbekämpfung auszuschalten oder so gering wie möglich zu halten. Außerdem ist eine fortlaufende Neuorientierung notwendig, da die Angebotspalette im Laufe der Jahre immer größer geworden ist. Über das in den Anwendungsvorschriften der Mittelhersteller gebotene Wissen hinaus muß der Praktiker sich ein Basiswissen erarbeiten, von dem aus er in immer wieder vorkommenden Sonderfällen richtige Entscheidungen fällen kann.

Der Erfolg der chemischen Unkrautbekämpfung ist abhängig von der richtigen Aufwandmenge, der Wahl des richtigen Mittels, des richtigen Zeitpunktes, vom Alter der zu behandelnden Gehölze und von der nachfolgenden Witterung. Außerdem ist die unterschiedliche Pflanzenverträglichkeit (Toleranz) zu berücksichtigen.

Von der Wirkungsweise her lassen sich die chemischen Unkrautbekämpfungsmittel (Herbizide) in 2 Hauptgruppen einteilen:

1. Systemische Herbizide	Aufnahme des Wirkstoffes über Wurzel oder Blätter;
a) Bodenherbizide	Aufnahme des Wirkstoffes nur über die Wurzel;
b) Bodenblattherbizide	Aufnahme des Wirkstoffs über Wurzel und Blatt;
2. Kontaktherbizide	alle Pflanzenteile, die mit dem Wirkstoff in Berührung kommen, werden abgetötet.

Die in der Baumschule zur Zeit verwendeten chemischen Unkrautbekämpfungsmittel lassen sich folgenden Gruppen zuordnen:

Handelsname	Wirkstoff
1. Systemische Herbizide	
a. Bodenherbizide	
Simazin 50, Gesatop 50, Gesatop-2-Granulat	Simazin (Chloraminotriazin)
Venzar	Lenacil
Prefix	Chlorthiamid (Benzonitril)
Casoron-G	Dichlobenil (Benzonitril)
Kerb	Propyzamid
Eptam	EPTC
b. Boden- und Blattherbizide	
Betanal	Phenmedipham
Kloben, Frankol	Neburon (Harnstoffderivat)
Aresin	Monolinuron (Harnstoffderivat)
Afalon	Linuron (Harnstoffderivat)
Roundup	Glyphosate
2. Kontaktherbizide	
Gramoxone	Paraquat
Reglone	Deiquat
Aretit	Dinosebazetat

Nicht eindeutig zuzuordnen ist Shell-Unkrauttod-A.

9.1 Systemische Herbizide

9.1.1 Bodenherbizide

Zur Charakterisierung und Anwendung der Mittel im einzelnen

Simazin-50, Gesatop-50 und Gesatop-2-Granulat. Dieses Mittel ist das bei weitem am häufigsten gebrauchte chemische Unkrautbekämpfungsmittel in der Baumschule. Die Einsatzmöglichkeit von Simazin zur selektiven Unkrautbekämpfung in den Baumschulquartieren beruht auf seiner geringen Löslichkeit in Wasser. Bei einer Temperatur von 20 °C lösen sich nur 5 mg Simazin in einem Liter Wasser. Simazin vermag deshalb nur sehr langsam in den Wurzelbereich der Kulturpflanzen einzudringen. Da die meisten der keimenden Unkräuter sogenannte „Lichtkeimer" sind, keimen sie deshalb in der obersten Bodenschicht und werden hier vom Simazin erfaßt. Seine Eindringtiefe ist abhängig von Bodenart, Wirkstoffmenge, Niederschlagsmenge und der Zeit. Je humusreicher und je tonkolloidreicher ein Boden ist, um so mehr wird das Simazin an der Bodenoberfläche festgehalten. Es kommt zu einer Absorption des Wirkstoffes durch die Humus- und Tonkolloide des Bodens, die zu einer teilweisen Inaktivierung des Wirkstoffes führt. Um die auszubringende Simazinmenge richtig bemessen zu können, muß man also über die ungefähre Zusammensetzung des Bodens orientiert sein. Sowohl Unter- als auch Überdosierungen müssen vermieden werden. Auch für die Kulturpflanzen noch verträgliche Mengen müssen bereits als Überdosierungen gewertet werden, wenn sie über das für eine befriedigende Unkrautbekämpfung notwendige Maß hinausgehen. Folgende Richtwerte können für die erforderliche Gesatop-50-Menge in Abhängigkeit von der Bodenart gegeben werden:

Bodenart	Humusgehalt in %	Gesatop 50/kg/ha
Sandboden	3	2,0
Sandboden	4	2,5
Sandboden	5	3,0
Sandboden	6	3,5
lehmiger Sand	3	2,2
lehmiger Sand	4	2,7
lehmiger Sand	5	3,2
lehmiger Sand	6	3,7
sandiger Lehm	3	2,4
sandiger Lehm	4	2,9
sandiger Lehm	5	3,4
sandiger Lehm	6	3,9
Lehm	3	2,5
Lehm	4	3,0
Lehm	5	3,5
Lehm	6	4,0

Gesatop-50 hat als Spritzmittel einen Wirkstoffgehalt von 50 %. Daneben gibt es auch Gesatop-2-Granulat mit einem Wirkstoffgehalt von 2 %. Die in der Tabelle für Gesatop-50 angegebenen Aufwandmengen müssen deshalb bei Anwendung von Gesatop-2-Granulat mit 25 multipliziert werden. In den Baumschulen überwiegt die Verwendung des Spritzmittels, da man inzwischen weiß, daß die Pflanzen unabhängig vom jeweiligen Vegetationszustand breitflächig gespritzt werden können. Simazin wird als reines Bodenherbizid nämlich nicht von den Blättern aufgenommen. Ob Simazin als Spritzmittel oder als Granulat ausgebracht wird, ist lediglich eine Frage der Ausbringungstechnik, wobei zu beachten ist, daß das Granulat, auf den Wirkstoffgehalt bezogen, etwa doppelt so teuer wie das Spritzmittel ist. In übergrätschbaren Kulturen wird das Simazin-Spritzmittel mit Hilfe der aufsattelbaren Spritze ausgebracht bei hoher Flächenleistung und genauer Dosierung. Müßte aber mit Rückenspritzen gearbeitet werden, wie beispielsweise in Alleebaumquartieren, so ist die Ausbringung des Granulates einfacher.

Die mitunter beobachtete bessere Anfangswirkung des Spritzmittels ist nicht darauf zurückzuführen, daß der Wirkstoff durch die Ausbringung im Wasser bereits gelöst worden ist, denn dafür ist die Lösungsfähigkeit des Simazins in Wasser zu gering. Vielmehr wird der Wirkstoff, in Granulatform ausgebracht, punktförmig abgelegt und deckt die Bodenfläche erst dann lückenlos ab, wenn die einzelnen Körner nach Regenfällen seitlich zerfließen.

Simazinverträglichkeit der Baumschulgehölze. Die große Masse der in den Baumschulen kultivierten Arten verträgt die Simazinbehandlung gut. Besonders herauszuheben sind wegen ihrer Verträglichkeit *Rosa-*, *Picea-* und *Malus-*Arten. Sie vertragen auch noch deutlich höhere Aufwandmengen.

Empfindlich sind:

Cotoneaster consp. 'Decorus'
Cotoneaster 'Cornubia'
Cotoneaster dammeri radicans
Forsythia (bes. als junge Pflanzen)
Hydrangea
Ligustrum ovalifolium
Lonicera pileata
Lonicera tatarica
Lonicera xylosteum
Ribes alpinum
Ribes sanguineum
Philadelphus 'Virginal'
Prunus avium
Prunus mahaleb
Symphoricarpos chenaultii
Pinus strobus
Pseudotsuga menziesii
Thuja plicata

Sehr empfindlich sind:

Alle *Betula*-Arten
Chaenomeles jap. und *speciosa*
Deutzia gracilis
Genista-Arten
Spiraea bum. 'Froebeli' und 'Anthony Waterer'
Symphoricarpos racemosus
Syringa vulgaris
Tilia cordata und *platyphyllos*
Abies homolepis
Juniperus sab. 'Tamariscifolia'
Larix kaempferi
Larix decidua
Pinus nigra ssp. *nigra*

Während die als empfindlich zu bezeichnenden Arten im 2. Standjahr mit Simazin behandelt werden dürfen und frische Aufschulungen nur reduzierte Aufwandmengen vertragen, dürfen die als sehr empfindlich eingestuften Arten in den ersten 2 Standjahren nicht mit Simazin behandelt werden. Bei den simazinverträglichen Arten können bei Verwendung der Mindestmenge auch Steckholz und Jungpflanzenquartiere behandelt werden. Selbst auf Rosen- und Fichtensaatbeeten wird Simazin in leicht reduzierter Aufwandmenge nach dem Auflaufen der Kultursaat und dem ersten Jäten mit gutem Erfolg eingesetzt.

Wirkungsweise und Wirkungsspektrum: Das Simazin wird vom keimenden Unkraut durch die Wurzeln aufgenommen und tötet dabei den Keimling durch Blockierung der Photosynthese ab. Ist das Unkraut bereits aufgelaufen, bevor der Wirkstoff in Lösung gegangen ist, was immer dann der Fall ist, wenn im Zeitraum von 8—14 Tagen nach der Ausbringung des Simazins nicht Niederschläge in der Höhe von mindestens 10 mm gefallen sind, so wächst das Unkraut schnell aus der simazinempfindlichen Phase heraus und wird nur leicht oder gar nicht geschädigt. Simazin muß deshalb, zumindest in der Vegetationsperiode, als Vorauflaufmittel angesprochen werden. In der Vegetationsruhe dagegen kann Simazin die große Masse des sogenannten Winterkrautes abtöten, wenn es bis spätestens Ende Februar ausgebracht worden ist. Bei den simazinverträglichen Arten erhöht man bei dieser Art der Anwendung die Aufwandmenge um 10—20 % gegenüber der Normmenge. Die Hauptunkräuter wie Gräser und Vogelmiere werden sicher erfaßt.

Die sogenannten Wurzelunkräuter werden von Simazin nicht abgetötet. In tiefer liegenden Schichten keimende Unkräuter, wie die Wicke oder der Storchschnabel, werden vom Simazin nicht erreicht. Ungenügend bleibt auch die Wirkung gegen die kleine Brennnessel.

Wirkungsdauer: Die Wirkungsdauer des Simazins ist von der Aufwandmenge und der biologischen Aktivität des Bodens abhängig. Je höher die Aufwandmenge liegt und je geringer die biologische Aktivität des Bodens ist, um so länger hält die Unkrautwirkung vor. Als Durchschnittswert kann mit einer Wirkungsdauer von 5—6 Monaten gerechnet werden; sie verlängert sich, wenn das Simazin im Winter ausgebracht wird. Eine Akkumulation bei mehrmaliger Behandlung tritt nicht auf, da Simazin durch Mikroorganismen im Boden abgebaut wird (Burschel (1963)). Nach holländischen Erfahrungen (Laar, (1964)), die auf einem Simazin-Dauerprüffeld mit hohem Humusgehalt gewonnen wurden, konnte nach Ausbringung von jährlich 2 × 6 kg Gesatop 50 je ha im 4. Jahr lediglich eine Restmenge von 1,2 kg Wirkstoff/ha festgestellt werden, obwohl in diesem Zeitraum insgesamt 42 kg Gesatop 50/ha ausgebracht worden waren. Nach weiteren 4 Jahren mit wiederum 42 kg/ha Simazin verminderte sich die feststellbare Restmenge sogar auf 0,9 kg/ha. Das läßt den Schluß zu, daß der Abbau im Boden durch Anreicherung von Simazin-Abbauspezialisten beschleunigt wird. Auf Böden mit geringem Humusgehalt aber hohem Tonanteil, also einem biologisch untätigen Boden, kann es dagegen bei wiederholter Anwendung sehr wohl zu einer unerwünschten Simazin-Anreicherung kommen.

Simazin-Schäden: Obwohl das Simazin praktisch nur durch die Wurzeln der Pflanzen aufgenommen wird, kann keine primäre Schädigung des Wurzelwachstums beobachtet werden. Das durch die Wurzeln aufgenommene Simazin wird im Transpirationsstrom in die Blätter transportiert und reichert sich hier am Ort der höchsten Verdunstungsrate, nämlich den Blatträndern und Blattspitzen vor allem der jungen Blätter an. Sie reagieren mit Gelbfärbung, färben sich bei stärkerer Schädigung im weiteren Verlauf braun und fallen ab. Die Pflanzen lassen im Wuchs nach, können sich aber bei nicht zu starker Schädigung wieder erholen.

Venzar mit dem Wirkstoff Lenacil wird in der Baumschule noch nicht viel eingesetzt. Bei nur leicht höherer Löslichkeit in Wasser als Simazin (6 mg/l bei 20 °C) bietet es ähnliche Einsatzmöglichkeiten. Venzar wird ebenfalls durch den Bodenhumus absorbiert und inaktiviert. Es scheint eine etwas sichere Wirkung gegen die kleine Brennessel zu haben und könnte, wo sie bei der Verunkrautung eine Rolle spielt, deshalb versuchsweise im Wechsel mit Simazin eingesetzt werden. Wenn auch die Erfahrungen zur Zeit noch nicht ausreichen, um eine allgemeine Empfehlung aussprechen zu können, so scheint Venzar doch von einem breiten Gehölzsortiment vertragen zu werden. Die Aufwandmengen entsprechen denen des Simazins.

Casoron-G mit dem Wirkstoff Dichlobenil hat eine deutlich höhere Löslichkeit in Wasser als Simazin (18 mg/l bei 20 °C). Es dringt deswegen schneller in den Boden ein und kann auch bereits aufgelaufenes Unkraut noch abtöten, ist aber andererseits auch deshalb bezüglich der Verträglichkeit kritischer einzuschätzen als Simazin. Sein Einsatz in der Baumschule bleibt deshalb auf die Unkrautbekämpfung in älteren Gehölzpflanzungen (Solitär-Quartiere), Alleebäume, Mutterpflanzenquartiere und Windschutzpflanzungen beschränkt. Interessanterweise verträgt aber eine Reihe von simazinempfindlichen Gehölzen, wie die zur Familie der *Oleaceae* gehörenden *Syringa vulgaris, Forsythia und Ligustrum* und die *Mahonien,* Casoron-G recht gut, so daß es bei diesen Kulturen auch im jüngeren Stadium versuchsweise an Stelle des Simazins eingesetzt werden kann.

Der Wirkstoff Dichlobenil hat einen wesentlich höheren Dampfdruck als Simazin und Lenacil. Würde es als Spritzmittel in Suspensionsform ausgebracht, so würden sich Wirkstoffverluste durch Verdampfen nicht vermeiden lassen. In Granulatform als Casoron-G ausgebracht, besteht diese Gefahr nicht. Das Spritzpulver hat sich aus diesem Grund nicht durchsetzen können. Dichlobenil wird ebenso wie Simazin und Lenacil vom Sorptionskomplex des Bodens und hier vor allem vom Humus absorbiert. Die Aufwandmengen müssen deshalb in Abhängigkeit vom Humus- und Tongehalt des Bodens variiert werden. Auf leichten, humusarmen Böden reichen 40 kg/ha Casoron-G bereits für eine gute Unkrautwirkung aus, auf humusreichen und schweren Böden müssen dagegen bis zu 70 kg/ha gegeben werden. Die Unkrautwirkung bleibt für einen Zeitraum von etwa 4 Monaten erhalten.

Kerb-50-W. Kerb ist als Spritzmittel mit einem Anteil von 50 % des Wirkstoffes Propyzamid im Handel. Der Wirkstoff wird hauptsächlich über die Wurzel und kaum über grüne Pflanzenteile aufgenommen. Seine Wirkung wird durch kühle und feuchte Witterung erhöht. Als Anwendungszeitpunkt kommen deshalb nur die Monate November bis März bei Schneefreiheit in Frage. Die mittlere Temperatur soll 10 °C nicht überschreiten. Einsatzmöglichkeiten ergeben sich vor allem gegen einkeimblättrige Unkräuter (Gräser) einschließlich Quecke in Ziergehölzkulturen. Von den zweikeimblättrigen Unkräutern werden nur Vogelmiere, Pfirsichblättriger Knöterich, Melde, Ackersenf, Hederich, Kleiner Ampfer, kleine Brennessel und Ehrenpreisarten erfaßt. Die Aufwandmenge beträgt, unabhängig von der Bodenart, 5 kg/ha. Bei trockenem Wetter, was im Zeitraum November—März recht selten sein dürfte, ist eine Beregnung mit mindestens 15 mm Niederschlag notwendig.

Die Verträglichkeit der Gehölze ist nach bisherigen, allerdings noch kurzen Erfahrungen, sehr gut. So sind noch keine Gehölzarten bekannt, die Kerb-50-W nicht vertragen.

Unter warmen Bedingungen wird das Mittel schneller abgebaut als unter kalten, und in Böden mit hohem Humusgehalt schneller als in leichteren und humusarmen. Bei einer Ausbringung im Winter kann nur bis etwa Mai mit Unkrautfreiheit des Bodens gerechnet werden. Wenn Kerb-50-W zur Bekämpfung des Winterkrautes in der Baumschule eingesetzt wird, kann doch wohl nicht ganz auf eine Simazin-Gabe verzichtet werden. Wie weit sich Interaktionen der beiden Wirkstoffe ergeben, ist noch nicht abgeklärt.

Eptam (Wirkstoff: EPTC). Eptam-5-Granulat ist ein spezifisches Streumittel zur Queckenbekämpfung in Ziergehölzen. Es wirkt vor allem auf die unterirdischen Neuaustriebe der Quecke, während stehende Unkraut- und Queckenbestände nicht erfaßt werden. Deswegen muß die Behandlung entweder beginnend im Frühjahr mit dem Neuaustrieb der Quecken erfolgen, oder die bestehenden Queckenbestände müssen durch Bodenbearbeitung vorher zu neuer Triebbildung angeregt werden.

Der Wirkstoff ist flüchtig, deshalb muß er sofort nach der Ausbringung (spätestens nach 10 Minuten) eingearbeitet werden. Der Boden soll bei der Ausbringung möglichst oberflächlich abgetrocknet sein, da der Wirkstoff auf nassen Oberflächen schnell verdampft. Die Einarbeitungstiefe soll 5—15 cm betragen.

Bei sehr hohem Humusgehalt (z. B. anmooriger Boden) tritt deutliche Wirkungsminderung ein.

Aufwandmenge: 120 kg/ha.

Anwendungszeitpunkt: Durch Ungräser und Quecken verseuchtes Land kann im Herbst behandelt und im darauffolgenden Frühjahr bepflanzt werden. Etwa 10 Tage vor der Ausbringung muß aber ein Bodenbearbeitungsgang erfolgen. In stehenden Kulturen liegt der beste Zeitpunkt der Eptam-Anwendung im April—Mai. Das Mittel muß mit der Fräse 5—15 cm tief eingearbeitet werden. Ein vorhergehender Bodenbearbeitungsgang ist im Frühjahr nicht erforderlich.

Der Samen von einigen zweikeimblättrigen Unkräutern unterliegt ebenfalls starker Keimhemmung.

Der Vorteil des Eptam gegenüber dem Nata liegt einmal in der kürzeren Karenzzeit und zum anderen in der Möglichkeit, auch in stehenden Kulturen zu arbeiten. Eptam ist aber wesentlich teurer als Nata. Bei folgenden Gehölzen ist die Eptambehandlung stehender Kulturen ohne Schaden möglich:

Acer campestre
Amelanchier canadensis
Berberis thunbergii
Buxus sempervirens
Cornus alba 'Sibirica'
Cotoneaster dammeri
Elaeagnus argentea
Fagus silvatica
Forsythia intermedia
Genista tinctoria
Ilex aquifolium
Jasminum nudiflorum
Juniperus chinensis
Ligustrum vulgare
Mahonia aquifolium
Philadelphus coronarius
Picea abies

Picea omorika
Pinus mugo var. *mughus*
Platanus acerifolia
Populus canescens
Prunus dulcis
Pyracantha coccinea
Quercus rubra
Rhododendron catawbiense
Rhododendron japonicum
Spiraea arguta
Stranvaesia davidiana
Symphoricarpos chenaultii
Taxus baccata
Thuja occidentalis
Tilia petiolaris
Viburnum opulus
Weigela florida

9.1.2. Boden-Blatt-Herbizide

Betanal (Wirkstoff: Phenmedipham) ist ein Blattherbizid mit Kontaktwirkung und könnte mit gutem Recht auch bei den Kontaktherbiziden eingeordnet werden. In der Baumschule kann Betanal als selektives Herbizid bisher nur auf Rosensaatbeeten im frühen Nachauflaufverfahren eingesetzt werden. Unkräuter werden im 2- bis 3Blattstadium sicher abgetötet, dagegen ist die Wirkung gegen Ungräser nur beschränkt. Der Wirkstoff wird vergleichsweise langsam im Boden abgebaut. Noch nach 6 Monaten muß mit geringen Wirkstoff-Resten im Boden gerechnet werden.

Kloben (Wirkstoff: Neburon). Die Löslichkeit ist mit 4,8 mg/l Wasser bei 20 °C sogar etwas geringer als beim Simazin. Die Wirkung ist stark vom Sorptionskomplex des Bodens und von den nachfolgenden Niederschlägen abhängig. Einsatzmöglichkeiten als Vorauflaufmittel ergeben sich auf Saatbeeten und in Verschulquartieren bei guter Verträglichkeit für die Kulturpflanzen. Das Wirkungsspektrum ist zwar breit, doch wird die Wirkung durch trockenes Wetter stark beeinträchtigt. Das gilt vor allem für den Einsatz auf Saatbeeten, der fast schon an das Vorhandensein einer Beregnungsanlage gekoppelt ist.

Neburon wird zwar hauptsächlich durch die Wurzeln aufgenommen und mit dem Transpirationsstrom in der Pflanze transportiert, jedoch findet auch eine gewisse Aufnahme durch die Blätter statt.

Je nach Bodenart liegen die Aufwandmengen auf den Saatbeeten zwischen 4 und 6 kg und bei Anwendung in Verschulquartieren zwischen 6 und 8 kg/ha. Die Wirkungsdauer ist etwa der des Simazins vergleichbar und mit ca. 5 Monaten anzusetzen.

Aresin (Wirkstoff: Monolinuron). Es hat eine wesentlich höhere Löslichkeit in Wasser als Simazin, bei 20 °C werden 580 mg in einem Liter Wasser gelöst. Die Wirkung ist stark vom Humusgehalt des Bodens abhängig. Monolinuron wird im Boden und hier vor allem im humosen Boden relativ schnell abgebaut und kann schon nach 2—3 Monaten seine herbizide Wirkung vollkommen verloren haben. Da es nicht nur durch die Wurzeln, sondern auch durch die Blätter aufgenommen wird, kann es nur auf unbelaubte Pflanzen in der Vegetationsruhe gespritzt werden. Aresin ist zwar auch noch als Vorauflaufmittel anzusprechen, hat aber wegen seiner guten Löslichkeit in Wasser eine gute Anfangswirkung und kann gerade aufgelaufenes Unkraut noch abtöten. Aresin kann auf Verschulquartieren mit einer Aufwandmenge von 4—6 kg/ha eingesetzt werden und ist dem Simazin dann vorzuziehen, wenn das Land am Ende der Vegetationsperiode für eine landwirtschaftliche Nutzung freigegeben werden soll. Beim Einsatz in der Obstbaumschule zeigten sich Kirschensämlinge empfindlicher als Apfel-, Birnen- und Pflaumensämlinge (Brynner/Meyer, 1966).

Afalon (Wirkstoff: Linuron). Der Wirkstoff Linuron ist in Wasser deutlich weniger löslich als Monolinuron (Aresin), aber doch löslicher als Simazin. Bei 25 °C werden 75 mg in einem Liter Wasser gelöst. Die Bindung an die Humuskolloide ist sehr stark und noch wesentlich stärker als beim Simazin und beim Aresin. Das Unkraut läuft nach einer Afalon-Behandlung meist noch auf und wird im 2—3 Blattstadium abgetötet. Der Wirkstoff wird nicht nur über den Boden, sondern auch von den Blättern aufgenommen, deshalb darf nur in der Vegetationsruhe über die Pflanzen gespritzt werden. Die Aufwandmengen liegen je nach Humusgehalt zwischen 3 und 6 kg/ha. Die Wirkungsdauer ist mit 3—4 Monaten anzusetzen.

Roundup ist ein Blattherbizid mit systemischer Wirkung, das ausschließlich über die grünen Teile der Pflanze aufgenommen und mit dem Assimilatstrom in die unterirdischen Speicherorgane transportiert wird. So können nicht nur Samen-, sondern auch Wurzelunkräuter abgetötet werden und hier spezifisch Quecken. Nicht erfaßt wird von den Wurzelunkräutern der Schachtelhalm.

Da der Wirkstoff nur über die Blätter aufgenommen wird, ist eine Wirkung über den Boden wohl auszuschließen. Sobald die Unkräuter nach einer Behandlung mit Roundup die volle Wirkung erkennen lassen, die sich in Welkwerden und anschließender Gelbfärbung äußert, kann Bodenbearbeitung erfolgen und sofort gepflanzt werden. Als durchschnittliche Karenzzeit gelten 10—14 Tage. Mit abgeschirmter Düse lassen sich bei vorsichtigem Arbeiten auch Unkrautbestände in stehenden Kulturen behandeln. Quecken lassen sich aber nur mit gutem Erfolg bekämpfen, wenn alle Rhizome ausgetrieben sind und eine Höhe von 15—20 cm erreicht haben. Roundup soll mit 5 kg/ha in 400 l Wasser je Hektar ausgebracht werden. Windabdrift muß unbedingt vermieden werden. Die Ausbringung soll nur bei sicherer Wetterlage erfolgen, da innerhalb von 6 Stunden kein Regen fallen darf.

Obwohl das Mittel noch neu ist und noch keine breiten Erfahrungen aus der Praxis vorliegen, wird Roundup ein weites Anwendungsfeld in der Baumschule finden.

9.2 Kontaktherbizide

Reglone und Gramoxone (Wirkstoff: Deiquat und Paraquat). Reglone hat eine ausgezeichnete Kontaktwirkung auf dicotyle Unkräuter, tötet dagegen monocotyle Unkräuter (Gräser) nur bei hohen Aufwandmengen zufriedenstellend ab.

Gramoxone weist im Gegensatz zu Reglone eine spezifische Wirkung gegen Gräser auf; für dicotyle Unkräuter werden höhere Aufwandmengen gebraucht. Darum liegt es nahe, bei Mischverunkrautung eine Mischung aus Reglone und Gramoxone zu verwenden. Optimale Ergebnisse werden bei einer Mischung von 70 % Gramoxone und 30 % Reglone erzielt. In der Praxis wird dagegen meist nur mit Gramoxone gearbeitet, obwohl Reglone noch billiger als Gramoxone ist.

Sowohl Gramoxone als auch Reglone werden von grünem pflanzlichem Gewebe schnell aufgenommen und im Transpirationsstrom weitergeleitet. Eine Ableitung des Wirkstoffes in die Wurzel wird nicht beobachtet. Darum werden Wurzelunkräuter nur in ihren grünen Teilen geschädigt und treiben nach einiger Zeit aus den unbeschädigt gebliebenen Wurzeln wieder neu aus. Der Abtötungseffekt lokalisiert sich auf die grünen Teile der Pflanze, die vom Wirkstoff getroffen wurden, deshalb muß eine möglichst vollkommene Benetzung des Unkrauts erreicht werden, wofür etwa 1000 l Wasser je Hektar benötigt werden.

Vom Boden werden Gramoxone und Reglone durch Kationenaustausch absorbiert und inaktiviert. Da sie auch durch UV-Strahlung zerstört werden, ist keine Dauerwirkung zu erzielen, aber auch nicht zu befürchten. In der Pflanze wird der eingedrungene Wirkstoff aber nur sehr langsam abgebaut.

In der Baumschule können Gramoxone und Reglone auf Saatbeeten eingesetzt werden, und zwar unmittelbar vor dem Auflaufen der Kultursaat. Man wartet mit der Spritzung möglichst lange, muß dann aber den Keimungszustand der Saat kontrollieren und für einen schlagartigen Einsatz gerüstet sein. Das Risiko des Zuwartens ist nicht so groß, weil die Spritzung mit Gramoxone-Reglone praktisch unabhängig von der Witterung durchgeführt werden kann. Der Wirkstoff wird so schnell vom Unkraut aufgenommen, daß auch kurze Zeit nach der Behandlung einsetzende leichte Regenfälle die Wirkung nicht wesentlich beeinträchtigen können. Da das Unkraut kurz vor dem Auflaufen der Kultursaat noch sehr klein ist, kann schon mit einer Aufwandmenge von 3 l/ha eine volle Wirkung erzielt werden. Die Spritze sollte mit niedrigem Druck arbeiten, um Windabdrift auf Nachbarkulturen zu vermeiden.

Weitere Einsatzmöglichkeiten ergeben sich in stehenden Baumschulkulturen mit breitflächiger Spritzung während der Vegetationsruhe zur Bekämpfung des Winterkrautes. Auszunehmen von dieser Spritzung sind selbstverständlich alle Koniferen, aber auch Laubgehölze mit grün-, gelb- oder rotdurchschimmernder Rinde, wie z. B. *Kerria,* alle *Rosen-, Cornus-, Salix-* und *Populus-*Arten. Auch Pflanzenarten, die wie *Syringa* bereits früh im Winter grün durchschimmernde Knospen haben, sind von der Gramoxone-Reglone-Flächenspritzung auszunehmen. In kleineren Betrieben mit kleinen Stückzahlen von vielen Arten ergeben sich dadurch unüberwindbare Schwierigkeiten. In solchen Fällen kann die Spritzung mit abgeschirmter Düse durchgeführt werden. Der Spritzmittelaufwand richtet sich nach der Stärke der Verunkrautung und soll zwischen 3 und 5 l/ha liegen. Bei straff aufrecht wachsenden Arten mit etwas Bodenfreiheit kann mit abgeschirmter Düse auch während der Vegetationsperiode gearbeitet werden. Auch hier muß durch niedrigen Druck die Bildung von Spritznebeln verhindert werden, weil es sonst trotz Spritzschirm zum thermischen Aufsteigen der feinen Tröpfchen kommt und Blattschäden an den Kulturpflanzen die Folge sind.

Da von Gramoxone und Reglone keine Dauerwirkung ausgeht, muß die Unkrautbekämpfung etwa 3—4mal während der Vegetationsperiode durchgeführt werden. Dennoch können die Arbeitstakte im Vergleich zur mechanischen Unkrautbekämpfung (Hacken) weiter auseinandergezogen werden. Der Boden wird beim Spritzen im Gegensatz zum Hacken nicht gerührt, somit wird kein neuer Unkrautsamen in die Keimschicht gebracht.

Aretit flüssig (Dinosebazetat) ist deutlich billiger als Gramoxone und Reglone, ist aber auch nicht so sicher bei der Bekämpfung größerer Unkräuter und hat keine Wirkung gegen Ungräser. Hervorragend gelingt mit Aretit flüssig die Bekämpfung der Vogelmiere, die wohl als das häufigste Winterunkraut angesprochen werden kann. Aufwandmengen von 4—6 l je ha reichen hierfür voll aus. Behandelt werden können alle laubabwerfenden Gehölze in der Winterruhe.

Obstbaumkarbolineum. Dikotyles Unkraut, und hier vor allem die Vogelmiere und die kleine Brennessel, lassen sich gut mit Obstbaumkarbolineum aus Schweröl bekämpfen. Diese Bekämpfung des Winterunkrautes ist arbeitswirtschaftlich interessant, da vom Obstbaumkarbolineum zugleich eine Reihe von an den Kulturpflanzen überwinternden Schädlingen erfaßt wird. Die Anwendungskonzentration beträgt bei immergrünen Laubgehölzen 3, bei Koniferen und laubabwerfenden Gehölzen 4 %.

Shell-Unkrauttod-A ist reiner Allylalkohol und als solcher stark flüchtig. Diese Eigenschaft bedeutet zugleich Vor- und Nachteil für den Einsatz zur Unkrautbekämpfung. Wegen des hohen Dampfdruckes ist die Karenzzeit sehr kurz und beträgt in Abhängigkeit von der Temperatur nur 2—6 Tage. Allylalkohol kann also im Frühjahr kurz vor der Saat eingesetzt werden. Der hohe Dampfdruck zwingt aber dazu, das Mittel nach der Ausbringung durch nachfolgende Beregnung im Boden für längere Zeit zu fixieren oder mit Folienabdeckung zu arbeiten. Beides ist arbeitswirtschaftlich ungünstig. In der Praxis geht man dabei so vor, daß man die benötigte Allylalkoholaufwandmenge von 10—20 cm^3 je m^2 mit einem Liter Wasser verdünnt ausbringt und anschließend mit mindestens 6 mm beregnet.

In Holland gibt es ein Dosiergerät (Klimax), das den Allylalkohol unverdünnt vor einer Hackfräse in den Boden bringt. Anschließend wird die behandelte Fläche vollautomatisch mit einer Plastikfolie abgedeckt.

Der Allylalkohol weist neben einer befriedigenden Unkrautwirkung auch eine beachtliche fungizide Wirkung auf.

Bei der Ausbringung des Allylalkohols muß mit Schutzanzügen und Atemmaske gearbeitet werden.

Die folgende Übersicht bietet Orientierungshilfen bei der Auswahl der chemischen Unkrautbekämpfungsmittel für jeweils spezifische Einsatzmöglichkeiten (unter Verwendung von: Faber, H., Die Unkrautbekämpfung in Baumschulen (1967)).

I. Vor der Aussaat und vor der Pflanzung

A. Unkrautsamen bzw. keimende Unkräuter und Wurzelunkräuter

Mittel	Aufwandmenge	Bemerkungen
Terabol	50 g/qm	Wartezeiten beachten
Basamid-Granulat	30—50 g/qm	Wartezeiten beachten
Di-Trapex	30—50 g/qm	Wartezeiten beachten
Allylalkohol (Shell-Unkrauttod — A)	10—20 cm^3/m^2	bei kühlem Wetter mit einem Liter Wasser ausbringen; anschließend einregnen. Wartezeit beachten!

B. Unkraut ist bereits aufgelaufen

Gramoxone + Reglone (im Verhältnis 2 : 1)	2—5 Liter/ha	keine Wartezeit, keine Dauerwirkung

II. Saatbeete

1. Vor dem Auflaufen der Unkräuter und vor dem Auflaufen der Kultursaaten

Kloben	4 kg/ha	bis 5 Tage nach der Einsaat

2. Nach dem Auflaufen der Unkräuter und vor dem Auflaufen der Kultursaaten

Gramoxone + Reglone (im Verhältnis 2 : 1)	2—3 l/ha	keine Dauerwirkung

3. Nach dem Auflaufen der Unkräuter und nach dem Auflaufen der Kultursaaten

Betanal	60 cm^3/100 m^2	Verträglichkeit der Gehölze beachten

4. Vor dem Auflaufen der Unkräuter und nach dem Auflaufen der Kultursaaten

Gesatop 50	2 kg/ha	bei Rosen und *Picea* nach dem ersten Jäten
Gesatop-2-Granulat	50 kg/ha	bei Rosen und *Picea* nach dem ersten Jäten

III. Verschulquartiere

A. Während der Vegetationsruhe

1. Vor dem Auflaufen der Unkräuter

Gesatop 50	2—3 kg/ha	Empfindlichkeit der verschiedenen Pflanzenarten beachten
Gesatop-2-Granulat	50—70 kg/ha	Empfindlichkeit der verschiedenen Pflanzenarten beachten
Venzar	1,5—2,5 kg/ha	dem Humusgehalt entsprechend dosieren

Mittel	Aufwandmenge	Bemerkungen
2. Nach dem Auflaufen der Unkräuter		
Obstbaumkarbolineum	3%ig	immergrüne Laubgehölze
aus Schweröl	4%ig	laubabwerfende Gehölze + Koniferen
Gesatop 50	3—4 kg/ha	bis einschließlich Februar bei simazinverträglichen Kulturen
Gesatop-2-Granulat	70—90 kg/ha	
Gramoxone + Reglone (im Verhältnis 2 : 1)	3—5 l/ha	mit abgeschirmter Düse bei buntholzigen Arten in der Vegetationsruhe
B. Während der Vegetation		
1. Vor dem Auflaufen der Unkräuter		
Gesatop 50	2—3 kg/ha	Empfindlichkeit der verschiedenen Pflanzenarten beachten
Gesatop-2-Granulat	50—70 kg/ha	
Venzar	1,5—2,5 kg/ha	
Afalon	4—6 kg/ha	bei empfindlichen Kulturen mit abgeschirmter Düse spritzen
Aresin	2—4 kg/ha	
Kloben	6—8 kg/ha	
2. Nach dem Auflaufen der Unkräuter		
Gramoxone + Reglone im Verhältnis 2 : 1)	3 l/ha	nur mit abgeschirmter Düse und möglichst niedrigem Druck bei Windstille spritzen

IV. Ältere Quartiere

1. Siehe Verschulquartiere		
2. Bekämpfung von Gräsern und z. T. auch Quecke		
Kerb 50	5 kg/ha	nur bei Temperaturen unter 10 ° C; bei trockenem Wetter nachregnen
Eptam-5-Granulat	120 kg/ha	nach Ausbringung einarbeiten
3. Bekämpfung von monocotylen und dicotylen Unkräutern und z. T. auch Quecke		
Prefix-Granulat	50—70 kg/ha	in Hecken- und Windschutzanlagen; Verträglichkeit der Gehölze prüfen. Vorsicht!
Casoron G	50—70 kg/ha	
4. In Kern-, Stein- und Beerenobstanlagen		
a. Bis 3. Standjahr		
Kerb 50	5 kg/ha	Gräser und Quecke
Gesatop	3—6 kg/ha	Vorsicht bei Steinobst! niedrige Aufwandmenge jeweils für Steinobst.
Gesatop-2-Granulat	50—100 kg/ha	
Gramoxone + Reglone (im Verhältnis 1 : 2)	5—7 l/ha	
b. Ab 4. Standjahr		
Gesatop	3—6 kg/ha	
Gesatop-2-Granulat	50—100 kg/ha	
Gramoxone + Reglone (im Verhältnis 2 : 1)	5—7 kg/ha	kann mit 5 kg Gesatop kombiniert werden

Mittel	Aufwandmenge	Bemerkungen
5. Erdbeeren		
Venzar	1,5—2 kg/ha	8—10 Tage nach dem Pflanzen
Tenoran	6—8 kg/ha	
V. Wege und Plätze		
Gramoxone + Reglone (im Verhältnis 1 : 2)	5—7 l/ha	keine Dauerwirkung, am besten mit 10 kg Gesatop je ha mischen
Vorox-Unkrautvertilger	10 kg/ha	
Novanox	10 kg/ha	
VI. Nichtbewirtschaftete Nutzfläche		
1. Gräser und Quecke		
Eptam-5-Granulat	120 kg/ha	im Herbst ausbringen und sofort einarbeiten. Teuer!
2. Gräser und Quecke, Wurzelunkräuter (Ausnahme: Schachtelhalm) und aufgelaufenes Samenunkraut		
Roundup	5 kg/ha	auf grüne Pflanzenteile spritzen; verqueckte Stücke vorher bearbeiten. Zwischen Spritzung und nachfolgendem Pflügen 10 Tage Wartezeit.

Literatur zu: Chemische Unkrautbekämpfung

ABERG, B., and I. JOHANNSEN (1966): On the mechanism of action of Dalapon. Kungl. Landbrukshögskol Ann. **32**, 245-254. — AEBI, H. (1965): Tenoran, ein selektives Herbizid. C. R. journées d'études sur les herbicides, EWRC-Columa, Paris 1961, 88-96. — ALKÄMPER, J. (1965): Untersuchungen über den Einsatz von Aminotriazol (ATA) zur Queckenbekämpfung im Frühjahr unter Berücksichtigung des Nachbaus. Gesunde Pflanze **17**, 133-139. — ANONYM (1962): Allylalkohol — gefährlich, aber wirksam. Dt. Gärtnerbörse 575-576. — BAUERS/MARZUSCH (1963): Erfahrungen und Erfolge bei der Unkrautbekämpfung in Gehölzkulturen mit Simazin. Dt. Baumschule **14**, 106-111. — BECKER, H. G. (1966): Der Einfluß vor der Aussaat in den Boden eingebrachter Triazine auf ertragsbildende Faktoren bei Sommergerste u. Hafer. Nachrichtenbl. dtsch. Pflanzenschutzdienst (Berlin) **20**, 52-56. — BÖRNER, H. (1963): Untersuchungen mit C^{14}-markiertem Afalon. Z. f. Pflanzenkrankh. u. Pflanzenschutz, **72** (Sonderheft II), 41-42. — BORTELS, H., E. FRICKE und H. ORTH (1966): Die phytotoxische Wirkung des Simazins in Abhängigkeit von seiner Sorption im Boden. Nachrichtenbl. dtsch. Pflanzenschutzd. (Braunschweig) **18**, 65-69. — Bortels, H., Fricke u. Schneider (1967): Simazinzersetzung durch Mikroorganismen. Nachrichtenbl. dtsch. Pflanzenschutzd. (Braunschweig) **19**, 101-105. — Bryner, W., u. J. Meyer (1966): Zur chemischen Unkrautbekämpfung in der Baumschule. Schweiz. Z. Obst- und Weinbau **18**, 479-481. — Burschel, P. (1961): Untersuchungen über das Verhalten von Simazin in Böden. Weed Research 131-141. — Burschel, P. (1963): Gemeinschaftliche Untersuchungen privater u. öff. Forschungsinstitute über die Wirkungsdauer von Herbiziden im Boden. Z. f. Pflanzenkrankheiten u. Pflanzenschutz (Sonderheft III) 124-135. — Burschel, P. (1964): Herbizide im Boden. Z. f. Pflanzenkrankheiten u. Pflanzenschutz (Sonderheft II) 116-123. — Dawson, J. H., V. F. Bruns and W. J. Clore (1968): Residual Monuron, Diuron and Simazine in a vineyard Soil. Weed Sci. **16**, 63-65. — Faber, H. (1967): Die Unkrautbekämpfung in Baumschulen. Flugblatt der Firma Hermann Meyer, Rellingen 1967. — Hanf (1965): Einfluß verschiedener Faktoren auf die Wirkung von Bodenherbiziden. Z. f. Pflanzenkrankheiten u. Pflanzenschutz (Sonderheft III) 173-188. — Heddergott, H. (1974): Neue Erfahrungen zur Bekämpfung von Krankheiten und Schädlingen bei der Pflanzenanzucht in Baumschulen. Dt. Baumschule, 9, 232-35 (Teil I), 10, 260-262 (Teil II). — Jahnel u. Feiler (1964): Abhängigkeit der Simazinwirkung vom Humusgehalt unter besonderer Berücksichtigung der Anwendung dieses Herbizides in Kiefern u. Fichtensaaten. Z. f. Pflanzenkrankheiten u. Pflanzenschutz (Sonderheft II) 164-166. — Joy, N. B. (1966): Venzar, Lenacil weed killer. 2. nd. Intern. Symp. on Sugar Beet Protection, Novi Sad, Yugoslavia. — Karnatz, H. (1965): Über die Wirkung einiger Herbizide auf Wuchs und Ertragssteigerung von Apfelbäumen. Z. f. Pflanzenkrankheiten u. Pflanzenschutz (Sonderheft III) 149-153. — Karnatz, H. (1965): Hinweise auf die chem. Unkrautbekämpfung u. die Bodenbearbeitung in der Obstbaumschule. Mitt. Obstbauversuchsringes Alten Landes **20**, 100-107. — Karnatz, H. (1967): Über die Wirkung von Prefix und Casoron auf die vegetative Entwicklung von Obstgehölzen. Mitt. Obstbauversuchsringes Alten Landes **22**, 141-142. — Kettner, H., u. R. Hirsch (1969): Chemische Unkrautbekämpfung in Baumschulkulturen. Dt. Baumschule **9**, 256—262. — Laar, H. J. van de (1964): The breakdown of Simazin in soil. Weed Abstr. **13**, 335. — Lauterbach, B. (1967): Unkrautbekämpfung im Forst mit dem neuartigen Präparat Gramoxone. Merck-Blätter **17**, Folge 1. — Lode, O. (1967): Decomposition of Linuron in different soils. Weed Research **7**, 185-190. — Maier-Bode, H. (1971): Herbizide und ihre Rückstände. Verlag Eugen Ulmer, Stuttgart, 1971. — Melder, A. (1975): Ustinex KR in Baumschulen nicht zugelassen. Dt. Baumschule **6**, 151. — Ministerie van Landbouw en Visserij, Wageningen (1969): Gids voor ziekten en onkruidbestreiding in te tuinbouw. Tweede uitgave Februari 1969. — Müller, K. (1974): Untersuchungen über den Einsatz und die Wirkung von Herbiziden (Simazin) in Baumschul-Containern. Diss. Tech. Univ. Hannover, 1974. — Obien, S. R., R. H. Suehisa and O. R. Younge (1966): The effects of soil factors on the phytotoxity of Neburon. Weeds **14**, 105-109. — Oldenkamp, L. (1968): Gebruik geen Prefix voor onkruidbestrijding in beplantingen. Nederlandse Bosbouw Tijdskr. **38**, 461-462. — Orth, H. (1962): Chemische Unkrautbekämpfung im Gartenbau, 145 S. München (BLV), 1962. — Ostermann, H. (1975): Erfahrungen und Ergebnisse mit Kerb 50 W in Gehölzkulturen. Z. f. Pflanzenkrankheiten u. Pflanzenschutz (Sonderheft VII). — Petzold (1962): Ist wiederholte Anwendung von Simazin unbedenklich? Gesunde Pflanze **14**, 53-57. — Taubel, N. (1968): Die Reaktion einiger Kulturpflanzen auf die Bodenherbizide Linuron und Monolinuron in Abhängigkeit vom organischen Substanzgehalt des Bodens. Z. f. Pflanzenkrankheiten u. Pflanzenschutz (Sonderheft IV), 187-192. — Verloop, A., u. J. Daams (1970): Beziehungen zwischen den Nebenwirkungen von Dichlobenil auf Holzgewächse und den Umwandlungen des Herbizids in Pflanzen u. Boden. Z. f. Pflanzenkrankheiten u. Pflanzenschutz (Sonderheft V), 141-146. — Zitzewitz u. Stockebrand (1960): Neue Erfahrungen mit der chemischen Unkrautbekämpfung in Baumschulen. Dt. Baumschule **12**, 49-52.

10 Die wichtigsten Gehölzkrankheiten und Schädlinge sowie Maßnahmen zu ihrer Bekämpfung

Allgemeines: Ziel aller Pflanzenschutzmaßnahmen ist es, die Pflanzen während der Anzuchtszeit in der Baumschule gesund zu halten und dadurch ein Optimum an Pflanzenwuchs unter Beachtung der Qualitätsvorstellungen zu erzielen, wobei sich keine dieser Maßnahmen erst später beim Abnehmer der Pflanzen negativ auswirken darf.

Direkte Bekämpfungsmaßnahmen mit Pflanzenschutzmitteln gegen auftretende Krankheiten und Schädlinge sollten an letzter Stelle stehen, günstiger sind vorbeugende, wie die Wahl des geeigneten Standortes und optimale Pflege. Nachweislich sind geeignete Kulturmaßnahmen immer noch der billigste und wirksamste Pflanzenschutz, da optimal kultivierte Pflanzen bedeutend weniger anfällig für Krankheiten und Schädlinge sind. So ist der Anteil, der durch nichtparasitäre Einflüsse geschädigten Pflanzen im allgemeinen viel größer als angenommen wird, wie von den zur Beratung herangezogenen Pflanzenschutzämtern immer wieder bestätigt wird. Am häufigsten treten Nährstoffmangelschäden auf (Spurenelementmangel), die durch eine unharmonische Düngung oder falsche pH-Werte bedingt sind. In zweiter Linie sind es Schäden durch Staunässe (Sauerstoffmangel), die oftmals nicht so leicht von Schäden durch Spurenelementmangel abzugrenzen sind. Mit zunehmendem Einsatz von chemischen Unkrautbekämpfungsmitteln häufen sich auch Herbizidschäden. Die kulturtechnischen Maßnahmen wurden aber bereits in den vorhergehenden Kapiteln behandelt, so daß hierauf verwiesen werden kann. Deshalb soll im Rahmen des Pflanzenschutzes nur von den vorkommenden parasitären Gehölzkrankheiten und Schädlingen gesprochen werden.

10.1 Allgemein bei vielen Gehölzen auftretende Schaderreger und Krankheiten sowie ihre Bekämpfung

10.1.1 Tierische Schädlinge und ihre Bekämpfung

Nematoden sind mikroskopisch kleine, farblose Fadenwürmer, auch Älchen genannt. Nur mit einem Mundstachel ausgerüstete Nematoden, die die Pflanzenzellen anzustechen und dadurch ihre Saugtätigkeit auszuüben vermögen, sind pflanzenschädlich. Sekundärbefall an den verletzten Pflanzenteilen durch Pilze und Bakterien vergrößern oftmals den Schaden.

Befallen werden können zwar alle Pflanzenteile, in den Baumschulkulturen spielen aber nur die im Boden lebenden, die Wurzeln angreifenden Nematoden eine Rolle. Zu unterscheiden sind ferner freilebende und zystenbildende Nematoden, die schwerer zu bekämpfen sind. Von den zystenbildenden Arten sind für die Baumschulgehölze nur die Wurzelgallenälchen (z. B. *Meloidogyne hapla*) von direkter Bedeutung.

Die Gehölze zwar nicht schädigend, für Baumschulen aber von wirtschaftlicher Bedeutung sind zystenbildende Kartoffelnematoden, weil aufgrund einer Verordnung Baumschulpflanzen nicht auf Ländereien angebaut werden dürfen, in denen Kartoffelnematoden nachgewiesen werden konnten. Eine weitere Verschleppung dieses Schädlings mit der den Wurzeln der Baumschulpflanzen anhaftenden Erde soll verhindert werden. Da alle chemischen Entseuchungsmittel nur eine Befallsverminderung erreichen können, sollte befallenes Land nie angepachtet werden. Eigenland, bei dem sich ein hoher Aufwand eher lohnt, kann durch mehrfache Kombinationen von chemischer Bodenentseuchung und nematodenresistenten Kartoffelsorten im Laufe der Jahre befallsfrei gemacht werden.

Bekämpfung: Freilebende Nematoden können mit relativ niedrigen Aufwandmengen (20—30 cm^3 Di-Trapex, 20 g Basamid, 60 cm^3 Shell-DD), Wurzelgallenälchen bei Verdoppelung dieser Mengen relativ leicht bekämpft werden.

Dickmaulrüßler (*Otiorrhynchus* spp.): Wir kennen eine ganze Reihe von Rüsselkäferspezies, die sich in Größe und Farbe unterscheiden. Gemeinsames Erkennungsmerkmal ist der rüsselartig ausgebildete Kopffortsatz. Die Käfer befressen im Frühjahr etwa ab Anfang April junge Knospen und Blätter und schädigen dadurch den Austrieb. Kommt es bei jungen Okulaten zu starkem Rüsselkäferbefall, so fallen viele Veredlungen aus. Ein besonders auffälliges Schadbild sind die halbmondförmig benagten Blattränder. Wirtschaftlich wichtiger als der Schaden durch die Käfer ist der Fraßschaden durch die weiß-gelben, etwas bauchwärts gekrümmten, mit kräftigen Mundwerkzeugen am braunen Kopf bestückten fußlosen Larven. Sie fressen unbeobachtet am Wurzelhals und den Wurzeln. Sekundärbefall durch Bodenpilze, wie etwa *Phytophtora cinnamomi,* ist nicht selten. Die Schäden können sehr groß sein, da sie oft lange Zeit unsichtbar bleiben.

Die Käfer fressen nur nachts und sitzen tagsüber am Grund der Pflanzen. Sie lassen sich durch mehrfache Spritzung mit Lindan- oder Parathionpräparaten in erhöhter Konzentration bekämpfen. Die Spritzungen müssen bei Sichtbarwerden der ersten Fraßschäden beginnen und in regelmäßigen Abständen von 8—10 Tagen bis Ende Mai wiederholt werden. Die Larvenbekämpfung ist wesentlich schwieriger, wenn sie nicht vorbeugend durchgeführt wurde. Vorbeugend kann der Boden vor dem Pflanzen mit Lindan-Streupräparaten behandelt werden. Geschlüpfte Larven lassen sich mit zunehmendem Alter immer schwerer bekämpfen. In Töpfen und Kästen können sie mit einigem Erfolg durch Gießen mit Parathion-Mitteln in der Konzentration von 0,05 % bekämpft werden, auf Freiflächen ist dieses Gießverfahren jedoch kaum einsetzbar.

Die Larven werden durch alle chemischen Bodenentseuchungsmittel 100 %ig abgetötet.

Tipula-Larven *(Tipula paludosa, T. czizeki, Pales maculata).* Dies sind die Larven verschiedener Schnaken-Arten, die an den Wurzeln der Gehölze fressen, nachts mitunter auch an den oberirdischen Teilen. Gefährliche Ausmaße kann der Befall eigentlich nur auf frischem Wiesenumbruchland erreichen. Deshalb sollte vor dem Umbruch der Bodenbesatz mit *Tipula*-Larven festgestellt werden. Man sticht dazu 20 × 20 cm große Rasensoden an verschiedenen Stellen aus und übergießt sie mit einer 10—15 %igen Kochsalzlösung. Die Larven kriechen sofort aus und lassen sich auszählen. Geht der Besatz über 3 Larven je Rasensode hinaus, so sind Pflanzenschäden zu erwarten. In starken Befallsjahren werden nicht selten 100—150 Larven je m^2 gezählt. Bekämpfung unter Einbringung von 100 kg/ha Lindan-Streupräparat (z. B. Streunex) hat durchschlagenden Erfolg.

Drahtwürmer *(Agriotes lineatus, Agriotes obscurus).* Bei ihnen handelt es sich um Mehlwurmähnliche, 1,5—2 cm lange, drehrunde, gegliederte, glänzend gelbbraune, mit 3 Paar kurzen Brustbeinen versehene Larven verschiedener Schnellkäfer-Arten. Sie treten ebenfalls bevorzugt auf Wiesenumbruchland auf, befressen die Wurzeln der Pflanzen; auch sie sind mit Lindanpräparaten zu bekämpfen.

Engerlinge. Als Engerlinge werden die Larven verschiedener Blatthornkäfer, wie z. B. des Feldmaikäfers *(Melolontha melolontha)*, des Waldmaikäfers *(Melolontha hippocastani)*, des Sonnenwend- oder Junikäfers *(Rhizotrogus solstitialis)* und des Gartenlaubkäfers *(Phylloperta horticula)*, bezeichnet.

Die erwachsenen Maikäferengerlinge sind 4—5 cm lang, die der anderen genannten Käferarten nur etwa halb so lang. Es handelt sich um gelblich-weiße, fette, mit 3 Paar Brustbeinen versehene, gekrümmte Larven, mit dickem Hinterende und starken Fraßwerkzeugen. Das Larvenstadium dauert bei Maikäfern 3—5 Jahre, bei anderen Käferarten 1—2 Jahre. Der Schaden durch Befraß der Wurzeln kann sehr groß sein, eine Befallsstärke von 2 Engerlingen pro m^2 ist bereits kritisch.

Von den Käfern werden zur Eiablage warme, trockene, lockere, tiefgründige, humus- und nährstoffreiche Böden mit spärlichem Pflanzenwuchs in sonniger Lage bevorzugt. Nur das erste Larvenstadium ist mit einer Aufwandmenge von 150 kg/ha Lindan-Streupräparat bekämpfbar. Werden mehrjährige Engerlings-Stadien festgestellt, so muß der Boden chemisch entseucht werden.

Schon seit rund 20 Jahren ist kein nennenswerter Befall mit Maikäfern mehr festgestellt worden. Der sogenannte Massenwechsel ist beim Maikäfer zwar typisch, doch liegt das letzte Maikäferjahr ungewöhnlich lange zurück. Jedoch mehren sich in den letzten 2 Jahren die Anzeichen, daß sich wieder ein Bestand aufbaut, so daß in den bekannten Engerlingslagen die laufenden Beobachtungen nicht vernachlässigt werden sollten.

Erdraupen (*Agrotis*-Arten). In der Zeit von Juni bis September fressen Erdraupen nachts an Nadeln, Blättern und Rinde der Pflanzen. Die Tiere bleiben unsichtbar, weil sie sich tagsüber in der Erde aufhalten, wo sie Wurzeln und Wurzelhals befressen. Die Ausfälle durch diesen Fraß können gravierend sein.

Ihre Bekämpfung gelingt am besten durch Ausstreuen von Ködermitteln. In 10 Litern Wasser werden 2 kg Zucker und 500 g Ultracid oder 1 kg Dipterex oder 250 g Verindal Ultra gelöst, denen 10—15 kg feine Weizenkleie beigemischt werden. Diese Menge reicht bei breitwürfigem Streuen (Gummihandschuhe) für ca. 0,5 ha.

Vorbeugende Spritzungen sind gegen die Schmetterlinge der Erdraupen mit breitwirkenden Insektiziden ab Anfang Juni möglich.

Spinnmilben *(Tetranychidae)*. Sie sind auch unter dem Namen „Rote Spinne" bekannt. Es handelt sich um kleine Milben, die meist auf der Unterseite der Blätter angesiedelt sind und die Pflanzen durch ihre Saugtätigkeit schädigen. Die befallenen Blätter oder Nadeln verfärben sich hellgelb gesprenkelt bis grau. Bei starkem Befall fallen die Blätter und Nadeln nach Braunfärbung ab. Das Triebwachstum läßt nach. Die Milben legen zahlreiche Eier ab und produzieren mehrere Generationen in einem Jahr. Vom Ei über Junglarve bis zum Vollkerf sind alle Stadien zumeist an der Pflanze vorhanden. Die Überwinterung erfolgt im Eistadium; die Larven schlüpfen auf der Wende vom April zum Mai. Massenvermehrung wird durch trockenes, warmes Wetter gefördert.

Bekämpfung: Bei nicht zu starkem Befall wird die Rote Spinne von der üblichen Routinespritzung mit systemisch wirkenden Demeton- und Dimethoat-Präparaten kurzgehalten. Bei stärkerem Befall sind mit spezifischen Akariziden, wie Plictran 25 W oder Pentac, durchschlagende Erfolge zu erzielen.

Blattläuse (*Aphidae* spp.). Blattläuse sitzen meist kolonienartig an Blättern, Nadeln und Stengeln, vor allem an den Triebspitzen. Je nach Art sind sie gelb, grün oder schwarz gefärbt und schädigen die Pflanzen durch ihre Saugtätigkeit. Die Pflanze reagiert mit Aufrollen der Blätter und Verkrüppelung der Triebe und Blätter. Die honigartigen Ausscheidungen der Läuse werden oft von sogenannten Rußtaupilzen besiedelt. Auf die Übertragungsmöglichkeiten von Viruskrankheiten durch Läuse muß hingewiesen werden.

Bekämpfung: Durch Winterspritzung mit Obstbaumkarbolineum auf Schwerölbasis kann ein Befall schon vorzeitig abgeblockt werden. Koniferen und Laubgehölze können mit 4 ⁰/₀iger Konzentration, immergrüne Laubgehölze dürfen nur mit 3 ⁰/₀iger gespritzt werden. Neben den Blattlauseiern werden auch die Eier von Blattwanzen (*Lygus*- und andere Arten) und von Zikaden *(Typhlocyba*- und andere Arten) erfaßt. Als Nebeneffekt ergibt sich die Abtötung verschiedener Unkräuter (Vogelmiere, kleine Brennessel). Die Winterspritzung ist unmodern geworden, weil das Arbeiten mit Karbolineum unangenehm ist und durch eine Austriebsspritzung mit Mineralöl + Parathion oder + Endosulfan die gleiche (jedoch keine herbizide) Wirkung erzielt werden kann.

Im Sommer kann dann mit laufenden Spritzungen mit Parathion-, Demeton-, Dimethoat- oder Phosphamidon-Präparaten, neuerdings auch mit Ultracid gearbeitet werden.

Weichhautmilben (*Tarsonemus* spp.). Weichhautmilben üben ihre Saugtätigkeit meist noch in den zusammengefalteten Blättern in Blatt- und Blütenknospen aus. Die Blätter entfalten sich langsamer, bleiben kleiner und sind gekräuselt oder verkrüppelt. Stark befallene Vegetationspunkte werden braun und sterben ab.

Bekämpfung: Sie muß frühzeitig bei Beginn des ersten Austriebs mehrfach wiederholt durchgeführt werden. Geeignete Mittel sind die spezifischen Akarizide, hier besonders Kelthane MF und Präparate auf Endosulfan-Basis.

Schild-, Woll- und Schmierläuse. Schildläuse bilden meist auf der Rinde von Stamm und Zweigen napf- oder kommaartige, festsitzende, meist bräunliche Schilder aus, unter denen die Larven gut geschützt festsitzen und ihre Saugtätigkeit ausüben.

Woll- und Schmierläuse sind dagegen schildlos und scheiden zu ihrem Schutz Wachswolle aus.

Bekämpfung: Schildläuse sind am besten zur Zeit der Wanderung der Junglarven, etwa im Mai—Juni zu fassen. Hier können schon mit organischen Phosphorverbindungen und dem Wirkstoff Propoxur (Unden-Spritzpulver) gute Erfolge erzielt werden. Winterspritzungen mit Obstbaumkarbolineum auf Schwerölbasis und Austriebsspritzungen mit Mineralöl + Parathion müssen alljährlich unterstützend eingesetzt werden.

Woll- und Schmierläuse lassen sich auch gut mit organischen Phosphorsäureverbindungen (Malathion) und Unden-Spritzpulver bekämpfen. Metasystox hilft nur in Überdosierung (0,25 ⁰/₀); bei höheren Temperaturen können Schäden auftreten.

Kleiner und großer Frostspanner *(Cheimatobia brumata* und *Hibernia defoliaria).* Bald nach dem Austrieb werden junges Laub und Triebe stark von den Raupen befressen.

Bekämpfung: Wirksam sind Austriebsspritzungen mit Mineralöl + Parathion- oder Mineralöl + Endosulfan-Präparaten. Später kann der Befall mit Ultracid schlagartig gestoppt werden.

Feldmaus *(Arvicola arvalis),* **Wühlmaus** *(Arvicola terrestris).* Feldmäuse und Wühlmäuse können viele Gehölzarten schädigen, Feldmäuse meist durch Abnagen von Rinde in Erdbodenhöhe, Wühlmäuse durch Fraß an Wurzelhals und Wurzeln. Selbst große Solitärpflanzen können so stark befressen werden, daß nur ein Wurzelstumpf erhalten bleibt. Jüngere Pflanzen auf Saatbeeten schädigen sie auch durch ihre Wühltätigkeit.

Bekämpfung: Wirksam ist eine Flächenspritzung mit Toxaphen; sie ist aber nur außerhalb der Vegetationszeit gestattet. Langfristig wirksam ist auch das Auslegen von Thallium-Zinkphosphid-Giftgetreide und Ködergiften. Als Sofortmaßnahme kommt das Ausräuchern von Bauen und Gängen mit Räucherpatronen und das Einleiten der Auspuffgase von Benzinmotoren in Frage.

Wildkaninchen *(Oryctolagus),* **Hase** *(Lepus europaeus),* **Reh** *(Cervus capreolus).* Die Schäden durch Wildfraß können vor allem im Winter außerordentlich hoch sein. Bei lang anhaltenden Frösten und starkem Hunger können die Tiere kaum durch Wildverbiß-Schutzmittel von den Kulturen ferngehalten werden. In Anbetracht der Höhe der zu erwartenden Schäden sollte deshalb grundsätzlich jedes Quartier mit Maschendraht eingefriedigt werden. Zaunhöhen von 1,75 m + Spanndraht sind erforderlich.

10.1.2 Pilzliche und bakterielle Krankheiten und ihre Bekämpfung

Umfallkrankheit, Auflaufkrankheit oder Schwarzbeinigkeit. Verursacher können eine ganze Reihe von sogenannten Bodenpilzen sein. Am häufigsten sind beteiligt: *Pythium debaryanum, Rhizoctonia solani, Thielaviopsis basicola, Phytophthora, Fusarium* und *Phoma betae.*

Der Schaden an den auflaufenden Sämlingen wird besonders groß in Jahren mit kühlfeuchter Witterung und bei langsamer Weiterentwicklung der Sämlinge. Der Befall hört fast schlagartig auf, sobald die Keimlinge an der Basis zu verholzen beginnen.

Die Behauptung, die Umfallkrankheit habe sich erst zu einem Problem ausgewachsen, seitdem auf den Saatbeeten mit chemischer Bodenentseuchung gearbeitet werde, ist nicht ganz unbegründet. Starke Schäden werden nicht im auf die chemische Bodenentseuchung folgenden Jahr beobachtet, sondern erst im zweiten Jahr. Das muß damit zusammenhängen, daß Mittel wie Terabol, Di-Trapex und Basamid zwar eine Wirkung gegen Bodenpilze besitzen, diese aber doch nicht vollkommen abtöten können. Nicht abgetötet werden vor allen Dingen die Dauersporen, die diese Pilze auszubilden vermögen. Im ersten Jahr werden die Pilze stark geschwächt und sind nicht besonders virulent, andererseits ist die Saat im Wachstum stark stimuliert, so daß es nicht zu besonderen Ausfällen kommt. Bei nachlassender Wachstumsstimulation im 2. Jahr und dem inzwischen infolge fehlender Konkurrenz stark aufgebauten Pilzbestand kommt es dann zu einem Massenbefall. Gewisse Erfolge wurden nach FABER (1969) mit einer zusätzlichen starken Stickstoffgabe erzielt, weil die Keimlinge schneller über das kritische Stadium hinweggebracht werden.

Denkbar ist auch, daß nach der Entseuchung die Pilzsporen durch den Samen neu eingeschleppt werden und die Pilze sich dann wegen fehlender Konkurrenz stark entwickeln können. Dies kann geschehen, weil das Saatgut in den Baumschulen meist nicht gebeizt wird.

Neuere Erfahrungen mit dem Naß-Beizen von Gehölz-Saatgut in einer Lösung aus Benomyl und Previcur lassen die Hoffnung auf eine Lösung des Problems zu. Das Wirkungsspektrum von Benomyl umfaßt *Thielaviopsis, Rhizoctonia* und *Phoma,* das des Previcurs die Wirkung gegen *Phythium* und *Phytophthora,* so daß sich diese beiden Mittel gut ergänzen. Da der Wirkstoff von den Keimlingen aufgenommen wird, ist ein zeitlich begrenzter Schutz der auflaufenden Saat gegeben. Spritzungen mit anderen Fungiziden mit guter Breitenwirkung nach dem Auflaufen der Saat haben trotz hohen Brüheaufwands bisher keinen durchschlagenden Erfolg erzielt. Dagegen wird in einigen Fällen von guter Wirkung auf die Bodenpilze mit einer Behandlung des Bodens vor der Saat mit Shell-Unkrauttod-A gesprochen.

Wurzelkropf oder Bakterien-Krebsgeschwülste. Erreger ist das Bakterium *Agrobacterium tumefaciens (= Pseudomonas tumefaciens).* Am Wurzelhals oder auf den Wurzeln kommt es zu knolligen, kropfförmigen, blumenkohlartig zerklüfteten Wucherungen, die mitunter Faustgröße erreichen können. Der Befall erfolgt vom Boden aus. Anfällig sind vor allem *Cydonia, Malus, Pyrus* und *Rosa.* Der Pilz tritt bevorzugt auf schweren, feuchten Böden auf. Vorkultur von Rüben ist zu vermeiden, da sie Befallsträger des Wurzelkropfes sind.

Der Erreger kann nur durch Wunden und kleine Risse in die Wurzel eindringen. Bekämpfung ist nur vorbeugend, etwa durch Tauchen der Pflanzenwurzeln in Lehmbrei, dem ein quecksilberhaltiges Mittel beigemischt wurde, möglich. Deutlich wirksam ist auch frühzeitiger Pflanzschnitt an den aufzuschulenden Gehölzen, da dann die Schnittwunden bis zum Auspflanzen durch einen Wundverschluß abgesichert werden können.

Recht unterschiedlich wird dagegen der Effekt einer vorhergehenden Bodenentseuchung beurteilt. Die bekannten chemischen Entseuchungsmittel (Ausnahme: Chlorpikrin) haben alle keine nennenswerte bakterizide Wirkung. Sie können also ganz sicher *Pseudomonas tumefaciens* nicht abtöten. Trotzdem wird von guten Erfolgen auf stark verseuchtem Gelände berichtet. Hier wird es so sein, daß über die Abtötung von Nematoden und anderen Bodenlebewesen, die die Pflanzenwurzeln zu verletzen vermögen, auch die Befallsmöglichkeit durch den Erreger des Wurzelkropfes verringert wird.

Pflanzen, die vom Wurzelkropf befallen sind, werden in ihrem Wachstum zwar kaum beeinträchtigt, dürfen aber nicht in den Handel gegeben werden.

Echte Mehltaupilze *(Erysiphaceae).* Beginnend auf jungen Blättern und an den Triebspitzen wird bei Befall mit Echtem Mehltau ein weißer, mehliger Belag sichtbar. Die befallenen Blätter verkrüppeln häufig oder kräuseln sich ein und verfärben sich zunächst blaßgelb und später mißfarben rötlich. Der Befall kann später auch auf die jüngeren Triebe und die Blüten übergreifen.

Das Myzel dieser Pilze wächst ectoparasitisch auf den Blättern. Durch die Epidermis sendet der Pilz kurze Saugorgane (Haustorien) in das Gewebe. Die Blätter bleiben auch bei starkem Befall relativ lange an der Pflanze. Der Pilz überwintert meist in Myzelform in den Knospen der Triebe und führt im Frühjahr schon früh zu neuen Infektionen der jungen Blätter und Triebe.

Begünstigt wird sein Auftreten durch feuchte Wärme, eine geschlossene Lage, starke Temperaturschwankungen und Stickstoffüberdüngung.

Bekämpfung: Sie gelingt mit Mitteln auf Schwefelbasis und mit Karathane. Bei starkem Befallsdruck werden am besten teilsystemische Mittel wie z. B. Benomyl, Saprol, Plondrel und Nimrod eingesetzt, die auch eine leicht curative Wirkung haben. Diese Mittel haben z. Teil, wie auch Euparen, außerdem eine Wirkung gegen andere häufig vorkommende Pilzarten.

Falsche Mehltaupilze *(Peronosporaceae).* Im Gegensatz zum Echten Mehltau wächst das Pilzmyzel hier endoparasitisch im Innern des Blattgewebes. Die Sporenträger brechen nach außen durch. An den Blättern werden oberseits hellgrüne bis bleichgelbe Flecke sichtbar, die sich später grau verfärben. Blattunterseits bildet sich ein weißlich-grauer, mehlartiger Schimmelanflug aus. Befallene Pflanzenteile reagieren mit Anschwellungen, Verkrümmungen oder Mißwuchs. Befallene Blätter werden relativ schnell abgestoßen.

Das Auftreten des Pilzes wird durch Feuchtigkeit, starke Schwankungen zwischen Tages- und Nachttemperaturen und durch übertriebene Stickstoffdüngung begünstigt.

Bekämpfung: Sie ist nur vorbeugend möglich. Wirksam sind unter anderem Mittel auf Kupfer-, Maneb- und Metiram-Basis.

10.2 Spezifische Schädlinge und Krankheiten der Nadelgehölze und ihre Bekämpfung

Befallene Pflanzengattung	Schadbild	Erreger	Bekämpfung
Abies	Rotbraune Verfärbung der Nadeln junger Triebe, Absterben der Triebe	**Grauschimmel-Triebfäule** (Botrytis cinerea)	Bei ersten Befallsanzeichen spritzen oder sprühen mit Benomyl oder Euparen
Abies	An jungen Trieben und Zweigen sind Nadeln gekrümmt und verkrüppelt	**Tannentrieblaus** (Dreyfusia nordmannianae)	Vorm Austrieb spritzen mit Mineralöl + Parathion- oder Mineralöl + Endosulfan-Präparaten, etwas später auch mit Unden
	Stämme und Triebe von Wachsausscheidungen der Läuse überzogen, Rindenverdikkungen an weichen Trieben	**Weißtannenstammlaus** (Dreyfusia piceae)	
Chamaecyparis	Gelbe Flecke auf Blättern und Schuppen, feine weißgraue Gespinste	**Nadelholzspinnmilbe** (Paratetranychus ununguis)	Mai bis Juni spritzen oder sprühen mit systemisch wirkenden Demeton-, Dimethoat- oder Phosphamidon-Präparaten oder mit Spezialpräparaten, wie z. B. Pentac oder Plictran 25 W
Chamaecyparis	Blätter verbleichen, vertrocknen und verbräunen, Pflanzen sterben ab. Fäulnis der Wurzeln und des untersten Stammteils	**Wurzel-** und **Stammfäule** (Phytophthora cinnamomi)	Stauende Nässe vermeiden. Verletzungen am Stammgrund verhüten. Befallene Pflanzen sorgfältig vernichten. Kein Anbau nach Koniferen und Ericaceen. Bei Kultur im Container dem Substrat Dexon beimischen oder getopfte Pflanzen in Previcur tauchen
Juniperus	Gelbrote blasige Sporenlager am Stamm. Befallstellen verdickt, Rinde schuppig und rissig	**Juniperus Blasenrost** (Gymnosporangium sabinae, G. juniperi, G. clavariaeforme)	Befallene Stellen ausschneiden, mit Wundverschlußmitteln behandeln. Im Juni mit Plantvax spritzen oder Sprühen. Juniperus nicht in der Nähe von Pyrus, Sorbus und Crataegus anbauen
Juniperus	An Zweigen, Nadeln und Schuppen saugen große Läuse	**Juniperus-Zweigläuse** (Cinara juniperi)	Vor dem Austrieb und nach Abschluß des Triebes mit Mineralöl + Parathion- oder Mineralöl + Endosulfan-Präparaten spritzen
Juniperus	Gelbe Flecke auf Nadeln und Schuppen, feine weißgraue Gespinste	**Nadelholzspinnmilbe** (Paratetranychus ununguis)	Mai bis Juni spritzen oder sprühen. Demeton-, Dimethoat- oder Phosphamidon-Präparate oder Spezialpräparate, wie z. B. Pentac oder Plictran 25 W, anwenden
Larix	Wolläuse an Stamm, Zweigen und Nadeln (wandern von Fichte auf Lärche und umgekehrt)	**Grüne** und **Rote Fichtengallenläuse** (Sacchiphantes viridis und Adelges laricis)	Vor dem Austrieb spritzen mit Mineralöl + Parathion- oder Mineralöl + Endosulfan-Präparaten, später spritzen oder sprühen mit Demeton-, Dimethoat-, Phosphamidon- oder Propoxur-Präparaten
Larix	Nadeln verkümmern, fallen vorzeitig ab. Endtriebe verkrüppeln, Wipfel sterben	**Lärchen-Blasenfuß** (Taeniothrips laricivorus)	Mai/Juni mit Demeton- oder Dimethoat- oder Phosphamidon-Präparaten spritzen oder sprühen

(Fortsetzung)

Befallene Pflanzengattung	Schadbild	Erreger	Bekämpfung
Larix	Im Herbst minieren kleine Raupen Nadeln von der Spitze her, fressen im zeitigen Frühjahr an Kurztrieben, Nadeln verbräunen	**Lärchenminiermotte** (Coleophora laricella)	Beim Austrieb spritzen mit Mineralöl + Parathion- oder Mineralöl + Endosulfan-Präparaten, später Spritzungen mit Trichlorphonpräparaten
Larix	Ältere Nadeln braunfleckig, fallen ab, besonders an einjährigen Pflanzen	**Lärchenschütte** (Meria laricis)	Mai bis Juni wiederholt mit Mancozeb spritzen oder sprühen
Picea	Grüne, raupenähnliche Larven fressen Nadeln der Maitriebe	**Kleine Fichtenblattwespe** (Pristiphora abietina)	Spritzen oder sprühen mit Lindan- oder Gusathion-Präparaten
Picea	Auf Nadeln helle Flecke und gräulich-bräunliche Verfärbungen, feine weißgraue Gespinstfäden	**Nadelholzspinnmilbe** (Paratetranychus ununguis)	Mai bis Juni spritzen mit Demeton-, Dimethoat- oder Phosphamidon-Präparaten, oder Spezialpräparate anwenden
Picea	Rotbraune Verfärbung der Nadeln junger Triebe, Absterben der Triebe	**Grauschimmel-Triebfäule** (Botrytis cinerea)	Bei ersten Befallszeichen mit Benomyl, Euparen oder Ronilan spritzen oder sprühen
Picea	Ananasförmige Gallen an Triebbasis	**Gelbe Fichtengalllaus** (Sacchiphantes abietis)	
	Erdbeerförmige Gallen an Triebspitzen	**Rote Fichtengalllaus** (Adelges laricis)	Vor Austrieb spritzen mit Mineralöl + Parathion- oder Mineralöl + Endosulfan-Präparaten, später mit Dimethoat, Endosulfan oder Unden. Spritzungen mit starkem Druck vornehmen
	Grüne, eiförmig-kugelige Gallen an der Triebbasis	**Grüne Fichtengalllaus** (Sacchiphantes viridis) **Rote und Grüne Fichtengallaus** wandern auf Lärche über	
Picea	Weißwollige Kolonien an der Rinde von Stamm und Ästen	**Weißwollige Fichtenstammlaus** (Pineus pineoides)	Austriebsspritzung mit Mineralöl + Parathion- oder Mineralöl + Endosulfan-Präparaten oder später mit Unden oder Lannate 25 WP ausführen
Picea	Bei Picea pungens Glauca und P. sitchensis Braunfärbung der Nadeln an den Spitzen. Triebspitzen biegen sich hakenförmig ab	**Triebsterben** (Septoria parasitica)	Ab Mai 2 × spritzen mit Maneb in 14tägigem Abstand oder versuchsweise mit Benomyl
Picea	Zuerst an Altnadeln gelbliche Sprenkelung, später Braunfärbung und Abfallen der Nadeln. Befallen werden P. sitchensis, P. pung. Glauca und P. omorika	**Sitka Fichtenlaus = Fichtenröhrenlaus** (Liosomaphis abietina)	Massenbefall nur, wenn Temperaturen nicht unter — 14 °C absinken. Spritzungen im Februar —März mit Mineralöl + Parathion- oder Mineralöl + Endosulfan-Präparaten, später mit Lannate 25 WP oder Unden

(Fortsetzung)

Befallene Pflanzen-gattung	Schadbild	Erreger	Bekämpfung
Picea	Im Frühjahr Bräunung der Nadeln an vorjährigen Trieben. Nadeln fallen in Massen ab. Später Infektion der jungen Nadeln	**Fichtennadel-Ritzenschorf** (Fichtenschütte) (Lophodermium macrosporum)	Von Mitte Juli bis Anfang September wiederholt mit Kupfer- oder Mancozeb-Präparaten spritzen oder sprühen
Picea	An den Nadeln der Maitriebe gelbe Gürtel. Im Spätsommer schwielenartige Längsstreifen, aus denen im April des nächsten Jahres gelbrotes Sporenpulver stäubt. Dann Absterben der Nadeln	**Fichtennadelrost** (Chrysomyxa abietis)	Beim Austrieb mit zineb- oder zinnhaltigen Fungiziden spritzen oder sprühen, 14 Tage später wiederholen
Pinus	Auf Rinde von Pinus strobus und anderen 5nadligen Pinus-Arten große goldgelbe, blasige Sporenlager und Anschwellungen an Zweigen und Stämmen mit rauher schorfiger Rinde	**Weymouthskiefern-Blasenrost** (Puccinia strobi = Cronartium ribicola) Wirtswechsel zwischen Pinus strobus u. a. Pinus- und Ribes-Arten	Kranke Pflanzen ausmerzen, keine Ribes-Arten in der Nähe von Pinus strobus und anderen 5nadeligen Pinus-Arten anbauen. Ribes nach der Blüte mit Mancozeb- oder Maneb-Präparaten spritzen oder sprühen
Pinus	Große, dunkelbraune Läuse saugen an Zweigen und Nadeln	**Kiefernzweigläuse** (Cinara spec.)	Vor dem Austrieb mit Mineralöl + Parathion- oder + Endosulfan-Präparaten, nach dem Austrieb mit Demeton-, Dimethoate, Phosphamidon-, Propoxur- oder Methidathion-Präparaten spritzen oder sprühen
Pinus	Gelbgrüne, braunköpfige raupenähnliche Larven fressen Nadeln und benagen Rinde der Triebe	**Kiefernbuschhorn-Blattwespe** (Diprion pini)	Spritzen oder sprühen mit Lindan-, Gusathion-, Phosphamidon-Trichlorphon- oder Methidathion-Präparaten
Pinus	Rotbraune Verfärbung der Nadeln im Frühjahr, Nadelschütte im April/Mai, später Infektion der jungen Nadeln	**Kiefernritzenschorf** oder **Kiefernschütte** (Lophodermium pinastri)	Von Mitte Juli bis Anfang September wiederholt bei trocknem Wetter mit Kupfer-, Maneb- oder Mancozeb-Präparaten spritzen oder sprühen
Pinus	An Stämmen, Zweigen und Trieben von Pinus strobus weißer Überzug durch Wolllausbefall	**Strobenlaus** (Pineus strobi)	Vor dem Austrieb mit Mineralöl + Parathion- oder Mineralöl + Endosulfan-Präparaten spritzen; nach dem Austrieb mit Demeton-, Dimethoat- oder Phosphamidon-Präparaten spritzen oder sprühen
Pinus	In Harzgehäusen lebende Raupen fressen in jungen Trieben und an Triebknospen. Befallene Triebe knicken um, verkrüppeln, welken oder sterben ab	**Kieferntriebwickler** (Evetria buoliana) **Kiefernknospenwickler** (Evetria turionana) **Kiefernquirlwickler** (Evetria duplana)	Befallene Triebe möglichst ausbrechen. Beim Austrieb mit Parathion- oder Gusathion-Präparaten, bei Falterflug (Juli) und im August bis September mit Parathion-, Gusathion- und Methidathion-Präparaten in erhöhter Konzentration sprühen oder spritzen

(Fortsetzung)

Befallene Pflanzengattung	Schadbild	Erreger	Bekämpfung
Pinus	Triebe von Jungpflanzen verbogen oder verdreht. An den Maitrieben hellgelbe Flecke. Im Juni aufreißende gelbe Sporenlager. Pilz wirtswechselnd mit Pappel	**Kieferndrehrost** (Melampsora pinitorqua)	Bei Austriebsbeginn spritzen mit Plantvax
Pseudotsuga	Im Herbst gelb-grüne Flekke auf diesjährigen Nadeln, die violettbraun verfärben und im Mai des folgenden Jahres abfallen	**Rostige Douglasienschütte** (Rabdocline pseudotsugae)	Spritzungen mit Mancozeb von Mai bis Juni
Pseudotsuga	Wolläuse an Nadeln, die verkrümmen und abfallen	**Douglasien-Wollaus** (Gilletteella cooleyi)	Vorm Austrieb mit Mineralöl + Parathion- oder Mineralöl + Endosulfan-Präparaten spritzen, nach dem Austrieb mit Demeton-, Dimethoat-, Phosphamidon oder Propoxur-Präparaten sprühen
Taxus	Nadeln verbleichen, vertrocknen und verbräunen. Pflanzen sterben ab. Fäulnis der Wurzeln und der untersten Stammteile	**Wurzel-** und **Stammfäule** (Phytophtora cinnamomi)	Stauende Nässe vermeiden. Verletzungen am Stammgrund verhüten. Befallene Pflanzen sorgfältig vernichten. Kein Anbau nach Koniferen und Ericaceen. Versuchsweiser Einsatz von Previcur
Taxus	Rotbraune Schildläuse an Trieben und Zweigen	**Eibennapfschildlaus** (Eulecanium cudrum)	Im Frühjahr und nach Abschluß des Triebes mit Mineralöl + Parathion- oder Mineralöl + Endosulfan-Präparaten spritzen
Taxus	Verdickte Knospen, die mißförmige Triebe entwickeln	**Knospengallmilbe** (Cecidaphyopsis psilaspis)	Mitte April bis Ende Juni wiederholt mit Thiodan-Präparaten spritzen oder sprühen
Thuja	An Zweigen, Nadeln und Schuppen saugen große Läuse	**Thuja-Zweiglaus** (Cinara cupressi)	Vor dem Austrieb und nach Abschluß des Triebes mit Mineralöl + Parathion- oder Mineralöl + Endosulfan-Präparaten spritzen
Thuja	Junge Triebe verbräunen und sterben ab	**Nadelbräune** und **Zweigsterben** (Didymascella thujina)	Von Juli bis Oktober alle 14 Tage mit Kupfer- + Maneb-Präparaten spritzen oder sprühen
Thuja	Auf jungen Trieben braune höckerartige Schildläuse	**Thuja-Napfschildlaus** (Parthenolecanium fletcheri)	Im Frühjahr mit Mineralöl + Parathion- oder Mineralöl + Endosulfan-Präparaten spritzen und ab Mitte Juli gegen Jungläuse mit Parathion-Malathion-, Demeton-, Dimethoat- oder Phosphamidon-Präparaten spritzen oder sprühen

10.3 Spezifische Schädlinge und Krankheiten der Laubgehölze und ihre Bekämpfung

Befallene Pflanzengattung	Schadbild	Erreger	Bekämpfung
Acer	Weißer, mehlartiger Überzug auf Laub und Trieben	**Ahornmehltau** (Uncinula aceris)	Spritzungen mit Karathane oder Plondrel
Acer	Tiefschwarze, runde Flecke auf den Blättern	**Tintenflecken-krankheit** (Rhytisma acerinum)	Befallenes, am Boden liegendes Laub vernichten. Nach der Laubentfaltung mit Kupfer- + Mancozeb-Präparaten spritzen oder sprühen
Aesculus	Dunkelrotbraune Flecke auf Blättern und Blattstielen junger Sämlinge. Laub fällt vorzeitig ab	**Blattflecken-krankheit** (Guignardia aesculi)	Junge Bestände nach Laubentfaltung mit Kupfer- + Maneb-Präparaten spritzen oder sprühen. Behandlung im Mai wiederholen
Alnus	Raupenähnliche Blattwespenlarven befressen das Laub	**Erlenblattwespe** (Agelastica alni)	Spritzen oder sprühen mit Lindan- oder Gusathionpräparaten. Stäuben mit Parathion-Präparaten
Alnus	Glänzende, blaugrüne Käfer fressen an den Blättern, später skelettieren schwarze Larven das Laub	**Erlenblattkäfer** (Melasoma aenea)	
Alnus	Sich entfaltende Blätter bereits bräunlich verfärbt. Pilz überwintert in den Knospenschuppen	**Erlenblattbräune** (Taphrina alni)	Bei Beginn des Neutriebs mehrfach spritzen mit Kupfer- und Maneb-Präparaten
Buddleia	Zuerst gelbgrüne, später sich vergrößernde dunkle Blattflecke, befallenes Laub stirbt ab	**Blattälchen** (Chrysanthemum-Blattälchen) (Aphelenchoides ritzemabosi)	Gefährdete Jungpflanzen vom Austrieb an periodisch mit Parathion-Präparaten spritzen. Nur gesunde Pflanzen zur Vermehrung verwenden
Buxus	2 bis 3 mm lange, grünlich gefärbte, wanzenartig platte, mit weißer Wachswolle bedeckte Tiere saugen nach dem Austrieb an jungen Blättchen, die löffelartig verbilden	**Buchsbaum-blattfloh** (Psylla buxi)	Beim Austrieb mit Mineralöl + Parathion- oder Mineralöl + Endosulfan-Präparaten spritzen
Buxus	Blattunterseits flache Beulen, in den Blattgallen gelbrote Larven	**Buchsbaum-Gallmücke** (Monarthropalpus buxi)	Im Mai 1—2 Spritzungen mit Parathion-Mitteln
Carpinus	Weichhautmilben saugen an den Triebspitzen. Trieb läßt nach	**Weichhautmilben** (Tarsonemus spp.)	Ab Ende Mai mehrfach spritzen mit Kelthane, Pentac oder Plictran 25 W
Corylus	Dicke, runde geschwollene Knospen, in denen Gallmilben überwintern	**Haselnuß-Knospengallmilbe** (Phytoptus avellana)	Im Frühjahr nach dem Knospenaufbruch 3- bis 4mal mit jeweils etwa 10 Tagen Abstand mit Thiodan-Präparaten spritzen
Cotoneaster	An Laub und Blüten fressen braunschwarze, in Gespinsten lebende Raupen	**Zwergmispel-blattwickler** (Rhodophaea suavella)	Beim Austrieb, so lange die jungen Raupen noch keine dichten Gespinste gebildet haben, mit Mineralöl + Parathion-, Mineralöl + Endosulfan-Präparaten, Gusathion oder Ultracid spritzen

(Fortsetzung)

Befallene Pflanzengattung	Schadbild	Erreger	Bekämpfung
Crataegus	Auf Laub und Trieben weiße Überzüge, Triebe verkrüppeln	**Weißdorn-Mehltau** (Podosphaera clandestina)	Vom Austrieb beginnend wiederholt mit Karathane oder systemischen Mehltaumitteln spritzen
Crataegus	In immer größer werdenden Gespinsten je nach Art hell- und dunkelgefärbte Raupen	**Gespinstmotten** (Hyponomeuta-Arten)	Im Frühjahr gleich nach dem Austrieb mit Mineralöl + Parathion- oder Mineralöl + Endosulfan-Präparaten spritzen
Crataegus	Blätter an den Triebspitzen welken und verfärben sich dunkelbraun. Die Triebe sterben ab mit hakenförmig gekrümmten Triebspitzen	**Feuerbrand** (Erwinia amylovora)	Befall muß beim Pflanzenschutzdienst gemeldet werden
Cytisus	Kleine braunschwarze Flekke auf Laub und Trieben, befallene Pflanzen werden stark beeinträchtigt	**Blattfleckenkrankheit** (Pleiochaeta setosa)	Frühzeitig mit Kupfer + Maneb-Präparaten spritzen oder sprühen
Erica	Auf den Blättern und Trieben mehlartige Beläge, später Braunfärbung	**Echter Mehltau** (Oidium ericinum)	Ab Befallsbeginn mehrfach mit systemischen Mehltaumitteln wie z.B. Afugan und Nimrod spritzen
Erica	Welken der Triebspitzen Ganze Triebe und Pflanzen gehen ein	**Erikenwelke** (Phytophthora cinnamomi)	Mehrfach vorbeugend mit Ferbam spritzen. Jungpflanzen in Previcur tauchen
Erica	Graue Schimmelrasen auf Trieben und Blättern, die absterben	**Grauschimmel** (Botrytis cinerea)	Bei Auftreten mehrfache Spritzung mit Euparen oder Benomyl
Euonymus	Dichter weißer Belag auf Laub und Trieben	Euonymus-Mehltau (Microsphaera euonymi)	Vom Austrieb beginnend wiederholt mit Karathane spritzen oder sprühen
Euonymus	In immer größer werdenden Gespinsten fressen Raupen an Laub und Trieben	**Euonymus-Gespinstmotte** (Hyponomeuta evonymellus)	Im Frühjahr beim Austrieb mit Mineralöl + Parathion- oder Mineralöl + Endosulfan-Präparaten spritzen
Fagus	Lochfraß in noch zusammengefalteten Blättern. Ab Mai Platzminen in den Blättern durch Larven	**Buchenspringrüßler** (Rhynchaenus fagi)	Ab Austriebsbeginn Spritzungen mit Gusathion-, Lindan-Präparaten oder Ultracid
Fagus	Wolläuse mit starken Wachsausscheidungen an Stamm. Ästen und Blättern	**Buchenwollblattlaus** (Phyllaphis fagi), **Buchenwollschildlaus** (Cryptococcus fagi)	Im Frühjahr Stamm und Äste mit Mineralöl + Parathion- oder Mineralöl + Endosulfanpräparaten spritzen. Im Mai mit Demeton, Dimethoat-, Phosphamidon-Präparaten oder Ultracid und Unden spritzen
Fraxinus	Lochfraß durch fußlose, mit Schleim überzogene Larven blattunterseits	**Eschenrüßler** (Cionus fraxini)	1—2 Spritzungen mit Parathion-Präparaten
Fraxinus	Absterbende Terminalknospen, im Innern fressen Raupen	**Eschenzwieselmotte** (Prays curtisellus)	Mehrfache Spritzungen mit Ultracid
Ilex	Auffällige, unregelmäßige Miniergänge im Laub durch kleine Maden. Braune Puppen überwintern im Laub	**Blattminierfliege** (Phytomyza ilicis)	Im Mai nach dem Schlupf der Fliegen Spritzung mit Ultracid- oder Parathion-Präparaten

(Fortsetzung)

Befallene Pflanzengattung	Schadbild	Erreger	Bekämpfung
Ilex	Zusammengesponnene Triebspitzen, in denen Raupen fressen	**Knospenwickler** (Rhopobota naevana)	Spritzung mit Gusathion-, Parathion-Präparaten und Ultracid
Laburnum	Kleine, braunschwarze Flekke auf Laub und Trieben, befallene Pflanzen werden stark beeinträchtigt	**Blattflecken-krankheit** (Ceratophorum setosum)	Frühzeitig mit Kupfer- + Maneb-Präparaten spritzen oder sprühen
Laburnum	Zahlreiche, kleine hellbraune Flecke auf den Blättern, die einschrumpfen und abfallen	**Falscher Mehltau** (Peronospora cytisi)	Vorbeugend mit Kupfer- + Maneb-Präparaten spritzen oder sprühen
Laburnum	In den Blättern weißliche Miniergänge, die später aufplatzen. In den Miniergängen kleine Raupen	**Blattminiermotte** (Cemiostoma laburnella)	Spritzung mit Gusathion-Präparaten
Ligustrum	In den Blättern helle blasige Minen, in denen Räupchen fressen	**Fliedermotte** (Gracillaria syringella)	Mit Lindan-, Parathion-, Phosphamidon- oder Trichlorphon-Präparaten spritzen oder spühen
Lonicera	Auf den Blattoberseiten Minierfraß kleiner Maden (Gang- und Blasenminen)	**Heckenkirschen-Minierfliege** (Phytagromyza xylostei)	Wenn am Laub die ersten, noch kleinen Fraßgänge zu erkennen sind, spritzen oder sprühen mit Parathion-, Phosphamidon-, Trichlorphon-Präparaten oder Ultracid
Mahonia	Braune Pusteln (Sporenlager) auf Blattunterseiten	**Mahonienrost** (Cumminsiella mirabilissima)	Vorbeugende Spritzungen mit Mancozeb, bei beginnendem Befall mit Plantvax
Malus	An der Rinde von Stämmen, Ästen und Zweigen krebsige Wunden und Anschwellungen	**Apfelkrebs** (Nectria galligena)	Befallene Stellen mit quecksilberhaltigen Wundpflegemitteln bestreichen; hochprozentige Kupferspritzung nach dem Laubfall
Malus	Dunkle, grünschwarze Flekke auf Blattoberseiten. Befallenes Laub fällt im Laufe des Sommers ab	**Apfelschorf** (Fusicladium dentriticum)	Nach Laubentfaltung wiederholt mit Thiocarbamaten, Thiram- oder Captan-Präparaten spritzen oder sprühen
Malus	Weißer mehliger Belag auf Triebspitzen und Blättern, die absterben	**Apfelmehltau** (Podosphaera leucotricha)	Vom Austrieb beginnend wiederholte Spritzungen mit systemischen Mehltaumitteln wie Afugan, Frutogard und Nimrod
Malus	An Stamm und Ästen sowie an Zweigen und Trieben krebsige Wucherungen mit watteartigen Gebilden, unter denen braune Läuse mit blutroter Körperflüssigkeit sitzen	**Blutlaus** (Eriosoma lanigerum)	Befallene Bäume mehrfach mit Diazinon oder Unden spritzen
Malus	In immer größer werdenden Gespinsten fressen Raupen an Laub und Trieben	**Apfelbaum-gespinstmotte** (Hyponomeuta malinella)	Im Frühjahr sogleich nach dem Austrieb mit Mineralöl + Parathion- oder Mineralöl + Endosulfan-Präparaten spritzen

(Fortsetzung)

Befallene Pflanzengattung	Schadbild	Erreger	Bekämpfung
Pyrus	Triebe verkrüppeln, junge Blätter eingerollt, darin platte, gelbbraune, rotäugige Larven	**Birnblattsauger** (Psylla pirisuga)	Im Frühjahr nach dem Austrieb mit Mineralöl + Parathion- oder Mineralöl + Endosulfan-Präparaten spritzen, später mit Ultracid
Pyrus	Auf Blattoberseite gelbrote Flecke, auf Blattunterseite rote Pusteln	**Birnengitterrost** (Gymnosporangium sabinae)	Vorbeugende Spritzungen mit Mancozeb, bei Befall mit Plantvax. Kein Anbau von Juniperus sabina
Platanus	Auf jungen Blättern längs der Blattnerven unregelmäßige braune Flecke. Auch Blattstiele und Triebe werden befallen. Triebe verbräunen und werden dürr. Krankes Laub fällt ab	**Blatt- und Zweigdürre der Platane** (Gnomonia platani) Gloeosporium nervisequum)	Vorbeugend nach Knospenaufbruch mit Kupfer- oder Kupfer- + Maneb-Präparaten spritzen oder sprühen. In feuchten Jahren kann Kupferspritzung in zu hoher Konzentration Blattfall hervorrufen
Populus	Anschwellungen an Stämmen mit Rissen und krebsartigen Überwallungswülsten. Zweige sterben ab, Jungbäume gehen ein	**Pilzkrebs** (Nectria-Arten)	Befallene Pflanzen ausmerzen. Durch sorgfältige Wundpflege mit Spezialpräparaten Infektion vorbeugen
Populus	Krebsartige Stellen an Zweigen und Stämmen, bei feuchtem Wetter Schleimfluß	**Bakterienkrebs** (Aplanobacterium populi)	Befallene Pflanzen ausmerzen. Vorbeugend und wiederholt mit Kupferpräparaten spritzen
Populus	Im Mark fressende Larven verursachen gallenartige Anschwellungen an Zweigen und jungen Stämmen. Befallene junge Bäume sterben ab	**Kleiner Pappelbock** (Saperda populnea)	Befallene Zweige entfernen. Stämme mit Ultracid spritzen
Populus	Orangerote Pilzpusteln auf Blattunterseiten. Vorzeitiger Laubfall	**Pappelrost** (Melampsora-Arten)	Mit Mancozeb oder Plantvax spritzen oder sprühen
Populus	Pustelbildung. Dunkelbraune Flecke auf der Rinde, die später einsinken und aufplatzen. Geschwächte Pflanzen besonders anfällig	**Rindentod** (Cryptodiaporthe populea)	Befallene Pflanzen ausmerzen. Vorbeugend und wiederholt mit Kupfer-Präparaten oder Mancozeb spritzen
Prunus (Steinobst)	Auf dem Laub kleine, rötliche bis braune Flecke, die später ausfallen. An den Trieben längliche Flecke mit Gummifluß	**Schrotschußkrankheit** (Clasterosporium carpophilum)	Mit Propineb-Präparaten sogleich nach dem Austrieb spritzen oder sprühen
Prunus (Steinobst)	Junge Triebe welken plötzlich und sterben ab	**Monilia-Zweig- und Spitzendürre** Sclerotinia laxa = Monilinia cinerea)	Rückschnitt befallener Zweige, Spritzungen mit Mancozeb- oder Captan-Präparaten kurz vor der Blüte. Zahlreiche Prunus-Arten sind kupferempfindlich
Prunus	Auf den Blättern blasenartige, meist rötlich verfärbte Verdickungen. Vorzeitiger Blattfall	**Pfirsichkräuselkrankheit** (Taphrina deformans)	Vor Beginn des Austriebs mehrfache Kupferspritzungen

(Fortsetzung)

Befallene Pflanzengattung	Schadbild	Erreger	Bekämpfung
Prunus	Auf den Blättern rotbraune Flecke. Trockene Stellen später herausfallend	**Brennfleckenkrankheit** (Gloeosporium phacidiellum)	Spritzung mit Benomyl oder Euparen
Prunus (Steinobst)	Grüne, schwarzköpfige, raupenähnliche Larven fressen in lockeren großen Gespinsten am Laub, oft Kahlfraß	**Steinobst-Gespinstmotte** (Lydia nemoralis)	Mit Parathion-, Gusathion- oder Phosphamidon-Präparaten spritzen, sprühen oder stäuben
Prunus (Steinobst)	In immer größer werdenden Gespinsten fressen Raupen an Laub und Trieben	**Gespinstmotten** (Hyponomeuta-Arten)	Im Frühjahr beim Austrieb mit Mineralöl + Parathion- oder Mineralöl + Endosulfan-Präparaten spritzen
Pyracantha	Schwarze bis braune Flecke auf Blättern und Früchten	**Schorf** (Spilocaea pyracanthae)	Spritzen mit Mancozeb- oder Captan-Präparaten
Quercus	Weißer, mehlartiger Belag auf Laub und Trieben, besonders stark an Johannistrieben. Befallene Triebe verkümmern	**Eichenmehltau** (Microsphaera quercina)	Wiederholt mit Karathane spritzen oder sprühen
Quercus	Grüne Raupen fressen an Knospen und jungem Laub und spinnen angefressene Blätter ein	**Eichenwickler** (Tortrix viridana)	Beim Austrieb spritzen mit Mineralöl + Parathion- oder Mineralöl + Endosulfan-Präparaten
Rhododendron	Blüten-, mitunter auch Blattknospen färben sich braun, absterbende Zweigpartien	**Knospenfäule** (Pycnostysanus azaleae	Infektion im Herbst, mehrfache Spritzungen im September/Oktober mit Mancozeb-Präparaten
Rhododendron	Unregelmäßige, eckige, dunkelbraune Flecke, rötlich umrandet	**Blattfleckenkrankheiten:** (Cercospora rhododendri)	Wiederholte Spritzungen ab Juni mit Mancozeb- oder Captan-Präparaten
Rhododendron	Verhältnismäßig große, unregelmäßige, dunkelbraune Flecke auf den Blättern	Gloeosporium rhododendri	„ (wie oben)
Rhododendron	Große, hellbraune oder graue, konzentrisch gezonte, dunkel umrandete Flecke	Pestalotia macrotricha und P. rhododendri	„ (wie oben)
Rhododendron	Ausgedehnte unregelmäßige dunkelbraun-aschgraue Flecke, Blätter meist von der Spitze her absterbend	Phyllosticta maxima und Ph. saccardoi	„ (wie oben)
Rhododendron	Blätter verbleichen und verbräunen. Fäulnis der Wurzeln und Stammteile	**Wurzel-, Stamm- und Zweigfäule** (Phytophthora cinnamomi)	Verletzungen am Stammgrund verhüten. Befallene Pflanzen sorgfältig vernichten. Kein Anbau von Koniferen oder Ericaceen. Bei Kultur im Container dem Substrat Dexon beimischen oder Gießen mit Previcur, mehrmals von Kulturbeginn an

(Fortsetzung)

Befallene Pflanzen-gattung	Schadbild	Erreger	Bekämpfung
Rhodo-dendron	Gallartig angeschwollene Blätter („Ohrläppchen"), die erst meist hellgrün, manchmal auch fleischrot, später weiß bepudert sind. Befall meist an Pflanzen im Anzuchtgebiet	**Ohrläppchen-krankheit** (Exobasidium rhododendri)	Befallene Pflanzen entfernen. Pflanzen im Anzuchtbeet wiederholt mit Mancozeb- oder Captan-Präparaten spritzen oder sprühen
Rhodo-dendron	Rostige Flecke auf Blattunterseiten, scheckige, helle Flecke auf Blattoberseiten	**Rhododendron-wanzen** (Stephanitis-Arten)	Wiederholt vor allem die Blattunterseiten spritzen oder sprühen mit Parathion-, Demeton-, Phosphamidon-, Dimethoat- oder Phosphamidon-Präparaten
Rhodo-dendron	Gelbliche Flecke auf den Blättern, unterseits mit weißem Wachsstaub bepuderte Motten	**Mottenschildläuse = Weiße Fliege** (Trialeurodes vaporariorum und Dialeurodes chittendeni)	Spritzung mit Actellic 25 oder Tamaron
Ribes (Stachel- und Johannis-beere)	Junge Triebe und Blätter überziehen sich mit weißem Schimmelbelag, der nachher filzartig und kaffeebraun wird, Triebe verkrüppeln. Laub fällt vorzeitig ab	**Amerikanischer Stachelbeermehltau** (Sphaerotheca mors uvae)	Vom Austrieb an wiederholt mit Karathane oder systemischen Mehltaumitteln, wie Afugan Frutogard oder Nimrod, spritzen oder sprühen
Ribes (Stachel- und Johannis-beere)	Zahlreiche kleine, dunkle Flecke auf den älteren Blättern. Erkranktes Laub vergilbt, rollt sich oben ein und fällt ab	**Blattfallkrankheit** (Pseudopeziza ribis)	Mehrmals im Frühjahr und Sommer mit Mancozeb- oder Kupfer- + Maneb-Präparaten spritzen oder sprühen
Ribes (Stachel- und Johannis-beere)	Stark angeschwollene Knospen („Rundknospen"), die nicht oder nur kümmerlich austreiben	**Johannisbeer-Knospengallmilbe** (Phytoptus ribis)	Vom Austrieb an mehrmals im Abstand von 10 bis 14 Tagen mit Endosulfan-Präparaten spritzen oder sprühen
Ribes (Stachel- und Johannis-beere)	Raupenähnliche, zuerst grünliche, dann blaugrün-schwarz gepunktete Larven schädigen zuerst das Laub im Innern der Sträucher, später nicht selten Kahlfraß. Im Laufe des Sommers erscheinen mehrere Bruten	**Stachelbeer-Blattwespe** (Pteronidea ribesii)	Mit Gusathion-, Lindan-, Parathion-Präparaten spritzen, sprühen oder stäuben
Rosa	Weißer, mehliger Belag auf Blättern, Trieben und Knospen	**Echter Mehltau** (Rosenmehltau) (Sphaerotheca pannosa)	Wiederholt mit Euparen, Nimrod, Plondrel oder Saprol spritzen
Rosa	Blätter oberseits mißfarben mit eintrocknenden Flecken. Auf Blattunterseiten weißer Schimmelrasen. Befallenes Laub schrumpft und fällt ab	**Falscher Mehltau** (Peronospora sparsa)	Vorbeugend mit Maneb- oder Metiram-Schwefel-Präparaten spritzen oder sprühen

(Fortsetzung)

Befallene Pflanzengattung	Schadbild	Erreger	Bekämpfung
Rosa	Violett-schwarze, am Rand zerfranste Blattflecke. Befallenes Laub fällt ab	**Sternrußtau** (Diplocarpon rosae)	Wiederholt vorbeugend mit Maneb, Euparen oder Saprol spritzen
Rosa	Zuerst an den unteren Blättern gelbe, später schwarze Pusteln auf Blattunterseiten. Vorzeitiger Blattfall	**Rosenrost** (Phragmidium mucronatum)	Wiederholt vorbeugend mit Maneb- oder Mancozeb-Präparaten spritzen, bei Befall mit Plantvax
Rosa	Graubraune, rotumrandete Flecke an vorjährigen Trieben. Aufreißen der befallenen Stellen. Triebe sterben ab	**Rinden-Brandflecken-krankheit** (Coniothyrium wernsdorffiae)	Ab Vegetationsbeginn mehrfache Spritzung mit organischen Fungiziden
Rosa	Auf Blättern, Blüten und Jahrestrieben kleine schwärzliche oder blutrote Flecke, in der Mitte weißlich gefärbt	**Purpurflecken-krankheit** (Sphaceloma rosarum)	Wiederholte Spritzung mit organischen Fungiziden
Rosa	Junge Knospen ausgefressen	**Dickmaulrüßler** (Otiorrhynchus sulcatus), **Gestreifter Sandgraurüßler** (Cneorrhinus plagiatus)	Ab Austriebsbeginn mehrfache Spritzung mit Gusathion-Präparaten
Rosa	Schneckenartige grüne Larven befressen die Blätter („skelettieren"). Die Larven anderer Arten rollen die Fiederblättchen ein, andere fressen Löcher in die Blattspreiten und später auch vom Rand her	**Blattwespen-Arten** (Caliroa aethiops, Blennocampa pusilla, Emphytus cinctus, Arge rosae u. a.)	Mit Ultracid, Gusathion-, Phosphamidon- oder Parathion-Präparaten spritzen, sprühen oder stäuben
Rosa	Blätter und Triebenden zusammengerollt und versponnen und von innen her befressen	**Wickler-Arten** (Cacoecia rosana, C. oporana, C. xylosteana, Tortrix costana u. a.)	Mit Ultracid, Gusathion-, Phosphamidon- oder Parathion-Präparaten spritzen, sprühen oder stäuben
Rosa	Weißgelb-gesprenkelte, scheckige Blätter. Beim Erschüttern der Zweige fliegen kleine schlanke, gelbgrüne, blattlausähnliche Tiere in Massen auf	**Rosenzikade** (Typhlocyba rosae)	Beim Austrieb spritzen mit Mineralöl + Parathion- oder Mineralöl + Endosulfan-Präparaten, später mit Lindan- oder Parathion-Präparaten stäuben oder mit Demeton-, Dimethoat-, Phosphamidon-Präparaten oder Ultracid spritzen oder sprühen
Rosa	Triebspitzen welken und vertrocknen. Larve in Bohrgängen von oben nach unten	**Abwärtssteigender Rosentriebbohrer** (Ardis brunniventris)	Spritzung mit Demeton-Präparaten in höherer Konzentration und Dipterex
	Triebspitzen welken und vertrocknen. Larve in Bohrgängen von unten nach oben	**Aufwärtssteigender Rosentriebbohrer** (Monophadnus elongatus)	

(Fortsetzung)

Befallene Pflanzengattung	Schadbild	Erreger	Bekämpfung
Rosa	Rote Larven zwischen Unterlage und Edelaugen. Edelauge vertrocknet	**Okuliermade** (Clinodiplosis oculiperda)	Spritzung mit Malathion, Unden oder Gusathion-Präparaten. Nur erforderlich, wenn mit Bast verbunden wird
Salix	Rundliche Flecke auf Rinde des einjährigen Holzes. Triebspitzen welken, verfärben sich schwarz und vertrocknen. (Meist sekundär an schorfbefallenen Pflanzen)	**Schwarzer Krebs** (Physalosphora miyabeana)	Mit Kupfer- + Maneb-Präparaten spritzen oder sprühen
Salix	Blaue, gelbe und rote Käfer und deren Larven befressen die Blätter	**Weidenblattkäfer** (Phyllodecta-, Galerucella- und Melasoma-Arten)	Stäuben, spritzen oder sprühen mit Lindan- + Gusathion-Präparaten und Ultracid
Salix	Ruten vertrocknen von der Spitze her, krebsige Stellen und Rißbildung auf der Rinde der Ruten. Dunkle Flecke auf dem Laub und vorzeitiger Blattfall	**Weidenschorf** (Venturia saliciperda)	Vom Austrieb an wiederholt mit Kupfer- + Maneb-Präparaten spritzen oder sprühen
Salix	Im Hochsommer gelbe Flecke auf dem Laub, auf Blattunterseiten organgegelbe Pusteln. Vorzeitiger Laubfall	**Weidenrost** (Melampsora salicina)	Mit Antracol oder Euparen vorbeugend spritzen, bei Befall mit Plantvax
Syringa	In den Blättern blasige Minen, in denen Räupchen fressen	**Fliedermotte** (Gracillaria syringella)	Mit Parathion-, Phosphamidon- oder Trichlorfon-Präparaten spritzen oder sprühen
Syringa	An jungen Trieben braunschwärzlich eingesunkene Stellen. Triebe knicken um. Auf den Blättern bräunliche Flecke	**Fliederseuche** (Pseudomonas syringae)	Feuchte und frostgefährdete Lagen meiden. Übermäßige Stickstoffdüngung vermeiden. Wiederholte Spritzungen mit Kupfer-Präparaten mindern den Befall
Syringa	Auf Blättern nekrotische Flecke, die schließlich welken und absterben	**Blattflecken** (Asochyta syringae)	Versuchsmäßiger Einsatz von Delan flüssig oder Mancozeb-Präparaten
Syringa	Blütenknospen werden braun und sterben ab. Unterhalb der befallenen Knospen verbräunt Rinde und schrumpft ein. Triebe kümmern und sterben ab	**Zweig- und Knospenkrankheit** (Phytophthora syringae u. Ph. cactorum	Befallene Zweige herausschneiden u. verbrennen. Wiederholte Spritzungen in der Vegetationszeit mit Captan-Präparaten, im Herbst nach Laubfall mit Kupfer-Präparaten
Syringa	Blätter welken, Pflanze stirbt plötzlich ab	**Verticillium-Welke** (Verticillium alboatrum)	Entfernen und Verbrennen der befallenen Pflanzen. Bodenentseuchung bringt nur Teilerfolge.

(Fortsetzung)

Befallene Pflanzengattung	Schadbild	Erreger	Bekämpfung
Syringa	Blatt und Blütenknospen sind angeschwollen und treiben nicht aus. Tiefer liegende Knospen werden aktiviert, können aber auch befallen werden	**Fliedergallmilbe** (Phytoptus löwi)	Von März bis Ende Mai Spritzungen mit Parathion, Dimethoat oder Thiodan
Tilia	Kahlfraß an Zweigen, manchmal auch der ganzen Krone durch graugelbe Raupen	**Mondfleck** (Phalera bucephala)	Mehrfache Spritzungen mit Gusathion, Ultracid oder Dipterex SL
Tilia	Laub wird bleich und scheckig, vergilbt und verbräunt, fällt vorzeitig ab	**Lindenspinnmilbe** (Eotetranychus tiliarum)	Nach Laubentfaltung mit Demeton-, Dimethoat- oder Phosphamidon-Präparaten spritzen oder sprühen. Bei starkem Befall Einsatz von Spezialpräparaten, wie Pentac oder Plictran 25 W
Ulmus	Absterben einzelner Zweige und Äste, schließlich des ganzen Baumes. Beim Querschnitt kranker Zweige dunkle, ringförmige Verfärbung im Splintholz erkennbar	**Ulmensterben** (Ceratocystus ulmi = Graphium ulmi)	Ausmerzen kranker Bäume, Befall durch Ulmensplintkäfer (Scolytus-Arten), die den Krankheitserreger übertragen, bekämpfen
Ulmus	In den Stämmen Bohrlöcher. von denen Fraßgänge ausgehen. In Gabeln kleiner Äste und Zweige Fraßstellen (Reifungsfraß vor Eiablage)	**Ulmensplintkäfer** Scolytus scolytus und Scolytus multistriatus)	Befallene Bäume ausmerzen. Käfer übertragen Erreger des Ulmensterbens, besonders beim Reifungsfraß in Ast- und Zweiggabeln. Gefährdete Bestände vor der Flugzeit der Käfer im Mai und August durch Spritzung mit E 605 Folidol-M und Gusathion-Präparaten bekämpfen
Viburnum	Gelbbraune Käfer und gelbgrüne Larven zerfressen Blätter und Blütenstände. Oft Kahlfraß. Auffallend die im Herbst reihenweise übereinander abgelegten Eier in den Jahrestrieben	**Schneeballblattkäfer** (Galerucella viburni)	Spritzen oder Sprühen mit Ultracid oder Gusathion-Präparaten

10.4 Viruskrankheiten an Gehölzen (Gehölzvirosen) und ihre Bekämpfung

Virosen sind Infektionskrankheiten, die durch Viren hervorgerufen werden. Viren sind elektronenmikroskopisch kleine Eiweißkörper, die sich in lebenden Pflanzenzellen auf Kosten des Zelleiweißes ernähren. Ihre Verbreitung erfolgt hauptsächlich durch alle Arten der vegetativen Vermehrung, bei einigen Pflanzenarten aber auch durch generative Vermehrung (z. B. *Prunus*-Arten). Nicht ganz auszuschließen ist auch die Übertragung von

Viren durch direkten Wurzelkontakt oder Nematoden. Sogenannte Vektoren können aber auch saugende Insekten und hier vor allem Blattläuse, Blattwanzen und Zikaden sein. Daraus folgt, daß alle Mutterpflanzen immer wieder auf Virusbefalls-Symptome beobachtet werden müssen und auch in den Verkaufsbeständen offensichtlich virusbefallene Pflanzen eliminiert werden müssen, da es z. Z. noch keine direkten Bekämpfungsmöglichkeiten mit chemischen Präparaten gibt. Eine aktive und rechtzeitige Bekämpfung der saugenden Insekten kann aber die Übertragungsmöglichkeit vermindern.

Ein besonderes Problem ist das symptomlose Auftreten von sogenannten latenten Viren. Sie können zur Wuchseinschränkung beitragen, das Anwachsen von Veredlungsreisern und Edelaugen behindern und die Bewurzelungsleistung von Stecklingen und Steckholz vermindern.

Bei Obstgehölzen ist es inzwischen gelungen, an einigen Stellen in verschiedenen Bundesländern sogenannte virusfreie Reiserschnittgärten in möglichst isolierter Lage aufzubauen. Hier wurden und werden die Mutterpflanzen nicht nur auf sichtbare, sondern auch auf latente Viren getestet. Ferner sind jetzt auch Mutterbeete von virusfreien Apfel-, Quitten- und Kirschenunterlagen in zügigem Aufbau. Betriebe, die schon seit einigen Jahren mit virusfreiem Ausgangsmaterial arbeiten, sprechen von deutlich verbesserten Anwachsergebnissen und gleichmäßigeren Beständen.

In Ziergehölzbaumschulen ist man allerdings noch weit von diesem Ziel entfernt. Die erste Stufe, die Durchsicht der Bestände auf virusbefallene Pflanzen, wie sie bei Rosen bereits durchgeführt wird, sollte ohne Zögern in Angriff genommen werden. Hierfür wird es aber bei den Pflanzenschutzämtern wahrscheinlich an genügend geschultem Personal fehlen, da bei Ziergehölzen die sichere Abgrenzung der Befallssymptome wegen der vielen Sonderformen (z. B. panaschierte Blätter) nicht ganz leicht sein wird.

Über Obstvirosen siehe unter Teil C: „Die Vermehrung der Obstgehölze“.

10.5 Wichtige chemische Pflanzenschutz- und Schädlingsbekämpfungsmittel

Die nachstehende Übersicht beschränkt sich in den einzelnen Wirkstoffgruppen jeweils auf die Nennung einiger anerkannter Handelspräparate. Die Beschränkung bedeutet keine Wertung.

Einen umfassenden Überblick über alle zugelassenen Pflanzenschutzmittel bietet das amtliche Pflanzenschutzmittelverzeichnis.

I. Saatbeizmittel

Orthozid 50 und 83 (Bayer, Schering, Celamerck)
Polyram-Combi (BASF, Celamerck)
Morkit (Bayer) zur Verminderung des Vogelfraßes

II. Pilztötende Mittel (Fungizide)

Allgemein wirksam gegen Pilzkrankheiten aller Art, z. B. gegen Blattfleckenkrankheiten, falsche Mehltaupilze, Rostpilze, Schütte; gegen Echte Mehltaupilze nur, wenn ausdrücklich angegeben

1. Mancozeb-Präparate
   Dithane u. Dithane Ultra (Hoechst, Spieß-Urania)
2. Maneb-Präparate
   Maneb-Spritzpulver (BASF)
   Maneb (Schacht)
3. Ditalimos (gegen Echten Mehltau)
   Frutogard (DOW, Spieß, Urania)
   Plondrel flüssig (DOW, Schering, Spieß, Urania)

4. Metiram-Präparate
   Polyram-Combi (BASF, Celamerck)
   Metiram + Schwefel = BASF-Rosenspritzmittel (auch gegen Echten Mehltau)
5. Captan-Präparate
   Orthozid 50 u. 83 (Bayer, Celamerck, Schering)
6. Dichlofluanid (auch gegen Echten Mehltau)
   Euparen (Bayer, Celamerck)
7. Dinocap (speziell gegen Echte Mehltaupilze)
   Karathane
8. Dodemorph (gegen Echten Mehltau)
   BASF-Mehltaumittel Meltatox
9. Benodanil (spezifisch gegen Rostpilze)
   Calirus (BASF, COMPO)
10. Netzschwefel-Präparate (auch gegen Echte Mehltaupilze)
    Netzschwefel (Bayer, Celamerck)
    Cosan 80 (Hoechst)
    Kumulus S (BASF)
11. Kupfer-Präparate
    Grünkupfer (BASF, Marktredwitz)
    Cupravit (Ob 21) (Bayer)
    Funguran (Spieß-Urania)
    Vitigran onc. (Hoechst)
12. Propineb
    Antracol (Bayer)
13. Dithianol
    Delan flüssig (Celamerck)
14. Pyrazophos (gegen Echte Mehltaupilze)
    Afugan (Hoechst)
15. Triforin (auch gegen Echten Mehltau)
    Saprol (Celamerck)
16. Fenaminosulf (gegen Bodenpilze)
    Bayer (5072) (Bayer)
17. Prothiocarb (gegen Bodenpilze)
    Previcur (Schering)
18. Oxycarboxin (spezifisch gegen Rostpilze)
    Plantvax (Schering)
19. Bupirimat (gegen Echte Mehltaupilze)
    Nimrod (Deutsche ICI, Schering)

III. Insektentötende Mittel (Insektizide)

1. Aldicarb (gegen saugende Insekten, wird aus dem Boden über die Wurzel aufgenommen)
   Temik 10 G (Celamerck, Schering)
2. Azinphos-äthyl (gegen beißende und saugende Insekten)
   Gusathion H (Bayer)
3. Azinphos-methyl (gegen beißende und saugende Insekten)
   Gusathion Spritzpulver (Bayer)
4. Calciumcyanid (Blattläuse, Weiße Fliege, Schildläuse, Blasenfüße)
   Calcid (Degesch)
   Calcyan (Degesch)
5. Chlorfenvinphos (gegen Trauermückenlarven, Drahtwürmer, Engerlinge)
   Birlane-Granulat (Deutsche Shell)
   Sapecron-Granulat (Ciba-Geigy)
6. Chlorpyrifos
   Dursban-Spritzpulver (BASF, Celamerck, DOW)
7. Demeton-S-methyl (gegen saugende Insekten, Blattläuse mit etwas Wachsw.)
   Metasystox (i) (Bayer)
8. Dimethoat (gegen saugende Insekten, Schildläuse)
   Dimethoat (Schering)
   Dimethoate (Bayer, Schacht, Wacker)
   Perfekthion (BASF)
9. Endosulfan (gegen beißende und saugende Insekten)
   Thiodan (Hoechst)
10. Lindan (Ameisen, Maulwurfsgrillen, Erdraupen, Drahtwürmer, Engerlinge)
    Gamma Streunex (Celamerck)
    Hortex Streumittel (Celamerck)

Nexit-stark (Celamerck)
Nexit-flüssig (Celamerck)
11. Malathion (gegen saugende Insekten und Schildläuse)
Malathion (Delitia)
12. Mevinphos (gegen beißende und saugende Insekten)
PD 5 (Celamerck, Schering)
Shell Phosdrin (Deutsche Shell, Wacker)
13. Parathion-äthyl (gegen beißende und saugende Insekten, Käfer, Raupen, Schild- und Schmierläuse)
E 605 forte (Bayer)
Eftol (Spieß-Urania)
Parathion forte (Wacker)
14. Parathion-methyl (gegen beißende und saugende Insekten, Käfer, Raupen, Schildläuse, Drahtwürmer, Engerlinge, Maulwurfsgrillen)
E 605 Staub (Bayer)
Folidol-Staub (Bayer)
15. Pirimiphos-methyl
Actellic 50 (ICI)
16. Propoxur (gegen beißende und saugende Insekten, Schildläuse und Wolläuse)
Unden flüssig (Bayer)
Unden Spritzpulver (Bayer)
17. Methidathion (gegen beißende und saugende Insekten, Sägewespen, Spinnmilben)
Ultracid 40 Spritzpulver (Ciba-Geigy, Schering)

IV. Spezialmittel gegen Spinnmilben (Akarizide)
1. Binapacryl (mit Wirkung gegen Echte Mehltaupilze)
Acricid conc. (BASF, Hoechst)
2. Chinomethionat (mit Wirkung gegen Echte Mehltaupilze)
Morestan Spritzpulver (Bayer)
3. Cyhexatin
Plictran 25 W (DOW, Schering, Spieß, Urania)
4. Dicofol
Kelthane (Spieß-Urania, Hoechst)
5. Dienochlor
Pentac (Lightermoet-Chemie, Stinnes-Strohmeyer)

V. Mittel zur Verhütung von Wildschäden
1. Gegen Wildverbiß im Sommer
AAprotect (Stähler)
Arikal 67 (Stähler)
Arikal conc. (Stähler)
HaTe 4c-Extrakt (Celamerck)
2. Gegen Wildverbiß im Winter
Cunitex (Agrotec)
HaTe 4 (Celamerck)
HaTe-Einheitsmittel (Celamerck)
WV weiß (Propfe)

Literatur zu: Allgemeiner Pflanzenschutz

Baumann, G.: Die Virosen des Kern-, Stein- und Beerenobstes. Pflanzliche Virologie, Akademie-Verlag Berlin, Bd. 2, 112-79, 1958. — Baumann, G.: Viruskrankheiten der Obstgehölze. Deutscher Bauernverlag, Berlin, 555, 1958. — Bressau, G. (1975): Virusfreie Apfelbäume ab Ende 1978. Deutsche Baumschule, 269. — Faber, H. (1958): Pflanzenschutz in der Baumschule, 66 Seiten, Rellingen 1958. — Faber, H. (1969): Pflanzenschutz in der Baumschule. Wissenswertes für den Baumschuler. Verlag U. und Ch. Maaß, Pinneberg 1969. — Heddergott (1974): Neue Erfahrungen zur Bekämpfung von Krankheiten und Schädlingen bei der Pflanzenanzucht in Baumschulen. Dt.

Baumschule, 232 (Teil I). — HEDDERGOTT (1974): Neue Erfahrungen zur Bekämpfung von Krankheiten und Schädlingen bei der Pflanzenanzucht in Baumschulen. Dt. Baumschule, 260 (Teil II). — JANSEN, W. (1975): Pflanzenschutz bei der Vermehrung von Ziergehölzen. Dt. Baumschule 130. — KÜHN, K. (1970): Schäden durch wandernde Wurzelnematoden. Gartenwelt 23: 536. — MELDER, A. (1976): Der Dickmaulrüßler und seine Bekämpfung. Allerhöchste Zeit zur Bekämpfung von Quecken in den Baumschulen. Dt. Baumschule 44. — MELDER, A. (1975): Stellt der Einsatz von Herbiziden zur Unkrautbekämpfung eine Gefahr für den Boden dar? Dt. Baumschule 72. — MELDER, A. (1975): Erschwert die Verordnung über Anwendungsverbote und -beschränkungen von Pflanzenschutzmitteln die Durchführung von Pflanzenschutzmaßnahmen in der Baumschule? Dt. Baumschule 236. — PAPE, H.: Krankheiten und Schädlinge der Zierpflanzen und ihre Bekämpfung, 5. Auflage, 559 S., Berlin 1964.

b. Die Kultur von Gehölzen in Töpfen und Containern

1 Jungpflanzenanzucht in Töpfen

Um Anwachsschwierigkeiten und Ausfälle beim Aufschulen der Jungpflanzen zu vermeiden, hat sich in zunehmendem Maß die Anzucht der Jungpflanzen in Töpfen durchgesetzt. Wegen des höheren Arbeits- und Kapitalaufwandes wird die Topfanzucht im wesentlichen nur von in der Kultur empfindlichen und daher teureren Pflanzenarten durchgeführt. Bevorzugt sind solche Pflanzenarten, die später als Ballenware gehandelt werden, also fast alle Koniferen, Immergrüne, Schlingpflanzen und wertvolle laubabwerfende Gehölze. Der Trend zur getopften Jungware ist in der Bundesrepublik Deutschland erheblich stärker zu spüren als beispielsweise in Holland. Vor allem aus dem Boskooper Raum kommen noch viele ungetopfte Jungpflanzen, sogar von Magnolia und Hamamelis. Diese Jungpflanzenbetriebe werden aber zum Umdenken gezwungen. Andererseits hat der Preisverfall bei bodendeckenden Gehölzen dazu geführt, daß Jungpflanzen von Bodendeckern nicht mehr ausschließlich im Topf herangezogen werden; ein Beispiel dafür, daß Jungpflanzenpreis und Preis der Fertigware in einem tragbaren Verhältnis stehen müssen.

Die teilweise Verlagerung der Jungpflanzenkultur vom Freiland in den Topf hat zu einer Reihe wesentlicher Veränderungen in Jungpflanzenbetrieben geführt: verstärkter Einsatz von Glas oder Folie, intensivere Ausnutzung der Kulturflächen, höhere Investitionen

Abb. 134. Teilansicht des Jungpflanzenbetriebes Hinrich Kordes in Bilsen (Foto: Wennemuth)

und Aufwendungen für Bewässerung und Düngung; ferner Unabhängigmachen vom Boden, der nur noch den Charakter einer Stellfläche hat, dafür aber höhere Aufwendungen für Topfsubstrat und Topfmaterial mit sich bringt.

Töpfe: Kultiviert wird in Töpfen, die 7—8 cm Durchmesser und etwa die gleiche Höhe haben. Da besonders an das Jungpflanzenausgangsmaterial für die anschließende Kultur in Containern bezüglich Größe und Stärke der Pflanzen höhere Anforderungen gestellt werden, ist ein Trend zur Verwendung von größeren Töpfen zu spüren. Man möchte im Container möglichst viele Pflanzen innerhalb eines Kulturjahres bis zur Verkaufsreife kultivieren. Deshalb sind der 9er und 10er Topf im Gespräch.

Tontöpfe sind aus Jungpflanzenbetrieben bis auf Restnutzung noch vorhandener Partien verschwunden. Anfänglich schlechtere Kulturergebnisse in Plastiktöpfen konnten auf das Überwässern der Pflanzen zurückgeführt werden. Dies vor allem immer dann, wenn Pflanzen in Ton- und Plastiktöpfen in einem gemeinsamen Bewässerungssystem standen. Der Wasserverbrauch ist in Plastiktöpfen geringer als in Tontöpfen, die durch die poröse Topfwand Wasser verdunsten lassen.

Die Vorteile des **Plastiktopfes** liegen im geringeren Gewicht, in der besseren Hantierbarkeit, der besseren Standraumausnutzung, bedingt durch die viereckige Form, und in der geringeren Bruchgefahr. Der anfängliche Preisvorteil für den Tontopf ist nicht mehr gegeben. Der Plastiktopf hat sich vor allem durchgesetzt, weil er wegen seines geringeren Gewichtes Kultur- und Versandtopf zugleich sein kann. Als Material wird Polyäthylen (PE) entweder als Weich- oder Hart-PE verwendet. Töpfe aus Polystirol, die etwas billiger sind, werden in der Baumschule kaum noch verwendet, weil Polystirol zu schnell spröde wird und Topfverluste schon während der Kulturzeit auftreten.

Der viereckige Topf mit abgerundeten Kanten wird gegenüber dem Rundtopf bevorzugt, weil sich die Stellfläche besser ausnutzen läßt. Als Standard gelten Töpfe mit Vollwandung, die Wasserabzugslöcher im Topfboden oder seitlich unmittelbar über dem Topfboden haben. Gittertöpfe oder Perfortöpfe werden kaum noch verwendet, weil sie den Pflanzenwurzeln bei Kultur im Boden den seitlichen Austritt gestatten. Bei zwar guten Wuchsleistungen in der Anzucht leiden Pflanzen in Gittertöpfen beim Versand, weil ihre Wurzeln nicht von der Topfwandung geschützt werden (Schwierigkeiten ergaben sich auch beim Austopfen). Wurde aber darauf verzichtet, so war das Dickenwachstum der Wurzeln gestört, da Kunststoff im Boden nicht verrottet.

Torftöpfe sind in der Baumschule nicht lange verwendet worden, weil sie keine guten Versandeigenschaften besitzen. Sie weichen während der relativ langen Kulturzeit auf und werden auf dem Transport zerdrückt. Die Kulturergebnisse sind im Torftopf zwar gut, ihr Preis ist aber nicht wesentlich geringer als der von Plastiktöpfen. Eine Verwendung der Torftöpfe für Pflanzen, die im Anzuchtbetrieb verbleiben sollen, wäre möglich, jedoch muß dabei einkalkuliert werden, daß beim Plastiktopf die Rückgewinnung des Topfes betrieben werden kann, so daß er für 2—3 Kulturen zu verwenden wäre. Da aber außerdem beim Eintopfen der Pflanzen nicht mit Sicherheit vorherbestimmt werden kann, welche Jungpflanzen im eigenen Betrieb verbleiben und welche in den Versand gehen sollen, stößt die Verwendung von Torftöpfen auch aus dieser Sicht auf Schwierigkeiten.

Paperpots: Hierbei handelt es sich praktisch um eine Art Pflanzenanzuchtsplatte aus kräftigem Papier. Die Paperpotstreifen sind zusammengefaltet, die einzelnen Töpfe aneinandergeklebt.

Bei Beginn der Kultur müssen die Faltstreifen auseinandergezogen und gespannt werden. Anschließend werden sie mit Substrat gefüllt und erhalten dadurch ihre Festigkeit. Da die Paperpots keinen Boden haben, müssen sie auf einer Platte stehend gefüllt und bepflanzt werden. Wegen des relativ hohen Preises der Platten müssen die Paperpots im Anzuchtquartier von den Platten auf eine Folienunterlage geschoben werden. Es gibt Paperpots mit unterschiedlicher Haltbarkeit des Papiers, das jedoch längstens ein Kulturjahr überdauert. Dieses Anzuchtverfahren kommt deshalb nur für einige schnellwachsende Laubgehölzarten infrage, die in einem Jahr zur Verkaufsreife heranwachsen. Die Versandfestigkeit ist ungenügend, ihre Verwendung deshalb auf den eigenen Anzuchtbetrieb beschränkt. Dieses Verfahren hat sich bisher nur in wenigen Baumschulen voll durchgesetzt.

Pflanzenanzuchtplatten — Multitopfplatten: Hierbei handelt es sich um aneinanderhängende Kunststofftöpfe, die im sogenannten Ziehverfahren aus einer Platte gezogen werden. Werden sie in der ersten Vermehrungsstufe eingesetzt (Stecklingsbewurzelung), so verwendet man Platten mit 3,5 cm großen Töpfen; soll in ihnen aber die fertige Jungpflanze heranwachsen, so muß man die 7er Topfgröße wählen. Bleiben die Pflanzen im eigenen Betrieb, ist die Multitopfplatte als preiswertes Anzuchtgefäß zu werten (mehrfache Wiederverwendung); wird sie aber für den Versand eingesetzt, ist sie im Vergleich zum Einzeltopf zu teuer. In Baumschulen wird sie meist nur in der ersten Vermehrungsstufe eingesetzt. Der Vorteil des Multitopfsystems liegt in der Bildung einer Transporteinheit, die schnell befüllt und bis zur nächsten Verwendung auf kleinstem Raum gestapelt werden kann.

Topftermine. Die Stecklinge werden fast ausschließlich in Kisten oder Multitopfplatten gesteckt (Ausnahme: Folientunnel und Frühbeetkästen). Nach der Bewurzelung kann deshalb der Vermehrungsplatz schnell geräumt werden. Zum andern läßt sich aber auch der nächste Kulturschritt, das Eintopfen, fast beliebig hinauszögern. Der Eintopftermin unterliegt damit nicht mehr so sehr physiologischen Zwängen, sondern wird mehr durch betriebswirtschaftliche Gründe (Arbeitswirtschaft und Platzkosten) bestimmt. Pflanzenphysiologisch richtig wäre das sofortige Eintopfen unmittelbar nach der Bewurzelung unter Berücksichtigung der notwendigen Abhärtungsphase. So könnte sicher Kulturzeit gespart werden. In der Betriebsrealität stehen die bewurzelten Pflanzen in den Stecklingskisten aber oft wochen- und monatelang und werden nur am Leben gehalten. So kann es durchaus sein, daß bei flotter Kultur, ohne Pausen zwischen Bewurzelung und Topfen, *Pyracantha* innerhalb von 14 Monaten vom Stecken bis zur 60/80er Pflanze im Container kultiviert werden. Gleichzeitig werden aber auch gleichaltrige Stecklinge aus „verzögerter" Kultur als 15/30er Jungpflanze angeboten. Betriebswirtschaftlich gesehen kann trotzdem die „Kulturverzögerung" wegen der gleichmäßigeren Auslastung der Arbeitskräfte und Anzuchträume sinnvoll sein.

Generell werden die frühen Vermehrungssätze von Laubgehölzen noch im selben Sommer eingetopft, spätere Sätze aber erst im zeitigen Frühjahr, während Koniferen und Immergrüne grundsätzlich erst im Frühjahr oder Spätsommer des nächsten Jahres in den Topf kommen.

Topfmaschinen (siehe Seite 88)

In der Praxis streitet man sich noch, ob maschinelles Topfen in 7—8 cm-Töpfen überhaupt zu höheren Stückleistungen je Arbeitskraft führt. Nur dann wäre eigentlich die Investition für die Maschine zu rechtfertigen. Bei Arbeitszeitvergleichen führte Akkordtopfen mit der Hand bei diesen geringen Topfgrößen oft sogar zu Mehrleistungen gegenüber der Maschinentopfung. Der Nachteil des Handtopfens liegt aber darin, daß der Platzbedarf an Arbeitstischen größer ist und die Zufuhr von Substrat, Topfmaterial und Stecklingen und auch der Abtransport der getopften Pflanzen schlechter zu organisieren sind, weil dezentralisiert gearbeitet werden muß. Insgesamt ergibt sich deshalb unter Berücksichtigung der Rüst- und Verlustzeiten auch bei kleineren Töpfen ein leichter Vorteil für die Topfmaschine. Für das Arbeiten mit der Topfmaschine ist aber eine Arbeitsgruppe von 4, besser noch 5 Arbeitskräften erforderlich, und das ist in kleineren Betrieben nicht immer möglich.

Topfsubstrat (siehe Seite 255)

Düngung: Die Jungpflanzen müssen in einem geringen Substratvolumen kultiviert werden. Einerseits ist ihr Nährstoffbedarf relativ groß, andererseits kann schon mit relativ niedrigen Düngergaben die Verträglichkeitsgrenze (Salzkonzentration) überschritten werden. Dies trifft um so mehr zu, als die Schwankungen im Wassergehalt des Topfsubstrates, bedingt durch das geringe Volumen, relativ groß sind und damit auch die Salzkonzentration starken Schwankungen unterliegt. Man setzt deshalb dem Substrat nur geringe Mengen von Feststoffdüngern zu, um die Sicherheit, daß die Salzkonzentration bei trockenem Substrat nicht zu hoch wird, zu erhöhen. Außerdem soll man für die Düngung der Jungpflanzen Düngerarten wählen, die ihre Nähstoffe nur relativ langsam zur Verfügung stellen (z. B. Plantosan, Rasenfloranid, Triabon, Osmocote). Die Gaben sollen 1—1,5 kg je m³ Substrat nicht übersteigen. Damit ist der Spitzenbedarf der Pflanzen jedoch nicht abgedeckt. Relativ früh muß zusätzlich flüssig gedüngt werden, wobei man öfter mit schwachen Konzentrationen (0,1 %) oder gar bei jedem Wässern mit noch schwächerer Konzentration (0,05 %) arbeiten sollte. Bei seltenen und höheren Düngergaben würde die Salzkonzentrationskurve zu starke Schwankungen aufweisen und auch der bei häufigen Gaben verstärkt erzielbare Blattdüngungseffekt kaum noch zu Buche schlagen.

2 Die Kultur von Gehölzen in Containern

Darunter versteht man nichts weiter als die Kultur in größeren Töpfen oder Gefäßen. Nach den BdB-Richtlinien muß der Container eine Mindestgröße von 2 l haben. Unterhalb dieser Grenze spricht man noch von Topfkultur. Die Kultur von Gehölzen in Containern wird in den USA seit vielen Jahren (Hauptentwicklung nach dem 2. Weltkrieg) betrieben. In der Bundesrepublik Deutschland ging die Initialzündung 1963 von der Baumschule Friedrich Timmermann in Wedel/Holstein aus.

Nach Angaben des Statistischen Bundesamtes in Wiesbaden wurden im Jahre 1975 bereits 30 Millionen Pflanzen (ohne Bodendecker) im Container kultiviert. Das sind etwa 18 % der für die Anzucht im Container überhaupt infrage kommenden Pflanzen. Als Gründe für die rasante Entwicklung dieser Kulturmethode sind vor allem marktwirtschaftliche Veränderungen und betriebswirtschaftliche Notwendigkeiten zu nennen. Nur weil diese beiden Faktoren etwa den gleichen Stellenwert haben, wurde die Kultur im Container so stark forciert. Veränderungen auf dem Markt gingen in den 60er Jahren insofern vor sich, als die Zahl der Gartencenter und der Verkauf von Gehölzen in Supermärkten und Kettenläden stetig zunahm. Hieraus ergab sich der Zwang, problemlose Pflanzen (was Pflege während der Verkaufszeit und Vorverpackung anbetrifft) anzubieten. Diese

Abb. 135. Pflanzen ab 2 l Topfinhalt dürfen als „Container-Pflanzen bezeichnet werden (Foto: Wennemuth)

Abb. 136. Mit Containerpflanzen beginnt der Versand schon im August (Foto:Wennemuth)

Ansprüche werden von der Containerpflanze in fast idealer Weise erfüllt. Im Gartencenter entfällt beim Verkauf von Containerpflanzen der Zwang, die Pflanzen einzuschlagen; hierdurch gelingt es an den Spitzenverkaufstagen leichter, die Verkaufsquartiere wieder aufzufüllen. Containerpflanzen können ohne weiteren Verpackungsaufwand von den Kunden im Kofferraum des Autos transportiert werden, während Ballenpflanzen herkömmlicher Art und auch nichtballierte Pflanzen verpackt werden müssen.

Außerdem kann die Verkaufszeit für Gehölze, die sonst auf den Zeitraum Oktober/Dezember und März/Ende April fixiert war, erweitert werden. Zwar könnten Containerpflanzen auch während des Sommers gepflanzt werden, jedoch sind die Monate Juni und Juli im Pflanzenverkauf tote Monate, und nur Mai, August und September sind für den Pflanzenverkauf hinzugewonnen worden. Jetzt können auch Laubgehölze im blühenden Zustand mit Fruchtbehang oder bunter Laubfärbung angeboten werden. Hierdurch hat sich sicherlich die Quote der „Impulskäufe“ erhöhen lassen. Reklamationen wegen Nichtanwachsens der Pflanzen sind selten geworden, auch wenn bei ungünstigem Wetter oder weit fortgeschrittener Vegetationsperiode gepflanzt wurde, weil die Pflanzen mit vollkommen intakten Wurzeln in den Boden kommen. Bei gleichem Preis wie dem der vergleichbaren Ballenware kann im Cotainer ein qualitativ höherwertiges Produkt angeboten werden.

Gute Marktchancen allein hätten aber die Produktion der Containerpflanzen nicht so beschleunigen können, wenn sich nicht gleichzeitig auch in den Baumschulen Rationalisierungseffekte durch Kultur von Gehölzen in Containern ergeben würden.

Das Einballieren der Pflanzen ist bis hinauf zu einer Höhe von 200—250 cm reine Handarbeit geblieben. Außerdem fällt die Arbeit des Einballierens in stark mit anderen Arbeiten belastete Zeiten. Das gilt vor allem für Laubgehölze, die erst im Oktober einballiert werden können, nämlich dann, wenn auch die Masse der Pflanzen gerodet werden muß und der Versand beginnt. Besser ins Arbeitsdiagramm passen indes die Koniferen, die, weil früher mit dem Trieb abschließend, schon auf der Wende vom August zum September einballiert werden können.

Stehen die Pflanzen im Container, sind sie nach der Durchwurzelung des Substrats zu jeder Zeit versandbereit. Der Baumschuler kann also im Versand auf vorgeleistete Arbeit zurückgreifen, außerdem werden Beginn und Ende der Versandzeit nicht mehr durch den physiologischen Entwicklungszustand der Pflanzen bestimmt, sondern nur noch vom Markt her. Höhere Versandleistungen bei gleichzeitiger Verlängerung der Versandzeit führen zu einer deutlichen Entzerrung der Arbeitsspitze im Versand.

An die Stelle des Einballierens tritt das Eintopfen („Eincontainern“ wäre richtiger, ist aber eine häßliche Wortschöpfung). Diese Arbeit muß also in das Betriebsgeschehen eingegliedert werden.

Hierfür bieten sich der Zeitpunkt Februar bei ausklingendem Winter an und nach Abschluß des Versands die Monate Mai und Juni. Der Februar war bislang ein arbeitsschwacher Monat. Er kann selbst bei Frostwetter und Arbeiten in der Halle zum Eintopfen genutzt werden, während das Pflanzen im Freiland noch unmöglich ist. Ist die Arbeitsspitze des Frühjahrsversands geschafft, stehen Mai und Juni zum Eintopfen zur Verfügung. Die früher in diesem Zeitraum anfallende Unkrautbekämpfung in Freilandbetrieben konnte durch Einsatz chemischer Unkrautbekämpfung stark rationalisiert werden. Da als Ausgangsmaterial für die Kultur im Container sinnvollerweise fast ausschließlich getopfte Jungpflanzen verwendet werden, ist spätes Eintopfen nicht so kritisch zu betrachten, weil die Jungpflanzen im Topf stehen und hier auch bereits mit dem Wachstum beginnen können. Im Gegensatz zum Vergleichsprozeß Einballieren kann Eintopfen maschinell durchgeführt werden. Somit lassen sich wesentlich höhere Stückleistungen je Arbeitskraft erzielen.

Die Umstellung von der Kultur im üblichen Freilandquartier auf die Kultur im Container bedeutet einen Sprung in eine höhere Intensitätsstufe. Vor allem sind sehr hohe finanzielle Vorleistungen zu tätigen: Aufwendungen für das Herrichten der Stellflächen, einschließlich des Baues befestigter Wege, für die Bewässerung und Düngung, für Topfmaschinen, Transportgeräte und den alljährlich wiederkehrenden Kauf von Containermaterial und Substrat.

Vom Kultivateur wird ein hohes Maß an kulturtechnischem Wissen verlangt. Während sich im Freiland Düngungs- und Bewässerungsfehler wegen des größeren durchwurzelbaren Raumes nicht gravierend auswirken, können gleiche Fehler im eng begrenzten Wurzelraum des Containers schnell zu einem Qualitätsverlust der gesamten Kultur führen.

Abb. 137. Eine gut gelungene Kultur von Pyracantha cren. ‘Orange Glow’ in der Baumschule K. Mohr in Ellerhoop/Holstein (Foto: Wennemuth)

Betrieben, die mit der Kultur im Container begannen und bereits über Erfahrungen in der Anzucht von Jungpflanzen in Töpfen verfügten, ist die Umstellung wesentlich leichter gefallen.

Da Containerpflanzen zum gleichen Preis geliefert werden müssen wie vergleichbare Ballenpflanzen und da der Kapitalaufwand höher liegt als bei Freilandkulturen, muß die Wuchsleistung der Pflanzen im Container mindestens ebenso hoch liegen wie im Freiland, selbst wenn man arbeitswirtschaftliche Vorteile einkalkuliert. Bei deutlich verringertem durchwurzelbarem Raum im Container muß deshalb versucht werden, alle mit tragbarem Aufwand steuerbaren Wachstumsfaktoren zu optimieren. Verbessert werden können gegenüber dem Freiland das Substrat, die Düngung und die Bewässerung.

2.1 Substrat

Landerde, mag sie für die Kultur im Freiland noch so optimal erscheinen, erfüllt niemals alle an ein Container-Substrat zu stellenden Forderungen. Landerde könnte daher höchstens ein Basis-Substrat abgeben, das durch Zusätze in Richtung Optimum verändert werden müßte. Nur wenige Betriebe sind aber auf lange Sicht in der Lage, das Substrat auf dieser Grundlage zu gestalten, wobei als weiterer Nachteil auch zu erwähnen wäre, daß Landerde starken Schwankungen in der Zusammensetzung unterworfen, nicht unkrautfrei und auch nicht frei von Nematoden, schädlichen Bakterien und Pilzen ist. Dämpfung oder chemische Entseuchung wären also zu fordern. Nur wenige Betriebe stellen deshalb das Container-Substrat auf Landerde-Basis her.

Außer der Freiheit von Unkraut, Schädlingen und Krankheiten sind an ein gutes Substrat folgende Forderungen zu stellen:

1. hohes Porenvolumen,
2. gute Belüftung,
3. hohes Wasserhaltevermögen bei guter Wasserverfügbarkeit für die Wurzeln,
4. hohes Nährstoffabsorptionsvermögen bei guter Verfügbarkeit für die Wurzeln,
5. Strukturstabilität,
6. tragbarer Preis, Verfügbarkeit in unbegrenzten Mengen und in gleichbleibender Qualität.

Zur Diskussion stehen: Weißtorf, Schwarztorf und die Mischung aus beiden, ferner Weißtorf-Ton-Gemische (Einheitserde), Weißtorf-Sand-Gemische und Steinwolle (Grodan).

Weißtorf erfüllt fast alle Forderungen, ist aber verbesserungsbedürftig hinsichtlich des Nährstoffabsorptionsvermögens und der Langzeitstrukturstabilität. Zwar ist das Nährstoffabsorptionsvermögen je Gewichtseinheit für Kationen relativ hoch und sogar höher als das des Tons, beziehen wir jedoch die Kationenaustauschkapazität auf das Volumen, wie es praxisgerecht ist, so hat der schluffige Ton eine Kationenaustauschkapazität von 325 mval/l und Weißtorf nur eine solche von 90 mval/l. (FEIGE (1971)). Hinzu kommt, daß Torf eine bevorzugte höhere Bindungsfähigkeit für Wasserstoffionen (H) als für die relevanten Nährionen (Ca-Mg-K-NH_4) hat. Da Torf bei der Aufkalkung nur auf einen pH-Wert von 5,0 gebracht wird, ist noch ein großer Teil der Austauschkapazität von H-Ionen belegt. Die Nährstoffspeicherung von Weißtorf kann deshalb als gering betrachtet werden. Die zu wünschende Strukturstabilität ist beim Weißtorf höchstens für eine Vegetationsperiode gegeben, im 2. Kulturjahr verliert er sie sehr rasch, da er als organisches Material dem mikrobiellen Abbau unterworfen ist. Je feiner der Torf im Ausgangsmaterial, um so schneller gehen seine guten physikalischen Eigenschaften verloren. Der Anteil von Feinporen wird auf Kosten der Mittelporen und der engen Grobporen erhöht. Damit sinkt die Luftkapazität, die Pflanzen leiden unter Luftmangel, weil sich die Feinporen nur sehr langsam von Wasser entleeren und Luft nachsaugen. Bei Verwendung groben Torfs läuft dieser Abbauprozeß entsprechend langsamer ab.

Kationen-Austauschkapazität (KAK) von Mineral- und Moorböden (FEIGE 1971)

Boden	Volumengew. g TS/l	KAK mval/100 g TS	KAK mval/l Boden
lehmiger Sand	1300	7	91
schwach zersetztes Hochmoor	100	90	90
schluffiger Ton	1300	25	325
stark zersetztes Hochmoor	300	110	330

Weißtorf hat nur einen geringen Feststoffanteil von 100 g Trockensubstanz je Liter und ist deshalb im trockenen Zustand sehr leicht. Das wirkt sich günstig auf die Transportkosten, aber negativ auf die Standfestigkeit der Container aus.

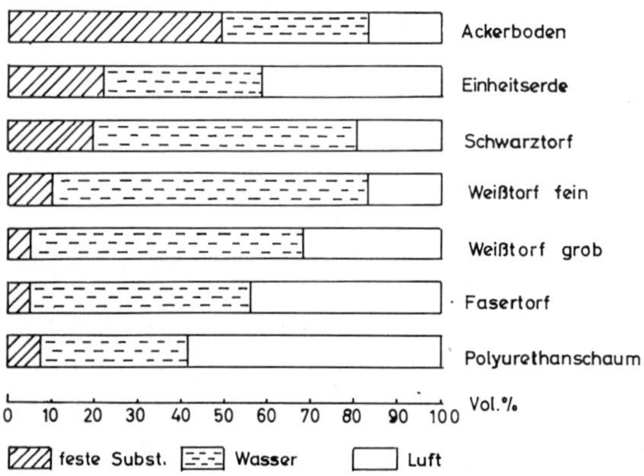

Abb. 138. Substanzvolumen und Porenraumgliederung verschiedener Substrate bei Wassersättigung (nach PENNINGSFELD, 1974)

Schwarztorf ist stärker zersetztes Hochmoor, der Feststoffanteil liegt wesentlich höher als beim Weißtorf (300 g TS/l). Ebenso ist die Kationenaustauschbarkeit mit 110 mval je 100 g Trockensubstanz gegenüber 90 mval beim Weißtorf höher. Deswegen ist auch die Kationenaustauschkapazität beim Schwarztorf mit 330 mval/l wesentlich höher als beim Weißtorf mit 90 mval/l und übertrifft damit sogar den Ton mit 325 mval/l. Das Poren-

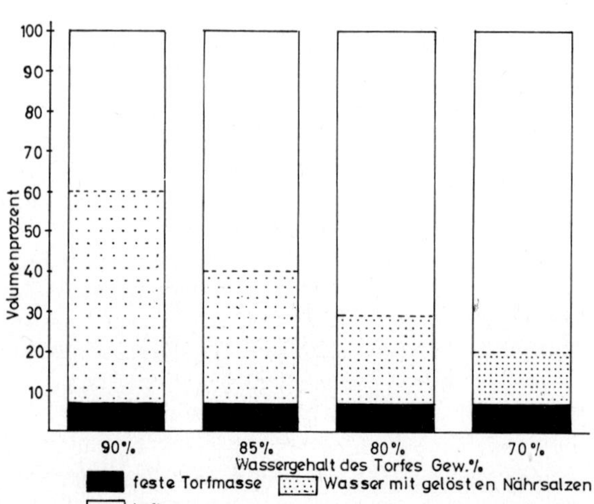

Abb. 139. Konzentration der gelösten Salze im Torf in Abhängigkeit vom Wassergehalt (nach REEKER und SPRINGER, 1973)

volumen ist deutlich geringer als beim Weißtorf, daraus resultieren ein geringeres Wasserhaltevermögen und eine geringere, für Pflanzen nutzbare Wasserkapazität. Der Luftgehalt bei voller Wassersättigung entspricht der eines feinen Weißtorfs, wird aber von grobem Weißtorf übertroffen.

Die Verwendung von reinem Schwarztorf als Substrat erscheint gefährlich wegen des zu hohen Anteils an Feinporen, der bei starken, anhaltenden Regenfällen zu einer Vernässung des Substrats und zu Luftmangel führt. Als Beimischung zu grobem Weißtorf könnte er Verbesserungen bringen bezüglich der höheren Sorptionskapazität für Nährstoffe und der besseren Standfestigkeit (höheres Litergewicht). Ein Mischungsverhältnis von 70 % Weißtorf und 30 % Schwarztorf sollte nicht überschritten werden.

Einheitserde setzt sich aus den Komponenten Weißtorf und Ton zusammen. Ton hat ein höheres Litergewicht und eine höhere Sorptionskapazität für Nährstoffe als Weißtorf; das ist positiv zu bewerten. Negativ dagegen wirkt das geringe Porenvolumen, das zudem nur aus sehr feinen Poren besteht. Ton hat deshalb bei Wassersättigung nur einen niedrigen Luftgehalt und einen relativ niedrigen Wassergehalt. Das Wasser wird den Wurzeln nur zum Teil zur Verfügung gestellt. Ton kann deshalb nur in Mischung mit Weißtorf als Container-Substrat verwendet werden. Er verbessert den Weißtorf nur bezüglich des Litergewichts und der Absorptionskapazität.

Einheitserde hatte zunächst ein genormtes Verhältnis von 60 % Weißtorf und 40 % Ton. Heute laufen auch Mischungen mit geringerem Tonanteil unter der Bezeichnung Einheitserde. Offenbar könnte die Wuchsleistung der meisten Gehölze im Container durch eine Reduzierung des Tonanteils bis auf 10 % eher verbessert werden.

Die industriell hergestellte Einheitserde ist teurer als selbsthergestelltes Weißtorfsubstrat. Zur Eigenherstellung der Einheitserde benötigt man Ton aus dem Untergrund, der nicht überall zu haben ist, und zur Erzielung der notwendigen innigen Vermischung von Ton und Weißtorf ein leistungsfähiges Mischgerät.

Mischungen aus Weißtorf und Sand sind im Betrieb leichter herzustellen. Durch Beimischung von Sand zum Weißtorf wird das Gesamt-Porenvolumen gegenüber reinem Weißtorf vermindert, weil der Feststoffanteil deutlich erhöht wird. Der Anteil der Mittel- und Grobporen wird in Abhängigkeit vom Feinheitsgrad des verwendeten Sandes auf Kosten der Feinporen erhöht; damit sinkt die Wasserhaltefähigkeit bei allerdings hohem Ausnutzungsgrad des Wassers für die Pflanzen. Die Luftkapazität ist gegenüber Weißtorf nur dann gleichwertig, wenn grober Sand verwendet wird, der aber die Wasserhaltefähigkeit stärker vermindert als feiner Sand.

Die Sorptionsfähigkeit für Nährstoffe ist beim Sand unabhängig vom Feinheitsgrad äußerst gering. Echt verbessert werden durch die Sandbeimischung zum Weißtorf nur die Standfestigkeit der Pflanzen, die Beweglichkeit des Wassers (Dränung) und die Wiederbefeuchtungsfähigkeit bei ausgetrocknetem Substrat.

Die Sandbeimischung sollte 10 % des Volumens nicht übersteigen. In den USA hat sich ein Standard-Substrat unter dem Namen UC Mix relativ gut eingeführt, das zu gleichen Teilen aus sehr feinem Dünensand und Weißtorf besteht. Wahrscheinlich ist der hohe Sandanteil durch den sehr hohen Preis für Weißtorf in den USA zu erklären.

Steinwolle (Grodan) ist ein industriell gefertigtes Substrat auf mineralischer Basis. Es wird sowohl in granulierter als auch in Blockform fertig zum Eintopfen geliefert. Das Material hat einen sehr geringen Feststoffanteil, dementsprechend ein hohes Porenvolumen und geringes Gewicht. Die Wasseraufnahmekapazität ist sehr hoch, das Substrat entwässert sich aber sehr schnell infolge der Schwerkraft des Wassers auf etwa 40 % Restwasser. Die Belüftung ist wegen der Beweglichkeit des Wassers sehr gut. Die Steinwolle hat aber keine Absorptionsfähigkeit für Nährstoffionen. Man kann deshalb fast von einer Hydrokultur sprechen. Steinwolle eignet sich hervorragend für Tröpfchenbewässerung und Flüssigdüngung. Da sie rein mineralischen Ursprungs ist, findet kein Abbau des Materials statt, so daß die Strukturstabilität für lange Zeit erhalten bleibt.

Das Material ist in Blockform interessant wegen des erzielbaren Rationalisierungseffektes beim Eintopfen. Bei reiner Handarbeit können sehr hohe Eintopfleistungen erzielt werden, wenn auch die Jungpflanzen bereits in Grodanwürfeln kultiviert wurden. Sie werden beim Eintopfen lediglich in die entsprechend großen Aussparungen im Grodan-Block gedrückt. Der Preis der Grodan-Kulturblöcke, die von einer dünnen, schwarzen Folie umhüllt sind, liegt aber vergleichsweise hoch. Nach Erfahrungen einiger dänischer Baumschulen, die sich schon seit Jahren mit der Kultur in Grodan befassen, scheint der Markt die Pflanzen nur sehr zögernd aufzunehmen. Problematisch scheint noch das Anwachsen der in Grodan kultivierten Pflanzen zu sein, wenn sie ausgepflanzt werden. Erde hat ein höheres Wasser-Saugvermögen als Steinwolle, so daß es zur Entwässerung der Steinwolle durch die umgebende Erde kommt, selbst wenn diese ausreichend feucht ist.

Eine Verwendungsmöglichkeit für das lose, flockige Material könnte als Beimischung zum Weißtorf oder Schwarztorf gegeben sein, um deren Strukturstabilität zu verbessern.

2.2 Die Düngung der Containerpflanzen

Der Nährstoffgehalt aller aufgeführten Substrate ist von Natur aus gering und reicht für die optimale Ernährung der im Container kultivierten Pflanzen nicht aus. Da die meisten Substrate, mit Ausnahme von Einheitserde und Schwarztorf, nur eine geringe Sorptionskraft für Nährstoffionen haben, andererseits aber wegen des geringen zur Verfügung stehenden Wurzelraumes im Container für ein zügiges Wachstum ein relativ hohes Nährstoffangebot gebraucht wird, kann nicht mit schnell wirkenden, salzförmigen Düngern gearbeitet werden, es sei denn, sie würden sehr häufig in niedrigen Gaben verabreicht. Das verbietet sich aber aus arbeitswirtschaftlichen Gründen und auch, weil die größer werdenden Pflanzen die Topfoberfläche abdecken und so die Zufuhr von Feststoffdüngern auf den Topf behindern.

Zur Nährstoffversorgung können folgende Wege beschritten werden:

1. Kombination eines vor Kulturbeginn zu gebenden, schnellwirkenden salzartigen Düngers mit anschließenden mehrfachen Gaben von in Wasser gelösten Salzen je nach Bedarf während der Kultur. Dieses Verfahren ist kritisch zu betrachten, wenn ein früher Topftermin (bis einschließlich April) gewählt wird, da Gehölze in der Ruheperiode sehr salzempfindlich sind.

2. Bewässerungsdüngung, worunter man die Zufuhr von Nährstoffen in wäßriger Lösung und niedriger Konzentration bei jedem Bewässerungsvorgang versteht. Die Sorptionseigenschaften des Substrats spielen keine Rolle mehr. Eine hohe Sorptionskapazität des Substrats kann in Jahren mit viel Sonne und geringer natürlicher Niederschlagsneigung sogar zu unerwünschter Nährstoffanreicherung im Substrat führen. Ein Nachteil der Bewässerungsdüngung ist in der hohen Auswaschungsrate von Nährstoffen in Regenperioden zu sehen, zudem erfolgt in dieser Zeit nur eine geringe Nährstoffzufuhr. Deshalb muß in solchen Perioden mit höheren Konzentrationen gearbeitet werden. Eine laufende Kontrolle des Nährstoffspiegels wird dann erforderlich.

3. Einsatz langsamwirkender Düngemittel. Der dem Substrat vor dem Topfen beigemischte oder auf den Container gestreute Dünger gibt über einen längeren Zeitraum Nährstoffe kontinuierlich ab. Zur Erreichung dieses Zieles können folgende Methoden benutzt werden:

a. Schwerlösliche Stoffe, die im Boden durch chemische oder mikrobielle Vorgänge langsam zersetzt werden, wodurch Pflanzennährstoffe freigesetzt werden (Hornspäne, Knochenmehl, Harnstoffkondensate, Magnesium-Ammonphosphat).

b. Umhüllte Dünger: Normale, gekörnte, salzartige Düngemittel mit größerer Fließgeschwindigkeit werden mit einer halbdurchlässigen Hülle (semipermeable Membran) versehen. Bei diesem Coating-Verfahren erfolgt gebremste Nährstofffreigabe entweder durch Diffusion oder allmähliche Zerstörung der Hülle.

4. Kombination langsamwirkender Düngemittel mit flüssiger Düngung:
Hierbei kann in den ersten Wochen ganz auf flüssige Düngung verzichtet werden. Nur der Spitzenbedarf wird flüssig abgedeckt. In Regenperioden ergeben sich Vorteile gegenüber der reinen Flüssigdüngung.

Zur Gruppe 3 a gehören die Dünger Plantosan 4 D (20 + 10 + 15 + 6), Triabon (16 + 8 + 12 + 5) und Rasen-Floranid (20 + 5 + 8 + 2), bei denen der Stickstoff entweder als langsamfließendes Formaldehyd (Plantosan) oder Crotodur (Triabon) oder Isodur (Rasen-Floranid) vorliegt. Sowohl Crotodur als auch Isodur sind kondensierter Harnstoff. Isodur wirkt etwas schneller als Crotodur, seine Fließgeschwindigkeit wird noch deutlich erhöht, wenn der pH-Wert unter 5,0 absinkt, was bei Torfsubstrat nicht selten der Fall ist. Bei allen drei Düngern reicht die Bevorratung nicht für die gesamte Vegetationsperiode aus. Zur Erreichung einer optimalen Zuwachsleistung muß spätestens ab Anfang Juli zusätzlich flüssig gedüngt werden, wenn man es nicht vorzieht, eine zweite Gabe Dünger auf den Topf zu geben.

Zur Gruppe 3 b gehören Vitamon, das aber nicht mehr im Handel ist, und Osmocote (16 + 10 + 13). Bei ihnen sind die einzelnen Düngerkörner von einer Kunstharzhülle umgeben. Nach den bisherigen Erfahrungen reicht die Nährstoffversorgung für die gesamte Vegetationsperiode aus. Lediglich im Frühjahr fließen die Nährstoffe mitunter etwas zu träge. Zu beachten ist, daß Osmocote keine Spurenelemente und kein Magnesium enthält.

Nährstoffmengen und Zeitpunkt der Düngung: Bei früher Topfung bis einschließlich März ist es problematisch, die Pflanzen mit Feststoffdüngern als Beimischung zum Substrat zu versorgen, da es trotz niedriger Temperaturen zu einer Freisetzung von Nährstoffen kommt, auch wenn langsam wirkende Dünger eingesetzt werden. Außerdem haben die langsam fließenden Dünger einen gewissen Anteil schnell in Lösung gehender Nährstoffe. Dies gilt aber besonders für Plantosan, Triabon und Rasenfloranid, weniger für Osmocote. Um diese Zeit kann also dem Substrat nicht die volle Düngermenge, die für die ganze Vegetationsperiode ausreichen würde, beigemischt werden. Ist geplant, während der Vegetationsperiode zusätzlich flüssig zu düngen, so kann dies nicht als wesentlicher Nachteil aufgefaßt werden, da man dann nur früher mit der flüssigen Düngung zu beginnen braucht. Die als normal für die ganze Vegetationsperiode geltende Aufwandmenge von 3 kg/m^3 Substrat bzw. 4,5 kg/m^3 bei Osmocote muß bei Topfung im Februar auf 1 kg bzw. 1,5 kg und bei Topfung im März auf 2 kg bzw. 3 kg reduziert werden. Erst ab April ist die Beimischung der vollen Gabe möglich, wenn hier auch mitunter noch Hemmungen bestehen, Jungpflanzen ohne Topfballen mit voller Aufwandmenge zu düngen.

Einige Betriebe verzichten deshalb ganz auf den Dünger im Substrat und geben ihn statt dessen erst bei beginnender Vegetation Anfang Mai auf den Topf. Hierfür sind sogenannte Düngerablegegeräte konstruiert worden, mit denen Dünger portionsweise gegeben werden kann. Viele Betriebe meinen jedoch, mit der althergebrachten Löffelmethode höhere Leistungen erzielen zu können. Breitwürfiges Ausstreuen würde den Ausnutzungsgrad vermindern, weil zuviel unkontrolliert neben die Töpfe fällt. Osmocote eignet sich weniger gut für die Düngung auf den Topf, weil bei ihm für ein Inlösunggehen der Nährstoffe Dauerkontakt mit Wasser erforderlich ist. Die Nährstoffabgabe kann deshalb stark verzögert sein.

Mit der Beimischung von Festdünger muß besonders vorsichtig verfahren werden, wenn Pflanzen ohne Topfballen in den Container kommen.

Mit der als zusätzliche Düngung gedachten Flüssigdüngung muß entsprechend den jeweils verwendeten Vorratsdüngermengen früher oder später begonnen werden. Bei Topfung im Februar (1 kg Plantosan bzw. 1,5 kg Osmocote) muß bereits Ende Mai, bei Topfung im März (2 kg Plantosan bzw. 3 kg Osmocote) braucht erst im Juni mit der Flüssigdüngung begonnen zu werden. Der Bedarf der Pflanzen wird dann mit 0,2 % einmal je Woche oder mit 0,1 % zweimal je Woche bei durchdringender Bewässerung optimal gedeckt. Noch besser an den Spitzenbedarf ist aber die Bewässerungsdüngung mit 0,05 % bei jedem Bewässern angepaßt, weil hoher Wasserbedarf bei sonnigem Wetter auch ein hohes Nährstoffangebot bedeutet, das vom parallel laufenden starken Wachstum dann auch verarbeitet wird.

Die Aufkalkung des Substrates: Ganz gleich, ob Feststoffdüngung, flüssige Düngung oder eine Kombination aus beiden gewählt wird, das Substrat muß vor Kulturbeginn aufgekalkt werden. Eine Ausnahme bildet Einheitserde, die bereits bei der Herstellung im Werk mit Kalk versorgt wurde.

Reines Weißtorfsubstrat ist mit 3 kg kohlensaurem Kalk oder 2 kg kohlensaurem Kalk + 2 kg Hüttenkalk je m^3 aufzukalken, wenn Laubgehölze kultiviert werden sollen. Bei den meisten Koniferen ist eine leichte Reduzierung dieser Kalkmengen angezeigt. Ist das Substrat für Moorbeetpflanzen bestimmt, so darf die Kalkmenge 1,5 kg/m^3 nicht übersteigen. Je nach Herkunft kann auch der pH-Wert des Weißtorfes schwanken. Liegt er unter 3,5, so können die angegebenen Kalkmengen etwas erhöht, bei einem Wert über 3,5 etwas erniedrigt werden. Auch der Härtegrad des für die Bewässerung verwendeten Wassers spielt eine gewisse Rolle. Bei weichem Wasser unter 10° d sollte mehr, bei hartem Wasser über 15° d entsprechend weniger Kalk gegeben werden.

2.3 Material, Form und Größe der verwendeten Container

In der Bundesrepublik Deutschland hat die Verwendung von Blechgefäßen nie größere Bedeutung gehabt. Insofern ist die Entwicklung ganz anders gelaufen als in den USA. Verwendet wurden und werden fast ausschließlich Kunststoffgefäße; das mag damit zusammenhängen, daß man schon von der Jungpflanzenanzucht in Töpfen auf den Kunststofftopf fixiert war. In Konkurrenz standen von den ersten Anfängen der Kultur nur die Kunststoff-Folienbeutel und die Kunststoffgefäße mit festen Wandungen. Bis heute ist die Frage, wem der Vorzug zu geben ist, noch nicht allgemeingültig beantwortet, weil Vor- und Nachteile schwer gegeneinander abzuwägen sind. Der wesentlichste Vorteil des Folienbeutels gegenüber dem festen Container ist der sehr viel niedrigere Preis; daneben sind bessere Stapelfähigkeit der Pflanzen auf dem Versandwege und geringerer Platzbedarf

Abb. 140. Nelkendraht zur Verbesserung der Standfestigkeit. (Die verwendeten Beutel sollten kürzer und breiter sein.) (Foto: Wennemuth)

Abb. 141. Der 20-Liter-Container ist schon häufiger zu sehen (Foto: Wennemuth)

in der Lagerhaltung nur gering zu bewerten. Diesen Vorteilen stehen aber folgende Nachteile gegenüber: deutlich geringere Eintopfleistung, geringere Standfestigkeit und schlechtere Optik bei der Verkaufspräsentation. Beim 2-l-Container steht einem Preis von 40,— DM/1000 Stck. beim Folienbeutel ein Preis von 200,— DM/1000 Stck. beim festen Plastikcontainer gegenüber. Bei steigenden Literinhalten wird diese Preisdifferenz noch größer. Ein Teil dieses Preisvorteils wird jedoch durch die geringere Eintopfleistung im Folienbeutel wieder aufgesogen. Als durchschnittliche Eintopfleistung kann man bei maschineller Topfung im Folienbeutel maximal 200 Stck./AK/Std. erreichen, während die vergleichbare Leistung im festen Topf sich bei etwa 300 Stck./AK/Std. bewegt. Bei Handtopfung vergrößert sich der Leistungsunterschied noch mehr zugunsten des festen Topfes. Berücksichtigt man den Preis des Containers und die Kosten des Eintopfens, so bleibt insgesamt ein Vorteil für den Folienbeutel. Deshalb werden von Betrieben, die sonst im festen Topf kultivieren, Pflanzen mit niedrigem Endpreis mitunter auch im Folienbeutel herangezogen.

Containerform: Container mit festen Wandungen müssen eine leicht konische Form haben, damit das Austopfen erleichtert wird. Eine möglichst gedrungene Form erhöht die

Abb. 142. Halterungen aus Moniereisen (Vordergrund rechts) verhindern das Umkippen der großen Pflanzen (Foto: Wennemuth)

Standfestigkeit und vergrößert die Auffangfläche für Gießwasser und Dünger. Dies gilt natürlich auch für Folienbeutel. Der runde Topf ist dem eckigen aus statischen Gründen vorzuziehen. Der Vorteil der besseren Standraumnutzung des eckigen Containers kann maximal bis zur Größe von 2 l Inhalt genutzt werden, weil Pflanzen in größeren Containern ja nicht mehr im engen Verband stehen.

Containergröße: Je weiter Absatzmarkt und Produktionsort der Pflanzen voneinander entfernt liegen, desto größer ist die Neigung der Baumschule, einen möglichst kleinen Container zu verwenden, da die Pflanzen im größeren Container transportungünstiger sind. Von einer bestimmten Grenze ab läßt die Wuchsleistung aber trotz intensivster Kulturmaßnahmen deutlich nach. Die Pflanze braucht eine bestimmte Nährstoffmenge, um unter den sonst gegebenen Kulturbedingungen ihre volle Wachstumspotenz realisieren zu können. Ist der Container groß genug, so gelingt es, diese Nährstoffmenge im Substrat unterzubringen, ohne die Pflanze durch eine überhöhte Nährstoffkonzentration zu schädigen. In einem zu kleinen Container können der Pflanze nicht genügend Nährstoffe angeboten werden, und es kommt zu Minderwuchs. Andererseits kann aber das Wachstum der Pflanze nicht mehr positiv beeinflußt werden, wenn der Containerinhalt einen bestimmten Grenzwert überschreitet. Trotzdem wird die Kultur im etwas überdimensionierten Container sicherer gemacht. Vor allem kann die Wasserversorgung der Pflanzen gleichmäßiger gestaltet werden. Starke Schwankungen im Wassergehalt des Substrats laufen stets parallel mit starken Schwankungen der Salzkonzentration. Hier liegt das gravierendste Problem der Kultur im zu kleinen Container. Um das Nährstoffbedürfnis der Pflanzen zu befriedigen, muß das Substrat relativ hoch aufgedüngt werden; bei starkem Wasserverbrauch der Pflanzen kann innerhalb weniger Stunden in einem kleinen Container die Salzkonzentration bis zur Schädigungsgrenze ansteigen. Kleine Container bedeuten deshalb erhöhtes Kulturrisiko. Diese negativen Erfahrungen in der Praxis mit zu kleinen Kulturgefäßen veranlaßten den BdB, die Mindestgröße der Container von 1,5 auf 2,0 l Inhalt zu erhöhen.

2.4 Bewässerung

Selbst in Jahren mit hohen Niederschlagsraten in der Vegetationsperiode müssen den Pflanzen im Container erhebliche Wassermengen zusätzlich zur Verfügung gestellt werden. Bei sonnigem oder windigem Wetter und bei hohen Temperaturen muß täglich, mindestens aber alle 2 Tage durchdringend gewässert werden. Es ist schwer, einigermaßen zutreffende Angaben über den zusätzlichen Wasserbedarf einer Containerkultur zu machen, schwankt doch der Bedarf in weiten Bereichen in Abhängigkeit vom Witterungsverlauf und vom jeweilig verwendeten Bewässerungssystem, das einen unterschiedlichen Ausnutzungsgrad mit sich bringen kann. Als groben Anhaltswert kann man unter unseren Klimabedingungen und bei Verwendung eines Kreisregners von etwa 10 000 m^3 je ha ausgehen. Je knapper und teurer das zur Verfügung stehende Wasser ist, umso mehr muß die Wahl des Bewässerungssystems aus dem Blickwinkel des Wasserausnutzungsgrades betrieben werden. Weitere Kriterien sind gleichmäßige Wasserverteilung, Investitionsaufwand, Betriebssicherheit und Reaktion der Pflanzen. Unter diesen Aspekten sollen die verschiedenen Bewässerungssysteme beurteilt werden.

1. Drehstrahlregner (Kreisregner): Sie beregnen meist eine kreisförmige Fläche in der Größe von ca. 1000 m^2 und sollten auf eine stündliche Leistung von 4—6 mm/m^2 ausgelegt sein. Selbst bei günstigster Aufstellung lassen sich wegen der kreisförmig beregneten Fläche Überschneidungen nicht vermeiden. Günstiger ist es schon, anstelle der Vollkreisberegnung eine „Ausschnittberegnung" durchzuführen.

Bei diesem System kommt es nur auf ca. 10 % der Fläche zur Überschneidung im Gegensatz zur Vollkreisberegnung mit ca. 35 % Überschneidungsflächenanteil. Der Drehstrahlregner ist vom Investitionsaufwand her betrachtet die billigste Beregnungsmethode. Der Wasserausnutzungsgrad liegt in Abhängigkeit von der Stelldichte der Pflanzen zwischen 20 und 30 %. Da auch die Wege mitberegnet werden, müssen die Hauptwege gut befestigt,

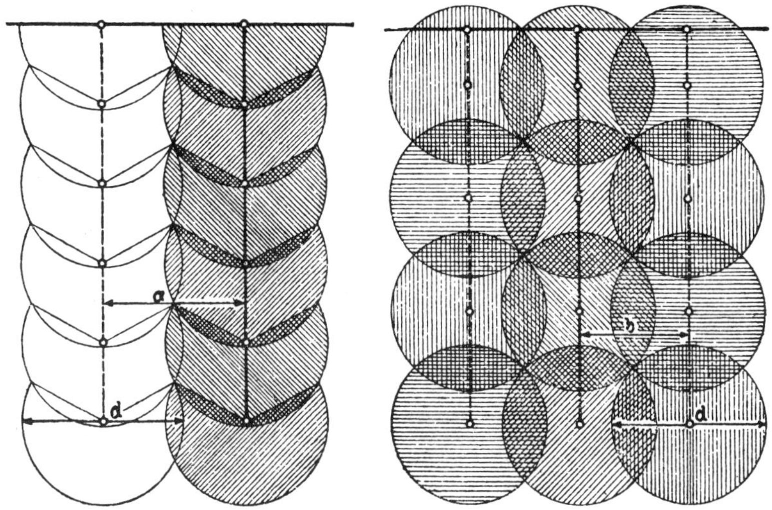

Abb. 143. Zwei Methoden einer zusammengesetzten „Patent-Rechteck-Beregnung“, System Lanninger AG, Frankfurt/M.-Rödelheim. Links: Die neue Ausschnittberegnung mit einer wirklichen Leistung von 90 %; Betriebsfortschritt a = 0,92 d; rechts: Die veraltete Kreisberegnung im Viereckverband mit einer Leistung von nur 63 %; Betriebsfortschritt b = 0,7 d (Werkbild Lanninger)

die Nebenwege gut gedränt sein. Dieses Bewässerungssystem funktioniert ohne großen Kontrollaufwand. Da sehr oft beregnet werden muß, kommen eigentlich nur fest verlegte Zuleitungsrohr in Frage.

2. Vierecklandregner mit schwenkbaren Düsenrohren: Die drehbar gelagerten Rohrstränge haben zahlreiche Wasseraustrittsstellen. Der Antrieb erfolgt über einen Wassermotor. Die Stranglänge ist auf etwa 100 m begrenzt. Das Beregnungsbild ist rechteckig, Überschneidungen sind deshalb nicht gegeben. Von einem 100 m langen Düsenstrang kann eine Fläche von ca. 3000 m² beregnet werden. Die an sich gleichmäßige Wasserverteilung kann durch Wind stark beeinträchtigt werden. Der Investitionsaufwand liegt deutlich höher als beim Drehstrahlregner. Bei hoher Betriebssicherheit und geringem Wartungsaufwand liegt der Ausnutzungsgrad des Wassers zwischen 25 und 35 %.

Abb. 144. Container auf vollflächig ausgerollter schwarzer Folie, um das überschüssige Wasser abzuleiten (Kreisregner) (Foto: Wennemuth)

Abb. 145. Rhododendron und Azaleen im Container, so weit das Auge reicht (Baumschule Kähler, Rellingen) (Foto: Wennemuth)

Abb. 146. Container auf besandeter schwarzer Folie. — Beregnung mit Schwenkregnern (Baumschule E. Rostock, Kölln-Reisiek) (Foto: Wennemuth)

3. **Düsenrohrstränge:** Sie werden über den Beeten in einer Höhe von ca. 2,20 m angebracht. Die Düsen haben eine Flächenleistung von ca. 6 m im Durchmesser. Das Beregnungsbild ist kreisförmig, es kommt also zu Überschneidungen. Die Investitionskosten liegen höher als beim Viereckландregner. Der Ausnutzungsgrad des Wassers liegt zwischen 25 und 35 %.

4. **Erikengießwagen:** Er ist praktisch ein fahrbares Gießrohr mit einer Länge von bis zu 30 m. Der Gießwagen läuft auf einer Schiene und wird elektrisch angetrieben. Die Wasserzufuhr erfolgt über einen Schlauch, der vom Gießwagen hinterhergezogen wird. Die Länge der Beregnungsfläche kann mit maximal 120 m angegeben werden. Ein Gieß-

Abb. 147. Das fahrbare Gießrohr (Eriken-Gießwagen) eignet sich für kleinere Betriebe (Foto: Wennemuth)

wagen kann also eine Fläche von ca. 3600 m² beregnen. Die Wasserverteilung gelingt recht genau; die Störanfälligkeit ist verhältnismäßig gering, eine Überwachung aber erforderlich. Für kleinere Betriebe mit in der Pflanzenhöhe einheitlichen Kulturen wäre der Gießwagen recht gut zu brauchen, diese Kulturen gibt es aber nur in wenigen Betrieben. Leistung und Investitionskosten stehen in einem guten Verhältnis. Der Ausnutzungsgrad des Wassers liegt bei 25—35 %.

5. Sandanstauverfahren:

Schwarze Plastikfolie wird auf den eingeebneten Boden gelegt (Gefälle maximal 0,5 %), mit einer etwa 2 cm starken Sandschicht belegt und an den Seiten ca. 3 cm hoch angezogen, um das seitliche Ablaufen des Wassers zu vermeiden. Auf dem Sand wird ein Schlauch mit zahlreichen Austrittslöchern (z. B. Hübecker-Sprühschlange) verlegt, der das Wasser druckfrei entläßt, das sich im Sand gleichmäßig verteilen kann. Sobald das Wasser auf dem Sand erscheint, wird die Wasserzufuhr gestoppt. Das Wasser wird vom Substrat durch Löcher im Boden des Containers aus dem Sand

Abb. 148. Sandanstau-Bewässerung — hier mit Hübecker-Sprühschlange (Foto: Wennemuth)

hochgezogen (kapillarer Aufstieg). Somit ergibt sich eine relativ gleichmäßige Wasserversorgung. An sehr heißen Tagen reicht diese Versorgung durch den kapillaren Aufstieg mitunter nicht aus, so daß zusätzlich von oben bewässert werden muß. In Regenperioden kann es dagegen zu einer Vernässung des Substrats und damit zu Luftmangel kommen. Vor allem Rhododendren, Azaleen, *Pinus* und *Chamaecyparis* reagieren negativ auf diese zeitweilige Vernässung mit Faulen der Wurzel im unteren Bereich. Andere Pflanzen neigen dazu, mit ihren Wurzeln aus den Wasserabzugslöchern des Containerbodens hinauszuwachsen und in die Sandunterlage einzuwurzeln. Mitunter ist dann der größte Teil der aktiven Wurzeln im Sand außerhalb des Containers abgebildet. Die Pflanzen wachsen zwar ausgezeichnet, laut Qualitätsbestimmungen des BdB dürfen die Verkaufspflanzen jedoch keine Wurzeln außerhalb des Topfes gebildet haben. Das Abschneiden der Wurzeln vor dem Verkauf bedeutet nicht nur zusätzliche Arbeitsbelastungen, sondern wirkt außerdem negativ auf die Anwachsleistung.

Die Anlagekosten liegen selbst bei einfachster Ausführung höher als beim Beregnungsverfahren. Der Wasserausnutzungsgrad ist aber deutlich höher und kann 70 % erreichen. Die Wuchsleistung ist im Sandanstauverfahren allgemein etwas höher als bei Beregnungsverfahren, was wohl auf die geringeren Auswaschungsverluste von Nähstoffen und die geringere Abkühlung des Substrats zurückgeführt werden kann.

6. Beetanstauverfahren: Voraussetzung ist ein weitgehend ebenes Gelände. Das Gefälle darf nicht mehr als 0,1 % betragen, weil sonst die Beete nur sehr kurz sein könnten. Die Auskleidung der Beete mit Folie ist möglich, sie muß aber schon 0,5 mm stark sein, weil sonst zu leicht Undichtigkeiten auftreten; selbst dann muß die Folie alle 2 Jahre ausgewechselt werden. Andererseits bringen dauerhaftere Anlagen aus Beton mit Bitumenbeschichtung einen zu hohen Kostenaufwand mit sich. Die Anstauhöhe muß mindestens 5 cm, die Anstaudauer etwa 15 min. betragen. Eine Rückgewinnung des ablaufenden Wassers muß betrieben werden, da sonst der Ausnutzungsgrad des Wassers zu gering wäre. Dies ist besonders wichtig, wenn über das Anstauwasser Flüssigdüngung betrieben wird. Wird das Rückflußwasser gesammelt, so kann der Ausnutzungsgrad des Wassers 80 % übersteigen. Das Beetanstauverfahren kann wegen des hohen Aufwandes nur für kleinere Betriebe und bei Wasserknappheit in Frage kommen.

7. Tröpfchenbewässerung: Ausgehend von einem Hauptzuleitungsschlauch werden Plastikschläuche sehr geringen Querschnitts zu jedem Container geführt. Bis 10 l Inhalt genügt 1 Schlauch je Container, darüber hinaus werden 2 oder mehr Tropfstellen benötigt. Wegen des geringen Querschnitts der kleinen Zuleitungsschläuche wird das Wasser nur in Tropfen entlassen. Die zugeführte Wassermenge kann in gewissen Grenzen über den Druck reguliert werden. Ein Druckregulierventil, das auf einen relativ niedrigen Wert eingestellt ist, sorgt für die garantierte Einhaltung eines bestimmten Druckes und damit für eine genaue, kalkulierbare Wassermenge je Topf. Als „Normaldruck" werden 2 atü eingestellt. Bei diesem Druck wird pro Stunde den Töpfen etwa 1 Liter Wasser zugeführt. Da der Bedarf der ver-

Abb. 149. Tröpfchenbewässerung — eine wassersparende Bewässerungsmethode (Foto: Wennemuth)

schiedenen Pflanzenarten und -größen sicher unterschiedlich ist, dürfen nur einheitliche Pflanzen- und Topfgrößen mit Arten gleichen Wasserverbrauchs an ein Zuführungssystem gehängt werden, da innerhalb eines Zuführungssystems keine variable Wasserzuführung möglich ist.

Der Ausnutzungsgrad des Wassers erreicht bei der Tröpfchenbewässerung die denkbar höchste Stufe, deswegen und auch wegen der hohen Dosiergenauigkeit eignet sie sich außerordentlich gut für die flüssige Düngung der Pflanzen, so daß eigentlich keine andere Art der Düngung bei Verwendung der Tröpfchenbewässerung in Frage kommt.

Die Anlagekosten sind hoch, für die Kultur der kleinen Container sogar zu hoch, weil bei dichtem Stand der Container eine unerhört große Anzahl von Zuleitungsschläuchen erforderlich ist. Für größere Container, wobei die Grenze wohl bei einem Inhalt von 10 Litern zu ziehen ist, scheint die Tröpfchenbewässerung dagegen sinnvoll und wirtschaftlich zu sein.

Entwässerung: In nassen Jahren besteht die Gefahr, daß die Pflanzen im Container vernässen, d. h. es kommt infolge geringen Wasserverbrauchs und ungewünscht hoher Nachlieferung zu Luftmangel im Substrat, vor allem dann, wenn die verwendeten Substrate über ein hohes Wasserhaltevermögen verfügen. Oft setzen sich auch die Abzugslöcher im Containerboden zu, wenn sie — wie üblich — auf einer Kunststoffolie stehen. Es bestätigt sich zunehmend die Erfahrung, daß im Container mehr Pflanzen durch zu viel als durch zu wenig Wasser ausfallen. Beimischungen von Styropor, Bimskies und grobem Sand werden deshalb diskutiert. Die Verwendung von grobem Torf (Sodentorf) anstelle des fast ausschließlich verwendeten feinen Torfes (Frästorf) könnte eine weitere Lösungsmöglichkeit darstellen.

2.5 Wuchsleistung der Pflanzen im Container im Vergleich zur üblichen Freilandkultur

Die Meinungen hierüber sind recht unterschiedlich. Generell zutreffend ist die Aussage: Je schlechter die Bedingungen für die Freilandkultur von Boden und Klima her gesehen sind, umso besser schneidet die Vergleichskultur im Container auf diesem Standort ab. Vergleichen wir aber beide Kulturen auf optimalen Standorten, so ist die Wuchsleistung

Abb. 150. Picea omorika und Pinus montana mughus im Vergleich zwischen Container- und Freilandkultur (Foto: Wennemuth)

Abb. 151. Pflanzen gleichen Alters von Chamaecyparis *lawsoniana* 'Columnaris Glauca' und 'Lanei' aus Container- und Freilandkultur (Foto: Wennemuth)

Abb. 152. Juniperus virginiana 'Skyrocket' und Thuja plicata 'Aurescens' (Foto: Wennemuth)

im Freiland etwas höher als im Container. Dies gilt vor allem für Koniferen, weniger für Laubgehölze. Beziehen wir den Wachstumsvergleich aber auf eine einjährige Kultur, so haben die Pflanzen im Container oft einen Vorsprung gegenüber den Freilandpflanzen, der aber im 2. und in den folgenden Kulturjahren wieder verloren geht und sich sogar ins Gegenteil verkehrt. Das liegt daran, daß der im ersten Standjahr von den Freilandpflanzen durchwurzelte Raum noch gering und nicht größer als im Container ist und sich in den

Abb. 153. Thuja occ. 'Smaragd' und Juniperus squamata 'Meyeri' im Vergleich zwischen Container- und Freilandkultur (Foto: Wennemuth)

folgenden Jahren erweitert, während Containerpflanzen auf einen relativ engen Bereich fixiert bleiben. Hinzu kommt, daß das verwendete Substrat im Container in der Regel nur im ersten Jahr eine optimale Struktur aufweist, die im 2. Jahr bereits stark nachläßt. Deshalb muß im Container spätestens nach 2jähriger Kulturzeit umgepflanzt werden, was sich auch dann nicht vermeiden läßt, wenn bei Kulturbeginn ein großer Container gewählt wurde. Im Freiland sollte ebenfalls alle 2 Jahre umgepflanzt werden, hier aber aus einem ganz anderen Grund. Die Wurzeln sollen nämlich daran gehindert werden, zu weit in den Boden auszustrahlen, da sonst kein echter Wurzelballen erzielt werden kann. Außerdem müssen streng aufgebaute Koniferen (*Picea, Abies, Pinus*) im Wuchs gestört werden, damit die Jahrestriebe nicht zu lang werden. Umpflanzen im Container bedeutet Gewinn, Umpflanzen im Freiland dagegen Verlust an Zuwachs.

2.6 Chemische Unkrautbekämpfung in Baumschulcontainern

Selbst wenn das bei Containerkultur verwendete Substrat zu Beginn der Kulturperiode unkrautfrei sein sollte, muß wegen des Zufluges von Unkrautsamen mit Verunkrautung gerechnet werden. Würde man auf die chemische Unkrautbekämpfung verzichten, so würde der Arbeitsaufwand für die Unkrautbekämpfung deutlich höher liegen als bei der Freilandkultur, weil mit der Hand gejätet werden muß.

Wird die chemische Unkrautbekämpfung vor dem Auflaufen des Unkrauts durchgeführt, so kann auf die im Freiland bewährten Mittel Gesatop 50 und Venzar zurückgegriffen werden. Nach Untersuchungen von K. Müller (1974) kann eine sichere Unkrautbekämpfung mit den gleichen Aufwandmengen wie im Freiland erzielt werden (20—40 g/a). Es gelten die gleichen Erfahrungswerte für die abgestufte Empfindlichkeit der einzelnen Pflanzenarten (siehe „Chemische Unkrautbekämpfung, S. 214).

Bei bereits aufgelaufenem Unkraut kann bis zum 2—3-Blattstadium noch mit Erfolg Tenoran gespritzt werden. Als Aufwandmenge sind 60—80 g/a erforderlich. Die Wirkung gegen aufgelaufenes Lebermoos, dessen Bekämpfung sich zu einem spezifischen Problem entwickelt hat, ist auch bei starkem Besatz ausgezeichnet. Die Wirkungsdauer kann mit 6—8 Wochen angegeben werden, so daß eine zweite Behandlung notwendig wird. Nicht abgetötet werden vom Tenoran alle Grasarten. Im Anschluß an die Tenoran-Spritzung müssen die Blätter der Pflanzen mit klarem Wasser abgewaschen werden (Beregnung).

2.7 Containerpflanzen-Sortiment

Das Sortiment umfaßt überwiegend solche Arten, die in 1—2jähriger Kultur zur Verkaufsreife gebracht werden können. Erst ganz langsam werden in den Betrieben auch größere Pflanzen im Container herangezogen. Man bewegt sich hier deutlich im Grenzgebiet der Rentabilität. Nicht ganz zu verstehen ist die allgemein festzustellende Überbetonung der Koniferen gegenüber Laubgehölzen, da einmal die Wuchsleistung der Koniferen im Vergleich zur Freilandware im Container weniger positiv zu beurteilen ist als die der meisten Laubgehölze, zum anderen die Verkaufszeit der Koniferen-Ballenware im Herbst schon immer früher beginnen kann als die der Laubgehölze und damit, von dieser Seite her betrachtet, Koniferen weniger arbeitswirtschaftliche Probleme aufwerfen als Laubgehölze.

Bessere *Acer*-Arten, *Amelanchier,* immergrüne *Berberis, Betula, Budleia, Caryopteris, Chaenomeles,* buntlaubige *Cornus*-Arten, *Cotinus, Cotoneaster, Cytisus, Euonymus, Hamamelis, Hibiscus, Hippophae, Hydrangea, Kerria, Kolkwitzia, Magnolia, Pernettya, Prunus laurocerasus, Prunus cistena* und *'Pissardi Nigra', Pyracantha, Rhododendron* (einschließlich *Azaleen*), *Rosa nitida, Teehybrid-* und *Polyantha*-Rosen, *Tamarix* und *Weigela* zählen zum bevorzugten Containerpflanzen-Sortiment. Bei den Koniferen werden hauptsächlich kultiviert: *Cedrus, Chamaecyparis, Ginkgo, Juniperus, Larix, Metasequoia, Picea omorika, Picea pungens Glauca,* alle Zwergfichten, alle *Pinus*-Arten, *Taxus, Thuja* und *Tsuga.*

Abb. 154. Einjährige Winterhandveredlungen von Äpfeln in der Baumschule Wassermann, Weetzen/Hann. (Foto: Wennemuth)

Mit wechselndem Markterfolg wird auch die gesamte Palette der „gewöhnlichen“ und ein Teil der für die freie Landschaft bestimmten Gehölze im Container kultiviert.

Schlechte Wuchsleistungen im Container sind bei *Laburnum, Mahonia, Viburnum* und *Abies* zu verzeichnen, so daß deren Kultur unabhängig von der Nachfrage als nicht lohnend angesehen werden muß. In Dänemark findet man bereits ein beachtliches Sortiment von Alleebäumen im Container. Neuerdings werden auch Obstbäume als 1jährige Winterhandveredlungen im Container kultiviert.

2.8 Wirtschaftlichkeit der Container-Kultur

Bei kleineren Pflanzen läßt sich die Frage nach der Rentabilität offenbar positiv beantworten. Das gilt vor allem für die Kultur von bodendeckenden Gehölzen, die aber, weil sie zunehmend in Töpfen von 1—1,5 Liter Inhalt kultiviert werden, strenggenommen nicht mehr zu den Container-Pflanzen gezählt werden dürfen. Daß diese Kultur rentabel ist, kann man daraus schließen, daß der Preis für die Bodendecker im Handel immer stärker

Abb. 155. Container-Pflanzen in dieser Größe sind noch kein Marktfaktor (Foto: Wennemuth)

zurückgeht, seitdem sie überwiegend im Topf kultiviert werden. Hier muß wohl ein echter Rationalisierungseffekt eingetreten sein. Das Eintopfen kann bei Verwendung von Topfmaschinen und bei Produktion großer Stückzahlen unter Einschluß des Materialverbrauchs (Topf + Substrat) billiger durchgeführt werden als das Einballieren. Der Kulturaufwand ist zwar höher als bei der Freilandanzucht, der Umsatz je ha (engere Abstände) jedoch deutlich höher, die Pflanzenqualität gleichmäßiger, die Versandabwicklung wesentlich einfacher. Dies gilt sicherlich auch für andere Containerpflanzen mit kurzer Kulturdauer.

Größere Pflanzen mit längerer Anzuchtszeit müssen aber umgetopft werden, ein Arbeitsvorgang, der nicht maschinell durchgeführt werden kann, so daß keine Arbeitsersparnis gegenüber der Freilandanzucht zu erwarten ist. Der Vorteil könnte hier nur in der Entlastung der Versandarbeitsspitze gegeben sein. Bei der Kultur von größeren Pflanzen wird man deshalb mit spitzerem Bleistift rechnen müssen.

2.9 Überwinterung der Kultur

Da die Luft die Wurzeln der Containerpflanzen im Gegensatz zu den im Boden stehenden von allen Seiten umspülen kann, sind die im Container stehenden Pflanzen im Winter stärker frostgefährdet als Freilandpflanzen. In der Praxis hat sich deshalb nach harten Rückschlägen in den ersten Jahren die Überwinterung der Container im Folientunnel mit Milchfolie durchgesetzt. Die eingetrübte Folie gestattet dem Sonnenlicht nicht den vollen Zutritt, so daß es an sonnigen Tagen im Winter nicht zu den zu befürchtenden starken Temperatur-Gegensätzen zwischen Tag und Nacht im Tunnel kommt. Außerdem stehen die Pflanzen im Tunnel windgeschützt und in hoher relativer Luftfeuchtigkeit. Gießen ist auch bei monatelanger Übertunnelung nicht nötig. Temperaturmessungen im Folientunnel haben ergeben, daß sich Nachttemperaturen nur unwesentlich von Freilandtemperaturen unterschieden und daß am Tage bei wolkigem Wetter nur ca. 2 °C höhere, bei sonnigem Wetter bis zu 6 °C höhere Temperaturen im Folientunnel gemessen wurden. Da die niedrigsten Temperaturen nachts auftreten, kann, von der Temperatur her gesehen, der gute Überwinterungseffekt kaum erklärt werden. Der größere positive Effekt geht wahrscheinlich von der hohen relativen Luftfeuchtigkeit in Verbindung mit Windabschirmung aus. Das oft beobachtete Absterben von Wurzeln bei nicht überbauten Pflanzen könnte auch sekundär auf Erfrieren und primär auf eine Vernässung des Substrats zurückzuführen sein.

Nach Untersuchungen von ALDEN/HERMANN (1971) könnte die erhöhte Frostgefährdung der Wurzeln in nassem Substrat eine Folge des raschen Temperatur-Abfalls sein. Sie stellten nämlich fest, daß die Temperaturen eines trockenen Bodens parallel mit den Außentemperaturen abfallen. In nassem Boden bleiben sie jedoch für längere Zeit (6 Stunden) bei etwa 0 °C stehen, um dann sehr rasch abzusinken. Dieser rasche Temperaturabfall verhindert aber die Entwässerung der Zellen, so daß es zur tödlichen Eisbildung kommt. Die Folienüberbauung kann diesem Prozeß in zwei Richtungen entgegenwirken: sie verlangsamt den Temperaturabfall und schützt die Pflanzen vor Vernässung des Substrats.

Nach Untersuchungen von HAVIS (1974) sind Gehölze im Container erstaunlich empfindlich gegen Frosttemperaturen im Wurzelbereich. Als tödliche Temperatur nennt er für *Magnolia soulangiana* und *stellata* — 5 °C, für *Cornus florida, Daphne cneorum* und *Ilex crenata (Convexa)* — 6,5 °C, für *Cotoneaster horizontalis* und *Pyracantha coccinea* — 7,8 °C, für *Cotoneaster praecox, Viburnum carlesii* und *Cytisus praecox* — 9,5 °C, für *Azalea* (Gibraltar) und (Hinodegiri) — 12,3 °C. Ähnlich liegen auch die Temperaturen für *Kalmia latifolia, Leucothoe fontanesiana, Mahonia aquifolium, Pieris floribunda* und *japonica, Rhododendron catawbiense* und *Thuja occidentalis. Euonymus fort.* (Coloratus) und *Juniperus horizontalis* (Douglasii) sind dagegen mit — 15,0 bzw. — 17,8 °C beachtlich hart.

Nach dieser Empfindlichkeitsskala muß selbst bei Überwinterung im Folientunnel in kalten Wintern mit erheblichen Ausfällen gerechnet werden.

Die Folientunnel für Überwinterungszwecke werden aus 0,15 mm starker und 3—4 m breiter PÄ-Folie hergestellt. Für mittelhohe Tunnel werden bei Beetbreiten von 1,50 m Federstahlstäbe von 3,25 m Länge verwendet; bei 2 m Beetbreite sind 4 m lange Stäbe erforderlich. Problematisch ist die Sturmsicherung trotz zusätzlicher Schnurbefestigung mit Heilmann-Ankern. Im Winter 1975/76 wurden viele Tunnel vom Sturm zerstört und mußten mit neuer Folie wieder aufgebaut werden.

Im Frühjahr muß bei steigenden Temperaturen und stärker werdender Sonneneinstrahlung gelüftet werden, um frühzeitiges Austreiben und Pilzbefall zu verhindern. Darum wird die Folie an der Seite hochgezogen. Von neueren Versuchen mit stark gelochten Milchfolien erhofft man, das Lüften sparen und das Abhärten erleichtern zu können. Man verspricht sich auch eine größere Windstabilität.

Immergrüne und Koniferen verfügen nach Überwinterung im Folientunnel über bessere Verkaufseigenschaften, weil Blätter und Nadeln frischer grün gefärbt sind. Wird die Folie im Frühjahr bis Anfang Mai auf den Pflanzen belassen, so ergibt sich für Ware, die im Betrieb weiterkultiviert werden soll, eine Möglichkeit, die Vegetationsperiode zu verlängern. Welchen Einfluß dieses Verfahren auf Gesamtwuchsleistung und Qualität der Pflanzen hat, ist noch nicht hinreichend geklärt.

Literatur zu Anzucht der Pflanzen in Töpfen und Containern

ALDEN, J., und R. K. HERMANN (1971): Aspects of the cold-hardiness mechanism in Plants. Botan. Rev. 37 (1971) 1, 37-142. — BEITZ, E. (1971): Containerpflanzen — Bedeutung und Kosten. Gartenw. welt 20, 383-385. — BEITZ, E. (1975): Grodan in Baumschulen. Dt. Baumschule 288. — BEITZ, E. (1976): Topfen in der Baumschule. Dt. Baumschule 76. — BENJAMIN, L. P., C. CHADWICK and K. W. REISCH (1964): The effectiveness of ureaformaldehyde as a source of nitrogen for containergrown woody ornamental plants. Proc. Amer. Soc. Hort. Sci., 84, 636-47. — BOODLEY, J. W., C. F. GORTZIG, R. W. LANGHANS and J. W. LAYER (1966): Fertilizer proportioners for floriculture and nursery crop production management. Cornell Ext. Bul. 1175. — BOODLEY, J. W., and R. SHELDRAKE, Jr.

(1964): Cornell "Peat-Lite" mixes for container growing. Dept. Flor. and Hort. Cornell Univ. Mimeo Rpt. — BOODT, M. DE, und O. VERDONCK (1972): The physical properties of the substrates in horticulture. Acta horticulturae **26**, 37-44, 1972. — BRETSCHNEIDER, R. (1976): Praxiserfahrungen bei der Anzucht von Containerpflanzen in Großbritannien. Dt. Baumschule 66. — BURGHARDT (1971): Vorratsdüngung bei Container-Kulturen von Ziergehölzen. Gartenbauwiss. **5**, 1971, B 36, 445-460. — COCHRANE, R. J., and O. A. MATKIN (1967): Nutrient supply characteristics of slow release fertilizers. Plant. Prop. **12**, 2-10, 1967. — FEIGE, W. (1971): Torfe als Kationenaustauscher bei der Herstellung gärtnerischer Erden. — Acta Horticulturae **18**, 26-36. — FUTURA, T., R. A. COLEMANN and T. MAKUA (1976): Drip irrigation for plants grown in containers. California Agriculture **3**. — FUTURA, T. (1970): Soil mixtures Univ., Calif. Agr. Ext. Serv. 1970. — FUTURA, T. (1971): Fertilizer and irrigation for plants on retail display. Univ. Calif. Agr. Ext. Serv. AXT-361, 1971. — HARRIS, R. W., D. LONG and W. B. DAVIS (1967): Root problems in nursery liner production. Calif. Agr. Ext. Serv. AXT-244, 1967. — HAVIS, J. T. (1974): Tolerance of plant roots in winter storage. Amer. Nurseryman 139: 10, 1974. — HERMANN, P. (1974): Zur Düngung und Nachdüngung von Gehölzen in Containern. Dt. Baumschule 215. — JÖRGENSEN, E. (1975): "Grodan"-stone wool as medium for propagation and culture. Acta Horticulturae **54**: 137-143. — JUNGK, A. (1975): Eigenschaften des Torfs und anderer Substrate in ihrer Bedeutung für die Ernährung der Pflanze. Telma **5**, 167-187. — JUNGK, A. (1964): Über die selektive Kationensorption von Torf. Z. Pflanzenernährung, Düngung, Bodenkunde **104**, 206-216. — KELLEY, J. D. (1960): Effects of over-fertilisation on container-grown plants. Proc. Plant Prop. Soc. **10**, 58-63, 1960. — KELLEY, J. D. (1966): Response of container-grown woody ornamentals to fertilization with urea-formaldehyde and potassium frit. Proc. Amer. Soc. Hort. Sci. **81**, 544-51. KOHSTALL, F. O. (1969): Containerkultur in Baumschulen. Gartenwelt **20**, 456-457. — LANPHEAR, F. O. (1971): Overwintering container-grown plants. Amer. Nurs. **133**, 44-46. — LARSEN, N. (1975): Propagation technique at Hornum. Acta Horticulturae **54**: 121-127. — LUCAS, R. F., P. E. RIECKE and R. S. FARNHAM (1971): Peats for soil mixes. Mich. Coop. Ext. Ser. Bull. E-516. — LUNT, O. R. (1965): Controlled availability fertilizers. **21**, 11-26. — MATKIN, O. A., and P. A. CHANDLER (1957): The U. C. type soil mixes. Calif. Agr. Exp. Sta. Man. 23, 1957. — MATKIN, O. A. (1971): Soil mixes today. Proc. Intern. Plant Prop. Soc. **21**, 162-63. — PELLET, N. E., und D. B. WHITE (1969): Beziehungen zwischen jahreszeitlichen Gewebsänderungen und Kälteanpassung bei Juniperus chin. 'Hetzi'. J. Amer. Soc. Hort. Sci., 94, 5, 460-62. — PELLET, N. E., u. WHITE, D. B. (1969): Boden-Lufttemperatur-Beziehungen und Kälteanpassung bei in Containern kultivierten Juniperus chin. 'Hetzi'. J. Amer. Soc. Hort. Sci., 94, **5**, 453-56. — PELLET, N. E., u. WHITE, D. B. (1969): Wirkung von Bodenstickstoff- und Bodenfeuchtigkeitsgehalten auf die Kälteanpassung von in Containern kultivierten Juniperus chin. 'Hetzi'. J. Amer. Soc. Hort. Sci., 94, **5**, 457-59. — PENNINGSFELD, F. (1974): Kultursubstrate, Düngung, Bewässerung von Großcontainern und Dachgärten. Das Gartenamt, H. **4**, 205-214, Hann.-Berlin 1974. PUCHSTEIN, R. (1969): Neue Hilfsmittel zur Pflanzenanzucht. Gartenwelt **19**, 423-425. — RATHSACK, K., u. A. JUNGK (1964): Über die Pufferung und Kationensorption von Torf. Z. Pflanzenernährung, Düngung, Bodenk. **104**, 193-205. — REEKER, R. (1968): „Opas Erde ist tot." Neue Verbesserungen beim TKS. Gartenwelt **3**: 60-61 — REEKER, R., und E. SPRINGER (1973): Torf im Gartenbau. Paul Parey, Berlin, 1973. —RICHARDS, S. J., J. E. WARNEKE and F. K. ALJIBURY (1964): Physical properties of soil mixes used by nurseries. Calif. Agr. 18, 12-13. — VERWEER, F. L. J. A. W. (1975): Cutting and cropping in artificial media. Acta Horticulturae 1975. — VERWEER, F. L. J. W. (1975): Growing vegetable crops in rockwool and other media. Acta Horticulturae 1975. — WENNEMUTH, G. (1970): Neue Erfahrungen in der Container-Kultur. Baumschul-Beratungsring Weser-Ems e. V. Jahrbuch **6**, 32-39, 1970. — WENNEMUTH, G. (1974): Die Kultur von Gehölzen in Containern — Bestandsaufnahme und Blick in die Zukunft. Dt. Baumschule 126. — WHITE, D. P., and B. G. ELLIS (1965): Nature and action of slow release fertilizers as nutrient sources for forest tree seedlings. Mich. Quart. Bul. **47**, 606-14. — WICKLE, J. S., H. DAVIDSON and E. A. ERICKSON (1961): Soil moisture studies with container-grown plants. Mich. Quart. Bul. **44**, 1. — WILL, H. (1975): Ergebnisse von Düngeversuchen mit Gehölzen in Containern. Dt. Baumschule 288. — WOLLRAB, W. (1968): Automatische Sandanstau-Bewässerung. Gartenwelt **7**, 154-155.

III. Das Roden, Einschlagen und Lagern der Pflanzen

a. Das Entblättern der Pflanzen

Neben dem Pflanzen im Frühjahr stellt das Roden der Pflanzen im Herbst die zweite große Arbeitsspitze dar. Während mit dem Herausnehmen der Ballenpflanzen bei Koniferen wegen des zeitigeren Triebabschlusses schon Anfang September begonnen werden kann, muß mit dem Roden und Herausnehmen der Laubgehölze bis Mitte Oktober gewartet werden, da sie vor allem in Jahren mit langanhaltender warmer Witterung noch lange im Trieb sind. Selbst wenn Laubgehölze, die das Wachsen noch nicht abgeschlossen haben, mit Ballen herausgenommen werden, ergeben sich Schwierigkeiten auf dem Versandweg, weil ihre Verdunstungsrate noch sehr hoch ist. Laubgehölze ohne Erdballen sind verständlicherweise noch problematischer. Solange bei ihnen das Laub noch voll anhaftet, würden sie nach dem Roden innerhalb kürzester Zeit vertrocknen.

Abb. 156. Entblätterungsmaschine als Standgerät (Foto: Wennemuth)

Abb. 157. Entblätterungsgerät mit Zwillingstrommeln bei der Entblätterung von Rosen (Foto: Wennemuth)

Vor allem in maritim bestimmten Klimaräumen (Schleswig-Holstein) tritt der Laubfall oft erst Ende Oktober / Anfang November ein. Solange kann nicht mit dem Roden der Massenware gewartet werden, weil sonst die Versandzeit oft auf nur wenige Wochen beschränkt bliebe.

Gelöst werden kann dieses Problem nur durch vorzeitige Entblätterung. Sie kann mechanisch über Entblätterungsmaschinen oder, sehr arbeitsaufwendig, mit der Hand erfolgen oder auch chemisch durch Beschleunigung des natürlichen Blattfalls.

Bei Rosen, die ihr Laub im Regelfall bis zum Eintritt der ersten schweren Fröste behalten, ist maschinelle Entblätterung durch Überfahren der Rosenquartiere mit einer Entblätterungstrommel recht gut möglich. Jedoch geht dies meist nicht ohne Beschädigung der Triebe ab. Andere Pflanzen, z. B. Obstbäume, werden unmittelbar nach dem Roden am Feldrand mit Entblätterungstrommeln entblättert. Hier ist jedoch der Zeitaufwand erheblich. Die Entblätterung per Hand ist dagegen aus arbeitswirtschaftlichen Gründen wohl nicht mehr tragbar.

Deshalb lag der Gedanke nahe, den natürlichen Laubfall durch Einsatz chemischer Mittel zu beschleunigen. Unter dem Einfluß der Fotoperiode (kürzer werdende Tage) und vor allem der absinkenden Temperatur läßt die Wuchsstoffproduktion in den Blättern der Pflanzen allmählich nach. Solange in den Blättern noch Wuchsstoffvorräte vorhanden sind, kommt es an dem am Blattstengelgrund bereits angelegten Trenngewebe nicht zu einer Zellteilung. Stimuliert wird dieses Trenngewebe erst, wenn der Wuchsstoffgehalt im Blatt abgebaut oder zerstört wird. Dies kann plötzlich durch Nachtfrost von mehreren Graden unter Null ausgelöst werden, so daß schon wenige Tage nachher der Blattfall stark einsetzt. Der gleiche Wirkungsmechanismus kann aber auch in Gang gesetzt werden, wenn die Blätter mit Hilfe von chemischen Mitteln abgetötet werden. Hierbei besteht die Gefahr, daß nicht nur Blätter, sondern auch das Trenngewebe, das dann nicht mehr teilungsfähig ist, abgetötet werden. Die toten Blätter bleiben an den Pflanzen hängen, und Beschädigungen des Rindengewebes an den noch weichen Triebspitzen sind oft nicht zu vermeiden.

Etwas behutsamer kann der Wuchsstoffabbau im Blatt mit Hilfe von chemischen Mitteln beschleunigt werden, die den Wuchsstoff zerstören oder seine Ableitung blockieren, ohne das Blatt abzutöten. Die Wirkung der bisher bekannten Mittel ist aber an Temperaturen von ca. 15 °C gebunden, die nach Mitte September nicht mehr mit Sicherheit gegeben sind.

Neben recht guten Erfolgen beim versuchsmäßigen Einsatz sowohl von sogenannten Kontaktmitteln, die eine Abtötung der Blätter bewirken, als auch von sogenannten „Hormonmitteln", mußten auch nicht zu verantwortende Schäden oder Mißerfolge konstatiert werden. Eine Reihe von Pflanzenarten sprach gar nicht auf chemische Entblätterungsmittel an.

Es gibt jedoch einige Mittel, bei denen Aussicht besteht, daß sie sich auch in der Praxis bewähren können. Bei den Kontaktmitteln sind es **Alzodef (Calciumcyanamid)** in der Konzentration von 1—3 % und Kaliumjodid in der Konzentration von 0,25 %. Bei „Hormonmitteln" hat Etephon (Chloräthylphosphorsäure), das im Zuge des Stoffwechsels in der Pflanze Äthylen freisetzt, die beste Chance. Die Anwendungskonzentration soll sich, auf reinen Wirkstoff bezogen, zwischen 0,2—0,4 % bewegen.

Da Kontaktmittel in der für eine entblätternde Wirkung notwendigen Konzentration oft zu Schäden an nicht ausgereiften Trieben führen, andererseits das Etephon in seiner Wirkung von der auf die Behandlung folgenden Temperatur abhängt, ist von einer Kombination von Kontaktmitteln in etwas erniedrigter Konzentration mit Etephon ein in den verschiedenen Jahren gleichmäßigerer Entblätterungserfolg zu erwarten.

Die besten Ergebnisse wurden bisher bei der Entblätterung von Rosen erzielt, jedoch ist auch hier vor einem Großeinsatz noch zu warnen, wie denn überhaupt die angeführten Mittel und Konzentrationen nur eine Basis für eigene Versuche im praktischen Einsatz darstellen sollen. Eine gute Zusammenstellung der Gesamtproblematik findet sich in der KTBL-Schrift 155: Prüfung chemischer Methoden zum Entblättern von Gehölzen (THON, H. E., und G. WENNEMUTH, 1972), die im Landwirtschafts-Verlag G.m.b.H., Hiltrup/Westfalen, erschienen ist.

Nach neueren Untersuchungen im Institut für Obstbau und Baumschule der TU Hannover scheint die Wirkung der chemischen Entblätterung durch vorausgehendes Unterschneiden der zu entblätternden Gehölze (Seilzugpflug) gesteigert werden zu können. Pflanzen, die unter einem gewissen Wasserstreß leiden, weisen einen höheren Gehalt an Abscisinsäure auf, die eine Stimulation des Blattrenngewebes bewirkt. In trockenen Jahren besteht jedoch die Gefahr eines zu schnellen Vertrocknens der Blätter, was mitunter sogar zur Verhinderung des Abstoßens der Blätter führen kann.

b. Das Roden und Herausnehmen der Pflanzen

Bei Pflanzen ohne anhaftenden Erdballen spricht man vom „Roden“, während Pflanzen mit Erdballen „herausgenommen“ oder „einballiert“ werden. Das Einballieren kommt bei allen Koniferen, Immergrünen, aber auch bei sogenannten besseren sommergrünen Laubgehölzen und Bodendeckern infrage. Bei Pflanzen in der üblichen Handelsgröße ist das Einballieren noch reine Handarbeit mit dem Spaten, während bei größeren Solitärs, beginnend etwa mit einer Höhe von 3 m und dem dazugehörigen Ballendurchmesser von 60—80 cm bereits eine Ballenstechmaschine eingesetzt werden kann (siehe unter „Maschinen“ und Geräte“). Da aber Reihenabstände von mindestens 2 m für einen reibungslosen Einsatz dieser Ballenstechmaschine benötigt werden, kommt ihr Kauf und Einsatz vorerst nur für Spezialbetriebe in Frage.

Beim Herausnehmen mit dem Spaten muß man folgendermaßen vorgehen: Sparrige Pflanzen werden zur Erleichterung der Arbeit zuerst eingebunden, dann wird um die Pflanze herum die nicht durchwurzelte Erde entfernt. Jetzt erst wird der Ballen rundherum in der beabsichtigten Größe ausgestochen. Bei Pflanzen, die erfahrungsgemäß Wurzeln in die Tiefe machen, wird dann an einer Seite ein Spalt ausgehoben, von dem aus man die Wurzeln unter der Pflanze abstechen kann. Anschließend wird sie mit Unterstützung durch den Spaten herausgehoben und auf ein passend zugeschnittenes, bereitgelegtes Ballentuch gesetzt, dessen Enden diagonal über dem Ballen am Stamm fest miteinander verknotet werden.

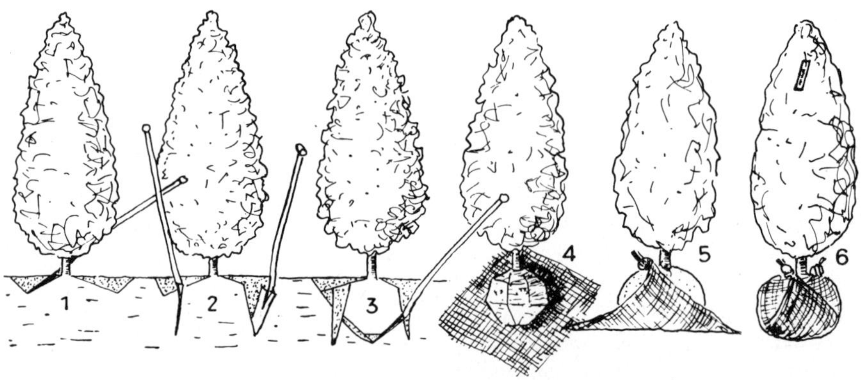

Abb. 158. Das Einballieren von Koniferen: (Original)
1 der nichtdurchwurzelte Boden wird abgehoben;
2—3 Ausstechen des Ballens;
4—6 Einbinden in Ballenleinen

Zur Stabilisierung des Ballens haben sich Balliergummiringe durchgesetzt. Am schwersten ist es auf Sandboden, die Pflanzen mit einem festen Ballen herauszunehmen, am leichtesten auf sehr humosen oder gar organischen Böden, da die Wurzeln gut verzweigt sind und der Ballen von Natur aus gut hält; das trifft auch für bindigen Lehmboden zu. Lehmballen sind zwar gut, aber sehr schwer und verteuern dadurch die Frachtrate beträchtlich.

Pflanzen, die ohne Ballen gehandelt werden, müssen gerodet werden. Das Roden per Hand mit speziellen schweren Rodespaten kommt heute nur noch in Sonderfällen in Frage. Die Masse der Pflanzen wird mit sogenannten Rüttelrodern gerodet, die das Herausziehen der Pflanzen erleichtern, weil zumindest auf Sandboden die Erde bereits aus den Wurzeln herausgeschüttelt worden ist.

Rüttelroder können einreihig roden, sogenannte Beetrüttelroder aber auch ein ganzes Beet auf einmal. Bei schwierigen Bodenbedingungen (nasser Boden) oder wenn einige wenige

Abb. 159. Für größere Pflanzen werden jetzt zusätzlich zum Ballentuch fertige Drahthosen verwendet (Foto: Wennemuth)

Reihen in einem größeren Bestand gerodet werden sollen, kann ein Seilzugpflug eingesetzt werden, der sich auch zum Unterschneiden von Ballenware eignet. Von Nachteil ist hier, daß einmal die Pflanzen noch fester stehen als nach dem Unterschneiden mit einem Rüttelroder, zum anderen der Seilzugpflug auch nur in einer Richtung arbeiten kann und „leer" zurücktransportiert werden muß.

Für Jungpflanzen sind Rodemaschinen entwickelt worden, mit denen die Pflanzen reihenweise unterschnitten, von 2 Gummibändern erfaßt hochgezogen, von anhaftender Erde befreit und dann gebündelt ausgestoßen werden. Die Maschinen sind zwar teuer, können das Roden jedoch stark rationalisieren. Bei einer Arbeitsgeschwindigkeit von ca. 3 km je Stunde können je nach Bestandsdichte zwischen 30 000 und 60 000 Pflanzen je Stunde gerodet werden (siehe unter „Maschinen und Geräte").

Das Wurzelwerk und auch der Ballen der Pflanzen müssen der Pflanzengröße entsprechend ein bestimmtes Volumen aufweisen, um das Anwachsen am späteren Standort zu gewährleisten. Allgemein verbindliche Maße, die aufgrund von Erfahrungswerten erarbeitet wurden, sind in folgender Tabelle festgehalten, aus der auch gleichzeitig Angaben über die entsprechende Größe des Ballentuches für Ballenware entnommen werden können.

Obwohl größere Ballendurchmesser das Anwachsen der Pflanzen durchaus erleichtern können, sollten die vorgegebenen Werte nach Möglichkeit nicht überschritten werden, da die Transportkosten sonst unnötig ansteigen. Besser ist es, durch häufiges Umpflanzen einen kleinen aber gut durchwurzelten, festen Ballen zu produzieren.

Abb. 160. Eine gute Idee: Ein alter VW-Combi (ohne Zulassung) als fahrbares 'Magazin' für Werkzeug und Hilfsmaterial eingerichtet (Baumschule Wassermann, Weetzen) (Foto: Wennemuth)

Pflanzengruppe	Maßbezeichnung		Erforderl. Ø des Wurzelwerkes	Erforderlicher Ø des Ballentuches
Obst	1j. V.		25	—
	H., h., B. 3j., Spaliere		30	—
	B. 2j., Spindeln		30	—
Beerenobst	H. u. B. (ab 3—5 Triebe)		25	—
Schalenobst			wie Gehölze	—
Rosen	niedrig		20	—
	Stämme		25	—
Junggehölze oder Sträucher	2j., 2 mv.		30	—
	3-4j., 2 mv.		35	—
Heistern	100—125 cm hoch		35	—
	125—150 cm hoch		35	—
	150—200 cm hoch		40	—
	200—250 cm hoch		45	—
	250—300 cm hoch		50	—
	Stamm-Umfang in cm			
Gehölze, H. u. h. (Alleebäume usw.)	6—8		45	—
	8—10		50	—
	10—12	2—3 mv.	55	—
	12—14	2—3 mv.	60	—
	14—16	2—3 mv.	70	—
	16—18	2—3 mv.	75	—
	18—20	2—3 mv.	80	—
	20—25	2—3 mv.	90	—
	25—30	2—3 mv.	100	—
	30—35	2—3 mv.	110	—
	35—40	2—3 mv.	120	—
	40—45	2—3 mv.	130	—
	45—50	2—3 mv.	140	—
Koniferen	Höhe in cm	Ballen-Ø in cm		
aufrechtwachsende Arten und Formen von Cham., Junip., Picea, Pinus, Thuja, Taxus usw.	40— 60	20		40
	60— 80	20		40
	80—100	25		50
	100—125	25		50
	125—150	30		60
	150—175	35		70
	175—200	35		70
	200—225	40		80
	225—250	40		80
	250—275	45		90
	275—300	50		100
	300—350	60		120
	350—400	70		140
	400—450	80		160
	450—500	90		180

(Zu den Werten 40—180 des Ballentuches:) Alle Angaben für gut zu bindendes Juteleinen. Bei Papier- oder Behelfstüchern müssen 20 % größere Tücher benutzt werden

(Fortsetzung)

Pflanzengruppe	Maßbezeichnung		Erforderl. Ø des Wurzelwerkes	Erforderlicher Ø des Ballentuches	
Koniferen breitwachsende Arten und Formen v. Cham., Junip., Picea, Pinus, Thuja, Taxus usw.	20— 30	20		40	Alle Angaben für gut zu bindendes Juteleinen. Bei Papier- oder Behelfstüchern müssen 20 % größere Tücher benutzt werden
	30— 40	20		40	
	40— 50	25		50	
	50— 60	30		60	
	60— 80	30		60	
	80—100	35		70	
	100—125	35		70	
	125—150	40		80	
	150—175	40		80	
	175—200	45		90	
	200—225	45		90	
	225—250	50		100	
	250—275	55		120	
	275—300	60		130	

c. Sortieren

Das Messen der Ballenpflanzen erfolgt mit einem Meßstab, der entsprechend der in den Gütebestimmungen des BdB festgelegten Höhenstaffelung markiert wurde. Zweckmäßig ist es, den Meßstab in den verschiedenen Höhenbereichen farbig zu markieren, da diese Größen mit farbigem Band oder Bast in vorgeschriebenen Farben ausgezeichnet werden müssen.

Nicht ballierte Pflanzen werden entsprechend ihrer jeweiligen Eigenart nach verschiedenen Merkmalen sortiert. So erfolgt bei Jungpflanzen die Sortierung nach Länge, bei Veredlungsunterlagen nach Wurzelhalsdurchmesser, bei Beerensträuchern nach Triebzahl, die auch Meßgröße bei der Einteilung der Rosen nach A- und B-Qualität ist, und bei Alleebäumen nach Stammumfang, um nur die wichtigsten Beispiele zu nennen.

Neben den Sortiervorschriften gibt es auch Bündelungsvorschriften, die ein Teil der Güte- und Kennzeichnungsbestimmungen des Bundes deutscher Baumschulen sind und dort nachgelesen werden können.

Bei geeignetem Wetter kann bei Bäumen und Sträuchern das Sortieren auf dem Acker durchgeführt werden; dies ist jedoch nicht die Regel. Fast immer müssen die Pflanzen zum Sortieren in die Versand- und Packhalle gebracht werden, da sie zur Vermeidung unnötigen Austrocknens nach dem Roden möglichst wenig Sonne und Wind ausgesetzt sein sollten. Transport- und arbeitstechnisch ist es am günstigsten, die Pflanzen zum Abtransport in betriebseigene Paletten zu packen.

Nach dem Sortieren und Bündeln können sie sofort in den Verkauf gehen oder werden vorher für kürzere oder längere Zeit in den Einschlag oder in den Kühlraum gebracht.

d. Der Pflanzeneinschlag

Der Einschlagplatz soll so nahe wie möglich an der Packhalle liegen. Für die Pflanzenqualität wäre es zwar besser, die Pflanzen nicht gebündelt in den Einschlag zu bringen, weil sie in der Mitte des Bundes oft nicht genügend Kontakt mit der Einschlagerde erhalten und deswegen leicht vertrocknen. Dennoch kann zum einen aus Platzgründen kaum anders verfahren werden, zum andern ist der Bestand dann leichter zu kontrollieren. Wird aber bundweise eingeschlagen, so muß das Einschlagen besonders sorgfältig durchgeführt werden (wässern und antreten). In den großen Baumschulen mit ihrem unübersichtlichen Einschlag

Abb. 161. Melio-Grüppenfräse beim Werfen eines Einschlaggrabens (Foto: Beitz)

sollte dies Jahr für Jahr nach einem einmal ausgearbeiteten Plan durchgeführt werden, um einen Übungseffekt beim Orientieren zu erreichen. Massensorten sollten in der Nähe befahrbarer Wege eingeschlagen werden, Raritäten können mehr in den Hintergrund gestellt werden. Der Einschlag muß jeden Tag kontrolliert werden, es dürfen keine Pflanzen herumliegen.

Ein Teil der Pflanzen kann auch im Kühlraum gelagert werden.

e. Die Kühllagerung der Pflanzen

1 Die Inneneinrichtung der Kühlräume

Betriebe mit größeren Posten einheitlicher Pflanzen sollten ab 800 m³ Raumgröße die Lagerung der Pflanzen in Paletten vornehmen, da diese Firmen heute eigentlich fast alle über einen Gabelstapler verfügen. Trotz der dafür notwendigen breiteren Wege wird die Raumkapazität mit Paletten am besten ausgenutzt. In diesem Fall sollte die Raumhöhe mindestens 5 m betragen. Das genaue Maß richtet sich nach der Höhe der verwendeten Paletten. Zwischen Decke und oberster Palette muß ein Sicherheitsabstand von 40 cm eingeplant werden, der im Kühlraum mit direkter Kühlung auch schon wegen der besseren Luftzirkulation erforderlich ist. In diesen Räumen müssen die Paletten so aufgebaut werden, daß die Kühlaggregate an den Wänden ihre Kaltluft jeweils in einen Gang blasen können, um einen geregelten Umlauf der Luft und damit eine gleichmäßige Temperaturverteilung zu erzielen. Daneben erscheint für kleinere Pflanzenposten in einem Teil des Kühlraumes auch die Lagerung in einfachen Stellagen zweckmäßig. Die volle Ausnutzung der Höhe von 5 m ist dann aber problematisch.

Muß wegen eines zu kleinen Kühlraumes auf die Lagerung in Paletten verzichtet werden, so sollte nicht der ganze Raum mit Stellagen zugestellt werden, da sich im Herbst ein freier Raum für die kurzfristige Lagerung von Pflanzen besser nutzen läßt. Während die einfachen Stellagen aus Holz gefertigt werden, sollte für fahrbare Regale dem Leichtmetall der Vorzug gegeben werden.

2 Die Einlagerung der Pflanzen

Pflanzen, die für eine längere Lagerung im Kühlraum vorgesehen sind, sollten möglichst spät gerodet werden, da sich gut ausgereifte Pflanzen problemloser lagern lassen. In die gleiche Richtung wie spätes Roden wirken auch eine vernünftige Düngung, die kalibetont sein sollte, und Pflanzenschutzmaßnahmen auf dem Feld, die bis Ende September durchgehalten werden sollten.

Rosen sind durch Pilzbefall der Triebe besonders gefährdet, wenn die mechanische Entblätterung zu rauh betrieben und von den Peitschen Wunden an den Trieben verursacht wurden. Wenn eine hohe relative Luftfeuchtigkeit im Kühlraum garantiert werden kann, so können die Rosen nach Rückschnitt auf dem Feld auf 40 cm Höhe (Mindesthöhe für A-Qualität) auch mit Blättern eingelagert werden. Im Winter läßt sich das Laub dann bei der Durchsicht der Pflanzen aus den Bunden ausschütteln. An den unversehrten Trieben kommt es bei dieser Methode nur selten zu Pilzbefall.

3 Die Pflege der eingelagerten Pflanzen

Im Kühlraum mit direkter Kühlung hat man davon auszugehen, daß die Forderung nach genügend hoher relativer Luftfeuchtigkeit (mindestens 96 %) nur selten erfüllt werden kann. Spätestens im Frühjahr, wenn bei den dann höheren Außentemperaturen die Arbeitstakte der Kühlung dichter aufeinander folgen, ist es schwer, die relative Luftfeuchtigkeit hoch genug zu halten. Pflanzen und Boden des Kühlraumes müssen dann alle 2—3 Tage mit einer Schlauchbrause befeuchtet werden. Im Mantelkühlraum können höchstens gegen Ende der Lagerperiode, wenn nur noch wenige Pflanzen im Kühlraum sind, ähnliche Maßnahmen, wenn auch in längeren Abständen, notwendig werden.

Nach den Untersuchungen von de Haas und Wennemuth (1962) ist bei der für die Lagerung der Pflanzen erforderlichen hohen relativen Luftfeuchtigkeit Pilzbefall ohne zusätzliche Pflanzenschutzmaßnahmen nicht zu verhindern, es sei denn, die Lagertemperatur würde auf mindestens — 2 °C abgesenkt. Die Pflanzen vertragen zwar auch diese tiefere Temperatur ohne Qualitätseinbuße, doch würden sich die Kühlkosten unnötig erhöhen. Im Kühlraum mit direkter Kühlung würde es zudem nicht gelingen, die auch bei der Temperatur von — 2 °C notwendige relative Luftfeuchtigkeit von 96 % zu erreichen. Bei Mantelkühlung würden sich allerdings keine Probleme ergeben.

Bei Temperaturen über dem Gefrierpunkt ist vor allem an weichen Triebspitzen und an Trieb- und Wurzelverletzungen mit einem Befall durch *Botrytis* und *Fusarium* zu rechnen. Nach neueren Erfahrungen kann mit mehrmaligen Spritzungen mit Benomyl und Saprol vor dem Roden fast Befallsfreiheit erreicht werden. Im Kühllager können schließlich mit dem Spritzmittel Euparen und dem Räuchermittel Altritan gute Erfolge erzielt werden.

Die Qualität des eingelagerten Gutes. Es hat sich in vielen Versuchen ebenso wie in der Praxis erwiesen, daß die im Kühlraum sachgerecht gelagerten und behandelten Pflanzen gegenüber den nach herkömmlicher Methode im Einschlag überwinterten Pflanzen bedeutend überlegen waren. Dies mag daran liegen, daß der Kühlraum leichter und einfacher zu beobachten ist als ein Einschlagplatz, daß die Pflanzen keinen Wintertemperaturen ausgesetzt sind, auch nicht der so schädlichen Wintersonne an Frosttagen usw. Während die Pflanzen im Einschlag sehr oft beim Herausnehmen schon im Trieb sind und dadurch eine empfindliche Störung erleiden, liegen sie im Kühlraum in absoluter Winterruhe und treiben nach dem Pflanzen meist viel stärker aus.

Ausgelagerte Pflanzen haben aber während der langen Lagerzeit selbst in Kühlräumen mit hoher relativer Luftfeuchtigkeit Wasser verloren, das vor dem Auspflanzen bzw. vor dem Versand durch Wässern wieder ausgeglichen werden sollte. Auf dem Land oder dem langen Transportweg besteht andernfalls noch die Gefahr des Vertrocknens. Reklamationen würden sich vermeiden lassen, wenn sich alle Baumschuler das Wässern der Pflanzen bei der Auslagerung zur Pflicht machen würden.

Literatur zu: Roden und Ballieren

Addicott et al. (1955): Auxin gradient Theory of abscission regulation. Science **121**, 644-645. — Addicott, F. T., und R. S. Lynch (1955): Physiology of abscission. Ann. Rev. Plant Physiol. **6**, 688-689. — Doesburg, J. van (1961): Ondbladering van Heesters Proefstation voor de boomkwekerij. Jahrbuch 1961, S. 153-155. — Elk, B. C. M., van (1963): Ondbladering door Bespruiten Proefstation v. de boomkwekerij. Jahrbuch 1963, S. 123. — Karnatz, H. (1960): Über die chemische

Entblätterung von Obstgehölzen in der Baumschule. Zeitfragen der Baumschule **17**, 31-32. — KARNATZ, H. (1959): Versuche zur chemischen Entblätterung von Obstgehölzen in der Baumschule. Mitt. Obstbauversuchsring Altes Land **14**, 208-214. — KRÜSSMANN, G. (1954): Entblätterung mit chemischen Mitteln. Dt. Baumschule **6**, 16. — KRÜSSMANN, G. (1953): Rosenentblätterung für den Versand. Dt. Baumschule **5**, 252. — LIEBSTER, G., und H. KETTNER (1955): Entblätterung von Obstgehölzen und Obstveredlungsunterlagen mit Endothal Harvest Aid, Code 151. Dt. Baumschule **7**, 183. — MOHR, G., D. ERDMANN und G. SCHNEIDER (1967): Morphaktine, eine neue Klasse von Wachstumsregulatoren. Merck-Blätter **17**, 1-9. — PRIDHAM, A. M. S. (1952): Preliminary Report on defoliation of nursery stock by chemical means. Proc. Amer. Soc. Hort. Science **59**, 475. — SCHMADLAK, J. (1959): Probleme der Entblätterung von Baumschulgehölzen mit chemischen Mitteln. Dt. Baumschule **11**, 126. — MORGAN, F. W. (1969): Stimulation of ethylene evolution and abscission in cotton by 2-Cloroethanephosphonic acid. Plant Physiology **44**, 337-341. — THON, H. E., und G. WENNEMUTH (1972): Prüfung chemischer Methoden zum Entblättern von Gehölzen. KTBL-Schrift 155, Landwirtschaftsverl. GmbH, Hiltrup. — WENNEMUTH, G. (1963): Verlängerung der Pflanzzeit durch Verwendung von kühlgelagerten Pflanzen. Das Gartenamt **4**, 102. — WENNEMUTH, G. (1968): Pflanzenqualität und ihre Beeinflussung durch Bodenentseuchungsmaßnahmen und Kühllagerung. Jb. Baumschulberatungsring Weser-Ems e. V. 1968, S. 102-108.

D. Der Absatz der Baumschulerzeugnisse (H. E. THON)

In ganz wesentlichem Maße ist der wirtschaftliche Erfolg eines Baumschulbetriebes von den Entscheidungen und Tätigkeiten innerhalb der Verkaufsfunktion abhängig. Die Verwertung der betrieblichen Leistungen, also der Absatz der in der Baumschule erzeugten Pflanzen an die Abnehmer, kann als das eigentliche Ziel aller vorher beschriebener Funktionsbereiche angesehen werden. Mit den Ernte- und Aufbereitungsarbeiten (Roden, Sortieren, Bündeln, Einlagern) wurden nach dem Ende der Kulturzeit die Voraussetzungen für die Vermarktung geschaffen. Jetzt gilt es Märkte zu finden, zu erschließen und zu pflegen und mögliche Absatzchancen zu wahren.

I. Absatzvorbereitungen

a. Marktbeobachtung

Der Markt für Baumschulpflanzen unterliegt vielen verschiedenen und oft auch nur schwer vorhersehbaren Einflüssen. Nur derjenige Baumschulunternehmer kann auf Dauer am Markt bestehen, der die Einflußfaktoren kennt, ihre Entwicklung und Veränderung beobachtet und zu gegebener Zeit entsprechend reagiert. Das umfangreiche Sortiment mit seinen zahlreichen Sortierungen und die normalerweise mehrjährigen Kulturen erschweren die Anpassung an sich wandelnde Situationen. Je sicherer der Baumschuler die Bedürfnisse seiner Kunden auch für die kommenden Jahre voraussieht, umso besser sind seine Marktchancen.

Die Sortimentsgestaltung wird sich immer nach den persönlichen Neigungen und den Kulturkenntnissen des Betriebsleiters richten. Bei allem Verständnis für Sortenvielfalt und für spezielle Liebhabereien muß jedoch nachdrücklich darauf hingewiesen werden, daß der größte Teil der Produktion aus anbauwürdigen Pflanzen besteht. Die speziellen Ansprüche der Verwender werden von besonderen Kommissionen bei den Anbauempfehlungen für verschiedene Gehölzgruppen (Obst, Pappelsorten, Forstgehölze, aber auch Ziergehölze) berücksichtigt. So werden zum Beispiel die größten Umsätze bei den Obstgehölzen immer von den Sorten erbracht werden, die in der Bundesobstsortenliste aufgeführt sind.

Vom Bund deutscher Baumschulen werden im mehrjährigen Turnus den Mitgliedern Listen für die Produktplanung zur Verfügung gestellt, die die wichtigsten Empfehlungen enthalten. In der Liste für das *Hauptsortiment* befinden sich die Arten und Sorten, die nach den vorliegenden Erfahrungen als besonders anbauwürdig gelten und daher allgemein für den Anbau empfohlen werden können. Das *Ergänzungssortiment* umfaßt dagegen Arten und Sorten für begrenzte Anwendungsbereiche mit meist geringerem Handelswert oder neuere, noch nicht genügend erprobte Baumschulgehölze. Die nicht zum Anbau empfohlenen Arten und Sorten wurden bisher in der Negativliste benannt, die ab 1980 entfällt. Zur Zeit umfaßt das Hauptsortiment etwa 500 Arten und Sorten und das Ergänzungssortiment etwa 400 Arten und Sorten. Aufgrund mehrjähriger Anbau- und Vermarktungsbeobachtungen werden Verschiebungen innerhalb dieser Sortimente vorgenommen, wenn sich das als notwendig erweist. Den wichtigsten Abnehmergruppen liegen die Listen vor, so daß sich die Nachfrage überwiegend nach den bewährten Pflanzen richten wird.

Durch vielseitige Informationen über Angebote, Kaufgesuche und Bestände muß sich der Baumschuler einen Überblick über die sich ständig wechselnde Lage verschaffen. Das Informationsbedürfnis ist nach Struktur der Anbaugebiete und der Betriebe und der Vermarktungsform unterschiedlich zu bewerten. Einer Untersuchung von HÖRMANN zufolge haben den höchsten Informationsstand die großen Versand- oder Sortimentsbaumschulen in den Hauptanbaugebieten und den Streulagen. Ihnen folgen die mittelgroßen Betriebe, die sich aufgrund der Beteiligung an Ausschreibungen und dem damit häufig verbundenen Zwang zur Komplettierung aus anderen Baumschulen auch mit dem Marktgeschehen vertraut machen müssen. Die vergleichsweise geringsten Marktkenntnisse sind von den kleinen Betrieben mit fast ausschließlich örtlichem Absatz an den Privatkunden zu erwarten. Allgemein dürfte der höchste betriebliche Marktinformationsstand zuerst in den Betrieben der Hauptanbaugebiete und mit zeitlicher Verzögerung in den Betrieben in Streulagen eintreten.

Es ist selbstverständlich, daß sich mit den besseren Marktkenntnissen die Absatzchancen des einzelnen Betriebes erhöhen. Aus diesem Grunde werden vor allem die Großbaumschulen versucht sein, durch Auswertung aller verfügbaren Quellen ihre Kenntnisse über vorhandene Bestände im In- und Ausland und die Nachfrage zu verbessern. Während in Holstein und Oldenburg-Ostfriesland vor allem *regionale Börsen* und Rückschlüsse aus der Kundennachfrage als Informationsquellen hervorgehoben werden, informieren sich die Baumschuler in Nordrhein-Westfalen und Süddeutschland mehr durch Besuche anderer Betriebe und in kollegialen Gesprächen. Daneben haben aber auch die Marktberichterstattungen der Verbände auf Tagungen und Angebote in Fachzeitschriften, Drucksachenwerbungen, spezielle Offerten („Grüne Liste") erhebliche Bedeutung. Die Verwendung amtlicher Statistiken spielt dagegen kaum eine Rolle, da diese immer erst mit zeitlicher Verzögerung zur Verfügung stehen.

In den letzten Jahren hat es sich auch in den Streulagen bemerkbar gemacht, daß auf regelmäßig stattfindenden oder kurzfristig anberaumten regionalen *Börsen* sehr rasch Marktinformationen zu erlangen sind und Geschäfte abgewickelt werden können. Aus diesem Grunde wurden die schon lange in Holstein und Oldenburg-Ostfriesland bekannten Börsen auch hier eingerichtet. Auch sie dienen ausschließlich dem Zweck, den Kunden zu jeder Zeit qualitativ gut, vollständig und pünktlich beliefern zu können.

b. Bestandserfassung und -kontrolle

Die gute Marktübersicht allein genügt nicht, um Aufträge ordnungsgemäß abwickeln zu können. Der Betriebsleiter muß zusätzlich zu jeder Zeit sehr gute Kenntnisse der eigenen Anzuchten und der zu erwartenden oder vorhandenen verkaufsfähigen Ware haben.

Während des ganzen Jahres erweist sich ein gut geführtes *Quartierbuch* als nützlich. Gern verwendet werden Notizbücher mit kräftigem Einband im Format DIN A 6 (Taschenformat). Sie haben jedoch den Nachteil, daß Einteilung der Seiten, alphabetisches Register usw. jeweils neu angelegt werden müssen. Es empfiehlt sich hier eher ein kleiner Ringordner mit wetterfestem Plastikeinband (Vertrieb: Obst- und Gartenbauverlag, Postfach 105, 8000 München 15), in dem alle Einteilungsmerkmale vorgedruckt sind. Als erstes Blatt wird ein Quartierplan mit der Bezeichnung der Flurstücke in den Ordner aufgenommen, um auch betriebsfremden Besuchern und neuen Mitarbeitern ein rasches Mitdenken zu ermöglichen. Auf einigen weiteren Blättern wird eine kurze Charakteristik der Quartiere gegeben (Lage, Größe, Bodenbeschaffenheit, Entfernung vom Hauptbetrieb usw.). Die eigentlichen Quartierblätter werden dann nach Namen in ein alphabetisches Register eingeordnet. Genügen die im Ordner vorhandenen Vordrucke nicht den betrieblichen Ansprüchen, können leicht selbst entwickelte Blätter eingefügt werden.

Quartier: Am alten Bach — Pflanzdatum: 17. 3. 1974

Reihe	Gattung	Art oder Sorte	Anzahl	verkaufsfähig 30—40	40—60	60—100	Bemerkungen
1—3	Chaenomeles	speciosa	9000	1500	5300	1700	

Abb. 162. Beispiel für eine Einteilung im Quartierbuch, geeignet für Obstgehölze

Quartier: ____________________

Reihe	Unterlage	Herkunft	Anzahl	1. Veredlung / Sorte			Datum

gepflanzt: ______ Vorkultur: ______

Richtung: ______ in der Reihe: ______

2. Veredlung / Sorte	Datum	Markenfähig			Bemerkungen Reiserherkunft

Abb. 163. Für Obstgehölze geeignete Quartierbucheinteilung (aus: Greb'sches Baumschul-Quartierbuch, Obst- und Gartenbauverlag München)

Schon während der Vegetationsperiode werden die voraussichtlich verkaufsfähigen Pflanzen ständig überprüfend gezählt oder geschätzt und die Zahlen im Quartierbuch vermerkt. Die Zeiten für die sehr aufwendigen *Bestandsaufnahmen* im Spätsommer können dadurch wesentlich reduziert werden, die Verkaufsdisposition ist auch im Sommer immer möglich. Nach Räumung des Quartiers werden die Aufzeichnungen nicht vernichtet, sondern in einem Sammelordner abgeheftet. Noch nach Jahren kann dann festgestellt werden, welche Kulturen auf einer bestimmten Fläche früher angebaut wurden, ob die Gefahr von Bodenmüdigkeit besteht, zu welchen Zeiten welche Arbeiten durchgeführt wurden usw.

Während der Versandzeit kann eine ordentlich eingerichtete *Bestandsübersicht,* in der alle betrieblich wichtigen Angaben enthalten sind, wertvolle Dienste leisten. Sie wird in Buch- oder Karteiform geführt. Die selbst eingerichteten *Bestandsbücher* müssen zwar vergleichsweise mühsam angelegt werden, haben aber den Vorteil, daß sie leicht zu Ein- und Verkaufsgesprächen mitgenommen werden können. Für die innerbetriebliche Benutzung sind Karteien zweckmäßiger.

Abb. 164. Ein Zähler, wie er in deutschen Baumschulen häufig bei der Bestandsaufnahme verwendet wird

Im Gegensatz zu der uns von früher bekannten „Blockkartei" (rechteckige, durch einzelne Reiter gekennzeichnete Karte in Blockaufstellung) sollte heute nur noch die *„Staffelkartei"* verwendet werden. Die besondere Gestaltung der Karten und der Karteikästen erlaubt schnelles und unkompliziertes Arbeiten. Der Aufdruck der Karten läßt sich allen Anforderungen anpassen. Zu jeder Zeit kann der Betriebsleiter feststellen, welche Mengen an Pflanzen noch vorhanden sind, wo er eventuell über Ersatz (andere Sorten oder Größen) verfügt oder ob Zukauf nötig ist.

Jeweils am rechten schrägen Rand der Karten sind Namen und Größen der Pflanzen verzeichnet. Etwa 25—30 dieser Karten stehen nebeneinander in einer Reihe, durch eine Pappe von der nächsten Reihe getrennt. Durch Verwendung verschiedenfarbiger Karten ist eine einfache Trennung der Gehölzgruppen (Rosen, Alleebäume, Ziersträucher, Koniferen usw.) möglich. Die Zahnung am unteren Kartenrand sorgt dafür, daß die einzelnen Karten auf Drahtstegen am Kastenboden am festen Platz stehenbleiben und nicht seitlich ver-

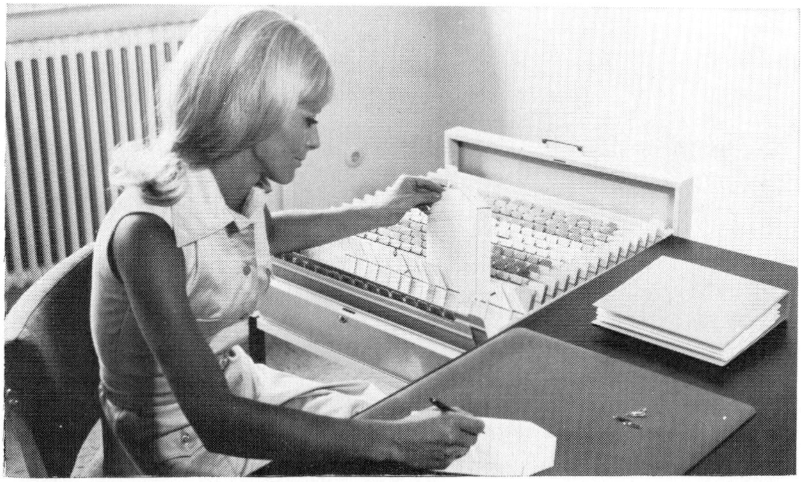

Abb. 165. Beispiel für die Staffelkartei für die Bestandsdisposition (Eichner, Visikart)

rutschen können. Der durchgehende Kontrollstreifen im oberen Teil der Karte wird bei Entnahme einer Karte zur Bearbeitung unterbrochen und gibt so ein optisches Signal für die anschließende Einordnung (Abb. 166).

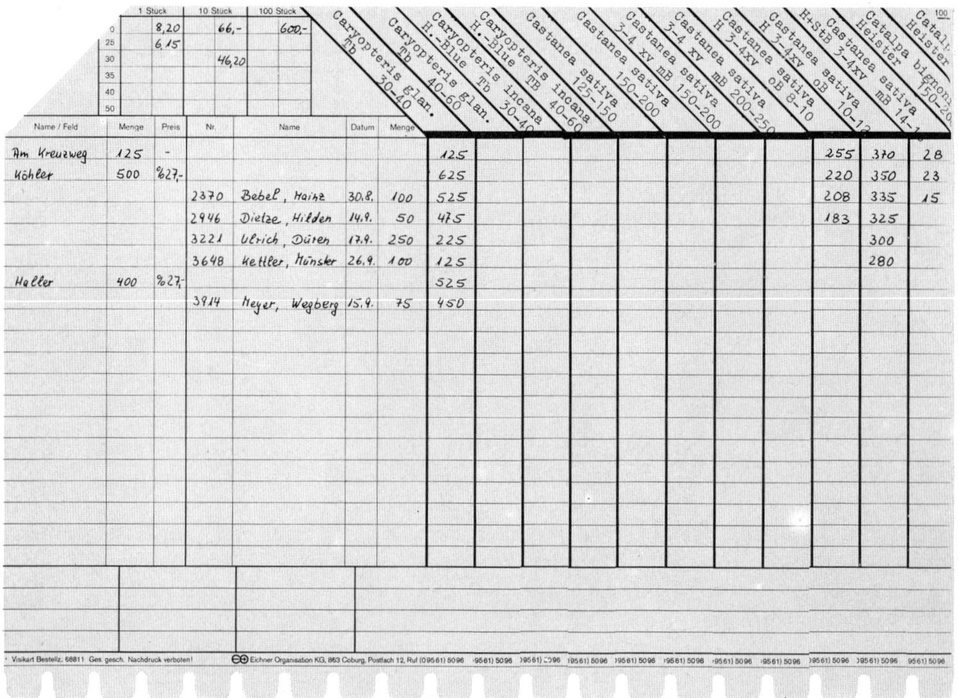

Abb. 166. Staffelkartei für den Einsatz in Baumschulen

Nach der endgültigen Bestandsaufnahme werden die Werte am rechten Rand eingetragen und später alle Zu- und Verkäufe verbucht. Da bei allen Pflanzenarten die Bestandsmenge immer direkt unter dem Namen erkennbar ist, besteht beste Übersicht. Weitere interessante Angaben, wie Auftragsnummer, Name des Käufers, Preisstaffel, können bei Bedarf vom restlichen Kartenteil abgelesen werden. Die Einrichtung einer Bestandskartei macht am Anfang zwar noch viel Arbeit, bietet aber in der Verkaufszeit wesentliche Arbeitserleichterung.

Soweit das im einzelnen Betrieb erforderlich und sinnvoll ist, werden während der Bestandsaufnahme Beschilderungen und Etikettierung der einzelnen Sorten vorgenommen, um Verwechslungen beim Roden und Versand zu vermeiden. Obstgehölze können unter Umständen schon jetzt mit Markenetiketten versehen werden. Sollten sortenfremde Pflanzen im Quartier vorhanden sein, müssen diese gekennzeichnet und später gesondert gerodet werden.

c. Werbung

Bedeutung, Notwendigkeit und Nutzen der Werbung wurden in den vergangenen Jahren immer mehr auch von der Baumschulwirtschaft erkannt. Die in unseren Betrieben erzeugten Produkte konkurrieren auf den Märkten in erster Linie mit allen für den Sektor Freizeit bestimmten Waren. Andererseits finden sie Verwendung in öffentlichen Anlagen, als Straßenbepflanzungen in Forsten. Für alle Verwendungsbereiche gilt gleichermaßen die Aufgabe, mögliche Abnehmer auf Pflanzen aus Baumschulen aufmerksam zu machen und von der Notwendigkeit von Pflanzungen zu überzeugen. Hierdurch werden Bedarf geweckt und Absatzchancen eröffnet.

Werbung für die deutschen Baumschulen und ihre Erzeugnisse werden im wesentlichen betrieben durch:

1. Bund deutscher Baumschulen, (BdB) e. V., Bismarckstraße 49, 2080 Pinneberg. Die Finanzierung erfolgt durch gesonderte Beiträge der Mitglieder.

Abb. 167. Schriften zur Verbraucheraufklärung unterstützen die Baumschulen; z. B. Qualitätsbegriffe für Baumschulerzeugnisse, Ausgabe Nr. 3, Rosen, des BdB

2. Centrale Marketinggesellschaft der deutschen Agrarwirtschaft mbH, (CMA), Koblenzer Straße 148, 5300 Bonn-Bad Godesberg.
   Die Finanzierung erfolgt aus Mitteln, die aufgrund des Absatzfondsgesetzes von allen landwirtschaftlichen Betrieben erhoben werden. Es werden vor allem die Werbeaktivitäten des Bundes deutscher Baumschulen unterstützt.
3. Landesverbände des Bundes deutscher Baumschulen. Vorwiegend werden Verkaufshilfeaktionen (Plakate „Jetzt ist Pflanzzeit“) oder Broschüren für die Imagewerbung („Die rheinischen Baumschulen“) erstellt.
4. Einzelbetriebliche Werbemaßnahmen entsprechend den Bedürfnissen und Vorstellungen der jeweiligen Baumschulen. Der hierfür vorgesehene Werbeetat des Einzelbetriebes beläuft sich im Durchschnitt auf etwa zwei bis vier Prozent, erreicht in manchen Endverkaufsbetrieben jedoch auch schon bis 15 Prozent.

Da es sich bei den Erzeugnissen der Baumschulen nicht um einheitliche, standardisierte oder normungsfähige Artikel handelt, gestaltet sich die Werbung außerordentlich schwierig. Schon die Arten- und Sortenvielfalt verhindert, daß für ein bestimmtes Produkt eine Aussage getroffen wird. Es soll vielmehr für die ganze Palette zur Verfügung stehender Baumschulgehölze Interesse erzeugt werden. Erschwerend wirken außerdem die sehr unterschiedlichen Abnehmer mit ihren stark voneinander abweichenden Bedürfnissen. So muß der gezielt einkaufende Baumschulkollege anders angesprochen werden als der Privatkunde und dieser wieder anders als der Einkäufer für das öffentliche Grün. Um die jeweiligen Zielgruppen möglichst genau zu treffen und zu hohe Streuverluste des eingesetzten Werbematerials zu verhindern, müssen gut abgestimmte *Werbekampagnen* durchgeführt werden.

Abb. 168. Verkaufshilfe durch farbige Folienaufkleber für Rosen

Aufgaben des Bundes deutscher Baumschulen und der Centralen Marketinggesellschaft der deutschen Agrarwirtschaft mbH sind in erster Linie Maßnahmen der *Imagewerbung*. Hier soll die Leistungsfähigkeit der deutschen Baumschulen demonstriert werden. Zusätzlich werden die Baumschulen in ihren Verkaufsbemühungen durch Ausgabe von Schriften zur Verbraucheraufklärung und Werbemitteln unterstützt.

Abb. 169. Imagewerbung für die Baumschulen

Die Werbung um den Engros-Abnehmer beschränkt sich häufig auf die ganz gezielte Ansprache durch persönliche Schreiben oder Zusendung von Informationsmaterial oder auf Annoncen in Fachzeitschriften. Große Versandbaumschulen haben sich für diese Zielgruppe durch Herausgabe von Hauptkatalogen mit umfangreichen Fachinformationen einen Namen gemacht (Gebr. Mohr, Rudolf Schmidt, Timm & Co usw.).

Diese *Kataloge* sind allgemein bekannt und werden als Nachschlagewerke und Kalkulationsgrundlagen ständig verwendet. Sie werden speziell für jeden Betrieb und durch den Betrieb erstellt und können als typisch für diesen gelten.

Neben diesen Katalogen werden häufig mehrmals jährlich Kundenbriefe versandt, um die Abnehmer immer wieder auf die Baumschule aufmerksam zu machen.

Bei den werblichen Bemühungen um den Privatkunden werden eine Vielzahl unterschiedlicher Schritte begangen. Allgemein üblich ist die Herausgabe eines sehr reich bebilderten Kataloges, der in seinem Textteil nur wichtigste Hinweise gibt. Sie werden manchmal ergänzt durch beispielhafte Bepflanzungspläne, Pflanzanleitungen und Dünge- und Pflanzenschutzhinweise. Die Kataloge werden aus Kostengründen sehr häufig von speziellen Katalogverlagen bezogen und können nur in gewissem Rahmen den Bedürfnissen der einzelnen Baumschule angepaßt werden. Größere Endverkaufsbetriebe geben auch eigene Kataloge heraus, andere erstellen diese in Kataloggemeinschaft mehrerer Baumschulen.

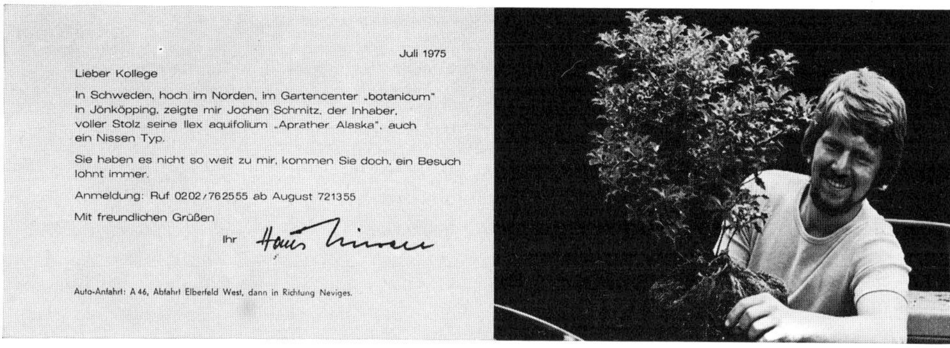

Juli 1975

Lieber Kollege

In Schweden, hoch im Norden, im Gartencenter „botanicum" in Jönköpping, zeigte mir Jochen Schmitz, der Inhaber, voller Stolz seine Ilex aquifolium „Aprather Alaska", auch ein Nissen Typ.

Sie haben es nicht so weit zu mir, kommen Sie doch, ein Besuch lohnt immer.

Anmeldung: Ruf 0202/762555 ab August 721355

Mit freundlichen Grüßen

Ihr

Auto-Anfahrt: A 46, Abfahrt Elberfeld West, dann in Richtung Neviges.

Abb. 170. Mit diesem Brief bringt sich eine Baumschule bei ihren Kunden in Erinnerung (Werkfoto: Nissen, Wuppertal)

Ein weiteres Werbemittel ist das *Inserat*. Es erscheint vorwiegend in den örtlichen Zeitungen in mehrfacher Wiederholung. Wichtigster Grundsatz für das Zeitungsinserat ist die Verwendung eines ständig gleichbleibenden Blickfangs (Schriftzug des Namens, Baum oder Blütensymbol, Einrahmung usw.). Dies ist notwendig, um auch den oberflächlich Lesenden im Verlauf einiger Zeit durch ständige Erinnerung auf sich aufmerksam zu machen. Fließanzeigen mit Kurzinformationen können hier unterstützend wirken (z. B. Rosen kauft man bei Baumschulen Lehmann in Walddorf, Tel. 32 54). Nicht vergessen: Firmenname, Anschrift, Telefon-Nummer, eventuell Verkaufszeiten).

Der wesentliche Gedanken allen Werbens ist *Erinnerung wachrufen und Bedarf zu wecken.* Obwohl die Baumschulen hier in starker Konkurrenz zu den Bemühungen der gewerblichen Wirtschaft stehen und die Reizüberflutung des Kunden nicht übersehen werden darf, soll auch auf weniger effektvolle Werbemittel nicht verzichtet werden. Hierzu gehört die richtige Beschilderung des Betriebes und der Quartiere in der Nähe der Baumschule. Aber auch Verteilung von Wurfprospekten, Plakataktionen und Kinowerbung können Kunden gewinnen. Wenig Erfolg versprechen Sonderangebote, wenn sie nicht wirkungsvoll in das Verkaufskonzept eingebaut werden. Unattraktive Ladenhüter können auch in einer Sonderaktion nicht abgesetzt werden, vor allem wenn sie langfristig angesetzt sind. Diese Zugangebote müssen zeitlich eng begrenzt (Montag bis Donnerstag) werden, um sie begehrenswert zu machen. Sie sollen Kunden vor allem in den verkaufsschwachen Wochentagen in den Betrieb bringen. Darum sollen Sonderangebote nur aus besonders attraktiven Pflanzen bestehen. Der Imagewerbung des Einzelbetriebes und der Verbraucheraufklärung kann ein *Tag der offenen Tür* in hervorragender Weise dienen. Wird er kurz vor Versandbeginn im Herbst durchgeführt, kann Aufmerksamkeit durch zusätzliche Inserate erzeugt werden. Werbung in Zusammenarbeit mit benachbarten Betrieben erlaubt häufigeres und attraktiveres Inserieren.

Alle nach außen gerichteten werblichen Aktivitäten bleiben jedoch Stückwerk und erfolglos, wenn die notwendigen innerbetrieblichen Voraussetzungen nicht gegeben sind. Dazu gehören unter anderem:

Attraktives und qualitativ hochwertiges Sortiment;
gepflegte und verkaufspsychologisch richtig angelegte Absatzeinrichtung (Einschlag, Verkaufsraum, Gewächshaus);
Musterpflanzungen, Mustergärten;
Beschilderung, Bebilderung, Einzeletikettierung, Preisauszeichnung werden allen Wünschen gerecht;
das Verkaufspersonal ist fachlich bestens geschult, kann jederzeit befriedigende Antworten geben und tritt dem Kunden in Aussehen und Ansprache korrekt gegenüber;

Abb. 171. Gemeinschaftsinserat zum „Tag der offenen Tür"

Serviceleistungen werden nach Möglichkeit geboten (Anfuhr der Ware, Gartenplanungen usw.);
Reklamationen werden verständnisvoll entgegengenommen, sachlich geklärt und in beiderseitigem Einverständnis erledigt.

d. Lieferungsbedingungen für Baumschulpflanzen

Allgemeines

1. Die Preise gelten ab Verkaufsstelle in Deutscher Mark (DM) ohne Skonto und Porto-Abzüge. Aufträge sind innerhalb einer Woche nach Empfang zu bestätigen.
2. Bei persönlichem Aussuchen von Pflanzen in der Baumschule haben die Listenpreise keine Gültigkeit.
3. Aufträge, bei denen keine anderen Vereinbarungen getroffen sind, können gegen Nachnahme ausgeführt werden.
   Bei Begleichung von Rechnungsbeträgen darf ein Zahlungsziel von 30 Tagen nicht überschritten werden. Erfolgt Barzahlung innerhalb 14 Tagen ab Rechnungsdatum, werden 2 % Skonto auf den Netto-Rechnungsbetrag gewährt. Bei Zahlungsverzug müssen ab Fälligkeitsdatum Verzugszinsen in bankmäßiger Höhe berechnet werden.

Versand und Verpackung

4. Der Versand geschieht auf Rechnung und Gefahr des Bestellers.
5. Die Verpackung ist sachgemäß und sorgfältig auszuführen. Stückgutsendungen sind stets fest zu verpacken, sofern nicht andere Vereinbarungen getroffen werden. Wagenladungen sind stets mit geeignetem Packmaterial gut abzudecken. Die einzelnen Lieferposten sind bei Versand kostenfrei so zu bezeichnen oder zu trennen, daß Unklarheiten bei sachgemäßem Auspacken der Ballen- oder Waggonladungen nicht eintreten können.

6. Korb-, Stroh- und Kistenverpackung ist dem Besteller zu den Selbstkosten für Material- und Arbeitslohn zu berechnen und braucht nicht zurückgenommen zu werden.

Rollgeld und Verpackungskosten

7. Das Rollgeld zur Bahn oder zum Schiff trägt der Besteller. Seine Höhe richtet sich nach den örtlichen Verhältnissen. Das Rollgeld und die Verpackungskosten können nachgenommen werden.

Eigentumsvorbehalt

8. Die gelieferten Pflanzen bleiben Eigentum des Lieferanten bis zur vollen Erfüllung der diesem gegen den Besteller zustehenden Kaufpreisansprüche, bei Kaufpreiszahlung durch Wechsel oder Scheck bis zu deren Einlösung.

   Das vorbehaltene Eigentum des Lieferanten geht nicht dadurch verloren, daß der Besteller die gelieferten Pflanzen bis zu deren Weiterveräußerung vorübergehend auf seinem oder fremden Grundstück einschlägt oder einpflanzt. — Der Besteller ist verpflichtet, die unter Eigentumsvorbehalt des Lieferanten gelieferten Pflanzen so zu lagern, so einzuschlagen oder bis zur Weiterveräußerung vorübergehend so einzupflanzen und dabei so für sich (bzw. in Verbindung mit seinen Geschäftsunterlagen) zu kennzeichnen, daß sie als vom Lieferanten gekommen erkennbar sind. Der Besteller verpflichtet sich dabei, die entsprechenden Geschäftsunterlagen zur Einsicht vorzulegen. — Bei trotzdem erfolgter Vermischung der gelieferten Pflanzen mit anderen gleichartigen Pflanzen erwirbt der Lieferant in Höhe des Wertes der von ihm gelieferten Ware für die Zeit des Bestehens des Eigentumsvorbehaltes das Miteigentum an den gemischten Pflanzen.

   Weiterveräußerung, Verpfändung oder Sicherungsübereignung vor Erfüllung der Ansprüche des Lieferanten ist unzulässig. Sollte dem zuwider eine Weiterveräußerung erfolgen, tritt der Besteller schon mit Abschluß des Geschäfts mit dem Lieferanten die künftige Forderung aus der Weiterveräußerung in Höhe des nicht bezahlten Lieferpreises an den Lieferanten ab, ohne daß es einer besonderen Abtretungserklärung bedarf. Der Eigentumsvorbehalt bleibt trotz der Weiterveräußerung bestehen; Kosten von Inkasso und Intervention trägt der Besteller.

Lieferpflicht und Gewährleistung

9. Wenn durch Wetterkatastrophen, Hagel-, Frost-, Dürreschäden und durch andere Fälle höherer Gewalt sowie wegen Streik, Aussperrung, Betriebsstörung oder sonstiger vom Verkäufer nicht zu vertretender Behinderung die Ausführung bestätigter Aufträge unmöglich gemacht worden ist, so entfällt die Lieferungspflicht.

10. Eine Gewähr für das Anwachsen wird grundsätzlich nicht übernommen. Verlangt der Käufer jedoch ausdrücklich die Übernahme einer Anwachsgarantie, so kann hierfür ein besonderer Betrag in Rechnung gestellt werden.

11. Gewähr für Sortenechtheit wird nur bis zum Rechnungsbetrag geleistet. Darüber hinausgehende Ansprüche bestehen nicht, sofern nicht im Einzelfalle besondere schriftliche Vereinbarungen getroffen werden oder dem Lieferanten nicht grobe Fahrlässigkeit nachgewiesen werden kann.

    Gewähr für Echtheit der Obstsorten und bei Obstbäumen der geforderten Unterlagen wird bis zum Ablauf des fünften Jahres vom Tage der Lieferung ab übernommen. Bei Beerenobst-, Rosenpflanzen und anderen Gehölzen läuft die Gewähr nur bis zum Ablauf des zweiten Jahres vom Tage der Lieferung ab. Für Sortenechtheit der Nachzucht wird keine Gewähr übernommen. Bei Veredlungsunterlagen und Jungpflanzen übernimmt der Lieferant für die Echtheit der gelieferten Sorten Gewähr nur bis zum Ablauf eines Jahres nach dem Tage der Lieferung.

Mängelrügen

12. Mängel sind unverzüglich nach Empfang der Ware zu rügen. Die Mängelanzeige muß spätestens binnen fünf Tagen nach Empfang der Ware abgesandt sein. Die Mängel sind genau anzugeben. Mängel, die erst später erkennbar sind, müssen unverzüglich gerügt werden, sobald sie erkennbar geworden sind. Es ist nicht gestattet, von einer Warenart nur einen Teil der Lieferung zur Verfügung zu stellen oder Minderung des Kaufpreises hierfür zu verlangen, da jeder einzelne Posten als ein Ganzes zu betrachten ist.

Ersatz

13. Ersatz für fehlende Sorten in ähnlichen, gleichwertigen Sorten ist gestattet, falls dies im Auftrag nicht ausdrücklich ausgeschlossen wurde.
14. Der Sortenersatz ist indessen nur erlaubt, wenn sich der Auftrag auf mehrere Sorten erstreckt, die Stückzahl der Sorten über fünf nicht hinausgeht und der Betrag der Ersatzlieferung 50,— DM nicht übersteigt.
15. Bei allen Baumschulpflanzen, ausgenommen Veredlungsunterlagen und Jungpflanzen, können als Ersatz für Güteklasse A Pflanzen der Güteklasse B zu dem hierfür gültigen Preis geliefert werden, falls dies nicht ausdrücklich verbeten ist.

Muster und Maße

16. Muster sollen nur die Durchschnittsbeschaffenheit zeigen; es brauchen nicht alle Pflanzen der Lieferung genau wie die Probe auszufallen.
17. Maße sind, sofern es sich nicht um Stammumfang oder um solche für Veredlungsunterlagen und Jungpflanzen handelt, nur annähernd anzugeben; kleine Abweichungen nach unten oder nach oben sind zulässig.
18. Für alle Lieferungen sind die Güteklassen und Grundmaße der Gütebestimmungen des BdB bindend.

Erfüllungsort, Gerichtsstand

19. Erfüllungsort und ausschließlicher Gerichtsstand ist der Ort der Niederlassung des Lieferbetriebes, sofern in den Lieferbedingungen des einzelnen Lieferbetriebes keine besonderen Bestimmungen hierüber getroffen sind.
    Weitere Lieferbedingungen können im Rahmen der gesetzlichen Vorschriften vereinbart werden, sind aber vorstehenden Bestimmungen anzuhängen.

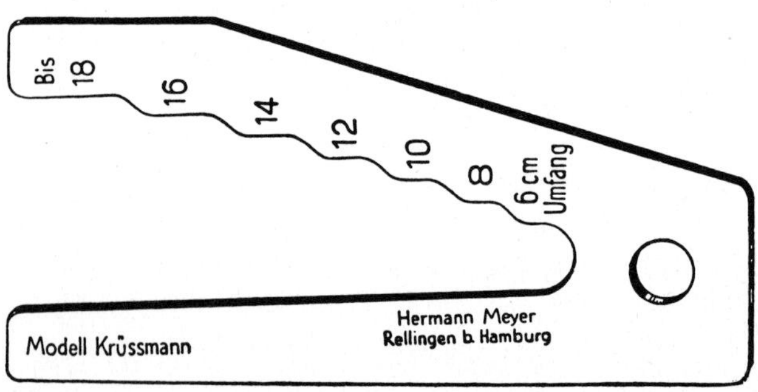

Abb. 172. Die von Krüssmann entwickelte Meßgabel hat sich in kurzer Zeit gut in den meisten deutschen Baumschulen eingeführt (Hersteller: Hermann Meyer, Rellingen)

e. „Gütebestimmungen für Baumschulpflanzen“ Stand 1976

Allgemeine Gütebestimmungen

(1) Alle Baumschulgehölze, die in den Handel gebracht werden, müssen — soweit nicht weitergehende Anforderungen vereinbart sind — sortenecht, fehlerfrei, gut bewurzelt und gesund sein. Ihr Wuchs muß der jeweiligen Art und Sorte entsprechen. Sie müssen gemäß den jeweils zutreffenden Größenordnungen für Höhe, Breite, Triebzahl, Stammumfang, Durchmesser usw. sortiert sein.
(2) Gehölze, die diesen Anforderungen nicht entsprechen, sind pflanzunwürdig und dürfen weder an Wiederverkäufer noch an Endverbraucher angeboten oder verkauft werden.

Gütebestimmungen im einzelnen

I. Laubgehölze

1. **Stämme, Heister und Stammbüsche**

1.1 (1) **Hochstämme** müssen einen geraden, fehlerfreien Stamm (mindestens 180 cm Stammhöhe) mit einer geraden Stammverlängerung innerhalb der Krone und eine gute Bewurzelung haben. Zu der „geraden Stammverlängerung innerhalb der Krone“ gelten die Ausnahmen: „Kugelkronen und diejenigen Hängeformen, die ohne Leittriebe gezogen werden.“ Die Kronen, ob geschnitten oder nicht, müssen gleichmäßig und der Stärke des Stammes entsprechend ausgebildet sein. Der Kronenaufbau muß den Charakter und natürlichen Wuchs der Art und Sorte zum Ausdruck bringen.

(2) Kronenveredlungen müssen eine gut entwickelte, verzweigte Krone haben, die kennzeichnend ist für die Art und Sorte und der Veredlungsart entspricht.

(3) Die Arten und Sorten müssen den Wachstumsbedingungen entsprechend regelmäßig verpflanzt sein.

(4) Der Stammumfang wird in 1 m Höhe über dem Erdboden gemessen und wie folgt gestaffelt: 7—8 8—10 10—12 12—14 14—16 16—18 18—20 20—25 cm usw. mit 5 cm Staffelung; ab 50 cm mit 10 cm Staffelung.

(5) Fuß-, Viertel-, Halb- und Hochstämme von Ziergehölzen wie Hydrangea, Laburnum, Prunus, Syringa, Viburnum u. ä. sollen eine Stammhöhe von 30—40 60—80 80—100 100—125 125—150 150—175 und 175—200 cm haben. Die Krone muß je nach Sorte aus 3 bis 5 starken Trieben bestehen; Kronenveredlungen müssen gut verwachsen sein.

1.2 (1) **Heister** sind mehrmals verpflanzte baumartige Gehölze ohne Krone; sie müssen gerade gewachsen, aus weitem Stand, mit Seitenholz bezweigt und gut bewurzelt sein. Die Bezweigung soll dem natürlichen Wuchs der betreffenden Baumart entsprechen.

(2) Die Sortiermaße für Heister beginnen mit den Höhenstaffelungen in den Maßen 100—125 125—150 cm und weiter mit einer Staffelung von jeweils 50 cm (entsprechend Tabelle 4, Laubgehölze).

1.3 (1) **Stammbüsche** sind mindestens 250 cm hohe Pflanzen aus weitem Stand, mindestens 2mal verpflanzt, natürlich gewachsen, mit besonders voller Zweiggarnierung. Der Stammumfang beträgt mindestens 8—10 cm, weitere Staffelung wie bei Hochstämmen, jedoch auch Staffelung 16—20 cm zulässig.

1.4 (1) **Hochstämme und Stammbüsche 3mal verpflanzt** sind Bäume, die als 2mal verpflanzte Hochstämme oder Stammbüsche ein drittes Mal verpflanzt oder unterschnitten wurden. Die dritte Verpflanzung muß in extra weitem Stand erfolgt sein. Falls sie unterschnitten wurden, sind sie entsprechend freizustellen. Im übrigen gelten sinngemäß die Bestimmungen wie zu 1.1 (1) und 1.3 (1).

1.5 (1) **Solitärbäume und Solitärstammbüsche** sind Einzelexemplare aus entsprechend weitem Stand oder auch Einzelreihen. Sie müssen mindestens 3mal verpflanzt worden sein. Ab 30 cm Stammumfang müssen sie zum 4. Mal verpflanzt oder umgraben worden sein. Danach sind sie durch weiteres Verpflanzen oder Umgraben verpflanzfähig zu halten. Die Krone muß — der Stammstärke sowie der Art und Sorte entsprechend — groß und ausdrucksvoll sein. Im übrigen gelten für Solitärbäume sinngemäß die Bestimmungen wie zu 1.1 (1) und für Solitärstammbüsche die Bestimmungen 1.3 (1).

2. **Sträucher**

2.1 Sträucher müssen in der Regel zweimal verpflanzt sein und aus weitem Stand geliefert werden. Sie müssen dem Charakter der Art und Sorte entsprechend kräftig gewachsen und gut bewurzelt sein.

2.2 **Solitärsträucher** sind Einzelpflanzen, die als 2mal verpflanzte Sträucher ein drittes Mal verpflanzt und für Einzelstellung vorbereitet wurden. Die dritte Verpflanzung muß in extra weiten Stand erfolgen; danach sind die Solitärsträucher durch weiteres Verpflanzen oder durch Umstechen verpflanzfähig zu erhalten. — Die Breite muß in einem angemessenen Verhältnis zu Wuchscharakter und Höhe stehen, die Pflanzen müssen einen ihrer Größe entsprechenden, festen und gut durchwurzelten Erdballen haben.

3. **Heckenpflanzen**

(1) Heckenpflanzen aus weitem Stand müssen in der Regel mehrmals verpflanzt, gut bewurzelt und von unten an bezweigt sein.

(2) Hochwachsende Arten wie Acer campestre, Carpinus betulus, Fagus sylvatica u. ä. müssen einen ihrer Art entsprechenden Mitteltrieb haben.

(3) Höhen- und Breitenstaffelungen für Sträucher und Solitärsträucher siehe Tabelle 4, Laubgehölze.

4. **Laubgehölze** wie Sträucher [siehe 2(1)], Solitärsträucher [2(2)], Heckenpflanzen [3] und Heister [1.2] werden je nach Sorte und Wuchsstärke nach folgenden Höhen- oder Breitenstaffelungen und nach folgenden Triebzahlen sortiert:

10-15	40-50	100-125	225-250	600-700
15-20	40-60	100-150	250-275	
20-25	50-60	125-150	250-300	
20-30	50-80	150-175	275-300	Triebzahl
25-30	60-80	150-200	300-350	2
20-40	60-100	175-200	350-400	3/4
30-40	80-100	200-225	400-500	5/7
30-50	80-125	200-250	500-600	8/12

5. **Leichte Sträucher und leichte Heister**
Leichte Sträucher müssen 1× verpflanzt, gut bewurzelt und in den festgelegten Mindestwuchsräumen kultiviert sein.
Sie sind in 3 Gruppen aufgeteilt:

5.1.1 Cornus mas, Hippophae rhamnoides
Diese müssen ein- oder mehrtriebig sein und eine der Art entsprechende gute Seitengarnierung haben.

5.1.2 Corylus avellana, Euonymus europaeus, Malus communis, Pyrus communis, Prunus mahaleb, Prunus padus, Prunus spinosa, Ribes divaricatum, Rosa canina, Rosa rubiginosa, Salix aurita, Salix caprea, Salix cinerea, Sambucus nigra, Sambucus racemosa, Viburnum lantana, Viburnum opulus

Corylus avellana	Rosa rubiginosa
Euonymus europaeus	Salix aurita
Malus communis	Salix caprea
Pyrus communis	Salix cinerea
Prunus mahaleb	Sambucus nigra
Prunus padus	Sambucus racemosa
Prunus spinosa	Viburnum lantana
Ribes divaricatum	Viburnum opulus
Rosa canina	

Diese müssen mindestens zweitriebig sein und eine der Art und Sorte entsprechende gute Seitengarnierung haben.

5.1.3

Amelanchier canadensis	Rhamus frangula
Chaenomeles japonica	Ribes alpinum
Cornus sanguinea	Rosa multiflora
Lonicera tatarica	Rosa spinosissima
Lonicera xylosteum	Rosa rugosa
Prunus serotina	Rosa virginiana
Rhamnus catharticus	

Diese müssen mindestens dreitriebig sein und eine der Art und Sorte entsprechende gute Seitengarnierung haben.

5.2 Leichte Sträucher werden in folgenden Staffelungen sortiert:
40-70 70-90 90-120

5.3 Leichte Heister müssen einmal verpflanzt und in den festgelegten Wuchsräumen herangezogen sein.
Betula pubescens und Betula verrucosa müssen 2× verschult sein.
Leichte Heister müssen gerade gewachsen sein und eine der Sorte und den Wuchsräumen entsprechende Seitenverzweigung aufweisen.
Ihr Wurzelwerk muß in einem ausgewogenen Verhältnis zur Höhe und zum Gesamthabitus stehen.

5.4 Leichte Heister werden in folgenden Staffelungen sortiert:
60-80 80-100 100-125 100-150 125-150

6. **Schling- und Kletterpflanzen**

Schling- und Kletterpflanzen müssen aus weitem Stand sein und mindestens 2 kräftige Triebe haben. Ausgenommen sind einjährige Clematis-Hybriden und Parthenocissus tricuspidata 'Veitchii'. Empfindliche Arten und Sorten dürfen nur mit Stab versehen zum Versand kommen. Clematis-Hybriden müssen in Töpfen herangezogen sein.

7. **Jungpflanzen**

(1) Bei Jungpflanzen muß das Längenwachstum zu der Triebstärke und dem altersmäßig bedingten Gesamtaufbau im richtigen Verhältnis stehen.

(2) Die Bewurzelung muß der Art, dem Alter und dem Verpflanzen entsprechend lang und verzweigt sein, sie darf keine anormalen Krümmungen aufweisen.

(3) Laubholzjungpflanzen werden in folgenden Staffelungen sortiert:

7-15	10-20	5-10
15-30	20-40	10-15
30-50	40-60	15-20
50-80	60-100	
80-120	100-140	
120-160	140-180	

II. Rosen

1. **Niedrig veredelte Rosen**

(1) Güteklasse A
Hierunter versteht man einjährige, durch Sommerokulation erzielte Pflanzen mit mindestens 3 normal entwickelten, gut ausgereiften Trieben, von denen mindestens 2 aus der Veredlungsstelle kommen müssen, während der dritte Trieb bis 5 cm darüber entspringen darf.
(2) Güteklasse B
Hierunter versteht man gut entwickelte Pflanzen mit zwei kräftigen, gut ausgereiften, aus der Veredlungsstelle entspringenden Trieben.

2. **Stammrosen**

(1) Die Stammhöhe muß betragen:
Hochstämme ca. 90 cm
Halbstämme ca. 60 cm
Trauerrosen ca. 140 cm

(2) Güteklasse A
Der Stamm muß kräftig und gerade gewachsen sein und gute Faserbewurzelung haben. Er darf keine größeren überwallten Wunden oder Brandflecke aufweisen. Die Krone muß mindestens 3 stark entwickelte, aus 2 Veredlungsstellen entspringende Triebe haben. Der Stammdurchmesser muß unmittelbar unter der Veredlungsstelle gemessen mindestens 9 mm betragen.

(3) Güteklasse B
Die Beschaffenheit muß, was Stamm und Bewurzelung angeht, der Güteklasse A entsprechen. Die Krone darf auch aus nur einer Veredlung gewachsen sein und muß mindestens zwei normal entwickelte, aus der Veredlungsstelle entspringende Triebe haben.

III. Immergrüne Gehölze einschließlich Rhododendron

1. **Rhododendron**

(1) Die Pflanzen müssen einen ihrer Größe entsprechenden, fest durchwurzelten Ballen haben. Sie müssen wüchsig, gedrungen, der Höhe entsprechend breit und von unten an verzweigt sein sowie Blütenknospen haben.

(2) Die Sortierung erfolgt bis zur Größe von 100 cm von 10 zu 10 cm, über 100 cm von 20 zu 20 cm, über 200 cm von 25 zu 25 cm.
Bei Zwergformen gilt bis zu 30 cm eine Staffelung von 5 cm, darüber eine solche von 10 cm.

(3) Solitärpflanzen müssen mindestens 3mal und nachfolgend alle 3—4 Jahre verpflanzt worden sein; dabei muß der Pflanzenabstand eine vollständige und allseitige Entwicklung zur Solitärpflanze gewährleisten. Sie müssen — der Art und Sorte entsprechend — eine dunkelgrüne, tief reichende Belaubung aufweisen sowie mit Knospen gut besetzt sein. Die Ballengröße muß der Größe der Pflanze entsprechen, der Ballen muß fest durchwurzelt sein. Breiten- und Höhenmaße müssen mit angegeben werden.

2. **Freiland-Azaleen**

(1) Freiland-Azaleen müssen einen ihrer Größe entsprechenden fest durchwurzelten Ballen haben. Sie müssen gedrungen im Wuchs, von unten verzweigt und mit Blütenknospen besetzt sein.

(2) Die Sortierung erfolgt bis zu 80 cm von 10 zu 10 cm, dann mit der Staffelung 8—100 cm, darüber mit einer Staffelung von jeweils 25 cm. Japanische Azaleen werden bis zur Größe von 30 cm von 5 zu 5 cm, darüber von 10 zu 10 cm gestaffelt.

3. **Immergrüne Laubgehölze**

(1) Immergrüne Laubgehölze müssen regelmäßig je nach den Erfordernissen der Arten verpflanzt sein. Sie müssen einen ihrer Größe entsprechenden festen, gut durchwurzelten Ballen haben. Ausgenommen hiervon sind diejenigen Arten und Qualitäten, die als mehrmals verpflanzte Ware auch ohne Ballen handelsüblich sind.

(2) Immergrüne Laubgehölze werden je nach Sorte und Wuchsstärke nach folgenden Höhen- oder Breitenstaffelungen sortiert:

8-12	30-35	60-70	100-150	180-200	350-400
10-15	30-40	60-80	120-140	200-225	400-450
12-18	35-40	70-80	125-150	200-250	450-500
12-20	30-50	80-90	140-160	225-250	500-600
15-20	40-50	80-100	150-175	250-275	600-700
20-25	40-60	90-100	150-200	250-300	
20-30	50-60	100-120	160-180	275-300	
25-30	50-80	100-125	175-200	300-350	

(3) Solitärpflanzen müssen mindestens 3mal und nachfolgend alle 3—4 Jahre verpflanzt worden sein; dabei muß der Pflanzenabstand eine vollständige und allseitige Etwicklung zur Solitärpflanze gewährleisten.

Sie müssen — der Art und Sorte entsprechend — gut belaubt und bis unten voll garniert sein. Die Ballengröße muß der Größe der Pflanzen entsprechen, der Ballen muß fest durchwurzelt sein. Breite und Höhe der Solitärpflanzen müssen — gemäß dem jeweiligen Wuchscharakter — in einem angemessenen Verhältnis stehen.

Abb. 173. Ein Quartier von Cedrus deodara bei De Koningk-Dervaes in Maldeghem, Belgien (Werkfoto)

IV. Nadelgehölze

1. **Allgemeines**

(1) Nadelgehölze müssen regelmäßig je nach den Erfordernissen der Arten verpflanzt sein. Sie müssen einen ihrer Größe entsprechenden festen, gut durchwurzelten Ballen haben. Ausgenommen hiervon sind diejenigen Arten und Qualitäten, die als mehrmals verpflanzte Ware auch ohne Ballen handelsüblich sind. Aufrechtwachsende Arten sind mit einem durchgehenden Mitteltrieb zu liefern; Abweichungen hiervon sind bei Ginkgo, Taxus, Thuja, Tsuga u. ä. zulässig.

(2) Nadelgehölze müssen ihren Wuchseigenschaften und der Sorteneigentümlichkeit entsprechend vom Boden an voll bezweigt sein.

(3) Bei starktriebigen Nadelgehölzen müssen die Pflanzen bis zum letzten Jahrestrieb voll bezweigt sein und die Quirlabstände sowie die Länge des letzten Jahrestriebes in einem richtigen Verhältnis zur Gesamtpflanze stehen.

(4) Nadelgehölze werden je nach Sorte und Wuchsstärke nach folgenden Höhen- und Breitenstaffelungen sortiert:

15-20	50-60	100-120	200-225	350-400
20-25	60-70	100-125	200-250	400-450
20-30	60-80	120-140	225-250	450-500
25-30	70-80	125-150	250-275	500-550
30-40	80-90	150-175	250-300	550-600
40-50	80-100	150-200	275-300	500-600
40-60	90-100	175-200	300-350	600-700

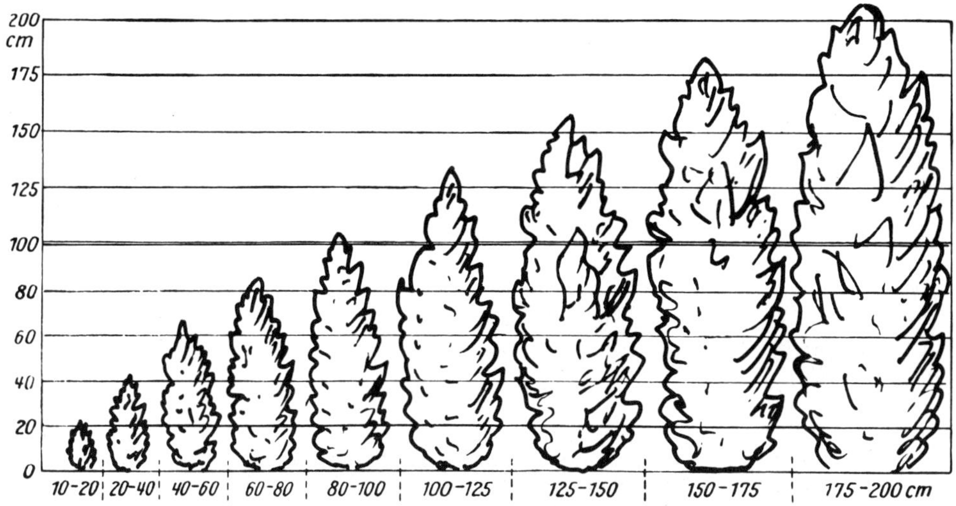

Abb. 174. Die Sortierung der Koniferen:
unter 100 cm Höhe von 20 zu 20 cm steigend; von 100 bis 300 cm von 25 zu 25 cm und über 300 cm um jeweils 50 cm steigend;
Zwergkoniferen werden unter 100 cm von 10 zu 10 cm sortiert (Krüssmann)

(5) Niedrigbleibende sowie langsam- und breitwachsende Arten können nach Höhe **oder** Breite sortiert werden.

(6) Sofern Koniferen nach Höhe **und** Breite gemessen werden, kommen folgende Breitenmaße zur Anwendung:

60-80	100-125	150-200	250-300
80-100	125-150	200-250	

1.1 **Solitärpflanzen** müssen mindestens 3mal und nachfolgend alle 3—4 Jahre verpflanzt worden sein; der Pflanzenabstand muß einen freien Stand der Pflanzen und eine allseitige Entwicklung zum Solitär gewährleisten. Solitärpflanzen müssen — der Art und Sorte gemäß —

besonders gleichmäßig oder charakteristisch gewachsen und voll garniert sein; die Benadelung muß die sortenspezifische Färbung aufweisen. Die Ballengröße muß der Größe der Pflanze entsprechen, der Ballen muß gut durchwurzelt sein. Breite und Höhe der Solitärpflanzen müssen — je nach Wuchscharakter — in einem angemessenen Verhältnis stehen.
Im übrigen gelten sinngemäß die Bestimmungen zu IV.1 (1, 2 und 3).

1.2 **Jungpflanzen**

(1) Hierfür sind die allgemeinen Gütebestimmungen für Jungpflanzen von Laubgehölzen sinngemäß anzuwenden.

(2) Größenmaße für Nadelholz-Jungpflanzen:

6-10	12-18	15-30	25-50
7-15	12-20	18-24	30-60
8-12	12-25	20-30	40-70
10-12	15-20	20-35	50-80
10-20	15-25	20-40	80-120

V. Containerpflanzen

(1) Containerpflanzen sind Baumschulpflanzen aller Gattungen, die einzeln in Behältern, die das gesamte Wurzelwerk umfassen, herangezogen werden.
Der Behälterinhalt muß gut durchwurzelt sein.

(2) Die Größe des Behälters muß in einem angemessenen Verhältnis zur Pflanzengröße stehen. Der Behälterinhalt muß mindestens 2 Liter betragen. Alle in kleineren Behältern angezogenen Pflanzen gelten als „Pflanzen mit Topfballen".

(3) Bei Containerpflanzen ist im Schriftverkehr, in Angeboten, auf Etiketten, in Lieferscheinen und Rechnungen der Rauminhalt des Behälters anzugeben.

(4) Die Sortierung nach Höhe oder Breite erfolgt wie bei allen entsprechenden Pflanzengruppen der Ziffern I bis IV.

VI. Bodendecker

(1) Bodendecker sind niedrige oder flach wachsende Gehölze, die für eine Bodendeckung geeignet sind.
Sie sollen gleichmäßig verzweigt sein.

(2) Während der Anzucht müssen sie mindestens einmal zurückgeschnitten worden sein. Ausnahmen hiervon sind Gaultheria, Pachysandra u. ä.

(3) Die Verzweigung derjenigen Bodendecker, die nach Breite sortiert werden, muß mindestens zwei Drittel der Fläche decken, die sich aus der geforderten Breite ergibt.

(4) Die Sortierung erfolgt wie bei allen entsprechenden Pflanzengruppen (siehe I. 4). Pachysandra und Vinca werden nur nach Triebzahl sortiert.

VII. Obstgehölze (Kern-, Stein- und Schalenobst)

1. **Allgemeines**

(1) Bei allen Obstgehölzen, die in den Handel gebracht werden, ist die Unterlage und gegebenenfalls die Zwischenveredlung anzugeben.

2. **Einjährige Veredlungen von Kern- und Steinobst**

(1) Die Veredlungsstelle muß sich mindestens 10 cm über dem Erdboden befinden.

(2) Die Pflanzen müssen eine Trieblänge von mindestens 90 cm haben, ausgenommen hiervon sind schwachwachsende Sorten auf M IX veredelt, die eine Mindestlänge von 80 cm aufweisen müssen.

(3) Der Trieb muß frei sein von Beschädigungen und darf nur leichte Krümmungen aufweisen.

Abb. 175. Einjährige Apfelveredlungen auf M 9 bei Christian Fey, Meckenheim (Werkbild)

3. **Mehrjährige Obstgehölze**

(1) Büsche von Kernobst sollen — soweit anderes nicht ausdrücklich vereinbart ist — auf vegetativ vermehrte Unterlage veredelt sein.

(2) Birnenbüsche können entweder mit geeigneter Zwischenveredlung oder auch direkt auf Quitte (soweit verträglich) veredelt angeboten werden. Birnenbüsche können aber auch auf Birnensämling veredelt sein.

(3) Die Stammhöhe wird vom Erdboden bis zum untersten Kronentrieb gemessen. Sie soll betragen:

Busch	40— 60 cm
Niederstamm	80—100 cm
Halbstamm	100—120 cm
Hochstamm	160—180 cm

(4) Der Stammumfang bei Nieder- und Halbstämmen muß, gemessen in halber Stammhöhe, mindestens 6 cm betragen. Der Stammumfang bei Hochstämmen muß in 1 m Stammhöhe mindestens 7 cm betragen.

(5) Mehrjährige Obstgehölze müssen mindestens vier der Sorte entsprechend kräftige Triebe einschließlich des Leittriebes haben. Bei Pflanzen mit mehrjähriger Krone muß diese sachgemäß geschnitten sein.

(6) Alle Kopfveredlungen müssen gut verwachsen sein.

(7) Einjährige Kopfveredlungen müssen drei der Sorte entsprechend kräftige Triebe haben.

(8) Abweichende Stammhöhen, Anzuchtmethoden und besondere Schnittmaßnahmen können mit dem abnehmenden Kunden vereinbart werden, ohne daß dadurch die so kultivierten Pflanzen ihre Anerkennung als Markenware verlieren.

4. **Form-Obstgehölze**

(1) Form-Obstgehölze müssen auf schwachwachsenden, vegetativ vermehrten Unterlagen veredelt sein.

(2) Die einjährigen Triebe müssen stets die für die regelmäßige Form entsprechende Normallänge haben.

(3) Die Stammhöhe beträgt bei Form-Obstgehölzen 40 cm. Die Wurzeln müssen entsprechend der Unterlage gut verzweigt sein.

5. **Heister von Schalenobst**

(1) Alle Heister müssen verpflanzt, gerade gewachsen, mit Seitenholz versehen und aus weitem Stand sein.

(2) Walnußveredlungen müssen als solche besonders bezeichnet sein.

6. **Großfrüchtige Haselnüsse**

(1) Großfrüchtige Haselnüsse müssen verpflanzt und aus weitem Stand sein. Sie müssen ihrer Sorte entsprechend kräftig gewachsen und gut bewurzelt sein.
(2) Sie werden in den Staffeln 60—80 80—125 cm sortiert.

Abb. 176. Apfelunterlagen M 4, zweijährig verpflanzt (Werkbild H. Neuhoff, Rellingen)

7. **Besonderer Hinweis**

(1) Die vorstehenden Gütebestimmungen finden auf wurzelechte Obstsorten sinngemäß Anwendung.

VIII. Beerenobst

1. **Johannisbeer- und Stachelbeersträucher**

(1) Bewurzeltes Steckholz oder Ableger von Johannis- und Stachelbeeren müssen mindestens einen kräftigen Trieb von 40 cm Länge haben.

(2) Zwei- und dreijährige Johannisbeer- und Stachelbeersträucher müssen mindestens drei kräftige Triebe mit einer Länge von 35 cm und bei schwarzen Johannisbeeren eine solche von 45 cm haben.

(3) Die Wurzeln müssen gut verzweigt sein.

(4) Sträucher sind nach Triebzahl mit 3/4, 5/7, 8/12 Trieben zu sortieren.

2. **Johannisbeer- und Stachelbeerbäume**

(1) Die Stammhöhe wird vom Erdboden aus gemessen und soll betragen:

für Hochstämme	80—90 cm
für Niederstämme	40—50 cm

(2) Der Stamm soll gerade, frei von Fehlern, gut bewurzelt und die Veredlungsstelle einwandfrei gewachsen sein.

(3) Johannisbeerstämme müssen mindestens drei gut entwickelte Triebe, Stachelbeerstämme mindestens vier gut entwickelte Triebe haben. Es ist nach Triebzahl wie folgt zu sortieren:

Johannisbeerstämme	3/4, 5 und mehr Triebe
Stachelbeerstämme	4/6, 7 und mehr Triebe

3. **Himbeeren und Brombeeren**

Himbeeren und Brombeeren können als einjährige oder als 2j. verpflanzte Ruten in den Handel gebracht werden. Einjährige Himbeer- und Brombeerruten müssen eine gute Bewurzelung und einen guten Wurzelknospenansatz aufweisen. Ihre Mindestlänge beträgt 100 cm. Verpflanzte Himbeeren (zweijährig) müssen ein gutes Wurzelwerk haben; die Rutenlänge muß mindestens 70 cm betragen.

IX. Veredlungsunterlagen

1. Allgemeines

(1) Veredlungsunterlagen müssen gesund, ausgereift und aus genügend weitem Stand sein. Sie müssen ein der Art entsprechendes einwandfreies Wurzelwerk haben.

(2) Die Mindestlänge des oberirdischen Teiles muß 25 cm betragen. Er darf bei Obstunterlagen bis 15 cm über dem Erdboden keine Vergabelung aufweisen.

(3) Bei zweijährig verpflanzten Veredlungsunterlagen muß der letztjährige Trieb mindestens 20 cm lang sein. Der Wurzelhals darf keine wesentlichen Verkrümmungen zeigen.

(4) Bei Wildlingen (Sämlingen) mit Abstammungsangabe ist in Angeboten und Rechnungen anzugeben, daß es sich um solche aus reinen Saaten mit Sortennachweis handelt. Der Nachweis der Abstammung muß einwandfrei erbracht werden können.

(5) Als Veredlungsunterlagen dürfen Rosen-Wildlinge und Sämlinge von Vogelkirschen, Mahaleb, Pflaumen, Myrobalanen, Pfirsich und Aprikosen nur einjährig, Fliederunterlagen und Quittenunterlagen zwei- und dreijährig, alle übrigen Unterlagen ein- und zweijährig in den Handel gebracht werden.

(6) Bei einjährigen Unterlagen muß der Durchmesser des Wurzelhalses mindestens 3 mm, bei zweijährig verpflanzten Unterlagen mindestens 6 mm betragen.

Abb. 177. Sortiermaß für Wildlinge (Werkbild Hermann Meyer, Rellingen)

2. Veredlungsunterlagen für Obstgehölze

2.1 **Generativ** vermehrte Unterlagen.

2.1.1 Sämlinge sind unpikierte, am Ort der Aussaat stehengebliebene Veredlungsunterlagen, die vorwiegend nur eine Hauptwurzel aufweisen.

2.1.2 (1) Pikierte Sämlinge sind Veredlungsunterlagen mit mehreren Hauptwurzeln, deren Vergabelung nicht tiefer als 8 cm unter dem Wurzelhals liegen darf. Jede Pflanze muß mindestens 3 kräftige Hauptwurzeln haben.

(2) Als pikierte Unterlagen gelten auch im Aussaatbeet unterschnittene Pflanzen. Veredlungsunterlagen, deren Wurzelvergabelung tiefer als 8 cm unter dem Wurzelhals beginnt, oder die weniger als 3 Hauptwurzeln besitzen, müssen als „Sämlinge“ abgegeben werden.

2.1.3 Zweijährig verpflanzte Veredlungsunterlagen sind a) einjährige Sämlinge oder b) einjährig pikierte Sämlinge für ein 2. Kulturjahr aufgepflanzt.

2.1.4 Zweijährig pikierte oder unterschnittene Veredlungsunterlagen sind Pflanzen, die einjährig krautartig pikiert und noch ein zweites Kulturjahr an ihrem ersten Standort belassen wurden.

2.2 **Vegetativ** vermehrte Unterlagen

2.2.1 Abrisse sind Austriebe von Mutterpflanzen, die nach erfolgter Behäufelung und Bewurzelung abgerissen oder abgeschnitten wurden. Sie müssen mindestens 3 deutlich erkennbare Wurzeln an ihrer Basis aufweisen und bis zu einer Höhe von mindestens 10 cm angehäufelt gewesen sein.

2.2.2 Ableger sind Austriebe aus niedergelegten Zweigen von Mutterpflanzen, die behäufelt und nach erfolgter Bewurzelung abgeschnitten wurden.

2.2.3 Stecklinge sind Sproßabschnitte von Mutterpflanzen, die zur Bewurzelung gebracht wurden, und zwar entweder aus holzigen Trieben, aus krautartigen Trieben oder aus Wurzelteilen.

3. Veredlungsunterlagen für Walnüsse

(1) Walnuß-Sämlinge können sowohl ein- als auch zweijährig sein. Sie müssen geradtriebig und bis in die Spitze ausgereift sein.

(2) Die Wurzel muß mindestens 20 cm lang sein.

4. **Veredlungsunterlagen für Johannisbeeren und Stachelbeeren**

(1) Ribesruten dürfen als Abrisse von Ribes aureum, als Abrisse und Stecklinge von Ribes divaricatum (Ribes arboreum) und ihren Sorten in den Handel gebracht werden.

(2) Ribesruten können ein- oder zweijährig sein und dürfen in ihrer ganzen Länge keine Krümmungen oder Vergabelungen aufweisen. Ein Besatz mit schwachen, sogenannten vorzeitigen Trieben ist bei stärkeren Stämmen zulässig. Zweijährige Ribesruten müssen 2 Jahre an der Mutterpflanze verbleiben, im Vorsommer von Seitentrieben befreit sein und durch die Endknospe getrieben haben. Ribesruten müssen gesund und frei von Verletzungen sein.

(3) Sortierung:	Mindestdurchmesser:
	in 1 m Höhe
120—140 cm	4 mm
über 140 cm	6 mm

5. **Veredlungsunterlagen für niedrige Rosen**

(1) Rosenveredlungsunterlagen (Rosenwildlinge) sind Sämlinge von Rosa canina und ihren Sorten, den sogenannten Edelcanina, sowie einiger anderer Wildrosenarten, z. B. Rosa rubiginosa und Rosa multiflora. Sie werden als „Sämlinge" bezeichnet und müssen einjährig sein.

(2) Rosenunterlagen müssen einen geraden, glatten Wurzelhals von mindestens 25 mm Länge haben. Der oberirdische Teil muß nach Rückschnitt noch mindestens 15 cm lang sein.

(3) Geringer Mehltaubefall bis zu 10 % der Pflanzen bedeutet keine Güteminderung. Das gleiche gilt für Spätherbstschosse, wenn die übrigen holzartigen Triebe fest und gesund sind.

6. **Veredlungsunterlagen für Stammrosen**

(1) Rosenwildstämme als Unterlagen für Stammrosen sind in der Regel dreijährige, teils auch zweijährige, einmal verschulte Pflanzen von Rosa canina und ihren Sorten, den sogenannten Edelcanina, deren Triebe bis auf einen für die Veredlung geeigneten Stamm weggeschnitten wurden.

(2) Die Stämme selbst müssen einjährig, gerade und ausgereift sein. Eine leichte Biegung ist lediglich im untersten Teil des Stammes unmittelbar oberhalb des Wurzelhalses statthaft.

7. **Veredlungsunterlagen für Laubgehölze**

7.1 Clematis- und Hibiscus-Unterlagen können sowohl einjährige Sämlinge als auch zweijährig verpflanzt sein.

7.2 (1) Rhododendron flavum und Rhododendron ponticum sind in der Regel vierjährig verschulte Sämlinge.

(2) Sie sollen einen geraden Wurzelhals und eine gute Bewurzelung aufweisen.

7.3 (1) Syringa vulgaris und Viburnum lantana können sowohl zweijährige Sämlinge, zweijährig verpflanzt oder dreijährig verpflanzt sein.

(2) Sie sollen eintriebig sein und eine Trieblänge von mindestens 25 cm haben.

8. **Veredlungsunterlagen für Nadelgehölze**

(1) Cedrus deodara, Chamaecyparis lawsoniana, Juniperus virginiana, Picea excelsa, Taxus baccata, Thuja occidentalis, Abies alba, Pinus strobus und Pinus sylvestris können je nach Sorte zweijährig verpflanzt, dreijährig verpflanzt oder vierjährig verpflanzt sein.

(2) Veredlungsunterlagen für Nadelgehölze müssen gut bewurzelt und in einer Länge von mindestens 5 cm oberhalb des Wurzelhalses gerade gewachsen sein.

f. Kennzeichnungsvorschriften — Stand 1976

I. Allgemeine Vorschriften

1. Baumschulpflanzen müssen je Sortierungseinheit mit einem dauerhaften Etikett versehen sein.
2. Aus der Beschriftung müssen zweifelsfrei hervorgehen:
   a) Art- und Sortenname, Anzuchtform, Verpflanzmerkmale, Größe, Stärke und ggf. Triebzahl,
   b) Bei Obstgehölzen zusätzlich die Unterlage und der Stammbildner.

3. Rosen der Güteklasse B sind ausdrücklich als solche ohne beschönigende Zusätze im Schriftverkehr, in Angeboten, Lieferscheinen, Rechnungen und auf Etiketten zu kennzeichnen.
Auf den Etiketten genügt für die Kennzeichnung die Abkürzung: B.

II. Abkürzungen

Bei Verwendung von Abkürzungen sind die nachstehenden — im BdB üblichen — Abkürzungen ausschließlich zu verwenden:

Begriff	Gebräuchliche Abkürzung	EDV-Schreibweise und DIN 18916	Internationales Kurzzeichen
	Anzuchtform		
Hochstamm	H	H	
Halbstamm	ha	HA	
Stammbusch	Stbu	STBU	
Heister	Hei	HEI	
leichter Heister	l Hei	LHEI	
Strauch	Str	STR	
leichter Strauch	l Str	LSTR	
Heckenpflanze	He	HE	
Solitärpflanze	Sol	SOL	
Busch (Obst)	Bu	BU	
Niederstamm	N	—	
Grundstämme	Gst	GST	
Grundtriebe	Gtr	GTR	
Stammhöhe	Sth	STH	
Cordon senkrecht	Cs	—	
Cordon waagerecht	Cw	—	
Fächer	F	—	
Spalier	Sp	—	
	Anzuchtzustand		
jährig	j	J	
verpflanzt	v	V	
aus mittelweitem Stand	mw	MW	
aus weitem Stand	w	W	
aus extra weitem Stand	ew	EW	
	Anzuchtart		
Sämling	S		
Steckling	St		
Steckholz	Sth		
Ableger	Abl		
Abrisse	Abr		
Ausläufer	Ausl		
Wurzelschnittling	Ws		
Veredlung	Vg		
Handveredlung	HVg		
pikierter Sämling	pik S		
gestochen (unterschnitten)	□	GEST	
einjährige Sämlinge	1j.S	1/0	1/0
zweijährige Sämlinge	2j.S	2/0	2/0
zweijährig verpflanzte Sämlinge	2j.v.S	1/1	1/1

Begriff	Gebräuchliche Abkürzung	EDV-Schreibweise und DIN 18916	Internationales Kurzzeichen
dreijährig verpflanzte Sämlinge	3j.v.S	1/2 oder 2/1	1/2 oder 2/1
vierjährig verpflanzte Sämlinge	4j.v.S	1/3 oder 2/2	1/3 oder 2/2
einjährig krautartig pikierte Sämlinge	1j.pik.S	1X0	1X0
zweijährig krautartig pikierte Sämlinge	2j.pik.S	2X0	2X0
einjährig bewurzelte, krautartige Stecklinge	1j.b.St	0/1/0	0/1/0
einjährig verpflanzte, krautartige Stecklinge	1j.v.St	0/1X0	0/1X0
zweijährig bewurzelte, krautartige Stecklinge	2j.b.St	0/2/0	0/2/0
zweijährig verpflanzte, krautartige Stecklinge	2j.v.St	0/1/1	0/1/1
dreijährig verpflanzte, krautartige Stecklinge	3j.v.St	0/1/2 od. 0/2/1	0/1/2 od. 0/2/1
vierjährig verpflanzte, krautartige Stecklinge	4j.v.St	0/1/3 od. 0/2/2	0/1/3 od. 0/2/2
einjährig bewurzelte, holzartige Stecklinge (Steckholz)	1j.b.Sth	0/1	0/1
zweijährig, bewurzelte, holzartige Stecklinge (Steckholz)	2j.b.Sth	0/2	0/2
bewurzelte Wurzelschnittlinge	bew. Ws	-1/0	-1/0
einjährige Veredlungen	1j.Vg	X/1/0	X/1/0
zweijährige Veredlungen	2j.Vg	X/2/0	X/2/0
zweijährig verpflanzte Veredlungen	2j.v.Vg	X/1/1	X/1/1
einjährige Handveredlungen	1j.HVg	X/1/0	X/1/0
einjährige Ableger	1j.Abl	-1/0	-1/0
zweijährig verpflanzte Ableger	2j.v.Abl	-1/1	-1/1
einjährige Abrisse	1j.Abr	-1/0	-1/0
einjährige Ausläufer	1j.Ausl	-1/0	-1/0
zweijährig verpflanzte Ausläufer	2j.v.Ausl	-1/1	-1/1

Wurzelzustand

bewurzelt	bew		
ohne Ballen	oB	OB	
mit Ballen	mB	MB	
mit Topfballen	mTB	MTB	
im Container	Co	CO	

Maßarten

hoch	h	HO	
breit	br	BR	
Stammumfang	StU	STU	
Durchmesser	⌀	DU	
Triebe	Tr	TR	
Millimeter	mm		
Zentimeter	cm		
Meter	m		
Quadratmeter	m^2		
Quadratzentimeter	cm^2		
Liter	l	LTR	

Begriff	Gebräuchliche Abkürzung	EDV-Schreibweise und DIN 18916	Internationales Kurzzeichen
	Diverse Abkürzungen für Rosen		
Climbingsports	Clbg		
Floribundarose	Fl		
Kletterrose	Kl		
Polyantharose	Pol		
Parkrose	Park		
Teehybriden	Th		
geschützte Rosen	-R-	-R-	
Trauerrosen	Tr-R		
Strauchrosen	Str-R		
Zwergbengalrosen	Z		
Wildrosen	Wr		
	Sonstiges		
Blatt	B		
Blüte	Bl		
Frucht	Fr		
Hybride, Bastard	Hybr	HYBR	
Pflanze	Pfl		
synonym	syn		
Varietät	Var		
Januar—Dezember	I—XII		
Bindestrich für Breite, Höhe und Stammumfang	—	—	
Schrägstrich für Triebzahl und Durchmesser	/	—	

g. „Kulturregelungen und Bündelungsvorschriften" Stand 1976

Die in den Kulturregelungen angegebenen Pflanzabstände sind die Mindestanforderungen als Voraussetzung zur Erzeugung von qualitativ einwandfreien, verkaufsreifen Gehölzen.

I. Laubgehölze

1. **Stämme, Heister und Stammbüsche**

1.1 (1) Die Pflanzabstände bei der Anzucht sind so zu wählen, daß eine normale Entwicklung des Pflanzgutes gewährleistet ist.

(2) Bei der Anzucht von Heistern dürfen nicht mehr als 3 Pflanzen je qm aufgeschult werden. Pflanzabstand z. B. 90 × 40 cm = 3600 qcm je Pflanze

(3) Bei der Anzucht von 2mal verpflanzten Bäumen dürfen nur 2 Pflanzen je qm stehen. Pflanzabstand z. B. 90 × 50 cm = 4500 qcm je Pflanze

(4) Bäume über 16 cm Stammumfang müssen in entsprechenden Pflanzabständen zum 3. Mal verschult bzw. nach dem 2. Verschulen unterschnitten oder umgraben sein.

1.2 **Bündelungsvorschrift:**

(1) Laubgehölzstämme und Stammbüsche ohne Ballen sind je nach Baumart und Stammstärke zu bündeln. Auf keinen Fall dürfen mehr als 5 Stück im Bund sein.

(2) Heister aus weitem Stand sind zu 5 Stück zu bündeln.

2. **Sträucher**

2.1 Sträucher müssen in der Regel zweimal verpflanzt sein und aus weitem Stand geliefert werden.

2.2.1 Bei der Anzucht von Pflanzen der **Pflanzengruppe I** dürfen nicht mehr als 5—6 Pflanzen je qm aufgeschult sein.

Pflanzabstand z. B. 60 × 30 cm = 1800 qcm je Pflanze
Zur Pflanzgruppe I gehören z. B.:

Acer (strauchartige)	Philadelphus in hochw. Arten
Amelanchier	Physocarpus
Amorpha	Prunus mahaleb
Buddleia	Prunus cerasifera
Caragana	Prunus padus
Cercidiphyllum	Prunus serotina
Colutea	Prunus spinosa
Cornus	Rhamnus
Corylus	Rhus
Cotoneaster in hochw. Arten	Ribes in hochw. Arten
Crataegus	Rubus
Deutzia in hochw. Arten	Rosa in hochw. Arten
Elaeagnus	Salix (strauchartige)
Euonymus in hochw. Arten	Sambucus
Forsythia	Sorbaria
Hippophae	Spiraea in hochw. Arten
Holodiscus	Staphylea
Hydrangea	Syringa
Kolkwitzia	Tamarix
Laburnum	Viburnum (strauchartig)
Lonicera in hochw. Arten	Weigela

2.2.2 Bei Pflanzen der Pflanzgruppe II dürfen nicht mehr als 8 Pflanzen je qm aufgeschult werden.
Pflanzabstand z. B. 50 × 25 cm = 1250 qcm je Pflanze
Zur **Pflanzgruppe II** gehören z. B.:

Berberis	Philadelphus niedr. Arten
Chaenomeles	Potentilla
Cotoneaster niedr. Arten	Prunus triloba 'Plena'
Cytisus	Prunus gland. 'Albiplena'
Deutzia niedr. Arten	Rhodotypus
Genista	Rosa niedr. Arten
Hypericum	Spiraea niedr. Arten
Kerria	Stephanandra
Lycium	Symphoricarpos

Abb. 178. Innerbetrieblicher Transport von Bodendeckern auf einer Rungenpalette (Pool-Größe 120 × 80 cm)

2.3 Bündelungsvorschrift für Sträucher ohne Ballen:

Bei einer Höhe unter 60 cm	10 Stück je Bund,
bei einer Höhe über 60 cm	5 Stück je Bund,
mit Triebzahlsortierung	5 Stück je Bund.

2.4 Soweit Laubgehölz-Verkaufsware mit Topfballen kultiviert wird, gelten die in folgender Aufstellung festgelegten Mindestgrößen der Anzuchtgefäße (Töpfe oder Folienbeutel, jedoch keine Gittertöpfe).
Erläuterung:
0,375 l Erdinhalt = 8 × 8 cm Vierecktopf
0,5 l Erdinhalt = 9 × 9 cm Vierecktopf
1,0 l Erdinhalt = 11 × 11 cm Vierecktopf
oder andere Behälter mit mindestens dem gleichen Erdinhalt.

2.4.1 **Gruppe 1 0,375 l Erdinhalt**

Calluna vulgaris in Sorten	10—15—20
Erica in Sorten	10—15—20
Gaultheria procumbens	8—12
Pachysandra terminalis	3/4, 5/7 Triebe

2.4.2 **Gruppe 2 0,5 l Erdinhalt**

Berberis thunb. 'Atropurpurea Nana'	15—20
Cytisus scoparius aus Samen	20—40—60
Genista tinctoria	30—40—60
Genista lydia	20—40
Genista tinct. 'Plena', Genista radiata und Genista sagittalis	15—20—30

2.4.3 **Gruppe 3 1,0 l Erdinhalt**

Berberis thunb. 'Atropurpurea Nana'	20—25—30
Buddleia alternifolia u. Buddleia dav. Hybriden	40—60—100
Cotoneaster micr. melanotrichus und Cotoneaster praecox	20—30—40
Cotoneaster dammeri radicans, Cotoneaster dam.' Skogholm', Cotoneaster Hybr. 'Herbstfeuer' u. Cotoneaster sal. 'Parkteppich'	20—30—40—60
Cytisus beanii	20—30—40
Cytisus kewensis	20—40—60
Cytisus praecox und Cytisus praecox 'Hollandia'	30—40—60—80
Cytisus scoparius Hybr. in Sorten	40—60—80
Euonymus fort. 'Gracilis'	15—20—30
Euonymus fort. radicans und Euonymus fort. 'Coloratus'	20—30—40
Euonymus fort. 'Vegetus'	20—30—40—60
Hypericum calycinum	15—20—30
Hypericum moserianum	20—30—40
Hypericum patulum 'Hidcote Gold'	30—40—60
Ilex crenata 'Convexa'	25—30—40
Jasminum nudiflorum	30—40—60—80
Lonicera pileata und L. p. 'Yunnanensis'	20—30—40—60
Potentilla fruticosa 'Arbuscula' und Potentilla fruticosa 'Longacre'	20—30—40—60
Pyracantha in Sorten	30—40—60—80

3. **Heckenpflanzen**

3.1 Laubholzheckenpflanzen müssen in der Regel zweimal verpflanzt sein.

3.2.1 Bei Pflanzen der Pflanzgruppe I dürfen nicht mehr als 5 Pflanzen je qm aufgeschult sein. Pflanzabstand z. B. 65 × 30 cm = 1950 qm je Pflanze.

Zur Pflanzengruppe I gehören z. B.:

Acer campestre
Carpinus betulus
Cornus mas
Fagus sylvatica

3.2.2 In der Pflanzgruppe II dürfen nicht mehr als 8 Pflanzen je qm aufgeschult sein. Pflanzabstand z. B. 50 × 25 cm = 1250 qcm je Pflanze.

Zur Pflanzgruppe II gehören z. B.:

Ligustrum ovalifolium u. vulgare
Ligustrum vulgare 'Atrovirens'
Ligustrum vulgare 'Lodense'
Mahonia aquifolium
Ribes alpinum

3.2.3 In der Pflanzgruppe III dürfen nicht mehr als 22 Pflanzen je qm aufgeschult sein. Pflanzabstand z. B. 30 × 15 cm = 450 qcm je Pflanze.

Zur Pflanzgruppe III gehören z. B.:

Acer campestre	2—3j. 1 × v.
Carpinus betulus	3—4j. 1 × v.
Fagus sylvatica	3—4j. 1 × v.

3.4 Bündelungsvorschrift:
Für nach Triebzahl sortierte Heckenpflanzen:
5 Stück je Bund.
Für alle anderen:
über 60 cm hoch 5 Stück je Bund,
unter 60 cm hoch 10 Stück je Bund,
einmal verpflanzte Heckenpflanzen, alle Größen 10 Stück je Bund.

4. **Gehölze für Straßen- und Landschaftsbau**

4.1 (1) Hierfür kommen sowohl Jungpflanzen, leichte Sträucher, leichte Heister als auch Fertigware in Frage.

(2) Sie dürfen nur in einwandfreiem, gesundem, ausgereiftem Zustand mit guter Bewurzelung in den Handel gebracht werden.

(3) Sie müssen je nach ihrer Größe den angegebenen Mindestwuchsraum je Pflanze haben.

4.2.1 Jungpflanzen mit einem Mindestwuchsraum von 250 qcm je Pflanze in der Anzucht.

Art	Alter
Chaenomeles japonica	1/1 2j. v. 1/2 3j. v.
Cornus mas	1/2 3j. v.
Elaeagnus angustifolia	1/1 2j. v.
Euonymus europaeus	1/1 2j. v. 1/2 3j. v.
Fagus sylvatica	1/2 3j. v.
Hippophae rhamnoides	1/1 2j. v.
Ligustrum vulgare und Ligustrum vulgare 'Atrovirens'	0/2 2j. b.
Lonicera tatarica, Lonicera xylosteum	0/1 1j. b. 1/2 3j. v.
Lycium halimifolium	0/1 1j. b.
Mahonia aquifolium	1/3 4j. v.
Prunus serotina, Prunus spinosa	1/1 2j. v.
Rhamnus catharticus und Rhamnus frangula	1/1 2j. v. 1/2 3j. v.
Ribes divaricatum, Ribes alpinum	0/1 1j. b., 0/1/1 2j. v.
Rosa canina, R. multiflora, R. spinosissima, R. rubiginosa, R. rubrifolia, R. rugosa, R. virginiana	1/1 2j. v.
Salix aurita, Salix repens	0/1 1j. b.
Sorbus intermedia	1/3 oder 2/2 4j. v.
Tilia cordata	1/1 2j. v. 1/2 3j. v.
Tilia platyphyllos	1/2 3j. v.

4.2.2 Jungpflanzen mit einem Mindestwuchsraum von 350 qcm je Pflanze in der Anzucht.

Art	Alter
Acer campestre, Acer platanoides und Acer pseudo-platanus	1/1 2j. v. 1/2 3j. v.
Alnus glutinosa und Alnus incana	1/1 2j. v.
Alnus viridis	1/2 3j. v.
Betula pendula und Betula pubescens	1/1 2j. v. 1/2 3j. v.
Carpinus betulus	1/2 3j. v.
Cornus sanguinea	1/1 2j. v. 1/2 3j. v.
Corylus avellana	1/1 2j. v. 1/2 3j. v.
Crataegus coccinea und Crataegus prunifolia	1/1 2j. v. 1/2 3j. v.
Fagus sylvatica	2/2 4j. v.
Fraxinus excelsior	1/2 3j. v.
Malus communis	1/1 2j. v. 1/2 3j. v.
Populus alba 'Nivea', P. berolinensis, P. canad. regenerata, P. canad. robusta, P. nigra Hybr.	0/1 1j. b.
Populus canescens Hybr.	x/1/0 1j. Vg.
Populus tremula	1/1 2j. v.
Prunus avium, P. mahaleb, P. padus	1/1 2j. v.
Pyrus communis	1/1 2j. v. 1/2 3j. v.
Quercus petraea, Quercus rubra und Quercus pedunculata	1/2 3j. v.
Robinia pseudoacacia	1/1 2j. v.
Rubus fruticosus	-1/0 1j. b. Ausl.
Salix alba-Hybriden	0/1 1j. b.
Salix caprea und Salix cinerea	0/1 od. 1/1 1j. b. od. 2j. v.
Salix incana, S. fragilis, S. nigricans, S. purpurea, S. triandra, S. viminalis	0/1 1j. b. Sth.
Sambucus nigra, S. racemosa	1/1 2j. v.
Sorbus aria, S. aucuparia	1/2 3j. v.
Symphoricarpos racemosus	1/2 3j. v.
Ulmus carpinifolia und Ulmus glabra	1/1 2j. v. 1/2 3j. v.
Viburnum lantana und Viburnum opulus	1/2 3j. v.

4.3 Die Größensortierung der beiden Jungpflanzengruppen 4.2.1 und 4.2.2 ist analog der entsprechenden Sortierung der Jungpflanzen durchzuführen.

4.4 Die Bündelung erfolgt zu 25 Stück je Bund mit folgenden Ausnahmen:
Corylus avellana 80—120 cm, Populus über 80 cm, Prunus mahaleb 80—120 cm, Quercus pedunculata 80—120 cm.
Diese werden zu 10 Stück gebündelt.

4.5.1 Leichte Sträucher und leichte Heister mit einem Mindestwachstum von 450 qcm je Pflanze in der Anzucht.
Diese Pflanzenarten müssen mindestens einmal verpflanzt sein.

Art

Amelanchier canadensis
Carpinus betulus
Chaenomeles japonica
Cornus mas
Cornus sanguinea
Corylus avellana
Crataegus coccinea
Crataegus prunifolia
Elaeagnus angustifolia
Euonymus europaeus
Fagus sylvatica
Hippophae rhamnoides
Lonicera tatarica
Lonicera xylosteum
Prunus mahaleb
Prunus padus
Prunus serotina
Prunus spinosa
Rhamnus catharticus
Rhamnus frangula
Ribes divaricatum
Rosa canina
Rosa multiflora
Rosa spinosissima
Rosa rubiginosa
Rosa rugosa

Rosa virginiana
Salix aurita
Salix caprea
Salix cinerea
Sambucus nigra
Sambucus racemosa
Viburnum lantana
Viburnum opulus

4.5.2 Leichte Heister der untengenannten Arten mit einem Mindestwuchsraum von 600 qcm je Pflanze in der Anzucht.

Diese Pflanzenarten müssen mindestens einmal verpflanzt sein.

Art

Acer campestre
Acer platanoides
Acer pseudo-plantanus
Alnus glutinosa
Alnus incana
Fraxinus excelsior
Populus tremula
Prunus avium
Quercus petraea
Quercus pedunculata
Quercus rubra
Sorbus aria
Sorbus aucuparia
Sorbus intermedia
Tilia cordata
Tilia platyphyllos
Ulmus carpinifolia
Ulmus glabra

4.6 Bündelungsvorschrift:
Alle Gehölze der Gruppen 3.4 und 4.4 sind zu 10 Stück zu bündeln.

4.7 Leichte Heister von Betula verrucosa und Betula pubescens müssen einen Mindestwuchsraum von 1000 qcm je Pflanze in der Anzucht haben.
Sie müssen zweimal verpflanzt sein.
Bündelungsvorschrift: 10 Stück je Bund.

4.8 Für Hochstämme, Sträucher und Nadelgehölze aus weitem Stand gelten die gleichen Bestimmungen wie dort angegeben. — Dasselbe gilt für Nadelholzjungpflanzen.

5. **Schling- und Kletterpflanzen**

5.1 (1) Schling- und Kletterpflanzen müssen einzeln an Drähten oder Stäben gezogen werden.

(2) Clematis mit Ausnahme der Arten Clematis vitalba und Clematis viticella müssen in Töpfen kultiviert werden.
Topfgrößen: 0,5 l für Clematis in Sorten, Lonicera in Sorten, Hedera in Sorten, Parthenocissus tricuspidata 'Veitchii' und Polygonum aubertii. Topfgrößen für andere Schlingpflanzen: je nach Stärke und Größe.

5.2 Bündelungsvorschrift: 5 Stück je Bund, wenn nicht in Töpfen gezogen.

6. **Laubgehölzjungpflanzen**

6.1 Mindestpflanzweiten für Jungpflanzen

6.1.1 **Pflanzgruppe I**
Hier dürfen nicht mehr als 67 Pflanzen je qm aufgeschult werden.
Pflanzabstand z. B. 25 × 6 cm = 150 qcm je Pflanze.

Acer palmatum	2j. v. S.	1/1
Acer palmatum	3j. v. S.	1/2 oder 2/1
Berberis in niedrigen und immergrünen Sorten	2j. v. St.	0/1/1
Berberis in niedrigen und immergrünen Sorten	3j. v. St.	0/1/2 oder 0/2/1
Calycanthus floridus	2j. v. S.	1/1
Campsis radicans	2j. v. S.	1/1
Cercis siliquastrum	2j. v. S.	1/1
Cercis siliquastrum	3j. v. S.	1/2
Clematis in Sorten	2j. v. S.	1/1
Clethra in Sorten	2j. v. St.	0/1/1
Daphne in Sorten	3j. v. S.	1/2 oder 2/1
Daphne in Sorten	4j. v. S.	2/2
Hibiscus syriacus	2j. v. S.	1/1
Ligustrum in Sorten	1j. b. Sth.	0/1

6.1.2 Pflanzgruppe II

Hier dürfen nicht mehr als 40 Pflanzen je qm aufgeschult werden.
Pflanzabstand z. B. 25 × 10 cm = 250 qcm je Pflanze.

Amelanchier in Sorten	2j. v. S.	1/1
Amelanchier in Sorten	3j. v. S.	1/2
Amorpha fruticosa	2j. v. S.	1/1
Berberis in Sorten	2j. v. S.	1/1
Berberis in Sorten	3j. v. S.	1/2 oder 2/1
Berberis ottawensis 'Superba' und ähnliche	2j. v. St.	0/1/1
Buxus sempervirens 'Arborescens'	3j. v. St.	0/1/2 oder 0/2/1
Buxus sempervirens 'Arborescens'	4j. v. St.	0/1/3 oder 0/2/2
Caragana arborescens	2j. v. S.	1/1
Caragana arborescens	3j. v. S.	1/2
Castanea sativa	2j. v. S.	1/1
Castanea sativa	3j. v. S.	1/2
Cercidiphyllum japonicum	2j. v. S.	1/1
Cercidiphyllum japonicum	3j. v. S.	1/2
Chaenomeles in Sorten	2j. v. S.	1/1
Chaenomeles in Sorten	3j. v. S.	1/2
Colutea arborescens	2j. v. S.	1/1
Cornus mas	2j. v. S.	1/1
Cornus mas	3j. v. S.	1/2 oder 2/1
Cornus vegetativ vermehrte Sorten	1j. b. Sth.	0/1
Cotinus coggygria	2j. v. S.	1/1
Cotinus coggygria	3j. v. S.	1/2
Cotoneaster in Sorten	2j. v. S.	1/1
Cotoneaster in Sorten	3j. v. S.	1/2 oder 2/1
Cotoneaster in Sorten	2j. v. S.	0/1/1
Cotoneaster in Sorten	3j. v. S.	0/1/2 oder 0/2/1
Deutzia in Sorten	1j. b. Sth.	0/1
Deutzia in Sorten	2j. v. St.	0/1/1
Elaeagnus angustifolia und multiflora	2j. v. S.	1/1
Euonymus in Sorten	2j. v. S.	1/1

Abb. 179. Baumschul-Großraumpalette (180 × 100 cm) und Gabelstapler im Einsatz (J. Rechter, Rellingen)

Euonymus in Sorten	3j. v. S.	1/2 oder 2/1
Euonymus in Sorten	2j. v. St.	0/1/1
Euonymus in Sorten	3j. v. St.	0/1/2 oder 0/2/1
Exochorda racemosa	2j. v. S.	1/1
Exochorda racemosa	3j. v. S.	1/2
Forsythia in Sorten	1j. b. Sth.	0/1
Forsythia in Sorten	2j. v. St.	0/1/1
Gleditsia triacanthos	2j. v. S.	1/1
Gleditsia triacanthos	3j. v. S.	1/2
Hamamelis in Sorten	2j. v. S.	1/1
Hamamelis in Sorten	3j. v. S.	1/2
Hippophae rhamnoides	2j. v. S.	1/1
Hippophae rhamnoides	3j. v. S.	1/2
Holodiscus discolor 'Ariifolius'	2j. v. S.	1/1
Hydrangea in Sorten	2j. v. St.	0/1/1
Hypericum in Sorten	2j. v. S.	1/1
Hypericum in Sorten	2j. v. St.	0/1/1
Ilex in Sorten	2j. v. S.	1/1
Ilex in Sorten	3j. v. S.	1/2 oder 2/1
Ilex in Sorten	2j. v. St.	0/1/1
Ilex in Sorten	3j. v. St.	0/1/2 oder 0/2/1
Kerria japonica und K. jap. 'Pleniflora'	2j. v. St.	0/1/1
Koelreuteria paniculata	2j. v. S.	1/1
Kolkwitzia amabilis	2j. v. St.	0/1/1
Laburnum in Sorten	2j. v. S.	1/1
Ligustrum ovalifolium, L. vulgare, L. vulgare 'Atrovirens'	2j. b. Sth.	0/2
Ligustrum obt. regelianum	2j. v. St.	0/1/1
Liriodendron tulipifera	2j. v. S.	1/1
Lonicera in Sorten	2j. v. St.	0/1/1
Lonicera in Sorten	1j. b. Sth.	0/1
Lonicera in Sorten	2j. v. St.	0/1/1
Lonicera in Sorten	3j. v. S.	1/2 oder 2/1
Lycium halimifolium	1j. b. Sth.	0/1
Mahonia aquifolium	3j. v. S.	1/2 oder 2/1
Mahonia aquifolium	4j. v. S.	2/2
Parthenocissus quinquefolia und Parthenocissus quinquef. 'Engelmannii'	1j. b. Sth.	0/1
Phellodendron amurense	2j. v. S.	1/1
Philadelphus in Sorten	1j. b. Sth.	0/1
Philadelphus in Sorten	2j. v. St.	0/1/1
Physocarpus in Sorten	1j. b. Sth.	0/1
Platanus acerifolia	1j. b. Sth.	0/1
Potentilla in Sorten	2j. v. St.	0/1/1
Potentilla in Sorten	2j. v. S.	1/1
Potentilla in Sorten	3j. v. S.	1/2 oder 2/1
Prunus laurocerasus und Formen	2j. v. S.	0/1/1
Prunus laurocerasus und Formen	3j. v. St.	0/1/2 oder 0/2/1
Prunus serotina, Prunus spinosa	2j. v. S.	1/1
Prunus serotina, Prunus spinosa	3j. v. S.	1/2
Rhamnus in Sorten	2j. v. S.	1/1
Rhamnus in Sorten	3j. v. S.	1/2
Rhodotypus scandens	2j. v. S.	1/1
Ribes in Sorten einschl. Johannisbeeren und Stachelbeeren	1j. b. Sth.	0/1 oder 2j. v. 0/1/1
Rosa in Sorten	2j. v. S.	1/1
Rosa in Sorten	2j. v. St.	0/1/1
Rubus phoenicolasius	1j. pik. S.	1/×/0

Rubus phoenicolasius	2j. v. S.	1/1
Salix in schwachwachs. Sorten	1j. b. Sth.	0/1
Skimmia in Sorten	2j. v. St.	0/1/1
Skimmia in Sorten	3j. v. St.	0/1/2 oder 0/2/1
Sophora japonica	2j. v. S.	1/1
Sorbaria in Sorten	1j. pik. S.	1/×/0
Sorbaria in Sorten	2j. v. S.	1/1
Sorbus intermedia	2j. v. S.	1/1
Sorbus intermedia	3j. v. S.	1/2 oder 2/1
Sorbus intermedia	4j. v. S.	2/2
Spiraea in Sorten	1j. b. Sth.	0/1
Spiraea in Sorten	2j. v. St.	0/1/1
Spiraea in Sorten	3j. v. St.	0/1/2 oder 0/2/1
Stephanandra in Sorten	2j. v. St.	0/1/1
Symphoricarpos in Sorten	2j. v. S.	1/1
Symphoricarpos in Sorten	3j. v. S.	1/2
Symphoricarpos in Sorten	1j. b. Sth.	0/1
Symphoricarpos in Sorten	2j. v. St.	0/1/1
Syringa in Sorten	2j. v. S.	1/1
Syringa in Sorten	3j. v. S.	1/2 oder 2/1
Tamarix in Sorten	1j. b. Sth.	0/1
Viburnum opulus 'Sterile'	1j. Abl.	-1/0
Viburnum opulus 'Sterile'	2j. v. Abl.	-1/1
Viburnum opulus 'Sterile'	3j. v. Abl.	-1/2 oder -2/1
Viburnum opulus 'Sterile'	2j. v. St.	0/1/1
Weigela in Sorten	1j. b. Sth.	0/1
Weigela in Sorten	2j. v. St.	0/1/1

6.1.3 Pflanzgruppe III

Hier dürfen nicht mehr als 29 Pflanzen je qm aufgeschult werden.
Pflanzabstand z. B. 25 × 14 cm = 350 qcm je Pflanze.

Acer campestre, A. ginnala, A. negundo, A. sacch.	2j. v. S.	1/1
Acer campestre, A. ginnala, A. negundo, A. sacch.	3j. v. S.	1/2
Acer platanoides, A. pseudo-platanus	2j. v. S.	1/1
Acer platanoides, A. pseudo-platanus	3j. v. S.	1/2
Aesculus hippocastanum	3j. v. S.	1/2 oder 2/1
Aesculus hippocastanum	4j. v. S.	1/3 oder 2/2
Ailanthus altissima	2j. v. S.	1/1
Alnus glutinosa, A. incana	2j. v. S.	1/1
Alnus glutinosa, A. incana	3j. v. S.	1/2
Betula in Sorten	2j. v. S.	1/1
Betula in Sorten	3j. v. S.	1/2 oder 2/1
Catalpa in Sorten	2j. v. S.	1/1
Carpinus betulus	2j. v. S.	1/1
Carpinus betulus	3j. v. S.	1/2
Cornus alba, C. sanguinea	2j. v. S.	1/1
Cornus alba, C. sanguinea	3j. v. S.	1/2 oder 2/1
Corylus avellana, C. colurna	2j. v. S.	1/1
Corylus avellana, C. colurna	3j. v. S.	1/2
Crataegus in Sorten	2j. v. S.	1/1
Crataegus in Sorten	3j. v. S.	1/2 oder 2/1
Crataegus in Sorten	4j. v. S.	2/2
Fagus sylvatica, F. sylv. 'Purpurea'	3j. v. S.	1/2 oder 2/1
Fraxinus excelsior, F. ornus	2j. v. S.	1/1
Fraxinus excelsior, F. ornus	3j. v. S.	1/2 oder 2/1
Juglans in Sorten	2j. v. S.	1/1
Juglans in Sorten	3j. v. S.	1/2

Populus tremula	2j. v. S.	1/1
Populus in Sorten	1j. b. Sth.	0/1
Prunus avium	2j. v. S.	1/1
Prunus padus	2j. v. S.	1/1
Prunus padus	3j. v. S.	1/2
Quercus in Sorten	3j. v. S.	1/2
Quercus in Sorten	4j. v. S.	1/3
Robinia pseudoacacia	2j. v. S.	1/1
Salix in starkwachs. Sorten	1j. b. Sth.	0/1
Sambucus nigra, S. racemosa	2j. v. S.	1/1
Sambucus vegetativ vermehrt	1j. b. Sth.	0/1
Sorbus aucuparia	2j. v. S.	1/1
Sorbus aucuparia	3j. v. S.	1/2
Syringa in Sorten	1j. Vg.	×/1/0
Tilia cordata, T. platyphyllos	3j. v. S.	1/2 oder 2/1
Ulmus in Sorten	2j. v. S.	1/1
Ulmus in Sorten	3j. v. S.	1/2
Viburnum lantana	3j. v. S.	1/2 oder 2/1
Viburnum opulus	2j. v. S.	1/1
Viburnum opulus	3j. v. S.	1/2 oder 2/1

6.1.4 Pflanzgruppe IV

Hier dürfen nicht mehr als 20 Pflanzen je qm aufgeschult werden.
Pflanzabstand z. B. 33 × 15 cm = 495 qcm je Pflanze.

Acer in Sorten	1j. Vg.	×/1/0
Betula in Sorten	1j. Vg.	×/1/0
Carpinus betulus 'Fastigiata'	2j. Vg.	×/2/0
Corylus in Sorten	2j. v. Abl.	-1/1
Fagus in Sorten	2j. Vg.	×/2/0
Laburnum watereri 'Vossii'	1j. Vg.	×/1/0
Malus in Sorten	1j. Vg.	×/1/0
Prunus in Sorten	1j. Vg.	×/1/0
Quercus in Sorten	2j. Vg.	×/2/0
Rhus in Sorten	Ws	-1/0
Robinia in Sorten	1j. Vg.	×/1/0
Salix in Sorten	1j. Vg.	×/1/0
Staphylea colchica	2j. v. Abl.	-1/1
Ulmus carpinifolia 'Wredei'	2j. Vg.	×/2/0

6.2 Topfgrößen der Jungpflanzen

6.2.1 7 cm Vierecktopf = 0,25 l Erdinhalt oder andere Töpfe mit gleichem Erdinhalt.

Acer palmatum rotbl. Sorten	2j. v. und 3j. v.
Berberis candidula, B. gagnepainii lanceifolia, B. hookeri, B. hybr. gagnep., B. julianae, B. media 'Parkjuweel', B. stenophylla, B. verrucandii, B. verruculosa	2j. v. und 3j. v.
Betula nana	2j. v.
Buddleia alternifolia	2j. v.
Buddleia davidii in Sorten	2j. v.
Calycanthus floridus	2j. v.
Ceanothus Hybriden	2j. v.
Chaenomeles Hybriden	2j. v.
Clethra alnifolia	2j. v.
Cornus florida, C. kousa	2j. v. und 3j. v.
Cotoneaster adpressus	2j. v. und 3j. v.
Cotoneaster damm. radicans, C. damm. 'Skogholm'	2j. v.
Cotoneaster franchetii, C. horizontalis, C. micr. 'melanotrichus', C. praecox	2j. v. und 3j. v.

Cotoneaster salic. 'Parkteppich' u. ä.	2j. v.
Cytisus in Sorten	2j. v.
Euonymus alatus, E. fort. 'Gracilis' und E. fort. 'Vegetus'	2j. v. und 3j. v.
Euonymus fort. 'Coloratus', E. fort. radicans	2j. v.
Genista in Sorten	2j. v.
Hydrangea japonica, H. macrophylla u. ä.	2j. v.
Hypericum in Sorten	2j. v.
Ilex in Sorten	2j. v.
Jasminum nudiflorum	2j. v.
Koelreuteria paniculata	2j. v.
Kolkwitzia amabilis	2j. v.
Lavandula officinalis	2j. v.
Liquidambar styraciflua	2j. v.
Liriodendron tulipifera	2j. v.
Lonicera pileata, L. pil. 'Yunnanensis'	2j. v.
Pernettya	2j. v.
Potentilla fruticosa 'Arbuscula', P. frut. 'Longacre', P. frut, mandschurica u. ä.	2j. v.
Pterostyrax hispida	2j. v.
Skimmia in Sorten	2j. v. und 3j. v.
Symphoricarpos chenaultii 'Hancock'	2j. v.

6.2.2 **8 cm Vierecktopf** = 0,375 l Erdinhalt oder andere Töpfe mit gleichem Erdinhalt.

Calycanthus floridus	2j. v.
Cotoneaster sal. floccosus, C. watereri u. Sorten	2j. v.
Hibiscus in Sorten	1j. Vg.
Prunus laurocerasus in Sorten	2j. v. und 3j. v.
Viburnum burkwoodii, V. carlesii, V. rhytidophyllum, V. tomentosum	2j. v. St.
Viburnum tom. 'Sterile' u. ä.	2j. v. St. und 2j. Vg.

6.2.3 **Topfgröße für junge Schling- und Kletterpflanzen 7 cm Vierecktopf** = 0,25 l Erdinhalt oder andere Töpfe mit gleichem Erdinhalt.

Campsis radicans	2j. v.
Hydrangea petiolaris	2j. v.
Lonicera in Sorten	2j. v.
Periploca graeca	1j. pik.
Wisteria sinensis	1j. Vg.

6.3 Bündelungsvorschriften für Jungpflanzen zur Weiterkultur:

1j. S. bis zu 50 cm Höhe	50 Stück je Bund
1j. S. über 50 cm Höhe	25 Stück je Bund
Verschulte Sämlinge bis 30 cm Höhe	50 Stück je Bund
Verschulte Sämlinge über 30 cm Höhe	25 Stück je Bund
1j. b. Sth. u. 2-3j. v. St. u. v. S. bis 120 cm Höhe	25 Stück je Bund
3j. v. S., 100—140 cm Höhe	25 Stück je Bund
1j. b. Sth. u. 2-3j. v. St. u. v. S. über 120 cm Höhe	10 Stück je Bund
3j. v. S. über 140 cm Höhe	10 Stück je Bund
Handveredlungen, Ableger, Abrisse	10 Stück je Bund

Ausgenommen von dieser Bündelungsvorschrift sind sämtliche Schmetterlingsblütler und alle Gehölze mit fleischigen Wurzeln, d. h. folgende Gattungen:

Ailanthus, Amorpha, Buddleia, Calycanthus, Caragana, Catalpa, Ceanothus, Cercis, Colutea, Cotinus, Cytisus, Daphne, Decaisnea, Elaeagnus, Exochorda, Genista, Gleditsia, Hibiscus, Hippophae, Holodiscus, Laburnum, Liriodendron, Rhus, Robinia, Rubus, Sophora.

Diese sind zu Bündeln:

1j. Sämlinge	25 Stück je Bund
Verschulte Sämlinge	10 Stück je Bund

II. Rosen

1. **Niedrige Rosen**

1.1 Bei der Anzucht dürfen bei Rosa canina und ihren Abarten je Quadratmeter nicht mehr als 10 bis 11 Pflanzen und bei Rosa multiflora höchstens 10 Pflanzen aufgeschult worden sein (z. B. Pflanzweite bei Rosa canina 14 × 70 cm oder 15 × 65 cm oder 18 × 50 cm, bei Rosa multiflora ist jeweils eine um 3 cm größere Pflanzweite erforderlich.

1.2 Bündelungsvorschrift

Güteklassen A und B .... 10 Stück je Bund zweifach gebunden
Kletter-, Park- und Strauchrosen der
Güteklassen A und B ....5 Stück je Bund zweifach gebunden

2. **Stammrosen**

2.1 Bei der Anzucht dürfen je qm nicht mehr als 4—5 Wildstämme aufgeschult worden sein. Pflanzabstand z. B. 90 × 25 = 2250 qcm je Pflanze.

2.2 Bündelungsvorschrift:
Güteklasse A und B .... 5 Stück je Bund mind. zweimal gebunden

III. Immergrüne Laubgehölze einschl. Rhododendron

1.1 Die Pflanzbestände für Immergrüne und Rhododendron sind so zu wählen, daß eine normale Entwicklung der Pflanzen gewährleistet ist; sie müssen regelmäßig, mindestens alle 2—3 Jahre, verpflanzt werden.
Sie müssen einen ihrer Größe entsprechenden festen Ballen haben.

1.2 Bei der Anzucht von Rhododendron dürfen von

1j. Vg. nicht mehr als 16 Pflanzen je qm z. B. 25 × 25 cm
2j. St. nicht mehr als 25 Pflanzen je qm z. B. 20 × 20 cm

gepflanzt werden.

IV. Nadelgehölze

1. **Ballenpflanzen**

1.1 Die Pflanzabstände für Nadelgehölze sind so zu wählen, daß eine normale Entwicklung des Pflanzgutes gewährleistet ist.

1.2 Nadelgehölze müssen regelmäßig mindestens alle 2—3 Jahre verpflanzt werden.

1.3 Sie müssen einen festen, ihrer Größe entsprechenden gut durchwurzelten Ballen haben.

2. **Heckenpflanzen ohne Ballen**

Bei der Anzucht von 2mal verpflanzten Nadelgehölzen als Heckenpflanzen dürfen nicht mehr als 10 Pflanzen je qm aufgeschult werden.
Pflanzabstand z. B. 40 × 25 cm = 1000 qcm je Pflanze.
Bündelungsvorschrift: 10 Stück je Bund.

3. **Jungpflanzen**

3.1 **Pflanzgruppe I**
Hier dürfen nicht mehr als 40 Pflanzen je qm aufgeschult werden.
Pflanzabstand z. B. 25 × 10 cm = 250 qcm je Pflanze.

Cedrus in Sorten	2j. v. S.	1/1
Cedrus in Sorten	3j. v. S.	1/2
Chamaecyparis lawsoniana	2j. v. S.	1/1
Chamaecyparis lawsoniana	3j. v. S.	1/2
Chamaecyparis laws. 'Alumii'	3j. v. St.	0/2/1
Chamaecyparis laws. 'Alumii'	4j. v. St.	0/2/2
Chamaecyparis laws. 'Columnaris Glauca'	3j. v. St.	0/2/1
Chamaecyparis laws. 'Columnaris Glauca'	4j. v. St.	0/2/2
Juniperus communis, J. virginiana	2j. v. S.	1/1
Juniperus communis, J. virginiana	3j. v. S.	1/2

Abb. 180. Junge Koniferenveredlungen, ohne Ballen, bei J. Timm & Co., Elmshorn
Links: Chamaecyparis lawsoniana 'Triomf van Boskoop'; Mitte: 'Alumii'; rechts: 'Intertexta' (Werkbild)

Juniperus comm. 'Hibernica' und J. comm. 'Suecica' u. ä.	3j. v. St.	0/2/1
Picea omorika, P. orientalis, P. pungens	3j. v. S.	2/1
Picea omorika, P. orientalis, P. pungens	4j. v. S.	2/2
Picea pungens 'Glauca'	3j. v. S.	2/1
Picea pungens 'Glauca'	4j. v. S.	2/2
Pinus cembra, P. peuce	3j. v. S.	2/1
Pinus cembra, P. peuce	4j. v. S.	2/2
Pinus montana, P. montana mughus	3j. v. S.	2/1
Pinus montana, P. montana mughus	4j. v. S.	2/2
Pinus montana pumilio	3j. v. S.	2/1
Pinus montana pumilio	4j. v. S.	2/2
Taxus baccata u. Sorten	3j. v. S.	2/1
Taxus baccata u. Sorten	4j. v. S.	2/2
Taxus baccata u. Sorten	3j. v. St.	0/1/2
Taxus baccata u. Sorten	4j. v. St.	0/2/2
Thuja occidentalis	3j. v. S.	2/1
Thuja occidentalis	4j. v. S.	2/2
Thuja aus Stecklingen	3j. v. St.	0/2/1
Thuja aus Stecklingen	4j. v. St.	0/2/2
Tsuga canadensis	3j. v. S.	2/1
Tsuga canadensis	4j. v. S.	2/2

3.2 Pflanzgruppe II

Hier dürfen nicht mehr als 27 Pflanzen je qm aufgeschult werden. Pflanzabstand z. B. 25 × 15 cm = 375 qcm je Pflanze.

Abies in Sorten	3j. v. S.	1/2
Abies in Sorten	4j. v. S.	2/2
Chamaecyparis pis. 'Plumosa'	3j. v. St.	0/2/1
Chamaecyparis pis. 'Plumosa'	4j. v. St.	0/2/2
Chamaecyparis pis. 'Squarrosa'	3j. v. St.	0/2/1
Chamaecyparis pis. 'Squarrosa'	4j. v. St.	0/2/2
Juniperus chin. 'Pfitzeriana', J. chin. 'Hetzii' u. ä.	3j. v. St.	0/2/1
Juniperus chin. 'Pfitzeriana', J. chin. 'Hetzii' u. ä.	4j. v. St.	0/2/2
Juniperus squamata 'Meyeri'	3j. v. St.	0/2/1
Juniperus squamata 'Meyeri'	4j. v. St.	0/2/2
Pinus griffithii	3j. v. S.	2/1
Pinus griffithii	4j. v. S.	2/2

3.3 Bündelungsvorschriften:

1—2j. Sämlinge	100 Stück je Bund
2—3j. v. Sämlinge	50 Stück je Bund
4j. v. Sämlinge	25 Stück je Bund
2× v. über 30 cm Höhe	10 Stück je Bund
2—4j. v. Stecklinge	25 Stück je Bund
1—2j. Veredlungen	10 Stück je Bund

3.4 Nadelgehölz-Jungpflanzen müssen mit Wurzelschutz geliefert werden.

3.5 Topfgrößen für Jungpflanzen

3.5.1 **7 cm Vierecktopf** oder andere Töpfe mit gleichem Erdinhalt von 0,250 l.

Abies in Sorten	1j. Vg.
Cedrus atlantica 'Glauca'	1j. Vg.
Chamaecyparis laws. 'Ellwoodii'	3j. v. und 4j. v.
Chamaecyparis laws 'Minima Glauca'	1j. Vg. und 2j. Vg.
Chamaecyparis laws. 'Silver Queen' und Ch. laws. 'Stewartii' u. ä.	1j. Vg.
Chamaecyparis obtusa 'Nana Gracilis'	1j. Vg. und 2j. Vg.
Chamaecyparis pisifera 'Filifera' und Ch. pis 'Filifera Nana'	3j. v.
Ginkgo biloba	2j. v. und 3j. v.
Juniperus chin. 'Blaauws Var.', J. chin. 'Plumosa Aurea'	1j. Vg. und 2j. Vg.
Juniperus chin. 'Hetzii', J. chin. 'Pfitzeriana', J. chin. 'Pfitzeriana Aurea', J. chin. 'Pfitzeriana Old Gold', J. communis 'Hibernica', J. comm. Hornibrooki', J. comm. 'Repanda' u. ä. Juniperus horizontalis, J. hor. 'Glauca', J. sabina 'Femina', J. sab. 'Mas', J. sab. 'Tamariscifolia', J. squam. 'Meyeri'	3j. v. und 4j. v.
Juniperus virginiana in Sorten	1j. Vg.
Picea excelsa in Zwergsorten	3j. v. und 4j. v.
Picea pungens 'Glauca Koster' u. ä.	1j. Vg.
Pinus in Sorten	1j. Vg. und 2j. Vg.
Sciadopitis verticillata	3j. v. und 4j. v.
Sequoia	2j. v.
Taxus bacc. 'Fastigiata', T. bacc. 'Fastigiata Aurea', T. bacc. 'Overeynderi', T. bacc. 'Repandens'	3j. v. und 4j. v.
Taxus media 'Hatfieldii', T. media 'Hicksii'	3j. v. und 4j. v.
Thuja gigantea 'Aurescens', Th. occ. 'Columna', Th. occ. 'Fastigiata', Th. occ. 'Ellwang. Rheingold', Th. occ. 'Recurva Nana', Th. occ. 'Smaragd'	3j. v. und 4j. v.
Thujopsis dolabrata	3j. v. und 4j. v.
Tsuga canadensis	3j. v. und 4j. v.

3.5.2 **8 cm Vierecktopf** oder andere Töpfe mit gleichem Erdinhalt von 0,375 l.

Abies in Sorten	3j. v.
Chamaecyparis lawsoniana 'Alumii', Ch. laws. 'Columnaris Glauca', Ch. pisifera 'Plumosa', Ch. pis. 'Plumosa Aurea', Ch. pis. 'Squarrosa', Ch. pis. 'Squarrosa Boulevard'	3j. v. und 4j. v.
Metasequoia glyptostroboides	2j. v.
Pinus montana mughus, P. mont. pumilio	4j. v.
Pinus nigra austriaca	3j. v.

3.5.3 **9 cm Viereddtopf oder andere Töpfe** mit gleichem Erdinhalt von 0,5 l.

Abies in Sorten	2j. Vg.
Cedrus atlantica 'Glauca'	2j. Vg.
Chamaecyparis laws. 'Silver Queen', Ch. laws. 'Stewartii' u. ä.	2j. Vg.
Juniperus virginiana in Sorten	2j. Vg.
Picea pungens 'Glauca Koster' u. ä.	2j. Vg.
Pinus in Sorten	2j. Vg.

V. Containerpflanzen

(1) Containerpflanzen müssen bei der Anzucht immer den Abstand haben, den sie zu jeder Zeit ihres Wachstums benötigen, um ihren normalen Habitus ausbilden zu könnnen.

(2) Das Wurzelwerk darf nicht aus den Behältern herauswachsen, so daß die Pflanzen jederzeit versandfähig sind.

(3) Die Behältergrößen sind der Breite und der Höhe der Pflanzen anzupassen. Mindestgröße des Behälters 2 l Erdinhalt.

(4) Rosen in Containern gezogen können auch 2jährig sein.

VI. Gehölze von Kern-, Stein- und Schalenobst

1.1 Zur Anzucht von mehrjährigen Obstgehölzen aller Arten dürfen nicht mehr als 3 Pflanzen je qm aufgeschult werden.
Pflanzabstand z. B.: 120 × 30 cm, 100 × 35 cm, 90 × 40 cm = 3600 qcm je Pflanze.

1.2 Bündelungsvorschrift:

1j. Veredlungen von Apfel, Birne, Quitte und Pflaume	10 Stück je Bund
Büsche aller Obstarten einschl. 1j. Büsche von Pfirsich, Aprikose, Kirsche sowie Formobst, Viertelstämme, Halbstämme, Hochstämme und Heister	5 Stück je Bund

VII. Beerenobst

1. Johannisbeer- und Stachelbeersträucher

1.1 Bei der Anzucht von Johannisbeer- und Stachelbeersträuchern dürfen nicht mehr als 7 Pflanzen je qm aufgeschult werden.
Pflanzabstände z. B.: 70 × 20 cm oder 60 × 25 cm = 1400 qcm je Pflanze.

1.2 Bündelungsvorschrift:

1 Trieb	10 Stück je Bund
2 Triebe	10 Stück je Bund
3/4 Triebe	10 Stück je Bund
ab 5 Trieben	5 Stück je Bund

2. Johannisbeer- und Stachelbeerstämme

2.1 Bei der Anzucht von Beerenobststämmen dürfen nicht mehr als 6 Pflanzen je qm aufgeschult werden.
Pflanzabstände z. B.: 90 × 20 cm oder 100 × 18 cm = 1800 qcm je Pflanze.

2.2 Bündelungsvorschriften:
Johannisbeer-Hochstämme und Niederstämme

mit 3/4 Trieben	10 Stück je Bund
ab 5 Trieben	5 Stück je Bund

Stachelbeer-Hochstämme und Niederstämme

mit 4/6 Trieben	10 Stück je Bund
ab 7 Trieben	5 Stück je Bund

3. **Himbeeren und Brombeeren**

3.1 Himbeeren und Brombeeren können als einjährige oder verpflanzte Ruten zum Versand kommen.

3.2 Bündelungsvorschrift:
Allgemein .... 25 Stück je Bund

VIII. Veredlungsunterlagen

1. (1) Veredlungsunterlagen könnnen vegetativ oder generativ vermehrt worden sein.

(2) Abrisse, Ableger und Sämlinge, die für ein zweites Kulturjahr als Unterlage verpflanzt werden, müssen mindestens 12 cm tief in der Erde stehen.

(3) Es dürfen nicht mehr als 40 Pflanzen je qm aufgeschult werden.
Pflanzabstand: 25 × 10 cm = 250 qcm je Pflanze.

2. (1) Die Veredlungsunterlagen werden in mm (Durchmesser) am Wurzelhals gemessen.
Ausnahmen: Vegetativ vermehrte Obstunterlagen werden unmittelbar über der obersten Adventivwurzel gemessen.

(2) Rosensämlinge werden in der Mitte des Wurzelhalses gemessen.

(3) Rosenwildstämme und Ribesruten sind nach Längen zu sortieren und zu bezeichnen.

3. **Sortierung:**
Veredlungsunterlagen werden wie folgt sortiert:

	Aufschulware mm ⌀	Verschulware mm ⌀ nur bei Apfel und Birne
1j. S. und 1j. pik. S. .... von Apfel, Birne, St. Julien und Pflaumen mit ihren Sorten, 1j. Abr. aller vegetativ vermehrten Unterlagen	6/7, 7/9, 9/12	4/6
1j. S. .... von Vogelkirschen, Mahaleb, Myrobalanen, Pfirsichen und Aprikosen	4/5, 5/7, 7/9, 9/12	
2j. Obstunterlagen, generativ vermehrt	6/8, 8/10, 10/12	
2j. Obstunterlagen, vegetativ vermehrt	6/8, 8/10, 10/12, 12/15	4/6
Rosenunterlagen	3/4, 4/6, 6/8, 8/12	
Walnußsämlinge 1j. und 2j.	10—20 cm Länge 20—40 cm Länge	40—60 cm Länge 60—80 cm Länge
Rosenwildstämme — Veredlungshöhe .... Der Mindeststammdurchmesser muß bei allen Höhen an der Veredlungsstelle 5 mm betragen.	80—100 cm 100—120 cm 120—140 cm 140—160 cm 160—200 cm	
Ribesruten 120—140 cm Länge, in 1 m Höhe .... über 140 cm Länge, in 1 m Höhe	 4 mm 6 mm	
Laubgehölze Clematis vitalba, Hibiscus syriacus, Rhododendron flavum u. Rhododendron ponticum, Syringa vulgaris, Viburnum lantana	3/4, 4/6, 6/8, 7/9, 8/10, 10/12	

	Aufschulware mm ⌀	Verschulware mm ⌀ nur bei Apfel und Birne
Nadelgehölze Cedrus deodara, Chamaecyparis laws., Juniperus virginiana, Taxus baccata, Thuja occidentalis	4/6, 6/8, 8/10	

4. **Bündelungsvorschrift:**

4.1 Veredlungsunterlagen werden wie folgt gebündelt:

3/4, 4/5 mm ⌀	zu 100 Stück
4/6, 5/7, 6/7, 6/8, 7/9, 8/10 mm ⌀	zu 50 Stück
8/12, 9/12, 10/12, 12/15 mm ⌀	zu 25 Stück

Ausnahmen sind Clematis vitalba und Hibiscus syriacus:

3/4 und 4/6 mm ⌀	zu 25 Stück

4.2 Rosenunterlagen:

3/4 mm ⌀	zu 100 Stück
4/6 und 6/8 mm ⌀	zu 50 Stück
8/12 mm ⌀	zu 25 Stück

4.3 Rosenwildstämme
Sie werden zu 10 Stück gebündelt und je nach Länge 2—3mal gebunden.

4.4 Walnußsämlinge
Sie werden zu 25 Stück einmal auf den Wurzeln und einmal auf den Trieben gebunden.

4.5 Ribesruten
Sie werden zu je 25 Stück zweifach gebunden.

h. Bestimmungen des Bundes deutscher Baumschulen über die Verleihung und Verwendung des Zeichens „Deutsche Markenbaumschule"

Stand Januar 1976

§ 1

Zeichen „Deutsche Markenbaumschulen"

1. Der Bund deutscher Baumschulen e. V. (BdB) hat das Zeichen „Deutsche Markenbaumschulen" eingeführt.
2. Das Zeichen ist beim Deutschen Patentamt eingetragen.
3. Die Trägerschaft für das Zeichen liegt beim BdB.
4. Die Maßnahmen zur Verleihung und Verwendung des Zeichens werden gemeinsam von BdB und den Landwirtschaftskammern bzw. staatlichen Landwirtschaftsverwaltungen durchgeführt.
5. Bei Obstgehölzen wird die Fachgruppe Obstbau im Bundesausschuß Obst und Gemüse beteiligt.
6. Zur Führung des Zeichens „Deutsche Markenbaumschulen" sind die vom BdB als „Deutsche Markenbaumschulen" bestätigten Betriebe nach den besonderen Anwendungsrichtlinien für die verschiedenen Fachgebiete berechtigt.

§ 2

Zweck

Das Zeichen gibt den Verbrauchern die Gewähr, daß die mit dem Zeichen versehenen Baumschulpflanzen den Güte- und Kennzeichenbestimmungen für Baumschulpflanzen des BdB der Güteklasse A entsprechen. Als Garantiemarke für Qualität soll das Zeichen gleichzeitig für die Leistungsfähigkeit der deutschen Baumschulen werben.

§ 3

„Deutsche Markenbaumschulen"

1. Eine Prüfung als „Deutsche Markenbaumschule" erfolgt nur bei BdB-Mitgliedsbetrieben.
2. Eine Entscheidung über die Bestätigung als „Deutsche Markenbaumschule" setzt eine Besichtigung des zu prüfenden Betriebes gemäß § 6 voraus.
3. Die „Deutsche Markenbaumschule" erhält eine Betriebsnummer und eine Urkunde.
4. Bei Erlöschen der Bestätigung als „Deutsche Markenbaumschule" durch Zeitablauf entfallen alle Rechte als Markenbaumschule. Die Urkunde ist zurückzugeben. Gleiches gilt sinngemäß bei zeitlich begrenztem oder dauerndem Entzug der Bestätigung als Markenbaumschule insgesamt oder für bestimmte Fachgebiete.
5. Wird innerhalb des Bestätigungszeitraumes zweifelhaft, ob die Voraussetzungen der Markenfähigkeit noch erfüllt sind, so kann vom BdB jederzeit eine erneute Überprüfung des Betriebes durch eine Besichtigungskommission veranlaßt werden. Die Bestimmungen der §§ 5 und 6 gelten sinngemäß.
6. Das Recht zur Bezeichnung „Deutsche Markenbaumschule" für die Fachgebiete „Obstgehölze — Strauchbeerenobst — Obstunterlagen" sowie „Jungpflanzen" und „Wildlinge (Veredlungsunterlagen)" entfällt, wenn für Aufzuchten von Obstgehölzen — Strauchbeerenobst — Obstunterlagen, Jungpflanzen und Wildlingen (Veredlungsunterlagen) eine Bestandsprüfung nicht erfolgt ist.
7. Das Recht zur Führung des Zeichens des BdB auf Firmenetiketten (§ 11) kann vom Präsidenten des BdB bei Verstößen gegen die Verwendungsvorschriften mit sofortiger Wirkung entzogen werden. Erlischt das Recht zur Verwendung des warenzeichenrechtlich geschützten Zeichens des BdB auf Firmenetiketten, sei es durch Zeitablauf oder infolge Entziehung der Markenfähigkeit des Betriebes oder durch den Entzug des zuerkannten Rechts zur Führung des Zeichens, so ist der Betrieb verpflichtet, die Verleihungsurkunde unverzüglich an die Bundesgeschäftsstelle des BdB zurückzugeben und mit dem Zeichen des BdB versehene Firmenetiketten und Drucksachen seines Betriebes zu vernichten.

§ 4

Anträge auf Prüfung

1. Anträge auf Prüfung als „Deutsche Markenbaumschule" und auf die Verleihung des Rechts zur Verwendung des Zeichens „Deutsche Markenbaumschulen" sind jeweils bis zum 30. April bei der Bundesgeschäftsstelle des BdB auf einheitlichem Formblatt einzureichen. Zur Deckung der Kosten der Besichtigung ist durch den Antragsteller ein Kostenbeitrag zu zahlen, dessen Höhe vom BdB in einer Gebührenordnung festgelegt wird.
2. Der Antragsteller verpflichtet sich, mit Einreichung des Antrages und rechtsverbindlicher Unterschrift die Bestimmungen des BdB über die Verleihung und Verwendung des Zeichens „Deutsche Markenbaumschulen" und die dazu erlassenen Durchführungsbestimmungen einzuhalten.
3. Die Bestätigung als „Deutsche Markenbaumschule" kann auf Antrag auf die Dauer von jeweils höchstens 3 Jahren ausgesprochen werden.
   Die Bestätigung erfolgt für den Gesamtbetrieb mit Untergliederung in die Fachgebiete:
   a) Laubgehölze — Koniferen — Rosen
   b) Obstgehölze — Strauchbeerenobst — Obstunterlagen
   c) Jungpflanzen
   d) Wildlinge (Veredlungsunterlagen)
4. Antragsteller für das Fachgebiet „Jungpflanzen" müssen hierfür eine Anbaufläche von mindestens 0,75 ha nachweisen. Ferner müssen sie mindestens 50 Sorten von Gehölzen kultivieren, die vorwiegend zur Abgabe für die Weiterkultur in Hochbaumschulen bestimmt sind.
5. Forstpflanzenkulturen werden nicht mit in die Prüfung einbezogen.

§ 5

Voraussetzungen der Prüfung und Bestätigung

Eine Bestätigung als „Deutsche Markenbaumschule" kann nur erfolgen, wenn der verantwortliche Betriebsleiter, der Gesamtbetrieb und die Pflanzenbestände die volle Gewähr für Anzucht und Lieferung von Markenwaren bieten.
Wesentliche Voraussetzungen der Bestätigung als „Deutsche Markenbaumschule" sind:

I. Persönliche Voraussetzungen:

a) Ausreichende Fachkenntnisse des Betriebsinhabers oder des verantwortlichen Betriebsleiters, die für die ordnungsgemäße Führung einer Baumschule erforderlich sind.
b) Einwandfreies Geschäftsgebaren, so daß das Ansehen des Berufsstandes nicht geschädigt wird.

II. Betriebliche Voraussetzungen:

a) Eine Baumschule, die — entweder für sich allein oder als Teil eines gärtnerischen Betriebes — als Vollerwerbsbetrieb mit regelmäßigen Anzuchten geführt wird.
b) Technische Betriebseinrichtungen, die ordnungsgemäße Anzucht, Pflege und sachgemäßen Verkauf ermöglichen.
c) Ordnung im Betrieb und einwandfreier Zustand des Gesamtbetriebes.
d) Ordnungsgemäße Führung von Quartierbüchern (mit Herkunftsnachweisen) und eines Anbauverzeichnisses.

III. Bestandsvoraussetzungen:

a) Sortenreine und sortenechte Bestände.
b) Gesunde und wüchsige Ware.
c) Einwandfreie Anzuchten nach den Gütebestimmungen des BdB.

§ 6

Prüfungsverfahren

1. Zur Durchführung der Betriebsbesichtigung werden für das Gebiet jedes Landesverbandes des BdB Besichtigungsausschüsse durch die zuständigen Landesverbände im Einvernehmen mit der zuständigen Landwirtschaftskammer bzw. staatl. Landwirtschaftsverwaltung gebildet. Diese bestehen aus mindestens zwei Mitgliedern des Landesverbandes des BdB und mindestens einem Sachverständigen der Landwirtschaftskammer bzw. staatl. Landwirtschaftsverwaltung.
2. Den Besichtigungsausschüssen müssen Sachverständige der jeweiligen Fachgebiete angehören. Ein Vertreter der Fachgruppe Obstbau im Bundesausschuß Obst und Gemüse soll bei Baumschulen des Fachgebiets „Obstgehölze — Strauchbeerenobst — Obstunterlagen" mitwirken. Betriebsinhaber und -angehörige dürfen nicht Mitglieder des Besichtigungsausschusses des eigenen Betriebes sein. Den Besichtigungsausschüssen soll möglichst ein gebietsfremdes Mitglied angehören.
3. Die Beurteilung erfolgt nach den für die Fachgebiete vorgesehenen besonderen Bewertungsbögen und den dazugehörigen Erläuterungen.
4. Beschlüsse der Besichtigungsausschüsse sind einstimmig zu treffen und für die Entscheidung des BdB verbindlich. Kommt eine Einstimmigkeit nicht zustande, muß eine nochmalige Begutachtung des Betriebes durch einen anderen Ausschuß erfolgen. Hierzu muß ein Mitglied des ersten Ausschusses gehört werden.
5. Bei Versagung der Bestätigung eines Betriebes sind die Gründe, die zur Ablehnung geführt haben, dem Antragsteller unter Rechtsmittelbelehrung durch die Bundesgeschäftsstelle des BdB in Pinneberg mitzuteilen.

§ 7

Rechte und Pflichten der „Deutschen Markenbaumschulen"

1. Die als „Deutsche Markenbaumschulen" bestätigten Betriebe sollen auf ihren Katalogen, Briefbögen, Drucksachen, Anzeigen, Werbeplakaten, Firmenschildern u. a. warenzeichenrechtlich geschützte Zechen des BdB verwenden und sich als „Deutsche Markenbaumschule" bezeichnen. Die Betriebe sind berechtigt, ergänzend auf die Bestätigung für das jeweilige Fachgebiet hinzuweisen. Die Übertragung dieser Rechte auf einen Dritten ist ausgeschlossen. Jede „Deutsche Markenbaumschule" ist verpflichtet, Pflanzen mit Größen- bzw. Höhenangaben nach den vom Bund deutscher Baumschulen herausgegebenen Güte- und Kennzeichnungsbestimmungen in Katalogen, Druckschriften, Angeboten usw. ausdrücklich zu kennzeichnen.
2. Die Betriebsnummer und das Zeichen sind auf den Etiketten erkennbar und wetterfest anzubringen.
3. Die „Deutschen Markenbaumschulen" sind verpflichtet, durch die Güte ihrer in den Verkehr gebrachten Pflanzen das Vertrauen der Käufer von Baumschulenerzeugnissen in die besondere Leistungsfähigkeit und das reelle Geschäftsgebaren der Markenbaumschulen zu stärken und für den Schutz des Zeichens einzutreten.

§ 8

Die Bestandsprüfung von Obst- und Strauchbeerenobstpflanzgut sowie Obstunterlagen

1. Bei Obst- und Strauchbeerenobstpflanzgut sowie Obstunterlagen wird eine Bestandsprüfung durchgeführt.
2. Zur Prüfung der Bestände werden Ausschüsse gebildet, die sich gemäß § 6 zusammensetzen.
3. Bestätigte Markenbaumschulen für das Fachgebiet „Obstgehölze — Strauchbeerenobst — Obstunterlagen" sind verpflichtet, sich einer alljährlichen Kontrolle auf **sichtbaren** Virusbefall zu unterziehen.
   Markenbaumschulen, die durch schriftliche Bestätigungen des amtlichen Pflanzenschutzdienstes nachweisen, daß sowohl Unterlage wie auch Edelsorte von Obstgehölzen aus „virusgetestetem" bzw. „virusfreiem" Ausgangsmaterial stammen, können für
   „virusfreie Ware Etiketten mit dem Markenzeichen
   (Markenetiketten) auf **rotem** Untergrund,
   „virusgetestete" Waren Etiketten mit dem Markenzeichen
   (Markenetiketten) auf **gelbem** Untergrund
   führen.
   Grundlage zu diesem Verfahren sind die „Richtlinien zur Anzucht von virusgetesteten Obstgehölzen" der Biologischen Bundesanstalt für Land- und Forstwirtschaft.
   Bei Baumschulen mit Anzuchten von Obstunterlagen ist eine Bodenuntersuchung der Anzuchtfläche auf Kartoffelnematodenbefall durch das zuständige Pflanzenschutzamt vorzunehmen.
4. Strauchbeerenobstbestände können nur dann als markenfähig bestätigt werden, wenn sie durch besondere Sachverständige als sortenecht und sortenrein geprüft worden sind.
5. Der Nachweis der Herkunft des Ausgangsmaterials für die Bestände muß bei der Besichtigung vorliegen.
6. Bei Nichtbesichtigung der Markenfähigkeit der gemeldeten Bestände sind die Gründe, die zur Ablehnung des Antrages geführt haben, unter Rechtsmittelbelehrung dem Betriebsinhaber durch die Bundesgeschäftsstelle des BdB mitzuteilen.
7. Zur Deckung der Kosten der Bestandsbesichtigung hat der Antragsteller einen Kostenbeitrag zu zahlen, dessen Höhe vom BdB in einer Gebührenordnung festgelegt wird.

§ 9

Die Bestandsprüfung von Jungpflanzen und Wildlingen (Veredlungsunterlagen) außer Obstunterlagen

1. Die Bestimmungen des § 8, Ziff. 1, 2, 6, 7 und 8 werden sinngemäß angewendet.
2. Die Prüfung der Bestände der markenfähigen Pflanzen erfolgt nach dem besonderen Vordruck des „Bewertungsbogen 2" an den dazugehörenden Erläuterungen unter Berücksichtigung der Gütebestimmungen des BdB.

Abb. 181. Markenetiketten für Obstgehölze, wie sie ausschließlich von bestätigten Markenbaumschulen verwendet werden dürfen (oben: rotes Etikett für virusfrei; Mitte: gelb für virusgetestet; unten: weiß für Normalware)

3. „Deutsche Markenbaumschulen" für die Fachgebiete „Jungpflanzen" und „Wildlinge (Veredlungsunterlagen)" sind verpflichtet, sich der alljährlichen Viruskontrolle zu unterziehen. Bei gegebenen Voraussetzungen sind sie gehalten, die Anzuchten aus virusgetestetem Material vorzunehmen.
Bei Baumschulen mit Anzuchten von Jungpflanzen und Wildlingen (Veredlungsunterlagen) ist eine Kontrolle der Böden auf Kartoffelnematodenbefall durch das zuständige Pflanzenschutzamt erforderlich.

§ 10

Einheitlichkeit und Verwendung des Zeichens „Deutsche Markenbaumschulen" für das Fachgebiet Obstgehölze — Strauchbeerenobst — Obstunterlagen

1. Das Zeichen „Deutsche Markenbaumschulen" für die Verwendung bei Obstgehölzen — Strauchbeerenobst — Obstunterlagen wird von Firmen hergestellt, die hierzu vom BdB zugelassen sind und darf nur über die Bundesgeschäftsstelle des BdB bestellt werden. Es wird als „Markenetikett" geführt.
2. Die Herstellerfirmen sind verpflichtet, Markenetiketten nur in dem Umfang an Markenbaumschulen auszuliefern, in dem sie von der Bundesgeschäftsstelle des BdB jährlich bestätigt werden.
3. Die Bestellungen von Markenetiketten sind jährlich bis zum 15. 7. unter Verwendung der Markenetikett-Bestellisten bei der Bundesgeschäftsstelle des BdB anzumelden.
Der BdB leitet sie nach Prüfung an die Herstellerfirma weiter.
4. Das „Markenetikett" wird in den Maßen 20 × 2 cm aus wetterfestem Karton oder Kunstoff hergestellt und erhält in wetterfestem Druck
   I. das Zeichen des BdB „Deutsche Markenbaumschulen";
   II. die Betriebsnummer der Markenbaumschule;
   Firmeneindruck sowie Hinweis auf Schutzrechte ist zulässig;
   III. den Randdruck: „Dieses Markenetikett bürgt für Güteklasse A";
   IV. a) für Obstunterlagen:
   aa) bei Sämlingsunterlagen
   Sorte und sonstige Kennzeichnung,
   Stärke und Altersangabe;
   bb) bei vegetativ vermehrten Unterlagen:
   Typ oder Klon, Stärke und Altersangabe;
   b) für Fertigwaren:
   Art, Sorte, Unterlage, Zwischenveredlung;
   Unterlage, Zwischenveredlung sowie Stärke und Altersangabe können wetterfest oder mit wetterfestem Stift aufgeschrieben werden.

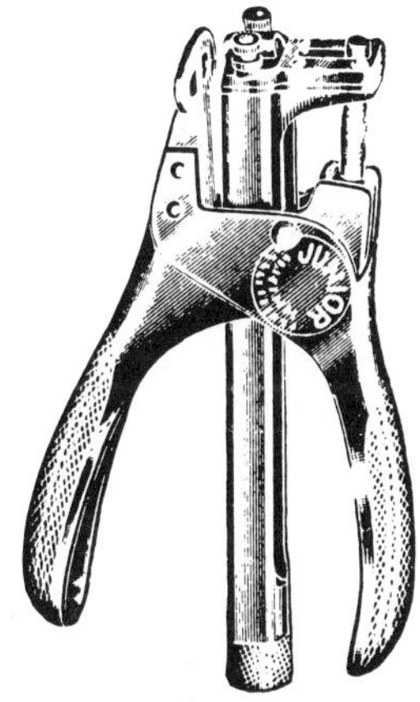

Abb. 182. Die in Deutschland gebräuchliche Heftzange zum Befestigen der Markenetiketten (Werkbild: Hermann Meyer, Rellingen)

5. Mit dem Markenetikett dürfen nur Obstbäume, Beerenobststräucher und Obstunterlagen ausgezeichnet werden, die aus eigenen Anzuchten stammen und der Güteklasse A entsprechen.
6. Bei Unterlagen und Beerenobststräuchern ist das Markenetikett an den handelsüblichen Bunden anzubringen.
7. Bei Obstbäumen muß grundsätzlich jeder Einzelbaum etikettiert werden, unter Zulassung nachfolgender Ausnahmen:
   a) bei Großlieferung an Endverbraucher (z. B. Erwerbsobstanbauer) ist bundweise Etikettierung in gegenseitigem schriftlichen Einvernehmen zulässig, wenn mindestens 50 Stück einer Sorte zur ausschließlichen Verwendung im Betrieb des Käufers geliefert werden. Die liefernde Baumschule ist in diesen Fällen verpflichtet, in Lieferschein und Rechnung Sorte, Unterlage und Zwischenveredlung anzugeben;
   b) bei Lieferung sorten- und unterlagengleicher Obstbäume in Partien an für das Fachgebiet „Obstgehölze — Strauchbeerenobst — Obstunterlagen" bestätigte „Deutsche Markenbaumschulen" ist zulässig, an Bunden von je 5 Stück jeweils nur 1 Markenetikett anzubringen. Die liefernde Baumschule ist in diesen Fällen verpflichtet, in Lieferschein und Rechnung Sorte, Unterlage und Zwischenveredlung anzugeben.

§ 11

Verwendung des Zeichens „Deutsche Markenbaumschulen" auf anderen Etiketten

1. Die „Deutsche Markenbaumschulen" der Fachgebiete „Laubgehölze — Koniferen — Rosen", „Jungpflanzen" und „Wildlinge (Veredlungsunterlagen)" sind berechtigt, für die Dauer der Bestätigung als Markenbaumschule das Zeichen auf den vom Betrieb verwendeten Etiketten anzubringen.
2. Mit dem Recht, das warenzeichenrechtlich geschützte Zeichen auf den vom Betrieb verwendeten Etiketten anzubringen, übernimmt die Markenbaumschule die Verpflichtung, diese Etiketten auf keinen Fall an Obst- und Beerenobstpflanzgut und deren Unterlagen sowie an Nutzpappeln anzubringen. Für die Verwendung des Zeichens für das Fachgebiet „Obstgehölze — Strauchbeerenobst — Obstunterlagen" gilt die Regelung nach § 10.
3. Mit dem warenzeichenrechtlich geschützten Zeichen versehene Etiketten dürfen ausschließlich an Baumschulpflanzen angebracht werden, die den Anforderungen der Güteklasse A im Sinne der Güte- und Kennzeichenbestimmungen für Baumschulpflanzen des BdB voll entsprechen.
4. Soweit Pflanzgut handelsüblich in Bunden verkauft und versandt wird, genügt das Befestigen eines mit dem Zeichen versehenen Etiketts an jedem Bund.
5. Auf jedem mit dem Zeichen versehenen Etikett muß die Betriebsnummer der Markenbaumschule wetterfest eingedruckt sein.

Durchführungsbestimmungen § 12

Zur Durchführung dieser Vorschriften können Durchführungsbestimmungen erlassen und Vereinbarungen mit staatlichen Stellen, Landwirtschaftskammern, Fachverbänden und Fachgruppen getroffen werden, die als Bestandteile der „Bestimmungen des BdB über die Verleihung und Verwendung des Zeichens ‚Deutscher Markenbaumschulen'" gelten und für die vom BdB bestätigten „Deutschen Markenbaumschulen" verbindlich sind. Sie bedürfen der Zustimmung der Mitgliedervertreterversammlung des BdB.

Verstöße § 13

Verstoßen Mitglieder gegen die Bestimmungen der §§ 1—11 und gemäß § 12 erlassener Durchführungsbestimmungen, so ist der BdB verpflichtet, leichtere Verstöße mit Verwarnung, Bußgeld zugunsten der Gemeinschaftswerbung, zeitlich und sachlich begrenzten Entzug des Rechts der Verwendung des Markenetiketts und des Zeichens oder der verliehenen Bestätigung als „Deutsche Markenbaumschule" zu ahnden. Bei groben Verstößen kann dauernder Entzug des Rechts der Verwendung des Zeichens oder der Bestätigung als „Deutsche Markenbaumschule" erfolgen. Die Verfügung ist schriftlich, mit Gründen versehen, dem betroffenen Betrieb zuzustellen.

Rechtsmittel § 14

1. Gegen Bescheide, durch die den Anträgen im Sinne der §§ 4, 5, 8 oder 9 nicht nur teilweise oder nur unter Auflagen entsprochen wird, und gegen Bescheide, durch die gemäß §§ 3—10 verliehene Rechte vorzeitig wieder entzogen werden und gegen Verfügungen im Sinne des § 11 steht dem Betrieb das Recht der Beschwerde zu. Die Beschwerde ist innerhalb einer Ausschlußfrist von 14 Tagen seit Zustellung des Bescheides schriftlich begründet bei der Bundesgeschäftsstelle des BdB einzureichen.
2. Der Bund deutscher Baumschulen hat die Möglichkeit, Beschwerden gegen Bescheide, durch welche den Anträgen im Sinne der §§ 3, 8, 9 und 10 nicht, nur teilweise oder nur unter Auflage entsprochen wird, nach Durchführung einer Zweitbesichtigung des Betriebes des Beschwerdeführers abzuhelfen. Voraussetzung für die Abhilfe ist, daß bei der Zweitbesichtigung die beantragte Bestätigung als „Deutsche Markenbaumschule" ohne Einschränkungen ausgesprochen wird. Diese Zweitbesichtigung wird durch eine Kommission duchgeführt, für deren Zusammensetzung und Arbeitsweise die Bestimmungen des § 6 entsprechend gelten. Hierzu muß ein Mitglied der Kommission, welche die Erstbesichtigung durchgeführt hat, gehört werden. Auf Verlangen des Beschwerdeführers hat die Teilnahme eines gebietsfremden Mitglieds zu erfolgen.

3. Über form- und fristgerecht eingelegte Beschwerden, denen auch mit einer Zweitbesichtigung des Betriebes nicht abgeholfen ist, entscheidet ein Schiedsgericht in Besetzung mit drei Mitgliedern. Das vorsitzführende Mitglied bestimmt in Gebieten mit Landwirtschaftskammern die Landwirtschaftskammer. In Gebieten ohne Landwirtschaftskammer hat der Vorsitzende des für den Beschwerdeführer zuständigen Landesverband des BdB die staatliche Landwirtschaftsverwaltung zu bitten, den Vorsitzenden des Schiedsgerichtes zu benennen.
4. Die Entscheidung des Schiedsgerichtes erfolgt grundsätzlich im schriftlichen Verfahren und ist endgültig und schriftlich begründet dem Beschwerdeführer zuzustellen.

§ 15

Kontrollbefugnis

1. Die für die Maßnahmen der Verwendung des Markenetiketts und Zeichens verantwortlichen Verbände und Institutionen (BdB, Fachgruppe Obstbau und Landwirtschaftskammern bzw. staatliche Landwirtschaftsverwaltungen) haben das Recht, stichprobenweise Kontrollen sowohl in den Markenbaumschulen als auch an den in den Verkehr gelangten Waren vorzunehmen, um die Einhaltung der Bestimmungen zu prüfen.
2. Festgestellte Mängel oder Verstöße sind umgehend unter genauer Angabe des Datums, Ort und der Art der Verstöße der Bundesgeschäftsstelle des BdB in Pinneberg zu melden.

Literatur zu: Absatzvorbereitungen

Duggen, H.: Aggressiv verkaufen. Gartenwelt 2/1965, S. 53-54. — Hörmann, Dieter M.: Zur Absatzpolitik von Baumschulen. Forschungsberichte zur Ökonomie im Gartenbau Nr. 16, 1974. Inst. für Gärtnerische Betriebslehre und Marktforschung der TU Hannover. — Korte, B.: Kosten- und Leistungsrechnungen in Baumschulen. Forschungsberichte zur Ökonomie im Gartenbau Nr. 17, 1974. Inst. für Gärtnerische Betriebslehre und Marktforschung der TU Hannover. — Maass, C. H.: Werben und verkaufen. Gartenwelt 11/1975, S. 233 ff. — Richter, Cl.: Modernes Verkaufen in einer Baumschule. Vortragsmanuskript 1962. — Sievers: Der Markt für Baumschulpflanzen aus der Sicht eines Anbaugebietes. Deutsche Baumschule 3/1976, S. 64-65. — Thon, H. E.: Quartierbuch und Bestandskartei erleichtern die Arbeit. Gartenbauliche Versuchsberichte der LK Rheinland 1970, S. 286-288. — Goebbels, E. A., und H. E. Thon: Rationalisierungsmöglichkeiten des Büroablaufes. Gartenbauliche Versuchsberichte der LK Rheinland, 1973, S. 243-250. — BdB: Informations- und Werbematerial, Güte- und Kennzeichenbestimmungen.

II. Die Durchführung des Absatzes

Da die für die Vermarktung notwendigen Ernte-, Aufbereitungs- und Transportarbeiten nur in der relativ kurzen Zeit der Vegetationsruhe der Gehölze im Herbst und Frühjahr durchgeführt werden können, liegt vielfach der begrenzende Faktor für die Erzeugung in dem nicht beliebig vermehrbaren Arbeitskräftepotential für die Versandperiode. Je nach Betriebsform und -struktur stehen den vergleichsweise arbeitsarmen Wochen in den Winter- und Sommermonaten regelrechte Streßzeiten gegenüber. Änderungen der Kultur- und Arbeitsverfahren (Container, Kühlraumlagerung, Verdunstungsschutz usw.) brachten in den vergangenen Jahren Möglichkeiten der Versandverlängerung mit sich. Nur in geringem Umfang wurden bisher Erkenntnisse arbeitswissenschaftlicher Untersuchungen und daraus abzuleitender Umstellungen, die die Versandkapazität positiv beeinflussen könnten, berücksichtigt. Aus Aufzeichnungen verschiedener Betriebe ist bekannt, daß bis zu 40 und 50 Prozent der Jahresarbeitsstunden für Rode- und Versandarbeiten benötigt werden. Sie werden sehr häufig durch Überstunden des Stammpersonals oder von Aushilfskräften erbracht. Diese zusätzlichen Arbeitsstunden kosten bekanntermaßen viel Geld. Um den wirtschaftlichen Erfolg eines Betriebes nicht zu gefährden, muß der verantwortlich handelnde Betriebsleiter alle Chancen zur Reduzierung der Überstunden konsequent nutzen. Sie bieten sich durch funktionsgerechten Aufbau des Betriebes, organisatorische und arbeitstechnische Maßnahmen und unterstützende Investitionen.

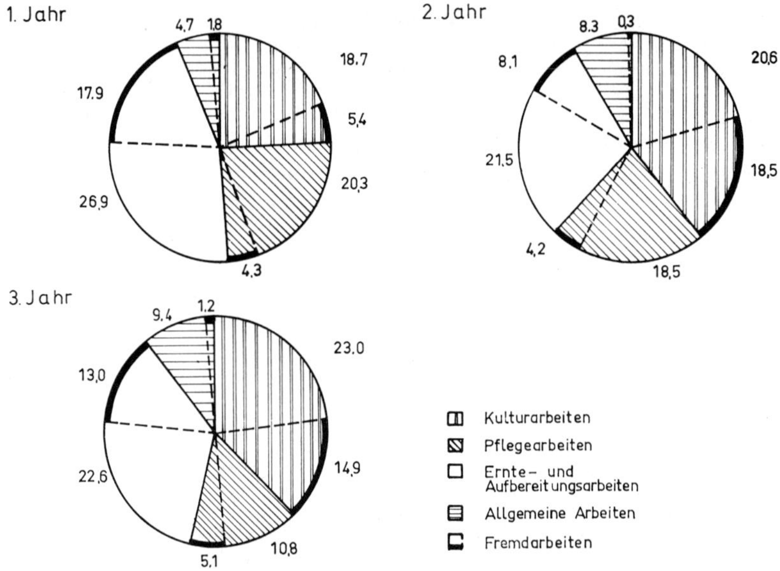

Abb. 183. Den Umfang der Ernte- und Aufbereitungsarbeiten am Jahresarbeitsaufwand macht die Auswertung von Aufzeichnungen in einem Baumschulbetrieb deutlich

Um möglichst arbeitszeitsparende und störungsfreie Vermarktungsabwicklung zu erreichen, können einige grundsätzliche Forderungen erhoben werden:

1. Betriebe mit Verkauf an Engros- und Detailkunden müssen sich um räumliche, organisatorische und personelle Trennung der beiden Absatzeinrichtungen bemühen. Dies ist im kleinen Betrieb nicht immer sinnvoll und auch nur selten machbar, wird aber mit zunehmender Betriebsgröße immer wichtiger.
2. Viele Baumschulen sind kleine Betriebe, in denen oft die organisatorische und Verwaltungsarbeit nach Feierabend gemacht werden muß. In anderen, größeren Baumschulbetrieben addiert sich unnötiger Verwaltungsaufwand zu zusätzlichen Arbeitsplätzen. Alle jedoch stehen unter dem Zwang der Rationalisierung, weil die einen auch einmal Feierabend machen, die anderen nicht mehr Personal einstellen möchten. Für jeden Bedarf hält die Büroorganisationsbranche geeignete und ausbaufähige Systeme bereit, mit denen wesentliche Entlastungen zu erzielen sind.
3. Technische Arbeitshilfen für den Außenbereich können häufig nur vergleichsweise kurzfristig eingesetzt werden. Es bleibt somit fraglich, ob ihre Anschaffung aus betriebswirtschaftlicher Sicht rentabel ist. Wenn jedoch durch ihre Verwendung die Aufrechterhaltung des Betriebes gewährleistet werden kann, ist ihr Einsatz sinnvoll. Zu diesen Arbeitshilfen zählen alle Transportmittel, wie Gabelhubwagen und Gabelstapler mit Paletten, aber auch Bündelmaschinen, Ballenstecher usw.

a. Auftragsbearbeitung im Büro

Die Intensität der Auftragsbearbeitung im Büro vom Eingang der Bestellung bis zur Auslieferung der Pflanzen richtet sich vorwiegend nach der Art der Absatzwege und der Größe des Betriebes und damit nach dem Umfang des gesamten Versandvolumens. Eine Übertragung des Bearbeitungsschemas von einem auf den anderen Betrieb ist wenig sinnvoll oder nur variiert denkbar. Den geringsten Verwaltungsaufwand verursachen Kleinaufträge im Endverkaufsbetrieb, die abgeholt oder angeliefert werden müssen. Wesentlich umfangreicher wird die Bearbeitung, wenn Großaufträge von Städten, Gemeinden, Straßenbauverwaltungen, Bauträgergesellschaften usw., die durch Ausschreibungen hereingeholt werden müssen. Sie kann dann etwa nach folgendem Plan verlaufen:

1. Prüfung der Bonität des Auftraggebers:

   Ist zu erwarten, daß der Kunde seinen aus der Lieferung entstehenden Zahlungsverpflichtungen nachkommt? Zur Beurteilung werden Erfahrungen aus früheren Geschäften, Leumund des Kunden in der Branche, Bankauskünfte und ähnliche Mitteilungen herangezogen.

Abb. 184. Arbeitserleichterung läßt sich bei der Angebotsbearbeitung durch Einsatz eines Mikrofilmlesegerätes erzielen

2. Bearbeitung der Anfrage oder des Auftrages im Bestandsverzeichnis:

   Für die Angebotsabgabe sind die Liefermöglichkeiten zu prüfen und Lieferpreise zu nennen. Da der Baumschuler nicht alle Preise im Kopf haben kann, müssen diese im Katalog gesucht und herausgeschrieben werden. Eine Arbeitszeitersparnis von 25—40 Prozent läßt sich durch den Einsatz von Mikrofilmlesegeräten erzielen, bei denen der Datenträger (Microfiche) bis zu 288 Katalogseiten auf einem Blatt enthält. Auf einem hellen Bildschirm wird jede Seite dann im Verhältnis 1 : 1 (auch größer) über ein optisches System sichtbar gemacht. Das umständliche Blättern im Katalog entfällt, eine Hand kann im Lesegerät die richtige Seite mit einem Griff einstellen, die andere Hand wird nur zum Schreiben gebraucht.

   Sind alle Pflanzen aus eigenen Beständen oder durch Zukauf lieferbar, erhält der Kunde die Auftragsbestätigung. Notwendige Ersatzlieferungen können schon jetzt mitgeteilt werden.

3. Vorbearbeitung in der Versandabteilung:

   Vergabe der Auftragsnummer, erste Terminfestlegung für das Abgangsdatum, Klärung von Bestimmungsort oder -bahnhof und der Versandvorschriften des Kunden, Vervielfältigung der Auftragsunterlagen für alle betroffenen Bereiche und Herstellung der Versandetiketten.

   Schon bei diesen Vorbereitungsarbeiten entscheidet sich oftmals, ob ein Auftrag korrekt und für den Betrieb kostengünstig abgewickelt werden kann. Grundsätzlich muß hier schon versucht werden vor Beginn der Streßzeiten im Herbst und Frühjahr wesentliche Teile der Arbeit vorweg zu nehmen.

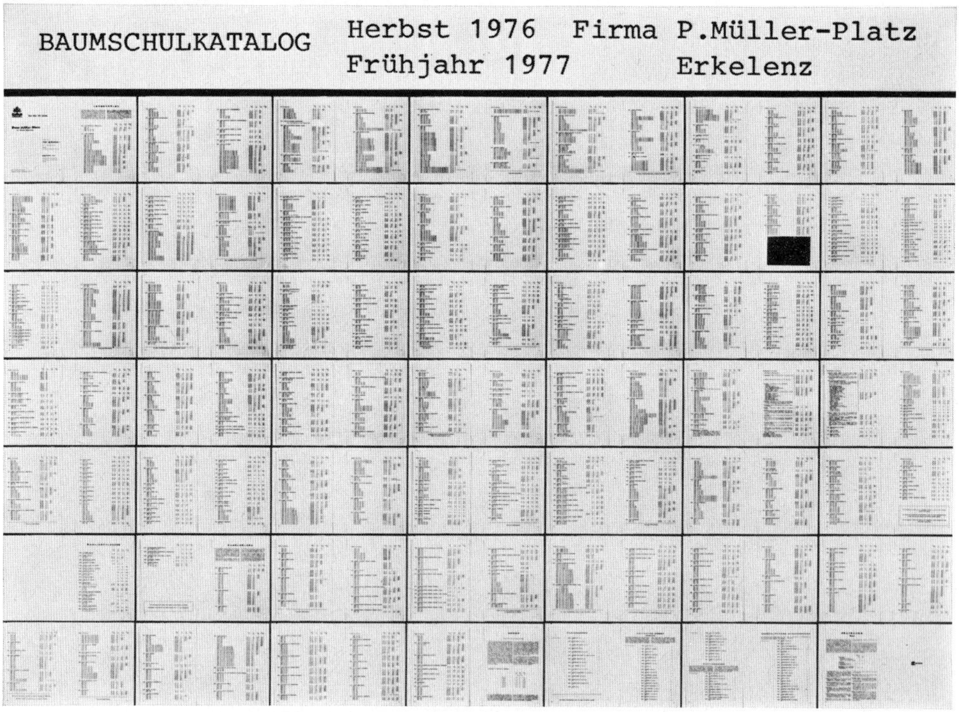

Abb. 185. Originalgröße eines Microfiches; der Datenträger für das Mikrofilmlesegerät nimmt hier 98 Katalogseiten auf

Abb. 186. Versandunterlagen einschließlich der Etiketten werden mit einem Computer erstellt (Philips P 310)

Alle Arbeitspapiere auf der Grundlage der Kundenbestellung müssen vervielfältigt werden. So werden zum Beispiel benötigt:

Auftragsbestätigung,
Arbeitskarte für den Außenbetrieb,
Verladekarte,
Lieferschein,
Empfangsbestätigung (Kunde),
Rechnung,
Etiketten.

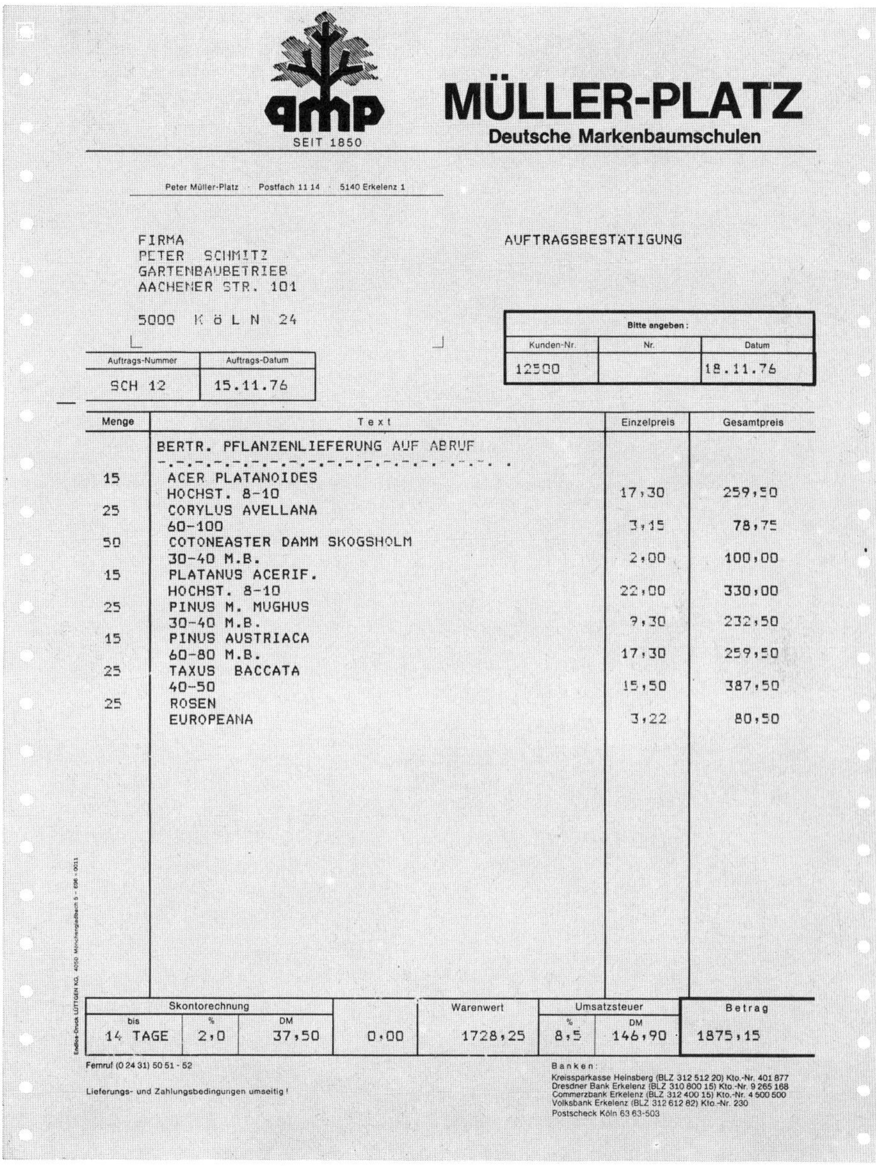

SEIT 1850 MÜLLER-PLATZ
Deutsche Markenbaumschulen

Peter Müller-Platz · Postfach 11 14 · 5140 Erkelenz 1

FIRMA
PETER SCHMITZ
GARTENBAUBETRIEB
AACHENER STR. 101

5000 K Ö L N 24

AUFTRAGSBESTÄTIGUNG

Auftrags-Nummer	Auftrags-Datum
SCH 12	15.11.76

Bitte angeben:		
Kunden-Nr.	Nr.	Datum
12500		18.11.76

Menge	Text	Einzelpreis	Gesamtpreis
	BERTR. PFLANZENLIEFERUNG AUF ABRUF		
	-. .		
15	ACER PLATANOIDES		
	HOCHST. 8-10	17,30	259,50
25	CORYLUS AVELLANA		
	60-100	3,15	78,75
50	COTONEASTER DAMM SKOGSHOLM		
	30-40 M.B.	2,00	100,00
15	PLATANUS ACERIF.		
	HOCHST. 8-10	22,00	330,00
25	PINUS M. MUGHUS		
	30-40 M.B.	9,30	232,50
15	PINUS AUSTRIACA		
	60-80 M.B.	17,30	259,50
25	TAXUS BACCATA		
	40-50	15,50	387,50
25	ROSEN		
	EUROPEANA	3,22	80,50

Skontorechnung bis	%	DM		Warenwert	Umsatzsteuer %	DM	Betrag
14 TAGE	2,0	37,50	0,00	1728,25	8,5	146,90	1875,15

Fernruf (0 24 31) 50 51 - 52

Lieferungs- und Zahlungsbedingungen umseitig!

Banken:
Kreissparkasse Heinsberg (BLZ 312 512 20) Kto.-Nr. 401 877
Dresdner Bank Erkelenz (BLZ 310 800 15) Kto.-Nr. 9 265 168
Commerzbank Erkelenz (BLZ 312 400 15) Kto.-Nr. 4 500 500
Volksbank Erkelenz (BLZ 312 612 82) Kto.-Nr. 230
Postscheck Köln 63 63-503

Abb. 187. Eine vom Computer auf Endlosformular gedruckte Auftragsbestätigung

Sind mehrere Abteilungen im Betrieb vorhanden oder umfangreiche bürointerne Ablagen (Auftragsnummern, Namensverzeichnis, Vertretermitteilungen usw.) notwendig, müssen weitere Kopien angefertigt werden. Als bekanntestes und einfachstes Verfahren bietet sich das Durchschreiben an. Fotokopien können mit den jeweils gültigen Stempeln, wie Rechnung, Lieferschein usw. versehen werden. Für das Zeilenumdruckverfahren werden Umdruck-Originale hergestellt, die bei Bedarf die Vervielfältigung übernehmen. Bei diesem Verfahren sind nachträgliche Änderungen jeder einzelnen Zeile möglich. Bei größerem Versandvolumen können Schreibautomaten und Computer eingesetzt werden.
Die Vorteile aller automatischen Vervielfältigungen liegen in der großen Chance, nur einmal Originalschreiben erstellen zu müssen und dabei Abschreibarbeit und -fehler weitgehend vermeiden zu können. Außerdem lassen sich hierbei die notwendigen Versandetiketten gleichzeitig ohne besonderen Aufwand thermografisch anfertigen oder sogar drucken.

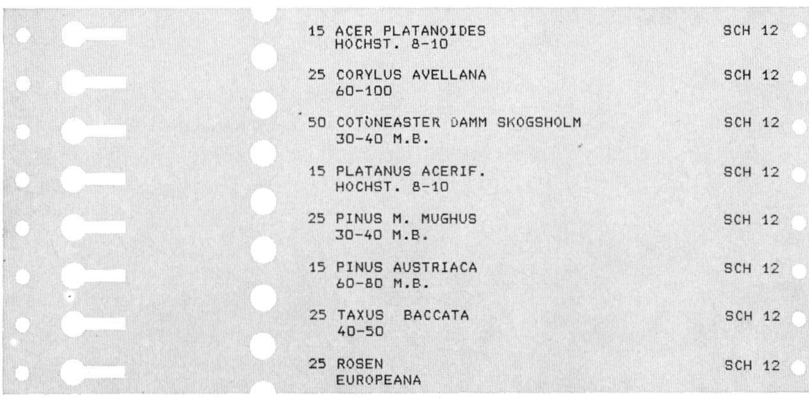
15 ACER PLATANOIDES HOCHST. 8-10 SCH 12
25 CORYLUS AVELLANA 60-100 SCH 12
50 COTONEASTER DAMM SKOGSHOLM 30-40 M.B. SCH 12
15 PLATANUS ACERIF. HOCHST. 8-10 SCH 12
25 PINUS M. MUGHUS 30-40 M.B. SCH 12
15 PINUS AUSTRIACA 60-80 M.B. SCH 12
25 TAXUS BACCATA 40-50 SCH 12
25 ROSEN EUROPEANA SCH 12

Abb. 188. Mit Computer Philips P 310 gedruckte Versandetiketten

Abb. 189. Arbeit am Terminkontrollsystem in einer Baumschule mit mittelgroßem Versandvolumen. Bei Bedarf ist das System erweiterungsfähig (Eichner)

Die fertig vorbereiteten Versandunterlagen werden in einem Terminkontrollsystem abgelegt. Hiermit wird vermieden, daß die Belege auf Fälligkeit in der Weise geprüft werden müssen, indem man 100 % durchsieht, um die vielleicht 5 % fälligen Termine zu finden. Beim Terminkontrollsystem mit Terminmappen wird diese unnötige Mehrarbeit vermieden. Die Belege kommen in Terminmappen, der Termin selbst wird mit einem Signal auf einer Terminleiste fixiert, die Bezeichnung des Vorgangs wird auf einem Schildchen angebracht und die Mappen in alphabetischer oder numerischer Ordnung abgehängt. Ein Datumslot zeigt die fälligen und überfälligen Termine an. Auch ungeübte Mitarbeiter finden schnell alle erforderlichen Unterlagen. Die Terminplanung wird hiermit objektiviert, das Gedächtnis des Betriebsleiters entlastet.

4. Nach Abruf eines Auftrages oder bei Erreichen des festgelegten Versandtermines erhalten die Außenbetriebe die Versandetiketten und die Zulieferbetriebe die Abrufzettel.
5. Der Versandleiter erhält die Liste der zu bearbeitenden Aufträge, legt Art, Zahl und Größe der notwendigen Transporteinheiten (LKW, Waggon, Behälter) fest und sorgt für ihre Bereitstellung.
6. Nach Abwicklung der Arbeiten im Außenbereich werden die restlichen Versandpapiere erstellt und dem Kunden die Rechnung zugeschickt, die Zahlungen überwacht und verbucht.

b. Auftragsbearbeitung im Außenbetrieb

Die zu bearbeitenden Auftragspositionen werden den Außenbetrieben jeweils am Vorabend durch Übergabe der Versandetiketten mitgeteilt. Dem Obergärtner obliegt dann die Entscheidung, wie diese Mengen im Tagesablauf bewältigt werden sollen. Um Leerlauf und unnötige Wege zu vermeiden, sortiert er die Etiketten nach Quartieren, Einschlag und Kühlraum. Die einzelnen Stationen lassen sich leicht in einem skizzierten Plan des Betriebes einzeichnen, mit dessen Hilfe dann die jeweils kürzesten Wege ermittelt werden.

Die Ware wird dann zur Abholung oder zur Verladung nach Auftragsnummern zusammengestellt. Soweit die Aufträge nicht direkt auf Lastkraftwagen oder in Waggons gepackt werden können, erfolgt eine Zwischenlagerung auf innerbetrieblichen Transporteinheiten (Anhänger, Paletten usw.) oder in der Packhalle. Um Mitarbeiter und Pflanzgut nicht unnötig der Witterung auszusetzen, erfolgt die Verladearbeit heute in vielen Betrieben nur noch in der Versandhalle.

In besonderem Maße ist die zeitgerechte und kostengünstige Abwicklung der Zusammenstellung und des Versandes von der optimalen Gestaltung aller Transporte abhängig. In einer Veröffentlichung über 'Hilfsmittel zur Transportrationalisierung für Baumschulen' des Bundes deutscher Baumschulen heißt es: „Der Transport ist in unseren Betrieben mit außerordentlich hohen Zeit- und Lohnkosten belastet. Im Versand rechnet man hierfür bei Ballenpflanzen mit 65 %, bei anderen Pflanzen mit 50 % der anfallenden Lohnkosten". Während der Versandzeit sind in der Baumschule Arbeitskräfte, Hilfsmittel, Werkzeuge, Informationen und nicht zuletzt Pflanzen in erheblichem Umfang zu transportieren. Gestaltung und Ablauf der Transporte innerhalb und zwischen den Zulieferbetrieben werden von einer Vielzahl von Faktoren beeinflußt. Zu erwähnen sind vor allem:

1. in Art, Größe, Gewicht und Empfindlichkeit sehr unterschiedliches Transportgut;
2. große Zahl von Auftragspositionen mit stark variierenden Losgrößen;
3. nur bedingte Möglichkeit des Einsatzes genormter Gebindegrößen, wie z. B. Paletten;
4. Quartiere in Streulage und wegemäßig oft schlecht erschlossen;
5. Witterungsbedingungen.

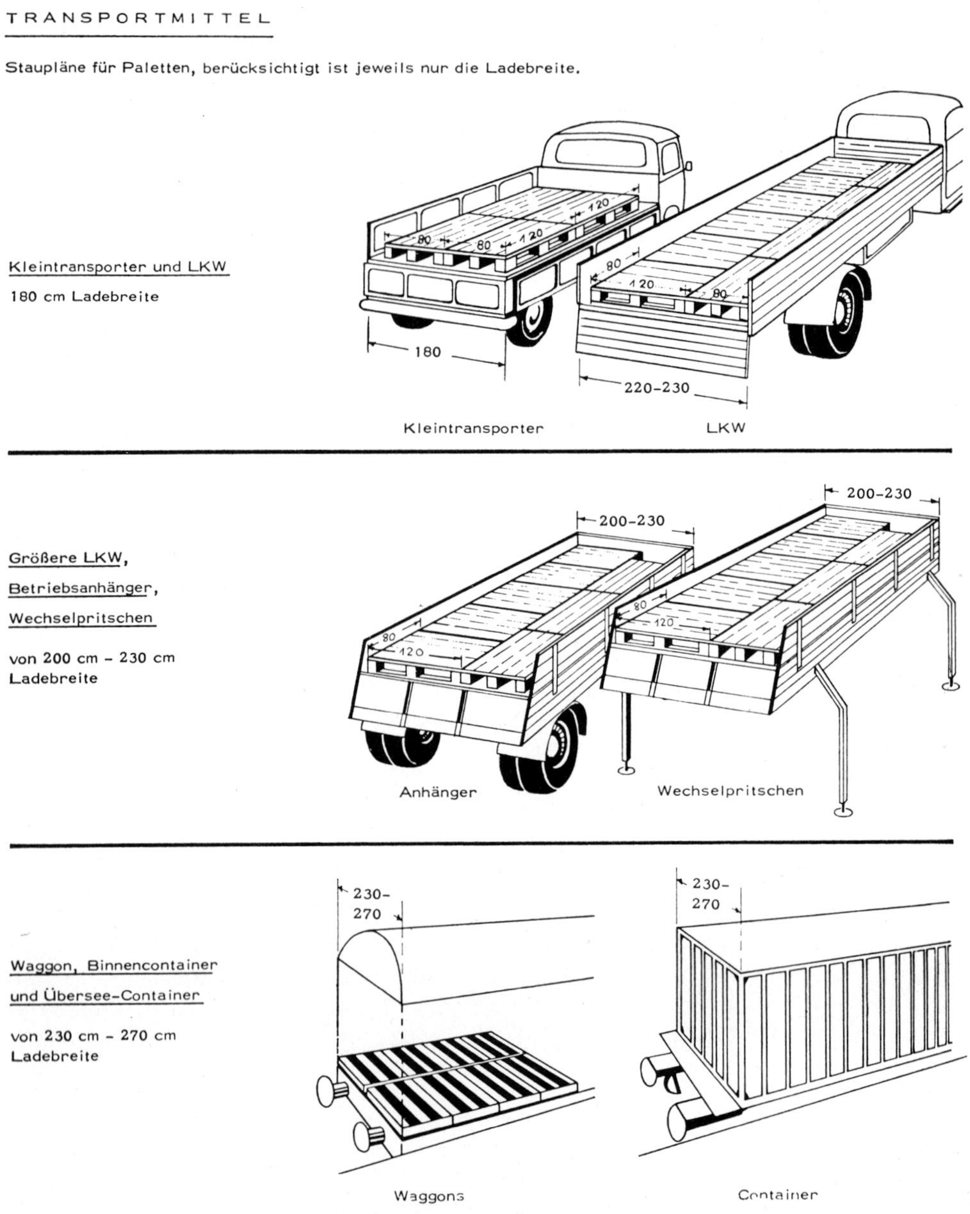

Abb. 190. Hilfsmittel zur Transportrationalisierung für Baumschulen (E. Beitz, BdB)

Die mehrfache Aufgliederung und erneute Zusammenfassung innerhalb des Warenstromes zwingt den Betrieb zu vielen sich wiederholenden Verladevorgängen. Durch Zusammenfassung einzelner Positionen in Gebinden (Paletten, Anhänger) schon auf dem Feld und anschließende maschinelle Umladung und mechanisierten Transport läßt sich viel Zeit einsparen. Paletten sollten in Standardgrößen verwendet werden, um auch zwischenbetriebliche Transporte (Baumschul-Großraumpalette 180 × 100 cm und Rungenpalette 120 × 80 cm) kostengünstig zu gestalten. Für den Versand mit LKW oder Waggon bieten sich die Pool-Flachpalette und die Pool-Gitterboxpalette in den Maßen 120 × 80 cm an.

KISTEN UND KARTONS

Die Kiste ermöglicht eine Zusammenfassung des Transportgutes bereits im Baumschulquartier.

Flachsteige

a) aus Holz oder Hartschaum als Verlustverpackung für Jungpflanzen auch mit Tb, Bodendecker, Erica u. ä. gut für 25 kg,

b) aus Polyäthylen (PE) als stabile Betriebskiste für Topfballenware, kleine Ballenpflanzen, Container gut für 50 kg.

Maße: 58 x 38 x 25

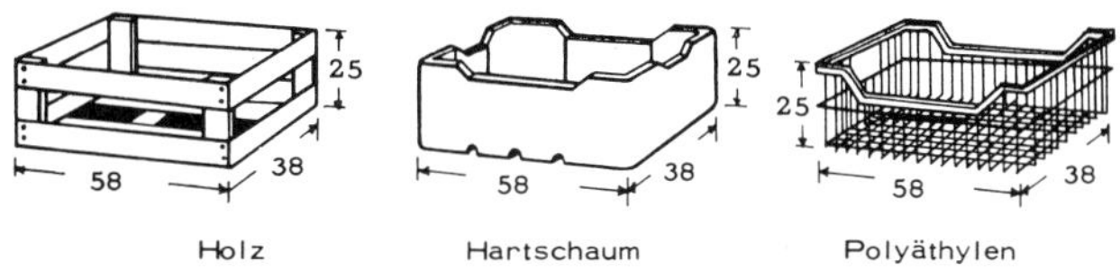

Doppelkiste

a) aus Holz, Hartschaum oder Wellpappe als Verlustverpackung für Jungpflanzen, Wildlinge, Kleinsträucher, Bodendecker, kleine Ballenpflanzen, Folien-Container gut für 70 kg,

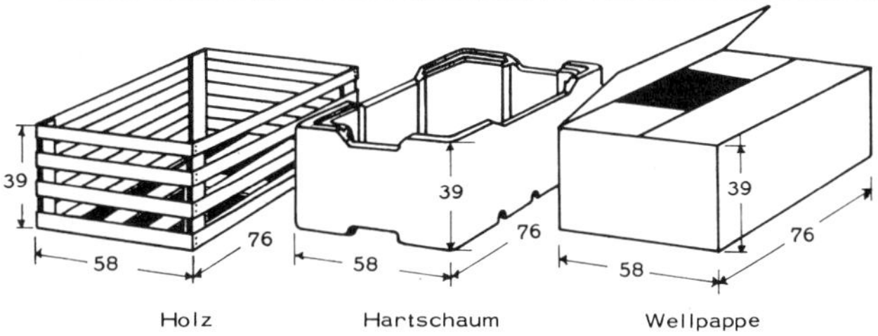

b) aus Holz oder Polyäthylen (PE) als Betriebskiste für Topfballenware, kleine Ballenpflanzen, Container, als Sammelkiste für Aufträge gut für 100 kg

Maße: 76 x 58 x 39

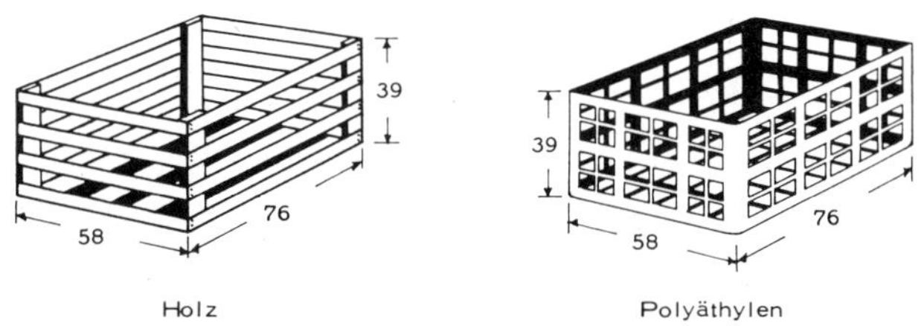

Containerkiste

aus Holz oder Hartschaum als Verlustverpackung für Containerpflanzen aller Art, liegend oder stehend gut für 70 kg.

Maße: 72 x 39 x 39

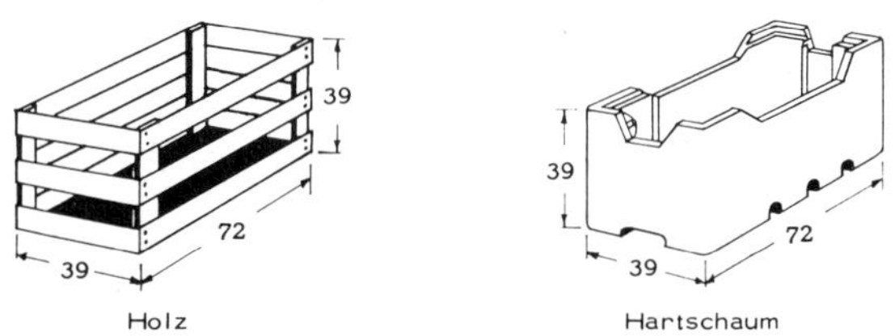

Palettenaufsatz

(nur in Verbindung mit Flachpalette)

a) als Aufsteckrahmen aus Holz als Verlustverpackung für Ballen- und Containerpflanzen aller Art, jeder Aufsatz ist 40 cm hoch gut für 1000 kg

b) aus Wellpappe als Verlustverpackung für Wildlinge, Rosen, Sträucher u. ä. gut für 500 kg.

Maße: 120 x 80 x 80 (bzw. 40)

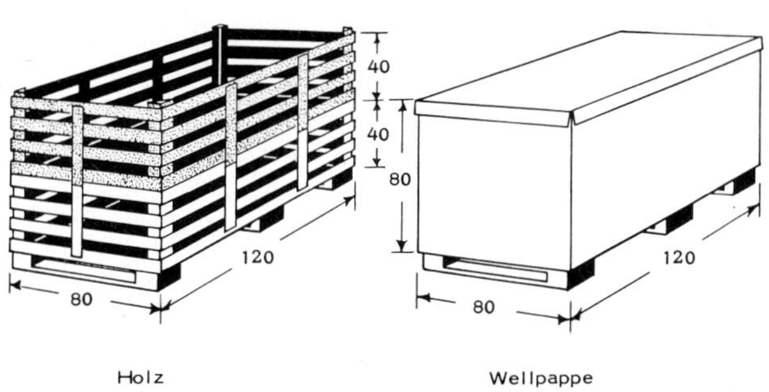

Maßangaben in cm als maximale Außenmaße

Abb. 191. Hilfsmittel zur Transportrationalisierung für Baumschulen (E. Beitz, BdB)

PALETTEN

Grundlage ist die Pool-Palette (DB) mit einer Ladefläche von 120 x 80 cm, die als Flachpalette und als Gitterboxpalette angeboten wird. Sie ermöglicht eine durchgehende Transportkette vom Anzuchtquartier des Versenders bis zur Verwendungsstelle beim Empfänger. Neben der Arbeitsersparnis wirkt sich die Schonung der Pflanzen besonders vorteilhaft aus.

Flachpalette (Vierweg-Palette)

als Pool-Palette oder Verlustpalette für Kisten, Kartons, Palettenaufsätze aus Holz.

Maße: 120 x 80

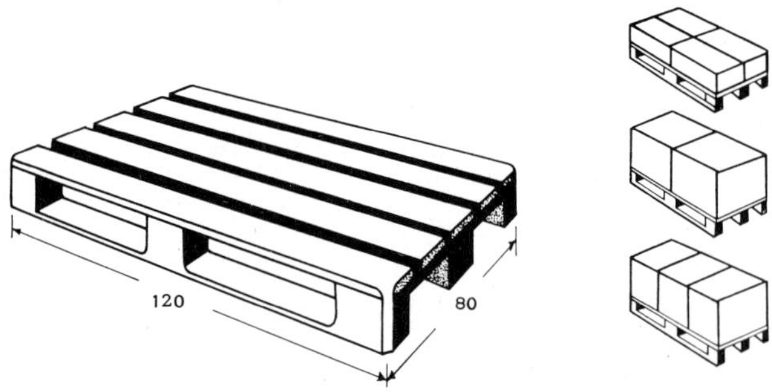

Boxpalette

als Pool-Palette oder in Kartonausführung als Verlustpalette für Kisten und Direktverladung von Pflanzen

Maße: 120 x 80 x 80

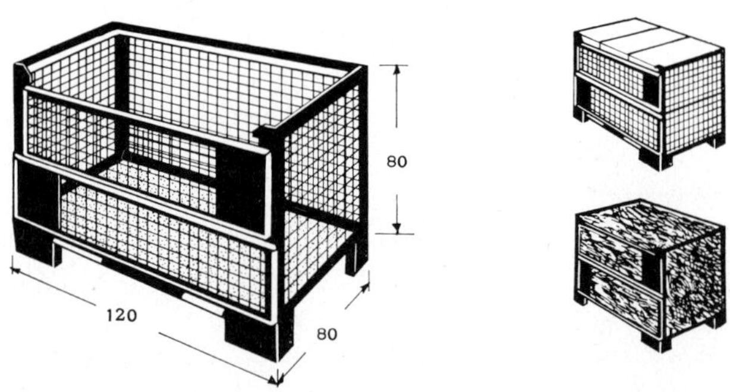

Rungenpalette

für den innerbetrieblichen Transport und für die Pflanzenlagerung, insbesondere von Rosen und Sträuchern.

Maße: 120 x 80 x 80 oder höher

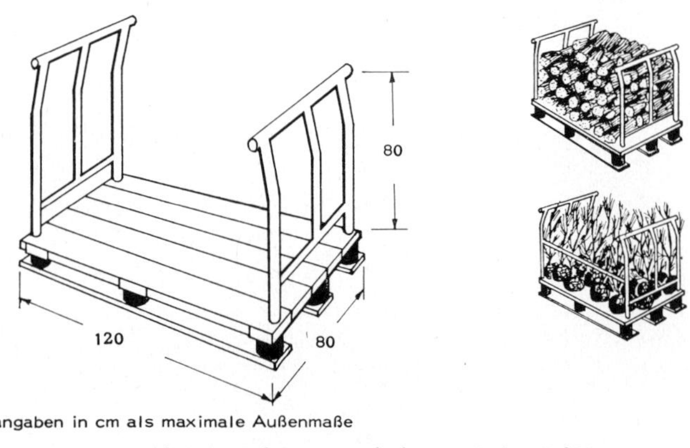

Maßangaben in cm als maximale Außenmaße

Abb. 192. Hilfsmittel zur Transportrationalisierung für Baumschulen (E. Beitz, BdB)

Das sogenannte Komplettieren aus Zulieferbetrieben ist ein wesentlicher Teil der Versandarbeiten. Um Aufträge auch dann vollständig liefern zu können, wenn nicht alle Pflanzen im eigenen Betrieb erzeugt wurden, muß aus anderen Baumschulen zugekauft werden. Auch diese Ware muß pünktlich zum Versandtermin zur Verfügung stehen und wird daher oftmals mit betriebseigenen Fahrzeugen herangeholt. Hierbei entstehen zum Teil viele unproduktive Zeiten. Aus einer Studie geht hervor, daß etwa 50 % der Gesamtzeit für Fahrzeiten, 20 % für Ladezeiten und bis zu 25 % auf Warte- und Verteilzeiten ent-

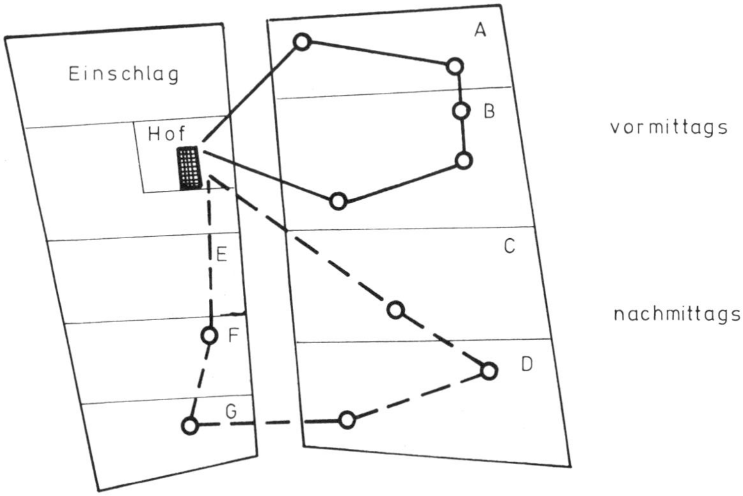

Abb. 193. Skizze eines Quartierplanes mit eingezeichneten Arbeitspositionen

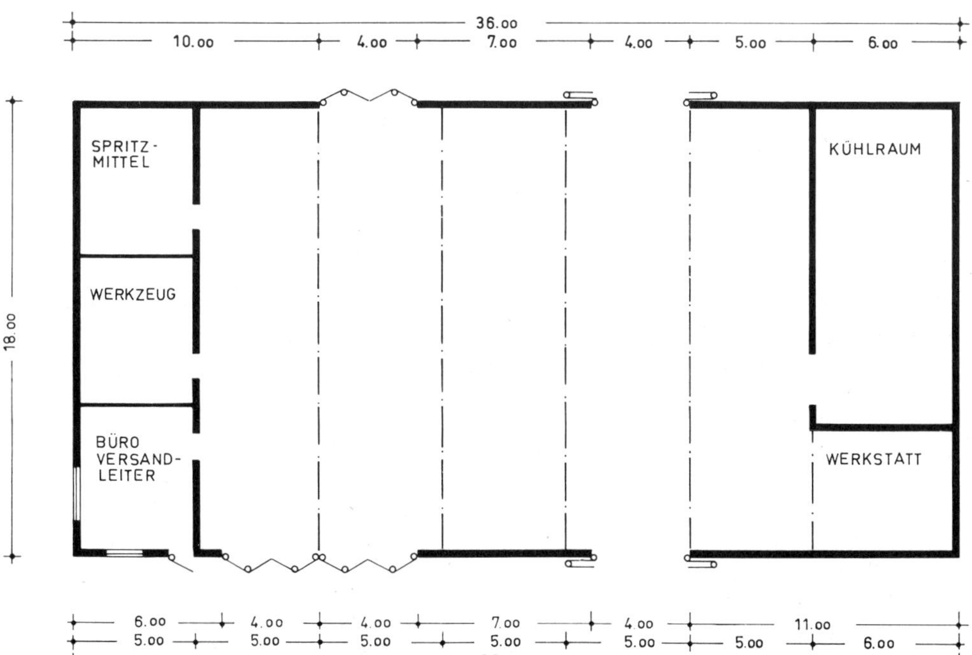

Abb. 194. Grundriß einer Packhalle mit Kühlraum und Nebenräumen in einer Baumschule mit größerem Versandvolumen (Baumschulen Königsforst, Kleineichen)

fallen. Durch Absprachen mit den liefernden Betrieben können hier erhebliche Einsparungen erzielt werden, wenn die Pflanzen pünktlich auf vorher benannten Plätzen bereitstehen und alle notwendigen Ladepapiere an den jeweiligen Lagerplätzen deponiert sind. Der Zulieferbetrieb sollte weitgehend palettisieren, um die Ladearbeiten zu verkürzen.

Der Transport zu den Kunden wurde bis Ende der sechziger Jahre überwiegend durch die Deutsche Bundesbahn übernommen. Der damals noch vielfach übliche Stückgutverkehr mutet heute mit seinen mannigfaltigen Verpackungsmethoden und -einheiten schon historisch an. Bedingt durch die sich ständig erschwerenden Bestimmungen und die Einziehung vieler Stückgutbahnhöfe verlagerte sich der Transport immer mehr von der Schiene zur Straße. Heute werden Waggons nur noch für große Entfernungen und geschlossene Partien eingesetzt. Betriebseigene oder von Speditionen gecharterte Lastkraftwagen führen heute im Auftrag der Kunden oder der Lieferanten die Transporte durch. Hierdurch ist wieder ein echter „Von-Haus-zu-Haus-Transport“ entstanden. Er trägt ganz entscheidend dazu bei, daß die Forderung der Kunden nach pünktlicher und möglichst schadenfreier Lieferung er-

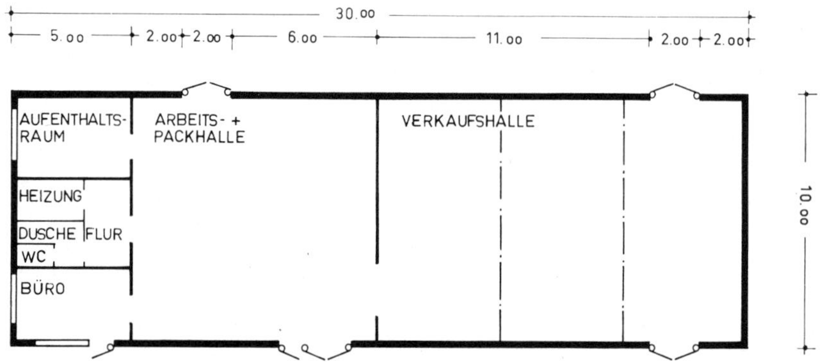

Abb. 195. Grundriß einer kombinierten Versand- und Endverkaufshalle für eine kleinere Baumschule (G. Bosmann, Wermelskirchen)

Abb. 196. Ansicht der Halle wie Abb. 194; deutlich sind die großzügig bemessenen Tore der Querdurchfahrten erkennbar

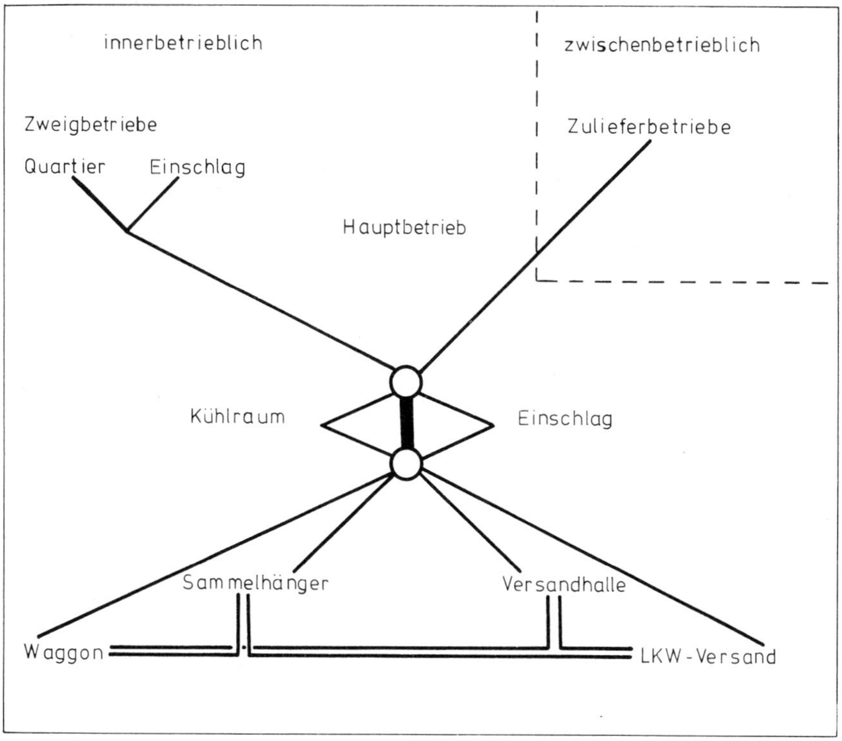

Abb. 197. Warenströme während der Versandzeit

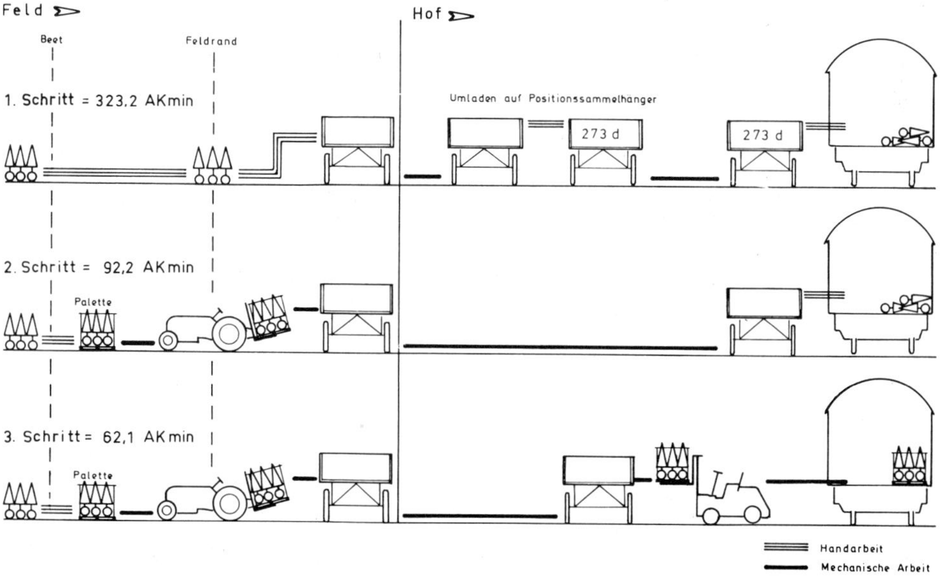

Abb. 198. Schritte zum rationellen Transport. Arbeitszeitaufwand für den Transport von 1000 Lonicera pileata mB 20—30 in Abhängigkeit von der Transportmethode

füllt wird. Der LKW kann problemlos auch mit Sammelladungen aus mehreren Zulieferbaumschulen für mehrere Abnehmerbetriebe beladen werden. Viele umständliche Verladearbeiten, wie sie früher am Gleis notwendig waren, entfallen.

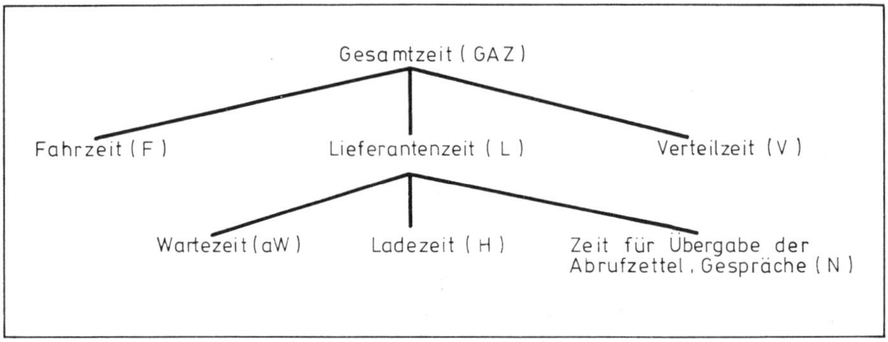

Abb. 199. Gliederung der Gesamtzeit bei Fahrten zum Komplettieren aus Zulieferbetrieben

Abb. 200. Verladung von Solitärgehölzen mit einem Radlader auf den betriebseigenen Lastkraftwagen (Werkfoto: W. Ley, Meckenheim)

c. Endverkaufseinrichtungen

Die Endverkaufseinrichtungen vieler Gartenbaubetriebe, hier vor allem der Baumschulen und Gartencenter, wurden in den vergangenen Jahren unter Einsatz erheblicher finanzieller Mittel den Bedürfnissen der Kunden angepaßt. Wer heute Baumschuleinschläge, Verkaufshallen oder Blumengeschäfte besucht, muß zugestehen, daß eine Vielzahl attraktiver Verkaufsflächen und -räume entstanden ist. Im Vergleich zu anderen Branchen der gewerblichen Wirtschaft muß man hier jedoch feststellen, daß oftmals grundlegende verkaufspsychologische Erkenntnisse noch nicht berücksichtigt wurden. Weitere Verkäufe ließen sich immer dann tätigen, wenn der Kunde durch entsprechende Angebote und Hinweise zu Spontankäufen animiert werden konnte.

Die Kunst, gartenbauliche Erzeugnisse zu verkaufen, liegt unter anderem in der Überwindung der Unsicherheit beim Kunden in bezug auf Qualität, Ansprüche, Verwendung usw. der Produkte. Der potentielle Kunde, also der, der schon häufiger Pflanzen oder Blumen gekauft hat bzw. der eine Verkaufsstelle schon betreten hat, kann während eines Gesprächs Tips und sachliche Aufklärung erlangen. Er wird sich im Normalfall zum Kauf des empfohlenen Artikels entschließen.

Weitaus schwieriger gestaltet sich die Ansprache und Werbung des Bevölkerungsteiles, der noch nicht Kunde in unseren Geschäften ist. Aus Angst, sich wegen fehlender Kennt-

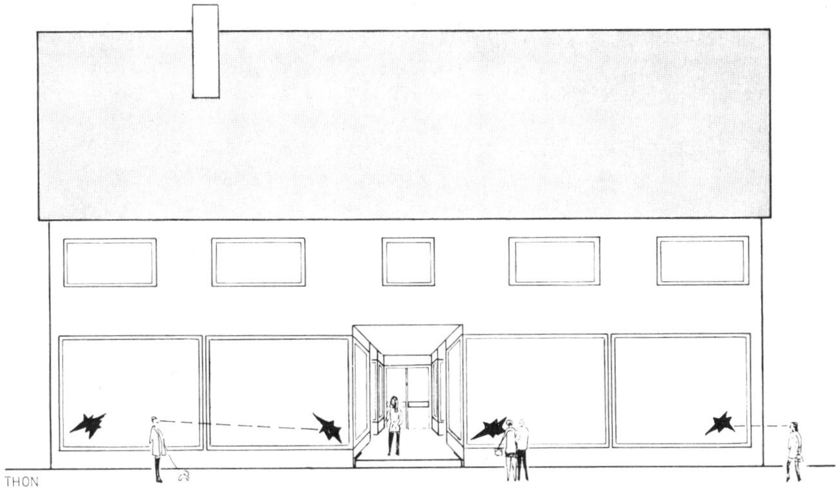

Abb. 201. Ansicht eines Geschäftshauses mit verkaufspsychologisch richtig gestalteter Eingangssituation

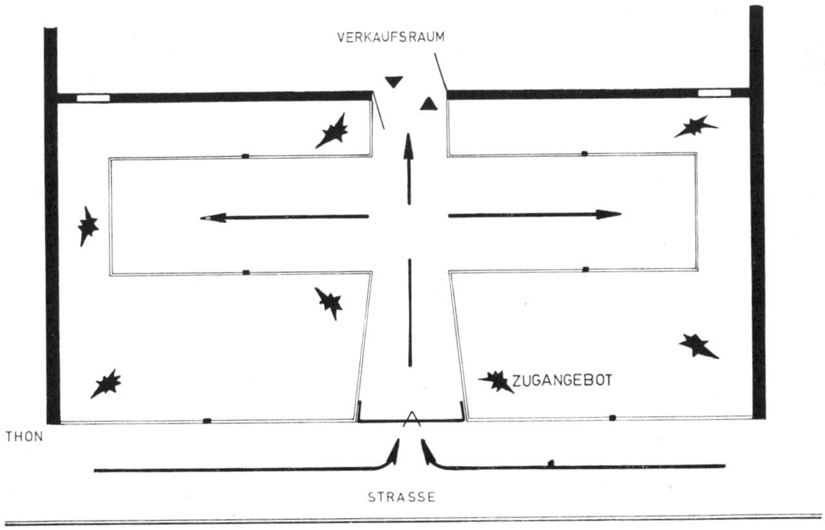

Abb. 202. Grundriß eines Geschäftes mit zurückverlegter Eingangstür und trichterförmig ausgebildetem Eingangsbereich

Abb. 203. Nach verkaufspsychologischen Gesichtspunkten gestalteter Einkaufsgarten (H. Lenders, Mönchengladbach-Rheydt)

nisse zu blamieren oder nicht die richtige Wahl treffen zu können, scheuen sich viele Menschen vor dem Betreten eines Geschäftes. Dieses Phänomen kann als Schwellenangst bezeichnet werden. Im Einzelhandel anderer Branchen ist man sich inzwischen dieser Problematik bewußt. Hier lächelt der jeweilige Fachmann nicht über die Nöte des Mitmenschen, sondern hilft geschickt und unterschwellig beim Abbau der Hemmungen. Wer sich selbst einmal prüft, wird erkennen müssen, daß vielleicht auch ihn schon einmal die Schwellenangst erfaßt hat. Dies gilt vor allem beim geplanten Einkauf von Waren des gehobenen Bedarfs (Schmuck, Pelze, Delikatessen). Wie viele Menschen haben schon einmal beinahe die Türklinke eines Geschäftes in der Hand gehabt und sind dann doch ohne Erfüllung des eigentlichen Kaufwunsches weitergegangen. Von der aus Unsicherheit entstandenen Schwellenangst hat anschließend sicher ein anderes Unternehmen profitiert.

Es muß also Sinn aller Überlegungen sein, dem unentschlossenen oder unsicheren Kunden den Eintritt in unsere Verkaufseinrichtung zu erleichtern. Dies ist durch richtige Darstellung des Angebotes im Schaubereich des Geschäftes und durch sinnvolle Gestaltung des Eingangsbereiches möglich. In Geschäften mit Schaufensterfronten werden einige wenige attraktive Zugartikel so plaziert, daß sie selbst dem mit leicht gesenktem Kopf vorübereilenden Kunden geradezu ins Auge springen. Diese Anreißer dürfen also nur im unteren Drittel der Ausstellungsfläche ausgestellt sein. Der Schritt wird jetzt verhalten, das ungewollt entdeckte Angebot gemustert, und bei der anschließenden Prüfung des übrigen Sortiments entwickelt sich dann der Kaufwunsch.

Die Schwellenangst kann jetzt überwunden werden, wenn der Interessent zwischen Straßenfront und zurückverlegter Eingangstür eine weitere Schaufensterpassage findet. Während er sie besichtigt, hat er unbewußt schon beinahe das Geschäft betreten. Problemfreie Warengruppen — im Gartencenter zum Beispiel Boutiqueartikel — in der Nähe der Eingangstür sichtbar plaziert, verführen zum Betreten des Geschäftes. Der Kunde hat hier nicht empfunden, daß der trichterförmig ausgebildete Eingangsbereich und das in der Tiefe gestaffelte Angebot ihn gelenkt haben.

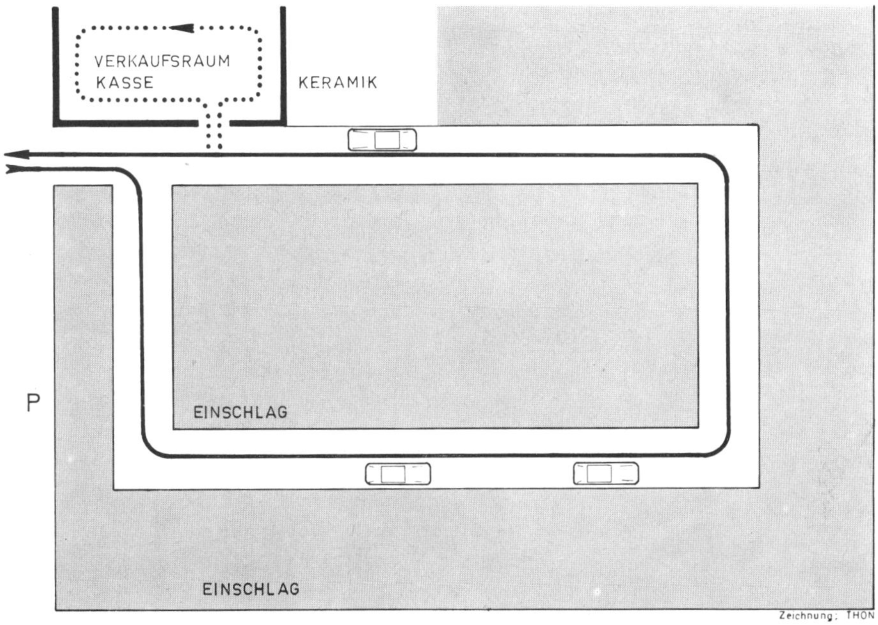

Abb. 204. Absatzeinrichtung nach dem Drive-in-System. Der Kunde durchfährt den Einschlag, lädt sofort und rechnet am Ausgang ab

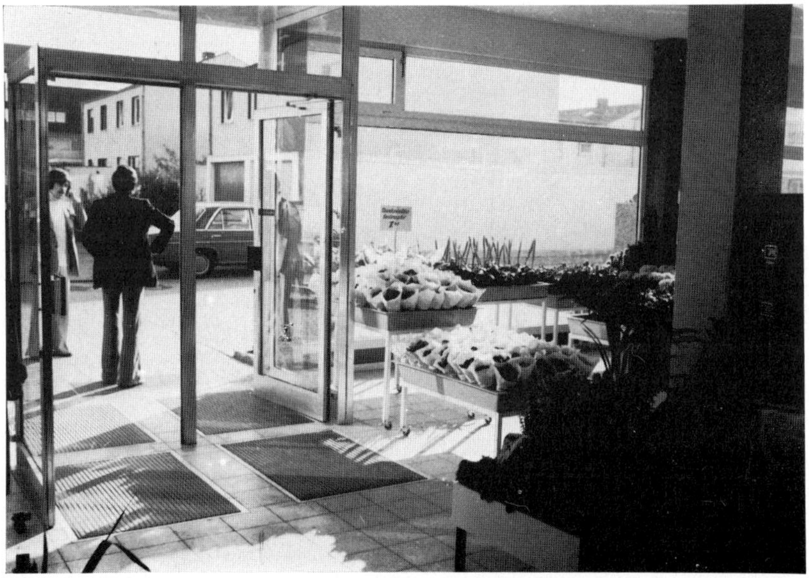

Abb. 205. Die richtigen Öffnungsbewegungen der Ein- und Ausgangstüren verhindern Kreuzungsverkehr im Kundenstrom

In ähnlicher Weise können an Durchgangsstraßen gelegene Baumschulen und Gartencenter verfahren. Es hat sich inzwischen längst gezeigt, daß der ungehinderte Einblick in den Verkaufseinschlag von der Straße her nur geringen Kaufanreiz bietet, da der Autofahrer Details ohnehin nicht erfassen kann. Hier hat es sich als vorteilhaft erwiesen, durch Anpflanzung von Parkrosen, Aufbau eines Sonnensegels, Fahnen, Wasserbecken oder ähnliches langfristig Aufmerksamkeit und Neugier zu erzeugen. Die vermittelten Eindrücke werden erst nach mehrmaligem Sehen bewußt erfaßt und dann auch verarbeitet. Der Autofahrer sollte jetzt einen großzügig gestalteten Parkplatz ansteuern können. Von hier aus wird er, je nach betrieblichen Möglichkeiten, mit Hilfe von geschickt aufgestellten Kübeln oder vorbei an Musterpflanzungen zum eigentlichen Eingang geführt. Aus dem vorbeirasenden Autofahrer wird ein Kunde.

Es stellt sich nun die Frage, in welchem Rahmen und Umfang dem Kunden Ware offeriert werden soll. Folgende Möglichkeiten bieten sich an:

Verkaufseinschlag — Vermarktung ausschließlich von Baumschulgehölzen aus eigener Produktion und Zukauf;
Pflanzencenter — Erweiterung des Angebots mit Stauden, Beet- und Balkonpflanzen, Sommerblumen, eventuell Topfpflanzen;
Gartencenter — Das Pflanzenangebot wird durch Schnittblumen komplettiert; dazu kommt ein umfangreiches Sortiment an Bedarfsartikeln.

Der Einkaufsgarten, wie man den Einschlag eigentlich nennen sollte, stellt die allgemein übliche Form einer Absatzeinrichtung in den Baumschulen dar. Ähnlich wie in den Fußgängerzonen der Innenstädte ist hier der Individualverkehr verbannt, so daß für den Kunden ungestörte Einkaufsmöglichkeit besteht. Ansprechende Umgebung und fachgerechter Service werden verkaufsfördernd eingesetzt.

Dagegen geht man beim Drive-in-System mehr vom Vorwahl- bzw. Selbstbedienungsprinzip aus. Es handelt sich hier um eine 'Kofferraum-Absatzeinrichtung', weil der Kunde mit seinem Auto durch die Anlage fährt und es an Ort und Stelle belädt. Sie haben sich nicht gut durchgesetzt, da wegen der Fahrstraßen ein sehr hoher Platzbedarf besteht und der Kunde sich beim Einkauf durch den Autoverkehr belästigt fühlt.

In entscheidendem Maße trägt die richtige Wegeführung zum wirtschaftlichen Erfolg einer Verkaufsanlage bei. Nach Erfahrungen aus vielen Betrieben (Kaufhäuser, Supermärkte, Gartencenter) werden getrennte Ein- und Ausgänge vom Kunden nicht oder nur schlecht ange-

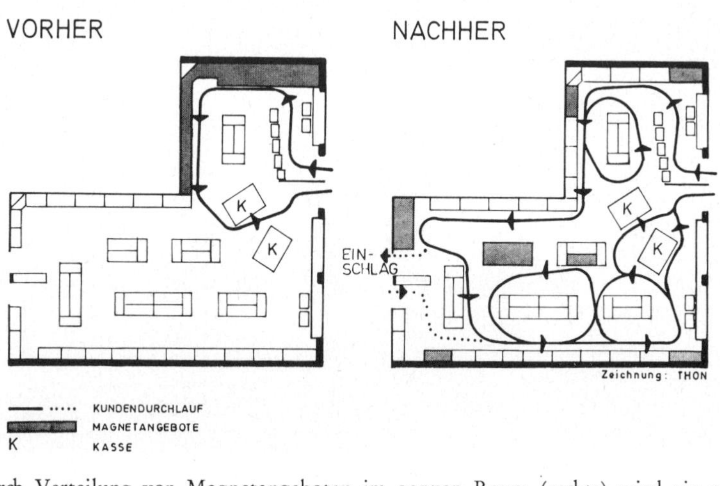

Abb. 206. Durch Verteilung von Magnetangeboten im ganzen Raum (rechts) wird ein vollständiger Kundendurchlauf erreicht

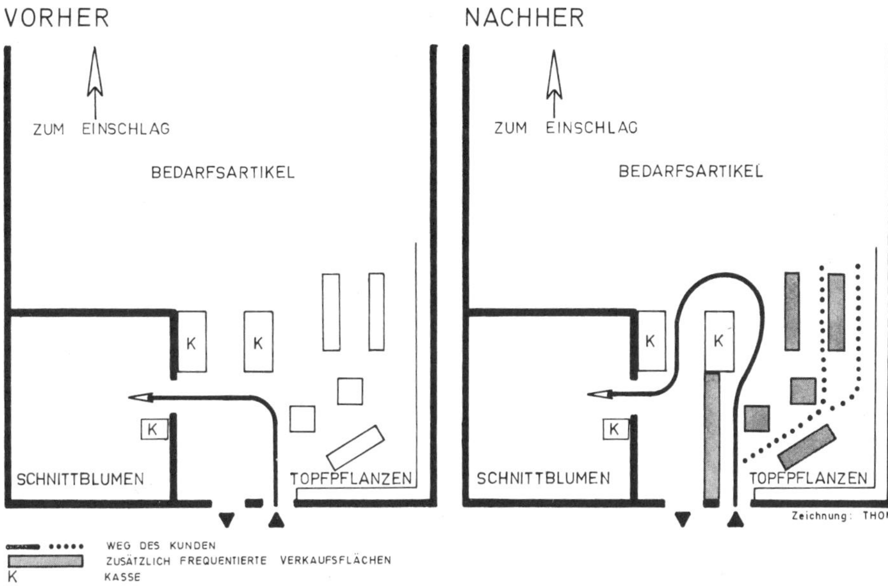

Abb. 207. Nach Änderung der Eingangssituation (rechts) besucht der Schnittblumenkäufer auch den Topfpflanzen- und Bedarfsartikelbereich

Abb. 208. Unterbrechung geradliniger Wege und Gestaltung von 'Platzsituationen' führen zu verkaufsintensiven Flächen

Abb. 209. Ansprechende Gestaltung von Gehölzboxen für Sträucher und Obstbäume

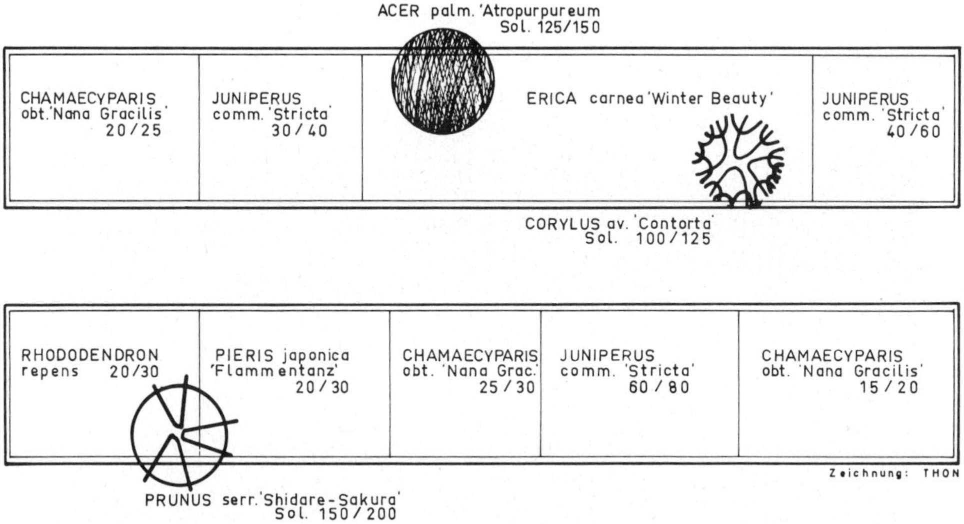

Abb. 210. Größentrennung in den Beeten und Auflockerung durch Solitärs verbessern die Absatzchancen

nommen. Der Kunde will dort den Betrieb verlassen, wo er ihn betreten hat. Dieses Käuferverhalten macht man sich zunutze, indem man den Kunden vom Parkplatz kommend durch den Verkaufsraum in den Einschlag leitet und ihn beim Rückweg nochmals durch die Halle zur Kasse gehen läßt. Dem Kunden wird so das Angebot voll präsentiert.

Durch einen verkaufspsychologisch richtig angelegten Rundweg müssen alle Regale, Tische und Beete in Halle und Einschlag für den Kunden erschlossen werden. Durch geschickte Aufstellung der Verkaufshilfen ist ein nach links gerichteter (entgegen dem Uhrzeiger), fließender und möglichst vollständiger Kundendurchlauf zu schaffen. Bestimmte Anziehungspunkte (Magnete) werden im ganzen Verkaufsgelände verteilt, um den Kunden dorthin zu locken. Als Beispiel mögen hier Rhododendron praecox gelten, die im zeitigen Frühjahr durch ihre Blütenpracht locken, selbst wenn sie im hintersten Winkel stehen.

Um auch den gezielt einkaufenden Kunden zu Spontankäufen zu verleiten, muß Sorge getragen werden, daß er an möglichst vielen weiteren Angeboten vorbeigeführt wird. Hierfür gibt Abb. 207 ein Beispiel. Durch Umgestaltung der Eingangssituation wird der Schnittblumenkäufer sein Ziel nicht mehr direkt erreichen, sondern weitere Verkaufsflächen im Topfpflanzen- und Bedarfsartikelbereich frequentieren. Hübsche Kleinigkeiten, wie Kakteen oder Usambaraveilchen, verlocken zum Mitnehmen.

Im Einschlag stellen Wasserbecken, Sonnensegel, Kinderspielplatz, Tierkäfige usw. die notwendigen Attraktionen dar. Durch senkrecht zueinander angeordnete Beetflächen wird der Kunde immer wieder an anderen Beeten vorbeigeführt. Durch Schaffung von Platzsituationen werden verkaufsintensive Randbeete gestaltet. Die Wege müssen so breit sein, daß die Kunden aneinander vorbei gehen können, ohne Störungen zu verursachen. Eine Breite von 1,20—1,35 m hat sich gut bewährt. Lange gerade und nicht unterbrochene Wege wirken wie Rennbahnen und veranlassen zu wenig zum Verweilen, Aussuchen und Kaufen. Daher sollen zur Beschickung notwendige Betriebsstraßen nach Möglichkeit an der Außenseite der Verkaufsanlage vorbeigeführt werden.

Die Einschlagbeete selbst werden so gebaut, daß die Pflanzen gut präsentiert und griffgünstig entnommen werden können. Unterschiedliche Höhen (± 0 cm; 30 cm; 50 cm) lassen sich bei Verwendung von halbierten Rundhölzern leicht schaffen. Beet- und Balkonpflanzen und Stauden lassen sich leichter verkaufen, wenn sie auf Tischen (80 cm Höhe) stehen.

Abb. 211. Kofferraumgerechte Verpackungen sind ein gern in Anspruch genommener Service

Bisher werden in den meisten Betrieben die verschiedenen Sortierungen einer Pflanzenart direkt nebeneinander eingeschlagen. Wenn der Kunde zwischen den einzelnen Größen zu gute Vergleichsmöglichkeiten hat, wird er zum Beispiel lieber einen großen 40—60er als einen kleinen 60—80er Juniperus communis 'Stricta' zum günstigeren Preis wählen. Ergebnis: geringerer Umsatz bei oft erhöhtem Einsatz des beratenden Verkäufers.

Viele Gehölze wirken nur wenig auf den Kunden, wenn sie in „geschlossener Formation" eingeschlagen sind. Durch Verteilung auf verschiedene Beete mit entsprechend kleiner Unterpflanzung entsteht für den Kunden der Eindruck des Solitärs in seiner späteren Umgebung.

Werden von einer Art und Sortierung größere Mengen in den Beeten eingeschlagen, sollte durch gezielte Entnahme einzelner Pflanzen der Eindruck erweckt werden, daß es sich hier um einen begehrten Artikel handelt. Man spricht im gewerblichen Handel von 'Grifflücken'.

Dem Mitarbeiter im Verkauf kann durch Beschildern, Bebildern und Etikettieren eine wesentliche Hilfe geboten werden. Der Kunde muß sich schon vor dem Verkaufsgespräch informieren können und möglichst Vorstellungen von Wuchs, Blüte, Preis usw. gewinnen. Zusätzliche Fragen über Standort, Krankheiten, Düngemaßnahmen usw. können dann bei der inzwischen gezielten Auswahl erörtert werden.

Selbst im hektischen Verkaufstrubel dürfen Sauberkeit, Ordnung und Sicherheit nicht vernachlässigt werden. Leere Kisten und Torfsäcke, Schilfmatten, Schläuche usw. müssen immer sofort entfernt werden, um den ungestörten Kundendurchlauf zu gewährleisten. In einer solchen gepflegten Anlage fühlt sich der Besucher wohl, kauft gern und kommt vor allem auch wieder.

Literatur zu: Durchführung der Vermarktung

Beitz, E.: Hilfsmittel zur Transportrationalisierung für Baumschulen. BdB-Merkblatt 1971. — Beitz, E.: Transportrationalisierung in Schleswig-Holstein macht Fortschritte. Baumschulpraxis 5, 1974, S. 130-132. — Bodmer, H.: Erfolg oder Mißerfolg mit Selbstbedienung und Gartencenter. Gartenwelt 1, 1963, S. 3-4. — Boer, W. C., und O. Wiersmann: Van Dijk, Delft, führte die Schrumpffolienpalette ein. Groenten en Fruit 16, 1970, S. 720-723. — Dwornitzak, H.: Was erwarten die Gartencenter von den Baumschulen? Deutsche Baumschule 2, 1970, S. 41. — Flohr, M., und V. Fasolt: Elektronische Datenverarbeitung nur für Großbetriebe? Dt. Gartenbauwissenschaft 5, 1970, S. 12-14. — Grootendorst, H. J.: Der Absatz von Baumschulerzeugnissen. Groen 11, 1971, S. 277-279. — Hörmann, D. M.: Der Garten- und Landschaftsbau und seine Bezugsquellen für Baumschulpflanzen. Neue Landschaft 1, 1976, S. 16-18. — Hörmann, D. M.: Zur Absatzpolitik von Baumschulen. Forschungsberichte zur Ökonomie im Gartenbau Nr. 16, 1974. Inst. für Gärtnerische Betriebslehre und Marktforschung der TU Hannover. — Link, D.: Hat der Selbstbedienungsverkauf in Baumschulen Vorteile? Gartenwelt 15, 1962, S. 314. — Link, D.: Selbstbedienung — warum? Gartenwelt 17, 1962, S. 357-358. — Maass, C.-H.: Marketing für Baumschulerzeugnisse. Taspo 3, 1972. — Mücke, K.-H.: Ist in Hollands Baumschulen das Transportproblem gelöst? Der Erwerbsgärtner 29, 1971, S. 1391-1393. — Pielen, L.: Management und Marketing. Ausgewählte Vorträge aus den Managerlehrgängen I und II, Grünberg 1969. — Schümann, U., und H.: Moderne Blumen-Verkaufseinrichtungen. Verlag Paul Parey, Berlin und Hamburg 1974. — Schwarz, G.: Die Versorgungslage bei Baumschulerzeugnissen. Dt. Baumschule 3, 1970. S. 73. — Stoffert, G., und B. Korte: Die Arbeitsverfahren in den Baumschulen lassen sich mit der Multimoment-Aufnahme weitgehendst rationalisieren. Taspo 50, 1970, S. 5-6. — Thon, H. E.: Attraktionen schaffen im Endverkaufsbetrieb. Gartencenter-International 169, 1974, S. 332-335. — Thon, H. E.: Gedanken zur Planung absatzfördernder Verkaufseinrichtungen. Baumschulpraxis 6, 1973, S. 162-165. — Thon, H. E.: Möglichkeiten der Versandrationalisierung. Zentralblatt für den dt. Erwerbsgartenbau 8/1967. — Thon, H. E.: Zweckmäßige Wegeführung im Verkaufsraum. Gartenbauliche Versuchsbericht der LK Rheinland 1973, S. 241-242. — Thon, H. E.: Hat die Gestaltung des Einganges Einfluß auf den Verkaufserfolg? Gartenbauliche Versuchsberichte der LK Rheinland 1976, S. 271-273. — Winter, Horst: Selbstbedienung — aber wie? Verlag Die Wirtschaft, Berlin 1964.

BESONDERER TEIL

A. Die Vermehrung der Laubgehölze (G. Krüssmann)

ABELIA — Abelie — Caprifoliaceae

Aussaat wenig üblich, unter Glas, in anmoorige Erde.

Stecklinge, krautartig, im Juli—August, im Kalthaus stecken; selbst Blütentriebe wachsen sehr gut. Jungpflanzen müssen eingetopft werden und über Winter im Kalthause verbleiben.

Kulturansprüche: Für alle Arten warmer, sonniger Standort, geschützte Lage; Boden nahrhaft, mehr trocken. Winterschutz, außer in den wärmsten Lagen in Deutschland, überall erforderlich.

Empfehlenswerte Arten: *Abelia grandiflora* (∧—∧∧), ferner *A. engleriana, A. graebneriana, A. schumannii; A. floribunda* nur für Kalthaus.

ABELIOPHYLLUM — Oleaceae

Aussaat zwar möglich, doch bedeutungslos, ebenso Ablegen.

Stecklinge im Juni gut möglich, aber auch von angetriebenen Mutterpflanzen. Weiterkultur am besten in Töpfen in nahrhafter Erde. Die Jungpflanzen dieser „weißen Forsythie" wachsen nur langsam und sind dünntriebig.

Nur eine Art: *Abeliophyllum distichum*, gut winterhart.

ACANTHOLIMON — Igelpolster — Plumbaginacae

Stecklinge im August, mit altem Holz, unter Glas, in Sand stecken; alle grünblättrigen Arten wurzeln leicht, alle blauen viel schwerer.

Empfehlenswerte Art: *A. glumaceum.*

ACANTHOPANAX — Stachelkraftwurz — Araliaceae

Aussaat ist überall dort angebracht, wo frisches Saatgut vorhanden ist, und zwar im Kasten. Keimung meist nicht mehr als 10 %. Saatgut sofort nach der Ernte auswaschen, da es sonst schnell schlecht wird.

Stecklinge von angetriebenen Mutterpflanzen sind möglich.

Steckholz von *A. sieboldianus* (= *pentaphyllus*) wächst gut, jedoch nur in Jahren mit genügenden Niederschlägen im Frühjahr.

Wurzelschnittlinge im Winter in Handkästen einlegen und im warmen Hause aufstellen; bei Bodenwärme treiben sie bald aus.

Anhäufeln und Ablegen ebenfalls möglich, aber weniger üblich.

Kulturansprüche: Sonnige Lage, allerbester Boden; gegen Spätfröste empfindlich, besonders *A. senticosus.* Die Arten vertragen im allgemeinen tiefen Schatten. *A. ricinifolius* = *Kalopanax.*

Empfehlenswerte Arten: Alle nur für Liebhaber.

ACER — Ahorn — Aceraceae

Methode	Jan.	Febr.	März	April	Mai	Juni	Juli	Aug.	Sept.	Okt.	Nov.	Dez.
Aussaat	○	●	●	●		●				●	●	
Ablegen				○								
Okulation						●	●	●				
Einspitzen								**X**				
Stecklinge		**X**	**X**				**X**					

X X unter Glas; ● ○ Freiland; fette Zeichen wichtigste Methoden

A u s s a a t ist bei einzelnen Sorten recht verschieden. Vgl. hierzu die Angaben weiter unten. Saatgut kann oft selbst geerntet werden; geringere Mengen oder seltene Arten sollte man stets pflücken, die Hauptarten dagegen können, wenn sie nicht mit anderen Arten gemischt stehen, nach Abfallen der Früchte durch Zusammenharken oder -fegen gesammelt werden; dann kurz reinigen, in dünner Schicht ausbreiten und trocknen (2—3 cm dick). Bei manchen Arten (*A. rubrum, saccharinum* und *negundo* vor allem) sind die Samen oft taub, da diese Arten zweihäusig sind und männliche Pflanzen mitunter fehlen. Schnittprobe genügt meist zur Untersuchung; grüne Embryonen bedeuten gute Samen, braune dagegen schlechte.

Das Saatgut kommt fast stets „nicht entflügelt" in den Handel; das Gewicht der Flügel beträgt 20—50 % des Gesamtgewichtes. Überseesaatgut ist meist entflügelt.

Im allgemeinen werden die Samen nach der Ernte zunächst gut getrocknet und dann noch im Spätherbst gesät, oder aber gleich stratifiziert. Da an zu warmen Lagerplätzen häufig schon im Winter das stratifizierte Saatgut aufzulaufen beginnt und dann, wenn es nicht rechtzeitig bemerkt wird, zur Aussaat nicht mehr verwendet werden kann, lagern manche Baumschulen (besonders in Holstein) das Saatgut trocken bis etwa 4 Wochen vor der Aussaat und schichten es erst dann in feuchten Sand ein. Bei offenem, günstigem Wetter kann man auch im Winter ohne Bedenken im Freilande aussäen, wenn die Samen vorzeitig keimen. Die Saatbeete sollen in freier, warmer Lage angelegt werden; besonders wichtig ist das für *A. rubrum* und *saccharinum*, die sonst bis zum Herbst nicht genügend ausreifen und im Winter erfrieren können.

Die Keimfähigkeit kann durch geeignete Maßnahmen, z. B. Aufbewahren in luftdicht verschlossenen Behältern bei 5 °C, beträchtlich verlängert werden, wie in USA ermittelt wurde (SM, 65—68). Unter diesen Voraussetzungen konnte man Saatgut von *A. rubrum* und *saccharinum* 21 Monate lang mit nur 15 % Verlust der Keimkraft erhalten. *A. ginnala* unter den gleichen Verhältnissen blieb 30 Monate keimfähig (ohne Verlust), *A. negundo* und *pensylvanicum* 18 Monate (ohne Verlust) und *A. platanoides* ebenso lang, mit 20 % Verlust.

Auch MICHAUD, MULLIGAN & WITT berichten über teilweise sehr günstige Keimungsergebnisse, wenn die Sämereien in feuchtem Torf in Behältern und mit diesem im Kühlschrank bei + 5 °C gelagert wurden. Nach einer Stratifizierzeit von ca. 30—75 Tagen erfolgte die Keimung meist gut bis sehr gut nach 8—14 Tagen; ohne Stratifikation keimten folgende Arten gut bis sehr gut nach 8—14 Tagen: *A. capillipes, A. davidii, A. grosseri.*

Anschließend einige Angaben über die Aussaat der wichtigsten Arten (ergänzt aus BZ, 85—90).

A. campestre: Reife Ende August, Anfang September, am besten schon kurz vor Vollreife ernten, dann in dünner Lage trocknen, Anfang Oktober noch aussäen. Handelssaatgut sofort nach Erhalt stratifizieren, wenn nicht sofort nach der Ernte geliefert wurde; Aussaat in diesem Fall im Februar—März. Keimung 4—5 Wochen nach der Aussaat, Schutz vor Frühjahrsfrösten! 250—350 Sämlinge pro m².

A. negundo: Reife September; bei Eigenernte vorher prüfen, ob Saat auch nicht taub ist, was häufig der Fall ist. Trocknen wie bei *campestre* beschrieben, dann entweder sofort aussäen oder aufbewahren bis zur Aussaat im März—April und erst kurz vorher stratifizieren; Keimung 3—4 Wochen. Keimlinge abdecken mit Reisig bis Ende Mai; 150—200 Sämlinge pro m².

A. palmatum: Saatgut selbst ernten oder kaufen; Saatgut von den Formen fällt natürlich nicht echt (vgl. Tabelle weiter unten). Keimkraft ist oft nur gering, mitunter nicht mehr als 20 %. Trocken aufbewahren, im März im kalten Kasten aussäen, vorher 2—3 Tage lang in feuchtem Sand stratifizieren; Frostschutz nach dem Auflaufen; im Sommer trocken halten, damit die Jungpflanzen ausreifen und abhärten; im 2. oder 3. Jahre auf Beete pikieren.

Acer palmatum 'Atropurpureum' wird aber auch in amerikanischen Spezialbaumschulen (Hubbs Nurseries, Riverton, N. J.) seit über 30 Jahren aus Samen erzogen, und zwar in sehr großer Menge. Das Wachstum dieser Sämlinge soll doppelt so stark sein wie das von Veredlungen.

A. platanoides und *pseudoplatanus:* Samen sofort nach der Reife, Ende September, sammeln, nur von den schönsten Bäumen, dann trocknen wie beschrieben und in Säcken ganz trocken aufbewahren, Schutz vor Mäusen; dann in feuchtem Sand einschichten und kühl halten, bei beiden Arten bis etwa 6 Wochen vor der Aussaat; *A. platanoides* im Februar, *A. pseudoplatanus* im März aussäen, Keimung dann nach 5—6 bzw. 2—4 Wochen; Frostschutz besonders für *platanoides* wichtig! — Man kann ebenfalls auch gleich nach der Ernte im Herbst säen. 400 bis 500 Sämlinge pro m².

A. rubrum: Bei Eigenernte sofort nach der Reife (Juni) aussäen; später eintreffendes Handelssaatgut läuft auch bei sofortiger Aussaat nur wenig auf, vermutlich wegen des vorher erlittenen Feuchtigkeitsverlustes; diese Saat läuft oft im Frühjahr noch gut auf. Es ist aber immer besser, gleich nach der Reife zu säen oder sofort einzuschichten und im Frühjahr zu säen.

A. saccharinum: Reife im Juni, an der Luft nur ganz wenig trocknen lassen, sogleich aussäen, keimen dann sofort; können noch im gleichen Jahre pikiert werden und bis 100 cm hoch werden; etwa 100 Sämlinge pro m².

Aussaat ist auch für die Varietäten möglich, sie fallen aber nicht ganz echt; es müssen dann die typischen Pflanzen ausgelesen werden. Sonst ist hierfür das Absenken angebrachter. Wie die Varietäten aus Samen fallen, zeigt folgende Übersicht:

Ausgesäte Art und Form	Davon echt	Restliche Pflanzen
palmatum 'Atrolineare'	80 %	*palmatum*
palmatum 'Atropurpureum'	80 %	*palmatum*
palmatum 'Linearilobum'	keine	ergibt lauter verschiedene
palmatum 'Ornatum'	80 %	*palmatum*
platanoides 'Dissectum'	keine	nur *platanoides*
platanoides 'Lorbergii'	keine	ebenso
platanoides 'Reitenbachii'	40 %	*platanoides*
platanoides 'Schwedleri'	keine	40—60 % rötlich, doch nicht echt
pseudoplat. 'Atropurpureum'	40—50 %	*platanoides*

Absenken ist besonders bei *A. carpinifolium* und den vielen Formen von *A. palmatum* üblich, ebenso bei *A. cappadocicum* mit seinen Formen (= *A. colchicum*).

Auch die buntblättrigen *Acer negundo*-Formen werden gerne abgelegt. Ein- oder mehrjährige Triebe können dazu benutzt werden; der Länge nach einlegen in Rillen, im zeitigen Frühjahr, unter den Augen einkerben, damit bessere und frühere Wurzelbildung eintritt; Abnehmen der Jungpflanzen meist erst nach Jahren. Oft viel Ausfall (Abb. 212).

Über Stecklingsvermehrung berichtet DE BOER; es werden im Juni Stecklinge von *A. palmataum* 'Atropurpureum' mit 0,1 % Naphthylessigsäurepuder („Rhizopon B")

Abb. 212. Senkerstück von weißbunten *Acer negundo* bei Hesse, Weener; frisch abgesenkt (Werkfoto)

behandelt; der beste Zeitpunkt ist dann, wenn der Trieb gerade abgeschlossen hat. Stecken unter Glas, in zwei Drittel Torf und ein Drittel Sand, Stecklinge vor dem Pudern etwas verwunden; Erfolg war sehr gut, bis 90 %; andere *A. palmatum*-Formen verhielten sich ebenso; die 'Dissectum'-Formen vgl. Tuinbouwgids, 1953, S. 437.

Über weitere Erfahrungen mit der Stecklingsvermehrung berichtet COGGESHALL. Eine Reihe von asiatischen Arten läßt sich recht gut auf diese Weise vermehren, so *A. capillipes, carpinifolium, cissifolium* u. a. Die Stecklinge wurden sowohl von älteren Freilandpflanzen genommen (Juli) wie auch von angetriebenen jüngeren (8—10 Jahre alten) Pflanzen (Februar); die Erfolge waren bei den letzteren höher (zwischen 80—94 % gut bewurzelt nach 4 Wochen). *A. capillipes* wuchs aus Juli-Stecklingen zu 91 % bei Anwendung von Wuchsstoffen und mit Rindenverwundung. Es dürfte sich lohnen, weitere Versuche mit der Stecklingsvermehrung anzustellen.

Über derartige Versuche berichtet MCMILLAN BROWSE, die vor allem mit japanischen *Acer*-Arten durchgeführt wurden. Viele von ihnen bewurzeln sich gut unter Sprühnebel, andere hingegen wachsen nicht kräftig genug, so vor allem die Formen von *Acer platanoides, A. cappadocicum* usw. Diese werden daher besser veredelt oder abgesenkt.

Auch eine Vermehrung mit Steckholz ist in England mit Erfolg erzielt worden. Hier wurden jedoch nur die unteren 20—30 cm langen Stücke der Zweige benutzt. Sie wurden im Februar geschnitten, mit Wuchsstoff behandelt und dann bis zur Hälfte ihrer Länge in ein Vermehrungsbeet gesteckt, mit 21 °C Bodenwärme. Sobald die Wurzelbildung begann, wurden die Pflanzen allmählich abgehärtet und so bald als möglich ausgepflanzt. Diese Art der Vermehrung kommt in Betracht für die Schlangenhaut-Ahorne, *A. campestre* und die dreiblättrigen Arten. Wichtig ist, daß man auch Pflanzen findet oder selektiert, die sich leicht bewurzeln. Hier sind in jedem Falle eigene Versuche erforderlich.

Steckholz soll auch möglich sein bei *A. negundo*. Unten lang schneiden wie Kopulierschnitt, mit Auge.

Die wichtigste Art der Vermehrung ist jedoch die Veredlung. Sie bringt indessen eine Reihe von Problemen, denn man muß stets geeignete Unterlagen aussuchen, da oft Unverträglichkeit auftritt. Wenn man stets eine Unterlage wählt, die zur gleichen Sektion gehört wie die Edelsorte, gibt es auch keinen Mißerfolg. Formen und Cultivare werden selbstverständlich immer auf die zugehörige Art veredelt; *A. pseudoplatanus* ist eine gute Unterlage für *A. heldreichii, trautvetteri* und *velutinum, A. campestre* für *A. miyabei* und *zoeschense, A. platanoides* für *A. dieckii* und *truncatum*. Die sog. Schlangenhaut-Arten kann man beliebig untereinander als Unterlage oder Edelsorte verwenden, und hier hängt es davon ab, wovon die meisten Unterlagen verfügbar sind. Schließlich noch die dreiblättrigen Arten, wie *A. nikoense, griseum* u. a. Diese kann man auch untereinander veredeln, aber solche Veredlungen haben nur eine begrenzte Lebensdauer; besser ist die Anzucht aus Samen, wie grundsätzlich bei den Wildarten.

Was die Veredlungstechnik angeht, so haben wir drei Möglichkeiten:
Winterveredlung auf im Topf stehende Unterlagen;
Handveredlung im Winter;
Sommerveredlung auf eingetopfte oder im Freiland stehende Unterlagen.

Veredlung kommt als Okulation (im Freiland) und als seitliches Einspitzen (im Hause) in Betracht. Im Freiland wird man immer mit der Okulation von *Acer negundo*-Formen anfangen, und zwar sobald ausgereifte Reiser vorhanden sind; das ist schon Mitte Juni möglich; Erkennungsmerkmal für den Reifezustand: Wenn die Reiser beim Biegen brechen, sind sie gut. Die Unterlage soll eben beginnen zu verholzen. Durch die zeitige Veredlung treiben die Augen noch aus und laufen nicht Gefahr, von der Rinde der Unterlage überwuchert zu werden. Der Austrieb der Augen wird auch noch durch Pinzieren der Unterlagen nach der Veredlung wesentlich beschleunigt. Nach 8—10 Tagen muß der Verband gelockert werden. Wenn er einschneidet, sofort einen neuen Verband anlegen. Nach 3 Wochen etwa sind die Augen angewachsen; dann Unterlage später auf Zapfen schneiden und die Reiser heften. Nachveredlung des Ausfalls ist Mitte bis Ende August noch möglich. Auch hier muß 2 Wochen nach dem Veredeln die Unterlage pinziert bzw. auf Zapfen geschnitten werden. Hierbei treiben die Augen im Herbst aber nicht mehr aus.

Wichtig ist bei *Acer* überhaupt, daß die Unterlagen nicht zu stark sind, damit die Augen nicht überwallt werden oder im Saft ersticken, deshalb ins diesjährige Holz veredeln. Was nicht wächst bei der frühen Okulation, kann auch noch mit gutem Erfolg in der 2. Augusthälte nachveredelt werden. Bei der frühen Okulation wächst mitunter zwar das Schildchen an, während das Auge abgestoßen wird. Solche Ausfälle können im August noch nachveredelt werden.

Die anderen Arten veredelt man im Juli—August, wenn sie nicht mehr so stark im Saft stehen. Bei *A. negundo* ist es auch üblich, immer zwei Augen einzusetzen, und zwar gegenüberliegend. Für die Varietäten der Hauptarten muß natürlich immer die zugehörige Unterlage genommen werden, sonst mindestens eine Art aus der gleichen botanischen Gruppe. Für die kleinblättrigen Ahornarten ist *A. campestre* eine gute Unterlage.

In USA benutzte man, auf der Suche nach besseren Veredlungsunterlagen für *A. palmatum* auch *A. ginnala* und *A. buergerianum* anstelle von *A. palmatum*-Sämlingen. Die Reiser wuchsen hierauf zunächst an, starben aber bald danach ab.

Die Veredlungen werden in der Regel auf den Wurzelhals gemacht; bei Kronenveredlung der Kugelformen wird selbstverständlich ebenfalls okuliert. Bei Veredlung von *A. platanoides* 'Globosum' ist noch ganz besonders zu beachten, daß hierzu nur Reiser von den senkrecht gewachsenen Trieben der Mutterbäume genommen werden, sonst gibt es schiefe Kronen, die auch kein Schnitt für dauernd gerade halten kann. Es kostet nur wenig Mühe, dies zu beachten, erspart aber viel Verdruß und Beanstandungen.

Das seitliche Einspitzen auf im Topf fest eingewurzelte Unterlagen von *A. palmatum* geht im August vor sich. Die Unterlagen sollen etwa bleistiftstark sein. Die Reiser nur von einjährigem, gut ausgereiftem Holz nehmen, die fertigen Veredlungen mit Baumwachs verstreichen und im Hause im Vermehrungsbeet ganz einsenken. Für feuchte Luft durch Spritzen und Schattieren sorgen; nach 4 Wochen, wenn die Veredlungen angewachsen sind, mit dem Lüften allmählich beginnen. Unterlagen auf die Hälfte einkürzen, die Veredlungen im kalten Kasten einsenken, geschlossen halten. Im nächsten Frühjahr werden die Veredlungen so tief ausgepflanzt, daß die Reiser eigene Wurzeln machen und die Unterlage abstoßen können. Pflanzen von Lehmboden überwintern übrigens besser als solche, die auf Moorboden gezogen sind.

Kopulation ist ebenfalls möglich, muß aber bei allen *Acer*-Arten schon sehr zeitig im Frühjahr durchgeführt werden. Bei Reis und Unterlage muß auf der dem Kopulationsschnitt gegenüberliegenden Seite ein Zugauge vorhanden sein, da Langholz immer zurücktrocknet.

Bei uns unbekannt sind die amerikanischen Veredlungsversuche mit *Acer saccharinum* als Unterlage für Formen von *A. platanoides* und *A. rubrum*. Merkwürdig ist es, daß der Silberahorn, der sehr starkwüchsig ist, dennoch Zwergwuchs bewirken kann, so bei *A. platanoides* 'Crimson King'. Sechsjährige Veredlungen hiervon waren, in gutem Baumschulboden, nur 1,8 m hoch. Auch *Acer rubrum*, auf Silberahorn okuliert, zeigt auffällige Veränderungen: Der Wuchs wird schwächer, der Austrieb früher, die Herbstfärbung ebenfalls früher und leuchtender, außerdem wachsen diese Kombinationen auch in mehr alkalischem Boden besser als Sämlinge von *A. rubrum* (SAX).

Abb. 213. *Acer campestre*, zweimal verpflanzt, 100—150 cm hoch (Werkbild: Rud. Schmidt, Rellingen)

Kulturansprüche: Im allgemeinen genügt jeder kalkhaltige, trockene, auch steinige Boden. Ausnahmen sind jedoch *A. negundo* und *A. saccharinum*, die beide frischen Boden brauchen, wenngleich auch *A. nugundo* auf sandigen Böden noch befriedigend wächst; er leidet in freien Lagen sehr unter Windbruch. *A. saccharinum* kommt auch in tiefgründigem Sandboden fort, wenn dieser genügend frisch ist. Auf solchen Böden wächst der Silberahorn dann so rasch, daß er bald alle anderen Gehölze überholt.

Für den selteneren *A. saccharum* (Zuckerahorn) ist ein sehr guter, milder, frischer Sandboden Bedingung; dort entwickelt er sich ebenso gut wie unsere einheimischen Ahornarten.

Die vielen japanischen Zwergahorne wollen warme, sonnige Lage, nach Osten und Norden geschützt, und tiefgründigen Boden. Übrigens nicht nur *A. palmatum*, sondern überhaupt alle Arten der Sektion *Palmata* (dazu gehören ferner *A. circinatum*, *japonicum*, *sieboldianum* und *pseudosieboldianum*) lieben Halbschatten und wachsen dort bedeutend besser, schneller und kräftiger heran. Frisch gepflanzte Exemplare sind stark frostgefährdet und müssen daher sorgfältig gedeckt werden. Bei älteren Pflanzen gibt es jedoch nur bei sehr großer Kälte Frostschaden. Alle japanischen Zwergformen vertragen keine Untergrundnässe, keinen tiefen Schatten (nur Halbschatten!), keinen dauernden kalten Luftzug, auch nicht als ältere Pflanzen.

A. circinatum ist in seiner Heimat ein Schattengewächs und wächst dort im Unterholz. Es darf daher auch bei uns nicht in die volle Sonne gepflanzt werden, wie es unsere Gartengestalter wegen der prächtigen Herbstfärbung häufig mit ihm zu tun pflegen.

A. rubrum wächst bei uns auf allen Böden, während es in der Heimat jedoch nur in Sümpfen vorkommt und dort kalkfeindlich ist. Sollte in unserem Klima die glühendrote Herbstfärbung einmal ausbleiben, so braucht man nicht gleich ungeduldig zu werden, denn dies kann einmal passieren.

Empfehlenswerte Arten und Formen: *A. campestre*, *capillipes*, *cappadocicum* 'Rubrum', *carpinifolium*, *circinatum*, *cissifolium*, *davidii*, *ginnala*, *griseum*, *gros-*

seri mit var. *hersii, japonicum* mit 'Aconitifolium' und 'Aureum', *laxiflorum, lobelii, monspessulanum, negundo* mit buntblättrigen Sorten, *nikoense, palmatum* mit Formen (vor allem 'Atropurpureum' und 'Osakazuki'), *pensylvanicum, platanoides* mit Formen, *pseudoplatanus* mit Formen, *rubrum* mit 'Schlesingeri', *rufinerve, saccharinum* mit 'Wieri', *saccharum, tataricum* und *zoeschense* 'Annae'.

De Boer, S., 1947: Het stekken van Acer. Jaarb. Ned. Dendr. Ver. **16**: 116-119. — Burton, J. H., 1953: The grafting of some maples. Proc. Plant Propag. Soc. **2**: 71-81. — Coggeshall, R.: The propagation of Asiatic Maples; in Am. Nurs. 1. 5. 1957: 99-10, 96-98. — McGill, W., 1953: The selection of maple understock, budwood and the timing and placement of buds. Proc. Plant Propag. Soc. **2**: 64-71. — Nordine, R. M., 1953: Collecting, storage and germination of maple seed. Proc. Plant Propag. Soc. **2**: 62-64. — Michaud, L. J., Mulligan, B. O. & J. A. Witt: Germination of Maple Seed; in The Arboretum Bull. 17: 121; Seattle. 1954. — McMillan Browse, P. D. A.: Propagation of some Acers; in Gard. Chron. vom 28. 5. 1971.

ACTINIDIA — Strahlengriffel — Actinidiaceae

Aussaat im Kasten bei Bodenwärme; im Freiland oder im kalten Kasten läuft das Saatgut schlecht oder gar nicht auf. Beste Vermehrungsart.

Stecklinge von krautigen Trieben sind möglich; früh stecken, da harte Triebe im August zwar noch Kallus, aber keine Wurzeln mehr machen.

Ablegen ist gut möglich und genügt bei kleinem Bedarf.

Veredlung der wenig häufigen und auch der Fruchtarten (Mitschurin) am besten auf Wurzelstücke von *A. kolomikta* (Geißfuß oder Pfropfen) im März—April im Hause, wo die Veredlungen auch bis zum völligen Verwachsen bleiben müssen. Beste Zeit etwa 3 Wochen vor dem normalen Austreiben der Augen.

Man kann auch, wie Sheat angibt, im Dezember auf Wurzelstücke veredeln. Wurzelstücke, 10 cm lang, bleistiftstark, mit möglichst vielen Faserwurzeln, eine Woche vor dem Veredeln im Vermehrungshaus in Moos packen und antreiben, Reiser von einjährigen Trieben; nach Veredlung sofort eintopfen, Veredlungsstelle dicht unter der Oberfläche, unter Doppelglas einsenken.

Kulturansprüche: Sie gedeihen gleich gut in der Sonne wie im Halbschatten, auch an der Nordseite, jedoch besser in frischem als in trockenem Boden. Man muß besonders darauf achten, daß männliche und weibliche Exemplare zusammengepflanzt werden. Die stachelbeerartigen, grünen Früchte sind so süß wie Saccharin und lassen sich sehr gut wirtschaftlich verwenden; allerdings empfiehlt es sich, diese nicht allein zu verbrauchen, sondern mit anderen Früchten zusammen zu einem Kompott, da Actinidienfrüchte, allein genossen, abführend wirken. — *A. polygama* zieht Katzen an, die die Pflanzen zerkratzen. Bester Schutz hiergegen eine Drahthose.

Empfehlenswerte Arten: *Actinidia chinensis, kolomikta* und *polygama.*

Jouin: Ein Feind der Actinidia. Mitt. DDG 1908: 192. — Mitschurin, I. W.: Ausgewählte Schriften. Berlin 1951; 596-599, mit 2 Farbtafeln. — Sheat(l. c.): 34.

AESCULUS — Roßkastanie — Hippocastanaceae

Methode	Jan.	Febr.	März	April	Mai	Juni	Juli	Aug.	Sept.	Okt.	Nov.	Dez.
Aussaat			●	●								
Absenken					●							
Okulation						●						X
Einspitzen				○				○				
Wurzelstücke ..												

X X unter Glas; ● ○ Freiland; fette Zeichen wichtigste Methoden

Aussaat für alle Arten am besten; kann sofort nach der Ernte vorgenommen werden. Besser ist es aber, die Früchte erst trocken zu lagern und bei Beginn des Schrumpfens der Samenschale einzusanden. Trocken aufbewahrte Samen verlieren in einigen Monaten etwa zwei Drittel ihrer Keimkraft.

Abb. 214. Angehäufeltes Mutterpflanzenstück von *Aesculus parviflora* bei Hesse, Weener (Werkfoto)

A. californica ist die einzige schwer keimende Art; durch Kühlbehandlung kann man die Keimruhe jedoch überwinden (SM, S. 71).

Im Frühjahr werden die dann schon etwas vorgekeimten Samen im Freiland in Rillen gesteckt, nicht etwa willkürlich ausgestreut. Die rauhe trockene Scheibe (Nabel oder *Hilum*) muß immer nach unten liegen. Wenn möglich, sollen die Sämlinge 2 Jahre auf dem Saatbeet stehenbleiben und im Winter Schutz gegen Frost erhalten. Gegen Frühjahrsfröste sind die jungen Sämlinge ebenfalls sehr empfindlich. Die Keimung bei *A. hippocastanum* im Frühjahr geht nach 3 Wochen vor sich, bei guter Saat mit rund 90 %. Keimkraft $^1/_2$ Jahr. Auch *A. carnea* kann, obwohl es eine Hybride ist, ausgesät werden und fällt ziemlich echt.

Anhäufeln ist nur bei *A. parviflora* üblich und geht in der allgemein bekannten Weise vor sich (Abb. 214).

Wurzelschnittlinge sind ebenfalls bei *A. parviflora* gebräuchlich, wenn es sich um kleinere Mengen handelt.

Veredlung ist für die vielen Varietäten unbedingt erforderlich, ebenso für viele Arten, da Saatgut oft nicht zu beschaffen ist. Die Veredlungen werden entweder in Kronenhöhe (für Stämme) oder als Wurzelhalsveredlung durchgeführt, und zwar als Okulation. Es muß aber sehr zeitig veredelt werden, da der Trieb schon sehr früh abschließt. Da die Augen oft sehr stark sind, macht man häufig an Stelle des T-Schnittes einen +-Schnitt; das Auge sitzt so besser. Der Verband muß bei der Okulation immer fest über dem Blattstielrest gebunden werden, weil sonst das Auge hohl und locker sitzt und schließlich vertrocknet (Abb. 215).

Aesculus-Okulationen sind fast immer sehr schwierig auszuführen, weil die Unterlagen zu stark sind. Man wendet zwar den Kreuzschnitt an, aber auch dies ist noch keine Sicherheit für den Erfolg. In Holland wendet man gelegentlich folgendes Verfahren mit bestem Erfolg an: Man okuliert schon auf die auf dem Saatbeet stehenden Sämlingspflanzen im ersten Jahre. Die Pflanzen haben dann nur einen geringen Durchmesser, die Veredlungsreiser (Augen) sind etwa gleichstark, daher ist das Ergebnis dann sehr gut.

Mit bestem Erfolg wird auch die Reisveredlung als seitliches Einspitzen angewendet. Das Reis mit Endknospe und zwei Augenpaaren wird als Kopulierreis zugeschnitten und in den T-Schnitt eingesetzt, weitläufig verbunden und verstrichen. Diese Veredlung ist am besten im Frühjahr, in der Zeit des aufströmenden Saftes. Die Reiser schneidet man unmittelbar vorher. Ebensogut kann man aber auch im August in der gleichen Art mit ausgereiften Trieben veredeln. Der Erfolg ist in beiden Fällen besonders gut, wenn die Veredlung in den Jahresring, das heißt an die Stelle zwischen neuem und vorjährigem Trieb gesetzt wird. Die Unterlage wird im Winter auf Zapfen geschnitten. Dabei muß der Zapfen genügend lang sein, besonders bei den Reisveredlungen, damit die Triebe sich gut heften lassen. Der Zapfen wird erst dann entfernt, wenn die Verwachsung gut vollendet ist (Abb. 216).

Im übrigen ist darauf zu achten, daß die richtige Unterlage gewählt wird. Bei Wurzelhalsveredlungen kann überall *A. hippocastanum* genommen werden, bei Kronenveredlungen ist es aber bei *A. pavia* besser, auf *A. carnea* zu veredeln, da sonst an der Veredlungsstelle ein häßlicher Ansatz entsteht.

Um einen guten Leittrieb zu bekommen, ist es zu empfehlen, die der Terminalknospe zunächst sitzenden Knospen vor dem Austreiben auszubrechen, weil so der Leittrieb viel stärker und höher wird. Mit dem Schnitt beschränkt man sich auf das äußerste, da ungeschnittene Bäume die besten Kronen bilden. Die Hauptsache ist weiter Stand und regelmäßiges Verpflanzen.

Kulturansprüche: Die Roßkastanien wachsen fast überall, am besten aber in einem kräftigen, tiefgründigen, frischen Boden, der jedoch nicht naß sein soll.

Empfehlenswerte Arten und Formen: *Aesculus carnea,* mit 'Briotii', *hippocastanum* mit 'Baumannii' (= 'Plena'), *indica* (nur für sehr milde Gebiete), *neglecta* 'Erythroblasta', *parviflora* (= *macrostachya*), *pavia* und *splendens.*

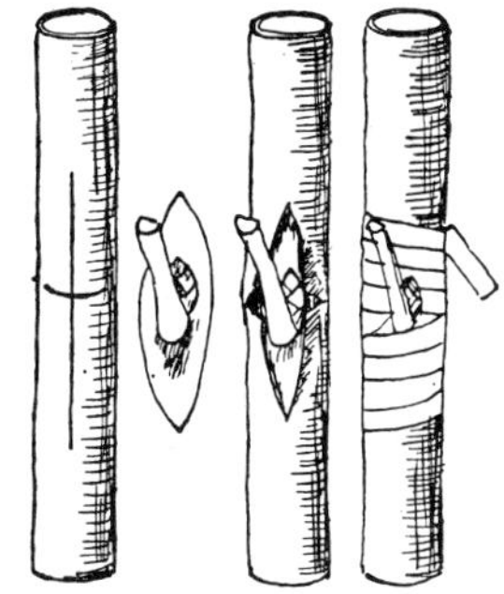

Abb. 215. Okulation bei *Aesculus;* wegen der starken Augen macht man einen Kreuzschnitt statt T-Schnitt, weil das Auge dann besser sitzt (Original)

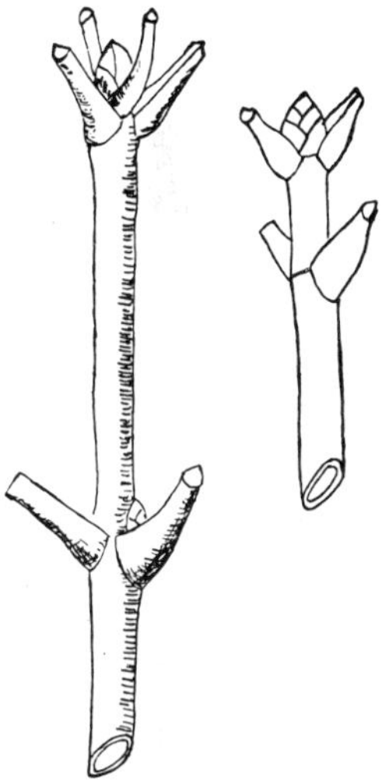

Abb. 216. Reiserveredlung bei *Aesculus;* linkes Reis ungeeignet, weil zu lang; rechtes Reis gut (Original)

AETHIONEMA — Steinkresse — Cruciferae

Aussaat für die reinen Arten sehr einfach; für die Gartenformen am besten Stecklinge von etwas angetriebenen Pflanzen im Haus.

Empfehlenswert: *A. grandiflorum,* 'Warley Rose', 'Warley Ruber'.

AILANTHUS — Götterbaum — Simaroubaceae

Aussaat ist die beste und wirtschaftlichste Anzucht. Samen reifen bei uns an alten Bäumen. Am besten bald nach der Ernte (Oktober) einschichten und im Frühjahr auf Beeten aussäen. Man hüte sich vor zu dichter Aussaat, da die Keimprozente recht hoch (60 %) sind. Im anderen Falle schießen die Sämlinge in die Höhe und erfrieren im Winter.

Die wenigen Arten außer *altissima* kann man auch aus Samen anziehen, doch ist es zweifelhaft, ob man echten Samen erhält. Keimfähigkeit 1 Jahr.

Anzucht aus Wurzelschnittlingen ist möglich, kommt aber für einen neuzeitlichen Betrieb nicht in Betracht, es sei denn als Notbehelf. Möglich wäre es auch, die vielen auf den Quartieren stehenden Austriebe zu sammeln und aufzuschulen.

Veredlung der Arten und der Varietäten von *A. altissima* auf diese Art als Handveredlung im Winter. Veredlungen im Kasten einschlagen und im Frühjahr aufschulen. Es ist auch möglich, auf dem Stand in der Baumschule zu veredeln. In beiden Fällen sind die Erfolge die gleichen. Junge Handveredlungen werden im ersten Jahr etwa 1 m hoch.

Kulturansprüche: Keine; wächst in jedem Boden, am besten auf leichten, frischen, aber auch noch auf magersten Sandböden und ist einer der raschwüchsigsten Bäume. In rauhen Lagen reifen die markigen Triebe oft nicht aus. Dort sind die Bäume erst im hohen Alter ganz winterhart.

Empfehlenswerte Art: *Ailanthus altissima* mit den Formen *erythrocarpa* und 'Pendulifolia'.

AKEBIA — Akebie — Lardizabalaceae

Aussaat bald nach der Reife unter Glas. Samen müssen ausgewaschen werden, sonst werden sie schlecht, was auch meist bei gekauftem Saatgut der Fall ist. Sämlinge eintopfen, später im Freiland auspflanzen und gut an Stäben ziehen.

Ablegen der einjährigen Triebe in Wellenform oder platt auf dem lockeren Boden mit nachfolgendem Anhäufeln muß oft die Aussaat ersetzen; dies ist auch gut möglich und wirtschaftlich. Ableger später zerschneiden und die Teilstücke aufpflanzen. Bewurzelte, aber noch nicht durchgetriebene Teilstücke werden eingetopft und verbleiben über Winter im Kasten oder im Hause.

Kulturansprüche: Geschützter Stand an Mauern oder dergleichen in sonniger oder halbschattiger Lage. Am besten mit anderen Schlingern zusammenpflanzen, weil die Akebien mit zunehmendem Alter von unten her kahl werden und die Flächen nur ganz locker und dünn bedecken. Sie sind mit jedem mittleren Gartenboden zufrieden, behalten aber nur in warmer, geschützter, halbschattiger Lage ihr Laub auch während des Winters.

Empfehlenswerte Art: *Akebia quinata.*

ALBIZIA — Leguminosae

Aussaat im Hause. Die hartschaligen Samen werden am besten vorher geritzt, bis auf der Schale deutliche Risse erkennbar sind. Auch kurze Behandlung mit Schwefelsäure wird empfohlen (SM, S. 73). Jungpflanzen in Töpfen lassen. Sie sind bei uns nicht winterhart und halten höchstens in den wärmsten Teilen Deutschlands aus, wenn sie gut gedeckt werden. In Griechenland findet man sie häufig als schöne Parkbäume, ebenso am Mittelmeer, in Frankreich und Südengland.

Kulturansprüche: Guter, durchlässiger, lehmiger Boden in sonniger Lage, in mildem Klima.

Empfehlenswerte Art: *Albizia julibrissin* (= *nemu*), vor allem aber ihre viel winterhärtere Form 'Rosea'.

ALNUS — Erle — Betulaceae

Methode	Jan.	Febr.	März	April	Mai	Juni	Juli	Aug.	Sept.	Okt.	Nov.	Dez.
Aussaat	○	●	●									
Absenken			●	●								
Veredeln	**X**	**X**										

X X unter Glas; ● ○ Freiland; fette Zeichen wichtigste Methoden

Das Saatgut kann man selbst ernten, am besten im November bei trockenem Wetter. Ein hl frische Erlenzapfen wiegt etwa 30 kg und enthält 3–4 kg Saatgut. Die Zapfen breitet man auf einem Holzfußboden aus und läßt sie bis kurz vor der Aussaat so liegen. Bei 20 °C fallen die Samen leicht aus. Durchschnittliche Keimfähigkeit 35 bis 55 %, Lebensdauer der Keimfähigkeit 2–3 Jahre. Vor der Aussaat die Samen 14 Tage in Wasser aufweichen.

A u s s a a t, wenn eben möglich, nur an schattigen und feuchten Stellen. Für die hochwachsenden Arten wie *A. incana* und *glutinosa*, aber auch für die vielen botanischen Arten ist dies üblich. Auch die Formen der Hauptarten kann man aussäen, muß aber später die echt gefallenen Sämlinge herauslesen. Auch die Arten fallen nicht ganz echt, deshalb muß vor allem bei den botanischen Arten immer sorgfältig kontrolliert werden. *A. glutinosa* und *incana* sät man möglichst früh, sobald Tauwetter eingetreten ist, oder noch auf den tauenden Schnee, im März–April. Ebenso müssen auch die Aussaatbeete schon früh hergerichtet werden, damit im zeitigen Frühjahr oder bei günstiger Witterung schon im Winter gesät werden kann. Je früher gesät wird, um so besser ist der Erfolg, aber desto mehr Unkraut ist auch zu bekämpfen. Die Saat wird nur leicht eingeharkt, anschließend mit der Schaufel festgeklopft oder übergewalzt.

Nach 3–4 Wochen beginnt die Keimung, bei *A. tenuifolia* schon nach 8–10 Tagen. In den ersten Monaten sind die Sämlinge sehr klein, deswegen soll man nur unkrautfreien Boden nehmen, denn wenn man das Unkraut nicht meistern kann, dann muß man alles wieder unterpflügen. Die Sämlinge wachsen anfangs auch sehr langsam. Beete sorgfältig sauberhalten und leicht schattieren. Saatgut von *A. incana* ist oft mit *A. glutinosa* vermischt.

A b s e n k e n hat nur auf feuchten Böden wirklich gute Erfolge. Es kommt für alle strauchartig wachsenden Arten sowie die bunt- und geschlitztblättrigen Formen in Frage. Triebe im zeitigen Frühjahr abhaken und einlegen. Die jungen Austriebe werden dann sorgfältig an Stäben geheftet. Die Büsche können aber auch angehäufelt werden und bewurzeln sich ebenso.

Abb. 217. Vierjährige Alnus elliptica 'Itolanda', eine Kreuzung zwischen Alnus cordata mit A. glutinosa, in der Stadt-Baumschule in Den Haag (Foto: Doorenbos)

V e r e d e l n als Kopulation oder Geißfuß im Winter im Hause auf starke, gut im Topf eingewachsene Sämlinge, die im Herbst des Vorjahres eingetopft wurden. Im Spätherbst ins Kalthaus stellen. Reiser nur von einjährigem Holz, können ganz kurz sein. Mit Baumwachs verstreichen und bis zum Durchtrieb im Hause lassen. Später in den Kasten bringen und dort abhärten. Im Frühjahr auf Beete auspflanzen und sorgfältig an Stäbe heften. Möglichst auf die zugehörige Art veredeln, mindestens aber die *incana*-Formen auf *incana*, die anderen Arten und Formen wachsen auf *A. glutinosa*. Veredlungen auf dem Stand im Freiland sind sehr zweifelhaft im Erfolge und daher zwecklos.

Kulturansprüche: In der Regel ziehen alle Arten feuchtere Lagen vor, doch wächst *A. incana* ebenso gut in trockenen wie in feuchten Lagen. Im übrigen vergleiche nachfolgende Ansprüche der verschiedenen Arten:

A. cordata, nur für günstige Lagen, raschwüchsig, sehr widerstandsfähig gegen Seewind;
A. glutinosa, feuchte bis sumpfige Böden;
A. incana, ebenso gut feuchte wie trockene Lage, ist aber eigentlich mehr die Baumerle der Gebirge, für magerste und trockenste Böden;
A. japonica, hart, nur für frische Böden;
A. maritima, nur für günstigste Lage, Boden frisch;
A. nitida, feuchte bis moorige Lage;
A. sinuata, meist nur strauchig, ganz hart, feuchte Lage;
A. viridis, Gebirgsstrauch, ganz hart, will kühlen, steinigen Boden und am liebsten halbschattige Lage.

Empfehlenswerte Arten und Formen: *Alnus cordata, elliptica, glutinosa, incana* (mit den Formen 'Aurea', 'Laciniata' und 'Pendula'), *japonica, maritima, nitida, pendula, rubra, sinuata, spaethii* und *viridis.*

MOERLANDS, C. PH., 1948: Uit de geschiedenis der Elsteelt. Boomkwerkerij 4: 2-3, 10-11, 18-19.

AMELANCHIER — Felsenbirne — Rosaceae

Grundsätzlich ist zu sagen, daß die Sortenechtheit der in den Baumschulen herangezogenen Amelanchier sehr zu wünschen übrigläßt. Die Unsicherheit wird noch größer durch die verwickelte Nomenklatur. Die Untersuchung auf Sortenechtheit kann man am besten im Frühjahr beim Austrieb vornehmen, da dieser für jede Art typisch ist.

Man soll möglichst nur wurzelecht vermehren, das heißt entweder durch Aussaat oder durch Ausläufer. Wo dies aus irgendwelchen Gründen nicht möglich ist, muß veredelt werden.

Aussaat ist notwendig für alle nicht Ausläufer bildenden Arten. Die reifen Früchte müssen sobald wie möglich gesammelt werden, weil sie sehr süß sind und deshalb von den Vögeln geerntet werden; zweckmäßig wird schon kurz vor der Vollreife gepflückt. Früchte dann etwa 2 Wochen auf einen Haufen lagern und rotten lassen, täglich einmal mit Harke oder Schaufel durchrühren, damit sie nicht warm werden. Dann auswaschen und am besten noch im August aussäen; sie keimen dann nach 4—5 Wochen. Andernfalls nach Auswaschen stratifizierten und sehr zeitig im Frühjahr aussäen (Februar—März); Beete abdecken, auch bei Herbstaussaat. Von 1 m^2 erhält man etwa 300 Pflanzen.

Teilung ist sehr einfach und kommt für die ausläuferbildenden Arten in Frage.

Veredlung durch Okulation im Sommer auf *Crataegus monogyna* oder *Sorbus aucuparia* einfach und sicher wachsend; wird daher in den Baumschulen am meisten angewandt. Trotzdem muß gesagt werden, daß veredelte Pflanzen minderwertig sind, weil ihr Wachstum oft nach einigen Jahren nachläßt; hochstämmige Veredlungen bilden nur kleine Kronen.

Kulturansprüche: Anspruchslos in bezug auf den Boden, kalkliebend. Wollen mehr trockenen als feuchten Sand und wachsen anfangs langsam, später etwas schneller.

Empfehlenswerte Arten: *Amelanchier laevis* und *A. lamarckii* (letztere meist als *A. canadensis* in Kultur!)

AMELASORBUS — Rosaceae

Veredlung im Sommer auf *Crataegus monogyna* oder *Sorbus aucuparia. A. jackii* = *Amelanchier florida* × *Sorbus sitchensis.*

Kulturansprüche wie *Amelanchier.* In den Baumschulen selten zu finden.

Nur für Liebhaber.

AMORPHA — Bastardindigo — Leguminosae

A u s s a a t der Hauptarten, falls Samen angesetzt wird, im Frühjahr nach den Nachtfrösten im Freiland oder auch schon vorher im Kasten; für *A. fruticosa* mit den Hülsen jedoch in jedem Falle Freilandsaat, da die Samen leicht und gut aufgehen. Aussaat ist die beste Vermehrungsart.

S t e c k h o l z von *A. fruticosa* wächst leicht und ist eine weitere erfolgreiche Vermehrungsweise.

A b s e n k e n der Varietäten von *A. fruticosa* ist möglich, kommt aber nur selten zur Anwendung, wie auch die Formen von *A. fruticosa* selten in Kultur anzutreffen sind.

K u l t u r a n s p r ü c h e : Alle Arten wachsen in jedem mehr trockenen als feuchten Boden. *Amorpha canescens* ist in ihrer Heimat in Wisconsin und Michigan übrigens eine Leitpflanze für das Vorkommen von Bleiglanz und außerordentlich widerstandsfähig gegen Trockenheit.

E m p f e h l e n s w e r t e A r t e n : *Amorpha canescens, fruticosa, nana,* doch alle gärtnerisch wenig bedeutsam.

AMPELOPSIS — Doldenrebe — Vitaceae

A u s s a a t der wenigen Arten (nicht mit *Parthenocissus* verwechseln!) am besten unter Glas.

S t e c k l i n g e können im Sommer geschnitten werden von *A. brevipedunculata* und *megalophylla,* ebenso *japonica* und *aconitifolia.* Stecken im Vermehrungsbeet oder im Kasten.

V e r e d l u n g aller Arten auf bewurzeltem Steckholz von *Parthenocissus quinquefolia* (meist als *Ampelopsis quinquefolia* bekannt) des gleichen Jahres, ist sehr einfach und erfolgreich; als Handveredlung ausgeführt.

K u l t u r a n s p r ü c h e : Gedeihen in jedem frischen, guten Gartenboden und vertragen auch Halbschatten. Es ist ratsam, die jungen Pflanzen so lange an Baumstämmen und dergleichen festzubinden, bis sie deren unterste Äste erreicht haben. Erst dann vermögen sie aus eigener Kraft weiter emporzuranken.

E m p f e h l e n s w e r t e A r t e n u n d F o r m e n : *Ampelopsis aconitifolia, arborea, brevipedunculata* mit 'Elegans' (= *Vitis heterophylla variegata*) und var. *maximowiczii, megalophylla, orientalis.*

ANDRACHNE — Euphorbiaceae

S t e c k l i n g e im Juni, bis zum Verkauf im Topf halten.

E m p f e h l e n s w e r t : *Andrachne colchica.*

ANDROMEDA — Lavendelheide — Ericaceae

A u s s a a t in feingesiebte Heideerde in Schalen, die über Winter im Hause frostfrei stehenbleiben.

A b s e n k e r in feuchtem, moorigem Boden einfach und leicht. (Es ist zu beachten, daß unter Andromeda heute nur noch *A. polifolia* und *glauca* verstanden werden. Was sonst in den Baumschulen hier und da als Andromeda geht, heißt heute *Pieris, Leucothoe* und *Zenobia;* vgl. dort).

K u l t u r a n s p r ü c h e : Anmooriger Boden, schattige Lage; wachsen aber auch gut in voller Sonne, wenn der Boden moorig und feucht ist.

E m p f e h l e n s w e r t e A r t : *Andromeda polifolia* mit 'Compacta'.

ARALIA — Kraftwurz — Araliaceae

A u s s a a t am besten im Herbst an schattigen, feuchten Stellen im Freiland. Frühjahrsaussaat ist weniger gut, da das Saatgut dann überliegt. Junge Sämlinge müssen mindestens im ersten Winter vor Frost geschützt werden. Brauchbares Saatgut ist nur selten zu haben; daher ist die Anzucht aus Samen wenig bekannt. Die Keimprozente sind immer sehr niedrig, auch wenn statt im Freilande im Kasten und mit Bodenwärme gesät wird.

Wurzelschnittlinge etwa fingerlang schneiden, im Spätherbst in Handkästen mit sandig-humoser, aber nicht zu leichter Erde einlegen und im Vermehrungshause unter der Tablette aufstellen. Dort bilden sie über Winter Adventivknospen. Im März—April in den kalten Kasten bringen, wo bald Bewurzelung und Austrieb erfolgen. Die Jungpflanzen bleiben das ganze Jahr im Kasten und werden im ersten Jahre etwa 10 cm hoch. Im nächsten Jahre müssen sie dann, nicht zu dicht, auf Beete pikiert werden.

Ausläufer bilden sich zahlreich, wenn die Mutterpflanzen scharf zurückgeschnitten werden. Diese können im zweiten Frühjahr, wenn sie stark genug sind, abgenommen und aufgeschult werden.

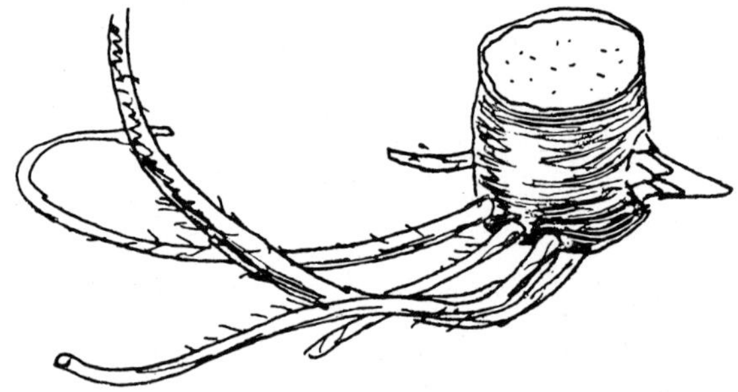

Abb. 218. Wurzelschnittling von *Aralia elata* (Original)

Veredlung kommt in Betracht zur Vermehrung der weißen und gelbbunten Formen von *Aralia elata;* Unterlagen *(A. elata)* sollen im Topf gut eingewurzelt sein. Es wird die Kopulation oder der Geißfuß angewendet im März im Hause, am besten unter Doppelglas.

Kulturansprüche: Fruchtbarer, leichter, aber etwas frischer Boden. Sie brauchen viel Platz, daher nicht zu eng pflanzen, auch nicht auf den Jungpflanzenbeeten oder in den Handkästen. Spätfröste beschädigen oft die jungen Triebe. *A. chinensis* ist fast niemals echt in Kultur; unter diesem Namen wird dann wohl stets *A. elata* geliefert.

Empfehlenswerte Art: *Aralia elata,* doch auch ihre buntblättrigen Formen 'Variegata' und 'Aureo-variegata' gut verkäuflich.

ARBUTUS — Erdbeerbaum — Ericaceae

Aussaat von *A. unedo* in Heideerde in Schalen bald nach der Reife. Junge Sämlinge sind sehr empfindlich gegen Frost, daher stets im Kalthause überwintern. Erst 3jährige Sämlinge kann man in den wärmsten Teilen Deutschlands im Freilande zu überwintern versuchen, während sie in Frankreich (Orléans zum Beispiel) ganz hart sind. Andere Arten, wie *A. andrachne* und *A. menziesii* werden erst im Frühjahr unter Glas gesät; die Samen läßt man etwa 5—6 Tage lang vorher in warmem Wasser weichen (SHEAT, 46).

Stecklinge von ausgereiften Trieben im Oktober in Schalen stecken und im Hause überwintern. Das Ergebnis ist meist unbefriedigend.

Absenken im August—September möglich bei kleineren Büschen, wobei die jungen Triebe am besten gleich in kleine Drahtkörbe eingelegt werden und bis zur Bewurzelung, die sehr lange dauern kann, darin bleiben können.

Veredlung: Die selteneren Arten veredelt man am besten auf 2jährige Sämlinge von *A. unedo,* und zwar im Hause durch Einspitzen. In Südfrankreich wird während des Sommers ohne weiteres im Freien veredelt, und zwar angeplattet.

Die Unterlagen müssen im Topf gut eingewurzelt sein. Der beste Zeitpunkt ist dann gekommen, wenn die Pflanzen sich zu rühren beginnen (Wurzeln kontrollieren). Reiser von vorjährigem Holz. Nach der Veredlung unter Doppelglas einsenken und gut geschlossen halten. Kein Wasser darf an die Veredlungsstelle gelangen, da sie dann fault. Nach 4 Wochen ist alles gut verwachsen; deshalb ist die Veredlung im allgemeinen die beste Vermehrungsart.

K u l t u r a n s p r ü c h e : Will sehr geschützten Stand in humosem, gut durchlässigem, nicht zu feuchtem Boden. Obschon zu den Ericaceen gehörend, wächst *Arbutus unedo* auch in Kalkboden, vorausgesetzt, daß beim Auspflanzen den Jungpflanzen genügend Torf zum Einwurzeln gegeben wird. Die erdbeerartigen, reifen Früchte sind eßbar, wenn auch nicht besonders wohlschmeckend. Scharfe Winde sind sehr schädlich, daher am besten ein geschützter Platz an einer Mauerecke. In sandigen, trockneren Böden können sie als ältere Pflanzen im Süden unseres Landes vielleicht im Winter bei guter Decke aushalten.

E m p f e h l e n s w e r t e A r t e n : *Arbutus menziesii* und *unedo;* beide ΛΛΛ.

SPRENGER: Über Arbutus. Mitt. DDG 1924: 195.

ARCTOSTAPHYLOS — Bärentraube — Ericaceae

A u s s a a t gleich nach der Reife; Fruchtfleisch entfernen, Samen auswaschen, mit Sand einmengen und unter Glas aussäen. Auflaufen erfolgt dann sehr rasch. Wird dieser Aussaatzeitpunkt versäumt, so verhärten die Samenschalen und die Samen können dann jahrelang liegen, bis sie keimen. Erst Untersuchungen von GIERSBACH wiesen hier neue Wege zu einer Vereinfachung. Die Hartschaligkeit muß zunächst durch eine 2 bis 5 Stunden dauernde Behandlung der Samen mit konzentrierter Schwefelsäure beseitigt werden. Es erfolgt dann die Aussaat in Handkästen, die Aufstellung in einem Mistbeetkasten finden. Keimung zu 60—70 % nach einem Jahre und länger, vorausgesetzt, daß die Samen im Winter auch noch dem Frost ausgesetzt waren.

S t e c k l i n g e sind bequemer als die Aussaat. Im August—Oktober von reifen Trieben, Stecklinge in Handkästen stecken und im Haus aufstellen. Nach der Bewurzelung eintopfen in kleine Töpfe mit reichlich Torfmull und die Pflanzen, wenn sie durchgewurzelt sind, auf Freilandbeeten auspflanzen, weil sie sich dort viel besser entwickeln als in Töpfen. Zur Bildung eines guten Ballens muß alljährlich verpflanzt werden, sonst gehen die Wurzeln durch, und die Pflanzen wachsen später schlecht weiter. Die Stecklinge wollen im Beet etwas Wärme haben, sonst bewurzeln sie sich nicht und werden schwarz.

K u l t u r a n s p r ü c h e : Stehen lieber halbschattig als in voller Sonne, ziehen aber frischen, anmoorigen Boden vor; sie wachsen in Kultur aber auch gut auf weniger frischen Böden; kalkfliehend. *A. uva-ursi* will warme, trockene Lage (*A. nevadensis* ist übrigens so gut wie niemals echt in Kultur). Die hochwachsenden Arten wie *A. manzanita* u. a. sind im allgemeinen nicht hart genug und müssen im Kalthaus überwintert werden. Das schließt jedoch nicht aus, daß sie am Bodensee, Vierwaldstätter See und in Südtirol sowie anderen, besonders günstigen Lagen aushalten.

E m p f e h l e n s w e r t e A r t : *Arctostaphylos uva-ursi;* die hochwachsenden Arten sind auf dem Kontinent kaum im Freiland in Kultur und nur in den mildesten Lagen haltbar.

GIERSBACH, J., 1937: Germination and seedling production of *Arctostaphylos uva-ursi.* Contrib. Boyce Thompson Inst. **9**: 71-78.

ARCTOUS — Alpenbärentraube — Ericaceae

Arctous alpina, die einzige Art, wird aus Saat vermehrt; ebenso ist die Teilung möglich. Sommerstecklinge wachsen nicht, sondern höchstens solche vom ersten Trieb. Diese sommergrüne Pflanze wird im übrigen genauso kultiviert wie ihre vorstehenden immergrünen Verwandten. Sie zieht besonders freie, sehr sonnige, dabei felsige Lagen und frischen Boden vor. In Norwegen bedeckt sie große Flächen auf den Fjellen und verschönt dort das Landschaftsbild des hohen Nordens durch ihre prächtige, rote Herbstfärbung.

E m p f e h l e n s w e r t e A r t : *Arctous alpina;* doch nur selten in Kultur.

ARDISIA — Myrsinaceae

A u s s a a t im Frühjahr oder Stecklinge im August; im Topf behalten.

E m p f e h l e n s w e r t : *Ardisia japonica* und *A. crispa.*

ARGYROLOBIUM — Silberklappe — Leguminosae

A u s s a a t im Frühjahr unter Glas oder Stecklinge im Juni. Braucht sehr warme Lage.
E m p f e h l e n s w e r t : *Argyrolobium argenteum.*

ARISTOLOCHIA — Pfeifenwinde — Aristolochiaceae

A u s s a a t im Frühjahr bei Bodenwärme im Kasten oder im Hause (in Schalen). Keimung zu 50—70 % nach 4—5 Wochen bei eingeführtem Saatgut; eigene Ernte hat geringe Keimkraft, da die Samen meist nicht ausgereift sind. Erdmischung für die Aussaat: Sandige Lauberde mit Sand und Komposterde. Wachstum der Jungpflanzen sehr langsam, im ersten Jahre meist nicht mehr als 15 cm. Auch im zweiten Jahre können die Jungpflanzen noch im Kasten verbleiben; im folgenden Frühjahr kommen sie auf Beete und bleiben dort stehen. Genügend großen Raum zur Entwicklung geben, mindestens 30 cm nach allen Seiten (Abb. 235—7).

A b l e g e n im Frühjahr, entweder wellenförmig oder der Länge nach flach auf dem Boden. Wenn der Boden leicht ist, bewurzeln sich die Triebe bis zum Herbst gut und werden im nächsten Frühjahr weiterbehandelt wie Sämlinge. Für größere Anzuchten kommt jedoch allein die Aussaat in Frage.

Abb. 219. Ablegen bei *Aristolochia macrophylla* in Boskoop (Original) (16)

V e r e d l u n g : Ebenfalls gut möglich auf eigenen Wurzeln. Wurzelstücke etwa 10 cm lang schneiden, wenn Mutterpflanzen mit starken Wurzeln vorhanden sind. Veredlung im März im Hause nach Art der *Campsis*- und *Wisteria*-Veredlung. Diese dann bis zum Austrieb im warmen Kasten geschlossen halten. Nach Abhärtung eintopfen oder im Freiland auspflanzen. Können im ersten Jahre bereits 1 m hoch werden.

Als Vermehrungsart wenig üblich, aber sehr vorteilhaft (Abb. 220).

Kulturansprüche: Frischer, leichter Boden in etwas schattiger Lage, am besten immer mehr feucht als trocken. In sonniger Lage, besonders an Hauswänden nach Süden, leidet *A. macrophylla* oft unter Pilzkrankheiten und Roter Spinne.

Empfehlenswerte Art: *Aristolochia macrophylla* (= *sipho; durior*).

ARISTOTELIA — Elaeocarpaceae

Stecklinge im Sommer, unter Glas; Jungpflanzen im Topf überwintern; *Aristotelia chilensis* (= *A. macqui*) hält nur im Weinbaugebiet unter Bedeckung aus.

ARONIA — Apfelbeere — Rosaceae

Die reifen Früchte werden durch ein feines Sieb getrieben und so von ihrem Fruchtfleisch befreit. Dann kann man sie gleich draußen aussäen; besser aber einschichten und im Winter gut durchfrieren lassen und zeitig draußen aussäen. Keimung erfolgt einige Tage später, meist sehr gut.

Veredlung als Okulation auf *Crataegus monogyna* ist nicht ratsam, weil veredelte Pflanzen nicht alt werden. — Auch Anhäufeln gut möglich.

Kulturansprüche: Standort sonnig, Boden möglichst etwas frisch, doch kann *A. melanocarpa* trockener stehen.

Empfehlenswerte Art: *Aronia arbutifolia* und ihre Gartenform 'Erecta'.

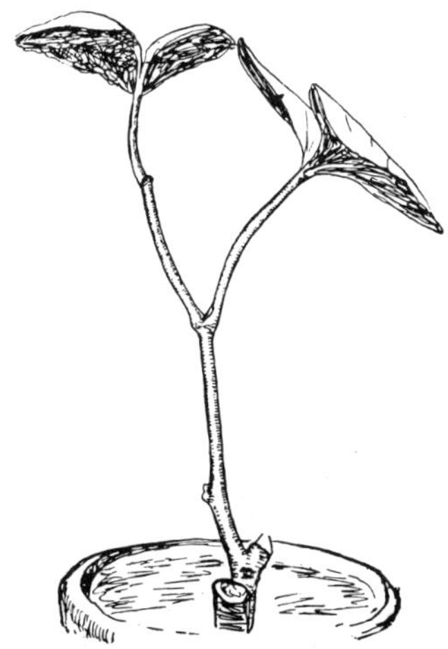

Abb. 220. Junge Topfveredlung von *Aristolochia* (Original)

ARTEMISIA — Beifuß — Compositae

Aussaat im Frühjahr unter Glas einfach, aber nicht üblich.

Steckholz von *A. abrotanum* und *procera* in der üblichen Weise wächst sehr gut und ist völlig ausreichend zur Anzucht.

Stecklinge oder Ablegen, bei *A. tridentata* einzige Möglichkeit, sehr langwierig und nur bei verständnisvoller Kultur überhaupt erfolgreich, besonders bei Stecklingen.

Kulturansprüche: Unbedingt trockener Boden in sonniger, warmer Lage. Wachsen selbst in schlechtesten Böden noch sehr gut. *A. tridentata* ist heikel und nur für Liebhaber, allerdings auch die schönste Art; sie wächst am besten auf trockenem Sand. Junge Pflanzen dieser Art sind besonders prächtig, während sie als alte Pflanzen nicht mehr in gleichem Maße zierend wirken.

Empfehlenswerte Arten: Außer den im Text genannten (jedoch in den Baumschulen wenig angezogenen Arten) *Artemisia frigida* und *stelleriana*.

ARUNDINARIA — Arundinarie — Gramineae

Teilung, bevor der neue Trieb beginnt, ist die einzige Vermehrung.

Kulturansprüche: Ganz hart erwiesen sich auf der Insel Mainau nach Angaben von Nohl die nachfolgenden Arten: *A. hindsii, graminea, simonii,* ferner *Sasa pygmaea* (früher *Arundinaria pygmaea*).

Über die Kultur und Pflege entnehme ich der gleichen Quelle im Auszuge:

„Die Bambusen sind sehr lichtbedürftig, deshalb mit Ausnahme weniger Arten nie in den Schatten pflanzen; auch reifen in der Sonne die Triebe viel besser aus, wodurch ihre Frostwiderstandsfähigkeit erhöht wird. In bezug auf den Boden sind sie durchaus nicht anspruchsvoll; sie lieben während der Wachstumszeit viel Wasser, doch ist eine stagnierende Nässe, besonders im Winter, sehr gefährlich. Ideal ist ein Standort an einem Wasserlauf, der im Winter trocken liegt. Hier nehmen die Bambusen auch mit magerem, sogar zeitweise trockenem Boden vorlieb und gedeihen doch gut.

Die Zeit des Austriebs ist bei den einzelnen Arten sehr verschieden und für die Winterfestigkeit ausschlagggebend. Die Arten, die schon im Mai treiben, reifen ihre neuen Stämme und Zweige bis zum Frost vollständig aus, so daß sie den Winter gut durchhalten; nicht vollständig ausgebildete Triebe leiden meistens sehr, und erst im Entstehen begriffene Triebe sterben trotz bester Winterdecke immer ab. Bei hoher Sommerwärme wachsen die jungen Triebe ungemein rasch (NOHL beobachtete 8 und 10 cm Längenwuchs in 24 Stunden auf der Mainau).

Alte eingewurzelte Pflanzen setzen scheinbar in manchen Jahren mit dem Wachstum vollständig aus, das heißt, sie treiben keine Sprosse. Man kann dann aber damit rechnen, daß sie in diesem Jahre ihre Ausläufer (Rhizome) getrieben haben, die sie schnurgerade oft zehn und mehr Meter unterirdisch aussenden. An den Knoten dieser Ausläufer erscheinen dann im nächsten Jahr die jungen Triebe, die wie Spargelpfeifen aus dem Boden hervorschießen. Die jungen Sprosse erscheinen bereits in der Dicke, die sie zeitlebens behalten. Sie nehmen im Laufe der Jahre (ein Bambustrieb kann 10 Jahre alt werden) nicht einen Millimeter an Umfang zu, nehmen auch bei weiterem Wachstum nur noch wenig an Höhe zu; nur die Seitenzweige machen alljährlich neue Kurztriebe.

Die jungen Triebe, die an Höhe oft die Mutterpflanzen übertreffen, sind das beste Vermehrungsmaterial. Sie haben meist schon gute Ballen und wachsen auch gut weiter. Die Erfahrung hat gelehrt, daß es von großem Wert ist, beim Verpflanzen weder Blätter noch Triebe einzukürzen und kurz vor Beginn des neuen Austriebes zu verpflanzen. Dabei darf in der ersten Zeit mit dem Gießen nicht gespart werden. Bei Neupflanzungen muß eine Bodendecke gegeben werden; ebenso müssen in den ersten Wintern die Bambusen mit Schilf leicht eingebunden werden. Nach einigen Jahren kann man diese bei den härteren Arten schon wieder fortlassen. Eine Bodendecke aus Laub ist aber in jedem Winter von Vorteil.

Kräftige Dunggüsse im Frühjahr und Sommer sowie durchdringendes Gießen bei großer Trockenheit lassen diese Pflanzen erst ihre ganze Schönheit entfalten."

Vergleiche auch *Phyllostachy* und *Sasa*.

Empfehlenswerte Arten: *Arundinaria graminea*, *hindsii* und *simonii*.

NOHL, V.: Die Bambusen auf der Insel Mainau. Mitt. DDG 1915, 96 ff. (Beim Studium dieser Arbeit muß beachtet werden, daß die Nomenklatur der darin behandelten Arten heute zum Teil nicht mehr gültig ist, wodurch die Auswertung etwas umständlich wird.)

ASIMINA — Papau — Annonaceae

Aussaat des meist eingeführten Saatgutes im Herbst in Schalen, die im Winter nach einigen Frösten im Vermehrungshaus bei Bodenwärme aufgestellt werden. Frühjahrsaussaat liegt 1—2 Jahre über. Aber auch bei Herbstaussaat laufen im nächsten Jahre nur einige Samen auf. — Saatgut muß unmittelbar nach der Reife aus den wurstförmigen Früchten gewaschen und eingeschichtet werden. Bei uns reifen die Samen nur selten, und zwar nur bei lang anhaltendem, warmem Herbstwetter. Bei SPÄTH-Berlin sah ich 1934 eine große Pflanze fruchten. Das ausgefallene, nicht beachtete Saatgut lief im nächsten Jahr unter dem Strauch auf, und die Jungpflanzen erreichten im ersten Jahre eine Höhe von 30 cm.

Absenker brauchen meist zwei Jahre bis zur Bewurzelung.

Wurzelschnittlinge kann man im Herbst schneiden und in Schalen einlegen, die im Vermehrungshause aufgestellt werden.

Kulturansprüche: Für allerbesten, frischen, tiefgründigen Boden in sonniger, warmer Lage. Wo sie nicht ganz winterhart sind, muß sie auf trockenere Böden gepflanzt werden, damit das Holz bis zum Winter ausreift. *A. triloba* ist recht robust und im allgemeinen wenig anfällig gegen Witterungseinflüsse. Als Fruchtstrauch ist sie bei uns allerdings nicht zu gebrauchen, wie dies z. B. im Süden der Vereinigten Staaten der Fall ist, sondern nur als hübscher, eigenartiger Zierstrauch.

Empfehlenswerte Art: *Asimina triloba;* übrige nur für die Subtropen geeignet.

GOULD, H. P.: The Native Papaw. US Dept. Agr. Leaflet 179, 6 S. Washington 1939.

ATRAPHAXIS — Bocksweizen — Polygonaceae

Aussaat im Frühjahr unter Glas, falls man keine Stecklinge, im Juni, bekommen kann.
Empfehlenswert: *Atraphaxis muschketowii,* doch nur für Liebhaber.

ATRIPLEX — Melde — Chenopodiaceae

Aussaat, Stecklinge oder Ableger gut möglich, aber Jungpflanzen frostfrei überwintern.
Empfehlenswert: *Atriplex halimus.*

AUCUBA — Aukube — Cornaceae

Aussaat ist möglich, aber überflüssig und kommt auch nur für *A. japonica* in Betracht.

Stecklinge, im September in Schalen oder gleich im kalten Kasten gesteckt oder eventuell auch gleich einzeln in kleine Töpfe mit sehr sandiger Erde, wachsen gut. Frostfrei im Hause überwintern; auch in den nächsten Jahren noch sind die Jungpflanzen sehr frostempfindlich. Weiterkultur vorerst in Töpfen; häufiger verpflanzen. In den wärmeren Gegenden Deutschlands halten sie meist ganz ohne Winterdecke gut im Freien aus.

Veredlung kommt in Betracht für die langsam wachsenden Spielarten, aber überhaupt auch für die vielen buntblättrigen Formen, die dadurch ein flotteres Wachstum erhalten. Veredelt wird entweder auf Wurzelstücke oder junge Sämlinge von *A. japonica.*

Kulturansprüche: Guter, nahrhafter Boden, besonders während der Topfkultur. Im freien Grunde wachsen sie in schattiger bis halbschattiger Lage unter hohen Bäumen gut. Standort so wählen, daß sie im Winter nicht von den Sonnenstrahlen erreicht werden können. Wurzeldecke aus Laub oder kurzem Dünger ist angebracht.

Empfehlenswerte Art: *Aucuba japonica* mit zahlreichen grün- und buntblättrigen Formen.

AZARA — Flacourtiaceae

Am besten durch Stecklinge von ausgereiften Sommer-Trieben unter Glas, im Haus überwintern. Winterschutz!
Empfehlenswert: *Azara microphylla,* nur für Weinklima!

BACCHARIS — Kreuzstrauch — Compositae

Aussaat mühelos im kalten Kasten oder Stecklinge von krautigen Trieben; Pflanzen blühen noch im gleichen Jahr.
Empfehlenswert: *Baccharis halimifolia.*

BERBERIDOPSIS — Korallenstrauch — Flacourtiaceae

Stecklinge im Juli von den kurzen Seitentrieben oder Ableger.
Nur 1 Art: *Berberidopsis corallina* (∧∧∧).

BERBERIS — Sauerdorn, Berberitze — Berberidaceae

Methode	Jan.	Febr.	März	April	Mai	Juni	Juli	Aug.	Sept.	Okt.	Nov.	Dez.
Aussaat			●	●								
Stecklinge						**X**	**X**	**X**	**X**	**X**	**X**	
Veredlung		**X**	**X**					**X**	**X**			
Teilung			○	○					○	○		

X X unter Glas; ● ○ Freiland; fette Zeichen wichtigste Methoden

Aussaat immer am besten, auch bei bunten Varietäten und immergrünen Arten. Sie fallen zwar nie ganz echt, aber doch zum größten Teile, so z. B. kommen *B. vulgaris* 'Atropurpurea', *ottawensis* 'Purpurea', *thunbergii* 'Atropurpurea' mit rund 80 % echt. Was falsch ist, muß ausgelesen und entfernt werden, sobald es zu erkennen ist. Sommergrüne Arten sofort ins freie Land säen, immergrüne in den Kasten. Saatgut wird nach der Ernte ausgewaschen und eingeschichtet. Aussaat dann im Frühjahr: Auflaufen sehr bald und gut. Samenträger so weit voneinander entfernt aufpflanzen, daß Fremdbefruchtung möglichst vermieden wird, sonst gibt es bei der Aussaat ein Durcheinander! Immergrüne Arten sehen sich als Sämlinge im ersten Jahre alle sehr ähnlich (Abb. 235—18).

Stecklinge kann man überall da zur Vermehrung nehmen, wo Saatgut nicht vorhanden ist. Natürlich kann man auch *B. thunbergii* mit Formen und anderen gewöhnlichen Arten durch Stecklinge vermehren, aber das ist für diese Massensorten zu teuer gegenüber der Anzucht durch Aussaat. Sommergrüne Arten vermehrt man im Frühsommer mit krautartigen Trieben, immergrüne Arten im Hochsommer (August—September) mit ausgereiftem Holz. Besonders bei den immergrünen Arten darauf achten, daß die Stecklinge nicht zu weich sind, da sie sonst schwarz werden und faulen. Eher können sie zu hart sein, das macht nichts. Stacheln wegen des besseren Arbeitens fortschneiden. Man macht dies sorgfältig mit einer scharfen Schere und achtet darauf, die Augen der Stecklinge nicht zu verletzen. Gleichzeitig entfernt man auch die Blattbüschel. Mit dem Scherenschnitt gibt es kaum Ausfälle, und es geht leichter als mit dem Messer. Gesteckt wird in kalte Kästen oder auch in warme Kästen, doch ist letzteres nicht notwendig. Immergrüne steckt man besser im Vermehrungsbeet im Haus, weil sie sich viel langsamer bewurzeln. Früh gesteckte Immergrüne können allerdings noch im Oktober eingetopft und im Kasten eingesenkt werden. Spät gesteckte Immergrüne bleiben im Hause stehen, damit sie sich vollständig bewurzeln können. Sie sollen nie mehr als + 12 °C Bodenwärme haben und gleichmäßige Feuchtigkeit. Im Frühjahr kommen sie in Kästen mit kräftiger, mit Torf und scharfem Sand gemischter Erde. Im folgenden Jahr pflanzt man sie ins freie Land (Abb. 221).

Abb. 221. Steckling von *Berberis gagnepainii lanceifolia*

Kruyt hat eine Reihe von Stecklingsversuchen ausgeführt und dabei Wuchsstoffe mit bestem Erfolg angewandt. Er empfiehlt, die sommergrünen Arten (*aggregata*- und *rubrostilla*-Sorten) im Oktober zu stecken, wenn das Laub noch fest haftet, aber die Rinde schon eine rötliche Färbung angenommen hat. Immergrüne Arten (*B. candidula* und *verruculosa*) steckte er im kalten Kasten (September—November) oder im Haus (November—Februar) meist in Torfmull und Sand zu gleichen Teilen und behandelte sie vorher mit Wuchsstoff („Rhizopone A" = Indolylessigsäure).

Stecklingsvermehrung unter Sprühnebel erfolgt in der Regel im Juli; die Pflanzen sind dann schon im Oktober fertig zum Eintopfen oder sie können auch, wenn das Vermehrungsbeet nicht gebraucht wird, bis April stehen bleiben und dann ausgepflanzt werden.

Absenken ist überall bei den wuchernden Arten leicht möglich, aber nicht nötig, da man sie ja bequem teilen kann, wie zum Beispiel *B. buxifolia* 'Nana', die grundsätzlich durch Teilung vermehrt wird. Selbstverständlich könnte man sie auch aus Stecklingen vermehren, doch ist dies nicht notwendig.

Veredlung kommt für solche Arten, hauptsächlich immergrüne, in Betracht, bei denen die Stecklingsvermehrung zu geringen Erfolg hat. Sie geschieht im Winter im

Hause (Februar—März) auf im Topf gut eingewurzelten Unterlagen, und zwar auf *B. thunbergii* 'Atropurpurea' für die mittel- und schwachwachsenden und auf *B. vulgaris* 'Atropurpurea' für die starkwachsenden Arten, weil man so stets den wilden Trieb leicht erkennt. Die Reiser müssen gut ausgereift sein und können sowohl von einjährigem als auch von zweijährigem Holz sein. Die Veredlungen werden verstrichen. Als Unterlagen sind starke einjährige Sämlinge am besten; man veredelt sie so tief wie möglich auf den Wurzelhals und stellt sie hinterher in einen kalten Kasten. Sie verwachsen dort rascher. Wärme wird nie gegeben.

Die gleiche Veredlung kann auch im August—September durchgeführt werden, nur nimmt man dann einjährige, noch nicht zu holzige, aber gut ausgereifte Reiser. Leicht mit Wachs verstreichen, mit Wolle verbinden, geschlossen halten und gut schattieren. In beiden Fällen gut frostfrei überwintern.

Richtig betrachtet, ist es eigentlich ungewöhnlich, die sommergrünen *B. vulgaris* und *thunbergii* als Veredlungsunterlagen für die immergrünen Arten zu verwenden, denn auf diese Weise werden die Unterlagen genötigt, den ganzen Winter hindurch — wenn auch nur wenig — zu arbeiten, obwohl sie doch sonst Winterruhe haben würden. Es macht sich hier das starke Übergewicht des Reises bemerkbar. Vergleiche auch bei *Hamamelis.*

K u l t u r a n s p r ü c h e : Wachsen in allen Böden, auch in sehr trockenen und flachgründigen Böden, jedoch nicht in nassen Lagen. Die sommergrünen Arten lieben Sonne, die immergrünen Halbschatten und frischen Boden. Im Winter Bodendecke aus Laub angebracht, auch leichte Reisigdecke und Schutz vor Wintersonne. *B. julianae,* eine der schönsten immergrünen und ganz harten Arten, ist leider sehr häufig falsch in Kultur.

B. buxifolia und ihre Form 'Nana' (= *B. dulcis nana*) vertragen viel Schatten; die etwas frostempfindliche, ebenfalls immergrüne *B. actinacantha* hält viel Trockenheit aus.

Z u r F r a g e d e s S c h w a r z r o s t e s : Die Wissenschaft ist heute stark gegen Berberis eingestellt. Jedoch sind auch namhafte Forscher, wie z. B. der schwedische Forscher Prof. Dr. Jacob Erikson, der Auffassung, daß „der Berberitzenrost nur ein zufälliges und entbehrliches Glied im Entwicklungszyklus des Schwarzrostes ist". Man muß einsehen, daß das Übel mit der Ausrottung der Wirtspflanze noch nicht behoben ist.

Amerikanische Untersuchungen (Stakman) haben ergeben, daß 10 % aller untersuchten Arten schwarzrostanfällig waren. Scharf überwachte Gesetze verbieten heute die Einfuhr nach USA und sogar von einem Bundesstaat zum anderen. Es wurden ermittelt als:

nicht anfällig (das heißt in der Sommerweizenregion genügend widerstandsfähig): *aemulans, beaniana, buxifolia, candidula, chenaultii, circumserrata, concinna, darwinii, dictyophylla, edgeworthiana, gagnepainii, gilgiana, julianae, koreana, mentorensis, ottawensis, potaninii, sargentiana, sanguinea, stenophylla, thunbergii* mit allen Formen, *triacanthophora, verruculosa*[1]);

leicht anfällig: aggregata, amurensis, angulosa, aristata, bergmanniana, brachybotrys, brachypoda, bretschneideri, brevipaniculata, buxifolia 'Nana', caroliniana, chinensis, coriaria, coryi, crataegina, cretica, declinata, declinata oxyphylla, diaphana, dielsiana, durobrivensis, fendleri, fischeri, heteropoda, integerrima, koehneana, laevis, laxiflora, lucida, lydium, meehanii, morrissonensis, poiretii, poiretii latifolia, polyantha, prattii, provincialis serrata, pruinosa, regeliana, serotina, sibirica, sinensis, soulieana, stapfiana, subcaulialata, tibetica, folgende Formen von *vulgaris: Alba, Asperma, Lutea;* ferner *vanfleetii, vernae* und *xanthoxylon*[1]);

stark anfällig: acuminata, aetnensis, arvensis, asiatica, atrocarpa, canadensis, emarginata, emarginata britzensis, francisci-ferdinandi, fuchsioides, leichtlinii, notabilis, oblonga, sieboldii,, vulgaris mit den Formen *Atropurpurea* und *Purpurea, umbellata, viridis* und *wilsoniae*[1]).

---

[1]) Die heute unter *Mahonia* gehenden Arten sind hier ausgelassen und unter dieser Gattung aufgeführt.

Der Schwarzrostschaden betrug 1932 allein in Ostpreußen und Schlesien rund 28 Millionen Mark. — In Dänemark besteht seit 1903 ein strenges Berberitzengesetz, in Norwegen seit 1952. In den Vereinigten Staaten hatte der mit aller Energie durchgeführte Vernichtungsfeldzug einen sehr guten Erfolg.

Zwei Verordnungen des Regierungspräsidenten in Schleswig geben in einer Polizei-Verordnung vom 7. August 1930 und vom 27. März 1933 bekannt, daß

„innerhalb einer Entfernung von 200 m von Ackergrundstücken nachfolgende Berberis-Arten werden angepflanzt noch gezogen werden dürfen:

B. aetnensis PRESL.	*B. leichtlinii* HORT.
B. aggregata SCHND.	*B. lycium* ROYLE
B. amurensis RUPR.	*B. notabilis* SCHND.
B. canadensis MILL.	*B. oblonga* SCHND.
B. declinata oxyphylla SCHND.	*B. umbellata* WALL.
B. fendleri A. GRAY	*B. vulgaris* einschl. aller Abarten.“

„Bei Neukultivierungen sowie Umbruch von Grünland zu Ackerland gilt für die Durchführung dieser Verordnung gegenüber gärtnerischen Kulturbeständen eine Schonfrist von 1 Jahr.“

„Daß der Anbau der nachgenannten, für den Getreideschwarzrost unempfänglichen Arten keinerlei Beschränkungen unterliegt:

B. beaniana SCHND.	*B. repens.* LDL. (= *Mahonia repens*)
B. concinna HOOK.	*B. thunbergii* DC.
B. edgeworthiana SCHND.	*B. thunbergii* 'Atropurpurea' (RENAULT)
B. ottawensis SCHND.	*B. thunbergii maximowczii* SCHND.
B. potaninii MAXIM.	*B. thunbergii minor* REHD.

einschließlich aller Synonyme.“

„Der Anbau aller übrigen, in der Polizeiverordnung nicht genannten *Berberis*-Arten, einschließlich *Berberis aquifolium* (= *Mahonia*) ist innerhalb der 200-m-Sperrgebiete bis auf weiteres gestattet.“

Empfehlenswerte Arten und Formen: *Berberis aggregata, amurensis, buxifolia* mit 'Nana', *calliantha canadensis, candidula* mit 'Haalboom', *chillanensis* ΛΛ, *darwinii* ΛΛ—ΛΛΛ mit Formen, *dictyophylla, frikartii* mit 'Stäfa', 'Telstar' und 'Verrucandi', *gagnepainii* var. *lanceifolia* mit den Selektionen 'Fernspray' und 'Klugowski', *hookeri, hybrido-gagnepainii* mit den Selektionen 'Chenault', 'Terra Nova' und 'Tottenham', *hypokerina* ΛΛΛ, *interposita* mit 'Wallich's Purple', *julianae* mit 'Lombart's Red', *linearifolia* mit 'Jewel' und 'Apricot', *lologensis* mit 'Apricot Queen', 'Highdown' und 'Yellow Beauty', *manipurana* ΛΛΛ, *media* mit 'Parkjuweel', *mentorensis, ottawensis* mit 'Decora'

Abb. 222. *Berberis verruculosa*, 30—40 cm hoch, mit Ballen (Werkbild G. D. Böhlje, Westerstede)

und 'Superba', *prattii, pruinosa, sargentiana, stenophylla* mit Sorten, *thunbergii* mit Sorten, *vernae, verruculosa, wilsoniae* und die sog. Wisley-Hybriden.

KRUYT, W., 1945: Het stekken van *Berberis.* Boomkwekerij 1: 23-25. — STAKMAN, bei LEHMANN, KUMMER und DANNEMANN: Der Schwarzrost. Berlin 1937.

BERCHEMIA — Berchemie — Rhamnaceae

Aussaat möglichst nach der Reife (reift erst im zweiten Jahre!), aber immer unter Glas.
Stecklinge im Juni von krautigen Trieben.
Wurzelschnittlinge im Herbst.
Absenken und Anhäufeln bei geringem Bedarf mühelos.
Empfehlenswerte Art: *Berchemia racemosa.*

BETULA — Birke — Betulaceae

Methode	Jan.	Febr.	März	April	Mai	Juni	Juli	Aug.	Sept.	Okt.	Nov.	Dez.
Samenernte ...								●	●	●	●	
Aussaat			●	●								
Okulation					○	○						
Okulation								●	●			
Reiserveredlung					○							
Reiserveredlung		**X**	**X**									
Anplatten						●						
Handveredlung		○	○									
Stecklinge												

X X unter Glas; ● ○ Freiland; fette Zeichen wichtigste Methoden

Saatgut kann man selbst sammeln, wenn man gute, ältere Bäume hat. Die beste Zeit dazu sind die Monate August bis November; *B. verrucosa* (Sandbirke) ist bei uns im allgemeinen Ende Juli—Mitte August reif, *B. pubescens* (= Moorbirke) etwa zwei Wochen später. Alle anderen Birken reifen meist noch später im Herbst. Allein *B. nigra* wird im April—Mai geerntet, da die Samen ein volles Jahr zur Reife brauchen. Das Saatgut aller Birken enthält stets auch die Fruchtschuppen.

Die Fruchtzäpfchen sind erntereif, wenn sie einen gelblichen Farbton zeigen. Die Saat reift jedoch nicht auf einmal, deshalb muß man mehrmals ernten. Untersuchungen über die Keimfähigkeit von zu verschiedenen Zeiten gesammelter Saat ergaben keinen nennenswerten Unterschied. Nach dem Sammeln werden die Samen in ganz dünner Lage auf einem luftigen Boden ausgebreitet und unter anfangs täglichem Durchrühren getrocknet, schließlich in Säcken an einem kühlen, luftigen Ort aufbewahrt. Frische Saat hat etwa 15—20 % Keimfähigkeit. Die Lebensdauer der Keimfähigkeit beträgt etwa zwei Jahre, bei Späternte sogar bis drei Jahre (nach SM, S. 101—103).

Untersuchungen über die Saatguteigenschaften der Sand-Birke (*B. verrucosa*) durch W. MESSER (Allg. Forst.-Z.) hatten zum Ziel, die Lebensfähigkeit des Samens zu erhalten und die Beziehungen zwischen der Lebensfähigkeit des Samens und dem Erntezeitpunkt zu klären. Handelsübliches Birkensaatgut enthält zu 70—75 % Schuppen, die zum Erntezeitpunkt im Juli meist stark wasserhaltig sind. Frisch geerntetes Saatgut hat oft 45 % Wassergehalt in den Schuppen, wodurch das gelagerte Saatgut schon in wenigen Stunden heiß werden und Keimkraftschäden erleiden kann. Das reine Saatgut ist viel weniger wasserhaltig, wenngleich bei sorgfältigem Ausbreiten des Saatgutes der Wassergehalt zurückgeht. ROHMEDER schlägt vor, zur Verwendung von hochgereinigtem, entflügeltem Saatgut überzugehen, zumal diese Aufbereitung darrtechnisch keine Mühle bereitet.

Die Aussaat kommt nur für die reinen Arten in Frage, und zwar schon sehr zeitig im Frühjahr (Ende März) breitwürfig auf Beete. Gut anklopfen, damit der Samen nicht wegfliegt, mit Reisig bedecken und gleichmäßig feucht halten. Auflaufen nach etwa 6—8

Wochen bzw. im Mai oder Anfang Juni, dann Reisig wegnehmen. Vorsicht, daß die Beete nicht austrocknen, weil sonst alles verdorben werden kann. Am besten ist es, auf feuchtem, jedoch nicht zu feuchtem Boden zu säen und die Beete schon im Herbst oder Winter für die Aussaat herzurichten. Dann die Saat ganz leicht einhacken, im Februar—März, und festwalzen. So bleiben die Beete feucht bis zur Keimung, die dann nach etwa 4 Wochen beginnt. Gießen nur im Notfall und dann damit auch erst beginnen, wenn die Saat keimt. Später kann bei Bedarf gegossen werden.

Im ersten Jahr werden die Sämlinge etwa 10—15 cm hoch. Im nächsten Frühjahr, unmittelbar bei Beginn des Austriebes (das gilt für alle Birken und in jedem Alter!) verpflanzen, und zwar eng, wenn man gerade Stämme haben will, und weiter, wenn Büsche gezogen werden sollen. Mehrtriebige Birken soll man besonders weit pflanzen und sorgfältig behandeln, weil nach ihnen stets eine besondere Nachfrage ist.

Stecklinge macht man nur bei den wenigen schwach wachsenden Arten, eigentlich nur bei *B. nana*. Behandlung wie üblich, im Kasten stecken. Im nächsten Jahre eintopfen.

Unter Sprühnebel kann man aber auch andere, dünntriebige Birkenarten durchaus durch Stecklinge vermehren, so z. B. *B. nigra*.

Abb. 223. Ein Quartier hochstämmiger Veredlungen von *Betula verrucosa* 'Youngii' (Foto: Hesse, Weener)

Veredlung kann auf verschiedene Weise geschehen. Jede Baumschule hält ihre Methode für die allein richtige Veredlungsart und ist bestrebt, möglichst wenig darüber zu sprechen. Als Unterlage für alle kleinblättrigen Arten kommt *B. verrucosa* in Betracht, für die großblättrigen *B. papyrifera*.

Die richtige Unterlage wählen! Beim Anplatten sowohl als auch bei anderen Veredlungen, außer denjenigen unmittelbar über dem Boden, sieht man oft, daß Unterlage und Veredlung verschieden gefärbte Rinde haben und auch verschieden stark sind. Das liegt zum Teil an der mangelnden Kenntnis der botanischen Verwandtschaft, aber auch daran, daß als Unterlage genommen wird, was gerade vorhanden ist. Im letzteren Falle sollte man dann wenigstens so tief veredeln, daß die Veredlungsstelle nicht mehr zu sehen ist; dazu ist man auch aus ästhetischen Gründen verpflichtet.

Reiserveredlung im Freiland, je nach Stärke der Reiser und Unterlagen entweder als Kopulation oder als Geißfuß, und zwar Mitte Mai, möglichst bei warmem, aber bedecktem, windstillem Wetter, hauptsächlich für Stämme (Trauerbäume). Stammhöhe 2 m, eventuell auch weniger. Reiser von zweijährigem Holz mit schlafenden Augen und nicht dünner als 6—8 mm. Die Reiser werden entblättert und in ein Plastiktuch eingeschlagen; immer nur so viele Reiser schneiden, wie man an einem Tage verarbeitet. Ein Reis mit 2—4 Augen wird aufgesetzt, locker verbunden und mit Baumwachs verstrichen. Die Unterlage wird direkt bei einem Auge abgeworfen, damit sie nicht austrocknet; das ist sehr wichtig, denn oft trocknet die Veredlung zurück, weil diese Kleinigkeit übersehen wurde. Das Reis treibt schon nach 2 Wochen aus. Einschneidende Verbände müssen entfernt werden, sonst brechen die Reiser ab. Wildtriebe der Veredlung stets pinzieren. Auf frisch verpflanzten Unterlagen wachsen die Reiser des weniger starken Saftstromes wegen in der Regel besser an als auf fest eingewurzelten Unterlagen, was auch wenig bekannt ist (Abb. 223).

Abb. 224. Birkenveredlung im Gewächshaus

Die Reisveredlung im Hause ist in manchen Baumschulen nicht immer erfolgreich, weil mitunter wichtigen Punkten zu wenig Aufmerksamkeit geschenkt wurde. In der Proefstation in Boskoop hat man jahrelang systematisch Untersuchungen über die Erzielung möglichst hoher Anwachsergebnisse erfolgreich durchgeführt (vgl. die Berichte in den Boskooper Jahrbüchern 1953—1960) (Abb. 224).

Die Veredlung im Hause geht so vor sich: Die Unterlagen müssen ein Jahr im Topf stehen und gut durchgewurzelt sein; die Reiser sollen im Zustand absoluter Ruhe sein und bei + 2 °C im Kühlhaus oder einer Kühlzelle bis zur Verwendung lagern. Die Töpfe mit den Unterlagen werden nun aus dem Kasten, wo sie sich bis dahin befanden, ins Haus geholt; man wartet ab, bis die Knospen sich rühren (nicht antreiben!). Die Unterlagen werden dann bis auf 15 cm zurückgeschnitten. Die Reiser sollen 2—3jährig sein. Die Veredlung erfolgt durch Kopulation; es wird weitläufig verbunden und gut mit Wachs verstrichen. Die Verwachsung erfolgt innerhalb von rund 4 Wochen. Die Veredlungen werden dann vom Haus in den Kasten gebracht und Mitte Mai im Freiland ausgepflanzt. Bei guten Voraussetzungen erreichen sie eine Höhe bis 2 m bis zum Herbst. Während der Wachstumszeit müssen die Veredlungen gut gestäbt und geheftet werden.

Wie bereits gesagt, verläuft diese Methode der Veredlungen in den Baumschulen oft nicht so erfolgreich wie beschrieben. In Boskoop hat man herausgefunden, daß die Veredlungen bereits im November ausgeführt werden können. Wichtig war vor allem, die Reiser vor dem Aufsetzen durch Tauchen in eine Desinfektionslösung („AAgrano", 0,4 %) von den Sporen anhaftender Schimmelpilze zu befreien; die Wirksamkeit wurde durch mehrfache Kontrollen sehr deutlich. Ebenso war ein sorgfältiges Verstreichen mit Wachs eindeutig einem Verbinden mit Plastikband (ohne Wachs) überlegen. Weitere Angaben können der nachfolgenden Übersicht entnommen werden. Die darin ebenfalls angegebene Veredlung in Kronenhöhe wird weiter unten noch näher beschrieben; hier handelt es sich nicht um eine holländische, sondern eine deutsche Methode.

Unterlagen: Die rauhzweigige (!) *Betula verrucosa* nimmt am besten an. Das Eintopfen der Unterlagen im Frühjahr für die Veredlung im folgenden Winter ist nicht nur unzweckmäßig, sondern falsch, denn viele Pflanzen gehen im Laufe des Sommers in den kleinen Töpfen ein, oder der Haupttrieb vertrocknet, und es sind dann nur dünne Jungtriebe an der Basis vorhanden. Man muß entweder kleinere Unterlagen eintopfen und ein Jahr kultivieren, oder aber man topft im Spätsommer ein und treibt die Pflanzen dann leicht an, wobei die Topfballen durchwurzeln.

Reiserveredlung auf Hochstämmen im Hause: Hierbei wird auf die im Herbst im Hause ausgepflanzten und im Laufe des Winters eingewurzelten Stämme veredelt. Sie werden im Februar, d. h. wenn die Knospen sich eben rühren, auf 2 m Höhe abgeworfen und dann in der gleichen Weise veredelt wie die Jungpflanzen in den Töpfen.

Die Reiserveredlung der Birken im Hause

Reiser	im Zustand völliger Ruhe, Lagerung am besten bei + 2 °C im Kühlhaus		
Unterlagen	einjährige Vorkultur im Topf		Stämme, ausgepflanzt
Veredlungszeit	zwischen Anf. November	Anfang April	März
	Mitte Dezember (wenn verwachsen) in kalten Kasten bringen	sofort in den kalten Kasten bringen	bleiben bis zum Herbst im Kalthaus stehen, doch müssen die Fenster später abgenommen werden
Auspflanzen im Freiland	Mitte Mai	Mitte Juni	
Anwachs-%	70—90	70—90	80—95
erreichte Höhe im 1. Jahr	bis 200 cm	50—200 cm	fertige Kronen

Diese Art der Veredlung ist eine Spezialkultur, bei der die jungen Kronen in einem Jahre eine starke Krone bekommen. Der Erfolg ist bei sauberer Veredlung sehr gut. Diese Methode wird, hauptsächlich für Hängebirken, ausgeführt in der Baumschule Ulmer in Weilheim-Teck.

B. nana wird auch in manchen Betrieben der Einfachheit halber veredelt. Das sollte man niemals tun, denn in der Regel wirft die Unterlage schon nach 2 Jahren das Reis wieder ab. Hier ist nur die Stecklingsvermehrung am Platze.

Handveredlung: Bei Lombarts in Zundert (Holland) wurde das ganze Sortiment alljährlich im Frühjahr kopuliert, und die Veredlungen werden im 1. Jahre oft 1 m hoch. Da die klimatischen Verhältnisse in Zundert (Nordbrabant) besonders günstig sind, kann man diese Methode dort mit Erfolg anwenden, die anderswo meist sehr großen Ausfall bringt.

Anplatten: Geschieht im Juni durch Anplatten älterer Zweige der Mutterpflanze an die ringsherum im Kreise aufgepflanzten Unterlagen. In Frankreich und auch in anderen Ländern ist diese Methode noch häufig zu sehen. In Deutschland ist man davon mehr und mehr abgekommen, und zwar wegen der Umständlichkeit.

Okulation mit schlafenden Augen: Sie geschieht Mitte August bis Anfang September, mit 2 Augen; wird in der Regel für Stammveredlungen verwendet. Die Unterlagen werden im Winter auf Zapfen geschnitten, und im Frühjahr nach der Veredlung kann der junge Trieb geheftet werden. Obwohl man mit dieser Methode bei guter Ausführung etwa 90 % Wachser erzielen kann, ist sie noch wenig angewandt.

Okulation mit treibenden Augen: Sie geschieht Ende Mai bis Anfang Juni, wenn die Unterlage in vollem Wuchs ist. Die Unterlagen werden nach der Veredlung gleich auf einige Triebe zurückgeschnitten oder pinziert, damit das Auge zum Austreiben gezwungen wird. Dieses Pinzieren wird in Abständen von jedesmal einigen Tagen wiederholt und nur ein guter Zapfen stehengelassen. Das Auge treibt schon sehr bald aus und wird, so bald als möglich, geheftet. Es treibt in der Regel im ersten Jahre 30—50 cm lang. Triebabschluß im August. Der Zapfen wird dann erst im nächsten Sommer weggeschnitten, damit der junge Trieb nicht im Winter durch Frost leiden kann. Dieses Veredlungsart ist die am meisten verbreitete und wohl auch rationellste Veredlungsart für Birken im freien Lande überhaupt. Der Kniff bei der ganzen Veredlung besteht nur darin, die richtigen Reiser zu finden und die richtigen Augen zu erkennen, die auch vom Vorjahre sein können.

K u l t u r a n s p r ü c h e : Die Birken wollen meist frischen, kräftigen Boden und freie, sonnige Lage, doch sind viele von ihnen, z. B. die Sandbirke und deren Formen, auch mit leichtem Boden zufrieden. Verpflanzen nur und ausschließlich, wenn der Austrieb beginnt. Wenn die Rinde schon weiß ist, darf nur noch mit Ballen verpflanzt werden, sonst ist das Anwachsen unsicher. Die harte und sehr schnellwüchsige *B. maximowicziana*, die man wohl als die Königin unter den Birken ansehen darf, wächst am besten auf schwerem Lehm und ebensowenig auf Moorboden wie die amerikanischen Arten. *B. lenta* will gleichmäßig feuchten, nahrhaften Boden und ist sehr lichtbedürftig. — Von beiden heimischen Birken braucht die Sandbirke, *B. verrucosa*, trockene und warme Lage, dagegen die Moorbirke, *B. pubescens*, feuchten, nassen oder moorigen Boden. Die Unterschiede beider Arten sind wohl jedermann geläufig.

Abb. 225. Quartier hochstämmiger Birken (Bild: Eschweiler Baumschulen, Hiltrup in Westfalen)

E m p f e h l e n s w e r t e A r t e n u n d F o r m e n : *Betula albo-sinensis* mit var. *septentrionalis, ermanii, jacquemontii* (= die *B. utilis* der Baumschulen), *maximowicziana, lenta, nigra, papyrifera* var. *occidentalis, platyphylla* und *verrucosa* mit den Formen 'Dalecarlica', 'Tristis' und 'Youngii'.

Eiselt, M., 1949: Von Birken- und Buchenveredlungen. Dt. Baumschule **1**: 100-101. — Eiselt, M., 1950: Birkenveredlungen. Dt. Baumschule **2**: 148-151. — Jaarboeken der Proefstation voor de Boomkwekerij Boskoop; 1956: 42; 1957: 34; 1959: 42; 1960: 55.

BIGELOWIA — Compositae

A u s s a a t unter Glas oder Stecklinge.
E m p f e h l e n s w e r t : *Bigelowia graveolens.*

BIGNONIA — Jasmintrompete — Bignoniaceae

S t e c k l i n g e im August. — Zu dieser Gattung gehört jetzt nur noch *Bignonia capreolata*, während alle übrigen, früher hierzu gerechneten Arten in andere Gattungen überführt wurden (∧∧∧).

BOTRYOSTEGE — Ericaceae

A u s s a a t oder S t e c k l i n g e ; genau wie Rhododendron zu behandeln. Winterhart.
Nur 1 Art: *Botryostege bracteata* (= *Tripetaleia b.*).

BROUSSONETIA — Papiermaulbeerbaum — Moraceae

Aussaat ist die beste Anzucht, im Frühjahr unter Glas.

Veredlung der Arten oder Varietäten auf Wurzelstücke von *B. papyrifera* oder *Morus alba* mit reichlich Faserwurzeln; diese Wurzeln werden im Januar, etwa 1 Woche vor dem Veredeln, ins Haus geholt, in Moos eingefüttert und langsam angetrieben. Reiser von zweijährigem Holz nehmen. Fertige Veredlungen eintopfen, sandige Erde, Veredlung soll zum größten Teil unter der Erde liegen, einsenken unter Doppelglas.

Stecklinge im Hochsommer von den kurzen Seitentrieben mit Ring schneiden, wachsen sehr gut. Ohne Ring nicht zu empfehlen, da Stecklinge markig sind und sich dann nicht gut bewurzeln.

Kulturansprüche: Freier, warmer Stand in leichtem Boden, als Jungpflanzen sehr frostempfindlich, werden sie aber mit zunehmendem Alter immer widerstandsfähiger.

Empfehlenswerte Art: *Broussonetia papyrifera.*

BRUCKENTHALIA — Ährenheide — Ericaceae

Vermehrung und Kulturansprüche wie *Erica carnea.*

Nur eine Art: *Bruckenthalia spiculifolia.*

BUDDLEIA (BUDDLEJA) — Sommerflieder — Loganiaceae

Aussaat wird bei *B. davidii* kaum noch angewandt; das Ergebnis ist eine Mischung, von der nur ein mäßiger Teil eine gute Färbung hat. Im Frühjahr im warmen Kasten und recht breitwürfig säen, denn die Sämlinge wachsen schnell heran und brauchen Platz. Die reinen Arten können selbstverständlich ebenfalls gesät werden.

Stecklinge von krautartigen, nicht zu langen Trieben, wachsen sehr gut, müssen im Kasten aber sorgfältig gespritzt und schattiert werden. Im nächsten Jahr am besten im Topf behalten und später auspflanzen oder mit Topfballen verkaufen. Die jetzt im Handel befindlichen amerikanischen Züchtungen haben die alten Sorten bei weitem übertroffen (Abb. 226).

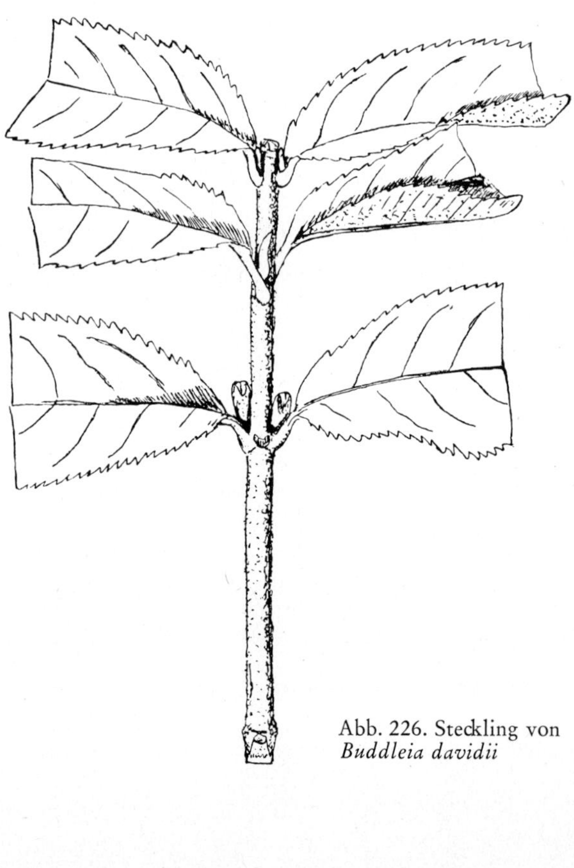

Abb. 226. Steckling von *Buddleia davidii*

Steckholz wächst in günstigen Gegenden ebenfalls von allen starkwüchsigen Arten, das heißt von *B. davidii* mit ihren vielen Formen. Kräftiges Steckholz gibt in gutem Boden schon nach einem Jahr fertige Pflanzen.

Veredlung hat nur für *B. alternifolia,* die ziemlich schwachwüchsig ist, einige Berechtigung, obwohl diese auch gut aus Stecklingen wächst. Handveredlungen durch einfaches Spaltpfropfen auf Wurzeln von *B. davidii* im Hause, Ende Dezember—Anfang Januar. Veredlungen verstreichen, dann im Vermehrungsbeet einschlagen, eintopfen und am besten bis zum Verkauf im Topf halten. Veredlungen wachsen anfangs wesentlich schneller als Stecklinge und sind in einem Jahr fertig. Stecklingspflanzen dagegen brauchen die doppelte Zeit und mehr (Abb. 227).

Kulturansprüche: Jeder gute Gartenboden genügt; warme, trockene und sonnige Stellen und vor allem viel Platz zur Entwicklung. Im Winter immer sehr stark zurückschneiden, kurz bevor der neue Austrieb beginnt. Je schärfer der Rückschnitt, um so stärker werden die Triebe und um so mehr Blüten gibt es.

Empfehlenswerte Arten und Formen: *Buddleia alternifolia, fallowiana* 'Lochinch', *globosa* (∧∧∧) und die folgenden Züchtungen von *B. davidii*, 'Black Knight', 'Empire Blue', 'Royal Red', 'White Profusion', var. *nanhoensis*.

Abb. 227. Veredlung von *Buddleia alternifolia*

BUMELIA — Eisenholz — Sapotaceae

Aussaat unter Glas, wenn Samen verfügbar, sonst Stecklinge, aber schwierig zu bewurzeln.

Winterhart bei uns: *Bumelia lanuginosa.*

BUPLEURUM — Hasenohr — Umbelliferae

Aussaat im späten Frühjahr direkt ins freie Land genügt vollkommen zur Vermehrung. Die Sämlinge wachsen sehr rasch. Als Strauch bzw. Halbstrauch hält bei uns nur *B. fruticosum* aus, der gleichzeitig die einzige strauchige Umbellifere ist, die bei uns einigermaßen hart ist.

Kulturansprüche: Jeder nicht zu fette Boden, auch Kalk und Strandsand, wenn er nur nicht zu trocken ist. Der Strauch ist viel härter, als allgemein angenommen wird.

Nur eine Art: *Bupleurum fruticosum* (∧∧).

BUXUS — Buchsbaum — Buxaceae

Am einfachsten Stecklingsvermehrung in der Zeit von September—März, wobei einige unterschiedliche Methoden angewandt werden:

Im September im Kasten, unter Schattenrahmen und ohne Fenster, stecken; bis zum Winter leichte Kallusbildung; ohne Fenster und nur mit leichter Schilfdecke überwintern, dann im Frühling Fenster auflegen, schattieren; bewurzeln sich rasch.

Stecklinge im Oktober von ziemlich verholzten Trieben schneiden und im kalten Kasten stecken, wo sie sich im Laufe des Winters oder Frühjahrs bewurzeln. Wird schon im August gesteckt, so bewurzeln sie sich noch im gleichen Herbst, doch müssen die Stecklinge dann trotzdem stehenbleiben bis zum Mai—Juni (Abb. 228—229).

Ebenso kann in Handkästen gesteckt werden im November. Die Handkästen finden einen Platz unter der Tablette des Vermehrungshauses. Es kann sogar auch in den freien Grund unter der Tablette gesteckt werden, falls dieser nicht durch eine Mauer überhaupt unzugänglich ist. Der Boden muß dann vorher gut aufgelockert und mit Sand und Torf vermischt werden. Die Stecklinge bewurzeln sich über Winter und können im Frühjahr auf Beete pikiert werden.

Ferner können Stecklinge im Frühjahr vor Beginn des neuen Triebes geschnittten und in der üblichen Weise gesteckt werden. Der Vorteil ist hier die Verkürzung der Anzuchtszeit um ein halbes Jahr. Außerdem nehmen die Stecklinge während des Winters keinen Platz im Hause oder Kasten weg. Die Bewurzelung dauert lange, ist aber absolut sicher.

Bosch gibt noch solgende Ratschläge: Vermehrung von *B. sempervirens* im Februar—März, unmittelbar auf Freilandbeete stecken (in Holland). Bodenreaktion soll aber unbedingt 5,1—5,7 pH betragen, da *Buxus* doch sehr empfindlich in dieser Beziehung ist. Boden genügend frisch, nahrhaft; Stecklinge sollen nicht so tief gesteckt werden, weil sie sonst gern

Abb. 228. Zweijährige Stecklinge von *Buxus sempervirens arborescens* im Kasten

Abb. 229. Bewurzelte Stecklinge von *Buxus*, unter Glasglocken gesteckt, in Frankreich (Original)

im Boden verrotten; auch nicht zu dicht stecken und nur ganz gesunde, dunkelgrün belaubte Triebe nehmen. Sollte Moosbildung zwischen den Stecklingen auftreten, streut man scharfen Sand zwischen die Stecklinge, wodurch das Moos eingeht und die Wurzelbildung noch gefördert wird. Später beim Auspflanzen der bewurzelten Stecklinge auf engen Stand achten, da sie gern dicht stehen und Temperaturschwankungen ebenso wie Feuchtigkeitsschwankungen nicht lieben. Frühjahrsschnitt der Jungpflanzen nicht bei Frostwetter! Düngung am besten mit Rinderdung vor dem Austreiben.

Veredlung kann, wenn sie aus irgendeinem Grunde notwendig sein sollte, auf *B. sempervirens arborescens* im Sommer im Hause durch Einspitzen gemacht werden.

Kulturansprüche: Keine, wächst gleich gut in Sonne und Schatten, auch auf Kalkboden. In trockenem Boden kommt *Buxus* schlecht fort und leidet viel unter Ungeziefer, besonders unter Schildläusen.

Empfehlenswerte Arten und Formen: *Buxus microphylla* mit var. *sinica, sempervirens* mit var. *arborescens*, 'Bullata', '*Suffruticosa*' (= *Einfassungsbuxus*) usw.

Bosch, H., 1951: De kweek van Buxus. Boomkwekerij **7**: 38-39.

CAESALPINIA — Caesalpinia — Leguminosae

Aussaat im April unter Glas; ferner auch Stecklinge im Juni, von Seitentrieben.
Empfehlenswert: *Caesalpinia gilliesii* (∧∧∧).

CALLICARPA — Schönfrucht — Verbenaceae

Aussaat im kalten Kasten unter Glas nach der Reife oder im Frühjahr. Frisches Saatgut läuft bei zeitiger Frühjahrsaussaat, auch wenn die ganzen Beeren gesät werden, im Hause in Schalen tadellos auf. Das Wachstum ist im ersten Jahre gering. Bis zum Herbst werden sie in beiden Fällen etwa 10 cm hoch. Jungpflanzen müssen frostfrei überwintert oder gut gedeckt werden (Abb. 230).

Stecklinge im Sommer von jungen Trieben, im Hause gesteckt, wachsen gut.

Kulturansprüche: Gewöhnlicher oder kalkhaltiger Boden. Ältere Pflanzen sind wohl überall ganz winterhart.

Empfehlenswerte Arten: *Callicarpa bodinieri* var. *giraldii* 'Profusion' und *japonica*.

Abb. 230. Einjährige Sämlinge von *Callicarpa* im Kasten

CALLUNA — Besenheide — Ericaceae

Aussaat ist bei größerem Bedarf der gewöhnlichen *Calluna vulgaris* am besten. Dazu Kasten mit viel Torf versetzen und anklopfen. Dann aussäen und gut feucht halten; Sämlinge ein Jahr stehen lassen, dann pikieren und weiterbehandeln wie Stecklinge. Aussaat an Ort und Stelle wird von den Gartengestaltern auch gelegentlich angewendet, ist aber nur dann erfolgreich, wenn der Boden sehr sorgfältig bearbeitet wird.

Eine andere gute Aussaatart ist die folgende: Ein kalter Kasten wird im Spätherbst fertiggemacht, mit Sand, Torfmull und Heideerde. Die oberste Schicht wird aufgesiebt und angeklopft. Darauf packt man nun eine etwa 10 cm dicke Schicht abgeblühter *Calluna*zweige und legt Fenster auf den Kasten. Während des Winters muß darauf geachtet werden, daß der Kasten nicht austrocknet. Die reifen Samen in den Kapseln fallen an warmen Tagen aus, und im Frühling läuft alles auf und bildet bald einen dichten Rasen, den man im darauffolgenden Frühjahr in Form von kleinen Büscheln auf ein gut mit Torfmull vorbereitetes Beet pikiert.

Stecklinge kann man sowohl von einjährigen als auch von mehrjährigen Trieben machen. Die beste Zeit hierzu ist nach Beendigung der Erikenvermehrung, also Anfang bis Mitte August. Man steckt am besten im Vermehrungsbeet im Hause. Das Beet soll fertiggemacht werden mit 4 cm reinem Torfmull, darüber 1 cm scharfen Flußsand. (Diese Maße beziehen sich auf die angeklopften Schichten!) Die Stecklinge werden nur auf Länge abgeschnitten, etwa 5—6 cm lang, bei großem Bedarf oder Neuheiten auch nur 2—3 cm. Es ist überflüssig, sie genau unter einem Auge zu schneiden oder mit einem besonders scharfen Messer zu arbeiten, denn die Wurzeln bilden sich ja nicht nur unten an der Schnittfläche, sondern ebenso zahlreich auch ringsherum und an dem ganzen in der Erde befindlichen Teil des Stecklings. Der Beginn der Wurzelbildung setzt bei Stecklingen aus mehrjährigem Holz nach 2—4 Wochen, bei solchen aus einjährigen Spitzentrieben nach etwa 4 Wochen ein; Blütentriebe soll man möglichst nicht stecken, weil sie zu wenig Blätter haben und deshalb oft eingehen (Abb. 231).

Sehr gut sind Stecklinge mit altem Holz, die man kurz unter der Verzweigung schneidet. Wenn sie sich bewurzelt haben, hat man schon eine fertig verzweigte, „zweijährige" Jungpflanze. Dies trifft ganz besonders zu auf die gefülltblühende, starkwachsende Gartenform 'H. E. Beale'. Die jungen Stecklinge sollen nach Möglichkeit bis zum nächsten Jahr im Vermehrungsbeet stehen bleiben oder müssen noch so rechtzeitig im Kasten pikiert werden, daß sie noch gut anwachsen können. Wie man sich von Fall zu Fall verhält, ob Stehenlassen oder Auspflanzen, muß man selbst entscheiden können.

Ablegen ist eine weitere, wenn auch nicht besonders ergiebige Möglichkeit, sie ist trotzdem für weniger wichtige Formen ausreichend. Die Mutterpflanzen werden im Juli gut mit Torfmull angehäufelt bzw. angefüllt. Dies muß sehr sorgfältig gemacht werden, so daß die alten Triebe alle fest im Torf liegen. Der Torf darf nicht trocken werden. Wenn man nach 2—3 Wochen vorsichtig nachsieht, kann man feststellen, daß sich schon überall aus dem alten Holz zahlreiche Wurzeln gebildet haben. Die Pflanzen läßt man nun unberührt stehen und nimmt im Frühjahr die Jungpflanzen ab. Bei dieser Vermehrungsart erhält man zwar weniger, dafür aber größere Jungpflanzen.

Kulturansprüche: *Calluna* wollen ungedüngten Boden und keinen Kalk. Bei Anlage von Heidegärten vorher zwei Spatenstiche tief rigolen und gut mit Torfmull vermischen. In schweren, bindigen Böden (Lehm) muß auch noch Sand zugesetzt werden. Pflanzung im Frühjahr (März—Juni) oder im Herbst (September—November). In längeren Trockenzeiten muß gut gewässert werden. Wenn die Pflanzen niedrig bleiben sollen, ist jedes Frühjahr ein tiefer Rückschnitt nötig, besonders bei den Jungpflanzen, damit sie recht buschig werden. Die Erdoberfläche zwischen den Pflanzen wird vorteilhaft mit einer 2—3 cm starken Torfmullschicht bedeckt.

Die früheste Gartenform, *C. vulgaris* 'Tenuis', blüht schon Ende Juni, und erst im Oktober hört mit 'Goldsworth Crimson' der Reigen auf. Während der ganzen Zeit kann man in ununterbrochener Folge *Calluna*formen in Blüte haben.

Abb. 231. Steckling von *Calluna vulgaris*

Empfehlenswertes Sortiment: Es gibt zur Zeit fast 200 Sorten, die vor allem in England und Holland in Kultur sind, aber zu einem großen Teil auch schon in einigen deutschen Spezialbetrieben Aufnahme gefunden haben. Vor allem sind auch buntlaubige Sorten im Kommen, da sie im Winter und Frühjahr durch ihre gelben, orangefarbenen bis karminroten Triebe einen zusätzlichen Schmuck zu den Blüten im Sommer bringen.

'Alba Erecta', 'Alba Plena', 'Barnett Anley', 'Beoley Gold', 'Blazeaway', 'Boskoop', 'Carl Röders', 'County Wicklow', 'C. W. Nix', 'Darkness', 'Elegantissima', 'Elsie Purnell', 'Foxii Nana', 'Golden Carpet', 'Gold Haze', 'H. E. Beale', 'Mrs. Ronald Gray', 'Mullion', 'Multicolor', 'Peter Sparkes', 'Ralph Purnell', 'Silver Queen', 'Sunset', 'Tenuis' und 'Tib'.

Van de Laar, H.: Heidegärten. Berlin 1976.

CALOPHACA — Schönhülse — Leguminosae

Aussaat im Mai ins freie Land. Samen vorher quellen oder abbrühen. Läuft gut auf. Aussaat auch im kalten Kasten im März, dann aber unter Glas, da Jungpflanzen frostempfindlich sind. Am besten bis zum Verkauf im Topf behalten, denn die Pflanzen werden nicht groß.

Veredlung auf zweijährige Sämlinge von *Laburnum* oder *Caragana arborescens* im Februar bis März, und zwar auf im Topf eingewurzelte Unterlagen mit Kopulation oder Geißfuß. Vor dem Veredeln im Haus leicht antreiben. Hinterher verbinden, verstreichen und bis zum Durchtrieb im Hause behalten. Erfolg recht gut. Veredlungen werden auch auf Stämmchen gemacht, und zwar in der gleichen Weise auf starke Caraganensämlinge.

Kulturansprüche: Sonnige Lage in durchlässigem, sandig-lehmigem Boden.

Nur für Liebhaber: *Calophaca wolgarica.*

CALYCANTHUS — Gewürzstrauch — Calycanthaceae

Aussaat im Juni—Juli unter Glas; das Saatgut wird meist eingeführt, weil es bei uns oft nicht ausreift. Eigene Ernte, die gleich nach der Reife in den kalten Kasten gesät wird, läuft oft mit sehr gutem Erfolg schon nach 2 Wochen auf. Muß der Same eingeschichtet werden, dann ist der Erfolg der Frühjahrssaat immer unsicher.

Absenken der Triebe im Juni ist sehr gut möglich, besonders bei *C. macrophyllus.* Die Absenker bewurzeln sich sehr rasch. Sie werden im Herbst abgenommen, frostfrei im Einschlag überwintert und im Frühjahr aufgeschult.

Kulturansprüche: Gewöhnlicher, guter Gartenboden und sonnige Lage. Die wichtigste Art, *C. floridus,* ist häufig nicht echt in den Baumschulen, und es wird dafür die nicht duftende *C. fertilis* geliefert.

Empfehlenswerte Art: *Calycanthus floridus* mit 'Purpureus'.

CAMELLIA — Camellie (Kamelie) — Theaceae

Die Angaben beziehen sich vor allem auf deutsche Verhältnisse.

Stecklinge im August sind die beste Vermehrung für die wenigen härteren Arten; es handelt sich um *C. japonica, sasanqua* und *cuspidata,* mit glänzendgrünen, immergrünen Blättern und weißen, rosa und roten, einfachen oder gefüllten Blüten.

Aussaat. Bevor man die Aussaat beginnt, prüft man das haselnußgroße Saatgut in einfachster Weise. Das geschieht dadurch, daß man es in ein Gefäß mit Wasser wirft. Was schwimmt, ist nicht keimfähig. Diese Methode ist stets der erste Schritt bei der Aussaat von Camellia-Samen in den Teeplantagen. Sehr oft ist in Europa über die Hälfte der Samen wertlos („floaters").

Was übrigbleibt, wird vor der Aussaat 24 Stunden lang in warmes Wasser gelegt, damit die Schale aufweicht. An der Stelle, wo der Keim austritt, wird die Schale vorsichtig entfernt. Dann werden die Samen im Warmhaus ausgesät, wo die Keimung bald erfolgt. Die Jungpflanzen werden eingetopft in eine Mischung von Rasenerde mit Zusatz von Sand und Torf.

Unsere Großeltern hatten noch ein Sortiment von über 600 Gartenformen, während heute der Durchschnittsgärtner mit Camellien überhaupt nicht mehr umgehen kann. Deshalb seien hier auch einige Kulturangaben angeführt:

Wichtig ist es zunächst einmal, alle schroffen Gegensätze unbedingt zu vermeiden, also Dürre—Nässe, Kälte, Wärme, Luftfeuchtigkeit und Lufttrockenheit. Camellien müssen immer gleichmäßig temperiert gehalten werden. Blühfähige Pflanzen nur alle paar Jahre verpflanzen; beste Zeit hierzu Juni bis Juli, wenn die jungen Triebe fertig ausgebildet sind und Knospen angesetzt haben. Topf nur wenig größer wählen als den alten. Erdmischung: $^1/_2$ Lauberde, $^1/_2$ Heideerde, dazu lehmige Rasenerde, Mistbeeterde, Sand und Torf. Ton Anfang Juni trockener halten, um den Blütenansatz zu fördern, und zwar hierzu einige Male so trocken werden lassen, daß die Jungtriebe welken! Wenn die Knospen gebildet sind, darf man die Pflanzen jedoch nicht mehr trocken werden lassen, weil diese sonst abgeworfen werden oder leiden. Von Juni bis September—Oktober werden die Pflanzen im Freiland aufgestellt. Während der Wachstumszeit erhalten sie wöchentlich einen leichten Dungguß, wenn sie gut durchgewurzelt sind. Im Spätherbst werden die Pflanzen wieder eingeräumt und sollen eine durchschnittliche Temperatur von 6—10 °C haben, nicht mehr.

Da die Kultur der Camellien in Deutschland nahezu ausschließlich eine Angelegenheit der Topfpflanzengärtnereien ist, kann sie hier nur kurz behandelt werden.

Die Vermehrung geht heute fast ausnahmslos durch Stecklinge vor sich, die im Januar—Februar als Kopf- oder Triebstecklinge mit 3 Blättern zugerichtet werden; weitere Vermehrungszeit im Juli—August mit vollständig ausgereiften Trieben. Die Behandlung der Stecklinge mit Wuchsstoff (Indolylbuttersäure oder Indolylessigsäure, Konzentration 20—50 ppm, 20—30 Stunden darin stehen lassen oder die Schnittflächen mit einem geeigneten Mittel pudern; Gebrauchsanweisungen beachten) ist zweckmäßig; die Stecklinge werden dicht in ein Substrat von $^1/_3$ Heideerde und $^2/_3$ Sand gesteckt und bewurzeln sich bei einer Bodentemperatur von 20—25 °C in 4—6 Wochen. Dann eintopfen in 8-cm-Töpfe, die bald nach dem Durchwurzeln auf den kalten Kasten gebracht werden.

Licht und Temperatur haben einen entscheidenden Einfluß auf den Ansatz der Blütenknospen.

Bei besonders großem Bedarf oder nur geringen Mengen an Vermehrungsmaterial können die Stecklinge auch ganz kurz geschnitten werden, nur 1 Blatt mit einem guten Auge und einem kurzen Triebstückchen. Die Entwicklung geht langsam vor sich; die Pflanzen sind erst nach 5—8 Jahren verkaufsfertig.

Von der Empfehlung von Sorten kann hier abgesehen werden.

Die Literatur über *Camellia* ist außerordentlich umfangreich, vor allem in England und USA.

Hume, H. H., Camellias in America, rev. ed. Harrisburg; 1955. — Rünger, W., 1961: Blütenbildung und Entwicklung von Camellien und Azaleen; in Gartenwelt **61**: 327-328. — Penningsfeld/Fast, 1962: Wird die Camellie im deutschen Zierpflanzenbau wieder Bedeutung gewinnen? In Gartenwelt **62**: 479-482 (mit Literaturverzeichnis).

CAMPSIS — Bignoniaceae

A u s s a a t im Frühjahr unter Glas bei Bodenwärme, kommt aber für gewöhnlich überhaupt nicht in Betracht. Im SM, S. 105, wird jedoch angegeben, daß im Herbst ausgesäte Saat im Frühjahr aufgeht. Bei Versuchen wurde eine mittlere Keimkraft von 50 % für stratifizierte Saat und Auflaufen in 19 Tagen ermittelt.

W u r z e l s c h n i t t l i n g e im Herbst schneiden, in Handkästen legen und im Hause aufstellen, wo sie bei mäßiger Wärme und Feuchtigkeit bald austreiben. Nach Bewurzelung in gute Erde eintopfen. Sie werden dann im ersten Jahre noch 70—80 cm hoch.

V e r e d l u n g auf Wurzelstücke von *C. radicans* im Winter bei mittlerer Bodenwärme hat besten Erfolg. — Auch S t e c k h o l z soll wachsen (Abb. 232).

Sheat (S. 78 l. c.) gibt als geeignete Unterlage auch Wurzelstücke von *Catalpa bignonioides* an und sagt, daß bei sorgfältiger Arbeit ein guter Erfolg zu verzeichnen ist. Die Wurzelstücke sollen möglichst viele Faserwurzeln aufweisen und etwa 2 Wochen vor dem Veredeln im Vermehrungshaus in feuchtem Moos langsam angetrieben werden. Dann die fertigen Veredlungen eintopfen, Veredlungsstelle eben unter der Erdoberfläche, gut angießen, später jedoch nur vorsichtig gießen; mittlere Bodenwärme; Luft geben, sobald das Wachstum beginnt.

K u l t u r a n s p r ü c h e: Boden frisch, tiefgründig, locker und fruchtbar; eine Durchmischung mit Lauberde ist sehr zu empfehlen. Sonnige Lage nach Westen oder Südwesten.

E m p f e h l e n s w e r t e A r t e n u n d F o r m: *Campsis chinensis, radicans* und *tagliabuana* 'Mme Galen'.

Abb. 232. *Campsis radicans* aus Steckholz

CARAGANA — Erbsenstrauch — Leguminosae

A u s s a a t kommt für alle Arten in Betracht und wird im Mai im freien Lande durchgeführt, bei selteneren Arten oder geringeren Samenmengen besser im Kasten. Samen 10—12 Stunden quellen lassen oder kurz überbrühen. Keimung beginnt nach 2—3 Wochen und kann sich über 2 Monate hinziehen.

S t e c k l i n g e der feinlaubigen Arten im Juli wachsen recht gut.

A b s e n k e n der Triebe, die man an der Biegestelle leicht einschneidet, geht ebenfalls recht gut und kann bei kleinem Bedarf schon ausreichen.

Veredlung kommt für die selteneren Arten in Betracht, die keinen oder zu wenig Samen ansetzen, wie z. B. die stechende *C. jubata* und *gerardiana;* erstere ist überhaupt die schönste unter allen Caraganen. Als Veredlung auf *C. arborescens* wird sie wohl ausschließlich als Hoch- oder Halbstämmchen gezogen. Veredelt wird in der Regel im Haus auf starke Sämlinge mitttels Kopulation oder Geißfuß.

Kulturansprüche: Keine; wachsen in jedem gewöhnlichen, trockenen Boden in sonniger Lage.

Empfehlenswerte Arten: *Caragana arborescens, aurantiaca, gerardiana, jubata* und *maximowicziana.*

CARPENTERIA — Saxifragaceae

Kultur der *C. californica* im Freien hat nur Zweck in den allerwärmsten Lagen. Vermehrung am besten aus Ablegern im Spätsommer oder, bei größerem Bedarf, durch Stecklinge im Sommer, die aber oft schlecht wachsen; am besten von den kurzen Seitentrieben nehmen.

Bei uns nur für Liebhaber: *Carpenteria californica* ∧∧∧.

CARPINUS — Weißbuche, Hainbuche — Corylaceae

Die Saat kann man mit Vorteil schon bei der physiologischen Reife (d. h. vor der Vollreife) ernten, doch hat dies nur dann Zweck, wenn man die Aussaat dann sofort nach der Ernte vornimmt. Ist das nicht möglich, muß sofort eingeschichtet und im Frühjahr (Februar) gesät werden. Keimung dann Mitte Mai, mit etwa 60 %.

Trockenes Saatgut oder Handelssaatgut bis zum Frühjahr trocken aufbewahren, dann stratifizieren und ein Jahr später, im Februar, draußen aussäen. Während der Stratifikation verschiedentlich Samen überprüfen und bei beginnender Keimung sofort säen. Ohne vorherige Kontrolle kommt es vor, daß das Saatgut ein Jahr überliegt oder der eingeschichtete Same schon so lang ausgetrieben ist, daß die Keime auch bei noch so vorsichtiger Aussaat abbrechen. Ist der Austrieb noch kurz, kann man in die Rillen auf den Aussaatbeeten Torfmull streuen, um beim Zudrücken der Rillen ein Abbrechen der Keime möglichst zu verhüten. *C. betulus* liegt auf trockenem Boden oft 2—3 Jahre über. Mitte Mai müssen die jungen Sämlinge vor Spätfrösten (Eisheilige!) geschützt werden, am einfachsten durch Überrollen von Matten oder Schattenleinen. Pro m² Saatbeet erhält man etwa 300—400 Pflanzen. In BZ, S. 101, wird angegeben, daß die von RAFN ermittelte Kornzahl von 12 200 für 1 kg Samen von *Carpinus betulus* (ohne Angabe, ob mit oder ohne Flügel) zu niedrig sei. Holländische Untersuchungen ergaben 18 700 Korn pro 1 kg, mit Fruchtflügeln.

Veredlung für alle Varietäten, aber auch für die wenigen Arten, von denen selten Saatgut zu bekommen ist, am besten auf im Topf gut eingewurzelte junge, starke Sämlinge der einheimischen Art im Januar im Haus als Kopulation oder Geißfuß mit zweijährigen Reisern; Freilandveredlungen sind im Erfolg zweifelhaft.

Kulturansprüche: Gedeihen noch gut auf schlechten, kalkhaltigen Böden und vertragen in der Jugend viel Schatten, sogar Stand unter hohen Bäumen. Bei SPÄTH hat man die Beobachtung gemacht, daß auf einem Quartier, auf dem *Carpinus* aufgeschult waren, ganz gleich, wie lange, besonders gut Obst wächst. (Vgl. hierzu im Gegensatz die Notiz unter *Sorbus*!) Während die meisten Arten in der Baumschule flott gedeihen, ist *C. cordata* ausgesprochen trägwüchsig, aber dafür auch eine der schönsten Arten.

Empfehlenswerte Arten und Formen: *Carpinus betulus* und 'Fastigiata', *cordata, caroliniana, henryana.*

CARYA — Hickorynuß — Juglandaceae

Frische Nüsse sogleich nach Erhalt stratifizieren und im Frühjahr sorgfältig auslegen. Es dürfte sich empfehlen, die Methode von DUNSTER anzuwenden, weil hierbei die Pfahlwurzeln nicht beschädigt werden und man nur dann rationell zu einem Bestand an Jungpflanzen gelangt. Er legt die Nüsse einzeln in „Spezialtöpfe", das heißt Dränröhren von 8 cm Durchmesser, die am unteren Ende bis auf ein Abzugsloch dicht gemacht und mit gewöhnlicher Landerde angefüllt werden. Die Röhren werden dann in temperiertem Hause nebeneinander aufgestellt, im Februar, und die Samen einzeln hineingelegt, in jeden „Topf" einen, dann 5 cm dick mit Erde abgedeckt. Unten in den Topf eine Handvoll Kies. Keimung unregelmäßig. Im April müssen die größten Keimlinge mit ihren Töpfen in den kalten Kasten überführt werden, die anderen im Mai. Mitte Mai werden die Sämlinge auf Beeten ausgepflanzt, Abstand 30 × 30 cm; die Pflanzlöcher müssen so tief ausgehoben werden, wie die Tonröhren lang sind. Die Tonröhren müssen beim Auspflanzen vorsichtig zerschlagen werden. Auch beim Auspflanzen größte Vorsicht vor Beschädigung der Wurzeln. Später Sämlinge anstäben, und zwar so lange, bis die Pflanzen allein stehen können. Im Winter Schutz geben mit Reisig.

Unter Gewächshausverhältnissen beginnt die Keimung der Nüsse etwa 2 Monate nach der Aussaat, erstreckt sich jedoch über 2—3 Monate. SPARKS und POKORNY untersuchten deshalb Möglichkeiten, diese lange Keimdauer zu verkürzen, indem sie die Nüsse etwa 7 Monate lang bei einer Temperatur von 5 °C trocken lagerten und dann nach dieser Zeit die Schalen mit Nußknackern zertrümmerten. Mit dieser Behandlung konnte etwa 70 % des Saatgutes schon nach 2 Wochen zur Keimung gebracht werden.

REBMANN gibt ausführliche Hinweise über die forstliche Anzucht von *Carya,* die jedoch hier nicht wiedergegeben werden sollen, weil sie für eine Baumschule zu umständlich sind.

Veredlung kommt nur dann in Frage, wenn kein Samen zu beschaffen ist. Man veredelt die selteneren Arten im Winter im Hause auf den Wurzelhals einer Art, die man gerade zur Hand hat; es kann auch *Juglans nigra* sein.

Kulturansprüche: Kräftiger, tiefgründiger, frischer Boden; sie gedeihen aber auch noch gut auf Lehm oder lehmigem Sandboden. Kalter Tonboden ist ihnen zuwider. Sie brauchen viel Sonnenwärme und sind bei normaler Entwicklung unbedingt winterhart. Alle Arten haben eine tiefgehende Pfahlwurzel, die möglichst nicht beschädigt werden soll. Im einzelnen haben die Arten folgende Ansprüche:

C. cordiformis (= *amara*) Boden frisch bis feucht;
C. glabra (= *porcina*) Boden trockner, weniger gut, größere Wärme;
C. laciniosa (= *sulcata*) höchste Ansprüche an Boden und Lage;
C. ovata (= *alba*) Kastanienklima, Boden kräftig, tiefgründig warm;
C. tomentosa schwerer Boden, aber größere Wärme.

Empfehlenswerte Arten: *Carya cordiformis, ovata* (Shagbark), *tomentosa* (Mockernut).

BARTON, L. V., 1936: Seedling production in *Cary ovata* (MILL), *Juglans cinera* L. and *Juglans nigra.* Contrib. Boyce Thompson Inst. **8**: 1-5. — BLACKMAN, G. H., 1947): Pecan growing in Florida. Fla. Agr. Exp. Sta. Bull. **437**: 72 S. — DUNSTER, B. P.: Propagating Caryas. Gard. Chron. 1953: Nr. 3473, 45. — REBMANN: Beiträge über die Anzucht einiger Caryaarten. Mitt. DDG 1914: 1 ff. SPARKS, D. & POKORNY, F. A.: Effect of the shell on germination of Stuart pecan nuts; in Americ. Nurseryman, 15. 6. 1968: 15+81.

CARYOPTERIS — Bartblume — Verbenaceae

Aussaat im Frühjahr unter Glas, Sämlinge später eintopfen und bis zum Verkauf im Topf behalten.

Stecklinge sind jedoch viel einfacher als die Aussaat und werden am besten im Juni geschnitten. Sie wachsen so mühelos, daß weiter nichts darüber zu sagen ist. Topfkultur bis zum Verkauf.

Kulturansprüche: Gewöhnlicher Boden in voller Sonne. Winterschutz ist ratsam. Die meisten *Caryopteris* frieren alljährlich zurück mit Ausnahme der recht harten *C. clandonensis,* doch treiben sie immer wieder stark durch.

Empfehlenswerte Arten und Formen: *Caryopteris clandonensis* mit den Sorten 'Arthur Simmonds', 'Heavenly Blue' und 'Ferndown'.

CASSINIA — Compositae

Stecklinge von halbharten Trieben im Sommer wachsen gut.
Empfehlenswert: *Cassinia fulvida* und *C. vauvilliersii* (∧∧∧).

CASSIOPE — Schuppenheide — Ericaceae

Aussaat ist natürlich möglich, aber ungebräuchlich. Behandlung wie Ericaceae oder Rhododendron.
Stecklinge von ausgereiften Trieben im August unter Glas; nicht die Schuppenblätter am unteren Stecklingsende entfernen, da dabei die Rinde verletzt wird.
Absenken macht in leichtem, torfhaltigem Boden keine Schwierigkeiten.
Teilung kommt schließlich für die rasig bzw. moosartig wachsende *C. hypnoides* in Betracht.
Kulturansprüche: Sonnige Lage, kühler Boden, dabei frisch und anmoorig, eventuell noch Torfmull zusetzen. *C. hypnoides* ist sehr schwierig zu kultivieren; sie wächst auf den schroffen, kahlen Fjellen am Nordkap in Felsspalten. Im mitteleuropäischen Flachland ist sie wohl nur wenig haltbar.
Empfehlenswerte Arten: *Cassiope tetragona* und *wardii.*

CASTANEA — „Echte" Kastanie — Fagaceae

Methode	Jan.	Febr.	März	April	Mai	Juni	Juli	Aug.	Sept.	Okt.	Nov.	Dez.
Aussaat				●					●	●		
Veredlung		**X**	**X**									
Veredlung			○	○								

X X unter Glas; ● ○ Freiland; fette Zeichen wichtigste Methoden

Ernte der Samen im September—Oktober. 1 hl frische Kastanien wiegt etwa 70 kg, im Frühjahr nur noch 50—60 kg. Früchte vom Boden aufsammeln oder abschütteln, dann luftig ausbreiten, bis sie aus den Hüllen herausfallen, wöchentlich einmal umsetzen.

Aussaat: Wichtig ist vor allem, nur großfrüchtige Saat von gesunden und reichtragenden Bäumen zu verwenden. Die Früchte werden am besten im Herbst in Sand eingeschichtet und bis zum Frühjahr frostfrei gehalten. Ein Schutz gegen Mäuse durch Umgeben mit engmaschigem Drahtgeflecht ist unbedingt erforderlich. Wenn die Keimung beginnt — das muß man sorgfältig überwachen — werden die Früchte auf gut vorbereitete Beete gesteckt, und zwar 5 cm tief. Da sie 2 Jahre auf den Beeten stehen bleiben, darf man nicht zu eng stecken, am besten 10 × 40 cm. Im ersten Jahre werden die Sämlinge etwa 20 cm hoch, in ganz besonders günstigen Lagen auch wohl bis 30 cm. Im Winter ist ein Abdecken der Beete erforderlich. Keimung etwa 50—60 %; Keimfähigkeit etwa 1/2 Jahr.

Herbstaussaat ist an sich am besten, aber sie wird wenig ausgeführt, weil Krähen und Mäuse die Kastanien während des Winters fressen; man kann sich etwas helfen, wenn die Früchte vor der Aussaat mit Obstbaumkarbolineum oder Petroleum ungenießbar gemacht werden (BZ, 102).

Ausläufer kann man nur von *C. pumila* nehmen, die anderen Arten treiben keine Ausläufer.

Veredlung, in der Hauptsache für die Varietäten von *C. sativa,* durch Winterveredlung im Hause auf eingewurzelten, zweijährigen Unterlagen der Stammart als Kopulation oder Geißfuß, je nach Stärke der Reiser (Abb. 233).

Okulation im Juni oder Anplatten im Mai sind ebenfalls möglich, aber im Erfolg längst nicht so sicher wie die Winterhausveredlung. Großfrüchtige Formen von *C. sativa* sind u. a. 'Chateau Dorade', 'Doré de Lyon', 'Noire Precoce', 'Nouzillard'.

Wichtig ist eine gute Unterlage. In USA wird *C. mollissima* als beste angesehen, und darauf veredelt man Selektionen dieser Art. Junge *mollissima*-Sämlinge nehmen sehr gut an. In New Brunswick (USA) wurden Untersuchungen von Blake vorgenommen und ermittelt, daß Früchte, die unmittelbar nach der Ernte in die Erde gebracht wurden, auch bald darauf keimten. Andererseits wurden auch gute Erfahrungen gemacht, wenn die Kastanien in feuchtem Sand in geeigneten Behältern von Oktober—April in einem kühlen Keller bei 4—7 °C gelagert wurden. Die Stratifiziergefäße müssen bis zur Aussaat feucht gehalten werden. Mit Eintritt wärmeren Wetters im Frühjahr wird gesät. Schließlich gibt es noch eine letzte Möglichkeit, die in Frage kommt, wenn nur geringe Samenmengen vorhanden sind: Man legt die Saat im Herbst in Handkästen aus und stellt die Kästen draußen an einer schattigen Stelle auf. Sobald die beiden ersten Blätter entwickelt sind, wird ausgepflanzt. Allerdings lassen sich junge Kastanien schlecht verpflanzen, und man muß schon einige Sorgfalt hierbei anwenden.

Erfahrungsgemäß kann man Kastanien nicht so leicht und mühelos veredeln wie Äpfel. Der Baum treibt zeitig im Frühjahr, und die Reiser oder Veredlungen können dann leicht austrocknen. Day probierte die verschiedensten Veredlungsmethoden aus, und es zeigte sich, daß die einfache Kopulation am besten war.

Dr. W. T. Chang von der Universität Nanking, China, beschreibt eine andere Veredlungsart, „Chi-Tsi" genannt, die man in den chinesischen Baumschulen bei Bäumen von 2,5—3 cm Stammdurchmesser anwendet. Der Wildling wird hierbei bis auf 5 cm über der Erde abgeworfen; dann wird, ähnlich wie beim Spaltpfropfen, ein etwa 3—4 cm langer Schnitt durch die Unterlage geführt, das Reis passend geschnitten und eingefügt. Anschließend wird verbunden, verstrichen und die Veredlungen mit Erde angehäufelt, so daß nur noch das oberste Auge heraussieht (vgl. Abb. 234).

Abb. 233. Winterveredlung von *Castanea* im Hause

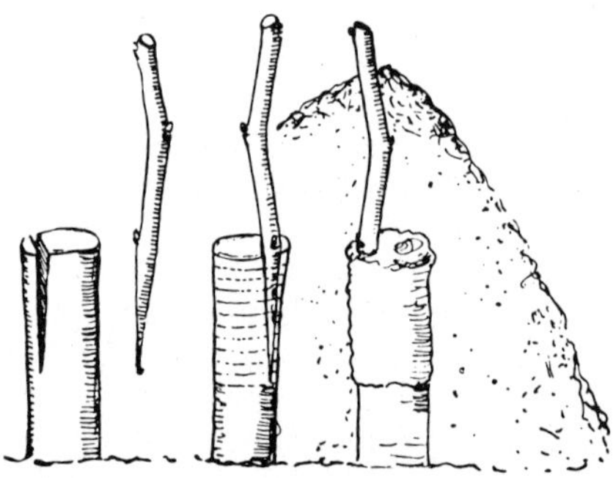

Abb. 234. Die chinesische Chi-Tsi-Veredlung von *Castanea,* eine Art Spaltpfropfen

Kulturansprüche: Die Kastanien wollen frischen, sandigen Boden, auch sogar tonigen Boden, doch soll dieser möglichst einen geringen Kalkgehalt haben. Standort warm und sonnig. Jungpflanzen setzt man beim Aufschulen am besten zwischen *Carpinus,* weil sie sich auf diese Weise besser entwickeln, als wenn sie allein stehen. *C. dentata* ist härter als *C. sativa,* verlangt aber auch nahrhaften Boden; *C. crenata* ist kalkfliehend.

Bis heute sind wir bei uns vom Kastanienrindenkrebs, jener Baumkrankheit, die in USA im Verlaufe von 30—40 Jahren nahezu die gesamten Kastanienbestände der Oststaaten ausrottete, verschont geblieben. Die Seuche wird durch einen Pilz, *Endothia parasitica,* verursacht, der in das Kambium der Bäume jeglichen Alters (ohne offene Wunden!) einzudringen vermag und die darüber liegenden Teile zum Absterben bringt. Im Jahre 1937 ist diese Krankheit erstmals in Europa, 1947 in der Schweiz (Tessin) festgestellt worden, wie Burger und Anliker in einem Aufruf veröffentlichen. Als sehr wenig anfällig erwiesen sich bisher nur *C. mollissima* und *C. crenata.* Leider wird auch *Quercus petraea* von der Krankheit befallen, so daß man dieser Gefahr gegenüber sehr wachsam sein muß. Näheres über die Krankheit siehe bei Schenck.

Empfehlenswerte Art und Formen: *Castanea sativa* mit 'Argenteovariegata' und 'Aspleniifolia'.

Blake/Edgerton, 1945: Experiences with blight-resistant chestnuts. N. J. Agr. Exp. Sta. Bull. 717: 20 S. — Burger/Anliker, 1952: Kastaniensterben im Tessin. Dt. Baumschule 4: 226. (Aufruf). — Dengler, H. W.: Evaluate asiatic chestnuts for blight resistance. Americ. Nurs. 15. 10. 1952: 10, 77. — Peace, T. R., 1953: Asiatic chestnuts and american chestnut-blight. Jour. Roy. Hort. Soc. LXXVIII: 289-291. — Schenck, A. C.: Fremdländische Wald- und Parkbäume, 3: 166-167, 1939.

CATALPA — Trompetenbaum — Bignoniaceae

Aussaat im Frühjahr am besten in halbwarmen Kästen. Wenn der Boden bei Freilandsaat zu kalt ist, verdirbt in der Regel das Saatgut. Die Aussaat läuft sonst schon nach gut 2—3 Wochen auf. Ist dies bei einer Aussaat mit eigenem Samen nicht der Fall, dann kann man nach einem Monat mit Gewißheit davon überzeugt sein, daß die selbstgeerntete Saat nicht ausgereift bzw. nicht voll ausgebildet war. Die jungen Sämlinge werden im ersten Jahr 30—50 cm hoch (Abb. 235—14).

Im nächsten Jahr aufschulen, und zwar möglichst in freier, warmer, etwas trockener Lage, da hier das Holz früher ausreift und auf diese Weise Frostschäden vermieden werden.

Obwohl Saatgut auch bei uns reif wird, sollte man doch nur von älteren Bäumen ernten; sie sollten wenigstens 30 Jahre alt sein, um gut entwickelte Samen zu liefern. Die braunen, reifen Kapseln werden nach der Ernte noch etwas nachgetrocknet und trocken aufbewahrt. Im Laufe des Winters wird das Saatgut gereinigt.

Übrigens soll nach Sheat (l. c., S. 90) *C. erubescens* 'Japonica' (= *C. hybrida japonica*) ganz echt aus Samen fallen, *C. erub.* 'Purpurea' dagegen muß selektioniert werden.

Wurzelschnittlinge sind ein Notbehelf.

Veredlung der Varietäten und Arten, von denen Saatgut nicht zu bekommen ist, auf Sämlinge von *C. bignonioides*, und zwar in der Regel im Frühjahr (Februar) als Handveredlung auf den Wurzelhals. Diese werden als Kopulation oder Geißfuß gut verbunden und verstrichen, dann eingeschlagen und im April draußen aufgeschult. Sie wachsen meist zu 100 % und erreichen im ersten Jahre eine Höhe von 60—80 cm oder darüber. Hausveredlung im Winter wäre natürlich auch möglich, ist aber viel zu umständlich. Die Reiser sollen erst kurz vor dem Veredeln geschnitten werden.

Kulturansprüche: Guter, nahrhafter, etwas feuchter Boden in warmer Lage. Zu trockener Boden und zu kaltes Klima sind ungünstig. Durch ihren späten Austrieb leiden sie kaum unter Spätfrösten. *C. speciosa* gedeiht im Weinklima auch gut auf mageren, armen Sandböden.

Empfehlenswerte Arten und Formen: *Catalpa bignonioides* mit 'Aurea', *erubescens* mit 'Hybrida' (= *C. hybrida atropurpurea*), *speciosa.*

CEANOTHUS — Säckelblume — Rhamnaceae

Aussaat aller Arten ist möglich, wenn Saatgut vorhanden ist. In diesem Falle nach der Ernte einschichten, im übernächsten Jahre säen, und zwar bei *C. americanus* gleich ins freie Land, die anderen Arten unter Glas im Kasten. Nicht angebracht ist die Aussaat für die vielen Gartenformen und Kreuzungen.

Stecklinge entweder im August (immergrüne Arten) oder im Frühjahr von den jungen Trieben oder von angetriebenen Mutterpflanzen, wachsen sehr gut bei sorgsamer Pflege.

Absenken der Jungtriebe, die geknickt werden und an der Knickstelle in Töpfe mit humos-sandiger Erde eingelegt werden, ergeben in einem Jahre fertige Jungpflanzen. Diese Methode findet man gelegentlich in Orléans.

Veredlung der Spielarten im Winter im Hause. Hierzu ist zu bemerken, daß Veredlungen nur Erfolg mit halbharten Reisern von angetriebenen Mutterpflanzen haben. Unterlage *C. americanus.* Veredelt werden besonders die weiter unten aufgeführten Züchtungen.

Kulturansprüche: *C. americanus* gedeiht in jedem Boden und ist völlig hart. Die vielen Arten und Formen brauchen jedoch eine gute Winterdecke und humosen, mit Heideerde durchsetzten Sandboden.

Empfehlenswerte Art und Züchtungen: *Ceanothus americanus;* 'Gloire de Versailles', 'Indigo', 'Marie Simon' und 'Perle Rose'; die immergrünen Arten und Züchtungen bei uns ⋀⋀⋀.

CEDRELA — Surenbaum — Meliaceae

Aussaat ist wegen Mangels an Saatgut sehr selten; unter Glas im Frühjahr. Keimung nach 4—5 Wochen. Weitere Behandlung wie bei *Ailanthus.*

Wurzelschnittlinge überall da, wo keine Aussaat möglich ist. Im Spätherbst oder Winter schneiden, etwa 5 cm lang, und im warmen Vermehrungsbeet oder in Handkästen einlegen, ist die beste Vermehrungsart.

Kulturansprüche: Humoser, kräftiger Boden, sonst in allem wie *Ailanthus.* Friert in kalten Lagen zurück, besonders an üppigen Trieben. Im Weinklima sehr raschwüchsig.

Nur *Cedrela sinensis* ist wichtig.

CELASTRUS — Baumwürger — Celastraceae

Das auch bei uns in der Regel reichlich angesetzte Saatgut wird geerntet, sobald die Kapseln aufspringen und der rote Samenmantel sichtbar wird. Die Früchte legt man für 2—3 Wochen zum Trocknen und Nachreifen und kann sie ohne weitere Vorbereitung sogleich draußen aussäen. Oder man bewahrt sie trocken auf, stratifiziert sie im Januar und sät im April ins Freiland. Keimung oft unregelmäßig nach Zeit und Erfolg.

Wurzelschnittlinge, in der üblichen Weise geschnitten, wachsen im Vermehrungshause tadellos und genügen in der Regel zur Vermehrung. Da die Pflanzen zweihäusig sind, müssen auch „nicht fruchtende" Pflanzen (männliche) vermehrt werden, denn sonst wird man vergebens auf Früchte warten. Nur in jedem zweiten Jahre Wurzeln von den Mutterpflanzen nehmen.

Kulturansprüche: Gedeihen in jedem sandigen oder lehmigen Boden in voller Sonne, aber auch im Schatten. Nie an lebende Pflanzen (Bäume usw.) setzen, weil sie diese langsam, aber sicher erwürgen, so daß sie absterben. Manche Arten werden auch durch Wurzelaustriebe lästig.

Empfehlenswerte Arten: *Celastrus angulatus* und *orbiculatus.*

CELTIS — Zürgelbaum — Ulmaceae

Aussaat im Frühjahr entweder in kalte Kästen oder gleich ins Freiland. Das Saatgut muß ein Jahr lang eingeschichtet gewesen sein. Da es auch dann noch sehr unregelmäßig keimt, pflegt man es einige Wochen vor der Aussaat im Vermehrungshause vorzukeimen. Die Beete sollen draußen bei Herbstsaat nach der Reife gut abgedeckt werden; bei Frühjahrssaat darauf achten, daß die Beete bis zur Keimung immer feucht genug sind.

Stecklinge sind möglich im Sommer.

Bei *C. occidentalis* beste Resultate bei Behandlung mit konzentrierter Schwefelsäure (vor der Aussaat 30—60 Minuten baden, dann sauber waschen und nochmals die gleiche Zeit in Säure baden, dann in Kalkmilch auswaschen und säen).

Veredlung der selteneren Arten oder Varietäten im Winter im Hause auf junge, im Topf gut eingewurzelte Sämlinge von *C. occidentalis.*

Kulturansprüche: Leichter, tiefgründiger Boden, besonders Kalk. Auf Tonböden kommen sie schlecht weiter. *C. australis* erfriert in rauher Lage, während *C. occidentalis* bedeutend härter ist.

Empfehlenswerte Arten: *Celtis australis* (⋀⋀⋀) und *occidentalis.*

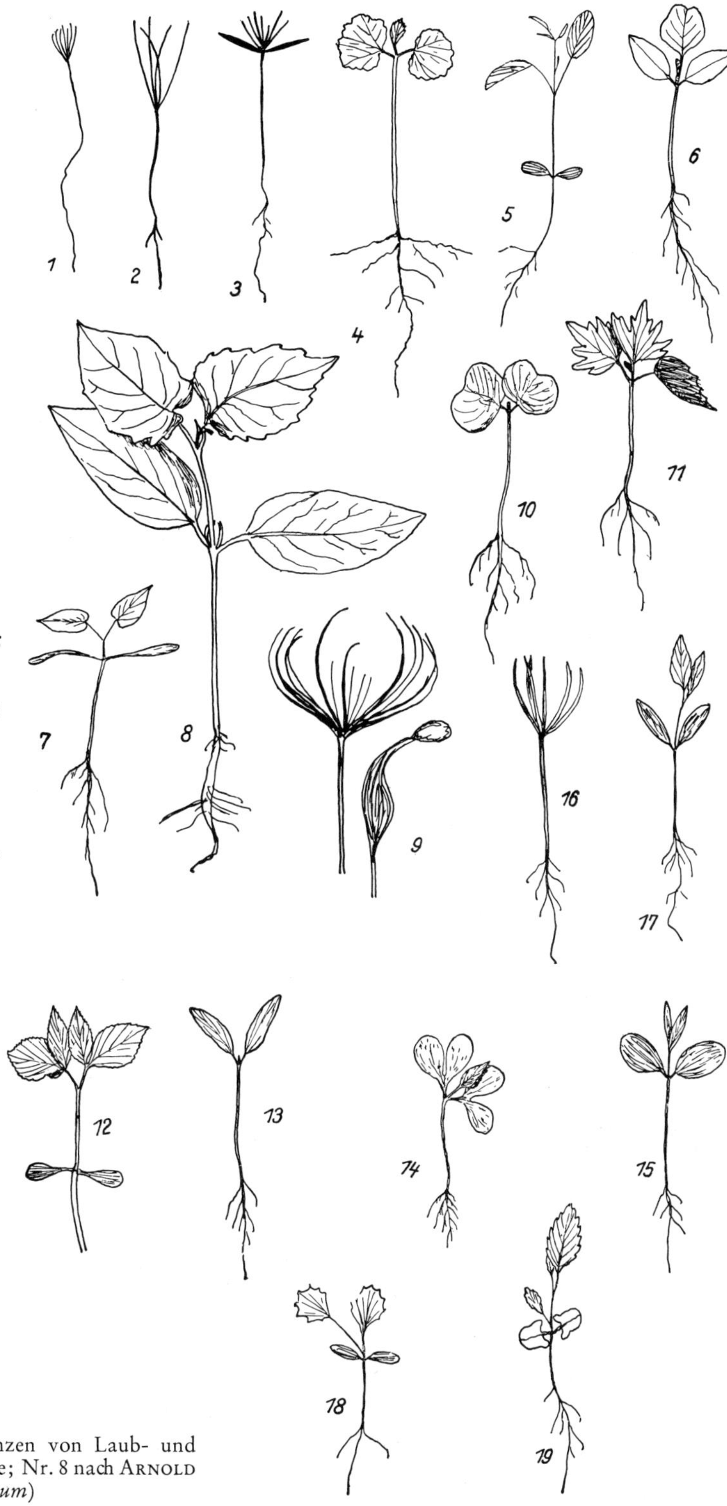

1 *Picea abies;*
2 *Pinus mugo;*
3 *Juniperus virginiana;*
4 *Hibiscus syriacus;*
5 *Indigofera potaninii;*
6 *Liriodendron tulipifera;*
7 *Aristolochia macrophylla;*
8 *Davidia involucrata;*
9 *Cedrus atlantica;*
10 *Rhamnus cathartica;*
11 *Tilia cordata;*
12 *Staphylea pinnata;*
13 *Syringa henryi;*
14 *Catalpa speciosa;*
15 *Ligustrum vulgare;*
16 *Abies cephalonica;*
17 *Ptelea trifoliata;*
18 *Berberis aggregata;*
19 *Exochorda macrantha.*

Abb. 235. Keimlingspflanzen von Laub- und Nadelgehölzen (Originale; Nr. 8 nach ARNOLD *Arboretum*)

CEPHALANTHUS — Knopfblume — Rubiaceae

Aussaat unter Glas im Frühjahr, besser jedoch schon im Herbst, da die Aussaaten dann im Frühjahr gut aufgehen.

Stecklinge sind in der Regel bequemer. Sie werden im Juni geschnitten und im Kasten gesteckt. Der Erfolg ist recht gut.

Kulturansprüche: Gedeiht recht gut auf lehmig-sandigem Boden, obwohl *C. occidentalis* in feuchtem Boden, ja sogar seichtem Wasserstand, zu Hause ist. Zu verwenden also wie *Salix*.

Empfehlenswerte Art im Text genannt.

CERATOSTIGMA — Hornnarbe — Plumbaginaceae

Stecklinge wachsen während des ganzen Sommers. Die ersten Stecklinge können auf Freilandbeete ausgepflanzt werden. Stecklinge, die nach Juni geschnitten wurden, müssen jedoch bis zum nächsten Frühjahr stehen bleiben, weil sie bis zum Winter nicht mehr stark genug werden. Am besten bis zum Verkauf in Töpfen halten.

Besser als Freilandstecklinge sind solche von angetriebenen, eingetopften Pflanzen, die im Dezember ins Haus gebracht werden. Im Februar kann man mit dem Abnehmen von Stecklingen beginnen; kleine Spitzen genügen. Sie bewurzeln sich in Torf und Sand in etwa 10 Tagen und ergeben bis zum Herbst schöne Ware.

Teilung kommt nur für die mehr staudige *C. plumbagionoides* in Betracht (= *Plumbago larpentae*), die aber auch ebensogut aus Stecklingen wächst wie *C. willmottianum.*

Kulturansprüche: Gewöhnlicher Gartenboden, sonnige Lage, nach Norden und Osten geschützt, und leichte Reisigdecke im Winter.

Empfehlenswerte Arten im Text genannt.

CERCIDIPHYLLUM — Katsurabaum — Cercidiphyllaceae

Aussaat hat meist nur geringen Erfolg, da bei der Frühjahrsaussaat auch bei bester Wartung nie mehr als 15—20 % aufgeht. Auch bei uns tragen alte Pflanzen Saat, die mitunter ein gutes Auflaufen zeigt. Eingeführte Saat ist dagegen, wie schon gesagt, meist völlig wertlos, keimt in der Regel langsam und mit nur wenigen Prozenten. Rafn gibt als mittleren Wert 7 % an.

Ablegen der jungen Triebe wird mehr angewandt, wobei man besser anhäufelt wie bei der Vermehrung der Apfelunterlagen. Nur alle 2 Jahre Jungpflanzen abnehmen.

Da die Vermehrung durch Aussaat nicht immer möglich ist, haben die erfolgreichen Versuche mit Stecklingen durch Halward besonderen Wert. Die Stecklinge von krautigen Triebspitzen wurden im Juni genommen und in Torf und Sand im kalten Kasten gesteckt, ohne Sprühnebel. Sie waren im September zu 70 % bewurzelt, der Rest hatte Kallus. Im nächsten Jahre wurden sie ausgepflanzt und wuchsen gut weiter; sie entwickelten sich im zweiten Jahre stärker als 2jährige Sämlinge.

Steckholz soll nach Angabe von Schwerin im Februar—März geschnitten und bald in guten, frischen Boden gesteckt werden. Zwei Augen dürfen nur über der Erde sein. Das Steckholz soll „wachsen wie Salix" und 2 Jahre auf den Beeten stehen bleiben. Diese Vermehrungsart habe ich bis jetzt noch nicht selbst nachprüfen können.

Kulturansprüche: Der Baum ist eigentlich in feuchtem bis nassem Boden zu Hause, gedeiht aber auch in frischem sandigem bis lehmigem Boden; gegen Trockenheit ist er empfindlich. Auch möglichst nicht in voller Sonne pflanzen, da das Laub sonst vorzeitig abfällt. Sie fühlen sich am wohlsten im Schutze anderer Bäume, und dann duften im Herbst die Blätter — wenn auch oft nur wenig, am stärksten unmittelbar vor dem Laubfall — nach Lebkuchen! Daher auch der Name „Kuchenbaum". Durch seinen sehr zeitigen Austrieb leidet er oft unter Spätfrösten, besonders die Jungpflanzen, doch ist er sonst ganz hart und wächst auch rasch und üppig.

Empfehlenswerte Arten: *Cercidiphyllum japonicum* und *magnificum.*

HALWARD, R. E., 1956: The propagation of Cercidiphyllum japonicum from cuttings in cold frames; in Proc. Plant Propag. Soc. 6: 43. — SCHWERIN, F. v.: *Cercidiphyllum japonicum* als Forstbaum. Mitt. DDG 1910: 239.

CERCIS — Judasbaum — Leguminosae

Aussaat mit abgebrühtem und eingeweichtem Saatgut im Frühjahr unter Glas, da die Sämlinge sehr frostempfindlich sind. Freilandaussaat nur auf sehr sorgfältig vorbereitete Beete in warmer Lage, nicht vor Mitte Mai.

Im SM (l. c., S. 131) wird berichtet, daß noch nicht ganz reife Samen im September geerntet und sofort draußen ausgesät wurden; sie liefen im Frühjahr mit 90 % auf.

Veredlung der Formen bzw. anderen Arten auf Wurzelstücke von *C. siliquastrum* im Winter im Haus ist möglich.

Stecklinge, die ein Notbehelf sind, kann man nur von angetriebenen Mutterpflanzen machen. Diese Vermehrung kommt aber kaum zur Anwendung und ist auch nur ein Ausweg.

Kulturansprüche: Leichter, sandiger, möglichst etwas frischer Boden in sonniger Lage. Lassen sich schlecht verpflanzen, besonders ältere Exemplare wachsen schlecht weiter. *C. siliquastrum* ist in der Jugend gegen Kälte sehr empfindlich, aber sonst, ebenso auch *C. canadensis* und *chinensis*, in milderen Gegenden Deutschlands durchaus winterhart.

Empfehlenswerte Arten: *Cercis canadensis, racemosa* (∧∧∧) und *siliquastrum.*

CERCOCARPUS — Schweiffrucht — Rosaceae

Aussaat: Die wie bei *Clematis* mit langen Fruchtschweifen versehenen Früchte reibt man nach der Ernte am besten durch ein Sieb, um die Fruchtschweife zu entfernen. Während *C. betuloides* bei Frühjahrsaussaat sofort aufgeht, muß *C. montanus* nach der Ernte eingeschichtet werden; 3 Monate tief kühlen, bei 5 °C, dann im Frühjahr unter Glas aussäen, Keimung dann mit etwa 90 % in 7—30 Tagen (nach SM, l. c., S. 133).

Stecklinge sind möglich von den Frühjahrstrieben, aber auch von angetriebenen Pflanzen im Winter.

Kulturansprüche: Durchlässiger, kalkhaltiger Gartenboden in warmer, sonniger Lage. Gedeiht noch an so trockenen Stellen, wo kaum ein anderes Gehölz mehr wachsen kann. Nur für Liebhaber.

Empfehlenswerte Arten: *Cercocarpus betuloides* und *montanus* (= *parvifolius).*

CHAENOMELES — Zierquitte — Rosaceae

Methode	Jan.	Febr.	März	April	Mai	Juni	Juli	Aug.	Sept.	Okt.	Nov.	Dez.
Aussaat			●	●								
Stecklinge						**X**	**X**					
Anhäufeln					●	●	●					
Wurzelstücke	**X**										**X**	**X**
Veredlung	**X**	X										**X**

X X unter Glas; ● ○ Freiland; fette Zeichen wichtigste Methoden

Aussaat ist die richtige Vermehrung für die beiden Hauptarten. Früchte nach der Reife zerstoßen oder durch eine Quetschmühle drehen, dann in mit Wasser gefüllten Bottichen oder Fässern einige Zeit faulen lassen; darauf Samen auswaschen und einschichten. Im nächsten Jahre Freilandaussaat auf Beeten. Geht 100 % auf; die Jungpflanzen werden etwa 50—80 cm hoch. Von den zahlreichen Gartenformen fällt 'Crimson and Gold' zu einem hohen Prozentsatz echt; vielleicht ist dies auch bei weiteren Formen der Fall.

Stecklinge kann man im Juni—Juli mit Wuchsstoffen von den vielen Sorten machen, doch kommen sie anfangs langsam voran. Gleichwohl ist dies die beste und ergiebigste Methode, die bei uns und auch in Holland sehr beliebt ist. Anhäufeln diesjähriger Triebe ist eine andere gute Methode. Nach dem Abnehmen im zeitigen Frühjahr sofort auf Beete pflanzen. Absenken ist weniger ergiebig.

WELLS hat in vielen Versuchen ermittelt, daß Stecklinge unter Sprühnebel, im Juni geschnitten, am besten wachsen. Er stellte fest, daß Stecklinge von den diesjährigen abgeblühten Trieben besonders gut sind. Je kräftiger die Triebe sind, desto besser wachsen die Stecklinge, die er von den 15—25 cm langen Trieben schnitt. Von den verwendeten Wuchsstoffen war 1 % Kalisalz der Indolylbuttersäure (10 mg/g Potassium Salt of IBA) allen anderen bei weitem überlegen; die Stecklinge wurden damit zu 100 % zur Bewurzelung gebracht. Nach der Bewurzelung muß der Sprühnebel allmählich eingestellt werden, damit die Jungpflanzen sich an normale Verhältnisse gewöhnen können.

Die Vermehrung durch Wurzelschnittlinge war in Boskoop üblich und wird dort vielleicht noch hier und da ausgeübt. Das setzt voraus, daß die Mutterpflanzen auch wirklich wurzelecht sind. Diese Mutterpflanzen werden dann im Februar—Anfang März sorgfältig herausgenommen und die stärksten Wurzeln entfernt. Die Mutterpflanze wird wieder aufgepflanzt; die Wurzeln schneidet man mit der Schere in etwa 2 cm lange Stücke. Im kalten Kasten zieht man nun etwa 3 cm tiefe Furchen, in die die Schnittlinge gestreut werden. Die Furchen werden mit einer Mischung Torf-Sand zugedeckt und alles angegossen. Sodann legt man Fenster auf und sorgt dafür, daß die Erde niemals austrocknet. Bald treiben die Schnittlinge und bilden gute Jungpflanzen.

Veredlung als Winterhandveredlung auf Wurzelstücke ist gut möglich, weil die Veredlungen anfangs rascher wachsen und deshalb auch schneller verkaufsfertig sind. Besser sind aber immer wurzelechte Pflanzen. Wurzelstücke nicht von Sämlingspflanzen nehmen, da diese meist zu starkwüchsig sind. Als Mutterpflanzen soll man grundsätzlich nur wurzelechte Pflanzen nehmen, damit man nicht versehentlich Wildtriebe als Edelreiser schneidet.

Veredlungen auf *Cydonia oblonga* sollen besser wachsen als die Veredlungen auf eigenen Wurzeln, obwohl letztere auch gut wachsen. Auch DAY bestätigt dies aus Kalifornien, besonders für empfindliche Sorten.

Kulturansprüche: Frischer, nahrhafter Boden und sonnige Lage, am besten am Südhang, mit Schutz vor Nordostwinden. KOENIG beobachtet, daß sich vierjährige Sämlinge ungedüngt auf frisch aufgeschüttetem, magerstem Boden (Lehm und Kies) vorzüglich entwickelten, überreich blühten und die Triebe bis zum Boden mit Früchten besetzt waren. Die Pflanzen hatten sich viel besser entwickelt als bei der üblichen „Mastkultur".

Empfehlenswerte Namensorten (Niederländische Selektion): a) niedrig: 'Crimson and Gold', 'Rowallane', 'Simonii'; b) halbhoch, breit: 'Kermesina', 'Hollandia', 'Fire Dance', 'Fascination', 'Nicoline'; c) halbhoch, aufrecht: 'Brilliant', 'Coral Sea', 'Rosea Plena', 'Vermillion'; d) hochwachsend: 'Boule de Feu', 'Nivalis', 'Pink Lady', 'Rubra'.

KOENIG, V.: Behandlung von Chaenomeles japonica. Mitt. DDG 1914: 264. — WELLS, J. S., 1961: Chaenomeles; in Proc. Plant Propag. Soc. 11: 119-123. — WELLS, J. S.: The rooting of *Chaenomeles;* in Am. Nurs., vom 1. 6. 1955: 11+66.

CHAMAEBATIARIA — Rosaceae

Aussaat unter Glas mühelos, doch genügen Stecklinge im Sommer wohl immer.

Nur 1 Art: *Chamaebatiaria millefolium.*

CHAMAEDAPHNE — Zwerglorbeer — Ericaceae

Aussaat wie bei *Andromeda* (vgl. dort) im Frühjahr.

Stecklinge im Spätsommer von ausgereiften Trieben unter Glas.

Abrisse sind in gleicher Weise wie Stecklinge möglich.

Kulturansprüche: Frischer Boden mit reichlichem Torfmullzusatz.

Empfehlenswerte Art: *Chamaedaphne calyculata.*

CHIMONANTHUS — Winterblüte — Calycanthaceae

Aussaat ist, wenn sie sofort nach der Reife mit frischem Samen durchgeführt wird, immer am besten. Die Keimung erfolgt sehr schnell. Die jungen Sämlinge sind sehr empfindlich und müssen im Winter sorgsam gedeckt werden. Auch *C. praecox* 'Grandiflorus' fällt, nach englischen Angaben, ganz echt.

Stecklinge von den krautigen Trieben, im Kasten gesteckt, wachsen gut.

Absenken ist ebenfalls möglich.

Kulturansprüche: gewöhnlicher Boden; wichtiger ist aber Winterschutz und Pflanzung in einer sehr geschützten, warmen Gartenecke, wo sie besonders vor der Wintersonne sicher ist. Sie blüht bei uns nur in besonders günstigen Lagen.

Englische Gärtner halten eigenartigerweise die Anzucht aus Stecklingen für unmöglich, wenigstens bei der reingelb blühenden Form.

Empfehlenswerte Art: *Chimonanthus praecox* mit Formen (∧—∧∧).

CHIOGENES — Schneeheide — Ericaceae

Stecklinge und Abrisse gut möglich, doch Kultur schwierig, am besten im feuchten Moorbeet auf Sphagnum, kalkfrei.

Einzige Art: *Chiogenes hispidula.*

Chionanthus — Schneeflockenstrauch — Oleaceae

Aussaat ist gut möglich. Samen reift bei uns an älteren Pflanzen gut und muß eingeschichtet werden. Aussaat dann im übernächsten Jahre; Keimung kaum mehr als 30 %, oft noch ein weiteres Jahr überliegend. Sämlinge sind in den ersten Jahren sehr dünn und kommen nicht recht vorwärts. Als ausgewachsene Pflanzen blühen sie meist schlecht und erst sehr spät. Aus diesen Gründen wird die Aussaat auch nur selten vorgenommen.

Veredlung als Okulation im Sommer im Freiland auf kräftige Sämlinge von *Fraxinus ornus* wachsen sehr gut, meist zu 100 %. Die Veredlungen werden im nächsten Jahre etwa 50 cm lang und darüber und haben dicke, kräftige Triebe. Sie blühen schon im zweiten Frühjahr nach der Veredlung.

In der gleichen Weise kann man die Veredlungen auf schwächeren Unterlagen, die im Topf gut eingewurzelt sein müssen, im Winter im Hause als Kopulation ausführen. Im Frühjahr werden diese Veredlungen dann ausgepflanzt. Die Hausveredlung ist jedoch umständlicher als die Freilandokulation.

Kulturansprüche: Gewöhnlicher Boden, etwas frisch und lehmig. Die Pflanzen treiben spät aus und sind ganz winterhart.

Empfehlenswerte Art: *Chionanthus virginicus.*

Eiselt, M., 1953: Vermehrung des *Chionanthus.* Gartenwelt **53**: 175.

CHOISYA — Orangenblume — Rutaceae

Stecklinge von ausgereiften Trieben im Sommer sehr einfach, über Winter im Haus halten und bis zum Verkauf im Topf kultivieren.

Empfehlenswert: *Choisya ternata* (∧∧—∧∧∧).

CHRYSOLEPIS — Goldkastanie — Fagaceae

Aussaat sofort nach der Reife in lauwarmen Kästen unter Glas, aber wenig üblich, da Saatgut selten zu haben ist. Die Sämlinge wachsen zuerst langsam, später jedoch schneller.

Wie im SM, S. 114, angeführt, kann die Keimfähigkeit bei Lagerung in Behältern bei 5 °C für 2 Jahre erhalten werden; in einem Fall gelang sogar eine Lagerung für 5 Jahre bei nur 6 % Verlust der Keimfähigkeit. In der Baumschulpraxis muß man jedoch mit nur etwa 30 % rechnen und einem Aufgehen nach 25 Tagen, von der Aussaat im Frühjahr gerechnet.

Absenken der Triebe ist gebräuchlicher, da sie sich bald bewurzeln.

Stecklinge wie bei allen Immergrünen im Hochsommer von den Spitzen ausgereifter Triebe schneiden und in Handkästen oder im Vermehrungsbeet im Hause stecken, wo sie auch über Winter bleiben.

Kulturansprüche: Humoser, durchlässiger Boden und Sand in halbschattiger, vor Wintersonne geschützter Lage. An der Küste ganz hart.

Empfehlenswerte Art: *Chrysolepis chrysophylla* (∧∧∧).

CISTUS — Cistrose — Cistaceae

Aussaat im Frühjahr unter Glas sehr einfach. Sämlinge wachsen ziemlich rasch und müssen im Topf gehalten werden, da sie in den ersten Jahren immer absolut frostfrei überwintert werden müssen. Bei der Aussaat bekommt man in den seltensten Fällen reine Arten, sondern stets ein ziemlich buntes Durcheinander, denn die *Cistus*-Arten neigen sehr zur Kreuzung.

Stecklinge von den sommergrünen Arten im Frühjahr, von den immergrünen Arten im August von ausgereiften Trieben, in beiden Fällen im Hause. Vorsicht beim Spritzen, besonders bei den filzig behaarten Arten, da diese leicht faulen.

Absenken ist leicht möglich, aber überflüssig und unwirtschaftlich, da bis zur Bewurzelung 2 Jahre vergehen.

Kulturansprüche: Trockener, sehr warmer Standort, auch minderwertige Böden. Sie vertragen auch gut Halbschatten, wenn die sonstige Lage nur genügend warm und trocken ist. Sie wachsen ebensogut in Kalk- wie in schweren Böden.

Empfehlenswerte Arten: *Cistus cyprius, hybridus* (= *corbariensis), ladaniferus, laurifolius, purpureus.* Alle mehr oder weniger ∧∧∧.

CITHAREXYLON — Geigenholz — Verbenaceae

Stecklinge im August reichen aus für *Citharexylon ligustrinum.*

CLADOTHAMNUS — Ericaceae

Aussaat im März, wie bei Rhododendron; Stecklinge im Juni.
Nur 1 Art: *Cladothamnus pyroliflorus.*

CLADRASTIS — Gelbholz — Leguminosae

Aussaat wie bei den anderen Leguminosen erst spät im Frühjahr, wenn keine Fröste mehr zu befürchten sind. Die Samen sind hartschalig. Wurzelschnittlinge kann man im Dezember abnehmen, fertigschneiden auf 10 cm Länge und im April im kalten Kasten auslegen. Erfolg meist recht gut. Diese Methode ist nur wenig bekannt.

Kulturansprüche: Die Jungpflanzen brauchen eine gute Bodendecke. Der Boden soll tiefgründig, kalkhaltig und frisch sein. Zum guten Blühen ist warme Lage unbedingt erforderlich; auch dort gibt es oft nur jedes zweite Jahr eine Blüte. In freier Lage haben die Pflanzen sehr unter Wildverbiß (Hasen und Rehwild) zu leiden. Im allgemeinen sind die Arten sehr raschwüchsig und nicht frostempfindlich.

Empfehlenswerte Art: *Cladrastis lutea.*

CLEMATIS — Waldrebe — Ranunculaceae

Methode	Jan.	Febr.	März	April	Mai	Juni	Juli	Aug.	Sept.	Okt.	Nov.	Dez.
Aussaat			●	●								
Stecklinge			X	X		X	X					
Steckholz	X	X	X									X
Veredlung	X	X	X				X	X				

X X unter Glas; ● ○ Freiland; fette Zeichen wichtigste Methoden

Aussaat im Frühjahr, etwa Mitte März, ins freie Land auf Beete; kleinere Mengen aber besser in den kalten Kasten. Keimung nach etwa 4—5 Wochen. Die Aussaat kommt für alle Arten in Frage, von denen überhaupt Saatgut zu bekommen ist. Davon kann man die beiden hauptsächlichsten Arten, *C. vitalba* und *viticella,* gleich ins freie Land säen, die anderen Arten aber besser in den kalten Kasten. Eine Aussaat der großblumigen Arten kommt jedoch nur für Zwecke der Züchtung in Betracht.

Veredlung: Trotz der verhältnismäßig einfachen Vermehrung auch der großblumigen Sorten, die ja bedeutend wichtiger sind als die Wildarten, ist die Veredlung noch immer von großer Bedeutung. Sie ist zwar arbeitsaufwendiger als die Stecklingsvermehrung, ergibt dafür aber auch schon in nach nur wenig mehr als halbjähriger Kulturzeit eine erstklassige Verkaufsware. Stecklingspflanzen sind erst in zwei Kulturperioden so stark wie die veredelten Pflanzen im ersten Jahr. Dies ist zu bedenken, wenn man sich für die eine oder die andere Vermehrungsart entscheidet.

Anplatten im Winter im Hause. Unterlage ein- bis zweijährige Sämlinge von *C. vitalba* (nicht *viticella* oder *flammula,* wie außerhalb Deutschlands üblich). Unterlagenbeete im Spätherbst mit Laub abdecken, nicht mit frischem Dünger, weil davon die Wurzeln der Unterlagen schwarz werden. Auf diese Weise kann man im Winter zu jeder Zeit Unterlagen herausnehmen. Die Mutterpflanzen werden Mitte Dezember im luftigen, hellen Vermehrungshause aufgestellt und in vollkommen neuer, kräftiger Erde langsam angetrieben. Ende Januar bis Mitte Februar sind die Triebe so weit, daß veredelt werden kann, und zwar in dem gleichen Hause; Vorsicht vor Luftzug, da Veredlungen dadurch welken! Zu harte Reiser wachsen nicht an, zu weiche faulen ab. Als Unterlage nimmt man Wurzelstücke der Sämlinge, die etwa 7 cm lang und mindestens 4 mm stark sein sollen. Das Reis wird zerschnitten und die Augenpaare gespalten. Die Blätter können nach der Veredlung etwas eingekürzt werden. Es wird weitläufig verbunden, jedoch nicht verstrichen.

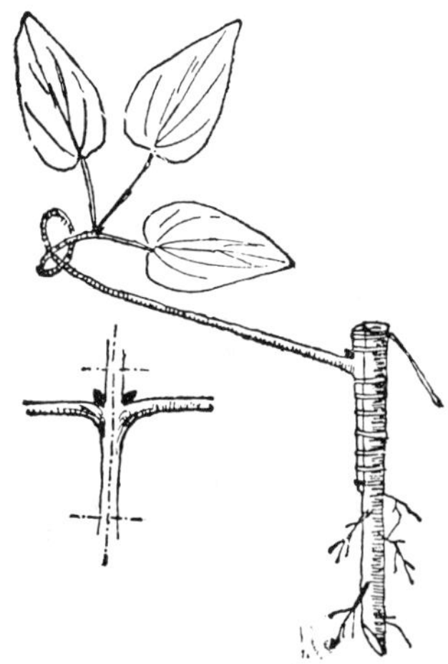

Abb. 236. Anplatten bei großblumigen *Clematis*

Hat man reichlich Reiser zum Veredeln, so braucht man sie nicht zu spalten, bzw. man schneidet sie so zu, daß beide Augen am Reis bleiben und nun links und rechts an dem Schildchen sitzen. Auf diese Weise bekommt man sofort zwei Triebe (Abb. 236).

Die Veredlungen werden anschließend gleich in kleine, hohe Töpfe gesetzt und fest angedrückt, dann unter Doppelglas bis zum Rand eingesenkt. Die Bodenwärme muß stets gleichbleibend (22 °C) sein, nie spritzen! Scheiben bei Notwendigkeit mit Papier schattieren, sonst aber täglich zwei- bis dreimal abtrocknen, entweder durch Abwischen mit einem gut saugfähigen Schwamm oder durch kurzes Aufhängen der Fenster, doch ist letzteres Verfahren, wenigstens in der ersten Zeit nach der Veredlung, noch nicht zu empfehlen, weil das Beet sich dabei zu stark abkühlt. Wenn die jungen Triebe erscheinen, allmählich lüften, abhärten und in 11-cm-Töpfe verpflanzen, dann unter Glas in den kalten Kasten bringen. Nach dem Durchwurzeln sorgfältig stäben und auf Beeten einsenken; der Boden wird mit Torfstreu abgedeckt. Im Spätherbst kann man schon einen Teil der Pflanzen mit 2—3 Trieben verkaufsfertig haben. Der Rest wird zurückgeschnitten, gut zugedeckt und ergibt im nächsten Jahre eine starke Ware (Abb. 239).

Bei Müllerklein in Karlstadt (Main) machte man vor dem letzten Kriege eine auffällige Beobachtung: Beim Veredeln auf den mitunter natürlich auch krummen Unterlagen (Wurzeln) zeigte sich, daß die Augen, die auf dem Rücken der Wurzel standen, viel rascher und stärker durchtrieben als diejenigen Augen, die im Bogen der Unterlage standen. Durch die Kriegsverhältnisse geriet die Beobachtung wohl in Vergessenheit und verdiente es, daß man sie einmal nachprüfte (Abb. 237).

Abb. 237. Ein Veredlungsversuch; alle 4 Pflanzen sind von der gleichen Sorte und zur gleichen Zeit veredelt; bei den beiden mittleren Pflanzen ist „auf dem Rücken" veredelt worden, bei den beiden anderen „in der Krümmung" (Foto: Müllerklein, Karlstadt)

Veredlung in der gleichen Art im Sommer ist auch gut möglich. Statt des Anplattens kann man auch in den Spalt pfropfen oder die Unterlage keilförmig zuschneiden und das gespaltene Reis daraufsetzen. Die Veredlungen werden im kalten Kasten aufgestellt und im übrigen behandelt, wie weiter oben beschrieben.

Während der Anzucht bleiben die Pflanzen stets in Töpfen, möglichst in hohen Baumschultöpfen. Die Veredlungen werfen in der Regel im ersten oder zweiten Jahre die Unterlage ab und bilden eigene Wurzeln.

Über die beste Methode der Weiterkultur nach dem Ausräumen aus dem Vermehrungshaus gehen die Meinungen auseinander. Bei der früheren Fa. Goos & Koenemann, Niederwalluf, die jahrzehntelang Deutschlands größte Spezialisten waren, wurden die Pflanzen auf Aschenbeeten in voller Sonne, unter einer Regenanlage, weiterkultiviert und schon im August des Veredlungsjahres verkauft. Bei Hug in Dielsdorf (Schweiz) und anderen Betrieben kultiviert man in voller Sonne, ebenfalls mit gutem Erfolg. Es geht also beides (Abb. 238). Holsteiner Betriebe kultivieren mitunter nur im Gewächshaus.

Die großblumige Sorte 'Prins Hendrik' ist zwar sehr schön, aber schwierig in der Anzucht. Kruyt führt aus, daß sie spätestens im Juni veredelt sein muß, weil sonst bei vielen Veredlungen die Augen nicht mehr durchtreiben. Er empfiehlt hier die Winterveredlung auf *Vitalba*-Sämlinge.

Stecklinge: Neben der Veredlung ist dies die zweite wichtige Vermehrungsart, die vor allem in England und Holland, aber auch bei manchen deutschen Betrieben an die Stelle der Veredlung getreten ist. Hierzu werden die Mutterpflanzen im Herbst eingetopft, bis Ende Januar eben frostfrei aufgestellt und dann bei 14—18 °C angetrieben. Der Austrieb erfolgt rasch, und Ende März sind die Triebe schon 80—100 cm lang. Jeder Trieb ergibt nun 8—10 Stecklinge mit je einem Augenpaar. Hondelmann berichtet aus Schweden, daß man dort schon im Februar mit Stecklingen von angetriebenen Mutterpflanzen beginnt. Die Triebe werden in Stücke mit je einem Blattpaar zerlegt, die kurz über dem Augenpaar und 3—4 cm darunter abgeschnitten werden. Unten wird die Rinde mit einem ganz leichten Schnitt freigelegt, so daß das Kambium sichtbar wird. Am Blattstiel bleibt nur ein kleines Blättchen stehen. Dann wurden die Stecklinge mit Wuchsstoff (hier mit dem Schweizer Präparat „Roche 202") vorschriftsmäßig behandelt und gesteckt, in reinen Sand auf einer Torfunterlage. Bei Bodenwärme war alles in kurzer Zeit bewurzelt, so daß nach 4—5 Wochen eingetopft werden konnte. Die früh gesteckten Stecklinge sind hierbei schon im Herbst des gleichen Jahres fertig. Zweijährige Pflanzen sind natürlich stärker, können also auch teurer abgegeben werden. Statt „Roche 202" kann man auch andere Wuchsstoffe benutzen, soweit in den Gebrauchsanweisungen Vorschriften für *Clematis* angegeben sind. Günstiger als das umständliche Eintauchen ist die Benutzung von Pudern, z. B. das 0,1 %ige „Rhizopon B" aus Holland, das für diese Vermehrung empfohlen wird. Als Wuchsstoff hat sich das englische „Hortomone A" (16 Stunden einstellen) gut bewährt. Interessant ist die Feststellung, daß die Lösung drei- bis viermal hintereinander verwendbar sein soll. Bei 15 °C Bodenwärme werden die Stecklinge gesteckt, täglich etwa eine halbe Stunde gelüftet, gespritzt nach Bedarf. Nach 6—8 Wochen sind die Stecklinge bewurzelt und können eingetopft werden; die Augen sollen mit der Erdoberfläche abschneiden. Anschließend werden die Töpfe ganz eingesenkt und mit einer 1 cm dicken Lage Torfmull abgedeckt, damit die Augen nicht austrocknen. Bis zum Herbst des ersten Jahres ist schon ein Viertel des Bestandes verkaufsfertig.

Stecklinge sind besonders gebräuchlich bei *C. montana,* aber neuerdings steckt man alle möglichen Arten. Im Juni—Juli werden die Stecklinge von halbharten Trieben genommen und im warmen Kasten oder Vermehrungsbeet gesteckt, wo sie bei gespannter Luft in Sand und Torf sich bald bewurzeln. Der Erfolg ist bei guter Pflege immer sehr gut. Nicht zuviel spritzen, Faulendes sofort entfernen. Nach 4—6 Wochen ist alles gut bewurzelt, und nach weiteren 4 Wochen kann man eintopfen. Dann trocken und luftig halten, damit die starken Augen, die sich jetzt gebildet haben, nicht mehr austreiben. Die Töpfe werden im November im Kasten eingesenkt und einigermaßen frostfrei gehalten. Diese Jungpflanzen ergeben, nachdem sie im Frühjahr wieder umgetopft wurden, schöne Verkaufsware mit 2 Trieben.

Blattstecklinge: Man kann bei Mangel an Vermehrungsmaterial die weiter oben beschriebenen Stecklinge (mit 2 Knospen) auch noch spalten, so daß man nur ein 1 Blatt mit einer Knospe und einem ganz kleinen Stückchen Stamm hat. Derartige Blattstecklinge können sowohl im Frühling von getriebenen Pflanzen wie auch im Juli von Freilandpflanzen genommen werden. Das Stecken erfolgt im Haus mit Sprühnebel. Nach nur 4 Wochen sind diese Stecklinge kräftig bewurzelt und fertig zum Eintopfen (Teuscher).

Kulturansprüche: Im allgemeinen sandiger, leichter, durchlässiger, frischer Boden für alle Arten. Die Clematis lieben sonnigen Stand, aber keine Mittagshitze. Viele Arten ziehen schattige Lage vor. Sehr gut ist eine Schutzpflanzung mit Stauden oder Sommerblumen am Fuße der Clematis, damit der Boden dort schattig und kühl bleibt.

Abb. 238. Die Kultur von *Clematis* unter der Schattenhalle (Foto: Müllerklein, Karlstadt)

Abb. 239. Halbjährige *Clematis*-Veredlungen in Töpfen (Foto: Müllerklein, Karlstadt)

Englische Versuche, in nur einer Kulturperiode erstklassige Verkaufspflanzen zu erzielen, wurden wie folgt durchgeführt: Die Mutterpflanzen wurden im Januar im Vermehrungshaus angetrieben; von März an wurden Stecklinge mit nur einem Auge und einem Blatt unter Sprühnebel gesteckt, die sich innerhalb von vier Wochen gut bewurzelten. Die bewurzelten Stecklinge wurden eingetopft und blieben noch zwei Monate unter Glas, anschließend wurden die Töpfe auf Freilandbeeten eingesenkt. Ab Juli—August wachsen die Pflanzen bedeutend langsamer, und es zeigt sich, daß man erstklassige Verkaufspflanzen nur aus ganz frühen Stecklingen erzielen kann, während für alle übrigen zwei Jahre notwendig sind.

Schnitt: Die am alten Holz blühenden Arten und Formen (Gruppe um *patens* und *florida*) dürfen nie vor der Blüte geschnitten werden, wogegen die an Sommertrieben blühenden Arten und Formen (Gruppe um *jackmanii* und *lanuginosa*) starken Rückschnitt im Frühjahr vertragen.

Über die sog. „Clematis-Krankheit", bei der die Pflanzen nach dem Auspflanzen im Freiland oft ohne ersichtlichen Anlaß welken und plötzlich absterben, hat man jahrzehntelang vergeblich gerätselt. Erst in neuester Zeit gelang es in Boskoop, den Erreger zu entdecken und zu bekämpfen. Es handelt sich vor allem um den Schimmelpilz Coniothyrium clematidis-rectae, einen Bodenpilz, der durch die Wurzeln und den Wurzelhals in die Pflanze eindringt. Größte Reinlichkeit in den Vermehrungseinrichtungen ist deshalb unerläßlich. Zum Stecken sollte man nur entseuchtes Erdreich verwenden. Nach dem Stecken wird mit Captan 83 % (3 g/p. l Wasser) gegen Fadenpilze gespritzt. Weiter wurden sehr gute Resultate erzielt mit „Benlate" (Benomyl), 0,1—0,2 %, wobei die Lösung mit der Gießkanne zwischen die Pflanzen gegossen wurde, und zwar etwa 10 l/qm, entsprechend dem Standraum von rund 40 Pflanzen.

Empfehlenswerte Arten: *Clematis alpina, chrysocoma sericea* (= *spooneri*), *durandii, flammula, lanuginosa, macropetala, montana* mit Sorten (besonders 'Tetrarose'), *paniculata* (die *C. paniculata* der Gärten heißt richtig *C. maximowicziana*), *rehderiana, tangutica, vitalba* und *viticella.*

Empfehlenswerte großblumige Sorten, nach Farben geordnet; dunkelblau bis violett: 'Barbara Dibley', 'Gipsy Queen', *jackmanii, jackmanii* 'Superba', 'Lady Betty Balfour', 'President'; hellblau: 'Lasurstern', 'Prins Hendrik'; rosa-lila; 'Comtesse de Bouchaud', 'Lady Caroline Neville', 'Nelly Moser'; dunkelrot: 'Ernest Markham', 'Ville de Lyon'; reinweiß: 'Henryi', 'Huldine', 'Mme Lecoultre'.

Kruyt, W., 1946: Het vermeerderen van Clematis. Boomkwekerij I: 131—132. — Hondelmann, W., 1951: Stecklingsvermehrung bei Clematis. Dt. Baumschule 3: 262—263. — Markham, E.: The large and small flowered Clematis and their cultivation in the open air. 3. ed. 126 S. London 1951. —

GRONOSTAY, D., 1953: Neuzeitliche Clematiskultur. Gartenwelt **53**: 200—205 (behandelt die Stecklingsvermehrung). — FISK, J.: Success with Clematis. 82 S.; London 1962. — TEUSCHER, H.: Starting *Clematis* from leaf cutting; in Anm. Nurs., 15. 11. 1961: 9. — SLAVEKOORDE, S. M.: Verwelkingsziekte in Clematis; in Jaarb. Proefstat. Boomkwekerij Boskoop 1973: 82—95.

CLEMATOCLETHRA — Actinidiaceae

Stecklinge im Juni; sonst wie bei Actinidia.
Zu empfehlen: *Clematoclethra integrifolia* und *C. lasioclada.*

CLERODENDRUM — Losbaum — Verbenaceae

Aussaat sofort nach der Reife unter Glas, sonst einschichten und Frühjahrsaussaat im Kasten.

Stecklinge von krautigen Trieben sind im Sommer möglich; stecken im Hause oder im Kasten.

Wurzelschnittlinge im Spätherbst in Schalen oder Kisten ins Haus stellen; dort treiben sie bald aus.

Teilung älterer Pflanzen ist ebenfalls gut möglich, sollte aber genau zu der Zeit erfolgen, wenn der Austrieb gerade beginnt.

Kulturansprüche: Gewöhnlicher Gartenboden in freier, sonniger Lage. Im Spätherbst, nach dem Blattfall, gut einbinden und vor Wintersonne schützen, sonst erfrieren sie. *C. foetidum* und *trichotomum* frieren in strengen Wintern zurück, treiben aber wieder kräftig durch, *C. trichotomum fargesii* ist hart und deshalb den beiden anderen Arten vorzuziehen.

Empfehlenswerte Arten im Text genannt.

CLETHRA — Scheineller — Clethraceae

Aussaat im Frühjahr in Schalen mit Heideerde unter Glas. Jungpflanzen hält man am besten einige Jahre frostfrei in Töpfen. Wenngleich auch die Keimung sehr unregelmäßig verläuft, besonders bei *C. fargesii* und *C. delavayi,* so ist dies doch die einzige Methode, um einen größeren Bestand zu bekommen.

Stecklinge, im Sommer (Mitte August) gesteckt, bewurzeln sich im Vermehrungsbeet innerhalb von 4 Wochen und können anschließend noch im Kasten pikiert werden. Ebenso sind Stecklinge von angetriebenen Mutterpflanzen im Winter möglich, aber überflüssig.

Teilung älterer Pflanzen ist ebenfalls ein Weg zur Vermehrung.

Kulturansprüche: Anmooriger Boden, doch wachsen sie auch in frischem, humosem, durchlässigem Gartenboden. Immergrüne Arten sind nicht winterhart.

Empfehlenswerte Arten: *Clethra alnifolia* mit 'Rosea', *barbinervis* und *fargesii* (ΛΛ).

COCCULUS — Kokkelstrauch — Menispermaceae

Aussaat im Frühjahr im Hause oder Kasten. Jungpflanzen bleiben in Töpfen.

Kulturansprüche: *C. carolinus* und *trilobus* sind verzweigte Schlingsträucher mit tief bis in den Herbst hinein grün bleibenden Blättern und schönen blauen Früchten. Sie brauchen halbschattigen bis schattigen Stand. Wenn dieser fehlt, dann wollen sie mindestens feuchten Boden. Sonst stellen sie an den Boden selbst keine Ansprüche, nur daß er frisch ist. Da die wüchsigen Triebe schlecht verholzen kommt es vor, daß sie in dem einen oder anderen Winter zurückfrieren. *C. carolinus* braucht mildes Klima, *C. trilobus* ist etwas härter. Die schönen blauen Beeren werden von den Vögeln nicht genommen.

COLLETIA — Ankerpflanze — Rhamnaceae

Aussaat im Haus, wenn Samen vorhanden; sonst auch Stecklinge im Sommer, doch langsamwachsend.

Interessante Art: *Colletia cruciata* (ΛΛΛ).

COLUTEA — Blasenstrauch — Leguminosae

Aussaat im Mai ins freie Land in Rillen mit abgebrühtem, gequelltem Samen von allen Arten, von denen Saatgut vorhanden ist. Auflaufen nach dieser Behandlung willig und gut. Die Sämlinge werden im ersten Jahre eine Höhe von 60—80 cm erreichen.

Veredlung nur dann, wenn kein Saatgut im Hause ist, als Handveredlung auf starke, einjährige Sämlinge als Kopulation oder Geißfuß. Gut verstreichen und frostfrei einschlagen. Im nächsten Frühjahr aufgeschult, wächst Stück für Stück. Diese Handveredlungen erreichen schon im ersten Jahre eine gute Höhe und sind fertig zum Verkauf.

Wer Platz genug im Hause hat, kann sie auch im Winter im Hause auf eingewurzelte Unterlagen von *C. arborescens* veredeln, was jedoch durchaus nicht notwendig ist.

Anstatt zu veredeln, kann man auch im Juli Stecklinge von halbharten Seitentrieben nehmen mit Astring, die sich gut bewurzeln. Stecklinge von Triebspitzen hingegen bewurzeln sich nicht so gut.

Kulturansprüche: Keine; wachsen in jedem, auch dem schlechtesten Boden. Anzucht größerer Bestände nicht zu empfehlen, da meist schlecht verkäuflich.

Empfehlenswerte Arten: *Colutea arborescens, media, orientalis.*

COMPTONIA — Farnmyrte — Myricaceae

Wurzelschnittlinge von *C. peregrina* im Spätherbst in Handkästen in lockere, torfhaltige Erdmischung einlegen und bei Bodenwärme im Vermehrungshause aufstellen, wo sie bald austreiben und sich bewurzeln.

Kulturansprüche: Trockene, sandige Böden; kalkfliehend.

Empfehlenswerte Art im Text genannt.

CONVOLVULUS — Winde — Convolvulaceae

Stecklinge von jungen Trieben im Juli-August bewurzeln sich gut. Hier ist nur gedacht an *Convolvulus cneorum.*

CORIARIA — Gerberstrauch — Coriariaceae

Aussaat, wenn selbstgeerntetes Saatgut, das nach der Ernte ausgewaschen und eingeschichtet wurde, vorhanden ist, im Frühjahr im gepackten Kasten unter Glas.

Stecklinge im Juni von jungen Trieben.

Teilung im Frühjahr am bequemsten.

Wurzelschosse lassen sich ebenfalls abtrennen.

Kulturansprüche: Guter, humoser Gartenboden und sonnige, warme, geschützte Lage. Leichte Reisigdecke im Winter ist angebracht.

Empfehlenswerte Art: *Coriaria terminalis* mit var. *xanthocarpa*

CORNUS — Hartriegel — Cornaceae

Methode	Jan.	Febr.	März	April	Mai	Juni	Juli	Aug.	Sept.	Okt.	Nov.	Dez.
Aussaat		○	●	○						●		
Absenker					●	●						
Stecklinge						**X**						
Veredlung							●					
Steckholz			●									

X X unter Glas; ● ○ Freiland; fette Zeichen wichtigste Methoden

Aussaat je nach der Art verschieden. Wichtig ist zuerst einmal für alle, daß das Saatgut nach der Ernte sogleich ausgewaschen und in Sand eingeschichtet wird. Im nächsten Frühjahr werden einige Arten gesät, z. B. *C. alternifolia, circinata* und *brachypoda,* während z. B. *florida* und *kousa* ein Jahr lang eingeschichtet bleiben. Bei *C. mas* läßt man die

Abb. 240. Buntblättrige Cornus-Formen kann man auch durch Absenken vermehren

Steinfrüchte, die man oft als trockene Früchte im Handel erhält, zunächst in dünner Lage auf einem luftigen Boden liegen, dann im Frühjahr die Steine vom Fruchtfleisch säubern und anschließend stratifizieren, bis zum übernächsten Herbst (also 2 Jahre nach der Ernte!) liegen lassen und dann auf Beete säen, Keimung erfolgt dann im Frühjahr.

Cornus sanguinea im Frühjahr stratifizieren, im Herbst (also 1 Jahr nach der Ernte) aussäen; diese Cornusart kann man auch sogar ohne Stratifikation im Frühjahr aussäen, doch ist die Keimung dann nicht so gut.

Stecklinge sind heute die übliche Vermehrung für die buntblättrigen Formen von Cornus alba, also die Sorten 'Spaethii' und 'Albomarginata' die früher meist durch Ableger oder Veredlung vermehrt wurden, ferner auch gut geeignet für C. alba 'Sibirica' nebst der hiervon kaum verschiedenen Form 'Westonbirt'.

Steckholz kommt in Betracht für die zwei leichtwachsenden Formen Cornus alba 'Kesselringii' und C. stolonifera 'Flaviramea' und wächst im allgemeinen sehr gut, deshalb wird davon in den Betrieben auch immer zuviel gezogen. Wenn das Holz allerdings noch eine Zeitlang herumliegt, wächst es nicht. Nur einjährige Triebe nehmen und sofort stecken. Beete dürfen nicht trocken werden.

Absenken war früher die übliche Vermehrung für *C. alba* 'Sibirica' (hochrotes Holz) und viele buntblättrige Arten sowie *C. pumila* und *hessei*. Der Erfolg ist in der Regel recht gut. Statt absenken kann man auch anhäufeln, was bei 'Flaviramea', 'Kesselringii' usw. sehr guten Erfolg hat (Abb. 240).

Veredlung der buntblättrigen Formen von C. alba und C. mas durch Okulation ist heute wohl kaum noch üblich, war aber früher gebräuchlich, und zwar setzte man bei Späth immer zwei Augen ein. Beste Unterlage war C. amomum, die die Veredlungen besser annimmt als andere Arten und nicht so stark wächst, daß die Augen schon im Sommer von der Rinde überwallt werden. Bei schwachtriebigen Sorten kann man natürlich besser kopulieren, und zwar entweder als Handveredlung oder auf im Topf stehende Unterlagen der zugehörigen Art.

Da in den USA mittlerweile eine ganze Reihe von *florida*-Sorten im Handel bekannt sind, war es erforderlich, eine sichere Methode für ihre Vermehrung auszuarbeiten. Das ist durch die Okulation ebenfalls möglich. SHADOW berichtet, daß er auf die jungen Sämlinge aus der Oktober-November-Aussaat veredelt. Diese stehen in Reihen auf den Beeten und sind vorher ausgedünnt worden. Es wird so tief wie möglich okuliert. Da die Unterlagen sehr zart sind und die Augen sehr klein, muß ganz besonders sorgfältig veredelt werden. Das Verbinden geschieht mit dünnem Bast, nicht mit Plastikfäden, da diese dafür zu grob sind. Die Augen wachsen innerhalb einiger Tage an; die Fäden müssen nach etwa 2 Wochen gelöst werden, damit sie nicht einschneiden. Die Veredlungen bleiben weiterhin unberührt auf den Beeten stehen und werden im November zur Förderung der Wurzelbildung unterschnitten. Im Frühjahr, kurz vor dem Austrieb, wird abgeworfen; die Augen treiben alsbald aus und die Triebe werden in diesem Jahre 30—90 cm lang. Die Verwachsung ist ausgezeichnet.

SHADOW hatte früher auf zweijährige, verpflanzte Unterlagen veredelt, kam aber davon ab, weil hierbei die Triebe nicht so stark waren und gestäbt werden mußten.

Die Veredlung kann selbstverständlich auch bei anderen Arten und Formen erfolgen, so bei *C. kousa sinensis.* COGGESHALL veredelte diese durch Kopulation mit Gegenzungen auf einjährige, in Töpfen im Hause stehende Unterlagen. Die Unterlagen müssen vor der Veredlung im März—April etwas angetrieben werden. Auch hier wird der Erfolg bei guter Arbeit als gut bezeichnet.

Kulturansprüche: *C. alba* und *stolonifera* mit ihren Gartenformen wachsen sowohl in feuchtem als auch in trockenem Boden. Die ostasiatischen Arten wollen humosen Boden. *C. mas, sanguinea* und *rugosa* lieben halbschattige Lage. Alle anderen Arten wachsen in jedem leichten, frischen Boden.

Empfehlenswerte Arten und Formen: *Cornus alba* mit 'Sibirica' und 'Spaethii', *controversa* mit 'Variegata', *florida* mit 'Rubra', *kousa* mit var. *sinensis, macrophylla, mas, nuttallii, officinalis, sanguinea* und *stolonifera* 'Flaviramea'.

COGGESHALL, R. G.: Whip and tongue graft for Dogwoods; in Am. Nurs. 15. 1. 1960; 9 + 56. — MILLER, W. J.: The Flowering Dogwood on Longs Island, New York; in Nat. Mag. 38: 82—91. 1959; (fast nur über Vermehrungsfragen). — SHADOW, H. A., 1959: The budding of Dogwood in the field; in Proc. Plant Propag. Soc. 9: 54-56.

COROKIA — Cornaceae

Aussaat im Frühjahr unter Glas im Hause, wenn Saatgut vorhanden ist.

Stecklinge von reifen Trieben im November im Hause; am besten mit Astring schneiden.

Absenken der jüngeren Triebe dieser äußerst langsam und schwach wachsenden Pflanzen im Herbst führt schneller zum Ziele.

Kulturansprüche: Alle Arten sind sehr empfindliche Neuseeländer und brauchen warme, sonnige, windgeschützte Lage. Nur *C. cotoneaster* ist in den wärmsten Lagen einigermaßen haltbar, wurde auch schon in einigen Betrieben als interessante, bizarr wachsende Topfpflanze herangezogen. Draußen braucht sie eine gute Schutzdecke. In den kälteren Gegenden Deutschlands ist Überwinterung im Kalthause unbedingt notwendig.

Nur für Liebhaber: *Corokia cotoneaster* (⋀⋀⋀).

CORONILLA — Kronwicke — Leguminosae

Aussaat in üblicher Weise im späten Frühjahr im Kasten oder Freiland.

Stecklinge im Frühjahr wachsen sehr leicht im Kasten.

Ausläufer lassen sich ebenfalls abtrennen; die Pflanzen können auch gut geteilt werden.

Kulturansprüche: Frischer, leichter, warmer Boden. In fettem oder feuchtem Boden frieren die Pflanzen alljährlich bis auf den Wurzelstock zurück, treiben aber immer wieder aus. Auf solchen Böden kann der Strauch niemals zu voller Entwicklung kommen. Wichtig ist vollsonnige Lage. *C. emerus* leidet sehr unter Wildverbiß.

CORREA — Rutaceae

Stecklinge im August; Kultur in Töpfen. Alle Arten müssen frostfrei überwintert werden.
Empfehlenswert: *Correa decumbens, harrisii* und *reflexa* (∧∧∧).

CORYLOPSIS — Scheinhasel — Hamamelidaceae

Aussaat unter Glas im Kasten im Frühjahr; Keimung meist sehr unregelmäßig. Saatgut ist nur selten im Handel.

Ablegen in der gleichen Art wie bei Haselnüssen ist sehr erfolgreich und daher die beste Vermehrung. Der Boden auf den Mutterbeeten muß entsprechend bearbeitet werden und viel Torfmull bekommen.

Stecklinge sind im Frühjahr nach der Blüte, im Hause, möglich, aber weniger gut für die sehr dünntriebige *C. pauciflora*. Man kann auch im Juli Stecklinge von Freilandpflanzen nehmen.

Veredlung als Winterhausveredlung auf im Topf gut eingewurzelte Sämlinge von *C. spicata* kommt nur als Vermehrung für die anderen, selteneren Arten in Betracht. Für die Reiser zweijähriges Holz nehmen.

Kulturansprüche: Nahrhafter, humoser Boden in warmer Lage; die Blüten leiden mitunter durch Frost, während die Pflanzen selbst auch ohne Schutz hart sind.

Empfehlenswerte Arten: *Corylopsis pauciflora* (∧), *spicata* (∧), *willmottiae*.

CORYLUS — Hasel — Corylaceae

Methode	Jan.	Febr.	März	April	Mai	Juni	Juli	Aug.	Sept.	Okt.	Nov.	Dez.
Aussaat			○							●	●	
Absenken	●										●	●
Anhäufeln						●						
Veredeln		**X**	○									

X X unter Glas; ● ○ Freiland; fette Zeichen wichtigste Methoden

Aussaat ist allgemein üblich bei *C. avellana* (Waldhasel) und *C. colurna*, aber auch für die anderen Arten, wenn Saatgut zu bekommen ist. Die Haselnüsse werden nach dem Ausreifen eingeschichtet und gegen Mäusefraß mit engmaschigem Drahtgeflecht umgeben. Ein hl Nüsse ohne Fruchthüllen wiegt 43—50 kg. Handelssaatgut (Waldhasel) wird trocken geliefert und muß sofort nach Erhalt eingesandet werden; es bleibt ein Jahr so liegen, während frische Saat nach kurzem Einschichten noch im gleichen Jahre ausgesät wird, etwa im Oktober—November. Frühjahrssaat liegt oft über. Herbstaussaat guter Qualität geht im Frühjahr (bis Anfang Mai) mit etwa 70 % auf; je m^2 Beet erwartet man 300 Jungpflanzen. Die Keimfähigkeit hält sich $1^1/_2$ Jahre.

Die Formen von *C. avellana* fallen nicht echt, so z. B. ergibt *C. avellana* 'Fuscorubra' $^1/_3$ echte, $^1/_3$ schmutzig-braunrote, $^1/_3$ grünblättrige Sämlinge und bei *C. avellana* 'Heterophylla' $^1/_3$ echte, $^2/_3$ gewöhnliche grüne Sämlinge.

Veredlung, am besten durch Kopulation, kommt vor allem in Betracht für die Korkenzieher-Hasel, C. avellana 'Contorta', ferner auch für die Wildarten, sofern kein Saatgut erhältlich ist. Corylus colurna, die natürlich leicht aus Samen zu ziehen ist, zeigt immer eine sehr verschiedengestaltige Krone. Bei einer Verwendung als Straßenbaum wäre eine einheitliche Kronenform viel wünschenswerter; selektierte Kronenformen oder Typen müßten dann durch Kopulation veredelt werden. (Übrigens werden in Oregon, USA, bereits seit 1920 avellana-Sorten auf C. colurna hochstämmig veredelt, wodurch man eine große Fruchtbarkeit erzielte. Diese Bäume sehen von Ferne fast aus wie „Apfelbäume" und sollen enorm reich tragen.)

Ablegen ist üblich für die übrigen Formen der Hasel, die nicht aus Samen echt fallen, vor allem aber für die Blut-Hasel, C. maxima 'Purpurea'.

Empfehlenswerte Arten und Formen: *Corylus avellana* und 'Contorta', *chinensis* (schönste!), *colurna, maxima* 'Purpurea'.

Beijerinck, W., 1951: Hazelnotenteelt. Meded. Dir. Tuinb. **14**: 513-523. Den Haag 1951. — Miller/Schuster, 1943: Young filbert orchards. Oreg. Fed. Coop. Ext. Serv. Bull. **610**: 16 S. — Schneiders, R.: Erfolgreicher Haselnußbau. 116 S. Stuttgart 1943. — Schuster, C. E. 1944 Filberts. Oreg. Fed. Coop. Ext. Serv. Bull. **628**: 32 S.

COTINUS — Perückenstrauch — Anarcardiaceae

Aussaat mit nach der Reife sorgfältig stratifiziertem Saatgut im Frühjahr im kalten Kasten. Die Sämlinge erreichen im ersten Jahre durchschnittlich eine Höhe von 50 cm. Auch die rotblättrige *C. coggyria* 'Rubrifolius' fällt fast ganz echt aus Samen, und man kann sich dadurch das sonst übliche Ablegen ersparen. Mäuse stellen mit Vorliebe dem Saatgut nach, deshalb gut aufbewahren!

Stecklinge von angetriebenen Pflanzen brachten die besten Ergebnisse und wachsen entschieden besser (ungarische Ergebnisse) als solche von Pflanzen aus dem Freiland.

Wurzelschnittlinge von den rotblättrigen Sorten sind möglich, aber die Erergebnisse sind meist dürftig.

Das Ablegen ist in den französischen Baumschulen noch meist üblich.

Steckhölzer versuchte Nadasi, die im Spätherbst geschnitten und im kalten Kasten eingeschlagen wurden. Hierbei wurde beobachtet, daß sich die Steckhölzer im allgemeinen nicht bewurzelten, wohl aber die an ihnen entstandenen Triebe; diese Methode kommt daher für größere Anzuchten nicht in Betracht.

Kulturansprüche: Gewöhnlicher, ja sogar magerer, trockener Boden und Sonne bis Halbschatten.

Empfehlenswert: *Cotinus coggygria* und 'Rubrifolius'.

De Boer, S., 1950: Het stekken van *Cotinus coggygria (Rhus cotinus)* 'Rubrifolius'. Boomkwerkerij 5: 136. — Nadasi, M.: Beiträge zur generativen und vegetativen Vermehrung von Cotinus coggygria; in Ann. Acad. Hort. Vitic., Budapest 18 (II): 117-125; 1954.

COTONEASTER — Zwergmispel — Rosaceae

Methode	Jan.	Febr.	März	April	Mai	Juni	Juli	Aug.	Sept.	Okt.	Nov.	Dez.
Aussaat	●	●										
Stecklinge					**X**	**X**	X	**X**	**X**			
Absenken					●	●						
Veredeln			●	●								

X X unter Glas; ● ○ Freiland; fette Zeichen wichtigste Methoden

Aussaat ist in den meisten Fällen die beste Vermehrung, soweit die Arten echt aus Samen fallen. Bei einigen Arten ist die natürliche Variationsbreite sehr groß, so z. B. bei *C. horizontalis* und *salicifolius,* bei der Sämlingspflanzen sehr oft nicht den typischen (bzw. erwünschten) Wuchs zeigen und vor allem nicht so reich fruchten. Außerdem beginnen die Sämlingspflanzen erst später zu fruchten als gleichaltrige Stecklinge (Abb. 241).

Ilsink hält auch die bei uns oft geübte Methode des Einsandens der frischen Früchte mit dem Fruchtfleisch für sehr zweckmäßig und bezweifelt, ob das Auswaschen des Fruchtfleisches förderlich ist. In Stichworten ein Auszug aus seinem ausführlichen Bericht:

Ernte der Früchte bei Vollreife; Pflücken bei physiologischer Reife (das heißt kurz vor der Vollreife) ohne Vorteil, Früchte auf kleine Haufen schütten, rotten lassen, durchkneten, ab und zu umschaufeln, dann einsanden, liegen lassen bis Januar, bei günstigem Wetter draußen breitwürfig aussäen, späterer Frost ist sehr nützlich (nicht etwa schädlich), 1—2 cm dick zudecken, darüber zweckmäßig noch Torf oder Nadelstreu in dünner Lage, gut anklopfen, Keimung im April; im ersten Jahr keimen *C. ambiguus, bullatus* (nur teilweise, deshalb bei der Stratifikation sorgfältig beobachten), *dielsianus* (wie *bullatus*), *franchetii* (gut), *frigidus* (gut), *horizontalis* (besser nicht aussäen, vgl. oben), *moupinensis* (wie *bullatus*), *praecox* (wie bei *horizontalis*), *salicifolius* (sehr veränderlich), *simonsii* (gut), *wardii* (nur echt, wenn alleinstehende Mutterpflanze), *zabelii* (am besten von allen); im 2. Jahre keimen *C. acutifolius* und *divaricatus*, die man also 1 Jahr lang liegen lassen muß; außerdem haben beide oft viel taube Samen.

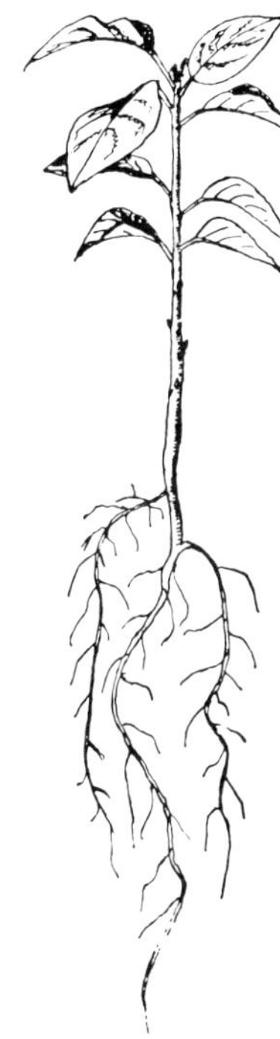

Abb. 241. Links einjähriger Sämling von *Cotoneaster acutifolius*

In Versuchen von GIERSBACH keimten nach viermonatiger Lagerung bei 10 °C in feuchtem Torfmull (im Keimschrank) *C. zabelii* und *dielsianus* bei der Aussaat mit 100 %, während bei *acutifolius, horizontalis, lucidus* und *divaricatus* auch nach 10 Monaten Behandlung erst eine geringe Keimung eintrat; bei diesen ist, genau wie bei *Crataegus*-Arten, zuerst eine Warmstratifikation zur Überwindung der Hartschaligkeit und dann eine Kühlbehandlung erfolgreich. Oder sie werden zuerst 90—150 Minuten lang mit konzentrierter Schwefelsäure behandelt und dann 3—4 Monate kühl stratifiziert.

Damit werden im wesentlichen auch die praktischen Erfahrungen von ILSINK bestätigt.

Stecklinge sind von allen Arten und Formen möglich, werden aber in der Regel nur von den immergrünen geschnitten und von denjenigen Arten, von denen Saatgut nicht zu beschaffen ist. Ebenso ist man auf Stecklinge angewiesen, wenn man Formen mit besonderen Eigenschaften vermehren will, was besonders für die schwachwachsenden Formen und Arten gilt. Für die immergrünen schneidet man die Stecklinge von ausgereiften Triebspitzen im Hochsommer und steckt sie im Vermehrungshause. Sommergrüne Arten vermehrt man im Juni—Juli (Abb. 242).

Von den sommergrünen Arten pflegt man nachfolgende Arten in größerer Menge aus Stecklingen zu ziehen: *C. adpressus, horizontalis* mit Formen, *praecox, 'Hessei'* und *prostata*. Beste Zeit dazu nach Mitte Juli. 4—6 Wochen nach dem Stecken ist alles fast zu 100 % bewurzelt und Mitte September können die Mistbeetfenster abgenommen werden, damit die Stecklinge nicht mehr durchtreiben und besser ausreifen. Von *C. horizontalis, microphyllus, buxifolius, adpressus, praecox*, 'Hessei' usw. kann man übrigens auch größere, bereits verzweigte Stecklinge stecken. Sie bewurzeln sich ebenfalls gut. Nach der Bewurzelung kann man diese eintopfen in $^1/_3$ Gartenerde, $^1/_3$ Sand und Torf, dann 2—3 Wochen im Kasten gespannt halten, anschließend die Fenster abnehmen. So können sie, im Winter natürlich mit aufgelegten Fenstern, bis zum Frühjahr stehen bleiben. Vor dem nächsten Verpflanzen ist ein kräftiger Rückschnitt erforderlich.

Selbst Steckholz ist bei einigen Arten möglich und wird, nach GROOTENDORST, in Holland von *C. bullatus, dielsianus, moupinensis* und *simonsii* gelegentlich gesteckt. Auch mit *C. horizontalis* und *praecox* soll dies möglich sein.

Veredlung kommt im allgemeinen nur in Frage für *C. multiflorus* und var. *calocarpus*, da Sämlingspflanzen unsicher in Blütenreichtum und Fruchtansatz sind. Sie wird als Handveredlung im Winter vorgenommen. Mehrjährige Versuche in Boskoop haben ergeben, daß *C. acutifolius, bullatus, divaricatus* und *zabelii* sich gut als Unterlagen eignen; auf *C. acutifolius* erhält man die stärksten Triebe. *Amelanchier canadensis* ergibt sehr schlechte Ergebnisse, ebenso *Sorbus aucuparia*, die zwar anfänglich gute Resultate als Unterlage zeigt, aber im nächsten Jahre keine zufriedenstellende Weiterentwicklung. Wo gelegentlich zwergige *Cotoneaster* auf Stamm veredelt werden, geschieht dies für schwachwachsende Arten auf Rotdorn, für starkwüchsige auf *Sorbus aucuparia* (!).

In Nordamerika wurde, wie SAX berichtet, *Cotoneaster praecox* auf *Crataegus phaenopyrum* veredelt; die einjährigen Triebe waren sehr kräftig. Die Veredlung wurde in 1,5 bis

Abb. 242. Steckling von *C. salicifolius* (Original)

1,8 m als Kronenveredlung, ausgeführt. Da diese Unterlage bei uns bisher kaum verwendet wurde, sollte man sich ihrer erinnern, wenn man *Cotoneaster*-Stämmchen anziehen will.

Pflanzen, die für den Export in kältere Länder (Kanada, Skandinavien) bestimmt sind, sollen nicht auf *C. bullatus,* sondern auf *C. acutifolius* veredelt werden.

K u l t u r a n s p r ü c h e : Alle Arten sind sehr bescheiden in bezug auf den Boden; gewöhnlicher, durchlässiger, mehr trockener als feuchter Gartenboden genügt vollständig. Die Winterhärte der immergrünen Arten ist überall sehr verschieden und in jedem Winter anders, so daß man hier keine genauen Angaben machen kann.

Sehr nützlich dürften auch die holländischen Angaben über die Winterhärte der für einen Export in Betracht kommenden Arten sein (GROOTENDORST).

H ä r t e g r u p p e A, für die Präriegebiete von USA, Kanada, Nordskandinavien:

C. adpressus (unter Schnee), *acutifolius* (für Hecken), *integerrimus* (härteste rotfrüchtige), *lucidus* (für Hecken), *melanocarpus* und var. *laxiflorus* (weniger schön), *multiflorus* (besonders als Blütenstrauch) und *tomentosus* (rotfrüchtig);

H ä r t e g r u p p e B, für das südöstliche Kanada, mittelsüdliches Skandinavien:

C. bullatus, dammeri radicans, dielsianus, divaricatus, moupinensis, multiflorus, var. *calocarpus, praecox, racemiflorus* und *zabelii.*

E m p f e h l e n s w e r t e A r t e n u n d F o r m e n :

W u c h s t e p p i c h f ö r m i g : *Cotoneaster dammeri,* 'Eichholz', '*Gnom*', 'Parkteppich' und 'Skogholm'.

B i s 1 m h o c h : *C. conspicuus* mit 'Decorus', *buxifolius* (in Kultur meist unter dem Namen „*C. rotundifolius*"), *horizontalis, microphyllus* mit 'Cochleatus' (in Kultur besser bekannt als „*C. melanotrichus*"), watereri 'Pendulus' (besser bekannt als *C. hybridus* 'Pendulus');

1—2 m h o c h : *C. dielsianus, divaricatus, hupehensis, sternianus, wardii;*

ü b e r 2 m h o c h : *C. bullatus* mit var. *floribundus, frigidus* (ΛΛ), *henryanus, lacteus* (ΛΛ), *multiflorus* var. *calocarpus* (jetzt *C. racemiflorus* 'Calocarpus'), *salicifolius* var. *floccosus, watereri* mit 'Cornubia', 'St. Monica'.

GIERSBACH, J., 1934: After-ripening and germination of Cotoneaster seeds. Contrib. Boyce Thompson Inst. 6: 323-338. — GROOTENDORST, H. J., 1949: Het Cotoneaster-sortiment, Boomkwekerij 4: 160-163. — ILSINK, 1950: Aantekeningen over het zaaien van Cotoneasters. Boomkwekerij 5: 94-95. Cotoneaster-Unterlagen; in Jaarb. Proefstation Boomkw. Boskoop 1956: 51; 1957: 44.

COWANIA — Felsenrose — Rosaceae

S t e c k l i n g e im August; nur eine Art, *Cowania mexicana* (ΛΛΛ).

CRATAEGOMESPILUS — Rosaceae

V e r e d l u n g durch Okulation im Sommer auf *Crataegus monogyna* oder *oxyacantha* ist mühelos. E m p f e h l e n s w e r t : *Crataegomespilus dardarii* 'Asnieresii', *grandiflora.*

CRATAEGUS — Weißdorn — Rosaceae

A u s s a a t ist für alle reinen Arten unbedingt die beste Vermehrung, wenn Saatgut vorhanden ist.

Früchte kurz vor der Reife mit dem Fruchtfleisch auf kleinen Haufen lagern und rotten lassen, dann einsanden. Aussaat im übernächsten Herbst im Freiland auf Beete. Die Keimung erfolgt im Mai. Ein großer Teil der Früchte geht, wenn man von der verhältnismäßig gut keimenden *C. monogyna* absieht, nicht gleich im ersten Jahre auf, sondern liegt noch ein zweites oder sogar drittes Jahr über. Auf diese Nachzügler wird man in der Regel aber nicht mehr warten, sondern die Beete nur ein Jahr liegen lassen. Die Sämlinge werden im ersten Jahr durchschnittlich etwa 60—70, bei *C. monogyna* auch bis zu 100 cm hoch und recht kräftig. 1 m² bringt etwa 400 Sämlinge.

Über die amerikanischen Arten liegen Untersuchungen über die Ursachen und Behebung des Keimverzuges von FLEMION vor. Sie ermittelte, daß die Arten sich sehr unterschiedlich in ihren Keimungsansprüchen verhalten. So brauchen *C. phaenopyrum* und *„coccinea“* mindestens 2 1/2—5 Monate Kühllagerung zum Nachreifen; dies wird schon erfüllt durch Herbstaussaat nach der Reife. Die Samen reifen während des Winters nach und gehen im Frühjahr auf. Dagegen keimen auch bei Herbstaussaat die Samen von *C. flava, punctata, crus-galli* und *rotundifolia* erst im zweiten Frühjahr. Im Versuch war es möglich, diesen Keimverzug durch 4monatige Lagerung bei 21 °C und 5 Monate bei 5 °C abzukürzen; durch Schwefelsäurebehandlung konnte die ganze Nachreife auf unter 6 Monate herabgedrückt werden.

Abb. 243. Einjährige Veredlungen von *Crataegus* 'Paul's Scarlet'

V e r e d l u n g in der einfachen Form der Okulation kommt überall dort in Frage, wo die Aussaat entweder, wie bei den unzählbaren Formen von *C. monogyna* und *C. laevigata,* nicht möglich ist oder die Anzucht aus Samen zu langwierig ist. Die Veredlungen wachsen nicht immer gut, was aber wohl in erster Linie die Folge der Uneinheitlichkeit des Unterlagengemisches sein dürfte. Veredlungen auf Hochstämme, was vielleicht der Fall bei *C. azarolus* sein könnte, macht man auf Stämme der starkwachsenden und gerade Stämme bildenden *C. laevigata* 'Paul's Scarlet' (= *C. monogyna kermesina plena*), die in diesem Falle als Stammbildner gebraucht wird, denn diese Form wird selbst ebenfalls okuliert und von unten her hochgezogen (Abb. 243).

In USA versuchte man auch *C. phaenopyrum* als Unterlage für Rotdorn; im 1. Jahre prächtige Triebe, im 2. Jahre die ersten Anzeichen von Unverträglichkeit, im 3. Jahre starben die 150—180 cm langen Triebe ab (FLEMER, in Proc. Plant Prop. Soc. 3 : 36).

K u l t u r a n s p r ü c h e : Keine; sie gedeihen in jedem nicht zu feuchten Boden. Allerdings vertragen sie heiße Stellen und zu leichten Boden nicht gut.

E m p f e h l e n s w e r t e A r t e n u n d F o r m e n : *Crataegus arnoldiana, calpodendron* (= *tomentosa*), *crus galli, grignonensis, lavallei* (= *carrierei*), *mollis, monogyna* mit den Formen 'Inermis' und 'Stricta', *nitida, orientalis, laevigata* (= früher *oxyacantha*) mit 'Paul's Scarlet', *pedicellata* (= *coccinea*), *phaenopyrum, pinnatifida* 'Major', *prunifolia, punctata, succulenta, viridis, wattiana,* 'Toba' und 'Autumn Glory'.

FLEMION, F., 1938: Breaking the dormancy of seeds of Crataegus species. Contrib. Boyce Thompson Inst. **9**: 409-423.

CRINODENDRON — Elaeocarpaceae

S t e c k l i n g e im August; bei uns Überwinterung im Kalthaus notwendig. Schönste Art: *Crinodendron hookerianum.*

CYDONIA — Quitte — Rosaceae

(siehe Teil C, Vermehrung der Obstgehölze)

CYRILLA — Lederholz — Cyrillaceae

Stecklinge im Mai im Haus, bewurzeln sich rasch.
Nur eine Art: *Cyrilla racemiflora.*

CYTISUS — Geißklee — Leguminosae

Methode	Jan.	Febr.	März	April	Mai	Juni	Juli	Aug.	Sept.	Okt.	Nov.	Dez.
Aussaat			**X**	○	●							
Stecklinge	X	X				**X**	**X**	**X**				
Veredlung			**X**	**X**								

X X unter Glas; ● ○ Freiland; fette Zeichen wichtigste Methoden

Saatgut von *C. scoparius* kann man im August selbst ernten, kurz bevor die Hülsen aufspringen; dann trocken in Säcken aufbewahren bis zur Aussaat. Das Saatgut bleibt 25 Jahre oder vielleicht noch länger keimfähig, wie Hegi (Flora von Mitteleuropa IV, 3, 1186) berichtet.

Aussaat der reinen Arten, wie bei allen Leguminosen, erst im Mai. Samen am besten vorquellen, weil dann die Keimung besser und schneller vor sich geht. Aussaat kommt für alle Arten in Betracht. Sämlinge auch von *Cytisus scoparius,* hält man wegen des schlechten Weiterwachsens bis zum Verkauf in Töpfen.

Rohmeder ermittelte gute Methoden zur Erreichung einer günstigen Keimung von mehrjährigem Saatgut von *C. scoparius.* Beste Erfolge erzielte er durch Anwendung einer Ritzmaschine (Ritzung mit Glasscherben 240 Minuten). Für die Baumschule dürfte das 5—10 Sekunden lange Eintauchen in kochendes Wasser, das ein Ergebnis von fast 70 % Keimung nach 3 Wochen brachte, ausreichen.

Eine Aussaat der Samen von *Scoparius*-Hybriden ergibt gute Sämlinge in den verschiedensten Farbtönen, dabei aber immer viele gelbe und gelbbraune.

Stecklinge werden in den Baumschulen, die sich speziell hiermit befassen, auch unter Glasglocken gesteckt, weil die Stecklinge hier stets in gespannter Luft stehen und sich besser bewurzeln als im Kasten. Gesteckt wird im Juli—August; das Vermehrungsbeet erhält $^2/_3$ Sand und $^1/_3$ Torfmull und wird im übrigen an einer windstillen, sonnigen Stelle im freien Lande, etwa vor einer Wand nach Süden, angelegt. Gespritzt wird, je nach Wetterlage, täglich ein- bis zweimal. Schattieren mit Jutegewebe, das man auf Gestellen darüberrollt oder spannt. Nach der Bewurzelung abhärten und, wenn man mit der Vermehrung schon zeitig begonnen hat, in den Kasten pikieren. Im ersten Jahre besonders gut vor Frost schützen, und auch im Frühjahr vor der Sonne, damit sie nicht zu früh treiben. Im Mai dann eintopfen in 10-cm-Töpfe, in denen sie später auch zum Verkauf gelangen (Abb. 244).

In Holland wird empfohlen, Stecklinge im September—Dezember zu schneiden und nach Wuchsstoffbehandlung in Torf und Sand (2 : 1) zu stecken.

Die Stecklingsanzucht, wie sie vorstehend beschrieben ist, gilt in allererster Linie für die zahlreichen Formen *C. scoparius,* aber ebenso auch für die niedrigbleibenden *C. kewensis, beanii, ardoinii, decumbens* usw.

Man kann auch Stecklinge im Juni stecken mit zweijährigem Holz. Diese Stecklinge stehen aber mindestens 4—6 Wochen bis zur Bewurzelung. Deshalb im Kasten nicht mit anderen raschwurzelnden Gehölzen zusammenstecken, sonst kann man später nicht lüften.

Grundsätzlich soll man die Ginsterarten immer im Topf behalten, da Pflanzen ohne Ballen, wie man es besonders bei den früher aus Frankreich in Menge eingeführten Ginsterpflanzen gesehen hat, schlecht oder gar nicht anwachsen. Als Erde für die Topfkultur eine Mischung aus Komposterde, Lauberde, Torf und scharfem Sand. Im Spätsommer weniger gießen, damit die Triebe gut ausreifen und eine gute Überwinterung sicher ist.

Schließlich sind auch noch Stecklinge von angetriebenen Pflanzen im Winter durchaus möglich.

Veredlung ist eigentlich ein Notbehelf, der nur dann berechtigt ist, wenn man bei der Stecklingsanzucht größeren Ausfall durch Schwarzwerden hatte oder wenn es sich um Vermehrung von Neuheiten handelt. Als Unterlage sind zu verwenden: nur *C. scoparius* für die Formen und den ganzen Formenkreis um diese Art; für die starkwachsenden sonstigen Arten *C. nigricans*. Die schwachwachsenden Arten werden durch Stecklinge vermehrt. *Laburnum anagyroides* als Unterlage ist in Frankreich üblich und sollte bei uns vollständig ausscheiden, weil hierauf die Veredlungen nicht haltbar sind. Zur Veredlung werden im Topf gut eingewurzelte, zweijährige Sämlinge im März—April mit zweijährigem Holz durch Geißfuß gepfropft. Fertige Veredlungen nicht zu warm stellen! Wenn sie angewachsen sind, sofort nach draußen und dort mit den Töpfen einsenken. Immer darauf achten, daß die Wurzeln nicht durch das Abzugsloch gehen, sondern im Topf bleiben.

Die Frage der richtigen Veredlungsunterlage ist noch immer nicht geklärt, falls man überhaupt veredeln will; denn auch die *scoparius*-Gartenformen bringen weder auf *C. scoparius* noch auf *Laburnum anagyroides* befriedigende Ergebnisse. Merkwürdig sind auch folgende Erscheinungen, die bei der Veredlung auftreten:

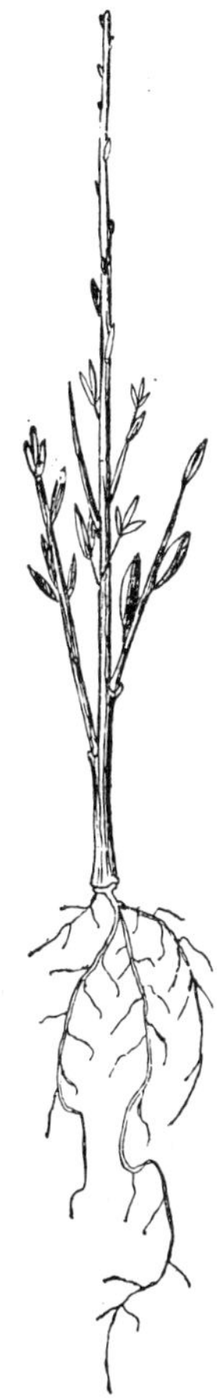

Abb. 244. Bewurzelter Steckling von *Cytisus scoparius*

Laburnum anagyroides wächst immer sehr gut ohne Ballen, doch sehr schlecht, wenn er mit *Cytisus* veredelt wird; deshalb Topfkultur. *Laburnum* wächst im allgemeinen zufriedenstellend auf Kalkboden, jedoch schlecht, wenn er mit *Cytisus* veredelt wird.

Kulturansprüche: Offener, freier Stand in ungedüngtem Gartenboden, viel Luft und Sonne und — richtiger Schnitt. Was im Frühjahr blüht, gleich nach der Blüte schneiden, damit kein Samen angesetzt wird und für den nächsten Frühling gutes Holz da ist. Alle sommerblühenden Arten im Frühjahr auslichten, das schlechte Holz fortschneiden. Bei jüngeren Pflanzen kann man ohne Bedenken bis tief ins alte Holz zurückschneiden.

C. scoparius und seine Verwandten verlangen kalkfreien Sandboden mit einem mittleren Nährstoffgehalt und sind sehr empfindlich gegen Kalk und Nässe. In ungeschützten Lagen erfrieren sie leicht im Winter. Sie lassen sich schlecht verpflanzen; namentlich ältere Sträucher wachsen ohne Ballen nicht weiter.

Empfehlenswerte Arten und Formen: Cytisus beanii, decumbens,, kewensis, nigricans, purgans, purpureus 'Atropurpureus'; C. praecox mit den Sorten 'Albus' und 'Allgold'; C. scoparius mit den Sorten 'Andreanus Splendens', 'Burkwoodii', 'Dukaat', 'Fulgens', 'Golden Sunlight', 'Luna', 'Maria Burkwood', 'Newry Seedling', 'Palette', 'Red Wings' und 'Roter Favorit'; ferner die praecox-Hybriden 'Hollandia', 'Frisia' und 'Zeelandia'. Der prachtvolle C. battandieri ist bei uns leider nicht winterhart.

Green/Hewlett, 1949: Dieback of Cytisus cuttings. J. Roy. Hort. Soc. LXXIV: 310-324. — Rohmeder, E.: Die Überwindung der Hartschaligkeit beim Saatgut des Ginsters, Sarothamnus scoparius. In „Beiträge zur Keimungsphysiologie der Forstpflanzen“, S. 101-112. München 1951.

DABOECIA — Glanzheide — Ericaceae

Vermehrung durch Aussaat (Frühjahr) und Stecklinge im Oktober wie bei *Erica*, auch Teilung gut möglich.

Kulturansprüche: Leichter, möglichst etwas anmooriger, kalkfreier Boden in sonniger Lage. *D. cantabrica* hält unsere Winter unter Decke aus, die Formen sind jedoch etwas empfindlicher.

Zu empfehlen: *Daboecia cantabrica* mit 'Alba' und 'Praegerae'.

DANAE — Traubendorn — Ruscaceae

Aussaat im Frühjahr mit stratifiziertem Saatgut im halbwarmen Kasten oder Teilung der Wurzelstöcke.

Eine Art: *Danae racemosa* (ΛΛ—ΛΛΛ).

DAPHNE — Seidelbast — Thymelaeaceae

Aussaat immer am besten, wenn Samen vorhanden ist; auch bei schwierigen Arten, wie z. B. *D. striata*, am erfolgreichsten. Samen am besten schon ernten, wenn die Beeren sich zu röten beginnen und dann gleich in die Erde bringen. Sie laufen im nächsten Frühjahr mit sehr gutem Erfolg auf.

Hub. Martin (Österreich), der besondere Erfahrung mit der Anzucht aus Samen hat, gibt folgende Hinweise: Es ist vor allem wichtig, das Fruchtfleisch vollständig zu entfernen, weil es keimhemmende Stoffe enthält. Dazu werden die reifen Beeren für eine Woche in einen Behälter mit Wasser gelegt, wo sie aufweichen und die Samen dann leicht ausgewaschen werden können. Die Samen werden danach getrocknet und anschließend ausgesät. Die Keimung nach dieser Behandlung erfolgt zu fast 100 %. Man darf nicht vergessen, nach der Bearbeitung auch die Hände gründlich zu reinigen, da die Beeren bekanntlich sehr giftig sind. Die guten, schweren Samen liegen im Wasser auf dem Boden, die tauben schwimmen oben. Die Aussaat kann bei großen Mengen sogleich im Kasten, sonst in Schalen erfolgen in eine Erdmischung aus Rasenerde, Torf und Sand, für die immergrünen Arten etwas mehr Torf. Sämlinge im ersten Jahre im Kasten pikieren, im nächsten Frühjahr zurückschneiden und im Freiland pikieren.

Daphne mezereum wird besonders in Boskoop („Boskoopse Peper") gezogen und hauptsächlich nach England exportiert. Die Erfahrungen mit der Aussaat dieser Art weichen beträchtlich voneinander ab. Den Ouden empfiehlt, möglichst nur Samen von Mutterpflanzen mit intensiv gefärbten Blüten zu wählen und schildert das merkwürdige, plötzliche Absterben von Pflanzen dieser Art in Boskoop.

Stecklinge im Juli—August kommen hauptsächlich für die immergrünen Arten in Betracht, weil diese bei uns in Kultur nie oder nur selten Samen ansetzen, da ihnen unsere klimatischen Verhältnisse nicht behagen oder weil sie nicht genügend selbstfruchtbar sind. Hier schneidet man Stecklinge von den ausgereiften Trieben, die in Handkästen im Vermehrungshause Aufstellung finden. Die besten Stecklinge ergeben die Seitenzweige der abgeblühten Triebe; vorteilhaft ist das Stecken unter Glasglocken oder sonst in Töpfen am Rande, die dann unter Doppelglas aufgestellt werden. Wichtig ist hierbei, daß die Stecklinge nie welk werden! Weitere Behandlung später wie Sämlinge. Immer nur Stecklinge von solchen Pflanzen nehmen, die in voller Sonne stehen, nicht im Schatten oder von überdüngten Pflanzen. Sobald auch nur die geringsten Anzeichen der Blattfallkrankheit bemerkbar werden oder Veränderungen auftreten, nicht mehr Stecklinge abnehmen, da dadurch die ganze Kultur vernichtet werden kann.

Ablegen oder Absenken kommt u. a. für *D. cneorum, blagayana, striata* und andere Arten in Frage. Die Triebe werden im Juni—Juli in die Erde gelegt. Auf die Mitte der Pflanze wird ein Stein gelegt, damit die Triebe fest liegen bleiben und der Boden darunter kühl bleibt. Im nächsten Spätsommer sind die Triebe bewurzelt und können im Kasten pikiert werden. Im darauffolgenden Jahre Rückschnitt bis auf den Boden, abdecken mit einer Torflage, dann treiben sie mit 4—6 Trieben wieder durch. Im nächsten Frühjahr nach der Blüte wieder verpflanzen und nach der Blüte zurückschneiden. So behandelt, gibt es niedrige, buschige Pflanzen. Kultur von *D. cneorum* immer in voller Sonne.

Veredlung im zeitigen Frühjahr oder August—September im Hause auf eingewurzelte Sämlinge von *D. mezereum* oder Wurzelstücke für die sommergrünen Arten und auf Sämlinge von *D. laureola* (wenn überhaupt zu haben!) für die immergrünen Arten.

Überhaupt soll man bei *Daphne* nur dann veredeln, wenn es nicht anders geht; vor allem, wenn man in kurzer Zeit einen größeren Bestand heranziehen will. Im allgemeinen wachsen die Veredlungen auf *mezereum* besser als auf *laureola.*

Blattfleckenkrankheit: Über eine verheerende Blattkrankheit, die in Holland an *Daphne mezereum* auftritt und nach Blattfall zum Absterben der Pflanzen führt, berichtet v. KATWIJK: Die Ursache ist ein Virus. Als einziges Gegenmittel hilft nur eine sehr scharfe Selektion. Unglücklicherweise leiden gerade die Pflanzen mit dunkelroten Blüten mehr als die hellrosafarbenen. Die Krankheit ist bis jetzt noch nicht vollständig erforscht.

Kulturansprüche: Immer daran denken, daß ältere Pflanzen sich nur schlecht verpflanzen lassen und jede Art individuell behandelt werden will. Wenn ihr Standort richtig vorbereitet wird, gedeihen sie dort ganz ausgezeichnet. Im übrigen haben die Arten folgende Ansprüche:

D. alpina und arbuscula: Gewöhnlicher Boden, sonnige Lage.

D. blagayana: Humose Rasenerde mit Kalkbrocken, volle Sonne; am besten in Gemeinschaft mit *Erica carnea,* weil diese Daphne sonst immer kahl aussieht.

D. burkwoodii 'Somerset' gedeiht in jedem guten Gartenboden mit reichlich Humus und verdient viel größere Verbreitung.

D. caucasica: wie *alpina.*

D. cneorum: Sandiger Lehm mit Zusatz von Humus und Kalksteinschutt (eventuell alter Mörtel oder Bauschutt), guter Wasserabzug, volle Sonne. Nicht in schattige Lagen pflanzen, weil sie dort lang werden und eingehen. Auch die aus Holland eingeführten Pflanzen halten sich bei uns selten lange, weil sie von Moorboden stammen und bei uns meist falsch behandelt werden. Solche Pflanzen müssen zunächst einmal wieder ähnlichen Boden erhalten, also reichlich Torfmull, Moorerde und Sand bei der Pflanzung zufügen. Im übrigen ist diese Art kalkhold!

D. collina: Guter Gartenboden genügt, nicht aber Sandboden. Winterschutz mit trockenem Laub und Tannenreisig, Halbschatten. Veredelte Pflanzen halten sich bei uns besser als wurzelechte.

D. laureola: Feuchte, halbschattige Lage, am besten unter Buchen und Eichen. Härter ist ihre var. *philippi.*

D. petraea: In Kultur schwierig. Sonnige Lage, Rasenerde mit Zusatz von Moor- oder Nadelerde. Im übrigen vergleiche das unter dem Abschnitt „Veredlung" über diese Art Gesagte.

D. pontica: Ebenso wie *laureola,* kann aber etwas sonniger stehen.

D. striata: Ansprüche wie *cneorum,* jedoch bedeutend empfindlicher, Topfkultur.

Empfehlenswerte Arten und Formen: *Daphne blagayana, burkwoodii* 'Somerset', *cneorum, genkwa, mezereum* mit 'Rubra Select', *odora* (ΛΛΛ), *petraea* und *retusa.*

v. D. GRAAF, A. J., 1945: De Bladziekte van Daphne mezereum. Boomkwekerij **1**: 130. — DEN OUDEN, P., 1946: Een culturpraatje over mezereum. Boomkwekerij **2**: 126. — v. KATWIJK, 1949: Die Blattfleckenkrankheit der Daphne. Dt. Baumschule **1**: 265-266. — STENZEL, A.: Immergrüne Daphnearten. Jb. Dt. Rhod.-Ges. 1939: 28 ff.

DAPHNIPHYLLUM — Daphniphyllaceae

Stecklinge von ausgereiften Trieben im Hochsommer unter Glas, am besten im Haus.

Daphniphyllum macropodum ist bei uns im Weinklima einigermaßen winterhart (ΛΛ—ΛΛΛ).

DAVIDIA — Davidie — Davidiaceae

Aussaat. Die Erfahrungen mit der Aussaat von *Davidia*-Samen sind recht unterschiedlich, doch haben im Arnold Arboretum Versuche Klarheit in dieser Frage gebracht. FORDHAM berichtet, daß Davidia eine außergewöhnlich harte Samenschale und ein unentwickeltes Epikotyl hat. Am besten ist daher nach der Reife zunächst eine 4—5 Monate dauernde warme Stratifikation bei 20—25 °C. Wenn sich nun die Keimwurzel entwickelt, wird das aufgeweichte Stück Samenschale herausgedrückt, und die Wurzel kann austreten. In diesem Zeitpunkt werden die Samen noch drei weitere Monate normal kalt stratifiziert. Daran schließt sich die Aussaat an; die Samen sollen dann, wie FORDHAM festgestellt hat, zügig keimen (Abb. 235—8).

Aus einer Frucht entstehen 1—3 Keimlinge, die bald darauf eingetopft werden müssen und in den nächsten Jahren im Topf bleiben. Sämlingspflanzen blühen erst im Alter von 20 Jahren.

In Europa geerntetes Saatgut soll kräftigere Pflanzen ergeben als chinesische Saat. Samen werden auch in Deutschland reif.

Stecklinge von Sommertrieben wachsen gut.

Absenken ist für uns die beste Vermehrung. Mit jungen Trieben ist der Erfolg sehr gut.

Kulturansprüche: Wo das Klima paßt, gedeiht sie überall; sonst frischer Boden und Waldlage (!). Winterschutz! Die jungen Triebe leiden meist durch Frost. In Deutschland ist wohl überall statt *D. involucrata* ihre Varietät *vilmoriniana* in Kultur!

Empfehlenswerte Art und Form im Text genannt.

KRÜSSMANN, G., 1953: Notizen über Davidia. Dt. Baumschule 5: 46-49. — COCKER, H.: Davidia. Gard. Chron.: 226 (1952, II). — FORDHAM, A., 1960: Germination of double-dormant seeds; in Proc. Plant Propag. Soc. 10: 267.

DECAISNEA — Lardizabalaceae

Aussaat der blauen, gurkenartigen Früchte bzw. der zahlreichen in Schleim gebetteten schwarzen Samen bald nach der Ernte, nachdem sie ausgewaschen wurden. Keimung ziemlich regelmäßig im nächsten Frühjahr. Die großen Samen kann man auch gleich einzeln in kleine Töpfe legen. Jungpflanzen werden im ersten Jahre etwa 30 cm hoch.

Wurzelschnittlinge wachsen auch, sind aber nicht notwendig, da die Pflanzen reichlich Früchte tragen.

Kulturansprüche: Nahrhafter, humoser Boden und etwas geschützte, sonnige Lage. Wegen des frühen Austriebes leidet sie manchmal unter Spätfrösten. Als alter, fest eingewurzelter Strauch ist sie jedoch ganz hart. Bei älteren Büschen schneidet man vorteilhaft nach und nach die ältesten Triebe kurz über dem Boden fort, damit kräftige Langtriebe von unten nachwachsen.

Empfehlenswerte Art: *Decaisnea fargesii.*

DECUMARIA — Sternhortensie — Hydrangeaceae

Stecklinge im Juni unter Glas.

Teilung genügt meist bei geringem Bedarf.

Nur für Liebhaber: *Decumaria barbara.*

DENDROMECON — Baummohn — Papaveraceae

Aussaat nur mit ganz frischem Saatgut erfolgreich, da die Keimfähigkeit nur kurz ist; einfacher sind Stecklinge von den ausgereiften Trieben im Juli.

Empfehlenswert: *Dendromecon rigida* (∧∧∧).

DESFONTAINIA — Desfontainiaceae

Stecklingsvermehrung von den kurzen Seitentrieben im Sommer. Kultur in Töpfen, frostfrei im Winter.

Schönste Art: *Desfontainia spinosa* (∧∧∧).

DESMODIUM — Wandelklee — Leguminosae

Aussaat im Mai unter Glas. — Von den rund 450 bekannten Arten ist gelegentlich *D. tiliifolium* in Kultur, während *D. penduliflorum* nur ein Synonym von *Lespedeza thunbergii* (s. dort) ist.

DEUTZIA — Deutzie — Philadelphaceae

Aussaat kommt nur bei den reinen botanischen Arten oder bei der Züchtung zur Anwendung. Der feine Samen wird im Frühjahr in den kalten Kasten gesät und geht bald auf. Pikiert wird zuerst wieder in den Kasten, beim zweiten Male auf Freilandbeete. Was aus der Aussaat entsteht, muß man erst einmal abwarten.

Stecklinge im Frühsommer bei allen schwachwachsenden Arten, z. B. *D. gracilis, rosea* und den ganzen Formenkreis. Sie wachsen sehr gut im Hause oder im Kasten. Man kann die Mutterpflanzen auch antreiben und davon Stecklinge nehmen, wenn die Sommervermehrung nicht ausgereicht oder aus irgendeinem Grunde versagt hat.

Um die oft entstehenden Ausfälle beim Auspflanzen der kleinen Stecklinge zu vermeiden, ist es am besten, die Stecklinge 1 Jahr länger im Kasten stehen zu lassen und dann erst auszupflanzen. Auf diese Weise wächst alles und es gibt keine halbvollen Beete. Diese einfache Maßnahme ist leider kaum bekannt. Frisch gesteckte Stecklinge müssen am Tage mehrmals gespritzt werden und dürfen auf keinen Fall welken. Ist das Wetter zu heiß, kann man auch einmal für einige Stunden eine dicke Wintermatte als Schattierung auflegen, um die Temperatur kühl zu halten.

Steckholz schneidet man von allen starkwachsenden Arten und deren Formen. Es wird im Winter geschnitten, gebündelt und im Frühjahr gesteckt, wo es dann fast mit 100 % wächst und im ersten Jahre 60—80 cm hoch wird. Ausfälle können durch Sommerstecklinge leicht noch eingeholt werden.

Kulturansprüche: Keine; jeder gewöhnliche Gartenboden genügt. Vorsicht vor Überproduktion, da Vermehrung so leicht!

Empfehlenswerte Arten und Formen: *Deutzia discolor* 'Major', *hybrida* 'Contraste' und 'Mont Rose', *hypoglauca, kalmiiflora, magnifica* mit 'Erecta' und 'Macrothyrsa', *pulchra, rosea* 'Campanulata' und 'Carminea', *scabra* 'Candidissima' und 'Pride of Rochester', *vilmoriniae*.

Grootendorst, H. J., 1950: Het Deutzia-Sortiment. Boomkwekerij **5**: 56-58. — Fox, H. M., 1951: Victor Lemoine and the Deutzias. Nat. Hort. Magazine **30**: 83.

DIERVILLA — Caprifoliaceae

Unter dieser Bezeichnung versteht man heute nur noch die niedrigbleibenden, sämtlich gelbblühenden Arten *D. lonicera, rivularis, sessilifolia* und *splendens*. Vermehrung leicht durch Stecklinge oder Ausläufer. Anspruchslos in Kultur, aber auch nur von geringem Zierwert.

Was man in den Baumschulen unter dem Namen *Weigelia* kultiviert, aber als *Diervilla* im Katalog führt, heißt richtig *Weigela;* vgl. dort.

Alle Arten wenig ansehnlich, doch gutes Unterholz in schattigen bis halbschattigen Lagen.

DIOSPYROS — Dattelpflaume — Ebenaceae

Früchte sofort abnehmen, wenn sie weich und orangebraun werden; Samen anschließend auswaschen und nach kurzem Trocknen am besten stratifizieren.

Aussaat im Frühjahr im warmen Kasten unter Glas nur bei einigen Arten gebräuchlich, so bei *D. virginiana* und *lotus*. Samen weiterer Arten sind auch kaum im Handel. Keimung oft recht unregelmäßig, mitunter noch nach 2—3 Jahren Nachzügler.

Absenken ist die üblichste Vermehrung. Da in den Baumschulen meist männliche Exemplare vorhanden sind, kommt ohnedies nur eine vegetative Vermehrung in Frage.

Veredlung entweder durch Okulation im Juni oder durch Winterhausveredlung auf im Topf fest eingewurzelten Unterlagen von *D. virginiana* oder *lotus*. Die Veredlung kommt in Betracht für die Vermehrung der selteneren Arten, besonders aber für die Formen von *D. kaki*, die im S und SO Europas als Fruchtbäume bekannt sind. Die tomatengroßen, orangeroten Früchte sind erst genießbar, wenn sie am Baum ganz weich geworden sind und die Schale sich abziehen läßt. Nicht vollreife Früchte sind ungenießbar. Kultursorten führen die südfranzösischen und italienischen Baumschulen.

Kulturansprüche: Wo es warm genug ist, wachsen sie in jedem Boden. Im Herbst muß durch Einkürzen der Triebe unbedingt für Triebabschluß gesorgt werden, sonst frieren sie zurück. Früchte tragen sie nur in den wärmsten Teilen Deutschlands, und zwar ist in den Fachzeitschriften über reichtragende Kakibäume in Frankfurt a. M. (1934), Geisenheim, Würzburg und Weinheim a. d. B. berichtet worden. Auch am Vierwaldstätter See gibt es reichtragende Bäume. Zu einem Anbau, selbstverständlich nur für einen Eigenbedarf, kann nur in Süddeutschland geraten werden.

Empfehlenswerte Arten im Text genannt.

FLETCHER, W. F.: The native Persimmon. US Dept. Farmers Bull. 685, 22 S. Washington 1935.

DIPELTA — Caprifoliaceae

Aussaat im Frühjahr in den halbwarmen Kasten, Sämlinge dann eintopfen.

Stecklinge sind die übliche Vermehrung; sie werden wie bei *Weigela* im Juni geschnitten und im Kasten gesteckt, wo sie mühelos wachsen.

Kulturansprüche: Sandiger Lehmboden in sonniger, frischer Lage. Jungpflanzen müssen unbedingt frostfrei gehalten werden. Ältere Pflanzen wachsen flott, haben schöne, gesunde Blätter und zahlreiche Blüten; sie sind ohne Winterschutz vollkommen hart.

Empfehlenswerte Art: *Dipelta floribunda.*

DIPTERONIA — Aceraceae

Aussaat möglich, wenn Saatgut verfügbar, leichter aber ist Ablegen im Frühjahr, zumal *Dipteronia sinensis* nur Liebhaber oder Botanische Gärten interessiert. Gut winterhart.

DIRCA — Lederholz — Thymelaeaceae

Aussaat des kurz vor der Vollreife geernteten Samens sofort im Kasten, wie bei *Daphne*, vgl. dort.

Absenken der vorjährigen jungen Triebe im Juni, doch dürfen sie erst nach guter Bewurzelung abgetrennt werden. Weiterkultur auf Beeten mit frischem, torfhaltigem Boden.

Kulturansprüche: Gedeihen nur in frischem, kalkfreiem Boden, sonst gehen die Pflanzen unfehlbar ein. Halbschatten.

Nur eine Art: *Dirca palustris.*

DISANTHUS — Doppelblüte — Hamamelidaceae

Aussaat, wenn überhaupt Samen vorhanden ist, im Frühjahr im halbwarmen Kasten. Sämlinge dann ein Jahr darin stehen lassen und später eintopfen. Jungpflanzen frostfrei halten. Die Samen keimen schwer.

Absenken der unbedingt halbschattig aufgepflanzten Mutterpflanze wie bei *Hamamelis* ist sonst neben der Veredlung auf Sämlinge von *Hamamelis virginiana* die einzig mögliche Vermehrungsart.

Kulturansprüche: Boden gut durchlässig, humos, am besten etwas moorig. In warmer, geschützter halbschattiger Lage ist der Strauch ganz hart. In Kultur wenig bekannt und sehr langsam wachsend, aber wegen der karminroten Herbstfärbung einer der schönsten Ziersträucher.

Nur eine Art: *Disanthus cercidifolius.*

DISCARIA — Rhamnaceae

Stecklinge mit Astring im September unter Glas. *Discaria toumatou* ist ein interessanter Strauch für Liebhaber (ΛΛΛ).

DISTYLIUM — Hamamelidaceae

Stecklinge von den ausgereiften Triebspitzen im Hochsommer reichen aus zur Vermehrung. *Distylium racemosum* ist im Weinklima Deutschlands recht winterhart (Tübingen 2 m); die Pflanze kommt jedoch bei uns keineswegs als Veredlungsunterlage für *Hamamelis* in Betracht wie in England, da sie dazu nicht winterhart genug ist.

DRYAS — Silberwurz — Rosaceae

Stecklinge im Juli—August von halbharten Trieben im kalten Kasten, in scharfen Sand, sind nach 3—4 Wochen bewurzelt, dann am besten bis zum Frühjahr stehen lassen, bevor sie eingetopft werden. Sie werden eigentlich nur in den Staudengärtnereien kultiviert. Gute Bodendecker für Steingärten.

Alle Arten schön; vollkommen winterhart.

DRIMYS — Winterrinde — Winteraceae

Stecklinge im August oder Ablegen im Mai; Überwinterung bei uns im Kalthaus erforderlich für alle Arten.

Schönste Arten: *Drimys lanceolata* und *D. winteri* (ΛΛΛ).

ECCREMOCARPUS — Bignoniaceae

Die Anzucht aus Samen ist so einfach, im warmen Kasten, daß die jungen Pflanzen noch im gleichen Jahre blühen. Deshalb am besten alljährlich neu anziehen, da sie nicht winterhart sind. Einzige Art: *Eccremocarpus scaber* (ΛΛΛ).

ECHINOPANAX — Stachelkraftwurz — Araliaceae

Wurzelschnittlinge wie bei Acanthopanx (s. dort) sind ausreichend für *Echinopanax horridus;* ganz winterhart.

EDGEWORTHIA — Thymelaeaceae

Stecklinge unter Sprühnebel im Juni oder notfalls Veredlung auf Daphne laureola; in Deutschland wohl nur auf der Insel Mainau im Freiland (1 m breit), sonst ΛΛ—ΛΛΛ. Empfehlenswert *Edgeworthia papyrifera.*

EHRETIA — Boraginaceae

Ehretia dicksonii und *E. thyrsiflora* sind zwar bei uns nicht allgemein winterhart, aber doch so starkwachsend, daß sie z. B. schon in Den Haag baumartig werden, in Paris gibt es davon Bäume mit 40 cm Stamm ⌀ in Bagatelle. Die Vermehrung geschieht am besten sorgfältig durch Wurzelschnittlinge im Gewächshaus. In den Gärten sind die Ehretien immer sehr selten, aber sonst wenig anspruchsvoll.

Empfehlenswerte Arten im Text genannt (ΛΛΛ).

ELAEAGNUS — Ölweide — Elaeagnaceae

Im Juli—August wird das Saatgut von *E. multiflora*, im September—Oktober von *E. angustifolia* geerntet; Vorsicht vor Vogelfraß! Anschließend Früchte rotten lassen, dann auswaschen und stratifizieren.

Aussaat im Frühjahr für alle Arten, von denen Saatgut zu bekommen ist. Das Saatgut muß im zeitigen Frühjahr vor der Aussaat von Zeit zu Zeit kontrolliert und sofort ausgesät werden, wenn es keimen soll. Die Keimung im Freiland beginnt normalerweise im Mai. Gekauftes Saatgut, das nicht aus frischer Ernte stammt, läßt man 1 Jahr eingeschichtet liegen, wenn man keine Keimung bemerkt. Für alle Arten kommt die Anzucht durch Aussaat in Frage. Etwa 150 Sämlinge auf 1 m².

Absenken im September—Oktober kommt dort zur Anwendung, wo kein Saatgut zur Verfügung ist. Bei *E. commutata (argentea)* ist es nicht nötig, da der Strauch reichlich Ausläufer bildet, die zum Aufschulen genommen werden können.

Veredlung kommt eigentlich nur für die buntlaubigen Formen von *E. pungens* in Frage. Diese immergrünen Formen sind bei uns nur in milden Gebieten hart und müssen sonst im Kalthaus überwintert werden. Veredlung im Frühjahr oder Sommer mit ausgereiften Trieben im Hause auf im Topf gut eingewurzelte Sämlinge von *E. multiflora.*

Stecklinge: der immergrünen Arten und Formen im Juli im Kasten oder im November im Haus.

Wurzelschnittlinge kann man sicherlich von *E. commutata* schneiden.

Kulturansprüche: Trockene Lage und volle Sonne, für die Immergrünen außerdem Winterschutz. *E. angustifolia* ist wichtig für Export nach Kanada, wo sie als Heckenpflanze beliebt ist.

Empfehlenswerte Arten und Formen: *Elaeagnus angustifolia, ebbingei, multiflora* (= *edulis*), *pungens* mit buntblättrigen Formen (∧-∧∧).

ELSHOLTZIA — Elsholtzie — Labiatae

Aussaat im Frühjahr unter Glas bei größerem Bedarf.

Stecklinge, von krautigen Trieben, im Juni geschnitten, wachsen gut. Schutz der Jungpflanzen im ersten Winter ist unbedingt ratsam.

Kulturansprüche: Gewöhnlicher, kalkhaltiger Boden in sonniger Lage; ganz winterhart und am besten als Halbstrauch zu behandeln.

Nur eine Art: *Elsholtzia stauntonii.*

EMPETRUM — Rauschbeere — Empetraceae

Aussaat in sandige Heideerde, wie bei *Erica.*

Stecklinge im Herbst von reifen Trieben, im Kasten oder Vermehrungsbeet gesteckt und im Hause überwintert, bewurzeln sich während dieser Zeit.

Teilung bei kleinerem Bedarf im Frühjahr.

Kulturansprüche: Die Empetrum werden meist falsch behandelt, daher die gelben Blätter! Sie brauchen gewöhnlichen bis humosen, aber unbedingt kalkfreien Boden in sonniger, möglichst etwas frischer Lage. In Nordnorwegen bedeckt *E. nigrum* in ungeheuren Flächen das Land.

Empfehlenswerte Art: *Empetrum nigrum.*

ENKIANTHUS — Prachtglocke — Ericaceae

Aussaat wie bei *Pieris* und *Erica*, sorgsam in Schalen im Hause, wo sie während des Winters bleiben müssen. Sämlinge wachsen anfangs langsam, später aber recht flott. — In besonders günstigen Lagen, wie in der Oldenburger Gegend, kann man auch im Freiland im Walde säen.

Absenken der jungen Triebe im März—April in frischen Boden ist sehr gut möglich.

S t e c k l i n g e , im August gesteckt, bilden im Vermehrungshause bald Kallus und bewurzeln sich, sobald geheizt wird.

K u l t u r a n s p r ü c h e : Frischer, humoser Waldboden und Standort im lichten Schatten größerer Bäume; sonst zumindest den Boden gut mit Lauberde durchsetzen. Kein Kalk!

E m p f e h l e n s w e r t e A r t e n : *Enkianthus campanulatus* mit 'Albiflorus', *cernuus* und *perulatus.*

EPIGAEA — Bodenlorbeer — Ericaceae

A u s s a a t wie bei *Erica oder Rhododendron;* der Erde muß jedoch noch gehacktes Sphagnum zugefügt werden und, wenn möglich, etwas Erde vom Standort der Pflanzen (*Mycorrhiza!*). Frische Saat läuft in 6—8 Wochen im Hause auf.

S t e c k l i n g e von ausgereiften Trieben, mit Verständnis behandelt, wachsen gut. Schließlich ist auch das vorsichtige Abtrennen von bewurzelten A u s l ä u f e r n möglich. In beiden Fällen ist es ebenfalls ratsam, lebendes, gehacktes Sphagnum dem Vermehrungsbeet (oder Kasten) zuzufügen, weil in diesem Material bereits nach 3—4 Wochen die Wurzelbildung längs des ganzen Triebes, oft sogar noch an den Blattstielen erfolgt. Die beste Zeit ist August—September, zur Not auch noch im Frühjahr. Die bewurzelten Stecklinge müssen im ersten Winter frostfrei im Kalthaus überwintert werden.

K u l t u r : In freier Natur wachsen sie stets an solchen Stellen, wo sie tagsüber zeitweise im Schatten stehen. In tiefem Schatten werden die Blätter zu üppig, und solche Pflanzen blühen dann nicht. Jungpflanzen pflegt man am besten in Kästen, die man ständig mit Schattenrahmen zudeckt. Bodenbedeckung mit Nadelerde sehr zu empfehlen.

Über die Vermehrung von *Epigaea repens,* insbesondere auch über die Bedeutung des Wurzelpilzes wurden von BARROWS Untersuchungen vorgenommen, doch haben die Resultate für die Praxis weniger Bedeutung. Eine ausführlichere Würdigung des Stoffes ist auch nicht notwendig wegen der geringen Verbreitung der Pflanzen.

E m p f e h l e n s w e r t e A r t e n : *Epigaea asiatica* und *repens.*

BARROWS, F. L.; 1936: Propagation of Epigaea repens L. I. Cuttings and seeds. Contrib. Boyce Thompson Inst. **8**: 81-97. — BARROWS, F. L., 1941: Propagation of Epigaea repens L. II. The endophytic fungus. Contrib. Boyce Thompson Inst. **11**: 431-440.

ERCILLA — Phytolaccaceae

Die V e r m e h r u n g durch Sommerstecklinge für *Ercilla volubilis* ist einfach und sicherlich ausreichend (⋀⋀—⋀⋀⋀).

ERICA — Heidekraut — Ericaceae

Methode	Jan.	Febr.	März	April	Mai	Juni	Juli	Aug.	Sept.	Okt.	Nov.	Dez.
Aussaat			X	X								
Stecklinge		X	X		**X**	**X**	**X**	**X**	**X**	**X**		
Teilung				●	●			●	●			

X X unter Glas; ● ○ Freiland; fette Zeichen wichtigste Methoden

A u s s a a t sehr sorgfältig im Hause in Schalen, am besten Mitte März. Erdmischung hierfür sandige Heide- oder Nadelerde, die oberste Lage fein gesiebt. Aussaaten ganz fein bedecken, Glasscheibe auflegen, dunkel stellen und stets feucht halten. Keimung nach 2—3 Wochen; dann sofort hell stellen und Scheiben abnehmen. Achtung vor Pilzbefall! Immer feucht halten. Sobald wie möglich pikieren, und zwar wieder in mit gutem Abzuge versehene Schalen und von dort, wenn sie groß genug sind, in den kalten Kasten. Immer muß die Erde sorgfältig zubereitet sein und die oberste Schicht aus fein gesiebter Heideerde

Abb. 245. Zweijährige Pflanzen verschiedener *Erica*-Arten in bester Entwicklung; links blühende *Calluna vulgaris tenuis* (Original)

Abb. 246. Erica-Steckling

bestehen. Stets gleichmäßig frisch und schattig halten. Wenn die jungen Sämlinge im Kasten genügend stark geworden sind, wird der Schatten weggenommen, damit die Pflanzen sich an Licht und Luft gewöhnen und recht kräftig werden. Vom Kasten kommen die Pflanzen dann auf das Beet.

Selbstaussaat von *Erica carnea* wurde bisher nur selten beobachtet (Hübsch).

Stecklinge werden am besten gerissen, und zwar Anfang Juli. Nur die zu langen Triebe müssen nachgeschnitten werden; es genügt aber auch schon ein Abkneifen mit den Fingern, denn die spröden Triebe brechen sofort ab. Günstigste Länge der Stecklinge 6—7 cm, bei großem Bedarf oder Neuheiten kann man sogar auf eine Länge von nur 2 cm herunter gehen. Am unteren Ende der Stecklinge werden die Blätter vorsichtig abgestreift, und dabei muß darauf geachtet werden, daß die Rinde nicht beschädigt wird. Dann im Kasten oder Vermehrungsbeet stecken und recht fest andrücken. Die Bewurzelung erfolgt nach 3—4 Wochen, wobei zweijähriges Holz sich schon etwas früher zu bewurzeln pflegt. Stecklinge mit Blütenknospen brauchen etwas längere Zeit, wachsen aber auch. Der Durchtrieb erfolgt nach weiteren 3 Wochen. Es ist zweckmäßig, zu diesem Zeitpunkt mit dem Lüften zu beginnen und bald die Fenster abzunehmen, damit die Stecklinge nicht zu lang werden. Während der Zeit der Bewurzelung, je nach der Wetterlage, 1—2mal spritzen, bei heißem Wetter am besten abends kräftig überbrausen und sonst geschlossen halten. Scheiben mit Kalk schattieren; das Beet darf auf keinen Fall trocken werden.

Das Schneiden der Stecklinge erfolgt am besten in der Reihenfolge wie diese schnittreif werden, etwa so:

Mai—Juni:	*E. carnea* und *E. erigena* (= *E. mediterranea*), sowie *E. arborea;* je früher man damit beginnt, um so länger ist die Wachstumsperiode, um so kräftiger werden die Pflanzen;
Juni:	*E. vagans;* Triebspitzen und untere Teile, nicht aber die Mittelstücke mit Blüten;
Juli—August:	*E. tetralix, E. ciliaris* und die sommerblühenden Arten und Sorten; Vermehrung erfolgt, sobald die Triebe lang genug sind.

Das Einstreuen von mykorrhizahaltiger Erde (vom Standplatz der Mutterpflanzen) unmittelbar unter die oberste Schicht des Vermehrungsbeetes erwies sich augenscheinlich als günstig.

Das Stecken geschieht auf verschiedene Weise, und zwar:

1. Mai—Juni von ausgereiften Triebspitzen, bei denen man eventuell die weichsten Triebspitzen noch abkneift; Stecken in Handkästen in Torf und Sand, im Vermehrungshause aufstellen; über Winter darin stehen lassen; auf den Hängeblättern aufstellen, immer nahe dem Glas. Im Frühjahr ist alles bewurzelt. Stecklinge im Kasten pikieren und 1—2 Jahre darin stehen lassen. Sorgen, daß viel Torfmull darin ist, weil dadurch die Jungpflanzen bessere Ballen bekommen. Jedes Jahr nach der Blüte (bei den winterblühenden Arten), sonst im Frühjahr zurückschneiden, damit sie recht buschig werden und bleiben. Zweijährige Stecklinge werden auf Beete gebracht und bleiben dort bis zum Verkauf.

2. Zweijähriges Holz, in gleicher Weise gesteckt, wächst ebenfalls gut und bewurzelt sich sogar noch schneller als einjähriges Holz; man spart dabei ein ganzes Kulturjahr. Diese beiden Verfahren genügen eigentlich schon und ergeben eine ausgiebige Vermehrung. Die Stecklinge haben dann den richtigen Reifegrad, wenn alle Blätter an der Triebspitze gespreizt sind (Abb. 246).

3. Im zeitigen Frühjahr von weichen Trieben, die im warmen Vermehrungshause gesteckt werden. Von angetriebenen Mutterpflanzen im Hause, was aber höchstens bei der Vermehrung von Neuheiten in Frage kommt.

Absenker sind ebenfalls leicht möglich. Mutterpflanzen tief setzen, Zweige durch einen auf die Mitte der Pflanze gelegten Stein auseinanderdrücken (wie bei *Daphne cneorum*). Der Boden wird reichlich mit Torfmull versehen. Diese Vermehrung ist wenig ergiebig. Man kann den Stein auch fortlassen und reinen Torf zwischen die Pflanzen bringen, so daß nur noch die Triebspitzen heraussehen. Auch hier beginnt schon nach wenigen Wochen die Bewurzelung. Immer muß darauf geachtet werden, daß der Torf feucht bleibt. Beste Zeit für diese Arbeit Mitte Juli. Die bewurzelten Triebe dürfen erst im nächsten Frühjahr abgenommen werden. Diese Vermehrungsweise kann man auch als Anhäufeln betrachten, denn es ist praktisch dasselbe.

Kulturansprüche: Die kalkholden Arten (*carnea* mit allen Formen, *terminalis, erigena, darleyensis*) sind mit gewöhnlichem, kalkhaltigem Gartenboden zufrieden, der nach dem Pflanzen mit einer zwei Finger hohen Torfmullschicht abgedeckt wird. Zu den kalkfliehenden Arten gehören vor allem *E. tetralix, vagans, cinerea, mackayi, arborea alpina* u. a., die einen frischen, anmoorigen, kalkfreien Boden brauchen.

Topfkultur, vor allem für Erica carnea-Sorten, hat bei uns stark zugenommen, da sie sich als blühende, zweijährige Pflanzen sehr gut verkaufen lassen. Der Absatz erfolgt stets in größeren Mengen, da die Pflanzen als Bodendecker Verwendung finden. Gegenüber der Freilandkultur kommt hinzu, daß die Topfkulturen viel leichter unkrautfrei gehalten werden können.

Schnitt: Sowohl die Jungpflanzen als auch ältere Pflanzen müssen alljährlich im Mai zurückgeschnitten werden. Dieser Schnitt ist das einzige Geheimnis zur Erzielung wirklicher Qualitätspflanzen. Die Pflanzen werden hierzu mit der Hand umspannt; was dann über die geschlossene Hand hinausragt, wird fortgeschnitten, damit der Wuchs recht buschig wird. Auf diese Weise entsteht eine feste, kugelrunde, gleichmäßige Handelsware (Abb. 245).

Empfehlenswerte Arten und Formen: *Erica arborea alpina, carnea* mit den Sorten 'James Backhouse', 'Ruby Glow', 'Springwood', 'Vivellii' und 'Winter Beauty', *cinerea* mit den Sorten 'Atrosanguinea' und 'Eden Valley', *erigena* (= *mediterranea*) mit den Sorten 'Brightness', 'Coccinea' und 'Silberschmelze', *tetralix* mit 'Alba' und *vagans* mit 'Lyonesse', 'Mrs. D. F. Maxwell' und 'St. Keverne'.

Das Handelssortiment hat sich bei uns erst wenig verändert; jedoch gibt es in England bereits über 250 Sorten, und viele davon sind in den holländischen Baumschulen bereits in Vermehrung. Es ist mit Sicherheit anzunehmen, daß unsere Baumschulen sich allmählich auch mit den neuen Sorten befassen werden. Zur Zeit führen in Deutschland folgende Firmen die größten Sortimente: Hermann Westermann in 3145 Bispingen-Borstel, und Kurt

KRAMER in 2901 Süddorf; in Holland gibt es in Boskoop bereits mehrere Spezialbetriebe, ferner in Leersum (bei Doorn).

HALL, J.: Modern techniques of heather production; Gard. Chron. 1972: Aug. u. Sept. — McMILLAN BROWSE, P. D. A., & HUTCHINSON, P. A.: A system of pot growing heathers; Gard. Chron. 1970: 11-13. — BENDA, I.: Über die Bedeutung der Mykorrhiza bei Ericaceen. Dtsch. Gärtnerbörse 1965: 13-14. HÜBSCH: Selbstaussaat strauchiger Gehölze. Mitt. DDG 1928, 353.

ERIOBOTRYA — Wolltraube — Rosaceae

Aussaat der großen Samen im Frühjahr, wenn die Früchte reif sind, unter Glas, gleich einzeln in Töpfe; selbstverständlich kann man die Pflanze auch durch Stecklinge im August vermehren.

Empfehlenswerte Arten: *Eriobotrya deflexicalyx* (noch neu) und *E. japonica* (sehr verbreitet, Früchte eßbar).

ERYTHRINA — Korallenstrauch — Leguminosae

Aussaat zwar einfach, aber wenig zu empfehlen, da die Sämlingspflanzen schlecht blühen; besser aus Stecklingen von angetriebenen Pflanzen im April.

Empfehlenswerte Art: *Erythrina crista-galli.*

ERINACEA — Igelginster — Leguminosae

Aussaat ist am besten sogleich nach der Reife; leider gibt es nur wenig Saat.

Stecklinge im August von reifen Trieben, die in Schalen gesteckt über Winter im Hause bleiben. Vorsichtig behandeln. Einfacher ist das Ablegen.

Kulturansprüche: Warme, sonnige Lage und leichter, sandiger, durchlässiger Boden im Alpinum. Kalkliebend! Nicht ganz hart!

Nur eine Art: *Erinacea anthyllis* (= *pungens*).

ESCALLONIA — Escalloniaceae

Aussaat im Frühjahr unter Glas, doch nur bei den reinen Arten, nicht bei den Kreuzungen.

Stecklinge wachsen am besten von den angetriebenen Mutterpflanzen im Winter, aber auch im Frühsommer von den krautigen Trieben. Der Erfolg ist in beiden Fällen recht gut.

Ablegen der jungen Triebe ist eine weitere Vermehrungsmöglichkeit.

Kulturansprüche: Leichter, sandiger Boden in sonniger, warmer Lage und geschützter Standort. Überwinterung im Freien ist meist gewagt, da sie nicht viel Frost vertragen können. Escallonien sollte man als Jungpflanzen nur in Töpfen ziehen, da sie sich nur schlecht verpflanzen lassen.

Empfehlenswerte Art und Züchtungen: *Escallonia virgata* (∧—∧∧), alle übrigen sind ∧∧∧, nämlich 'C. F. Ball', 'Donard Beauty', 'Donard Gem', 'Exoniensis', 'Iveyi', 'Langleyensis'.

EUCALYPTUS — Myrtaceae

Aussaat. Die Anzucht erfolgt ausschließlich aus Saatgut, das importiert wird und recht gut aufgeht. Die Aussaat erfolgt sogleich nach Erhalt des Saatgutes, im allgemeinen im Juli—August, in Kultursubstrat, und die Keimung erfolgt bald. Die jungen Sämlinge müssen sofort, wenn die Keimblätter voll ausgebreitet sind, vorsichtig pikiert werden, und zwar sofort in hohe, schmale Töpfe in kräftige Erde. Die sich bildende Pfahlwurzel muß ungehindert wachsen können.

Bei uns sind die Jungpflanzen nicht winterhart, müssen also frostfrei überwintert werden. Versuche mit älteren Pflanzen im Freiland haben bisher keine befriedigenden Ergebnisse gebracht, während sie in den wärmeren Teilen Europas, vor allem in Spanien, Portugal, Italien, aber auch auf den Britischen Inseln sogar von mehr oder weniger großer forstlicher Bedeutung sind.

In ihrer Heimat sind die Pflanzen mehr einem heiß-kalten Klima ausgesetzt, nicht trocken-naß; die Pflanzen bilden keine Endknospen, sondern wachsen beständig, in der kälteren Jahreszeit jedoch sehr langsam.

EUCOMMIA — Eucommiaceae

Aussaat ist nicht üblich, wenigstens nicht bei uns, aber sicherlich möglich. Auch in Deutschland gibt es fruchtende Exemplare, so z. B. in Potsdam.

Stecklinge können von den kurzen Seitentrieben im Frühsommer geschnitten werden.

Absenken der jungen Triebe im Juni—Juli ist die einfachste und deshalb auch üblichste Vermehrung.

Kulturansprüche: Gewöhnlicher, frischer, auch kalkhaltiger Boden. Ohne Schmuckwert und nur von botanischem Interesse, weil es das einzige in Deutschland winterharte Gehölz ist, welches Guttapercha (nicht Gummi!) enthält.

Nur eine Art: *Eucommia ulmoides.*

EUCRYPHIA — Eucryphiaceae

Aussaat fällt wegen Mangels an Saatgut meist aus.

Stecklinge am besten von angetriebenen Mutterpflanzen im Winter im Hause. Jungpflanzen in der ersten Zeit in Töpfen halten und frostfrei überwintern. Ablegen im Spätsommer geht auch sehr gut.

Kulturansprüche: Humoser, kalkfreier, frischer Boden und Halbschatten. Wurzelschutz durch Unterpflanzung von Zwerggehölzen empfehlenswert. Nur in den allerwärmsten Teilen Deutschlands unter Decke im Freien aushaltend. *E. glutinosa* war früher bei Späth-Berlin und Hesse-Weener in Kultur und hielt sich dort einigermaßen. Die Arten vertragen kein rauhes, trockenes Klima; in England sind sie ganz hart.

Empfehlenswerte Arten, doch alle ΛΛΛ!: *Eucryphia cordifolia, glutinosa* und *nymansensis* 'Nymansay'.

EUODIA — Rutaceae

Aussaat der im Herbst nach der Ernte stratifizierten Früchte ins freie Land, bei kleineren Mengen in den kalten Kasten, wo sie gut aufgehen. Ältere Bäume bringen auch bei uns reichlich keimfähige Saat, z. B. in Berlin-Dahlem.

Kulturansprüche: Wachsen in jedem Boden.

Empfehlenswerte Arten: *Euodia danielli* und *hupehensis.*

EUONYMUS (EVONYMUS) — Spindelbaum — Celastraceae

Methode	Jan.	Febr.	März	April	Mai	Juni	Juli	Aug.	Sept.	Okt.	Nov.	Dez.
Aussaat									●	●		
Stecklinge						X		**X**	**X**			
Veredlung		●					●					

X X unter Glas; ● ○ Freiland; fette Zeichen wichtigste Methoden

Aussaat möglichst bald nach der Reife (September—Oktober), sonst einschichten und Frühjahrsaussaat, bei *E. europaeus* im Freiland, bei den anderen Arten besser im kalten Kasten. Fast alle Arten bilden nach dem Auflaufen im ersten Jahre nur die beiden Kotyledonen aus und bleiben so bis zum nächsten Frühjahr unverändert stehen. Das Auflaufen ist sehr unregelmäßig. In Holland schichtet man das Saatgut im Mai ein und sät im

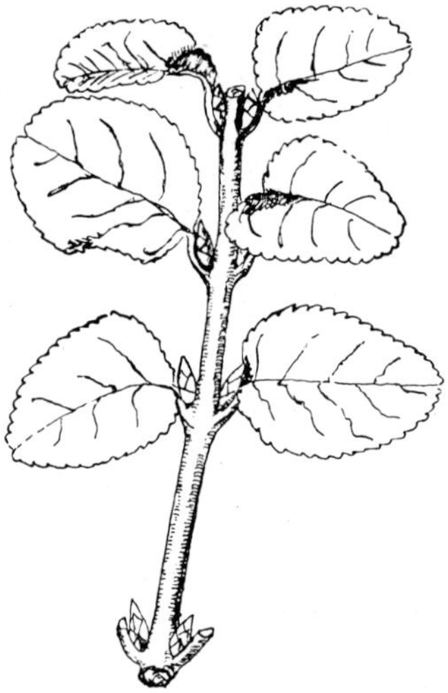

Abb. 247. Steckling von *Euonymus* 'Vegetus'

Herbst; die Keimung beginnt dann oft schon im Januar. Schutz von Nachtfrost! Die Aussaat kommt im übrigen für alle reinen Arten in Betracht, wenn auch die einfachere und kürzer dauernde Veredlung sehr oft vorgezogen wird.

S t e c k l i n g e kommen in der Hauptsache für die immergrünen Arten und ihre vielen Formen in Betracht, besonders die vielen Formen von *E. japonicus* und *E. fortunei.*

Die ziemlich ausgereiften Stecklinge werden im August in Handkästen gesteckt und mit diesen im Hause, das ja um diese Zeit ziemlich leer ist, aufgestellt, und zwar ziemlich kühl. Sie machen schon in kurzer Zeit Wurzeln, und die Kästen können dann wieder herausgebracht werden. Über Winter bleiben sie am besten im tiefen Kasten stehen. Im Frühjahr sind sie dann tadellos bewurzelt und werden auf Beete pikiert — oder bei den *japonicus*-Formen eingetopft. Letztere müssen während des Winters im Hause gehalten werden, da sie nicht genügend winterhart sind (Abb. 247).

S t e c k l i n g e der sommergrünen Arten und Formen schneidet man nur ganz ausnahmsweise, und zwar von *E. nanus* mit der Form *turkestanicus* (= *koopmannii*), *E. americanus,* ebenso *E. atropurpureus* und *E. sanguineus.* Diese Stecklinge werden im Juni von krautigen Trieben genommen.

V e r e d l u n g entweder als Winterhausveredlung auf eingewurzelten Unterlagen, was aber durchaus nicht nötig und viel zu umständlich ist, oder am einfachsten als Handveredlung im Winter auf Sämlinge von *E. europaeus,* die dann im Frühjahr auf Beeten aufgeschult werden. Hat man keine Sämlinge, kann man auch Wurzelstücke von *E. europaea* nehmen und ebenso verfahren. Veredlung kommt in Betracht auch für die *europaeus*-Formen, wie z. B. 'Aldenhamensis', und andere.

Ebenfalls sehr einfach ist die Okulation im Juli, die keine Schwierigkeiten bereitet. Sodann kann man anplatten wie bei *Clematis,* was SHEAT (S. 395) abbildet.

K u l t u r a n s p r ü c h e : Gewöhnlicher, wenn möglich etwas frischer Boden und Halbschatten. Immergrüne Arten müssen im Norden im Kalthause überwintert werden, die Formen von *E. fortunei* brauchen eine gute Decke. Hochstämmchen auf Ruten von *E. europaeus* werden auch hier und da im Frühjahr durch Kopulation oder Geißfuß herangezogen.

E m p f e h l e n s w e r t e A r t e n u n d F o r m e n : *Euonymus alatus, europaeus* mit Selektionen, *fortunei* mit 'Carrierei', 'Coloratus', 'Silver Gem', 'Vegetus' u. a., *hamiltonianus* var. *maackii* und var. *yedoensis, japonicus* mit buntblättrigen Formen, *nanus, phellomanus* und *planipes* (= *sachalinensis*).

In den letzten Jahren haben die amerikanischen Selektionen von E. fortunei (z. B. 'Emerald Gaiety', 'Emerald'n Gold', 'Emerald Leader') sehr an Bedeutung gewonnen, zumal sie alle gut winterhart und raschwüchsig sind.

EUPTELEA — Eupteleaceae

Am besten durch S t e c k l i n g e im Sommer, oder auch durch Ablegen bei nur kleinem Bedarf. E m p f e h l e n s w e r t : *Euptelea polyandra.*

EUROTIA — Hornmelde — Chenopodiaceae

A u s s a a t im Frühjahr im kalten Kasten mühelos für alle Arten; Zierwert gering.

EUSCAPHIS — Kahnfrucht — Staphyleaceae

Aussaat, wenn Saatgut vorhanden; sonst Stecklinge im Frühjahr von angetriebenen Pflanzen. *Euscaphis japonica* ist bei uns nicht winterhart (∧∧∧)!

EXOCHORDA — Perlbusch — Rosaceae

Aussaat am besten im Kasten, nur bei kleineren Mengen im Hause, wo sie rasch auflaufen und dannn sofort hell gestellt werden müssen. Von dort so schnell wie möglich in Kästen pikieren. Größere Mengen können auch unbedenklich ins freie Land gesät werden, wo sie tadellos im Juni auflaufen. Samen erhält man reichlich von den älteren Pflanzen (Abb. 235—19).

Stecklinge und Ablegen sind unnötige, aber sonst mögliche Arten der Vermehrung. Stecklinge nur von den angetriebenen Mutterpflanzen oder auch im Mai mit Wuchsstoff.

Kulturansprüche: Freier, sonniger Stand in gewöhnlichem oder etwas frischem Boden. Als junge Pflanzen öfter tief zurückschneiden, da sie leicht unten kahl werden und umfallen.

Empfehlenswerte Arten: *Exochorda giraldii* und *racemosa.*

FABIANA — Solanaceae

Stecklinge im Sommer oder im Herbst wachsen gut, am besten bei Bodenwärme. Beste Art: *Fabiana imbricata* (∧∧∧).

FAGUS — Buche — Fagaceae

Methode	Jan.	Febr.	März	April	Mai	Juni	Juli	Aug.	Sept.	Okt.	Nov.	Dez.
Aussaat				●						○		
Winterveredlung		**X**	**X**									
Spaltpfropfen .				**X**								
Kopulation						**X**						
Einspitzen							**X**	**X**				
Kronenveredlung					**X**							
Handveredlung		X	X									

X X unter Glas; ● ○ Freiland; fette Zeichen wichtigste Methoden

Die „Bucheckern" sind im Oktober reif und werden nach dem Abfallen vom Boden aufgelesen; an einem luftigen Ort legt man sie in dünner Schicht aus und läßt sie oberflächlich abtrocknen, dabei alle paar Tage umsetzen. Anschließend werden die Bucheckern in Erdmieten (abwechselnd dünne Lage Saat und Stroh, jede etwa 5—10 cm stark) oder auch in mäßig feuchtem Sand (zu feucht verursacht Keimung) im Keller ausgebreitet, in 40 cm dicker Lage; alle 2—3 Wochen umsetzen. Für frostfreie Lagerung der Samen und Luftzug durch Anbringen einer Ventilation, etwa durch Dränageröhren, muß gesorgt werden. Im Frühjahr muß rechtzeitig gelüftet werden, damit sich die Samen nicht erhitzen und dadurch zu früh keimen oder gar verbrennen. — Trockene Aufbewahrung auf dem Söller in Säcken verursacht Austrocknen und dadurch eine schlechte Keimung.

Künstliche Trocknung, wie sie etwa in den Klenganstalten möglich ist, führt immer zu Mißerfolgen und schlechter Keimung. Vor der Aussaat unbedingt 24 Stunden in Wasser quellen, dann in feuchten Sand einschichten und erst bei beginnender Keimung, etwa Mitte April, auf Beete bringen. Keimung dann sehr gut. Auf den Saatbeeten nur 2—3 cm dick bedecken. Die jungen Sämlinge sind gegen die Maifröste sehr empfindlich, sobald sie das zweite Blatt gebildet haben, daher in kritischen Tagen durch Überrollen von Matten schützen.

Samen immer nur von alten Bäumen ernten, und zwar nur von bewährten Mutterpflanzen. Zwecklos ist es, die Varietäten auszusäen. Eine Aussaat der echten (veredelten) Blutbuche ergibt in der Regel:

5 % echte dunkelrote Sämlinge,
25 % hellere, rote Sämlinge,
60 % schmutzigrote Sämlinge und
10 % ganz grüne Sämlinge.

Von diesen bleiben nur die 5 % wirklich ganz rot, der Rest wird im Laufe der Jahre noch ganz grün.

Zur Prüfung des Saatgutes genügt im allgemeinen die Schnittprobe, doch ist nicht selten auch die Wassergehaltsbestimmung erwünscht. Wenn gut und gesund aussehende Bucheckern trotzdem nicht keimen, so kann man annehmen, daß sie zu stark gedarrt worden sind.

Abb. 248. Einjährige Rot-Buchen auf dem Saatbeet; Hohenloher Baumschulen, Öhringen

Nach Untersuchungen von Wareing wird die Beendigung der Keimruhe durch die zunehmende Tageslänge (genauer eigentlich durch kürzere Nächte) entscheidend beeinflußt, wenngleich dieser Einfluß auch nur verhältnismäßig schwach ist.

Der Buchenkeimlingspilz, *Phytophthora omnivora,* verursacht oft ein Absterben der jungen Sämlinge, die zunächst gelb werden, darauf erkranken die Wurzeln. Abhilfe: Spritzen mit Fungiciden. Die Dauersporen bleiben im Boden jedoch noch jahrelang lebensfähig, und aus diesem Grunde dürfen auf der gleichen Fläche einige Jahre *Fagus* nicht mehr gesät werden. Älteren Buchen schadet der Pilz hingegen nicht.

Veredlung: Verschiedene übliche Methoden, und zwar:

1. Winterveredlung.

Sie ist zwar auf verschiedene Weise möglich, doch ist die Veredlung im Hause eigentlich allein wirtschaftlich, da man nur hier Einflüsse verhindern kann, die das Anwachsen beeinträchtigen. Bei den Buchen ist es, wie auch bei manchen anderen Gehölzen, wichtig, daß nicht nur die Unterlage schon im Saft steht, sondern auch die Reiser müssen gerade beginnen, sich zu regen. Bei den Buchen passiert es jedoch nicht selten, daß die Unterlagen schon so stark im Saft sind, daß die Reiser darin „ertrinken“ (Dorsman).

Als Unterlagen verwendet man am besten 3jährige, verpflanzte Buchensämlinge, die sogleich nach dem Roden zurückgeschnitten und eingeschlagen werden. Im Frühjahr werden sie in lange Töpfe gepflanzt und auf Freilandbeeten eingesenkt. Vorsichtshalber legt man zunächst Schattenrahmen auf Gestellen über das Beet mit den Töpfen, damit die Pflanzen keinen Sonnenbrand auf der Rinde bekommen. Nachdem die Pflanzen ein ganzes Jahr auf dem Beet standen, werden sie herausgenommen und unmittelbar vor dem Veredeln 2 Wochen lang in einem tiefen Kasten oder einer Ecke im Schuppen aufgestellt. Diese Trockenperiode ist außerordentlich wichtig, weil auf diese Weise der starke Saftfluß in den Unterlagen abgebremst wird und die Ergebnisse dadurch sehr günstig beeinflußt werden.

Als Reiser nimmt man am besten zweijähriges Holz, das man schon im November, vor den stärkeren Frösten, schneidet. Veredeln kann man von Februar bis April. Ob die Reiser nur 2- und 3jähriges Holz haben oder 2jähriges Holz mit kurzen, diesjährigen Trieben, ist an sich nicht so entscheidend; viel wichtiger ist es, daß gute Augen an den Reisern sitzen. Reiser, die nur ein kleines Stückchen zweijähriges Holz an der Basis haben und sonst nur den diesjährigen Trieb, sollten besonders frühzeitig veredelt werden, schon im Februar oder bis Mitte März. Um den schädlichen Einfluß des starken Saftstromes zu überwinden, veredelt man in Boskoop nur mit Geißfuß, so daß der Saftstrom am Reis vorbei nach oben ziehen kann. Die Unterlage wird auf 8 cm Höhe abgeworfen. Die Veredlungen werden dann unter Doppelglas im Kasten aufgestellt und bekommen 15 °C Bodenwärme, nicht mehr. Das Verwachsen geschieht hierbei gut und bald.

Schimmelbildung an den Veredlungen tritt nur auf, wenn die Unterlagen nicht richtig behandelt wurden und der zuckerhaltige Saft der Unterlagen ausfließt, auf dem sich dann Schimmelpilze ansiedeln. In Holland werden die fertigen Veredlungen mit einer „AAgrano-Lösung“[1]), 0,4 %, am Kopf der Unterlage und an der Spitze des Edelreises eingepinselt, wodurch die Schimmelbildung verhindert wird. Nach dem Verwachsen werden die Veredlungen in einen kalten Kasten gebracht und dort wieder mit den Töpfen eingesenkt und zunächst unter Glas gehalten. Sobald der Trieb gut in Gang kommt, wird bald abgehärtet, immer aber sorgfältig schattiert. Im Mai—Juni kann dann das Auspflanzen im Freiland beginnen. Sobald die Triebe lang genug sind, werden sie gestäbt und geheftet.

2. Frühjahrsveredlung im Freiland. Dazu ist Voraussetzung, daß die 2—3jährigen Unterlagen bei Beginn der Veredlung schon 3 Jahre auf dem Quartier stehen und gut eingewurzelt sind (30 × 45 cm). Anfang Februar werden diese Unterlagen auf einen 15 cm langen Zapfen zurückgeschnitten. Der Kopf wird glatt und schräg geschnitten. Reiser schneidet man dann vom mehrjährigen Holz, auf keinen Fall von einjährigen Trieben, auch wenn sie noch so schön aussehen. Das gilt ebenso für die Hausveredlung. Mitte April, wenn die Knospen sich zu rühren beginnen, wird die Veredlung durch sauberes Spaltpfropfen ausgeführt. Dann wird verbunden (eigentlich ist es gar nicht einmal nötig, denn das Reis ist ja fest eingeklemmt) und gut verstrichen. Der Erfolg ist sehr gut. Jahrestriebe von 1 m Länge und mehr sind keine Seltenheit. Nur einen Leittrieb stehen lassen! Diese Veredlungsart ist vor allem in Boskoop üblich. Indessen sollte man diese Veredlungsart nur dann anwenden, wenn die Unterlagen nicht zu stark sind, denn sonst verwachsen sie lange Jahre nicht richtig und brechen auch als alte Bäume mitunter noch aus.

3. Sommerveredlung. Die richtige Zeit ist hierzu nach dem Abschluß des ersten Triebes. Die Unterlagen werden hierbei auf die erforderliche Höhe zurückgeschnitten. Die Kopulation mit vorjährigen Triebstücken mit guten Augen, von denen die Blätter entfernt werden, wächst im Freiland gut und ist auch da noch zu verwenden, wo Ausfall der ersten Veredlung nachzuholen ist. Es wird verbunden und gut verstrichen. Bis zum Herbst treiben meist noch viele Veredlungen aus.

4. Spätsommerveredlung durch Einspitzen mittels T-Schnitt in die Rinde, in die das Reis eingeschoben wird. Hierzu kann man die schwächeren zweijährigen Reiser

[1]) „AAgrano“ ist ein quecksilberhaltiges Beizmittel; die gleiche desinfizierende Wirkung läßt sich auch mit unseren handelsüblichen Quecksilbermitteln erzielen.

nehmen, die dann ebenfalls verbunden und verstrichen werden. Veredlungszeit Juli—August. Austrieb der Veredlungen erst im nächsten Jahre. Die Unterlagen dürfen bei der Ausführung der Veredlung den Trieb noch nicht abgeschlossen haben.

5. Kronenveredlung geschieht ebenfalls durch seitliches Einspitzen Ende Mai bis Anfang Juni in 1,80—2 m Kronenhöhe. Mitte Mai werden die Reiser geschnitten, wenn die Pflanzen schon in vollem Trieb sind. Je dicker die Reiser sind, desto besser wachsen sie. Also mindestens zweijährige, noch besser dreijährige Reiser nehmen. Am besten in eine Zweigachsel einsetzen und festklemmen. Gut verbinden und verstreichen; treiben bald aus. Im Herbst stäben. In 2—4 Jahren sind die Kronen verkaufsfertig. Diese Veredlungsart kommt auch hauptsächlich bei der Anzucht der Trauerbäume in Anwendung. Hängebuchen neigen auf nahrhaften Böden zur Ausartung, indem sie nicht selten völlig aufrecht wachsende Triebe bilden, die dann bald eine ganze Krone formieren.

6. Handveredlung. Es werden einjährige Sämlinge als Unterlagen benutzt für einjährige Reiser, und diese bekommen dann Moosballen. Die Veredlungen wachsen in den beiden ersten Jahren nur langsam. Auch diese Methode wird gelegentlich in Holland ausgeübt, bei uns müßte man die Veredlungen wohl am besten im kalten Kasten auspflanzen.

Kulturansprüche: Frischer, kalkhaltiger Boden. Zu beachten ist, daß *F. grandifolia* im Gegensatz zu unserer heimischen Buche kalkfeindlich ist.

Empfehlenswerte Arten und Formen: Es sei vorausgeschickt, daß hier die Nomenklatur verwendet wird, wie in Holland und in England, um zu einer Einheitlichkeit zu gelangen. Blut-Buchen-Sämlinge werden also mit Fagus silvatica 'Purpurea' bezeichnet, nicht mehr als 'Cuprea', wie lange Zeit in der deutschen Literatur gebräuchlich. Fagus silvatica mit den rotblättrigen Formen 'Riversii' (das ist die dunkelste, mit sehr großen, fast schwarzen, glänzenden Blättern), 'Purpurea Latifolia' (wie vorige, aber Blätter etwas kleiner), 'Swat Magret' (Blattrand wellig), 'Spaethiana' (fast schwarz, kleinblättrig); ferner 'Asplenifolia', 'Dawyck' (= 'Fastigiata'), 'Pendula', 'Purpurea Pendula', 'Purpurea Tricolor', 'Rohanii', 'Rotundifolia' und 'Zlatia'.

Fagus-Veredlung in Jaarb. Proefstation Boomkwekerij Boskoop 1955: 45; 1956: 44; 1957: 40; 1958: 43; 1959: 39. — Dorsman, C.: Het enten van Beuken; in De Boomkwekerij 1958 (Ref.). — Chouard, P.: L'éveil de la dormance chez le hêtre par le photopériodisme, d'après les travaux du professeur P.-F. Wareing; in Compt. Rend. Séa. Acad. Agr. Franc. 1955: 454. — Grootendorst, H. J.: Fagus; in Dendroflora 11-12: 3-17 (1975).

FICUS — Feige — Moraceae

Aussaat. Über Selbstaussaat von Feigen (*F. carica*) durch Ausbringen von Abortdünger berichtet Schäfer. Dort keimte die Saat in einem Garten in geschützter Lage in der Gegend von Karlsruhe. Die Pflanzen entwickelten sich sehr schön, standen einige Jahre unbehandelt, erhielten auch keinen Winterschutz und erreichten bald eine Höhe von 1,20 m. Im harten Winter 1914/15 erfroren auch nur einige Triebe. Trotzdem kommt die Feige bei uns als Fruchtbaum nicht in Betracht, obwohl sie in milderen Gegenden Deutschlands durchaus unter leichter Decke aushält und auch ihre Früchte reift. Über Anzucht und Kultur ist folgendes zu sagen:

Aussaat keimfähiger Samen ist natürlich möglich, wenngleich das Ergebnis — vom Fruchtwert aus gesehen — meist unbefriedigend ist (Condit); am besten in Töpfen im Hause. Keimung nach einem Monat. Das Saatgut behält seine Keimkraft nur ein Jahr. Samengewinnung ist bei uns wegen der eigenartigen Blütenverhältnisse nicht möglich, da diese an das Vorhandensein einer Gallwespe (Blastophaga) gebunden ist, die die Eier in die weiblichen Blütenstände legt und dadurch die Befruchtung vollzieht.

Stecklinge werden im Juli—August im Vermehrungsbeet gesteckt, wo sie sich rasch bewurzeln. Weiterkultur bis zum Auspflanzen in Töpfen bei guter Ernährung und Bewässerung, damit die Wüchsigkeit erhalten bleibt.

Anhäufeln ist bei uns wohl die beste Vermehrung bei Anzucht größerer Bestände; diese wird z. B. bei der Fa. Horstmann & Co. in Elmshorn, die die 'Winterharte Dimitroff-Feige' vermehrt, so ausgeübt.

Steckholz. In Kalifornien wird nur aus Steckholz vermehrt, das sich sehr leicht bewurzelt. Die Feigen wachsen kräftig und tragen sehr reich auf eigener Wurzel, so daß man dort kaum einer anderen Methode bedarf. Veredlungen würden nur dann berechtigt sein, wenn damit die Überwindung einer bis jetzt noch auftretenden Wurzelkrankheit gelänge (Condit).

Veredlung. Auch die Okulation wird gelegentlich in Kalifornien in üblicher Weise und mit gutem Erfolg vorgenommen. Als Unterlage kommen Sämlingspflanzen in Betracht.

Kulturansprüche: Die Feige ist bei uns nicht frostsicher und muß deshalb Frostschutz haben, am besten durch Anhäufeln des Stammes mit Erde und Einbinden der ganzen Pflanze mit Reisig und Matten. Vorsicht, daß im Winter nicht die Mäuse die Pflanzen abfressen (Zelio-Körner legen). Anpflanzung im Weinklima ist am besten. Boden kalkhaltig, warm, feucht, im Frühjahr eine gute Stalldunggabe beim Umbrechen des Bodens. In trockener Lage und bei großer Dürre muß gut gewässert werden, ebenso gelegentliche Dunggüsse. Die Früchte, die im ersten Jahre angesetzt werden, überwintern und reifen erst im zweiten Jahre.

Während in den französischen und südlichen Baumschulen überall Feigen gezogen werden, ebenso in England, befassen sich bei uns sehr wenige Betriebe damit. Auch norwegische und dänische Baumschulen bieten Feigen an für die Freilandkultur in geschützten Lagen.

Da die Sorten nur wenig bekannt sind, sollen die wichtigsten hier genannt werden:

'Frühe braune Hornsche Feige'. Frucht groß, braun, Fleisch hellbraun;
'Braune von Ischia'. Frucht groß, dunkelbraun, Fleisch rot, früh;
'Violette Malteser Feige'. Frucht groß, lang, violett, Fleisch rot;
'Weiße Marseiller'. Frucht groß, hellgrün, Fleisch gelb, sehr saftreich;
'St. Johns'. Für Topfkultur.

Ausländische Kataloge führen die 'Braune Türkische' und die 'Frühe Dalmatinische', die beide als sehr hart bezeichnet werden. Möglicherweise sind es Synonyme zu den anderen genannten Sorten.

Bunyard, E. A.: The cultivation of the fig. Jour RHS 59 : 61-66 (1934). Mit den Sorten 'Brown Turkey', 'Brunswick', 'Negro Largo', 'White. Marseille'. — Condit, I. J., 1941: Fig culture in California. 67 S. Calif. Agr. Ext. Serv. Circ. 77 (1941). — Schäfer: Selbstaussaat von Feigen. Mitt. DDG 1915: 279. — Philippi, O., 1953: Reife Feigen. Gartenwelt **53**: 210. — Gerritsen, C. J., 1958: De Vijg; in Med. Dir. Tuinb. 21: 849-853. — Boldini, E., 1953: Alcuni aspetti della coltura del fico nella Provincia di Firenze; in Riv. Ortoflorofruttic. Ital. **37**: 185-203.

FALLUGIA — Rosaceae

Frische Samen, trocken aufbewahrt, im März—April im Kasten gesät, keimen nach 1—2 Wochen. Sonst Stecklinge von angetriebenen Pflanzen. *Fallugia paradoxa* ist eine Liebhaberpflanze.

FATSHEDERA — Araliaceae

Stecklinge im Sommer im Haus wachsen gut. — In Deutschland in der Hauptsache eine Kultur der Topfpflanzenbetriebe und dort sehr geschätzt. Nur *Fatshedera lizei* und eine buntblättrige Form; sehr beliebt (∧∧—∧∧∧).

FENDLERA — Philadelphaceae

Aussaat im Frühjahr gut möglich, ebenso Stecklinge im Juni.
Empfehlenswerte Art für Liebhaber: *Fendlera rupicola.*

FONTANESIA — Oleaceae

Aussaat wird praktisch nicht angewandt.

S t e c k l i n g e im Frühsommer von den jungen Trieben wachsen im Kasten zu 100 %. Auch Steckholz wächst recht gut.

K u l t u r a n s p r ü c h e : Gewöhnlicher Gartenboden. Ist nicht überall ganz hart. Nicht zuviel vermehren, da nur geringer Bedarf.

N u r f ü r L i e b h a b e r .

FORESTIERA — Oleaceae

A u s s a a t unter Glas im Frühjahr oder krautige Stecklinge im Sommer.

E m p f e h l e n s w e r t e A r t e n : *Forestiera acuminata* und *neo-mexicana.*

FORSYTHIA — Goldglöckchen — Oleaceae

Methode	Jan.	Febr.	März	April	Mai	Juni	Juli	Aug.	Sept.	Okt.	Nov.	Dez.
Aussaat		X									X	
Stecklinge					X	**X**	X					
Steckholz		●	○									
Ablegen				**X**	○	○						

X X unter Glas; ● ○ Freiland; fette Zeichen wichtigste Methoden

A u s s a a t ist praktisch bedeutungslos, aber möglich.

S t e c k l i n g e im Juni von krautigen Trieben sind die übliche Vermehrung. Nach der Bewurzelung (3—4 Wochen) werden die Fenster abgenommen, und die Pflanzen können noch auf die Freilandbeete pikiert werden. Im nächsten Jahre werden sie schon 1 m hoch.

S t e c k h o l z von reifen, einjährigen Trieben, sehr zeitig im Frühjahr, ist im allgemeinen recht erfolgreich, vorausgesetzt, daß der Boden leicht und frisch ist; in lehmigen Böden wird man damit wenig Erfolg haben, vor allem nicht in einem trockenen Frühjahr. Am besten wächst *F. intermedia* 'Spectabilis', die beliebteste Sorte des Handels. *F. suspensa* mit ihren Formen steckt man dagegen besser im Sommer.

A b l e g e n ist mitunter üblich für die *suspensa*-Formen, die sehr leicht an allen Knoten wurzeln.

K u l t u r a n s p r ü c h e : Leichter, dabei aber nahrhafter, ausreichend kalkhaltiger und etwas frischer Boden. Forsythien leiden so gut wie nie unter Insekten. *F. ovata* ist nahezu immer falsch in den Betrieben (die echte *ovata* ist kleinblumig und wenigblütig); *F. int.* 'Spectabilis' ist noch immer eine der wichtigsten Handelssorten, die auch nicht durch die amerikanische 'Beatrix Farrand' verdrängt werden konnte. Wichtig als Exportartikel. — *F. viridissima* läßt sich mit am besten vermehren, aber am schlechtesten verkaufen!

S c h ö n s t e S o r t e n : *Forsythia intermedia* 'Beatrix Farrand', 'Densiflora', 'Goldzauber' (Neuheit), 'Lynwood' (= 'Lynwood Gold'), 'Spectabilis', 'Spring Glory', *ovata* (für Liebhaber) mit 'Tetragold', *suspensa fortunei* und 'Nymans'.

WYMAN, D., 1950: The Forsythias. Arnoldia 10, 9-16.

FOTHERGILLA — Hamamelidaceae

A u s s a a t ist weniger üblich, weil Saatgut selten zu haben ist. Es wird sonst nach der Reife eingeschichtet, kann so ein Jahr liegen bleiben und im nächsten Jahre im kalten Kasten ausgesät werden, wo die Keimung unregelmäßig erfolgt.

S t e c k l i n g e von krautigen Trieben im Juni.

A b s e n k e n der Triebe ist gut möglich und die übliche Vermehrung, doch vergehen bis zur Bewurzelung mindestens zwei Jahre.

K u l t u r a n s p r ü c h e : Möglichst anmooriger, frischer Gartenboden und warme, sonnige bis leicht schattige Lage. Auf trockenen Böden gehen sie bald ein. Lassen sich nicht gut verpflanzen.

E m p f e h l e n s w e r t e A r t e n : *Fothergilla major* und *monticola.*

FRANKLINIA — Theaceae

Stecklinge im Juli, dann einige Jahre im Topf behalten. *Franklinia alatamaha* ist gut winterhart bei uns.

FRAXINUS — Esche — Oleaceae

Methode	Jan.	Febr.	März	April	Mai	Juni	Juli	Aug.	Sept.	Okt.	Nov.	Dez.
Aussaat			●							●		
Veredlung		○	●				●					

X X unter Glas; ● ○ Freiland; fette Zeichen wichtigste Methoden

Aussaat kommt für alle Arten in Frage. Bei *F. excelsior* Samen vor der Vollreife abnehmen und nach leichtem Abtrocknen gleich ins freie Land säen; er läuft dann meist gut im folgenden Jahre auf. Nimmt man den Samen erst bei oder nach der Reife oder gar erst im Frühjahr ab, dann muß er eingeschichtet werden, Aussaat dann im nächsten Herbst oder im darauffolgenden Frühjahr, bei Herbstaussaat Beete mit Reisig abdecken; Keimung der Herbstaussaaten sehr zeitig im Frühjahr, Frühjahrsaussaaten gehen nach etwa 2 Wochen auf, bei guter Saat im allgemeinen mit 50 bis 70 %.

1 hl Früchte von *F. excelsior* wiegt zwischen 15—20 kg, 1 kg Früchte enthält 12 000 bis 20 000 Samen.

Einige Arten laufen schon im ersten Jahre auf, z. B. *F. americana, oregona* und *pubescens.* Erhält man Importsaatgut, muß es sofort nach Erhalt stratifiziert werden.

Die Varietäten von *F. excelsior,* wie 'Pendula', 'Monophylla' usw., fallen nur zu einem ganz geringen Prozentsatz treu; der weitaus größte Teil der Sämlinge ergibt wiederum die typische Art.

Untersuchungen von BARTON mit Samen von *Fraxinus excelsior* und *F. pensylvanica* zeigten, daß bei Verwendung von luftdichten Behältern und einem Feuchtigkeitsgrad von etwa 7—10 % bei einer ständigen Lagertemperatur von 5 °C die Keimfähigkeit 7 Jahre gut blieb.

Die Arten verhalten sich unterschiedlich in bezug auf die Lebensdauer der Keimfähigkeit; am längsten keimfähig (bis zu 7 Jahre) bleiben die zur Subsection BUMELIOIDES gehörenden Arten, wie z. B. *F. quadrangulata, nigra, excelsior, rotundifolia, angustifolia* u. a. mehr.

In Schweden hat man schon seit vielen Jahren qualitativ besonders hochwertige Bäume ausgewählt, um aus ihrem Saatgut eine entsprechende Nachzucht zu erzielen. Um rascher zu einem Erfolg zu kommen und größere Mengen Saatgut zu ernten, benutzte man Reiser von den Kurztrieben und veredelte damit junge Stämme. Die so erzielten Pflanzen wurden in „Plantagen" aufgepflanzt und trugen schon nach einigen Jahren regelmäßig Saatgut.

Veredlung: Sie ist sehr einfach, und zwar entweder als Handveredlung im Winter oder als Reiserveredlung auf dem Stand im zeitigen Frühjahr oder als Okulation (vgl. weiter unten) im Sommer. Für die Kronenveredlung, die besonders für die Kugeleschen in Frage kommt und die man immer in einer Stammhöhe von mindestens 2,50 m ausführen sollte, weil sich später die unteren Äste immer senken, kommt der Geißfuß im Frühjahr zur Anwendung. Was nicht wächst, kann im Sommer noch okuliert werden. Hier nimmt man 2 Augen und setzt sie gegenüberliegend ein. Reis und Auge wachsen oft nur deshalb nicht an, weil sie in der Mitte eines Internodiums aufgesetzt wurden, statt auf oder kurz über dem Knoten. Wenn ein so langer toter Zapfen bleibt, muß das Reis vertrocknen (Abb. 249).

Als Reiser nimmt man einjährige Triebe, jedoch ohne die Endknospen, da diese meist nicht gut ausgereift sind und später schlecht durchtreiben. Wenn die Reiser angewachsen sind, muß, zumindest bei den Stammveredlungen, gestäbt werden, sonst brechen die Vögel die Veredlungen ab. In manchen Baumschulen bindet man einen bügelförmig gebogenen Draht darüber. Bei den niedrigen Veredlungen ist ein Stäben nicht so wichtig.

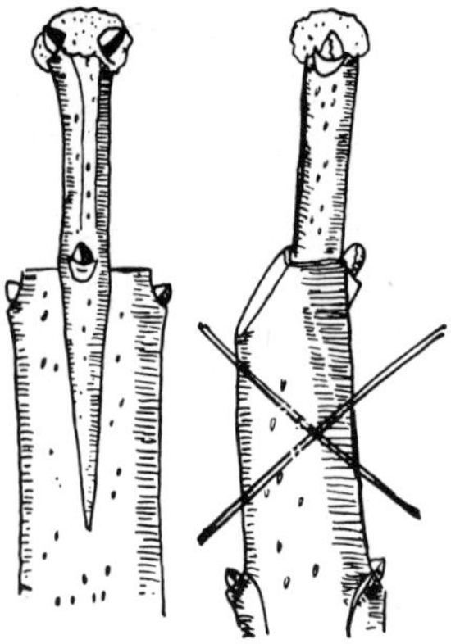

Abb. 249. So werden Fraxinuskronen veredelt; rechts falsch! (vgl. Text)

Als Unterlage kommt für die ganze Blumen-Eschengruppe nur *F. ornus* in Frage, für den Rest *F. excelsior.*

Seit einigen Jahren werden in Holland einige Klone von *Fraxinus excelsior* ('Westhofs Glorie' und 'Eureka') in großer Menge angezogen; es handelt sich hier um Selektionen mit gutem Wuchs und besonders guter Holzqualität (vgl. LOMBARTS). Diese Selektionen werden bei uns auch gezogen. In Holland werden diese im Sommer okuliert. Die Unterlagen werden dazu besonders sorgfältig ausgewählt. Bekanntlich gibt es bei *F. excelsior* Pflanzen mit beständig grüner und solche mit violetter Rindenfarbe. Davon sind die violett gefärbten Sämlinge unterträglich, müssen also ausgeschieden werden. Die Okulationen auf den grünen Sämlingen erreichen auf guten, frischen Böden im ersten Jahre bereits eine Höhe bis zu 2 m und einen Durchmesser bis zu 2 cm.

Untersuchungen von ROHMEDER haben eine klare Wuchsüberlegenheit der rein männlichen gegenüber den weiblichen oder zwitterigen Eschen ergeben. Naturgemäß konnten diese Ermittlungen nur an alten Bäumen erfolgen (meist 50 Jahre alt). Begründet wird die Unterlegenheit der weiblichen Pflanzen durch den sehr erheblichen Nährstoffbedarf für die Fruchtbildung. Man kann wohl nicht annehmen, daß dieser Wuchsunterschied schon an Jungpflanzen auftritt.

Kulturansprüche: Eschen sind nicht wählerisch. Gewöhnlicher, tiefgründiger Boden genügt. Sie wachsen auch noch sehr gut in windigen Lagen. *F. americana* will kräftigen, gleichmäßig feuchten Boden; *F. nigra* feuchten Stand, etwa wie unsere *Alnus glutinosa; F. pubescens* dagegen verträgt mehr Trockenheit; *F. quadrangulata* ist kalkliebend. Eine der raschwüchsigsten Arten ist *F. oregona.* — Winterschutz in kälteren Lagen ist zu empfehlen für *F. anomala, xanthoxyloides* und *dimorpha,* lauter schwachwachsende und auch sonst recht merkwürdige Vertreter der Gattung. — Übrigens haben Eschen nur sehr wenig unter Krankheiten und schädlichen Insekten zu leiden.

Empfehlenswerte Arten und Formen: *Fraxinus americana* 'Acuminata', *excelsior* mit den Formen 'Hessei', 'Nana' und 'Pendula' und den Typen 'Westhof's Glorie' und 'Eureka' (wichtigste Sorten als Straßenbäume; 'Doorenbos Nr. 5' hingegen wird kaum mehr vermehrt, weil sie nicht durch die Endknospe treibt); *F. mariesii, ornus* mit 'Globosa' und 'Rotterdam', *oxycarpa* 'Wollastonii', *paxiana, pensylvanica, velutina, spaethiana.*

BARTON, L. V., 1945: Viability of seeds of Fraxinus after storage. Contrib. Boyce Thompson Inst. **13**: 427-432. — ROHMEDER, E., 1949: Der geschlechtliche Dimorphismus als pflanzenzüchterisches Problem, dargestellt an den Wuchsleistungen männlicher und weiblicher Eschen. Forstwiss. Centr.-Bl. **68**: 680-691. — ROHMEDER, E., 1952: Untersuchungen über die Verteilung der Geschlechter bei den Blüten von *Fraxinus excelsior.* Forstwiss. Centr.-Bl. **71**: 17-29. — GROOTENDORST, H.-J.: Fraxinus; in Dendroflora 3: 29-36; 1966.

FREMONTODENDRON — Sterculiaceae

Stecklinge im Mai sind die beste Vermehrung.

Empfehlenswert: *Fremontodendron* (= *Fremontia*) *californicum* und *mexicanum,* beide ∧∧∧, aber sehr schön.

FUCHSIA — Fuchsie — Onagraceae

Aussaat: Nur für Zwecke der Züchtung, in eine Mischung von Mistbeeterde, Lauberde und Sand; dünn säen, leicht bedecken, warmer Stand und gleichmäßige Feuchtigkeit, einmal pikieren, dann stutzen. Sämlinge blühen schon im ersten Jahre, und unter Umständen können auch schöne Sämlinge dabei sein.

Stecklinge, entweder im Winter von angetriebenen Pflanzen oder im Sommer von den Mutterpflanzen, sind eine jedem Gärtner geläufige Vermehrung.

Kulturansprüche: Gewöhnlicher, nahrhafter Boden; immer für Jungpflanzen in Reserve sorgen. Die sogenannten Freiland-Fuchsien *F.* 'Gracilis', *microphylla* und 'Riccartonii' halten bei uns in der Regel im Freien nicht aus, sondern frieren alljährlich bis zur Wurzel herunter; nur unter starker Schneedecke oder in mildem Klima bleiben sie am Leben.

Beste für das Freiland: *Fuchsia magellanica* mit den Sorten 'Gracilis' und 'Riccartonii'; (ΛΛ-ΛΛΛ)

GARRYA — Garryaceae

Aussaat wird selten angewandt und muß sonst nach mehrmonatiger Tiefkühlung unter Glas geschehen.

Stecklinge von ausgereiften Trieben im November mit Astring in Schalen stecken, die im Hause überwintert werden müssen.

Ablegen mit zweijährigem Holz ist die einfachste Vermehrung, im Herbst.

Kulturansprüche: Kalthausüberwinterung, da die meisten Arten in unserem Klima zu unsicher sind. Die schönste, winterblühende Art, *G. elliptica* mit ihrer Cultivar 'James Roof', hält normale Winter nicht aus.

Empfehlenswerte Art: *Garrya elliptica* (ΛΛΛ).

GAULNETTYA — Ericaceae

Stecklinge im Herbst im Haus; Kultur sonst wie Pernettya; gut winterhart.

Zu empfehlen: *G. wisleyensis* mit 'Ruby' und 'Wisley Pearl'.

GAULTHERIA — Scheinbeere — Ericaceae

Aussaat unter Glas, sonst wie *Erica.* Früchte sofort nach der Reife ernten und auswaschen; dann am besten noch gleich aussäen; oder aber nach der Reinigung stratifizieren und im Frühjahr aussäen. Wichtigste Vermehrungsart bei großem Bedarf.

Stecklinge von den ausgereiften Trieben im Hochsommer. Ableger sind bei vielen Arten möglich.

Teilung ist bei den kriechenden Arten, ganz besonders bei der feintriebigen *G. procumbens,* die gegebene Möglichkeit und auch ausreichend. Teilpflanzen im Herbst im Kasten, dem reichlich Torf und Lauberde zugesetzt wurde, auspflanzen.

Kulturansprüche: Humoser, frischer und kalkfreier Boden, der notfalls durch Zusatz von reichlich Torfmull hergerichtet werden muß. Kühle, halbschattige Lage.

Empfehlenswerte Arten: *Gaultheria forrestii, miqueliana, procumbens, shallon, veitchiana* (ΛΛΛ).

GAYLUSSACIA — Ericaceae

Aussaat ist sicherlich möglich, aber die Aussicht auf Erfolg dürfte gering sein, weil die Pflanzen selbststeril sind.

Stecklinge im März—April, waren in amerikanischen Versuchen am besten (bei *G. brachycera*); Bewurzelung unbehandelter Stecklinge, gesteckt in eine Mischung von Torf und Perlite 1 : 1 erfolgte mit 74 %, während mit Wuchsstoff behandelte Stecklinge nur in einem Fall (IBS 8000 ppm) ein etwas besseres Ergebnis, nämlich 80 %, brachten. Weiterkultur in Töpfen.

Dieses immergrüne Gehölz, im Aussehen etwa an unsere Preiselbeere erinnernd, aber ausläuferbildend und mit blauen Beeren, wird in USA zunehmend als Bodendecker (vor allem im Staat West-Virginia) verwendet, und man kann annehmen, daß es in absehbarer Zeit auch uns erreicht, zumal die Pflanze winterhart ist.

BEARCE, B. C., & COLLIER, C.: Rooting *Gaylussacia,* an new ground cover; in American Nurseryman vom 1. 10. 1971: 8, 62-63.

GELSEMIUM — Loganiaceae

Stecklinge im August; *Gelsemium sempervirens* ist ein schöner, immergrüner, aber frostempfindlicher Schlinger.

GENISTA — Ginster — Leguminosae

Aussaat der Hauptarten gleich im Mai, nach Abbrühen oder Aufquellen des Samens ins freie Land, bei kleineren Mengen in den kalten Kasten. In der Hauptsache kommt *G. tinctoria* zur Aussaat.

Stecklinge der kriechenden oder niedrigbleibenden Arten wachsen sehr gut, wenn sie in Handkästen gesteckt werden, die bis zur Bewurzelung im Hause bleiben. Jungpflanzen werden am besten bis zur Verwendung im Topf behalten, da sie sonst schlecht weiterwachsen. Beste Vermehrungszeit: Mitte bis Ende August.

Veredlung irgendwelcher Arten, falls erforderlich, auf *tinctoria*-Sämlinge.

Kulturansprüche: Sandiger, leichter, durchlässiger Boden, kein Dünger! Warme Lage, volle Sonne. Zu *Genista* zählt nicht das Sortiment der schönen, buntgefärbten Besenginsterformen; diese siehe unter *Cytisus.*

Empfehlenswerte Arten: *Genista aethnensis, cinerea, hispanica, lydia, pilosa* (mit 'Goldilocks'), *radiata, sagittalis, tinctoria* (hierzu vor allem 'Plena' und 'Royal Gold'), *villarsii,* alles prachtvolle, viel zu wenig bekannte Arten.

GLEDITSIA — Gleditschie, Lederhülsenbaum — Leguminosae

Aussaat im Freiland im Mai mit aufgequelltem (2 Stunden bei 60 °C) Saatgut. Die Sämlinge werden im ersten Jahre etwa 60 cm hoch. Die Aussaat kommt in erster Linie in Frage für *G. triacanthos;* andere, seltenere Arten werden besser im Kasten ausgesät, wobei man dann auch frühzeitiger säen kann. Das Saatgut bleibt lange Jahre keimfähig. Keimung meist etwa 50 %.

Veredlung: Mit dem Erscheinen der amerikanischen Selektionen von *G. triacanthos,* hier vor allem die goldgelbe 'Sunburst', in unseren Baumschulen ist es notwendig, sich mit deren Vermehrung zu befassen. Während man bei uns früher die Reiserveredlung auf *triacanthos*-Sämlingen im Frühjahr mit gutem Erfolg vornahm, wird in USA allgemein okuliert. In den amerikanischen Zeitschriften ist darüber mehrfach ausführlich berichtet worden. Siebenthaler empfiehlt, die Unterlagen im zeitigen Frühjahr aufzupflanzen und im Juli zu okulieren. Der Austrieb erfolgt im allgemeinen im nächsten Jahr, mitunter auch noch im Herbst. Die jungen Triebe brechen leicht aus und müssen deshalb gut gestäbt werden.

Ausführlicher sind die Berichte von Nicholson. Er veredelt, wenn eben möglich, schon Anfang Juni, sobald die ersten ausgereiften Augen verfügbar sind. Die Edelreiser sollen noch ganz grünes Holz haben. Haben die Reiser schon teilweise graue oder braune Rinde, dann lassen sich die Augen nicht so sauber und ohne Holz abnehmen wie von ganz grünen Reisern. Verbunden wird mit Gummiband. Es soll wenigstens 3mal oberhalb des Auges gebunden werden, mindestens 2mal unterhalb; dabei beginnt man, von oben her zu verbinden. Leider geschieht es nicht selten, daß die Rinde der Unterlage das Auge ganz überwallt und zum Absterben bringt. Geschieht es aber nur zu einem Teile und kann der junge Trieb durch die schmale Öffnung hindurchwachsen, dann hat dies nichts weiter zu bedeuten. Das Wachstum ist so stark, daß die Triebe innerhalb von 2 Monaten bei günstigem Wetter bis 180 cm lang sein können.

Kulturansprüche: In ihrer Heimat kommen die 3 amerikanischen Gleditschienarten auf nassen, sogar morastigen Böden vor, doch hat man sie bei uns auch mit gutem Erfolg auf trockenen, leichten Böden in freiem Stand angepflanzt. Schramm berichtet, daß ein Baum nach dem Verpflanzen in ungeeigneten Boden 25 Jahre im Wachstum stillstand, jedoch nach zufälligem Anschütten mit Sand sehr lebhaft zu wachsen begann; das sonst stets gelbe Laub wurde wieder tiefgrün.

Empfehlenswerte Art: *Gleditsia triacanthos* mit den amerikanischen Selektionen wie 'Moraine', 'Sunburst' usw.

NICHOLSON, H., 1959: Propagation of selected varieties of Honeylocust by budding; In Proc. Plant Propag. Soc. 9: 58-61. — SCHRAMM: Wuchsfreudigkeit nach Aufschüttung; in Mitt. DDG 1914: 272. — SIEBENTHALER, J., 1954: The propagation of Honeylocust by summer budding; in Proc. Plant. Propag. Soc. 3: 39-40.

GORDONIA — Musbeere — Theaceae

Stecklinge von halbreifen Trieben im Juli, am besten mit Astring, sind am besten. Am schönsten ist *Gordonia lasianthus;* für *G. alatamaha* siehe *Franklinia!*

GREVILLEA — Proteaceae

Aussaat im Februar im Vermehrungshaus mit eingeführtem Saatgut, doch kommt dies eigentlich nur für *G. robusta* (eine sehr wichtige Topfpflanzenkultur) in Betracht. Für die anderen Arten, wie *G. rosmarinifolia, sempervirens* und *sulphurea* hingegen genügt die Stecklingsvermehrung mit Astring im Juli. Alle Arten brauchen Winterschutz.

GRINDELIA — Compositae

G. chiloensis, ein Halbstrauch, im Aussehen wie ein starkwüchsiges Chrysanthemum leucanthemum, aber mit großen, hellgelben Blüten, kommt in England zunehmend zur Anpflanzung. Vermehrung leicht durch Sommerstecklinge. Bei uns ∧∧∧.

GRISELINIA — Cornaceae

Stecklinge im Sommer; *Griselinia littoralis* ist bei uns gelegentlich als Dekorationspflanze im Kübel zu finden, braucht Winterschutz.

GYMNOCLADUS — Geweihbaum — Leguminosae

Aussaat des Samens erfordert besondere Vorbereitung. RALEIGH hat festgestellt, daß mit fortschreitender Reife die Samen dadurch erhärten, daß sich die Pektine in wasserabweisende Stoffe verwandeln.

Das SM (S. 192) empfiehlt als beste Vorbehandlung der äußerst hartschaligen Samen ein zweimaliges Baden der Samen in konzentrierter Schwefelsäure, jedesmal 1—2 Stunden, dazwischen in Wasser abwaschen und trocknen lassen. — Die Heißwasserbehandlung wird heute weniger empfohlen; hierbei wurden die Samen mehrfach je 2—6 Minuten lang in 80—90 °C heißem Wasser gebadet. Die Wirkung ist nicht so gut wie bei Säurebehandlung. — Schließlich kann man auch noch, wenn es sich um kleinere Mengen handelt, die Samen mit der Hand ritzen oder bei größeren Mengen mit einer Kleeritzmaschine.

Wurzelschnittlinge, etwa 5 cm lang und 1 cm dick, kann man im Dezember schneiden. Am besten gleich einzeln in kleine Töpfe waagerecht einlegen und bei leichter Bodenwärme aufstellen; wachsen meist gut und sind beim Verpflanzen älterer Bäume oft in großer Zahl zu haben. Als Vermehrungsmaterial sehr wertvoll.

Kulturansprüche: Gewöhnlicher, frischer, tiefgründiger Boden. Langsam wachsend.

Empfehlenswerte Art: *Gymnocladus dioecus.*

RALEIGH, G. J., 1930: Chemical conditions in maturation, dormancy and germination of seeds of *Gymnocladus dioica.* Bot. Gaz. **89**: 273-294.

HALESIA — Schneeglöckchenbaum — Styracaceae

Aussaat ist immer vorzuziehen; in Deutschland geerntetes Saatgut ist nicht immer, aber doch oft hochwertig.

GIERSBACH und BARTON untersuchten die Keimung bei *Halesia* und empfehlen, die Früchte im Oktober oder November in Kisten auszusäen. Diese Kisten bleiben im Gewächshaus bei 21—27 °C stehen, und im Januar werden sie von hier aus in einen kalten Kasten gebracht, der mit Brettern zugedeckt wird. Die Keimung beginnt dann im gleichen Frühjahr und wird als gut bezeichnet.

Auch das SM (S. 104) bestätigt diese Untersuchungen als zweckmäßig. Für die Baumschulpraxis soll das Saatgut nach der Ernte zunächst 2—3 Monate lang bei 15—25 °C in Sand und Torf gelagert werden (sogleich nach der Ernte bzw. nach Erhalt), anschließend ebenso lange bei 1—5 °C, oder in einem kalten Kasten, im Januar. Saatgefäße etwas abdecken. Reine Kühlbehandlung ist auch möglich, ergibt aber ungleichmäßige Keimung.

Stecklinge im Winter von angetriebenen Mutterpflanzen sind ein Notbehelf.

Ableger von zweijährigen Trieben im Frühjahr, wenn der Austrieb beginnt, sind sonst die übliche Vermehrung, wenn Saatgut fehlt.

Kulturansprüche: Nahrhafter, tiefgründiger, frischer und möglichst kalkfreier Boden in warmer, sonniger Lage. Für die Jungpflanzen eine Reisigdecke.

Empfehlenswerte Arten: *Halesia carolina* (= *tetraptera*), *diptera* (mit var. *magniflora*, der schönsten von allen) und *monticola* var. *vestita*.

GIERSBACH/BARTON, 1932: Germination of seeds of the Silver Bell, *Halesia carolina*. Contrib. Boyce Thompson Inst. 4: 27-38.

HALIMODENDRON — Salzstrauch — Leguminosae

Aussaat des abgebrühten und aufgeweichten Samens im späten Frühjahr ins freie Land, wenn früher, nur unter Glas. Jungpflanzen werden im ersten Jahre nur 10—15 cm hoch.

Veredlung von 'Purpureum' im Frühjahr im freien Lande auf Sämlinge oder Stämme von *Caragana arborescens* hat in der Regel sehr guten Erfolg.

Kulturansprüche: Leichter, magerer Boden. Verträgt sehr viel Trockenheit, zieht aber trotzdem frischen Boden vor.

Nur *Halimodendron halodendron* mit der Form 'Purpureum'.

HAMAMELIS — Zaubernuß — Hamamelidaceae

Methode	Jan.	Febr.	März	April	Mai	Juni	Juli	Aug.	Sept.	Okt.	Nov.	Dez.
Aussaat			**X**	●								
Ablegen			○	●								
Veredeln	X	**X**	**X**					**X**				

X X unter Glas; ● ○ Freiland; fette Zeichen wichtigste Methoden

Aussaat des 2 Jahre eingeschichtet gewesenen Samens im Herbst oder Frühjahr im kalten Kasten; kräftiges Durchfrieren ist sehr nützlich. Es läuft nicht sofort alles auf, ein Teil keimt erst im nächsten Frühjahr. Pikieren, wenn die Sämlinge 1 Jahr alt sind und dann am besten in einen kalten Kasten in Lauberde mit reichlich Torf. Anzucht durch Aussaat wegen des langsamen Wachstums langwierig, aber trotzdem am besten.

Absenken ist gebräuchlich, dauert aber 2 Jahre, bis sie genügend bewurzelt sind; außerdem muß der Boden gut humos sein. Beste Zeit hierfür im zeitigen Frühjahr. Zweckmäßig einen Zungenschnitt an der Biegestelle anbringen.

Veredlung ist für die besseren Arten (*mollis* usw.) und Formen am wichtigsten, und zwar Winterhausveredlung auf im Topf fest eingewurzelte, zweijährige Sämlinge von *H. virginiana*, die als Unterlage für alle Arten und Formen gut geeignet ist.

Selbstverständlich kann man aber auch auf andere Unterlagen veredeln, also auf H. japonica oder H. intermedia, falls diese zur Verfügung stehen. Hingegen kommt für uns eine Veredlung auf bewurzelte Stecklingspflanzen des immergrünen Distylium racemosum nicht in Betracht, weil dieses nicht ausreichend winterhart ist.

Reiser von einjährigen, möglichst kräftigen Trieben, Seitentriebe zurücknehmen. Veredlung durch Geißfuß oder Kopulation, eventuell auch seitliches Einspitzen. Dann im Vermehrungshause bis zum Austrieb behalten, anschließend abhärten und im nächsten Jahre auspflanzen; von Zeit zu Zeit verpflanzen (Abb. 250).

Man kann auch schon in der gleichen Art im August kopulieren; Veredlungen dicht verbinden, nicht verstreichen, dann unter Doppelglas Töpfe einsenken. Vorsicht beim Gießen! Erfolg dieser Methode meist sehr gut.

In Holland wird mit Moosballen veredelt, das heißt Handveredlung mit Moosballen, nicht eingetopft. Erfolg immer recht gut.

Abb. 250. Hamamelis-Veredlung

Bei der Veredlung wird, wie erwähnt, allgemein *H. virginiana* als Unterlage benutzt, obwohl damit die doch sonst im Herbst blühende und im Winter ruhende Unterlage entgegen ihrer Gewohnheit gezwungen wird, schon im Januar wieder zu arbeiten, damit das Edelreis blühen kann.

Kulturansprüche: Kräftiger, humoser, kalkfreier Boden und sonnige bis leicht beschattete Lage. Geringere Böden müssen durch Zusatz von Torfmull verbessert werden. Die amerikanischen Arten bevorzugen frische Böden. Die asiatischen Arten dagegen wollen trockener stehen, doch gedeihen auch alle Arten recht befriedigend in normalem Gartenboden.

Empfehlenswerte Arten und Formen: Schönste gelbe Art ist *Hamamelis mollis;* dann *H. japonica* 'Zuccariniana', *H. mollis* 'Pallida'; von den orangengelben Formen *H. intermedia* 'Orange Beauty' (in Deutschland auch als *H. intermedia* 'Orange' bekannt); schönste rotblühende Formen: *H. intermedia* 'Jelena' (= 'Copper Beauty'), 'Feuerzauber' und 'Ruby Glow' (= 'Adonis'). Einige weitere Selektionen sind noch in der Erprobung, brauchen deshalb nicht genannt zu werden.

GROOTENDORST, H. J.: *Hamamelis;* in Dendroflora 2: 11-17 (1965).

HEBE — Neuseeländischer Ehrenpreis — Scrophulariaceae

Die immergrünen, sogenannten neuseeländischen Arten dieser formenreichen Gattung werden oft noch als *Veronica* bezeichnet.

Stecklinge schneidet man von halbreifen Sommertrieben und steckt sie in Schalen, am besten Kopfstecklinge im August im Hause oder auch im kalten Kasten. Im Hause bewurzeln sie sich schon nach ganz kurzer Zeit. Die Jungpflanzen behält man in Töpfen. Zum größten Teil sind diese „immergrünen Veronica" sehr empfindlich gegen Frost und austrocknende Winde, deswegen im Herbst entweder gut zudecken oder im kalten Kasten oder Kalthause überwintern.

Teilung ist bei den wurzelnden, niedrigen Arten sehr einfach und bequem.

Kulturansprüche: Gewöhnlicher, sandiger Gartenboden, sonnige Lage und Winterschutz, notfalls im Kalthause überwintern. Wie berichtet wird, hielten sie in der Schweiz (Unterhallerau) zum Teil bis — 12 °C ohne Schutz im Freien aus. In Mittel- und Ostdeutschland müßte man sie allerdings wohl im Kasten frostfrei überwintern.

Empfehlenswerte Arten: *Hebe andersonii* mit Formen (∧∧∧), *ochracea* (= *H. armstrongii* der Baumschulen) (∧), *buxifolia* (∧∧), *cupressoides* (∧∧), *hectori* (∧∧—∧∧∧) u. a.

SYKES, J. T., & COHEN, J.: Mist propagation for Hebes; in Gard. Chron. vom 26. 3. 1966.

HEDERA — Efeu — Araliaceae

Methode	Jan.	Febr.	März	April	Mai	Juni	Juli	Aug.	Sept.	Okt.	Nov.	Dez.
Stecklinge						**X**		**X**	**X**	**X**	**X**	
Veredlung		X										

X X unter Glas; ● ○ Freiland; fette Zeichen wichtigste Methoden

Stecklinge: Efeu vermehrt man am besten durch halbreife Kopftriebe, die man im August—September zu 4—6 Stück in entsprechend große Töpfe steckt in eine Mischung von $^1/_2$ Gartenerde, $^1/_4$ Lauberde, $^1/_4$ Torf und Sand. Dann im kalten Kasten Topf an Topf einsenken, schattig und geschlossen halten. Nach 3—4 Wochen ist die Bewurzelung in vollem Gange. Nun an Luft und Licht gewöhnen. Fenster abnehmen, damit sie abgehärtet in den Winter kommen. Überwintern im tiefen, kalten Kasten, der mit Laub und aufgelegten Brettern o. ä. frostfrei gehalten wird. Im Frühjahr Töpfe auf Beeten einsenken und mit kurzem, verrottetem Dung abdecken. Im Sommer reichlich gießen, bei trübem Wetter kräftig düngen, ergibt gute Verkaufspflanzen bis zum Herbst.

Eine andere Methode ist die, im Oktober—November zu stecken, wie vorher beschrieben. Diese Töpfe muß man dann im Hause unter der Tablette aufstellen und ab und zu spritzen. Während des Winters bewurzeln sie sich und werden im Frühjahr entweder mit den Töpfen auf Freilandbeeten eingesenkt oder aber ausgepflanzt mit einem Abstand von 20 × 30 cm. Im Spätsommer wird alles an Stäben angebunden und im Herbst, sofern die Pflanzen im freien Grunde standen, eingetopft. Die Überwinterung kann in einem Schuppen, Keller oder dergleichen geschehen, auch im Freilande, wenn die Töpfe gut eingesenkt und mit Reisig abgedeckt werden.

H. colchica mit Formen sowie die kleinblättrigen Formen von *H. helix* vermehrt man besser aus Sommertrieben, die im Kasten gesteckt werden.

Hedera helix 'Arborescens' kann man am besten im Winter auf starke Jungpflanzen von *H. helix* als Handveredlungen setzen, hinterher eintopfen; Erfolg immer gut.

Kulturansprüche: sehr gering; während der Kulturzeit ist die Aufstellung der Töpfe in voller Sonne vorzuziehen, damit die Pflanzen kräftiger werden. Wenn die Pflanzen später ihren endgültigen Standort bekommen, kann dieser sowohl in voller Sonne wie in tiefem Schatten sein; die Entwicklung in nicht zu trockenem, humosem Boden ist immer gut.

Handelsübliche Sortierung: 5—8, 8—12 Triebe bei einer Länge von 40—60, 60—80, 80—100 cm, entweder aus Töpfen oder aus dem Freilande; Pflanzen mit weniger als 5 Trieben werden nicht gehandelt. Da gute Ballenware besser bezahlt wird und auch für die Weiterkultur viel wertvoller ist, wird die Topfkultur dem Auspflanzen stets vorgezogen.

Empfehlenswerte Arten und Formen: *Hedera colchica, helix* mit 'Arborescens', 'Baltica', 'Conglomerata', 'Erecta', *hibernica* und *sagittifolia.*

PIEROT, S. W.: The growing and care of Ivy, New York 1974.

HEDYSARUM — Süßklee — Leguminosae

A u s s a a t wie bei allen Leguminosen erst im späten Frühjahr mit gewässertem Saatgut. Keimung nach etwa 4 Wochen; genügt zur Vermehrung vollständig und hat sehr gute Ergebnisse.

S t e c k l i n g e von kürzeren Seitentrieben im Frühsommer. Auch Ableger im August sind möglich; sind im Frühjahr dann bewurzelt.

K u l t u r a n s p r ü c h e : Trockene, sonnige Lage und magerer Boden. Sonst ganz anspruchslos. *Hedysarum multijugum* var. *apiculatum* ist die richtige Bezeichnung für die in den Gärten kultivierte Pflanze.

HELIANTHEMUM — Sonnenröschen — Cistaceae

A u s s a a t kann bei den reinen Arten angewandt werden, im Winter im Hause in Schalen; es genügt sogar Aussaat im Kasten. Die Sämlinge werden pikiert und, sobald es möglich ist, eingetopft. Da sie die Neigung haben, eine Pfahlwurzel zu bilden, muß besonders darauf geachtet werden, daß die Wurzeln nicht durch das Abzugsloch dringen. Die Jungpflanzen behält man aus diesem Grunde stets bis zum Verkauf im Topf.

S t e c k l i n g e entweder im Frühjahr oder Sommer von den krautigen Trieben oder im Winter von angetriebenen Mutterpflanzen schneiden, im kalten Kasten (bzw. Vermehrungsbeet im Winter) stecken. Sie bewurzeln sich in kurzer Zeit zu 100 %. Dies kommt vor allem in Frage für die vielen Sorten, die man nur so vermehren kann. Die Kultur sollte bei wiederholtem Einstutzen der Triebe zur Erzielung eines buschigen, dichtverzweigten, gedrungenen Wuchses auch hier immer mit Topfballen geschehen. Im Mai des nächsten Jahres kann man die stärksten von ihnen als Mutterpflanzen auspflanzen, wo sie sich binnen kurzer Zeit zu quadratmetergroßen Pflanzen auswachsen.

K u l t u r a n s p r ü c h e : Sie wachsen in jedem trockenen, mageren, sandigen oder steinigen Boden und blühen überreich.

E m p f e h l e n s w e r t e S o r t e n : Obwohl fast alle der zahllosen Gartenformen schön sind, seien hier nur einige genannt, die bereits größere Verbreitung haben, nämlich 'Bride' (weiß); 'Golden Queen' und 'Gelbe Perle' (gelb); 'Attraktion', 'Ben Heckla' und 'Chocolate Queen' (orange bis rotbraun); 'Ben Hope', 'Lawrenson's Pink' und 'Rose Queen' (rosa); 'Fire Ball' und 'Rubin' (rot).

HELWINGIA — Cornaceae

Liebhaberpflanze; leicht aus Stecklingen im Sommer zu vermehren. Interessant, weil die Blüten mitten auf der Blattspreite stehen. Empfehlenswert: *Helwingia japonica* (= *H. rusciflora*).

HEMIPTELEA — Ulmaceae

Bei uns ist *H. davidii* seit langen Jahren in gewöhnlichem Boden und sonniger Lage ohne Schutz ganz hart, ebenso in manchen botanischen Gärten. REHDER gibt an, daß sie in China häufig als Hecke verwendet wird. Vermehrung durch Absenker am besten, vielleicht auch Winterhausveredlung auf *Ulmus carpinifolia* möglich. Sonst genügt die Aussaat.

N u r e i n e A r t : *Hemiptelea davidii.*

HIBISCUS — Eibisch — Malvaceae

Methode	Jan.	Febr.	März	April	Mai	Juni	Juli	Aug.	Sept.	Okt.	Nov.	Dez.
Aussaat			**X**	**X**								
Stecklinge					**X**	**X**						
Anhäufeln						●	●					
Veredeln				**X**					**X**			
Wurzelschnittlinge	X										**X**	**X**

X X unter Glas; ● ○ Freiland; fette Zeichen wichtigste Methoden

Aussaat nur zur Anzucht der Unterlagen (*H. syriacus*) für die Veredlung. Im Frühjahr am besten im kalten Kasten oder im Freiland säen. Sie laufen gut auf und werden im ersten Jahre etwa 10 cm hoch (Abb. 235—4).

Stecklinge im Frühjahr von den krautigen Trieben, wachsen im Kasten sehr gut und sind viel zu wenig bekannt. 2 Jahre im Topf behalten und dann auspflanzen.

Anhäufeln der Unterlagen im Sommer ist sehr gut möglich und kommt als Notlösung dort in Frage, wo kein Saatgut zu beschaffen ist. Zum Anhäufeln eignen sich besonders solche Pflanzen, bei denen die Veredlungen abgestorben sind und die nun von unten her mit vielen Trieben kräftig wieder durchkommen.

Wurzelschnittlinge sind in Holland vereinzelt gebräuchlich, auch für die Formen; dies geht sehr gut, dauert aber länger als Stecklinge.

Veredlung im März als Handveredlungen, die dann gleich im kalten Kasten ausgepflanzt werden und sehr gute Resultate haben. Die Unterlagen schlägt man frostfrei ein in sauberem Sand, da sie in anderer Erde leicht faulen. Mancherorts ist man gegen die Handveredlung und topft die Unterlagen im Dezember ein. Sie werden dann im Kalthause aufgestellt und Ende März bis Anfang April durch Geißfuß oder Kopulation veredelt. Nach 3 Wochen sind sie gut verwachsen und finden ihren Platz im kalten Kasten.

Wenn auch die Handveredlung im Frühjahr die eigentliche Vermehrungsart für die Gartenformen ist, so kann man auch noch sehr gut im September auf Wurzelstücke von alten Pflanzen mit Geißfuß veredeln und diese im Vermehrungsbeet oder unter einer Glasglocke einschlagen. Nach kaum 10 Tagen ist schon alles gut verwachsen. Ein Durchtrieb der Reiser findet im gleichen Jahre nicht mehr statt, und die Veredlungen werden frostfrei.

Kulturansprüche: Gewöhnlicher, durchlässiger Gartenboden, dabei warme, sonnige Lage und geschützter Standort.

Empfehlenswerte Sorten von *Hibiscus syriacus:* e = einfach, g = gefüllt blühend.

weiß: 'Admiral Dewey' (g), 'Totus Albus' (e), 'W. R. Smith' (e)
weiß mit rot: 'Lady Stanley' (g), 'Monstrosus' (e), 'Red Heart' (e), 'Speciosus' (g)
lila-blau: 'Ardens' (e), 'Oiseau Bleu' (= 'Blue Bird' (e), 'Violet Clair Double' (g)
rot: 'Boule de Feu' (g), 'Puniceus Plenus' (g), 'Rubis' (e), 'Woodbridge' (e)
rosa: 'Hamabo'.

GROOTENDORST, H. J.: Hibiscus syriacus; in Dendroflora 5: 23-28; 1968.

HIPPOPHAE — Sanddorn — Elaeagnaceae

Aussaat der nach der Reife geernteten und dann sofort ausgewaschenen Samen im nächsten Frühjahr zeitig auf Freilandbeeten. Stratifikation vor der Aussaat ist nicht notwendig. Keimung nach 4 Wochen. Im ersten Jahre werden die jungen Sämlinge etwa 50—70 cm hoch; Ergebnis etwa 200—300 Pflanzen pro m².

ROHMEDER (Forstw. Centr.-Bl., 1942 : 241) betont, daß man nicht die Beeren aussäen darf, weil das Fruchtfleisch die Keimung behindert; daher nach der Ernte kurz rotten lassen und dann sofort auswaschen.

Die Verbraucher wünschen immer weibliche Pflanzen und einige männliche; die Baumschulen sind in der Regel nicht in der Lage, diese so sortiert zu liefern. Es ist aber durchaus und mit Sicherheit möglich, die dreijährigen Pflanzen schon nach den Geschlechtern zu trennen. Bei den männlichen Pflanzen stehen die Knospen dichter gehäuft an den Triebenden und sind bedeutend größer als die lockerer gestellten, kleinen Knospen weiblicher Pflanzen. Bei einiger Übung wird man bald die beiden Geschlechter unterscheiden können.

Die Vermehrung durch Steckholz kommt noch in Betracht, wenn bestimmte Typen vermehrt werden sollen. Nach EICHHOLZ muß das Steckholz im Winter, bis spätestens Anfang März, geschnitten werden. So tief stecken, daß nur ein Auge über dem Boden steht. Bei Steckholz von jungen Pflanzen mit kräftigen Jahrestrieben kann man mit rund 70 % Wachsern rechnen, während Steckholz von alten Sträuchern sehr schlecht wächst. Weiteres vgl. bei EICHHOLZ.

K u l t u r a n s p r ü c h e : keine; gedeiht in jedem sandigen, leichten Boden, auch an den Flußufern und Küsten. Am besten wächst der Sanddorn allerdings auf kalkhaltigen Böden, wie er auch von Natur aus am häufigsten an den Ufern der Gebirgsflüsse auftritt, deren Geröll aus Kalkstein besteht. Stets männliche und weibliche Pflanzen zusammensetzen, wenn man Früchte sehen will, etwa im Verhältnis 1 : 6. Die Früchte sind vitaminreich, aber sehr sauer.

N u r e i n e A r t : *Hippophae rhamnoides.*

DARMER, D.: Der Sanddorn. 89 S. Leipzig 1952. — EICHHOLZ, W.: Die generative Vermehrung des Sanddornes; Dt. Baumschule 1957: 1-6. — Ein Beitrag zur vegetativen Vermehrung des Sanddornes; Dt. Baumschule 1957: 186-190.

HOLBOELLIA — Lardizabalaceae

V e r m e h r u n g durch ausgereifte Sommerstecklinge. *Holboellia latifolia* (= *Stauntonia latifolia)* ist ein immergrüner Schlinger, der nur in den allerwärmsten Lagen bei uns aushält (in der Steiermark bereits ganz winterhart).

HOLODISCUS — Rosaceae

A u s s a a t unmittelbar nach der Reife, unter Glas, im kalten Kasten. Das Ergebnis ist sehr gut, daher nicht zu dicht säen. Wird nicht sofort gesät oder bleibt die Saat noch einige Zeit trocken liegen, es genügen 8—10 Tage, dann keimt sie erst im nächsten Frühjahr!

S t e c k l i n g e , sowohl von krautartigen Trieben als auch im Winter von angetriebenen Pflanzen, sind gut möglich. Man ist hierzu jedoch nur bei der rosablühenden Form gezwungen, die nicht echt aus Samen fällt.

K u l t u r a n s p r ü c h e : Gewöhnlicher, möglichst etwas frischer Boden in sonniger Lage. Jungpflanzen sollten eigentlich immer nur mit Topfballen gepflanzt werden, da ohne diese Maßnahme immer viel Ausfall entsteht. Möglichst nur Frühjahrspflanzung.

E m p f e h l e n s w e r t : *Holodiscus discolor* var. *ariaefolius* und die rosablühende 'Carneus.'

HOVENIA — Süßdorn — Rhamnaceae

A u s s a a t des eingeführten Saatgutes im halbwarmen Kasten unter Glas. Junge Sämlinge im ersten Jahre frostfrei halten.

K u l t u r a n s p r ü c h e : Guter Gartenboden in geschützter Lage und sonniger Stand. Die Pflanzen frieren im Norden meist in jedem Winter zurück und bleiben nur strauchartig. Am besten wachsen sie auf Lehmboden, auf Sand versagt *H. dulcis.* Versuche mit diesem Gehölz als Forstbaum verliefen unbefriedigend. In Ungarn 12—15 m hoch.

In K u l t u r ist nur *Hovenia dulcis.*

HYDRANGEA — Hortensie — Hydrangeaceae

Methode	Jan.	Febr.	März	April	Mai	Juni	Juli	Aug.	Sept.	Okt.	Nov.	Dez.
Aussaat			**X**	**X**								
Stecklinge						**X**	**X**					
Absenken				●	●							
Veredeln		●	●									
Steckholz											X	X

X X unter Glas; ● ○ Freiland; fette Zeichen wichtigste Methoden

A u s s a a t kommt für die reinen Arten in Frage. Der feine Same wird im halbwarmen Kasten im Frühjahr dünn ausgesät und geht bald auf. Die Sämlinge werden dann im Kasten pikiert und, sobald es geht, auf Freilandbeete nochmals pikiert, wo sie im ersten Jahre etwa 30—50 cm hoch werden. Die Aussaat ist aber in der Regel ungebräuchlich, weil sie wenig bekannt ist; Auflaufen meist unregelmäßig.

Abb. 251. Hydrangea paniculata 'Grandiflora' kann man auch anhäufeln und später die bewurzelten Triebe abnehmen (Bild: Herm. A. Hesse)

Stecklinge im Sommer werden von krautigen Trieben im Juni—August im Kasten gesteckt, wo sie sich rasch bewurzeln und bis zum übernächsten Frühjahr stehen bleiben müssen (nicht bereits im nächsten Frühjahr auspflanzen, weil dann immer erfahrungsgemäß ein Teil eingeht! Also ein Jahr überstehen lassen!). Diese Vermehrung kommt in erster Linie für die sterilen, großblumigen Formen in Betracht, wie *H. paniculata* 'Grandiflora', *arborescens* 'Grandiflora' und *arb.* 'Sterilis'. Die Stecklinge bewurzeln sich zwar schnell, kommen aber doch nur langsam vorwärts und werden im ersten Jahre nach dem Stecken selten höher als 30 cm. Schattieren, Spritzen und Lüften sind Arbeiten, die bei den großblättrigen und daher schnell welk werdenden Stecklingen sehr sorgfältig gemacht werden müssen. Bei übermäßigem Spritzen fault sofort alles.

Steckholz soll von *arborescens* und *paniculata* möglich sein, doch nur, wenn es sehr früh geschnitten wird.

Absenken kommt für die rankende Art *H. petiolaris* in Betracht. Die Triebe werden im Frühjahr eingelegt, so daß nur die Triebspitzen heraussehen. Um eine möglichst gute Bewurzelung zu erzielen, soll der Boden anmoorig sein bzw. entsprechend hergerichtet werden. Im nächsten Frühjahr können die Absenker abgetrennt und baumschulmäßig weiterbehandelt werden. Statt des Ablegens kann man auch das Anhäufeln im Sommer anwenden, besonders auch bei *H. sargentiana*. Dazu müssen die Mutterpflanzen im Frühjahr zurückgeschnitten werden. Wenn die Triebe im Juni lang genug sind, werden sie angehäufelt und im nächsten Frühjahr abgetrennt.

Veredlung ist in Holland die gebräuchlichste Vermehrung bei der jetzt wieder so beliebten *H. paniculata* 'Grandiflora'. Sie wird als Handveredlung (Geißfuß oder Kopulation) im Winter auf Wurzelstücke der eigenen Pflanzen oder auch von *H. paniculata* mühelos durchgeführt. Die Reiser sind so klein, wie es eben geht. $1\,^1/_2$—2 Internodien genügen vollständig. Verstreichen und Verbinden wie üblich, dann im Kasten einschlagen und im Frühjahr auf Beeten auspflanzen, wo sie bis zu 100 % wachsen und im gleichen Jahr noch 30 cm hoch werden. Die Veredlung wird, obwohl doch eigentlich nicht notwendig und verteuernd, trotzdem ausgeführt, weil man so wesentlich schneller vorwärts kommt als mit Stecklingen.

Kulturansprüche: Wachsen in jedem Boden, doch soll er möglichst etwas frisch sein, sonst im Sommer wässern. Alle lieben einen kalkfreien Boden, was bei den Jungpflanzen oft nicht beachtet wird und sich dann bald als ein großer (unerklärlicher) Fehler herausstellt. Ebenso sollen die Jungpflanzen mindestens mittags im Halbschatten stehen, deswegen die Beete entsprechend anlegen. Jungpflanzen und auch ältere Pflanzen werden alljährlich

Abb. 252. Ein Quartier mit *Hydrangea paniculata* 'Grandiflora' (Bild: Herm. A. Hesse, Weener)

tief zurückgeschnitten, selbstverständlich nur die am einjährigen Holz blühenden Arten; nur so werden sie von Jahr zu Jahr schöner. Viele Arten, besonders die vielen Formen von *H. macrophylla*, frieren im Winter zurück, treiben aber im Frühjahr immer wieder stark durch.

Merkwürdigerweise werden in Deutschland die Hortensiensorten, die die Topfpflanzenbetriebe kultivieren, nicht in den Baumschulkatalogen geführt, im Gegensatz zu den französischen, belgischen, englischen und holländischen Baumschulen. Viele dieser Sorten halten unsere Winter aus und könnten deshalb auch zu den Baumschulpflanzen gezogen werden.

H. altissima und *H. integerrima* sind auch in den wärmsten Gegenden Deutschlands nicht hart genug und müssen stets im Hause überwintert werden.

H. arborescens 'Grandiflora' und *paniculata* 'Grandiflora' sind seit Jahren sehr knappe Artikel, können also mit Gewinn mehr herangezogen werden.

Empfehlenswerte Arten und Formen: *Hydrangea arborescens* mit 'Grandiflora', ssp. *discolor* und ssp. *radiata; aspera* ssp. *strigosa* (= *aspera macrophylla*), *heteromalla* mit 'Bretschneideri', *involucrata* mit 'Hortensis', *macrophylla* mit den zahlreichen Gartenformen (den „Garten-Hortensien" und den einfachblühenden Formen), *paniculata* mit 'Grandiflora', 'Praecox' und 'Tardiva'; *petiolaris* (= *anomala* ssp. *petiolaris*), *quercifolia, sargentiana* und *serrata* mit Gartenformen.

HYMENANTHERA — Violaceae

Aussaat der nach der Reife stratifizierten Früchte im Frühjahr unter Glas, doch dürfte Stecklingsvermehrung im Juli voll ausreichen.

Empfehlenswert: *Hymenanthera crassifolia* (∧—∧∧).

HYPERICUM — Johanniskraut — Guttiferae

Aussaat im Frühjahr in Gefäße mit feingesiebter Heideerde, die im Hause oder Kasten aufgestellt werden. Der staubfeine Same darf nicht mit Erde bedeckt werden. Die Aussaat kommt vor allem für die feinlaubigen, staudigen Arten, wie z. B. *H. coris, polyphyllum, kotschyi, olympicum* usw. in Frage.

Stecklinge von ziemlich ausgereiften Trieben, im Juli (aber auch noch später gut, sogar bis November) geschnitten und dann in Kästen oder Handkästen gesteckt, ergeben die beste Vermehrung für die Arten mit größerer Belaubung, wie z. B. *calycinum, moserianum, patulum* usw. Die Stecklinge brauchen nur zwei Augenpaare zu haben; die Blätter

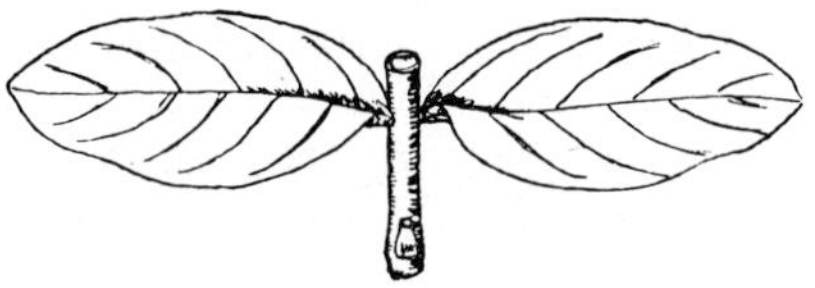

Abb. 253. Steckling von *Hypericum calycinum*

am unteren Teile schneidet man ganz ab, die oberen werden zur Hälfte eingekürzt. Nach der Bewurzelung eintopfen und bis zur Verwendung im Topf halten oder auch auspflanzen. Abzugslöcher der Töpfe gut mit Scherben verlegen, sonst gehen die Wurzeln sofort hindurch (Abb. 253).

Teilung aller kriechenden und wuchernden Arten ist bei kleinem Bedarf die einfachste Vermehrung.

Kulturansprüche: Leichter, warmer Boden in sonniger bis halbschattiger Lage. Je heller die Blätter sind, um so mehr Sonne vertragen sie. Die Immergrünen lieben einen mehr humosen Boden und Halbschatten.

Empfehlenswerte Arten und Formen: *Hypericum calycinum, elatum* 'Elstead', *hookeranum* mit 'Rowallane', *moserianum, patulum* var. *forrestii* und var. *henryi.*

(Hier sind die bisherigen Bezeichnungen für die Hypericum-Arten und Formen, insbesondere um die Gruppe um H. patulum, beibehalten worden, obschon diese nach der neuesten Nomenklatur, von N. K. B. Robson, nicht länger gültig sein können. Hier die neuen Namen:

H. acmosepalum = *H. patulum henryi, H. kouytchense;*
H. forrestii = *H. patulum forrestii, H. patulum henryi* z. T.
H. 'Hidcote' bleibt ohne nähere Bezeichnung
H. kouytchense = *H. patulum* 'Sungold'
H. patulum, der Typ, ist in Deutschland mit Sicherheit nicht in Kultur und auch nicht winterhart.)

IBERIS — Schleifenblume — Cruciferae

Aussaat mühelos im Frühjahr im kalten Kasten, später auf Beeten auspflanzen. Im nächsten Jahre sind die Pflanzen blühbar. Wegen der Einfachheit der Kultur rechnet man sie meist zu den Stauden.

Stecklinge im Sommer von halbreifen Trieben oder auch im Winter von angetriebenen Pflanzen mit altem oder jungem Holz sind ausschließlich zur Vermehrung der Gartenformen üblich, für die die Aussaat nicht in Frage kommt. Die Stecklinge wachsen mühelos im Kasten und werden nach der Bewurzelung auf Beeten pikiert oder auch in Töpfen behalten.

Kulturansprüche: Trockener, lehmiger Boden in sonniger, warmer Lage. Die Gartenformen 'Weißer Zwerg' (= 'Little Gem'), 'Schneeflocke' (= 'Snowflake'), 'Elfenreigen' und 'Perfektion' sind schöner als die weißblühenden Wildarten und werden daher überall im Alpinum verwendet. Die Sorten sind oft nicht echt in Kultur.

Empfehlenswerte Arten und Sorten: *Iberis corifolia, saxatilis* und *sempervirens* mit den Sorten 'Nana', 'Schneeflocke' und 'Weißer Zwerg'.

IDESIA — Orangenkirsche — Flacourtiaceae

Aussaat ist immer zu empfehlen, und zwar mit stratifiziertem Saatgut unter Glas. Da *Idesia* zweihäusig ist, erhält man nur Saatgut, wenn man beide Geschlechter nebeneinandersetzt. Das eingeführte Saatgut stammt meist aus dem Süden Japans oder aus dem Mittelmeergebiet. Saat aus nordjapanischen Herkünften dürfte bestimmt härtere Pflanzen ergeben, die unser Klima ohne Schaden aushalten.

Bei der zweihäusigen Idesia kann man die Geschlechter nicht eher unterscheiden, bis die Pflanzen geblüht haben. Die Jungpflanzen sind recht raschwüchsig.

I. polycarpa vestita fällt, wie SHEAT (S. 216) angibt, ganz echt aus Saat.

Absenken ist ebenfalls möglich und dürfte bei geringem Bedarf ausreichend sein.

K u l t u r a n s p r ü c h e : *I. polycarpa* ist bei uns nicht überall hart und friert mitunter bis zum Boden zurück, bringt aber dafür im nächsten Sommer oft über 2 m lange Neutriebe. Sie brauchen einen warmen Stand in sonniger oder etwas beschatteter Lage, dazu vorsichtshalber trockenen Stand und nicht zu fetten Boden, damit die Triebe frühzeitig abschließen und so den Winter besser überstehen; im allgemeinen ziehen die Pflanzen sonst frischen Boden vor.

E i n z i g e A r t : *Idesia polycarpa.*

ILEX — Stechpalme — Aquifoliaceae

Methode	Jan.	Febr.	März	April	Mai	Juni	Juli	Aug.	Sept.	Okt.	Nov.	Dez.
Aussaat		X	X						●	●		
Stecklinge							**X**	**X**	X	X	X	
Absenken					●	●						
Veredeln		**X**	**X**				●	**X**	**X**			

X X unter Glas; ● ○ Freiland; fette Zeichen wichtigste Methoden

A u s s a a t (für die reinen Arten) ist gut möglich, aber nicht immer erfolgreich. Die Früchte werden nach der Reife (November) gleich abgenommen, bevor die Vögel sie wegholen, was besonders bei *I. sieboldii* der Fall ist. 1 kg frische Früchte von *I. aquifolium* enthält etwa 3000—4000 Beeren; 1 kg trockene Saat enthält 28 000—40 000 Korn.

Nach der Ernte die Früchte mehrere Wochen auf einem kleinen Haufen lagern und rotten lassen, dann Samen auswaschen, etwas abtrocknen lassen und gleich einsanden. Die Keimkraft beträgt im allgemeinen etwa 60 % und bleibt 3—4 Jahre erhalten. Aussaat im nächsten Herbst nach einjähriger Stratifikation oder im darauffolgenden Frühjahr auf Beete mit genügend feuchtem, humosem, besser noch etwas anmoorigem Boden in halbschattiger Lage. Im Winter Beete mit Nadelstreu abdecken. Keimung sehr unregelmäßig, mitunter erst richtig im 3. Frühjahr nach der Ernte einsetzend.

In Boskoop hat man durch Untersuchungen festgestellt, daß die Früchte von *I. aquifolium* am besten dann gepflückt werden, wenn sie hellrot sind. Es ist notwendig, das Fruchtfleisch zu entfernen, da es keimungshemmende Stoffe enthält. Die Samen werden dann in Torfmull stratifiziert, was sich schon häufig als bestes Stratifiziermedium erwies. Warmwasser- oder Frostbehandlung blieben ohne sichtbaren Einfluß auf die Keimung, die immer erst im 2. Frühjahr nach der Ernte erfolgt.

Auch in der Natur keimen die Samen unterschiedlich, nach 1—3 Jahren. Die Samenschalen sind zwar hart, aber keineswegs wasserundurchlässig, vielmehr keimen sie deswegen so schwer, weil die Embryonen bei der Ernte der Früchte noch nicht voll ausgebildet sind. Bei einigen *Ilex*arten können die Keimschwierigkeiten nur durch Stratifizieren oder Heißwasserbehandlung oder chemische Behandlung überwunden werden. Aber es dauert auch dann mitunter noch 2—3 Jahre, bis die Samen auflaufen. Pikieren der Jungpflanzen nach einem Jahr, nur im ruhenden Zustande (Ende August) und auf schattige Beete.

CROCKER empfiehlt, die gereinigten Samen trocken aufzubewahren, dann im zeitigen Frühjahr im Kasten unter Glas aussäen. Keimung im 1. Jahr 10—15 %, im 2. Jahr bis auf 50 % und im 3. Jahr bis auf 60—65 %. Pikieren nach dem 3. Blatt wird empfohlen. Während des Winters Saatbeete mit Nadelstreu abdecken und bei Frost Fenster auflegen.

S t e c k l i n g e der immergrünen Arten sind gut möglich, am besten im Juli—August, aber noch bis Dezember, mit Wuchsstoff (Puder mit Indolylessigsäure), in $^2/_3$ Torf und $^1/_3$ Sand stecken, unter Doppelglas. Was früh gesteckt wird, ist bis zum Winter gut bewurzelt. Dann im Kasten stehen lassen, im Frühjahr Fenster abnehmen, schattieren mit Schattenrahmen; später, wenn der Austrieb eben beginnen will, auf Beete auspflanzen (OTTERLOO).

WHEELDON hatte vorzügliche Ergebnisse mit der Stecklingsvermehrung von *Ilex aquifolium* unter Sprühnebel. Hierbei wurden die Stecklinge Ende Mai—Anfang Juni in

Handkästen gesteckt und waren Anfang August bewurzelt. Das Haus kann dann noch mit einem zweiten Satz Stecklinge beschickt werden, der bis Dezember bewurzelt ist. Die Stecklinge werden im September bzw. Januar eingetopft und im Hause belassen, bis sie im Mai im Freiland ausgepflanzt werden können.

Abb. 254. Stecklingsvermehrung von bunten Ilex-Formen unter Sprühnebel; bei Minier in Angers, Frankreich

HEMMING hat ermittelt, daß Stecklinge von diesjährigen Trieben besser wachsen als von älteren Trieben. Die Bewurzelung beginnt schon nach 3 Wochen. Stecklinge von *I. opaca* und *cornuta* kann man zu jeder Zeit stecken, doch wachsen sie am besten nur im Spätsommer oder Herbst. Während des Winters muß Bodenwärme gegeben werden, so daß man späte Vermehrung am besten im Hause vornimmt.

Über die Vermehrung von *I. opaca* berichtet CONNORS; sie ist etwas leichter als die von *I. aquifolium.*

Absenken wird vor allem in Boskoop viel ausgeführt und geht auch gut, setzt aber besonders geeignete Bodenverhältnisse voraus, genügend anmoorig und frisch. Die Senker müssen 2 Jahre liegen und werden nach dem Abnehmen im Frühjahr sorgfältig weiterbehandelt, sonst geht ein großer Teil ein.

Veredeln der zahllosen Varietäten kann man auf verschiedene Weise vornehmen; entweder im Winter im Haus kopulieren auf fest eingewurzelte Sämlinge von *I. aquifolium* (eventuell auch von *crenata*); sodann auch, allerdings etwas ungewöhnlich, durch Okulation im Hochsommer auf Freilandsämlinge.

In England wird im September unter Glas auf Wurzelstücke von *I. aquifolium* kopuliert, mit Draht verbunden, nicht verstrichen; der Erfolg soll vorzüglich sein.

Kulturansprüche: Für die meisten Arten schwerer, nahrhafter, nicht zu trockener Boden, halbschattiger Standort, Schutz vor scharfem Wind. *I. aquifolium* und seine Gartenformen sind anspruchsloser an den Boden; sie gedeihen sowohl in sandigem wie lehmigem, kalkhaltigem, felsigem und tiefgründigem Boden, in trockener oder frischer Lage; wichtig ist aber immer Schatten oder mindestens Halbschatten. Unter allen Umständen muß man ferner dafür sorgen, daß die Pflanzen nicht ballentrocken in den Winter kommen. Die Meinung ist sehr verbreitet, daß *Ilex* saure Böden vorzieht; das trifft nicht zu, wie die amerikanische *Holly Society* angibt. *Ilex* liebt zwar wohl viel Feuchtigkeit, jedoch nicht zuviel Säure, braucht gleichzeitig gute Dränage und, wie schon gesagt, halbschattige Lage.

Ilex-Büsche, die verpflanzt werden sollen, müssen im August—September umstochen werden; man kann sie dann auch während der Wintermonate gut verpflanzen. Gut umstochene Pflanzen verlieren ihr Laub nicht beim Verpflanzen, im Gegensatz zu anderen Pflanzen. Alle 3 Jahre sollte man *Ilex* verpflanzen.

Empfehlenswerte Arten und Formen: Eine kritische Sichtung des Sortimentes — die Baumschule HILLIER & SONS in Winchester führt in ihrem Arboretum nicht weniger als 150 Cultivare von *I. aquifolium* und *I. altaclarensis* — ist 1971 in Boskoop vorgenommen worden. Dort werden als beste Sorten folgende genannt:

Ilex aquifolium mit den Sorten 'Argenteomarginata', 'Atlas', Aureomarginata', 'Golden King', 'Golden van Tol', 'Handsworth Silver', 'J. C. van Tol', 'Mme Briot', 'Pyramidalis', 'Pyramidalis Aureovariegata', 'Silver Queen'; *Ilex altaclarensis*-Sorten 'Belgica', 'Belgica Aurea'; ferner *Ilex bioritensis* (= *I. pernyi veitchii*), *I. crenata* 'Convexa' und 'Golden Gem' und die sommergrüne *Ilex verticillata.*

In den USA wird in der Hauptsache *Ilex opaca* angezogen, da *I. aquifolium* dort nicht so gut wächst, abgesehen von der kühleren Westküste. In Europa ist man in den Baumschulen ziemlich einhellig der Meinung, daß *Ilex aquifolium* wertvoller ist, deswegen haben die amerikanischen Formen hier nicht Fuß fassen können.

Abb. 255. Ilex crenata mit Ballen, 40 bis 60 cm hoch (Bild: Böhlje)

CONNORS, C. H.: Growing Holly. N. Jers. Agr. Exp. Sta. Circ. 493, 1947. — CROCKER, W.: Studies with seeds and germination. Boyce Thompson Inst. Plant Res., Prof. Paper, Vol. I, Nr. 29, 1938. — DILATUSH, T. J.: Growing methods for salable Holly. Am. Nurs. 15. 5. 1951: 11-12, 52. — HEMMING, E.: About american Holly. Florists Exchange, 12. 6. 1933, New York. — MATTOON, H. G., 1953: Vegetative propagation of holly by grafting. Proc. Plant Prop. Soc. 2: 91-95. — OTTERLOO, J. W. v.: Het kweeken van hulst. Tuinbouwberichten 1952: 62. — PEASE, R. W., 1953: Rooting american holly from softwood cuttings — cold frame method. Proc. Plant Prop. Soc. 2: 95-108. — PEASE/TYRON/STEINER: Rooting american holly from cuttings; cold-frame method. W. Virg. Agr. Exp. Sta. Circ. 87, 20 S. (1953). — ZIMMERMAN/HICHCOCK: Selection, propagation and growth of Holly. Florists Exchange, 1933, Nr. 39: 19-20; Nr. 40: 19-20. — WHEELDON, T.: Propagating Holly under mist; in Am. Nurs. 1. 10. 1959: 3244. — ROLLER, J. B., 1954: Propagation of *Ilex cornuta* 'Burfordii'; Proc. Plant Prog. Soc. 3: 48-51. — PEASE, R. W., 1954: The response of rooted cuttings of *Ilex opaca* to overhead irrigation in a lath house; in Proc. Plant Prop. Soc. 3: 61-64. VAN GELDEREN, D. M.: *Ilex;* in Dendroflora 8: 19-35; 1971.

ILLICIUM — Sternanis — Illiciaceae

Stecklinge von krautigen oder aber im Juli von ausgereiften Trieben, evtl. unter Sprühnebel. *Illicium anisatum* ist im Weinklima, mit etwas Winterschutz, meist recht winterhart.

INDIGOFERA — Indigostrauch — Leguminosae

Aussaat im Spätfrühjahr mit gewässertem Saatgut ist die bequemste und beste Art. Die Saat läuft nicht gut auf. Abb. 235—5.

Absenken der jungen Triebe reicht bei kleinem Bedarf.

Stecklinge können von krautartigen Trieben früh gesteckt werden, sind aber überflüssig.

Wurzelschnittlinge im Dezember im kalten Kasten sind ganz vorzüglich.

Kulturansprüche: Anspruchslos; gewöhnlicher, trockener Boden in sonniger, warmer Lage. Frieren oft zurück, treiben aber immer wieder durch.

Empfehlenswerte Arten: *Indigofera gerardiana* (= *dosua*), *kirilowii* und *potaninii.*

ITEA — Rosmarinweide — Iteaceae

Aussaat, falls Saatgut vorhanden, sehr vorsichtig im Frühjahr in Schalen im Hause.

Stecklinge von krautigen Jungtrieben (bei *virginica*) im Frühsommer unter Glas im Hause; für die immergrüne *I. ilicifolia* dagegen im August bis September von fast reifen Seitentrieben.

Teilung alter Büsche nach voraufgegangenem Anhäufeln im zeitigen Frühjahr wird in vielen Fällen bereits ausreichen.

Kulturansprüche: Humoser, frischer Boden in sonniger, warmer Lage; kalkhold. In Kultur ist in Deutschland nur *I. virginica,* während die immergrüne *I. ilicifolia* nur für die allerwärmsten Lagen in Frage kommen dürfte.

Empfehlenswerte Arten: *Itea ilicifolia* (∧∧∧!) und *virginica.*

JAMESIA — Saxifragaceae

Vermehrungsmöglichkeiten wie bei *Itea.* Die krautartigen Stecklinge wachsen jedoch sehr schlecht, und es bedarf schon eines tüchtigen Fachmannes, um sie zur Bewurzelung zu bringen; am besten gelingt es mit angetriebenen Pflanzen im April—Mai.

Kulturansprüche: *J. americana* ist mit gewöhnlichem Gartenboden in sonniger, warmer Lage zufrieden.

Einzige Art: *Jamesia americana.*

JASMINUM — Echter Jasmin — Oleaceae

Aussaat ist kaum üblich und kommt nur für seltenere Arten in Frage.

Stecklinge von krautigen Sommertrieben, im Juni—Juli oder im Herbst gesteckt, wachsen im Hause oder Kasten sehr gut. Stecklinge von angetriebenen Mutterpflanzen sind auch möglich, aber überflüssig, weil die Sommervermehrung völlig ausreicht. Jungpflanzen am besten bis zum Verkauf in Töpfen halten (Abb. 256).

Teilung ist bei vielen Arten leicht, besonders bei *J. beesianum.*

Kulturansprüche: Lockerer, nahrhafter Boden in sonniger bis halbschattiger Lage. Am besten ist es, sie an einer nach Süden oder Südwesten gelegenen Mauer im Spalier anzuheften.

Empfehlenswerte Arten: *Jasminum mesnyi* (= *primulinum,* ∧∧∧!), *nudiflorum, officinale* 'Affine' (∧∧), *stephanense* (∧-∧∧).

BURNS, W.: 1953: A study of the vegetative propagation of plants with special references to the root-initials of *Jasminum nudiflorum* Lindl. Trans. Bot. Soc. Edinb. **36**: 84-98.

JUGLANS — Walnuß — Juglandaceae

Hier werden die botanischen Arten behandelt: Die Früchte reifen im September—Oktober und können dann vom Boden aufgelesen werden; nach der Ernte zunächst an einem trockenen, luftigen Ort ausbreiten. Die Fruchthüllen fallen bei *J. regia* meist von selbst ab,

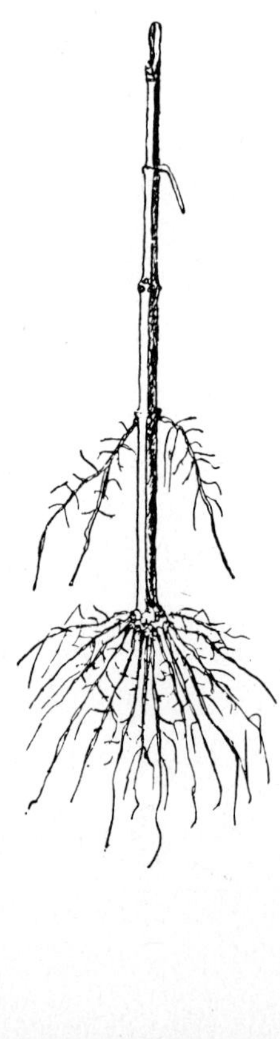

Abb. 256. Bewurzelter Steckling von *Jasminum nudiflorum*

während sie bei anderen Arten bald verrotten, wenn sie kurze Zeit auf einem Haufen liegen. SCHNEIDERS weist darauf hin, daß die Schalen bei *J. nigra* fest haften und sich erst nach 1—2 Wochen Rotte mühsam entfernen lassen. Er empfiehlt daher nach eigenen Erfahrungen die Herbstsaat der Früchte mit der grünen Schale in 8—10 cm tiefen Rillen.

Will man aber erst im Frühjahr säen, dann läßt man die Schalen rotten und achtet darauf, daß sie sich nicht erwärmen, was leicht bei Versand von Nüssen in Säcken vorkommen kann. Mit Reiserbesen und viel Wasser in einem Faß so lange stampfen, bis die Schalen sich ganz abgelöst haben, dann ausbreiten, kurz abtrocknen lassen und einsanden. Gegen Mäusefraß am besten vorher noch mit Mennige pudern oder etwas Petroleum darüber spritzen. Nicht zu dicke Lagen machen und möglichst frostfrei und kühl lagern; Sand nicht zu feucht während des Winters. Erst im Frühjahr etwas feuchter halten. Ab März Beete vorbereiten, Rillen ziehen, Samen einzeln auslegen. Die Nüsse werden sorfältig gesteckt. Über die Art des Steckens ist man sich nicht überall einig: Einige Baumschulen stecken die Früchte mit der Spitze nach unten, andere mit der Spitze zur Seite. Die letztere Methode ist zweckmäßiger und natürlicher, weil hierbei der Keim ohne Umweg gerade nach oben wachsen kann (vgl. Abb. 257).

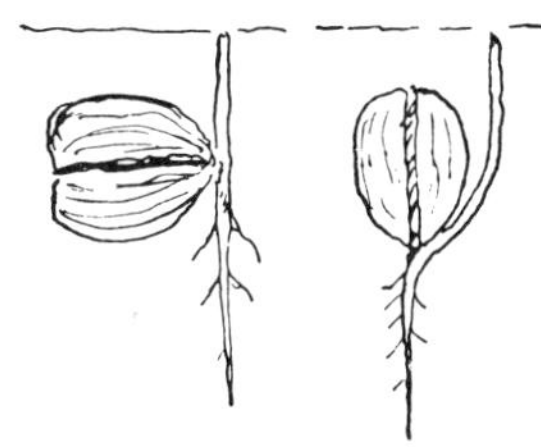

Abb. 257. Die Nüsse legt man besser waagerecht aus; vgl. Text (Original)

Die Sämlinge laufen sehr langsam auf, meist in der zweiten Maihälfte, und werden im 1. Jahr etwa 10—40 cm hoch. Sie werden im Herbst herausgenommen und frostfrei eingeschlagen. Verpflanzungen im 1. Jahr ist unbedingt erforderlich, sonst bilden die Sämlinge nur eine einzige Pfahlwurzel.

Sollten die Nüsse beim Auslegen schon gekeimt sein, dann werden sie besonders vorsichtig ausgelegt und die Keime mit Torf gegen Spätfröste geschützt. Vor dem Auslegen solcher Nüsse kürzt man die jungen Wurzeln gleich etwas ein, damit sich mehrere Wurzeln an Stelle einer Pfahlwurzel bilden.

Die Formen von *Juglans regia* ('Laciniata', 'Monophylla' u. a.) fallen nur zum Teil echt und werden zweckmäßiger vegetativ vermehrt.

Veredlung. ALLAN R. BECK (Horticulture Department, Iowa State University, Ames, USA) hat eine Veredlung mit Amme entwickelt, die sich vorzüglich bewährt hat und seiner Meinung nach auch für Juglans regia-Sorten und Carya Verwendung finden kann, aber auch bei Camellia und Castanea. Die Veredlung geht wie folgt vor sich:

Stratifizierte Nüsse, die gerade keimen, werden in feuchten Torf oder Sphagnum gelegt, wo sie dann auskeimen sollen. Die Veredlungszeit ist nicht begrenzt, doch sollte sie dann vor sich gehen, wenn am Trieb die beiden ersten Laubblätter entwickelt sind. Dann wird der Trieb direkt über der Nuß angeschnitten, mit einem spitzen Messer in die Nuß gestochen und in diesen Spalt das fein zugespitzte Edelreis geschoben bzw. eingeklemmt. Verbinden ist nicht erforderlich. Diese neue Technik ist noch in der Entwicklung; erst wenn ausreichend gute Erfahrungen vorliegen, dürfte sie auch in die Baumschulen Eingang finden; vgl. auch bei Quercus.

Über Veredlung vgl. Abschn. C, Vermehrung der Obstgehölze (unter Walnuß).

Empfehlenswerte Arten: *Juglans cordiformis* und *nigra*.

J. nigra gedeiht am besten in tiefgründigem, nahrhaftem Boden und trägt auch bei uns reichlich Früchte. Sämlinge sollte man möglichst ohne Beschädigung der Wurzeln verpflanzen. — *J. cinerea* ist in rauhen Lagen noch härter und eignet sich besonders zur Anpflanzung ostwärts der Oder. Ebenso sind *J. sieboldiana* und *cordiformis* ganz hart, außerordentlich raschwüchsig und leicht zu verpflanzen; beide lieben nahrhaften Lehmboden.

KADSURA — Schisandraceae

Kadsura japonica ist ein immergrüner oder auch nur wintergrüner Schlinger mit schönen roten Früchten; Vermehrung durch Stecklinge im August, von halbreifen Seitentrieben $\wedge\wedge$—$\wedge\wedge\wedge$.

KALMIA — Kalmie — Ericaceae

Aussaat ist nur bei großem Bedarf üblich, im Spätherbst im kalten Kasten, in Schalen mit feingesiebter Heideerde; sehr vorsichtig behandeln. Die Samen sollen unbedingt gut durchfrieren (SM, S. 211) und keimen dann wesentlich besser als ohne diese Behandlung. Sämlinge kommen in der ersten Zeit nur sehr langsam vorwärts; sie blühen erstmalig, wenn sie 5—6 Jahre alt sind.

Stecklinge von reifen Trieben im Sommer sind umständlich, weil sie meist schlecht wurzeln, besonders von *latifolia.*

Allerdings gibt es viel bessere Ergebnisse, wenn man die Stecklinge von Jungpflanzen schneidet und nicht von alten Standpflanzen.

Absenken im August—September ist üblich; der Erfolg ist nur in genügend feuchtem Boden sicher, in halbschattiger Lage. Dem Boden muß man gegebenenfalls noch gut Torf und Sand zufügen, sonst kann man die bewurzelten Senker erst nach 2—3 Jahren abnehmen.

Kulturansprüche: Schatten oder Nordlage und frischer Boden am besten, sonst frischer Heideboden, notfalls auch lehmiger Sand, der entsprechend zubereitet werden muß. Kein Kalk!

Empfehlenswerte Arten und Formen: *Kalmia latifolia* mit einigen englischen Selektionen, ferner *K. angustifolia* 'Rubra'.

KALMIOPSIS — Ericaceae

Kalmiopsis leachiana und ihre Cultivare kann man durch Stecklinge vermehren genau wie Kalmia. Winterhart.

KERRIA — Ranunkelstrauch — Rosaceae

Stecklinge von krautigen Trieben im Sommer wachsen im Kasten sehr gut und sind die übliche Vermehrung. Im ersten Jahr im Kasten überwintern.

Abtrennen der Wurzelsprosse, die sich zahlreich bilden, ist sehr einfach, besonders auf Sandboden, und genügt oft. Weitere Vermehrungsarten sind überflüssig.

Kulturansprüche: Guter, nahrhafter Boden in möglichst etwas beschatteter Lage; besonders gut auch Pflanzung als Mauerspalier. Letztere Möglichkeit der Anwendung ist kaum bei uns bekannt. Die gefüllt blühende Form ist nicht so hart wie *K. japonica.*

Kerria jap. 'Peniflora' ist immer sehr knapp, kann daher nie zuviel vermehrt werden; die buntblättrige Form dagegen hat nur Liebhaberwert.

Empfehlenswert: *Kerria japonica* und 'Peniflora'.

KOELREUTERIA — Sapindaceae

Aussaat sofort nach der Reife ist am besten, sonst Einschichten und Frühjahrsaussaat. Gutes Saatgut läuft fast zu 100 % auf, daher nicht zu dicht säen. Gekauftes Saatgut läuft im Freiland oft unsicher auf und wird daher besser im Kasten gesät. Sämlinge werden im ersten Jahre etwa 50—70 cm hoch.

Da die Samen hartschalig und wasserundurchlässig sind, wozu noch eine interne Keimverzögerung kommt, empfiehlt es sich, die Samen vor der Aussaat besonders zu behandeln. In amerikanischen Versuchen war ein 30 Minuten langes Einlegen in konzentrierte Schwefelsäure, dann anschließend nach dem Auswaschen Stratifikation bei + 5 °C für 78 Tage in feuchtem Sand am besten. Die Samen keimten dann bald und gut.

Wurzelschnittlinge und Ablegen in den üblichen Formen sind möglich, aber nicht üblich, da die Aussaat einfacher ist.

Kulturansprüche: Leichter, frischer, auch kalkhaltiger Boden in sonniger, warmer Lage. Nur die Jungpflanzen sind schutzbedürftig. Ältere Pflanzen von *K. paniculata* sind völlig winterhart. Im allgemeinen sind die Bäume kurzlebig, wennn auch in Deutschland hundertjährige Pflanzen stehen.

Empfehlenswerte Art: *Koelreuteria paniculata.*

GONDERMAN/O'ROURKE, 1961: Factors affecting the germination of Koelreuteria seed; Proc. Plant Propag. Soc. 11: 98-99.

KOLKWITZIA — Caprifoliaceae

Aussaat im Frühjahr im Hause in Schalen.

Stecklinge von krautigen Frühjahrstrieben sehr einfach und leicht wachsend. Die Jungpflanzen kommen anfangs nur langsam voran, wachsen später schneller. Sommerstecklinge wachsen sehr gut, aber nur von solchen Trieben, deren Rinde grün oder noch rot ist. Triebe mit hellbrauner Rindenfärbung sind schon zu hart. Wird zu spät gesteckt, dauert die Wurzelbildung 6—8 Wochen, während die Kallusbildung schon nach 3 Wochen überall einsetzt. Stecklinge welken leicht, daher vorsichtig behandeln.

Kulturansprüche: Guter, frischer Gartenboden. Sonst wie *Weigela* zu behandeln. *K. amabilis* ist viel härter, als man meist annimmt; bezeichnend ist, daß sie im harten Winter 1941/42 ohne Schutz in Mitteldeutschland ausgehalten hat, ebenso die letzten harten Winter 1956 und 1963. Auch die Jungpflanzen sind schon ganz hart, trotzdem kann eine leichte Schutzdecke nicht schaden.

Nur eine Art: *Kolkwitzia amabilis.*

LABURNOCYTISUS — Geißkleebohnenbaum — Leguminosae

Aussaat ergibt wieder *Laburnum anagyroides,* ist daher nicht möglich.

Veredlung entweder im Sommer als Okulation in der Baumschule oder als Reiserveredlung im Frühjahr ebenfalls in der Baumschule oder schließlich auf im Topf fest eingewurzelten Unterlagen im Winter im Hause, immer aber auf *Laburnum anagyroides.*

Für Liebhaber: *Laburnocytisus adami.*

LABURNUM — Goldregen — Leguminosae

Aussaat im Mai in Rillen ins freie Land. Saatgut vorher quellen lassen wie bei allen Leguminosen. Der größte Teil keimt bald, aber in beiden folgenden Jahren kommen immer noch Nachzügler nach (Hartschaligkeit). Es lohnt sich jedoch nicht, deshalb die Saatbeete stehen zu lassen. Die Sämlinge werden im ersten Jahre bei *L. anagyroides* (= *vulgare*) 60—80 cm hoch, bei *L. alpinum* bleiben sie etwas niedriger.

Übrigens ist gekaufte Saat von *L. alpinum* nur in seltenen Ausnahmefällen ganz rein, sondern in der Regel immer mit *L. anagyroides* gemischt.

Aussaaten von *L. anagyroides* 'Bullatum' und *anagyroides* 'Quercifolium' fallen nur zu einem verschwindenden Teile treu; der Rest ist die gewöhnliche Art.

Steckholz von *L. watereri* und *'Vossii'* hat man in Boskoop mit wechselndem Erfolg versucht; zeitweise war dieser recht gut. Man steckte im März—April ins Freiland, wobei das untere Steckholzende sehr lang schräg geschnitten wurde; dann eintauchen in Indolylessigsäure. In Boskoop hatte man aber wegen des unsicheren Erfolges die Steckholzvermehrung wieder eingestellt und veredelte statt dessen wieder wie früher (Handveredlung im Februar—März).

Erst 1961 wurden neue Versuche gemacht; diesmal wurde das Steckholz mit Captan behandelt. Die Schnittflächen wurden vor dem Stecken in Captanpuder getaucht. Die Ergebnisse hinsichtlich der Bewurzelung lagen bei über 90 %; die Bewurzelung war ausgezeichnet, ebenso die Triebe. Stecklinge ohne Captan[1]) erbrachten wiederum nur ca. 20 %, mit Bodenwärme bis 50 % Wachser.

Stecklinge von jungen krautigen Trieben im Frühsommer sind zwar ungewöhnlich, aber trotzdem möglich. Im Kasten gesteckt, in Torf und Sand, ordentlich schattiert und gespritzt, zeitigen sie gute, überraschende Erfolge. Weiterbehandlung am besten in Töpfen. Auch hier die untere Schnittfläche sehr lang schneiden!

Veredlung ist sonst die bekannteste Vermehrung für die vielen Formen und die selteneren Arten. Sie geschieht durch Okulation im Sommer oder durch Reiserveredlung im Frühjahr im Freilande oder durch Handveredlung im Februar—März (Boskoop). Auch diese wachsen sehr gut und ergeben bis zum Herbst des nächsten Jahres schöne Pflanzen.

Kulturansprüche: Keine; sie gedeihen in jedem leichten, auch kalkhaltigen oder steinigen Boden. *L. anagyroides,* die bekannteste Art, ist kalkliebend, dagegen *L. alpinum* kalkfliehend! Im Winter leiden sie oft stark unter Wildverbiß.

Empfehlenswerte Arten: *Laburnum alpinum, anagyroides* (= *vulgare*) *watereri* 'Vossii'. — In den letzten Jahren wird die Anpflanzung von Laburnum in öffentlichen Anlagen stark kritisiert, weil die Pflanzen giftig sind.

LAGERSTROEMIA — Lythraceae

Stecklinge im Frühsommer wachsen gut. Leider ist *Lagerstroemia indica,* die in den südlichen Gärten so oft als prachtvoller Herbstblüher zu finden ist, bei uns nicht ausreichend winterhart.

LAPAGERIA — Philesiaceae

Vermehrung sehr schwierig! Entweder durch junge Triebspitzen unter Sprühnebel oder durch Ableger unter Glas.

Lapageria rosea ist ein prachtvoller Schlinger, der das ganze Jahr hindurch blüht.

LARDIZABALA — Lardizabalaceae

Stecklinge im Juli. *Lardizabala biternata* hält unsere Winter nicht aus, ist jedoch in Südtirol schon winterhart.

LAURUS — Lorbeer — Lauraceae

Obwohl man den Lorbeer nicht als Baumschulgewächs bezeichnen kann, ist trotzdem, wie auch bei manchen anderen nicht genügend harten Gewächsen, die Vermehrung hier beschrieben, und zwar in der Weise, wie sie am Niederrhein und in Belgien heute üblich ist. Das niederrheinische Klima ist für die Lorbeerkultur besonders geeignet.

Stecklinge werden etwa von Oktober bis März geschnitten. Dazu benutzt man die etwa 10 cm langen Seitentriebe, die mit Ring an der Basis geschnitten werden müssen. Dann steckt man sie in feinen Flußsand im temperierten Vermehrungsbeet. Nach etwa 8 Wochen sind sie ausreichend bewurzelt und werden in sandige Lauberde eingetopft und nach der Durchwurzelung im Kalthause aufgestellt. Im Frühjahr draußen auf Beeten einsenken, entweder in Lauberde, Torf oder dergleichen und mit kurzem Dung abdecken. Öfters düngen und bei Nachtfrostgefahr decken. Wichtig ist, daß der Leittrieb nicht beschädigt wird, da sonst niemals mehr ein gerader Stamm entsteht. Im 2. Jahre verpflanzen in 10-cm-Töpfe, dabei die Seitenknospen vorsichtig entfernen, ebenso etwa vorhandene Grund- oder Seitentriebe. Sämtliche am Stamm stehenden Blätter müssen aber verbleiben, und zwar so lange, bis sie von selbst abfallen, was etwa nach 7—8 Jahren eintritt. Im 3. Jahre wird wiederum verpflanzt, und im 4. Jahre kann im Frühjahr, wenn in der Regel die Stammhöhe von 100—120 cm erreicht worden ist, die Krone in der üblichen Weise ge-

[1]) „Captan" ist ein N-Trichlor-Methylthiotetrahydrophthalmid und als Stäubemittel „Orthocide 50" und „Orthocide 83" im Handel; das Mittel wird von der Chem. Fabrik G. Ligtermoet, Rotterdam, Postbus 699, hergestellt.

bildet werden. Zuerst die Spitze auskneifen, damit Verzweigung eintritt, und in den nächsten Jahren nur für gute Kronenbildung und Sauberkeit des Stammes sorgen. Verpflanzen immer nur, wenn dringend erforderlich, und immer nur wenig größere Kübel oder Töpfe nehmen. Von Mitte Mai ab, wenn der Trieb voll im Gang ist, regelmäßig wöchentlich düngen. Nach in der Regel 12 Jahren sind die Kugelbäume mit 35 cm Durchmesser fertig.

Pyramiden werden ähnlich gezogen, doch wird bei den Jungpflanzen schon im 2. Jahre die Spitze des Leittriebes entfernt und nur unten ein kleines Stammstück („Fuß") sauber gehalten.

Die Überwinterung der Lorbeerpflanzen erfolgt in kühlen, aber frostfreien Räumen oder Schuppen, wo die Pflanzen dicht nebeneinandergestellt werden könnnen; jedoch immer darauf achten, daß die Pflanzen nicht ballentrocken werden. Erdmischung: Komposterde, Lauberde, Torfmull und weißer Sand zu gleichen Teilen.

Nur *Laurus nobilis* gärtnerisch wichtig.

LAVANDULA — **Lavendel — Labiatae**

Aussaat überflüssig.

Stecklinge im Frühsommer von den krautigen Trieben, unter Glas, wachsen sehr gut. Nach der Bewurzelung eintopfen, bis zum nächsten Frühjahr im Kasten lassen, dann auf Beeten auspflanzen.

Kulturansprüche: Warmer Standort in voller Sonne; der Boden kann schlecht und steinig sein, am besten ungedüngt. In lehmigem Boden ist die Kultur für offizinelle Zwecke auch einträglich.

Empfehlenswerte Arten und Formen: *Lavandula angustifolia* (= *vera*) mit den Sorten 'Hidcote' und 'Munstead Dwarf', ferner *L. stoechas* (∧∧∧).

LEDUM — **Porst — Ericaceae**

Aussaat des feinen Samens sehr sorgfältig in Schalen mit feingesiebter Heideerde. Die Schalen bleiben im Vermehrungshause. Jungpflanzen in den kalten Kasten in leichte, torfhaltige Erde pikieren, im nächsten Jahre auf Freilandbeete unter der Schattenhalle.

Absenken bei kleinem Bedarf völlig ausreichend und in anmoorigem Boden erfolgreich.

Kulturansprüche: Anmooriger, unbedingt kalkfreier Boden in möglichst halbschattiger Lage. Er muß frisch bis feucht sein; in letzterem Falle wachsen sie auch in der Sonne. Am leichtesten ist das breitblättrige, niedrigere *L. groenlandicum* zu kultivieren.

Empfehlenswerte Arten: *Ledum groenlandicum* und *palustre*.

LEIOPHYLLUM — **Sandmyrte — Ericaceae**

Aussaat wie bei *Erica*, siehe dort.

Absenken im Herbst ist die gebräuchlichste Vermehrung. Geschieht in der gleichen Weise wie bei den anderen Ericaceen. Zu guter Bewurzelung ist Moorboden unerläßlich. — Ebensogut auch Stecklinge im Juli—August.

Kulturansprüche: Humoser, kalkfreier Boden in sonniger bis halbschattiger Lage. Im Winter gut mit Reisig decken.

In Kultur ist fast immer nur *Leiophyllum buxifolium* var. *hugeri*.

LEITNERIA — **Korkholz — Leitneriaceae**

Krautige Stecklinge im Juli—August; Stockteilung oder Ableger. Für feuchten, torfigen Boden. *Leitneria floridana* ist nur botanisch interessant.

LESPEDEZA — **Buschklee — Leguminosae**

Aussaat nur bei *L. bicolor* in der bei den Leguminosen üblichen Weise im Mai ins freie Land.

Absenken ist eine gute Vermehrung für *L. thunbergii*, die als *Desmodium penduliflorum* bekannter ist. Die jungen Triebe werden ziemlich lang eingelegt und bewurzeln sich sehr gut (französisches Verfahren).

Stecklinge von *L. thunbergii* im Juni wachsen bei sorgfältiger Arbeit; bei der Überwinterung oft viel Ausfall.

Kulturansprüche: Guter, durchlässiger, sandiger Gartenboden in sonniger, warmer Lage. Nur *L. bicolor* ist ohne Deckung völlig winterhart, alle anderen Arten müssen immer eine Reisigdecke erhalten.

Empfehlenswerte Arten: *Lespedeza bicolor* und *thunbergii* (= *sieboldii*).

LEYCESTERIA — Caprifoliaceae

Aussaat gut möglich, da die Früchte auch bei uns reifen, behandeln wie bei Lonicera, oder auch krautige Stecklinge von dünnen Trieben.

Nur eine Art: *Leycesteria floridana;* für feuchte, kalkfreie Böden, etwas empfindlich für Frost.

LEUCOTHOE — Lorbeerkrüglein — Ericaceae

Aussaat im Februar—März unter Glas, wie andere Ericaceen.

Stecklinge von halbharten Trieben im Juli in Sand und Torf unter Glas gesteckt, wachsen sehr gut. Stecklinge von voll ausgereiften Trieben wachsen wesentlich schlechter, während weichere Triebe nach etwa 8 Wochen bewurzelt sind. Auch Teilung nach Anhäufeln ist gut möglich.

Kulturansprüche: Kalkfreier, frischer Moor- oder Heideboden und möglichst etwas halbschattige Lage. *L. fontanesiana* ist die härteste Art.

Empfehlenswerte Arten: *Leucothoe daviesiae* (ΛΛΛ), *fontanesiana* (= *catesbaei*), *keiskei.*

LIGUSTRUM — Rainweide — Oleaceae

Methode	Jan.	Febr.	März	April	Mai	Juni	Juli	Aug.	Sept.	Okt.	Nov.	Dez.
Aussaat	●										●	●
Stecklinge						X	X					
Steckholz			●						●	●		
Veredlung		X	X					X	X			

X X unter Glas; ● ○ Freiland; fette Zeichen wichtigste Methoden

In Holland empfiehlt man (BZ, S. 126), die Früchte sofort nach der Reife zu ernten und 2—3 Wochen auf einem Haufen rotten zu lassen; später Fruchtfleisch durch Waschen entfernen und Samen trocken aufbewahren bis Mai; dann stratifizieren und im November bis Dezember (also 1 Jahr nach der Ernte) draußen aussäen; Keimung gut im Frühjahr (80—90 %); Stratifikation sofort nach der Ernte und Aussaat im nächsten Frühjahr auch möglich, aber nicht so gut, weil Auflaufen unregelmäßiger.

Aussaat kann natürlich bei allen reinen Arten vorgenommen werden, wenngleich es sich bei *L. ovalifolium* und *vulgare* nicht empfiehlt (Wuchs dann zu ungleichmäßig, für Hecken nicht mehr zu gebrauchen).

Stecklinge im Frühsommer sind die übliche Vermehrung für alle Hecken-*Ligustrum.* Sie werden im Kasten in Torf und Sand gesteckt und wachsen zu 100 %. Im nächsten Frühjahr werden sie für 1 Jahr auf Beete pikiert und im Jahre darauf aufgeschult. Im Handel werden sie später nach der Anzahl der Triebe sortiert und danach verkauft.

Steckholz ist gut möglich bei *vulgare, ovalifolium* (nicht überall), 'Atrovirens' (nur schwächere bis mittelstarke Triebe verwenden, wachsen besser als starke). Es wird nur dort im September ins freie Land gesteckt, wo der Boden leicht ist und eine rasche Bewurzelung erfolgt. Wenn sich das Steckholz nicht mehr vor dem Frost bewurzelt, friert es im Winter hoch, und es gibt große Ausfälle. Am besten in der Regel erst im Frühjahr stecken. — Was das Schneiden angeht, so kann man hier einfach bündelweise auf Länge abschneiden, ohne auf die Augen zu achten; ja, man kann ohne Bedenken die Reiserbündel durchsägen; auch dieses Steckholz wächst gut.

Veredlung kommt nur bei der Anzucht von buntlaubigen Halbstämmchen in Frage und wird bei immergrünen Arten auf starke, gerade Triebe von *L. ovalifolium,* bei sommergrünen Arten auf *L. vulgare* im Hause im Winter auf im Topf stehende Unterlagen vorgenommen. Sonstige Arten, die man als Notbehelf veredeln muß (z. B. die seltene *L. chenaultii*), kann man als Winterhandveredlung vornehmen und hat dabei guten Erfolg.

Zu der Veredlung der buntlaubigen Formen sei aber noch bemerkt, daß sie dann wohl rascher wachsen, aber auch häufiger grüne Triebe bilden; Stecklingspflanzen von buntblättrigen Formen wachsen langsamer, dichter und haben viel seltener grüne Rückschläge.

Kulturansprüche: Alle Arten sind sehr genügsam und wachsen in jedem nicht zu feuchten Boden in sonniger bis halbschattiger Lage. Die immergrünen Arten, wie *L. japonicum, lucidum* u. a., sind bei uns nicht ganz hart und müssen gedeckt werden. — *L. vulgare* 'Lodense' wird in Holland als aussichtsreich für einen Export in kältere Länder angesehen, ebenso auch *L. amurense,* vorausgesetzt, daß beide preiswert angeboten werden können.

Empfehlenswerte Arten und Formen: *Ligustrum chenaultii* (ΛΛΛ), *delavayanum* (ΛΛ), *ibolicum, japonicum* 'Rotundifolium' (ΛΛ), *lucidum* (ΛΛΛ), *obtusifolium regelianum, quihoui, ovalifolium* (Λ) mit 'Aureum' (ΛΛ), *sinense, vulgare* mit 'Atrovirens' und 'Lodense'.

LINDERA — Lauraceae

Frische Samen sofort im kalten Kasten aussäen und mit Torf abdecken, sonst stratifizieren und Aussaat im März. Einfacher sind Stecklinge von halbreifen Trieben im Sommer.

Empfehlenswert: *Lindera benzoin, cercidifolia* und *obtusiloba.*

LINNAEA — Zwillingsblüte — Caprifoliaceae

Teilung ist sehr einfach, da die Pflanzen auf der Erde liegen und im Moos wurzeln. Kultur hat aber nur in genügend feuchtem Boden und Halbschatten dauernden Erfolg.

Stecklinge von jungen Trieben wachsen auch.

Aussaat des feinen Samens muß sehr sorgfältig geschehen.

Kulturansprüche: Kühlere Plätze auf Heide- oder Moorboden im Halbschatten, mit feuchtem Moos abdecken. Kalkfliehend!

Nur eine Art: *Linnaea borealis.*

LIQUIDAMBAR — Amberbaum — Hamamelidaceae

Aussaat mit eingeführtem Saatgut im Frühjahr im kalten Kasten unter Glas. Keimung sehr unregelmäßig. Nach bisherigen Erfahrungen ist in Deutschland geerntetes Saatgut wertlos.

Absenken der jungen Triebe im Herbst kann bei kleinerem Bedarf angewendet werden, doch ist die Bewurzelung erst nach 2 Jahren so, daß die Jungpflanzen abgetrennt werden können.

Kulturansprüche: Frischer, tiefgründiger, nahrhafter Boden. In seiner Heimat steht er in nassem Boden, während er bei uns auf solchen Böden erfrieren würde.

Empfehlenswerte Arten: *Liquidambar formosana* (ΛΛ-ΛΛΛ), *styraciflua,* vor allem Selektionen auf Herbstfärbung.

LIRIODENDRON — Tulpenbaum — Magnoliaceae

Aussaat am besten noch gleich im Herbst nach der Ernte, sonst nach Stratifizieren im Frühjahr im kalten Kasten unter Glas. Man kann unbedenklich sehr dick säen, denn

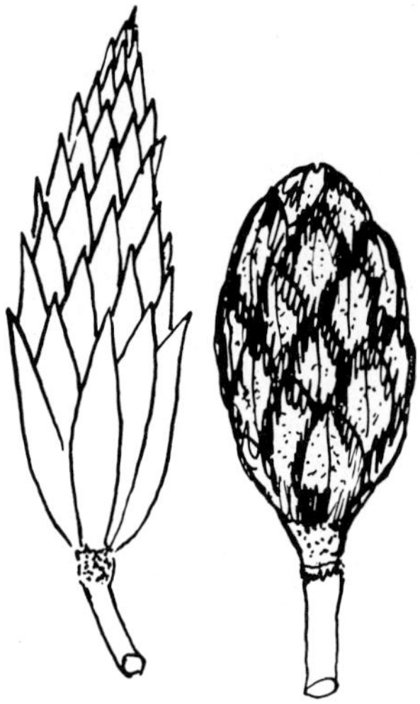

Abb. 258. Links Frucht von *Liriodendron*, rechts von *Magnolia*

es geht auch beim Saatgut nie mehr als 10 % auf, auch in der Heimat des Baumes nicht mehr als 15 %! Keimung nach 3 Wochen etwa 25 Pflanzen pro m^2. Am besten pikieren, wenn die beiden ersten Blätter ausgebildet sind; erneutes Pikieren im nächsten Frühjahr, kurz vor dem Austrieb, weil gerade dann die stärkste Entwicklung des Wurzelwerkes vor sich geht (nach BZ, S. 127). Im ersten Jahre werden sie nur etwa 15 cm hoch, wachsen aber später viel schneller. Anfangs sind die Sämlinge sehr frostempfindlich, als ältere Pflanzen sind sie jedoch ganz hart (Abb. 258, 235—6).

A b s e n k e n kommt für die Formen von *L. tulipifera* in Frage, die aus Samen nicht echt fallen. Für die Stammart ist das Absenken nicht zu empfehlen, da so gezogene Stämme nicht recht vorwärtskommen.

V e r e d l u n g der Formen auf im Topf fest eingewurzelte Sämlinge von *L. tulipifera* im Winter im Hause durch Geißfuß oder Kopulation. Die Unterlagen müssen leicht angetrieben werden.

K u l t u r a n s p r ü c h e : Kräftiger, lockerer, tiefgründiger, gleichmäßig feuchter Boden, besonders Aueboden oder Lehm. Jungpflanzen sollte man nur, wie Birken, beim Austrieb verpflanzen, da sie sonst schlecht anwachsen. Bei einem Verpflanzen älterer Bäume ist das Anwachsen immer sehr unsicher, weil die fleischigen Wurzeln leicht faulen! Wildverbiß!

E m p f e h l e n s w e r t e A r t : *Liriodendron tulipifera.*

McCarthy, E. F.: Yellow poplar characteristics, growth and management. US Dept. Agr. Techn. Bull. 356, 58 S. Washington 1933 (nur im Referat). — Wean/Guard: The vitability and collection of seed of *Liriodendron tulipifera.* J. Forestr. **38**: 815-817.

LITHODORA (= *Lithospermum*)-Boraginaceae

S t e c k l i n g e im Juni im Kasten; Kultur in Töpfen. — Zu empfehlen *Lithodora diffusa* mit einigen Cultivaren, gut hart, aber nicht für Kalkböden geeignet.

LOISELEURIA — Zwergporst — Ericaceae

Am besten durch Abnehmen von bewurzelten Trieben zu vermehren, doch sehr schwer zu kultivieren und wenig haltbar. Für kalkfreie Böden. *Loiseleuria procumbens* ist ein mattenförmig wachsender Felsbewohner.

LONICERA — Geißblatt, Heckenkirsche — Caprifoliaceae

Methode	Jan.	Febr.	März	April	Mai	Juni	Juli	Aug.	Sept.	Okt.	Nov.	Dez.
Aussaat								●	●			
Stecklinge						**X**	X	**X**				
Steckholz	●	●										●
Ablegen					●	●						
Veredeln		●	●									

X X unter Glas; ● ○ Freiland; fette Zeichen wichtigste Methoden

A u s s a a t ist natürlich bei allen reinen Arten möglich, doch nur bei den gewöhnlichen Arten wie *xylosteum, nigra, coerulea* usw. üblich. Es lohnt sich aber kaum, Früchte von Lonicera in den botanischen Gärten und Parks zu sammeln und auszusäen, weil die Arten sich leicht kreuzen und die Ergebnisse vielfach unbefriedigend sind. Am besten ist es, wenn hierbei der Same nach dem Auswachsen der Früchte gleich ins freie Land oder im Kasten ausgesät wird. Wo das nicht möglich ist, sogleich einschichten und im nächsten Jahre einsäen. Herbstaussaat geht nach 3—4 Wochen gut auf. Die Sämlinge werden aber nur 1—3 cm hoch. Bei trockenen, nicht eingesandet gewesenen Früchten ist die Keimung unregelmäßig.

Stecklinge von krautigen Frühjahrstrieben können überall verwendet werden, wo eventuell beim Steckholz Ausfall entstanden ist. In der Regel werden auf diese Weise aber nur die feinholzigen und die immergrünen Arten vermehrt. Für die laubabwerfenden Formen ist der Juni die beste Zeit, obwohl man mancherorts auch Stecklinge mit ganz ausgereiftem Holz im August bevorzugt. Die Stecklinge bleiben im Kasten bis zum nächsten Frühjahr stehen. Die immergrünen, besonders *L. pileata* und die empfindliche *nitida*, werden durch reife Triebspitzen im August vermehrt, die im Kasten gesteckt werden oder in Handkästen. Im letzteren Fall müssen sie dann im tiefen Kasten oder im Hause frostfrei überwintert bzw. vor Wintersonne geschützt werden. Ebenfalls die windenden Arten werden in der Hauptsache aus reifem Holz im Spätsommer vermehrt und bleiben bis zum Frühjahr im Kasten stehen. Dann auf Beete pikieren und im nächsten Frühjahr aufschulen. Sofort lange Stäbe beistecken, damit die Triebe nicht durcheinanderwachsen (Abb. 259).

Die windenden Arten kann man im Juli mit nur 2 Blättern stecken; mit Wuchsstoff bewurzeln sie sich gut.

Steckholz ist die beste Vermehrung für die überwiegende Zahl der strauchigen Arten, besonders für *L. tatarica* mit ihrem großen Formenkreis, aber auch *xylosteum, coerulea, notha* usw. Das Holz wird schon sehr früh geschnitten und in reinem Sand draußen eingeschlagen. Es ist nicht ratsam, die Steckholzbündel im Kasten einzuschlagen, weil der Austrieb dadurch zu früh beginnt und das Holz sich dann nicht mehr stecken läßt bzw. schon keine Kraft zur Wurzelbildung mehr hat. Gelegentlich werden sogar die Steckholzbündel umgekehrt eingeschlagen, um dadurch den Austrieb zu verzögern.

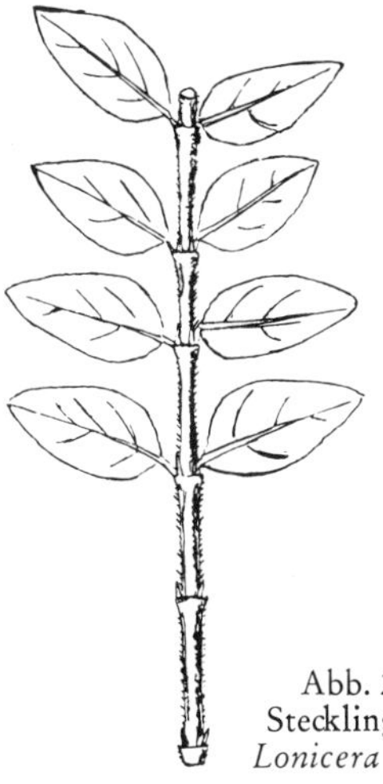

Abb. 259. Stecklinge von *Lonicera pileata*

Abb. 260. Beet mit 3jährigen Pflanzen von *Lonicera nitita*

Ablegen ist eine andere, eigentlich überflüssige Vermehrung für die schlingenden Arten und Formen. Das vorjährige Holz wird hierbei der Länge nach in den Boden eingelegt. Bis zum Herbst sind die Triebe bewurzelt und können zerteilt werden. Im Frühjahr auf Beeten pikieren und ganz kurz zurückschneiden. Die Mutterpflanzen müssen natürlich jedes Jahr zurückgeschnitten werden, damit man stets junge Triebe hat. Übrigens sei bemerkt, daß auch *caprifolium, periclymenum, tellmanniana* und andere windende Sorten aus Steckholz wachsen, wenn man sie früh im Hause steckt. *L. caprifolium* kann man im Januar draußen stecken, gleich nach dem Schneiden.

Abb. 261. Verkaufspflanzen von windenden Lonicera in einer Baumschule in Boskoop

Veredlung kommt nur als Notbehelf in Frage für einige Arten, die aus Steckholz überhaupt nicht, aus Stecklingen schlecht wachsen. Es sind dies besonders *L. pyrenaica, alpigena, standishii, altmannii* und einige andere Arten. Veredlung im Hause ist aber überflüssig, es genügt die einfache Handveredlung im Winter auf bewurzeltes Steckholz von *L. tatarica*. Im Frühjahr dann aufschulen. Der Erfolg ist nicht immer gut.

Kulturansprüche: Alle Arten sind mit gewöhnlichem Boden in sonniger Lage zufrieden. Die windenden Arten vertragen viel Schatten, am meisten *L. periclymenum*, und feuchte, nicht trockene, warme Lage. Die immergrüne *L. nitida* ist nicht überall hart (Abb. 260).

Empfehlenswerte Arten und Formen: *Lonicera amoena* 'Arnoldiana', *brownii* 'Fuchsioides' und 'Punicea', *caprifolium, coerulea, deflexicalyx, heckrottii, henryi, hispida, korolkowii, involucrata serotina, ledebourii, maackii* mit *podocarpa, nitida* mit 'Elegant' (= *„pileata yunnanensis"*) und 'Graziosa', *periclymenum* mit 'Serotina', *pileata, purpusii, syringantha, tatarica* 'Arnold Red', 'Hack's Red' und 'Zabelii', *tellmanniana, xylosteum* 'Clavey's Dwarf'.

LOROPETALUM — Hamamelidaceae

Stecklinge im Juli genügen zur Vermehrung. — *Loropetalum chinense* ist nur für sehr milde Lagen geeignet und kalkfreien Boden.

LUETKEA — Rosaceae

Stecklinge im Juni oder auch Einsanden der Triebe und vorsichtige Teilung der Polster. *Luetkea pectinata* erinnert im Aussehen etwas an eine „Moos-Saxifraga" und ist winterhart.

LUPINUS — Lupine — Leguminosae

Aussaat im April unter Glas ist die einfachste Vermehrung für *Lupinus arboreus*, die halbstrauchig ist und schon im ersten Jahr blüht. Bei uns wenig haltbar und am einfachsten alljährlich neu aus Samen anziehen ∧∧—∧∧∧.

LYCIUM — Bocksdorn — Solanaceae

Aussaat ist ganz überflüssig und kommt höchstens für seltenere Arten in Frage, oder wenn man große Mengen braucht und Saatgut reichlich vorhanden ist. Dann im Frühjahr den im Herbst eingeschichteten Samen direkt ins freie Land bringen, wo bald die Keimung beginnt und die Sämlinge im ersten Jahre 60—80 cm hoch werden. Die Aussaat ergibt aber in der Regel ein Durcheinander und keine reinen Arten.

Steckholz ist die einfachste Vermehrung für alle gebräuchlichen Arten in der Baumschule. Man kann es sogar ohne Bedenken mit der Schere schneiden, denn es wächst Stück für Stück.

Kulturansprüche: Sie wachsen auf den allerschlechtesten und trockensten Böden und Böschungen. In den Baumschulen ist *Lycium* oft ein Gemisch von *L. halimifolium, chinense ovatum, pallidum* und anderen Arten.

Empfehlenswerte Arten: *Lycium chinense ovatum, halimifolium* und *pallidum.*

MAACKIA — Leguminosae

Anzucht genau wie *Cladrastis*, vgl. dort (Aussaat und Wurzelschnittlinge).

Kulturansprüche: Frischer, nahrhafter, lehmiger Sandboden. Sie wachsen verhältnismäßig langsam.

Empfehlenswerte Art: *Maackia amurensis.*

MACLUDRANIA — Moraceae

Veredlung auf Maclura im Winter im Haus. *Macludrania hybrida* ist weniger winterhart als *Maclura pomifera* ∧∧—∧∧∧.

MACLURA — Osagedorn — Moraceae

Aussaat mit eingeführtem oder auch in Deutschland geerntetem Saatgut im Frühjahr unter Glas. Die apfelsinenartig aussehenden Scheinfrüchte werden zerteilt und die Samen trocken aufbewahrt. Die Aussaat ist wenig üblich.

Stecklinge, im Frühsommer möglich, ebenfalls nicht gebräuchlich.

Wurzelschnittlinge in der üblichen Weise geschnitten, im Dezember im Kasten, stellen die allgemeine Vermehrungsmethode dar.

Kulturansprüche: Wächst fast in allen Böden, und zwar sehr rasch. In kälteren Wintern frieren sie oft bis in das alte Holz zurück, aber im nächsten Jahre machen sie dafür um so längere Triebe. Wegen der starken Bewehrung werden sie auch hier und da, namentlich im Süden, als gute Hecke benutzt.

Empfehlenswerte Art: *Maclura pomifera.*

MAGNOLIA — Magnolie — Magnoliaceae

Methode	Jan.	Febr.	März	April	Mai	Juni	Juli	Aug.	Sept.	Okt.	Nov.	Dez.
Aussaat		X	X	●					●	X		
Absenken				○				●	●			
Stecklinge						**X**						
Veredeln			**X**				**X**	**X**				

X X unter Glas; ● ○ Freiland; fette Zeichen wichtigste Methoden

Aussaat: Für die reinen Arten ist die Aussaat zweckmäßig und wirtschaftlich, sofern man über Saatgut verfügt oder selbst ernten kann. Der richtige Zeitpunkt zum Pflücken der zapfenartigen Fruchtstände ist dann gekommen, wenn sich einzelne Fächer der Zapfen zu öffnen beginnen und hier und da schon einzelne Samen an ihren Fäden heraushängen. Die Zapfen werden dann am besten an einen warmen Ort, Gewächshaus oder sonstigen Raum, gebracht, wo sich die Zapfen ganz öffnen und die Samen herausfallen. Sie sind sehr hartschalig und meist noch mit einer roten, sehr fetthaltigen Hülle versehen. Zapfen, die sich

Abb. 262. So schneidet man am besten Magnolien-Stecklinge: Abgerissener Trieb mit einem kleinen Stück „alten Holz“ — lang und schräg nachschneiden — beiderseitig zuschneiden (n. Hieke)

Abb. 263. Bewurzelte Stecklinge von *Magnolia stellata* im Vermehrungsbeet einer tschechischen Baumschule (Bild: H. Kopečna)

nicht öffnen, sind zu früh abgenommen. Obgleich in der Literatur ab und zu berichtet wird, daß Aussaaten ohne Entfernung der roten Außenschale erfolgreich gewesen seien, wird diese im allgemeinen doch stets beseitigt. Das geschieht am besten durch Einweichen in warmem Wasser und anschließende Beseitigung der Schalen durch Behandlung der Samen mit groben Reiserbesen. Da nach der Reife sofort Keimruhe auftritt, ist es ganz zwecklos, die Samen unmittelbar nach der Reinigung auszusäen. Die Embryonen sind noch winzig klein und benötigen eine Nachreife. Man muß dafür sorgen, daß die Samen niemals trocken werden und so bald als möglich in einer Mischung von Sand und Torf stratifiziert werden (GALLE).

KERN (bei GALLE) rät, zum Reinigen der frischen Früchte eine normale, kräftige Seifenlauge zu verwenden, was die Arbeit sehr erleichtert. Hinterher wird einige Male mit kaltem Wasser nachgespült, und man hat dann wirklich reines, fettfreies Saatgut.

Wenn die gereinigten Samen 2—4 Monate bei etwa + 4 °C aufbewahrt wurden, was auch in Plastikbeuteln geschehen kann, können sie dann ausgesät werden. Die Keimung sollte dann bald darauf erfolgen. Geschieht das nicht, so kann man sicher sein, daß das Saatgut zu trocken gelegen hat und dadurch der Keimling sich nicht entwickeln konnte. Solche Samen werden dann ein Jahr überliegen.

Zur Aussaat der Magnoliensamen eignen sich leichte Böden nicht, auch nicht anmoorige Böden, die im Winter hochfrieren, wodurch die jungen Sämlinge zugrunde gehen. Am besten sind tiefgründige, lehmigsandige Böden. Je wärmer der Boden und die Luft sind, um so besser keimen die Samen. Was bis Mitte Juni nicht aufgeht, kann im nächsten Jahre noch nachkommen. Im ersten Jahre müssen die Jungpflanzen unbedingt Winterschutz bekommen. Sie werden im ersten Jahre, je nach der Art, 20—30 cm, im zweiten Jahre 40—60 cm und im dritten Jahre 50—80 cm hoch, jedoch nur auf guten Böden. Beim Verpflanzen achtet man darauf, daß die Wurzeln nicht geschnitten werden und die Pflanzen wieder genauso tief zu stehen kommen, wie sie vorher standen.

Wie schon gesagt, sind die Ergebnisse der Aussaat unterschiedlich. Manche Praktiker stratifizieren sofort nach der Ernte, manche erst einige Wochen vor der Aussaat, manche lassen das Saatgut auch in den Zapfen und säen dann später in den reinen Sand des Vermehrungsbeetes mit Bodenwärme. Bei Herbstaussaat nach der Ernte soll angeblich bei Bodenwärme die Keimung schon im Dezember vor sich gehen.

Die einzelnen Magnolienarten sind schon als kleine Sämlinge recht gut am Blatt und Wuchs zu unterscheiden. Wenn man *M. stellata* sät, so erhält man sehr ungleiche Pflanzen, die teils sehr ähnlich *M. kobus* sind, teils echt fallen, aber erst spät blühen. Daher wird man hier eine vegetative Vermehrungsmethode bevorzugen.

M. kobus sollte als Jungpflanze immer eintriebig gezogen werden, weil sie sonst zu früh buschig wird und dann keinen Stamm bildet.

Heute ist die Stecklingsvermehrung wohl am wichtigsten, die besonders in den letzten Jahren, nicht nur in Holland, sondern auch in Holstein, in größerem Umfange betrieben wird. Die richtige Zeit für krautige Stecklinge ist Juni—Juli. Am leichtesten wachsen *M. stellata, kobus* und *salicifolia,* aber unter Sprühnebel wachsen auch die *soulangiana*-Sorten gut. Es genügt hierbei schon ein einziges Blatt mit einem gut entwickelten Auge und einem kurzen Stammstückchen. Die Blätter werden nicht eingekürzt. Sobald sie bewurzelt sind, werden sie in einem kalten Kasten pikiert und bleiben 1 Jahr darin. Man muß darauf achten, daß sie während des Winters gut geschützt bleiben und vor dem Winter gut eingewurzelt sind (Abb. 262—265).

In USA macht man auch Stecklinge in der normalen Weise (DODD), mit Wuchsstoff. Diese bieten gegenüber der vorhin beschriebenen Methode keinen Vorteil.

Ablegen ist eine Vermehrungsart, die früher in deutschen und holländischen Betrieben gebräuchlich war. In Holland, wo die weitaus meisten Magnolien herangezogen werden, wird im August—September, das ist nach Ende der Wachstumsperiode, abgesenkt (VAN LINT, S. 105). Hauptsächlich kommt dies in Frage für *M. stellata* und *soulangiana* mit ihren zahlreichen Formen. Das Aufpflanzen und auch das eventuelle Nachpflanzen geschieht am besten bei trüber Witterung Anfang September. Ablegen im Frühjahr ist nicht so gut, weil dann die Entwicklung der Jungpflanzen oft zu wünschen übrig läßt, besonders wenn nach dem Verpflanzen ein trockener Sommer folgt. Dadurch kommen die Mutterpflanzen nicht richtig zur Entwicklung und müssen im nächsten Frühjahr zurückgeschnitten werden; sie fallen also 3 Jahre lang für die Vermehrung aus.

Abb. 264 (oben). Kopfstecklinge von Magnolia soulangiana 'Norbertiana' aus Tontöpfen

Abb. 265 (unten). Kopfstecklinge von Magnolia soulangiana 'Norbertiana' in Jiffy-Pots (Bilder: H. Kopečna, in einer tschechischen Baumschule)

Empfohlen wird, das Aufpflanzen und das Ablegen der Mutterpflanzen in einem Arbeitsgang zu machen. 3—4 Triebe im Herzen der Mutterpflanze bleiben stehen, die anderen senkt man ab, mit einem scharfen Knick, und hakt sie fest. Am besten wird bei warmem Wetter gearbeitet, weil dann (nach VAN LINT) die Triebe biegsamer sind und nicht so leicht brechen (Abb. 266).

Eine andere Art des Absenkens ist weniger üblich, bei welcher die im Frühjahr abgelegten Triebe im Juli, also noch im belaubten Zustande, abgenommen und eingetopft werden. Sie gelangen dann in einen Kasten und bleiben 3—4 Wochen geschlossen und schattiert. Nach dieser Zeit sind die Töpfe in der Regel so durchwurzelt, daß die Pflanzen noch auf gut vorbereitete Beete ausgepflanzt werden können. Diese verkürzte Art des Absenkens verdient viel mehr Beachtung.

Wo Saatgut fehlt und das Absenken zu umständlich ist, da kann auch veredelt werden. Beste Unterlage für alle Arten ist *M. kobus*, ganz besonders für die asiatischen Arten. Die amerikanischen Arten werden mitunter auch auf *M. acuminata* veredelt; hierbei ist nur zu bedenken, daß *M. acuminata* immer schlechte Wurzeln oder doch nur wenige Wurzeln hat und dadurch schlechter zu verpflanzen ist als die stets gut Ballen haltende *M. kobus*. Wenn es sich vermeiden läßt, sollte man *M. acuminata* nicht als Unterlage verwenden. Die Veredlung geschieht entweder im Frühjahr mit reifem Holz oder im Spätsommer (August) mit halbreifem Holz. Sie wird aber in beiden Fällen auf im Topf gut eingewurzelten Unterlagen im Hause vorgenommen, und zwar je nach Stärke der Reiser, entweder als Kopulation, Geißfuß oder Anplatten. Für die Winterveredlung kann man zweijähriges Holz nehmen. Der im Frühjahr etwa entstehende Ausfall kann bei der Sommerveredlung oft noch aufgefüllt werden. Nach der Verwachsung werden die jungen Veredlungen ausgepflanzt und sorgfältig gestäbt und geheftet, damit sie nicht abbrechen. Die Veredlung kommt hauptsächlich in Frage für *M. denudata* (= *yulan*), aber man kann natürlich auch jede andere Art oder Sorte veredeln.

Abb. 266. Ableger-Mutterpflanze von Magnolia soulangiana bei Lefeber in Boskoop

Abb. 267. Ablegen von Magnolia stellata in einer holländischen Baumschule

Eine andere Methode der Veredlung hat man sich für die asiatischen Magnolien bei HILLIER, England, ausgedacht; hierbei nimmt man als Unterlage solche Arten, die mit der Edelsorte möglichst nahe verwandt sind. Die zweijährigen Unterlagen werden im Herbst aus dem Freiland herausgenommen und dann mit Torf „kunstballiert"; die Ballen sollten 15—20 cm breit sein, da die späteren Veredlungen sehr starkwüchsig sind und sonst nicht genug Nahrung bekommen. Die Unterlagen werden mit einem guten Ballenleinen versehen und dann Ballen an Ballen in einem niedrigen, heizbaren Haus eingeschlagen. Im Februar wird geheizt, so daß man in der ersten Märzwoche veredeln kann, wenn die Pflanzen schon voll belaubt sind. Ab und zu müssen die Unterlagen überbraust werden. Vor dem Veredeln wird die Unterlage um ein Drittel eingekürzt, doch muß man darauf achten, daß Seitentriebe (Zugäste) an der Unterlage verbleiben. Veredelt wird durch seitliches Anplatten, wobei die Reiser einjährig und kräftig sein sollen, doch kann man auch zwei- oder dreijähriges Holz dazu verwenden. Die Blätter an der Unterlage müssen verbleiben, sonst „ertrinken" die Edelreiser. In den nächsten zwei Wochen bleibt das Haus geschlossen; innerhalb von drei Wochen ist die Verwachsung in vollem Gang und man kann nun nach und nach die Unterlagen zurückschneiden und schließlich ganz abwerfen, wobei dann die letzte Schnittstelle mit Wachs verstrichen wird.

Abb. 268. Bewurzelte Blattstecklinge von Magnolia soulangiana werden in Kästen pikiert; in einer Baumschule in Boskoop

Kulturansprüche: Die Kultur der Magnolien gelingt nicht einmal in Boskoop in jedem Jahr zufriedenstellend, was besonders von *M. stellata* gilt. Durch die ständige und gute Nachfrage konnten immer die Bestände an Fertigware zu guten Preisen abgesetzt werden; es ist auch nicht anzunehmen, daß sich dies so bald ändert.

Gewöhnlicher, aber frischer Boden, mit Torf und Lauberde verbessert, reicht aus; schwerer Lehm ist nicht so geeignet. Alle frühblühenden Magnolien werden am schönsten in geschützter Lage, z. B. im Wald oder waldartigem Park; die sommerblühenden Arten dagegen wollen eine ganz freie Lage. Die immergrüne, herrliche *M. grandiflora* ist in Deutschland auf der Mainau und auch in Weinheim a. d. B. seit Jahrzehnten ganz winterhart.

Empfehlenswerte Arten und Formen: *Magnolia acuminata, denudata* (= *yulan*), *grandiflora* (∧∧∧), *kobus* mit var. *borealis, stellata,* 'Loebneri', *liliiflora* mit 'Nigra' (= *soulangiana nigra*), *hypoleuca, sieboldii, soulangiana* mit den Sorten 'Alexandrina', 'Brozzonii', 'Lennei' und 'Speciosa', *tripetala, veitchii* und *wilsonii.*

Ganz besonders schön sind *M. campbellii* mit var. *mollicomata, sargentiana* mit 'Robusta' und *sprengeri,* die in Deutschland aber kaum winterhart sind.

Meahl, R. P., 1954: Recorded work on the propagation of Magnolias — a review; in Proc. Plant Prop. Soc. 3: 98-105. — Galle, F. C., 1953: The propagation of Magnolias by seed; in Proc. Plant Prop. Soc. 3: 105-108. — Dodd, T.: 1954: Propagation of Magnolias from soft-wood cuttings; in Proc. Plant Prop. Soc. 3: 108-112. — Dummer, P.: Magnolia Propagation; in Gard Chron. vom 11. 6. 1972. — Hess, Ch., 1954: Magnolias from grafts; in Proc. Plant Prop. Soc. 3: 113-118. — Vav Lint, 1951: De kweek van Magnolias. Boomkwerkerij **6**: 105. — Niemetz: Über Aufzucht von Magnolien. DDG 1907, 266. — Schwerin, F. v.: Erfahrungen bei der Anzucht von Magnolia hypoleuca. DDG 1908, 108. — Synge, P.: Camellias and Magnolias. Conference Report. 134 S. London 1950 (Darin Hillier: Propagation of Camellias and Magnolias. 11 S.).

MAHOBERBERIS — Berberidaceae

Aussaat entfällt, weil Blüten (bei *M. neubertii*) bisher nicht bekannt sind.

Steckholz von ein- und zweijährigem Holz wächst nur, wenn es unter Glas gesteckt wird und der Boden im Frühjahr genügend feucht bleibt; Stecklinge unter Glas im August.

Absenken ist üblich. Die einjährigen Triebe werden abgehakt und ergeben schon nach zwei Jahren starke, gut weiterwachsende Jungpflanzen.

Kulturansprüche: Wie Mahonien; nur wintergrün.

Empfehlenswert: *Mahoberberis neubertii, aquisargentii.*

MAHONIA — Mahonie — Berberidaceae

Methode	Jan.	Febr.	März	April	Mai	Juni	Juli	Aug.	Sept.	Okt.	Nov.	Dez.
Aussaat			●	●				●	●			
Absenken					●	●						
Teilen				●	●				●	●		
Stecklinge								**X**	**X**			
Veredeln		X	X					**X**	**X**			

X X unter Glas; ● ○ Freiland; fette Zeichen wichtigste Methoden

Aussaat des nach der Reife sofort ausgewaschenen und dann eingeschichteten Samens entweder noch im gleichen Sommer oder ein Jahr eingeschichtet lassen und dann im nächsten Frühjahr säen. Die Aussaat kommt meist nur bei *M. aquifolium* in Betracht. Hierbei sollte man nicht wahllos Saat von allen möglichen Formen nehmen, sondern nur von tadellos gewachsenen, buschigen Mutterpflanzen, da nur auf diese Weise eine gute Nachzucht garantiert ist und das häßliche Gemisch, das man heutzutage in den Baumschulen findet, einmal verschwindet.

Ungereinigte Früchte, sofort ausgesät, keimen sicher im folgenden Frühjahr, müssen dann aber bald pikiert und gegen Spätfröste geschützt werden.

Keimfähige Saat gibt es bei uns nur von *M. aquifolium, repens, japonica* und bisweilen auch von *M. pinnata.* Aus Zürich wird berichtet, daß dort frisch geerntetes Saatgut von *M. japonica,* sofort gereinigt und gesät, innerhalb eines Monats mit 90 % auflief. *M. bealii* kann man zwar aussäen, aber die Jungpflanzen variieren so stark, daß die Aussaat zwecklos ist. Viel richtiger ist hierfür die Vermehrung aus Stecklingen, im August; die Rinde wird etwas verletzt oder mit Sandpapier angerauht. Die Stecklinge werden mit Wuchsstoff behandelt und dann unter Doppelglas gesteckt, eventuell unter Sprühnebel.

Absenken kommt dort in Frage, wo Saatgut fehlt. Abgelegte Triebe bewurzeln sich aber nur sehr langsam und müssen 2 Jahre liegen bleiben. Das Ablegen wird meist angewandt bei *M. repens* mit ihren zahlreichen Formen, aber auch bei den *aquifolium*-Formen.

Veredlung kommt als Vermehrungsweise für die Arten in Frage, bei denen es an Saatgut fehlt und das Absenken zu langwierig ist, z. B. *fortunei, swaseyi* und andere. Als Unterlage dienen im Topf eingewurzelte, starke Sämlinge von *M. aquifolium.* Die Veredlung geschieht im Winter im Hause durch Kopulation oder Geißfuß, sie ist natürlich nur ein Notbehelf und durchaus nicht anzuraten, weil die Unterlage bald stark austreibt und dann bald die Veredlung zu überflügeln pflegt.

Stecklinge im September in reinem Sand, am besten im Vermehrungshause, bewurzeln sich langsam und stehen fast ein Jahr, bis sie eingetopft werden können. Dann müssen sie noch 1—2 Jahre im Topf bleiben, zumindestens die empfindlichen Arten und Formen.

Teilung ist für *M. repens* am besten, weil an der Pflanze stets zahlreiche Ausläufer sind, die in kurzer Zeit schöne Jungpflanzen ergeben.

Kulturansprüche: Für alle Arten möglichst etwas frischer Boden und halbschattige Lage. Die selteneren Arten brauchen geschützten Stand und sind nicht ganz hart. Ältere Mahonien, d. h. über 5—6 Jahre alte Pflanzen, lassen sich schlecht verpflanzen und brauchen stets Ballen. Oft fallen nach dem Verpflanzen alle Blätter ab, aber bald bildet sich ein neuer Austrieb. Für süddeutsche Verhältnisse ist die Herbstpflanzung gut, während für Nord- und Ostdeutschland, wie überhaupt für kältere Gegenden, die Pflanzung im zeitigen Frühjahr mehr zu empfehlen ist. *M. aquifolium, repens* und *pinnata* wachsen zwar in jedem fruchtbaren Boden, ziehen aber frische Lagen entschieden vor. Für die anderen Arten ist Heide- oder Moorboden am besten.

Schwarzrostfrage: Erfreulicherweise scheint *M. aquifolium* für eine Übertragung des Schwarzrostes nicht in Frage zu kommen, wie FISCHER auf Grund von 15jährigen Beobachtungen annimmt. — Andere Autoren haben festgestellt, daß *M. diversifolia, nervosa* und *repens* ebenfalls immun sind.

Empfehlenswerte Arten: *Mahonia aquifolium,* mit der Selektion 'Apollo', *bealei, heterophylla* (= *toluacensis;* ∧∧∧), *japonica* (∧∧), *lomarifolia* (∧∧∧) und *repens* 'Rotundifolia'.

FISCHER, H., 1950: Zur Schwarzrostanfälligkeit der *Mahonia aquifolium* Nutt. Z. f. Pflanzenkrankh. u. Pflanzensch. **57**: 1-4.

MALUS — (hier Wild- und Zieräpfel gemeint) — Rosaceae

Die Kultur der Fruchtsorten vgl. unter „Vermehrung der Obstgehölze".

Unter Wildäpfeln werden hier diejenigen *Malus* verstanden, die wild vorkommen, während die in Kultur entstandenen Kreuzungen als Zieräpfel bezeichnet werden. Zu den letzteren gehören insbesondere auch die zahlreichen „Crab"-Äpfel (*crab* soll angeblich von dem altenglischen Wort *scrab,* sauer, abgeleitet sein). Die Vermehrung dieser Äpfel geschieht durch Aussaat und durch Veredlung.

A u s s a a t : Soweit es sich um echte Arten handelt, kann die Anzucht selbstverständlich durch Aussaat geschehen, wobei in gleicher Weise verfahren wird wie bei der Anzucht der Sämlingsunterlagen für die Fruchtsorten (siehe Abschn. C). Die Schwierigkeit ist nur, daß die Samen dann schon aus der Heimat der Wildarten beschafft werden müßten, denn unsere Kulturäpfel fallen genauso verschieden aus Saat wie die Fruchtsorten. Absolut echt fallen nur, soweit man dies bisher festgestellt hat, *M. hupensis* und *M. toringoides,* auch wenn sie zwischen anderen Malus in den Anlagen stehen; DOORENBOS meint, daß auch *M. tschonoskii* und *sargentii* in diesem Fall echt aus Saat fallen.

Zur Aussaat werden die Früchte, auch von Kreuzungen, geerntet, wenn sie voll ausgereift sind, dann vorsichtig etwas zerstoßen, zum Rotten etwas auf einen Haufen gelegt, wobei man darauf achten muß, daß sie sich nicht erwärmen. Nach einigen Tagen auswaschen, abtrocknen lassen und einsanden. Aussaat am besten noch im gleichen Spätherbst (November—Dezember) auf Freilandbeeten oder im kalten Kasten. Bei schweren Böden sät man jedoch besser erst im Frühjahr. Je früher man gesät hat, um so früher auch die Keimung. Die Jungpflanzen entwickeln sich, je nach Art, verschieden; sie werden dann weiterbehandelt wie andere Gehölze.

V e r e d l u n g : Wie schon gesagt, fallen die Ziersorten aus Samen nicht echt und müssen veredelt werden. Im allgemeinen gibt es dabei keine Schwierigkeiten, bis auf *M. ioensis* 'Plena' und *M. glaucescens,* die auf *M. pumila* oft schlecht gedeihen. Hier empfiehlt DOORENBOS *Malus baccata* oder *M. prunifolia,* mit denen er gute Erfolge erzielte. Die anderen Zieräpfel wachsen alle gut auf unseren üblichen Obstunterlagen, sowohl auf Typenunterlagen wie Sämlingen, und verhalten sich in ihrer späteren Entwicklung ähnlich wie unsere Obstsorten, d. h., bilden je nach der Unterlage mehr oder weniger große Kronen. Exakte Beobachtungen und Vergleiche hierüber liegen jedoch bis jetzt wohl noch nicht vor. Bei SPÄTH wurde meist alles auf Malus XVI veredelt; viele Baumschulen veredeln auf Sämlingsunterlagen.

Die hängenden Sorten ('Excellenz Thiel', 'Ökonomierat Echtermeyer' und 'Elise Rathke') müssen hochstämmig auf einen beliebigen Stammbildner veredelt werden.

Auch *M. sikkimensis* erwies sich als brauchbare Unterlage für Frucht- und Ziersorten; Wuchs mittelstark. Sie fällt praktisch echt aus Samen und ist leicht vermehrbar.

E m p f e h l e n s w e r t e A r t e n u n d S o r t e n : Dank unermüdlicher Sorten-Untersuchungen und -Vergleiche in Holland und den USA, aber auch in Deutschland, sind aus dem heutigen Sortiment von immerhin rund 500 Arten und Züchtungen die vom gärtnerischen Standpunkt aus besten und kulturwürdigsten ermittelt. Es ist selbstverständlich, daß man aus einem derart umfangreichen Sortiment nicht einfach die 10 „besten" aufzählen kann, da die Blütezeit sich über einige Wochen erstreckt, die Farbskala von Reinweiß bis Dunkelrot reicht, die Färbung und Größe der Früchte sehr unterschiedlich ist; schließlich gibt es noch eine Reihe von Sorten mit Herbstfärbung, zugleich mit schönen Früchten und reicher Blütezeit. Daher ist die Liste hier etwas umfangreicher als sonst.

(Es bedeuten: ★ besonders schöne Blüten, ◯ besonders schöne Früchte)

'Almey' ★ ◯, *arnoldiana* ★ ◯, *atrosanguinea* ★ ◯, *baccata* ★ ◯, *coronaria* 'Nieuwlandiana' ★, *dawsoniana* ◯, 'Dorothea' ★ ◯, 'Flame' ★ ◯, *floribunda* ★ ◯, '*Gorgeous*' ◯, 'Hillieri' ★, 'Hopa' ★ ◯, *hupehensis* ★ ◯, *ioensis* ★, 'Katherine' ★, 'Liset' ★, 'Oekonomierat Echtermeyer' ★, 'Profusion' ★, *purpurea* 'Aldenhamensis' ★, *purpurea* 'Eleyi' ★ ◯, *purpurea* 'Lemoinei' ★ ◯, *sargentii* ★ ◯, *scheideckeri* ★, *sieboldii* ★ ◯, *toringoides* ◯, *spectabilis* 'Riversii' ◯, 'Van Eseltine' ★, '*Wintergold*' ◯, *zumi* 'Calocarpa' ★ ◯.

BAILEY empfiehlt als ganz besonders winterhart für die mittleren und nördlichen Staaten der USA, ostwärts der Großen Seen, folgende Sorten: *M. floribunda, halliana, sieboldii, prunifolia, sargentii* und *scheideckeri;* ferner für das ganze Gebiet der USA (ohne die subtropischen Staaten) die amerikanischen Wildäpfel nebst ihren Formen: *M. fusca, angustifolia, platycarpa, lancifolia, glaucescens, coronaria* und *ioensis,* dazu noch *baccata.* Die letztgenannten Arten sind auch meist in Kanada noch winterhart.

Das ganze Sortiment der Zieräpfel dürfte heute rund 400—500 Sorten umfassen; in USA gibt es drei sehr große Sammlungen, in Holland die größte im Arboretum Wageningen; in Deutschland ist 1952 eine Sammlung mit etwa 250 verschiedenen Arten und Züchtungen im Botanischen Garten in Dortmund angepflanzt worden, wo sie geprüft werden.

Die oben gemachten Angaben mögen als Hinweis dienen bei Anzuchten für einen Export.

BAILEY, L. H.: Standard Cyclopedia, S. 2866. — DOORENBOS/GROOTENDORST, 1948: Het Malus-Sortiment. Boomkwekerij **3**: 59-61, 66-67. — KRÜSSMANN, G., 1954: Die Zieräpfel des Botanischen Gartens in Dortmund. Dt. Baumschule **6**: 113 ff. — WYMAN, D.: Crab Apples for America. 63. 1955. — WYMAN, D., 1950: The best oft the Crab Apples. Arnoldia **10**: 25-28.

MARGYRICARPUS — Rosaceae

Stecklinge im August oder Aussaat im Frühjahr. *Margyricarpus setosus* ist ein hübscher immergrüner, kleiner Strauch für den Steingarten ΛΛ—ΛΛΛ.

MELIA — Meliaceae

Aussaat im Frühjahr im Kasten; im Mittelmeergebiet, wo dieser Baum, *Melia azedarach*, sehr oft angepflanzt wird, außerordentlich raschwüchsig, Sämlinge werden dort in zwei Jahren 4 m hoch. Bei uns nicht winterhart.

MELIOSMA — Sabiaceae

Aussaat im Frühjahr unter Glas, ferner Wurzelschnittlinge im Dezember. In Deutschland bisher keine Kulturerfahrungen, doch ist *Meliosma parviflora* vielleicht im Weinklima hart.

MENISPERMUM — Mondsame — Menispermaceae

Aussaat sehr einfach im Frühjahr im kalten Kasten; Keimung erfolgt rasch. Jungpflanzen stets an Stäben halten, da sie sonst unentwirrbar zusammenwachsen.

Empfehlenswert: *Menispermum canadense.*

MENZIESIA — Blauheide — Ericaceae

Aussaat wie bei Erica, vgl. dort.

Stecklinge von halbreifen Trieben, in Schalen gesteckt, bewurzeln sich langsam im Hause und bleiben dort auch über Winter. Sehr langsamwüchsig.

Absenken der älteren Triebe in gut humosem, torfhaltigem Boden ist am einfachsten. Sie dürfen nicht zu früh abgetrennt werden und müssen mindestens ein Jahr liegen bleiben.

Kulturansprüche: Frischer, torfhaltiger Boden und halbschattige Lage. Sonst etwa zu behandeln wie *Enkianthus.*

Empfehlenswerte Arten: *Menziesia ciliicalyx* und *purpurea.*

MESPILUS — Mispel — Rosaceae

Aussaat möglich, aber in der Baumschule nicht gebräuchlich.

Veredlung der einzigen Art, auch der wenigen großfrüchtigen Formen, immer auf *Crataegus*-Sämlinge. Sie tragen darauf früher und sind auch haltbarer als auf Birnenwildling oder Quitte.

Kulturansprüche: Gewöhnlicher, jedoch weder zu trockener noch zu nasser Boden und volle Sonne.

Nur eine Art: *Mespilus germanica,* mit großfrüchtigen Kulturformen.

KRÜSSMANN, G., 1952: Etwas über die Mispel, *Mespilus germanica.* Dt. Baumschule **4**: 43-45.

MICROGLOSSA — Compositae

Kleiner Strauch, ähnlich einer Aster; *Microglossa albescens* läßt sich leicht durch Stecklinge vermehren, im Juni.

MORUS — Maulbeere — Moraceae

Methode	Jan.	Febr.	März	April	Mai	Juni	Juli	Aug.	Sept.	Okt.	Nov.	Dez.
Aussaat				●								
Veredlung	**x**	**x**		○	○	○						

x x unter Glas; ● ○ Freiland; fette Zeichen wichtigste Methoden

Das Saatgut wird sogleich nach der Reife (Juli—August) geerntet; die Früchte zerstampft man vorsichtig in einem Behälter; durch Auswaschen läßt sich darauf die Saat verhältnismäßig leicht vom Fruchtfleisch befreien, dann etwas abtrocknen lassen und stratifizieren.

A u s s a a t Ende April, Anfang Mai auf Freilandbeete. Keimung bei frischer Saat nach 2, bei gekaufter Saat nach 3—4 Wochen. Das Saatgut behält 2—3 Jahre seine Keimkraft, trotzdem immer nur frische Saat kaufen. Nicht zu dicht säen, da die Keimprozente sehr hoch sind und sonst die Sämlinge zu sehr in die Höhe getrieben werden. Die Sämlinge haben auf den Beeten oft unter Engerlingen zu leiden. Im 1. Jahre werden die Jungpflanzen bis etwa 80 cm hoch und müssen, wenn sie als Jungpflanzen verkauft werden sollen, nach den vorgeschriebenen Größen sortiert werden. Vorsicht vor Frühfrost im Herbst, weil die Triebe dann oft noch nicht ausgereift sind. Schutz geben!

Handelssaatgut von *M. alba* soll man nach trockener Aufbewahrung 2 Monate vor der Aussaat bei 5 °C stratifizieren und dann im Freiland aussäen; Keimung mit 80 % bei frischer Saat.

V e r e d l u n g kommt in erster Linie für die großblättrigen Formen in Frage, die zur Fütterung der Seidenraupen dienen ('Rosa di Lombardia' und 'Cattaneo'; ganzrandige, hochwertige, reine Typen) und durch Aussaat nicht echt fallen. In den Seidenbauländern (Japan, Italien, aber auch Jugoslawien, Griechenland, Bulgarien) werden nur solche veredelten Typen als Halbstämme gepflanzt. Die Anzucht der Stämme geschieht in Italien in folgender Weise, der sogenannten „Hechtschnabelveredlung" (Abb. 269):

Die Sämlinge werden im 2. Jahre nach der Pflanzung im April—Mai, wenn sie anfangen zu treiben, veredelt; dazu wird die Erde bis etwa 5 cm unterhalb des Wurzelhalses freigelegt und der Sämling mit einem langen Schrägschnitt unterhalb der Erdoberfläche abgeworfen. Die Wurzelrinde wird dann durch Drücken auf der Rückseite des langen Schnittes von selbst gelöst und darf nicht reißen. Die Reiser, die schon im Januar geschnitten und kühl gelagert wurden, sind inzwischen fertig zugeschnitten. Sie sollen nur zwei Augen haben und werden keilförmig zugeschnitten; davon ist die eine Schnittseite etwas hohl statt eben. Nun wird die Rinde der Unterlage etwas abgedrückt und das Reis hinter die Rinde eingeschoben, und zwar mit der hohlen Seite zur Rinde der Unterlage. Dann wird nicht mehr verstrichen, sondern die Veredlung ist jetzt, auch ohne Verband, fertig und wird jetzt angehäufelt, bis nur noch die Spitze der Veredlung heraussieht. In Italien werden diese einjährigen Veredlungen im allgemeinen, wenn sie nicht (wie aber allgemein üblich ist) pinziert werden, schon im 1. Jahre 2 bis 4 m hoch. Für uns kommt diese Veredlung, die auch nur ein Pfropfen hinter die Rinde darstellt, nicht in Frage.

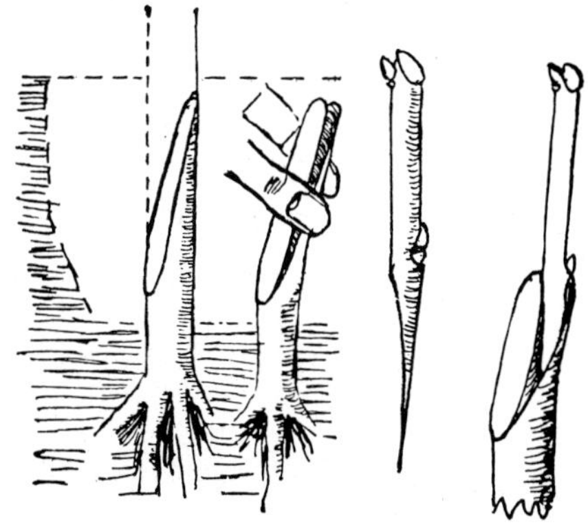

Abb. 269. Die italienische „Hechtschnabelveredlung" bei *Morus*. Vgl. im Text (Original)

Bei uns ist die Veredlung im Winter im Hause auf eingewurzelten Unterlagen eigentlich nur üblich bei *M. nigra* und *rubra,* während die vielen Formen von *M. alba,* natürlich auch die großblättrigen, am einfachsten durch Winterhandveredlung zu erzielen sind und auch immer gute Erfolge bringen. Was nicht wachsen sollte, kann man im Notfall auch noch durch Okulation nachholen. Diese muß aber schon sehr früh vorgenommen werden, solange die Unterlagen gut lösen.

Kulturansprüche: Am besten ist leichter, sandiger Boden, weil hier die Triebe im Herbst gut ausreifen, während sie in kräftigem, nährstoffreichem Boden im Herbst zu spät abschließen und dadurch zurückfrieren.

M. nigra ist selbst im Weinklima frostempfindlich. Was man unter diesem Namen in den Baumschulen antrifft, ist in der Regel eine schwarzfrüchtige Form von *M. alba.*

M. rubra ist ebenfalls oft als *nigra* verbreitet, aber bei dieser Art sind die Früchte länger und schmaler als bei *alba* und *nigra;* sie trägt auch viel reicher als die beiden anderen Arten.

Einige Hinweise für die Anlage von Maulbeerkulturen: Am besten ist die einreihige Hecke, freistehend, mit 50 cm Pflanzenabstand. Doppelreihige Hecken soll man nur pflanzen, wenn die Hecke besonders dicht werden soll, denn der Laubertrag gegenüber der einreihigen Hecke ist nur unbedeutend höher. Pflanzenabstand bei der Doppelhecke ebenfalls 50 cm im Verband. Bei Plantagenbetrieb mit Zwischenkultur, wie ich dies in Serbien häufig sah, nimmt man Hoch- oder Halbstämme und pflanzt diese mit einem Abstand von 5—8 m. Für Anpflanzungen eignen sich fast alle Böden, am besten lehmige Sand- bis sandige Lehmböden; ungeeignet sind moorige, tonige und sterile Sandböden. Der Grundwasserstand darf nicht zu hoch sein. Vor dem Aufpflanzen ist Untergrundlockerung notwendig, ferner eine gute Kalkgabe nach der Bodenbearbeitung, und zwar 7—10 dz kohlensaurer Kalk je $^1/_4$ ha für leichtere Böden, während man auf schweren Böden 3,5—5 dz Ätzkalk je $^1/_4$ ha verabreicht. Das genügt für 4—5 Jahre. Am besten im Herbst kalken und dann eineggen.

Empfehlenswerte Arten und Formen: *Morus alba* mit 'Constantinopolitana' und 'Macrophylla', *nigra* (∧∧).

MUEHLENBECKIA — Polygonaceae

Stecklinge können zu jeder Jahreszeit, auch im Winter, von angetriebenen Pflanzen genommen werden. Es ist aber zweckmäßig, größere, bereits leicht bewurzelte Triebe zu nehmen, die man dann in Schalen mit stark torfhaltiger Erde bis zur gänzlichen Bewurzelung im Hause behält.

Teilung dürfte meistens schon genügen. Die Pflanzen werden vorsichtig auseinandergezupft, damit nicht soviel Abfall entsteht, und eingetopft. Am besten immer Topfkultur.

Kulturansprüche: Gewöhnlicher bis humoser Boden, evtl. mit Torf verbessern, und warme, etwas schattige, geschützte Lage. Während *M. axillaris* bei uns gut aushält, kommen die hochwindenden Arten *M. complexa* und *sagittifolia* nur für wärmste Gebiete, wie Südtirol und die Schweiz, in Betracht.

Für Liebhaber: *Muehlenbeckia axillaris.*

MYRICA — Gagel — Myricaceae

Aussaat leicht möglich und viel angewandt, wo größere Mengen gebraucht werden. Das Saatgut wird geerntet, sobald die Beeren weißgrau aussehen (bei *M. pensylvanica*). Dann einschichten, im Frühjahr im kalten Kasten aussäen, wo sie bald aufgehen. Hier bis zum nächsten Jahre stehen lassen. Pikieren auf Beeten mit viel Torf, damit sie gute Faserwurzeln und Ballen bekommen. Die Sämlinge werden im 1. Jahre etwa 10 cm hoch. Herbstaussaat ist möglich, sollte aber sehr spät vorgenommen werden, weil die Keimung sonst noch vor dem Winter erfolgt und die Sämlinge dann bei Frost Schaden leiden.

Absenken kommt mehr für *M. gale* in Frage. Mit ein- bis zweijährigen Trieben in genügend frischem, lockerem Boden, der möglichst auch anmoorig sein soll.

Kulturansprüche: Anmooriger, durchlässiger, frischer Boden, für *M. gale* am besten Moor, während *M. pensylvanica* auch in weniger frischem Boden in halbschattiger Lage gut weiterkommt.

Empfehlenswerte Arten: *Myrica gale* und *pensylvanica* (= „*cerifera*" der Baumschulen).

MYRICARIA — Rispelstrauch — Tamaricaceae

Absenken in feuchtem, sandigem Boden am besten, ebenso die Teilung. Stecklinge sind ebenfalls möglich, aber unnötig, da der Strauch eigentlich nur für Liebhaber von Interesse und in unseren Gärten durch die viel schöneren *Tamarix*-Arten zu ersetzen ist.

Kulturansprüche: Feuchte, frische Böden (Flußufer usw.) und lichter Halbschatten. An sonnigen, trockenen Stellen erfrieren sie immer. Unter Schnee halten sie auch stärkste Winter durch.

Für Liebhaber: *Myricaria germanica.*

MYRTUS — Myrte — Myrtaceae

Myrtus communis und ihre Form *tarentina* (unsere „Braut-Myrte") werden bei uns nur in Töpfen oder Kübeln gehalten, sind aber im Mittelmeer vollkommen winterhart; in England kultiviert man dazu noch die südamerikanischen Arten *M. luma, M. checken* und *M. lechleriana,* alle gut aus Stecklingen zu vermehren ΛΛΛ.

NANDINA — Berberidaceae

Aussaat ist die einfachste Vermehrung. Samen wird in Deutschland kaum reif, dagegen wohl in Frankreich. Die kleinen roten (bei 'Alba' weißen) Beeren werden nach der Reife eingeschichtet und im Frühjahr unter Glas gesät. Die Sämlinge sind empfindlich und bleiben im Topf. In den ersten Jahren werden sie am besten zugedeckt, zumindest brauchen sie im Winter eine gute Wurzeldecke.

Stecklinge von halbreifen Basistrieben sind am besten, wenn kein Saatgut zu bekommen ist. Sodann können auch im Frühjahr noch Ausläufer abgetrennt werden.

Kulturansprüche: Jeder gute Gartenboden genügt, immer aber gut mit Laub abdecken. Während in ihrer Heimat *N. domestica* immergrün ist, wirft sie bei uns im Herbst die Blätter ab. Von *Nandina domestica* findet man oft eine breit- und eine schmalblättrige Form.

Nur eine Art: *Nandina domestica* (ΛΛΛ).

NEILLIA — Traubenspiere — Rosaceae

Stecklinge von krautigen Trieben, im Frühsommer geschnitten und unter Glas gesteckt, bewurzeln sich bald.

Anhäufeln genügt völlig, wenn man ältere Mutterpflanzen hat und sie bis auf den Boden zurückschneiden kann. Die Jungtriebe werden im Juni—Juli angehäufelt und sind im Spätherbst so gut bewurzelt, daß sie abgenommen werden können.

Kulturansprüche: Frischer Boden, sonnige Lage; sonst wie Spiraeen zu behandeln.

Empfehlenswerte Arten: *Neillia longiracemosa* und *sinensis.*

NEMOPANTHUS — Berghülsen — Aquifoliaceae

Nemopanthus mucronatus läßt sich, wenn man bereits eine Pflanze hat, durch Stecklinge im Juni, vermehren. Die Anzucht aus Samen ist schwierig und langwierig; sie sollten nicht vor Mitte Oktober geerntet werden. Ganz winterhart.

NERIUM — Oleander — Apocynaceae

Die Oleander sind bei uns nur Kübelpflanzen, während sie in Italien und Griechenland im Freien stehen, und zwar auch an vielen Plätzen, an denen das Thermometer im Winter unter 0 °C fällt. Zu ihrer Kultur im Kübel brauchen sie kräftige humusreiche Erde. Verpflanzen am besten im Mai—Juni, dabei die Wurzeln gut zurückschneiden. Guter Wasserabzug durch reichliche Einlage von Scherben unten in die Kübel ist wichtig. Während der Wachstumszeit reichlich gießen, an heißen Tagen aber nur mit lauwarmem Wasser. Standort von Mai bis Herbst draußen, recht warm und sonnig, dagegen im Winter kühl und hell, nicht wärmer als 8 °C. Vermehrung leicht durch Sommerstecklinge in sandige Erde gleich in kleine Töpfe. Die Pflanzen sind giftig! Die sogenannten „Wasserstecklinge", wie man sie in den Hausfrauenblättern abgebildet sieht, sind keine gärtnerische Vermehrung, sondern für Hausfrauen gedacht.

Ein Rückschnitt der Pflanzen bis ins alte Holz wird ohne weiteres vertragen und kann daher im Frühjahr auch ohne Bedenken angewandt werden, wenn die Büsche zu lang geworden sein sollten.

Empfehlenswerte Sorten:

Einfachblühend: 'Album Grandiflorum', weiß mit rosa Hauch, 'Album Maximum', reinweiß, 'Coccineum Simplex', hellrot, 'Conte Pusteria Cortesini', aprikosengelb, 'Etna', purpurn, 'Impero', lachsorange, 'Solfatare', schwefelgelb, 'Suor Lisa', dunkelrot, 'Virginie', leuchtendrosa.

Halbgefüllt: 'Album Plenum', weiß, 'Flavescens', hellgelb, 'Pierre Gallen', rosa.

Gefüllt: 'Agnes Darac', dunkelrot, 'Claude Blanc', leuchtendrot, 'Jean Gallen', rosa, 'Louis Pouget', fleischrosa, 'Luteum Plenum', hellgelb, 'Madoni Grandiflorum', weiß, 'Pierre Rondier', karminrot, 'Prof. Blanchon', orangerötlich, 'Rayanat', aprikosengelb, 'Splendens', rosa.

NEVIUSIA — Schneelocke — Rosaceae

Stecklinge im Juni von den Jungtrieben genügen für die Vermehrung von *Neviusia alabamensis* völlig und wachsen gut.

NOTHOFAGUS — Scheinbuche — Fagaceae

Aussaat, wenn Saat vorhanden, unter Glas im Kasten wie bei Buchen. Sämlinge eintopfen und frostfrei überwintern. Die genannten Arten sind bei uns winterhart, wenn auch mit Einschränkung. Blühende Pflanzen von *N. antarctica* stehen u. a. im Botanischen Garten in Dortmund, Münster i. W. und anderswo.

Absenken in genügend frischem, gut mit Torf durchsetztem Boden am einfachsten für die bei uns harte *N. antarctica,* obwohl die Senker sehr lange liegen müssen. Auch Stecklinge gut möglich.

Kulturansprüche: Guter Boden, volle Sonne; trägwüchsig, wenigstens in den ersten Jahren. *N. antarctica* ist viel härter, als allgemein angenommen wird, und in Deutschland ohne Winterschutz völlig hart. Durch ihren interessanten Wuchs wird sie von den Gartengestaltern sehr geschätzt. Auch N. procera und N. obliqua, beide forstlich in ihrer Heimat sehr bedeutsam, haben sich am Niederrhein und in Wuppertal im forstlichen Anbau vorzüglich bewährt.

Empfehlenswerte Arten: *Nothofagus antarctica, dombeyi* (∧∧∧), *obliqua* (∧), *procera* (∧) und *pumilio.*

NYSSA — Tupelobaum — Nyssaceae

Aussaat: Samen gibt es bei uns nur von alten Bäumen, bei uns z. B. in Hannover-Herrenhausen und in süddeutschen Gärten, in England dagegen tragen auch 3—4 m hohe, noch mehr strauchige Pflanzen gut. Die Keimfähigkeit ist nur sehr kurz. Eingeführte Saat muß so schnell wie möglich ausgesät werden und sollte auch nur von reellen Samenhandlungen in Übersee bezogen werden. Selbstgeerntete Saat muß sofort vom Fruchtfleisch befreit (auf engmaschigem Sieb verreiben!) dann eingeschichtet und im Frühjahr ausgesät werden, wo nach 3—4 Wochen die Keimung im allgemeinen mit etwa 50 % erfolgt. Die Aussaaten müssen aber noch längere Zeit beobachtet werden.

Eine Notiz im „Plant Propagator“ (dem Viertesjahrsblatt der „International Plant Propagator's Society“ in USA) finden wir im November-Heft 1964, verfaßt von Roy L. Thompson aus Texas. Darin wird beschrieben, wie unsere Kollegen in Texas es machen, nämlich so: Sie sammeln die Samen dann, wenn sie zu reifen beginnen und von den Mutterbäumen fallen, das ist dort in der Regel der Fall um den 1. November. Die Samen werden dann sofort in Schalen ausgesät und etwa 6 mm dick bedeckt. Die Erdmischung sollte aus 5 Teilen sandigem Lehm und 1 Teil Torf bestehen. Die Schalen werden im Freien aufgestellt und zwar so, daß sie Schutz haben vor übermäßiger Feuchtigkeit. Ende März beginnen die

Samen zu keimen. Die Sämlinge werden dann in Töpfe gepflanzt in die gleiche Erdmischung wie bei Aussaat. Bei sorgfältiger Pflege, Gießen und Düngen sind die Pflanzen im Herbst schon verkaufsfertig, also ein Jahr nach der Aussaat.

Veredlung ist in England die beste Methode für N. sinensis und für selektierte Formen von N. silvatica, doch muß man dazu natürlich erst einmal Unterlagen haben. Veredlung im Februar unter Glas auf im Topf stehende Unterlagen, am besten durch Kopulation, im Vermehrungshaus. Nicht bzw. nur sehr vorsichtig gießen. Verwachsung erfolgt allmählich nach etwa 3 Wochen.

Stecklinge, die mit Wuchsstoff (Seradix 3) behandelt werden, bewurzeln sich unter Sprühnebel vorzüglich und werden in einem Jahr so hoch wie Sämlinge nach 3 Jahren, also etwa 60—90 cm. Nach der Bewurzelung am besten eintopfen und bis zum Verkauf auch im Topf halten.

Absenker bzw. die Wurzelschößlinge, welche die alten Pflanzen meist reichlich bilden, kann man nach dem Laubfall vorsichtig abtrennen und im Kasten auspflanzen. Die Jungpflanzen sollen jedoch mindestens 50 cm hoch sein, besser noch größer, weil kleinere Pflanzen schlecht weiterwachsen. Nicht zu naß halten, sonst gehen sie ein. Von den Senkern wächst immer nur ein Teil, da diese Vermehrung ja auch nur ein Notbehelf ist. Als Erde im Kasten nimmt man am besten eine Mischung von Sand und Torfmull.

Kulturansprüche: Frischer, kalkfreier Boden in voller Sonne. Nur die jungen Sämlinge sind frostempfindlich; die alten, im Herbst prachtvoll blutrot gefärbten Bäume dagegen sind ganz hart.

Empfehlenswerte Arten: *Nyssa silvatica, N. sinensis.*

DUMMER, P.: Propagation of Nyssa; in Gard. Chron. vom 2. 1. 1969.

OLEA — Ölbaum — Oleaceae

Über die Kultur und Anzucht zu sprechen, ist kaum notwendig. In Südtirol sind zwar bereits Ölbäume angepflanzt, bringen aber auch nur in den mildesten Gebieten und unter guter Winterdecke Erträge, wobei der Wuchs aber strauchig bleibt. In den norditalienischen Baumschulen werden einige verhältnismäßig harte Sorten kultiviert, z.B. 'Frantoio', 'Leccino' und 'Moraiolo'. Diese Sorten wurden etwa im Jahre 1937 von deutschen Regierungsstellen in größerem Maßstabe an der Bergstraße und anderen klimatisch günstigen Plätzen in Südwestdeutschland angepflanzt. Über die Ergebnisse ist nie etwas veröffentlicht worden. Diese veredelten Sorten stammten aus der Baumschule Fratelli Sgaravatti in Padua. Ein bei der Baumschule L. SPÄTH-Berlin zurückgebliebener Rest erfror trotz starker Laubdecke nach zwei Wintern vollständig.

In den Mittelmeerländern erfolgt die Vermehrung des Ölbaumes durch Stecklinge bzw. durch Samen. Da in letzterem Falle aber Wildlinge entstehen, so müssen diese veredelt werden, am besten im Alter von $1^1/_2$ Jahren durch Okulation oder Pfropfen. Die Wildlinge variieren sehr stark, da genau wie bei unseren Obstbäumen sehr viele Rassen vorhanden sind, die stark heterozygotisch sind. Deshalb liegt die Notwendigkeit der Klonzüchtung auch beim Ölbaum vor. Im allgemeinen läßt sich der Ölbaum durch Abrisse, genau wie unsere Obstunterlagen, verhältnismäßig leicht vermehren. Stecklinge dagegen wachsen schwerer.

Es sei noch bemerkt, daß Saat von veredelten Olivenbäumen nicht etwa, wie oft behauptet wird, wilde Ölbäume, also Wildlinge im baumschulmäßigen Sinne, ergibt, sondern stets dornenlose, großblättrige, edle Sämlinge. Anzucht kommt für Deutschland nirgends in Betracht.

Nur *Olea europaea* mit ihren Kultursorten wichtig, aber alle ∧∧∧.

A. F. ZHANOV veredelt Oliven of *Fraxinus, Syringa* und *Ligustrum;* vgl. in Trudi Nikit. Bot. Sad. 29: 221-234; 1959; mit engl. Zusammenfassung.

OLEARIA — Compositae

Stecklinge von reifen Trieben im September schneiden und im Hause in Schalen aufstellen, wo sie über Winter bleiben. Die Bewurzelung geht sehr langsam vor sich. Dann eintopfen und im Topf halten. Nur O. *haastii* und *nummulariifolia* sind bei uns unter Decke einigermaßen hart.

Kulturansprüche: Als Topfpflanzen behandeln, im Sommer draußen aufstellen, im Winter in der Regel im Kalthause überwintern. O. *nummulariifolia* hält unter Schneedecke gut aus. O. *semidentata* wird als schönste Art angesehen, ist aber für uns Kalthauspflanze.

Empfehlenswerte Arten: *Olearia haastii, nummulariifolia* und *semidentata;* alle drei ΛΛΛ. Die zahlreichen Arten der englischen Gärten sind bei uns nicht ausreichend winterhart.

ONONIS — Hauhechel — Leguminosae

Aussaat für die bekannteren Arten am einfachsten im kalten Kasten; bald eintopfen. — Seltenere Arten, bei geringem Bedarf, kann man auch durch Stecklinge von angetriebenen Pflanzen vermehren.

Empfehlenswerte Arten: *Ononis fruticosa* und O. *rotundifolia.*

ORIXA — Rutaceae

Aussaat mit aus Japan eingeführtem Saatgut, welches sofort nach Erhalt eingeschichtet und im Frühjahr im Kasten ausgesät wird. Die Aussaat ist sehr selten, zumal *Orixa* nur ein Liebhaberstrauch ist.

Stecklinge im Winter von angetriebenen Pflanzen im Hause. Am einfachsten Wurzelschnittlinge im Dezember.

Kulturansprüche: Sandiger, möglichst etwas frischer Boden und halbschattige Lage. Zweihäusig!

Nur eine Art: *Orixa japonica.*

ORPHANIDESIA — Ericaceae

Orphanidesia gaultherioides ist nur sehr selten in Kultur und zu behandeln etwa wie Epigaea; Vermehrung durch Teilung ΛΛΛ.

OSMANTHUS — Duftblüte — Oleaceae

Aussaat ist bei den Arten möglich. Früchte sofort nach der Reife einschichten und im Frühjahr unter Glas aussäen. Weiterkultur nur in genügend frischem Boden erfolgreich.

Stecklinge mit Wuchsstoffen im September oder auch im Januar—Februar mit Astring schneiden und im Vermehrungsbeet in Torf und Sand stecken. Doppelglas auflegen und gespannt halten. Bewurzelung erfolgt in 6—8 Wochen. Dann eintopfen und auf Beeten einsenken. Wurzelechte Pflanzen sollen härter sein als Veredlungen.

Veredlungen der Arten kann auch auf einjähriges, bewurzeltes Steckholz von *Ligustrum ovalifolium* oder auf Sämlinge von *Phillyrea latifolia* durch Kopulation oder Geißfuß im März—April oder September erfolgen. Die Unterlagen sollen möglichst im Topf eingewurzelt sein. Gleich nach der Veredlung im Vermehrungsbeet einsenken und bis zum Verwachsen geschlossen halten. Die kleinblättrigen Arten, ebenso die buntblättrigen Formen von O. *heterophyllus* wachsen besser auf ein- bis zweijährigen Sämlingen von *Phillyrea latifolia.* Die Veredlungen müssen später so tief gepflanzt werden, daß sie eigene Wurzeln machen können. In Frankreich ist die Winterhandveredlung üblich, und die fertigen Veredlungen werden dann unter Glasglocken eingeschlagen, wo sie bis zum Frühjahr bleiben bzw. bis sie verwachsen sind.

Absenken im Herbst gut möglich.

Kulturansprüche: Gewöhnlicher Boden, halbschattige Lage, sonst etwa wie *Ilex* zu behandeln, doch vertragen sie weniger Kälte.

Empfehlenswerte Arten: *Osmanthus armatus* (∧∧∧), *delavayi* (∧∧), *heterophyllus* (= *ilicifolius*), *serrulatus* (∧∧∧).

OSMAREA — Oleaceae

Eine schöne Gattungshybride zwischen *Osmanthus delavayi* und *Phillyrea decora* ist *Osmarea burkwoodii;* Vermehrung möglich durch Stecklinge im Mai—Juni mit halbreifen Trieben. Sonst Kultur wie *Osmanthus.*

Nur eine Art: *Osmarea burkwoodii* (∧∧).

OSMARONIA — Oregonpflaume — Rosaceae

Aussaat der nach der Reife eingeschichteten Samen im nächsten Frühjahr im Kasten unter Glas. Spätfröste verhindern bei uns sehr oft die Fruchtbildung.

Teilung der älteren Sträucher oder Ableger ist wesentlich einfacher. Wenn man Früchte ernten will, muß man Pflanzen beider Geschlechter anpflanzen.

Kulturansprüche: Gewöhnlicher, frischer Boden. Leidet durch den frühzeitigen Austrieb oft unter Frösten.

Nur eine Art: *Osmaronia cerasiformis.*

OSTEOMELES — Steinapfel — Rosaceae

Alle drei Arten (*O. anthyllidifolia, schweriniae* und *subrotunda*) sind selten in Kultur. Man kann sie entweder auf Crataegus monogyna (Unterlagen im Topf stehend) veredeln, im Winter im Haus, oder aber durch Stecklinge von angetriebenen Mutterpflanzen. Nur für Liebhaber ∧∧—∧∧∧.

OSTRYA — Hopfenbuche — Betulaceae

Saatgut schon sehr frühzeitig, bei beginnender Reife, ernten (Anfang September) und dann noch sofort auf Beeten aussäen. Gekauftes Saatgut muß nach Erhalt eingeschichtet werden. Man sät im April aus und beachtet, daß die Aussaatbeete unbedingt feucht sein sollen (feuchte Lage). Die Keimung erfolgt nach 3—5 Wochen mit durchschnittlich 60—80 %. Aber im Jahre danach kommen immer noch weitere Jungpflanzen. Während der Keimung und auch in der ersten Zeit danach Schutz vor Austrocknen und vor Frost.

Veredlung kann, wenn Aussaat nicht möglich, auf *Carpinus* im Winter im Haus vorgenommen werden, entweder auf eingewurzelten Unterlagen oder auch als Handveredlungen, welche dann ganz kurz vor dem Austrieb draußen aufgepflanzt werden. Erfolg mitunter unsicher.

Kulturansprüche: Guter, frischer Boden, sonst wie bei *Carpinus.*

Empfehlenswerte Arten: *Ostrya carpinifolia* und *virginiana.*

OXYDENDRUM — Sauerbaum — Ericaceae

Aussaat durchaus gut möglich. Ausführung wie bei *Erica.*

Stecklinge ebenfalls üblich.

Absenken der Vorjahrstriebe ist am besten. In genügend frischem Boden, müssen aber wegen ihrer langsamen Wurzelbildung sehr lange liegen bleiben.

Kulturansprüche: Anmooriger, etwas frischer Boden. Jungpflanzen brauchen Winterschutz, später sind die Pflanzen ganz hart.

Nur eine Art: *Oxydendrum arboreum.*

PACHISTIMA — Dicknarbe — Celastraceae

Aussaat sehr selten üblich; sie geschieht im Hause in Schalen und muß vorsichtig behandelt werden.

S t e c k l i n g e : Am besten von halbreifen Trieben im August schneiden, in Handkästen stecken und im Vermehrungshause aufstellen. Dort bewurzeln sie sich bis zum Frühjahr gut.

A b s e n k e n : Die jungen Triebe bewurzeln sich sehr schnell; bei geringem Bedarf ist diese Vermehrungsart völlig ausreichend.

T e i l u n g bei *P. canbyi* gut möglich.

K u l t u r a n s p r ü c h e : Möglichst frischer, kalkfreier Boden im Halbschatten oder Schatten; sie gedeihen auch noch in trocknerem Boden. Reisigdecke im Winter geben!

E m p f e h l e n s w e r t e A r t e n : *Pachistima canbyi* und *myrsinites.*

PACHYSANDRA — Buxaceae

S t e c k l i n g e im Sommer sind die normale Vermehrung. Dann zu 3—4 beisammen eintopfen und bis zur Verwendung im Topf behalten.

T e i l u n g der queckenartigen Wurzelstöcke ist sehr einfach, trotzdem unbeliebt.

K u l t u r a n s p r ü c h e : Humoser, frischer Boden, notfalls auch gewöhnlicher Gartenboden und Halbschatten bis tiefer Schatten.

E m p f e h l e n s w e r t e A r t e n : *Pachysandra terminalis* und 'Green Carpet'.

PAEONIA — Baumartige Pfingstrose — Paeoniaceae

A u s s a a t : Vor allem kann die alte, bewährte 'Moutan', die reichlich Samen bringt, ausgesät werden. Die anderen Sorten setzen selten Samen an und immer nur wenig. Nach der Reife wird das Saatgut abgenommen und 1 Jahr eingeschichtet. Im Frühjahr wird dann im warmen Kasten unter Glas ausgesät. Die Keimung erfolgt nach wenigen Wochen. Aussaat ohne vorheriges Einschichten hat immer schlechte Erfolge; ein Teil der Aussaat keimt manchmal erst nach 10—12 Monaten. Die Jungpflanzen wachsen anfänglich sehr langsam und kommen frühestens nach 5—6 Jahren zum erstenmal zur Blüte. Bemerkenswert ist aber, daß Sämlinge nach dieser Zeit ein flotteres Wachstum zeigen als die Veredlungen. Zu Neuzüchtungen gehört neben besonderen Sortenkenntnissen viel Geduld.

Sämlinge blühen zu 70—80 % lilarosa und können gut als Unterlagen Verwendung finden.

Untersuchungen von BARTON hatten folgende Ergebnisse: Wenn die Samen im Herbst oder Winter nach der Ernte ausgesät wurden, war die Keimung sehr schlecht; Aussaaten von Mai, Juni oder Juli dagegen liefen im folgenden Frühling gut auf. Die Wurzeln bildeten sich schon im Sommer, und die Keimruhe des Epikotyls*) wurde in den kalten Wintermonaten aufgehoben, so daß die Keimung im Frühjahr begann. Am besten waren die Ergebnisse in kalten Kästen. Ist eine schnelle Keimung beabsichtigt, dann muß die Aussaat unmittelbar nach der Ernte im Gewächshaus geschehen. Hier müssen die Gefäße etwa 3 Monate stehen bleiben oder doch so lange, bis sich die Wurzeln gebildet haben. Dann werden die Kisten in einen Keller oder anderen Raum mit einer Temperatur von 1—10 °C gebracht. Nach $2^1/_2$ Monaten Ruhe in der kühlen Luft werden sie in ein kühles Gewächshaus gebracht, wo die Keimung dann innerhalb weniger Tage erfolgt.

V e r e d l u n g : Sie geschieht nur aus dem Grunde, um schneller zu Verkaufsware zu gelangen. In Deutschland wird in der Regel noch die Geißfußveredlung angewandt, die sowohl von Januar—März als auch von August—September geschehen kann. Unterlage: *Paeonia lactiflora* in beliebigen Sorten. Die Wurzeln werden in etwa 10 cm lange Stücke zerschnitten. Wichtig ist, möglichst viele Faserwurzeln daran zu belassen. Als Reiser kommen nur einjährige Triebe in Frage, die bis auf ein Auge von den Mutterpflanzen geschnitten werden. Das aufzusetzende Reis braucht nur ein einziges Auge zu haben, doch muß dies nicht unbedingt so sein. Bei den Sommerveredlungen wird das daransitzende Blatt etwas eingekürzt. Nicht ausgereifte Augen und zu weiches Holz geben viel Ausfall, daher ist das Reiserschneiden eine wichtige Arbeit bei der Paeonienveredlung. Gerade die schönen, niedrigbleibenden Sorten sind meist weichholzig und haben die meisten Ausfälle,

---

*) Epikotyl ist der Abschnitt zwischen den Keimblättern und den ersten Laubblättern.

während die hochwachsenden Sorten sehr vieles und hartes Holz bringen und gut wachsen. Das Mark darf nur so wenig wie möglich angeschnitten werden. Das Reis muß genau in den Geißfuß passen, sonst gibt es überhaupt keine oder nur eine schlechte Verwachsung. Die Veredlungen werden verbunden und verstrichen, anschließend noch mit Bleidraht umwickelt, um ein Ausbrechen der Reiser zu verhüten.

Die Veredlungen werden eingetopft und im Kasten unter Doppelglas eingesenkt. Die Winterhausveredlungen senkt man im Warmbeet unter Doppelglas ein und topft sie erst bei beginnendem Austrieb ein. Erdmischung: Komposterde, Lauberde, Torf und scharfer Sand zu gleichen Teilen. Im 2. Jahre werden die Veredlungen ausgepflanzt, und zwar so tief, daß die Veredlungsstelle unter der Erde ist. Bald bildet das Reis eigene Wurzeln und stößt die Unterlage mit der Zeit ganz ab. Wird zu hoch gepflanzt, so geschieht das immer auf Kosten des Wachstums und kann sogar zum Absterben des Reises führen.

Teilung: Alte Mutterpflanzen werden im Herbst vorsichtig herausgenommen und in Kästen frostfrei eingeschlagen. Im Dezember—Januar werden alle etwas bewurzelten Triebe vorsichtig abgenommen, in die oben angegebene Erdmischung eingetopft und im Kalthaus auf der Tablette eingefüttert. Nach etwa 4—6 Wochen beginnt der Austrieb; jetzt etwas kühler stellen. So bald wie möglich nach draußen auf den Kasten bringen und abhärten. Nach 2—3 Jahren sind auch diese Pflanzen verkaufsfertig. Triebe ohne Wurzeln, die beim Teilen auch anfallen, können ebenso behandelt werden, doch benötigen sie mehr Wärme zur Wurzelbildung. Die Vermehrung durch Teilung kommt vor allem auch für die schwachwachsenden Formen in Betracht.

Kulturansprüche: Sehr nahrhafter, lehmig-humoser, tiefgründiger Boden und warme, geschützte Lage, aber auf keinen Fall frischen Dünger! Die Pflanzen sind ganz winterhart, können aber keine Spätfröste vertragen. Jungpflanzen deckt man in den ersten Jahren vorsichtshalber im Winter. Während der Blütezeit viel Wasser geben.

Empfehlenswerte Arten und Züchtungen: *Paeonia delavayi, lutea* und *lutea ludlowii* sowie die nachstehenden Sorten von *suffruticosa:* 'Alice Harding', 'Bijou de Chosan', 'Chromatella', 'Comtesse de Tuder', 'La Lorraine', 'Louise Mouchelet', 'Mme Stuart Low', 'Reine Elisabeth', 'Souvenir de Prof. Maxime Cornu'.

Barton, L. V., 1933: Seedling production of tree peony. Contrib. Boyce Thompson Inst. **5**: 451-460.

PALIURUS — Stechdorn — Rhamnaceae

Aussaat: Einfachste und beste Methode, wenn frisches Saatgut vorhanden ist. Von den kreiselförmigen Früchten werden die korkigen Flügelränder soweit wie möglich abgerieben und das Saatgut dann eingeschichtet. Aussaat im nächsten Frühjahr unter Glas. Keimung nach einigen Wochen. Die Jungpflanzen werden im ersten Jahre etwa 20 cm hoch. Erst im nächsten Frühjahr herausnehmen und verpflanzen. Im ersten Winter unbedingt frostfrei halten.

Absenken und Wurzelschnittlinge in der üblichen Weise sind eine behelfsmäßige Lösung, wenn Saatgut fehlt.

Kulturansprüche: Sandig-steiniger, humoser Boden in sonniger, warmer Lage. Ältere Pflanzen überwintern gut. Wegen der nadelspitzen, leicht abbrechenden Dornen Vorsicht bei der Arbeit!

Nur für Liebhaber ΛΛΛ.

PARROTIA — Hamamelidaceae

Aussaat ist wegen Mangels an Saatgut wenig üblich. Sie geschieht sonst, wie bei den anderen Hamamelidaceen, unter Glas im kalten oder warmen Kasten.

Absenken: Vorjährige Triebe werden im April gesenkt. Der Boden muß kalkfrei sein und wird am besten mit Torfmull durchsetzt. Die Bewurzelung ist langwierig und ungleichmäßig. Nach 2—3 Jahren können die Absenker vorsichtig abgetrennt werden. Älteres Holz ist zum Absenken nicht geeignet, weil es sich nicht bewurzelt.

Stecklinge im Sommer mit Wuchsstoff sind gut möglich.

Veredlung: Winterhausveredlung durch Geißfuß oder Kopulation auf die nahe verwandte *Hamamelis virginiana*. Die zweijährigen Unterlagen müssen im Topf fest eingewurzelt sein. Als Reiser nur einjähriges Holz nehmen, Seitentriebe notfalls etwas einkürzen. Nach dem Anwachsen bringt man die Veredlungen in den warmen Kasten, und dort werden sie allmählich abgehärtet.

Der Gartenwert der Parrotia beruht vor allem auf der prachtvollen Herbstfärbung der Blätter; leider gibt es in den Baumschulen aber auch einen im Herbst grün bleibenden Typ. Man sollte deshalb darauf achten, nur gut färbende Pflanzen zur Vermehrung zu verwenden.

Kulturansprüche: Gewöhnlicher, kalkfreier Boden in geschützter Lage. Nur Jungpflanzen sind frostempfindlich. In kälteren Lagen ist jedoch auch für ältere Pflanzen Winterschutz anzuraten, sofern dies noch durchführbar ist. Obwohl ein Lichtbaum, gedeiht die Parrotia vorzüglich im Schatten.

Nur eine Art: *Parrotia persica.*

PARROTIOPSIS — **Hamamelidaceae**

Vermehrung wie bei Parrotia.

Nur eine Art: *Parrotiopsis jacquemontiana.*

PARTHENOCISSUS — Jungfernrebe — Vitaceae

Methode	Jan.	Febr.	März	April	Mai	Juni	Juli	Aug.	Sept.	Okt.	Nov.	Dez.
Aussaat										●	●	
Steckholz		**X**	**X**							●	●	
Veredlung	**X**	**X**	**X**									

X X unter Glas; ● ○ Freiland; fette Zeichen wichtigste Methoden

Aussaat: Bei den reinen Arten durchaus möglich, wenn auch kaum üblich. Sie bereitet keine Schwierigkeiten, doch kommt man mit der vegetativen Vermehrung früher zum Ziele.

Steckholz: Es wird in der Regel mit drei Augen geschnitten, und zwar sehr zeitig und dann sofort eingeschlagen. Im Frühjahr wird es möglichst tief gesteckt, so daß nur noch ein einziges Auge heraussieht. Der Austrieb erfolgt bald, und es treiben die Augen, welche unter der Oberfläche sitzen, am stärksten. Am einfachsten steckt man in Reihen mit 40 cm Abstand. In den Reihen kann der Abstand etwas enger sein. Es wächst fast jedes Stück. Ein Aufbinden ist im 1. Jahre nicht erforderlich, doch sollte man dann mehrmals in einer Vegetationszeit alle Triebe nach einer Richtung legen, damit sie nicht ineinander verwachsen. Im Herbst wird alles bis über den Boden zurückgeschnitten und jede zweite Reihe herausgenommen. Im nächsten Frühjahr werden diese wieder aufgeschult, die anderen dagegen gestäbt und aufgebunden; ein großer Teil von ihnen ist bereits im zweiten Kulturjahre fertig, die anderen erst im nächsten Jahre. Die Qualität der Pflanzen richtet sich nach der Anzahl der Triebe. Gehandelt werden meist 5—8 und 8—12 Triebe.

In Frage kommt die Steckholzvermehrung nur für *P. quinquefolia* mit ihren Formen, sowie zwei Formen von *P. tricuspidata,* nämlich 'Gloire de Boskoop' und 'Purpurea'. Die beiden letzteren wachsen aber nur in leichten, stark humosen und genügend frischen Böden und werden in einigen Holsteiner Betrieben auf diese Weise vermehrt. Wichtig ist hier vor allem: Steckholz im Herbst schneiden, frostfrei einschlagen, im Winter fertig schneiden und im zeitigen Frühjahr im Kasten stecken.

Veredlung: Sie kommt bei den feintriebigen Arten und Formen, besonders bei *P. tricuspidata* 'Veitchii', zur Anwendung. Unterlage ist in jedem Falle *P. quinquefolia.* Veredelt wird durch Geißfuß im Januar—März im Hause. Die Ausführung ist sehr einfach, und es gibt nur wenig Ausfall. Das Veredeln kann auf verschiedene Weise geschehen:

1. Bewurzeltes Steckholz als Unterlage, davon die untersten Augen entfernen, um das lästige Austreiben zu verhindern. Reiser von einjährigem, nicht zu dünnem Holz und ohne Froststellen nehmen. Verstreichen der Schnitte mit Baumwachs ist nicht unbedingt erforderlich. Vielfach ist es üblich, die Veredlungen ganz in Lehmbrei zu tauchen, um ein Austrocknen zu verhüten. Die Veredlungen können nun entweder gleich eingetopft oder auch im Vermehrungsbeet eingeschlagen und nach dem Austrieb eingetopft werden. Das ist nur eine Platzfrage. Vorteile durch sofortiges Eintopfen entstehen nicht. Der Austrieb beginnt nach 2—3 Wochen; die Veredlungen sind dann genügend verwachsen und werden am besten jetzt eingetopft.

2. Es kann auch ebensogut unbewurzeltes Steckholz benutzt werden, wenn dieses im Januar geschnitten und im Vermehrungsbeet gesteckt wird. Es bewurzelt sich sehr schnell, und die Veredlung kann dann sofort vorgenommen werden. In diesem Falle werden die Veredlungen sofort eingetopft und bleiben so lange im Hause, bis die Witterung es gestattet, sie in den kalten Kasten zu bringen.

3. Man kann auch den umgekehrten Weg einschlagen und die Veredlungen auf dem unbewurzelten Steckholz zuerst ausführen und diese dann im Vermehrungsbeet einschlagen bzw. stekken. In diesem Falle hat man aber erfahrungsgemäß mehr Ausfall als bei den anderen Methoden.

4. Statt auf Steckholz zu veredeln, können auch 5 cm lange Wurzelstücke genommen werden, die man beim Verpflanzen oder Herausnehmen erhält. Sie müssen jedoch mindestens bleistiftstark sein. Die Behandlung ist die gleiche wie beim Steckholz. Um Verwechslungen vorzubeugen, werden die Wurzelstücke oben durch einen geraden, unten durch einen schrägen Schnitt gekennzeichnet.

Im 2. Jahre nach der Veredlung werden die Jungpflanzen im Freilande ausgepflanzt. Reihenabstände etwa 70—80 cm, in den Reihen 20—25 cm; dann Meterstäbe dazustecken und zweimal aufbinden. Zum Versand lassen sich die Stäbe leicht nach oben herausziehen, ohne daß das Band zerrisssen wird.

Kulturansprüche: Gewöhnlicher Gartenboden; sie wachsen gleich gut in der Sonne wie im Schatten oder Halbschatten. Die blutrote Herbstfärbung ist in sonniger Pflanzung am besten.

Empfehlenswerte Arten und Formen: § = selbstkletternd: *Parthenocissus henryana* § ∧∧∧, *quinquefolia* § mit var. *engelmanni* § und var. *murorum* § (= *radicantissima*), *tricuspidata* § (= *Ampelopsis veitchii robusta*) mit 'Lowii' §, 'Purpurea' §, 'Purpurea Robusta' § und 'Veitchii' § (= *Vitis veitchii*).

PAULOWNIA — Blauglockenbaum — Scrophulariaceae

Aussaat: Sie ist die beste Anzuchtmethode. Das Saatgut ist fein und sehr leicht. Die Aussaat im Mai im halbwarmen Kasten muß wegen der Feinheit des Samens entsprechend sorgfältig vorbereitet werden. Wichtig ist vor allem, recht breitwürfig zu säen, damit die jungen Keimlinge sich nicht behindern. Auch ein leichtes Bedecken der Aussaat mit verrotteter Nadelerde erwies sich als vorteilhaft. Die Keimung erfolgt nach 2—3 Wochen. Anfangs wollen die Keimlinge schlecht vorwärts, aber nach dem ersten Blättchen geht es dann rascher. Nach zweimaligem Pikieren werden die Sämlinge im 1. Jahre fast meterhoch. Frostfreie Überwinterung im 1. Jahre ist unbedingt erforderlich. Auch in den nächsten Jahren sind sie noch sehr empfindlich.

Wurzelschnittlinge: Ist kein Saatgut vorhanden, muß man sich in dieser Weise helfen. Die Wurzelschnittlinge treiben im Vermehrungshause bald aus.

Kulturansprüche: Der Boden soll nahrhaft, leicht, kühl, jedoch nicht frisch und mindestens zur Zeit der Blüte frostfrei sein. Jungpflanzen frieren im Winter oft bis auf den Boden zurück, treiben aber im Frühjahr kräftig wieder aus. Sobald die Triebe nicht mehr so stark wachsen und nicht mehr so markig sind, sinkt die Gefahr eines Frostschadens erheblich. Im Weinklima, wie überhaupt in Westdeutschland, sind die Paulownien sehr raschwüchsig; als ältere Bäume sind sie dort auch gut winterhart.

Empfehlenswerte Art: *Paulownia tomentosa* (= *imperialis*) ∧—∧∧.

PENSTEMON — Bartfaden — Scrophulariaceae

Aussaat kommt für die strauchig wachsenden Arten, *P. menziesii* und *P. scouleri*, kaum in Frage und geschieht sonst im Hause.

Stecklinge: Im Frühsommer schneiden und im Kasten oder Haus stecken. Sie bewurzeln sich leicht. Bis zum Verkauf Weiterkultur am besten im Topf.

Kulturansprüche: Gewöhnlicher Boden und warme, trockene Lage.

Empfehlenswerte Arten: *Penstemon menziesii* und *scouleri;* die anderen halbstrauchigen zwergigen Arten werden als Stauden geführt.

PERAPHYLLUM — Sandbirne — Rosaceae

Aussaat im kalten Kasten unter Glas mit ein Jahr eingeschichtet gewesenem Saatgut. Wenig gebräuchlich.

Absenken: Vorjährige Triebe, im April abgelegt, bewurzeln sich leicht.

Veredlung: Okulation auf *Crataegus monogyna* ist am einfachsten. Der Erfolg ist gut. Auch Reisveredlung im Frühjahr auf dem Stand.

Kulturansprüche: Keine; wächst auf schlechtesten Böden und in voller Sonne.

Nur eine Art: *Peraphyllum ramosissimum.*

PERIPLOCA — Baumschlinge — Asclepiadaceae

Aussaat unter Glas im Frühjahr im warmen Kasten, später eintopfen und so bald wie möglich ins freie Land bringen. Winterschutz im ersten Jahre ratsam.

Ablegen: Junge Triebe lassen sich im Sommer von den Mutterpflanzen ohne Schwierigkeit abhaken und bewurzeln sich leicht.

P. graeca läßt sich auch gut teilen.

Kulturansprüche: Wenn möglich, guter, frischer Boden; zur Not wachsen sie aber auch in gewöhnlichem, trockenerem Boden. *P. sepium* und *P. graeca* lieben volle Sonne, geschützte Lage und sind im rauhen Norden ganz hart.

Empfehlenswerte Art: *Periploca graeca.*

PERNETTYA — Torfmyrte — Ericaceae

Aussaat in der üblichen Weise wie bei allen Ericaceen, vgl. *Erica* oder *Rhododendron.*

Nach Sleumer können in den Beeren von *P. pumila* und *mucronata* die Samen zur Keimung kommen und kleine Keimpflanzen bilden, noch während die Beeren am Strauche hängen. Diese Erscheinung ist im Pflanzenbereich sehr selten. An *P. mucronata,* die im Botanischen Garten in Berlin-Dahlem im Kalthause überwintert wurde, beobachtete S. im Mai des auf die Blüte folgenden Jahres solche noch von der völlig intakten Beerenhaut eingeschlossenen und schon ergrünten Keimlinge.

Stecklinge werden in der üblichen Weise von ausgereiften Sommertrieben geschnitten und in Schalen gesteckt, die über Winter im Hause bleiben.

Abb. 270. *Pernettya mucronata,* in guter Handelsware, 30—40 cm hoch, mit Früchten (Werkbild bei Böhlje in Westerstede)

Holländische Vermehrungsversuche (DE BOER, S. 11) mit reifen Stecklingen im Oktober in reinem, nicht zu feuchtem und zu fest angedrücktem Torfmull gesteckt, wurden im Kasten unter Doppelglas und ohne Bodenwärme durchgeführt. Mit Wuchsstoff wurde ein Ergebnis von 97 % erreicht. Stecken in Torf und Sand war nicht so gut; Stecklinge von den Triebspitzen und mit dem Basisende sind weniger geeignet. Benutzter Wuchsstoff „Rhizopon AA", in Wasser aufgelöst nach Vorschrift.

Teilung: Sie kann bei größerem Vorrat an Mutterpflanzen vorteilhaft im Frühjahr angewandt werden. Die Teilpflanzen werden unter Schattenhallen in humosem Boden, dem reichlich Torfmull zugefügt wurde, weiterkultiviert. Die Pflanzen sind zweihäusig, infolgedessen müssen auch die männlichen, nicht fruchtenden Pflanzen zum Teil mit vermehrt werden, sonst bekommt man keinen Fruchtansatz.

Kulturansprüche: Anmooriger, humoser, kalkfreier Boden; nach der Pflanzung noch mit Torf oder Lauberde abdecken. Außerhalb des nordwestdeutschen Rhododendrongebietes sind sie nicht völlig winterhart. Daher muß in Nord- und Mitteldeutschland immer eine gute Winterdecke gegeben werden. Dadurch verschwinden dann allerdings auch die bunten Früchte, die die Hauptzierde der Pflanzen ausmachen (Abb. 270).

Empfehlenswerte Arten und Formen: *Pernettya mucronata* mit Selektionen nach der Fruchtfärbung, besonders 'Bells Seedling' (Λ-ΛΛ), *tasmanica* (ΛΛΛ).

DE BOER, S., 1948: Het Stekken van Pernettya mucronata. Boomkwekerij 4: 11. — SLEUMER: Pernettyen im deutschen Garten. Jb. Dt. Rhod.-Ges. 1941: 28.

PEROVSKIA — Labiatae

Aussaat kaum üblich, sonst in Schalen im Hause oder im warmen Kasten.

Stecklinge: Im Frühsommer, aber spätestens im Juni müssen die jungen Triebe geschnitten, in Schalen gesteckt und im Hause aufgestellt werden. Nicht zuviel spritzen, da leicht Fäulnis eintreten kann. Steckling zuerst am besten einige Tage kühl und schattig stellen, z. B. unter der Gewächshaustablette.

Teilung: Ältere Pflanzen treiben an günstigen Standorten sehr viele Ausläufer, die sich leicht abtrennen und als Jungpflanzen weiterbehandeln lassen.

Kulturansprüche: Leichter, sehr sandiger Boden und trockene, sonnige Lage. Schutz vor Winternässe!

Empfehlenswerte Art: *Perovskia atriplicifolia*, 'Superba'.

PETROPHYTUM — Rosaceae

Petrophytum caespitosum, die bekannteste der 4 Arten dieser nordamerikanischen Gattung, ist ein Polsterstrauch, den man am besten durch Teilung oder Stecklinge vermehrt ΛΛΛ.

PETTERIA — Leguminosae

Aussaat im April unter Glas dürfte völlig ausreichen, obwohl natürlich auch Stecklinge im Juni unter Sprühnebel möglich sind. Topfkultur! Nur eine Art: *Petteria ramentacea*.

PHELLODENDRON — Korkbaum — Rutaceae

Aussaat: Das im Herbst eingeschichtete Saatgut kann im Frühjahr sofort im Freiland ausgesät werden und keimt nach 2—3 Wochen, kann aber auch überliegen. Die Sämlinge werden im 1. Jahre bis 50 cm hoch. In kälteren Gegenden ist Aussaat im Kasten besser. Vom 18.—20. Jahre an tragen auch bei uns die Bäume reichlich gute und keimfähige Samen.

Kulturansprüche: Frischer, kräftiger Boden und Seitenschutz. Ungeeignet sind Sandboden, Frostlagen, kaltgründiger Tonboden und freie Lage (n. SCHWAPPACH). Auf frischen, humosen Böden sehr raschwüchsig. Als Jungpflanzen gedeihen sie auch auf trockneren Böden noch sehr gut. *P. amurense* ist als junge Pflanze härter als *Ph. japonicum*, während im Alter beide gleich hart sind. Alle *Phellodendron* brauchen viel Wärme und ertragen gut Dürre und auch Schatten, jedoch Frost ohne Schaden nur dann, wenn der Sommer so warm war, daß die Triebe gut ausreifen konnten.

Empfehlenswerte Arten: *Phellodendron amurense* und *japonicum*.

SCHWAPPACH: Ergebnisse der in den preußischen Staatsforsten ausgeführten Anbauversuche mit fremdländischen Holzarten. 1901.

PHILADELPHUS — Pfeifenstrauch — Philadelphaceae

Aussaat: Sie kommt in erster Linie für züchterische Zwecke in Betracht. Es braucht daher an dieser Stelle nicht weiter darauf eingegangen zu werden.

Stecklinge: Der Formenkreis um *Ph. lemoinei* sowie alle schwachwachsenden und feintriebigen Formen und Arten werden am besten durch Sommerstecklinge vermehrt, die von halbharten Trieben geschnitten und im Kasten gesteckt werden. Notfalls kann man auch im Winter noch Mutterpflanzen zur Stecklingsgewinnung antreiben. Im Vermehrungshause sind die Erfolge sehr gut. Nach der Bewurzelung werden die Jungpflanzen auf Beeten ausgepflanzt.

Auch *Ph. caucasicus 'Aureus'* (= *P. coronarius aureus*) muß aus Sommerstecklingen vermehrt werden. Diese gelbblättrige Sorte ist besonders empfindlich, solange die Stecklinge nicht bewurzelt sind.

Steckholz: Für alle mittelstark und stark wachsenden Arten und Formen — und das sind ja die meisten — ist dies die einzig richtige, wirtschaftliche Vermehrung. Das Holz wird schon im Dezember geschnitten, gebündelt und eingeschlagen. Im Frühjahr wird dann gleich in der üblichen Weise ins freie Land auf Beete gesteckt. Der Erfolg ist je nach der Sorte unterschiedlich, im allgemeinen immer sehr befriedigend. Die Jungpflanzen werden meist 1 m hoch und darüber. Im nächsten Jahre werden sie nach dem Rückschnitt aufgepflanzt.

Anhäufeln: Dieses Verfahren kann man schließlich bei allen Arten anwenden, es ist aber wenig wirtschaftlich und mehr für Liebhaber geeignet.

Kulturansprüche: Wachsen ohne besondere Ansprüche in jedem Gartenboden. Beim Schneiden darauf achten, daß nicht die jungen Triebe entfernt werden, sondern nur das alte Holz fortgeschnitten wird.

Empfehlenswerte Arten: *Philadelphus argyrocalyx, coronarius, delavayi, incanus, inodorus* mit var. *grandiflorus* (= *P. grandiflorus*), *insignis, lewisii, microphyllus, pubescens* und *purpurascens*. — Ferner die Züchtungen 'Avalanche', 'Belle Etoile', 'Bouquet Blanc', 'Burkwoodii', 'Dame Blanche', 'Enchantement', 'Erectus', 'Girandole', 'Manteau d'Hermine', 'Minnesota Snowflake', 'Norma', 'Rosace', 'Schneesturm', 'Virginal' und 'Voie Lactée'.

BOS, J., 1954: Some experiences in rooting Philadelphus coronarius aureus cuttings in Ohio; in Proc. Pl. Prop. Soc. 3: 44-46. — GROOTENDORST, H., 1949: Het Philadelphus-Sortiment. Boomkwekerij.

PHILAGERIA — Philesiaceae

Für *Philageria veitchii*, einen schwach windenden, immergrünen kleinen Strauch, kommt nur Vermehrung aus Stecklingen im Sommer in Betracht. Frostfreie Überwinterung wichtig!

PHILESIA — Philesiaceae

Philesia magellanica (= *P. buxifolia*), ein zwergiger, sehr hübscher, aber winterschutzbedürftiger Strauch, wird am besten durch Stecklinge von ausgereiften Trieben im Juli—August vermehrt.

PHILLYREA — Steinlinde — Oleaceae

Aussaat ist gut möglich, wenn Saatgut vorhanden ist. Es wird gleich nach der Reife unter Glas gesät; trotzdem liegt die Saat meist über oder geht doch unregelmäßig auf. *P. angustifolia* und *P. latifolia* werden in Frankreich immer ausgesät.

S t e c k l i n g e : Ausgereifte Triebspitzen werden im Hochsommer in Schalen gesteckt. Sie bewurzeln sich im Hause während des Winters und bleiben am besten noch ein Jahr im Topf. Dann werden sie auf anmoorigen Freilandbeeten weiterkultivert.

V e r e d l u n g : Hauptsächlich kommt sie für die großblättrige *P. vilmoriniana* zur Anwendung und geschieht im Winter als Handveredlung auf *Ligustrum ovalifolium.* Die Veredlungen werden am besten frostfrei eingeschlagen und im Frühjahr im Kasten ausgepflanzt, und zwar so tief, daß die Veredlungsstelle unter der Erde ist. Das Reis macht mit der Zeit eigene Wurzeln und stößt die Unterlage ganz ab. Pflanzt man zu hoch, wird die Unterlage durch die Wildtriebe lästig. In Deutschland pflegt man deshalb in der Regel auch die Stecklingsvermehrung vorzuziehen.

K u l t u r a n s p r ü c h e : Leichter, aber guter Sandboden und trockener Stand in der Sonne oder auch im Halbschatten. Das gilt für *Ph. vilmoriniana,* die allein in Deutschland genügend winterhart ist. Die anderen Arten wie *Ph. angustifolia, media* und *latifolia* halten nur an besonders günstigen Stellen aus, sind aber sonst zu empfindlich.

E m p f e h l e n s w e r t e A r t : *Phillyrea vilmoriniana* (= *decora*).

PHLOMIS — Labiatae

A u s s a a t im April—Mai im Kasten sehr leicht, so daß alle anderen Methoden überflüssig sein dürften. Bekannteste Arten: *Phlomis chrysophylla* und *fruticosa,* beide ∧∧—∧∧∧.

PHOTINIA — Glanzmispel — Rosaceae

A u s s a a t : Frische, selbstgeerntete Saat keimt, wenn sofort nach der Ernte ausgesät wird, schon nach 10 Tagen zu einem hohen Prozentsatz; ist eine Aussaat zu diesem Zeitpunkt nicht möglich, dann stratifizieren und im Frühjahr aussäen (SM, S. 254).

S t e c k l i n g e und A b l e g e r sind möglich.

V e r e d l u n g : Okulation in der Baumschule auf *Crataegus monogyna* ist am einfachsten, daher auch die beste Vermehrung. *Photinia serrulata* und andere Arten wachsen auch gut auf Quitte.

K u l t u r a n s p r ü c h e : Frischer, leichter, sandiger Boden, jedoch ohne Kalk. Das gilt auch von *Ph. villosa.* Die laubabwerfenden Arten gehören in die volle Sonne und sind ziemlich hart, die immergrünen (*davidsoniae, glabra* und *serrulata*) kommen nur für das wärmste West- und Süddeutschland sowie ähnliche Gebiete in der Schweiz in Frage.

E m p f e h l e n s w e r t e A r t e n : *Photinia serrulata* (∧∧∧) und *villosa.*

PHYGELIUS — Scrophulariaceae

S t e c k l i n g e im Juni machen keine Schwierigkeiten; *Phygelius capensis,* etwas an Penstemon erinnernd, muß bei uns frostfrei überwintert werden.

PHYLLODOCE — Moosheide — Ericaceae

A u s s a a t kommt wohl kaum in Frage.

S t e c k l i n g e : Ausgereifte Triebe geben das Material für die Stecklinge, die im September geschnittten und in Schalen gesteckt werden. Sie bleiben über Winter im Hause.

T e i l u n g : Die Mutterpflanzen werden mit Erde, der reichlich Torfmull zugesetzt ist, angehäufelt und bleiben etwa zwei Jahre lang unberührt so liegen. Dann werden sie auseinandergenommen und auf dem Moorbeet weiterkultiviert.

K u l t u r a n s p r ü c h e : Anmooriger, kühler Boden in sonniger bis halbschattiger Lage. Im Winter mit Fichtenreisig oder ähnlichem zudecken, um die verderblichen Strahlen der Wintersonne abzuhalten.

E m p f e h l e n s w e r t e A r t e n : *Phyllodoce aleutica, coerulea* und *nipponica.*

PHYLLOSTACHYS — Gramineae

K u l t u r u n d V e r m e h r u n g wie *Arundinaria,* vgl. dort.

E m p f e h l e n s w e r t e A r t e n u n d F o r m e n : *Phyllostachys bambusoides* 'Castillon' (= *P. castillonis* ∧∧), *nigra mit* 'Bory' (= *boryensis*) und 'Henon' (= *P. henonsis*), *viridiglaucescens.* Alle ∧∧.

NOHL, V.: Die Bambusen auf der Insel Mainau. Jahrb. DDG 1915: 96 ff.

PHYSOCARPUS — Knackbusch — Rosaceae

Aussaat ist sehr gut möglich und üblich, wenn es sich um größere Anzuchten handelt. Saatgut im Frühjahr breitwürfig im Kasten unter Glas säen und die bald auflaufenden Keimlinge so bald wie möglich auf Beeten pikieren. Die Aussaat ist, was ausdrücklich bemerkt wird, nur eine Anzuchtmethode für großen Bedarf.

Steckholz: Früh schneiden, wie *Philadelphus* und *Spiraea;* im Winter zurechtschneiden, bündeln, einschlagen und sehr zeitig (wegen des frühen Austriebes) stecken. Es wächst fast jedes Stück.

Kulturansprüche: Keine.

Empfehlenswerte Art: *Physocarpus opulifolius* mit 'Luteus'.

PICRASMA — Simaroubaceae

Picrasma ailanthoides ist ein sehr hübscher Strauch mit roter Herbstfärbung und schönen roten Früchten, der durch Aussaat im Haus angezogen wird oder aber durch Wurzelschnittlinge im Dezember. Im Weinklima bei uns winterhart.

PIERIS — Ericaceae

Aussaat: Der feine Same kann entweder gleich im Freilande unter besonders günstigen Bedingungen (unter hohen Koniferen in sorgfältig zubereitetem Boden, also einer natürlichen Schattenhalle) gesät werden oder aber — und das ist meist wohl vorzuziehen — in flache Schalen mit feingesiebter Heideerde, die zur Keimung ins Haus gestellt werden müssen. Am besten ist es, wenn sie einige Wochen der Winterkälte ausgesetzt werden, weil dann später die Keimung im temperierten Hause viel besser und regelmäßiger vor sich geht. Die jungen Keimlinge sind sehr empfindlich gegen Nässe und fallen leicht um; es muß daher sehr sorgfältig gegossen werden. Sobald es möglich ist, muß pikiert werden, und zwar wieder in die gleiche Erdmischung; im Sommer können sie dann in eine Mischung von Lauberde mit Torf und Sand im Kasten pikiert werden und auch dort vorläufig bleiben. Später kommen sie unter die Schattenhalle.

Stecklinge: Während *P. floribunda* allgemein ausgesät wird, kann *japonica* Ende Juli bis Anfang August gesteckt werden, und zwar nimmt man dazu nur die ausgereiften Triebspitzen, die im Vermehrungsbeet gesteckt werden. Eine Anzahl Blätter muß abgezupft werden, weil der kleine Steckling sie nicht alle ernähren könnte. Weiche Stecklinge vertrocknen oder werden schwarz, deshalb nicht erst stecken. Gut geschlossen halten; täglich einmal spritzen genügt vollauf. Nach 4 Wochen ist die Bewurzelung in vollem Gange. Dann abhärten und, je nach den Platzverhältnissen, entweder im Vermehrungsbeet stehen lassen oder aber baldigst im sorgfältig mit Torf, Sand, Laub- oder Moorerde fertiggemachten Kasten auspflanzen.

Kulturansprüche: In den weitaus meisten Fällen kommen nur *Ph. japonica* und *P. floribunda* in den Baumschulen vor, davon ist die erstere eine ausgesprochene Schattenpflanze, die einen feuchten, anmoorigen Boden liebt, aber auch in anderen Böden recht gut weiterkommt; die letztere dagegen braucht trockeneren, leichteren, durchlässigen Boden und ist gegen Winterkälte ganz unempfindlich, auch die Blüten. Für die anderen Arten am besten Heideboden oder mit Lauberde vermischter Gartenboden und schattige, nach Osten und Norden geschützte Lage.

Empfehlenswerte Arten: *Pieris floribunda, formosa* (∧∧∧) mit var. *forrestii* (= *P. forrestii)* ∧∧ und 'Wakehurst' (∧∧) *japonica* mit 'Flamingo', *taiwanensis* und der Hybride 'Forest Flame' (∧-∧∧).

PIPTANTHUS — „Immergrüner Goldregen" — Leguminosae

Aussaat im April unter Glas oder Stecklinge im Sommer. *Piptanthus laburnifolius* (= *P. nepalensis*), die bekannteste Art, hat nur entfernt Ähnlichkeit mit Goldregen und ist längst nicht so schön ∧∧∧.

PISTACIA — Pistazie — Anacardiaceae

Aussaat im Frühjahr unter Glas; schön, aber empfindlich ist *Pistacia chinensis*, während die im Mittelmeerraum wild vorkommenden Arten *P. lentiscus* und *P. terebinthus* wohl kaum in Kultur bei uns sind ∧∧∧.

PITTOSPORUM — Klebsame — Pittosporaceae

Anzucht aus Samen gut möglich, noch einfacher aber ist die Vermehrung durch Stecklinge im Sommer. In Südeuropa wird das japanische *Pittosporum tobira* sehr häufig als Heckenpflanze gebracht. In England sind viele Arten in Kultur, davon *P. dallii* und *P. patulum* am härtesten, bei uns aber alle ∧∧∧.

PLANTAGO — Wegerich — Plantaginaceae

Wie alle Plantago-Arten wachsen auch die strauchigen Vertreter *Plantago arborescens* und *P. cynops* sehr leicht aus Samen. Im Topf halten. Liebhaberpflanzen.

PLATANUS — Platane — Platanaceae

Aussaat: Die Fruchtstände (Kugeln) werden am besten, falls man überhaupt aussäen will, im Spätherbst oder während des Winters gesammelt, zerrieben und kurze Zeit vor der Aussaat eingeschichtet (Temperatur etwas über 0 °C) und dann im Frühjahr draußen auf Beeten in Reihen ausgesät. Die Keimung stratifizierter Samen erfolgt nach 2—3 Monaten; man muß dafür sorgen, daß die Beete bis dahin nicht austrocknen. Da die Bewurzelung der Jungpflanzen im allgemeinen nicht gut ist, muß in üblicher Weise unterschnitten werden (SM, S. 276—277).

Auch SCHENCK empfiehlt, wohl aus der Zeit seiner Tätigkeit in den USA, die Aussaat; das Saatgut soll mit Wasser und Lehm zu einem Brei vermengt und dieser dann auf sorgfältig vorbereitete Aussaatbeete gebracht werden. Diese Methode soll der natürlichen Keimung von *P. orientalis*, die sich nur auf Schwemmland entwickelt, am nächsten kommen.

Abb. 271. Platanus orientalis, einjährige Sämlinge, in einer russischen Baumschule auf der Krim (Original)

Steckholz: Wird zur Vermehrung am meisten bevorzugt, und zwar wird es so geschnitten, daß am Steckling noch ein Ansatzstück von zweijährigem Holz verbleibt. Das Holz kräftiger Triebe wächst in der Regel besser als solches von dünnen Trieben. Zweijähriges Holz wächst besser als einjähriges. Der Austrieb beginnt recht spät; erst im Sommer entwickelt sich ein kräftiges Wachstum. Das einjährige Steckholz wird in guten Böden etwa 80—120 cm hoch.

Abrisse: Mancherorts werden sie dem Steckholz vorgezogen. Beim Schneiden der oft als Alleebäume angepflanzten älteren Platanen erhält man stets genügend Vermehrungsmaterial für diese Zwecke. Die Zweige werden so zerrissen, daß zuletzt nur noch die einjährigen Triebe mit der Abrißstelle zurückbleiben. Die Rißstelle wird nun mit scharfer Schere glatt nachgeschnitten. Die Länge der Abrisse ist die gleiche wie beim Steckholz. Es kann von jedem Trieb nur ein Abriß geschnitten werden. Die weitere Behandlung ist dann die übliche. Im Orient werden die Platanen ebenfalls allgemein aus Steckholz mit Astring oder Stecklingen herangezogen und bewurzeln sich auch dort gut.

Veredlung: Die Formen, die allerdings recht selten vorkommen, werden am besten im Winter im Hause auf im Topf fest eingewurzelte Unterlagen veredelt. Handveredlungen zeigten schlechte Ergebnisse.

Kulturansprüche: Wollen einen tiefgründigen, warmen Boden und eignen sich auch zur Pflanzung an steinigen Ufern, wo sie die Böschungen mit befestigen helfen. Als Straßenbäume haben sie den wichtigen Vorteil, daß sie sehr raschwüchsig sind und wenig unter Schäden leiden bzw. Beschädigungen sehr schnell verheilen.

P. acerifolia (= *hispanica, vulgaris*) gedeiht am besten in frischen, tiefgründigen Aueböden, an Flußufern. Ich sah riesige Bäume in Petrič (bulgarisch-griechische Grenze) mitten in einem, im Sommer fast trockenen Flußbett. Platanen sind zwar raschwüchsig, bilden auf Sandböden aber nur dann kräftige Bäume, wenn der Boden genügend Feuchtigkeit hat.

Empfehlenswerte Arten: *Platanus acerifolia* und *orientalis.*

PLATYCAYRA — Zapfennuß — Juglandaceae

Früchte nach der Reife sofort abnehmen, stratifizieren und im Frühjahr am besten im kalten Kasten aussäen, ein Jahr stehen lassen; *Platycarya strobilacea* braucht nur als Jungpflanze Winterschutz, später nicht mehr.

POLYGALA — Kreuzblume — Polygalaceae

Alle Arten kann man leicht durch Stecklinge von halbreifen Trieben im Juni stecken; überwintern im Haus und später eintopfen. Bis zum Verkauf im Topf halten. Unsere europäischen Arten sind langsamwüchsig.

Empfehlenswert: *Polygala chamaebuxus* und *vayredae.*

POLYGONUM — Knöterich — Polygonaceae

Stecklinge: Diese kommen nur dann in Frage, wenn Mangel an Mutterpflanzen ist, sonst genügt die Steckholzvermehrung immer. Die halbharten Ranken werden gegen Ende Juni abgenommen und zu Stecklingen verarbeitet, die nur zwei Augen zu haben brauchen. Das Laub wird nicht eingekürzt. Die Stecklinge werden einzeln in kleine, tiefe Töpfe gesteckt und im Kasten unter Glas eingesenkt. Wichtig ist, daß der Kasten dicht schließt. Dann sofort stark schattieren, täglich mehrmals spritzen und immer gut geschlossen halten. Nach 3 Wochen sind die meisten Stecklinge bewurzelt. Dann wird in der üblichen Weise abgehärtet und verpflanzt. Etwa die Hälfte der auf diese Weise herangezogenen Pflanzen ist bis zum Herbst schon fertig. Bei den Stecklingen kann man immer mit etwa 50—70 % Erfolg rechnen.

Steckholz wächst überaus leicht und gut. Es ist ratsam, es nicht ins Freie zu stecken, sondern in Töpfe, die im Nachwinter entweder im Hause oder im Kasten Aufstellung finden. Ebenso genügt auch der Raum unter der Tablette im Winter vollständig. Das Steckholz wird etwa 25 cm lang geschnitten; es werden am besten mehrere Stecklinge in einen Topf gesteckt. Man braucht nur für gleichmäßige Feuchtigkeit zu sorgen und täglich ein- bis zweimal zu spritzen. Es wächst fast jedes Stück. Die bewurzelten Pflanzen werden nach der Abhärtung am besten in Töpfen gehalten und dort an Stäben aufgebunden. Man muß dann aber unbedingt darauf achten, daß die Wurzeln auch wirklich im Topf bleiben und nicht durch das Abzugsloch gehen; sonst ist die Topfkultur zwecklos. Zum Stecken nur die bleistiftstarken Triebe nehmen, weil diese am besten wachsen. Das gilt sowohl für *P. baldschuanicum* wie *aubertii.*

Man kann auch die bewurzelten Jungpflanzen draußen auf Beeten oder in Reihen aufschulen und über die Reihen Drahtspaliere bauen, an denen die Jungpflanzen dann angeheftet werden. Es wird hierzu an beiden Enden der Reihe, bei besonders langen Reihen auch noch in der Mitte, ein Pfahl eingeschlagen, über den man in etwa 1,50 m Höhe einen Draht spannt. Die Pflanzen werden dann, ganz genau so, wie man es bei der Tomatenkultur kennt, mit Bindfäden versehen und daran hochgebunden. Bambusstäbe sind nicht erforderlich.

Kulturansprüche: Wachsen in jedem Gartenboden. Pflanzen, die im Herbst verkauft werden, sollten im allgemeinen nur mit Ballen abgegeben werden, da sie leicht auswintern können.

Empfehlenswerte Arten: *Polygonum aubertii* und *baldschuanicum.*

POLIOTHYRSIS — Flacourtiaceae

Poliothyrsis sinensis ist ein interessanter, hoher Strauch, mit hübscher, großer Belaubung und großen Blütentrauben im Sommer; leicht aus Samen zu vermehren. Winterhart.

PONCIRUS — Zitrone — Rutaceae

Aussaat immer zu empfehlen, wo frischer Samen vorhanden ist. Sie muß unmittelbar nach der Reife geschehen, und zwar nur unter Glas. Sämlinge am besten bis zum Verkauf immer im Topf halten und gegen Frost schützen.

Stecklinge von krautigen Sommertrieben wachsen ebenso, wenn sie in Schalen gesteckt im Hause stehen. Die beste Anzucht für *P. trifoliata* ist aber immer die Aussaat.

Kulturansprüche: Geschützte, sonnige Stellen in gewöhnlichem Gartenboden; Schutz gegen Wintersonne. Die Früchte sind kleine, doch ungenießbare Zitronen.

Nur eine Art: *Poncirus trifoliata* (= *Citrus trifoliata*)

POPULUS — Pappel — Salicaceae

Methode	Jan.	Febr.	März	April	Mai	Juni	Juli	Aug.	Sept.	Okt.	Nov.	Dez.
Aussaat						X						
Steckholz		●	●									
Veredlung		X	X									●

X X unter Glas; ● ○ Freiland; fette Zeichen wichtigste Methoden

Die Aussaat ist eigentlich nur für Aufgaben der Pappelzüchtung wichtig und kommt in der Baumschule nur selten zur Anwendung, so etwa bei der Anzucht von *P. tremula,* die sich auf andere Weise nicht so bequem vermehren läßt. Die Samen sind, auch bei den anderen Arten, im Mai oder Juni reif. Die Kapseln platzen dann auf, und die Samen fliegen mit der Wolle aus. Bei der nun sehr rasch eintretenden Vollreife löst sich der Haarkranz, und das Korn fällt zu Boden. Obwohl die Keimfähigkeit der frischen Samen bei 90 % oder sogar darüber liegt, sinkt diese schon sehr rasch. Samen, die auf feuchten, weichen Boden fallen, beginnen dort schon nach 1 Tag zu keimen. Man kann frische Saat in Plastikbeuteln bei einer Temperatur von + 2 bis + 4 °C noch einige Monate, selbst bis zu 1 Jahr, ohne größeren Verlust der Keimfähigkeit frisch erhalten.

Bei gärtnerischer Aussaat sät man am besten im Frühbeet aus, sobald man das Saatgut verfügbar hat. Die Saat wird nur ganz dünn oder überhaupt nicht mit Erde bedeckt. Sobald die beiden ersten Blätter gebildet sind, wird pikiert, wiederum im Kasten. Die jungen Sämlinge werden im ersten Jahre 30—50 cm hoch (Abb. 272).

Abb. 272. Pikierte Sämlinge von *Populus canescens* in der Bundesanstalt für Forst- und Holzwirtschaft, Abt. Forstgenetik und Forstpflanzenzüchtung, in Schmalenbeck, Holstein (Original)

Um die Samengewinnung (bei Kreuzungen z. B.) zu erleichtern, bringt man die Zweige mit den Fruchtkätzchen kurz vor ihrer Reife in ein Zimmer oder ins Gewächshaus und stellt sie in ein Gefäß mit Wasser, wo sie rasch reifen. Sobald die Kapseln platzen, reibt man die Wolle durch ein engmaschiges Sieb, wobei sich die Samen ablösen (Wettstein).

Künstliche Befruchtung und Reifung der Samen im Gewächshaus kann man nach der von v. Wettstein (*Züchtungsversuche mit Forstpflanzen*, Forstarchiv 1933: 127—129) beschriebenen Methode ohne Schwierigkeiten erzielen. Triebe mit männlichen und weiblichen Kätzchen werden im Gewächshaus zum Aufblühen gebracht. Der erzielte Pollen wird auf die weiblichen Blüten mit einem Pinsel übertragen. Nach 4 Wochen ist der Same bereits reif und die Aussaat kann, wie weiter oben geschildert wurde, vorgenommen werden.

Steckholz: Wohl bei keiner Gehölzart liegen so viele Erfahrungen über die Anzucht aus Steckholz vor wie gerade bei den Pappeln. Es wird am besten spät im Winter, bzw. im zeitigen Frühjahr, geschnitten, bei möglichst frostfreiem Wetter. Die Ruten werden auf etwa 20 cm Länge mit einer scharfen Schere abgeteilt; Kopftriebe werden im allgemeinen wenig empfohlen (Müller, S. 73). Das Steckholz soll 4 Augen haben, indessen ist nur das oberste Auge wichtig; Triebe aus den anderen Augen entstehen fast nie. Die Stärke der Triebe soll etwa 10—13 mm ⌀ betragen, mindestens aber Bleistiftstärke, während nach oben sogar Triebe mit 4 cm ⌀ noch gut wachsen. Steckholz unter 7 mm ⌀ wächst schlecht und sollte deshalb nicht verwendet werden.

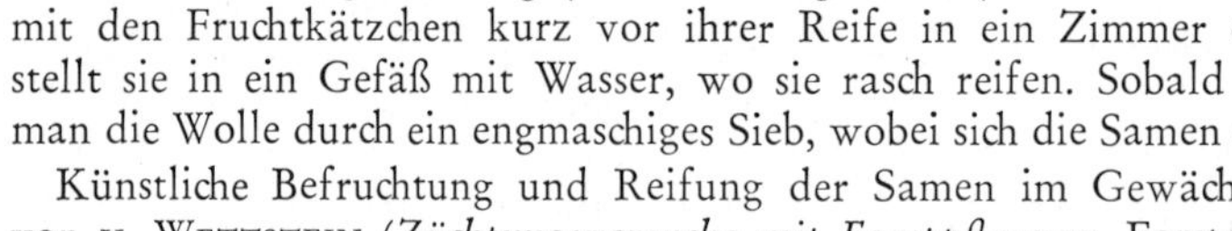

Abb. 273. Pappel-Steckholz, oben ein Kopfsteckling, unten Fußsteckling (Original)

Der Schnitt des Steckholzes soll so zeitig wie möglich geschehen, damit sich rasch Wurzeln bilden können und die Schnittflächen gut verheilen. In der Praxis jedoch wird der Schnitt des Steckholzes unmittelbar vor dem Stecken als besser angesehen, was von Rohmeder durch Untersuchungen bestätigt wurde.

Mit nur wenigen Ausnahmen kann man von allen Pappel-Arten und Hybriden, den sog. kanadischen Pappeln (darunter versteht man die natürlichen und künstlichen Kreuzungsprodukte zwischen europäischen und nordamerikanischen Schwarzpappeln) Steckholz schneiden, ferner von *P. alba* mit ihren Formen, *angulata, balsamifera, berolinensis, simonii, trichocarpa.* Je nach der Art, selbstverständlich auch in Abhängigkeit von dem Boden, erzielt man einen Bewurzelungserfolg von 60—100 %. Am besten, meist zu praktisch 100 %, wachsen *P. berolinensis, candicans,* 'Eugenii', *nigra* 'Italica' und *simonii,* die alle 60—120 cm hoch werden. Nicht ganz so gut wachsen *P. nigra, yunnanensis, alba* 'Paletskyana' und *alba* 'Nivea', etwa zu 50—80 %, während *P. angulata* oft nur 30 % Wachser bringt.

Wenn die Steckholzbunde vor dem Stecken noch gewässert werden sollen, was in manchen Betrieben üblich ist, dann darf dies nur in frischen, am besten fließendem Wasser geschehen, evtl. in einem Bach, Wassergraben oder Teich. Schädlich ist jedoch das Wässern in stehendem, trübem Wasser, was das Absterben des Steckholzes zur Folge haben kann.

P. tremula 'Gigas', eine triploide Rasse aus Schweden, läßt sich angeblich ebenfalls aus Steckholz heranziehen.

Jedoch wächst *P. alba* 'Pyramidalis' nicht überall aus Steckholz im Freiland; man steckt sie deshalb am besten unter Glas und nimmt später die Fenster ab. Die Jungpflanzen davon werden schon im 1. Jahre über 1 Meter hoch und wachsen sehr gut. Im Freiland wächst Steckholz hiervon schlecht oder überhaupt nicht. Wo das Steckholz auch im Kasten versagt, muß veredelt werden.

Veredlung: Sie kommt zur Anwendung bei einer Anzahl von Arten, die nicht aus Steckholz wachsen. Vor allem sind zu nennen *P. koreana, tristis, wilsonii, lasiocarpa, heterophylla, yunnanensis, maximowiczii, tremuloides* und andere. Wenn *P. alba* 'Pyramidalis' (= *alba Bolleana*) schlecht aus Steckholz wächst, kann auch sie mühelos veredelt werden. Unterlage für alle Veredlungen ist ein einjähriges, bewurzeltes Steckholz von „canadischen Pappeln". Veredelt wird im Winter, etwa im Dezember, nach der Beendigung des Versandes. Die Veredlungen werden mit warmflüssigem Baumwachs verstrichen und an einen kühlen Ort eingeschlagen. Das Aufschulen muß aber möglichst schon im Januar geschehen, weil der Austrieb sehr früh beginnt und eine Störung durch das Verpflanzen dann immer schädlich ist. Ebenso kann natürlich auch im Freilande auf dem Stand veredelt werden, doch ist die Handveredlung im Hause bedeutend angenehmer und kostet weniger Zeit. Die Freilandveredlung ist nur erforderlich bei *P. tremula* 'Pendula', die in der gewünschten Höhe auf Stämme von *P. alba* vorgenommen wird.

P. lasiocarpa und *wilsonii* wachsen manchmal schlecht. Es ist dann am besten, die Unterlagen einzutopfen, gut durchwurzeln zu lassen und erst dann zu veredeln. Später werden diese Veredlungen 20 cm tief ausgepflanzt, so daß die Veredlungsstelle in die Erde kommt, wo das Reis sich bald selbständig macht.

Wurzelschnittlinge kommen neben der Aussaat nur für *P. tremula* in Betracht, jedoch sind Sämlinge gebräuchlicher.

Kulturansprüche: Pappeln brauchen tiefgründigen, nährstoffreichen, durchlüfteten und mit Wasser gut versorgten Boden. Luftreichtum ist oft noch wichtiger als Wasser.

P. canescens ist die geeignete Pappelart für Böden mit geringem Nährstoffhaushalt und relativ geringem Wasservorrat. Sie gedeiht also noch auf Böden, die für die Schwarzpappelhybriden nicht mehr in Frage kommen.

P. candicans will keinen windigen Stand, da sie dort unter Windbruch leidet. Die am frühesten austreibende Pappel ist *P. koreana;* sie hat fast regelmäßig unter Spätfrösten zu leiden. Ebenso ergeht es oft *P. wilsonii, lasiocarpa* und *yunnanensis. P. wilsonii* wird als ältere Pflanze fast immer gründlich vom Weidenbohrer zerstört.

Die deutsche Pappelwirtschaft. Im Jahre 1947 wurde der Deutsche Pappelverein gegründet; er stellte sich zur Aufgabe, die Steigerung der deutschen Holzerzeugung durch vermehrten Anbau von Pappeln zu erzielen. Die Jahresproduktion an Pappelpflanzen sollte auf 15 Millionen Stück erhöht werden. Erreicht wurde auch ein Zusammenschluß aller am Pappelanbau interessierten Kreise, einschließlich der Baumschulen. Später entstand hieraus die „Gesellschaft für Flurholzanbau und Pappelwirtschaft e. V." mit Sitz in 3006 Großburgwedel; aber auch dieser Verband löste sich am Jahresende 1975 auf. Um nur bestes Pflanzgut in den Handel zu bringen, wurde 1961 ein Markenetikett für Pappeln geschaffen. 1967 wurden die Gütebestimmungen für Marken-Pappeln und Baumweiden vollkommen geändert, und das alte Markenetikett durch ein neues Gütezeichen ersetzt, das in Gestalt verschiedenfarbiger Plastikstreifen mit dem Aufdruck „Gütezeichen RAL Pappeln und Baumweiden", dem Sortennamen und der Baumschule in den Handel gebracht wird.*

Empfehlenswerte Arten und Sorten: *Populus alba* mit 'Pyramidalis' (= *P. bolleana*), *berolinensis, canadensis* mit den Sorten 'Bachelieri', 'Eugenei', 'Gelrica', 'Marilandica', 'Regenerata', 'Robusta', und 'Serotina', *canescens, koreana, lasiocarpa, nigra* mit 'Italica' (= *P. nigra pyramidalis), simonii, szechuania, tremula, trichocarpa* und *wilsonii.*

Pappelwirtschaft, Mitt. DPV., Heft 1—3, 1949—1952. — Rüskamp, G.: Lohnender Pappelanbau. 88 S. 1952 (Privatdruck). — v. Wettstein, W.: Die Vermehrung und Kultur der Pappel. 4. Aufl. Frankfurt a. M. 1944. 50 S. — Müller, R.: Die Pappelvermehrung; in Hesmer, Pappelbuch: 62-97; Bonn 1952.

POTENTILLA — Fingerkraut — Rosaceae

Aussaat kommt für die hier in Frage stehenden holzigen Arten kaum in Betracht, ist aber möglich. Sie ergibt ein unterschiedliches Gemisch und kommt höchstens für die Züchtung in Betracht.

Stecklinge der jungen Triebe, im Frühsommer geschnitten und im Kasten gesteckt, wachsen sehr gut. Sie pflegen oft schon auszutreiben, noch ehe sie bewurzelt sind; deshalb kühl halten. Die Jungpflanzen hält man, besonders wenn es sich um bessere Formen handelt, am zweckmäßigsten vorerst in Töpfen und pflanzt sie erst dann aus, wenn sie kräftig genug sind.

Ablegen ist nur bei *P. salessowii* notwendig, da sie aus Stecklingen überhaupt nicht wächst; im Juli abgelegt, wächst sie am besten. Sie ist in der Anzucht überhaupt die schwierigste von allen Arten; Stecklinge wachsen nie, und an Saatgut mangelt es ebenfalls in der Regel.

Kulturansprüche: Genügsam; wachsen in jedem Gartenboden. Trotz ihrer sehr langen Blütezeit und ihrer Reichblütigkeit sind sie noch immer zu wenig verbreitet; Sortenbeschränkung ist notwendig.

Empfehlenswerte Sorten von *P. fruticosa:*

gelb: 'Elizabeth' (= die *arbuscula* der Baumschulen!); 'Farreri', 'Goldfinger', 'Goldteppich', 'Hachmanns Gigant', 'Klondike', 'Longacre';

rot: 'Red Ace' (seit 1976 im Handel);

weiß: 'Abbottswood', 'Snowflake'.

PRINSEPIA — Rosaceae

Aussaat: Die im Herbst zahlreich angesetzten Früchte werden nach der Reife abgenommen. Nach dem Entfernen des Fruchtfleisches werden die Steine eingeschichtet und im nächsten Jahre in Schalen oder gleich im Kasten gesät. Die jungen Sämlinge erreichen im 1. Jahre eine Höhe von 15 cm und brauchen einige Jahre Winterschutz.

---

*) Während der Drucklegung dieses Buches war eine Neuregelung aller hiermit im Zusammenhang stehenden Fragen noch in der Schwebe, da das Gütezeichen, das bis dahin von der oben genannten Organisation getragen wurde, nach deren Selbstauflösung keine Trägerin mehr hatte. Erforderlichenfalls kann man sich wenden an das Forschungsinstitut für Pappelwirtschaft, Professor-Oelkers-Str. 6, in 3510 Hann.-Münden.

S t e c k l i n g e im Juni—Juli von krautigen Trieben oder von halbharten Trieben im August sind gut möglich; die Dornen müssen hierzu entfernt werden.

A b s e n k e n der Jungtriebe bereitet ebenfalls keinerlei Schwierigkeiten.

K u l t u r a n s p r ü c h e : Anspruchslos in bezug auf den Boden, am besten sandiger Kies und genügend Frische, auch Kalk. Sonnige Lage und in kälteren Gegenden Winterschutz, denn die Pflanzen treiben schon im März aus und die Blütenknospen werden leicht vom Frost beschädigt. *P. sinensis* ist im allgemeinen empfindlicher als die seltenere *P. uniflora.* Beide Arten lassen sich gut verpflanzen.

N u r f ü r L i e b h a b e r.

PRUNUS

Arten und Zierformen von Kirsche, Pflaume, Mandel, Pfirsich, Aprikose — Rosaceae

Methode	Jan.	Febr.	März	April	Mai	Juni	Juli	Aug.	Sept.	Okt.	Nov.	Dez.
Aussaat		●	●						●	●	●	
Stecklinge	X	X			X	X		X	X			
Veredlung		●	●				●		●			
Ablegen					●	●	●					
Wurzel-schnittlinge ...			X									

X X unter Glas; ● ○ Freiland; fette Zeichen wichtigste Methoden

Die O b s t a r t e n vgl. Abschnitt C.

Grundsätzlich sei vorausgeschickt, daß alle reinen Arten, welche Samen ansetzen, auch echt fallen, wenn es nicht zu Fremdbefruchtung kommt. Diese Arten, sogenannte Wildarten, können deshalb auch gesät werden, dagegen nicht die Obstsorten. Für letztere, ebenso wie für die zahllosen Kulturformen, kommt natürlich nur die Veredlung bzw. eine andere, vegetative Vermehrungsmethode in Betracht. Einzelheiten hierzu siehe unter den verschiedenen Abschnitten.

G r u p p e M a n d e l n u n d P f i r s i c h e (Amygdalus). Hierzu gehören u. a. folgende Arten: *P. dulcis, amygdalo-persica, fenzliana, argentea, triloba, baldschuanica, tenella, skinneri, persica.*

Die A u s s a a t der Wildarten ist möglich, falls Saatgut zur Verfügung steht; indessen hat die Aussaat der Kulturformen, so beispielsweise von *P. persica* kaum Wert, weil man kaum gefülltblühende Pflanzen daraus erhält. Saatgut von Mandeln, auch von *P. amygdalo-persica,* muß im Herbst geerntet und trocken gelagert werden, bis die Aussaat im Frühling erfolgt. Steine, die über Winter draußen liegen blieben, haben stets erfrorene Kerne.

Die wichtigste Vermehrung ist im allgemeinen die O k u l a t i o n , genau wie bei den Fruchtsorten des Pfirsichs, entweder auf Pfirsichsämling oder auf Pflaumenunterlage 'Brompton'; bei *P. triloba* wird in manchen Baumschulen auch der Pfirsichsämling als Unterlage vorgezogen, weil diese nicht die unerwünschten Ausläufer macht wie Myrobalane oder Pflaume. In China wird, nach BAILEY (Cyclopedia, S. 2493) auch *P. davidiana* als Unterlage verwendet und soll sehr winterhart sein. Bei uns ist sie zwar als Zierstrauch gut bekannt und hart, als Pfirsichunterlage, nach KEMMER, jedoch schwachwüchsig und nicht hart genug. In USA wurde *P. tomentosa* als Unterlage für *P. triloba* ausprobiert; wie SAX berichtet, entwickelte diese Kombination im ersten Jahr schon 1,5—1,8 m lange, kräftige Triebe, die im zweiten Jahre eine reiche Blüte brachten. Diese Verbindung wird als langlebig bezeichnet.

In Frankreich vermehrt man *P. triloba* meist, wie auch bei uns in manchen Betrieben, aus S t e c k l i n g e n , ebenfalls, um die lästigen Wurzelausschläge der Unterlage zu überwinden. Stecklinge aus dem Freiland wachsen aber nur schlecht; man treibt deshalb besser jüngere Pflanzen im Hause an und behandelt die Stecklinge mit Wuchsstoff.

In USA wird *P. triloba* vielfach auf *P. americana* veredelt (in Holland auf St. Julien) doch werden wurzelechte Pflanzen stets bevorzugt. Juli-Stecklinge im Vermehrungshaus, mit Luftbefeuchtung 80—85 % (in den ersten 4 Wochen) ergaben eine Bewurzelung von 64 %.

Die Versuche in USA waren auf breiter Basis (29 000 Stecklinge) ausgeführt. Ende November wurden die bewurzelten Stecklinge aus dem Beet genommen und zu 250 Stück in Plastikbeutel verpackt bis zum Aufschulen im Kühlhaus gelagert, bei + 2 °C. Die Jungpflanzen wuchsen zu 90 % an und ergaben nach 2 Jahren zum größten Teil schon Verkaufspflanzen.

P. tenella (= *nana*) kann man auch aus Wurzelschnittlingen heranziehen, doch sind diese nie so schön gewachsen wie Veredlungen.

Gruppe Kirschen (Cerasus). Hierzu gehören u. a. folgende Arten: *P. avium, fontanesiana, cerasus, fruticosa; P. sargentii, juddii, serrulata, speciosa, yedoensis, nipponica, kurilensis, incisa, concinna, hillieri, conradinae; P. cyclamina, dielsiana; P. pseudocerasus, dawyckiensis; P. subhirtella; P. canescens, schmittii, serrula; P. litigiosa; P. maacki, pensylvanica, emarginata, mahaleb.*

Auch hier können die reinen Arten ohne weiteres aus Samen vermehrt werden, sofern dieser verfügbar ist. Er wird, sofern selbst geerntet, anschließend auf Haufen gebracht, wo man die Früchte zunächst rotten läßt, dann auswäscht und einschichtet für die Aussaat im Frühjahr. Will man noch im Herbst aussäen, dann ist das Auswaschen nicht erforderlich; es genügt ein Vermischen mit Sand vor der Aussaat.

Zierkirschenveredlung: Für alle dieser Gruppe zugehörigen Wildkirschen mit ihren Gartenformen kommt *P. avium* als beste Unterlage in Betracht; selbstverständlich kann man auch hier mit Vorteil die gleichen Typen verwenden wie bei den Fruchtsorten. Veredelt wird am einfachsten im Frühjahr, gleichzeitig mit den Fruchtsorten, durch Kopulation oder Pfropfen, je nach Stärke der Reiser, oder durch Okulation im Juli—August. Bei sauberer Arbeit ist der Erfolg immer gut.

In Holland werden die japanischen Kirschen im zeitigen Frühjahr in der Hand veredelt und in Moos eingeschlagen, bis sie eben auszutreiben beginnen; dann werden sie draußen ausgepflanzt. Der Erfolg ist auch hierbei sehr gut.

Ingram (S. 30 ff.), der beste Spezialist für japanische Kirschen, hat ebenfalls Versuche hinsichtlich der Unterlagenfrage gemacht und bestätigt, daß die japanischen Kirschen nicht auf *P. mahaleb* wachsen; am besten sei *P. avium.* Sie sei auch der japanischen Unterlage *Mazakura,* einer raschwüchsigen Wildform von *P. serrulata,* überlegen. Japaner, die nach England kamen, gaben zu, daß man von ihren eigenen Sorten in England viel bessere und schönere Exemplare findet als in Japan und daß sie vor allem langlebiger seien, besonders im Vergleich mit importierten japanischen Veredlungen.

Eine Zeitlang wurde in USA *P. sargentii* als Unterlage für die *serrulata*-Formen ganz besonders empfohlen, aber Wyman (in Arnoldia, 1950: 18) resultiert, daß langjährige Versuche im Arnold Arboretum und im Durand Eastman Park in Rochester (USA) doch die eindeutige Überlegenheit von *P. avium* bewiesen hätten, und zwar für alle japanischen Zierkirschen. Selbstverständlich kann man die Formen von *P. subhirtella* und *P. yedoensis* auch auf Sämlinge dieser beiden Arten veredeln, wenn man diese verfügbar hat.

Bei dieser Gelegenheit sei noch bemerkt, daß man japanische Kirschen nicht am Wasser pflanzen sollte, obwohl sie sich dort anfangs prächtig entwickeln und ebenso wirken, aber bei hohem Grundwasserstand und mangelnder Dränage leicht absterben.

Die japanischen Zier-Kirschen leiden gelegentlich auch an Virus-Erkrankungen. In England hat man inzwischen einen virusfreien Klon ('Kanzan M 526'; erwähnt bei McMillan Browse) entwickelt, der außerordentlich wüchsig sein soll.

Schließlich bleibt noch zu erwähnen, daß Versuche mit der Stecklingsvermehrung in Irland (1971) sehr erfolgreich waren. Diese Stecklinge von 7 Sorten, darunter auch 'Kanzan' und 'Tai Haku', und von 7 weiteren Frühjahrsblühern (*P. yedoensis, subhirtella*-Sorten, *tenella* usw.) wurden mit Wuchsstoff behandelt und unter Sprühnebel gesteckt. Die Stecklinge wurden in einem Versuch Mitte Mai abgenommen, und beim zweiten Versuch Anfang Juli, wobei der Erfolg bei letzteren am besten war. Bei 'Amanogawa' gab es nur bei der Juli-Vermehrung ein geringes Ergebnis, sonst aber Mißerfolg.

Gruppe Steinkirschen (Lithocerasus). Hierzu gehören u. a. folgende Arten: *P. japonica, glandulosa, humilis, pumila, cistena, besseyi; P. prostrata, jacquemontii, incana; P. tomentosa.*

Bei *P. glandulosa* ist man noch immer nicht zu einer rationellen Vermehrung gekommen. Das Ablegen der Triebe klappt nicht immer, Veredlung gibt zu viel Wurzelschosse der Unterlage. Stecklinge im Herbst im Hause machen zwar bald Kallus, bewurzeln sich aber nur bei Bodenwärme. So bleibt nur noch, die Mutterpflanzen im Winter anzutreiben und dann im Vermehrungsbeet unter Sprühnebel zu stecken. Zur Treiberei, wozu immer sehr viele Pflanzen benötigt werden, sollen nur die stärksten Pflanzen verwendet werden. Diese werden ganz heruntergeschnitten. Im nächsten Jahre bilden sich dann lange Triebe. Darauf die Büsche ohne Rückschnitt verpflanzen. Es bilden sich dann sehr viele Blütenknospen an den jetzt entstehenden Kurztrieben, wie sie die Treiberei verlangt. *P. glandulosa* 'Alboplena' ist in den Baumschulen besser bekannt unter dem Namen *P. japonica* 'Alboplena'; die rosablühende ist *P. glandulosa* 'Sinensis'.

Gruppe Pflaumen und Kirschpflaumen (Prunus). Hierzu gehören u. a. folgende Arten: *P. spinosa, domestica, cerasifera, blireana, salicina, simonii; P. subcordata, maritima, alleghaniensis, americana, nigra, hortulana, munsoniana, angustifolia.*

P. spinosa wird am besten folgendermaßen vermehrt: Ungefähr reife (nicht vollreife!) Früchte, deren Steine noch nicht ganz hart sind, abernten, sofort vom Fruchtfleisch säubern und aussäen. Im folgenden Jahr geht jedes Stück auf.

Trockenes Handelssaatgut von *P. spinosa* wird im Frühjahr stratifiziert, am besten schon im März, bleibt dann liegen bis zur Aussaat im Herbst; Keimung im nächsten Frühjahr, 4—6 Wochen nach der Aussaat.

Die zu Beginn dieses Abschnittes genannten Arten können natürlich alle durch Aussaat oder aber durch Veredlung auf eine beliebige Unterlage, meist *St. Julien*, vermehrt werden. Möglich ist auch die Handveredlung im Winter oder die Kopulation bzw. Geißfuß im Nachwinter im freien Stand in der Baumschule oder die Okulation im Sommer. Die veredelten Pflanzen sind nach 2 Jahren verkaufsfertig. Der Vollständigkeit halber sei erwähnt, daß man *P. cerasifera* 'Atropurpurea' auch aus Steckholz heranziehen kann, doch sind hierbei die Pflanzen erst im 3. Jahre fertig zum Verkauf.

Abb. 274. Steckling einer Lorbeer-Kirsche (Original)

In England werden die zu dieser Gruppe gehörenden Arten und Formen, vor allem auch die rotlaubigen Formen von Prunus cerasifera und Verwandschaft genauso vermehrt wie die Pflaumen-Unterlagen, also durch Anhäufeln, und zwar mit vorzüglichem Erfolg (vgl. im Abschnitt „Obst").

Gruppe Aprikosen (Armeniaca). Hierzu gehören u. a. folgende Arten: *P. brigantina, mandshurica, sibirica, mume, armeniaca, dasycarpa.*

Vermehrung der Wildarten durch Aussaat in der gleichen Weise, wie bei den anderen Gruppen beschrieben, oder durch Okulation im Sommer. Als Unterlagen werden bei Hilkenbäumer (Obstbau, 3. Aufl., S. 69) empfohlen: von den Typenunterlagen *Große grüne Reneklode, Wurzelechte Hauszwetsche* und *Kroosjes gelb;* von den Sämlingsunterlagen der Aprikosensämling, über den jedoch noch keine exakten Versuchsergebnisse vorliegen, doch von der Praxis günstig beurteilt wird.

Gruppe Traubenkirschen (Padus). Hierzu gehören u. a. folgende Arten: *P. padus, cornuta, serotina, virginiana.*

Für *P. padus* am besten Aussaat mit eingeschichtetem Saatgut, ebenso bei *virginiana* und *serotina.* Für die Varietäten entweder Veredlung auf *padus*-Sämlinge im Nachwinter im Freiland oder Sommerokulation. Für die anderen angeführten Arten gilt das gleiche. *P. padus* 'Cartilaginea' trägt nicht in jedem Jahr Früchte, sondern nur alle 2 Jahre; deshalb stets ernten, und zwar rechtzeitig, weil sonst die Vögel sehr hinter den Früchten her sind. Saatgut 1 Jahr einschichten.

Die Traubenkirschen gedeihen besonders auf frischen, kräftigen, humosen Böden, aber *serotina* wächst auf trockenem Sand noch vorzüglich, ist auch dort sehr raschwüchsig.

Gruppe Lorbeerkirschen (Laurocerasus). Hierzu gehören u. a. folgende Arten: *P. lusitanica* und *laurocerasus.*

Gruppe Laurocerasus (Lorbeerkirschen, fälschlich „Kirschlorbeer" genannt). Hierzu gehören die beiden immergrünen Arten *P. laurocerasus* und *lusitanica* mit ihren vielen Gartenformen.

Die Vermehrung aus Saat ist bei uns nicht gebräuchlich, jedoch durchaus möglich. Die üblichste Vermehrung ist die aus reifen Sommerstecklingen im Haus oder Kasten, wo sie bis zum Frühjahr stehen bleiben. Dann werden sie mit gutem Ballen herausgenommen und auf Beeten (anfangs unter Schattenrahmen) ausgepflanzt, wo sich die Stecklinge bald sehr gut entwickeln. Im Winter wiederum decken. Zur Vermehrung nur ganz reife Triebe verwenden, andere trocknen meist ein. Stammstücke wachsen ebensogut wie Triebspitzen, oft noch viel besser.

Kulturansprüche: Bei einer so großen und formenreichen Gattung sind nur allgemeine Arten möglich.

Die Lorbeerkirschen schließlich wachsen in jedem frischen Boden in sonniger wie auch schattiger Lage, meiden aber Kalkböden. Im Winter brauchen sie Schutz gegen kalte Winde. *P. lusitanica* kommt übrigens nur für die wärmsten Plätze in Betracht. In der Schweiz hält sie an vielen Stellen gut aus.

Empfehlenswerte Arten und Formen: *P. amygdalo-persica, avium* mit 'Plena', *blireana, campanulata* (ΛΛΛ), *cerasifera* 'Atropurpurea' und 'Woodii', *cerasus* 'Rhexii', 'Schnee' und 'Semperflorens', *cistena, conradinae, dielsiana, fenzliana, glandulosa* 'Alboplena' und 'Sinensis', *incisa, japonica, kurilensis,* 'Kursar', *laurocerasus* mit den Formen 'Otto Luyken', 'Zabeliana' und 'Schipkaensis Macrophylla', *litigiosa, lusitanica, maackii, mume* 'Roseoplena', *nipponica,* 'Okame', *padus* mit 'Alberti', *persica*-Zierformen, *sargentii, serotina* mit 'Cartilaginea', *serrula* (= *tibetica*), *serrulata* (mit den Sorten 'Amanogawa', 'Hokusai', 'Jo-nioi', 'Kanzan', 'Kiku-shidare-sakura', 'Shimidsu Sakura', 'Shirotae', 'Tai Haku', 'Ukon'), *sieboldii, spinosa, subhirtella* (mit den Sorten 'Autumnalis', 'Fukubana' und 'Pendula'), *tenella, tomentosa, triloba, yedoensis* mit 'Shidare Yoshino'.

INGRAM, C.: Ornamental cherries. 259 S. London 1948. — KRÜSSMANN, G., 1953: Über die japanischen Zierkirschen. Dt. Baumschule 5: 213-215. — WYMAN, D., 1953: The better oriental cherries. Arnoldia 10: 17—24. TEUSCHER, H.: Propagation of the Flowering Almond; in Am. Nurseryman, 15. Dez. 1957: 13. — LAMB, J. D. D., & NUTTY, F.: Flowering cherries from cuttings; in Gard. Chron. vom 21. 5. 1971; — MCMILLAN BROWSE, P. D. A.: Commercial propagation of *Prunus;* in Gard. Chron. vom 12. und 19. Mai 1972 (sehr ausführlich).

PTELEA — Lederblume — Rutaceae

Aussaat der im Herbst geernteten Samen entweder sofort auf Beete oder stratifizieren und im Frühjahr aussäen; auch möglich für die fast zu 100 % echt aus Samen fallende *P. trifoliata* 'Aurea' (Abb. 235—17).

Veredlung, am besten als Handveredlung oder Geißfuß auf freiem Stand, kommt für die Arten *P. baldwinii, serrata* und *angustifolia* in Frage. Sie wachsen gut und willig an. Unterlage *P. trifoliata.*

Kulturansprüche: Keine; ziehen jedoch frischen Boden vor.

Empfehlenswerte Art: *Ptelea trifoliata* mit 'Aurea'.

SCHROEDER, E. M., 1937: Germination of fruits of Ptelea species. Contrib. Boyce Thompson Inst. 8: 355—359.

PTEROCARYA — Flügelnuß — Juglandaceae

Aussaat des stratifizierten Saatgutes im Frühjahr am besten im Kasten.

Wurzelschnittlinge werden in der üblichen Weise in Handkästen eingelegt und im Vermehrungshause oder Kasten weiterbehandelt.

Absenken der Jungtriebe im Frühsommer ebenfalls möglich. Der Erfolg ist gut, nur dürfen die Jungpflanzen nicht zu früh abgetrennt werden.

Kulturansprüche: Guter, sehr frischer Boden. Sie ertragen selbst längere Überschwemmungen gut. Gegen Spätfröste sind sie empfindlich. *P. rhoifolia* ist verhältnismäßig hart und gedeiht am besten auf den gleichen Böden wie unsere heimischen Erlen und Eschen, das heißt Aue- oder guten Waldboden.

Empfehlenswerte Arten: *Pterocarya fraxinifolia* (= *caucasica*), *rehderiana* und *rhoifolia*.

PTEROSTYRAX — Flügelstorax — Styracaceae

Aussaat ist wohl die beste Möglichkeit, bald zu guten Pflanzen zu gelangen. Die Samen reifen bei uns gut und werden trocken überwintert. Im Frühjahr Aussaat sehr breitwürfig unter Glas, in milden Gegenden auch direkt ins Freiland. Die Sämlinge sind sehr raschwüchsig, aber frostempfindlich. Im Spätsommer müssen die Sämlinge auf etwa 40 cm Länge eingekürzt und frostfrei gehalten werden. Im nächsten Jahre dann auspflanzen, wo sie Triebe bis 150 cm Länge machen. Diese Triebe sind in der Regel sehr markig und frieren zurück. Sehr ratsam ist es, sie in den ersten 4—5 Jahren alljährlich im Herbst zurückzuschneiden, bis die Pflanzen dünne, feste Triebe mit nur wenig Mark bilden. Diese Triebe sind vollkommen frosthart und bringen nach einigen Jahren Blüten und Früchte.

Ablegen der Sommertriebe ist neben der leichten Vermehrung aus Saat überflüssig. Daneben können auch Stecklinge geschnitten werden.

Kulturansprüche: Guter, lieber etwas leichter als zu schwerer Boden, nicht zu feucht; sonnige bis halbschattige Lage.

Empfehlenswerte Art: *Pterostyrax hispida* (*P. corymbosa* ist sehr selten echt in Kultur!).

PUERARIA — Kopoubohne — Leguminosae

Aussaat zwar möglich, aber kaum gebräuchlich. Einfacher und ausreichend sind Stecklinge oder Ablegen einiger Triebe in Wellenlinien. Topfkultur. *Pueraria thunbergianum* windet mitunter in einem Jahr 5—10 m hoch, friert bei uns aber immer bis zum Boden zurück ∧∧∧.

PUNICA — Granatbaum — Punicaceae

Stecklinge im Juli, oder auch schon früher unter Sprühnebel; der Erfolg ist besser, wenn die Stecklinge nicht zu gespannt gehalten, sondern hin und wieder etwas gelüftet werden. Später eintopfen und dann immer im Topf halten, später im Kübel. Stecklinge möglichst nur von gut blühenden Pflanzen oder Trieben nehmen.

Zahlreiche Formen von *P. granatum* sind in Kultur; am schönsten sind 'Plena', granatrot, gefüllt; 'Legrellii', lachsrot, gefüllt; 'Alba Plena', weiß gefüllt; 'Nana', Zwergform, rot. Frostfreie Überwinterung für alle erforderlich.

PYRACANTHA — Feuerdorn — Rosaceae

Aussaat in zwei Möglichkeiten: Entweder nimmt man den Samen schon kurz vor der Reife ab und sät gleich ins freie Land, wo dann im folgenden Frühjahr die Keimung meist schon erfolgt, oder man schichtet das Saatgut erst 1 Jahr lang ein und sät im 2. Frühjahr. Der Same keimt durchweg unregelmäßig und liegt oft darüber. Die Aussaat ist nicht beliebt. Die Sämlinge sind auch sehr unterschiedlich im Fruchtansatz, meist sogar ganz faule Träger, die nicht vor 5—6 Jahren Früchte ansetzen.

S t e c k l i n g e werden im Herbst geschnitten und in Schalen gesteckt. Im Vermehrungshause bewurzeln sie sich im Januar—Februar und werden dann in recht sandige Erde eingetopft. Statt im Herbst kann man auch Stecklinge von Frühsommertrieben nehmen, die sich meist sehr schnell bewurzeln und gleich eingetopft werden. Welches Verfahren man bevorzugt, richtet sich immer nach den Umständen. Die Stecklingsvermehrung ist heute überall die gebräuchlichste. Als Mutterpflanzen soll man immer nur solche nehmen, die sich durch besonders schönen Fruchtbehang auszeichnen.

Während wir früher noch oft *Pyracantha* im freien Grunde anzogen, geschah dies in USA ausschließlich in Containern. Man hat übrigens erfolgreich Versuche gemacht, Verkaufsware in halbjähriger Kulturzeit zu erzielen. Dazu schnitt man im Frühjahr, kurz vor dem Austrieb, 50 cm lange Stecklinge mit durchgehendem Haupttrieb und kurzen Seitentrieben. Diese langen Stecklinge wurden gleich in die Container gesteckt, so daß auch ein späteres Verpflanzen fortfällt. Schwierig ist hier nur die Frage, woher man die Menge langer Stecklinge bekommt.

In Frankreich pflegt man mit gutem Erfolg auch Stecklinge von harten Trieben im September zu schneiden und diese dann unter Glasglocken zu stecken.

K u l t u r a n s p r ü c h e : Leichter, tiefgründiger, lockerer, kühler Boden. Sie gedeihen gleich gut in Sonne und Halbschatten. *P. rogersiana* mit ihren Formen ist bei uns nicht ganz winterhart und muß, wenigstens als Jungpflanze, frostfrei überwintert werden.

E m p f e h l e n s w e r t e A r t e n u n d S o r t e n : 'Orange Glow' (wichtigste!), 'Golden Charmer', 'Kasan' (rückläufig), 'Praecox' und 'Soleil d'Or' (goldgelb).

PYRONIA — Rosaceae

Vermehrung durch Veredlung.

Es ist bei uns vielleicht ganz unbekannt (da die Pflanze nur selten in Kultur zu finden ist), daß *Pyronia veitchii* eine gute Zwischenveredlung zwischen Quitte und Birne ist, aber darüber hinaus auch noch verträglich mit *Malus, Crataegus,* ja sogar, wie SAX vermutet, wahrscheinlich auch noch mit allen anderen Gattungen des Tribus *Pomoideae.* Werden Birnen auf Pyronia veredelt, erhält man Zwergwuchs bei der Birne, aber normal große Früchte schon nach wenigen Jahren (SAX).

E m p f e h l e n s w e r t e A r t : *Pyronia veitchii.*

PYRUS — Birne — Rosaceae

A u s s a a t in der gleichen Weise wie bei den Birnenwildlingen für die Veredlung der Obstsorten; vgl. dort. Die Aussaat kann gut zur Vermehrung der Wildarten verwendet werden, lohnt sich aber wegen des geringen Bedarfes eigentlich kaum.

V e r e d l u n g in der gleichen Weise wie bei den Obstsorten genügt durchaus zur Vermehrung aller Wildarten. Als Unterlage benutzt man Birnensämlinge. *Pyrus salicifolia* wird am besten als Kronenveredlung auf einen beliebigen Stammbildner vorgenommen, da die schlaffen Triebe lang herabhängen. Unter den Wildbirnen gibt es eine ganze Reihe, die mit silberweißen Blättern im zeitigen Frühjahr sehr eindrucksvoll sind.

Eine wirklich innige Verwachsung der silberblättrigen Birnenarten auf Birnen-Sämling ist leider oft nicht der Fall; als Ersatz kann man auf junge Hochstämme von Rot-Dorn veredeln, obwohl dies auch keine beste Lösung ist. Die jetzt in Mode kommende *P. calleryana* 'Bradford' wächst nur dann wirklich gut, wenn sie auf Sämlingen ihrer eigenen Art veredelt wird.

S t e c k h o l z und A b r i s s e (vom Mutterbeet) hat DE HAAS von *P. betulifolia* und *amygdaliformis* zur Bewurzelung gebracht; auch Wurzelschnittlinge entwickeln sich recht gut. Diese Versuche hatten jedoch in erster Linie zum Ziel, eine geeignete Zwergunterlage für die Edelsorten zu finden. Die Versuche laufen noch.

Vgl. auch den Abschnitt C, Birne.

E m p f e h l e n s w e r t e A r t e n : *Pyrus calleryana* mit 'Bradford' *nivalis, regelii, salicifolia.*

QUERCUS — Eiche — Fagaceae

Methode	Jan.	Febr.	März	April	Mai	Juni	Juli	Aug.	Sept.	Okt.	Nov.	Dez.
Aussaat			●	●						○	○	
Stecklinge			**X**	**X**								
Veredlung		○					●					
Absenken					●	●						

X X unter Glas; ● ○ Freiland; fette Zeichen wichtigste Methoden

Ernte: Die meisten Eicheln sind im Oktober reif und können dann sogleich geerntet werden; vielfach fallen sie ab und brauchen nur aufgelesen zu werden. Sie werden dann, wenn es sich um größere Mengen handelt, zunächst einmal an einer luftigen, trockenen Stelle in dünner Lage ausgebreitet, damit sie etwas abtrocknen und sich später nicht erwärmen und schimmeln. Allwöchentlich einige Male die Samen umsetzen. Dann, etwa Mitte November, einmieten wie Kartoffeln; vgl. hierzu die Angaben unter *Fagus.*

Das Aufbewahren in Mieten oder Einkellern ist dem lufttrockenen Aufbewahren auf Söllern entschieden vorzuziehen.

1 hl Früchte von *Qu. rubra* (= *borealis* maxima)[1]) wiegt im Herbst 50—55 kg, im Frühjahr nur noch 40—45 kg; Keimvermögen $^{1}/_{2}$ Jahr mit etwa 80 %. 1 hl Eicheln von *Qu. robur* und *petraea* wiegt im Herbst etwa 65—70 kg, im Frühjahr 50—55 kg, Keimvermögen $^{1}/_{2}$ Jahr mit etwa 70—80 %.

Kleinere Mengen von Eicheln von selteneren Arten kann man in trockenem Torfmull aufbewahren; Schutz vor Mäusefraß unbedingt erforderlich; Mäuseweizen auslegen. (Nach BZ, 143—146.)

Säen kann man alle Arten, von denen man Saatgut bekommen kann. Meist sind es jedoch nur die bekannteren Arten, wie *Qu. robur, petraea, coccinea, rubra, cerris, macrocarpa, pontica, macranthera, palustris* und einige andere mehr. Die Formen müssen natürlich veredelt werden, wenn auch die eine oder andere mehr oder weniger echt aus Samen fällt, wie z. B. *robur* 'Fastigiata' und 'Concordia'.

Eicheln, die bei der Lieferung schon kurze, rote Keime zeigen, sind trotzdem als vollwertiges Saatgut zu betrachten, da sie sämtlich gut aufgehen, sogar oft besser als Eicheln ohne diese Keime. *Qu. alba* keimt mitunter schon am Baum und behält die Keimkraft nur sehr kurze Zeit. Sie muß daher nach der Ernte sofort ausgesät werden. Die meisten Eichenarten reifen ihre Früchte im Herbst des 1. Jahres.

Im 2. Jahre reifen dagegen folgende Arten:

acutissima	*imbricaria*	*palustris*	
castaneifolia	*kelloggii*	*phellos*	Für die Prüfung
cerris	*libani*	*rubra*	des Saatgutes
coccinea	*marilandica*	*shumardii*	ist die Schnittprobe
ellipsoidalis	*nigra*	*variabilis*	völlig ausreichend
falcata		*velutina*	
ilicifolia			

Aussaat: Vor der Aussaat sollte man die Früchte gegen Fraß leicht mit Petroleum übersprühen; im März—April, gleich nach den Frösten, wird in Rillen, 5—6 cm tief, aus-

[1]) In USA wird amtlich die Bezeichnung *Qu. rubra* L. für die „Nördliche Rot-Eiche" (an Stelle von *Qu. borealis* MICHX. F. und *Qu. borealis maxima* SARG.) wieder verwendet, gemäß FERNALD (Gray's. Man. Bot. Ed. 8, 546, 548, 1950). LITTLE (in Check List of native and naturalized trees of the United States, Agricultural Handbook No. 41; Washington 1953, S. 350) erklärt dazu, daß es sich um eine „verhältnismäßig temporäre Konfusion" gehandelt habe und es am besten sei, zu dem alten Namen *Qu. rubra* zurückzukehren, der vor 1915 universell im Gebrauch gewesen sei.

gesät; die Keimung erfolgt nach 6 Wochen; nach dem Auflaufen Schutz vor Vogelfraß, besonders vor Krähen (abschießen oder fangen).

Bei den kleinen Samenmengen von selteneren Arten muß man sich etwas mehr Arbeit machen. Es empfiehlt sich, hier die Samen vor der Aussaat einige Tage quellen zu lassen und dann in feuchtem Sand auszulegen; sie keimen dann schneller und besser als bei Freilandaussaat. Im Frühjahr werden die 1jährigen Sämlinge aufgenommen und aufgeschult.

Mancherorts wird es vorgezogen, noch im Herbst, gleich nach der Ernte und hinreichendem Abtrocknen der Eicheln auszusäen; dies ist u. a. in USA üblich (SM, 304), vor allem für solche Eicheln, die im Winter leicht Schaden nehmen bei der Aufbewahrung (*Qu. alba* und andere Weißeichen, weniger dagegen die Schwarzeichen).

S t e c k l i n g e von Quercus wurden in Rußland in Versuchen mit Wuchsstoff (30 mg α-Naphthyl-Essigsäure in Pulverform auf 10 g Talkum) zur Bewurzelung gebracht. Am besten wuchsen Stecklinge von 1—3jährigen Pflanzen. Die Stecklinge wurden bei 30 °C in gespannter Luft gehalten und hatten sich nach 2 Monaten zu 70 % bewurzelt. Es erscheint sicher, daß sich diese Versuche unter Sprühnebel mit mindest dem gleichen Ergebnis wiederholen lassen.

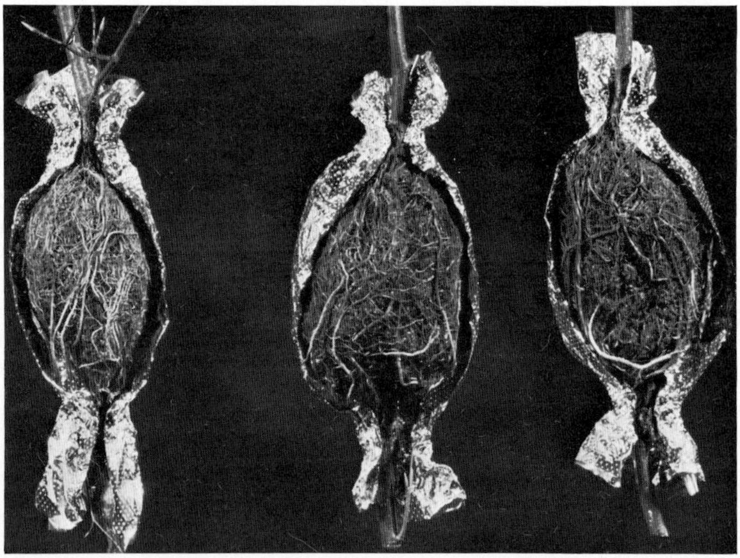

Abb. 275. Luftableger von Buchen mit der Bewurzelungs-Manschette von Dr. Herrmann (vgl. Text)

Ein verbessertes Verfahren zur Erzielung von sog. Luftablegern bei Eichen, Buchen und anderen Waldbäumen wurde von Dr. S. Herrmann, Hann. Münden, entwickelt und 1959 zum Patent angemeldet. Hierbei wurden die Triebe mit einer 30 × 35 cm großen Doppelfolie umgeben, die auf der Innenseite aus Polyäthylen bestand, auf der Außenseite aus einer Aluminiumfolie. Auf diese Weise wurde der Feuchtigkeitsverlust stark verringert, außerdem wurde ein strahlungsabweisender und zugleich temperaturausgleichender Effekt erzielt. Das Innenklima im Bewurzelungsraum wurde verbessert und eine zwischenzeitliche Wartung unnötig. Der Vorteil dieser „Manschette" (Hersteller: Haendler & Natermann AG in 351 Hann. Münden) liegt in einer verstärkten Sekundärwurzelbildung und einer erheblich geförderten Weiterentwicklung der Hauptwurzeln, wie dies auch die Abb. 275 und 276 zeigen. Im Herbst sind die Luftableger so stark bewurzelt, daß sie nach dem Abtrennen sofort aufgepflanzt werden können.

Abb. 276. Luftableger von Eichen mit der Bewurzelungsmanschette von Dr. Herrmann (vgl. Text)

V e r e d l u n g : Alle Formen und diejenigen Arten, von denen kein Saatgut zu bekommen ist, werden veredelt. Dies kann auf verschiedene Weise geschehen. Veredlungsart ist jedoch immer, je nach Stärke von Reis und Unterlage, die Kopulation oder der Geißfuß. Unterlagen sind, je nach der Zugehörigkeit der Arten, entweder *Qu. robur* (= *pedunculata*), *petraea* oder *rubra*. Die *robur*-Formen wachsen übrigens auch auf *petraea* gut. Sonst möglichst immer eine zur gleichen Gruppe gehörende Art als Unterlage benutzen! In allen Fällen sollen die Unterlagen möglichst zweijährige Sämlinge sein.

Die W i n t e r h a u s v e r e d l u n g ist sehr gebräuchlich. Hierzu werden die Unterlagen im Herbst eingetopft in lehmige, durchlässige Erde. Im Winter werden sie bis März eben frostfrei im Hause aufgestellt. Einige Wochen vor der beabsichtigten Veredlung stellt man sie in das Vermehrungshaus. Mitte April wird veredelt. Die Reiser nimmt man nur 3 bis 4 Augen lang, und zwar am besten von zwei- bis dreijährigem Holz mit kleinen Knospen. Man soll nur bei Tauwetter schneiden und nur unmittelbar vor dem Veredeln.

Die Reiser stehen zu dieser Zeit schon im Saft (Abb. 277).

Statt zu kopulieren kann man auch seitlich einspitzen; die fertigen Veredlungen werden dann verbunden und mit Baumwachs verstrichen. Nach dem Verwachsen allmählich abhärten und im Sommer auf Freilandbeeten auspflanzen. Den jungen Veredlungen werden Stäbe beigesteckt; der Boden wird im Herbst mit kurzem Dünger abgedeckt.

In Boskoop werden schon seit Jahren Veredlungsversuche mit *Quercus* durchgeführt. Obwohl diese nur mit Q. *robur* 'Concordia' und 'Fastigiata' angesetzt waren, dürften bei den anderen Arten und Formen vermutlich etwa die gleichen Ergebnisse zu erwarten sein. Es wird dabei ersichtlich, daß die Veredlungen am besten in der 2. Märzhälfte im Haus auf in Töpfen stehenden Unterlagen ausgeführt werden. Die Ergebnisse lagen bei 83 %. Mit dicken Reisern war das Ergebnis etwas besser. Die Anwachsergebnisse im kalten Kasten waren weitaus niedriger.

Abb. 277. Winterhausveredlung von *Quercus pontica* (Original)

Die H a n d v e r e d l u n g ist ebenfalls möglich. Am besten ist dazu die Zeit nach den starken Frösten, etwa der Februar. Wichtig ist nur, daß die Schnitte peinlich genau ausgeführt werden. Die Veredlungen werden eingeschlagen und kurz vor dem Austrieb auf Beete gepflanzt.

Für Kronenveredlungen kommt das Ablaktieren in Frage, das im Juli im Freiland ausgeführt wird. Auch hier gibt es nur bei peinlich genauer Arbeit gute Erfolge.

Bei Veredlung der immer- bzw. wintergrünen Eichen, die übrigens besser wachsen als die sommergrünen Arten und Formen, muß unbedingt berücksichtigt werden, auf welchen Böden die Veredlungen später stehen sollen, weil man danach die Unterlage auswählen muß, und zwar:

	Auf *robur* veredeln	Auf *cerris* veredeln
hispanica 'Dentata' (= *fulhamensis*), hispanica 'Lucombeana, *cerris* 'Ambrozyana', *turneri* 'Pseudoturneri' (= *aizoon*, = *austriaca sempervirens*) u. a.	für spätere Pflanzung auf kalten, frischen Böden	für spätere Anpflanzung in warmem, trockenem Klima und auf schlechtem Boden

Kulturansprüche: Im allgemeinen brauchen die Eichen während der Anzucht einen nahrhaften, tiefgründigen Boden; besonders gut ist altes Waldland. In letzterem Falle gedeihen sie auch auf Kalk, den sonst die meisten Eichen meiden.

Beim Pflanzen nur die Wurzeln schneiden und die Triebe erst, wenn sie 2 Jahre stehen (nicht etwa schon nach einem Jahre!). Bei verpflanzten Stämmen verfährt man ebenso. Nur dann gibt es einen starken Trieb; durch Rückschnitt schon nach einem Jahre würde nur ein schwacher Trieb entstehen, weil sich bis zu dieser Zeit noch zu wenig Wurzeln gebildet haben.

Die amerikanischen Scharlacheichen (*rubra, coccinea, velutina, palustris*) gedeihen alle auch auf feuchtem Sand und liefern auch bei uns reichlich gute und keimfähige Saat.

Qu. alba braucht lehmige, nahrhafte Erde; *Qu. dentata*, die Japanische Kaiser-Eiche, Sandboden, und *Qu. macrocarpa* frischen, nahrhaften Boden im Weinklima. Letztere Art entwickelt sich aber auch in Holstein sehr günstig und zu ansehnlichen Bäumen, hat in rauhen Lagen aber immer viel trockenes Holz.

Unsere beiden einheimischen Eichen werden auch von Fachleuten immer noch verwechselt, deshalb sollen die Unterschiede hier gegenübergestellt werden:

petraea (= *sessiliflora*, = *sessilis*)	*robur* (= *pedunculata*)
bildet immer, wo nur irgend möglich, kerzengerade Stämme	bildet nur dann gerade und ungeteilte Stämme, wenn sie dazu gezwungen wird (enger Stand)
Blattbasis keilförmig, Mittelrippe oft gelblich	Blattbasis herzförmig und geöhrt
Saatgut meist zu $^1/_3$ mit *robur-Saat* gemischt; Früchte sitzend	Saatgut meist rein; Früchte gestielt
Keimlinge beim Erscheinen grün, unter gleichzeitiger Grünfärbung der im Boden verbleibenden Keimblätter	Keimlinge gehen zunächst rötlich auf unter gleichzeitiger Färbung der unter dem Boden verbleibenden Keimblätter
sehr empfindlich gegen stauende Nässe	wächst selbst auf nassen Böden vorzüglich, wenn dieser genügend mineralische Nährstoffe enthält

Empfehlenswerte Arten und Formen: *Quercus alba, bicolor, cerris, coccinea, frainetto* (= *conferta*), *ilex* (∧∧∧), *imbricaria, kewensis* (∧∧), *libani, palustris, petraea* (= *sessiliflora*), *phellos, pontica, prinus, robur* (= *pedunculata*) mit 'Atropurpurea', 'Concordia', 'Fastigiata' und 'Pectinata', *rubra* (= *borealis maxima*), *velutina* und *turneri* 'Pseudoturneri' (= *aizoon*).

BAUER, F.: Die Roteiche. 108 S. Frankfurt a. M. 1953. — MESSER, H.: Die Überwinterung von Eicheln und Bucheln. 24 S. Frankfurt a. M. 1951. — SKINNER, H. T., 1953: Vegetative propagation of oaks and suggested research techniques. Proc. Plant. Propag. Soc. **2**: 81—89. — BUCHLOH, E., 1954: Vegetative Vermehrung der Eiche; in Dt. Baumschule 6: 304—306 (Referat russischer Ergebnisse von KOMISSAROW, PJATZNITZKIJ und BORISENKO). Jb. Proefstat. Boomk Boskoop 1959: 41; 1961: 43. — HERRMANN, S.: Luftableger-Vermehrung von Bäumen und Sträuchern durch neuartige Manschette wesentlich verbessert; Deutsche Baumschule 1967: 318-322.

RHAMNUS — Faulbaum, Kreuzdorn — Rhamnaceae

Aussaat für die gewöhnlichen Arten, wie *R. catharticus, frangula, pallasii, purshianus, chlorocarpus* usw., ist immer am einfachsten und am besten. Auch *R. frangula* 'Aspleniifolius' fällt fast zu 100 % echt. Die Früchte werden nach der Reife vom Fruchtfleisch befreit und gleich eingeschichtet. Die Aussaat geschieht dann im Frühjahr auf Freilandbeete. Kleine Mengen kann man auch im Kasten aussäen. Die Keimung erfolgt nach 4 bis 6 Wochen; manchmal liegt das Saatgut jedoch ein ganzes Jahr über. *R. frangula* keimt rascher als *R. catharticus* (Abb. 235—10).

Stecklinge sind nicht gerade beliebt, jedoch möglich, und zwar in erster Linie für die immergrünen Arten (*R. alaternus*) und die Zwergarten (*R. pumilus*).

Absenken ist einfacher als die Stecklingsvermehrung. Sommertriebe von guten Mutterpflanzen, besonders auch der großblättrigen Arten, wie *R. imeretinus* und *alpinus*, aber auch von *R. saxatilis*, werden im Juni—Juli niedergelegt.

Veredlung ist selten und nur bei denjenigen Arten üblich, die sonst gar nicht wachsen wollen, z. B. *R. erythroxylon*, aber auch noch einigen anderen Arten. Sie wird als Geißfuß oder Kopulation im Frühjahr im Freiland oder als Handveredlung ausgeführt. Als Unterlage nimmt man für die dornigen Arten *R. catharticus*, für die anderen *frangula*.

Kulturansprüche: Wachsen gut in jedem gewöhnlichen Boden, doch soll er möglichst etwas frisch sein. *R. alaternus* muß bei uns im allgemeinen im Kalthause überwintert werden. *R. pumilus* kann nur im Topf angezogen werden und braucht einen erfahrenen Alpenpflanzenpfleger. *R. catharticus* und *dahuricus* wachsen am besten auf trockenen Böden.

Empfehlenswerte Arten: *Rhamnus alaternus* (∧∧∧), *catharticus, costatus, fallax, frangula, imeretinus, purshianus.*

RHODODENDRON — Alpenrose — Ericaceae

Methode	Jan.	Febr.	März	April	Mai	Juni	Juli	Aug.	Sept.	Okt.	Nov.	Dez.
Aussaat					● **X**							
Stecklinge							X	**X**	X	X	X	**X**
Ablegen						●	●					
Veredeln	**X**	**X**	X		**X**		**X**	**X**	**X**			
Teilung						**X**						

X X unter Glas; ● ○ Freiland; fette Zeichen wichtigste Methoden

Aussaat: Sie kommt nur für ganz bestimmte Zwecke zur Anwendung: Bei der Anzucht von Unterlagen (*R. ponticum, fortunei, smirnowii* und *luteum*), bei Neuzüchtungen und schließlich bei der Anzucht reiner, sogenannter „botanischer" Arten. Außerdem werden einige Azaleensorten aus Samen gezogen, und zwar handelt es sich um 'Koster's Brilliant Red', weil bei Sämlingen dieser Sorte der Wuchs besser ist als bei Veredlungen; auch die Azaleensorte 'J. C. van Tol' wird gesät, und die Sämlinge werden gehandelt als 'J. C. van Tol gelb' und 'J. C. van Tol rot'.

Die erwähnten Sorten werden aus ganz bestimmten Elternpaaren der Gruppe „Sinensis" × „Mollis" gekreuzt, und man erhält dadurch immer dieselbe Sorte, die zwar gelegentlich ganz leicht in der Farbtönung variiert. Welches nun die zu Hybridisation benutzten Sorten sind, hat KOOSTER in Boskoop (Holland) dadurch noch immer geheimhalten können, daß er nur persönlich oder seine Familienangehörigen diese Kreuzungen ausführten.

Die aus Samen gezogenen Unterlagen sind stets kräftiger als die aus Stecklingen gezogenen Pflanzen. Daß die Aussaat bei der Neigung zur Kreuzung meist ein sehr ungleiches Gemisch ergibt, liegt auf der Hand. Man darf diese daher nur als „Sämlinge" in den Handel bringen, bei denen Abweichungen ohnehin in Kauf genommen werden müssen. Sämlinge werden bei Rhododendron im allgemeinen im Vergleich mit Veredlungen als minderer im Wert angesehen. Ob dies immer berechtigt ist, darüber kann man geteilter Meinung sein. (Vgl. den ersten Absatz!)

Eingeführte Saat der reinen Arten ergibt auch stets echte Pflanzen. Die Behandlung der Aussaat und der Sämlinge ist bei allen Arten gleich.

Die Aussaat der als Unterlagen vorgesehenen Arten geschieht im Mai im Kasten unter Glas oder auch im lichten Kiefernwald, wie es bei den Oldenburger Züchtern üblich ist. Als Erde nimmt man dazu alte Lauberde mit Sand oder auch Heideerde. Sehr vorteilhaft ist es, auch Erde vom Standort der Mutterpflanzen darunter zu mischen, da diese Pilze enthält, welche die Keimung günstig beeinflussen (Abb. 278).

Abb. 278. Große Anzuchten von *Rhododendron ponticum* im Wald („Busch") bei G. D. Böhlje in Westerstede (Werkbild)

Das S a a t g u t, das nach der Ernte trocken aufbewahrt wird, sät man dünn aus. In Boskoop sät man unter einem „Boskooper Fenster" (1,9 × 1 m groß) etwa 1,5 g Samen von *Rhododendron ponticum* oder 3 g *Rh. luteum* (= *Azalea pontica*). Letztere Art hat größere Samenkörner. Bedeckt wird nicht. Nach 2—3 Wochen beginnt die Keimung. Wichtig ist vor allen Dingen immer gleichbleibende Feuchtigkeit — nicht Nässe!

Die S ä m l i n g e bleiben 2 Jahre stehen und werden dann pikiert. Wichtig ist luftige Aufstellung, damit die Sämlinge sich beizeiten an frische Luft gewöhnen und Schimmelbildung vermieden wird. Das Pikieren geschieht gleich in die Kästen, in denen die Sämlinge in den beiden nächsten Jahren stehen bleiben sollen. Die stärkeren Pflanzen können schon nach einem Jahr ausgepflanzt und nach einem weiteren Jahr als Unterlage verwendet werden. In der Regel wird nach 2 Jahren verpflanzt; die Pflanzen haben dann schöne Ballen, und das Eintopfen erübrigt sich.

Abb. 279. Bewurzelte Rhododendronstecklinge im Kasten, bei Hillier and Sons in Winchester, England (Werkbild)

Hat man nur wenig Saatgut oder handelt es sich um Neuzüchtungen, dann wird die Aussaat am besten schon im Januar und in Schalen vorgenommen, die im Winter im Kalthause dicht unter Glas aufgestellt werden. Das Pikieren erfolgt wiederum in Schalen, Im Sommer bringt man die Schalen im Kasten unter, bei Eintritt der kalten Jahreszeit müssen sie aber wieder im Kalthaus aufgestellt werden. Nach 2 Jahren sind die Sämlinge etwa 15 cm hoch und werden nun eingetopft. (Diese Angabe gilt nur für *Rh. ponticum* und *Rh. catawbiense,* nicht etwa auch für die Wildarten.) Die weitere Behandlung ist die gleiche wie bei den Unterlagen. Im Sommer stutzt man die 15—20 cm hohen Sämlinge der Neuzüchtungen, damit sie sich verzweigen. Nach weiteren 3 Jahren kann man dann mit den ersten Blüten rechnen. Bei Neuzüchtungen legt man besonderen Wert auf Raschwüchsigkeit, schöne Belaubung und gute Verzweigung; natürlich muß in erster Linie die Blüte etwas Neues sein. Für die Jungpflanzen darf zum Gießen kein hartes, kalkhaltiges Wasser genommen werden. Wo es fehlt, muß Regenwasser genommen werden. Die Schalen oder Pikierkästen stellt man im Sommer halbschatttig im Freien auf, im Winter möglichst dicht unter Glas im Kalthause, also auf den Hängebrettern.

Wenn die zur Samengewinnung bestimmten Mutterpflanzen vor Fremdbestäubung gut mit Papierbeuteln geschützt werden, erhält man auch reinfarbige Sämlinge.

Stecklinge: Stecklinge waren früher in der Hauptsache bei den sogenannten „kleinblumigen" Arten üblich, neuerdings aber in zunehmendem Maße auch bei den Hybriden.

Sie werden von Juni ab geschnitten und in das Vermehrungsbeet gesteckt, wo sie auch über Winter bleiben. Wird in Handkästen gesteckt, dann müssen diese so tief sein, daß sie mit Scheiben zugedeckt werden können, ohne daß die Stecklinge das Glas berühren. Gesteckt werden u. a. *Rh. ciliatum, mucronulatum, ferrugineum, intermedium, racemosum, impeditum, hippohaeoides, kaempferi, obtusum, praecox* und viele andere Arten und Formen, auch die sogenannten 'Kurume'-Formen und 'Vuykiana'-Sorten.

Abb. 280. Stecken kleinblättriger Rhododendronarten im Kasten unter Doppelglas, nach der holländischen Methode, im Botanischen Garten Bremen (Bild: Berg)

Weiche Stecklinge der japanischen und 'Arendsii'-Azaleen bewurzeln sich ebenfalls gut. Am besten steckt man diese mit den 'Vuykiana'-Sorten zu Anfang Juli im Hause im Vermehrungsbeet in Sand und Torf, genau wie bei den anderen Arten. Fenster auflegen, wenig spritzen, schattieren nach Bedarf. Nach 3—4 Wochen beginnt schon die Wurzelbildung, und zu Anfang Oktober ist in der Regel alles bewurzelt. Bei sorgfältiger Pflege gibt es hier kaum Ausfall (Abb. 281 und 282).

Da in USA die Vermehrung der Azaleen durch Veredlung oder Ablegen zu kostspielig ist, versuchte TICKNOR bei 110 „mollis"- und „pontica"-Sorten eine Vermehrung durch Stecklinge. Er fand heraus, daß krautige Stecklinge Ende Mai—Anfang Juni, nach Behandlung mit Wuchsstoff unter Sprühnebel nach 6 Wochen gut bewurzelt waren. Während die Erzielung der Bewurzelung gelang, war die Überwinterung der Stecklinge schwieriger, da die Stecklinge nach der Bewurzelung in der Regel keinen neuen Trieb bilden und im Frühling absterben. Durch zusätzliche Belichtung konnte erreicht werden, daß der Austrieb unmittelbar nach der Bewurzelung erfolgte; Anfang September wurde die Belichtung eingestellt und die Abhärtung vorgenommen. Die nun in Töpfen stehenden Jungpflanzen wurden im ersten Jahr frostfrei in einem Kalthaus überwintert.

Abb. 281. Wenn das Kondenswasser in dichten Tropfen unter den waagerecht liegenden Scheiben hängt, dann herrscht die richtige Temperatur im Kasten (Bild: Berg, im Botanischen Garten Bremen)

Abb. 282. Mit Wuchsstoff bewurzelte Azaleen-Stecklinge

D. G. LEACH (1966) berichtet über eine Methode, wie man die bekannten 'Exbury'-Azaleen in zwei Jahren gut bezweigt und mit vielen Blütenknospen erzielen kann. Dazu bringt man Mutterpflanzen beliebiger Größe im September ins Gewächshaus, und zwar noch bevor die Herbstfärbung des Laubes begonnen hat. Die Nachttemperatur im Haus soll wenigstens 15 °C betragen. Über dem Stellplatz der Mutterpflanzen wird eine Zusatzbeleuchtung angebracht, und zwar 75-Watt-Lampen (Internat. Flutlicht-Lampen), 90 cm Abstand voneinander und 75 cm über den Pflanzen. Diese Lampen werden automatisch bei Einbruch der Dunkelheit eingeschaltet und bei Beginn der Morgendämmerung wieder ausgeschaltet. Die Lampen brennen jedoch nicht ununterbrochen, sondern nur 15—20 Sekunden in jeder Minute. Dazu benötigt man natürlich eine Schaltuhr. Sechs Wochen nach dieser Behandlung und bei einer Mindesttemperatur von 15 °C beginnen die Pflanzen zu treiben, und im November kann der erste Satz Stecklinge entnommen und in Sand und Torf (50 : 50) gesteckt werden, unter Plastikfolie über dem Vermehrungsbeet und mit wiederholtem Besprühen über Tag, ebenso mit Schattieren an sonnigen Tagen. Die Stecklinge müssen krautig sein, aber nicht zu weich. Sie sollen nicht länger sein als 5—7 cm, und die Blätter werden bis auf drei entfernt. Die Endknospe bleibt erhalten; eine Rindenverletzung ist überflüssig. Da die Bewurzelung sehr rasch erfolgt, ist der Gebrauch von Wuchsstoffen überflüssig, ja sogar schädlich, da bereits 1 %iges IBS-Puder die zarten Stecklinge verbrennen kann. Vorsichtig stecken und dann gut angießen. Nach sechs Wochen kann man schon zum zweiten Male Stecklinge von den Mutterpflanzen abnehmen. In der Zwischenzeit aber ist der erste Satz voll bewurzelt und kann nun in Handkästen gesetzt werden, deren Erde 50 % Torf enthalten soll. Wenn diese Jungpflanzen ebenfalls Zusatzlicht erhalten, geht das Wachstum zügig weiter, und man kann auch von diesen wieder Stecklinge schneiden. Düngung erfolgt ab November in vorsichtiger Weise. Der letzte Stecklingssatz wird im Mai abgenommen, während dann der erste Satz vom November bereits stark bezweigt sein wird. Dann wird ausgepflanzt in der Schattenhalle; am Ende des zweiten Jahres sollten die Stecklinge des ersten Satzes 44—55 cm hoch sein, die des letzten Satzes 30 bis 35 cm, und alle stark mit Blütenknospen besetzt.

Während jetzt Azaleen in der Regel auf Sämlingspflanzen veredelt werden, pflegte man früher die Unterlagen für die Immergrünen (*Rh. ponticum* und 'Cunningham's White') aus Stecklingen heranzuziehen. Heute wird *Rh. ponticum* ebenfalls allgemein aus Samen gezogen. 'Cunningham's White' wird im Herbst bei Bodenwärme im Kasten gesteckt. Wenn genügend Platz ist, kann man sie auch gleich einzeln in kleine Töpfe stecken. Sie bewurzeln sich während des Winters. Anschließend werden sie eingetopft und bleiben bis zur Veredlung im Topf.

In USA beschäftigte sich vor allem WELLS (Koster Nursery) in großem Umfange und mit sehr gutem Erfolg mit der Stecklingsvermehrung von großblumigen Rhododendron. Er kam dazu, weil das als Unterlage benutzte *Rh. ponticum* sehr unter *Phytophthora cinnamomi* (Wurzel- und Stengelwelke) zu leiden hat und in den Kulturen beträchtliche Ausfälle entstanden. Es war auch nicht möglich, die Bodenreaktion unter pH 4,0 zu halten, wie dies zur Eindämmung der Krankheit vorgeschrieben ist. Die Versuche haben heute bereits so gute Ergebnisse gebracht, daß man anscheinend von der Veredlung in USA mehr und mehr Abstand nehmen wird.

Da auch für unsere Betriebe diese Entwicklung von größtem Interesse ist (auch bei Export von Jungpflanzen), mögen die Ergebnisse von WELLS hier ausführlicher gewürdigt werden (Abb. 283—289).

Vor allem 'Roseum Elegans', eine der Hauptsorten, wächst so leicht, daß man sich fragt, warum sie überhaupt jemals veredelt wurde. Mit dieser Sorte begann man, sammelte Erfahrungen und wagte sich dann an die anderen, vor allem auch an die rotblühenden Sorten, bei denen die Bewurzelung endlich auch geglückt ist, aber man kann natürlich nur dann von einem wirtschaftlichen Ergebnis reden, wenn mindestens 50 % der Stecklinge sich bewurzeln. Dazu müssen eine ganze Reihe von Faktoren berücksichtigt werden, die WELLS folgendermaßen charakterisiert:

Der Zeitpunkt des Steckens ist außerordentlich wesentlich; schon ein Zeitunterschied von nur 2 Wochen kann einen Unterschied von 50 % geben. ('Ignatius Sargent', geschnitten am 16. August, bewurzelten sich zu 36 %, am 5. September zu 74 %, unter genau den gleichen Bedingungen.) In New Jersey war die Zeit von Ende August bis Ende November am günstigsten.

Die Wahl der Stecklinge ist ebenfalls sehr ausschlaggebend; am besten sind die dünnen Seitentriebe und nicht etwa die dicken Terminaltriebe; ebenso sind Stecklinge von der Unterseite großer Pflanzen besser als von den starken Trieben. Als man das ermittelte, versuchte man, nur noch dünne Triebe an den Mutterpflanzen zu erzielen. — Ende Juni, wenn der erste Trieb nach der Blüte abgeschlossen ist, wurden die Endknospen alle ausgebrochen, dadurch trieben die Pflanzen wohl etwas später aus, aber diese machten eine ganze Reihe kurzer Triebe, also gerade das, was man braucht (Abb. 283).

Die besten Stecklinge bekommt man, nach amerikanischen Erfahrungen, von solchen Pflanzen, die im Halbschatten (30—40 % beschattet) stehen.

Die Herrichtung der Stecklinge wurde folgendermaßen vorgenommen: Schneiden schon in den frühen Morgenstunden, dann in einen kühlen, feuchten Raum (Keller) bringen und dort bearbeiten; am besten sind die kürzeren Stecklinge (9—12 cm lang); ob mit oder ohne Astring war im Ergebnis ohne Unterschied; die Blätter wurden bis auf die 4 obersten alle entfernt, es sei denn, daß sie sehr klein waren; kein Blatt wurde eingekürzt (Abb. 284).

Abb. 283. So sollen die Triebe für die Stecklingsvermehrung aussehen

Abb. 284. Fertig zugerichteter Steckling; bemerkenswert ist der lange Stamm

(Abb.: J. S. Wells, USA)

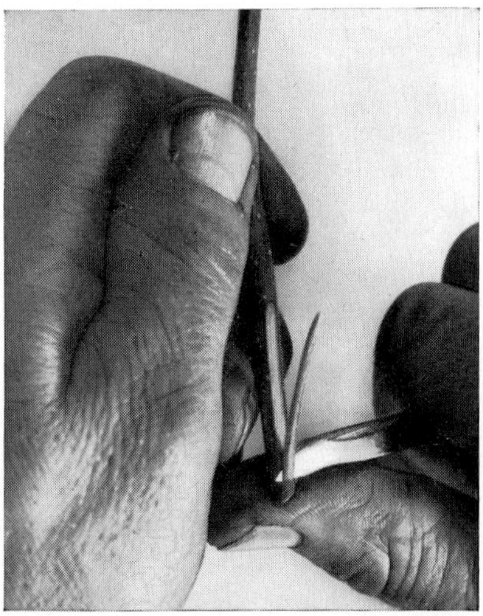

Abb. 285. Vor der Behandlung mit Wuchsstoffen wird die Rinde noch durch Abheben eines dünnen Spanes verletzt, wodurch eine größere Bewurzelfläche erzielt wird

Die Rindenverwundung („*wounding*") ist ein weiterer wichtiger Faktor; zwar, so meint Wells, wüchsen die Stecklinge vielleicht auch ohne die zusätzliche Rindenverwundung, aber die Wurzelbildung geht nicht so rasch vor sich, und das Ergebnis an Stecklingen ist auch nicht so hoch. Die Rindenverwundung wird so ausgeführt, daß man an dem ganz fertigen Steckling zuletzt von der Basis nach oben eine dünne Rindenschicht mit einem Schnitt, der möglichst nur das Kambium freilegen soll, abhebt. Aufgabe dieser Rindenverwundung ist, die Aufnahmefähigkeit für Wuchsstoffe zu erhöhen und mehr Wurzeln zu erreichen. Obwohl sich diese Rindenverwundung als sehr zweckmäßig erwies, wird sie doch noch verhältnismäßig wenig ausgeführt. Ob man die Rindenverwundung zweiseitig oder nur einseitig vornimmt, ist nicht so entscheidend (Abb. 285, 286).

TICKNOR/BOHULA haben verschiedene Techniken der Rindenverwundung bei der Standardsorte 'Roseum Elegans' untersucht und kamen dabei zu folgenden Ergebnissen: Durch die Rindenverwundung (bei 'Roseum Elegans') wurden die Anwachsprozente erhöht und eine kräftigere Wurzelbildung bewirkt. Je stärker die Verwundung war, desto kräftiger entwickelten sich die Wurzeln. Am besten waren die Ergebnisse jedoch bei einseitiger (88 %) und zweiseitiger (91 %) Verwundung; die Technik war die gleiche wie bei WELLS.

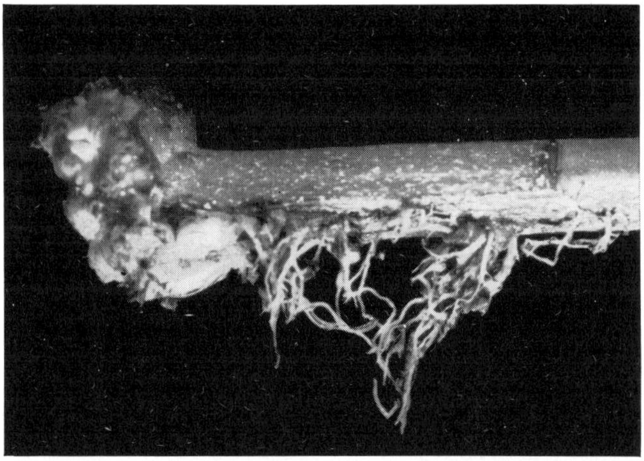

Abb. 286. Die Wirkung der Rindenverletzung („wounding“)

Abb. 287. Die Stecklinge sind alle bewurzelt und haben gute Ballen

Abb. 288. Wurzelechte Rhododendronjungpflanze mit gut durchwurzeltem Ballen

Der nächste wichtige Punkt ist dann die A n w e n d u n g d e r W u c h s s t o f f e. WELLS verwendet für die leichtwurzelnden Sorten einen Wuchsstoffpuder mit 8 % Indolylbuttersäure; das ist das stärkste Wuchsstoffpräparat des Handels. Damit wächst 'Roseum Elegans' ausgezeichnet und wahrscheinlich auch noch viele andere Sorten. Es schien aber, als müßte man noch stärkere Wuchsstoffe haben; deshalb fügte WELLS noch 2 % Indolylbuttersäure hinzu und brachte damit eine wesentlich größere Zahl von Sorten zur Bewurzelung.

Trotz Anwendung dieser s t a r k e n W u c h s s t o f f e, die bei anderen Stecklingen sofortiges Absterben verursacht hätten, schien es noch immer, als ob für einige schwierige rotblühende Sorten n o c h s t ä r k e r e L ö s u n g e n notwendig wären. So gab MARTH, USDA, den Rat, andere Wuchsstoffe zu benutzen, und zwar 2,4-Dichlorphenoxy-alpha-propionsäure und 2,4,5-Trichlorphenoxy-alpha-propionsäure, die am meisten erfolgversprechend waren. Unter den 22 verschiedenen Wuchsstoffmischungen waren solche, die 15mal so stark waren wie die handelsüblichen Mischungen. Natürlich kann über diese Ergebnisse noch nichts Endgültiges gesagt werden als nur, daß es gelang, von 6200 Stecklingen von 'Dr. Dresselhuys' doch 4000 Stück zur Bewurzelung zu bringen.

Auch das Vermehrungssubstrat ist von Bedeutung. WELLS hat eine ganze Reihe verschiedener Stoffe dazu untersucht, auch „Vermiculite" mit Zusatz verschiedener Torfmengen, aber am besten war doch deutscher oder holländischer Torfmull (4—4,5 pH) mit 1—1,5 % Zusatz von scharfem Sand. Der Sand wurde nur deshalb zugefügt, um später die bewurzelten Stecklinge leichter auseinanderbrechen zu können. LEACH hingegen verwendet ein Substrat von 50 % Torfmull und 50 % scharfem Flußsand. Das Substrat kann nur einmal verwendet werden, weil es durch den Sprühnebel zu stark verdichtet wird. Bodenwärme 21—25 °C.

Die Stecklinge wurden ziemlich dicht gesteckt, aber nicht zu tief; sie sollen nicht tiefer als etwa 5 cm gesteckt werden; die Blätter sollen das Beet nicht berühren. Bodenwärme 22—24 °C. Es scheint gut zu sein, wenn man nach einiger Zeit die Temperatur etwas senkt, etwa auf 16 °C.

Von besonderem Einfluß ist auch die Luftfeuchtigkeit. Während der beiden letzten Versuchsjahre arbeitete WELLS mit gesättigter Luft („humidity as close to 100 %"), tagsüber bei einer Innentemperatur von etwa 30 °C maximal. Es kam vor, daß das Thermometer noch höher stieg, doch wurden dann die bekannten Mittel angewandt, um die Temperatur niedrig zu halten (Schattieren, Öffnen der Lüftungseinrichtungen, schließlich noch Wasser spritzen).

Die Bewurzelung unter den beschriebenen Umständen geht rascher vor sich; die Kallusbildung beginnt schon nach kurzer Zeit, doch dann bleiben die Stecklinge anscheinend stillstehen, bis sie etwa 10 Wochen nach dem Stecken ganz plötzlich gute Wurzeln bilden. Sobald die Stecklinge mit den Wurzeln Ballen halten, wird eingetopft. Man muß

Abb. 289. Die wurzelecht vermehrten Rhododendren ('Roseum Elegans') zeigen ein vorzügliches Wachstum (Bild: J. S. Wells, USA)

dabei vorsichtig verfahren, weil die Wurzeln sehr leicht abbrechen. Spätes Eintopfen bringt keine Vorteile, im Gegenteil, die Wurzeln gehen oft sogar zurück. Stecklinge, die noch keine Wurzeln haben, werden wieder gesteckt. Die Zeit bis zur Bildung eines guten Wurzelballens ist bei den einzelnen Sorten ganz verschieden, bei den rotblühenden Sorten dauert es mitunter 6—8 Monate (Abb. 287).

Auf eine merkwürdige Erscheinung des Vermehrungssubstrates macht WELLS noch aufmerksam. 4 Monate nach dem Stecken, wenn ein Teil der Stecklinge gerade Wurzelballen gebildet hat und die anderen Stecklinge erneut gesteckt werden müssen, bilden letztere merkwürdige krumme, dicke Wurzeln („tight, stunted, fuzzy type of roots"), die offensichtlich anomal und ganz ungeeignet zur Bildung eines Wurzelballens sind. Wenn das Vermehrungsmitttel dann vollständig ausgewechselt und neuer Torf eingefüllt wird, bilden sich dann sofort neue Wurzeln, und auch diese Stecklinge können in kurzer Zeit eingetopft werden.

Zum Eintopfen nimmt WELLS 8-cm-Töpfe und eine torfhaltige Erde; die eingetopften Jungpflanzen werden dann wieder in das gleiche Haus zurückgebracht, in dem sie auch vorher standen (Abb. 288).

Wenn die Pflanzen gut durchgewurzelt sind, wird die Endknospe ausgebrochen; anschließend werden alle Pflanzen vom Haus in den Kasten gebracht und im Torfbeet ganz eingesenkt, daß die Töpfe ganz vom Torf bedeckt sind. Während des Winters bilden sich im kalten Kasten weiter Wurzeln. Im Frühjahr kann draußen ausgepflanzt werden. Wichtig ist, daß das Land den richtigen pH-Wert hat. Nach dem Auspflanzen werden zweckmäßig zunächst Schattenrahmen als Schutz über den Beeten angebracht. Die weitere Behandlung ist dann die gleiche wie bei uns mit jungen Veredlungen (Abb. 289).

Die Ergebnisse mit der Stecklingsvermehrung großblumiger Rhododendren faßt J. G. MAAS, Boskoop, etwa so zusammen: Sehr viele Rhododendronsorten können erfolgreich im Herbst unter Hochglas im Vermehrungsbeet mit Bodenwärme gesteckt werden. *Rh. catawbiense* und andere leicht wurzelnde Sorten können aber auch schon im Sommer im Kasten unter Doppelglas gesteckt werden. Die Ergebnisse sind hierbei jedoch sehr wechselnd. Im Sommer werden die Stecklinge stets mit 2 % IBS behandelt; im Herbst jedoch braucht man einen stärkeren Wuchsstoff, nämlich 4 % IBS, gemischt mit Captan-Pulver, und für die besonders schwer bewurzelnden Sorten (z. B. 'Amerika', 'Edward S. Rand', 'Dr. H. C. Dresselhuys' u. a.) sogar 8 % IBS, ebenfalls gemischt mit Captan. Dünne Stecklinge unten aus der Pflanze und Triebe ohne Blütenknospen bewurzeln sich am besten. Das Substrat (Torf), worin gesteckt wird, muß einen pH-Wert von 3,5—4,5 (im Wasser) haben und darf nicht salzig sein. Die Bodenwärme im Stecklingsbeet soll zu Beginn 18 °C haben und kann nach 2 Wochen auf höchstens 20 °C erhöht werden. In Holland werden übrigens die Blätter der Stecklinge auf die Hälfte gestutzt, in USA hingegen nicht.

Abb. 290. Ablegen von Azaleen in der Baumschule in Boskoop

Ablegen: In Holland war das Ablegen die übliche Methode der Kleinbaumschulen; heute ist dies jedoch nicht mehr üblich. Auf deutsche Verhältnisse läßt sie sich nicht so ohne weiteres übertragen, da die wichtigsten Voraussetzungen — stets gleichbleibender Wasserstand und humoser, nicht zu schwerer Boden — mit Ausnahme des Nordwestens sonst in Deutschland fehlen. Auch im norwestdeutschen Rhododendrongebiet war diese Vermehrungsart in gewissem Umfang üblich, jedoch wurden nur die widerstandsfähigsten Sorten durch Ablegen vermehrt. Am besten wuchsen durch Ableger *catawbiense* 'Grandiflorum' und *catawbiense* 'Boursault'. Die weichen Sorten bewurzeln sich sehr schlecht; man gab daher bei diesen Sorten das Ablegen schon sehr bald wieder auf. Das trifft besonders auf die rotblühenden Hybriden zu. Man kann sagen, daß die wurzelechten Rhododendren wertvoller sind als Veredlungen, weil sie nach Beschädigungen wieder neu aus dem Wurzelstock austreiben können (Abb. 290).

Auch viele Wildarten werden durch Ableger vermehrt. Als Mutterpflanzen eignen sich am besten gesunde, ältere, kräftige Pflanzen. Sie werden im Frühjahr aufgepflanzt; Abstand je nach Sorte verschieden. Dort läßt man sie unberührt wachsen bis zum Juli des nächsten Jahres und beginnt dann mit dem Ablegen in üblicher Weise in Rillen. Die Triebe werden mit Holzhaken festgehalten. Im Herbst des nächsten Jahres, meist aber erst nach zwei Jahren, können die Ableger abgenommen werden. Die beste Zeit hierzu ist September—Oktober.

Die sommergrünen Arten (Azaleen) müssen schon vor dem Laubfall abgenommen werden, damit sie im Einschlag noch junge Wurzeln bilden können.

Je älter die zum Ablegen benutzten Pflanzen sind, desto mehr Jungpflanzen erhält man. Bei dieser Vermehrungsart, die eigentlich nur für die Wildarten gedacht ist, kann man sogar noch unansehnliche Büsche verwenden, da die neuen Jungpflanzen bei guter Pflege wieder einwandfreie Büsche bilden.

Die verbreitete Ansicht, daß Rhododendren aus Ablegern breitere Büsche bilden sollen, ist nicht zutreffend. Die von Maatsch und Maurer seinerzeit in Dahlem angestellten Versuche ergaben keinen klaren Beweis dafür, zumindest nicht nach Ansicht der Oldenburger Rhododendronzüchter, weil das Untersuchungsmaterial aus verschiedenen Herkünften stammte und einen ungünstigen Standort hatte. (In Dahlem war ermittelt worden, daß Ableger schwächer wachsen als Veredlungen.)

Veredlung: Um einen raschen Überblick über die möglichen Veredlungsarten zu bekommen, möge hier eine Tabelle folgen (aus Berg/Krüssmann, Freiland-Rhododendron, S. 52).

Übersicht über die Veredlungsarten bei Rhododendron

Zeit	Unterlagen	Reiser	Ort	Bemerkungen
Januar—März (Kopulation)	*ponticum* ab November im Haus antreiben	immergrüne Reiser vom Vorjahre	Warmhaus	Ballen an Ballen setzen
Mitte Mai (Kopulation)	wie vor, doch nicht mehr warm stellen	ebenso	Kasten	2 Wochen absolut geschlossen halten, dann ab und zu gießen und putzen; Lüften nach 5—6 Wochen; nach 8—10 Wochen Fenster ab
1. Juli-Hälfte (seitliches Einspitzen)	Azaleen	Hybridenreiser, nicht zu weich		wie vor, doch Fenster nicht abnehmen; im Winter Doppelglas auflegen
2. Juli-Hälfte bis Anf. Sept. (Okulation)	*fortunei*	immergrüne diesjährige Reiser	Freiland	bisher nur in Kalifornien ausprobiert
Ende August bis Mitte September seitliches Einspitzen	*ponticum*	immergrüne diesjährige Reiser	Kasten	wie bei 1. Juli-Hälfte

Für die sogenannten „großblumigen“ Gartenformen, einschließlich Azaleen, ist die Veredlung noch immer eine wichtige Vermehrungsmethode. Sie geschieht bei den Azaleen in der 1. Juli-Hälfte mit krautigen Reisern, die jedoch nicht zu weich sein dürfen. Bei den immergrünen Arten kann sie entweder von Januar bis Mitte Mai oder von Ende August bis Mitte September in allen Fällen im Hause durchgeführt werden. Unterlagen für die Immergrünen sind am besten gut bewurzelte, drei- bis fünfjährige, zweimal verpflanzte Sämlinge von *Rh. ponticum,* die hierzu allgemein benutzt werden (Abb. 291).

Abb. 291. Die Veredlung der Rhododendronhybriden. Die Unterlagen, *Rhododendron ponticum,* stehen in Handkästen bereit zum Veredeln (Bild: Berg, Bremen)

Soll schon im Januar—Februar veredelt werden, dann müssen die Unterlagen etwas warm gestellt werden, damit sie besser annehmen. Am günstigsten sind Beete mit guter Bodenheizung im Vermehrungshause. Die in Deutschland gebräuchlichste Veredlungsmethode für Winterveredlung ist die Kopulation in der Hand. Den Gang der Veredlung zeigen recht deutlich die Abb. 292—295. Der Veredler hat die Unterlagen in einem Handkasten vor sich stehen, schneidet sie auf etwa 6 cm Höhe über dem Ballen ab (mit der Schere) und schneidet dann mit langem Kopulationsschnitt nach. Reiser und Unterlagen müssen möglichst genau gleich stark sein. Die Hauptsache ist ein haarscharfes Messer und saubere Arbeit. Bei uns verbindet man meist mit Wollfäden. Daneben wurde in letzter Zeit aber auch viel mit ungebleichter Baumwolle verbunden. Mit Katechu (Gerbstoff aus einer Acacia) getränkte Baumwolle, wie sie u. a. BÖHLJE verwendet, erwies sich als besonders haltbar. Die fertigen Veredlungen stellt man nun dicht nebeneinander in das Vermehrungsbeet und bringt Torfmull zwischen den Ballen ein, wie es die Abb. 296 zeigt.

Abb. 292. Das Schneiden der Edelreiser (Bild: Berg, Bremen)

Abb. 293. Reis und Unterlage fertig geschnitten

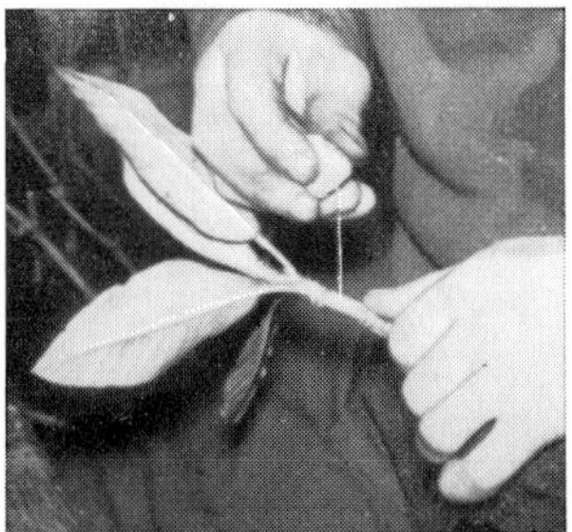

Abb. 294. Das Verbinden

Abb. 295. Fertige Veredlung

Abb. 296. Einfüttern der fertigen Rhododendronveredlungen unter Doppelglas bei P. van Nes Azn. in Boskoop, Holland (Foto: Directie van de Landbouw)

Im Sommer wird in der Regel nicht kopuliert, sondern eingespitzt. Hier werden die fertigen Veredlungen dann im Kasten, Ballen an Ballen, mit der veredelten Seite nach oben, schräg eingefüttert.

Die Okulation ist eine neue, etwas ungewöhnliche Methode, die von DRUECKER in Kalifornien entwickelt wurde. Als Unterlage wird *R. fortunei* benutzt, die ebenfalls starkwüchsig ist, aber dickere Triebe hat als die sonst übliche Unterlage *R. ponticum*, ferner dickere, saftige Rinde und in den ersten Jahren keine Seitentriebe macht. Die Okulation wurde im Freiland von Mitte Juli bis Anfang September ausgeführt, dem Boden so nahe wie möglich. Verbunden wurde mit Gummiband; die Beete wurden immer gut feucht gehalten. Im folgenden Frühjahr wurde vor dem Austrieb abgeworfen, etwa 3 cm über dem Auge. Der Austrieb ist im ersten Jahre nur ein-, seltener zweitriebig. In der zitierten Arbeit werden einige Sorten genannt, die besonders gut wachsen, doch sind diese bei uns nicht im Sortiment. Von einigen Sorten, die schwieriger wachsen sollen, kennen wir 'Earl of Athlone', 'Purple Splendour' und 'Jan Dekens'. Als besondere Vorteile der Okulation werden genannt: Die Arbeit geht 2—3mal schneller als die sonst übliche Veredlung; die Pflanzen können auf den Beeten stehen bleiben; Heizkosten entfallen, man braucht weniger Reiser, denn jedes Reis hat in der Regel mindestens 4 Augen; die Anwachsprozente sollen höher sein.

Bei der Winterveredlung werden die aus der Unterlage kommenden Triebe, wenn die Luft recht feuchtwarm ist, oft von grünen Blattläusen befallen; eigenartigerweise jedoch immer nur die Wildtriebe und nie die Veredlungen. Wenn die Wildtriebe entfernt werden, verschwinden die Läuse von selbst.

Bei späterer Veredlung, etwa Mitte Mai, werden die Veredlungen nicht mehr im Hause, sondern gleich im Kasten, dicht unter Glas, aufgestellt, eingefüttert, sofort schattiert und 2 Wochen lang absolut geschlossen halten. Nach dieser Zeit beginnen die Veredlungen anzuwachsen, und jetzt muß man ab und zu gießen und putzen. Alles Faulende immer sofort entfernen. Nach 5—6 Wochen kann man mit dem Lüften allmählich anfangen, so daß nach 8—10 Wochen die Fenster ganz abgenommen werden können. Bei der Sommerveredlung bleiben die Fenster natürlich liegen, und im Winter legt man Doppelglas auf.

Nach dem Verwachsen werden bei den durch Einspitzen veredelten Pflanzen die Unterlagen etwas eingekürzt. Das Ausbrechen der Blütenknospen am Edelreis braucht erst kurz vor dem Aufblühen zu geschehen. Die schlafenden Augen treiben dann sofort aus, und man erhält von Jugend auf schöne, buschige Pflanzen. 6—8 Wochen bevor man die Jungpflanzen auf Beeten auspflanzt und mit Torf abdeckt, wird der Rest der Unterlage ganz abgeworfen. Die besten Jungpflanzen werden gleich pinziert, wenn die ersten Blätter des neuen Triebes sich voll entwickelt haben, damit sich eine gute Verzweigung bildet. Alles, was nicht im 1. Jahre schon stark genug wird, läßt man bis zum nächsten Jahre im Kasten stehen. Sonst pflanzt man in der Regel die Frühjahrsveredlungen im August, die

Sommerveredlungen im nächsten Mai—Juni aus. Nach dem Auspflanzen wird schattiert, wie ja die Jungpflanzen immer schattig gehalten werden (Schattenleinen, Kalkanstrich oder Fischnetze, Abb. 299).

Die Azaleen werden in der gleichen Weise veredelt, jedoch Anfang bis Mitte Juli. Als Unterlage nimmt man *Rh. luteum*. Sie kommt für alle Azaleen in Frage, auch für die Formen von *Rh. japonicum*[1]).

Die Unterlagen werden im Herbst herausgenommen und nach dem Putzen eingeschlagen. Etwa Mitte Mai werden sie veredelt. Die Reiser dürfen nicht zu hart, aber auch nicht zu weich sein; am besten sind die, welche gerade Blütenknospen bilden wollen. Die Blätter müssen am Reis bleiben. Hier wird nur durch Einspitzen veredelt. Kopulation ist im Erfolg weniger sicher. Im nächsten Mai wird auf Freilandbeete ausgepflanzt, wo die Jungpflanzen 2 Jahre stehen bleiben. Die Blütenknospen werden ausgebrochen, ebenso einige Triebe geknickt, damit sie sich gut verzweigen. Das Pinzieren der Langtriebe erfolgt im Juli.

SHEAT (S. 330) lehnt das Veredeln von Azaleen-Hybriden ab, da die Unterlage oft durchtreibt und die Veredlung unterdrückt. Die Unterlage kann man auch am Blatt kaum unterscheiden, so daß es vorkommt, daß Wildtriebe mit abgelegt werden. Um dies zu vermeiden, sollte man grundsätzlich auch nur wurzelechte Mutterpflanzen zum Absenken verwenden (Abb. 297).

In Boskoop hat VAN DOESBURG in Versuchen festgestellt, daß es für das Anwachsergebnis, bei gleicher Behandlung, ohne Unterschied ist, ob die Unterlagen in Töpfen stehen oder nicht; allerdings wird dazu aus der Praxis berichtet, daß diese Ergebnisse von Jahr zu Jahr wechseln könnten. Die Arbeit mit eingetopften Unterlagen ergibt aber später bessere Ballen. Es wurde nebenbei beobachtet, daß die Knap Hill-Sorte 'Homebush' mit *„Azalea pontica"* unverträglich ist.

Teilung wird am besten bei *Rh. kamtschaticum* angewandt. Die Triebe werden im Sommer abgenommen, in Töpfe mit Lauberde, Torf und gehacktem Sphagnum gepflanzt und dann bis zur Durchwurzelung im Kasten geschlossen gehalten. Im Winter gibt man den Jungpflanzen eine gute Reisigdecke. Diese Art ist in Kultur recht heikel. Neben der genannten Art können auch mit bestem Erfolg *Rh. repens*, Kokin Shita, wie überhaupt alle kriechenden Arten geteilt werden.

Abb. 297. Oft erkennt man bei Azaleen erst die durchgetriebene Veredlungsunterlage, wenn sie blüht (links *„Azalea pontica"*; rechts die Veredlung *„Bartolo Lazzari"*) (Original)

Kulturansprüche: Die meisten Rhododendron sind und bleiben — trotz mancher Kulturerfolge in voller Sonne — Halbschattenpflanzen. Je größer das Blatt, um so mehr Schatten braucht die Pflanze. Viele kleinblättrige Arten vertragen gut Sonne (Abb. 15; 302).

Schatten kann bequem durch die übliche Schattenhalle erzeugt werden. In Nordwestdeutschland hat man an ihrer Stelle häufig den sogenannten „Busch", d. h. einen Kiefernwald, teils auch Mischwald. Der Boden im Walde soll locker sein und eine Reaktion von pH 4—5 haben. Jedes Kalken vermeiden! Düngung mit schwefelsaurem Ammoniak. In

[1]) *„Azalea pontica"* der Baumschulen ist *Rhod. luteum; „Azalea mollis"* der Baumschulen ist *Rhod. japonicum.*

Abb. 298. Junge Rhododendron aus Stecklingen, in einer Baumschule in Boskoop

normalem Gartenboden erhält man den erforderlichen Säuregrad durch Zusatz von Moorerde oder Torf. Im allgemeinen rechnet man für eine Rhododendronpflanze 1—2 kg Torf, für Azaleen $^1/_2$—1 kg, je nach Größe der Pflanzen. Dies gilt für Pflanzen von 40—60 cm Höhe. Sonst kann man sich als ungefähren Anhalt merken, den Aushub des Pflanzloches mit der gleichen Menge Torferde mischen und dann wieder zum Pflanzen benutzen. Bei kleineren Pflanzen soll die Höhe der Pflanze gleich dem Durchmesser des Pflanzloches sein.

Vor dem Pflanzen werden die Rhododendren eine halbe Stunde oder noch länger getaucht, damit sie wieder ganz frisch werden. Ballentrockene Rhododendren zu pflanzen, ist ein sicherer Fehlschlag.

Bei der Auswahl des Standortes soll man berücksichtigen, daß Winde möglichst abgehalten werden, weil sie die Luft und den Boden trocken machen, zwei Punkte, die den Pflanzen abträglich sind. Jedes Graben zwischen den flachwurzelnden Pflanzen ist schädlich; im Herbst wird statt dessen Laub zwischen den Pflanzen ausgebreitet.

Nicht nur in Laienkreisen, sondern häufig auch unter den Gärtnern besteht die irrige Ansicht, daß Rhododendron nur im Moorboden wachsen und daß solcher Boden unbedingt beschafft werden muß. Das stimmt nicht! Die Kulturen norddeutscher und sächsischer Baumschulen beweisen, daß ein milder, humoser Sandboden, der mit Lauberde gut durchsetzt ist, den Pflanzen die günstigsten Wachstumsverhältnisse bietet und daß die in diesen Böden herangezogenen Pflanzen überall gut weiterwachsen, während die aus reinem Moorboden stammenden ohne besondere Behandlung versagen.

Rhododendren brauchen Bodenfeuchtigkeit; wo sie fehlt, muß ausgiebig gewässert werden, besonders im Vorwinter, denn viele Rhododendren gehen im Winter an Ballentrockenheit zugrunde. An frostfreien Tagen im Winter wird deshalb mit Vorteil gewässert.

Einige wenige Arten sind kalkverträglich, vor allem *Rh. hirsutum,* ferner *Rh. praecox;* hinzu kommen noch einige Arten aus der *lapponicum-Serie,* besonders *Rh. calciphilum.*

Manche Rhododendronzüchter haben, wie schon oben ausgeführt, ihre Anzuchten im Walde stehen; das hat auch den Vorteil, daß kein Unkraut aufkommt und die Kulturen nicht austrocknen.

Sehr wichtig für die Erzielung einer guten Ware ist das richtige Stutzen zur rechten Zeit. RADEMACHER-Aurich (1975) hat hierzu „Leitlinien" gegeben, die etwa folgendes sagen: Sie gelten vor allem für solche Pflanzen, die im Januar—März auf 'Cunningham's White' veredelt und anschließend noch 8 bis 10 Wochen unter Hochglas gehalten werden. Wenn man im zweiten Kulturjahr zu 50 bis 70 % gut beknospete Verkaufsware in der Größe 30—40 cm erzielen will, dann muß bei nur einmaligem Stutzen dies in der zweiten Mai-Hälfte, spätestens noch Anfang Juni, erfolgen. Will man jedoch zweimal stutzen, dann muß das erste Entspitzen im März, und das zweite bis spätestens Ende Juni „weich" erfolgen. Zum zweimaligen Entspitzen gehört jedoch unbedingt eine dreimalige Kopfdüngung mit Stickstoff im Juli, im August und September, und zwar jeweils 5 bis 8 g N/qm. Was am Ende des zweiten Kulturjahres nicht die gewünschte Qualität erreicht hat, wird nach dem zweiten Stutzen im Juni des zweiten Jahres im folgenden dritten Kulturjahr etwa Ende Mai nochmals gestutzt. Wichtig aber ist in jedem Falle neben dem Stutzen eine intensive Düngung und Bewässerung.

Düngung der großblumigen Sorten. HEFT (1964) hat die Wirkung steigender Stickstoffdüngung in mehrjährigen Versuchen ermittelt und ist dabei zu folgenden Ergebnissen gelangt: „Steigende Stickstoffgaben bis zu 240 kg/ha Rein-N fördern die Blütenknospenausbildung bei Rhododendron sehr stark. Die Ausfärbung des Laubes wird mit steigenden Düngergaben besser; durch hohe Stickstoffgaben kann die erwünschte glänzend dunkelgrüne Blattfärbung erreicht werden. Der Laubfall im Spätsommer wird bei gut ernährten Pflanzen verringert. Winterschäden an Trieben und Blättern sind sortenbedingt und wurden durch Steigerung der Stickstoffgaben bis 240 kg Rein-N/ha nicht verstärkt. Bei den Knospen ist zunehmende Frostschädigung mit steigenden N-Gaben festzustellen, doch sortenabhängig. Diese Ergebnisse zeigen, daß Rhododendren anders als bisher praxisüblich gedüngt werden sollen und können. Die Frage des Einflusses von Standort, Termin, der Düngergabe, Sortenunterschiede und optimalen Bereich kann dabei vorerst nur gestellt, aber noch nicht beantwortet werden".

Läßt bei älteren Pflanzen (Mutterpflanzen usw.) das Wachstum nach, dann gibt man im Winter eine 3—4 cm dicke Bodendecke aus verrottetem Stalldünger, wie auch sonst ein Einarbeiten von verrottetem Rinderdung sehr nützlich ist. In diesem Fall fällt natürlich das Jauchen fort. Mit künstlichem Dünger muß man vorsichtig sein. Chlorhaltige Dünger überhaupt nicht verwenden! Sonst rechnet man etwa 5 kg auf 100 qm; jedoch nur im April—Mai, sonst reifen die Triebe nicht mehr aus. In allen Fällen dürfen aber nur kalkarme Düngemittel verwendet werden.

Abb. 299. Einjährige Rhododendronveredlungen auf Beeten, bei G. D. Böhlje in Westerstede (Werkbild)

Schädlinge: Die Rhododendronwanze (*Stephanitis rhododendri*) tritt, wenn auch verschieden stark, bei allen Sorten auf. Am leichtesten und am meisten wird die Sorte 'Boule de Neige' befallen. Es ist möglich, daß Spättriebe von *Rhododendron ponticum* nicht mehr befallen werden, da der Schädling meist von Mai—Juli auftritt und die Spättriebe erst im August wachsen. Die Sorte 'Cunningham's White' wird sehr leicht von der Wanze befallen, und hier ist die Triebbildung wesentlich früher. So ist es möglich, daß 'Cunningham's' und eine aufveredelte Hybride als eine Pflanze wachsen, wo 'Cunningham's White' befallen ist und die Hybride kaum oder auch gar nicht. Hat die Unterlage als Reis nun die Sorte 'Boule de Neige', so dürfte 'Cunningham's White' kaum befallen sein, und die Wanze würde sich nur bei der Sorte 'Boule de Neige' aufhalten. Im Industriegebiet tritt, soweit ich dies bisher sah, die Wanze kaum auf oder hat doch keine Bedeutung.

Ein neuer Feind der Rhododendren ist eine kleine weiße Motte, die durch Sekrete die Oberseite der Blätter stark verschmutzt, sich sonst aber meistens an der Unterseite der Blätter aufhält. Eine Bekämpfung ist mit den neuen Spritz- und Stäubemitteln wirkungsvoll.

Gütebestimmungen des BdB für Rhododendron

1. Rhododendron

Freilandpflanzen müssen einen ihrer Größe entsprechenden, fest durchwurzelten Ballen haben.

Sie müssen gesund und wüchsig, dabei gedrungen im Wuchs, der Höhe entsprechend breit gewachsen, von unten an verzweigt sein und Knospen haben.

Abb. 300. Großes Quartier von *Rhododendron catawbiense* 'Grandiflorum' bei Johann Bruns in Bad Zwischenahn; die Pflanzen sind 40—50 cm hoch (Werkbild)

Treib-Rhododendron müssen folgende Knospenzahl aufweisen:

bei 30—40 cm Höhe mindestens	5 Knospen	bei 50—60 cm Höhe mindestens	12 Knospen
bei 40—50 cm Höhe mindestens	8 Knospen	bei 60—70 cm Höhe mindestens	15 Knospen

Alle Rhododendren der Güteklasse A müssen vegetativ vermehrt sein. Sämlingspflanzen von Rhododendren müssen in Angeboten und Rechnungen als solche bezeichnet werden und können ohne Knospen geliefert werden. Sie gelten aber nicht als Ware der Güteklasse A.

Die Sortierung erfolgt bis 100 cm von 10 zu 10 cm, Mindesthöhe ist 30 cm, dann über 100 bis 200 cm von 20 zu 20 cm und über 200 cm von 25 zu 25 cm. Bei Zwergformen gilt bis zu 30 cm eine Staffelung von 5 cm, darüber eine solche von 10 cm.

2. Freiland-Azaleen
müssen einen ihrer Größe entsprechenden fest durchgewurzelten Ballen haben. Sie müssen gedrungen im Wuchs, von unten an verzweigt und gut mit Knospen besetzt sein. Die Sortierung erfolgt wie bei Rhododendren bis zu 80 cm von 10 zu 10 cm, dann mit der Staffelung 80—100 cm, darüber mit einer Staffelung von jeweils 25 cm. Japanische Azaleen werden bis zur Größe von 30 cm von 5 zu 5 cm, darüber von 10 zu 10 cm gestaffelt.

Abb. 301. Azaleenjungware, ein-, zwei- und dreijährig; bei G. D. Böhlje in Westerstede (Werkbild)

Empfehlenswerte Wildarten und Züchtungen. Bei dem außerordentlichen Umfang der Gattung und ihrer Wertschätzung in den Gärten müssen auch hier größere Sortimente aufgeführt werden, zumal die Anzuchten in den Baumschulen auch zahlenmäßig bereits sehr beachtlich sind.

1. Wildarten (in den Baumschulen auch „botanische Arten“ oder „Species“ genannt), einschl. einiger Kreuzungen.

Rh. albrechtii, arborescens, augustinii (∧∧∧), *azaleoides, calendulaceum, calostrotum, campylocarpum* (∧∧∧), *campylogynum, cinnabarinum* (∧∧∧), *concatenans* (∧∧∧), *dauricum, fortunei* (∧), *forrestii* (∧—∧∧), *haematodes* (∧—∧∧), *hippophaeoides, impeditum, insigne, intricatum, japonicum, lutescens, luteum, metternichii, minus, molle, mucronatum, mucronulatum, myrtilloides, obtusum, occidentale, oreodoxa* (∧∧), *oreotrephes* (∧∧), *praecox, racemosum* (∧∧), *radicans, reticulatum, roseum, russatum, saluenense, schlippenbachii, scintillans, sutchuenense, vaseyi, wardii, williamsianum, yakushimanum* und *yunnanense.*

Abb. 302. Dietrich Hobbie in Linswege (Oldenburg) zieht sein großes Rhododendronsortiment in lockerem, parkartig angeordnetem Stand (Werkbild)

2. Standardsortimente. Die Rhododendron-Gesellschaft hat in den Jahren von 1953—1959 die in Deutschland in Kultur befindlichen Sortimente von Rhododendron und Azaleen gesichtet und geprüft, wobei auch Vertreter des Bundes deutscher Baumschulen mitwirkten.

Nach dem Stande von 1959 (später erfolgten keine Prüfungen mehr) setzen sich die Ergebnisse wie folgt zusammen:

a) **Standard-Sortiment**	**Seidel-Sortiment**	**Liebhaber-Sortiment**
Album Novum	Alfred	Adriaan Koster
catawbiense Album	Allah	Anton van Welie
cat. Boursault	Bibber	America
cat. Grandiflorum	Bismarck	Britannia
Catharine van Tol	Dietrich	F. D. Godman
Charles Dickens	Eidam	Goldsworth Yellow
Cunningham's White	Genoveva	Hugh Koster
Direktor Hjelm	Gudrun	Jacksonii
Dr. H. C. Dresselhuys	Hero	James Marshall Brooks
Dr. V. H. Rutgers	Holbein	Kate Waterer
Edward S. Rand	Holger	Lady Annette de Trafford
Everestianum	Homer	Leopardii
Gomer Waterer	Humboldt	Louis Pasteur
Lee's Dark Purple	Hymen	Madame Masson
Madame Carvalho	Leopold	Mrs. P. den Ouden
Parsons Grandiflorum	Mexico	Mrs. R. S. Holford
Purpureum Elegans	Oldewig	Pink Pearl
Roseum Elegans	Omega	Prof. Hugo de Vries
van der Hoop	Raphael	Purple Splendour
van Weerden-Poelman	Scharnhorst	van den Broeke
—	von Oheimb-Woislowitz	William Austin
—	—	Zuiderzee

b) **Azaleen-Sortimente**

„*Mollis*"-Sorten: Bataaf Felix, C. B. van Nes, Chevalier de Reali, Christopher Wren, Consule Pécher, Directeur Moerlands, Dr. M. Oosthoek, Frans van der Bom, Koster's Brilliant Red, Koningin Emma, Mrs. Peter Koster, Nicolaas Beets, Winston Churchill.

Genter-Hybriden („*Pontica*"-Sorten): Bartholo Lazzari, Bouquet de Flore, Coccinea Speciosa, Daviesii, Goldlack, Joseph Baumann, Nancy Waterer, Narcissiflora, Pallas, Pucella (= 'Fanny'), Roi des Belges, Sang de Gentbrugge, Unique.

Exbury-Azaleen: (In Holland mit 3 Sternen ausgezeichnet folgende) Ballerina, Balzac, Cecile, Firecracker, Gibraltar, Golden Flare, Golden Sunset, Hotspur Red, Klondyke, Royal Command, Satan und Sun Chariot; (mit 2 Sternen ausgezeichnet): Aurora, Basilisk, Fireball, Firecracker, Gallipoli, Gold Dust, Golden Eagle, Hotspur Orange, Hugh Wormald, Persil, Silver Slipper, Strawberry Ice und Sylphides.

„*Rustica*"-Sorten: Freya, Norma, Phébé, Phidias, Ribera, Velasquez.

„*Occidentalis*"-Sorten: Exquisita, Irene Koster, Magnifica.

Japanische Azaleen aller Art: Addy Wery, Adonis, Annamaria, Beethoven, Betty, Favorite, Fedora, Gretchen, Hatsugiri, Hinodegiri, Hinomayo, John Cairns, Joseph Haydn, Kathleen, Mevr. van Noordt, *obtusum* 'Amoenum', Palestrina, Purple Triumph, P. W. Hardijzer, Vuyks Rosyred, Vuyks Scarlet, Zampa.

Arendsii-Sorten: Bever, Eder, Lister, Neye, Sorpe.

Berg, J.: Standardsortimente laubabwerfender und halbimmergrüner Rhododendronhybriden (Azaleenhybriden). Jb. Rhod.-Ges. 1953, Bremen. — Berg/Krüssmann: Freilandrhododendron. 164 S. Stuttgart 1951. (Mit zahlreichen Literaturangaben.) — de Boer, S., 1947: De invloed van koud en warm water, groeistoffen en aethyleenchloorhydrine op het enten van Rhododendron. Jb. Ned. Dendr. Ver. **16**: 110—116. — GROOTENDORST: Azalea mollis. Boomkwekerij 1945, 77 (Selektionsergebnisse). — HANGER, F. E. W., 1949: Propagation of Rhododendrons. Rhod. Year Book 4: 59—87. London. — KRUYT, W.: Het stekken van Rhododendron; kreuze van het juiste medium en het gebruik van groeistoffen. Med. Dir. Tuinb. 1949: 255—271. — LEE/COE u. a.: Azalea Handbook 1952. 148 S. Washington 1952. (Darin „Propagation of Azaleas", 12 S.). — MAURER/MAATSCH, 1939: Beobachtungen am Rhododendronsortiment. Jb. Dt. Rhod.-Ges. 19. — NEARING/CONNORS: Rhododendrons from cuttings. 23 S. New Ers. Agr. Exp. Sta. Bull. *666* (1940). — v. WEIHE, K.: Die Anwendung von Wuchsstoffen bei der Rhododendronstecklingsvermehrung. Jb. Rhod.-Ges. 1953: 22—28. — USDA: Woody Plant Seed Manual, Washington 1948. (Angaben über Samen usw., S. 309 bis 311.). — WELLS, J. S., 1951: Propagating Rhododendrons from stem cuttings. Proc. Plant Propagat. Soc. **1**: 12—15. — WELLS, J. S., 1953: The propagation of Rhododendrons from stem cuttings. Rhod. Year Book **7**: 74—82 London. — WELLS, J. S.: Propagation of Rhododendrons from stem cuttings. Am. Nurs. 1. 5. 1953: 10—11 und 60—73. — WHITE, R. P., 1937: Rhododendron wilt and root rot. 32 S. N. J. Agr. Expt. Sta. Bull. **615**. — WHITE/HAMILTON, 1935: Diseases and insect pests of Rhododendron and Azalea. 23 S. N. J. Agr. Expt. Sta. Circ. **350**. — YEATES, J. S., 1953: Tip grafting of Rhododendrons, Azaleas and other plants. Rhod. Year Book **7**: 83—88. London. — TICKNOR/BOHULA: Rhododendron wounding techniques; in Americ. Nurs. 15. 5. 57: 9. — MARCH, S. G.: Propagating Ghent and Mollis Azaleas; in Am. Nurs. 15. 12. 1959: 98. — DRUECKER, J. S.: The propagation of Rhododendrons by budding; in Rhod. Camellia Year B. 1960: 69—70. — VAN DOESBURG, J.: Het Enten van Azalea; in Jb. Proefstat. Boomkw. Boskoop 1960: 54.

Von den zahlreichen Veröffentlichungen seit 1964 sind besonders zu nennen:

HEFT, H.: Wirkung steigender Stickstoffdüngung bei großblumigen Rhododendron; in Gartenwelt 1964: 32—35. — CATHEY, H. M. & TAYLOR, R. L.: Regulating Flowering of Rhododendrons; Light and growth control; in Americ. Nurseryman vom 1. 1. 1965: 10—12; 115—121. — LEACH, D. G.: Efficient Production of Rhododendrons; in Americ. Nurseryman vom 1. 11. 1965: 7; 36—46. — LEACH, D. G.: Producing deciduous Azaleas from cuttings; in Americ. Nurseryman vom 1. 5. 1966: 7; 55—63. — HEFT, L.: Stecklingsbewurzelung großblumiger Rhododendron-Sorten; in Gartenwelt 1967: 283—285. — WELLS, J. S.: Growing Hybrid Rhododendrons in the field. (I) in American Nurseryman vom 1. 11. 1967: 9—10; 89—94; (II) Land preparation, planting procedures; in Am. Nurs. vom 15. 11. 67: 10; 55—61; (III). Weed Control and Winter Protection; in Am. Nurs. vom 1. 12. 1967: 10; 39—45; (IV) Dependable varieties for the grower; in Am. Nurs. vom 15. 12. 67: 85—87. — TICKNOR, R. L.: Rhododendrons treated with growth regulators; in Americ. Nurseryman vom 15. 5. 68: 7—8; 65—67. — VAN VEEN, T.: The propagation and production of Rhododendrons; in Americ. Nurseryman vom 15. 4. 71: 15—16; 52—58. — BURTON, G. & WEBSTER, J.: The use of additional light in propagating deciduous azaleas; in Americ. Nurseryman vom 1. 8. 71: 12; 72—73. — PELLEKOOREN, A.: De vermeerdering en verdere opkweek van Rhododendrons; in in Groen 1972: 224—227. — RADEMACHER: Leitlinien zum Stutzen von Rhododendron-Kulturware; in Gartenwelt 1975: 39.

RHODOTHAMNUS — Zwergrösel — Ericaceae

Kultur wie die zwergigen Rhododendron; heikel in Kultur. *Rhodothamnus chamaecistus* aus den Alpen wächst auf Kalk, liebt aber frischen Boden.

RHODOTYPUS — Scheinkerrie — Rosaceae

A u s s a a t : Saatgut nach der Ernte sofort aussäen oder Frühjahrsaussaat mit stratifiziertem Saatgut, genügt zur Vermehrung vollständig. Die Keimung erfolgt in beiden Fällen im Frühjahr.

FLEMION erreichte rasche und gute Keimung nach Behandlung von 1 Monat in feuchtem Torfmull bei 25 und 30 °C und anschließend 3 Monate Kühlstratifikation bei 5 °C; oder bei täglich fluktuierend von 1—10 °C oder 1—15 °C oder auch bei 5—10 °C.

Man kann auch die Samen im Herbst mit konzentrierter Schwefelsäure behandeln und dann gleich ins Freie aussäen; Keimung dann im Frühjahr.

Im August geerntetes und noch etwas grünes Saatgut lief, wenn sofort nach der Ernte ausgesät, im nächsten Frühjahr zu 100 % auf, im Verhältnis zu 86 % bei stratifiziertem und nur 16 % bei trocken aufbewahrtem Saatgut (SM, S. 312).

S t e c k l i n g e von Sommertrieben sind ebenfalls einfach, wachsen leicht, sind aber trotzdem überflüssig.

K u l t u r a n s p r ü c h e : Keine; wird meist zu viel angezogen und ist dann schwer abzusetzen!

E i n z i g e A r t : *Rhodotypos scandens* (= *R. kerrioides*).

Flemion, F., 1953: Physiological and chemical studies on after-ripening of Rhodotypos kerrioides. Contrib. Boyce Thompson Inst. **5**: 143—159.

RHUS — Essigbaum — Anacardiaceae

A u s s a a t bei den hauptsächlichen Arten, wie *typhina, glabra* (letztere nur sehr selten echt in den Kulturen!), *aromatica, silvestris, verniciflua,* am besten und einfachsten. Die Fruchtkolben von *R. glabra* und *R. typhina* nach der Ernte erst etwas abtrocknen und nachreifen lassen; erntet man jedoch erst während der Wintermonate, so ist das nicht mehr erforderlich. Samen können trocken aufbewahrt werden; sie sind hartschalig und keimen schwer. Das SM (S. 315) empfiehlt ein einstündiges Einweichen in H_2SO_4 (Schwefelsäure). Hinterher gut abspülen. Die jungen Sämlinge werden im 1. Jahre, je nach Art, etwa 30—50 cm hoch.

W u r z e l s c h n i t t l i n g e kommen sodann in Betracht bei den geschlitztblättrigen Formen, wie *Rhus typhina* 'Dissecta' und *glabra* 'Laciniata'. Sie werden im Winter geschnitten und im Februar—März im warmen Kasten ausgelegt, wo sich der Austrieb bald entwickelt.

A u s l ä u f e r lassen sich häufig abnehmen.

K u l t u r a n s p r ü c h e : Alle Arten ziehen warmen, steinigen Boden, besonders Kalkboden, vor. Ausnahmen sind *Rh. vernix* und *verniciflua,* welche lieber feucht stehen und auch nur im Weinklima gut gedeihen. *Rh. toxicodendron* entwickelt sich an zusagenden Stellen zu einem lästigen Unkraut, das nur schwer wieder auszurotten ist. In Kultur sollte man außerdem Anzuchten dieser Art mit Maschendraht umgeben, um Berührungen zu vermeiden.

! Größte Vorsicht ist beim Zurichten der Wurzelschnittlinge folgender Arten zu beachten: *Rh. radicans, toxicodendron, succedanea, vernix* und *verniciflua.* Diese enthalten einen klebrigen, ätzenden Saft, der sehr giftig ist und auf der bloßen Haut Entzündungen und Schwellungen hervorruft. Deshalb ist bei dieser Arbeit das Tragen von Handschuhen unbedingt notwendig. Der Saft bleibt auch am Messer kleben. In der Fachpresse wurde schon verschiedentlich ein Anbauverbot der in Frage kommenden Arten angeregt.

E m p f e h l e n s w e r t e A r t e n : *Rhus chinensis* (= *osbeckii*), *copallina, glabra* mit 'Laciniata', *silvestris, thyphina* mit 'Dissecta' und *pulvinata* (= *glabra* × *typhina,* die häufig in den Baumschulen unerkannt vorkommt).

RIBES — Johannisbeere, Stachelbeere (Zierarten) — Saxifragaceae

Methode	Jan.	Febr.	März	April	Mai	Juni	Juli	Aug.	Sept.	Okt.	Nov.	Dez.
Aussaat			X	X					X	X		
Stecklinge						X	X					
Steckholz			●						●			
Veredlung	X		●					●				
Ablegen			●	●	●							

X X unter Glas; ● ○ Freiland; fette Zeichen wichtigste Methoden

Aussaat ist bei den reinen Arten ohne weiteres möglich, jedoch nur ausnahmsweise üblich. Die Früchte werden hierzu nach der Reife zerdrückt und die Samen ausgewaschen; sie können nun entweder eingeschichtet oder auch sofort ausgesät werden oder aber erst im nächsten Frühjahr gesät werden, und zwar am besten im Kasten. Die Keimung erfolgt recht bald, und die Sämlinge werden bei Frühjahrsaussaat, je nach der Art, 20 bis 50 cm hoch.

Früchte von *Ribes alpinum* sofort nach der Reife ernten, einige Tage auf einem Haufen liegen und gären lassen, dann Samen auswaschen, abtrocknen und einsanden; im März—April im Freiland aussäen, keimen nach 2—3 Wochen zu 70—80 %; Ertrag etwa 600—800 Pflanzen pro m² (BZ, S. 153). In Holstein wird immer behauptet, das Saatgut müsse unverzüglich nach der Reife im Kasten unter Glas ausgesät werden. Die Varietäten fallen natürlich nicht echt aus Samen, so ergibt z. B. Aussaat von *R. nigrum* 'Aconitifolium' 1/3 geschlitztblättrige und 2/3 ungeschlitztblättrige Sämlinge. Auch die Aussaat der Fruchtarten ergibt ein sehr unterschiedliches Gemisch.

Stecklinge sind eigentlich nur bei *R. alpinum* 'Pumilum' und ähnlichen, schwachwachsenden Ribes üblich. Sie werden schon sehr zeitig, etwa Anfang Juni, im Kasten gesteckt und bewurzeln sich rasch. Im folgenden Jahre werden sie dann auf Beete gepflanzt und sofort tief zurückgeschnitten.

Steckholz kommt bei den meisten Arten zur Anwendung, vor allem bei den Johannisbeeren (auch bei den Fruchtarten, vergleiche Abschn. C). Das Holz muß schon sehr früh geschnitten und noch im September ins freie Land gesteckt werden. Diese schlechtwachsenden Arten, z. B. die *sanguineum*-Formen 'King Edward VII', 'Splendens' u. a., steckt man besser im Kasten, und zwar so tief, daß nur noch ein Auge aus der Erde heraussieht. Bei den stachligen Arten müssen die Stacheln vorher entfernt werden. Steckholz wird unter anderem bevorzugt bei *R. aureum, americanum, gordonianum, intermedium, oxyacanthoides, petraeum, nigrum, sanguineum* mit Formen.

Ablegen ist bei dem Formenkreis um *sanguineum,* das heißt bei den Formen 'Plenum' und 'Grandiflorum', meist üblich, während andere Formen und auch die Art selbst aus Steckholz vermehrt werden. Zum Ablegen immer nur besonders reichblühende Mutterpflanzen auswählen, da viele blühfaul sind.

Veredlung: Am einfachsten ist die Winterhandveredlung. Sie kommt für alle Arten und Formen in Frage, die sonst nicht oder nur schwer wachsen, z. B. *lobbii, speciosum* usw. Näher darauf einzugehen ist nicht erforderlich; Unterlage für alle ist *R. aureum.* Es wächst alles leicht, und bei guter Pflege hat man kaum Ausfälle.

Empfehlenswerte Arten und Formen: *Ribes alpinum* (vor allem die Selektionen 'Schmidt' und 'Weber'), *gordonianum, leptanthum, lobbii, multiflorum, niveum, pinetorum, roezlii, sanguineum* (vor allem die Sorten 'Carneum', 'King Edward VII' und 'Pulborough Scarlet') und *speciosum* (ΛΛΛ).

ROBINIA — Falsche Akazie, Robinie — Leguminosae

	Jan.	Febr.	März	April	Mai	Juni	Juli	Aug.	Sept.	Okt.	Nov.	Dez.
Aussaat				●	●							
Veredlung		●	●	●			●					
Wurzelschnittlinge												X

X X unter Glas; ● ○ Freiland; fette Zeichen wichtigste Methoden

Aussaat: Saatgut im Oktober—November abnehmen und trocken aufbewahren. BERGANN empfiehlt, vor der Aussaat (im Mai im Freiland) das hartschalige Saatgut in einer Reibeschale mit scharfem Quarzsand unter mittlerem Druck zu reiben und die in Baumschulen und Forstbetrieben gebräuchliche unsichere Heißwasserbehandlung fallenzulassen. Seine Methode ist einfach und brauchbar.

GASSNERS Methode soll nur aus historischen Gründen kurz erwähnt werden: Saatgut in Sack füllen, dann 3 Minuten lang in kochendheiße, 3 %ige Natriumbikarbonatlösung hängen, abschrecken, mit gewöhnlichem Wasser nachspülen. Keimung soll nach 2 Tagen beginnen und nach weiteren 3 Tagen zu 100 % beendet sein.

Die Heißwasserbehandlung wird auch in USA ausgeführt. Die *Navajo Tribal Nursery* in Shiprock, N. Mex., hat ein besonderes Verfahren entwickelt. Hierbei werden die Samen in kochendheißes, eben vom Feuer abgenommenes Wasser geschüttet, und zwar 1 Pfund Samen auf eine Gallone Wasser. Der Kessel mit dem Wasser wird dann zum Abkühlen fortgestellt, und die Samen bleiben 15 bis 18 Stunden darin. Das Wasser soll aber zuletzt immer noch Zimmertemperatur haben. Nach dieser Zeit haben sich die Samen auf das Doppelte ihres Umfanges ausgedehnt. Sie werden dann durch ein passendes Sieb gesiebt, das die nicht gequollenen Samen passieren läßt, die anderen aber zurückhält. Letztere werden sofort ausgesät und gehen innerhalb einer Woche zu 95 % auf, die anderen Samen werden noch ein 2. oder gar 3. Mal behandelt, bis auch sie quellen.

Soll das Saatgut gedrillt werden, was bei größeren Anzuchten die Regel ist, dann wird es rasch an der Sonne abgetrocknet und sofort gedrillt. Die Keimung des gebrühten Saatgutes erfolgt meist schon nach 2 Tagen. Wie bei allen Leguminosen sind die jungen Sämlinge sehr frostempfindlich, daher nicht zu früh aussäen! Die beste Zeit ist die des beginnenden Laubaustriebs bei den Robinien. Obgleich die Aussaat bei allen Arten möglich wäre, ist sie in der Praxis doch nur auf *R. pseudoacacia* beschränkt.

Die *pseudoacacia*-Formen fallen aus Saatgut nicht echt; jedoch ergibt z. B. *ps.* 'Monophylla' einen Teil echter, einen Teil normaler Sämlinge und einen Rest Übergangsformen zwischen der Stammart und der Varietät.

Die Veredlung geschieht auf verschiedene Weise: Wo es sich um größere Mengen handelt, wird sie oft im Winter als Handveredlung auf den Wurzelhals der *pseudoacacia*-Sämlinge ausgeführt. Je nach der Reiserbeschaffenheit kommt die Kopulation oder der Geißfuß in Frage. Es wird sogleich verbunden und mit warmflüssigem Baumwachs verstrichen. Im Frühjahr werden die Veredlungen dann in der Baumschule aufgepflanzt. Bei dieser Art der Veredlung hat man häufig große Ausfälle.

Das Pfropfen hinter die Rinde im Freilande ist ebenfalls sehr gebräuchlich und für niedrige Veredlungen besonders erfolgreich. Die Unterlagen sollen schon 1 Jahr stehen und werden Mitte April bis auf etwa 25 cm über dem Boden zurückgenommen. Um einen Zapfen zu bekommen, kann man die Unterlage mit einem langen Schnitt (10 bis 12 cm) schräg anschneiden. An der tiefsten Stelle wird nun die Rinde gespalten und das Reis eingeschoben, verbunden und mit Wachs verstrichen. Das Holz soll ebenfalls eine sehr lange Schnittfläche haben und darf erst unmittelbar vor der Veredlung geschnitten werden. Der junge Trieb wird an den Zapfen geheftet, den man später ganz entfernt. Die Veredlungen wachsen sehr gut und machen im 1. Jahre, je nach der Art, Triebe von 1 m (*hispida*) bis 2 m und mehr (*ps.* 'Pyramidalis', 'Semperflorens', 'Monophylla' u. a.) (hierzu Abb. 303).

Die Okulation der Robinien ist ebenfalls möglich; hierbei müssen jedoch die Stacheln vorsichtig weggeschnitten werden (nicht wegbrechen, sonst wird das Auge beschädigt!). Das Auge schneidet man ganz dünn und läßt das Holz darin.

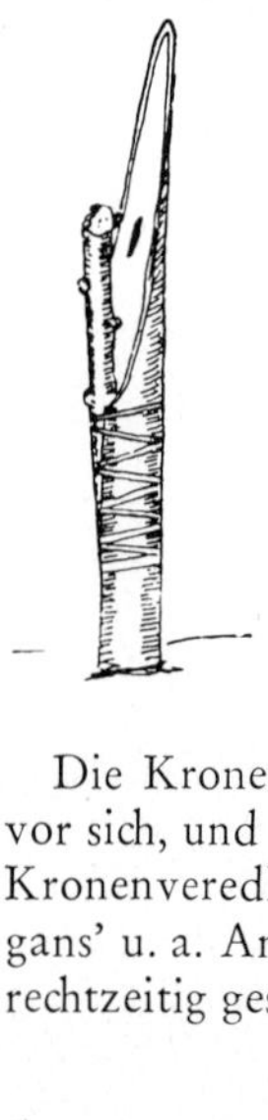

Abb. 303. Pfropfen von Robinien; vgl. Text (Original)

Die Kronenveredlung geht im Winter durch Kopulation oder Pfropfen hinter die Rinde vor sich, und zwar meistens auf *Bessoniana* als Stammbildner. Unbedingt anzuwenden ist die Kronenveredlung bei den folgenden *pseudoacacia*-Formen: 'Microphylla', 'Tortuosa', 'Elegans' u. a. Am besten ist hierzu die Zeit kurz vor dem Austrieb geeignet. Die Reiser müssen rechtzeitig geschient werden, weil sie sonst häufig durch Windbruch beschädigt werden.

Ausläufer: Diese Vermehrung kommt nur für die strauchigen Arten *R. hispida* und *R. kelseyi* in Betracht, die zwar in unseren Baumschulen in der Regel hochstämmig oder auch niedrig veredelt werden (Kopulation oder Geißfuß), aber als Veredlung meist kurzlebig sind.

Wurzelschnittlinge kommen in Betracht bei *R. hispida, R. kelseyi* und *R. pseudoacacia,* bei letzterer vor allem wichtig zur wurzelechten Vermehrung der sogenannten „Schiffsmastenakazie", Nr. 4138, einer äußerst starkwüchsigen und kerzengeraden Form. Schnittlinge im Dezember etwa 10 cm lang schneiden, zunächst bündeln und ganz in Sand einschlagen, dann im Februar—März im Kasten auslegen, waagerecht, und mit 2 cm Erde abdecken.

Kulturansprüche: Keine; am besten wachsen sie in trockenem, lehmigem Sand, aber auch durchaus noch befriedigend auf schlechtem Land und Geröll (z. B. an Bahndämmen). Robinien dürfen nach den bestehenden Vorschriften nur auf besonderen Wunsch des Abnehmers schon im Herbst herausgenommen werden.

Empfehlenswerte Arten und Formen: *Robinia hispida* und 'Macrophylla', *kelseyi, margaretta* (= *hispida* × *pseudoacacia*), 'Monument' (Form von *fertilis*), *pseudoacacia* mit den Formen 'Bessoniana', 'Frisia', 'Monophylla Fastigiata' (= 'Erecta'), 'Semperflorens', 'Tortuosa' und 'Umbraculifera'.

BERGANN, F., 1953: Zur Frage der Behandlung hartschaliger Leguminosen-Samen. Archiv f. Gartenbau 1: 469—473. — GASSNER: Versuche zur Behebung der Hartschaligkeit bei Leguminosensamen. Ang. Botanik XX, Heft 4. — (Anonym): Locust seed treatment. Am. Nurs. 15. 8. 1952, 31. (Navajo Tribal Nurs.). — N. A. K. B.: De Acacia Nr. 4138. Boomkwekerij 7: 60 (1952). — PETERS, A., 1952: De Robinia. Boomkwekerij 7: 76—77 (Hauptsächlich über Selektion und Vermehrung der Robinia Nr. 4138).

ROSA — Rose — Rosaceae

Methode	Jan.	Febr.	März	April	Mai	Juni	Juli	Aug.	Sept.	Okt.	Nov.	Dez.
Aussaat			●							●	●	
Okulation					(●)	(●)	●	●	(●)			
Winterveredlung			**X**	**X**								
Stecklinge			**X**	**X**	X	X	X	X	X			
Steckholz			●	●								

X X unter Glas; ● ○ Freiland; fette Zeichen wichtigste Methoden

Aussaat ist die gebräuchlichste Vermehrung für die Wildlinge. Die Hagebutten werden gut reif geerntet; besonders bei *multiflora* muß darauf geachtet werden, daß der Same an der Pflanze voll ausreift (das heißt bis zum Weichwerden des Hagebuttenfleisches), weil sonst ein großer Teil nicht keimt. Die Samen läßt man dann auf kleinen Haufen zunächst etwas rotten, oder man kann auch das Fruchtmark im Haushalt (Marmelade) verwenden. Danach wird die Saat stratifiziert und bleibt 1 Jahr liegen, ausgenommen *R. multiflora,* die schon nach der Stratifikation über Winter im 1. Frühling nach der Ernte ausgesät wird und gut keimt, ebenso auch manche andere Wildrosen, leider aber nicht die wichtigste von ihnen, *R. canina.* Bei der üblichen Stratifikation in der Baumschule setzt die Keimung erst 18 Monate nach der Ernte ein.

Auch Untersuchungen von CROCKER und BARTON ergeben, daß die Stratifikation bei 5 °C in Torfmull für die Nachreife sehr gut ist; hierbei keimt *R. multiflora* nach 4 Monaten vollkommen, *canina* jedoch erst nach 27 Monaten, *rugosa* nach 10 Monaten.

Leider brachten auch die ausgedehnten Untersuchungen von ROHMEDER keine Methode zur Abkürzung der Keimzeit bei *R. canina.*

Die Aussaat erfolgt entweder im Herbst oder im zeitigen Frühjahr. Man muß sich dabei nach der Güte des Samens und natürlich vor allem nach den Bodenverhältnissen richten.

Herbstaussaat ist bei tadellosem Saatgut immer zu empfehlen. Es werden auf ein normales Beet 6 Rillen gezogen. Die Reihen erhalten einen Abstand von 15 cm. In diese Rillen wird nun gesät. Das Aussäen ist eine Arbeit, die eine genaue Kenntnis der Keimfähigkeit und ein Gefühl für die zur Korngröße im richtigen Verhältnis stehende Samenmenge voraussetzt. Die Rillen mit dem eingestreuten Samen werden am besten gleich nach der Aussaat etwas zugedeckt, wegen der Mäuse und Sperlingsvögel. Um diese fernzuhalten, muß das Saatgut vorher gut mit Bleimennige eingepudert werden. Im Frühjahr keimt das Unkraut eher als die Rosensamen, und man kann beim Glattziehen der Rillen an trockenen Tagen schon das ganze Unkraut vernichten.

R. multiflora wird meist im zeitigen Frühjahr gesät, ebenso die Wildrosen. Letztere läßt man am besten so lange eingeschichtet liegen, bis sie anfangen zu keimen. Die Frühjahrsaussaat hat den großen Nachteil, daß man oft, wenn die Samen keimen, nicht auf das Land kann, weil dann der Boden noch zu naß ist. Notfalls muß man den Samen in ein Kühlhaus bringen und dort liegen lassen, bis besseres Wetter eintritt. Dann werden nachher die oft schon mehrere cm langen Keimlinge in die Rillen geworfen. Die Folge davon ist: Die Sämlinge haben krumme Wurzeln und sind dadurch als Unterlagen ganz ungeeignet und wertlos. Man kann das Saatgut auch dick aussäen und später die Sämlinge pikieren. Der richtige Zeitpunkt hierzu ist der, wenn das 3. Blatt vollständig ausgebildet und das Wetter warm ist. Wichtig ist hierbei ein sorgfältiges Aufnehmen der Sämlinge und ein ebenso sorgfältiges Verstopfen, wobei die Wurzeln möglichst gerade und senkrecht in den Boden gelangen müssen.

Im Herbst, etwa Oktober—November, werden die jungen Sämlinge herausgenommen und sortiert wie folgt (*canina* und „Edelcanina"):

	Durchmesser (in der Mitte des Wurzelhalses gemessen)	Bündeln zu	
1jährige Sämlinge	8—12 mm	25	Aufschulware
1jährige Sämlinge	6— 8 mm	50	Aufschulware
1jährige Sämlinge	4— 6 mm	100	Aufschulware
1jährige Sämlinge	3— 4 mm	100	Verschulware

Als minderwertig werden alle krummen Sämlinge ausgeschieden. Was weniger als 3 mm mißt, wird weggeworfen, weil es zum größten Teil Pflanzen sind, die auch später schwachwüchsig bleiben. Für *R. multiflora* gilt dasselbe. Letztere wird in Frankreich, Belgien, Holland und England auch zum Export gezogen und unter dem Namen „*R. polyantha*" gehandelt.

Zur Anzucht der Hochstammunterlagen pflanzt man nur Sämlinge mit 8—12 mm auf und läßt diese zwei Jahre stehen. Dann werden alle Schosse (auch „Pfeile" genannt) bis auf den besten sauber mit Schere oder Säge entfernt.

V e r e d l u n g : Die O k u l a t i o n , und zwar auf „schlafende Augen" (Abb. 122) ist die gebräuchlichste Veredlungsart für die Rosen; sie ist eine noch verhältnismäßig neue Methode. Wie Kordes berichtet, war der Stadtrat E. L. Meyn in Elmshorn der erste, der etwa um 1880 *canina*-Unterlagen baumschulmäßig aufpflanzte und dann niedrig okulierte. Das war überhaupt der eigentliche Anfang der Holsteiner Rosenproduktion, die vor dem Kriege etwa 12 Millionen Stück betrug und mittlerweile heute etwa das Dreifache beträgt.

Die Wildlinge sollen nach Möglichkeit stets auf Neuland aufgeschult werden oder doch nicht häufiger als dreimal hintereinander auf der gleichen Fläche, weil sich dann schon beträchtlicher Ausfall durch Müdigkeit bemerkbar machen würde. Die Bodenreaktion soll bei pH 5,5—6,5 liegen. Wenn das Land im März—April zum Aufpflanzen fertiggemacht wird, bringt man etwa 60—80 dz/ha Stalldünger, möglichst nur Rinderdünger auf, der flach untergepflügt (eingeschält) wird. Im zweiten Arbeitsgang wird das Land dann 25—28 cm tief gepflügt. Dann kann das Aufschulen beginnen.

Abb. 304. Großraumhaus für die Erzielung von Rosenreisern, mit denen die Veredlungsperiode frühzeitiger begonnen werden kann. Rosenschule W. Kordes Söhne in Sparrieshoop

Die Abstände sind durch die „Gütebestimmungen des BdB" vorgeschrieben. Es dürfen auf dem qm nicht mehr als 10—11 niedrige Rosen oder 4—5 Hochstämme stehen; die Reihenabstände ergeben sich durch den Einsatz der vorhandenen Maschinen. Dadurch hat man bei den niedrigen Rosen folgende Abstände: 14 × 70 oder 15 × 65 oder 18 × 50 cm und etwa 20 × 100 cm bei den Stammrosen. Unmittelbar nach dem Aufschulen werden die Unterlagen etwas angehäufelt, damit man später einen guten, weichen Wurzelhals bekommt. Unmittelbar vor der Okulation wird wieder abgehäufelt und der Wurzelhals mit einem weichen Lappen gesäubert.

Wie bekannt, kann man dann mit der Okulation beginnen, wenn ausgereifte Reiser zur Verfügung stehen und die Rinde der Unterlagen sich lösen läßt. Diese beiden Voraussetzungen fallen jedoch nicht zeitlich zusammen, sondern liegen weit auseinander; im Mai löst die Rinde, und man könnte dann auch schon okulieren, wenn ausgereifte Reiser verfügbar wären. Anfang September muß man mit dem Veredeln aufhören, weil die Augen nicht mehr genügend anwachsen und der Saftstrom geringer wird. In USA haben die großen Rosenfirmen bereits seit 25 Jahren, vielleicht noch früher, Wege gesucht und gefunden, um mit ihrem Personal die stetig wachsende Anzahl von Okulationen rechtzeitig ausführen zu können. Es gab dabei nur die eine Möglichkeit, früher anzufangen, möglichst schon im Mai. Die erforderlichen Reiser beschaffte man so, daß man Mutterpflanzen unter Glas aufpflanzte, die nicht nur früher reifes Holz brachten, sondern durch die längeren Triebe mehr Augen hatten. Auch in Deutschland ist diese Methode heute schon üblich (Abb. 304). Ferner hat man in USA im Herbst Reiser geschnitten und sie im Kühlhaus aufbewahrt, um sie dann im Mai zu verwenden. Dieser Weg ist ebenfalls gut gangbar, setzt aber das Kühlhaus voraus.

Verbunden wird heute praktisch nur noch mit den Schnellverschlüssen (OSV); das Verbinden mit Bast ist nicht mehr üblich. Das früher erwähnte Verbinden mit Wolle, zum Schutze gegen die Okuliermade, war wohl nur in Sachsen üblich, in Holstein jedenfalls nicht.

Nach der Okulation wird sofort wieder angehäufelt. Die Augen wachsen bei einer Lufttemperatur von wenigstens 12 °C in etwa 10 Tagen an. Durch das Anhäufeln wird das Austreiben der Augen verhindert. Im Herbst wird dann noch einmal angehäufelt, damit die Augen einen Winterschutz haben. Sobald im Frühjahr der Boden trocken ist, wird abgepflügt und die Wildkrone auf etwa 2 cm über dem Edelauge abgeworfen („abgesetzt"). Das muß rechtzeitig geschehen, nicht etwa erst dann, wenn die Augen schon ausgetrieben sind. Damit der junge Trieb sich verzweigt, wird er über dem 4. Blatt gestutzt; das kann man ohne Messer, nur mit den Fingernägeln machen, und das geht sehr schnell, da die Triebe ganz weich sind.

Die Hochstämme werden in vorgeschriebenen Stammhöhen mit 3 Augen veredelt; diese sollen immer 1 cm übereinander stehen und nach verschiedenen Richtungen zeigen, damit man eine volle Krone bekommt. Verbunden wird auch hier durch den Schnellverschluß. Die Jungtriebe werden pinziert und an den Zapfen geheftet. Die ganzen Reihen der Unterlagenstämme bindet man meist an Drahtgestellen fest. Das Aufpflanzen der Stämme erfolgt meist im Frühling, weil sie dann so stehen bleiben können, während bei Herbstpflanzung vorsichtshalber die Stämme über Winter niedergelegt werden müssen, um Frost- oder Dürreschäden zu verhüten.

Abb. 305. Das Okulieren niedriger Rosen (Werkfoto bei W. Aldinger, Baumschulen, Stuttgart-Feuerbach)

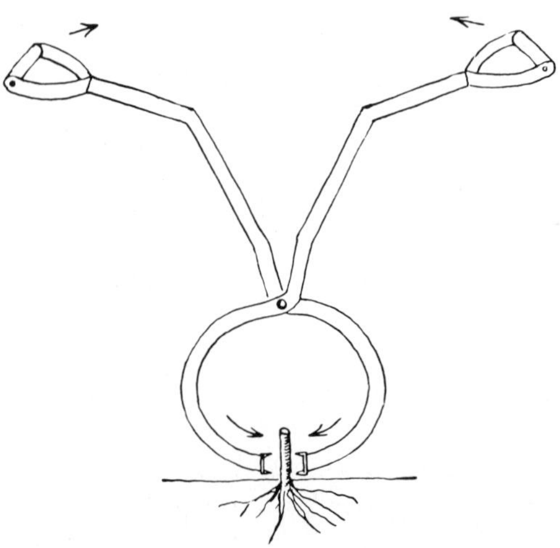

Abb. 306. Zange zum Herausziehen nicht angewachsener Rosenokulationen, wie sie in Belgien üblich ist (bei A. Calle, Wetteren) (Original)

Anwachsprozente. Die führenden Rosenschulen in Norddeutschland rechnen mit einem Anwachsergebnis von 60—80 %, in Süddeutschland etwas höher, mit 70—90 %. Diese erhebliche Spanne ist nicht allein in Ausfällen durch Witterungsunbilden bedingt, sondern vor allem dadurch, daß handwerklich gut und sauber veredelt wird und zur rechten Zeit.

Veredlungsausfälle können aber auch in der Wahl einer ungeeigneten Unterlage zu suchen sein; so ist es bekannt, daß Polyanthasorten nicht auf 'Heinsohns Rekord' wachsen, Remontant- und Edelrosen im Seeklima nicht auf 'Pollmeriana'.

Die Winterveredlung wird nur angewandt, um Neuheiten rasch zu vermehren. Voraussetzung für ihr Gelingen ist ein Haus, das man bei 18—20 °C halten kann. In einem gut abgedichteten Vermehrungsbeet werden die Veredlungen (Pfropfen hinter die Rinde) so lange behalten, bis die Verwachsung erfolgt ist. Die Unterlagen werden meist frisch eingetopft, man kann aber auch Wildlinge im Frühjahr vorher eintopfen und dann in einem frostfreien Raum bereitstellen. Am einfachsten ist es, die Veredlungen, die ja nicht mit Wachs verstrichen werden, in Moos einzuschlagen und sie nach dem Anwachsen erst einzutopfen.

Die Reiser kann man zuerst von hartem Holz nehmen, aber davon wachsen oft nur 20—50 %. Später nimmt man die jungen, ausgereiften Triebe der angetriebenen Mutterpflanzen und hat dann fast gar keine Ausfälle mehr.

Die Pflege der Winterveredlungen, die im Vermehrungsbeet im Warmhaus aufgestellt werden, muß mit viel Verständnis geschehen. Früher pflegte man über die einzelnen Veredlungen kleine Glasglocken zu setzen (oder auch die leicht zu erhaltenden Biergläser). Heute ist das kaum noch üblich. Wenn man im Vermehrungshause Platz genug hat, kann man die Pflanzen darin abhärten.

Die Winterveredlung wird auch noch angewandt für die Anzucht der Rosen für die sogenannte „amerikanische Treiberei“, bei der die Rosen auf Bankbeeten, auf *R. manettii* oder *R. odorata* veredelt stehen. Bei uns ist diese Anzuchtmethode eigentlich nur in den Rosentreibereien, z. B. Noack in Berlin-Mariendorf, Pougnier in Genf üblich. *R. odorata* wird überall dort an Stelle von *R. manettii* gebraucht, wo gelbe ('Geheimrat Duisberg', 'Souv. de Claudius Pernet' usw.) oder Teerosen gepflanzt werden, weil diese mit *R. manettii* unverträglich sind. Die Anzucht dieser Treibrosen soll nachstehend kurz behandelt werden: Als Unterlage wird *R. manettii* genommen, weil diese Art sehr anspruchslos ist und für ihre Kultur nicht viel Erde verlangt. Die Unterlagen bezieht man als einjähriges bewurzeltes Steckholz aus französischen oder holländischen Baumschulen, Stärke 6—8—10 mm Durchmesser zur Herbstlieferung.

Nach dem Eintreffen, möglichst im November, sofort eintopfen, dann die Töpfe frostfrei einschlagen, damit zeitig im Frühjahr veredelt werden kann. Wenn auch schon von Januar an die Veredlung möglich ist, so ist am günstigsten doch die Zeit von März bis April. Die Wildlinge holt man eine Woche vorher in das Haus, damit sie in Trieb kommen. Veredelt wird dann mit Kopulation. Dazu müssen die Mutterpflanzen entsprechend früh angetrieben worden sein, damit das Holz auch reif genug ist. Wenn man über Treibrosen (abgetrieben) verfügt, kann man selbstverständlich hiervon die Reiser schneiden. Die fertigen Veredlungen werden im sogenannten „Schwitzkasten“ in Torfmull eingesenkt, wo sie bei einer Temperatur von 25—30 °C eine Woche lang stehen bleiben.

In dieser Zeit muß die Luft beständig gespannt gehalten werden, und die Pflanzen dürfen niemals welken; ebensowenig dürfen die Töpfe in dieser Zeit trocken werden. Nach dieser Zeit beginnt die Kallusbildung, und man kann vorsichtig mit dem Lüften anfangen. Dabei muß darauf geachtet werden, daß die jungen Veredlungen nicht der Sonne ausgesetzt werden, denn das können sie noch nicht vertragen. Nach 3 Wochen sind sie dann soweit abgehärtet, daß sie aus dem Schwitzkasten herausgenommen und nach draußen in einen heizbaren Kasten gebracht werden können. Dieser Kasten muß jedoch noch etwa 4 Wochen schattiert werden, sonst verbrennen die empfindlichen Blätter. Nach dieser Zeit werden die Veredlungen zurückgeschnitten und man kann die Schattierung allmählich entfernen, während die zurückgeschnittenen Triebe wieder als Veredlungsreiser benutzt werden können.

Nach Ansicht führender Rosenzüchter haben *R. manettii* und *R. odorata* keine besondere Bedeutung, denn Winterveredlungen auf *R. canina* und den Edelcanina lassen sich ebensogut treiben. Die Amerikaner benutzten *R. manettii* nur deshalb, weil diese Unterlage aus Stecklingen gezogen ist und flach wurzelt; dadurch läßt sie sich im Sommer willkürlich durch Trockenhalten zur völligen Ruhe bringen, so daß man die Vollblüte zu Weihnachten erhält. Dies ist der wirkliche, tiefere Grund zur Verwendung der *R. manettii* in USA.

Weinard und Decker untersuchten okulierte und winterveredelte Rosen (für die Kultur unter Glas) auf etwaige Unterschiede hinsichtlich des Schnittblumenertrages und kamen zu dem Ergebnis, daß die Okulation in allen Fällen besser ist und mehr Blumen liefert. Merkwürdig ist die Angabe, daß Okulationen vom Sommer schon im Januar gehandelt wurden; das heißt, daß man Unterlagen mit angewachsenen Edelaugen, die noch nicht ausgetrieben sind, zum Verkauf bringt (1930).

Zur Unterlagenfrage: Für den Anbau im großen haben heute nur noch zwei Unterlagen Bedeutung, nämlich *R. canina* mit ihren vielen Rassen und *R. multiflora* (Abb. 309).

Canina aus Wildwuchs ist immer eine Mischung, da die Variationsbreite sehr groß ist. Daraus ergeben sich auf den Feldern auch unterschiedlich starke Pflanzen, deren Wachstum auf die ungleichmäßigen Unterlagen zurückzuführen ist. Um diesem Übelstand abzuhelfen, begann man schon in den 90er Jahren, besonders geeignete Pflanzen auszulesen, die dann als 'Edelcanina' in den Handel gebracht wurden. Heute wird fast nur noch auf solche bzw. *multiflora* veredelt. Die einzelnen Eigenschaften dieser Unterlagen sind in den Übersichten auf Seite 528 u. 530 zusammengestellt (Abb. 306).

Die ideale Unterlage für die Rosenveredlung ist noch immer nicht gefunden, wenn auch die 'Stachellose Multiflora' dem Ziel schon nahekommt. Von der idealen Unterlage fordert man:

1. einen langen, glatten Wurzelhals; 2. stachellose Triebe, frei von Brandflecken; 3. gesunden Wuchs, der möglichst bis September anhält, um eine längere Veredlungszeit zu haben; 4. gesundes, festes Laub; 5. kein Auftreten von Wurzelausläufern.

Gerade diese letzte Eigenschaft ist deshalb so wichtig, weil die Wildtriebe sonst in wenigen Jahren die Veredlung völlig überwuchern können.

Abb. 307. Großes Feld mit Rosenunterlagen („Pfänders" und „Inermis") bei H. Neuhoff in Rellingen (Werkfoto)

S t e c k l i n g e : Die meisten Rosenarten und -formen kann man auch aus Stecklingen vermehren. Notwendig ist hierzu ein warmer Kasten, sonst nichts. Die Stecklinge müssen den richtigen Reifegrad haben, weder zu hart noch zu weich sein. Eine Bedeutung hat die Anzucht aus Stecklingen nicht, höchstens noch für die heute recht beliebten Z w e r g r o s e n s o r t e n (Miniaturrosen), die vor allem aus Spanien, Holland und England zu uns gekommen sind. Sie werden aus Stecklingen nicht so hoch und so sparrig wie Veredlungen, was für den Verkauf von Zwergrosen in Töpfen vielleicht von Vorteil sein kann. Es werden hier am besten Stecklinge von leicht angetriebenen Topfpflanzen geschnitten, im März bis April, die nach ihrer Bewurzelung auch bis zum Verkauf im Topf bleiben und schon nach wenigen Monaten blühend zum Verkauf gelangen können.

In allerneuester Zeit hat die V e r m e h r u n g a u s S t e c k l i n g e n wesentlich an Bedeutung gewonnen, vor allem in Norwegen, Dänemark und England. Vor allem werden unter Glas Rosen aus Stecklingen immer häufiger gepflanzt, womit wahrscheinlich auch die in den letzten Jahren stark aufgekommene Winterhandveredlung wieder zurückgedrängt wird. In Dänemark sollen von den 46 ha Rosen unter Glas bereits 50 % auf eigener Wurzel stehen. Die Vermehrung durch Stecklinge wird von den Trieben vorgenommen, deren Blütenknospen schon Farbe zeigen. Man nimmt nur ein Auge mit einem Blatt und einem kurzen Triebstück unter dem Auge. Dieser Steckling wird in einen Würfel aus Steinwolle

Abb. 308. Bewurzelte Stecklinge von Edel-Rosen

(„Grodan") gesteckt und unter Sprühnebel aufgestellt, bei einer Bodentemperatur von 21 °C. Die Bewurzelung beginnt nach 2 Wochen, und nach zwei weiteren Wochen sind die Stecklinge gut durchgewurzelt. Die Vermehrung erfolgt ab März von Pflanzen unter Glas oder später auch von Freilandpflanzen. Sie kommt für alle Rosensorten in Betracht. Man kann selbstverständlich auch Stecklinge mit 2—4 Augen nehmen, doch beläßt man nur 2 Blätter am Steckling. Die hieraus erzielten Pflanzen waren selbstverständlich auch qualitativ besser als die aus nur einem Auge erzogenen Pflanzen. Es bleibt abzuwarten, ob sich die Anzucht der Beetrosen wie auch der Strauchrosen aus Stecklingen auch in Deutschland einführen wird (Abb. 308).

Steckholz: Das gut ausgereifte Holz wird im Dezember geschnitten und so aufbewahrt, daß es nicht von stärkeren Frösten berührt wird. Die Länge beträgt etwa 25 cm. Bei *R. rugosa* 'Hollandica', *manettii* und *multiflora* müssen im unteren Teil die Augen alle sau-

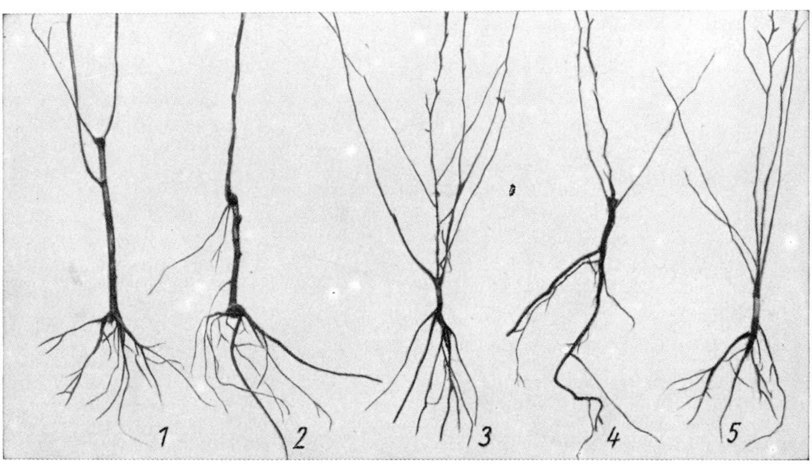

Abb. 309. Rosenunterlagen
1 = *R. manettii;* 2 = *R. odorata;* 3 = *R. rubiginosa;* 4 = 'Senffs Canina'; 5 = *R. canina*
(aus Noack-Kallauch, Rosen, 2. Aufl.)

ber weggeschnitten werden; nur an dem etwa 10 cm langen oberen Ende läßt man die Augen stehen. Das fertig geschnittene Steckholz wird gut eingeschlagen und im März—April so tief gesteckt, daß nur 2—3 cm über die Erdoberfläche hinausragen. Gefährlich für diese Vermehrung sind Spätfröste, die oft ganze Quartiere vernichten, so daß man in Deutschland fast ganz von der Steckholzvermehrung abgekommen ist, zumal ja auch die auf diese Weise vermehrbaren Unterlagen bei uns keine Bedeutung haben. Von sonstigen Rosen können nur Kletterrosen der *multiflora*- und *wichuraiana*-Herkunft billig so vermehrt werden.

Auch *R. multiflora* kann man gut aus Steckholz vermehren, doch kommt dies nur in solchen Jahren in Frage, in denen man weiß, daß nicht genügend Sämlinge zu haben sind. In Nordamerika (Oregon State College, Corvallis, Oregon) hat man Untersuchungen mit 15 Klonen von *R. multiflora* vorgenommen. Die Versuche liefen von 1948 bis 1958. Es handelte sich u. a. um die Klone 'Oregon I' bis 'Oregon VIII' und 'Texas Clark'. Die Ergebnisse zeigten lediglich auf, daß einige Klone sich sehr gut vegetativ vermehren lassen, andere weniger gut. Sie ließen aber auch erkennen, daß die äußerlich schönsten Klone keineswegs die besten Veredlungsergebnisse brachten. Überhaupt war keiner der 15 Klone eindeutig überlegen.

Kulturansprüche: Alle Rosen wollen am liebsten einen sandig-humosen, warmen Boden; mehr braucht hier nicht gesagt zu werden, weil über die Kultur der Rosen in jedem Katalog seitenlange Abhandlungen abgedruckt sind.

Die Eigenschaften der wichtigsten 'Edelcanina'-Rassen I

Bezeichnung	Gute Eigenschaften	Schlechte Eigenschaften
1. 'Brögs Stachellose' (von Robert Brög, Rickenbach bei Überlingen 1902 in den Handel gebracht)	Fast stachellos, sehr starkwüchsig; nimmt die meisten Edelrosen sehr gut an; nie Laubkrankheiten; auch für schwere, tonige Böden geeignet; bis spät im Herbst im Saft stehend, nimmt auch noch spät Veredlungen an; Wurzelhals sehr schlank; neuerdings wieder mehr als Unterlage für Treibsorten verwendet	Wurzeln sehr lang und dünn, verhältnismäßig wenig zahlreich, in strengen Wintern frostempfindlich, als Stammbildner leicht anfällig für Rost und Brand, nicht besonders hart; viele Rassen bleiben hierauf auffallend kurztriebig, Stamm sehr markig, beim Niederlegen oft brüchig
2. Canina 'Inermis' stammt von Gamon, Lyon, um 1905	Fast stachellos, sehr wüchsig und sehr langtriebig, bis tief in den Winter hinein wachsend; kann von Juni bis September gleich gut veredelt werden; fast alle Edelrosen wachsen gut hierauf; gute Bewurzelung, keine Laubkrankheiten; ist heute die beste Unterlage der Canina-Reihe; besonders gut für Kletter- und Polyantha-Rosen; guter Stammbildner, obwohl in der Jugend dünntriebig; besonders im Seeklima gut; Wurzeln sehr gut	Verträgt als Unterlage keine Trockenheit und läßt dann sofort die Blätter fallen, Samen keimen oft schwer; muß im kontinentalen Klima sehr früh veredelt werden, da sie bei Trockenheit schon sehr früh das Wachstum einstellt
3. 'Heinsohns Rekord' (von Gebr. Heinsohn, Wedel, in den Handel gebracht, um 1935)	Sehr starktriebig; als Stammbildner gut; Teehybriden wachsen hierauf gut	Rostanfällig, Triebe bogig wachsend, daher bei der Kultur sehr hinderlich, stark bestachelt, stark mehltauanfällig Alle Polyantha-Rosen und Sorten mit überwiegendem *multiflora*-Blut werden nach anfänglich gutem Gedeihen abgestoßen, ebenso *foetida* und verwandte Wildformen

Die Eigenschaften der wichtigsten 'Edelcanina'-Rassen II

Bezeichnung	Gute Eigenschaften	Schlechte Eigenschaften
4. 'Kokulinsky' (Baumschule Kokulinsky, Berlin-Lichtenrade vor 1927)	Fast stachellos, sehr wüchsig; nimmt alle Edelrosen gut an; besonders weiße und Teerosen wachsen gut hierauf; gute Wurzeln; auch als Stammbildner geeignet; wächst in allen Böden gleich gut; Kronen hierauf sehr langlebig und Blüten gut gefärbt, besonders Teehybriden; auf kalireichen Böden, wo sie keinen Rost bekommt, auch heute noch immer eine der besten Unterlagen	Sehr rostanfällig und deshalb sehr unsicher in der Kultur, ebenso in der Jugend oft Rindenflecken, wenig Samenansatz
5. 'Pfänder' (von Jakob Pfänder, Beuren, Württemberg 1945)	Guter Stammbildner; sehr starkwüchsig; gesund; auch für niedrige Rosen gut; frosthart; heute viel gepflanzt; Samen keimen sehr gut	Wurzeln verhältnismäßig lang und dünn; viele scharfe Stacheln
6. 'Pollmers' (= 'Pollmeriana' = 'Pavs rote Canina', angeblich entstanden aus *R. setigera* × *canina* Züchter: Pollmer in Großenhain, 1904)	Hoch- und steilwachsend; nimmt die meisten Edelrosen gut an; auch als Stammbildner verwendbar; besonders in der Dresdener Gegend verbreitet und dort auch ausgezeichnet, doch auch im Weinklima gut; hat viele gute, starke Wurzeln; für Treibrosen	Mäßig im Wuchs, sehr früh abschließend, muß daher sehr zeitig veredelt werden; im Seeklima gänzlich ungeeignet; mehltauanfällig
7. 'Senff' (von Senff in Zerbst, 1919)	Fast stachellos; glänzendes Laub; besonders Teehybriden wachsen gut hierauf (darf nicht in vollem Saft veredelt werden!), hat viele gute und starke Wurzeln	Stark anfällig gegen Rindenkrankheiten, etwas anfällig gegen Sternrußtau; als Stammbildner ungeeignet, weil zu markig; starke Ausläuferbildung

Die Eigenschaften der nicht zu *canina typica* gehörenden Veredlungsunterlagen I

Bezeichnung	Gute Eigenschaften	Schlechte Eigenschaften
8. „*laxa*" richtige Bezeichnung: *R. coriifolia froebelii* REHD. (von Froebel-Zürich 1890 verbreitet); nur wenig in Kultur, in S-England und im Weinbaugebiet	Fast stachellos, aufrecht wachsend; idealer Wurzelhals, fast nie Ausläufer; alle dunkelroten Teehybriden wachsen hierauf sehr gut und bekommen eine besonders leuchtende Farbe; für schwere, kalkreiche Böden besonders geeignet; hat die stärkste Bewurzelung von allen Unterlagen	Veredlung muß vor Mitte Juli beendet sein, da dann Triebabschluß; nicht alle Teerosen wachsen hierauf; hohes Bedürfnis an Kali und Kalk; bei ungenügendem Kali-Kalk-Vorrat starker Rostbefall!
9. *R. manettii* CRIVELLI; nur in S-Frankreich und Algier als Unterlage für Treibrosen gebräuchlich (seit 1834)	Sehr genügsam in bezug auf den Boden; beste Unterlage für die sogenannte „amerikanische Rosentreiberei", für Winterhausveredlung	Kommt als Unterlage für Freilandrosen nicht in Betracht; nur bis −15 °C winterhart; nur aus Steckholz vermehrbar; schlecht okulierbar; deshalb oft besser kopulieren; Tee- und Foetida-Hybriden werden schlecht angenommen

Die Eigenschaften der nicht zu *canina* gehörenden Veredlungsunterlagen II

Bezeichnung	Gute Eigenschaften	Schlechte Eigenschaften
10. R. multiflora THUNB. (Heimat: Japan, Korea, 1883)	Kräftig wachsend; nimmt die Augen gut an; Saatgut keimt im 1. Frühjahr nach der Ernte mit sehr hohen Keimprozenten; auch aus Steckholz vermehrbar; wächst oft 3mal so stark wie *canina;* sehr gut für Topfrosen; ebenfalls gut für Polyantha- und Kletterrosen	Triebe bogig wachsend, stark bestachelt, sehr starke Wurzelbildung am Wurzelhals, so daß oft kaum Platz zum Veredeln; abzulehnen für Edelrosen und Teehybriden, weil Lebensdauer hierauf viel kürzer und Blütenfarbe oft viel schlechter (vom BdB daher Warnung vor dieser Unterlage für obige Rosen und in Gütebestimmungen festgelegt)
11. R. rubiginosa, (= Sweet Briar)	Besonders für hitzige Böden, nur zum Niedrigveredeln; regt die darauf veredelten Sorten zum Remontieren an und verursacht intensivere Blütenfärbung (wird in letzter Zeit wieder mehr gefragt), beste Unterlage für Foetida-Hybriden	Stark bestachelt, Veredlungen haben im 1. Jahr nach der Pflanzung oft schwächeren Wuchs; läßt sich nur schlecht verpflanzen
12. *rugosa* 'Hollandica' (= *rugosa* × *manettii,* = 'Boskooper Rugosa') hierzu in Holland verschiedene Selektionen, z. B. 'Speks Improved'	Sehr winterhart; Wuchs steif aufrecht; Blüten hierauf groß und reichlich; in Holland (früher auch in Deutschland) stark als Stammbildner verwendet, weil nur diese Sorte auf den feuchten humosen Boskooper Böden gedeiht, dagegen *canina* und *multiflora* dort vollkommen versagen; für Topfrosen gute Unterlage	Sehr stark ausläufertreibend; alle hierauf veredelten Sorten haben nur kurze Lebensdauer; Hochstämme hierauf minderwertig, weil sehr dürreempfindlich und brüchig; braucht hohe Bodenfeuchtigkeit und Sandboden; nur aus Steckholz vermehrbar
13. 'Stachellose Multiflora' (im Handel verschiedene Typen)	Stachellos, sehr handlich beim Veredeln; außerordentlich wüchsig; fast ganz mehltaufrei, nimmt jede Sorte gut an; ideale Unterlage	Wie bei *multiflora;* muß einige Zeit vor der Veredlung frei gemacht werden, sonst ist der Wurzelhals voller Wurzeln, genau wie bei *multiflora;* die im Handel angebotenen Typen in ihrem Wert sehr unterschiedlich, die meisten ungenügend frosthart
14. *odorata* (Heimat: China); nur in den USA als Unterlage für einige Treibsorten in Gebrauch	Besonders für die Wintertreiberei geeignet; in erster Linie für Tee- und Lutea-Hybriden; läßt sich okulieren und kopulieren	Geringe Winterhärte; kommt als Unterlage für Freilandrosen nicht in Betracht
15. *indica major*	Was in Europa als *odorata* geht, ist fast immer weiter nichts als *indica major;* an der Reviera meist gebräuchliche Unterlage; bei uns nicht ausreichend winterhart	

Beschreibungen von 14 weiteren, heute meist nicht mehr oder kaum noch verwendeten Unterlagen siehe in der 2. Auflage dieses Buches, S. 428-431.

(Aus „Bestimmungen des BdB über die Verleihung und Verwendung des Deutschen Markenetiketts für Baumschulpflanzen“. Fassung vom 23. 1. 1953)

(§ 9) Das Deutsche Rosenmarkenetikett

Den vom BdB anerkannten Qualitätsbaumschulen kann auf Antrag für die Dauer der Anerkennung als Qualitätsbaumschule jederzeit widerruflich mit besonderer Urkunde das Recht verliehen werden, das Gütezeichen des BdB auf den vom antragstellenden Betrieb verwendeten Rosenetiketten anzubringen. Mit Zusendung der Verleihungsurkunde wird ein vom BdB einheitlich festgelegter Sonderbeitrag für Zwecke der Gemeinschaftswerbung erhoben.

Mit dem Gütezeichen versehene Rosenetiketten (Deutsches Rosenmarkenetikett) dürfen nur an Rosenpflanzen und Veredlungsunterlagen aus eigener Anzucht angebracht werden, die den Gütebestimmungen des BdB für Rosenpflanzgut der Güteklasse A voll entsprechen.

Mit der Verleihung des Rechts, das Deutsche Rosenmarkenetikett zu führen, übernimmt die Qualitätsbaumschule die Verpflichtung, sämtliche aus eigener Anzucht in den Verkehr gebrachten Rosenpflanzen der Güteklasse A mit dem Deutschen Rosenmarkenetikett zu versehen.

Die zur Führung des Deutschen Rosenmarkenetiketts berechtigten Betriebe sind gleichzeitig ermächtigt, das Gütezeichen des BdB auch auf ihren Etiketten für Baumschulpflanzen eigener Anzucht — mit Ausnahme von Obst- und Beerenobstpflanzgut und Pappeln — anzubringen, wenn diese den Anforderungen der Gütebestimmungen des BdB für Ware der Güteklasse A voll entsprechen.

Soweit Pflanzgut handelsüblich in Bunden verkauft oder versandt wird, genügt das Befestigen eines mit dem Gütezeichen des BdB und der Betriebsnummer versehenen Etiketts an jedem Bund.

Erlischt das Recht zur Führung des Deutschen Rosenmarkenetiketts durch Zeitablauf, infolge nachträglicher Aberkennung der Markenfähigkeit des Betriebes oder wird dieses Recht gesondert entzogen, so ist der Betrieb verpflichtet, die Verleihungsurkunde unverzüglich an die Geschäftsstelle des BdB zurückzugeben.

(Aus „Gütebestimmungen des BdB für Rosen". Fassung von 1963 und 1974)

(II. Rosen)

1. Niedrige Rosen:

Niedrige Edelrosen müssen, wenn anderes nicht vereinbart, auf *Rosa canina* oder deren Abarten, den sogenannten *Edelcanina*, veredelt sein. *Rosa „laxa"* (= *R. coriifolia froebelii*) und *Rosa rubiginosa* gelten ebenfalls als zulässige Unterlagen für niedrige Rosen der Güteklasse A.

! Andere Unterlagen, wie etwa *Rosa multiflora* oder *Rosa rugosa,* sind stets als solche ausdrücklich zu bezeichnen.

Bei der Anzucht dürfen bei *Rosa canina* und ihren Abarten je qm nicht mehr als 10 bis 11 Pflanzen und bei *Rosa multiflora* höchstens 10 Pflanzen aufgeschult worden sein (z. B. Pflanzweite bei *Rosa canina* 14 × 70 cm oder 15 × 65 cm oder 18 × 50 cm; bei *Rosa multiflora* ist jeweils eine 3 cm größere Pflanzweite erforderlich).

Güteklasse A: Hierunter versteht man einjährige, durch Sommerokulation erzielte Pflanzen mit mindestens 3 normal entwickelten, gut ausgereiften Trieben, wovon mindestens 2 aus der Veredlungsstelle kommen müssen, während der 3. Trieb bis 5 cm darüber entspringen darf (Abb. 310).

Polyantha-Rosen und ihre Hybriden müssen entsprechend beschaffen sein. Sie müssen auf *Rosa canina* und ihren Formen oder auf *Rosa multiflora* veredelt sein. Falls sie auf *Rosa rugosa* veredelt sind, ist dies unbedingt ausdrücklich zu vermerken.

Abb. 310. Niedrige Rosen; links Güte A rechts Güte B (Original)

Güteklasse B: Hierunter versteht man gut entwickelte, kräftige Pflanzen mit mindestens 2 kräftigen gut ausgereiften aus der Veredlungsstelle entspringenden Trieben.

2. Rosenstämme:

Bei Rosenstämmen muß in allen Angeboten und Rechnungen stets die Art des Unterlagenstammes, ob Wald-, Canina-, Sämling- oder Rugosa-Stamm, ausdrücklich angegeben werden.

Bei der Anzucht dürfen je qm nicht mehr als 4 bis 5 Pflanzen aufgeschult worden sein (z. B. 25 × 90 cm = 2250 qcm je Pflanze).

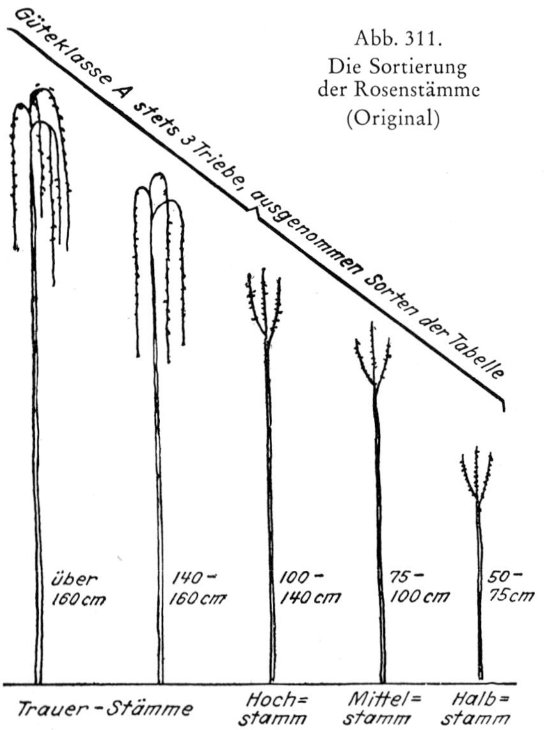

Abb. 311. Die Sortierung der Rosenstämme (Original)

Güteklasse A: Der Stamm muß kräftig und gerade gewachsen sein und gute Faserbewurzelung haben. Er darf keine größeren überwallten Wunden oder Brandflecken haben. Die Krone muß mindestens 3 stark entwickelte, aus zwei Veredlungsstellen entspringende Triebe haben. Der Stammdurchmesser muß, unmittelbar unter der Veredlungsstelle gemessen, mindestens 9 mm betragen.

Die Stammhöhe muß betragen für:

Hochstämme ca. 90 cm, Halbstämme ca. 60 cm, Trauerrosen ca. 140 cm (Abb. 311).

Trauerrosen sind hochstämmig veredelte Kletterrosensorten, einschließlich 'Maréchal Niel'.

Güteklasse B: Die Beschaffenheit muß, was Stamm und Bewurzelung angeht, der Güteklasse A entsprechen. Die Krone muß stark wie bei Güteklasse A sein, sie braucht aber nur aus einer Veredlung gewachsen zu sein.

Veredlungsunterlagen für niedrige Rosen und Stammrosen (Rosenwildlinge)

Rosenveredlungsunterlagen sind Sämlinge der *Rosa canina* und ihrer Sorten, der sogenannten „Edelcanina", sowie einiger anderer Wildrosenarten, z. B. *Rosa rubiginosa, R. multiflora.* Sie werden als „Sämlinge" (S) bezeichnet und müssen einjährig sein.

Rosenveredlungsunterlagen der Güteklasse A müssen einen geraden, glatten Wurzelhals von mindestens 25 mm Länge haben. Der oberirdische Teil der Pflanzen darf nicht auf weniger als 15 cm Länge vom Wurzelhals ab abgekürzt worden sein. Geringer Mehltaubefall, auch innerhalb der vorbezeichneten 15-cm-Grenze, bis zu 10 % der Pflanzen, sowie etwas zurückgestockte Spätherbstschosse bedeuten keine Güteminderung, wenn die holzartigen Triebe fest und gesund sind.

Krumme Rosenwildlinge können zur Anzucht von Rosenwildstämmen angeboten und verwandt werden.

(Über die Eigenschaften der bekanntesten Unterlagensorten gibt die Tabelle auf S. 528 bis 530 Auskunft.)

Rosenwildstämme

Rosenwildstämme sind dreijährige, mitunter auch zweijährige, einmal verschulte Pflanzen von *R. canina* und ihren Sorten, den sogenannten „Edelcanina", deren Triebe bis auf einen, für die Veredlung von Hochstämmen geeigneten Trieb weggeschnitten wurden.

Rosa-rugosa- und Waldstämme müssen als solche bezeichnet werden. (Es sind dies Wildstämme, die nicht baumschulmäßig gewonnen, sondern in Wäldern und Hecken ausgegraben wurden. Beide sind nicht markenfähig.)

Güteklasse A: Die Stämme müssen einjährig, gerade und ausgereift sein; eine leichte Biegung ist lediglich im untersten Teil des Stammes oberhalb des Wurzelhalses statthaft.

(Die Stämme müssen gesund, das heißt frei von Brand, Rost und starken Scheuerstellen sein; sie dürfen keine Verletzungen besitzen, die vom Zapfenschnitt herrühren.)

(Die Wurzeln müssen unterteilt und von der Verteilungsstelle der Wurzel an mindestens 10 cm lang sein und mindestens drei Hauptwurzeln besitzen. Die Stämme sind entweder nach sorgfältig ausgeführtem Zapfenschnitt zu liefern oder mit auf 5—10 cm zurückgeschnittenen Aftertrieben (Zapfen). Es ist ferner zulässig, die Stämme mit je einem ungekürzten Reservetrieb abzugeben. Die Art der Beschaffenheit der Stämme ist im Schriftwechsel in Angeboten und Rechnungen anzugeben. Der Grad der Bestachelung der Stämme ist Sorteneigenart und deshalb nicht gütemindernd.)

Sortierung und Bündelung der Rosenveredlungsunterlagen

Höhe in cm	Durchmesser	Zu bündeln	Binden
1. Rosenwildstämme			
80—100 100—120 120—140 140—160 160—200 (Veredlungshöhen)	Mindest-∅ bei allen Höhen an der Veredlungsstelle 5 mm, bei 'Pollmeriana' 4 mm	zu 10 Stück	2—3mal der Länge nach
2. Einjährige Unterlagen nicht vorgeschrieben	3—4, 4—6 mm	zu 100 Stück	1—2mal
	6—8 mm	zu 50 Stück	
	8—12 mm	zu 25 Stück	

Richtlinien über die Rosenneuheitenprüfung

1. Zur Prüfung und Wertbeurteilung von Rosenneuheiten wurden an verschiedenen Stellen Deutschlands Rosenprüfungsgärten eingerichtet. Zur Prüfung können nur Rosenpflanzen eingesandt werden; ein Veredeln in den Rosenprüfungsgärten ist unstatthaft. Die Einsendung der Pflanzen muß im Oktober—November eines jeden Jahres frachtfrei an die Anschrift der beim BdB zu erfragenden Rosenprüfungsgärten erfolgen. Die Pflanzen bleiben Eigentum des Einsenders, der sie nach Ablauf der Prüfungszeit auf ausdrücklichen Wunsch auf seine Kosten zurückerhält; andernfalls werden die Pflanzen verbrannt. Blumen- und Reiserschneiden von den Pflanzen während der Prüfungszeit ist nicht zulässig.

2. Geliefert werden müssen:
von Kletterrosen je 3 Pflanzen jeder Sorte an die Prüfungsgärten;
von Parkrosen je 3 Pflanzen jeder Sorte an die Prüfungsgärten;
von Teehybriden, Floribundarosen, Polyantha-Hybriden und Polyantha-Rosen je 10 Pflanzen jeder Sorte an die Prüfungsgärten.

3. Die eingesandten Pflanzen dürfen in den Prüfungsgärten nur mit einer vom BdB zugeteilten Nummer (ADR-Nr.) gekennzeichnet werden, die dem Einsender auf Anfrage von

der Geschäftsstelle des BdB vorher bekanntgegeben wird. Jede andere Bezeichnung eingesandter Rosenneuheiten ist unstatthaft, ausgenommen ausländische, bereits mit Namen versehene Züchtungen.

4. Die normale Prüfungsdauer beträgt 2 volle Jahre, bei Kletter- und Parkrosen 3 Jahre.

Um die Wertprüfung zu beschleunigen, wird jedoch im 2. bzw. 3. Jahr nur die Leistung bis jeweils 1. 9. bewertet. Kann in 2 Jahren kein einwandfreies Urteil abgegeben werden, ist eine Verlängerung der Prüfungszeit um ein weiteres Jahr zulässig.

5. Als Prüfer sind nur die Gärtner zugelassen, die jeweils den einzelnen Prüfungsgarten hauptamtlich zu betreuen und zu verwalten haben. Sie bewerten die Leistung der zu beurteilenden Sorte im einzelnen Prüfungsgarten auf einheitlichen Prüfungsbogen des BdB. Sie haben die Eintragungen eigenhändig vorzunehmen.

6. Alle Teilurteile sind ausschließlich auf Grund der Beobachtungen im Prüfungsgarten, nach Möglichkeit alle 14 Tage im Vorsommer und alle 4 Wochen im Sommer, abzugeben. Aus diesen Einzelergebnissen wird das Juli- und Novemberurteil abgeleitet.

7. Jedes Urteil ist mit Datum zu versehen. Im November des 1. Jahres ist ein kurzes Gesamturteil an die BdB-Geschäftsstelle einzusenden. Mit diesem Bericht sind tunlichst eventuell Nachforderungen für eingegangene oder schlecht wachsende Pflanzen zu stellen.

8. Im September des 2. Beobachtungsjahres ist der Originalbeurteilungsbogen an den BdB mit Endurteil einzusenden. Dort werden die Urteile aus den einzelnen Prüfungsgärten ausgewertet. Aus den Ergebnissen der einzelnen Prüfungen wird in einer Sitzung des Ausschusses für Züchtungsfragen des BdB das Gesamturteil ermittelt, das dem Einsender mitzuteilen ist. Eine Veröffentlichung der Ergebnisse in den BdB-Mitteilungen erfolgt nur, wenn der Name der Sorte gemeldet ist.

Abb. 312. Kühlkeller für Rosen (Bild: Hauenstein Baumschulen, Rafz, Schweiz)

9. Hat eine neue Rose in allen Prüfungsgeräten 8—10 aller möglichen Punkte erreicht, so kann sie unter der Bezeichnung „All-Deutsche-Rosenprüfung" abgekürzt: „ADR", als Beste, Zweitbeste, Drittbeste des Prüfungsjahres in den Katalogen geführt werden. Die Bezeichnung „ADR" soll für Rosen das höchste Werturteil sein, das in Deutschland vergeben werden kann.

Die mögliche Gesamtpunktzahl beträgt:

ohne Neuheitenwert 100,
für Neuheitenwert 5.

Für die Wertbezeichnung „Sieger in ADR" sind 80 Punkte nötig.

10. Diese Neuordnung der Rosenprüfungen wurde nach langjähriger Beobachtung der in Deutschland, Frankreich, England und besonders der in den USA üblichen Verfahren ausgearbeitet. Sie ist gegenüber den bisherigen Verfahren wesentlich verbessert. Insbesondere ist die ganzjährige Beobachtung durch die Prüfungsgärtenleiter sicherer und gerechter als z. B. die zweimalige Prüfung an je einem Tag durch eine Kommission (Fassung vom Juni 1949).

Empfehlenswerte Arten und Formen, meist Wildrosen: *Rosa anemonoides* (∧∧∧) *banksiae* (∧∧∧), *bracteata* (∧∧∧), *britzensis, canina, carolina* (= *humilis*), *caudata, centifolia, damascena, davidii, ecae, elegantula* (= *farreri*), *foetida* (= *lutea*), *gallica, helenae, holodonta* (= *moyesii rosea*), *hugonis, laevigata* (∧∧∧), *macrophylla, moschata* (∧∧∧), *moyesii, multibracteata, multiflora, nitida, nutkana, omeiensis* mit *pteracantha, oxyodon* mit *haematodes, primula, rubiginosa, rugosa, sericea, stellata mirifica, wichuraiana, willmottiae* und *xanthina*.

Abb. 313. Feld niedriger Rosen bei W. Kordes Söhne, Sparrieshoop

Crocker-Barton, 1931: After-ripening, germination, and storage of certain rosaceous seeds. Contrib. Boyce Thompson Inst. **3**: 385-404. — Fischer, H., 1953: Zur Bekämpfung der wichtigsten Rosenblattkrankheiten in der Baumschule. Dt. Baumschule **5**: 191-193; **6**: 64-68 (1952). — Kordes, W.: Das Rosenanbaugebiet Holstein. Rosenjahrb. 1953, VII: 27-35. — Kordes, W.: Das Rosenbuch. 8. Aufl. Hannover 1960. — Norman, A.: Successfull Rose growing. 183 S. London 1953. — Rathlef, v., 1941: Die Entstehung und Entwicklung der Floribunda-Rosen. Zeitfragen der Baumschule **4**: 55-64. Aachen. — Rohmeder, E.: Keimversuche mit Wildrosen. In „Beiträge zur Keimungsphysiologie der Forstpflanzen“, S. 36-44. München 1951. — Tantau/Weinhausen: Die Rose, ihre Kultur und Verwendung, 146 S. Stuttgart 1956. — Wulff, H. D., 1951: Rosa kordesii, eine neue amphidiploide Rose. Züchter **21**: 123-132. — Smith, A. G., 1941: Experiments on the culture of Hybrid Tea roses. 32 S. Va. Agr. Expt. Sta. Bull. **334**. — Weinard/Decker, 1930: Summerbudded versus wintergrafted roses. 9 S. Ill. Agr. Expt. Sta. Bull. **358**. — Anonym: Rose rootstock tests in Oregon; in Am. Nurs. 15. 9. 1959: 87. — Ferguson, J.: A botanical study of Rose stocks; in Jour. R. H. S. 58: 344—371; 1933. — Leemans, J. A.: Rootstocks for Roses; Boskoop 1965. Die beste Arbeit für Rosenunterlagen; auch in einer niederländischen Ausgabe erschienen. — Steffen, L.: Stecklingsvermehrung von Rosen gewinnt an Bedeutung; Erwerbsgärtner 1974: 1237-1238.

Beschreibungen der Rosenarten und -sorten

Jaeger, A.: Das Rosenlexikon. 768 S. Uftringen 1936. (Enthält nahezu alle bis 1936 bekannten Sortennamen.) — McFarland, J. H.: Modern Roses (8.) Zur Zeit in USA im Druck; voraussichtlich 1977 erscheinend. Enthält auch alle Sorten von 1936 bis 1976, zus. etwa 9000 Sortennamen. — Krüssmann, G.: Rosen — Rosen — Rosen. 447 S. Berlin 1974. — Beschreibt etwa 3000 Sorten und botanische Rosen nebst Angabe ihrer Standorte in den deutschen Rosarien.

ROSMARINUS — Rosmarin — Labiatae

S t e c k l i n g e von krautartigen Trieben, im Frühjahr oder Sommer geschnitten und in Handkästen im Hause aufgestellt, bewurzeln sich rasch. Sie sind bis zur Verwendung in Töpfen zu halten und müssen im Winter gegen Frost geschützt werden.

K u l t u r a n s p r ü c h e : Leichter, sandiger, kalkhaltiger Boden und warme Lage. In Nord- und Mitteldeutschland gute Winterdecke geben! In Süddeutschland hält der Rosmarin meist auch im Freien aus. Vorsicht vor Schafen, die die Pflanzen gierig abfressen!

E m p f e h l e n s w e r t e A r t e n : *Rosmarinus lavandulaceus* (ΛΛΛ) und *officinalis* (Λ—ΛΛ).

RUBUS — Brombeere, Himbeere — Rosaceae

Methode	Jan.	Febr.	März	April	Mai	Juni	Juli	Aug.	Sept.	Okt.	Nov.	Dez.
Aussaat			●						●	●		
Stecklinge						X	X	X				
Blattstecklinge .							X	X	X			
Wurzelschnittlinge .											**X**	**X**
Absenken							●	●				

X X unter Glas; ● ○ Freiland; fette Zeichen wichtigste Methoden

A u s s a a t kommt nur für die botanischen Arten in Frage, nicht für die Fruchtsorten; gleich nach der Ernte säen oder Saatgut einschichten und im Frühjahr säen. Auf keinen Fall trocken aufbewahren! Handelssaatgut muß nach Erhalt möglichst rasch eingeschichtet werden. Frühjahrsaussaat im Freiland auf Beete. Keimung erfolgt schnell, und die jungen Sämlinge wachsen ebenso schnell wie die Wurzelschnittlinge.

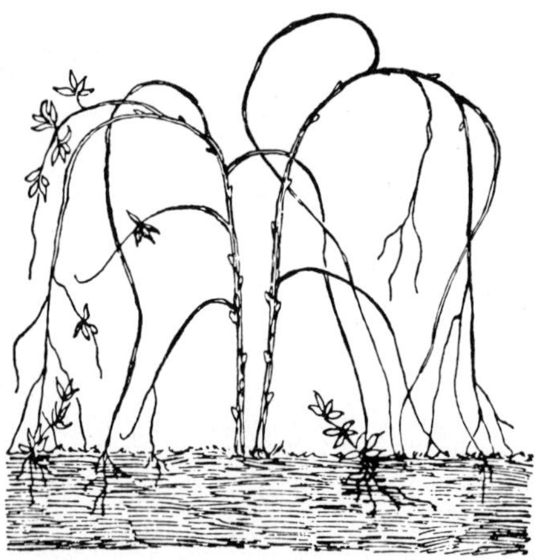

Abb. 314. Absenken der Triebspitzen bei *Rubus*

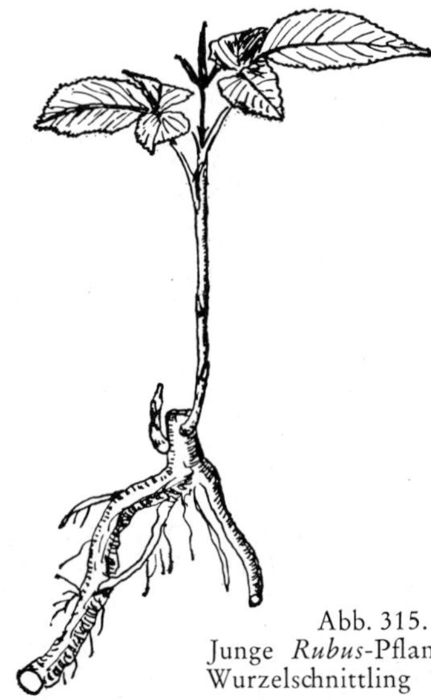

Abb. 315. Junge *Rubus*-Pflanze, aus Wurzelschnittling erzogen

Für die gewöhnliche „Sandbrombeere“, eine der verbreitetsten Sorten, ist die Aussaat praktischer und einfacher als die Anzucht aus Wurzelschnittlingen. Saatgut immer nur von den besttragenden und großfrüchtigen Pflanzen sammeln!

In gleicher Weise kann man auch die anderen Rubusarten säen, z. B. *R. xanthocarpus, phoenicolasisus, henryi, bambusarum* usw.

Stecklinge sind bei einer großen Anzahl der botanischen Arten sehr beliebt und wachsen auch sehr gut. Man bevorzugt Stecklinge von Seitentrieben, weil die Haupttriebe zu markiges Holz haben und daher schlecht Wurzeln machen. Sie bilden wohl sehr viel Kallus, aber keine Wurzeln. Die sommergrünen Arten steckt man im Juni, die selteneren, immergrünen Arten, wie z. B. *henryi* und *bambusarum*, im Juli—August.

Teilung kommt für alle wuchernden Arten in Frage, auch für die zwergige *R. arcticus.* Weitere Beschreibung ist nicht notwendig.

Kulturansprüche: *R. odoratus* wächst selbst in schlechtester Lage noch gut. Einige ostasiatische Arten (*R. lasiostylus, koreanus, biflorus* u. a.) frieren im Winter bis zum Boden zurück, treiben aber im Frühjahr immer wieder kräftig durch. *Rubus idaeus* ist eine Leitpflanze für schwach saure Böden.

Empfehlenswerte botanische Arten: *Rubus amabilis, biflorus* (∧∧∧), *calycinoides* (∧∧∧), *cockburnianus* (= *giraldianus*), *deliciosus, henryi bambusarum, laciniatus, leucodermis, malifolius, nutans, odoratus, parviflorus, phoenicolasius, setchuenensis, spectabilis, thibetanus, tricolor* und 'Tridel'.

RUSCUS — Mäusedorn — Ruscaceae

Aussaat: Die roten Beeren werden nach der Reife eingeschichtet und im Frühjahr ausgesät. Der Erfolg ist nicht immer zufriedenstellend.

Teilung der Wurzelstöcke ist die einfachste Vermehrung, ebenso das Abtrennen der jungen Triebe im Frühjahr. Weiterkultur in lockerem, gut vorbereitetem Boden in halbschattiger Lage.

Kulturansprüche: Braucht frischen Boden, der auch steinig sein kann, und halbschattige Lage; wächst auch noch gut in tiefem Schatten. Bei uns im Winter Reisigdecke.

Nur für Liebhaber.

SALIX — Weide — Salicaceae

Methode	Jan.	Febr.	März	April	Mai	Juni	Juli	Aug.	Sept.	Okt.	Nov.	Dez.
Aussaat						●						
Stecklinge						X						
Steckholz		●	●									
Veredlung	●	●	●									
Ablegen					●	●						

X X unter Glas; ● ○ Freiland; fette Zeichen wichtigste Methoden

Aussaat ist kaum üblich, aber möglich. Der Same reift von Ende Mai bis Ende Juni und keimt oft schon 12 Stunden nach der Aussaat. Saatgut muß man stets selbst sammeln und möglichst bald auf einem passenden, sehr feuchten Boden säen. Die Keimung der Juniaussaat geschieht nach etwa 2 Tagen zu 50 und mehr Prozent; im Juli keimt schon fast nichts mehr. Das Saatgut hält sich mithin nur 3 Wochen. Im 1. Jahre werden die Keimlinge etwa 30 cm hoch.

In der Natur säen sich die Weiden auf feuchtem, reinem Sand oft von selbst aus. Die Sämlinge stehen dann dort sehr dicht. Überschwemmungen schaden ihnen nicht im geringsten. Erst vom 3. Jahre an wird das Wachstum der Sämlinge stark, und mit 5 Jahren kann man verpflanzen. In der Baumschule kommt daher die Aussaat, außer gelegentlich bei *S. caprea*, nicht in Frage.

Stecklinge sind bei den feintriebigen Arten und Formen, besonders bei den alpinen Zwergweiden, ebenso für *S. bockii*, 'Wehrhahnii', *boydii, lanata, reticulata* und die niedrigen *purpurea*-Formen, am besten. Eine Veredlung von Zwergweiden ist in jedem Falle unangebracht; Sommerstecklinge von krautigen Trieben, etwa im Juni gesteckt, wachsen immer und bei allen Weiden (Ausnahmen siehe unter Veredlungen).

S t e c k h o l z ist die übliche Weidenvermehrung. Wie bei den Pappeln wächst auch hier jedes Stück. Es wird im Winter frühzeitig geschnitten und im Frühjahr, bei offenem Wetter, sofort gesteckt. Die Bewurzelung in etwas feuchteren Böden ist sehr gut, und die Jungpflanzen erreichen, je nach der Art, schon oft im 1. Jahr eine Höhe von 1,50 m. Nach dem Laubfall wird das bewurzelte Steckholz von den Beeten geräumt, gebündelt und eingeschlagen. Im Frühjahr nach dem Rückschnitt aufschulen, dabei kann man die abgeworfenen Triebe gleich wieder als Steckholz verwenden.

Salix caprea kann man im allgemeinen nicht aus Steckholz vermehren, doch wächst es von Typen mit grünem (nicht filzigem) Holz; solche Pflanzen sind indessen oft weiblich und daher weniger gut verkäuflich, weil die Blütenkätzchen nicht gelb, sondern grün sind.

V e r e d l u n g ist nur bei ganz wenigen Arten üblich, die aus Stecklingen und Steckholz nicht oder nur schwer wachsen. Das sind vor allem *S. caprea* ♂, *balsamifera, magnifica, mackenzieana, aurita* 'Tricolor' und vielleicht noch einige andere. Diese werden als Winterhandveredlung auf irgendeine Unterlage, die man gerade zur Hand hat, veredelt, und zwar so tief, daß sie später eigene Wurzeln bilden und die Unterlage abstoßen können. In der Regel eignet sich eine beliebige *vinimalis*-Form am besten dazu, Veredlungen gut verstreichen und einschlagen. Im Frühjahr aufschulen und nach dem Austrieb etwas an Stäben heften, damit, besonders bei *caprea* ♂, nicht die Triebe so sparrig durcheinanderwachsen und bei den Kulturarbeiten abgebrochen werden; Die *caprea*-Veredlungen sind mit 3—4 Trieben schon im 1. Jahre zur Not verkaufsfähig, schöner sind natürlich zweijährige Veredlungen.

Die Kronenveredlung kommt nur für die *caprea* 'Pendula' (♂ und ♀), die kugelrunde Büsche bildende *purpurea* 'Nana' sowie *purpurea* 'Gracilis' und *purpurea* 'Pendula' in Frage. Diese werden auf gerade Stämme von *S. daphnoides* im zeitigen Frühjahr durch Geißfuß veredelt. Auch hier wächst alles mühelos. Will man noch andere Arten hochstämmig veredeln, dann wähle man immer möglichst eine nah verwandte Art als Unterlage, die zumindest die gleiche Rindenfärbung haben soll, sonst gibt es später sehr häßliche Bilder. Solche Mißgeburten mit zweierlei Rindenbildungen sind gewiß jedem Baumschuler an Straßen schon aufgefallen (Ulmen, Aesculus, Birken usw.).

A b l e g e n oder E i n s a n d e n kommt für solche Weiden in Betracht, die zwar auch aus Stecklingen wachsen, aber auf diese Weise zu langsam vorwärtskommen. Das sind in der Hauptsache die empfindlicheren Zwergweiden, wie *S. reticulata, herbacea* u. a. Diese legt man vorsichtig ein, so daß später größere, bewurzelte Stücke abgetrennt werden können. Die beiden genannten Arten sind in Kultur sehr heikel und dürften auch wohl nur selten anzutreffen sein.

Über E r z e u g u n g u n d V e r t r i e b v o n B i n d e w e i d e n waren besonders wichtige Bestimmungen ergangen, wonach die Sorten zur Anerkennung als Landsorten bzw. Hochzuchten gemeldet sein mußten. Ebenso durften nur Stecklinge aus anerkannten Beständen, in vorschriftsmäßig plombierten Bündeln, in den Verkehr gebracht werden. Ob und wieweit diese Vorschriften heute noch gültig sind, konnte zur Zeit nicht in Erfahrung gebracht werden. Interessenten wenden sich in dieser Angelegenheit am besten an ihre zuständige Landwirtschaftskammer.

K u l t u r a n s p r ü c h e : Die Weiden gedeihen in jedem nicht zu trockenen Boden in sonniger Lage. *S. alba* und ihre zahlreichen Formen, ebenso *S. fragilis, viminalis, cinerea* und andere, lieben einen feuchten bis nassen Boden und vertragen auch gut längere Überschwemmungen. Die alpinen Zwergweiden wollen am liebsten einen kühlen Stand in frischem, steinigem Boden in Nordlage.

Bei den meisten Weidenarten haben die männlichen Pflanzen schwächeren Wuchs als die weiblichen, was für die Nutzung wichtig zu wissen ist. Dies ist auch schon bei den Jungpflanzen und Sämlingen erkennbar.

Reifweiden (*daphnoides, acutifolia*) gedeihen sehr gut auf leichten Sandböden, sogar Dünen, und sind daher, ebenso wie *S. interior* (= *longifolia*), geeignet zur Befestigung losen Sandes an Hängen und Böschungen.

Von den Bindeweiden sind am besten *S. viminalis, purpurea, amygdalina,* 'Americana' und die 'Ulbrichsweide'. Davon hat *S. purpurea* den höchsten Gerbstoffgehalt; sie wird deshalb vom Vieh gemieden und nicht von Wild verbissen; sie ist deswegen an sonst dem Wildverbiß ausgesetzten Plätzen eine gute Heckenpflanze.

Empfehlenswerte Arten und Formen: *Salix acutifolia* 'Pendulifolia', *alba* mit den Formen 'Chermesina' (= 'Britzensis'), 'Sericea' (= *f. argentea*) und 'Tristis' (= *chrysocoma*), *apoda* ♂, *babylonica, caprea* ♂, *daphnoides, elaeagnos, elegantissima, gracilistyla, hastata* 'Wehrhahnii', *lanata, magnifica, matsudana* 'Tortuosa', *purpurea* mit 'Gracilis' und 'Pendula', *rehderiana, repens rosmarinifolia, sachalinensis* 'Sekka' (= „Setsuka"), *sepulcralis* und *smithiana.*

SCHMIDT, H.: Zucht und Anbau von Korbweiden. 50 S. Berlin 1937.

SAMBUCUS — Holunder — Caprifoliaceae

Aussaat ist bei *S. nigra* und *racemosa* die wirtschaftlichste Form der Vermehrung; die anderen Arten, z. B. *S. glauca, canadensis, melanocarpa* u. a. fallen nur dann echt aus Samen, wenn die Mutterpflanzen so isoliert stehen, daß Fremdbestäubung ausgeschlossen war. Das Saatgut muß nach der Reife eingeschichtet werden. Im Frühjahr sät man auf Freilandbeeten aus. Die Keimung erfolgt bald, und die jungen Sämlinge entwickeln sich sehr rasch. Nicht zu dick säen, denn es kann bei frischem Saatgut immer mit sehr hohen Keimprozenten gerechnet werden, und die Jungpflanzen müßten sonst auf den Beeten verhungern. Sie werden in der Regel im 1. Jahre 60—100 cm hoch. Die Pflanzen an den Beeträndern sind immer am kräftigsten. Erfolgt die Keimung aus irgendeinem Grunde nicht binnen kurzem, dann ist das Saatgut nicht einwandfrei, und man kann die Beete besser umgraben und Steckholz schneiden, mit dem man auch jetzt noch schneller zum Ziele kommt.

Die Formen fallen aus Samen recht unterschiedlich; so z. B. ergibt Aussaat von *S. nigra* 'Laciniata' nur einfache *S. nigra,* dagegen Aussaat von *S. racemosa* 'Plumosa' alle Übergänge von *S. racemosa* und dieser Form.

Bei der Auswahl von *Sambucus nigra* für wirtschaftliche Verwendung soll man nur solche Exemplare aufpflanzen, die hängende Fruchtstände und dunkelrote Fruchtstiele haben sowie gleichmäßig reifen. Fruchtstände mit grünen Fruchtstielen sind wertlos. Weitere Fehler sind das ungleichmäßige Reifen der Früchte und geringe Beerengröße.

Stecklinge schneidet man im Frühsommer von den geschlitztblättrigen und zarten Buntlaubformen (z. B. 'Albopunctata'), die auf diese Weise bessere Bewurzelung bekommen als bei der Steckholzvermehrung. Wenn Zeit und Raum genügend vorhanden sind, sollte man aus diesem Grunde die Vermehrung aus Stecklingen vorziehen. Durch Steckholz gibt es niemals so schöne Pflanzen, und auch die Wurzelbildung läßt oft zu wünschen übrig. Die Stecklinge möglichst von jungen, dünnen Trieben nehmen und nicht etwa vom markigen Holz.

Stecklinge schneidet man im Frühsommer von den geschlitztblättrigen und zarteren Formen. Bei frühzeitigem Stecken und Verwendung von dünnen Trieben hat man sehr gute Erfolge. Über die Bewurzelung vgl. den vorigen Abschnitt.

Teilung bzw. Abtrennen von Wurzelausläufern kommt bei *S. canadensis* und *ebulus* in Frage. Warnung vor *S. ebulus!* Es ist ein richtiges Unkraut und läßt sich kaum mehr ausrotten, wo es sich einmal eingenistet hat.

Veredlung ist nur ein Notbehelf, den man allerdings auch schon einmal anwenden muß, z. B. bei der gelbblättrigen *S. racemosa* 'Plumosa Aurea', auch eventuell bei 'Albopunctata', die schlecht oder doch zu langsam aus Stecklingen wachsen; Unterlage Wurzelstücke.

K u l t u r a n s p r ü c h e : Sehr anspruchslos und anpassungsfähig; wachsen in trockenem und feuchtem Boden gleich gut. Auch an die Belichtung stellen sie keine Ansprüche und wachsen in der Sonne ebenso gut wie im Schatten.

E m p f e h l e n s w e r t e A r t e n u n d F o r m e n : *Sambucus canadensis* 'Maxima', *glauca* (= *coerulea*), *nigra* mit den Formen 'Albopunctata' (= 'Pulverulenta'), 'Aurea' und 'Laciniata', *racemosa* mit 'Plumosa Aurea'.

SANTOLINA — Heiligenkraut — Compositae

Teilung der alten Pflanzen durch Zerreißen im Frühjahr meist mühelos, wenn an jedem Teilstück einige Wurzeln bleiben. Sonst Stecklinge von halbharten Trieben im Frühjahr im Haus; aber vorsichtig behandeln, da sie leicht faulen. Stecklinge dürfen nie welk werden.

Empfehlenswert: *Santolina chamaecyparissus, pinnata, virens.*

SARCOCOCCA — Fleischbeere — Buxaceae

Die A u s s a a t geht am besten im Frühjahr vor sich, und zwar immer unter Glas. Die Jungpflanzen, aber auch die älteren, sind vielfach sehr frostempfindlich. Sie frieren nicht selten bis auf den Boden zurück, treiben aber im Mai wieder aus.

S t e c k l i n g e werden im Juli oder Oktober—November in der üblichen Weise von den ungefähr reifen Trieben geschnitten und im Vermehrungsbeet gesteckt.

K u l t u r a n s p r ü c h e : Kultur unter der Schattenhalle ist unbedingt vorzuziehen, weil die Pflanzen schon dadurch Schutz vor den Sonnenstrahlen im Winter haben, dann aber auch deshalb, weil sie ausgesprochene Schattenpflanzen sind. Sie wachsen in jedem gewöhnlichen, auch etwas trockenem Boden und wollen im Winter eine leichte Reisigdecke.

E m p f e h l e n s w e r t e A r t e n : *Sarcococca humilis* (⋀⋀), *ruscifolia* (⋀⋀⋀) und *saligna* (⋀⋀⋀).

SASA — Gramineae

Über Kultur und Vermehrung vgl. bei *Arundinaria;* Teilung im Mai, wenn die Pflanzen zu treiben beginnen, ist einfach und die beste Vermehrung. Weitere Methoden sind nicht notwendig.

E m p f e h l e n s w e r t e A r t e n : *Sasa palmata* (⋀⋀⋀), *variegata* (⋀⋀) *und veitchii* (⋀⋀).

SASSAFRAS — Fieberbaum — Lauraceae

A u s s a a t scheitert in der Regel daran, daß man Saatgut nur in USA bekommt. Nach der Reife säen oder einschichten und erst im Frühjahr säen, in beiden Fällen jedoch unter Glas.

A b s e n k e n der Jungtriebe wird daher bevorzugt, dabei muß man die Wurzelrinde „ankratzen". Jungpflanzen sind frostempfindlich.

K u l t u r a n s p r ü c h e : *S. albidum* ist im Botanischen Garten Dortmund in freier Lage ganz hart. Er braucht einen durchlässigen, nahrhaften Boden und sollte wegen seiner eigenartigen Belaubung auch an anderen Orten versucht werden. Ältere Pflanzen lassen sich schlecht verpflanzen bzw. wachsen schwer wieder an.

Einfacher ist das Abnehmen von Ausläufern, die ab und zu gebildet werden; sodann können auch Wurzelschnittlinge im Dezember genommen und im Kasten ausgelegt werden. Waagerecht legen oder gleich einzeln in Töpfe, etwa 3 cm hoch bedecken (Erde, Sand, Torf, Rasenerde zu gleichen Teilen) und stehen lassen, bis die Jungpflanzen gut im Zuge sind.

N u r e i n e A r t : *Sassafras albidum* (= *officinale*).

SCHISANDRA — Spaltkölbchen — Schisandraceae

A u s s a a t ist selten, da die Pflanzen zweihäusig sind und zur Samengewinnung beide Geschlechter vorhanden sein müssen. Saatgut im Herbst nach der Reife im kalten Kasten aussäen. Die Keimung ist unregelmäßig, so daß auch aus diesem Grunde die vegetative Vermehrung vorgezogen wird.

A b s e n k e n ist in einigermaßen gutem Boden möglich und dürfte zur Vermehrung meist völlig genügen. Die Jungpflanzen werden im Frühjahr abgetrennt und auf Beeten weiterkultiviert.

S t e c k l i n g e sind in der üblichen Weise von Jungtrieben im Juni—Juli zu schneiden und unter Glas zu stecken. Auch hier ist der Erfolg in der Regel recht gut.

K u l t u r a n s p r ü c h e : *Schisandra* braucht einen frischen, humosen Gartenboden in halbschattiger Lage und ist bei uns recht selten. Am besten gedeiht sie im Weinklima, und zwar bei Pflanzung in geschützter Lage an einer Wand.

E m p f e h l e n s w e r t e A r t e n : *Schisandra grandiflora rubriflora* (∧∧∧) und *sphenanthera* (∧∧∧).

SCHIZOPHRAGMA — Spalthortensie — Hydrangeaceae

A u s s a a t kommt für die Baumschule kaum in Frage, ist aber, wenn Saatgut erhältlich, sehr gut. Im Februar—März unter Glas. Das Saatgut ist oft sehr schlecht.

A b s e n k e n der jungen Triebe im Juni geht sehr gut.

S t e c k l i n g e im Juli wachsen Stück für Stück, im Kasten oder im Hause.

K u l t u r a n s p r ü c h e : *Sch. hydrangeoides* wird sehr häufig mit *Hydrangea petiolaris* verwechselt oder für dasselbe gehalten. Sie ist jedoch leicht daran zu unterscheiden, daß ihre sterilen Randblüten nur ein Blütenblatt haben, bei *Hydrangea* dagegen vier. Sie braucht nur eine geschützte Lage und will sonst die gleiche Behandlung wie die Hydrangen. Sie klettert auch ebenso wie jene und ist ganz hart, aber langsamwüchsig und fest wurzelnd. In Kultur ist sie selten echt.

N u r z w e i A r t e n : *Schizophragma hydrangeoides* und *integrifolium* (∧∧∧).

SECURINEGA — Hartholz — Euphorbiaceae

Obwohl Aussaat gut möglich ist, dürfte die einfache Vermehrung aus Stecklingen im Juni völlig ausreichend sein. *Securinega suffruticosa* ist nur botanisch interessant, aber sonst ohne Zierwert.

SENECIO — Kreuzkraut — Compositae

Die vielen Arten dieser Gattung, die man vor allem in englischen Gärten findet, sind immergrüne Sträucher, keine „Kräuter“, die sich durch dekorative, immergrüne Blätter und reiche Blüte auszeichnen. Vermehrung durch Stecklinge im Sommer gut möglich, aber alle Arten brauchen bei uns Winterschutz, besser noch Überwinterung im Kalthaus.

Empfehlenswert: *Senecio elaeagnifolius, greyi, laxifolius, monroi* und *reinoldii* ∧∧∧.

SHEPHERDIA — Büffelbeere — Elaeagnaceae

A u s s a a t : Nach der Reife (August) muß das Saatgut sofort stratifiziert und im Frühjahr im Freiland gesät werden.

A b s e n k e n der jungen Triebe im Juli genügt bei kleinerem Bedarf vollständig. Von *S. argenta* kann man auch gut Wurzelausläufer abnehmen.

V e r e d l u n g auf *Hippophae* ist im Winter möglich, aber nur ein Notbehelf und kaum üblich. Außerdem käme als Unterlage noch *Elaeagnus multiflora* in Betracht.

K u l t u r a n s p r ü c h e : Wie *Hippophae* zu behandeln; also sandige bis sterile Böden in freier, sonniger Lage, auch felsige Ufer; läßt sich sehr schlecht verpflanzen! Die Früchte von *S. argentea* sind eßbar.

N u r z w e i A r t e n : *Shepherdia argentea* und *canadensis*.

SINOFRANCHETIA — Lardizabalaceae

Sinofranchetia sinensis, die entfernt an eine Stangen-Bohne erinnert, aber andere Früchte hat, kann gut aus Stecklingen im Sommer vermehrt werden, kommt aber nur für mildes Klima in Betracht (∧∧∧).

SINOWILSONIA — Hamamelidaceae

Veredlung auf *Hamamelis virginiana*. *Sinowilsonia henryi* ist auch bei uns winterhart, wird ein kleiner Baum, aber Zierwert nur gering.

SKIMMIA — Rutaceae

Aussaat ist sehr leicht. Früchte abnehmen und einschichten. Aussaat im Frühjahr am besten im kalten Kasten unter Glas, nach der Keimung Fenster bald abnehmen. Keimung erfolgt nach etwa 14 Tagen bis 3 Wochen mit sehr gutem Erfolg. Junge Sämlinge eintopfen und später auf Beeten weiterziehen. Sind die Anzuchten für den Marktverkauf bestimmt, dann ist die Topfkultur dieses sonst winterharten Gehölzes am besten. In den letzten Jahren vor dem Kriege wurde *Skimmia japonica* in steigendem Maße wegen ihrer schönen roten Beeren auf dem Weihnachtsmarkt mit bestem Erfolg abgesetzt.

Stecklinge von halbreifen Trieben im August oder auch im März wachsen sehr gut. In Handkästen in Sand und Torf stecken, dann bis zum Frühjahr darin im Hause stehen lassen. Weiterkultur dann im Kasten. Bis zur fertigen Pflanze 2 Jahre Kulturzeit.

Veredlung mitunter in Frankreich und Holland üblich, aber nicht notwendig.

Kulturansprüche: Gewöhnlicher Boden, am besten humoser Sand oder milder Lehm und immer halbschattige Lage, was besonders im Winter wichtig ist. Außerdem ein vor scharfen Winden und Wintersonne geschützter Platz. Die Pflanzen lieben keinen Kalk und bekommen in Kalkböden immer gelbe Blätter.

Empfehlenswerte Arten und Formen: *Skimmia japonica, reevesiana* mit 'Foremanii', 'Fragrans', var. *repens* und 'Rubella'.

SMILAX — Stechwinde — Smilacaceae

Aussaat nur dann, wenn Samen verfügbar, sonst sind Stecklinge von halbreifen Trieben im Juni einfacher, zumal sie auch gut wurzeln, falls Teilung der Pflanzen nicht schon genügt.

Empfehlenswert: *Smilax aspera, china, excelsa* u. a.

SOPHORA — Schnurbaum — Leguminosae

Aussaat: Das über Winter trocken aufbewahrte Saatgut wird im Frühjahr, etwa im April, gut eingeweicht oder mit heißem Wasser abgebrüht, damit die harten Samenschalen weich werden und dadurch die Keimung früher eintritt. Die Aussaat ist im Freilande ohne weiteres möglich. Es kann ziemlich dicht gesät werden, da man mit beträchtlichem Ausfall rechnen muß. Bei Frostgefahr muß gedeckt werden, da, wie bei allen Leguminosen, die Keimlinge empfindlich sind. Noch durch späte Nachtfröste im Mai kann die ganze Aussaat erfrieren. Deshalb ist es in kälteren Gegenden am besten, über die Beete Fenster zu legen und diese erst dann wegzunehmen, wenn die Nachtfrostgefahr vorüber ist.

Saatgut kann man auch bei uns ernten. Die Früchte haben sehr saftige Hülsen und bleiben über Winter an den Zweigen hängen. Deutsche Saat keimt sehr gut und schon nach wenigen Tagen. Bei zu frühem Abnehmen der Saat keimt diese manchmal schon während des Trocknens, wenn dies an einem zu feuchtwarmen Ort geschieht.

Veredlung kommt für die Varietäten von *S. japonica* in Frage, besonders bei *S. japonica* 'Pendula'. Man bevorzugt die Geißfußveredlung im Nachwinter in der Baumschule. Auch alle anderen Arten, von denen kein Saatgut zu bekommen ist, können ebenfalls auf *S. japonica* veredelt werden. Die Handveredlung ist ohne weiteres und mit bestem Erfolg möglich.

In Nordamerika ist die Anzucht von Sophora-Hochstämmen, wie Flemer berichtet, schwierig, da sich die Jungpflanzen in den ersten Jahren nicht richtig entwickeln und statt eines durchgehenden Triebes sich an der Spitze hexenbesenartig verzweigen. Es konnte ermittelt werden, daß diese schlechte Entwicklung durch die giftigen Stiche eines Blattflohes (*Empoasca*) verursacht wurde. Es gibt in den Beständen jedoch auch immer einige Pflanzen, die anscheinend ganz immun gegen diese Stiche sind und sich kräftig entwickeln. Diese Pflanzen benutzt man nun als Mutterpflanzen und okuliert damit. Die beste Zeit ist im Juli—August; die Unterlagen sollen rechtzeitig im Frühjahr aufgepflanzt worden sein und in kräftiger Entwicklung sein.

Stecklinge kommen wohl nur bei *S. davidii* in Betracht und können im Juli abgenommen werden von halbreifen Trieben.

Kulturansprüche: Die Sophoren lieben einen tiefgründigen, nahrhaften, frischen, kalkreichen Lehmboden und entwickeln sich nur auf solchen Böden zu ansehnlichen Bäumen, während sie auf Sand nur kümmerliche verzweigte Sträucher oder niedrige Bäumchen bilden.

Empfehlenswerte Arten: *Sophora davidii* (= *vicifolia*), *japonica* mit 'Pendula'.

FLEMER, W., 1956: The propagation of Sophora japonica by budding; in Proc. Plant. Propag. Soc. *6*: 44-45.

SORBARIA — Fiederspiere — Rosaceae

Aussaat ist im Frühjahr im Kasten durchaus möglich, aber wegen der vielfachen und weit bequemeren anderen Möglichkeiten weniger üblich. Ebenso ist es mit den Stecklingen.

Teilung im Frühjahr ist sehr einfach und dürfte wohl immer genügen. Die Ruten werden mit einigen Wurzeln abgenommen, dann zurückgeschnitten und aufgeschult. Schon im 1. Jahre werden die Jungpflanzen recht stark.

Wurzelschnittlinge kommen für Massenvermehrung in Frage. Im Winter schneiden und in Handkästen einlegen, später auf den halbwarmen Kasten bringen, wo sie bald austreiben. Sie können dann im gleichen Frühjahr auf Freilandbeeten ausgepflanzt werden.

Kulturansprüche: Guter, frischer Boden.

Empfehlenswerte Arten: *Sorbaria aitchisonii, arborea* und *sorbifolia.*

SORBARONIA — (Sorbus × Aronia) — Rosaceae

Veredlung durch Okulation auf Sorbus aria oder S. aucuparia. Kultur mühelos, aber Zierwert gering; interessant, weil Gattungshybriden; bekannt sind *Sorbaronia alpina, dippelii, sorbifolia.*

SORBOPYRUS — Rosaceae

Pyrus communis × Sorbus aria = Sorbophyrus auricularis.

Kulturansprüche und Vermehrung wie bei *Pyrus,* vgl. dort.

Nur eine Art: *Sorbopyrus auricularis.*

SORBUS — Eberesche — Rosaceae

Aussaat: Für die Arten zieht man, soweit Samen vorhanden ist, die Aussaat vor. Hierbei müssen die Früchte nach der Reife abgenommen und nach etwa 4 bis 6 Wochen dauerndem Rotten ausgewaschen werden. Die jungen Sämlinge werden im 1. Jahr meist nur 10—20 cm hoch; die *aria*-Verwandtschaft wächst besonders langsam.

Die *aucuparia*-Beeren werden dann am besten gleich nach der Reinigung ausgesät und laufen im Frühjahr gut auf. Ist die Aussaat nicht möglich, so werden die reinen Kerne trocken aufbewahrt und 3 Monate vor der Aussaat in mäßig feuchtem Sand bei 1—8 °C stratifiziert; je niedriger die Temperatur (jedoch nicht unter 0 °C!), um so rascher die Keimung; am besten war 1 °C, wobei die Keimung in reinem Torf zwischen 2 und 4 Monate erforderte (ROHMEDER, FLEMION).

ROHMEDER gelang es, die Keimhemmung bei *Sorbus domestica* durch zweimonatige Kalt-Naß-Stratifikation bei 4 °C nach der Reife (beginnend im Oktober oder November) zu überwinden. Die Samen keimten nach dieser Behandlung im 1. Frühjahr mit mehr als 90 %.

S. torminalis-Saat keimt ebenfalls oft schlecht. Die Früchte von *S. aucuparia* werden in Halstenbek (Holstein) nach der Ernte zerquetscht und die Kerne ausgewaschen, eingesandet und im zeitigen Frühjahr ausgesät. Da die Kerne sehr klein sind, dürfen sie nur dünn bedeckt werden, wenn man guten Erfolg haben will.

Veredlung ist sehr wichtig. Am üblichsten ist die Okulation im Sommer oder auch die Kopulation bzw. Geißfuß im Frühjahr; letztere kommt aber in der Hauptsache für Kronenveredlungen in Frage. Zu beachten ist, daß *aucuparia*-Varietäten immer auf *S. aucuparia* 'Edulis' veredelt werden, da diese bessere Stämme bildet. Arten und Formen mit gefiederten Blättern wachsen am besten auf *S. aucuparia* (ausgenommen *S. domestica*), die übrigen Arten veredelt man im allgemeinen auf *S. aria,* notfalls auf *Crataegus monogyna.*

Sorbus domestica pflegt man auf Birnenwildlinge zu okulieren, da Sämlingspflanzen nicht so rasch vorwärtskommen. Für den Speierling ist die Okulation besser als die Kopulation. Die Augen für die Okulation dürfen nur von solchen Pflanzen genommen werden, die in vollem Trieb stehen; sind die Reiser zu hart, wachsen die Augen nicht mehr an. Speierlinge in reinem Bestande wachsen nicht, so sonderbar es klingen mag, und vertragen sich überhaupt nicht miteinander, sondern sind ausgesprochene pflanzliche Einzelgänger! In reinem Bestande machen sie nur kümmerliche Triebe. Veredlungen zwischen Birnen machen dagegen in 2 Jahren Triebe von fast 2 m Länge. Daher ist es immer am besten, sie im Birnenquartier zu veredeln und mit diesen heranzuziehen. Wer glaubt, daß dies unnötig und die Anzucht im reinen Bestande besser oder ebensogut ist, soll es ruhig versuchen. Ich habe beide Methoden bei der Baumschule L. Späth in Ketzin jahrelang beobachten können. Warum die Speierlinge zwischen den Birnen besser bzw. erst richtig wachsen, ist ein Rätsel, aber doch eine Tatsache.

Sorbus torminalis, die Elsbeere, und die vielen ähnlichen Arten (oder Formen) aus Ungarn ließen sich bisher nicht mit Dauererfolg auf *S. aria* veredeln, auch nicht auf *Crataegus* oder *Cydonia.* In Ungarn sucht man noch immer nach einer passenden Unterlage.

Kulturansprüche: Wo einmal *Sorbus* gestanden haben, ist der Boden derartig „müde", daß dort lange Jahre kein Obst mehr gedeiht. Die Ebereschen lieben guten, etwas frischen Boden in voller Sonne, aber auch halbschattige Lagen werden ausgezeichnet vertragen. *S. aria* liebt Kalk, ebenso *S. domestica* und *torminalis;* die beiden letzteren Arten wachsen langsam. *S. aucuparia* 'Edulis' (= 'Moravica') wächst auch noch in trockensten Lagen gut.

Empfehlenswerte Arten und Formen: *Sorbus aria* mit 'Majestica', *aucuparia* mit 'Edulis', *cashmiriana, decora, discolor, domestica, esserteauiana, folgneri, hupehensis, hybrida, intermedia, koehneana, latifolia, prattii, scalaris, serotina, thuringiaca* 'Quercifolia' (= *hybrida* der Baumschulen!), *tianshanica, torminalis* und *vilmorinii.*

Bauer, E.: Die Edelebereschе. Berlin 1944. 16 S. — Fabricius, L., 1931: Die Samenkeimung von Sorbus aucuparia L. Forstw. Centralbl. **53**: 413-418. — Flemion, F., 1931. After-ripening, germination and vitality of seeds of Sorbus aucuparia L. Contrib. Boyce Thompson Inst. **3**: 413-439 (1931). — Rohmeder, E.: Keimversuche mit Speierling (Sorbus domestica) in „Beiträge zur Keimungsphysiologie der Forstpflanzen". München 1951: 27-36. — Rohmeder, E.: Keimversuche mit Eberesche, Sorbus aucuparia. In „Beiträge zur Keimungsphysiologie der Forstpflanzen", 1951: 44-52.

SPARTIUM — Pfriemenstrauch — Leguminosae

Aussaat des hartschaligen Samens nach 24stündigem Einquellen im April in den kalten Kasten. Schutz der Sämlinge vor Frost ist erforderlich. Sämlinge werden vorteilhaft bis zur Verwendung in Töpfen gehalten bzw. müssen im Herbst wieder eingetopft werden. Gute Scherbenlage und darauf achten, daß die Wurzeln nicht durchgehen!

Kulturansprüche: Die einzige Art, *Sp. junceum* aus Spanien, ist sehr frostempfindlich und braucht volle Sonne, warme Lage und möglichst leichten, kalkhaltigen Boden. Winterschutz!

Was in den Baumschulen und besonders bei den Forstpflanzenzüchtern als *Spartium* gehandelt wird, ist immer *Cytisus scoparius*!

Nur eine Art: *Spartium junceum.*

SPIRAEA — Spierstrauch — Rosaceae

Methode	Jan.	Febr.	März	April	Mai	Juni	Juli	Aug.	Sept.	Okt.	Nov.	Dez.
Aussaat			X	X								
Stecklinge		X	X	X		X						
Steckholz		●	●	●								●
Teilung			●	●								

X X unter Glas; ● ○ Freiland; fette Zeichen wichtigste Methoden

A u s s a a t : Sehr wenig üblich, aber gut möglich. Sie geschieht im Frühjahr im kalten Kasten unter Glas. Die Keimung erfolgt schon nach wenigen Tagen. Sobald man die Sämlinge fassen kann, muß pikiert werden. Sie entwickeln sich rasch und mindestens ebenso schnell wie die Stecklinge.

Lichtkeimer — daher nicht mit Erde abdecken!

Nur einen Fehler hat die Aussaat: Es fällt selten alles echt. Was vom Typ zu sehr abweicht (man kann das schon sehr bald an den kleinen Jungpflanzen sehen), muß entfernt werden. Spielarten können natürlich nur vegetativ vermehrt werden, ebenso die zahlreichen Kreuzungen. Nur für die reinen Arten kommt die Aussaat in Betracht.

Sp. callosa aus Saat ergibt stets eine Anzahl abweichender Sämlinge, ebenso fällt *Sp. douglasii* nur zu 2—3 % echt, während die restlichen Pflanzen ein buntes Durcheinander bilden.

S t e c k l i n g e lassen sich entweder im Frühsommer oder von im Winter im Hause angetriebenen Mutterpflanzen schneiden. Letzteres kommt eigentlich nur dann in Frage, wenn Massen gebraucht werden und die Sommervermehrung dazu nicht ausreichte. Das ist häufig der Fall bei *Sp. arguta, thunbergii* und ähnlichen Arten.

Diese sind als Frühsommerstecklinge so empfindlich, daß schon ein kleiner Flüchtigkeitsfehler (z. B. etwas zu spätes Spritzen oder Schattieren) fast nicht mehr gutzumachen ist. Bei der Wintervermehrung fällt diese Gefahr ganz fort. Es wird dann unmittelbar ins Vermehrungsbeet gesteckt; die bewurzelten Stecklinge werden eingetopft und, sobald es geht, im Freilande ausgepflanzt. Die Frühsommerstecklinge dürfen nur von krautigen Trieben geschnitten werden, zumindest von nur ganz wenig verholzten Trieben. Blütenknospen werden vorher entfernt. Bei einigen, z. B. 'Anthony Waterer', kommt es allerdings nicht so genau darauf an; hier wachsen auch die Blütentriebe (Blüten auskneifen) und die einjährigen, stark verholzten Langtriebe. Aber das läßt sich nicht verallgemeinern; bei *Sp. vanhouttei* muß man schon etwas genauer damit sein (Abb. 316).

Mit dem Stecklingsschneiden im Freilande kann man schon ganz zeitig beginnen, bei *arguta* schon im April (auch dann gibt es noch Ausfall), die anderen Arten in der Reihenfolge des Austriebs, etwa *albiflora,* 'Crispa', 'Froebelii', 'Anthony Waterer', *cantoniensis* 'Lanceata', *chamaedryfolia, blanda, chinensis* usw. Stecken im kalten Kasten unter Glas. Die Bewurzelung ist dann meist schon erfolgt, wenn die Sommerwärme allmählich beginnt.

Sp. arguta wächst übrigens im Frühjahr dann am besten, und zwar zu 100 %, wenn man die Stecklinge nur von frisch verpflanzten Mutterpflanzen schneidet, weil hier die Jungtriebe kürzer und kräftiger sind.

S t e c k h o l z kann man von den starkwüchsigen, am zweijährigen Holz blühenden Arten schneiden. Diese haben immer sehr starke Jahrestriebe, die eine sehr gute Vermehrung ergeben. Es muß schon im Dezember geschnitten und an einem kühlen Ort in Einschlag gebracht werden. Unter anderem werden auf diese Weise die meisten sogenannten „Lampenputzer"-Spiraeen vermehrt, wie z. B. *Sp. billardii, menziesii, douglasii, californica, latifolia, salicifolia fontenayensis, watsoniana, syringiflora, schinabeckii.*

Auch 'Anthony Waterer' wächst aus Steckholz. Dies ist nur deshalb angeführt, um einen Weg zur Verwendung der im Frühjahr zurückgeschnittenen Triebe zu zeigen.

A n h ä u f e l n mit nachfolgender T e i l u n g im Frühjahr kommt bei *Sp. arguta, thunbergii* und 'Anthony Waterer' in Frage. Die Pflanzen werden bis kurz über den Boden zurückgeschnitten. Wenn die Triebe lang genug sind, wird die Mutterpflanze angehäufelt, wobei die Erde vorsichtig mit der Hand zwischen die jungen Triebe verteilt wird. Im Laufe des Sommers muß das Anhäufeln mehrmals wiederholt werden. Nach 2 Jahren kann man die Pflanzen abhäufeln und hat nun eine ganze Anzahl schöner, kräftiger Jungpflanzen. Bei 'Anthony Waterer' kann man die Mutterpflanzen auch ganz und gar aufteilen, weil hier die Bewurzelung sehr leicht ist. Was noch zu schwach ist, wird wie die jungen Stecklinge behandelt. Ebenso kommt die Teilung auch für die Zwergspiraeen, *Sp. decumbens* und *hacquetii,* in Frage, die beide kaum höher als 10 cm werden. Diese beiden Arten können im Frühjahr bei Vegetationsbeginn klein aufgeteilt werden, ohne daß vorher ein Anhäufeln notwendig ist; hier handelt es sich ja um Wurzelschosse.

Abb. 316. Steckling von *Spiraea bumalda* 'Anthony Waterer' am Ende des ersten Jahres (Original)

Kulturansprüche: Spiraeen wachsen in jedem Boden, ziehen aber frischen Boden vor, besonders *Sp. tomentosa,* die in trockneren Böden immer kränklich und gelb aussieht. *Sp. arguta* leidet unter Wildverbiß und muß dagegen geschützt werden.

Holländische Exporteure beurteilen die Absatzmöglichkeiten für *Spiraea* wie folgt: 'Anthony Waterer' nicht zu viel anziehen; 'Froebelii' ist sehr gut für den Export nach Kanada, weil dort sehr winterhart; *arguta* und *thunbergii* weniger vermehren; zu wenig angeboten werden schon seit je *Sp. sargentiana, trichocarpa, prunifolia* und *veitchii.*

Empfehlenswerte Arten und Formen: *Spiraea albiflora, arguta, billardii* mit 'Triumphans', *bullata, bumalda* mit 'Anthony Waterer', 'Crispa' und 'Froebelii', *canescens, cantoniensis* 'Lanceata' (∧∧∧), *decumbens, douglasii, henryi, japonica* mit 'Macrophylla', *cinerea* mit 'Grefsheim', *japonica* 'Little Princess', *margaritae, media, menziesii, nipponica* (= *„arcuata"* der Baumschulen), *prunifolia* (*plena*), *sargentiana, thunbergii, trichocarpa, trilobata, vanhouttei* und *veitchii.*

STACHYURUS — Schweifähre — Stachyuraceae

Aussaat in Handkästen im Hause, wenn Saatgut vorhanden.

Stecklinge von krautartigen Sommertrieben sind möglich, am besten mit etwas altem Holz; Bodenwärme erforderlich.

Absenken der jungen Triebe im Juni führt am schnellsten zum Ziele; reichlich Torf geben!

Kulturansprüche: Empfindliche Gehölze für guten, durchlässigen Boden in warmer, geschützter Lage. In West- und Süddeutschland ist *S. praecox* hart; in Mittel- und Norddeutschland Winterschutz, sonst erfrieren die im Herbst bereits angesetzten Blütenknospen.

Empfehlenswerte Arten: *Stachyurus chinensis* (∧∧∧) und *praecox* (∧-∧∧).

STAPHYLEA — Pimpernuß — Staphyleaceae

Aussaat der Arten, wenn auch nicht sehr häufig, so doch gut möglich, besonders für die reinen Arten wie *trifolia* und *pinnata.* Das Saatgut wird nach der Ernte eingeschichtet und im Frühjahr im kalten Kasten ausgesät. Die Keimung erfolgt bald und gut (Abb. 235—12).

Stecklinge der schwachwachsenden Arten kann man im Winter durch Antreiben der Mutterpflanzen erhalten, aber auch möglich von kurzen Seitentrieben im Hochsommer.

Absenken ist bei allen Arten und Formen möglich und bei vielen überhaupt die gebräuchlichste Vermehrungsart. Die jungen Triebe werden im Juni—Juli mit sehr gutem Erfolg abgelegt. Das Absenken hat den anderen Vermehrungsmethoden gegenüber den Vorzug, daß in einem Jahre schon die Absenker sehr starke, fertige Jungpflanzen ergeben, die, nachdem sie noch ein weiteres Jahr in der Baumschule gestanden haben, verkaufsfertig sind. Schließlich kann man auch auf *S. trifoliata* oder *colchica* veredeln.

Kulturansprüche: In bezug auf den Boden nicht wählerisch, wollen jedoch nicht zu trocken stehen. Sie gedeihen sowohl in der Sonne wie im Halbschatten.

Empfehlenswerte Arten und Formen: *Staphylea colchica* und 'Coulombieri', *elegans* 'Hessei', *holocarpa* mit *f. rosea, pinnata.*

STEPHANANDRA — Kranzspiere — Rosaceae

Aussaat ist zu umständlich.

Stecklinge genügen vollauf zur Vermehrung; im Juni von krautigen Trieben schneiden und unter Glas stecken, wachsen Stück für Stück. Im folgenden Jahre im Freiland auspflanzen und dann sogleich zurückschneiden. — Auch Teilung ist natürlich möglich.

Kulturansprüche: Gewöhnlicher oder etwas frischer Boden, sonst wie *Spiraea;* geschützte Lage.

Empfehlenswerte Arten: *Stephanandra incisa* mit 'Crispa', *tanakae.*

STEWARTIA — Scheinkamellie — Theaceae

Aussaat im Nachwinter im Hause in Schalen; Keimung gut; dann Topfkultur.

Stecklinge wachsen von halbreifen Sommertrieben, die in Handkästen gesteckt und im Hause überwintert werden.

Absenken der jungen Triebe im Juli ist eigentlich die gebräuchlichste Vermehrungsart. Abnehmen 1 Jahr später.

Kulturansprüche: Etwa wie *Rhododendron* zu behandeln; Standort geschützt vor kalten Winden und niedrigen Temperaturen; lockerer, feuchter, guter, anmooriger Humusboden, in dem die Wurzeln nie ganz trocken werden dürfen. Kein Kalk! Bei uns im allgemeinen gut winterhart, doch Wuchs langsam.

Empfehlenswerte Arten und Formen: *Stewartia ovata, pseudocamellia, koreana, sinensis.*

STRANVAESIA — Rosaceae

Aussaat des eingeschichteten Samens im Frühjahr im Kasten oder auch im Freiland. Frische Saat läuft regelmäßig und schon nach kurzer Zeit auf. Jungpflanzen werden im 1. Jahre etwa 15 cm hoch, und man hält sie am besten einige Jahre im Topf oder im Kasten ausgepflanzt.

Stecklinge der halbreifen Triebe in Handkästen stecken und darin über Winter im Vermehrungshause stehen lassen! Man kann natürlich auch gleich im Vermehrungsbeet stecken.

Ablegen setzt genügend starke Mutterpflanzen voraus, die in gutem, humosem Boden ausgepflanzt werden. Abgelegt werden die 2jährigen Triebe, und zwar am besten in flache Rillen, die dann mit Erde wieder zugedeckt werden. Die einzelnen Triebspitzen ragen heraus und wachsen weiter. Im nächsten Frühjahr kann man die Ableger abnehmen und weiter kultivieren. Sie sind stärker als gleichaltrige Sämlinge.

Kulturansprüche: Weinklima! Sie halten sich aber auch sehr gut in Nordwestdeutschland. Sandig-humoser Boden, sonnige bis halbschattige Lage und in kälteren Gegenden Winterschutz.

Empfehlenswerte Art: *Stranvaesia davidiana.*

STYRAX — Storaxbaum — Styracaceae

Aussaat ist wegen der Unsicherheit des Auflaufens und wegen des langen Liegens selten. Frisches Saatgut, das gelegentlich im Handel angeboten wird, muß sofort eingeschichtet und im folgenden Frühjahr im Kasten ausgesät werden, gut feucht halten, Keimung dann gut und regelmäßig. Die jungen Sämlinge werden bei gutem Boden und ausreichender Bewässerung im 1. Jahre schon 30—40 cm hoch, wenigstens bei *St. japonica.* Gelegentlich kommt es sogar vor, daß die jungen Sämlinge nach dem 2. oder 3. Blatt bereits eine Blüte bringen, wie C. INGRAM einmal in Gard. Chronicle berichtete (s. Abb. 317).

Ablegen der Triebe, besonders bei *St. obassia,* im Juni; 2 Jahre liegen lassen. Beste Erfolge hat man nur in leichtem Boden. Beim Verpflanzen Vorsicht, immer nur mit Ballen!

Kulturansprüche: Guter, frischer, durchlässiger Humusboden; fehlt dieser, dann muß dem Boden Lauberde zugesetzt werden. Außer im Rheinland, wo sie sogar baumartig werden, immer Winterschutz für die Jungpflanzen!

Empfehlenswerte Arten: *Styrax hemsleyana* (∧∧), *japonica* und *obassia.*

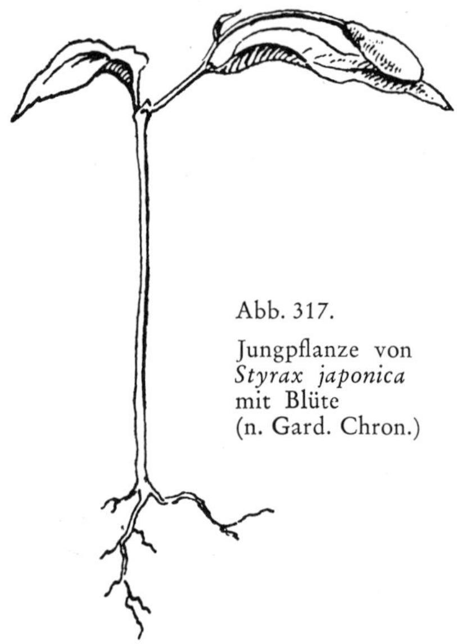

Abb. 317. Jungpflanze von *Styrax japonica* mit Blüte (n. Gard. Chron.)

SYCOPARROTIA — (Sycopsis × Parrotia) — **Hamamelidaceae**

Stecklinge im Juni von halbreifen Trieben wachsen sehr gut. Ein oder zwei Jahre im Topf behalten. *Sycoparrotia semidecidua* ist nur wintergrün, aber viel härter als *Sycopsis* (∧∧).

SYCOPSIS — Hamamelidaceae

Stecklinge von ausgereiften Trieben im Spätsommer können im Haus gesteckt werden, wachsen aber langsam. Ableger kann man bei geringem Bedarf ebenfalls machen. *Sycopsis sinensis* ist ein immergrüner Strauch, aber viel empfindlicher als *Hamamelis* (∧∧∧).

SYMPHORICARPOS — Schneebeere — Caprifoliaceae

Aussaat kommt dann in Frage, wenn große Mengen herangezogen werden sollen. Die Samen werden ausgewaschen und eingeschichtet. Aussaat im nächsten Frühjahr. Die Keimung ist recht gut, und die jungen Sämlinge werden im 1. Jahre etwa 50 cm hoch. Die reinen Arten fallen ganz echt. Vielfach wird die Aussaat, weil sie billiger ist und weniger Arbeit macht, dem Steckholz vorgezogen. *S. chenaultii* kann man natürlich nicht aussäen, weil sie aufspaltet.

FLEMION-PARKER stellten Hartschaligkeit und unentwickelte Embryonen fest bei *S. orbiculatus* und *S. rivularis* (= *albus laevigatus*). Die Durchlässigkeit der Samenschale wurde bei letzterer durch 3—4 Monate lange Warmstratifikation (25 °C) in feuchtem Torf erreicht oder durch 75 Minuten langes Baden in Schwefelsäure; bei *S. orbiculatus* genügt eine Stratifikation bei nur 10 °C. Dann werden die Samen noch 6 Monate lang in feuchtem Sand bei 5 °C gehalten und im Frühjahr ausgesät, worauf die Keimung erfolgt.

Stecklinge im Frühsommer wachsen mühelos, kommen aber höchstens für seltenere Arten in Frage, z. B. *oreophilus, microphyllus* usw.

Steckholz muß schon sehr zeitig im Winter geschnitten und im Kasten eingeschlagen werden. Das Stecken erfolgt auf Beeten. Die Jungpflanzen werden im 1. Jahre etwa 40 bis 50 cm hoch und sind schon dicht und buschig verzweigt. Die bunte Form von *S. orbiculatus* schlägt oft in die grüne Stammart zurück; die grünen Triebe müssen bei ihrem Auftreten sofort entfernt werden, sonst nehmen sie bald ganz überhand.

Kulturansprüche: Alle Arten gedeihen in jedem Boden, und zwar sowohl in der Sonne als auch im tiefsten Schatten unter hohen Bäumen. — Kein Exportartikel!

Empfehlenswerte Arten und Formen: *Symphoricarpos rivularis,* (= „racemosus“ der Baumschulen), *chenaultii* mit ‘Hancock’, *orbiculatus,* ferner die Hybriden ‘Erect’, ‘Magic Berry’, ‘Mother of Pearl’ und ‘White Hedge’.

Flemion, F., 1942: Effect of the addition of nitrogen upon germination of seeds of Symphoricarpus racemosus. Contrib. Boyce Thompson Inst. **12**: 485-489. — Flemion/Parker, 1942: Germination studies of seeds of Symphoricarpus orbiculatus. Contrib. Boyce Thompson Inst. **12**: 301-307.

SYMPLOCOS — Blaubeere — Symplocaceae

Stecklinge im Frühsommer von den krautigen Trieben, unter Glas, wachsen rasch und sind weniger umständlich als die Aussaat, weil die Saat meist 2 Jahre überliegt. Für uns kommt nur *Symplocos paniculata,* mit prachtvoll ultramarinblauen Beeren in Betracht (∧-∧∧).

SYRINGA — Flieder — Oleaceae

Methode	Jan.	Febr.	März	April	Mai	Juni	Juli	Aug.	Sept.	Okt.	Nov.	Dez.
Aussaat			●									
Okulation							●					
Nachveredeln .			●	●								
Handveredlung mit Blatt ..					**X**							
Handveredlung ohne Blatt ..	X	X	X									

X X unter Glas; ● ○ Freiland; fette Zeichen wichtigste Methoden

Aussaat: Außer für die Anzucht der Veredlungsunterlagen kommt die Aussaat auch für alle reinen Arten in Frage, so für *S. emodi, josikaea, pubescens, reflexa, amurensis, reticulata* und viele andere mehr. Das Saatgut, das erst spät reif wird (November—Dezember), nimmt man am besten dann gleich ab und läßt es in Säcken in einem warmen, trockenen Raum (z. B. im Heizungskeller) hängen, wo es nach kurzer Zeit von selbst ausfällt oder auch durch Dreschen gewonnen werden kann. Man reinigt die Saat und kann sie bis zum Frühjahr trocken aufbewahren, um sie dann sofort auf Beete auszusäen. Die botanischen Arten sät man besser im Kasten aus, namentlich wenn man nur wenig Saatgut von ihnen hat. Gekaufte Saat dagegen wird man besser vor der Aussaat einige Wochen lang stratifizieren, weil sie dann besser aufgeht, vor allem regelmäßiger. Hier wartet man, bis die Samen eben zu keimen beginnen wollen, und dann sät man aus (Abb. 235—13).

Veredlungsunterlagen: Das Wachstum ist anfangs recht langsam, und die Jungpflanzen werden im 1. Jahre oft nur 10 cm hoch. Im Herbst werden die starken herausgenommen, geschnitten, sortiert, eingeschlagen und im Frühjahr ausgepflanzt. Meist aber bleiben die Unterlagen 2 Jahre stehen, obwohl sie dann zur Bildung von Seitentrieben neigen. Bevor sie als Unterlagen aufgeschult werden, sollten sie bleistiftstark sein (6—8 bis 10 mm).

Augustin meinte, daß die Unterlagen, die 2 Jahre auf dem Saatbeet standen (also nicht verpflanzt wurden), die Augen besser annehmen, weil der Wurzelhals weich geblieben, bei verpflanzten Wildlingen dagegen verhärtet sei und bei diesen immer größere Ausfälle vorkämen. Da Augustin sich lange Jahre besonders mit der Anzucht von Flieder beschäftigte, verdient seine Feststellung Beachtung.

Die Unterlagen werden eintriebig aufgeputzt und alle Seitenaugen mit dem Daumen entfernt und noch im gleichen Herbst aufgeschult, weil sie dann noch etwas anwachsen. Im Frühjahr treiben diese Unterlagen zunächst nur 8—10 cm lang aus, bleiben dann wieder still stehen bis Anfang—Mitte Juli, je nach Wetter. Dieser Zeitpunkt, wenn die Knospen gerade anfangen auszutreiben, ist der beste Zeitpunkt für die Okulation.

Obwohl seit fast 50 Jahren auf diesem Gebiete planmäßig gearbeitet wurde (Löbner in Friesdorf, 1929), wird in den Baumschulen immer noch nach der alten Methode veredelt. Löbner hatte seinerzeit Absaaten von einigen ausgewählten Pflanzen gemacht und daraus einige Stämme vermehrt. Davon hatte der *Stamm 12* die besten Eigenschaften. Einjährige Sämlinge erreichten im 1. Jahre eine Höhe von 60—70 cm, zu 90 % erste Qualität. Es ist sehr merkwürdig, aber leider nicht selten, daß solche so wichtigen Ergebnisse von der Praxis nicht oder zu wenig beachtet werden.

LÖBNER veredelte seine Stämme im Juli 1930; im Sommer 1931 wurde die Trieblänge gemessen. Die verschiedenen Unterlagenstämme hatten einen sichtbaren Einfluß auf das Längenwachstum ausgeübt. Bei *Stamm 12,* dem wirtschaftlich wertvollsten, betrug die Durchschnittshöhe der einjährigen Veredlungen 129,5 cm. Die Unterlagenversuche sind seinerzeit in Friesdorf nicht weitergeführt worden.

S. vulgaris als Unterlage hat den Fehler, daß sie schon nach wenigen Jahren mehr oder weniger zahlreiche Ausläuser treibt und daß diese, wenn sie nicht beachtet und entfernt werden, im Laufe der Zeit die veredelte Pflanze überwuchern und schließlich unterdrücken können. Aus diesem Grunde hat man sich immer wieder bemüht, andere Unterlagen zu finden, die keine Ausläufer bilden. Zuletzt hat man sich von 1954—1959 in Boskoop mit solchen Versuchen befaßt, doch mußten diese dann mit unbefriedigendem Ergebnis abgebrochen werden. In diesen Versuchen waren *S. japonica, josikaea, reflexa* und *tomentella* als Unterlagen benutzt worden.

Andere Unterlagen: In USA werden heute als Unterlagen praktisch nur noch *Ligustrum ovalifolium* und *Fraxinus pensylvanica* verwendet. Veredlungen auf *S. vulgaris* werden allgemein abgelehnt wegen der starken Ausläuferbildung der Unterlage. Sowohl die Okulation wie auch die Winterveredlung werden auf diesen beiden Unterlagen vorgenommen, denen man einfache und billige Handhabung mit bestem Erfolg nachsagt. Im Jahre darauf wird tief gepflanzt, damit die Veredlungen eigene Wurzeln machen können, womit meist 3 Jahre vergehen. Gegner dieser Unterlagen führen an, daß diese Pflanzen oft nur kurzlebig seien. Von diesen wurzelechten Pflanzen kann man später gut Ableger oder Ausläufer abnehmen, die natürlich nicht mehr veredelt zu werden brauchen (WISTER).

Interessant sind in diesem Zusammenhang die Angaben von SAX, der über Veredlungen auf *Ligustrum* im Arnold-Arboretum aus dem Jahre 1930 berichtet. Auch er gibt zunächst an, daß in USA sehr viel auf *Ligustrum* veredelt wird, auf dem das Edelreis auch für einige Jahre kräftig treibt; aber schon nach 3 Jahren werden die Blätter kleiner, brüchig und chlorotisch, und das Wachstum läßt nach. Wenn dagegen die Unterlage nur als Amme dienen soll und frühzeitig tief gepflanzt wird, erhält man auch gesunde Pflanzen, weil das Reis gleich eigene Wurzeln macht und die Unterlage abstößt; aber häufig wird das Tieferpflanzen nicht richtig gemacht, so daß die Unterlage am Leben bleibt und später das Edelreis erdrückt.

SAX berichtet aber noch über weitere Unterlagen: *S. villosa;* bei dieser Unterlage kann man später die Wildtriebe leicht erkennen; keine Bildung von Ausläufern.

Auch HARDING (S. 72—74) führt an, daß in USA die Veredlung auf *S. vulgaris „sévèrement condamné“* (streng verurteilt) wird, eben wegen der starken Bildung von Ausläufern, und daß man deswegen und auch aus wirtschaftlichen Erwägungen heraus heute nur noch auf *Ligustrum* veredelt. Merkwürdigerweise geben aber auch neuere amerikanische Gartenbücher und Fachzeitschriften noch immer die Veredlung auf *S. vulgaris* an! In USA will man aber mit der Veredlung erreichen, daß das Edelreis sich bald freimacht. Veredelt wird in der üblichen Weise im Sommer oder im Winter. Für die Winterveredlungen wird das einjährige Ligustersteckholz im Spätherbst herausgenommen und sorgfältig eingeschlagen, damit man es im Januar—Februar zum Veredeln bereit hat. Die Pflanzen werden dann so zerschnitten, daß man Unterlagen in richtiger Größe hat mit einer guten Veredlungsstelle und vielen Seitenwurzeln. Als Edelreiser kommen nur gute einjährige Triebe in Frage, und zwar 3 Augenpaare pro Reis bzw. pro Veredlung.

KERN, ein sehr bekannter Baumschuler in Wyoming, Ohio, USA, hat vor etwa 30 Jahren ein besonderes Veredlungsverfahren entwickelt, das HARDING auch beschreibt und abbildet. KERN veredelt ebenfalls auf Ligusterwurzelstücke, aber er schneidet diese keilförmig zu und spaltet das Edelreis. Die Unterlage wird nun in den Spalt eingefügt und gut verbunden, dann frostfrei in einem Pflanzenkeller oder dergleichen eingeschlagen (Januar—Februar ist die Veredlungszeit), wo sie bald Wurzeln bildet und verwächst. Ausgepflanzt wird im Frühjahr so tief, daß die Veredlungsstelle unter der Erde ist. Sobald das Wachstum draußen einsetzt, werden auch neue Wurzeln am Edelreis gebildet, und nach etwa 7—8 Monaten haben sich so viele Wurzeln am Edelreis gebildet, daß man die Pflanzen herausnehmen und die Unterlage abschneiden kann; die einjährigen Veredlungen sind zu dieser Zeit, je nach Sorte, 30—60—90 cm hoch (Abb. 318).

Die Veredlung auf Fraxinus wurde früher auch schon in Frankreich versucht, allerdings mit recht unterschiedlichem Erfolg, so daß man in der Praxis wieder davon abgekommen ist; merkwürdig, daß man in USA heute dafür sehr eintritt. Unverträglichkeit soll hier aber eine Rolle spielen.

Auch in Belgien ist die Veredlung auf Liguster bekannt und wird deshalb vorgenommen, um wurzelechte Mutterpflanzen für die Anlage von Senkerstücken zu bekommen (Calle). Die einjährigen Jungpflanzen werden herausgenommen, tief gepflanzt, so daß sich die Veredlung bald selbst bewurzelt. 1 Jahr darauf schneidet man die Mutterpflanzen dicht über der Veredlung ab, so daß sie dort neue Edeltriebe bilden, die bei warmem Wetter abgelegt werden und bis zum Oktober meist gut bewurzelt sind.

Veredelt man die *vulgaris*-Sorten auf *S. reticulata*, dann erhält man Zwergwuchs, obwohl diese Unterlage die stärkstwachsende *Syringa*-Art ist; dennoch hat diese Unterlage wenig Wert, wie Sax betont, da sie nur kurzlebig ist.

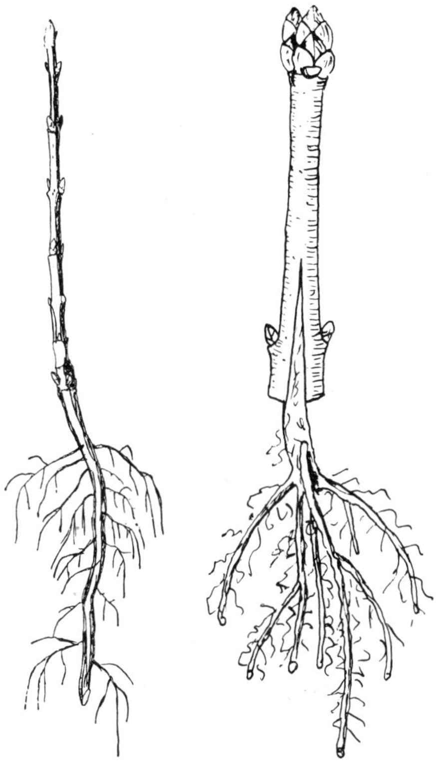

Abb. 318. Einjähriger Fliedersämling (Original)
Abb. 319. Fliederveredlung (rechts) auf Ligusterwurzeln, wie sie Kern in USA ausführt (Original)

Absenken kann geschehen, um wurzelechte Pflanzen zu erzielen. Hierzu werden die Zweige geringelt, das heißt, es wird dicht über dem Boden ein 5—10 mm breiter Rindenstreifen entfernt und der Trieb dann eingelegt. Die Wurbildung soll schnell und reichlich im Laufe des Sommers vor sich gehen. Im Herbst können die Senker abgenommen und aufgeschult werden. Der Vorteil des Verfahrens besteht darin, daß wurzelechte Pflanzen nie die bei Veredlung so lästigen Wurzeltriebe und Ausläufer machen, die gerade bei *vulgaris* in großer Zahl erscheinen. Die Methode der wurzelechten Vermehrung beginnt allmählich beliebter zu werden. Wenn diese Pflanzen zwar auch noch nicht so schnell vorwärtskommen, so ist man hierbei trotzdem für immer die lästigen Ausläufer los. Wurzelechte Pflanzen müssen im Preise entsprechend höher eingestuft werden.

In Holland hat man festgestellt, daß wurzelechte Fliedertriebe nicht so viele Blüten bringen und auch sonst nicht so kräftig wachsen wie veredelte Pflanzen.

Veredlung: Die wichtigste Veredlung ist bei uns die Okulation. Sie muß so zeitig wie möglich geschehen, da die Unterlagen früh lösen, noch vor den Rosen. Ihr Zeitpunkt hängt natürlich auch davon ab, daß reife Augen vorhanden sind. Hier hilft man sich z. B. in Boskoop dadurch, daß man meist nur Augen von getriebenen Pflanzen nimmt. Bei uns wird am besten dann okuliert, wenn die Unterlagen Anfang bis Mitte Juli gerade eben zum zweiten Trieb ansetzen. Über die Unterlagenfrage vgl. S. 550. Bei uns nimmt man am liebsten ein- oder zweijährige Unterlagen mit 6—8—10 mm Stärke, in der Mitte des Wurzelhalses gemessen. Die Okulation wird nicht auf, sondern kurz über dem Wurzelhals ausgeführt, wobei gleichzeitig im Vorbereiten auch die Austriebe und Seitenaugen entfernt werden. Nach dem Veredeln wird sofort angehäufelt, aber nur für 8—10 Tage, dann wieder abgehäufelt. Auch zum Winter hin empfiehlt AUGUSTIN kein Anhäufeln, weil sich das inzwischen angewachsene Auge besser entwickelt, was bei angehäufelten Pflanzen nicht geschieht.

Beim Okulieren muß flott gearbeitet werden, damit die Wunde nicht antrocknet. Hat man keine Reiser von getriebenen Pflanzen zur Verfügung, was sehr oft der Fall sein wird, dann müssen die Mutterpflanzen vorher pinziert werden, damit die Augen besser ausreifen. Wenn sich beim Okulieren das Holzschildchen nicht herauslösen läßt, dann soll man es besser daranlassen, statt noch lange damit herumzuexperimentieren.

Die Wetterfrage bei der Okulation ist von großem Einfluß. Bei kaltem, regnerischem Wetter wachsen die Augen schlecht an. Am besten wachsen von den *vulgaris*-Sorten die weißen, weniger gut die bunten. Man muß deshalb auch immer die besten Unterlagen für die bunten Sorten zurückbehalten. Es kommt oft vor, daß man ziemlichen Ausfall hat, den man im folgenden Jahr nachveredeln muß.

Nachveredeln: Was im Sommer okuliert wurde und nicht angewachsen ist, muß zeitig im Frühjahr noch nachveredelt werden, am besten durch Kopulation. Das ist besser als eine neue Okulation im Juli, weil die Rinde dann schon zu hart ist.

Über die Zweckmäßigkeit des Entspitzens der jungen Okulate ist man geteilter Ansicht. Wo Flieder gut wächst und auch in zwei Jahren fertig ist, empfiehlt sich das Entspitzen, und zwar schon beim Heften, also wenn die Triebe erst fingerlang sind. Es wird dadurch viel Bruch (Wind, Regen) verhütet, und die zweijährigen Pflanzen haben später zum größten Teil 6—8 starke Triebe, was besonders für die Treiberei wichtig ist. Der Flieder wird ja auch, wie bekannt, nach der Anzahl der Triebe bewertet. Wenn es eben geht, sollen im Frühjahr, bald nach dem Austrieb, alle schwachen Triebe ganz entfernt werden, damit nur 6—8, aber starke Triebe sich entwickeln können.

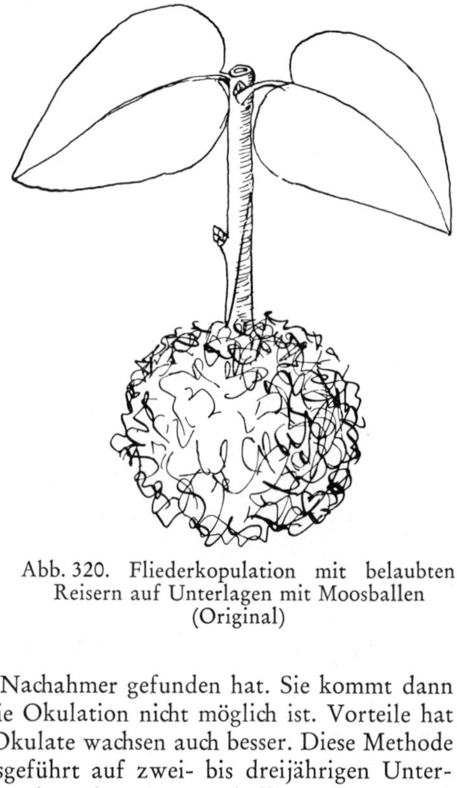

Abb. 320. Fliederkopulation mit belaubten Reisern auf Unterlagen mit Moosballen (Original)

Handveredlungen: Anschließend Ende Mai bis Anfang Juni kann man erneut kopulieren mit Blatt; das ist eine Boskooper Methode, die bei uns auch schon viel Nachahmer gefunden hat. Sie kommt dann in Betracht, wenn aus irgendwelchen Gründen die Okulation nicht möglich ist. Vorteile hat diese Methode nicht, sie macht sogar Arbeit. Die Okulate wachsen auch besser. Diese Methode ist eigentlich nur ein Lückenbüßer. Sie wird ausgeführt auf zwei- bis dreijährigen Unterlagen, die entweder im Winter schon eingetopft wurden oder mit Moos balliert, wie man das gerne in Boskoop macht. Bei den Reisern muß man darauf achten, daß die Blätter vollkommen gesund sind; auch der Torfmull muß ganz sauber und einwandfrei sein. Die Ausführung der Veredlung geschieht folgendermaßen:

Im Frühjahr auf Freilandbeeten einsenken und bis zum Veredeln gut feucht halten. Ende Mai, wenn die ersten Edelreiser einigermaßen ausgereift sind, kann veredelt werden, je nach der Stärke entweder mit Kopulation oder Geißfuß, Reiser 2 Augenpaare lang, 1 Auge auf die Veredlungsstelle (ohne Blatt), das obere Augenpaar behält die Blätter, verbinden, mit Wachs verstreichen, im kalten Kasten unter Glas einsenken und bis zum Anwachsen geschlossen halten, dann allmählich an Luft gewöhnen und abhärten. Man läßt nur 1 Auge zur

Entwicklung kommen und entfernt die anderen. Im Herbst oder im darauffolgenden Frühjahr werden die jungen Veredlungen zurückgeschnitten, aufgepflanzt und wie andere Veredlungen weiterbehandelt (Abb. 320).

Die *Kopulation im Winter* ist ebenfalls eine Handveredlung und wird meist mit Gegenzungen durchgeführt. Hierzu werden die Unterlagen entsprechend der ungefähren Stärke der vorhandenen Reiser ausgewählt und im Hause sauber zugerichtet. Alle Augen am Wurzelhals sind, so tief es geht, fortzunehmen. Veredelt wird, wie schon gesagt, mit Gegenzungen. Die beim Ineinanderschieben überstehenden Spitzen werden fortgeschnitten. Dann stramm verbinden und gut verstreichen! Reiser möglichst kurz nehmen, der Trieb wird dann um so stärker werden! Fertige Veredlungen bündeln und im tiefen Kasten frostfrei einschlagen! Im zeitigen Frühjahr werden sie dann aufgeschult.

Auch Hausveredlungen mit eingewurzelten Unterlagen in Töpfen werden noch hier und da angewandt, allerdings sehr selten. Hierbei wird meist kopuliert. Dazu müssen die Unterlagen gut aufgeputzt sein. Die Reiser schneidet man vorher und schlägt sie an einem frostfreien, kühlen Orte ein. Die Unterlagen werden nun in einem kühlen Hause etwas angetrieben, und dann kann veredelt werden. Zu hohe Wärme und zu viel Feuchtigkeit fördern den verderblichen, vorzeitigen Austrieb. Das ist die einzige Ursache der häufigen Mißerfolge.

Zur Anzucht von *Fliederstämmen* ergaben Veredlungsversuche (Geißfuß) auf jungen Stämmen von *Fraxinus ornus* sehr gute Erfolge, die in keiner Weise hinter denen auf *S. vulgaris* zurückstanden. Veredlungen auf *Fraxinus ornus* treiben etwa 8 Tage später aus, überholen durch schnelleres Wachstum aber bald die anderen Veredlungen. Okulation auf *F. excelsior* dürfte ebenfalls möglich sein. Sollten die Kronenveredlungen auf Eschen haltbar sein, worüber aber bisher noch keine Erfahrungen vorliegen, dann wäre damit ein neuer Weg gewiesen.

Stecklinge wachsen von allen Fliederarten, auch von den *vulgaris*-Sorten. Während man bei uns die Stecklingsvermehrung nur ausnahmsweise, etwa zur Erzielung wurzelechter Mutterpflanzen, anwendet, ist diese Methode in USA in den Baumschulen weit mehr verbreitet. COGGESHALL berichtet hierüber sehr ausführlich. Er empfiehlt, die Stecklinge von den Freilandpflanzen zu nehmen, sobald diese lang genug ausgetrieben und noch keine Endknospen gebildet haben. Man beläßt an den Stecklingen nur 2 Blattpaare und verwendet Wuchsstoffe. Dann steckt man in üblicher Weise im Haus und deckt die Vermehrungsbeete mit Plastik ab. Die Bewurzelung erfolgt, je nach Sorte, nach 4 bis 8 Wochen. Besonders gut, zu 75 % oder mehr, wurzeln die Sorten 'Charles Joly', 'Katherine Havemeyer', 'Andenken an L. Späth', 'Congo', 'Mme Florent Stepman', 'Paul Hariot', 'Paul Thirion'; mäßig gut, etwa mit 50 % Erfolg, wachsen 'Edith Cavell', 'Ellen Willmott', 'Lucie Baltet', 'President Lincoln', 'President Grévy'; schlecht wachsen 'Mme Lemoine' und 'Vestale'. Nach der Bewurzelung werden die Stecklinge eingetopft und im nächsten Jahre ausgepflanzt. Die am stärksten wachsenden Stecklinge werden bis zum Herbst nach der Bewurzelung etwa 15—30 cm hoch.

Manche amerikanische Fachleute halten die aus Stecklingen erzielten Pflanzen für besser als Veredlungen. Die Stecklinge werden Ende April—Anfang Mai abgenommen und in tiefe kalte Kästen gesteckt; als Substrat verwendet man 3 Teile Sand und 2 Teile Vermiculite. Nach dem Stecken wird der Kasten zugedeckt und schattiert; jeden Morgen wird übersprüht. Nach 1 bis 2 Monaten, wenn die Bewurzelung eingesetzt hat, wird mehr und mehr Luft gegeben, im August—September wird flüssig gedüngt. Die Stecklinge bleiben im Kasten stehen, bis sie im nächsten Frühjahr ausgepflanzt werden. — In anderen Firmen werden die Stecklinge dann abgenommen, wenn die Blüte beginnt; die ganz weichen Triebspitzen werden entfernt, und gesteckt wird, nach Wuchsstoffbehandlung, im Haus, in einem Vermehrungsbeet mit etwa 20 °C Bodenwärme. Man sieht, daß man die Stecklingsvermehrung auch auf verschiedene Weise erfolgreich durchführen kann, doch ist das Ergebnis schlechter, wenn man später als im Mai mit der Vermehrung beginnt.

Kulturansprüche: Jeder gute Boden ist geeignet, und zwar am besten Lehm. In solchem Boden werden die Pflanzen in 2 Jahren fertig, in anderem nicht. Geringe oder trockene Böden sind ebensowenig geeignet wie nasse Lagen. Alle Syringen sind große „Fresser“ und brauchen auf ärmeren Böden eine ordentliche Hilfe durch verrotteten Dünger. Sie sind ausgesprochen kalkliebend, und es muß auch von Zeit zu Zeit gekalkt werden. Im 1. Jahr nach dem Verpflanzen sind die Blüten meist klein, entwickeln sich aber im darauffolgenden Jahre schon ganz normal. Verblühte Rispen müssen entfernt werden, denn die Samen werden immer auf Kosten der folgenden Blüte gebildet. Im Winter schneiden und auslichten, denn der Strauch kann selbstverständlich nur eine begrenzte Anzahl vollkommener Blüten bringen.

(5.) *Sortierungsvorschriften* des BdB für Veredlungsunterlagen. (Vom Januar 1963.)

Syringa-vulgaris-Unterlagen der Güteklasse A müssen eintriebig gezogen sein; die Mindestlänge muß 25 cm betragen. Die Pflanzen können zweijährige Sämlinge, zweijährig verpflanzt oder dreijährig verpflanzt sein.

	⌀ mm am Wurzelhals	Bündeln zu	Binden
Zweijährige oder dreijährige Sämlinge ...	8—10	50	einmal mit Weiden
Zweijährige verpflanzt	10—12	25	

Empfehlenswerte Sorten von Syringa vulgaris

Die nachstehende Sortenliste ist zusammengestellt aus den Prüfungsergebnissen in Holland, England, USA und Deutschland. Die Farbenbezeichnungen stimmen mit der amerikanischen Sorteneinteilung überein.

	A. Gefülltblühende Sorten	B. Einfachblühende Sorten
I. Weiß	'Edith Cavell' 'Ellen Willmott' 'Mme Lemoine'	'Königin Luise' 'Marie Legraye' 'Vestale' 'Primrose' (gelblich)
II. Violett	'Maréchal Lannès' 'Maximowicz'	'De Miribel'
III. Blau und Bläulich	'Ami Schott' 'Olivier de Serres' 'President Grévy'	'Ambassadeur' 'Decaisne' 'President Lincoln'
IV. Lila	'Leon Gambetta' 'Michel Buchner' 'Victor Lemoine'	'Christophe Colomb' 'Hugo Koster' 'Jacques Callot'
V. Rosa	'Katherine Havemeyer' 'Mme Antoine Buchner'	'Lucie Baltet' 'Macrostachya'
VI. Magenta (Rötlichpurpur)	'Charles Joly' 'Mrs. Edward Harding' 'Paul Thirion'	'Maréchal Foch' 'Réaumur' 'Ruhm von Horstenstein'
VII. Purpur bis Dunkelpurpur	'Paul Hariot'	'Andenken an L. Späth'

Frühblühende (Praecox-)Sorten

Necker, rosa; Lamartine, rosa; Pocahontas, purpur; Louvois violett; Esther Staley, rosa; Vauban, rosa gefüllt; Mirabeau, lila.

Spätblühende (*prestoniae*-)Sorten

Coral, rosa; Hiawatha, violettrot; Isabella, lila; Royalty, purpur.

Wildarten und ähnliche

Syringa reticulata (= *amurensis japonica*), *chinensis* 'Saugeana', *meyeri* 'Palibin', *microphylla* 'Superba' *persica, sweginzowii* 'Superba', *reflexa, tigerstedtii* und *villosa.*

AUGUSTIN, W., 1951: Fliederveredlungen ohne Wildausschlag. Dt. Baumschule **3**: 147-149. — CALLE, H., 1951: Nochmals „Wurzelechter Flieder". Dt. Baumschule **3**: 158. — DUVERNAY, J. M.: Les Lilacs. Étude du genre Syringa. Jardins de France, 1951: 238-252. — HARDING, A.: Lilas de mon jardin. 111 S. Paris 1933. — HÜBNER, F. W., 1951: Wurzelechter Flieder. Dt. Baumschule **3**: 60-61. — KAMMERER, E. L., 1942: Hybrid Lilacs. 4 S. Morton Arboretum Bull. popular inform. **17**. — KRÜSSMANN, G., 1949: Das Fliedersortiment. Dt. Baumschule **1**: 70-71. — v. D. LEK/KRIJTHE, 1943: Over het stekken van sering met toepassing van groeistoff. Med. Tuinb. Voorlich. Dienst **35**, 32 S. Den Haag. — LÖBNER, M.: **11./12.** Tätigkeitsbericht der Versuchsanstalt Friesdorf (S. 30 über Fliederunterlagen), Bonn. — LÖBNER, M.: — ebenso im 13. Bericht (S. 55) und im 14./15. Bericht — ferner mehrere Berichte in der Gartenwelt und im Blumen- und Pflanzenbau. — MEYER, F.: Flieder. 98 S. Stuttgart 1952. — NOTCUTT, R. F., in New Flora and Silva, 1936, 87. — SAX, K., 1950: Rootstocks for Lilacs. Arnoldia **10**: 57-60. — WISTER, J. C.: Lilacs. Am. Nurs. 1. 6. 1953: 12-13. — COGGESHALL, R. G.: Hybrid Lilacs from softwood cutting; in Am. Nurs. 15. 16. 1962; 7-8.

TAMARIX — Tamariske — Tamaricaceae

Stecklinge im Sommer wachsen oft sehr schlecht, manchmal auch gut. Sie sind daher nicht gebräuchlich, da das Ergebnis ungewiß ist.

Steckholz ist die beste Vermehrung. Das Holz ist sehr hart und braucht erst im Februar geschnitten zu werden; nicht zu dünnes Holz nehmen! Im März gleich auf Beete stecken, seltenere Arten (z. B. *juniperina*) besser im Kasten! Der Austrieb beginnt bald, und die Jungpflanzen werden im 1. Jahre schon sehr schön buschig und etwa 1—1,5 m hoch. Auch bei großer Trockenheit hat man keinen Ausfall.

Holländische Sortimentsprüfungen hatten folgendes Ergebnis: *T. pentandra* als beste, dann *T. parviflora* (schwarzes Holz) und *T. odessana* (gelbliches Holz). *T. pentandra* ist meistens knapp in den Baumschulen und könnte viel mehr vermehrt werden.

Kulturansprüche: Es ist irrig zu glauben, die Tamarisken seien Wüstenpflanzen und brauchten deswegen auch sehr trockenen Sandboden. Sie zeigen im Gegenteil an, wo sich Wasser befindet. Bei uns wachsen sie in jedem sandigen, humosen Boden in sonniger Lage. — Bemerkenswert ist die unbegrenzte Anpassungsfähigkeit an hohen Salzgehalt des Bodens. Vergleichsversuche mit Meerwasser und Leitungswasser bei einem Chlorgehalt von 26,8 g auf 1 Liter Grundwasser ergaben keinerlei Unterschiede!

Empfehlenswerte Arten: *Tamarix hispida, juniperina, pentandra* (= *hispida aestivalis*) mit 'Rubra', *tetrandra.*

TETRACENTRON — Tetracentraceae

Stecklinge im Juni unter Glas wachsen, kommen aber nicht so schnell vorwärts wie Absenker.

Absenken ist die lohnendste Vermehrung im Sommer, möglichst in etwas anmoorigem Boden Jungpflanzen erst im nächsten Jahre (nicht schon im Frühjahr) abnehmen und eintopfen. Dann unter Glas halten und nach dem Anwachsen wieder an frische Luft gewöhnen.

Kulturansprüche: Etwa wie Magnolien zu behandeln. Winterschutz kaum erforderlich. In Deutschland für warme Lagen. In Frankreich findet man dieses einem *Cercidiphyllum* nicht unähnliche Gehölz häufiger angepflanzt.

Nur eine Art: *Tetracentron sinense.*

TEUCRIUM — Gamander — Labiatae

A u s s a a t ist an sich bedeutungslos, könnte aber im Hause vorgenommen werden.

S t e c k l i n g e zu verschiedenen Zeiten. Da *Teucrium* wohl immer in größeren Mengen benötigt werden, kann man mit dem Stecklingsschneiden schon im Winter anfangen, etwa im Februar, und dann in Handkästen stecken. Sie bewurzeln sich darin bald, werden im Mai ausgepflanzt und sind bis zum Herbst schon fertige Pflanzen. Man kann auch einige Mutterpflanzen im Hause etwas antreiben. Die jungen Triebe werden dann im Hause gesteckt und bewurzeln sich innerhalb 14 Tagen. Das Schneiden kann einige Male wiederholt werden und ist sehr einträglich.

Dann kommt noch die (gebräuchlichste) Sommervermehrung im August in Frage. Hier können die Stecklinge länger sein, etwa 5—8 cm. Stecken im Kasten; Bewurzelung nach 4 Wochen; dann allmählich Luft geben, bei Sonne nur wenig schattieren! Hauptsache: geschlossen halten und immer rechtzeitig spritzen! Nach dem Auspflanzen — das gilt für alle Fälle — immer sofort stutzen, damit die Pflanzen recht buschig werden!

K u l t u r a n s p r ü c h e : Sehr anspruchslos; lassen sich sogar bei größter Trockenheit verpflanzen und wachsen mit Sicherheit an.

E m p f e h l e n s w e r t e A r t : *Teucrium chamaedrys* (∧∧).

TILIA — Linde — Tiliaceae

A u s s a a t : Durch Aussaat können die Hauptarten, wie *americana, cordata, heterophylla, mongolica, petiolaris, platyphylla, japonica* und *mandschurica* vermehrt werden. Das Saatgut wird sofort eingeschichtet und kommt im 2. Frühjahr nach der Reife zur Aussaat. Mit der Keimung erlebt man oft nicht viel Freude, weil das Saatgut bei anhaltendem Regen schon vor der Keimung verdirbt. Das trifft ganz besonders auf *T. platyphylla* zu, deren zarte Keime die sie bedeckende Erdschicht, auch wenn sie sehr dünn ist, fast nicht mehr zu durchbrechen vermögen, wenn diese Schicht durch Regen verhärtet ist. Beete zweckmäßig mit Nadelstreu dünn abdecken. So ist denn die Anzucht der Sommerlinden eine der schwierigsten unter den Laubhölzern überhaupt, zumal das Saatgut auch nur selten von besonderer Güte zu sein pflegt (Abb. 235—11).

Zudem sind die jungen Sämlinge noch sehr frostempfindlich und müssen bei Nachtfrostgefahr vorsichtshalber gedeckt werden. Im nächsten Frühjahr pflanzt man die kleinen Sämlinge auf Beete, wo sie sich dann gut weiterentwickeln. Später werden sie zur Hochstammzucht aufgeschult mit einem Abstand von 90 × 40 cm.

T. cordata, platyphylla, americana u. a. benötigen eine lange Zeit zur Keimung. Das liegt daran, daß die Samenschale wasserundurchlässig und der Embryo bei der Fruchtreife noch nicht genügend entwickelt ist. BARTON erreichte durch eine 20 Minuten lange Behandlung im Schwefelsäurebad eine ausreichende Zerstörung der Samenschale. Nach gutem Auswaschen der Samen müssen diese zum Nachreifen noch 3—5 Monate in feuchtem Torfmull bei 1—5 °C stratifiziert werden. Dann wird ausgesät, und die Früchte keimen auch.

Bei *Tilia cordata* hat man während der Anzucht wegen des krummen Wuchses der Leittriebe mehr Arbeit als bei den anderen Arten. Es ist deshalb am besten, sie in den Reihen auf 20 cm Abstand aufzuschulen. Die Leittriebe müssen gestäbt werden. Die Endknospen soll man niemals entfernen, sondern immer durchtreiben lassen. Soweit erforderlich, werden die Seitentriebe eingekürzt. Durch die enge Pflanzung richten sich die Leittriebe mit der Zeit immer von selbst gerade hoch. Nach dem Anschneiden zur Kronenbildung kann man später eine um die andere Pflanze herausnehmen, damit die zurückbleibenden sich besser entwickeln. Viele Baumschulen veredeln auch die *cordata* kurzerhand, und zwar auch als Kronenveredlung (Kopulation) auf *euchlora,* um schneller zum Ziele — fertigen Stämmen — zu kommen.

V e r e d l u n g muß bei einer ganzen Anzahl von Arten und Varietäten erfolgen. Es kommt in der Regel die Okulation im Sommer in Frage, bei Kronenveredlungen die Kopulation. Als Unterlage verwendet man allgemein bei starkwachsenden Arten *platyphylla,* das heißt also für *T. tomentosa, americana* und *europaea* (= *intermedia*); die schwachwachsenden Arten, wie *T. euchlora*, gehören auf die Winterlinde, die auch, wie oben beschrieben, als Stammbildner verwendet wird.

T. cordata wird auch gelegentlich für die sonst meist aus Senkern gewonnenen *T. europaea* genommen; auf *platyphylla* wächst sie aber besser und kräftiger, auch der Ausfall ist geringer. Veredelt wird bei den schwachwachsenden Arten meist erst in Kronenhöhe, bei den starkwachsenden dagegen unten, dicht über dem Wurzelhals. Die Erfolge sind in der Regel gut, wenn beachtet wird, daß *tomentosa* nur ganz frühzeitig und im ersten Trieb veredelt gut wächst. Wenn der 2. Trieb beginnt, treibt das junge Auge ebenfalls durch, etwa 10 cm lang. Die wichtigste Frage ist, schon frühzeitig Reiser mit reifen Augen zu haben. Hierzu müssen unbedingt Standbäume vorhanden sein, die nicht oder nur wenig geschnitten werden und daher nur kurze Triebe machen. Diese Standbäume haben immer rechtzeitig gut ausgereifte Augen. Die junge, ausgetriebene Veredlung wird im Frühjahr kurz zurückgenommen.

Ebenfalls *T. petiolaris* muß frühzeitig veredelt werden; bei *T. euchlora, europaea* und anderen Arten kommt es nicht so genau auf den Zeitpunkt an, da sie später noch ebensogut wachsen.

Absenken ist bei einigen Arten sehr üblich, vor allem bei *europaea* (= *intermedia*, = *hollandica*), die immer nur taube Samen trägt. Es geschieht mit zweijährigem Holz und dauert auch 2 Jahre. Die aus Senkern herangezogenen Stämme sollen nie die Höhe von Sämlings- oder Veredlungspflanzen erreichen. Deshalb wird *europaea* auch, wenn größere Mengen gebraucht werden, im rechnenden Betrieb durch Veredlung herangezogen. Schließlich ist das Absenken auch noch möglich bei *T. mandschurica, mongolica* und *japonica* (Abb. 321).

Abb. 321. Hochstammquartier von *Tilia europaea*, dreimal verpflanzte Stämme; Stammumfang 12—16 cm; bei J. Timm & Co. in Elmshorn, Holstein (Werkbild)

Kulturansprüche: Allgemein kann man sagen, daß die Linden zwar einen frischen Boden vorziehen, aber sonst auch in jedem nahrhaften, lockeren Boden gut vorwärtskommen. Zu bemerken ist noch, daß aus Samen gezogene Linden als Alleebäume wenig beliebt sind, denn sie variieren so stark, daß fast jeder Baum eine anders gestaltete Krone hat und bei manchen Sämlingspflanzen der Laubfall schon im Hochsommer beginnt.

Empfehlenswerte Arten und Sorten: *Tilia cordata, euchlora, europaea* mit 'Pallida', *mongolica, petiolaris, platyphylla* mit 'Örebro', *tomentosa.*

Barton, L. V., 1934: Dormancy in Tilia seeds. Contrib. Boyce Thompson Inst. **6**: 69-89.

TRACHELOSPERMUM — Apocynaceae

Trachelospermum jasminoides ist ein hübscher, aber empfindlicher, immergrüner Schlinger, der im Mittelmeergebiet oft in den Gärten zu sehen ist. Vermehrung aus Stecklingen im Sommer mühelos (∧∧∧).

TRIPETALEIA — Ericaceae

Kultur und Vermehrung der sommergrünen *Tripetaleia paniculata* etwa wie Azaleen, also entweder Aussaat oder Sommerstecklinge. Winterhart und recht hübsch.

TROCHODENDRON — Radbaum — Trochodendraceae

Im allgemeinen hält *T. aralioides* bei uns im Freiland aus, doch ist sie sehr empfindlich gegen Frühjahrsfröste. Vermehrung durch reife Stecklinge im August im Vermehrungshause. Jungpflanzen stets in Töpfen halten. Braucht frischen Boden und schattige Lage. West- und Norddeutschland recht hart.
Nur eine Art: *Trochodendron aralioides* (∧∧).

TSUSIOPHYLLUM — Ericaceae

Tsusiophyllum tanakae ist zu behandeln wie die zwergigen Rhododendron, also kalkfreien Boden, Sonnenlage oder auch Schatten. Vermehrung am besten aus Stecklingen. In Kultur (vielleicht nur?) bei HILLIER in England (∧∧∧)?

ULEX — Stechginster — Leguminosae

Aussaat im Frühjahr mit gewässertem Saatgut. Es ist nicht erforderlich, unter Glas zu säen, sondern man kann sofort ins freie Land säen, am besten etwa Ende April, um Frostschäden vorzubeugen. Bei frischem Saatgut (Ernte Mai bis Juli, sehr unregelmäßig) erfolgt die Keimung mit mindestens 70 %.

Statt der Aussaat im Freiland kann man auch sofort in Töpfe, die im Kasten eingesenkt sind, aussäen. Man erspart damit das Eintopfen. Wichtig und beachtlich ist hierbei auch, daß die Pflanzen bis zum Herbst schon verkaufsfertig sind.

Bei der Aussaat in der alten Weise werden die Sämlinge im Herbst in 7-cm-Töpfe eingetopft, weil sie sich sonst nicht mehr verpflanzen lassen würden. Die Töpfe werden nun im kalten Kasten und im nächsten Frühjahr auf Beeten eingesenkt, wo sie bis zum Herbst stehen bleiben und dann fertig sind. Winterschutz im Kasten durch Auflage von Reisig oder Decken ist sehr nützlich.

Stecklinge können im Frühjahr oder Sommer von halbreifen Trieben genommen werden, kommen aber ausschließlich für die Vermehrung der Formen in Betracht.

Kulturansprüche: Vollsonnige Lage, leichter, sandiger Boden. Jungpflanzen bis zur Verwendung immer in Töpfen halten, weil sie sich sonst sehr schlecht verpflanzen lassen! In kalten Wintern friert *Ulex* oft bis zum Wurzelstock zurück, ohne dabei aber an Lebenskraft zu verlieren, im Gegenteil, er treibt danach im Frühjahr nur um so stärker wieder durch.

Empfehlenswerte Arten: *Ulex europaeus* (∧∧) mit 'Plenus' (∧∧∧), *minor* = *nanus;* ∧∧∧).

ULMUS — Ulme, Rüster — Ulmaceae

Methode	Jan.	Febr.	März	April	Mai	Juni	Juli	Aug.	Sept.	Okt.	Nov.	Dez.
Aussaat			○				●			●		
Veredlung			●					●				
Stecklinge		X	X	X		X						
Absenken						●						

X X unter Glas; ● ○ Freiland; fette Zeichen wichtigste Methoden

Aussaat kann bei einigen Arten angewendet werden, wenngleich es auch nur wenig üblich ist. Säen kann man alle reinen Arten, so u. a. *U. americana* (= *alba*), *carpinifolia*

(= *campestris*), *glabra* (= *montana*), *laciniata, laevis* (= *effusa*), *parvifolia* (= *chinensis*), *pumila, rubra* (= *fulva*) u. a. mehr. Das Saatgut ist bei den meisten Arten schon im Mai—Juni reif, bei *parvifolia* jedoch erst im September—Oktober (Spätblüher); es wird am besten gleich nach der Ernte ausgesät; herbstreifes Saatgut muß trocken überwintert und im Frühjahr einige Wochen stratifiziert werden.

Nach ROHMEDER behält das Saatgut seine Keimkraft bis zum Frühjahr des nächsten Jahres; reife Saat keimt bald nach der Aussaat, die am besten gleich nach der Ernte, im Juni—Juli, erfolgt. Unreife Samen, die z. B. durch Sturm von den Bäumen gerissen werden, keimen, wenn sofort ausgesät, erst im nächsten Frühjahr. Hat man gekauftes Saatgut oder ist das Saatgut vor der Aussaat schon sehr trocken geworden, dann muß es erst einige Tage im kalten Wasser eingeweicht, dann leicht abgetrocknet und sofort ausgesät werden.

Frisches Handelssaatgut hat in der Regel 10—25 %, sehr selten bis 35 % Keimkraft. HENRY hat bei Versuchssaaten festgestellt, daß von unseren baumartigen Ulmen nur 2 Arten bei der Aussaat gleichmäßige Sämlinge ergeben: *U. glabra* und *carpinifolia,* alle anderen ergeben stets ein Gemisch von Sämlingen, die in Größe, Stellung und Form der Blätter erheblich voneinander abweichen.

Zu *U. glabra* und *carpinifolia* ist zu bemerken, daß Arten, wenn sie unmittelbar nach der Reife gesät werden, und zwar auf gutem, lockerem Gartenboden, auch sehr gut keimen, und vor allem dann, wenn der Boden feucht genug ist. Am besten ist die frisch vom Baum geerntete und nicht die auf dem Boden liegende, abgefallene Saat. Im ersteren Falle ist die Keimkraft der reinen Arten und auch von *U.* 'Vegeta' sehr gut, bei den Varietäten dagegen verschieden.

U. thomasii sät sich in ihrer Heimat nur selten selbst aus, aber auch Aussaaten in der Baumschule verliefen immer ohne Ergebnis. ARISUMI und HARRISON sammelten Saatgut von alten Bäumen zur Zeit der Reife und wenige Tage vor der Vollreife, weichten sie 12 Stunden bei Tageslicht und machten dann Keimversuche in Petrischalen. Aus den Ergebnissen war zu ersehen, daß 2 Wochen vor der Reife gepflückte Saat nicht keimfähig war; vollreife und eine Woche vor der Reife gepflückte Saaten keimten mit 90—100 % in den Petrischalen. Die Keimung erfolgte nach 2—3 Tagen. Kontrollversuche in Saatschalen mit Erde gaben keine Keimung.

V e r e d l u n g : Als Unterlage wird in der Regel die Stammart oder die nächste Verwandtschaft genommen. Eine allgemein gute Unterlage ist sonst auch *U. carpinifolia,* die besonders für die feinholzigen Arten, soweit sie niedrig veredelt werden, gut geeignet ist. Die Veredlung wird entweder durch Okulation im August oder durch Geißfußveredlung im Frühjahr — letztere ist am häufigsten — ausgeführt. Besonders gute Erfolge hat man bei den Ulmen mit der Keilpfropfung (Abb. 127), die besonders für die Kronenveredlung angewandt wird. Als Stammbildner sind beliebt *U. hollandica* 'Vegeta' für die sogenannten Trauerulmen (*U. glabra* 'Camperdownii' und *U. glabra* 'Pendula'), *U. hollandica* für die Kugelulmen (*U. carpinifolia* 'Umbraculifera' und 'Rueppellii'). Für die Kronenveredlungen, die im Nachwinter geschehen, nicht zu dünne, zwei- bis dreijährige Reiser nehmen! *U. carpinifolia* 'Wredei' gedeiht schlecht, wenn auf *U. glabra* veredelt!

U. americana, die in USA ein sehr beliebter Park- und Alleebaum ist, zeigt in der Natur eine sehr unterschiedliche Kronenform, so daß man Typen selektiert hat. Diese werden am besten Mitte August auf Sämlingspflanzen okuliert und wachsen gut. Von den langen Reisern verwendet man die unteren und oberen Augen nicht, weil sie zu schwach bzw. zu stark sind, sondern nur das Mittelstück. Im nächsten Jahre müssen die jungen Triebe sorgfältig und frühzeitig gestäbt werden, da sie leicht durch den Wind ausbrechen, solange sie nicht verholzt sind.

A b s e n k e n ist beliebt bei *hollandica* und *U. hollandica* 'Vegeta' und geschieht in der üblichen Weise.

Schließlich kann man auch, wie V. TCHERNOFF (1963) berichtet, S t e c k l i n g e a u s W u r z e l s t ü c k e n ziehen, wie man dies im Phytopatologischen Institut in Baarn, Niederlande, durchgeführt hat. Hierzu nahm man Wurzelstücke von 7 cm Länge und

3—15 mm Stärke (über 15 mm wuchs nicht!) und steckte diese in Handkästen mit Sand und Torf 1 : 3, wobei die Wurzelstücke senkrecht standen und etwa 1,5 cm herausragten. Die Handkästen wurden nach dem Angießen mit Plastikfolien zugedeckt, die etwa 20 cm hoch über den Stecklingen auf Gestellen lagen. Nach 2 Wochen bilden sich bereits Kallus und Wurzeln, und nach 8—10 Wochen haben sich bereits Triebe mit 6—8 Blättern gebildet. Jetzt, wenn die Triebe zu verholzen beginnen, nimmt man sie vorsichtig von den Wurzelstücken ab, behandelt sie mit Wuchsstoff und setzt sie in kleine Töpfe, die in Torf eingefüttert und wiederum mit Plastikfolie zugedeckt werden. Von den Wurzelstücken kann man mehrmals Triebe abnehmen. Triebe von Februar kommen im Juni in den kalten Kasten zur Abhärtung, und im nächsten Jahr werden sie aufgeschult. Von einem 2—3jährigen Mutterbaum kann man etwa 100 Wurzelstücke erhalten, die wiederum rund 1000 Triebe erbrachten. Diese bewurzelten sich praktisch fast zu 100 % und erreichten bereits im August, also nach nur einem halben Kulturjahr, eine durchschnittliche Höhe von 60 cm. In neueren Versuchen berichtet A. Kramer aus dem gleichen Institut, daß man die Stecklinge besser unter Sprühnebel und mit Bodenwärme behandelt.

Bretz und Swingle vermehrten resistente Ulmenklone durch Augenstecklinge mit je einem Blatt, unter Wuchsstoffanwendung (Indolylbuttersäure auf Puder) im Vermehrungsbeet mit Sprühnebel. Die Bewurzelung erfolgte nach 3 Wochen zu fast 90 %, ohne Wuchsstoff jedoch nur zu 50—60 %.

Kulturansprüche: Etwas frischer bis feuchter, tiefgründiger Boden; darin sind sie sehr raschwüchsig.

Nachdem in den letzten 30 Jahren die Anzucht von Ulmen fast ganz zum Erliegen gekommen war, hat nach dem Kriege, dank der holländischen Untersuchungen, dort eine neue Anzucht eingesetzt. Es handelt sich um die als nahezu ganz immun angesehene Rasse *Ulmus carpinifolia* 'Bea Schwarz' (= Nr. 62), die inzwischen auch schon in den deutschen Baumschulen Eingang gefunden hat. Es muß nun abgewartet werden, wie sich diese Ulme bewährt.

Empfehlenswerte Arten und Sorten: *Ulmus americana, carpinifolia* mit den Formen 'Cornubiensis', 'Dampieri', 'Sarniensis' und 'Wredei', *glabra* mit den Formen 'Camperdownii' und 'Pendula' (= *horizontalis*), *hollandica* mit den Formen 'Major' und 'Vegeta', *parvifolia, procera* mit den Sorten 'Bea Schwarz' und 'Christine Buisman', *pumila* und *elegantissima* mit 'Jacqueline Hillier'.

Barton, L. V., 1939: Storage of Elm seeds. Contrib. Boyce Thompson Inst. **10**: 221-233. — Bretz/Swingle: Vermehrung resistenter Ulmen. DB 1950, 136 (Referat). — Henry: Pflanzenzüchtung in ihrer Anwendung auf Bäume. Mitt. DDG 1910: 75 ff. — Rohmeder, E., in Forstwiss. Centralbl. 1942, 121. — Swingle/Whitten Young, 1949: The identification and control of elm phloem necrosis and dutch elm disease. 11 S. Ohio Agr. Expt. Sta. Spec. Circ. **80**. — Flemer, W.: Budding the American Elm; in Proc. Prop. Soc. **3**: 36-38; 1954. — Arisumi, T., & M. Harrison, The germination of Rock Elm Seeds; in Am. Nurs. 1. 10. 61.: 10. — Tchernoff, V.: Vegetative propropagation of elms by means of shoots from callused roots; in Acta Bot. Néerl. **12**: 40-50; 1963. — Kramer, A.: Het vermeerderen van iepen door stekken afkomstig van wortelcallus; in Beplant. en Boomkw. 1967: 34-35.

UMBELLULARIA — Berglorbeer — Lauraceae

Aussaat der großen Samen, die am besten stratifiziert werden, im Frühjahr unter Glas oder, noch einfacher, Stecklinge von ausgereiften Trieben im Sommer. *Umbellularia californica* ist bei uns im Weinklima ausreichend winterhart (im Botanischen Garten Bonn 1976 3 m hoch und breit) ∧∧.

VACCINIUM — Heidelbeere — Ericaceae

Aussaat wie bei *Erica*, aber wenig gebräuchlich. Man kann aber auch die Saat gleich nach der Ernte aus den Beeren auswaschen, indem man die Beeren vorsichtig ausquetscht. Durch das Waschen kann man die Fruchtschalen entfernen. Den Samen vermischt man dann mit feinem Sand und kann ihn jetzt in Handkästen aussäen. Bis zur Keimung vergehen mehrere Wochen. Die jungen Keimlinge bekommen bei Herbstaussaat nur die beiden Keimblätter, wenigstens habe ich dies so erfahren.

Stecklinge lohnen sich bei größerem Bedarf. Die laubabwerfenden (*corymbosum, arctostaphylos, hirsutum, angustifolium, stamineum*) vermehrt man durch Stecklinge von Frühjahrstrieben, die immergrünen (*V. vitis-idaea, macrocarpon* usw.) durch ausgereifte Triebe, die in beiden Fällen am besten im Hause in Schalen oder Handkästen mit Torf und Sand gesteckt werden.

Im übrigen vgl. auch unter „Kulturheidelbeere" (S. 638).

Empfehlenswerte Arten: *Vaccinium arctostaphylos, corymbosum* (Kulturheidelbeere), *macrocarpon* und *vitis-idaea.*

VELLA — Cruciferae

Aussaat oder Stecklinge gut möglich; *Vella pseudocytisus* ist ein immergrüner Zwergstrauch aus den Pyrenäen, braucht sonnnige Lage im Steingarten und Winterschutz.

Veroncia, immergrüne = HEBE

VIBURNUM — Schneeball — Caprifoliaceae

Methode	Jan.	Febr.	März	April	Mai	Juni	Juli	Aug.	Sept.	Okt.	Nov.	Dez.
Aussaat				●	●		X					
Stecklinge						X		**X**	**X**			
Absenken						●						
Veredeln								**X**	**X**			

X X unter Glas; ● ○ Freiland; fette Zeichen wichtigste Methoden

Aussaat: Das Saatgut muß sofort nach der Reife ausgewaschen und dann stratifiziert werden, doch braucht die Aussaat erst 2 Jahre nach der Ernte zu geschehen, weil sie sonst zu lange überliegt. Ausgesät werden können alle reinen Arten; üblich ist die Aussaat bei *V. opulus, lantana, lentago, rufidulum, hupehense, dentatum, trilobum.* Die jungen Sämlinge werden im 1. Jahre meist nicht höher als 10—15 cm und werden dann noch für 1 Jahr auf Beete pikiert.

Auch *V. rhytidophyllum* kann gut gesät werden, doch fällt diese Art nur dann echt, wenn keine *V. lantana* in der Nähe standen; in letzterem Falle gibt es auch Mischlinge, die meist wertlos sind.

Die Früchte von *V. opulus* sind nicht giftig, wie manchmal behauptet wird.

Von großem Einfluß auf die Keimung ist der Reifezustand der Früchte. Wenn man die Früchte von *V. lantana* schon erntet, wenn sie noch rot sind, sogleich einschichtet bis zum Herbst und dann aussät, laufen sie im Frühjahr auf, wie KERN berichtet. Wird dagegen geerntet, wenn die Beeren schon schwarz sind, und anschließend gesät, dann liegen sie 2 Jahre über!

Von GIERSBACH liegen auch Untersuchungen über die Keimung der Samen von *V. acerifolium, dentatum, dilatatum, lentago, nudum, opulus, prunifolium, pubescens, rufidulum* und *scabrellum* vor. Die Keimung und Gewinnung der Sämlinge war bisher noch nicht genügend erforscht. Die meisten der genannten Arten keimten nach Herbstaussaat im kalten Kasten im 2. Frühjahr. In den Kontrollaussaaten wurden die Samen in feuchtem Torfmull bei 20—30 °C (täglich wechselnd) vorgekeimt, dann niedrigen Temperaturen ausgesetzt, zuletzt wiederum bei 21 °C im Gewächshaus aufgestellt, worauf sogleich die Keimung begann. Diese Behandlung ist jedoch in der Baumschule nicht durchführbar, zumal die meisten der genannten Arten auch im Freiland gut aufgehen, wenn sie im Sommer nach der Ernte ausgesät werden (also Wärme zur Entwicklung der Keimwurzel erhalten) und im Winter den erforderlichen Frost bekommen, durch den die Ruhezeit des Embryos endgültig beendet wird. Die Keimung erfolgt dann im kommenden Frühling im Freiland.

S t e c k l i n g e kommen in erster Linie von den immergrünen, dann aber auch von den schwachwachsenden Arten und Formen in Frage. Von den immergrünen Arten, z. B. *V. davidii, henryi, utile, propinquum, rhytidophyllum, harryanum* und dem sehr seltenen *cylindricum,* steckt man am besten halbreife Stecklinge im August—September im Hause, wo sie sich dann während des Winters bei Bodenwärme gut bewurzeln. Die sommergrünen Arten wachsen besser aus krautigen Stecklingen im Frühsommer mühelos im Kasten unter Glas. Sehr vorteilhaft ist es, die schwachwachsenden Arten noch 1 Jahr im Topf weiterzubehandeln, bis sie genügend erstarkt sind. Für die Immergrünen gilt das gleiche.

S t e c k l i n g e v o n s c h l a f e n d e n A u g e n nach Art der Rebenvermehrung können (nach englischen Versuchen) ebenfalls geschnitten werden und sollen sehr beachtliche Erfolge bringen. Die Augen schneidet man mit etwas altem Holz und steckt sie im Hause in Sand, in dem sie schnell Wurzeln bilden sollen. Ob dieses Verfahren auch schon in Deutschland versucht wurde, ist mir nicht bekannt.

S t e c k h o l z kommt ausschließlich für *V. opulus* in Frage. In Frankreich wird die Steckholzvermehrung vorgezogen, bei uns sät man *opulus.*

A b s e n k e n ist wohl die einfachste Methode und daher bei vielen schwer wachsenden Arten beliebt. Es setzt das Vorhandensein von starken und gepflegten Mutterpflanzen voraus. Die jungen Triebe werden im Juni abgesenkt und sind bis zum nächsten Frühjahr meist gut bewurzelt. Abgesenkt werden in der Regel *V. opulus* 'Roseum' (*sterile*), *plicatum* (= *tomentosum sterile*), *plicatum* 'Rotundifolium' (= *tomentosum grandiflorum*), *plicatum* 'Mariesii' (= *tomentosum mariesii*), *cassinoides, alnifolium, sargentii, nudum, wrightii, sieboldii* usw.

V e r e d l u n g : Sie wird sehr häufig angewandt zur Vermehrung aller sonst schlecht wachsenden Arten, besonders auch der immergrünen. Als Unterlage wird im allgemeinen *V. lantana* genommen, die bleistiftstark und im Topf gut eingewurzelt sein soll. Für die starkwachsenden Arten kann man auch *V. opulus* nehmen. Dagegen ist es eigentlich nicht richtig, die immergrünen Arten auf *V. lantana* zu veredeln; es kann immer nur ein Notbehelf sein, weil diese Pflanzen auf einer sommergrünen Unterlage sich nicht richtig entwickeln. Mit der Stecklingsvermehrung kommt man genausoweit, allerdings dauert dabei die Anzucht etwas länger, was zugegeben werden muß. Die Sommerveredlung wird der Winterveredlung vorgezogen.

HOOGENDOORN gibt an, daß sich alle *Viburnum*-Arten leicht veredeln lassen und gut wachsen, ausgenommen *V. carlesii.* Er zieht als Unterlage *V. dentatum* vor. Die Jungpflanzen sollen nicht zu sehr getrieben werden, sondern besser vor dem Winter gut ausreifen.

Abb. 322. Junge Topfveredlung von *Viburnum henryi* (Original)

Der Gang der Veredlung ist wie folgt: Jungpflanzen (*lantana* oder *opulus*) putzen, eintopfen und draußen auf Beeten einsenken, im August nachputzen und herausnehmen, vorher gründlich wässern. Dann die Edelreiser von diesjährigen, ziemlich ausgereiften Trieben schneiden (zu weiche Spitze auskneifen), kopulieren oder seitlich einspitzen, je nach Stärke der Reiser. Verstreichen ist notwendig. Dann im Vermehrungshause, schräg liegend, in feuchtem Torf einfüttern und 3—4 Wochen geschlossen halten. Nicht gießen, noch spritzen! Bis dahin sind die Pflanzen, meist mit sehr gutem Erfolg, angewachsen. Nun lüften und stufenweise die Unterlagen zurückschneiden. Wichtig ist auch, die jungen Veredlungen im Kasten täglich kurze Zeit zu lüften, um Schimmelbildung vorzubeugen. Wenn alles abgehärtet ist, werden die Veredlungen nach draußen gebracht und im kalten Kasten eingesenkt. Der letzte Rest der Unterlage wird im Frühjahr abgeworfen (Abb. 322).

Bei der Winterveredlung ist alles ganz genauso, nur wird dann kopuliert, und die Veredlungen werden verstrichen.

Hochstammzucht kommt eigentlich nur für *V. opulus* 'Roseum' in Frage. Man kann diese entweder auf starke Triebe von *V. opulus* veredeln, und zwar als Frühjahrsveredlung draußen im Freiland, oder aber man pflanzt die Absenker auf und erzwingt durch kräftigen Rückschnitt einen starken Durchtrieb. Es wird dann auf Zapfen geschnitten und später gestäbt. Die Krone ist im nächsten Jahre meist schon fertig. Vielfach ist es auch üblich, Pflanzen im Quartier auszuwählen, die einen starken Trieb gemacht haben, und diesen dann anzuschneiden.

Kulturansprüche: Im allgemeinen sind die Schneeballarten mit jedem möglichst etwas frischen bis sogar feuchten Boden zufrieden. Einige von ihnen können auch etwas trocken stehen, z. B. *V. lantana, pubescens, prunifolium* und *acerifolium*. Dagegen wächst *V. opulus* sogar in recht nassem Boden, ebenso *V. lantanoides* (= *alnifolium*). Die meisten Arten lieben volle Sonne, wenn auch *opulus* und *lantana* gut im Schatten gedeihen. *Opulus* leidet besonders als Jungpflanze in voller Sonne stark unter der Schneeballblattlaus.

Empfehlenswerte Arten und Formen: *Viburnum betulifolium, bodnantense, burkwoodii, carlcephalum, carlesii davidii* (ΛΛΛ), *fragrans, lantana, macrocephalum* (Λ—ΛΛ), *opulus* mit 'Roseum' (= *sterile*) und 'Xanthocarpum', *plicatum* (= *tomentosum sterile*) mit 'Mariesii', 'Rotundifolium' und *f. tomentosum* (= *V. tomentosum*), 'Pragense', *rhytidophyllum, sieboldii, tinus* (ΛΛΛ) und *wrightii*.

Fillmore, R., 1953: Propagation of Viburnums from cuttings. Proc. Plant Prop. Soc. **2**: 71-23. — Giersbach, J., 1937: Germination and seedling production of species of Viburnum. Contrib. Boyce Thompson Inst. **9**: 79-90. — Hoogendoorn, C. (bei Galle): Am. Nurs. 1. 1. 1953: 10. — Hoogendoorn, C., 1953: The grafting of Viburnum. Proc. Plant Propag. Soc. **2**: 32-43. — Kern, C.: Viburnums from seed (als Referat bei Galle). Am. Nurs. 1. 1. 1953: 10. — Kern, C. E., 1953: The propagation of Viburnum from seed, Proc. Plant. Propag. Soc. **2**: 23-32. — van Lint, H., 1951: Het stekken van Viburnum carlesii en burkwoodii. (Mit Wuchsstoffbehandlung) Boomkwekerij **6**: 143.

VINCA — Immergrün — Apocynaceae

Teilung im Frühjahr ist bei *minor* und deren Formen die gegebene, einfachste und lohnendste Vermehrung, die keiner weiteren Erläuterung bedarf.

Stecklinge von ausgereiften Trieben im Spätsommer kommen bei *V. major* und Formen in Frage, die unter Glas gesteckt und im Frühjahr ausgepflanzt werden.

Kulturansprüche: Keine; wohl das anspruchsloseste einheimische Kleingehölz; wächst in voller Sonne oder im tiefsten Schatten gleich gut. *V. major* ist etwas empfindlicher und wird vorsichtshalber im Winter mit Reisig gedeckt.

Empfehlenswerte Arten und Formen: *Vinca major* (ΛΛ) mit 'Variegata' (ΛΛΛ), *minor* mit 'Bowles'.

VITEX — Keuschbaum — Verbenaceae

Aussaat im Frühjahr im Kasten unter Glas; junge Sämlinge dann eintopfen und in den nächsten Jahren immer frostfrei überwintern. Sie friereen zwar in der Regel immer zurück, ohne dabei jedoch größeren Schaden zu nehmen. Seine Früchte werden noch heutigentags in Griechenland von der armen Landbevölkerung als Gewürz benutzt (pfefferartig).

Stecklinge von krautigen Trieben werden im Juni geschnitten und gesteckt. Ergebnis gut.

Ablegen wird zwar kaum angewandt, ist aber in leichtem Boden gut möglich.

Kulturansprüche: In Südeuropa ist *V. agnus castus* ein kleiner Baum, wird aber bei uns nur strauchartig und ist im Winter sehr empfindlich. Wenn man ihn zur Blüte bringen will, muß bei uns die ganze Pflanze im Winter gut eingebunden werden. Sie wächst sonst in jedem gewöhnlichen, warmen Boden und sonniger Lage. In Griechenland ist der Strauch besonders wichtig, weil er, vor allem an den Meeresküsten, den Dünensand gut festhält und sehr gut Überflutung und Salz verträgt. Sehr widerstandsfähig gegen große Dürre.

Empfehlenswerte Art: *Vitex agnus-castus* (ΛΛΛ).

VITIS — Weinrebe — Vitaceae

Aussaat kommt für die Arten durchaus in Frage, z. B. bei *Vitis amurensis, riparia, flexuosa, labrusca, thunbergii* und *coignetiae,* für die Weinreben im engeren Sinne unseres Wortes *(V. vinifera)* natürlich nicht. Das Saatgut muß nach der Ernte ausgewaschen und dann möglichst bald ausgesät bzw. eingeschichtet werden. Die Aussaat geht am zweckmäßigsten im Kasten im Frühjahr vor sich. Das Saatgut läuft in der Regel bald und gut auf. Die Sämlinge werden dann pikiert, oder man läßt sie so lange stehen, bis man sie eintopfen kann.

Steckholz muß schon sehr früh geschnitten (Mitte Dezember bis Anfang Januar) und dann im Hause gesteckt werden. Bei den botanischen Arten ist auch das Stecken im Kasten möglich. Mit Wuchsstoff behandelt, wächst das Steckholz auch im Freiland mit sehr gutem Erfolg.

Im übrigen vgl. die Ausführungen unter „Weinreben" (S. 642).

Kulturansprüche: Warme Lage, leichter, sandiger, trockener, auch steiniger Boden. Über die Arten ist wenig zu sagen, da deren Anpflanzung in Deutschland am 1. Dezember 1933 gesetzlich verboten wurde mit Ausnahme von *V. vinifera,* deren Kultursorten und Zierformen.

Empfehlenswerte Arten: *Vitis amurensis, coignetiae, davidii, flexuosa* und *vinifera* 'Purpurea'.

WEIGELA — Weigelie — Caprifoliaceae

Aussaat wird nur bei der Züchtung angewandt.

Stecklinge, im Frühsommer von den krautigen Trieben geschnitten, sind die übliche und beste Vermehrungsart. Sie bleiben über Winter im Kasten stehen und werden im nächsten Jahre aufgeschult. Jungpflanzen frieren im Winter im Kasten oft zurück. Das kann man teilweise dadurch verhindern, daß man von August ab das Gießen auf ein Minimum einstellt und so einen frühzeitigen Triebabschluß herbeiführt. Im anderen Falle kann man sie auch in einem heizbaren Doppelkasten überwintern. Dann werden kaum Ausfälle eintreten.

Steckholz kann man ebenfalls von allen starkwüchsigen Formen schneiden. Es wird zweckmäßig im Kasten gesteckt. Im Freiland ist der Erfolg unsicher, und in manchen Jahren geht diese Vermehrung, die sehr vom Verlaufe der Witterung abhängig ist, daneben. Deswegen ist die Steckholzvermehrung auch wenig üblich.

Kulturansprüche: Anspruchslose Gehölze für möglichst etwas frischen Boden. Sie lassen sich auch noch als uralte Sträucher sehr gut verpflanzen und vertragen einen Rückschnitt bis tief ins alte Holz ohne Schaden.

Empfehlenswerte Sorten: 'Eva Rathke', 'Newport Red', 'Styriaca', 'Abel Carriere', 'Conquête', 'Feerie', 'Candida', *florida* 'Purpurea', *florida* 'Nana Variegata'; hierzu die Neuzüchtungen 'Ballet', 'Eva Supreme', und 'Rosabella'.

GROOTENDORST, H.: Weigela; in Dendroflora **5**: 56-59; 1968.

WISTERIA — Wisterie, Glyzine — Leguminosae

Aussaat ist bei *W. sinensis* durchaus möglich. Nicht selten kann man Samen an alten Pflanzen ernten. Sie reifen im Oktober, meist nur ein Samenkorn in der Hülse, seltener 2—3, und behalten ihre Keimkraft mehrere Jahre. Die Hülsen sind sehr dickwandig und fest verschlossen, so daß sie nur mit Gewalt geöffnet werden können. Im Frühjahr werden sie flach in Handkästen gelegt und auf warmen Fuß gebracht, wo sie bald keimen. Auch von bestem Saatgut keimen immer nur 20—25 %. Die Sämlinge wachsen langsam heran, werden im 1. Jahre etwa 10 cm hoch und bleiben am besten einige Jahre in Töpfen. Sie winden erst vom 2. Jahre ab, und nach dem 5. Jahre kommen sie zur Blüte.

Sämlingpflanzen sind nicht beliebt und werden im Handel kaum angeboten, da sie schlechte, zumindest aber unzuverlässige Blüher sind. Übrigens, diese Sämlingspflanzen gehören meist zu *W. floribunda* und nicht zu *W. sinensis!* Erstere hat meist 13—15 (—17) Blättchen und windet von rechts nach links, also wie der Uhrzeiger; letztere hingegen hat nur 9—13 (meist 11) Blättchen und windet gerade entgegengesetzt, von links nach rechts.

Ablegen ist neben der Veredlung die hauptsächlichste Vermehrung. Man kann dies auf zweierlei Art vornehmen. Am meisten üblich ist es, die einjährigen, langen Triebe in Wellenlinien in Rillen so in den Boden zu legen, daß immer ein Stück Trieb heraussieht. Bis zum Spätherbst ist alles gut an den Augen bewurzelt und zum Teil auch schon ausgetrieben. Die langen Triebe werden nun zerschnitten, die Teilstücke eingetopft und im warmen Hause aufgestellt, wo sie sich bald gut entwickeln. Im Frühjahr kommen sie dann nach draußen und werden später in Töpfen auf Beeten eingesenkt.

Die 2. Art ist weniger gebräuchlich. Lange einjährige Triebe schneidet man von der Mutterpflanze ab und legt sie der ganzen Länge nach in den Boden ein. Nur die Spitze des Triebes bleibt sichtbar. Auch diese Triebe bilden an den Augen Wurzeln und können ebenfalls im Herbst geteilt werden. Die Augen haben sich bis dahin stark entwickelt. Die weitere Behandlung ist nachher die gleiche wie weiter oben.

Veredlung kommt dann in Frage, wenn man besonders großen Bedarf hat. Sie ist ergiebiger als das Ablegen, weil die Reiser zur Veredlung nur klein zu sein brauchen und daher restlos ausgenutzt werden können. Die Veredlung geht als Handveredlung vor sich, und zwar je nach Stärke von Unterlage (Wurzel) und Reis entweder als Kopulation oder auch als Geißfuß. Als Unterlagen nimmt man Wurzelstücke derselben Art oder von *W. sinensis,* was gerade zur Hand ist. Man darf der Mutterpflanze natürlich nicht zu viele Wurzeln nehmen und muß mit dem Freilegen der oft reichlich fingerdicken Wurzeln recht vorsichtig verfahren.

Zweckmäßig nimmt man auch nur jedes 2. Jahr Wurzeln von der gleichen Mutterpflanze, damit sie sich immer wieder erholen kann. Die Veredlung selbst geht im Februar bis März im Hause vor sich. Die Reiser sollen am besten schon gleich nach dem Laubfall geschnitten und frostfrei eingeschlagen werden. Dann wird verbunden und mit Baumwachs verstrichen. Wer genügend Raum im Hause hat, kann nun die fertigen Veredlungen gleich eintopfen und im Hause einsenken. Im anderen Falle kommen die Jungpflanzen in den Kasten. Mancherorts zieht man es vor, die jungen Veredlungen im Hause oder im Kasten sofort auszupflanzen. Besser dürfte es wohl sein, sie erst im nächsten Jahre auszupflanzen.

Anzucht von Hochstämmen ist in Holland sehr verbreitet, in Deutschland dagegen nur selten. Durch Auswahl starker Pflanzen, die dann immer an Stäben gebunden und häufig pinziert werden, kann man freitragende Stämmchen mit richtigen Kronen erziehen, doch ist dies ziemlich zeitraubend.

Kulturansprüche: Nahrhafter, frischer Sandboden ist am besten. Nach dem Verpflanzen treiben sie immer sehr spät aus, oft erst im Juni. Man lasse sich dadurch nicht verleiten, die Pflanzen vorzeitig herauszureißen!

Zur Vermehrung soll man immer nur Reiser von ganz besonders reichblühenden Pflanzen nehmen, weil es genügend blühfaule Pflanzen gibt, die die Vermehrung durchaus nicht wert sind und die der Baumschule später nur Klagen ihrer Kunden einbringen.

In Kultur sieht man nicht selten Pflanzen mit gelben Blättern oder solche, die schon mitten im Sommer als Jungpflanzen das Laub abwerfen. Hier liegen Kulturfehler vor. Entweder der Boden ist zu hart, trocken und undurchlässig — in diesem Falle muß gründlich und tief gegraben und dabei gut gewässert werden, wobei eine gute Beimischung von Kuhdung dann das erwartete Wunder vollbringt — oder es fehlt dem Boden an Phosphorsäure; Abhilfe durch eine geringe Gabe Superphosphat. Daß Gelbwerden auf Kalkmangel zurückzuführen ist, dürfte unzutreffend sein. Jungpflanzen soll man nie zu lange in Töpfen behalten, sonst verhungern sie.

Auf den Kulturbeeten muß Ordnung herrschen, schon wachsen die langen Triebe, wenn man sich ihrer nicht annimmt, zu einem unentwirrbaren Durcheinander zusammen. Am besten werden von Anfang an die Jungware auf Beeten aufgepflanzt bzw. im Quartier und darüber Drahtgestelle gespannt, ähnlich wie bei *Ribes, Rubus, Lonicera* usw., an denen die Triebe von Zeit zu Zeit nachgebunden werden.

Empfehlenswerte Arten: *Wistera sinensis* mit dem in Boskoop selektierten Typ 'Prolific', und der Form 'Alba'; *W. floribunda* mit den Sorten 'Issai', 'Issai Perfect' und 'Macrobotrys'.

Grootendorst, H. J.: *Wisteria;* in Dendroflora **5**: 61-68; 1968.

XANTHOCERAS — Gelbhorn — Sapindaceae

Aussaat wäre sehr gut möglich im Frühjahr im Kasten; leider sind die großen Samen, die in kastanienartigen Schalen stecken, nur selten zu erhalten. Sie werden auch bei uns gut reif. Die Sämlinge müssen in der ersten Zeit gut vor Nässe geschützt werden.

Wurzelschnittlinge sind oft die einzige Möglichkeit. Sie werden im Winter, etwa im Dezember, in der üblichen Weise geschnitten und in Handkästen eingelegt. Diese stellt man dann im Vermehrungshause bei Bodenwärme auf. Die Bewurzelung ist sehr gut. Sobald wie nur möglich eintopfen und noch im Frühsommer auspflanzen!

Kulturansprüche: Lehmig-sandiger, lockerer, durchlässiger, kalkhaltiger Boden und warmer, sonniger Stand. Als junge Pflanze sehr empfindlich, später aber ganz hart, wenn sie trockenen Winterschutz an ihren Wurzeln hat. Mitunter friert sie zurück, meist aber nur dann, wenn durch zu guten Standort das Holz nicht völlig ausgereift oder der Boden zu feucht war.

Einzige Art: *Xanthoceras sorbifolia.*

XANTHORRHIZA — Gelbwurz — Ranunculaceae

Xanthorrhiza simplicissima macht viele Ausläufer, die man abnehmen kann, oder auch Wurzelschnittlinge im Dezember. Eignet sich gut zur Pflanzung im Wald; durch die kleinen schwarzbraunen Blüten wenig auffällig. Winterhart.

YUCCA — Palmlilie — Agavaceae

Aussaat geht im Winter mit eingeführtem Saatgut im Hause vor sich, bei größeren Anzuchten im Kasten. Das Auflaufen ist sowohl bei frischem als auch bei altem Saatgut immer unregelmäßig. Die Jungpflanzen werden einige Jahre im Topf behalten, bis sie ausgepflanzt werden können.

Teilung der Mutterpflanzen bzw. Abtrennen der Rhizome im Spätherbst ist eigentlich die gebräuchlichste Vermehrung. Die Teilstücke werden mit den Schnittflächen in vorher bereitgestellte, zerstoßene Holzkohle eingetaucht und können dann sogleich draußen ausgepflanzt werden. Die Holzkohle soll einen Schutz gegen Fäulnis an den Schnittstellen bilden. Die Blätter bindet man am besten für einige Zeit oben zusammen. Im Frühjahr werden die im Winter schlecht gewordenen Blätter entfernt, und bald wird sich auch der neue Trieb zeigen. Bis zum Herbst ist schon ein großer Teil dieser Freilandpflanzen fertig.

Kulturansprüche: Keine Ansprüche an den Boden, außer daß er recht warm sein soll. Winterschutz ist ratsam.

Empfehlenswerte Arten: *Yucca filamentosa, flaccida, glauca, gloriosa* (∧∧∧) und *smalliana.*

ZANTHOXYLUM — Gelbholz — Rutaceae

Aussaat im Frühjahr unter Glas einfach und ausreichend. Interessant sind *Zanthoxylum americanum, piperitum* und *planispinum;* in den Botanischen Gärten ist meist die eine oder andere Art in Kultur.

ZAUSCHNERIA — Kolibritrompete — Onagraceae

Stecklinge: Im allgemeinen wie Stecklinge von Fuchsien zu behandeln. Die beste Vermehrungszeit von Mai bis Juni, nicht im Hochsommer. Jungpflanzen sind sehr frostempfindlich, deshalb am besten in Töpfen behalten. Es ist ratsam, auch immer einige Mutterpflanzen zur Überwinterung im Hause aufzustellen, denn es kann durchaus vorkommen, daß der ganze Bestand erfriert.

Kulturansprüche: Sie brauchen einen sehr sonnigen, geschützten Standort in gewöhnlichem Boden. Winterschutz, vor allem gegen Winternässe!

Empfehlenswerte Arten: *Zauschneria cana* (ΛΛΛ) und *californica* (ΛΛΛ).

ZELKOVA — Zelkowe — Ulmaceae

Aussaat: Wo Saatgut vorhanden ist, wird dies am besten noch im gleichen Sommer, wie bei den Ulmen, im Freiland ausgesät. Beete nicht trocken werden lassen! Die jungen Sämlinge werden noch etwa 10 cm hoch und müssen im Winter gedeckt oder herausgenommen werden. Ist die Aussaat nicht mehr möglich, dann wird sogleich eingeschichtet und erst im Frühjahr gesät. Die Jungpflanzen erreichen dann bis zum Herbst eine Höhe von etwa 30 cm.

Ablegen kommt bei Mangel an Saatgut ebenfalls in Betracht. Ausführung wie bei Ulmen.

Veredlung ist neben dem Ablegen eigentlich nicht mehr notwendig, könnte jedoch aus irgendwelchen Gründen erforderlich sein. Als Unterlage kommt hier eine beliebige Ulme in Betracht. Die Veredlung geht im Winter im Hause auf im Topf gut eingewurzelten Pflanzen vor sich. Handveredlung ist vielleicht auch möglich, aber der Erfolg ist mir nicht bekannt.

Kulturansprüche: Kräftiger Boden, am besten milder Lehm oder auch frischer, sandiger Lehm; alle Arten wollen aber wärmste Lage. *Z. serrata* ist auf solchen Böden sehr schnellwüchsig.

Empfehlenswerte Arten: *Zelkova carpinifolia, cretica, serrata.*

ZENOBIA — Ericaceae

Aussaat und Stecklinge genau wie bei *Pieris,* vgl. dort. Frische Saat keimt recht gut.

Kulturansprüche: Frischer, humoser Boden in halbschattiger Lage; kalkfliehend und durchaus winterhart bei uns, aber leider viel zuwenig bekannt. In England wird *Z. pulverulenta* mit bestem Erfolg getrieben, und es ist denkbar, daß die weißen, maiglöckchenartigen, süß duftenden Blüten guten Absatz finden.

Einzige Art: *Zenobia pulverulenta.*

ZIZIPHUS — Judendorn — Rhamnaceae

Samen nach der Ernte einschichten, Aussaat im nächsten Frühjahr unter Glas; Sämlinge eintopfen, sind sehr frostempfindlich. *Ziziphus jujuba* ist eine ausgesprochene Liebhaberpflanze ohne Gartenwert, braucht aber sehr viel Sonne im Sommer zum Ausreifen der Triebe. Winterhart in Wien, und dort kleiner Baum.

B. Die Vermehrung der Nadelgehölze (G. Krüssmann)

ABIES — Tanne — Pinaceae

Aussaat spielt bei dieser Gattung die größte Rolle und ist bei den meisten Arten überhaupt die einzige Vermehrungsmöglichkeit. Das Saatgut wird bis auf ganz wenige Arten aus dem Auslande eingeführt. Häufig ist die Keimfähigkeit nur gering (35—40 %). Die Zapfen werden oft vor der Vollreife abgenommen, wenn noch nicht alle Samen ausgereift sind. Man kann mit der Ernte nicht bis zur gänzlichen Reife warten, weil die Zapfen sich dann teilen und von der Basis her abfallen. Die Fruchtschuppen lösen sich nach und nach von der Spindel und fallen zur Erde. Solange die Zapfen am Baume sind, fliegen die Samen nicht aus, sondern erst beim Zerfallen. Die oberen Schuppen haben meist taube Samen; dieser natürliche große Hohlkornanteil bedingt in erster Linie die geringe Keimfähigkeit des Handelssaatgutes. Die Spindeln bleiben nach dem Abfallen der Schuppen oft noch jahrelang auf den Zweigen stehen. Von der Blüte bis zur Reife stehen die Zapfen immer aufrecht; die Reife wird in einem Jahr vollendet. Die *Abies*-Samen enthalten viel Terpentin und flüchtige Öle, die die Samenschale leicht durchdringen und sich verflüchtigen können; dadurch wird ein Gewichtsverlust bemerkbar. Er tritt am wenigsten auf, wenn die Samen in den Zapfen bleiben.

Abb. 323. Dreijährige verpflanzte *Abies*-Jungpflanzen
links: *A. concolor*
Mitte: *A. arizonica*
rechts: *A. firma*
(Werkbild J. Timm & Co., Elmshorn, Holstein)

Bei uns in Deutschland pflückt man die Zapfen am besten im September, etwa 1—2 Wochen vor der Vollreife, dann fallen sie bei Wärme gleich auseinander. Beim Rütteln fallen die Samen aus; diese müssen dann kühl und luftig bis zum Gebrauch aufbewahrt werden. Die Fruchtbarkeit der Tanne setzt erst in einem gewissen Alter ein. Vorzeitige Fruchtbarkeit ist unerwünscht und, wie bei anderen Pflanzen, ein Zeichen von Schwäche. Die Zapfen stehen selten unterhalb der mittleren Höhe des Baumes, und zwar nur dann, wenn der Baum außergewöhnlich reich mit Zapfen besetzt ist. Die Ernte der Zapfen ist nicht ungefährlich, da die Äste der meisten *Abies*-Arten sehr leicht brechen. Deshalb immer einen Sicherheitsgürtel benutzen! Nicht jedes Jahr ist ein Zapfenjahr; dies ist abhängig vom Witterungsverlauf, vor allem während der Blüte im zeitigen Frühjahr. Das Saatgut bleibt mehrere Jahre keimfähig, am besten, wenn es bei —5 bis —15 °C in einer Tiefkühltruhe aufbewahrt wird. Vor der Aussaat wird das Saatgut am besten 24 Stunden in Wasser gelegt, dann mit Sand vermischt und ständig feucht gehalten („vorgekeimt"). Nach 8 Tagen beginnt schon die Keimung, dann sofort aussäen und etwa 1 cm hoch mit Erde bedecken. Die beste Zeit zur Aussaat ist Mitte April bis Mitte Mai, in rauheren Gegenden erst Mitte Juni im Kasten. Noch frühere Aussaat ist in keinem Falle anzuraten, da die Sämlinge ihren Trieb doch immer schon nach kurzer Zeit abschließen. Zu zeitige Aussaaten erleiden im Nachsommer häufig noch Verluste. Der Boden soll auch locker und sandig, nicht zu feucht sein und das Aussaatbeet etwas schattig liegen, jedoch nicht zu schattig, sonst gibt es bei trübem Wetter leicht Faulstellen. Man muß immer darauf achten, daß nicht der Pilz in die Keimlinge gerät, sonst ist der größte Teil verloren. Es hilft dann nur vorsichtiges Entfernen alles Angesteckten und Desinfektion mit „Chinosol" oder Holzkohle. Die Sämlinge werden im nächsten Frühjahr auf Beete pikiert, wo sie erst einmal 2 Jahre bis zum nächsten Verpflanzen stehenbleiben können.

Nicht vorgekeimte Saat keimt im Freilande bei günstiger Witterung nach etwa 3 bis 4 Wochen. Die Samen bleiben im allgemeinen 1—2 Jahre keimfähig; die Keimung selbst verläuft recht unterschiedlich. Über das *Verhalten der einzelnen Arten bei der Aussaat* noch folgende Ergänzungen (Abb. 324 p—q):

A. alba: Keimt leicht im Apparat, wird aber trotzdem meist nach der Schnittprobe gekauft. Ende März bis Anfang April, trocken gesät, geht die Saat bei günstiger Witterung bald auf (im Keimschrank nach 10 Tagen 23 %, nach 30 Tagen 66 %). Saatgut von *Abies alba* ist oft zu einem hohen Prozentsatz von den Larven der Erzwespe befallen und angefressen, weswegen die Keimfähigkeit nicht höher als 20—25 % ist (GENTER, S. 65).

A. balsamea: Saat 4 Tage vor der Aussaat in Wasser mit Treibhauswärme legen. Keimung erfolgt dann nach SCHENCK (l. c.) mit 44 % (Abb. 324 s).

A. cephalonica: Deutsche frische Saat keimte nach 30 Tagen mit 40 %, importierte nach 20 Tagen mit 38 %.

A. cilicica: Importierte Saat braucht oft 2—3 Monate zur Keimung.

A. concolor lowiana: Keimt bei Herbstaussaat meist mit 40 %.

A. grandis: Auch importierte Saat bringt stets sehr schlechte Ergebnisse. Die Keimkraft beträgt in der Regel nie mehr als 10—20 %, in Ausnahmefällen über 30 %! Bei längerer Lagerung verliert sie sogar noch wesentlich. Ein Hektoliter Zapfen bringt 4 kg Saat.

A. homolepis: Deutsche frische Saat keimt nach 30 Tagen mit 37 %.

A. lasiocarpa: Importierte Saat hat meist 40 % Keimkraft, verliert diese aber schon sehr bald.

A. nordmanniana: Deutsches frisches Saatgut nach 30 Tagen mit 80 %! Vorgekeimte Saat aus Import lief nur sehr schlecht auf.

A. pinsapo: Importiert nach 30 Tagen 50 %; deutsche Saat nach 30 Tagen 43 %.

A. procera: Recht unterschiedlich. Im allgemeinen schlecht aus Samen zu ziehen und sehr empfindlich. Eingeführtes Saatgut keimt mitunter im Keimschrank sehr gut. RAFN berichtet einmal von 50 % und sogar nach 4jähriger Lagerung noch mit 34 %!

A. spectabilis: Importiert, nach 30 Tagen 50 %.

Stecklinge sind bei den vielen Zwergformen zu bevorzugen, da nur Stecklinge immer wieder die typischen Wuchsformen bilden. Bei Veredlungen entsteht oft nach einigen Jahren ein kräftiger Leittrieb, der sich möglichst baumartig, entsprechend dem Wuchsbild der Unterlage, zu entwickeln versucht. Die Stecklinge werden in der üblichen Weise im Spätsommer als Abrisse geschnitten und in Handkästen oder sonst unter Glas gesteckt. Bis zum Frühjahr sollen sie im Vermehrungshause bleiben und können dann, wenn sie gut bewurzelt sind, auf Beeten im Freien ausgepflanzt werden.

In Deutschland sind Stecklinge von den reinen Arten eigentlich nie üblich, jedoch durchaus möglich; doch ist das Ergebnis nicht so gut wie bei den Zwergformen. In Japan wird *A. firma* aus Stecklingen vermehrt. Ebenso wurden nach einer Angabe in der Gartenflora (1887: 143) *A. nordmanniana* und *pinsapo* in der Gegend am Schwarzen Meer ebenfalls allgemein aus Stecklingen herangezogen, und die Stecklinge sollen sich dort auch rasch bewurzeln. Bei uns wird sonst noch — in Ausnahmefällen — *A. concolor* 'Violacea' gesteckt.

Stecklingspflanzen neigen immer dazu, schief zu wachsen, oft auch Veredlungen, denn man hat ja nie so viele Kopftriebe, wie man eigentlich zum Veredeln haben sollte. So werden aus Mangel an anderen auch mitunter gut entwickelte Seitentriebe verwendet.

Absenken ist bei uns durchaus ungebräuchlich und wird meines Wissens nur in England gelegentlich angewandt, und zwar bei *A. procera.*

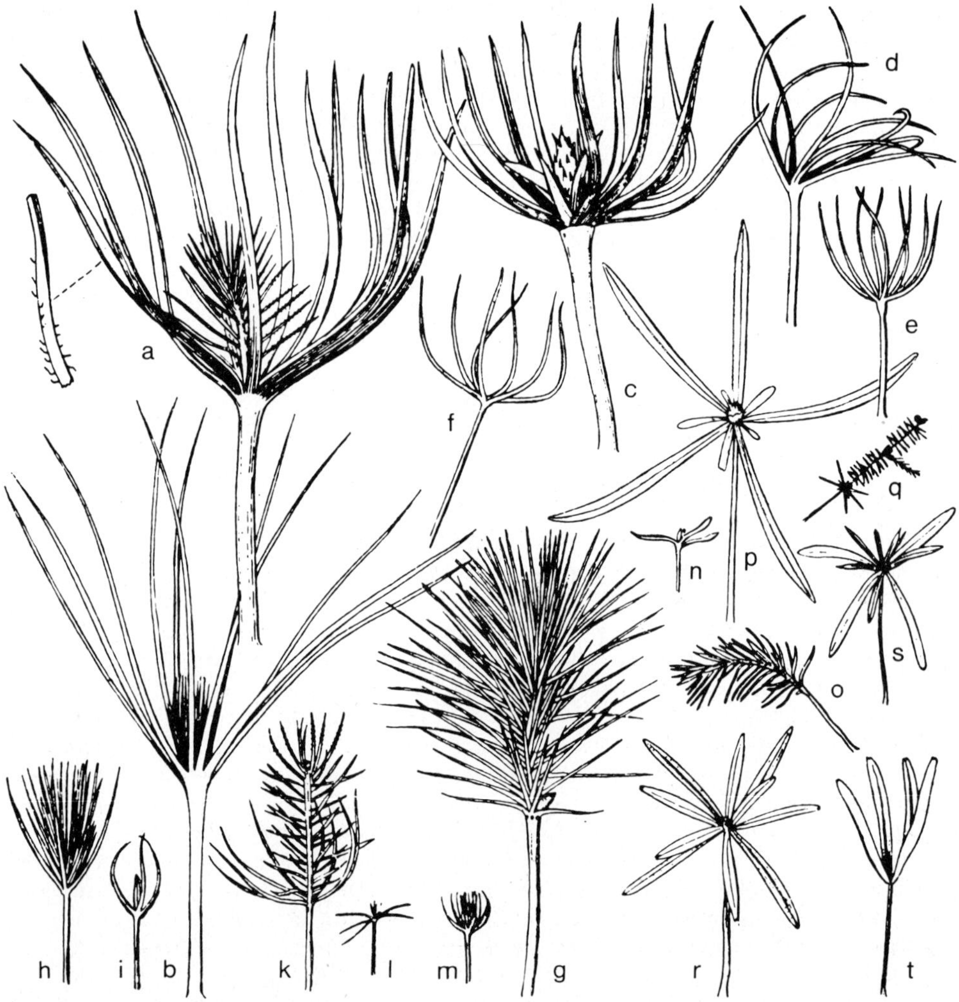

Abb. 324. Keimpflanzen von Koniferen (1). a *Pinus pinea*, b *Pinus jeffreyi*, c *Pinus cembra*, d *Pinus wallichiana*, e *Pinus strobus*, f—g *Pinus silvestris*, h *Pinus banksiana*, i *Pinus contorta*, k *Picea abies*, l *Picea sitchensis*, m *Picea glauca*, n—o *Tsuga canadensis*, p—q *Abies alba* (q Schema einer dreijährigen Pflanze), r *Abies firma*, s *Abies balsamea*, t *Abies sibirica* (nach Hickel, Graines et plantules des Conifères). Vgl. auch die Abb. 327 und 333

V e r e d l u n g kommt ganz besonders bei den sogenannten blaunadeligen und Trauerformen zur Anwendung. Man bevorzugt immer die Sommerveredlung im Hause. Hierbei stehen die Unterlagen (meist *alba* oder *concolor*, für die großnadeligen auch wohl *nordmannia*) in Töpfen. Veredelt wird durch seitliches Einspitzen oder seitliches Anplatten. Es wird dann weitläufig verbunden und mit Baumwachs verstrichen, doch kann letzteres auch unterbleiben. Der Erfolg ist bei sauberer Arbeit recht gut. Die jungen Veredlungen werden nach Entfernen des Wildtriebes im Frühjahr im Freilande baumschulmäßig weiterbehandelt. Der junge Trieb wird dabei sorgfältig gestäbt, um ein Abbrechen der Veredlungen beim Hacken usw. zu verhüten.

Zum Veredeln dürfen nur Reiser von Kopftrieben verwendet werden, da Reiser von Seitentrieben immer schief wachsende Pflanzen bilden.

Kulturansprüche: Die meisten Tannenarten wollen einen frischen, kräftigen Boden. *A. concolor* verträgt von den amerikanischen Arten die meiste Trockenheit, leidet auch nicht unter Spätfrösten und wächst vom 5. Jahre rasch in die Höhe. *A. procera,* die ebenso wie *A. mariesii* schlecht auf Kalkboden vorwärtskommt, will einen milden, lockeren Lehmboden, gedeiht aber auch noch gut in trockeneren Böden. Die Pflanzen sollten nur aus Samen erzogen werden, da vegetativ vermehrte Pflanzen nicht den normalen Habitus zeigen. Vom 4. Jahre an wächst *A. procera* genauso schnell wie die Fichte.

A. grandis braucht frischen, guten Boden. *A. nordmanniana* muß in der Jugend gegen Wind, Hitze und Frost geschützt werden und braucht einen kräftigen, frischen Boden; sie leidet stark unter Wildverbiß. *A. pinsapo* ist bei uns nicht ganz hart und wächst sehr langsam, dagegen ist ihre blaue Form, *A. pinsapo* 'Glauca', auch bei uns, namentlich in Süddeutschland, einer der beliebtesten Parkbäume. Auf Kalkböden kommen sonst noch folgende Tannen gut vorwärts: *A. cephalonica, cilicia, numidica, veitchii, vilmorinii, recurvata* und *pinsapo.*

Empfehlenswerte Arten und Formen: *Abies alba, balsamea* 'Nana', *concolor* mit 'Violacea', *grandis, homolepis, koreana, lasiocarpa arizonica* und 'Compacta', *nordmanniana, pinsapo* 'Glauca' (∧∧), *procera* 'Glauca' (∧) und *veitchii.*

Rafn, J.: Untersuchungen von Forstsamen durch 25 Jahre (1887—1912). 91 S. Kopenhagen 1913.

ARAUCARIA — Schmucktanne — Araucariaceae

Aussaat ist die wichtigste Vermehrung, hat aber trotzdem für Deutschland wenig Bedeutung, da die Pflanzen meist in Belgien oder Holland gekauft werden. Das Saatgut wurde meist aus dem Mittelmeergebiet, aber auch aus Peru und Chile eingeführt. Die Herkunft der Saat spielt eine sehr wichtige Rolle. Die in Deutschland vorhandenen Bäume sind vermutlich alle aus Saat von den Hohen Kordilleren, während die empfindlichen Pflanzen unter unseren heimischen Araukarien wahrscheinlich ihre Mutterbäume in einem westlich davon gelegenen Teil Südamerikas haben. Die gewerbsmäßigen Sammler pflegen stets, und zwar zum Nachteil der späteren Anbauer, dort zu sammeln, wo die Pflanzen am häufigsten vorkommen, weil dort das Sammeln ihnen die geringsten Mühen und Kosten macht. Leider ist das Optimum der Araucarien nicht mit unseren Klimaverhältnissen übereinstimmend.

Die Samen sind etwa so groß wie eine Walnuß und werden im April—Mai im Vermehrungsbeet sorgfältig gesteckt, mit der Spitze nach unten; Keimung erfolgt nach 3—4 Wochen. In den ersten 3 Jahren bleiben die Jungpflanzen in Töpfen und müssen unter allen Umständen frostfrei überwintert werden. Später kann man sie dann in geschützten Lagen auspflanzen. Für guten Winterschutz sorgen! (Abb. 327 c)

Stecklingsvermehrung kommt nur für *A. heterophylla* (= *excelsa*) die bekannte Zimmertanne, in Betracht, und soll hier ebenfalls besprochen werden, da sie in einigen Baumschulbetrieben neben Lorbeer ebenfalls herangezogen wird. Diese Vermehrung setzt voraus, daß man Mutterpflanzen hat, die nur für diesen Zweck bestimmt sind. Es sind also solche Pflanzen, die entspitzt wurden und nun mehrere Kopftriebe entwickeln. Seitentriebe sind für die Vermehrung nicht brauchbar, da sie sich nie aufrichten, sondern schlangenförmig über dem Boden kriechen (vgl. hierzu die bekannte Abb. in Molisch, S. 137). Mit dem Stecken im Sommer allein ist es aber nicht getan, sondern die Pflege der Mutterpflanzen ist ausschlaggebend, und nur gesunde, gut gepflegte Mutterpflanzen ergeben gute Stecklinge und bieten die Gewähr, daß diese sich auch bewurzeln. Die Mutterpflanzen müssen im Winter kühl und luftig im Kalthause gehalten werden und genügend Platz nach allen Seiten haben. Im Sommer stehen sie draußen in Töpfen in der Schattenhalle. Enger Stand bewirkt, daß die Pflanzen schnell hochgehen und die Etagen zu weit voneinander entfernt sind. Namentlich bei den Stecklingen ist dies schlecht. Ausgepflanzte Araucarienmutterpflanzen dürfen auch nicht gedüngt werden, damit die Stecklinge nicht zu lang werden. Als Erde ist am besten Lehm, Lauberde und Moorerde zu gleichen Teilen. Ausgepflanzte Mutterpflanzen sind heute in den Spezialbetrieben allgemein üblich und bringen auch die besten Erträge an Stecklingen.

Das Stecken selbst geschieht im Vermehrungshause, und dabei werden die Triebe mit Bast etwas zusammengebunden, um Platz zu sparen. Jungpflanzen bleiben stets in Töpfen und sind überhaupt ausgesprochene Topfpflanzen. Im Sommer werden sie regelmäßig mit Rinderdünger gejaucht und sind dafür sehr dankbar.

Kulturansprüche für *A. araucana:* Sandiger, tiefgründiger, mäßig feuchter Boden. In Nord- und Westdeutschland an günstigen Stellen auch baumartig werdend.

Empfehlenswerte Art: *Araucaria araucana* (= *imbricata*) ∧∧∧.

Biota = THUJA orientalis; vgl. dort

CALOCEDRUS — Weihrauchzeder — Cupressaceae

Auch bei uns kann das Saatgut geerntet werden. Reife Ende September. Wenn die kleinen Zapfen aufspringen, sofort ernten, am besten trocken in den Zapfen aufbewahren bis Mitte April, dann Aussaat (Abb. 333 o).

Die Aussaat ist die beste Vermehrungsart. Frische Saat hat im Keimschrank etwa 50—60 %, läuft aber nur mit etwa 40 % auf, wenn im kalten Kasten gesät. Keimfähigkeit nur 1 Jahr; nach einem Jahr nur noch 25 % keimfähig, nach einem weiteren Jahr wertlos. Nach der Aussaat festklopfen und dann 0,5 cm dick mit Sand abdecken. Keimung nach etwa 3 Wochen.

1 hl Zapfen ergibt 3,75 kg reine Saat; 1 kg Saat hat im Mittel 40 000 Korn. Frische Saat keimte in Nikita (Krim) bei einem Versuch mit 48 %.

Stecklinge sind nicht beliebt, weil die Bewurzelung sehr langsam vor sich geht.

Veredlung durch seitliches Einspitzen im Winter im Hause kommt in Frage für die Formen von *C. decurrens,* denn *C. formosana* und *macrolepis* sind bei uns nicht hart. Es ist auch möglich, *C. decurrens* auf *Chamaecyparis lawsoniana* zu veredeln, doch ist es nur ein Notbehelf und keine Regel.

Kulturansprüche: Frischer, guter Boden; während der Anzucht etwas Halbschatten, sonst sind die Nadeln immer gelbgrün statt dunkelgrün, und — Weinklima! Der Name „Flußzeder“ ist irreführend, da es sich weder um eine Zeder handelt, noch wächst der Baum an oder in Flüssen.

Empfehlenswerte Art: *Calocedrus decurrens* (= *Libocedrus decurrens*).

CEDRUS — Zeder — Pinaceae

Aussaat: Das Saatgut muß eingeführt werden, da in Deutschland geernteter Samen nur einen ganz minimalen Prozentsatz Keimfähigkeit hat. Die beste Zeit für die Zapfenernte ist dann gekommen, wenn die untersten Zapfenschuppen sich ablösen. 1 hl frische Zapfen bringt etwa 4 kg Saat. — Nicht alles abpflücken! Die ein- und zweijährigen Zapfen sind zwar oft auch schon braun, aber noch keineswegs reif, sondern brauchen dazu 3 Jahre und zerbröckeln dann, wie schon vorher gesagt. Zu früh gepflückte Samen reifen nicht nach.

Man läßt die Zapfen nach der Ernte so liegen, bis man aussäen will. Dann legt man die Zapfen 48 Stunden in Wasser, wodurch sie aufweichen und sich auseinanderbrechen lassen. Dann werden die Schuppen und die Samen durch ein Sieb gerührt. Nach kurzem Abtrocknen kann dann ausgesät werden. Bis zur Aussaat immer die Samen in den Zapfen lassen, denn dort halten sie sich am besten.

Die Aussaat nimmt man am besten Anfang Mai entweder im kalten Kasten oder bei kleinerem Bedarf auch im Hause vor. Die Keimfähigkeit beträgt nach einer Untersuchung des Botanischen Gartens Nikita, Jalta (Krim), bei *C. atlantica* 52 %, bei *deodara* 72 % und bei *libani* 48 %, bei uns in der Regel ähnlich, wenn gute Saat vorhanden ist. Die Jungpflanzen bleiben 1 Jahr stehen und werden im nächsten Jahre eingetopft. Ein Teil von ihnen kann schon, besonders bei *C. deodara,* als Veredlungsunterlage benutzt werden. Nach dem Auspflanzen im Freien werden die Jungpflanzen gestäbt, damit sie einen geraden Stamm bilden (Abb. 325, 327 i).

Abb. 325. Quartier von *Cedrus atlantica* 'Glauca' bei De Koningk-Dervaes in Maldeghem, Belgien (Werkbild)

Abb. 326. Blick in ein Quartier mit jungen Pflanzen von *Cedrus atlantica* 'Glauca', Blaufichten, jungen Koniferen usw. (Bild: Eschweiler Baumschulen, Hiltrup in Westfalen)

Siehe, ein sehr guter Kenner der kleinasiatischen Verhältnisse, riet unbedingt davon ab, zu Forstzwecken *C. libani* aus in Europa kultivierten Pflanzen zu ziehen, weil nur die kleinasiatische Rasse allein den Vorzug hat, geradschäftige, glatte Stämme zu bilden und sich selbst zu reinigen.

Veredlung: Sie kommt für alle Formen von *C. atlantica, deodara* und *libani* in Frage. Es handelt sich um Formen mit abweichendem Wuchs oder anderer Nadelfärbung. Wenn auch die Veredlung durch seitliches Einspitzen im September—Oktober im Hause auf eingewurzelten Unterlagen der betreffenden Art am richtigsten wäre, so pflegt man doch in der Regel *C. deodara* vorzuziehen, weil sie immer viel gesünder ist und auch bessere Wurzeln hat als *atlantica* und *libani.* Als Unterlage kann man im Notfall sogar *Larix europaea* nehmen, die die Reiser sehr gut annimmt. Allerdings muß man dies immer nur als Notbehelf ansehen (Abb. 326).

In Norditalien werden die Zedern, und auch andere Koniferen, nach einer anderen Methode veredelt. Die Unterlagen stehen fest in der Baumschule, also nicht in Töpfen. Veredelt wird im Oktober. Die Reiser werden bis zur Schnittfläche in warmes, flüssiges Paraffin und sofort hinterher in kaltes Wasser getaucht, um Verbrennungen zu verhüten. Veredelt wird durch seitliches Einspitzen. Die Veredlungsstelle wird dann ebenso mit Paraffin (evtl. noch mit Zusatz von Rindertalg) verstrichen. Der Erfolg soll sehr gut sein; er wird mit durchschnittlich 90 % Wachsern bei *Cedrus atlantica* 'Glauca' angegeben.

Stecklinge von Zedern, von Kurztrieben mit altem Holz, im Herbst gesteckt, machen im Hause recht bald Kallus und bewurzeln sich während des Winters bei Bodenwärme.

Kulturansprüche: Sandig-lehmiger, durchlässiger Boden und warme Lage. Als Jungpflanzen sind die Zedern sehr empfindlich gegen Fröste und Windzug, vor allem von *C. deodara;* am besten im tiefen Kasten überwintern, solange die Pflanzen noch klein sind. *C. deodara* kann man sehr gut verpflanzen als Jungpflanzen, die anderen Arten nicht so gut. *C. atlantica* liebt Kalkboden, *C. deodara* nicht; *C. libani* ist ebenfalls eine ausgesprochene Pflanze für Kalkböden.

Empfehlenswerte Arten und Formen: *Cedrus atlantica* mit 'Aurea', 'Glauca' und 'Glauca Pendula', *deodara* mit 'Aurea' und 'Verticillata Glauca', *libani.*

Siehe, W.: Die Forstbäume längs der Anatolischen und Bagdadbahn. Mitt. DDG 1911, 299.

CEPHALOTAXUS — Kopfeibe — Cephalotaxaceae

Aussaat im kalten Kasten alsbald nach der Reife. Sonst kann man auch das Saatgut bis zum Frühjahr einschichten und dann in gleicher Weise aussäen. Das Auflaufen geht häufig nur sehr langsam vor sich und dauert manchmal 1—2 Jahre. Die einjährigen Sämlinge werden eingetopft in Komposterde mit Zusatz von Sand und Torf und bleiben einige Jahre in Töpfen stehen.

Am besten ist es, Saat zu importieren, denn nur aus diesem Saatgut entstehen baumartige, regelmäßig beastete Pflanzen. Diese Saat muß ebenfalls eingesandet werden und keimt dann im 2. Jahre (Abb. 333 b).

Stecklinge wachsen gut. Man muß hierzu aber schon mehrere Mutterpflanzen haben, die stets zu diesem Zwecke verwendet werden. Diese zwingt man dazu, mehrere Kopftriebe zu bilden, indem man ihnen den Leittrieb ausbricht. Die Stecklinge werden, wie bei Immergrünen, in Handkästen gesteckt und hierin im Vermehrungshause bis zum Frühjahr aufgestellt; während des 1. Jahres bilden sie nur Kallus. Im Herbst wird die Erde in den Handkästen am besten erneuert, weil sie bis zu dieser Zeit meist schon sauer geworden ist. Im 2. Jahre erfolgt dann die Bewurzelung. Zu Beginn des 3. Kulturjahres können die nunmehr bewurzelten Stecklinge im Kasten pikiert werden.

Enright berichtet über Bewurzelungsversuche mit *C. harringtonia drupacea;* die Stecklinge wurden 15—20 cm lang geschnitten und im Gewächshaus unter Sprühnebel gesteckt. Sie wurden vor dem Stecken mit verschiedenen Wuchsstoffen behandelt, auf die die Steck-

Abb. 327. Keimpflanzen von Koniferen (2). a—b *Cryptomeria japonica,* jung und älter; c *Araucaria araucana* (der Grund der Keimblätter ist aus der Samenbasis, oben, ausgetreten, und zwischen ihnen ist das Knöspchen); d *Cunninghamia lanceolata;* e—g *Sciadopitys verticillata* (e—f einjährig, g zweijährig); h *Pseudolarix amabilis;* i *Cedrus atlantica;* k—l *Larix decidua;* jung und älter; m—n *Keteleeria davidiana,* ganz jung und fast einjährig; o *Pseudotsuga menziesii* (nach Hickel, Graines et plantules des Conifères)

linge sehr unterschiedlich reagierten. Die beste Bewurzelung wurde mit einem Wuchsstoff in Pulverform erzielt, der 0,006 % 2,4,5-Trichlorphenoxyessigsäure und 0,012 % Naphthylessigsäure enthielt („Rainbow Rooting Powder Woody"). 100 % der Stecklinge waren nach 85 Tagen kräftig bewurzelt.

Stecklinge von Seitentrieben sind zur Vermehrung nicht geeignet, weil daraus keine baumartigen Pflanzen, sondern unregelmäßig wachsende, dichte Büsche entstehen. — *C. fortunei* läßt sich besonders leicht aus Stecklingen vermehren.

Veredlung durch seitliches Einspitzen auf im Topf fest eingewurzelte Sämlinge von *Taxus baccata* oder auch, allerdings seltener, auf Sämlinge von *Cephalotaxus harringtonia drupacea* für deren Formen oder die anderen *Cephalotaxus*-Arten. Veredlungszeit ist entweder Januar—Februar im Hause oder August—September im Hause oder Kasten. Auch hier, genau wie bei den Stecklingen, nur Reiser von Kopftrieben verwenden. Selbstverständlich kann man auch die bewurzelten Stecklinge von Seitentrieben, die sonst doch keine guten Pflanzen bilden würden, ohne weiteres als Unterlagen verwenden.

Kulturansprüche: Bei uns vielfach hart, besonders im Weinklima. Bei uns sind ziemlich hart *C. harringtonia* mit var. *drupacea* und 'Fastigiata'. Daß sie bei uns meist nur strauchig sind, führt PILGER nur auf die fortgesetzte Vermehrung aus Stecklingen zurück. Die Pflanzen brauchen guten, kalk- und humusreichen Boden, reichlich Feuchtigkeit und halbschattige Lage, eventuell auch im Schatten unter hohen Bäumen.

Empfehlenswerte Arten und Form: *Cephalotaxus fortunei* und *harringtonia* 'Fastigiata' (beide ∧—∧∧).

ENRIGHT, L. J.: Cephalotaxus cuttings respond to rooting aids; in Am. Nurs. 1. 10. 1959: 16.

CHAMAECYPARIS — Scheinzypresse — Cupressaceae

Aussaat ist für die wenigen Arten die beste Vermehrungsweise. Das Saatgut kann man im Herbst gut selbst ernten, kurz bevor sich die Zapfen öffnen und die Samen ausfliegen. Die Zapfen werden in einem warmen Raum ausgebreitet und fallen dort bald aus. Es wird im Frühjahr gleich in sorgfältig vorbereitete Kästen gesät. Freilandaussaat ist weniger zu empfehlen. Man muß immer damit rechnen, daß die Keimkraft sehr gering ist und durchschnittlich nur 10 % der Aussaat aufgeht. Es bleibt dann immer noch genug übrig, da das Saatgut sehr leicht ist. Die Aussaat kommt in Frage für *Ch. lawsoniana, nootkatensis, obtusa, pisifera* und *thyoides.*

Im einzelnen ist dazu noch folgendes zu bemerken:

Ch. lawsoniana wird am besten im August geerntet, denn im September fliegen schon die Samen aus, dann unmittelbar nach der Ernte im Kasten ausgesät, dabei aber nicht bedeckt, sondern nur mit Koniferenzweigen gut zugepackt. Im nächsten Jahre kann man dann unter Umständen bis 6000 Sämlinge auf den m² zählen.

In USA pflegt man 50—150 g Saat auf 1 m² zu säen, veranschlagt die Keimung mit 10—25 Pflanzen pro Gramm. Hierbei handelt es sich allerdings um Freilandaussaaten. Wichtig hierbei ist, daß die Beete stets gut schattiert sind (Abb. 333 g—i).

Zu den vielen *lawsoniana*-Formen ist allgemein festzustellen, daß deren Saat in der Regel schlecht aufgeht und auch nie echt fällt.

Ch. nootkatensis-Handelssaat keimt stets erst im 2. Jahre, deshalb 1 Jahr einsanden. In USA wird 70 g auf 1 m² gesät und 18 Pflanzen je Gramm erwartet.

Deutsche Saat von *Ch. nootkatensis* ist selten keimfähig, vermutlich weil sie immer zu früh geerntet wird. *Nootkatensis*-Zapfen reifen nämlich erst im 2. Jahre und müssen dann geerntet werden, wenn sie braun werden, ebenso deutsche Saat von *Ch. thyoides.*

Stecklinge in der bekannten Weise sind üblich bei den vielen Formen von Ch. *lawsoniana,* ferner von den *pisifera*-Jugendformen (früher als „*Retinospora*" bekannt); das Stecken geht in der üblichen Weise im Juli—August im kalten Kasten vor sich, und die bewurzelten Stecklinge werden dann im Frühjahr ausgepflanzt.

Man sollte nur dort, wo sehr gute Beete, Schatten und Regenanlage vorhanden sind, die bewurzelten Stecklinge ins Freiland pflanzen. Besser ist es, ein Jahr im nicht zu großen Topf zu kultivieren. Die Arbeit wird durch weniger Ausfall bezahlt.

Von vielen Stecklingen aller in die Höhe strebenden Formen ('Alumii' u. a.) wird man aus Seitentrieben flache, brettartige Nachkommen erhalten. Nur durch scharfen Rückschnitt kann man sie allmählich rund aufbauen.

Ch. nootkatensis 'Glauca' wächst aus Stecklingen leichter als die Art.

Ch. obtusa 'Pygmaea' bleibt nur aus Stecklingen zwergig und dem Boden dicht aufliegend. Wird sie veredelt, dann wird sie sogleich langtriebig, und das zwergige Wachstum geht verloren. Ebenso ist es mit allen Formen von *Ch. obtusa* 'Lycopodioides'.

Abrisse werden häufig von den vielen Formen genommen. Es ist eigentlich dasselbe wie Stecklinge, nur daß hier die Stecklinge abgerissen werden und daß noch ein kleines Stück alten Holzes daran bleibt. Dieser Teil muß nun mit dem Messer nachgeschnitten werden.

Stecklinge mit Astring bewurzeln sich viel schneller und lassen sich auch schneller schneiden als Abrisse, die immer noch eine gebräuchliche, aber veraltete Vermehrungsmethode darstellen.

Abb. 328. Junge Veredlungen von *Chamaecyparis*-Formen (von links nach rechts): 'Monumentalis Nova', 'Stewartii', 'Wisselii'. (Werkbild: Timm & Co.)

Abb. 329. Junge Veredlungen von *Chamaecyparis*-Formen (von links nach rechts): 'Triomf van Boskoop', 'Alumii', 'Intertexta'. (Werkbild: Timm & Co.)

Ableger sind dagegen weniger bekannt. Sie waren in Boskoop sehr üblich, stellenweise auch in den norddeutschen Baumschulen, deren Bodenverhältnisse ja ähnlich sind. Als Mutterpflanzen nimmt man junge, kräftige Pflanzen, die im August auf besonders sorgfältig hergerichteten Beeten ausgepflanzt werden, auf 1 m² etwa 1 Pflanze. Im nächsten Frühjahr, wenn sie angewachsen sind, werden sie dann der ganzen Länge nach auf den Boden umgelegt und alle Zweige niedergehakt und mit Erde bedeckt, so daß überall nur noch die Spitzen herausragen. Der Boden muß entsprechend locker und saubergehalten werden, damit schon im September eine Reihe Jungpflanzen abgenommen werden kann. Für die niedrigen *obtusa*-Formen ist diese Vermehrung die beste, wenn man nicht die Veredlung vorzieht. Diese kleinen Formen wie *obtusa* 'Nana', *obtusa* 'Nana Gracilis', 'Plumosa Nana Compacta', *pisifera* 'Plumosa Compressa', *obtusa* 'Pygmaea' usw. pflanzt man in einem Kasten aus, der reichlich mit Lauberde aufgelockert ist, füllt zwischen die Zweige Erde ein und legt sie nieder, wenn sie lang genug sind. Dadurch erhalten sie einen viel mehr charakteristischen Wuchs als die Veredlungen.

Veredlung kommt für alle Arten und Formen in Betracht, die schlecht aus Stecklingen oder Abrissen wachsen. Wie bei allen Koniferen ist auch hier die Sommerveredlung mit seitlichem Einspitzen üblich. Man benötigt indessen nicht unbedingt im Topf eingewurzelte Unterlagen, wie dies immer in den Lehrbüchern steht, sondern es geht auch auf 6—10 mm starken *lawsoniana*-Sämlingen aus dem Freiland, die kurz vor dem Austrieb veredelt werden; das ist dann also eine Handveredlung im Mai—Juni (Abb. 328).

Veredelt wird an einem Ort, wo die Wurzeln auf keinen Fall austrocknen können. Dann gut verbinden und im Kasten auspflanzen, Abstand 15 × 20 cm. Die Veredlungen nicht senkrecht, sondern schräg setzen, damit die Seite mit der Veredlung zum Licht zeigt. Nun zwischen den Pflanzen so hoch feuchten Torfmull mit etwas Sand verteilen, daß die Veredlungsstellen ganz davon bedeckt sind. Dann Fenster auflegen, nachdem der Kasten mit Plastikfolie oder durch Aufnageln von Schattenleinenstreifen ganz dichtschließend gemacht wurde. Schattieren nach Bedarf, Spritzen nur an ganz heißen Tagen und nur ganz wenig! Nach 4 Wochen mit dem Einstutzen der Unterlagen beginnen und dann allmählich ganz entfernen, den restlichen Zapfen erst im Frühjahr vor dem Auspflanzen. Die Fenster werden nach dem Abhärten abgenommen, wenn alles gut verwachsen ist, werden aber im Spätherbst wieder aufgelegt.

Abb. 330. *Chamaecyparis obtusa* 'Nana Gracilis' mit Rückschlag in die Stammart *Ch. obtusa*

Selbstverständlich kann man auch auf im Topf stehende Unterlagen veredeln und die fertigen Veredlungen im Hause oder im Kasten nachher schräg einsenken. Es wächst hier fast 100 % bei sorgsamer Behandlung. Bei 'Stewartii' hat man meist 10 % Ausfall, vielleicht auch mehr.

Eigenartig ist, daß *Ch. nootkatensis* und ihre Formen auf *lawsoniana* schlecht wachsen oder überhaupt nicht, dagegen am besten auf *Thuja orientalis*. Die Reiser machen bei tiefer Pflanzung schon sehr bald eigene Wurzeln.

Kulturansprüche: Gedeihen in jedem Boden, besonders in leichtem, kalkhaltigem Boden in warmer Lage. Rückschläge in die Stammart, die gelegentlich bei den Zwergformen vorkommen (Abb. 330), müssen sofort entfernt werden.

Empfehlenswerte Arten und Formen: *Chamaecyparis lawsoniana* ('Alumii', 'Columnaris', 'Ellwoodii', 'Fletcheri', 'Forsteckensis', 'Glauca Spek', 'Minima Glauca', 'Silver Queen', 'Stewartii', 'Tharandtensis Caesia', 'Triomf van Boskoop', 'Wisselii'), *nootkatensis* mit 'Glauca' und 'Pendula', *obtusa* mit 'Crippsii', 'Nana Gracilis', 'Pygmaea' und 'Tetragona Aurea', *pisifera* ('Aurea', 'Boulevard', 'Filifera', 'Filifera Aurea', 'Filifera Nana', 'Plumosa', 'Plumosa Aurea', 'Plumosa Flavescens', 'Squarrosa' und 'Squarrosa Intermedia'), *thyoides* 'Andelyensis'.

CRYPTOMERIA — Sicheltanne — Taxodiaceae

Aussaat vorsichtig unter Glas sofort nach Erhalt des aus Japan eingeführten Samens, der, wenn er ganz frisch ist, in 20 Tagen mit rund 50 % aufgehen soll. Nach einem Jahre ist die Saat bei üblicher Aufbewahrung schon fast wertlos. Auch deutsche oder dänische frische Saat keimt vorzüglich; in der Krim soll sie 25 % haben (Abb. 327 a—b).

Mit Holzkohlenpulver vermischtes Saatgut soll, ohne an Keimkraft zu verlieren, sich 4 Jahre lang in luftdichten Gefäßen (Flaschen) halten. Behandlung der jungen Sämlinge wie üblich. Sie gehören unter die Schattenhalle. Ihre Frostresistenz ist äußerst verschieden.

Schwappach meint hierzu: „Was sich dunkelblau oder rotbraun verfärbt, hält den Winter durch; was sich nicht färbt, erfriert in der Regel." Seine Auffassung ist nicht unwidersprochen geblieben, denn nach Wilamowitz hielten in Ostpreußen und Schweden völlig grün bleibende Sämlinge den Winter aus, ohne Frostschäden zu erleiden.

Stecklinge sind für alle Varietäten von *C. japonica* notwendig. Diese werden im August geschnitten und in Handkästen gesteckt. Die Überwinterung muß im kühlen Hause (nicht etwa in der warmen Vermehrung!) geschehen, was besonders wichtig für die Zwergformen ist, von denen 'Bandai-sugi', 'Jindai-sugi', 'Compacta' (= 'Lobbii'), 'Nana' usw. die bekanntesten sind. Am besten wächst *C. japonica* 'Elegans'.

Veredlung der eben genannten Formen auf Sämlinge der Art oder sonst auch auf Stecklinge von 'Elegans' im März im Hause in gewohnter Weise sehr erfolgreich und daher nicht selten angewandt.

Die Formen werden veredelt auf *C. japonica* 'Elegans', die sehr gut aus Stecklingen wächst und ein besseres Wurzelwerk hat als die Sämlingspflanzen mit ihren Pfahlwurzeln. In Belgien wird 'Elegans' übrigens auch als vorzügliche Unterlage für die *Taxodium distichum*-Formen verwendet; vgl. dort.

Kulturansprüche: Frischer, kräftiger Boden, warme und geschützte Lage. Im Winter färben sich die Nadeln meist braun, werden aber im Frühjahr wieder grün. Empfindlich gegen Winterkälte, Spätfröste und Dürre.

Empfehlenswerte Formen von *Cryptomeria japonica:* 'Bandai-sugi', 'Compacta', 'Dacrydioides', 'Jindai-sugi' und 'Vilmoriniana'.

v. Wilamowitz: Resultate 25jähriger Anbauversuche mit ausländischen Gehölzen, speziell Koniferen, in Gadow. Mitt. DDG 1907: 147. — Schwappach: Die weitere Entwicklung der Versuche mit fremdländischen Holzarten in Preußen. Mitt. DDG 1910: 3 ff.

CUNNINGHAMIA — Spießtanne — Taxodiaceae

Aussaat wie bei *Araucaria,* im Februar im Haus. Auch Stecklinge im Juli—August, doch keine Seitentriebe (Abb. 327 d).

Kulturansprüche: Bei uns nur in warmen Gegenden im Freien haltbar, erfriert oft noch unter Decke, treibt aber dann nicht selten aus der Wurzel wieder aus. Wo es ihnen behagt, wachsen die Pflanzen prächtig, z. B. im Oldenburger Botanischen Garten und bei Böhlje-Westerstede gibt es prächtige, 2 m hohe *C. lanceolata* 'Glauca', bei Graf Spee in Heltorf bei Düsseldorf sogar 6 m! An anderen, sonst genügend warmen Orten werden sie oft gelb und sterben ab. So ist es auch in Italien, wo ihnen Klima und Boden nicht zuzusagen scheinen.

Empfehlenswerte Art: *Cunninghamia lanceolata* (∧∧).

CUPRESSOCYPARIS — Hybrid-Zypresse — Cupressaceae

Stecklinge im Sommer, im Haus oder im Kasten gesteckt, bewurzeln sich gut, am besten bei etwas Bodenwärme und unter Sprühnebel. Die Jungpflanzen dann am besten eintopfen und später bis zur Verwendung im Container kultivieren. *Cupressocyparis* wachsen außerordentlich rasch und sind bedeutend winterhärter als die echten Zypressen. In Frankreich und England beträgt der Jahreszuwachs, wenn sie ausgepflanzt sind, 70—100 cm! Bei uns hat die Kultur erst begonnen.

Empfehlenswert: *C. leylandii* und die gelbe 'Castlewellan Gold'.

CUPRESSUS — Echte Zypresse — Cupressaceae

Aussaat: Für die meisten Arten ist die Aussaat im lauwarmen Kasten im Frühjahr die vermutlich beste Vermehrung. Keimung nach 2—3 Wochen. Für die Verhältnisse in Deutschland kommt außer der im Weinklima ziemlich harten *C. sempervirens* mit den Formen 'Stricta' und der selteneren 'Horizontalis' sonst kaum eine andere Art in Frage.

Die Zapfen reifen ganz unterschiedlich, mitunter schon in einem, doch oft erst in mehreren Jahren. Sie müssen abgenommen werden, wenn sie dunkelbraun sind; oft außen blau bereift (Abb. 333 f).

Veredlung von Varietäten oder Arten durch seitliches Einspitzen im Mai im Hause auf Jungpflanzen von *C. sempervirens*. Später auspflanzen, immer Frostschutz!

Kulturansprüche: Weinklima! Guter, frischer Sandboden in warmer, besser noch heißer Lage!

Empfehlenswerte Arten und Formen: *Cupressus arizonica* 'Glauca' (∧∧) und 'Sulphurea' (∧∧∧), *lusitanica* (∧∧∧), *macrocarpa* (∧∧∧), *sempervirens* (∧∧∧).

Abb. 331. Mustergültiges Quartier von Koniferenjungpflanzen in einer Sortimentsbaumschule

EPHEDRA — Meerträubel — Ephedraceae

Aussaat ist bedeutungslos.

Stecklinge von Jungtrieben im Sommer oder auch im Winter geschnitten und in Handkästen im Hause gesteckt, bewurzeln sich gut. Weiterkultur in Töpfen. In 3 Jahren sind sie zu schönen Pflanzen herangewachsen und können dann ins Freiland gebracht oder auch aus den Töpfen verkauft werden.

Ablegen der neuen Triebe im Juli hat gute Erfolge. Im nächsten Frühjahr können die Ableger abgenommen und eingetopft werden.

Teilung ist bei den wurzelnden Arten sehr einfach.

Kulturansprüche: Keine; wachsen am besten auf trockenem, steinigem Boden, auch Schutt und dergleichen. Auch gut zur Bekleidung sonniger Mauern und überhaupt für allertrockenste, sonnigste Stellen.

Empfehlenswerte Arten und Formen: *Ephedra distachya*, *gerardiana* mit var. *sikkimensis*, *major procera*, *minuta* und *minima*.

GINKGO — Mädchenhaarbaum — Ginkgoaceae

Aussaat: Bei der Ernte des *Ginkgo*saatgutes ist darauf zu achten, daß neben den weiblichen Erntestämmen auch männliche Bäume vorhanden sind. Bei der Zweihäusigkeit dieser Gattung nützt die Ernte von isoliert stehenden weiblichen Bäumen nichts, da sie nicht befruchtet sind. Das Saatgut (Nüsse) wird sogleich nach der Ernte eingeschichtet und bleibt 1 Jahr liegen. Aussaat dann im 2. Frühjahr nach der Reife. Es empfiehlt sich, das Saatgut vor der Aussaat gründlich in heißem Wasser zu wässern, damit die Schalen rissig werden und die Keimung so schneller vonstatten geht. In klimatisch günstigeren Gegenden kann die Aussaat sofort im Freilande vorgenommen werden, sonst ist die Aussaat unter Glas ratsamer. Bei gekauftem Saatgut läuft nicht selten nur ein Teil im 1. und der Rest im 2. Jahre auf. Die Sämlinge bleiben 1 Jahr auf dem Saatbeet stehen und werden dann auf Beeten pikiert. Im 1. Jahre werden die Sämlinge etwa 15 cm hoch, im 2. Jahre 30—50 cm (Abb. 332, 333 d).

BZ (S. 46) empfiehlt, die Saaten nach der Ernte sofort auszuwaschen; trocknen lassen und dann trocken aufbewahren. Im April Aussaat im Freiland ohne besondere Saatvorbereitung. Holländische Saat keimt nach 3—4 Wochen zu etwa 30—40 %.

Stecklinge sind zur Vermehrung der Formen von *G. biloba* möglich.

Über einen 100 %-Erfolg in der Stecklingsvermehrung bei *Gingko* berichtet Teuscher. Er benutzt dazu die kurzen Seitentriebe, von denen die weichen Spitzen entfernt wurden. Diese wurden dann mit Wuchsstoff (Pulver) behandelt und in Torf und Sand (1 : 2) gesteckt, wo sie sich bald und gut bewurzelten. Die weichen Triebspitzen wurden ebenso behandelt, aber allein gesteckt, gingen jedoch alle ein. Es kommt also darauf an, daß die Stecklinge schon genügend reif sind. Diese vegetative Vermehrung bezieht sich ausschließlich auf männliche Pflanzen, da die weiblichen wegen ihrer Früchte nicht gern in öffentlichen Anlagen gepflanzt werden.

Abb. 332. Einjähriger Sämling von *Ginkgo biloba* (Werkbild: J. Timm & Co. in Elmshorn)

Templeton (bei Vermeulen) sagt, daß es sehr schwer ist, selbst an alten Bäumen geeignetes Stecklingsmaterial zu bekommen. Die kurzen Seitentriebe eignen sich zwar als Stecklinge und bewurzeln sich auch, bringen aber keinen richtigen Wuchs. Viel besser sind die Terminaltriebe, doch gibt es hiervon nur wenige. Im ersten Jahr nach der Bewurzelung treiben auch diese kaum, im zweiten Jahr machen sie einen schwachen Trieb, erst im dritten Jahr entwickeln sie sich besser.

Steckholz ist eine in Japan übliche Vermehrung, die sehr erfolgreich ist, aber bei uns kaum ein gutes Ergebnis bringen dürfte. (Ich habe in Japan selbst diese Vermehrung gesehen; Verf.)

Absenken: Niemals ablegen, obwohl auch dies möglich ist. Die Senker wachsen nie gerade, sondern bilden immer schiefe, krumme Stämme!

Veredlung: Besonders für die Trauerform ('Pendula') erforderlich. Als Unterlage benutzt man junge, im Topf stehende Sämlinge, auf die nach dem Laubfall im Winter veredelt wird. Kronenveredlungen im Freilande möglich, dürften unmittelbar bei Beginn des neuen Austriebes erfolgreich sein.

Die männlichen Typen, die mehr beliebt sind als die weiblichen (weil sie keine Früchte bringen), werden in amerikanischen Baumschulen Mitte August okuliert; als Unterlage nimmt man am besten dreijährige Sämlinge.

Kulturansprüche: Gewöhnlicher Boden; in Deutschland reichlich fruchtend. Männliche Bäume werden den weiblichen vorgezogen, da letztere wegen der Früchte unbeliebt sind. Ob männliche und weibliche Pflanzen in der Baumschule einwandfrei zu unterscheiden sind, ist umstritten. Der Laubfall im Herbst kommt als Unterscheidungsmerkmal in Betracht, denn ein Teil der Pflanzen läßt schon Anfang Oktober seine Blätter fallen, während die anderen noch ganz grün sind; die übrigen werden erst nach 4 Wochen schlagartig kahl. Letztere sind wahrscheinlich, nach vergleichenden Beobachtungen mit tragenden Pflanzen, weiblich.

Nur eine Art: *Gingko biloba* mit 'Pendula'.

TEUSCHER, H.: Ginkgo biloba from cuttings; in Am. Nurs. 15. 1. 1951: 7. — VERMEULEN, J., 1960: Propagation of Ginkgo biloba by cuttings; in Proc. Plant Propag. Soc. 10: 127-130.

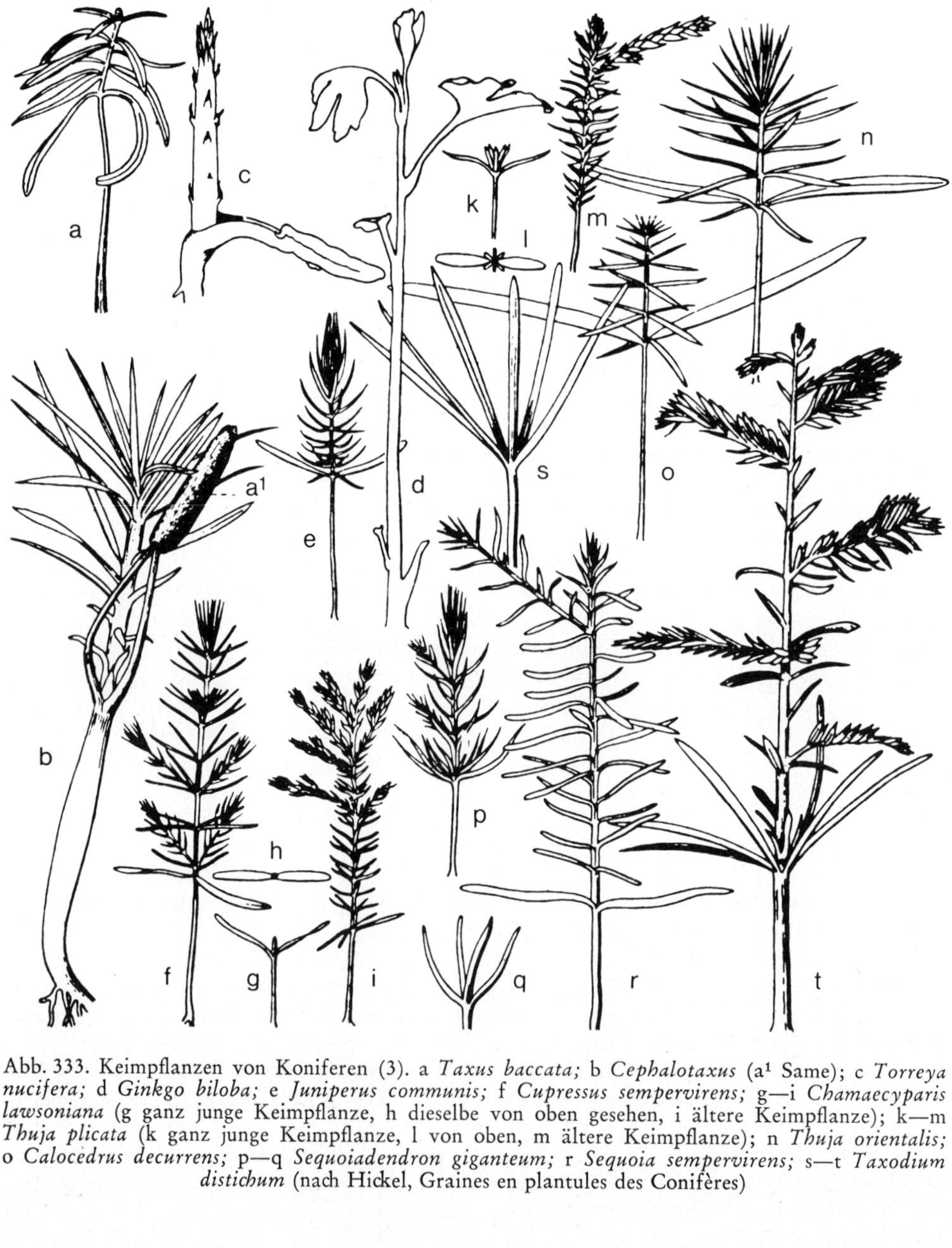

Abb. 333. Keimpflanzen von Koniferen (3). a *Taxus baccata;* b *Cephalotaxus* (a[1] Same); c *Torreya nucifera;* d *Ginkgo biloba;* e *Juniperus communis;* f *Cupressus sempervirens;* g—i *Chamaecyparis lawsoniana* (g ganz junge Keimpflanze, h dieselbe von oben gesehen, i ältere Keimpflanze); k—m *Thuja plicata* (k ganz junge Keimpflanze, l von oben, m ältere Keimpflanze); n *Thuja orientalis;* o *Calocedrus decurrens;* p—q *Sequoiadendron giganteum;* r *Sequoia sempervirens;* s—t *Taxodium distichum* (nach Hickel, Graines en plantules des Conifères)

GLYPTOSTROBUS — Wasserfichte — Taxodiaceae

Aussaat ist selbstverständlich möglich, wenn man Saatgut aus Ostasien bekommt. Die Samen ähneln denen von Taxodium, sind aber geflügelt.

Stecklingsvermehrung unter Glas im Sommer ist möglich. Jungpflanzen aber stets im Topf behalten und Winterschutz geben. In England wohl nur bei Hillier in Vermehrung.

Kubart hat nachgewiesen, daß alle in Deutschland unter dem Namen *G. pensilis* gehenden Pflanzen einen falschen Namen tragen und in Wirklichkeit *Taxodium ascendens* oder *T. ascendens* 'Nutans' sind. Er bezweifelt auch, daß es in England echte *Glyptostrobus* (zu Unrecht!) im Freien gibt, da das Klima in der Heimat (SO-China) nie unter 6 °C sinkt.

Nach diesen Erklärungen kann bei uns eine echte *G. pensilis* nur im Kalthaus gedeihen.

Nur eine Art: *Glyptostrobus pensilis* (∧∧∧).

Kubart, B.: Über zwei angebliche, in norddeutscher Freilandkultur gedeihende „Glyptostrobus"-Bäume. Mitt. DDG 1928, 20-24, m. 16 Abb.

JUNIPERUS — Wacholder — Cupressaceae

Methode	Jan.	Febr.	März	April	Mai	Juni	Juli	Aug.	Sept.	Okt.	Nov.	Dez.
Aussaat			●								○	
Stecklinge			X	X	X			**X**	**X**	X	X	X
Ablegen					●	●						
Veredlung		X						X				

X X unter Glas; ● ○ Freiland; fette Zeichen wichtigste Methoden

Snyder gibt einen umfassenden Überblick über alle Vermehrungsarten.

Aussaat. Sie kommt für die reinen Arten in Betracht, in größerem Umfange allerdings wohl nur bei *J. communis* und *virginiana.* Bei der Eigenernte muß man daran denken, daß die „Beeren" von *J. communis* (ebenso auch von *J. occidentalis, scopulorum* u. a.) erst im 2. Jahre reif sind, bei *J. virginiana* jedoch im 1. Jahre. Die Ernte der reifen Früchte geschieht im Winter, etwa ab November, wobei man die Zweige mit einem Mähnenkamm „abkämmen" kann, wie bei der Heidelbeerernte. Die Früchte werden dann zunächst an einem luftigen Ort getrocknet, damit sie sich bei der Lagerung und Weiterbehandlung nicht erwärmen.

Um die Samen zu reinigen, gibt es verschiedene Wege. Man kann die Zapfen nach 1—2 Tage langem Einweichen in Wasser durch eine Quetschmühle drehen und den Brei dann durch ein Sieb rühren, bis man nach Behandlung mit Wasser das Saatgut rein bekommt. Trockene Früchte auszusäen ist unzweckmäßig, weil das Auflaufen zu ungleichmäßig ist, wahrscheinlich enthält die Fruchtschale auch noch Stoffe, welche die Keimung verzögern.

Schenck (II, S. 168) beschreibt 2 amerikanische Methoden für die Reinigung der Früchte von *J. virginiana:*

1. Früchte nach der Ernte zerreiben und dann mit der gleichen Menge Holzasche vermischen; nach 3 Wochen sind die harzigen Zapfenreste mürbe und können leicht ausgewaschen werden. Anschließend Samen stratifizieren, im Frühjahr aussäen, Beete mit Nadelstreu abdecken, Keimung fast vollständig im darauffolgenden Jahr (nach S. B. Green, Minnesota).

2. Früchte nach der Ernte sofort 3 Wochen lang einfrieren in einem Eisblock, dann schmelzen lassen, Samen reinigen und aussäen; Keimung bei *virginiana* sehr gleichmäßig nach 35 Tagen. Auch Behandlung mit 1 %iger Salpetersäure war sehr keimungsfördernd.

Snyder berichtet, daß die Früchte mancher Arten wahrscheinlich Stoffe enthalten, die die Keimung verzögern, so z. B. die Wachslage auf der Frucht. Um diese zu entfernen, sollte man die Früchte 2 Stunden lang in Alkohol aufweichen oder in heißem Wasser, bevor man an die Stratifikation gehe. Barton hingegen empfiehlt, die wasserundurchlässigen Früchte 30 Minuten in Schwefelsäure zu geben oder sie 4—8 Wochen lang bei 25 °C warm zu lagern und erst dann zu stratifizieren. Über die Ursachen des Keimverzuges und weitere Methoden zu seiner Überwindung kann bei SNYDER ausführlich nachgelesen werden.

Nach BZ hält die Keimkraft bei *J. communis* und *virginiana* 2 Jahre; gutes Saatgut keimt mit etwa 60—90 %. Pro Fenster (1,2 m²) rechnet man 60 g reine Saat. Die Aussaat erfolgt entweder im kalten Kasten oder im Freiland; die Beete werden bis zur Keimung mit feiner Nadelstreu abgedeckt zur Erhaltung der Feuchtigkeit. Bei der Keimung muß diese wieder entfernt werden. Die Samen werden etwa 0,5 cm dick mit weißem Sand bedeckt, angeklopft, darüber die Nadelstreu. Keimung im Frühjahr nach 5—6 Wochen. Die Sämlinge sind nicht empfindlich für Frost, wohl aber für Trockenheit (Abb. 333 e).

Sollte Handelssaatgut bei der Aussaat nicht sofort auflaufen, so kann man noch 1 Jahr das Beet unangetastet liegen lassen, weil die Keimung auch noch im nächsten Jahre erfolgen kann.

Abb. 334. Junge Koniferenveredlungen auf Beeten ausgepflanzt bei J. Timm & Co., Elmshorn (Werkbild)

S t e c k l i n g e kommen für die Vermehrung der vielen Formen von *J. communis, virginiana, chinensis, sabina* usw. in Betracht. Sie sollen immer nur von jungen Pflanzen geschnitten werden, und zwar mit Astring, oder man nimmt Abrisse, deren Rindenstück mit einem scharfen Messer nochmals nachgeschnitten werden muß.

Will man wirtschaftlich arbeiten, dann wird nur mit Astring geschnitten, und zwar schneidet 1 Mann die Stecklinge von den Trieben, ein zweiter macht das untere Stecklingsende frei von Seitentrieben, damit es sich stecken läßt, und stutzt auch eventuell zu lange Spitzen. Es schadet gar nichts, wenn die zu lange Spitze eingekürzt wird, denn nach der Bewurzelung bildet sich sofort eine neue Spitze. Stecklinge zu reißen und dann nachzuschneiden hält viel zu lange auf. *J. communis* 'Hibernica' wächst auch gut ohne Astring.

Die beste Vermehrungszeit ist Ende Juli bis Ende August. Gesteckt wird in Kästen in eine Mischung von halb Torfmull und halb scharfem Sand, darunter Komposterde. Wichtig ist die Stecklingsvermehrung vor allem für *J. chinensis* 'Pfitzeriana', die aus Stecklingen erzogen sehr wüchsig ist. Dagegen bewurzeln sich Stecklinge von *J. squamata* 'Meyeri' sehr langsam und schwach; man macht hier besser späte Stecklinge im Haus, nur von wüchsigen Mutterpflanzen. Genauso ist es mit *J. communis* 'Compressa'. Dadurch bekommt man in der Jugend keinen rechten Trieb in die Pflanzen. Die letztere wird daher oft veredelt (*J. communis* 'Compressa' wächst jährlich nur 3—5 cm!).

Die meisten *communis*-Formen lassen sich schlecht verarbeiten und beeinträchtigen durch ihre spitzen, stechenden Nadeln die Arbeitsleistung sehr (z. B. 'Hornibrookii', *saxatilis*, 'Pendula', 'Suecica, 'Hibernica', während *communis* 'Repanda' ausgesprochen weiche Nadeln hat und sich gut verarbeiten läßt.

Es ist aber durchaus und mit bestem Erfolg möglich, die meisten Juniperus-Sorten auch von weichen Stecklingen in der Zeit von Anfang Juli bis etwa Mitte August zu machen, bevor die Rinde der Triebe braun wird. Wenn diese Stecklinge mit Wuchsstoff behandelt

(1,6 % IBS auf Talkum) und unter Sprühnebel gesteckt werden. Der Erfolg war ausgezeichnet für alle Pfitzer-Typen, 'Hibernica', 'Plumosa', 'Hetz', 'Maney', 'Mint Julep'.

Die amerikanischen Autoren (SNYDER u. a.) haben in Untersuchungen herausgefunden, daß Stecklinge, die erst im November abgenommen und gesteckt wurden, die besten Ergebnisse brachten, besser als die zu einer anderen Zeit geschnittenen. Dabei macht es fast keinen Unterschied, ob an der Basis der Stecklinge noch ein kleiner Rest zweijährigen Holzes ist oder nicht. Etwas günstiger wirkte sich dagegen eine Rindenverletzung auf die Wurzelbildung aus; am eindeutigsten waren jedoch die Ergebnisse bei der Verwendung von Wuchsstoffen. ZORG empfiehlt hier 0,3—0,8 % Indolylbuttersäure auf Talkum; je schwerer sich die Stecklinge bewurzeln, desto stärker sollte die Konzentration sein. Besonders leicht wächst immer *J. chinensis* 'Hetz' (ein Grund für seine rasche Verbreitung in den Betrieben!!)

A b l e g e n ist natürlich bei allen kriechenden und niederlegenden Arten und Formen recht einfach und bei geringem Bedarf auch völlig ausreichend. Trotzdem wird dies eigenartigerweise kaum gemacht! Die Triebe legt man am besten in Rillen, die mit Flußsand, Torf und Erde im Verhältnis 1 : 1 : 1 angefüllt werden. Im Sommer regelmäßig gießen. Werden viele Triebe zugleich abgelegt, so leidet die Mutterpflanze beim Abnehmen der vielen Triebe allerdings stark und braucht 2—3 Jahre Erholung, ehe sie erneut abgelegt werden kann.

Abb. 334. Anzuchtsquartier mit Juniperus chinensis 'Pfitzeriana', hoch- und breitwachsend (Bild: Eschweiler Baumschulen, Hiltrup, Westfalen)

Die V e r e d l u n g schließlich ist eine letzte Möglichkeit, schwerwurzelnde Arten und Formen zu vermehren; es soll jedoch nicht übersehen werden, daß in der Praxis immer wieder angeführt wird, solche Veredlungen seien kurzlebig. Als Unterlagen verwendet man eigentlich nur *J. communis* und *virginiana;* da aber *J. chinensis* 'Hetzii' nicht immer so schnell verkauft wird, wie sie wächst, nimmt man neuerdings hier gern die unverkäuflichen Pflanzen als Unterlagen. Neuerdings verwendet HILL jedoch nur noch 'Hetzii' als Unterlage, weil hierbei das Wurzelsystem vorzüglich ist, viel besser als bei *J. virginiana.* Dadurch hat man im Herbst beim Verpflanzen kaum noch Verluste. Weniger beliebt ist *J. excelsa* 'Stricta' als Unterlage oder gar, wie dies in China üblich ist (REHDER; HILL), *Thuja orientalis*, worauf man dort allgemein *J. squamata* 'Meyeri' veredelt. Nach amerikanischer Auffasssung besteht hier eine latente Unverträglichkeit.

Die Unterlagen sollen bleistiftstark und möglichst gerade sein. Sie werden eingetopft und müssen bis zur Veredlungszeit im Februar gut durchgewurzelt sein. Wenn man die Töpfe zur Veredlung in das Haus holt, läßt man sie in den letzten 3—4 Wochen etwas trockener stehen, was einer restlichen „Winterruhe" entspricht. Dann läßt man (HILL) den „künstlichen Frühling" durch vermehrte Wärme (ca. 18 °C) und Wassergaben eintreten. Nach 1—2 Tagen solcher Behandlung dürfte sich die Wurzeltätigkeit voll entfaltet haben und so der richtige Zeitpunkt für die Veredlung gegeben sein. In dieser Weise wird in der großen Koniferenschule HILL in Dundee, Illinois (USA) seit Jahren unverändert und mit bestem Erfolg gearbeitet.

Die Reiser sollen die übliche Länge haben und an der Veredlungsstelle genauso dick sein wie die Unterlagen; man verwendet nur diesjährige Triebe, die im allgemeinen kurz vor dem Veredeln geschnitten werden. Natürlich ist es auch möglich, wenn Umstände es erfordern, die Reiser zu schneiden und im Kühlhaus bis zum Veredeln aufzubewahren, doch muß dann für hohe Luftfeuchtigkeit gesorgt werden.

Veredelt wird durch seitliches Einspitzen im Hause im Winter. Es wird mit Gummiband verbunden, jedoch nicht mit Wachs verstrichen. Die Veredlungen werden dann im Vermehrungsbeet, unter Fenstern, waagerecht, dicht an dicht gelegt. Die beste Temperatur für ein gutes, rasches Verwachsen liegt bei 24 °C. Wenngleich man heute auch noch stets Doppelglas auflegt, so ist es zweifellos aber auch möglich, die Veredlungen im offenen Vermehrungsbeet zu belassen, wenn man für die richtige Luftfeuchtigkeit mit einem entsprechenden Gerät sorgen kann, also dem gleichen Gerät, das man auch im Kühlhaus benutzt. Alle weiteren Pflegemaßnahmen sind die gleichen, wie bei Picea dargestellt. Mitte Mai kann man mit dem Auspflanzen der dann gut verwachsenen Veredlungen im Freiland beginnen; dabei soll so tief gepflanzt werden, daß die Unterlage ganz in den Boden kommt und später abgestoßen werden kann. Die jungen Veredlungen werden sofort nach dem Auspflanzen gegen Windbruch gestäbt.

Eine andere, ebenfalls sehr erfolgreiche Methode wird so gehandhabt: Die Unterlagen (meist 'Hetzii') werden im Herbst in 6-cm-Töpfe und nährstoffreiche Erde eingetopft. Der untere Stammteil der Unterlagen wird geputzt, d. h. alle Triebe werden fortgeschnitten, damit man eine glatte Veredlungsstelle bekommt. Dann werden die eingetopften Unterlagen in ein Vermehrungs-Haus gebracht, mit Bodenheizung, aber das Haus selbst hält man nur auf 12—15 °C, damit zunächst die Wurzelbildung in Gang kommt, ehe die Pflanzen treiben. Die Töpfe hält man etwas trocken, da sie sonst leicht faulen. Über Tag werden die Pflanzen leicht überbraust, doch müssen sie über Nacht trocken sein. Sobald die Wurzelbildung einsetzt, kann veredelt werden, auch wenn die Triebspitzen sich noch nicht rühren. Die Reiser nehmen die Amerikaner 25—30 cm lang (!), und in der gleichen Stärke wie die Unterlage. Das Reis wird sehr lang zugeschnitten, und der seitliche Einschnitt in die Unterlage muß ebenfalls sehr lang sein. Dann wird gut mit Gummiband verbunden, stramm, aber nicht dicht. Nun werden die fertigen Veredlungen in flache Wasserwannen gestellt, und zwar bis zum Topfrand, doch dürfen die Veredlungen selbst nicht mit dem Wasser in Berührung kommen. Wenn die Töpfe völlig durchfeuchtet sind, werden sie herausgenommen und kommen nun ins Vermehrungsbeet. Diese werden durch seitliche Aufsetzer auf eine Tiefe von 25 cm gebracht. Die Vermehrungsbeete erhalten unten eine Schicht Kies, damit die Durchlässigkeit gesichert ist, darüber elektrische Heizkabel und darüber Torfmull, und zwar so hoch, daß die Veredlungsstellen völlig in dem feuchten Torfmull stehen. Die Bodenwärme muß auf 22—23 °C gehalten werden. Luftfeuchtigkeit hält man dadurch auf fast 100 °C durch Befeuchten der Wege und Übersprühen der Pflanzen, während vor dem völligen Verwachsen der Veredlungen nicht gewässert wird. Dann werden die Unterlagen zurückgeschnitten und die Pflanzen in ein anderes Haus gebracht, wo sie bei 15 °C weiterwachsen können. Diese sehr wenig arbeitsaufwendige Methode ist von der WILLIS NURSERY in Ottawa, Kansas, USA, entwickelt worden.

Kulturansprüche: Wachsen auf allen Böden; durchschnittlich wächst jede Art in durchlässigem, gewöhnlichem, kalkhaltigem Boden am besten. In sehr kalten Wintern leiden die Wacholder durch Nadelbräune oder Zurückfrieren der Spitzen.

J. chinensis 'Pfitzeriana' wird als Jungpflanze an Stäben gezogen, damit man sowohl aufrecht als auch breit wachsende Pflanzen hat.

Empfehlenswerte Arten und Formen: *Juniperus chinensis* 'Blaauw', 'Hetzii', 'Pfitzeriana', 'Pfitzeriana Aurea', 'Plumosa', 'Plumosa Aurea', *communis* ('Depressa Aurea', 'Hornibrookii', 'Meyer', 'Repanda', 'Suecica', 'Stricta', 'Obergärtner Bruns'), *horizontalis* ('Douglasii', 'Glauca', 'Plumosa'), *sabina* ('Femina', 'Mas' 'Tamariscifolia'), *squamata* 'Meyeri', *virginiana* ('Burkii', 'Canaertii', 'Glauca', 'Grey Owl', 'Tripartita').

REHDER, A.: Neuere und seltenere Gehölze. Mitt. DDG 1926: 36. — WEBSTER/RATCLIFFE, 1942: A method of forcing quick germination of Juniperus virginiana-seeds. J. Forest. **40**: 268. — SNYDER, W. E., 1954: The fundamentals of Juniper propagation; in Proc. Pl. Prop. Soc. 3: 67-80 (mit 65 Lit.-Zitaten). — ZORG, P., 1954: The propagation of Juniperus from cuttings; in Proc. Plant. Prop. Soc. 3: 81-86. — HILL, J. B., 1954: Juniper-grafting; practical and technical aspects; in Proc. Plant Prop. Soc. 3: 88-97. — TEUSCHER, H., 1955: Juniperus-Samen keimen im ersten Frühjahr nach dem Sammeln der Samen; in Dt. Baumschule 7: 14-15. — PINNEY, J. A.: A simplified process for grafting Junipers; in Americ. Nurseryman 15. Mai 1970. — ROLLER, J. V.: Rooting Junipers under mist; in Americ. Nurseryman vom 15. Mai 1973.

KETELEERIA — Stechtanne — Pinaceae

Aussaat ist eigentlich kaum gebräuchlich, weil Saatgut nicht im Handel ist, wäre sonst aber am besten. Die größten Pflanzen Europas stehen in Pallanza am Lago Maggiore und bringen keimfähige Samen. Frische Samen dieser Bäume keimten, sofort ausgesät, nach 4 Wochen. Die Keimlinge erscheinen mit dicklichen Knospen aus dem Boden und sehen fast aus wie junge Spargelsämlinge, und die Achse hat dreieckige, grüne, später bräunliche, dann abfallende Schuppen. Aus der Endknospe entwickelt sich dann gleich der normal belaubte Trieb. Die Sämlinge wachsen sehr langsam. Die Kotyledonen sind bei den Keteleerien übrigens unterirdisch, etwa 1 cm lang, blattstielartig aussehend (Abb. 327 m—n).

Veredlung auf *Abies*. Reiser aus Seitentrieben sind längere Zeit einseitig und bilden erst später normale Triebe mit Quirlen; trotzdem geht es schneller als bei *Abies*. Den Veredlungen wird eine kurze Lebensdauer nachgesagt.

Kultur: Die Keteleerien gehören bei uns, überhaupt in Europa, zu den seltensten Koniferen, leiden bei uns durch Frost, treiben in günstigen Lagen aber immer wieder durch. Trotzdem fühlen sie sich bei uns nicht wohl, auch nicht in England. In Italien geht es, wie oben gesagt, besser.

A. davidiana soll härter sein als *K. fortunei*. Die Keteleerien haben Nadeln, Zapfen und Zweige wie Tannen, aber die Zapfen fallen wie bei den Fichten als Ganzes ab.

Empfehlenswerte Arten: Im Text genannt.

LARIX — Lärche — Pinaceae

Die Lärchensamen sind meistens spät reif, so daß die Ernte erst im Spätherbst oder sogar während des Winters (bis Mai) erfolgen kann, je nach Wetter und Gegend. Von den beiden wichtigsten Arten, *decidua (europaea)* und *kaempferi,* nimmt man besser hochprozentiges anerkanntes Saatgut, das neuerdings schon mit 80 % Keimfähigkeit angeboten wird. Für die Anzucht im Flach- und Hügelland wird Saatgut aus Sudetenherkünften am meisten empfohlen, weil diese Pflanzen bei uns am besten gedeihen, wogegen Tiroler Herkünfte weniger geeignet sind, da sie die häufigen Spätfröste nicht gewöhnt sind und darunter stark leiden. Die Bemerkungen mögen denn auch hauptsächlich für die Ernte der übrigen Arten gelten, die als Ziergehölze in Betracht kommen.

Die Zapfen dieser Arten erntet man meist im Spätwinter und legt sie dann in die volle Sonne (eventuell unter Mistbeetfenstern), wo sie sich, je nach der Bestrahlung, öffnen. Die Samen müssen dann gleich herausgeschüttelt werden, da sich die Zapfen bald wieder

Abb. 336. Feld mit *Larix*-Jungpflanzen bei G. Lüdemann in Halstenbek, Holstein (Werkbild)

schließen. Einschränkend sei jedoch bemerkt, daß die Zapfen der europäischen Lärche sich durch Sonnenwärme allein nur schlecht und unvollständig öffnen; man kann auf diese Weise nur etwa ein Drittel der in den Zapfen vorhandenen Samen gewinnen. Größere Mengen Lärchenzapfen werden daher besser einer Klenganstalt gegeben, die Vorrichtungen zum Zerreißen der Zapfen besitzt.

Anerkannte Forstsaat, deren Keimung mit 40—80 % garantiert wird, steht im Preise um ein Vielfaches höher als gewöhnliche Saat. Beim Klengen im Ofen darf die Temperatur nicht höher als 40 °C ansteigen, weil sonst die harzigen Zapfen sich überhaupt nicht öffnen, sondern die Schuppen mit dem Harz verkleben.

Eine rationellere Gewinnung hochprozentigen Saatgutes aus „Samenplantagen" von veredelten Bäumen ist seit einigen Jahren auch in Deutschland eingeleitet worden.

Einige Bemerkungen zu den Arten:

L. decidua (= europaea): Aussaat Ende April bis Anfang Mai. Keimung im Freiland langsam, deshalb am besten schon im März vorkeimen (in ein Gefäß schütten und dies an einem von der Sonne erwärmten Platz, etwa Dachboden usw. stellen, immer mäßig feucht halten und täglich umrühren). Frische Saat geht im Keimschrank sehr gut auf, nach 5 Tagen mit 30 %, nach 10 Tagen mit 50 %. 1 hl frische Zapfen wiegt 25—35 kg und enthält etwa 1—2,5 kg entflügelte Saat (Abb. 327 k—l).

Das Saatgut von *L. decidua* ist oft zur Hälfte taub.

L. kaempferi (leptolepis): Aussaat wie vorige.

L. occidentalis: 1 hl Zapfen ergibt 700—1200 g reine Saat. In USA sät man 40 g auf 1 m² und erwartet bei frischem Saatgut (60 % Keimkraft) etwa 1250 Pflanzen auf dieser Fläche. In Flaschen aufbewahrt soll das Saatgut 5 Jahre keimfähig bleiben.

L. sibirica: Das Saatgut ist oft minderwertig und keimt selten mit mehr als 10 %! (Amerikanische Angaben 40 %, im Keimschrank.)

L. gmelinii reift zwar auch schon im Spätherbst, braucht aber erst im Frühjahr geerntet zu werden, weil die Zapfen sich meist nicht vor Mai öffnen.

Das Lärchensaatgut behält etwa 4—6 Jahre seine Keimkraft. Aufbewahrung in luftdichten Behältern wird empfohlen.

Die Samen werden 2 Wochen vor der Aussaat in feuchtem Zustand etwas vorgekeimt und dann, etwa Ende März bis Anfang April, ausgesät, dann etwa 0,5 cm dick mit Erde zugedeckt und festgerollt; Beete dann mit Zweigen abdecken; Keimung nach 8 bis 14 Tagen bei vorgekeimter Saat. Man rechnet mit 400—500 Jungpflanzen bei *L. decidua* und mit 700—800 bei *kaempferi* per m² Saatbeet (BZ, S. 49).

S t e c k l i n g e. Die Vermehrung ausgelesener Pflanzen von *Larix*-Arten durch Stecklinge ist ziemlich kostspielig, da die Anwachsprozente bei normaler Behandlung niedrig sind, meist nicht mehr als 10 %. CHANDLER (Contr. Boyce Thompson Inst. 20: 231-238; 1959) hat in fast zehnjährigen Untersuchungen ermittelt, daß die Stecklinge unter Anwendung von Sprühnebel mit 90—95 % wachsen, am besten unter Zuhilfenahme von Wuchsstoff. Stecklinge von 2—4jährigen Pflanzen wuchsen gut, während die Anwachsprozente mit zunehmendem Alter der Mutterpflanzen abnehmend schlechter wurden. Stecklinge im August und September wuchsen besser als solche im Juni oder Juli; Kopfstecklinge waren besser als solche aus den unteren Teilen der Triebe.

V e r e d l u n g ist die einzige rationelle Vermehrung der wenigen Formen. Sie geschieht im Freilande im Nachwinter durch Kopulation oder Geißfuß. Man muß hierbei aber immer mit großem Ausfall rechnen. In vielen Fällen ist die Winterveredlung im Hause auf im Topf stehenden Unterlagen mit seitlichem Einspitzen besser im Erfolg (Abb. 337).

K u l t u r a n s p r ü c h e : Alle Lärchen brauchen einen frischen, humosen und tiefgründigen Boden, am besten einen kräftigen Lehmboden. Am raschesten wächst *L. kaempferi,* die auch mehr Trockenheit verträgt als *L. decidua* und am besten auf gewöhnlichem Lehmboden gedeiht. *L. gmelinii japonica* (= *kurilensis*) ist auf kräftigen, durchlässigen Böden eine der raschwüchsigsten Koniferen; *L. occidentalis* liebt feuchten Boden und ist nur in der Jugend raschwüchsig.

Lärchenhecken fanden in letzter Zeit auch mehr Liebhaber. Pflanzen, die für solche Hecken bestimmt sein sollen, müssen alljährlich zurückgeschnitten werden; damit beginnt man erstmalig, wenn die Jungpflanzen 60 cm hoch sind. Der Leittrieb wird auf 10 cm, die Seitentriebe auf 1—2 cm eingekürzt. Der junge Leittrieb muß im Bestand angeheftet werden. Die Pflanzen vertragen den Schnitt ausgezeichnet.

E m p f e h l e n s w e r t e A r t e n u n d F o r m : *Larix decidua* (= *europaea*), *kaempferi* mit 'Pendula'.

Libocedrus vgl. unter **CALOCEDRUS**

Abb. 337. Hochstämmige Veredlungen von *Larix leptolepis* 'Pendula' bei De Koningk-Dervaes in Maldeghem, Belgien (Werkbild)

METASEQUOIA — Taxodiaceae

Aussaat, am besten unter Glas, ist gut möglich, soweit Saatgut von europäischen Pflanzen bereits verfügbar ist. Importe aus China sind weder zu erwarten noch überhaupt notwendig. Im Laufe der nächsten 10 Jahre dürften die 1945 in verschiedenen Ländern aus Originalsaat erzogenen Pflanzen selber reichlich Zapfen tragen, die für die Anzucht aus Samen ausreichen werden. Schon seit einigen Jahren haben Pflanzen in verschiedenen Ländern Europas Zapfen mit keimfähigen Samen gebracht, in Deutschland enthielten die Zapfen bislang jedoch nur taube Samen.

Abb. 338. Jungpflanzenbestand von *Metasequoia glyptostroboides* bei H. A. Hesse in Weener (Werfoto)

Stecklinge dieser sommergrünen Konifere wachsen ohne Schwierigkeit, wenn sie Ende Juli bis Anfang August von Gipfeltrieben genommen werden. Wie DIETRICH sagt, bilden die Pflanzen oft zwei Gipfeltriebe, so daß man davon einen sofort als Steckling verwenden kann. Seitentriebe bilden keine so guten Pflanzen und müssen gestäbt werden. Bei Stekken in Torf und Sand (1 : 1 bei 25 °C Bodenwärme waren nach 4 Wochen schon 75 % der Stecklinge bewurzelt. Dann eintopfen und im Kasten überwintern. Einjährige Stecklinge erreichen 30 bis 40 cm Höhe ;VENEMA berichtet von einem Exemplar, das in England in einem Kalthaus stand und in 28 Monaten 2,50 m hoch war (Abb. 338).

FENICCHIA konnte Steckholz gut zur Bewurzelung bringen. Er schnitt das Steckholz Mitte November—Anfang Dezember von kräftigen Trieben, 15—20 cm lang, brachte beiderseits an der Basis eine Rindenverwundung an, tauchte die Steckhölzer dann in Wuchsstoff und steckte sie in scharfen Sand, bei Bodenwärme. Das Vermehrungsbeet muß bis zur Bewurzelung immer gut feucht gehalten werden.

Kulturansprüche: Sehr raschwüchsig auf guten, nahrhaften Böden; in Deutschland vollständig winterhart.

Nur eine Art: *Metasequoia glyptostroboides.*

DIETERICH, H., 1952: Metasequoiavermehrung. Dt. Baumschule 4: 311-312. — FENICCHIA, R. A., 1957: Unusual plants and their propagation; in Proc. Plant Propag. Soc. 7: 159. — INGWERSEN, W., 1949: Metasequoia glyptostroboides, eine neue Konifere. Dt. Baumschule 1: 168. — MERRILL, D., 1948: Metasequoia, a living relict of a fossil genus. J. Roy. Hort. Soc. 73: 211-216. — VENEMA, H. J., 1951: Ervaringen met de cultuur van Metasequoia glyptostroboides HU et CHENG in Jb. Ned. Dendr. Ver. **16**: 89-92.

MICROBIOTA — Cupressaceae

Diese Konifere ist erst seit etwa 10 Jahren in Kultur in Europa und war vorher so gut wie völlig unbekannt. Jetzt hat man erkannt, daß sie ein wertvoller Bodenbedecker zu werden verspricht.

Samen gibt es wahrscheinlich nicht, so daß eine Aussaat nicht in Betracht kommt.

Stecklingsvermehrung im Sommer oder auch zu anderen Zeiten macht keinerlei Mühe. Anschließend im Topf weiterkultivieren.

Die einzige Art, *M. decussata,* erinnert an eine flachwachsende Thuja und wird, wie diese, im Winter braun, im Frühjahr jedoch wieder grün.

PICEA — Fichte — Pinaceae

Methode	Jan.	Febr.	März	April	Mai	Juni	Juli	Aug.	Sept.	Okt.	Nov.	Dez.
Aussaat				X**●**								
Stecklinge							**X**	**X**				
Veredlung		X	X					**X**	**X**			

X X unter Glas; **●** ○ Freiland; fette Zeichen wichtigste Methoden

Zunächst einiges über die Ernte der Samen. Die Zapfen erntet man im allgemeinen im Herbst durch Abpflücken, etwa von September bis Januar; dann müssen sie geklengt werden, was man bei einigen Arten selbst vornehmen kann.

P. glauca, pungens und *engelmannii:* Anfang September pflücken, in sehr warmen Sommern schon Ende August. Sobald am Rande der Zapfenschuppen die Flügel als schmale, helle Streifen sichtbar werden, ist es dazu allerhöchste Zeit! Über die einzelnen Arten folgen weiter unten noch nähere Angaben. Alle Samen so lange wie möglich in den Zapfen belassen. Fichtenzapfen können durch einfache Wärmewirkung, schon durch das Auslegen an einer sonnigen Hausmauer, leicht zum Öffnen und zum Entleeren der Samen gebracht werden. Die Gewinnung des Fichtensamens ist viel einfacher als die des Lärchensamens.

Die Aussaat der wichtigsten Arten (*P. abies* (= *excelsa*), *orientalis, pungens, sitchensis* u. a.) erfolgt im April. Die Samen werden 8—10 Tage vorher vorgekeimt in feuchtem Sand. Vor dem Einbringen in den Sand werden die Samen zum Schutz gegen Vogel- und

Abb. 339. Als es noch keine Pflanzmaschinen gab, mußte alles von Hand gepflanzt werden; hier junge Kiefern, bei Pein & Pein, Halstenbek

Abb. 340. Ein großes Feld verpflanzter Fichten, *Picea abies,* bei G. Lüdemann in Halstenbek (Werkbild)

Mäusefraß mit Mennige überpudert, bis sie ganz rot sind. Sobald die Samen zu keimen beginnen, werden sie sofort auf Beeten mit genügend frischem Boden breitwürfig ausgesät, festgeklopft und danach etwa 0,5 cm dick mit weißem Sand abgedeckt. Die jungen Sämlinge erscheinen nach 3 Wochen. Pro m^2 Beet erwartet man (nach BZ, S. 54) etwa 600—800 Jungpflanzen. Die Keimfähigkeit der meisten Arten hält sich 10 Jahre, wenn geeignete Maßnahmen angewendet werden (SM, S. 258).

Besonders wertvolle Fichtenselektionen werden neuerdings als Samenspender zunächst vegetativ vermehrt und in Pfropfplantagen aufgepflanzt. Sie beginnen bereits sehr früh zu fruchten.

Bei der Aussaat unter Glas, die man nur für die empfindlicheren Arten vornimmt oder wenn man nur geringe Samenmengen hat, wird das Saatgut in gleicher Weise vorbehandelt. Die jungen Sämlinge bleiben zunächst unter Glas, werden feucht und schattig gehalten, nach der Keimung schon bald abgehärtet, so daß man im Juni—Juli die Fenster ganz abnehmen kann. Während des Winters brauchen schon keine Fenster mehr aufgelegt zu werden, es genügt dann Reisig. Im nächsten Frühjahr wird auf Beete pikiert.

Unterlagen für die Veredlung (*Picea abies*) pflegt man 2 Jahre auf dem Saatbeet stehen zu lassen, damit sie höhere und wenig bezweigte Stämmchen bekommen; dann werden sie verpflanzt, im nächsten Sommer, etwa Mitte August, eingetopft und für die Winterveredlung bereitgestellt. Nach dem Eintopfen im Freiland einsenken, jedoch nicht tief, da sich sonst noch Wurzeln über dem Topfrand bilden. Die für die Sommerveredlung bestimmten Unterlagen werden ebenfalls im Herbst herausgenommen und im Kasten eingeschlagen oder auch erst im Frühjahr herausgenommen und dann sogleich eingetopft. Für beide Fälle ist die beste Zeit zum Eintopfen der Mai—Juni, weil bei früherem Eintopfen die Sämlinge beim Veredeln zu sehr im Trieb sein würden. Eingetopft wird in gewöhnliche, mit Sand und Torfmull etwas vermischte Erde; hohe Baumschultöpfe von 8—9 cm Durchmesser sind am besten.

Einige Bemerkungen zur Aussaat der einzelnen Arten.

P. abies reift nach und nach; am besten pflückt man die Zapfen nach Neujahr, etwa im Februar; im März—April fliegen die Samen aus. In den Zapfen halten sich die Samen lange gut, sicherlich 5 Jahre bei guter Aufbewahrung; ebensolange hielten sich reine Saaten unverändert keimfähig in luftdichten Behältern bei niedriger Temperatur. Die Keimfähigkeit beträgt im allgemeinen etwa 70 %. Über die unterschiedlichen 1000-Korn-

Gewichte vgl. SOBOLEW in *Z. Forst- und Jagdwesen* 1908: 669 (Herkünfte aus Tirol, Schweiz und Rußland, Gewicht zwischen 3,15 und 14,29 g) (Abb. 324 k).

P. abies-Formen. Zwergig wachsende Formen fallen bei Aussaat oft zu einem großen Teil echt, ebenso buntnadelige Sämlinge ('Finedonensis'-Typen). Auch 'Virgata' bringt eine Anzahl echter Sämlinge, 10—15 %, während der Rest die gewöhnliche Art ist.

P. bicolor fruchtet schon sehr früh, treibt im allgemeinen sehr spät aus. Deutsche Saat keimt im Schrank mit 47 % (*P. alcockiana*). Veredlungen aus Seitentrieben bleiben mindestens 10 Jahre krüppelig.

P. breweriana keimte in USA im Schrank mit 54—73 %; langsamwüchsige, doch sehr schöne Art.

P. engelmannii. Ernte der Zapfen am besten Anfang September. Die Saat hält sich lange in luftdichten Behältern, nach fünfjähriger Lagerung erst 20 % Verminderung der Keimfähigkeit. Sie keimte in USA im Schrank mit 70 %. — Nach SCHENCK (l. c. II, 243) pflanzt sich diese Art in ihrer Heimat durch Absenker von Bodenzweigen und durch Samen fort.

P. glauca (= *alba*, = *canadensis*). Samenreife August, Ernte der Zapfen Anfang September; von dieser Art soll es besonders frostharte und gutwüchsige Standortformen geben (SM, 256). Die Saat ist sehr ölreich und hält sich mindestens 10 Jahre lang in luftdichten Behältern bei niedriger Temperatur. 1 hl bringt 0,7 kg Samen. In USA sät man pro m² 28—42 g Saat und erwartet bei einer Keimung von etwa 50 % rund 1250 Jungpflanzen. Samen vor der Aussaat 3 Tage lang wässern bei etwa 20 °C. — Ihre var. *albertiana* kann auch gesät werden und keimt ohne Vorbehandlung mit 54 % im Schrank (Abb. 324 m).

P. mariana (= *nigra*); die anfangs purpurnen Zapfen werden später hellbraun und müssen zur Entnahme der Samen in Wasser aufgeweicht und dann von Hand geöffnet werden. Die Saat hielt sich in USA im luftdichten Behälter und bei niedriger Temperatur 5 Jahre befriedigend; deutsche Saat keimte im Schrank mit 58 %, in USA amerikanische mit 60 %. Aussaaten von *P. mariana* 'Doumetii', die in der Nähe von *P. omorika* standen, fallen nach BÖHLJE zu $^1/_4$ als *mariana*, 1 % als *omorika*, der Rest intermediär. — Aussaaten von *P. mariana* dürfen nur sehr dünn mit Sand abgedeckt werden. — Diese Art wächst sehr langsam.

P. omorika ist in der Baumschule eine der wichtigsten Arten. Die Zapfen werden auch, wie bei *P. abies*, im Winter gepflückt. Gute Saat keimt auch im Freiland meist mit 90 %, im Keimschrank sogar mit 99 %. Die Sämlinge sind anfangs sehr empfindlich und schwachwüchsiger als die von *P. abies*. — In Jugoslawien geerntete Saat ist sehr teuer (Abb. 341, 342).

P. orientalis wächst ebenfalls sehr langsam; auch hier erntet man die Zapfen nach Neujahr. Sie öffnen sich nicht leicht, da sie oft sehr harzig sind. Deutsche Saat keimt im Schrank mit nur 27 %.

P. polita treibt in Deutschland als letzte Fichte aus, wird daher von Spätfrösten, erfreulicherweise auch vom Wild, verschont; sie keimt im Schrank mit 35 %.

P. pungens-Zapfen muß man schon Ende September, bei warmem Wetter sogar noch früher ernten. Deutsche Saat keimte im Schrank mit 32 %, in USA mit 73 %. Freilandaussaaten liefen in USA mit über 50 % auf nach dreitägigem Wasserbad bei Gewächshaustemperatur. *P. pungens* wird nicht vom Wild verbissen.

P. pungens 'Glauca'-Formen ergeben nur etwa 30 % blaue Nachkommen, diese aber in den unterschiedlichsten Blautönen. Im Arboretum Kornik bei Posen, Polen, steht eine sehr alte Blau-Fichte, deren Sämlinge zu 70 % sehr einheitlich graublau ausfallen. Diese werden dort *Picea pungens* 'Argentea' genannt, doch ist ihre Färbung längst nicht so gut wie die unserer bekannten Sorten.

P. rubens (= *rubra*). Die Zapfen reifen im 1. Jahre, fallen im nächsten Jahre ab. In luftdichten Behältern hielt sich die Saat bei niedriger Temperatur unverändert; keimte in USA im Schrank mit 60 %. In USA sät man 17—42 g auf 1 m², um 1250 Sämlinge zu erzielen. — Diese Art verträgt, nach SCHENCK, tiefsten Schatten (l. c. II, 293).

Abb. 342. *Picea omorika,* 175—200 cm hoch, in den Kulturen von Joh. Bruns, Bad Zwischenahn (Werkbild)

Abb. 341. *Picea omorika,* dreijährig verpflanzt (Werkbild ← J. Timm & Co., Elmshorn)

P. sitchensis-Zapfen im November ernten, bei warmem Wetter schon im September. Die Samen werden vor der Aussaat am besten 3 Tage lang in Wasser mit Gewächshauswärme gewässert und dann ausgesät; gute Saat keimt dann mit 70 %. Draußen nur dünn mit Sand abdecken (6 mm war in USA am besten). Auf 1 m² rechnet man in England 51 g Saat. Eine Abdeckung mit gemahlenem Kalkstein soll die Keimung beschleunigen und die Wuchskraft erhöhen (SCHENCK, l. c. II, 308) (Abb. 324 l).

Stecklinge sind ausschließlich bei den zwergigen Formen üblich, die aus Samen nicht echt fallen und als Veredlung zu sehr in die Höhe schießen, wie dies namentlich bei Veredlungen von *P. abies* 'Remontii' vorkommt. Zwergfichten auf eigenen Wurzeln sind stets kurztriebiger, als wenn auf *abies* veredelt.

Die Stecklinge soll man möglichst von Kopftrieben schneiden und Ende Juni bis Anfang August stecken. Sie bewurzeln sich zwar nicht schnell, man hat aber immerhin die Gewähr, daß die Stecklinge wieder ganz genauso wachsen wie die Mutterpflanze. Die Bewurzelung dauert in der Regel 1 (—2) Jahre, wenigstens ist es das Zeitmaß für 'Remontii', 'Pygmaea', 'Ohlendorffii', 'Merkii', 'Maxwellii' usw. Am schnellsten bewurzelt sich 'Nidiformis'; sie schafft es in einem Jahre. Das Stecklingsschneiden kann man wesentlich rationeller dadurch gestalten, daß man die einjährigen Triebe nicht abreißt, sondern mit der Spitze des haarscharfen Messers quer durch die Triebbasis der jungen Triebe fährt und so die Stecklinge mit einem einzigen Schnitt gleich reihenweise fertig hat (Abb. 343). Die Nadeln brauchen nicht entfernt zu werden, es wächst auch so. Das Abzupfen der Nadeln hält auch außerordentlich lange auf und nimmt ein Vielfaches der sonst

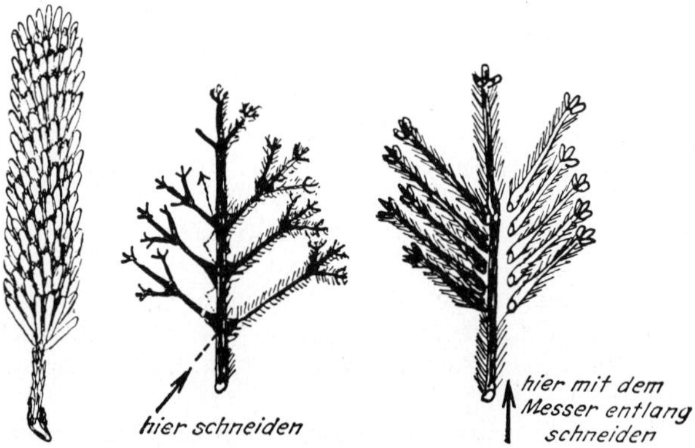

Abb. 343. Stecklingsvermehrung der Zwerg-Fichten. Links die übliche Methode, Mitte und rechts geht es viel schneller; vgl. Text (Original)

benötigten Arbeitszeit in Anspruch. Das Stecken muß nun natürlich entsprechend vorsichtiger geschehen, damit die Stecklinge nicht locker stehen. Zu dünne Triebe werden fortgeworfen. Die so bearbeiteten Stecklinge brauchen nicht mehr nachgeschnitten zu werden, sie sind mit einem Schnitt sofort fertig. Auf diese Weise kann man vermehren 'Pygmaea', 'Pumila Glauca', 'Ohlendorffii' usw. Bei 'Gregoryana', 'Clanbrassiliana' und anderen Zwergfichten muß man aber zweijähriges Holz nehmen, weil die einjährigen Triebe sonst zu klein zum Stecken sind (Abb. 343).

Alle Fichtenstecklinge gehören unbedingt auf einen Kasten mit Bodenwärme.

V e r e d l u n g ist bei allen blaunadeligen Formen, den sogenannten Blaufichten, üblich. Sie wird auf verschiedene Weise durchgeführt, im Sommer oder im Winter, in beiden Fällen aber im Hause. Als Unterlage verwendet man Picea abies; bei Picea pungens als Unterlage sind die Ergebnisse schlechter.

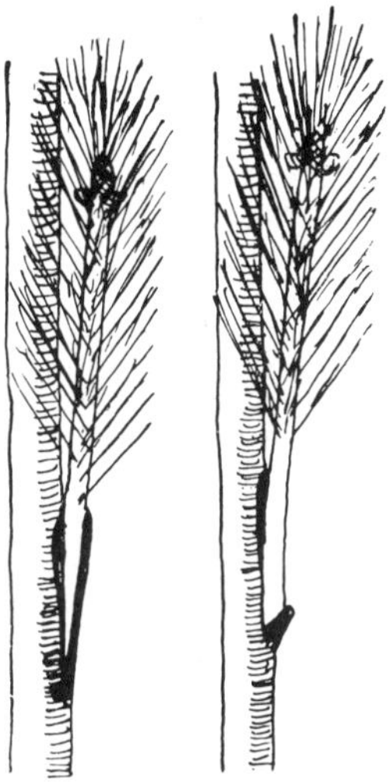

Abb. 344. Die zwei häufigsten Arten der Blaufichtenveredlung (Original)
a = Einspitzen
b = Anplatten

Abb. 345. Nach gutem Verwachsen werden die jungen Blaufichtenveredlungen zunächst auf Beeten eingesenkt und gestäbt, wie hier bei Hauenstein Söhne in Rafz, Schweiz (Werkbild)

Bei der S o m m e r v e r e d l u n g, die mehr verbreitet ist, hängt der Zeitpunkt von der völligen Reife der Reiser ab, das ist etwa von Mitte August bis Ende September. Unterlagen 2 Wochen lang vorher in einem kühlen Raume aufstellen, damit sie noch gut nachreifen! Unmittelbar vor der Veredlung werden die benötigten Reiser geschnitten und am unteren Ende sehr sorgfältig von den Nadeln befreit. Die Reiser dürfen nur von Spitzentrieben geschnitten werden und müssen mit Überlegung ausgesucht werden. Das Reis soll eine gut ausgebildete Endknospe und zumindest 3—4 darumsitzende Knospen haben, sonst werden die Pflanzen später ungleich und schief. Es ist auch vorteilhaft, nur von jungen und frisch verpflanzten Mutterpflanzen Reiser zu schneiden, da diese keine so starke, für die Verwachsung ungünstige Harzabsonderung haben, wie dies bei älteren Mutterpflanzen der Fall ist.

Die A u s f ü h r u n g d e r V e r e d l u n g ist aus der Zeichnung (Abb. 344) deutlich ersichtlich. Es sind die beiden in Holland und bei uns am meisten angewandten Methoden des Veredelns dargestellt. Beide Methoden sind fast gleich, nur daß bei der einen Ausführung das über den unteren kurzen Schrägschnitt hinausragende Zungenstück weggeschnit-

Abb. 346. Quartier von *Picea pungens* 'Glauca Koster' bei H. A. Hesse, Weener (Werkbild)

ten wird. Bei Reis und Unterlage muß Kambium sauber auf Kambium liegen. Die Kallusbildung erfolgt zuerst am unteren Schrägschnitt, der deshalb besonders sauber geschnitten werden muß. Bei der 2. Methode wird auch die Vorderseite des Reises leicht angeschnitten und die Zunge darübergebunden. Das Verbinden kann mit Gummiband, gewachstem Bindfaden usw. geschehen. In der Regel werden die Veredlungen nicht mit Baumwachs verstrichen.

Wichtig ist die weitere Behandlung der Veredlungen. Sie werden vorerst einmal Topf an Topf schräg im Torfmull des Vermehrungsbeetes eingesenkt. Dann werden Fenster aufgelegt und das Haus gekalkt. Nach 10 Tagen lüften, damit das Schwitzwasser verdunsten oder ablaufen kann. Von nun ab jeden Morgen etwa 20 Minuten lang lüften. Gleichzeitig werden etwa entstandene Fäulnisstellen beseitigt. Nach weiteren 2 Wochen ist alles verwachsen. Alles, was nicht verwachsen ist, wird entfernt. Abhärten, die Unterlagen einkürzen. Pflanzen senkrecht stellen und allmählich auf die Tablette im Kulturhaus bringen. Wenn der anfangs weiße Kallus sich braun verfärbt, ist die Verwachsung beendet, und die jungen Veredlungen können nun im Kasten aufgestellt werden. Im Frühjahr im Freiland auspflanzen und stäben (Abb. 345).

Die Winterveredlung geschieht in der gleichen Art wie die Sommerveredlung, ebenfalls im Hause. Die Sommerveredlung wird aber vorgezogen. Bei der Winterveredlung treiben die frisch eingetopften Unterlagen gleichmäßiger aus als die schon fest eingewurzelten.

Abb. 347. Acht Wochen alte Veredlung von *Picea pungens* 'Glauca Koster' (Werkbild J. Timm & Co., Elmshorn, Holstein)

Eine Merkwürdigkeit: *Omorika* auf *P. abies* veredelt ergibt stets breitwüchsige Pflanzen dieser sonst doch so schmalen Konifere, und die Nadeln werden jetzt auch breiter als bei Sämlingspflanzen. Sie erhalten ein Aussehen etwa wie ein Mittelding zwischen *omorika* und *bicolor*. Werden Reiser von dieser neuen Wuchsform wiederum zur Veredlung benutzt, dann bleibt der neue Typ beständig.

Kulturansprüche: Alle Fichten lieben guten, frischen Boden, volle Sonne, aber auch Schatten. Viele Arten treiben früh aus und leiden dann unter Spätfrösten. *P. abies* liebt große Luftfeuchtigkeit und Kühle und wächst daher am besten im Gebirge. Als flachwurzelnder Baum verlangt sie keinen besonders tiefgründigen Boden. Am besten wachsen die meisten Arten auf Lehmböden, lehmigem Sand, lehmigem Kalkboden, weniger gut sind Tonböden und ungeeignet Sand- und reine Kalkböden.

Empfehlenswerte Arten und Formen: *Picea abies* (= *excelsa*) (mit den Formen 'Compacta', 'Echiniformis', 'Gregoryana', 'Inversa', 'Maxwellii', 'Nidiformis', 'Ohlendorffii', 'Procumbens', 'Pumila Glauca', 'Pygmaea' und 'Repens'), *breweriana, omorika* mit 'Nana', *orientalis* mit 'Aureospica', *pungens* mit 'Glauca', 'Glauca Koster', 'Glauca Hoopsii' und 'Glauca Moerheim', *purpurea, sitchensis.*

BÖHLJE, G. D.: Kreuzungen aus *Picea omorika* mit *Picea mariana* 'Doumetii'; Mitt. DDG 1942. — VAN ELK, B., & DE VOGEL, P.: Het enten van blaauwe sparen; in De Boomkwekerij 1965: 13-14. — PELLEKOOREN, A.: De cultuur van Picea species en cultivars; in Boomkwekerij en Beplantingen 1973: 155-158; 191-193.

PINUS — Kiefer — Pinaceae

Die Anzucht der Kiefernarten geschieht durch Aussaat. Das Saatgut reift, je nach Arten, entweder im 2. oder im 3. Jahre, und die Zapfen müssen dann geerntet werden. Die Samen sind meist geflügelt; es gibt aber auch einige Arten ohne Flügel, deren Samen sehr groß sind, fast wie kleine Haselnüsse (*P. cembra, koraiensis, parviflora, flexilis* u. a.). Im Saatbeet verhalten sich die Samen sehr unterschiedlich; manche Arten keimen schon sehr bald nach der Aussaat, andere wiederum können 1—2 Jahre überliegen. Auch bei der Samenreife zeigen die Arten unterschiedliches Verhalten, denn viele Arten öffnen ihre Zapfen, wenn die Samen reif sind, und lassen die Samen ausfliegen, während andere wiederum fest geschlossen bleiben und nur durch Klengen die Samen freigeben. Junge Bäume tragen übrigens, das hat man in USA als Regel ermittelt, größere Samen, ältere dagegen kleinere. Entsprechend diesen verschiedenen Eigenarten der einzelnen Arten muß auch die Aussaat vorgenommen werden. Hierzu mögen die nachfolgenden Bemerkungen einen Anhalt bieten.

Die Stratifikation der Kiefernsamen kann, wie Versuche von LETHO zeigten, auch sehr zweckmäßig in Plastikbeuteln erfolgen, wobei der besseren Kontrolle wegen nicht mehr als etwa 2 kg Saat in jedem Beutel aufbewahrt werden sollten.

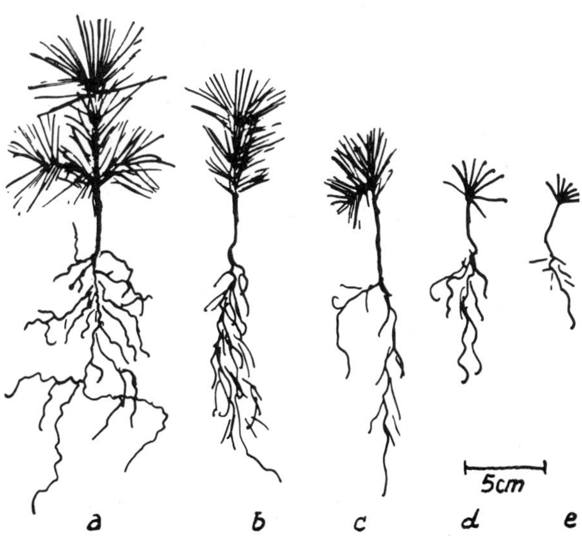

Abb. 348. Einjährige Kiefernsämlinge (Sortiervorschlag von HILFF);
a = ausgezeichnet;
b = gut;
c = genügend;
d = zur Not brauchbar;
e = unbrauchbar
(aus HESMER, Technik der Kiefernkultur, S. 131, vereinfacht)

Letho führte seine Versuche in dieser Art durch: Er weichte die frischen Samen 8 Stunden in kaltem Wasser ein, ließ sie dann abtropfen und füllte sie in die Plastikbeutel, die dann bei + 1 bis + 3 °C in einer Kühlzelle gelagert wurde. Es handelte sich hier um Samen von *Pinus echinata* und *taeda*. Dann wurden Keimversuche in einem Raum mit 21—24 °C Wärme in Schalen vorgenommen. Es zeigte sich, daß bei dieser Vorbehandlung die meisten Samen, in der Regel 80—85 %, nach 15 Tagen gekeimt waren, während nach 30 Tagen noch etwa 5 % keimten.

P. aristata, Zapfenreife September—Oktober; langsamwüchsig, braucht guten Boden, geschützte Lage, dann winterhart.

P. banksiana, Zapfen reifen September, Samen fliegen mehrere Jahre lang aus, da Zapfen sehr fest am Baum sitzen; Zapfen klengen sehr schwer und brauchen viel Wärme. In den Zapfen halten sich die Samen bis 15 Jahre lang gut. Bei Aussaat Samen gut vorkeimen. Diese Art läßt sich gut verpflanzen, selbst ohne Ballen; gedeiht gut auf geringen Böden, wächst anfangs rascher als *silvestris*, nach dem 20. Jahre jedoch läßt die Wuchsleistung stark nach (Abb. 324 h).

P. bungeana, mit ihrer weißbunten Rinde vielleicht die schönste Parkkiefer, zumal auch meist noch mehrstämmig. Die Rinde wird aber erst im Alter von etwa 50 Jahren bunt. Samen wird praktisch nie im Handel angeboten; veredeln auf *P. strobus* möglich.

P. cembra. Die Zapfen fallen, wenn sie nach 2—3 Jahren reif sind, geschlossen ab, öffnen sich jedoch leicht bei Wärme und geben dann die dicken „Zirbelnüsse", die im Gebirge sehr geschätzt sind (auch von Eichhörnchen und Spechten) frei. Die Samen müssen immer stratifiziert werden und liegen dann nach der Aussaat im Frühjahr mitunter noch 1—2 Jahre über. Boden frisch bis feucht (Abb. 324 c).

P. contorta. Die Zapfen reifen im September—Oktober, während die Samen nur langsam, oft über mehrere Jahre verteilt, ausfliegen. 1 hl Zapfen gibt 0,5—1,35 kg Saat.

P. contorta latifolia (= *murrayana*). Samenreife schon Anfang September, Zapfen aber schon etwas früher pflücken, weil sonst die besten Samen ausfliegen, worauf die Zapfen sich wieder schließen. In USA hielten sich die Samen in den Zapfen 30 Jahre lang keimfähig. Die Keimung in der freien Natur soll am besten sein bei heftigen täglichen Temperaturschwankungen (Schenck, l. c. II, 361). Die Größe der Samen differiert bei den einzelnen Provenienzen. — Diese Kiefer gedeiht am besten auf feuchtem Sandboden (Abb. 324 i).

P. densiflora. Vor der Aussaat 10 Tage lang in warmes Wasser einlegen, worauf sie dann bei der Aussaat mit 30 % auflaufen, was eine sehr gute Zahl darstellt. Im Schrank keimen sie auch nur mit 36 %. In Japan hielt sich luftdicht mit Holzkohle eingeschlossene Saat 5 Jahre lang, ohne an Keimkraft zu verlieren.

P. leucodermis. Keimt sehr langsam, etwa mit 70 %. Gut verpflanzbar, da gutes Wurzelsystem.

P. jeffreyi. Zapfen ernten im September. Importe sind in den Samen etwas veränderlich in Farbe und Größe. Samen können sich bei Kühllagerung 10 Jahre keimfähig halten. Diese Art gedeiht am besten in frischem, sandig-lehmigem Boden (Abb. 324 b).

Abb. 349. Vierjährige Sämlinge von *Pinus mugo* (von links nach rechts *pumilio* — *mughus* — *uncinata*) bei J. Timm & Co., Elmshorn (Werkbild)

Abb. 350. Verschulte junge Kiefern, so weit das Auge reicht (Bild: Pein & Pein, Halstenbek)

P. koraiensis. Die Zapfen fallen im Spätherbst des 2. Jahres mit den Samen ab. 1 kg Samen hat etwa 200 Korn, Keimfähigkeit etwa 50 %. In der Natur gehen die Samen im Frühjahr auf. Jugendwuchs sehr langsam. Die jungen Sämlinge sind sehr zart und saftig und brauchen unbedingt Halbschatten. *P. koraiensis* ist eine der schönsten Kiefern und hat etwa die gleichen Ansprüche wie *P. strobus.*

P. montezumae, eine empfindliche Art, keimt im Schrank mit 24 % ΛΛΛ.

P. mugo (=*montana*). Zapfen im Dezember ernten, klengen bei 45—47 °C, dann luftdicht aufbewahren, kühl und dunkel; kurz vor der Aussaat vorkeimen, in der ersten Aprilhälfte draußen auf Beeten breitwürfig aussäen, etwa 0,7 cm dick mit Sand abdecken; Keimung nach 3—4 Wochen. Samenbedarf pro Ar 1 kg. Die Beete werden, wenn die Pflanzen etwas größer sind, zweimal mit Temic o. a. gespritzt gegen Pilzkrankheiten. Pro m² erhält man 600—800 Sämlinge. Die Samen bleiben 5 Jahre keimfähig, die Keimkraft beträgt 85—95 % (BZ, 59). — Diese Art kommt in allen Böden fort. Ihre var. *mughus* bewohnt in den Alpen die sumpfigen, kalten Böden. Der liegende Wuchs ist ihr besonderes Merkmal. Die var. *pumilio* bleibt ganz niedrig und dicht, während var. *uncinata* baumartig wird auf Moorböden. Letztere eignet sich auch zu Dünenbefestigungen (Abb. 349).

P. nigra austriaca. Die Zapfen reifen erst im November des 2. Jahres und werden gleich danach geerntet. Luftig aufbewahren bis zur Klenge, dann in luftdichten Behältern kühl und dunkel; klengen bei 45—47 °C. Saatgut hat 76—90 % und bleibt 5 Jahre gut. Aussaat nach Vorkeimen Ende März bis Anfang April breitwürfig, vorher mennigen, Abdecken mit Sand etwa 0,5—0,7 cm, Keimung nach 3—4 Wochen; Ergebnis 400 bis 500 Pflanzen pro m². Beete mit Sämlingen wiederholt mit Kupferoxychlorid spritzen. — Diese Kiefer ist eine der raschwüchsigsten Arten für Industriegebiete, in denen sie sich außergewöhnlich rauchhart erwies.

P. parviflora. Sehr anspruchslose Kiefernart, noch härter als *P. silvestris,* sehr anspruchslos an den Boden, langsamwüchsig und sehr buschig; 1 kg Saat hat 7500 Korn.

P. peuce. Saat liegt meist 1 Jahr über, keimt aber im Keimschrank mit 57 %. Wuchs bis zum 10. Lebensjahre langsam, vom 20. Jahre ab rasch; hart. Ansprüche sonst wie bei *strobus.*

P. ponderosa. Zapfenreife im August—September. Sehr viele Provenienzen sind für unser Klima nicht geeignet, andere hingegen (nach SCHENCK) sicherlich ganz vorzüglich. Man sollte daher nur ausgewählte Provenienzen anbauen. Diese Art wächst erst vom 5. Jahre an rasch und liebt trockenen, kiesigen oder sandigen Boden.

P. resinosa. Saatjahre sind bei dieser Art selten; die Saat ist nur schwer zu klengen. Nicht mit Wasser aufquellen. Keimung mit 72 % nach 3 Wochen ohne Vorbehandlung. In den Zapfen kann die Saat bis 10 Jahre gut bleiben. *P. resinosa* wächst am besten im lehmigen Sandboden, kein Kalk.

P. rigida. Die Zapfen reifen im Herbst und müssen geklengt werden. Die Samen bleiben nur 2 Jahre gut. Die Jungpflanzen zeigen auf den Beeten oft einen liegenden Wuchs. In den ersten Jahren hat diese Kiefer einen sehr raschen Wuchs, läßt aber dann bald nach.

P. silvestris. Die Herkunft des Saatgutes soll bekannt sein. Bei hochwertiger Saat benötigt man etwa 2,5 kg pro ha, bei breitwürfiger Saat. Die Samen können im Frühjahr ohne jede Vorbehandlung (jedoch mennigen) ausgesät werden, abdecken mit grobem Sand; Abdecken der Beete mit Zweigen sehr nützlich gegen Austrocknen; Keimung nach 3 Wochen. Wenn die Sämlinge etwa 1 cm hoch sind, Zweige wieder abnehmen. Pro m² Beet 600—700 Jungpflanzen. Die Samen haben 85—95 % Keimfähigkeit und bleiben 3—5 Jahre keimfähig (BZ, 67). Das zweimalige Spritzen der jungen Sämlinge mit Dithane erfolgt im allgemeinen erst im 2. Jahre, da bei den einjährigen Pflanzen infolge des Wachsgehaltes das Mittel nicht haften bleibt. — *P. silvestris* gedeiht am besten auf sandigem Boden. Ihre Formen fallen nur wenig echt aus Saat und müssen veredelt werden (Abb. 324 f—g).

P. strobus. Zapfen sind im 2. Herbst reif, Ernte bei warmem Wetter vielleicht schon im September erforderlich, dann Zapfen am besten sofort klengen (45—47 °C) oder luftig und trocken lagern bis zum Klengen; 1 hl frische Zapfen wiegt 30—33 kg und hat etwa 0,5—0,75 kg Saat; die Saat hat etwa 80—85 % Keimkraft und hält sich 3—5 Jahre gut; Aufbewahrung luftdicht und dunkel; Aussaat nach Vorkeimen und Mennigen in der 1. Aprilhälfte, breitwürfig, abdecken etwa 0,7 cm dick, Keimung nach 4—6 Wochen, zweimal mit Dithane spritzen; Ergebnis etwa 350—400 Pflanzen pro m² (BZ, 65). *P. strobus* wächst am besten in sandigem, frischem Boden; in trockenen Böden oder trockener Luft kommt sie nur sehr schlecht weiter (Abb. 324 e).

P. wallichiana (= *griffithii, excelsa*). Die Zapfen reifen im August—Oktober; Behandlung wie bei *strobus.* Eine ausgesprochene Lichtpflanze, die in gutem, frischem Boden sehr schnell wächst, aber kaum mehr als 20 °C Frost aushält (Abb. 324 d).

S t e c k l i n g e der Varietäten und auch der Arten sind praktisch wohl möglich, aber kaum üblich, weil die Bewurzelung sehr lange dauert.

Abb. 351. Feld mit 6 Millionen zweijähriger verpflanzter *Pinus silvestris* aus anerkanntem Saatgut bei G. Lüdemann in Halstenbek (Werkbild)

Abb. 352. Blick in ein Koniferenquartier, hier *Pinus nigra austriaca* und *Thuja* (Bild: Eschweiler Baumschulen, Hiltrup, Westfalen)

Immerhin sollen hier die Versuche von DORAN nicht unerwähnt bleiben. Er schnitt Stecklinge von *Pinus strobus* mit dem Ziel, forstlich besonders wünschenswerte Typen zu vermehren. Er empfiehlt, die Stecklinge möglichst von jungen Pflanzen zu nehmen, da diese besser wurzeln als von alten Bäumen. Die beste Zeit hierzu ist der Nachwinter; im Hochsommer geschnittene Stecklinge brauchen mehr Zeit zur Bewurzelung. Als Stecklinge zweijährige Kurztriebe nehmen, keine Nadeln entfernen. Behandlung mit Wuchsstoffen war sehr günstig. Nach seinen Angaben entwickelten sich aus diesen Stecklingen sehr gut wachsende Bäume.

Veredlung durch seitliches Einspitzen oder Pfropfen in den halben Spalt ist ebenfalls wenig üblich, doch trotzdem die einfachste und beste Vermehrung für solche Arten und Formen, die aus Samen nicht treu fallen bzw. von denen kein Saatgut zu bekommen ist. Die Veredlung geht im Winter (nicht im Sommer!) im Hause vor sich, und zwar genau wie bei allen anderen Koniferen auch. Als Unterlage verwendet man *P. sivestris* für alle zweinadeligen und *P. strobus* für alle drei- und fünfnadeligen Arten. Für die starkwachsenden Arten nimmt man mit Vorteil auch *P. nigra austriaca* (Abb. 353).

Kulturansprüche: Im allgemeinen sind die Kiefern in bezug auf Bodenansprüche sehr bescheiden und anpassungsfähig. Im Gegensatz zu den Fichten vertragen sie jedoch keine Beschattung.

Empfehlenswerte Arten und Formen: *Pinus cembra, contorta, densiflora* 'Umbraculifera', *leucodermis, mugo* (= *montana*) mit var. *mughus* und var. *pumilio, nigra austriaca, parviflora glauca, pumila, silvestris* mit 'Watereri' (= Pumila), *strobus* mit 'Nana', *wallichiana* (= *excelsa, griffithii*).

Abb. 353. Kiefern kann man gut durch seitliches Einspitzen veredeln (Bild: Dr. Langner)

Bertog: Die Beschaffung des Kiefernsamens. Neudamm 1922. 124 S. — Doran, W. L., 1946: Vegetative propagation of White Pine (Pinus strobus). 16 S. Mass. Agr. Exp. Sta. Bull. **435.** — Hilff, H. H.: Die Kiefernsaat; bei Hesmer, H.: Die Technik der Kiefernkultur, S. 116-126. Hannover 1949. — Letho, T. V.: Stratifying Pine seeds in plastic bags; in Am. Nurs. 1. 4. 1960: 15.

PODOCARPUS — Podocarpaceae

Aussaat und Stecklinge unter Glas, am besten im Hause im Februar oder Juli. Veredlung im Winter im Hause auf eine *Podocarpus-Art,* auf keinen Fall auf Taxus! Kulturansprüche: Als Freilandpflanzen kommen diese Koniferen kaum in Betracht. Härteste Arten: *Podocarpus alpinus* und *nivalis* (beide ∧—∧∧).

PSEUDOLARIX — Goldlärche — Pinaceae

Aussaat des eingeführten japanischen oder italienischen Samens am besten im Hause im März in Handkästen vornehmen. Später werden die jungen Sämlinge auf Freilandbeete gepflanzt und vorsichtig weiterbehandelt. Das Saatgut behält nur 1 Jahr lang seine Keimkraft, daher Vorsicht beim Einkauf! (Abb. 327 h)

Stecklinge und Veredlung auf *Larix* sind möglich, aber unzweckmäßig, da vegetativ angezogene Pflanzen kaum imstande sind, unsere Winter durchzustehen.

Kulturansprüche: Weinklima! Durchlässiger, nahrhafter, kalkfreier Boden in warmer, sonniger Lage. Regelmäßig verpflanzen.

Nur eine Art: *Pseudolarix amabilis* (= *kaempferi*).

PSEUDOTSUGA — Douglastanne, Douglasie — Pinaceae

Die Pseudotsuga-Zapfen reifen auch bei uns, etwa Anfang September. Dann springen sie sofort auf, und die besten Samen fliegen heraus. Was in den Zapfen zurückbleibt, ist meist taub. Deshalb mit dem Ernten beeilen und dann ernten, wenn sie noch nicht aufgegangen sind, eventuell in einem kühlen, luftigen Raum nachreifen lassen. Klengen dann bei 35—38 °C. Samen müssen dann in luftdichten Behältern kühl und dunkel aufbewahrt werden. Keimfähigkeit 80—95 %. Keimkraft 3 Jahre. 1 hl frische Zapfen wiegt etwa 25—30 kg und enthält etwa 0,3—0,4 kg entflügelte Saat.

Die Saat wird im April nach dreiwöchigem Vorkeimen in feuchtem Sand auf Beeten ausgesät; es wird empfohlen, vor dem Aussäen den Sand wieder auszuwaschen und das Saatgut dann noch zu mennigen; die Saat wird breitwürfig ausgestreut; etwa 1—1,25 kg pro a; dann walzen und etwa 1 cm dick mit grobem Sand abdecken; bei Frühjahrsaussaat Keimung nach 3 Wochen. In Holland wird oft noch im November ausgesät. Gegen Sonne müssen die jungen Sämlinge geschützt werden; ab Mitte Juli viermal mit je 3 Wochen Zwischenraum spritzen mit Kupferoxychlorid (45 % mit Netzmittel); Sämlinge ab Anfang September ebenfalls durch aufgelegte Zweige gegen Frost schützen. Ergebnis pro m^2 etwa 350 bis 450 Sämlinge (Abb. 327 o).

Veredlung der Varietäten, soweit nicht gesetzlich verboten, im Sommer oder Winter auf junge Sämlinge der Art.

Bereits im Juli 1930 wurde die Einfuhr von Pflanzen der Gattungen *Abies, Picea, Pinus, Pseudotsuga* und *Tsuga* von Nordamerika nach Deutschland verboten, um die Einschleppung der gefährlichen Douglasienschütte (*Rhabdocline pseudotsugae*) aufzuhalten. Obwohl diese erst seit 1927 auf dem europäischen Festlande an den grauen und blauen Formen bemerkt wurde, konnte sie leider auch in den deutschen Baumschulen und Forstrevieren festgestellt werden. Von der Krankheit werden Pflanzen jeden Alters befallen, vor allem aber die Anzuchten und die jungen Bäume. Um diese besonders forstlich wichtigen Bestände zu erhalten, wurde am 22. April 1936 von der „Hauptvereinigung der deutschen Gartenbauwirtschaft" mit Zustimmung des Ministers für Ernährung und Landwirtschaft folgende Verordnung erlassen:

1. Die Anzucht der grauen (blauen) Gebirgsdouglasien (*Ps. menziesii glauca,* früher *P. glauca*) mit ihren Formen in Baumschulen und sonstigen gärtnerischen Betrieben wird verboten.

2. Als Formen der *Ps. menziesii glauca* sind anzusehen: 'Argentea', 'Argentea Compacta', 'Argentea Pendula', 'Appressa', 'Brevifolia', *caesia, caesia* 'Erecta', 'Compacta', 'Crispa', 'Elegans', 'Euglauca', 'Fletcheri', 'Globosa' und 'Moerheimii'.

Noch schlimmer als die *Rhabdocline*-Schütte ist die aus der Schweiz um das Jahr 1930 eingedrungene *Adelopus*-Schütte (*Phaeocryptopus gäumanni*), die nicht allein die blaue und graue Douglasie, sondern auch die grüne befällt.

Kulturansprüche: Wachsen in jedem Boden. Die grüne oder Küstendouglasie, deren Anzucht ja nach wie vor erlaubt ist, wächst bedeutend rascher als alle unseren einheimischen Nadelgehölze und nimmt auch mit trockeneren Böden vorlieb. Das Wachstum ist um so besser, je höher die Luftfeuchtigkeit ist. Die (verbotene) blaue Gebirgsdouglasie wächst langsamer, ist aber dafür viel frosthärter. In ungünstigem Klima wächst aber die blaue Form auch sehr gut.

Empfehlenswerte Art: *Pseudotsuga menziesii* (= *douglasii*) mit *caesia* und *viridis*.

„RETINOSPORA" = CHAMAECYPARIS pisifera-Formen

SAXEGOTHAEA — Patagonische Eibe — Podocarpaceae

S. conspicua wird bei uns in der Regel als Topfpflanze im Kalthause kultiviert, hat sich aber hier und da in Südwest- und Westdeutschland winterhart gezeigt. Sie will feuchten Boden.

Vermehrung aus Stecklingen im Sommer.

Nur eine Art: *Saxegothaea conspicua* (∧∧∧).

SCIADOPITYS — Schirmtanne — Taxodiaceae

Aussaat des eingeführten Saatgutes ist bei uns selten und geschieht im Frühjahr. Die Samen keimen nur sehr langsam, etwa nach 100 Tagen. Im ersten Jahre sieht man meist nur zwei Blätter, die 10—12 mm lang sind; im nächsten Jahre folgen nur 4 weitere Blätter, so daß die Sämlinge nach zwei Wachstumsperioden erst 6 Blätter haben und 3—4 cm hoch sind. Erst nach dem 4. Jahre beginnt allmählich eine flottere Entwicklung. WAXMANS Versuche sollten klären, ob eine raschere Keimung durch photoperiodische Behandlung möglich ist. Es zeigte sich, daß die beste Keimung erfolgte bei 9 Stunden Licht und 15 Stunden ununterbrochener Verdunkelung mit schwarzem Tuch. Hierbei waren nach 127tägiger Behandlung, unter Sprühnebel, 84 % der Samen gekeimt.

Die Keimfähigkeit bleibt lange erhalten (Abb. 327 e—g).

Stecklinge sollen, wie SHEAT (S. 443) angibt, auch gut von halbreifen Triebspitzen, 6—8 cm lang, möglich sein; beste Zeit Juni—Juli; stecken in Sand und Torf im Hause; WAXMAN sagt jedoch, daß 30 % Erfolg nach 6—9 Monaten geradezu phänomenal sei und nur selten vorkomme.

Veredlung ebenfalls sehr selten, weil unbekannt. Unterlagen sind die eigenen Wurzeln, die man vorsichtig abnehmen kann. Spitzentriebe können Mitte Mai hierauf kopuliert werden. Dann verbinden und in passende Töpfe eintopfen und bei 15 °C Bodenwärme im Vermehrungshause einsenken! Austrieb schon sehr bald. Veredlungen sind in einem Jahr größer als dreijährige Sämlinge. Nach dem Veredeln abhärten und nach draußen bringen. Im Juli auspflanzen unter der Schattenhalle.

Kulturansprüche: Eine der am langsamsten wachsenden Koniferen; sie ist viel härter als man glaubt. Zum guten Gedeihen braucht sie kalkarmen, frischen Boden, geschützte Lage und etwas Halbschatten während des höchsten Standes der Sonne. Braucht sehr viel Nahrung, sonst werden die Nadeln braun. Zu breit wachsende Pflanzen auslichten, damit sie wieder höher wachsen! Nur keine Angst vor dem Schneiden, es treibt alles immer wieder gut durch!

Nur eine Art: *Sciadopitys verticillata.*

WAXMAN, S., 1957: Effects of daylength on the germination of Sciadopitys verticillata; in Proc. Plant. Propag. Soc. 7: 71-72.

SEQUOIA — Küstensequoia — Taxodiaceae

Aussaat ist die wichtigste Vermehrungsmethode für *S. sempervirens*, die entfernt an ein immergrünes Taxodium erinnern könnte. Die Früchte werden in der Regel im Oktober gesammelt. Sie werden dann in dünner Lage in der Sonne ausgebreitet und mehrfach umgesetzt. Dabei fallen, je nach dem Wetter, in 10 bis 30 Tagen die Samen aus. Die Samen verlieren, auch wenn luftdicht in Flaschen oder dergleichen verschlossen, schon innerhalb eines Jahres einen großen Teil ihrer Keimkraft. In der Regel laufen nach einem Jahr nicht mehr als 20 % auf. Die niedrige Keimfähigkeit beruht jedoch in der Hauptsache auf dem beträchtlich hohen Anteil an tauben Samen in frischer Saat.

Aussaat und weitere Behandlung wie bei *Sequoiadendron* (Abb. 333 r).

Die Formen können entweder durch Veredlung in der üblichen Weise vermehrt werden, die Zwergform 'Nana Pendula' auch durch Stecklinge.

Einzige Art: *Sequoia sempervirens* (∧∧∧).

Abb. 354. Großanzucht von *Sequoiadendron giganteum* bei Herm. A. Hesse in Weener/Ems. Alle Pflanzen stehen in Spezialtöpfen (Werkbild)

SEQUOIADENDRON — Mammutbaum — Taxodiaceae

Die Zapfen reifen im 2. Jahre im Oktober—November, werden abgepflückt und nachgetrocknet; 1 Zapfen enthält etwa 250 Samen. Das Saatgut wird vor der Aussaat 4—6 Wochen lang in feuchtem Sand eingeschichtet und dann unter Glas ausgesät. Bis zur Keimung vergehen oft noch einmal 4—6 Wochen Zeit. Unbehandelte Saat braucht sogar doppelt so lange. Es gehen vielfach nur 10—15 % der Samen auf. Die harzigen Samen werden nicht von Vögeln oder Mäusen genommen (Abb. 333 p—q).

Die Keimfähigkeit soll nach SM (S. 336) 8—24 Jahre gut bleiben. Mittlere Keimfähigkeit nur 25 %, da viele Samen taub sind.

Die Jungpflanzen sind in den ersten Jahren frostempfindlich und ebenso empfindlich beim Verpflanzen, sollten daher ausnahmslos in Spezialtöpfen herangezogen werden. Hesse-Werner hat nach dem Kriege wieder größere Anzuchten durchgeführt (Abb. 354).

Wie Eiselt angibt, sind auch Samen von großen deutschen Bäumen durchaus keimfähig, und im Rheingau wurde stets Samen geerntet und ausgesät.

S t e c k l i n g e sollen auch möglich sein, wurzeln aber erst nach langer Zeit. Nach anfangs buschartigem Wuchs bildeten diese Pflanzen endlich einen Gipfeltrieb (EISELT).

V e r e d l u n g kommt, wenn auch nur selten, so doch bei *giganteum* 'Pendulum' in Frage. Seitliches Einspitzen auf die Art im Nachwinter oder Sommer ist am besten.

K u l t u r a n s p r ü c h e : Leichter, tiefgründiger und möglichst kalkfreier Boden in etwas beschatteter und geschützter Lage. Jungpflanzen sehr empfindlich, daher sorgfältig behandeln.

N u r e i n e A r t : *Sequoiadendron giganteum* mit 'Pendulum' (= *Sequoia gigantea*) ΛΛ—ΛΛΛ.

EISELT, M., 1953: Über die Kultur von Sequoiadendron. Dt. Baumschule 4, 47-48. — MARTIN, E. J.: Die Sequoien und ihre Anzucht; Mitt. DDG 60: 3-62; 1959.

TAIWANIA — Taxodiaceae

Über die Anzucht und Vermehrung dieser seltenen Konifere ist nur wenig bei uns bekannt. Die Aussaat dürfte praktisch kaum in Betracht kommen, da Saatgut nicht im Handel ist. Zweifellos dürfte über die Vermehrung im Sommer unter Sprühnebel erfolgreich sein; vielleicht ist auch eine Veredlung auf *Cryptomeria* möglich.

In Deutschland ist eine Anpflanzung von *Taiwania* wohl zwecklos, da sie sehr frostempfindlich ist. Dieses Gehölz wurde 1920 in England erstmalig in Kultur genommen; 1931 wurden in einigen Parks des Landes etwa ein Dutzend Pflanzen nachgewiesen, die damals etwa 1—1,5 m hoch waren. Jetzt sind, soweit ich diese selbst sah oder davon erfuhr, diese Pflanzen zwischen 6 und 8 m hoch.

E i n z i g e A r t : *Taiwania cryptomerioides* (ΛΛΛ).

TAXODIUM — Sumpfzypresse — Taxodiaceae

A u s s a a t : Die Zapfen reifen im Oktober—November und werden nach der Ernte in den Zapfen belassen bis zur Aussaat. Frische Saat wiegt sehr schwer; sie wird immer mit den zerriebenen Zapfenschuppen gehandelt; ein kg „Saatgut" enthält fast $^1/_2$ kg Samen oder etwa 9000—11 000 Samen. Die Keimfähigkeit wird mit etwa 80 % bei frischer Saat angegeben. Aussaat im März—April am besten im Kasten unter Glas, die Samen 2 Wochen lang vorher in Wasser bei Gewächshaustemperatur einweichen. Samen dann anklopfen, etwa 1 cm dick mit Sand abdecken, Keimung in 3—4 Wochen. Unbehandelte Saat braucht doppelt so lange. Feucht aufbewahrte Saat geht gut auf, meist mit etwa 50 %. Die Beete müssen immer gut feucht gehalten werden. Die Jungpflanzen müssen in den ersten Jahren frostfrei überwintert werden. Größere Saatmengen kann man ohne Bedenken ins freie Land auf Beete säen, die dann anfangs mit Fenstern überdeckt werden müssen. Gute Saat keimt, ob gequellt oder nicht, mit 60—80 % (Abb. 355, 333 s—t).

V e r e d l u n g der Varietäten, meist wohl nur von *T. distichum*, auf Sämlinge hiervon im Winter im Hause durch Kopulation kurz vor Beginn des neuen Austriebes.

Taxodium distichum-Formen, so z. B. 'Pendulum', kann man mit bestem Erfolg veredeln auf *Cryptomeria jap.* 'Elegans'-Jungpflanzen in Töpfen im Frühjahr im Haus. Stecklinge sind besser als Sämlinge, weil sie besseres Wurzelwerk haben, vor allem keine Pfahlwurzeln. Die Veredlung in dieser Methode ist in Belgien üblich.

K u l t u r a n s p r ü c h e : Guter, frischer bis sehr feuchter Boden. In kühlerem Klima sind nasse Böden zu kalt. Braucht volle Sonne und wächst so besser, je wärmer das Klima ist.

E m p f e h l e n s w e r t e A r t : *Taxodium distichum.*

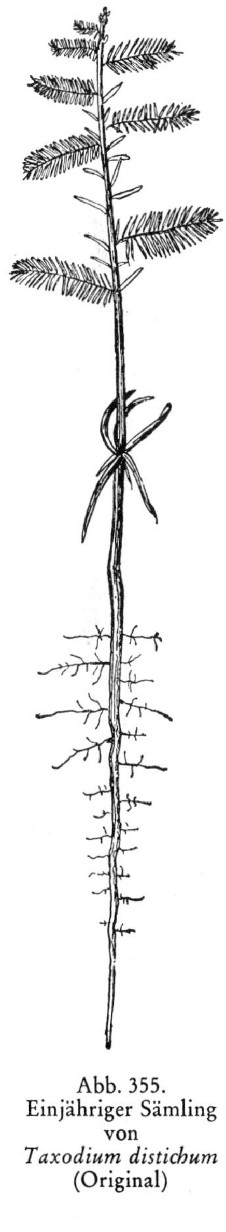

Abb. 355. Einjähriger Sämling von *Taxodium distichum* (Original)

TAXUS — Eibe — Taxaceae

Zur Aussaat gelangen eigentlich nur *T. baccata* und *cuspidata*. Die Früchte reifen im August bis Oktober und werden, sobald sie rot sind, gepflückt, weil sie sonst gern von den Vögeln genommen werden. Es empfiehlt sich nicht, die Früchte gären zu lassen (oder einige Tage in Wasser zu legen), sondern sofort mit Wasserstrahl von den roten, schleimigen Hüllen zu befreien; dann nach oberflächlichem Abtrocknen sofort einschichten. Die Samen bleiben bis zum nächsten Herbst so liegen und werden dann am besten im Kasten ausgesät, etwa 650 g Saat pro Fenster, breitwürfig, angeklopft und etwa 1 cm dick mit Nadelstreu abgedeckt. Keimung erfolgt zu etwa 70 % im Mai, mitunter bleibt aber noch ein Teil der Saat liegen, besonders bei gekaufter Saat. Achtung vor Mäusen während des Winters! Die jungen Sämlinge müssen vor Sonnenbrand geschützt werden. Pikieren im nächsten Jahre (Abb. 333 a).

Die Formen und Varietäten von *T. baccata* fallen nicht echt aus Samen; trotzdem werden aber die Säulenformen und die gelbbunten Formen oft gesät, weil unter den Sämlingen ein Teil einigermaßen echt fällt. Die 'Fastigiata'-Sämlinge sind im Wuchs breiter, lockerer und haben hellere, feinere Nadeln als die Veredlungen bzw. Stecklingspflanzen; sie werden wegen ihrer größeren Winterhärte geschätzt. Aussaat von *T. baccata* 'Adpressa' jedoch ergibt stets nur die gewöhnliche Art (Abb. 358).

Abb. 356. *Taxus*-Stecklinge, mit Wuchsstoff bewurzelt

Stecklinge der verschiedenen Varietäten und selbstverständlich auch Arten nimmt man von den ausgereiften Trieben im August—September und steckt sie möglichst im warmen Kasten oder in Handkästen, die dann aber im Hause überwintert werden müssen. Die Bewurzelung erfolgt erst im nächsten Frühjahr. Auch dann bleiben die Stecklinge noch im Kasten stehen und werden erst Anfang August auf Beete pikiert. Bei hoch- bzw. pyramidalwachsenden Formen darf man immer nur sorgfältig ausgewählte Spitzentriebe als Stecklinge verwenden, während bei den breitwachsenden Formen auch Seitentriebe genommen werden können. Bis zur vollständigen Bewurzelung vergehen 9 Monate (Abb. 356, 357).

Wells hat in zahlreichen, jahrelangen und genauen Versuchen ermittelt, daß die Stecklinge besser und leichter Wurzeln machen, je länger sie sind. Er bezeichnet Stecklinge (von den *cuspidatta*- und *media*-Formen) mit einer Länge von 20 bis 25 cm, mit hartem Trieb und 4—6 Zweiglein an der Spitze als ideal. Nimmt man, aus irgendwelchen Gründen, vielleicht aus Mangel an genügend Material in dieser Größe, die Stecklinge kürzer, so sollen auch die Ergebnisse bereits etwas sinken. Daraus folgt, daß Stecklinge mit 2—3jährigem Holz am besten sind, doch bewurzelten sich auch solche mit 4—5jährigem Holz noch gut. Wichtig ist jedoch überall eine Wuchsstoffbehandlung mit kräftiger Dosis. Wells benutzte fast nur Indolylbuttersäure in einer Stärke von 4—20 mg/g. Nach seinen Erfahrungen wachsen die Stecklinge viel besser, wenn sie vor dem Schneiden einmal oder zweimal Frost bekommen haben, also im Oktober oder November. Die Wurzelbildung dauert etwa 3 Monate, und man hat dann reichlich Wurzeln, bevor der Austrieb beginnt. Wells sagt, daß man natürlich auch Stecklinge im Juni unter Sprühnebel machen kann, die bis Oktober bewurzelt sind, doch sind so früh genommene Stecklinge bei normaler Behandlung sonst wenig zweckmäßig. Als Wuchsstoff bewährte sich im allgemeinen Indolylbuttersäure in der Dosierung 8 mg/g auf Talkum am besten. Während die Stecklinge im Vermehrungsbeet stehen, müssen sie stets gut feucht gehalten werden. Nach 3 Monaten, wenn die Bewurzelung im allgemeinen schon sehr gut entwickelt ist, lohnt es sich, in Abständen von 2 Wochen flüssig zu düngen.

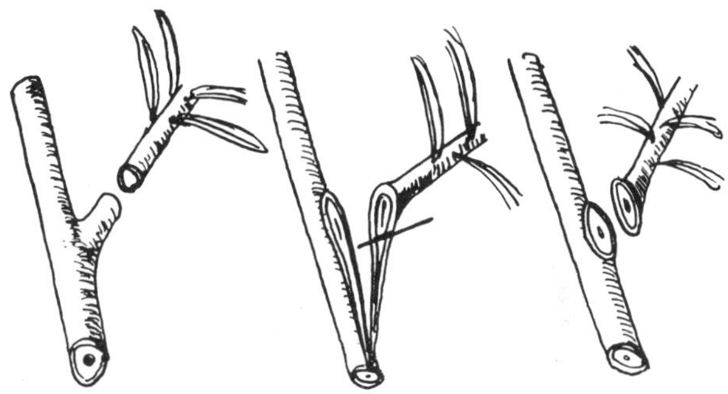

Abb. 357. Die verschiedenen Möglichkeiten des Stecklingsschneidens bei Koniferen: links die alte Methode; Mitte Abriß, nachgeschnitten; rechts Fuß mit Astring, etwas schematisiert (Original)

V e r e d l u n g ist bei allen Formen ohne weiteres auf *baccata*-Sämlinge möglich. Es lohnt sich jedoch nur bei den besseren oder langsamwachsenden Formen. *T. baccata* 'Fastigiata' wird in Holland und auch hier und da in Deutschland veredelt, weil die Veredlungen schneller Fertigware ergeben als die Stecklingsanzuchten. Es ist zwar mehr Arbeit, aber der frühere Zeitpunkt der Verkaufsfähigkeit wiegt dies wieder auf. Veredelt wird auf dreijährige *baccata*-Sämlinge, die im August eingetopft werden und bis zum Veredeln im kalten Kasten stehenbleiben. Das Veredeln erfolgt durch einfaches, seitliches Einspitzen im März—April im Hause auf im Topf fest eingewurzelte Unterlagen. Auch hier müssen die Reiser sorgfältig ausgesucht werden. Was bei den Stecklingen gesagt wurde, gilt hier in noch größerem Maße. Der Erfolg ist in der Regel gut. Nach einigen Wochen kann man die Unterlagen schon etwas einstutzen, und später, wenn der Trieb stärker geworden ist, ganz entfernen. Im August wird dann im Freiland ausgepflanzt.

Abb. 358. Quartier mit dreijährigen Sämlingen von *Taxus baccata* bei Hesse in Weener (Werkbild)

Chadwick und Keen machen darauf aufmerksam, daß manche bisher nur als weiblich bekannte Taxus-Formen plötzlich männliche Zweige ausbilden. Sie geben eine Liste der Formen, bei denen sie diese Geschlechtsumkehr beobachtet haben. Sie empfehlen, solche männlichen Triebe nicht zur Vermehrung zu benutzen, da bei den hieraus erzogenen Pflanzen stets die typische Wuchsform verlorengeht.

Kulturansprüche: Gedeihen in jedem, besonders aber in kalkhaltigem Boden, und zwar sowohl in der Sonne als auch im Schatten. Da *Taxus* langsamwüchsig ist, muß der Boden gut gedüngt werden. Kalken ist sehr wichtig! Die Eiben lassen sich außerordentlich gut schneiden, formieren und auch zu hohen und breiten Hecken verwenden, sind sehr leicht verpflanzbar, sogar noch als mehrere Meter hohe, alte Bäume. Besonders hart und widerstandsfähig ist *T. cuspidata.*

Empfehlenswerte Arten und Formen: *Taxus baccata* mit 'Adpressa', 'Aureovariegata', 'Dovastoniana', 'Dovastoniana Aureovariegata', 'Erecta', 'Fastigiata', 'Fastigiata Aurea', 'Nissens Corona', 'Nissens Präsident', 'Nissens Regent', 'Overeynderi', 'Semperaurea' und 'Washingtoniana', *cuspidata* mit 'Nana' und 'Thayerae', *media* 'Hatfieldii' und 'Hicksii'.

Kruyt, W., 1948: Het stekken van Taxus (Mit Wuchsstoffen.) Boomkwekerij 3: 210-211. — Wells, J. S.: Propagation of Taxus — a review; in Am. Nurs. 15. 11. 61: 11-12, 91-98. — Keen, R. & Chadwick, L. C.: Warn propagators to watch for sex reversal in Taxus; in Am. Nurs. 15. 9. 1954: 13-14.

THUJA — Lebensbaum — Cupressaceae

Für die reinen Arten kommt die Aussaat als wirtschaftlichste Anzuchtsmethode allein in Betracht. Das sind bei uns *Th. occidentalis, orientalis* (*Biota*), *plicata* (= *gigantea*) und *standishii.* Das Saatgut wird gesammelt, wenn die kleinen Zapfen sich öffnen, etwa im Oktober. Dann in dünner Lage an einem luftigen Ort nachtrocknen lassen, wobei die Samen meist alle allein ausfallen. Aussaat im April—Mai auf Beeten oder auch schon im März unter Glas. Das Saatgut wird einige Tage vorher in feuchtem Sand vorgekeimt und gesät, wenn es anfängt zu keimen. Keimung dann bei *occidentalis* nach 1—2 Wochen, bei *orientalis* 3—4 Wochen (Abb. 333 k—n).

Abb. 359. Quartier junger *Thuja occidentalis* (Bild: Baumschule Eschweiler in Hiltrup)

Einige Bemerkungen zu den Arten:

Th. occidentalis. Deutsche Saat von alten Standpflanzen keimt in der Regel mit 60—80 %, im Durchschnitt aber mit 60 %. Das ist ein sehr gutes Ergebnis. In USA sät man 20—50 g auf 1 m² und erwartet auf dieser Fläche 1250 Sämlinge. — Bei uns erntet man gerne das Saatgut von *Thuja occidentalis* 'Columna', weil die Sämlinge ebenfalls zum großen Teil wieder einen säulenförmigen Wuchs haben.

Th. occidentalis 'Wareana'. Die Aussaat fällt zwar nicht echt, aber die Sämlinge haben einen gedrungeneren Wuchs als der Typ.

Th. orientalis aus deutscher Saat keimt ebenfalls hochprozentig bei Aussaat im Kasten, im Frühjahr nach 3—4 Wochen. 2 Jahre im Kasten stehen lassen; für *Th. occidentalis* gilt dasselbe. Dann muß pikiert werden. — *Th. orientalis* 'Aurea' ergibt meist gelbe oder gelbliche Nachkommen.

Thuja plicata und *standishi* aus deutscher Saat ist meist taub, während amerikanische Saat unterschiedlich mit 3—50 % aufgeht.

Die Keimkraft von *Thuja*-Saat hält im allgemeinen 2 Jahre, bei *orientalis* nur 1 Jahr.

S t e c k l i n g e von allen Formen wachsen mühelos, wenn sie im August—September geschnitten und im kalten Kasten oder in Handkästen im Hause gesteckt werden. *Th.* 'Ellwangeriana' mit ihren Formen 'Aurea' und 'Rheingold' kann man schon im Juni stecken, und das ist sogar am besten. Die Stecklinge dieser Formen soll man nur von jungen Pflanzen schneiden, da sie sich sehr rasch bewurzeln und auch die Form selbst erhalten bleibt. Im Herbst sind die Jungpflanzen schon sehr gut abgehärtet und vollständig bewurzelt, so daß sie im Kasten stehen bleiben können. Im nächsten Frühjahr werden sie dann ausgepflanzt.

V e r e d l u n g kommt mehr für die Varietäten von *plicata* in Frage, ferner für 'Recurva Nana' und andere Zwergformen, die aus Stecklingen nicht so gut wachsen. Veredelt wird im Nachwinter im Hause auf in Töpfen gut eingewurzelte Unterlagen von *occidentalis* bzw. auch von *plicata* für deren Formen. Die Sommerveredlung ist im Erfolg meist nicht so gut wie die Winterveredlung.

K u l t u r a n s p r ü c h e : Guter, etwas frischer Boden in sonniger Lage ist am besten für *occidentalis* und ihre Formen. Auf frischen, ja sogar feuchten Böden ist das Wachstum viel besser als in trockenem Sandboden, wo sie nur kümmerlich wächst. *Th. occidentalis* darf man als Hecke niemals unter Bäume oder sonst im Schatten pflanzen, wenn man eine dichte, schöne Hecke haben will. *Th. orientalis* braucht einen frischen, humosen Sandboden und ist im Norden nur bedingt winterhart. *Th. plicata* braucht humosen Boden und erträgt sehr viel Schatten, ist aber leider empfindlich, ausgenommen ihre harten Formen.

E m p f e h l e n s w e r t e A r t e n u n d F o r m e n : *Thuja occidentalis* mit 'Columna', 'Ellwangeriana', 'Ellwangeriana Rheingold', 'Fastigiata', 'Globosa', 'Recurva Nana', 'Smaragd', *orientalis* mit gelben Formen, *plicata* mit 'Aurescens', 'Excelsa' und 'Variegata'.

THUJOPSIS — Hibalebensbaum — Cupressaceae

A u s s a a t : Das meist aus Japan bezogene Saatgut wird im Frühjahr in kalte Kästen gesät. Die Keimkraft ist in der Regel sehr gering, das Saatgut ist oft sogar ganz taub. Aussaat ist daher bei uns nicht üblich.

S t e c k l i n g e wachsen gut und sind nicht nur bei uns, sondern auch in Frankreich besonders üblich. Sie werden genauso behandelt wie die anderen Koniferenstecklinge und bewurzeln sich ebenfalls sehr langsam. Es dauert jahrelang, bis sie einen Gipfeltrieb bilden (Abb. 360).

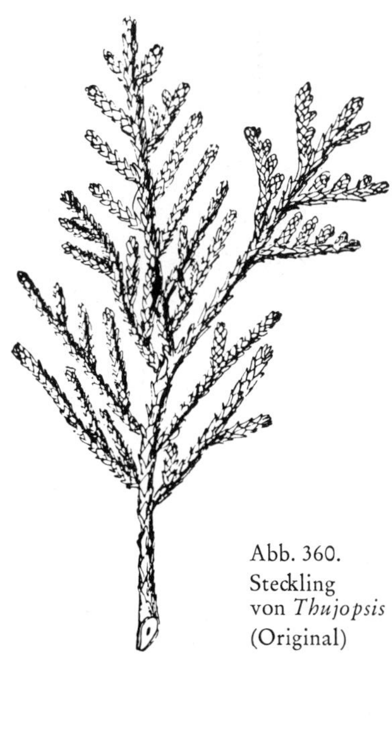

Abb. 360. Steckling von *Thujopsis* (Original)

Veredlung auf *Thuja* ist wegen der geringen Lebensdauer durchaus abzulehnen.

Kulturansprüche: Halbschattiger, kühler oder feuchter Standort, jedoch kein Moorboden.

Nur eine Art: *Thujopsis dolabrata* mit 'Nana'.

TORREYA — Nußeibe — Taxaceae

Aussaat: Das Saatgut wird eingeführt, nach Erhalt sofort eingeschichtet und im Januar vorgekeimt. Die keimenden Samen werden am besten hierauf in kleine Töpfe einzeln gelegt und bleiben vorläufig in diesen im Hause stehen, bis sie stärker sind. Aussaat ist immer vorzuziehen. Die Keimung erfolgt unterirdisch, und die mehr oder weniger miteinander verwachsenen Keimblätter bleiben in der Samenschale eingeschlossen.

Nach Untersuchungen amerikanischer Botaniker vergehen von der Entwicklung der weiblichen Blüten bis zum Abfallen der reifen Früchte 2 Jahre (Abb. 333 c).

Veredlung ist bei Samenmangel ein notwendiges Übel. Man nimmt als Unterlage am besten junge Sämlinge von *Taxus baccata*. Als Reiser nur Kopftriebe verwenden! Die Veredlung geschieht in der üblichen Weise im Hause.

Kulturansprüche: Guter, frischer bis feuchter Boden und halbschattiger Standort. In Mittel- und Norddeutschland nur in den allerwärmsten Lagen und unter Bedeckung aushaltend. Durchaus nicht kalkfeindlich. *T. california* kommt nur für West- und Südwestdeutschland in Betracht, während *T. grandis* und *T. nucifera* und auch andere Arten in geschützter Lage ziemlich hart sind, wenn man sich mit ihnen etwas Mühe macht.

Empfehlenswerte Arten: *Torreya californica* (∧—∧∧) und *nucifera* (∧).

TSUGA — Hemlockstanne — Pinaceae

Ernte der Zapfen, sobald die Samen reif sind, etwa im Oktober—November. Auch bei uns in Deutschland reifen die Samen nach mehrfach bestätigten Angaben, und zwar nicht nur in günstigen Gebieten, sondern auch im ehem. Schlesien. Im allgemeinen wird aber nur importierte Saat gehandelt werden.

Ausgesät wird nach kurzem Vorkeimen in feuchtem Sand und Mennigen im April—Mai in Kästen; man rechnet etwa 15 g auf ein Fenster. Bei dünner Saat können die Pflanzen 2 Jahre im Kasten stehen bleiben und dann auf Beeten pikiert werden, wobei man durch zwischengesteckte Kiefernzweige für Schatten sorgt (Abb. 361, 324 n—o).

Einige Bemerkungen zu den Arten:

T. canadensis. In USA erklären die Spezialisten, daß die Saat gleich nach der Ernte geklengt und sofort ausgesät werden muß. Man sät 50 g breitwürfig auf 1 m² und erhält daraus 1500 Jungpflanzen. Das Saatbeet soll feuchten, kühlen Boden haben. Abdecken mit 3 mm Walderde, darüber während des Winters 1 cm Nadelstreu. Wenn die ersten Keimlinge sich zeigen — das ist noch während der Spätfrostperiode —, muß die Streu entfernt werden. Schattieren der Beete im 1. Jahre bis August, im 2. Jahre von April bis Juli, im 3. Jahre wird verschult, und zwar schon sehr früh, weil die Wurzeltätigkeit schon zu Winterende einsetzt (SCHENK, l. c. II, 613). — Erträgt viel Schatten.

Abb. 361. *Tsuga canadensis,* 60—80 cm hoch, bei Rud. Schmidt, Rellingen (Werkbild)

T. diversifolia (= *sieboldii nana*), bei uns meist nur ein hoher Strauch. Ein gutes Kennzeichen sind die dicht gestellten braunen Winterknospen; langsamwüchsig, sehr hohe Unempfindlichkeit gegen Frost.

T. heterophylla (= *mertensiana*). Heute bei weitem die forstlich wichtigste Art, die in Holland schon in Millionen Jungpflanzen herangezogen wird, da die Pflanzen gute Stämme bilden und rasch wachsen. Bei uns ergibt 1 kg guter Saat, nach Ermittlungen von Böhlje, etwa 30 000 Pflanzen, aber nur unter der Schattenhalle, sonst verunglückt die Aussaat. In USA erzielt man aus 1 kg Saat 50 000—100 000 Pflanzen bei 42 % Keimkraft (Schenck, l. c. II, 630).

T. mertensiana (bei uns oft als *pattoniana* bezeichnet) ist eine der schönsten Arten, sehr winterhart, sehr schön im Wuchs. Die Samen haben nur geringe Keimprozente. Die Pflanzen vertragen tiefste Beschattung, genau wie *heterophylla,* ohne daß die unterdrückten Zweige leiden. Als Gebirgsbaum langsamwüchsiger als *T. canadensis* und *heterophylla.*

Stecklinge von *T. canadensis* wurden in amerikanischen Baumschulen bereits ausprobiert. Im Spätherbst oder Vorwinter im Haus gesteckt, in die übliche Torf- und Sand-Mischung, mit Wuchsstoffbehandlung, konnten die Stecklinge im März bereits bewurzelt aus dem Beet genommen werden. Diese Vermehrung kommt auch für die Formen in Betracht.

Veredlung kommt für seltenere oder schlechtwachsende Arten in Frage und geschieht auf *canadensis* durch seitliches Einspitzen.

Kulturansprüche: Im allgemeinen genügt ein frischer Boden. *T. canadensis* und *sieboldii* wachsen nicht auf trockenem Boden, dagegen aber in feuchten und sogar nassen Lagen.

Empfehlenswerte Arten und Formen: *Tsuga canadensis* mit 'Nana' und 'Pendula' sowie den sonstigen Formen; *diversifolia, heterophylla, mertensiana* mit 'Argentea' und *sieboldii.*

Gebhart: Tsuga canadensis-Nachzucht aus deutschem Samen. Mitt. DDG 1924: 374.

C. Die Vermehrung der Obstgehölze (G. Wennemuth)

Während die Ziergehölzbaumschulen nach dem 2. Weltkrieg stetige Zuwachsraten aufwiesen, haben die Obstbaumschulen in der gleichen Zeit Höhen und Tiefen durchschritten. Den größten Bestand an veredelten Obstgehölzen konnten die Baumschulen im Jahre 1950 ausweisen. Abgesehen von kleinen Zwischenhochs war die Entwicklung dann stetig negativ und erreichte den vorläufigen Tiefstand Anfang der siebziger Jahre. Auf relativ niedrigem Niveau hat nun bei guten Absatzchancen eine Stabilisierung stattgefunden. Die schlechte Absatzsituation wurde bis in die sechziger Jahre hinein vor allem bei Äpfeln noch durch den großen Sortenspiegel und das Problem der richtigen Sorten-Unterlagen-Stammbildner-Kombination verschärft. Die Herausgabe der Bundessortenliste für Äpfel und Birnen (1960) führte langsam zu einer Begrenzung des Sortiments, das durch die Entwicklung auf dem Obstmarkt noch weiter eingeengt wurde. Außerdem herrscht inzwischen relative Klarheit bezüglich der zu verwendenden Unterlagen, so daß es heute leichter geworden ist, eine Obstbaumschule mit Gewinn zu betreiben.

Die schlechte wirtschaftliche Situation führte zu starker Konzentration des Anbaus in wenigen leistungsfähigen Betrieben. Früher wurden in fast allen Baumschulen Obstbäume herangezogen, daneben gab es aber auch reine Obstbaumschulen, die heute aber aufgrund der schlechten Erfahrung mit der weitgehenden Spezialisierung auf die Anzucht von Obstbäumen nicht mehr denkbar sind.

I. Kern- und Steinobst

a. Veredlungsunterlagen

Allgemeines: Der Obstbaumschuler muß sich mit der ganzen Problematik der Unterlagen befassen, wenn er nicht am Markt vorbeiproduzieren will. Sich auf dem Markt ergebende Entwicklungstrends muß er möglichst früh erkennen, ein sicheres Urteilsvermögen kann er aber nur haben, wenn er über das Wissen bezüglich des baumschulmäßigen Verhaltens der verschiedenen Unterlagen hinaus auch über gründliche Kenntnisse der obstbaulichen Eigenschaften von Sorten und Unterlagen verfügt.

Beim Apfel hat der Sämling seine bis zum Jahre 1956 innegehabte Spitzenposition vollkommen verloren. Der Trend geht seitdem eindeutig zu den schwachwachsenden oder höchstens noch mittelstarkwachsenden, vegetativ vermehrbaren Typenunterlagen. Bei insgesamt abnehmender Stückzahl der einjährigen Apfelveredlungen konnte man 1966 noch beobachten, daß ihre Zahl auf den schwächer wachsenden Unterlagen M 2, M 4, M 7 und M 9 noch zunahm, während sie auf Sämling und dem ebenfalls starken Wuchs verursachenden Typ M 11 rapide abnahm. In Holland war und ist der Trend zu den schwächer wachsenden Unterlagen und hier fast ausschließlich Typ M 9 noch stärker ausgeprägt.

Bei Birnen ist die Situation vollkommen anders, hier wird vorherrschend auf Sämling veredelt. Der Anteil der auf schwächer wachsender Quitte veredelten Bäume liegt nur bei ca. 45 %.

Auch bei Kirschen ist der Anteil der auf der vegetativ vermehrbaren Unterlage F 12/1 veredelten Süßkirschen zwar im Steigen begriffen, aber dennoch gering. Dies wäre sicher anders, wenn F 12/1 eine schwachwachsende Unterlage wäre.

Bei Sauerkirschen verliert *Prunus mahaleb* gegenüber *Prunus avium*-Sämlingen an Bedeutung. Das mag damit zusammenhängen, daß die leichteren Grenzböden, die die Verwendung von *Prunus mahaleb* als Unterlage zwingend vorschreiben, heute kaum noch gewinnbringend mit Sauerkirschen genutzt werden können.

1 Die Veredlungsunterlagen für Äpfel

1.1 Die Sämlingsunterlagen

Bei Sämlingen hat sich schon bald nach dem 2. Weltkrieg die Verwendung von muttersortenreinem Saatgut der Sorten Grahams Jubiläum und Bittenfelder durchgesetzt, nachdem durch Arbeiten von Kemmer und Schulz, Loewel und Karnatz sowie von de Haas und Schander festgestellt worden war, daß sie auf dem Saatbeet die einheitlichste Nachkommenschaft produzieren. Zunächst stammte das Saatgut noch aus Obstanlagen, später, als diese Sorten aus den Ertragsanlagen verschwanden, waren inzwischen mit Hilfe des Bundes und der Länder Samenspenderanlagen aufgebaut worden. Hier konnten nun auch die Bestäubersorten (Vatersorten) fixiert werden, so daß die Variabilität noch weiter eingeschränkt werden konnte. Als der Sämling seine überragende Stellung als Unterlage verlor, zogen sich Bund und Länder aus den eingegangenen Verpflichtungen zurück. Lediglich in Schleswig-Holstein konnte eine Samenspenderanlage durch eine Auffanggemeinschaft aus interessierten Unterlagen-Baumschulern weitergeführt werden. Es würde einem Rückfall in die Steinzeit gleichkommen, wenn aus Mangel an muttersortenreinem Saatgut eines Tages wieder Mostobstsaatgut verwendet werden müßte. Von den Sämlingen geht immer noch ein beachtlicher Teil in den Export, weil nur in der Bundesrepublik Deutschland muttersortenreines Saatgut verwendet wird. Zielländer waren vor allem Italien und Persien. In diesem Zusammenhang muß darauf hingewiesen werden, daß sich die starke Verwendung von vegetativ vermehrbaren Unterlagen fast ausschließlich auf Westeuropa beschränkt. Der Grund dafür dürfte wohl hauptsächlich in klimatischer Hinsicht zu suchen sein. Wegen der relativ hohen Widerstandsfähigkeit der Sämlinge gegen Frost und Trockenheit kann in Gebieten mit kontinentalem Klima, das sich auf der nördlichen Halbkugel durch heiße trockene Sommer und kalte Winter auszeichnet, wohl kaum auf den Sämling verzichtet werden. Als Ersatz käme wohl nur 'A 2' aus Schweden in Frage.

Neben hoher Standfestigkeit und relativ hoher Widerstandsfähigkeit gegen Frost und Trockenheit hat der Apfelsämling noch einen weiteren Vorteil, nämlich den der absoluten Virusfreiheit. Im Gegensatz zum Steinobst konnte beim Kernobst nämlich noch in keinem Fall die Übertragbarkeit von Virus auf generativem Wege, also über den Samen, nachgewiesen werden.

Für den Unterlagenbaumschuler hat die generative Vermehrung ohne Zweifel den Vorteil, daß sich in kurzer Zeit große Stückzahlen heranziehen lassen. Er kann flexibler auf den jeweiligen Markt reagieren, während bei vegetativ vermehrten Unterlagen eine Marktanpassung nur relativ langsam im Verlauf von drei bis vier Jahren vollzogen werden kann, da zunächst Mutterbeete aufgebaut werden müssen und diese Mutterbeete eine hohe, nur langsam zurückfließende Investition darstellen.

Die Produktion der Unterlagen, sowohl die der Sämlinge als auch die der Abrisse und Ableger, erfolgt nicht in Obstbaumschulen, sondern in Spezialbetrieben. Das hat den Vorteil, daß der einzelne Betrieb seinen schwankenden Bedarf besser decken kann.

Die Anzucht des Sämlings: Über generelle Probleme der generativen Vermehrung wurde bereits berichtet. Hier nur einige spezifische Angaben über die Anzucht von Apfelsämlingen. Bei Aussaat im Herbst braucht das Saatgut nicht stratifiziert zu werden. Die Herbstaussaat wird aber kaum noch durchgeführt, weil die Verluste durch Mäuse und Vogelfraß und durch zu frühes Auflaufen der Saat bei warmer Witterung im Januar und Februar zu hoch sind. Apfelsaatgut braucht nur relativ kurze Zeit stratifiziert zu werden; eine 6wöchige Kühllagerperiode bei 2—4 °C reicht zur Keimstimmung vollkommen aus. Deshalb beginnt man mit der Stratifikation des Saatgutes selten vor Dezember—Januar. Beginnt die Keimung, bevor der Aussaattermin herangekommen ist, so wird die Saat bei — 3 °C am Verkeimen gehindert. Die Apfelsaat zählt zu den frühen Aussaaten, bei Bodentemperaturen über 15 °C kann die Saat in die sogenannte sekundäre Keimruhe zurückfallen. Die Aussaat erfolgt mit 6 Reihen auf 1,25 m breiten Beeten, die Saattiefe soll ca. 3 cm, die Aussaatmenge ca. 60—80 kg je ha betragen. Die günstigste Standweite kann mit ca. 10 Sämlingen je lfd. Meter Saatreihe angegeben werden.

Die Sämlinge werden nach Erreichen einer Höhe von ca. 6 cm unterschnitten. Das Unterschneiden darf nur bei kühlem, feuchtem Wetter durchgeführt werden. Notfalls muß eine Regenanlage eingesetzt werden.

Die unterschnittenen Sämlinge werden als einjährig krautartig pikierte Sämlinge nach Stärke des Wurzelhalsdurchmessers verkauft (1 × 0). Alles, was im ersten Jahr nicht den Mindestwurzelhalsdurchmesser von 4—6 mm erreicht, wird ein Jahr verschult und dann als 2 j. v. Sämling verkauft (1 × 1). Die Mindeststärke beträgt dann 7—8 mm.

1.2 Die vegetativ vermehrbaren Apfelunterlagen

Die vegetativ vermehrten Apfelunterlagen, die in Westeuropa Verbreitung gefunden haben, sind alle aus *Malus pumila* hervorgegangen, so z. B. die schwachwachsende Unterlage M 9 wahrscheinlich direkt aus *Malus pumila paradisica* und die stärker wachsenden Doucin-Typen aus *Malus pumila tomentosa*. *Malus pumila* scheint vom Kaukasus nach Europa vorgedrungen zu sein.

Die Typenunterlagen wurden bereits längere Zeit in der Praxis verwendet, als man sich in East-Malling (Wellington, Hatton), in Deutschland (Schindler, Maurer), in Holland (Sprenger) und in Belgien (van Couvwenberghe) in parallellaufenden Arbeiten an die Sichtungsarbeit machte. Von East-Malling wurde eine Reihe von sogenannten Typen unter der Bezeichnung EM I—XXIV in den Handel gegeben, die später dann nur noch als M-Typen bezeichnet und vor kurzem statt der römischen Zahlen mit arabischen Zahlen belegt wurden.

Im Anschluß an diese Sichtungsarbeit begann man auch mit Neuzüchtungen, aus denen M 26 und M 27 entsprangen.

In Zusammenarbeit zwischen East-Malling und dem John-Innes-Institut in Merton wurden auf züchterischem Wege aus Kreuzungen der bekannten M-Typen mit Northern Spy die MM-Klonunterlagen entwickelt, wobei das Zuchtziel die Gewinnung von blutlausresistenten Apfelunterlagen war.

In Deutschland begann E. Maurer in den dreißiger Jahren mit einer Auslese von vegetativ vermehrbaren Apfelsämlingen aus Aussaaten von *Malus communis* (Da-Klone); später kreuzte er *Malus baccata*- und *Malus prunifolia*-Formen, die z. T. aus Rußland und China stammten (Dab-Klone). Ziel war hier die Gewinnung von vegetativ vermehrbaren Apfelunterlagen mit größerer Frosthärte, als sie bei M-Typen gegeben war. Leider sind alle Da- und Dab-Klone mehr oder weniger starkwachsend, so daß sie sich trotz der unbestreitbaren Frosthärte nicht durchsetzen konnten.

Das John-Innes-Institut in Merton führte Kreuzungen von M 2 und Northern Spy durch und selektierte vegetativ vermehrbare Klone, die in ihrer Leistung aber schlechter als die MM-Klone waren und deshalb nicht weitergeprüft wurden.

In Alnarp wurde aus Sämlingspopulationen unter anderem der vegetativ vermehrbare Klon A 2 herausselektiert, der sehr stark, teilweise stärker als Grahams-Jubiläums-Sämlinge, wächst.

Nun im einzelnen zu den in Deutschland allgemein bekannten M-Typenunterlagen.

M 1 (breitblättriger englischer Paradies) wurde um 1860 in England von Rivers aus Sämlingen selektiert. Auf dem Mutterbeet wächst M 1 kräftig und breit. Das Blatt ist schmal, dunkelgrün und die Rinde schwarz. Die Abrißleistung wird unterschiedlich bewertet, die Angaben schwanken zwischen 9—15 Abrisse je Mutterpflanze im Vollertrag (Krümel (1956)) und 4 Abrissen im Durchschnitt der ersten 5 Jahre (Schmadlak und Völkel).

Etwa die Hälfte der Abrisse ist so gut bewurzelt, daß sie gleich aufgeschult werden kann, die andere Hälfte muß für ein Jahr verschult werden. In der Baumschule erweist sich M 1 bei guter Annahme der Edelaugen als relativ starkwüchsig.

Obstbaulich ist die Unterlage als mittelstark bis stark einzustufen. Die Standfestigkeit ist so gut, daß auf einen Pfahl verzichtet werden kann. Als wesentlicher Nachteil ist die geringe Frosthärte anzuführen, die vor allem für Barfröste gilt. Der Ertrag setzt mittelfrüh ein, steigt dann aber schnell und sinkt auf schlechtem Boden schnell wieder ab. Für gute Erträge ist gut durchlüfteter, mittelschwerer Boden mit hohem Humusgehalt Voraussetzung. M 1 leistet vorzeitigem Fruchtfall Vorschub und ist deshalb nicht für James Grieve geeignet.

Die Beeinflussung der Fruchtqualität ist befriedigend, die Lagerqualität wird als gut bezeichnet. Seine Verbreitung beschränkt sich im wesentlichen auf den westdeutschen Raum.

M 2 (echter Doucin, englischer Doucin) ist schon etwa 200 Jahre in England bekannt. Im Mutterbeet bildet M 2 mittelhohe, aufrechte Triebe aus. Das Blatt ist dunkelgrün, die Triebe sind fast schwarz gefärbt; als besonderes Merkmal fällt die Anhäufung von Lentizellen auf.

Die Vermehrungsquote ist mäßig bis mittelhoch (6—8), die Bewurzelung nur mäßig. Nur ca. 40 % können als einjähriger bewurzelter Abriß verkauft werden.

Die auf M 2 veredelten Bäume wachsen in den ersten Jahren nur mittelschwach, werden dann aber mittelstark. Die Standfestigkeit ist höher als bei M 9, reicht aber nicht aus, um auf einen Pfahl verzichten zu können. M 2 ist relativ frostempfindlich. Gute Erträge liefert M 2 nur auf mittleren Böden, versagt auf leichten und auf feuchten Böden dagegen vollkommen. Der Ertrag setzt früh ein. Sowohl Fruchtgröße als auch Färbung der Früchte und Lagerqualität werden gut beurteilt.

M 4 (Holsteiner Doucin) zeigt im Mutterbeet straffen, aufrechten Wuchs. Das Blatt ist hellgrün, mittelgroß, die Rinde gelb. Die Abrißleistung wird übereinstimmend gut beurteilt

(10—12). Die Bewurzelung ist zwar gut, jedoch bleibt ein hoher Anteil der Abrisse zu schwach, so daß mindestens 50 % für ein Jahr verschult werden müssen.

In der Baumschule macht M 4 Schwierigkeiten wegen seines kurzen Veredlungszeitraumes. Gute Anwachserfolge werden nur bei frühem Veredeln (Juli—Anfang August) erzielt. Die Bäume wachsen in der Baumschule relativ stark.

In der Obstanlage wachsen die Sorten auf ihr zunächst mittelstark—stark, später aber nur mittelstark. M 4 bringt fast auf allen Böden gute Erträge mit Ausnahme von extrem trockenen und feuchten Böden. Die Standfestigkeit ist unzureichend, die Frosthärte aber befriedigend bis gut.

M 4 beeinflußt sowohl die Höhe der Erträge als auch ihre Qualität positiv. Die Haltbarkeit im Lager ist nur ausreichend.

M 7 bringt im Mutterbeet hohe, feinholzige, lockere Bestände; die Abrisse haben lange Internodien.

Die Abrißleistung ist verhältnismäßig niedrig (4—6), der größte Teil ist aber im ersten Jahr aufschulfähig.

In der Baumschule wächst M 7 mittelstark und ist mit allen Sorten gut verträglich. Er soll anfällig gegen Wurzelkropf *(Agrobacterium tumefaciens)* sein.

In den Obstanlagen wächst M 7 etwas schwächer als M 4. Gute Wuchsleistung und Erträge werden vor allem auf schweren Böden erzielt. Sie toleriert sowohl feuchte als auch trockene Böden. Die Standfestigkeit ist besser als auf M 4, doch sollte nicht auf einen Pfahl verzichtet werden. Die Frosthärte ist befriedigend bis gut. Bei früh einsetzenden Erträgen werden die Erträge insgesamt aber nur als mittelhoch bezeichnet. Die Beeinflussung der Frucht- und Lagerqualität ist gut.

Abb. 362. Mutterbeete von virusgetesteten M-Typen (Baumschule Claus Stahl, Tornesch-Ahrenlohe) (Foto: Wennemuth)

Abb. 363. Die meisten Abrisse müssen für 1 Jahr 'verschult' werden — hier Malus-Abriß-Verschulquartier (Baumschule Cl. Stahl, Tornesch-Ahrenlohe) (Foto: Wennemuth)

M 9 (Gelber Metzer Paradies) bleibt im Mutterbeet mittelhoch, zeigt aber breiten, sparrigen Wuchs. Das Blatt ist groß, hellgrün, die Rinde rötlich-gelb. Die Einzeltriebe sind gerade, mittellang und kräftig.

Die Abrißleistung ist niedrig bis mittelhoch (5—9); ca. 50 % der Abrisse müssen verschult werden.

In der Baumschule nimmt M 9 die Edelaugen trotz dicker Rinde, die aber gut löst, gut an. M 9 sollte aber auch relativ früh veredelt werden.

In der Obstanlage ist M 9 die schwachwüchsigste Unterlage, die z. Z. verwendet wird. Bei kleinen Kronen der Bäume können enge Pflanzenabstände eingehalten werden. M 9 bringt nur auf guten Böden gute Erträge und ist nur für mindestens mittelstark bis stark wachsende Sorten zu brauchen. Schwach wachsende Sorten erschöpfen sich zu schnell. Die Standfestigkeit der Bäume ist nur gering, ein Pfahl oder Gerüst ist deshalb unbedingt notwendig. Die Frosthärte ist ziemlich gut, es besteht aber Empfindlichkeit gegen Barfröste. Größe und Ausfärbung der Früchte sind hervorragend, die Haltbarkeit auf dem Lager ist jedoch schlecht.

M 11 (Grüner oder Pracht'scher Doucin) bildet im Mutterbeet kräftige, hohe, aufrechte Triebe aus. Die Blätter sind groß und hellgrün, die Rinde der Triebe grün. Die Abrißleistung liegt bei guter Wurzelbildung sehr hoch (bis zu 20). Ein hoher Prozentsatz kann gleich aufgeschult werden.

In der Baumschule wächst M 11 kräftig; Unverträglichkeitsstörungen wurden bisher nicht beobachtet.

Bäume auf M 11 sind in der Obstanlage stark- bis sehr starkwüchsig. M 11 bildet ein kräftiges Wurzelsystem aus und ist deshalb sehr standfest. Die Frosthärte ist gut. Die Unterlage ist stark anfällig für Wurzelkropf.

Der Ertragsbeginn setzt spät ein (5. Standjahr), außerdem wird die Neigung zur Alternanz der Sorten ungünstig beeinflußt. Die Erträge liegen hoch; bei befriedigender Fruchtgröße läßt die Ausfärbung zu wünschen übrig. Die Haltbarkeit der Früchte auf dem Lager ist gut.

M 11 eignet sich für alle Bodenarten und hat eine ausgeprägte Trockenheitsresistenz. Alle anderen M-Typen haben z. Z. keine Bedeutung mehr bzw. stehen erst in der Erprobung. Diskutiert werden z. Z. M 26 und M 27, über die aber noch nicht genügend Erfahrungen bezüglich ihres obstbaulichen Wertes vorliegen.

M 26 wurde den englischen Baumschulen erst 1958 zur Vermehrung übergeben. Er entstammt einer Kreuzung aus M 9 und M 16.

Im Mutterbeet bringt er nach englischen Angaben eine gute Abrißleistung bei guter Bewurzelung und läßt sich auch leicht durch Steckholz vermehren. Die Unterlage wächst mittelstark, und hat straffe, schokoladenbraune Triebe mit wenig Seitenverzweigungen. Die Blätter sind dunkelgrün.

M 26 zeigt bisher wenig Verträglichkeitsstörungen mit den bekannten Obstsorten, darf jedoch nicht zu früh veredelt werden, weil er stark nachdickt und die Augen dadurch leicht herausgedrückt werden können.

In der Obstanlage soll die Wuchsstärke zwischen der von M 9 und M 7 liegen. Sie ist also als mittelschwach wachsende Unterlage einzustufen. M 26 benötigt einen Pfahl. Die Erträge sollen nach Preston (1964) früh einsetzen und hoch sein. M 26 ist in Deutschland noch im Versuchsstadium.

M 27 ist die jüngste Unterlage der Malling-Serie und noch nicht für Baumschulen freigegeben. Auf dem Mutterbeet wächst er schwach, deutlich schwächer als M 9; die Abrißleistung ist relativ niedrig.

Die einjährigen Veredlungen wachsen aber nicht schwächer als auf M 9 und erreichen bei stark wachsenden Sorten im ersten Jahr eine Höhe von 1,20 m mit gut ausgebildeten vorzeitigen Kronentrieben.

In der Obstanlage soll er aber deutlich schwächeren Wuchs verursachen als Typ 9. Über seinen obstbaulichen Wert kann noch nichts ausgesagt werden.

Die MM-Klone aus der Malling-Merton-Reihe stellen Kreuzungen zwischen M-Typen und der blutlausresistenten Northern Spy dar. Von den ursprünglich 1953 in den Handel gegebenen 15 Klonen (MM 101—MM 115) werden heute nur noch MM 104, MM 106, MM 109 und MM 111 diskutiert. Das ursprüngliche Ziel, Resistenz gegen die Blutlaus, wurde voll erreicht, stellt heute aber kein durchschlagendes Argument für ihre Verwendung mehr dar, weil die Blutlaus im Rahmen der üblichen Routinespritzungen voll bekämpfbar ist.

MM 104 (M 2 × Northern Spy) wächst im Mutterbeet kräftig und bildet zahlreiche lange Triebe mit auffallend gelben Lentizellen und hellroten Knospen aus. Die Triebe sind etwas bedornt (Northern Spy). Die Abrißleistung wird allgemein als gut bis sehr gut bezeichnet. In der Baumschule nimmt MM 104 bei kräftigem Wuchs die Veredlungen gut an.

Im Obstquartier ist die Wuchsstärke als mittelstark zu bezeichnen und etwas stärker als die von M 4. Bezüglich der Standfestigkeit übertrifft MM 104 aber Typ 4 deutlich, wobei jedoch nicht auf einen Pfahl verzichtet werden kann. Hinsichtlich der Ertragsleistung wird MM 104 schlechter bewertet als M 4, so daß wohl kaum eine Chance für eine weite Verbreitung von MM 104 gegeben sein wird.

MM 106 (Northern Spy × M 1) wächst im Mutterbeet kräftig und breit, die Einzeltriebe sind behaart und haben graue, dicke Knospen. Die Abrißleistung ist nach Garner, Schmadlak und Völkel als mittel bis gut einzustufen, nach Karnatz (1958) soll sie sogar besser als bei MM 104 sein.

*** Eigenschaften der wichtigsten Apfelunterlagen**

Name bzw. Typ	Wuchsgruppe	Bodenansprüche	Gute Eigenschaften	Schlechte Eigenschaften	Bemerkungen
Malus 1 Breitblättriger englischer Paradies	stark bis mittelstark	Bevorzugt wird mittelschwerer Boden mit gutem Humusgehalt. Auf leichtem Boden Ertragsabfall.	Schnell steigende Erträge, die mittelfrüh einsetzen. Früchte halten sich gut auf dem Lager. Standfest. Auf dem Mutterbeet gute Vermehrungsquote.	Frostempfindlich, vor allem bei Barfrösten. Leistet vorzeitigem Fruchtfall Vorschub.	Gute Unterlage für Hochbüsche reichtragender Sorten. Hauptsächlich in Westdeutschland verwendet.
Malus 2 echter Doucin, englischer Doucin	mittelschwach später mittelstark	Für mittlere bis gute Böden. Nicht für leichte und feuchte Böden geeignet.	Früh einsetzender Ertrag, große, gut gefärbte Früchte mit guter Lagerqualität.	Relativ frostempfindlich. Geringe Standfestigkeit. Auf dem Mutterbeet mäßige Abrißleistung.	Gut geeignet für Spindelbüsche reichtragender Sorten, die sich auf M 9 zu schnell erschöpfen würden.
Malus 4 (Holsteiner Doucin)	mittelstark bis stark, später nur mittelstark	Für alle Böden mit Ausnahme von extrem trockenen und extrem nassen Böden.	Frühe und hohe Erträge, große, schön gefärbte Früchte. Auf dem Mutterbeet sehr gute Abrißleistung. Befriedigende Frosthärte.	Geringe Standfestigkeit. Haltbarkeit der Früchte auf dem Lager nur ausreichend. Muß als erste veredelt werden, nur kurzer Veredlungszeitraum.	Große Anbaubreite, doch bevorzugt im norddeutschen Küstenbereich.
Malus 7	schwach bis mittelstark	Gute Erträge auf schweren Böden, die sowohl trocken als auch feucht sein dürfen.	Gute Verträglichkeit mit allen Sorten. Frosthärte befriedigend bis gut. Beeinflussung der Lagerqualität gut.	Erträge insgesamt nur mittelhoch, aber relativ früh einsetzend. Soll anfällig gegen Wurzelkropf sein. Geringe Abrißleistung auf dem Mutterbeet.	Wird vor allem im Alten Land verwendet.
Malus 9 Gelber Metzer Paradies	schwach wachsend	Nur für nährstoffreiche, mindestens mittelschwere Böden in gutem Kulturzustand.	Sehr früh einsetzende Erträge bei hoher Flächenleistung. Dämpft Neigung zur Alternanz. Befriedigende Frosthärte. Große, gut gefärbte Früchte.	Äußerst geringe Standfestigkeit. Bäume neigen zum Vergreisen, deshalb laufender Schnitt notwendig. Massenträger erschöpfen sich zu schnell. Schlechte Lagereigenschaften der Früchte.	In den letzten Jahren eindeutig die am meisten verwendete Unterlage.
Malus 11 Grüner oder Prachtscher Doucin	stark wachsend	Für alle Bodenarten geeignet.	Mit allen Sorten gut verträglich; hohe Standfestigkeit; wenig frostempfindlich. Gute Lagereigenschaften. Hohe Abrißleistung in der Baumschule.	Spät einsetzende Erträge; nur mittlere Fruchtgröße; schlecht ausgefärbte Früchte.	Kann bei stark wachsenden Sorten sogar als Halb- und Hochstammunterlage eingesetzt werden. Große Anbaubreite.

**** Eigenschaften der wichtigsten Apfelunterlagen (Fortsetzung)**

Name bzw. Typ	Wuchsgruppe	Bodenansprüche	Gute Eigenschaften	Schlechte Eigenschaften	Bemerkungen
Malus 26 Kreuzung aus M 9 × M 16	mittelschwach	Nur für mindestens mittlere Böden geeignet.	Frühe und hohe Erträge. Bisher keine Verträglichkeitsstörungen beobachtet. Gute Abrißleistung, auch durch Steckholz vermehrbar.	Geringe Standfestigkeit. Darf nicht zu früh veredelt werden.	In der Bundesrepublik noch im Versuchsstadium, in England bereits in großem Maßstab verwendet.
Malus 27	sehr schwach wachsend	Nur auf allerbesten Böden.	Trotz schwachen Wuchses in der Obstanlage zügiger Wuchs in der Baumschule.	Geringe Abrißleistung.	Über obstbauliche Leistungen noch nichts bekannt. Am ehesten im Kleingarten eine Chance.
MM 104 Kreuzung aus M 2 × Northern Spy	mittelstark bis stark wachsend (etwas stärker als M 4)	Auch für leichte Böden noch geeignet.	Bessere Standfestigkeit als M 4, Pfahl jedoch nötig. Gute Annahme der Edelaugen. Gute bis sehr gute Abrißleistung.	Geringere Erträge als auf M 4.	Hat keine Chance für eine weite Verbreitung im Obstbau, da er im Wuchs vergleichbare Unterlagen nicht übertrifft.
MM 106 Kreuzung aus Northern Spy × M 1	schwach bis mittelstark wachsend (ähnlich M 7)	Auf allen Bodenarten möglich.	Ausreichende Standfestigkeit. Frühe und sehr hohe Erträge guter Qualität. Hohe Abrißleistung.	Bisher keine schlechten Eigenschaften bekanntgeworden.	Müßte aufgrund der vielen guten Eigenschaften auf breites Interesse stoßen.
MM 109 Kreuzung aus M 2 × Northern Spy	stark bis sehr stark wachsend	Für alle Bodenarten geeignet.	Gute Verträglichkeit mit allen Sorten. Trotz starken Wuchses früh einsetzende Erträge. Hohe Abrißleistung in der Baumschule.	Trotz starken Wuchses nur gerade ausreichende Standfestigkeit. Frosthärte nur mittelmäßig.	Ist in jeder Beziehung schlechter zu bewerten als M 11, der sie in der Wuchsstärke entspricht.
MM 111 Kreuzung aus Northern Spy × Merton 793	mittelstark wachsend (ähnlich M 2)	Auf leichtem Boden besser geeignet als M 2.	Standfest; gute Frosthärte; frühe und hohe Erträge (ähnlich wie M 4). Gute Fruchtqualität bei guter Haltbarkeit auf dem Lager. Mittlere bis gute Abrißleistung.	Bisher keine schlechten Eigenschaften bekanntgeworden.	Bei etwa gleicher Ertragsleistung wie M 4 hat MM 111 die bessere Standfestigkeit. Sie muß auf jeden Fall weiter beobachtet werden.

In der Obstanlage ist MM 106 die am schwächsten wachsende Unterlage der MM-Klone und in der Wuchsstärke am ehesten mit M 7 zu vergleichen, also schwach bis mittelstark. Sie scheint gegen Feuchtigkeit und Trockenheit relativ tolerant zu sein. Die Standfestigkeit ist ausreichend, die Frosthärte nur befriedigend. Die Ertragsleistung wird bei früh einsetzenden Erträgen sehr hoch eingeschätzt, sie soll höher liegen als auf M 7. Der Einfluß auf Fruchtgröße und -qualität ist gut.

Wegen ihrer relativen Schwachwüchsigkeit und der hohen Erträge verdient MM 106 vor allem auf mittleren und leichten Böden Beachtung (Braams/van Oosten (1965)).

MM 109 (M 2 × Northern Spy) entwickelt im Mutterbeet mittelstarke, steif aufrechtstehende Triebe mit zahlreichen Lentizellen und rötlichen Knospen. Die Abrißleistung liegt bei mittlerer bis guter Bewurzelung sehr hoch. Die Annahme der Edelaugen erfolgt ohne Probleme. Das Wachstum in der Baumschule ist sehr gut und gleichmäßig. MM 109 ist aus der Sicht des Baumschulers der Idealtyp der vegetativ vermehrbaren Unterlage.

Aufgrund ihrer Wuchsleistung in der Obstanlage ist MM 109 in die Gruppe der stark bis sehr stark wachsenden Unterlagen einzuordnen und wächst vielleicht noch stärker als M 11. Da die Frosthärte nur mittelmäßig und die Standfestigkeit geringer als bei M 11 zu beurteilen ist, wird sie kaum eine Chance haben, obwohl die Erträge trotz des relativ starken Wuchses früh einsetzen.

MM 111 (Northern Spy × Merton 793) zeigt auf dem Mutterbeet starken Wuchs mit aufrechten Trieben bei mittlerer bis guter Abrißleistung und guter Bewurzelung. In der Baumschule wächst sie mittelstark. Bei guter Standfestigkeit wird auch die Frosthärte gut eingeschätzt. In der Wuchsstärke in der Obstanlage ist sie mit der von M 2 zu vergleichen, übertrifft diese aber auf leichten Böden beträchtlich. Es wird von früh einsetzenden hohen bis sehr hohen Erträgen berichtet. Die Fruchtqualität wird günstig beurteilt, die Haltbarkeit im Lager soll ziemlich gut sein.

M 111 kommt vor allem auf leichten Böden als Ersatz für M 2 in Betracht.

A 2 (Selektion aus französischen Sämlingen in Alnarp) wurde 1944 in den Handel gegeben. Die Unterlage entwickelte auf dem Mutterbeet zahlreiche unverzweigte, unbedornte, mittellange Triebe. Auf rotbrauner bis graubrauner Rinde treten zahlreiche Lentizellen deutlich hervor. Die Unterlage bewirkt frühen Laubfall und frühen Triebabschluß. Nach Karnatz (1962) ist die Abrißleistung hoch—sehr hoch, sie soll aber mit zunehmendem Alter der Mutterbeete deutlich unter der von M 11 liegen. Die Abrisse sind gut bewurzelt. In der Baumschule ist A 2 nicht beliebt, weil die Edelaugen nicht gut angenommen werden.

In der Obstanlage zeigen sich aber keine Unverträglichkeitserscheinungen. Die Wuchsleistung ist stark bis sehr stark und liegt über der von M 11. Sie gedeiht auf allen Bodenarten und ist sehr trockenheits- und kälteresistent. Der Ertrag setzt relativ früh ein und ist gleichmäßig hoch. Die Fruchtqualität ist gut. A 2 könnte bei geringeren Stammhöhen den Sämling ersetzen.

1.3 Das Stammbildnerproblem

Stammbildner haben nur eine Bedeutung bei der Anzucht von Hoch- und Halbstämmen. Die als Unterlagen verwendeten Sämlinge Grahams Jubiläum und Bittenfelder eignen sich nicht zur Anzucht von geraden Stämmen, weil sie entsprechend ihrem Jugendformcharakter mit Seitentrieben (dornartige Kurz- oder Langtriebe) aus fast jedem Auge besetzt sind, die aufgeputzt werden müssen und zahlreiche Wunden hinterlassen (de Haas/Hildebrandt (1967)).

Viele Sorten wachsen selbst aber zu schwach, um in 2 Jahren die angestrebte Höhe zu erreichen, und neigen vielfach auch zu Schleuderwuchs.

Von einem guten Stammbildner werden folgende Eigenschaften erwartet: Wüchsigkeit, Ausbildung eines geraden, glatten Stammes in ausreichender Stärke, Frosthärte und Resistenz gegen Krebs und Kragenfäule. Da sich aber zwischen Sorte und Stammbildner eine wechselseitige Beeinflussung ergibt, wird man nicht ohne weiteres erwarten dürfen, daß alle Stammbildner-Sortenkombinationen ideal sind. Es würde jedoch zu weit gehen, wenn man nach dem idealen Stammbildner für jede Sorte suchen würde. Es kommen folglich nur solche Stammbildner in Frage, die einen möglichst weitgehenden positiven Einfluß auf alle Sorten ausüben.

Am besten werden z. Z. 'Jakob Fischer', 'Hibernal', 'Maunzen' und mit Einschränkung 'Transparent de Croncels' beurteilt.

'Jakob Fischer' ist frosthart, gut verträglich, bei hohen Anfangserträgen. Er macht allerdings nur einen schlanken Stamm, so daß oft ein Rückschnitt im ersten Jahr erforderlich wird. Die aufveredelten Sorten wachsen allerdings stark auf ihm.

'Hibernal' verfügt über eine ausgezeichnete Frosthärte bei nur relativ schwachem Wuchs. Er eignet sich deshalb nur für Meterstämme und Viertelstämme. Die Ertragsbeeinflussung ist gut.

'Maunzen-Apfel' ist eine württembergische Sorte mit starkem Wuchs. Er bildet straffe, mittelstarke Stämme aus. Die Winterhärte wird unterschiedlich beurteilt. Die Ertragsleistung ist sehr sortenabhängig. Herausgestellt werden muß seine weitgehende Resistenz gegen Kragenfäule.

'Transparent de Croncels' bildet einen guten, geraden Stamm aus. Die Frosthärte ist nicht ganz ausreichend für das Bundesgebiet. Die Erträge liegen mittelhoch.

Bei folgenden Sorten kann nicht auf einen Stammbildner verzichtet werden:

'Biesterfelder Renette'
'Cox Orangen Renette'
'James Grieve'
'Laxtons Superb'
'Ontario'
'Rote Sternrenette'
'Freiherr von Berlepsch'

2 Die Veredlungsunterlagen für Birnen

Bei Birnen gibt es nur die Wahlmöglichkeit zwischen dem Sämling und der vegetativ vermehrbaren Quittenunterlage. Die stärkere Behauptung der Sämlingsunterlage bei Birnen im Vergleich zum Apfel hängt mit der Frostempfindlichkeit und dem hohen Wärmeanspruch der auf Quitten veredelten Bäume zusammen und vielleicht auch etwas mit dem Verträglichkeitsproblem zwischen Birne und Quitte. Hier hat sich in den letzten Jahren aber ein Wandel vollzogen, weil heute bei virusfreier Quittenunterlage und virusfreier Edelsorte auch bisher mit Quitte als unverträglich geltende Sorten ohne Zwischenveredlung auf Quitte gestellt werden. Es ist also wohl zu erwarten, daß auch bei der Birne der Sämling weiter zurückgedrängt werden wird.

2.1 Die Sämlingsunterlagen

Sämlingsunterlagen werden heute praktisch nur noch aus muttersortenreinem Saatgut von 'Kirchensaller Mostbirne' herangezogen. Bezüglich der Stratifikation und der Aussaattechnik treffen die für *Malus* gemachten Ausführungen sinngemäß zu. Das Unterschneiden der Birnensämlinge ist hier besonders wichtig, weil Birnensämlinge kräftige Pfahlwurzeln ausbilden, die den Anwachserfolg vermindern würden.

2.2 Vegetativ vermehrbare Birnenunterlagen

2.2.1 Die Quittenunterlage

Während man für die Anzucht von Hoch-, Halb- und Viertelstämmen die Sämlingsunterlage benutzen muß, kann man bei der Anzucht der kleineren Bauformen auf die Quitte ausweichen. Schwachwachsende, vegetativ vermehrbare arteigene Unterlagen gibt es bei Birnen nicht. Von den zahlreichen Quittenklonen hat sich die 'Quitte A' ('Quitte aus Angers') am besten bewährt, aber auch sie ist nicht sehr frostresistent.

Die Quitte stellt hohe Anforderungen an den Boden. Er muß gut durchlüftet und warm sein, keinesfalls naß. Ein weiterer Nachteil der Quittenunterlage ist die Unverträglichkeit, die eine Reihe von Birnensorten auf dieser Unterlage zeigen. Wieweit diese Unverträglichkeitserscheinungen bei Verwendung von virusfreien Unterlagen und Sorten aufgehoben sind, wird man erst in einigen Jahren mit absoluter Sicherheit sagen können, obwohl bisher als unverträglich geltende Kombinationen inzwischen schon ca. 10 Jahre alt sind. (Siehe „Unverträglichkeit", S. 168.)

Wenn die Unverträglichkeitserscheinungen tatsächlich aufgehoben wären, dann würde man auf die in der Praxis gehandhabte Methode des Nicolierens oder der Zwischenveredlung allgemein verzichten können. Als **Nicolieren** wird eine Form des Okulierens bezeichnet, bei der man durch Unterschieben eines dünnen Holzplättchens einer mit Quitte verträglichen Sorte die Unverträglichkeit aufhebt. Diese Methode wurde von NICOLIN (1953) anfang der 50er Jahre entwickelt. NICOLIN ging von der Erkenntnis aus, daß zur Aufhebung der Unverträglichkeit zwischen Quitte und Edelsorte die Länge des bei der sogenannten Zwischenveredlung verwendeten Zwischenstückes keinen Einfluß ausübt. Er kam deshalb folgerichtig auf die Idee, das Zwischenveredlungsstück auf ein dünnes Scheibchen zu reduzieren. Man geht beim Nicolieren folgendermaßen vor: Nach Anfertigung des üblichen T-Schnittes wird zunächst von der mit Quitte verträglichen Sorte unter einem Auge ein dünnes Scheibchen geschnitten, das in den T-Schnitt eingeführt wird. Dann erfolgt die übliche Gewinnung des Auges der mit Quitte unverträglichen Sorte. Das Auge wird über das bereits in den T-Schnitt eingeführte Holzscheibchen geschoben, fest aufeinandergedrückt und anschließend fest verbunden. Bei geübten Veredlern liegt die Anwachsquote nur unwesentlich niedriger als bei der einfachen Okulation, die Arbeitsleistung ist jedoch nur halb so hoch. Trotzdem ergeben sich deutliche Vorteile gegenüber der sonst durchgeführten Zwischenveredlung, bei der zunächst auf den Wurzelhals der Quitte im Sommer eine verträgliche Sorte okuliert und erst im Frühjahr des übernächsten Jahres die unverträgliche Sorte durch Kopulation aufveredelt wurde. Eine zeitweise in England praktizierte Methode sparte ein Jahr dadurch ein, daß die Zwischenveredlung und die mit Quitte unverträgliche Edelsorte in einem Arbeitsgang gemeinsam auf die Quittenunterlage kopuliert wurden. Die Ausfälle waren bei dieser Methode aber oft sehr hoch.

Bisher galten als gut verträglich mit Quitte:

'Diels Butterbirne'	'Neue Poiteau'
'Gellerts Butterbirne'	'Vereinsdechants-Birne'
'Le Lectier'	'Madame Verté'
'Pastorenbirne'	'Winterforelle'

Als unverträglich galten:

'Boscs Flaschenbirne'	'Gräfin von Paris'	'Josephine aus Mecheln'
'Bunte Juli'	'Gute Luise'	'Napoleon'
'Köstliche von Charneux'	'Dr. Jules Guyot'	'Trévoux'
'Clairgeau'	'Kongreßbirne'	'Vienne'
'Klapps Liebling'	'Alexander Lucas'	'Williams Christ-Birne'
'President Drouard'	'Marillat'	

2.2.2 Andere Unterlagen

Die mit der Verwendung der 'Quitte A' als Unterlage verbundenen Schwierigkeiten haben dazu geführt, in anderen Formenkreisen nach besseren Möglichkeiten Ausschau zu halten. SCHINDLER, LUCKAN und DE HAAS befaßten sich in Pillnitz mit Klonen von *Pyrus betulifolia* 'Bunge'. DE HAAS setzte diese Arbeiten später in Sarstedt fort. Es ergaben sich aber neben Vermehrungsschwierigkeiten auch Unverträglichkeitserscheinungen, die zur Einstellung der weiteren Versuchsarbeit führten. Mit Sämlingen von *Pyrus ussuriensis*, *Pyrus calleryana* und *Pyrus pyrifolia* wurden in den USA Versuche durchgeführt, die teilweise Erfolg hatten, aber nicht zu einer wirklich schwachwachsenden Unterlage führten. FLOOR (1957) verwendete Sämlinge von *Amelanchier canadensis* und erzielte schwachen Wuchs bei einigen Sorten; die Veredlungen waren aber nur kurzlebig.

2.3 Stammbildner

Sollen Birnenhalb- und -hochstämme angezogen werden, kann man wegen zu schwachen Wuchses bei einigen Sorten nicht auf einen Stammbildner verzichten. Zu den Sorten, bei denen ein Stammbildner eingeschaltet werden sollte, zählen:

'Alexander Lucas'	'Gute Luise'	'Pastorenbirne'
'Clairgeaus Butterbirne'	'Josephine aus Mecheln'	'Président Drouard'
'Dr. Jules Guyot'	'Le Lectier'	'Tongern'
'Frühe aus Trévoux'	'Madame Verté'	'Williams Christ-Birne'

Geeignete Stammbildnersorten sind:

'Gellerts Butterbirne': Der Stamm wächst ausgesprochen gerade und bildet eine gute Terminalknospe aus. Gellerts Butterbirne braucht deshalb zum Aufbau des Stammes keinen Rückschnitt. Sie ist mit allen Sorten gut verträglich. Die Ertragsbeeinflussung wird unterschiedlich beurteilt.

'Augustbirne': Sie wurde vermutlich von der Baumschule Späth, Berlin, eingeführt. Sie zeigt bei starkem Längenwachstum nur mittelstarkes Dickenwachstum. Die Frosthärte soll nach KARNATZ (1959) relativ hoch sein, ebenso die Erträge.

'Neue Poiteau': Sie ist entbehrlich, da sie keine besseren Eigenschaften als 'Gellerts Butterbirne' aufweist, aber als etwas frostempfindlich gilt.

'Schraderhof': Wird noch nicht viel verwendet, wohl aber diskutiert. Sie soll aus einer Kreuzung von Gellerts Butterbirne mit Klapps Liebling stammen, die in der Forschungsanstalt Schraderhof in Magdeburg-Ottersleben ausgeführt wurde. Neben hervorragenden Eigenschaften bezüglich der Wuchsstärke gilt das fast vollkommene Fehlen von vorzeitigem Seitenholz als besonderer Vorteil gegenüber allen anderen Stammbildnern. Die Arbeit des Aufputzens entfällt. Die Verträglichkeit mit anderen Sorten wird positiv beurteilt. Über die Frosthärte kann noch keine Aussage gemacht werden.

3 Die Unterlagen für Quitten

Die Quitte hat als fruchttragender Baum keine große Bedeutung gefunden; ihr Anbau beschränkt sich fast ausschließlich auf Haus- und Kleingärten.

In Baumschulen wurde die Quitte für niedrige Baumformen entweder auf 'Quitte A' oder auch auf *Crataegus monogyna* veredelt. Crataegus ist zwar als Unterlage frosthärter, jedoch erfroren in kälteren Wintern die auf *Crataegus* veredelten Quitten eher als auf 'Quitte A'.

Für höhere Baumformen wurde der Rotdorn (*Crataegus oxycantha* 'Paul's Scarlet') als Stammbildner verwendet. Wegen der Anfälligkeit von *Crataegus* gegen Feuerbrand *(Erwinia amylovora)* ist die Verwendung von *Crataegus* nicht mehr gestattet. Man wird deshalb wohl auf *Pyrus* oder *Sorbus* ausweichen müssen.

4 Unterlagen für Kirschen

Die Masse der Süß- und Sauerkirschen wird immer noch auf Sämlingsunterlagen veredelt. Dies ist um so erstaunlicher, da beim Steinobst im Gegensatz zum Kernobst die Übertragbarkeit von Viruskrankheiten auf generativem Wege, also über den Samen, eindeutig nachgewiesen ist. Die virusfreie Anzucht von Süß- und Sauerkirschen kann bei Verwendung von Sämlingsunterlagen folglich gar nicht garantiert werden. Hier wird sich deswegen über kurz oder lang ein Wandel vollziehen müssen. Zumindest müßten zur Einschränkung der Virusgefahr Samenspenderanlagen weit weg von jeglichem Kirschenanbau aufgebaut und unter ständige Kontrolle der Pflanzenschutzämter gebracht werden. Auf der anderen Seite ist aber nicht einzusehen, daß überhaupt Sämlinge verwendet werden, da es ja vegetativ vermehrbare Kirschenklone gibt, bei denen die Viruskontrolle wesentlich leichter durchzuführen ist.

4.1 Die Sämlingsunterlagen

Bei den Sämlingsunterlagen hat sich die Herkunft 'Limburger Vogelkirsche' durchgesetzt, die aus Selektionen der 'Echten, hellrindigen Harzer Vogelkirsche' entwickelt wurde, wobei der Begriff 'Limburger Vogelkirsche' etwas verschwommen ist, weil keine genaue Kontrolle ausgeübt wird. Der 'Limburger Vogelkirsche' wird eine geringe Harzflußneigung und geringe Frostanfälligkeit nachgesagt. Das hat sich nicht immer bestätigt, da diese Herkünfte infolge freier Abblüte doch nicht genetisch einheitlich sind und die Gesundheit der für die Saatgutgewinnung selektierten Bestände weniger genetische als standortbedingte Gründe hat.

Im Blickpunkt des Interesses steht deshalb zur Zeit die Vogelkirsche 'Hüttner 170 × 53', die aus einem Populationsgemisch der hellrindigen Harzer Vogelkirsche nach Einzelbaumabsaaten in etwa 20jähriger Arbeit herausselektiert wurde. Das übliche Populationsgemisch wird von dieser Kombination sowohl bezüglich der Keimfähigkeit als auch der Frosthärte, der Gummiflußresistenz und der einheitlichen Wuchsleistung auf dem Saatbeet übertroffen.

Neben einigen Samenspenderanlagen von 'Hüttners 170 × 53' in der DDR ist auch eine Anlage in der Nähe von Pinneberg entstanden, die seit 1967 bereits regelmäßige Erträge liefert. Der Marktbedarf kann aber noch nicht gedeckt werden. Getragen wird diese Anlage von einigen Unterlagenbaumschulen im Holsteiner Raum. Zur Zeit bereitet man dort den Aufbau einer zweiten Anlage vor.

Da sich Süßkirschensorten nur wenig zur Stammbildung eignen (Gummifluß, evtl. Frostempfindlichkeit), werden die Sämlinge in Kronenhöhe veredelt.

Prunus mahaleb

Prunus mahaleb wird zur Zeit nicht mehr als Unterlage für Süßkirschen diskutiert, ist aber noch als Unterlage für Sauerkirschen zu beachten. Die Beurteilung ihres Wertes ist selbst bei Verwendung als Unterlage für Sauerkirschen außerordentlich unterschiedlich. Auf leichten Böden ist sie *Prunus avium* überlegen. Der Ertrag der Bäume setzt auf *Prunus mahaleb* früher ein und liegt oft noch nach 10 Jahren deutlich höher als auf *Prunus avium*-Unterlagen. Jedoch fällt im Laufe der Jahre ein zu hoher Prozentsatz der Bäume auf *Prunus mahaleb* aus, so daß der Gesamtertrag der Anlage im Vergleich zur *Prunus avium*-Unterlage absinken muß. Es scheint eine gewisse Unverträglichkeit zwischen Süß- und Sauerkirschen und *Prunus mahaleb* gegeben zu sein. Der einzige brauchbare Weg, mit diesem Problem fertig zu werden, ist in der Selektion guter Herkünfte zu sehen. Man muß es geradezu als negative Auslese betrachten, daß die *Mahaleb*-Saat immer noch in der freien Landschaft gesammelt wird, ist es doch nicht auszuschließen oder sogar wahrscheinlich, daß diese Sträucher in der freien Landschaft zum Teil von solchen Pflanzen stammen, die in der Obstbaumschule die Kirschenveredlung nicht angenommen haben.

Als positiver Schritt auf dem Wege zur Vereinheitlichung des Saatgutes von *Prunus mahaleb* können die Selektionen von Heimann gewertet werden, die unter dem Namen 'Heimanns 10' im Handel sind. Ihr Wert ist allerdings auch noch umstritten. Sie ist möglicherweise noch verbesserungsbedürftig.

In der DDR sollen sowohl Samenspenderanlagen von selektierten Mahaleb-Mutterbäumen aufgebaut worden sein, als auch schon virusfreie Klone von vegetativ vermehrbaren Mahaleb existieren.

Sowohl Süßkirschen als auch Sauerkirschen bilden auf *Prunus mahaleb* etwas kleinere Kronen aus und kommen früher in Ertrag als auf *Prunus avium-Unterlagen.* DE HAAS (1967) meint aber, daß hier der schwächere Wuchs anders als bei M 9, der ein sehr schwaches Wurzelsystem entwickelt und dadurch die Wuchsstärke bremst, eine Frage der Affinität sei. Die kleineren Bäume kämen sehr früh in Ertrag und hätten eine kürzere Lebensdauer als die auf Vogelkirschen veredelten Bäume, und zwar sowohl bei Süß- als auch bei Sauerkirschen.

Die Anzucht der Unterlagen aus Samen. Das Saatgut von *Prunus avium* und *P. mahaleb* muß stratifiziert werden. Nach der Ernte kann das Saatgut zunächst mäßig feucht in kühlen Räumen gelagert werden (KARNATZ (1950)). Spätestens Ende September muß dann eingeschichtet werden. Als bestes Stratifikationsmaterial hat sich Weißtorf erwiesen (KARNATZ und HILKENBÄUMER (1936)). In der Praxis wird jedoch nach wie vor in Sand eingeschichtet, wohl weil man Sand besser aussieben kann. Der beste Temperaturbereich liegt zunächst zwischen 2—5 °C, nach dem Platzen der Steine dann bei — 2 °C. *Prunus avium* und *P. mahaleb* werden möglichst früh ausgesät. Die Keimfähigkeit der einzelnen Herkünfte ist sehr unterschiedlich. Gute und gleichmäßige Ergebnisse werden meist mit 'Hüttners 170 × 53' erzielt.

4.2 Die vegetativ vermehrbaren Unterlagen für Kirschen

Aus den umfangreichen Arbeiten zur Gewinnung von vegetativ vermehrbaren Kirschenunterlagen in East Malling stammen eine ganze Reihe *Prunus avium*-Klone; in den Handel gegeben wurde aber nur der Klon 'F 12/1'. Er kann nach allgemeiner Erfahrung als stark bis sehr stark wachsend eingestuft werden und entspricht damit keineswegs mehr den heutigen Zielvorstellungen.

Der Süßkirschenanbau könnte revolutioniert werden, wenn eine schwachwachsende Unterlage mit ausreichender Verträglichkeit gefunden werden könnte. Sowohl Sämlinge als auch 'F 12/1' sind stark wachsende Unterlagen und erschweren wegen der großen Baumformen das Pflücken der Süßkirschen sehr. Zur Zeit wird weltweit an der Schaffung schwachwachsender Unterlagen für Süßkirschen gearbeitet, schwacher Wuchs ist im Formenkreis *Prunus avium* aber nicht zu finden. PLOCK arbeitete in Oppenheim mit *Prunus fruticosa,* in Weihenstephan laufen Versuche mit *Prunus cerasus*-Selektionen, und in Gießen führt

Abb. 364. Mutterbeete von F 12/1 (Baumschule Cl. Stahl) (Foto: Wennemuth)

Abb. 365. Kirschenunterlagen 'F 12/1' werden hier aus Ablegern vermehrt (Bild: IVT, Wageningen, Holland)

man seit einigen Jahren ein breit angelegtes Kreuzungsprogramm durch. Schließlich selektiert man in Wageningen und in East Malling im Formenkreis *Prunus incisa*. Bisher ist noch keine schwachwachsende Unterlage mit ausreichender Verträglichkeit zur Praxisreife entwickelt worden.

'F 12/1' wird in der Baumschule meist durch Ablegen vermehrt, in Belgien auch durch Abrisse. Die Vermehrungsrate ist nur mittelhoch (5—7 je Mutterpflanzen), die Bewurzelung nur mäßig.

Obwohl Floor (1951) recht gute Erfolge bei der Vermehrung von 'F 12/1' durch Wurzelschnittlinge hatte und Christensen in Dänemark auch Stecklinge von 'F 12/1' unter Sprühnebel gut bewurzeln konnte, haben sich diese beiden Methoden in der Praxis nicht durchgesetzt.

Der obstbauliche Wert von 'F 12/1' ist neuerdings umstritten. Während Frosthärte und Gummiflußresistenz allgemein positiv beurteilt werden, mehren sich die Stimmen, die von einer negativen Beeinflussung der Fruchtgröße sprechen. Bedenklich ist auch, daß 'F 12/1' selbst zwar virusfrei ist, jedoch sollen fruchttragende Bäume auf 'F 12/1', die nachträglich durch Virosen infiziert wurden, empfindlich mit nachlassenden Erträgen reagieren. So kann man bei Kirschenunterlagen, wenn sich diese Erfahrungen allgemein bestätigen würden, von einem echten „Unterlagendilemma" sprechen. Die Sämlinge sind nicht mit Sicherheit virusfrei, die einzige vegetativ vermehrbare Kirschenunterlage ist im Wert umstritten, neue, schwachwachsende Unterlagen sind noch nicht in Sicht.

'F 12/1' kann auch als Unterlage für Sauerkirschen verwendet werden.

5 Die Unterlagen für Pflaumen, Zwetschen, Renekloden und Mirabellen

Diese vier Obstarten werden unter der botanischen Artenbezeichnung *Prunus domestica* L. zusammengefaßt. Jede von ihnen gehört aber einer eigenen Subspecies an. So werden die Pflaumen als sogenannte Edelpflaumen unter *Prunus italica* geführt, von der sich die Eierpflaumen *(P. ovoidea)* und die Renecloden *(P. claudiana)* ableiten. Die Zwetschen bilden die Subspecies *Prunus oeconomica*, zu denen die Frühzwetschen *(P. mamillaris)* und die Hauszwetschen *(P. pruneauleana)*, aber auch die Rundpflaumen, wie z. B. 'Kirkes' *P. subrotunda)*, gerechnet werden. Die Mirabellen sind einer Subspecies von *Prunus insititia* (Kriechenpflaume), nämlich *Prunus cerea*, zugehörig (Röder, 1939).

Aus dem Kreis *Prunus domestica* sind auch Unterlagen hervorgegangen, so z. B. St. Julien aus einer Subspecies von *Prunus insititia,* nämlich *Prunus juliana.* Die Unterlage *Prunus „myrobalana“* stammt aus der selbständig neben *Prunus domestica* stehenden Form *Prunus cerasifera.*

5.1 Sämlingsunterlagen

Auch bei Pflaumen wird der bei weitem größte Anteil der Bäume auf Sämlingsunterlagen veredelt, und auch hier fehlt die so sehr wünschenswerte Selektion von besonders geeigneten und überwachten Herkünften.

Prunus cerasifera (Myrobalane). Die wichtigste Unterlage für Pflaumen und Zwetschen ist der Sämling von Myrobalanen. Es handelt sich um eine starken Wuchs verursachende Unterlage, die besonders für reichtragende Sorten, wie z. B. 'Ontario-Pflaume', 'The Czar' und 'Königin Viktoria', nicht zu entbehren ist, da sich diese Sorten auf schwächer wachsenden Unterlagen zu schnell erschöpfen würden.

Wegen ihres starken Wurzelwachstums verfügt die Myrobalane über eine ausgezeichnete Standfestigkeit und garantiert selbst auf leichten Böden noch gute Erträge. Die Frosthärte ist aber auch für unser Klimagebiet nicht voll ausreichend, wie ja überhaupt die bekannten Pflaumenunterlagen Temperaturen unter — 20 °C nicht vertragen.

Das Saatgut ist meist bulgarischer Herkunft und, da es wild gesammelt wird, genetisch sehr uneinheitlich. So stellte HILDEBRANDT (1959) bei Einzelbaumabsaaten eine Streuung der Keimfähigkeit von 28—78 % fest. Der Aufbau von Samenspenderanlagen ist eingeleitet.

Unverträglichkeitsstörungen treten in sehr unterschiedlichem Maße auf, oft auch noch nach Jahren. Die Neigung der Sorten zur Alternanz wird durch Myrobalanen verstärkt.

Prunus 'St. Julien'. Als Sämlingsunterlage für bessere Böden und starkwachsende Sorten hat sich Prunus 'St. Julien d'Orleans' bewährt, von der leider immer nur sehr wenig Samen zu meist hohen Preisen im Handel ist. Das Triebwachstum ist nur mittelstark, die Erträge setzen wesentlich früher ein als auf Myrobalanen. Die Frosthärte ist besser zu beurteilen als bei Myrobalanen. Die Neigung zur Schosserbildung ist stark ausgeprägt. Sie ist mit Ausnahme der Sorte 'Ruth Gerstetter' gut verträglich. Auch bei 'St. Julien' haben HÜTTNER und KÜPPERS eine Selektion durchgeführt und als Ergebnis 'St. Julien Hüttners 35' herausgebracht, um die es zur Zeit aber still geworden ist.

Die Stratifikation des Samens ist erforderlich. Bei Myrobalanen genügt es, wenn im Oktober eingeschichtet wird. 'St. Julien' liegt 1 Jahr über. Die Stratifikationstemperatur soll zwischen 0 und 5 °C liegen und für mindestens 16 Wochen eingehalten werden.

Prunus damascena blanc. Das Saatgut ist bei uns nur sporadisch zu haben, da sich die Saatgutgewinnung auf weit verstreut liegende Bäume beschränkt. Neuanpflanzungen werden kaum durchgeführt. Das Saatgut wird sich also zunehmend verknappen. H. KÜPPERS (1976) hält *Prunus damascena blanc* für eine dank ihrer Selbstfruchtbarkeit recht einheitliche, gute Pflaumenunterlage. Nach französischer Erfahrung ist sie für Pfirsich nicht brauchbar.

Prunus damascena noir. Sie soll nach KÜPPERS nichts anderes als Saatgut der Großen Grünen Reneclode sein, die in Südfrankreich auch unter dem Namen 'Damas gris' läuft. Er hält sie für genetisch recht uneinheitlich. Das Saatgut ist knapp und teuer; die Keimfähigkeit recht unterschiedlich. *Damascena noir* eignet sich als Pflaumen- und Zwetschenunterlage und nimmt auch Pfirsich- und Aprikosenveredlungen relativ gut an. Solange aber keine verläßlichen Herkünfte geschaffen werden, wird diese Unterlage keine Bedeutung gewinnen.

5.2 Die vegetativ vermehrbaren Unterlagen für Pflaumen, Zwetschen, Renekloden und Mirabellen

Myrobalana alba „Pfälzer Typ“. Es handelt sich hier um eine Auslese aus Myrobalanen-Sämlingen mit besserer Frosthärte und geringerer Neigung zur Ausläuferbildung. Sie läßt sich durch Abrisse vermehren, aber auch durch Steckholz und Grünstecklinge. Da sie mit den Sorten 'The Czar', 'Lützelsachser', 'Ruth Gerstetter' und 'Große Grüne Reneklode' unverträglich ist, hat sie keine große Verbreitung gefunden.

'Brompton'. Sie gehört zu den *Prunus domestica*-Formen und wächst stark bis sehr stark. Der Ertragsbeginn setzt etwas später als bei St. Julien, aber früher als auf Myrobalanen ein. Die Erträge sind hoch. Die Standfestigkeit ist sehr gut, die Frosthärte befriedigend. Sie versagt weder auf leichten noch auf schweren Böden und ist mit allen Sorten gut verträglich.

Brompton läßt sich schwer vermehren. Auf dem Mutterbeet bringt sie beim Ablegen nicht mehr als 4—5 Ableger, die nur schlecht bewurzelt sind und noch einmal verschult werden müssen.

Abb. 366. Hier ein ausgezeichnetes Ergebnis mit 'Brompton', mit etiolierten Ablegern (Bild: IVT, Wageningen, Holland)

In East Malling hat man gute Erfolge mit der Vermehrung von Brompton durch Steckholz, sowohl von Schnitthecken als auch vom üblichen Mutterbeet, erzielt. Wurde das Steckholz von Schnitthecken gewonnen, so mußte eine Wärmebehandlung durchgeführt werden, stammte es dagegen von Mutterbeeten, so bewurzelte sich das Steckholz auch ohne Wärmebehandlung. Der Schnitt mußte spätestens im Dezember durchgeführt, anschließend mit Wuchsstoff (24 Stunden in 50 mg IES) behandelt und bis zum Frühjahr in Torf eingeschlagen werden.

Andere Unterlagen. In England wird noch *Prunus myrobalana B* verwendet, die bei starkem Wachstum hohe Erträge bringen soll, aber mit einer Reihe von Sorten unverträglich ist.

Ebenfalls von East Malling herausgebracht wurde *Prunus* 'St. Julien A' mit schwachem Wuchs und frühen aber nur mittelhohen Erträgen. Sie zeigt auf dem Mutterbeet nur eine schwache Leistung.

In einigen Gebieten haben auch noch Ausläufer von 'Wurzelechte Hauszwetsche' und die 'Große Grüne Reneklode Typ Frohn' eine gewisse Bedeutung. Dagegen wird von 'Common Mussel', 'Common Plum', 'Pershore', 'Ackermanns Pflaume' ('Marunke'), 'Kroosjes Gelb' und 'Brussel' kaum noch gesprochen.

Eine Zeitlang wurde der noch jungen Unterlage *Prunus* 'St. Julien' „Burgmers Findling" Interesse entgegengebracht. Sie sollte als Unterlage für Pflaumen, Zwetschen, Pfirsiche und Aprikosen geeignet sein. Nach anfänglich guter Beurteilung hat Burgmer sie jetzt vom Markt zurückgezogen, da sich verschiedentlich noch spät Unverträglichkeitserscheinungen bemerkbar gemacht haben.

Mit Aufmerksamkeit werden die Bemühungen der „Station de Recherche d'Arbiculture Frutière de la Maye" in La Grande Ferrade (Frankreich) zur Schaffung neuer Unterlagen für Pflaumen, Zwetschen, Mirabellen, Pfirsiche und Aprikosen verfolgt. Von dieser Station sind schon eine ganze Reihe neuer Unterlagen in den Handel gegeben worden, die aber bisher nur in kleinen Mengen durch französische Baumschulen bezogen werden können. Der Nachbau dieser INRA-Unterlagen ist verboten. Sie sind noch nicht unter deutschen Klimabedingungen getestet worden, so daß eine Beurteilung ihres Wertes zur Zeit nicht möglich ist. Von Bedeutung für uns könnten folgende sein:

St. Julien INRA GF — Hybride 1 und 2. Diese Auslese aus St. Julien könnte zu einer sicher wünschenswerten einheitlicheren Sämlingspopulation führen.

St. Julien INRA GF 655 — 2. Sie stellt eine Klonauslese aus der GF-Hybride Nr. 2 dar und wird als Pfirsichunterlage speziell für den Anbau auf chlorosefördernden Standorten propagiert.

INRA Damascena 1869. Sie soll nach bisherigem Urteil die beste Unterlage für Aprikosen und Edelpflaumen in feuchten Lagen sein.

INRA GF 8/1. Sie ist eine geklonte Sämlingsauslese aus *Prunus* 'Marianna' (Hybride aus *Prunus cerasifera* × *P. munsoniana*). Sie läßt sich durch Steckholz vermehren und eignet sich als Unterlage für Aprikosen und Pfirsiche. Ihre Frosthärte dürfte relativ gering sein.

INRA GF 8. Sie ist ein triploider Sämling, der frühe Fruchtbarkeit bewirkt und zur Zeit in Frankreich als Unterlage für Pflaumen und Zwetschen sehr hoch eingeschätzt wird.

INRA PE 43. Sie ist ein geklonter Sämling aus *Prunus* „d'ente", der sehr schwachen Wuchs verursacht und mit allen Sorten gut verträglich sein soll. Die Erträge sollen höher liegen als bei den Klonen von St. Julien. Die Bäume wachsen aber auch schon in der Baumschule schwach.

Sehr schwachen Wuchs verursacht auch die neue Unterlagenzüchtung von East Malling mit Namen 'Pixi'. Sie wird zur Zeit in englischen Obstbaubetrieben getestet.

5.3 Stammbildner

Von den bekannten Pflaumen- und Zwetschensorten bedürfen folgende zur Erzielung gerader Stämme in kürzester Zeit eines Stammbildners:

'Bühler Frühzwetsche' 'Anna Späth'
'Nancy Mirabelle' 'Kirkes Pflaume'

Es empfiehlt sich, diese Sorten auf 'Brompton' zu veredeln, die sich wegen ihres starken Wuchses gut von unten ziehen läßt.

6 Unterlagen für Pfirsiche

Da Pfirsiche selbstfruchtbar sind, fällt der Samen relativ echt, jedoch besteht keine Möglichkeit, die Sorten durch Aussaat zu vermehren. Die Sämlingsunterlagen sind aber genetisch recht einheitlich, und auch die Keimfähigkeit des Saatgutes ist befriedigend. Die Anzucht auf anderen als auf Sämlingsunterlagen kommt deshalb nur für Sonderfälle in Betracht.

6.1 Sämlingsunterlagen

Zur Aussaat werden bei uns die kleinfrüchtigen Sorten 'Roter Ellerstädter' = Kernechter vom Vorgebirge und Gimbsheimer herangezogen. In Sachsen wird der Proskauer, der ziemlich frosthart ist, vorgezogen. Der Pfirsichsämling ist eine starkwachsende Unterlage, mit allen Sorten gut verträglich; er braucht aber wärmeren, nicht zu schweren Boden, der nicht zu feucht sein darf.

Prunus St. Julien d'Orleans. Eignet sich gut für schweren Boden. Die Erträge setzen früh ein. Die Bäume wachsen nur mittelstark. Die Kombination ist etwas frostempfindlich.

Myrobalana-Sämlinge eignen sich wegen ausgeprägter Unverträglichkeit nicht als Pfirsichunterlagen.

6.2 Vegetativ vermehrbare Unterlagen

Brompton. Zeigt gute Verträglichkeit und auch relativ starkes Wachstum, was bei Pfirsich kein Nachteil ist. Sie eignet sich für lehmige und lößartige Böden.

Ackermannpflaume. Sie eignet sich bei mittelstarkem Wachstum sowohl für schwerere als auch für Böden mit minderer Qualität. Die Fruchtbarkeit ist sehr hoch, die Lebensdauer aber begrenzt. Die Frosthärte ist nicht ausreichend.

7 Unterlagen für Aprikosen

7.1 Sämlingsunterlagen

Der Aprikosensämling ist als arteigene Unterlage überall dort zu bevorzugen, wo Aprikosen nicht in ihrem optimalen Klimabereich angebaut werden. Im Vordergrund des Interesses stehen Sämlinge der kleinfrüchtigen Sorte Millionär. PLOCK hat bei dieser Sorte Einzelbaumabsaaten vorgenommen und geeignete Samenspender ausgelesen.

7.2 Vegetativ vermehrbare Unterlagen

Bisher ist es nicht gelungen, aus Aprikosensämlingen vegetativ vermehrbare Formen auszulesen, die wirtschaftlich zu vermehren sind.

Wurzelechte Hauszwetsche. Die beste Verträglichkeit mit Aprikosen zeigt allgemein die wurzelechte Hauszwetsche, die evtl. auch als Stammbildner für nicht so hohe Stammformen verwendet werden kann.

Brompton. Ist noch brauchbar und muß für hohe Stammformen als Unterlage verwendet werden.

b. Die Anzucht der Obstbäume

1 Buschbäume

Die im Frühjahr aufgeschulten Unterlagen werden im Sommer desselben Jahres durch Okulation auf das schlafende Auge veredelt.

In einigen Betrieben werden Äpfel und Birnen auch aus Winterhandveredlungen herangezogen, d. h. die Unterlagen werden im Winter durch Kopulation veredelt und im Frühjahr aufgeschult. Sie sind noch im selben Jahr als einjährige Veredlungen verkaufsfertig.

Die im Sommer auf den Wurzelhals okulierten Unterlagen werden im Frühjahr des nächsten Jahres auf Zapfen abgeworfen. Der verbleibende, 15—20 cm lange Zapfen wird blind geschnitten, d. h. alle Augen werden entfernt, damit das austreibende Edelauge nicht durch den sonst einsetzenden Wildaustrieb geschwächt wird. Der Edeltrieb wird möglichst früh an den Zapfen geheftet, um eine starke Verkrümmung des Stammes an der Veredlungsstelle zu vermeiden. Viele Betriebe ziehen jedoch die zapfenlose Anzucht vor und stäben die Pflanzen. Das erste Anbinden muß bei einer Höhe von etwa 15 cm erfolgen, sonst wird die Gefahr durch Windbruch zu groß. Der Arbeitsaufwand beim Stäben ist etwas größer, die Stämme sind aber etwas gerader. Andrerseits ist der Zapfenschnitt eine schwere Arbeit, die zudem einiges Geschick erfordert.

Die Arbeit des ersten Jahres beschränkt sich auf das Entfernen des Wildaustriebes, das in der Fachsprache „Räubern“ genannt wird, und bei Anzucht mit Zapfen auf das Wegschneiden des Zapfens, das im August durchgeführt werden muß. Jetzt wird auch das seitliche Stammholz entfernt, das unterhalb der Krone (60 cm) ausgetrieben ist. Es wird sauber auf Astring weggeschnitten.

Der Erwerbsanbau kauft heute schon vielfach einjährige Veredlungen, die in guten Wuchsjahren bei vielen Sorten bereits eine kleine Krone entwickelt haben.

Wird zweijährige Anzucht betrieben, dann erfolgt im Frühjahr des zweiten Jahres der Rückschnitt der einjährigen Rute auf 60 cm (Stammhöhe) + 6 Augen, aus denen sich der Hauptleittrieb als Stammverlängerung und die Kronenleitäste entwickeln sollen. Alle Triebe, die sich noch unterhalb der Krone an dem 60 cm hohen Stamm entwickeln, werden spätestens im August auf Astring entfernt, damit die Wunden bis zum Herbst noch verheilen können. Verlangt werden mindestens 4 Kronenleitäste.

Sauerkirschen, Pfirsiche und Aprikosen werden fast immer als einjährige Veredlungen gehandelt, da sie schon im ersten Jahr eine fertige Krone entwickelt haben. Süßkirschen werden nicht mehr als Büsche herangezogen.

Abb. 367. Einjährige Apfel-Winterhandveredlung auf Typ IV im Container (Foto: Wennemuth)

Abb. 368. Einjährige Apfelveredlungen in der Baumschule Röhrig in Weetzen. — Jede dritte Reihe fehlt, dadurch Arbeitsgasse für Schmalspurtraktor (Hacken — Pflanzenschutz — Roden) (Foto: Wennemuth)

Abb. 369. Birnenquartier (Foto: Wennemuth)

Abb. 370. Einjährige Schattenmorellen (Foto: Wennemuth)

2 Die Anzucht der Hochstämme (180—200 cm), Halbstämme (140—160 cm) und Viertelstämme (80—100 cm)

Die Anzucht dieser Baumformen dauert bei Kernobst und Pflaumen mindestens 3 Jahre, während die Anzucht der Süßkirschen höchstens 3 Jahre benötigt.

2.1 Kernobst und Pflaumen

Die Unterlagen werden im Frühjahr aufgeschult. Die Okulation erfolgt im Sommer, entweder mit der Edelsorte auf den Wurzelhals, wenn sie stark genug wächst und zur Stammbildung geeignet ist, oder sonst mit einer Stammbildnersorte.

Abb. 371. Zusammenstellung der wichtigsten Arbeiten bei der Obstanzucht (Original: KRÜSSMANN)

Kulturarbeiten	Jahreslauf	Pflanzenschutz
	Okt.	
Unterlagen herausnehmen, sortieren. putzen, auf 60 cm Gesamtlänge zurückschneiden, aufpflanzen.	Nov. Dez. Jan. Febr.	Oberirdische Teile in 8 % Obstbaumkarbolineumlösung tauchen. Wurzeln gegen Wurzelkropf in 1 % Ceresanlösung tauchen, unmittelbar vor Pflanzung mit Lehmzusatz wiederholen.
	Mrz.	
Okulation in der Reihenfolge Malus IV, Pflaumen, Pfirsichsäml., Birnenwildl., Quitten, Apfeltypen, Vogelkirschen, Apfelsäml., Mahaleb. — Nach 3 Wochen kontrollieren.	Apr. Mai Juni Juli Aug. Sept.	Wiederholte Spritzungen gegen Blattläuse, Raupen u. a.
	Okt. Nov.	
Okulate abwerfen, bei Quitten einen Trieb stehenlassen.	Dez. Jan. Febr. Mrz.	Gelbspritzung mit Obstbaumkarbolineum.
Räubern und heften; nach 4 Wochen prüfen, ob Bast einschneidet. Evtl. auch stäben. Zapfenschnitt unbedingt bis Ende August.	Apr. Mai Juni Juli Aug. Sept.	Wiederholte Spritzungen gegen Blattläuse, Raupen usw. — Auch Blauspritzung gegen Schorf und andere Pilze. Größere Wunden mit Baumwachs verstreichen.
	Okt. Nov.	
Einjährige Triebe auf $^1/_3$ oder $^1/_4$ zurücksetzen.	Dez. Jan. Febr. Mrz.	Winterspritzungen wie im Vorjahr.
Räubern und heften wie im Vorjahr. Zapfen entfernen, ebenso einige Verstärkungstriebe.	Apr. Mai Juni Juli Aug. Sept.	Wiederholte Spritzungen gegen Blattläuse, Raupen usw. wie im Vorjahr. Zapfenwunden mit Baumwachs verstreichen.
	Okt. Nov.	
Kronen anschneiden, Verstärkungstriebe z. T. entfernen oder einkürzen.	Dez. Jan. Febr. Mrz.	Winterspritzungen wie im Vorjahr.
Konkurrenztriebe fortnehmen. Restliche Verstärkungstriebe entfernen. Bestände etikettieren.	Apr. Mai Juni Juli Aug. Sept.	Wiederholte Spritzungen gegen Blattläuse usw. wie im Vorjahr.
Verkaufsbeginn.	Okt.	

Es sind nur die wichtigsten Arbeiten dargestellt. Unkrautbekämpfung, Düngung, Bodenlockerung usw. mußten der Übersichtlichkeit wegen fortgelassen werden.

Im ersten Jahr läßt man die Veredlung ohne jeden Eingriff wachsen. Ausgangs des Winters wird dann die einjährige Rute auf 3/4 bis 2/3 ihrer Länge auf Zapfen zurückgeschnitten. Das oberste Auge, aus dem sich die Stammverlängerung bilden soll, muß auf der der Veredlungsstelle gegenüberliegenden Seite stehen, damit eine evtl. Krümmung an der Veredlungsstelle durch die entgegengesetzte Wuchsrichtung wieder ausgeglichen wird. Der blindgeschnittene Zapfen wird im Laufe des Sommers entweder mit der Hippe oder einer Schere sauber entfernt.

Infolge des Rückschnitts treibt neben dem zur Stammverlängerung benötigten obersten Auge eine ganze Reihe tieferliegender Augen aus, die sich zu Seitentrieben entwickeln. Diese Seitentriebe werden mit Ausnahme des 2. Auges unter dem Leittrieb, das sich zum konkurrierenden, sogenannten Afterleittrieb entwickeln würde, am Stamm belassen. Der Afterleittrieb wird nicht ganz entfernt, aber doch stark eingekürzt. Das sich ausbildende Seitenholz wird auch als Verstärkungsholz bezeichnet, weil der Stamm besser dickt, wenn das Seitenholz belassen wird.

Im 2. Winter wird ein Teil der Seitentriebe auf Astring entfernt, und zwar jeweils die stärksten, weil sonst zu große Wunden am Stamm entstehen würden. Der verbleibende Rest wird auf Fingerlänge zurückgeschnitten.

Hat der Stamm die erforderliche Höhe erreicht (das ist bei der Anzucht von Viertel- und Halbstämmen sicher der Fall), so wird im zeitigen Frühjahr entweder die Krone angeschnitten, wenn der Stamm von der Edelsorte selbst gebildet wurde, oder es wird in Kronenhöhe ein Edelreis mit 6 Augen kopuliert. Wird die Krone angeschnitten, so beläßt man über der gewünschten Stammhöhe 6 Augen, aus denen der Kronenaufbau erfolgen soll. Alles, was über die Stammhöhe + 6 Augen hinausgeht, wird weggeschnitten, wenn nicht wieder ein Zapfen gelassen wird, an den der Hauptleittrieb angeheftet werden soll. Ist die erforderliche Höhe noch nicht erreicht, so wird der letzte Jahrestrieb wieder um ein Viertel zurückgenommen und der Kronenanschnitt bzw. die Kopulation dann 1 Jahr später vorgenommen. Die Krone darf immer nur einjährig sein.

2.2 Süßkirschen

Zum Unterschied beim Kernobst wird bei der Anzucht von Kirschen die aufgepflanzte Unterlage nicht zurückgeschnitten. Kirschen werden also durch die Terminale gezogen.

Mitunter wird im darauffolgenden Frühjahr bereits die notwendige Höhe für die Kopulation mit der Edelsorte erreicht. Der Baum ist dann im Herbst des auf die Pflanzung der Unterlage folgenden Jahres verkaufsfertig. Hat die Unterlage die für die Veredlung notwendige Höhe noch nicht erreicht, so läßt man sie ohne Rückschnitt ein weiteres Jahr wachsen.

Wegen der oft um ein Jahr kürzeren Anzuchtszeit sieht man mitunter Süßkirschenstämme auch in Kernobstquartieren. Hier wurden nämlich die nicht gewachsenen Kernobstunterlagen entfernt und ein Jahr später Süßkirschenunterlagen nachgepflanzt, die das Stück noch zur gleichen Zeit räumen.

Der Aufbau der Krone erfolgt bei Sauerkirschen durch Okulation in Kronenhöhe, was in einigen Betrieben auch mit Erfolg bei Süßkirschen durchgeführt wird. Die aus Okulationen entwickelte einjährige Krone ist mitunter besser ausgebildet als die von Kopulationen.

3 Die Anzucht von Schnurbäumen bei Äpfeln

Die Anzucht der sogenannten Schnurbäume, bei denen der Hauptleittrieb nur mit langem Fruchtholz, d. h. kurzen Seitentrieben besetzt sein darf, unterscheidet sich von der Anzucht der Buschbäume nur dadurch, daß die Seitenäste durch wiederholten Sommerschnitt kurzgehalten werden. Die Anzucht dauert immer 2 Jahre.

c. Übersicht über die zur Zeit wichtigsten Kern- und Steinobstsorten

Äpfel (nach Reifezeit geordnet):

'Klarapfel'	'Ingrid Marie'	'Golden Delicious'
'Gravensteiner'	'Cox Orange'	'Glockenapfel'
'James Grieve'	'Boskoop'	
'Goldparmäne'	'Jonathan'	

Neuere Sorten:

'Holsteiner Cox'	'Melrose'	'Alkmene'
'Idared'	'Gloster'	
'Discovery'	'Jamba'	

Birnen (nach Reifezeit geordnet):

'Trévoux'	'Gellerts Butterbirne'	'Bosc's Flaschenbirne'
'Klapps Liebling'	'Gute Luise'	'Clairgeau's Butterbirne'
'Williams Christ'	'Köstliche von Charneux'	'Alexander Lucas'
'Triumph von Vienne'	'Conference'	'Vereinsdechant'

Quitten:

'Bereczkiquitte'	'Portugiesische Quitte'	'Riesenquitte von Leskovac'
'Champion'	'Konstantinopler'	

Süßkirschen (nach Reifezeit geordnet):

'Kassins'	'Große Prinzessin'	'Schneiders Späte'
'Teickners Schwarze'	'Büttners Rote'	
'Hedelfinger'	'Große Schwarze Knorpel'	

Sorten mit örtlicher Bedeutung:

'Große Germersdorfer'	'Haumüllers Mitteldicke'	'Knauffs Schwarze'

Neuere Sorten:

'Van'	'Bianca'	'Alma'
'Burlat'	'Valesca'	

Sauerkirschen (nach Reifezeit geordnet):

'Heimanns Rubin'	'Kelleris Nr. 14'	
'Morellenfeuer'	'Schattenmorelle'	(mit den Typen: 'Scharö', 'Bokelmann', 'Rheinische')

Neuere Sorten:

'Nabella'	'Cerella'	'Beutelspacher Rexelle'

Pflaumen, Zwetschen, Mirabellen (nach Reifezeit geordnet):

'Gerstetter'	'Zimmers'	'Wangenheims'
'Lützelsachser'	'Bühler'	'Italienische'
'Ersinger'	'Große Grüne'	'Hauszwetsche' (mit den Typen:
'The Czar'	'Nancy Mirabelle'	'Chrydiemer', 'Auerbacher', 'Ortenauer'
		'Doppelte Hauszwetsche' Typ 'Zum Felde', 'Freifrau von Haake', 'Schröder', 'Röhler', 'Borsumer', Borsumer Typ 'Vollmer'

Ergänzungssortiment:

'Magna Glauca'	'Althans'	'Stanley'
'Ontario'	'Oullins'	
'Kirkes Pflaume'	'Delikya'	

Pfirsiche (nach Reifezeit geordnet):

'Mayflower'	'Anneliese Rudolph'	'Proskauer'
'Amsden'	'South Haven'	'Rekord von Alfter'
'Alexander'	'Madame Rogniat'	'Kernechter vom Vorgebirge'

Aprikosen (nach Reifezeit geordnet):

'Große Wahre Frühaprikose'	'Aprikose von Nancy'
'Heidesheimer Frühe'	'Ungarische Beste'

II. Beerenobst

a. Die Anzucht von Johannis- und Stachelbeeren

Bei Johannis- und Stachelbeeren ist die Veredlung nur bei der Anzucht von Hoch-, Halb- und Fußstämmen notwendig, die für den Hausgarten oft gegenüber den Sträuchern bevorzugt werden. Wegen der höheren Erträge, des geringeren Pflegeaufwandes (Pfahl, Anbinden) und des höheren Alters, das die Sträucher erreichen, werden in Ertragsanlagen nur Sträucher verwendet.

Als Veredlungsunterlagen dienen vegetativ vermehrbare Unterlagen, die in Spezialbetrieben auf Mutterbeeten durch Abrisse gewonnen werden.

Ribes aureum. Sie ist die wichtigste Unterlage, von der es einige Selektionen, wie 'Brechts Erfolg', 'Feys Spezial' und 'Typ Fritsche' gibt, die aber heute kaum noch Bedeutung haben.

Ribes divaricatum *(= Ribes arboreum).* Sie muß in maritim beeinflußten Klimaräumen anstelle der Unterlage *Ribes aureum* verwendet werden, weil diese Unterlage hier unter Wassersucht leidet, die durch starke Stickstoffdüngung noch verstärkt werden kann. Die Stämme zeigen örtlich begrenzte Anschwellungen, die manchmal den ganzen Stamm umfassen können und später aufbrechen, wodurch es zu großen Verlusten kommt.

Ribes uva-crispa *(= Ribes grossularia).* Neben *Ribes divaricatum* eignet sich speziell für Stachelbeeren auch noch die Unterlage *Ribes uva-crispa*. Die Unterlage 'Burgmers Beerenstamm' stellt eine Auslese aus *Ribes uva-crispa* dar.

Die Anzucht von Johannisbeersträuchern erfolgt aus Steckholz, das bei Beginn des Blattfalls im September geschnitten und gleich gesteckt wird. Eine Ausnahme stellt die rote Sorte 'Heinemanns Spätlese' dar, die sich nicht aus Steckholz bewurzelt. Sie wird entweder durch Grünstecklinge vermehrt oder durch Kopulation auf nicht bewurzeltes Steckholz einer leicht bewurzelbaren Sorte, mit der sie dann zusammen gesteckt wird.

Das einjährig bewurzelte Steckholz wird im Abstand 75 × 20 cm aufgeschult. Im Winter des ersten Jahres wird bis auf den Boden zurückgeschnitten, um eine ausreichende Verzweigung zu erzielen. Im Herbst des 2. Jahres sind die Sträucher verkaufsreif und werden in 3/4, 5/7 und 8/12 Trieben je Pflanze sortiert.

Bei den Stachelbeersträuchern kommt das Jungpflanzenausgangsmaterial als einjähriger Abriß oder Ableger vom Mutterbeet. Sie werden genauso weiterkultiviert wie das einjährig bewurzelte Steckholz von Johannisbeeren.

Zur Erziehung von Hoch-, Halb- und Fußstämmen von Johannis- und Stachelbeeren werden Ribesruten als einjährige Abrisse aufgeschult, die bei rechtzeitiger Aufschulung im Herbst bereits im Frühjahr kopuliert werden können. Dies ist aber ein Sonderfall. In der Regel wird erst im Sommer (August) mit entblätterten Reisern seitlich angeplattet, eingespitzt oder seitlich zwischen Holz und Rinde gepfropft. Okulation auf das schlafende Auge ist ebenfalls möglich. Unterlagen, die die Veredlung nicht angenommen haben, können im darauffolgenden Frühjahr durch Kopulation veredelt werden. Wo ein Kühlraum zur Verfügung steht, werden auch Winterhandveredlungen mit gutem Erfolg durchgeführt.

Hoch- und Halbstämme werden an Spaliergerüsten an 2 Drähten, von denen der obere 85 cm und der untere 50 cm hoch angebracht ist, angebunden. Hierdurch sind leichte Korrekturen möglich, während stärkere Verkrümmungen nur durch Zuhilfenahme von Stäben korrigierbar sind.

Im Winter bzw. Frühjahr werden die Unterlagen bei den nicht durch Kopulation veredelten Pflanzen abgeworfen. Ein Zapfen muß verbleiben, der nicht blind geschnitten werden darf, da sonst der Zapfen und mitunter auch das Edelreis oder Edelauge leicht vertrocknen. Der Wildaustrieb wird durch mehrfaches Pinzieren kurzgehalten. Der Zapfen wird erst unmittelbar vor dem Verkauf im Herbst weggeschnitten; die Wunde wird mit Wachs verstrichen.

An der Unterlage muß das Seitenholz ebenfalls pinziert werden.

Die Entfernung des Seitenholzes muß vorsichtig, stufenweise erfolgen, um das Auftreten der Wassersucht zu vermeiden. Der Stamm darf erst im August fertig aufgeputzt werden.

Die meisten Veredlungen haben bei erfolgreicher Kultur bereits im ersten Jahr eine verkaufsfertige Krone mit mindestens 4 Trieben ausgebildet. Wird diese Triebzahl nicht erreicht, so muß ein Jahr länger kultiviert werden. In diesem Fall wird die Krone im Frühjahr stark zurückgeschnitten.

b. Die Anzucht von Himbeeren und Brombeeren

Himbeeren und Brombeeren werden meist durch Wurzelschnittlinge vermehrt, die im Winter von starker Verkaufsware abgenommen werden. Die Wurzelschnittlinge werden im Keller in Sand eingeschlagen aufbewahrt und im Frühjahr direkt im Freiland in Rillen aufgepflanzt. Bereits bis zum Herbst wird Verkaufsreife erzielt.

Eine Ausnahme bilden immergrüne Brombeeren, die durch Triebstecklinge oder Blattaugenstecklinge vermehrt werden. Hier hat sich die Verwendung von Sprühnebel besonders bewährt.

Nach der Bewurzelung werden die Stecklinge für 1—2 Jahre im Topf oder Container kultiviert.

c. Übersicht über die zur Zeit wichtigsten Beerenobstsorten

Johannisbeeren:

Weißfrüchtige:	'Weiße aus Jüterbog'	'Weiße Versailler'	
Rotfrüchtige:	'Jonkheer van Tets' 'Heros' 'Red Lake'	'Rote Vierländer' 'Rondom' 'Heinemanns Spätlese'	
Schwarzfrüchtige:	'Rosenthals Langtraubige' 'Silvergieter' 'Wellington XXX'	'Daniels September' 'Roodknop' 'Baldwin Hilltop'	
Stachelbeeren:			
Gelbfrüchtige:	'Hönigs Früheste'	'Lauffener Gelbe'	'Gelbe Triumph'
Grünfrüchtige:	'Weiße Neckartal'	'Grüne Kugel'	
Rotfrüchtige:	'Mauks Frühe Rote'	'Rote Triumph'	
Himbeeren:	'Malling Promise' 'Paul Camenzind'	'Preußen' 'Schönemann'	
Brombeeren:	'Theodor Reimers' 'Wilsons Frühe'		
Neuere Sorten:	'Thornless Evergreen' 'Black Thornfree'	'Smoothstem'	

d. Die Anzucht der Kulturheidelbeeren

Kulturheidelbeeren können sowohl durch Stecklinge als auch durch Steckholz vermehrt werden. Da durch Steckholz angezogene Pflanzen ein Jahr früher verkaufsfertig sind, wird diese Vermehrungsmethode in der Regel vorgezogen. Sie setzt aber voraus, daß man über genügend Mutterpflanzen verfügt und die Mutterpflanzen unter ihnen zusagenden Kulturbedingungen gewachsen sind.

Am besten ist etwa bleistiftstarkes Steckholz geeignet, das nicht von starken Grundtrieben, sondern von Seitentrieben gewonnen werden soll. Die Spitzen der Triebe eignen sich nur, wenn die Endknospen voll ausgebildet sind. Bessere Erfolge sind nach holländischen Erfahrungen (Douglas, van Doesburg (1959)) mit gerissenem Steckholz, bei dem der „Fuß" nicht nachgeschnitten werden soll, zu erzielen.

Der Steckholzschnitt soll nach Möglichkeit im Dezember—Januar erfolgen. Bis zum Stecken im März soll kühl und feucht gelagert werden. Das Stecken erfolgt im Gewächshaus in reinem Torf. Die Temperatur soll in den ersten Wochen 14 °C nicht überschreiten, die Bodentemperatur soll aber auf 18—20 °C eingestellt werden (warmer Fuß und kalter Kopf). Eine Wuchsstoffbehandlung bleibt ohne positiven Effekt.

Nach beginnendem Austrieb soll bis zur Wurzelbildung, die nicht vor Ende Mai einsetzt, mit Sprühnebel gearbeitet werden. Die Bekämpfung von *Botrytis*-Infektionen ist erforderlich (B 500, Euparen). Heermann erzielte gute Erfolge bei der Steckholzvermehrung von Kulturheidelbeeren unter Milchfolie mit Sprühnebel im Freiland. Wieweit sich die guten Ergebnisse reproduzieren lassen, muß abgewartet werden.

Auch durch Grünstecklinge lassen sich Kulturheidelbeeren gut vermehren, wenn der richtige Steckzeitpunkt beachtet wird, der in den meisten Jahren in der ersten Juliwoche liegt. Der erste Trieb muß einen gewissen Abschluß erreicht haben. Zu weiche Stecklinge faulen leicht, zu harte bewurzeln sich zwar noch ganz gut, benötigen aber eine deutlich längere Bewurzelungszeit und treiben nach der Bewurzelung bis zum Winter nicht mehr durch. Bei frühem Steckzeitpunkt kann die Masse der Stecklinge nach flüssiger Düngung unmittelbar nach erfolgter Bewurzelung noch austreiben, wodurch die Überwinterungsqualität deutlich verbessert wird.

Gute Bewurzelung und vor allen Dingen eine sehr gute Stecklingsqualität ist im Folientunnel bei sparsamer Verwendung von Sprühnebel zu erreichen.

Die Stecklinge sollen immer erst bei Austriebsbeginn im Frühjahr eingetopft werden und können dann in einem Jahr zu kräftigen Jungpflanzen heranwachsen.

Auch bei Stecklingen bringt die Wuchsstoffbehandlung keinerlei Vorteile. Gesteckt wird in reinem Weißtorf; ist das in der Sprühnebelanlage verwendete Wasser nicht zu hart, so kann durch eine Aufkalkung des Substrates mit 1 g/l Substrat die Wurzelqualität ohne Beeinträchtigung der Bewurzelungsprozente verbessert werden.

Sorten. Von der großen Anzahl der großfrüchtigen amerikanischen Sorten, die sich in Europa durchweg als wüchsig und ertragreich gezeigt haben, sind hervorzuheben: 'Berkeley', 'Bluecrop', 'Blueray', 'Coville' und 'Herbert', die aber etwas später reift. Von minderer Beerenqualität aber robust ist die Sorte 'Rancocas'.

In der Bundesrepublik Deutschland ist HEERMANN mit einigen Züchtungen hervorgetreten. Er führte Kreuzungen im Formenkreis *Vaccinium corymbosum* und *Vaccinium pennsylvanicum* durch. Bei den unter dem Namen 'Blauweiß-Goldtraube' (Höhe bis zu 2 m) und 'Blauweiß-Zuckertraube' (Höhe 60—80 cm) in den Handel gegebenen Pflanzen handelt es sich z. Z. noch um ein Populationsgemisch. In Vergleichsversuchen mit amerikanischen Sorten schnitten seine Züchtungen bezüglich der Erträge und des Geschmacks recht gut ab. Lediglich die Beerengröße ist im Durchschnitt etwas geringer. Die Selektion von aussichtsreichen Sorten ist schon vor einigen Jahren eingeleitet worden.

e. Die Anzucht von Walnüssen

Der erwerbsmäßige Anbau von Walnüssen hat in der Bundesrepublik Deutschland keine nennenswerte Bedeutung. Dementsprechend beschränkt sich die Anzucht von Walnußbäumen auf einige wenige Betriebe im baden-württembergischen Raum und im Rheinland.

Die **Aussaat** der Walnüsse wird im wesentlichen nur zur Gewinnung von Veredlungsunterlagen betrieben, da der Ertrag der aus Samen angezogenen Bäume deutlich unter dem der französischen Sorten 'Franquette', 'Mayette' und 'Parisienne' liegt und diese nach Meinung einiger Autoren sogar von einigen selektierten, noch unter Nummern geführten Zufallssämlingen übertroffen werden. Für den Anbau können die Nummern 26, 120, 139, S. v. 251, 286, 1247 sowie 'Esterhazy II' empfohlen werden.

Das Saatgut muß nach der Ernte und dem Entfernen der Fruchthülle möglichst kühl bei nicht zu trockener Luft gelagert werden, um das Austrocknen zu verhindern. Erst im Februar wird in mäßig feuchtem Sand eingeschichtet. Die Saat erfolgt ab Ende März in etwa 8—10 cm tiefe Rillen. Das Unterschneiden der Sämlinge ist notwendig, da Walnüsse eine ausgeprägte Pfahlwurzel ausbilden. Als Unterlagen werden sowohl *Juglans regia,* unsere Kulturwalnuß, als auch die Wildart *Juglans nigra* verwendet. Sämlinge von *Juglans regia* wachsen stärker, kommen später in den Ertrag und haben eine geringere Frosthärte als Sämlinge von *Juglans nigra,* die schwächer wachsen, nur mittel- bis kleinkronige Bäume entwickeln und deshalb enger gepflanzt werden können. Die Flächenerträge können genau so hoch sein wie bei Verwendung von *Juglans regia* als Unterlage. Die Erträge setzen aber früher ein.

Wird neben der Fruchtgewinnung auch an die Gewinnung von Furnierholz gedacht, so müssen höhere Stammformen und die Unterlage *Juglans regia* verwendet werden.

Die **Veredlung** der Walnüsse ist schwierig und gehört in die Hand von Spezialisten. Winterhandveredlungen können im Winter im Haus entweder durch Kopulation mit Gegenzungen oder durch Sattelschäften hinter die Rinde angefertigt werden.

Wird **kopuliert,** so soll die Unterlage nicht eingetopft sein. Die Veredlung wird nach dem Verbinden nicht verstrichen und im Vermehrungsbeet in Sand + Torf bei konstanter Bodentemperatur von 25 °C und einer Lufttemperatur von 22 °C eingeschlagen. Die Veredlungsstelle muß frei bleiben. Anschließend wird mit Fenstern abgedeckt. Es darf nicht gegossen werden, das Tropfwasser muß von den Fenstern abgewischt werden. Der Verwachsungsvorgang zieht sich lange hin. Der Anwachserfolg liegt selten über 60 %.

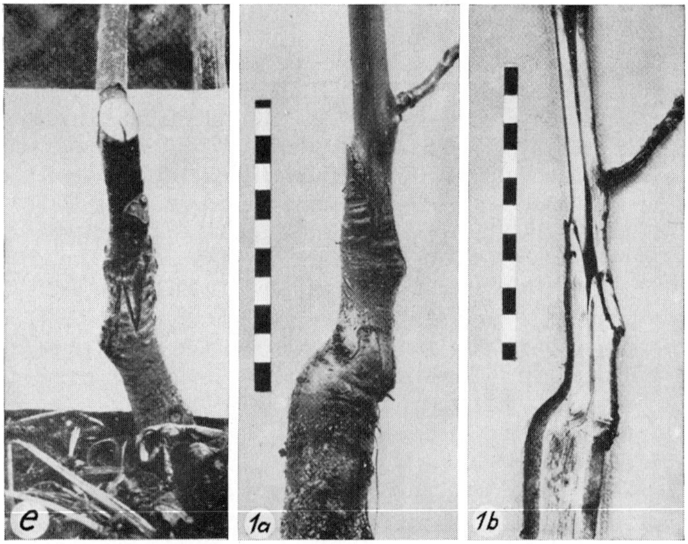

Abb. 372. Walnußveredlung durch Kopulation mit Gegenzungen (e), nach vollständiger Verheilung (1 a) und im Längsschnitt (1 b) (Foto: Kemmer)

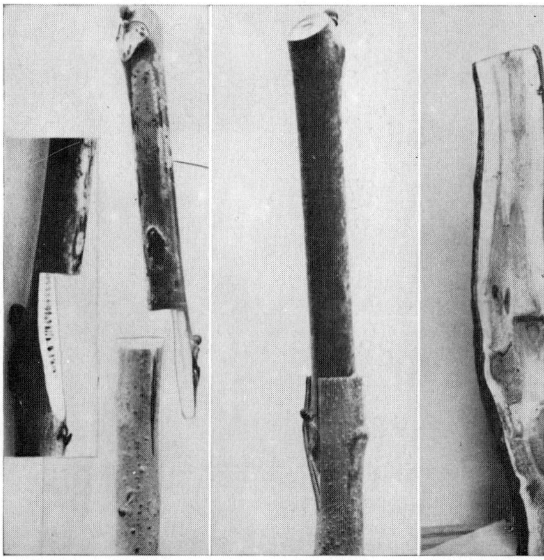

Abb. 373. Walnußveredlung durch Sattelschäften hinter die Rinde (nach GUILLOT); bei dieser Methode muß die Rinde gelöst und deshalb die Unterlage vor dem Veredeln leicht angetrieben werden

Links: Durchführung des Sattelschnittes, der so tief erfolgt, daß die Markröhre fast ganz beseitigt wird und Reis und Unterlage sich weitgehend dekken; rechts: Längsschnitt durch eine 4jährige Veredlungsstelle (Foto: Kemmer)

Wird durch **Sattelschäften hinter die Rinde** veredelt, so müssen die Unterlagen eingetopft und leicht angetrieben sein, damit sich die Rinde löst. Als Reiser werden engnodige, gut ausgereifte Triebe verwendet, die erst unmittelbar vor der Veredlung geschnitten werden sollen. Die Reiser sollen nur 2 Augen ausgebildet haben. Es wird fest mit Bast verbunden und mit Baumwachs verstrichen. Doppelglas ist nicht erforderlich. Die Bodentemperatur soll auf 20—25 °C eingestellt werden.

Aber auch im Freiland kann durch sogenannte **Ring-Okulation** veredelt werden. Die Unterlagen sollen bei der Veredlung schon dreijährig sein, etwa daumendick und ein Jahr vor der Veredlung gepflanzt.

Zum Schneiden der Rindenplatte wie auch zum Entfernen der gleichen Platte an der Unterlage wird ein besonderes Messer mit 2 Klingen verwendet. Als Augen eignen sich ausschließlich ausgetriebene schlafende Augen. Bester Veredlungszeitpunkt ist der Juli. Das Abheben der Rindenplatte muß vorsichtig geschehen. Unter dem Auge muß ein dünner Holzteil erhalten bleiben, weil sonst das Auge vertrocknet. Es muß fest mit Bast verbunden werden.

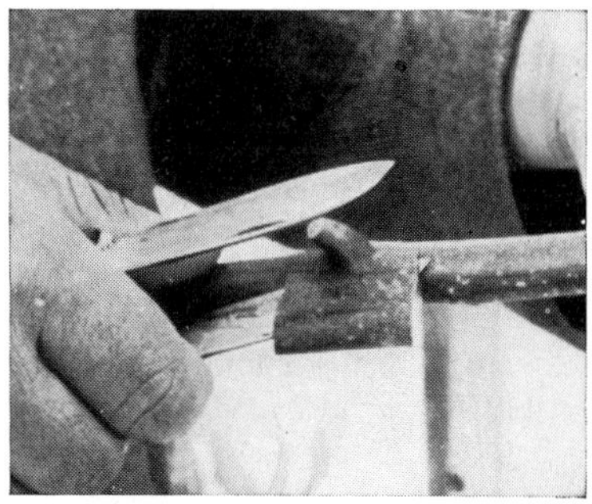

Abb. 374. So wird das Auge für die Freiland-Okulation („Plattenveredlung“) mit dem Doppelmesser herausgelöst (Bild: Dr. Schneiders)

Der Austrieb erfolgt erst im Mai des nächsten Jahres.

f. Die Anzucht von Haselnüssen

Der erwerbsmäßige Anbau hat in der Bundesrepublik Deutschland keine Bedeutung. Die unselektierten, wilden Haselnüsse sind im Ertrag so unregelmäßig, daß man auch im Garten nur die großfrüchtigen, regelmäßiger tragenden Kultursorten pflanzen sollte.

Die Kultursorten können auf Mutterbeeten durch Absenker vermehrt werden (siehe unter „Absenker“, S. 142). Als Besonderheit sollen zwei Methoden näher beschrieben werden:

Bei der in den USA gehandhabten Methode des Ablegens schneidet man im Januar oder zeitigen Frühjahr die abzulegenden Triebe auf 5—7 Augen zurück, gräbt rund um die Mutterpflanze einen etwa 10 cm tiefen Graben, entfernt durch einen langen, glatten Schnitt die Rinde an der Außenseite der Triebe, biegt die Triebe sorgfältig herunter und hakt sie fest. Die Ableger liegen nun in den offenen Gräben und werden erst dann zugedeckt, wenn ihre Augen 10 cm lang ausgetrieben sind. Dann wird mit der Hand feine Erde dazwischen verteilt. Wenn die Triebe größer sind, wird nochmals Erde nachgefüllt. Bei günstigen Verhältnissen sind die Ableger bis zum Herbst 60 cm hoch geworden.

Seltener wird auch die Methode des Anhäufelns verwendet. Hierzu werden die Mutterpflanzen tief gepflanzt. Im Juni wird 10 cm dick lockere, humose Erde aufgefüllt. Im Herbst oder nächsten Frühjahr können die Triebe abgeschnitten werden. Die Bewurzelung ist nicht immer gut.

Übersicht über die wichtigsten Haselnußsorten:

'Cosford'	'Lambert Filbert'	'Webbs Preisnuß'
'Hallesche Riesen'	'Nottingham Fruchtbare'	

g. Die Anzucht von Weinreben (G. Krüssmann)

Methode	Jan.	Febr.	März	April	Mai	Juni	Juli	Aug.	Sept.	Okt.	Nov.	Dez.
Aussaat			X							X		
Augenstecklinge	**X**	**X**										
Steckholz	●											●
Ableger			○	○								
Veredlung			**X**	**X**	**X**							

X X unter Glas; ● X Freiland; fette Zeichen wichtigste Methoden

Absenken ist bei den meisten Arten und Formen sehr beliebt. Die vorjährigen Triebe werden im Frühjahr bogig abgesenkt. Dazu werden nur die besten Triebe ausgewählt. Im Kreise rings um die Mutterpflanze werden Körbe mit guter Erde eingesenkt, und in diese werden dann die Triebe (selbstverständlich nur Kulturreben, und zwar Freilandsorten) eingelegt. Der Trieb wird nach dem Einlegen bis fast zur Erde zurückgenommen. Die Senker bewurzeln sich rasch, und die Triebe werden sogleich an Stäben geheftet. Wenn sie etwa meterlang sind, wird pinziert, damit sie kräftiger werden. Im Herbst des gleichen Jahres sind die Senker, die sogenannten „Korbreben", fertig..

Augenstecklinge: Dies ist die eigentliche und beste Vermehrung für die Baumschulen. Voraussetzung hierfür ist das Vorhandensein eines gut heizbaren Vermehrungshauses und eines Mutterpflanzenquartiers, um gute Reiser zu haben. Die Mutterpflanzen sollen an Drahtspalieren gut und ordentlich aufgebunden werden, damit die Reiser gut ausreifen können. Vor dem Eintritt der stärkeren Fröste werden die Reiser bis fast zum Erdboden weggeschnitten und dann an einem frostfreien Ort in Sand eingeschlagen. Mit stets haarscharfem Messer kann man nun die eigentliche Arbeit beginnen. Das Schneiden der Stecklinge geschieht auf verschiedene Weise, von denen keine aber einen besonderen Vorzug vor der anderen hat. Man nimmt auch nur den Teil der langen Ruten, an dem die Augen gut ausgebildet sind, also die beiden oberen Drittel; bei den langen Trieben sind die Augen des unteren Drittels oft schlecht entwickelt und daher zur Vermehrung ungeeignet.

Das Schneiden der Augenstecklinge geschieht folgendermaßen:

Über und unter dem Auge bleibt ein 1,5—2 cm langes Stück Holz stehen; dann wird der Trieb gespalten, so daß das Auge in der Mitte stehen bleibt (vgl. Abb. 375).

Über dem Auge waagerecht abschneiden, unter dem Auge ein Schrägschnitt wie bei der Kopulation.

Die so zugerichteten Stecklinge werden nun im Warmhaus dicht an dicht gesteckt, und zwar so tief, daß nur noch die Spitze des Auges heraussieht. Das Beet enthält Komposterde mit Sand und Torf, darüber eine reine Sandschicht, die etwa 3—4 cm dick sein soll. Bei kleineren Anzuchten kann man auch in entsprechend zubereitete Schalen oder Handkästen stecken, die dann ebenfalls im Vermehrungshause bei 20 °C Bodenwärme aufgestellt werden. Dann wird alles in gespannter Luft gehalten und häufig ganz leicht überspritzt, doch nicht etwa zu naß gehalten, sonst gibt es Faulstellen!

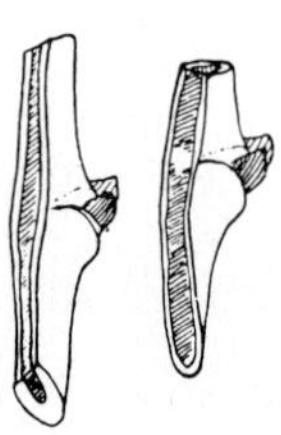

Abb. 375. Augenstecklinge von Weinreben (Original)

Das Stecken geschieht bei größeren Anzuchten satzweise, beginnend etwa Ende Januar. Wenn die jungen Stecklinge nach einigen Wochen gut bewurzelt sind, werden sie in 10-cm-Töpfe in kräftige Erde eingetopft und verbleiben vorerst noch im Warmhause. Die Pflanzen entwickeln sich hier rasch und müssen bald aufgebunden werden. Wenn der Platz ausgefüllt ist, muß man den ältesten Satz inzwischen soweit abgehärtet haben, daß er nach dem 2. Verpflanzen im Mai schon im Rebenhause, einem hohen, luftigen Hause, das

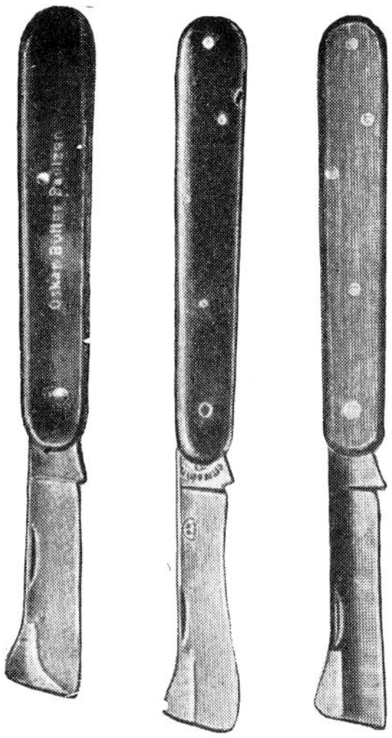

Abb. 376. Deutsche Spezialmesser für die Rebveredlung (Werkbilder)

man sich auch aus Fenstern selbst bauen kann, aufgestellt werden kann, wo er dann den ganzen Sommer über bleibt. Die Beete im Hause sollten einen warmen Fuß bekommen (elektrische Bodenheizung), darauf 20 cm Erdschicht. Die eingefütterten Töpfe werden regelmäßig mit Kuhdung gejaucht. Wenn die Triebe etwa 75 cm hoch sind, kann entspitzt werden, damit das Holz gut ausreift. Bei warmem Wetter muß sehr viel Luft gegeben werden. Gegen auftretende Schädlinge und Krankheiten wird vorbeugend gespritzt.

Die Reben sind zum Spätherbst verkaufsfertig mit einem Trieb. Will man zweijährige Pflanzen, so müssen die Pflanzen stehenbleiben und auf 3—4 Augen zurückgenommen werden. Im nächsten Herbst haben sie dann 3—4 Triebe. Nicht nur die Weinreben werden auf diese Art vermehrt, sondern auch alle anderen *Vitis*-Arten können in derselben Weise herangezogen werden.

Die Anzucht der Reben durch Veredlung: (Kopulation mit Gegenzungen) braucht hier nicht besprochen zu werden, da dies in den Baumschulen kaum ausgeübt wird, sondern in der Hauptsache eine Angelegenheit besonderer staatlicher oder staatlich genehmigter Anstalten ist. Die Veredlung wird auf die Unterlagen reblausfester, amerikanischer Unterlagen vorgenommen. Durch die Veredlung wird nicht nur die Frucht verbessert, sondern auch die Reife beschleunigt und die Fruchtbarkeit erhöht. In den Weinbaugebieten kommen ausschließlich Pfropfreben zur Anpflanzung. Die oben genannten Betriebe pflegen auch immer eine kleine Menge Tafeltrauben heranzuziehen, die den wurzelechten Tafeltrauben in diesen Gebieten vorgezogen werden sollten.

Die Veredlung der Reben braucht hier nur kurz gestreift zu werden, da sie nicht zur Baumschule gehört. Obwohl noch viel von Hand veredelt wird, so wird doch schon in Frankreich seit langen Jahren mit einem Veredlungsapparat gearbeitet, jetzt auch in Deutschland und Österreich, jedoch mit einem gänzlich anders gearteten, elektrischen Gerät, das Hengl entwickelte und das aus einer Scheibe mit 4 Messern besteht. Näheres über die Arbeitsweise dieser Maschinen siehe S. 176.

PD (= Abkürzung für *Porteurs directs,* das heißt Direktträger oder Hybriden im Gegensatz zu den europäischen Edelreben) sind gegen Falschen Mehltau sehr widerstandsfähig; sie bringen zwar kleinere Beeren und kleinere Trauben als unsere Edelreben, geben jedoch ein billiges Material für die Herstellung von Traubensäften. Es handelt sich hier um Kreuzungen zwischen Amerikaner- und Edelsorten, wobei die Absicht, die guten Eigenschaften der Edelrebe mit der Widerstandsfähigkeit der Amerikanerrebe gegen *Peronospora* zu verbinden, in sehr vielen Fällen gut gelungen ist.

Amtliche Bestimmungen über Anzucht und Versand von Reben durch Baumschulen

In Deutschland gibt es eine geringe Anzahl von Baumschulen, die sich auch mit der Anzucht von Reben befassen. Der Kreis von Baumschulen, die über diesen Kreis hinaus auch in geringerem Umfange Reben verkaufen, ist etwas größer. Der Gesamtumsatz dieses Geschäftskreises ist sowohl nach der Erzeugungs- sowie Handelsseite wenig erheblich. Die betreffenden Baumschulen ziehen die Reben in der Hauptsache nur als sogenannte „Topfreben" heran, und es werden auch nur diese gut durchwurzelten Topfreben als das anwuchssichere Pflanzgut betrachtet. Die Reben gehen ausschließlich in wenigen Stücken in Haus- und Kleingärten, vielleicht auch, in geringer Anzahl, in private Weintreibhausanlagen. Die Anzuchten unterliegen der amtlichen Pflanzengesundheitskontrolle, entsprechend den Vorschriften der Reblausgesetzgebung.

Wichtig ist für alle diejenigen, die derartige Reben versenden, zu wissen, daß der Verkehr mit Reben bestimmten Beschränkungen unterworfen ist. Nach § 26 der Verordnung zur Ausführung des Gesetzes betreffend die Bekämpfung der Reblaus im Weinbaugebiet vom 23. Dezember 1935 (Reichsgesetzblatt I, S. 1543) ist die Einfuhr von Blindreben oder Wurzelreben (auch Pfropfreben) über die Grenzen eines Weinbaubezirkes verboten. Die Gebiete, die zu einem Weinbaubezirk gehören, ergeben sich aus der im Reichsgesetzblatt I, Nr. 127 vom 13. August 1938 veröffentlichten Bekanntmachung der Weinbaubezirke. Die genaue Beachtung der Grenzen der Weinbaugebiete ist für alle diejenigen, die diese Reben in den Verkehr bringen, wichtig, zu kennen und zu befolgen. Die Wiedergabe der Weinbaugebiete an dieser Stelle würde zu umfangreich sein. Es handelt sich um alle diejenigen Gebiete, die ganz allgemein als deutsche Weinbaugebiete bekannt sind, und das vorerwähnte Gesetzblatt unterrichtet authentisch über alle Ortsgebiete, die zu irgendeinem Weinbaubezirk gehören. Ausnahmen von dem Verbot können die obersten Landesbehörden unter bestimmten Bedingungen zulassen.

Die allgemein wichtigsten Traubensorten sind:

Zur Weißweinherstellung		Zur Rotweinherstellung
Weißer Riesling	Ruländer	Blauer Frühburgunder
Grüner Silvaner	Weißer Gutedel	Blauer Spätburgunder
Roter Traminer	Roter Gutedel	Blauer Affentaler
Früher roter Veltliner	Weißer Burgunder	Blauer Portugieser
Grüner Veltliner	Weißer Räuschling	
Müller-Thurgau-Rebe	Weißer Elbling	
Roter Veltliner	Roter Elbling	
Rot-weißer Veltliner		

Der Verkehr mit Reben außerhalb des Weinbaugebietes ist unbeschränkt. Zur Durchfuhr von Reben durch einen Weinbaubezirk ist jedoch eine besondere Genehmigung erforderlich, falls die Reben nicht so fest verpackt sind, daß Teile der Sendung nicht herausfallen oder nicht ohne Öffnung oder Verletzung der Umhüllung entnommen werden können. Letzteres ist bei allen fachlich „fest verpackten" Baumschulsendungen ohne weiteres der Fall, so daß also der Durchfuhr der Topfreben auch durch Weinbaubezirke bis an einen Empfangsort außerhalb des Weinbaugebietes keine Schwierigkeiten entgegenstehen.

III. Viruskrankheiten der Obstgehölze (G. Wennemuth)

Allgemeines: siehe unter „Viruskrankheiten an Gehölzen“ (S. 245).

Wegen der besonderen wirtschaftlichen Bedeutung der Obstvirosen hat sich die Wissenschaft besonders intensiv mit den Viruskrankheiten an Obstgehölzen befaßt. Beschreibungen der wichtigsten Krankheiten sind in großer Zahl erschienen. An dieser Stelle soll deshalb nur ein kurzer Überblick gegeben werden.

a. Kernobst-Virosen

Das Apfel-Mosaikvirus ist wohl die am häufigsten auftretende Viruskrankheit an Äpfeln. Gefährdet sind vor allem Boskoop, Golden Delicious und Jonathan. Meist beschränkt auf einzelne Zweigpartien der Bäume, wird an den Blättern eine hellgrüne Scheckung in Form von Flecken, Ringen oder Bändern sichtbar, die zu einer Wachstumsdepression führt.

Von Bedeutung ist auch die **Gummiholzkrankheit,** die vor allem an den Sorten James Grieve, Golden Delicious und Jonathan auftritt. Die Zweige lassen sich leicht biegen und werden stellenweise gummiartig weich. Mit dieser Krankheit ist eine erhebliche Einschränkung der Wuchsleistung verbunden.

Die **Rillenkrankheit oder Flachästigkeit** tritt vor allem an älteren Ästen von Gravensteiner auf. An den Ästen zeigen sich Verdrehungen, Geschwulste, Eindellungen, Furchen oder Rillen. Ertragsausfälle, mitunter auch als Folgeschäden durch starken Befall mit Obstbaumkrebs auftretend, sind zu befürchten.

Viröser Besenwuchs = Triebsucht tritt vor allem im süddeutschen Bereich an den Sorten Boskoop, Gravensteiner, Cox und Golden Delicious auf. Der Austrieb der Hauptknospen wird unterdrückt, statt dessen treiben ruhende Seitenknospen vorzeitig aus. Sie sind verbunden mit Chloroseerscheinungen an den Blättern, frühzeitiger Herbstfärbung und reduzierter Fruchtgröße.

An älteren fruchtenden Bäumen wird oft Befall durch **viröse Rauhschaligkeit** sichtbar. Sie ist zunächst nicht immer sicher abgrenzbar zur Fruchtberostung, die durch Spritzmittel oder Witterungseinflüsse verursacht worden sein kann. Mit der virösen Rauhschaligkeit sind Kleinfrüchtigkeit, verzögerter Blühbeginn, Absterben von Triebspitzen und eine Hemmung der Wuchsleistung verbunden. Befallen werden vor allem die Sorten Boskoop, Golden Delicious, Jonathan, Glockenapfel, Gravensteiner und Ontario.

Bei Birnen treten am häufigsten **Ringfleckenmosaik** und **Adernvergilbung** auf, meist beschränkt auf die Blätter von jungen Bäumen. Die Wuchsleistung ist gemindert.

Gefürchtet ist auch die an den Früchten der Birne auftretende **Steinfrüchtigkeit,** die die Früchte ungenießbar macht. Neben Steinzellen im Innern der Früchte treten auch Beulen und Eindellungen auf. Am häufigsten werden die Sorten Bosc's Flaschenbirne und Clapps Liebling befallen.

b. Steinobstvirosen

An Süßkirschen treten vor allem die **Pfeffinger-** und **Ringfleckenkrankheit** und an Sauerkirschen die **Stecklenberger-Krankheit** auf. Meist handelt es sich um eine Mischinfektion mehrerer Virus-Arten. Als Symptom können ring- oder bandförmige Blattflecke, schrotschußartige Löcher, Auswüchse (Enationen) auf der Blattunterseite, Blattmißbildungen, Steckenbleiben der Blüten und verkümmertes Triebwachstum bis zur Rosettenbildung auftreten. Der Ertragsrückgang ist gravierend.

An Pflaumen, Zwetschen und Aprikosen, seltener jedoch an Pfirsich, tritt die gefürchtete Scharka-Krankheit auf. Die Früchte sind marmoriert und bei starkem Befall auch gefurcht.

Auf den Blättern werden hellgrüne, verwaschene, mitunter von einem braunroten Rand umgebene Flecke sichtbar. Da die Krankheit auch an anderen Wildpflanzen (Schlehe) vorkommt und die Übertragung durch verschiedene Insekten möglich ist, müssen auch die Wildbüsche von solchen Arten in der Baumschule beobachtet und kranke Pflanzen sofort vernichtet werden. Meldung an das nächste Pflanzenschutzamt ist erforderlich.

c. Beerenobstvirosen

Von einiger Bedeutung ist das Auftreten der Brennesselblättrigkeit (viröser Atavismus) bei Johannisbeeren. An den Blättern treten Mißbildungen auf, wie z. B. die Rückbildung oder das völlige Fehlen einzelner Blattlappen, oder eine grobere Zahnung der Blätter. Da befallene Pflanzen nur sterile Blüten ausbilden und die Übertragung durch die Johannisbeer-Gallmilbe erfolgen kann, müssen befallene Pflanzen sofort vernichtet werden.

Außerordentlich häufig treten auch Virus-Krankheiten an Himbeeren in Form von Mißbildungen, Chlorosen, Blattflecken und Wachstumsstörungen auf. Die Bestände müssen jährlich intensiv kontrolliert werden. Befallene Pflanzen sind unverzüglich zu vernichten.

Literatur zu: Vermehrung und Anzucht der Obstgehölze

Blasse, W. (1960): Beobachtungen über die Trockenheitsresistenz von Äpfeln auf verschiedenen Unterlagen im Sommer 1959. Arch. Gartenbau **8**, 441-452. — Blasse, W. (1965): Leistungen verschiedener Apfelsorten auf EM-, Malus bacc./prunifolia und Malus communis-Unterlagen im Hauptertragsstadium. Arch. Gartenbau **13**, 235-260. — Bosschaart, P. A., und K. van der Meer (1961): Enkele ervaringen met M IV op riverkleigronden. Fruiteelt **51**, 376-377. — Braams, W. B., und A. van Oosten (1965): MM 106 verdient meer belangstelling. Fruiteelt 55, 454-456. — Buchloh, G. (1958): Zur Physiologie der Unverträglichkeit von Birnen-/Quitten-Veredlungen. Proc. 15. Intern. Hort. Congr. Nizza 1958, Vol. II (1962), 28-32. — van Cauwenberghe, E. (1959): De gedraging van perebomen veredelt op kwee met tussenveredling. Belg. Fruit Rev **1**, 14-15. — van Doesburg, H. H., und J. Douglas (1960): De appelonderstam M 26. Boomkwekerij **15**, 111-112. — van Douglas und Doesburg (1959): De vermeerdering van Blauwe Bessen door middel van scheutstekken; in: Med. Dir. Tuinbouw 22: 98-104. — Fiedler, W. (1961): Untersuchungen über das Wuchsverhalten verschiedener Unterlagen — Edelsorten-Kombinationen der Aprikose in der Baumschule. Kühn-Archiv 75, 191-260. — Floor, J. (1952): F 12/1. Boomkwekerij 7. — Floor, J. (1957): Report on a selection of a dwarfing rootstock for cherries. Euphytica **6**, 49-53. — Friedrich, G. (1956): Das Verhalten verschiedener Apfelstammbildner mit einigen Ertragssorten in Mitteldeutschland. Züchter **26**, 289-307. — Friedrich, G. (1957): Abschl. Beurteilung einiger unter mitteldt. Verhältnissen gepr. Unterl. von Birnen und Pflaumen. Gartenbauwiss. **22**, 71-80. — Friedrich, G. (1961): Der Einfluß verschiedener Stammbildner auf Wuchs und Ertrag von Birnenviertelstämmen. Züchter **31**, 77-83. — Fritzsche, R., W. Brynner und W. Koblet (1960): Resultate aus Obstversuchsanlagen. Prüfung von Veredlungsunterlagen. Schweiz. Z. Obst-Weinbau **69**, 552-558 und 574. — Garner, R. J. (1948): The nursery behaviour of the Williams Bon Chretien pear when worked upon a wide range of quince rootstocks. Rep. E. Malling Res. Sta. 1947, 65-70. — Garner, R. J. (1955): The devellopement of double-shield budding to overcome stock/scion incompatibility. Rep. 14. Intern. Hort. Congr. Scheveningen, Vol. II, 1182-1184. — Götz, G. (1960): Die Bedeutung der wurzelechten Hauszwetsche in Baden-Württemberg. Erwerbsobstbau **2**, 234-236. — Haas, P. G. de (1937): Studien über die Freimachung an 27jährigen Birnen und Apfelbuschbäumen. Gartenbauwiss. **10**, 610-650. — Haas, P. G. de (1943): Über die Beziehungen zwischen Herkunft und Standort im Obstbau. Kühn-Arch. **60**, 189-203. — Haas, P. G. de (1953): Hat das Klima in der Obstbaumschule einen Einfluß auf die Weiterentwicklung der Gehölze am späteren Standort? Mitt. Klosterneuburg 3, 135-140. — Haas, P. G. de (1955): Neue Beiträge zur Sämlingsanzucht bei Kernobst. Rep. 14. Intern. Hort. Congr. Scheveningen, Vol. II, 1185-1196. — Haas, P. G. de (1964): Versuchsergebnisse zur Frage der Baumschulherkunft. Gartenbauwiss. **29**, 191-212. — Haas, P. G. de (1962): Malus baccata/prunifolia-Klone im Vergleich zu Malus XI zur Zeit des Ertragsanstieges in Sarstedt und Klein-Altendorf. Erwerbsobstbau **4**, 203-208. — Haas, P. G. de (1966): Ergebnisse eines Stammbildnerversuches zu Apfel-Viertelstämmen. Erwerbsobstbau **8**, 3-7. — HAAS, P. G. DE, und H. SCHANDER (1952): Keimungsphysiologische Studien an Kernobst. I. Samen und Keimung. Z. Pflanzenzüch. **31**, 457-512. — HERR, F. (1949): Ergebnisse einer zehnjährigen Pflaumen-Hochstamm-Sorten- und Unterlagenvergleichspflanzung. Mitt. Obstbauversuchsr. Jork 29-30. — HILDEBRANDT, W. (1959): Keimungsphysiologische Studien an Steinobst. I. Die Ursachen der Keimruhe von Steinobstsaatgut. Gartenbauwiss. **24**, 161-176. — HILDEBRANDT, W. (1960): Keimungsphysiologische Studien an Steinobst. IV. Untersuchungen zur Ermittlung der Mindeststratifikationsdauer bei verschiedenen Steinobstarten. Gartenbauwiss. **25**, 162-173. — HILKENBÄUMER, F. (1949): Das Verhalten von Apfelstammbildnern in der Baumschule. Kühne-Arch. **62**, 2-12. — HILKENBÄUMER, F. (1957): Welche Ergebnisse brachten die mitteldeutschen Apfelstammbildnerversuche für Baumschule und Obstbau. Obstbau (Stuttgart) **76**, 35-36. — HILKENBÄUMER, F. (1964): Hat die Verwendung von Stammbildnern und Zwischenveredlungen noch eine Bedeutung? Erwerbsobstbau **6**, 3-7. — KARNATZ, H. (1950): Versuchsergebnisse über die Stratifikation von Steinobstsaatgut. Dt. Baumschule **2**, 193-196. — KARNATZ, H. (1953): Die sortenreine Sämlingsunterlage hat sich in Deutschland durchgesetzt. Dt. Baumschule **5**, 245-249. — KARNATZ, H. (1956): Das Verhalten der vegetativ vermehrten Vogelkirsche F 12/1 in der Baumschule. Mitt. OVR. Altes Land 11, 166-172. — KARNATZ, H. (1956): Untersuchungen über die Frostresistenz der Obstgehölze im Baumschulstadium. III. Über die relative Frosthärte unveredelter Kernobstunterlagen. Züchter **26**, 307-315. — KARNATZ, H. (1958): Über das Verhalten der neuen englischen Apfelunterlagen (MM-Typen) im Mutterbeet. Mitt. OVR. Altes Land **13**, 142-144. — KARNATZ, H. (1958): Über das Verhalten einiger Birnenstammbildner gegenüber tiefen Temperaturen. Mitt. OVR. Altes Land **13**, 225-229. — KARNATZ, H. (1961): Über die Frosthärte der MM-Typen. Erwerbsobstbau **3**, 204-206. — KARNATZ, H. (1962): Weitere Erfahrungen mit der Apfelunterlage A 2. Mitt. OVR. Altes Land **17**, 154-159. — KRÜMMEL, H. (1956): Die vegetativ vermehrbaren Unterlagen des Kern- und Steinobstes. — Berlin. KÜPPERS, H. (1963): Prunus mahaleb 'Hüttners Heimann 10', eine beachtenswerte Unterlage. Dt. Baumschule **15**, 229-233. — KÜPPERS, H. (1964): Prunus avium Hüttner 170 × 53. Dt. Baumschule **16**, 34-36. — KÜPPERS, H., und F. HILKENBÄUMER (1949): Selektion von Vogelkirschen (Prunus avium) als Kirschen-Unterlage. Züchter **19**, 333-343. — LIEBSTER, G. (1960): Wuchsleistung und Anfangserträge von Cox Orangen Renette auf MM-Unterlagen. Erwerbsobstbau **8**, 41-43. — LOEWEL, E. L. (1955): Frostschäden an Apfelbäumen in Abhängigkeit von Sorte, Stammbildner, Unterlage und Boden. Rep. 14. Intern. Hort. Congr. Scheveningen, Vol. I, 859-867. — MAURER, E. (1965): Leistungsvergleich zwischen East Malling-Typen und Dahlemer Klonen in Schwäbisch-Hall. Erwerbs-Obstbau **7**, 81-85. — MAURER, E., und L. HOFF (1958): Über das Verhalten von Apfelunterlagen-Klonen der Formenkreise baccata/Prunifolia und Malus communis in der Baumschule. Z. Pflanzenzücht. **39**, 357-368. — MÜLLER, H., und J. DAMASCHEK (1954): Beitrag zur Stammbildnerprüfung bei Birnen. Deutscher Gartenbau **1**, 333-334. — MÜLLER, H., und S. STRITZKE (1956): Pillnitzer vegetativ vermehrte Birnenunterlagen. Züchter **26**, 339-341. — PLOCK, H. (1955): Die Sämlingsmyrobalane — ihr Wert als Unterlage. Mitt. Klosterneuburg 5 b, 30-31. — PLOCK, H. (1962): Das Unterlagenproblem bei Sauerkirschen. Mitt. Klosterneuburg 12 B, 225-227. — PLOCK, H. (1975): Anbau- und Unterlagenprobleme beim Apfel. Dt. Baumschule 136. — PLOCK, H. (1975): Die wurzelechte Hauszwetsche eine wertvolle Unterlage. Dt. Baumschule 140. — RÖDER, K. (1939): Sortenkundliche Untersuchungen an Prunus domestica. Kühn-Arch. **54**, 1-132. — ROGERS, W. S. (1958): Malling 26, a new semidwarfing apple rootstock. Rep. E. Malling Res. Sta. 1957, 48-49. — SCHANDER, H. (1955): Keimungsphysiologische Studien an Kernobst. III. Sortenvergleichende Untersuchungen über die Temperaturansprüche stratifizierten Saatgutes von Kernobst und über die Reversibilität der Stratifikationsvorgänge. Z. Pflanzenzücht. **35**, 89-97. — SCHMADLAK, J., P. HOFFMANN und S. SCHOSSIG (1961): Schraderhof — eine neue Birnenstammbildnersorte. Dt. Gartenbau **8**, 457-459. — SCHMADLAK, J., und H. VÖLKEL (1964): Untersuchungen über vegetativ vermehrbare Apfel-Unterlagen. Verhalten und Leistung auf dem Mutterbeet. Arch. Gartenbau **12**, 553-577. — SCHÖNBERG, G. (1963): Gewinnung vegetativ vermehrter Unterlagen von Prunus mahaleb L. Bewurzelung von Stecklingen im Sprühverfahren. Obstbau (Berlin) **3**, 90-92. — SEYMOUR, B. F. (1965): Spindlebushes of Laxton's Superb and Laxtons Fortune on M 26 at East Malling. Rep. E. Malling Res. Sta. 1964, 198-199. — TYDEMAN, H. M., und R. J. GARNER (1966): Breeding and testing rootstocks for cherries. Rep. E. Malling Res. Sta. 1965, 130-134. — UNTERLINDEN, L., und H. J. SLOTBOOM (1959): De onderstammen IV en VII. Fruiteelt 49, 808-810. — UMHAUER, M. (1965): Ergebnisse aus einem Pfirsich-Unterlagenversuch. Obstbau (Berlin) **5**, 7-9. — WENNEMUTH, G. (1970): Aspetti della produzione vivaistica tedesca. Rivista dell'Ortoflorofruticoltura Italiana, Vol. **54**: 1-2. — ZWINTZSCHER, M. (1955): Über Frostschäden an Obstunterlagen, entstanden im Winter 1953/54 (Kurze Mitt.). Gartenbauwiss. **20**, 30-39.

AUTORENVERZEICHNIS

Erklärung von Abkürzungen

Die bei den Literaturzitaten verwendeten Abkürzungen entsprechen dem internationalen Gebrauch und benötigen daher keine Erklärung. Andere im Text häufiger vorkommende Abkürzungen sind indessen nicht ohne weiteres verständlich. Es bedeuten:

SM *Woody Plant Seed Manual,* ein 416 Seiten starkes Handbuch des United States Department of Agriculture, Forest Service.

BZ *Boomzaden,* eine Veröffentlichung der Nederlandse Bosbouw-Vereinigung.

BdB *Bund deutscher Baumschulen*

NAKB *Nederlandse Algemene Keuringsdienst voor Boomkwekerijgewassen* (Niederländ. Allgemeiner Anerkennungsdienst für Baumschulgewächse)

USDA *United States Department of Agriculture*

SACHREGISTER